“十三五”国家重点图书出版规划项目
机器人学及其应用系列丛书

机器人
数学基础

吴福朝 张铃◎著

清华大学出版社
北京

内容简介

本书由矩阵理论与应用、数值计算与分析、概率与统计和射影几何与非欧几何四部分内容组成，它们是机器人学和人工智能专业涉及的一些基本数学理论和方法。矩阵理论与应用主要包括正交与对角化、矩阵分解、矩阵分析和线性最小二乘；数值计算与分析主要包括多项式插值、最小二乘拟合、非线性优化和非线性方程与微分方程的数值算法；概率与统计主要包括马尔可夫链、隐马尔可夫模型、贝叶斯推断、贝叶斯决策和期望最大化算法；射影几何与非欧几何主要包括平面射影几何、空间射影几何、双曲几何和椭圆几何。

本书可作为大学相关专业高年级本科生和研究生的教材或课外参考书，也可作为相关领域工程技术人员的自学读本。

图书在版编目(CIP)数据

机器人数学基础/吴福朝，张铃著.—北京：清华大学出版社，2021.6（2024.7 重印）
（机器人学及其应用系列丛书）
ISBN 978-7-302-55969-6

Ⅰ.①机… Ⅱ.①吴… ②张… Ⅲ.①机器人技术—数学基础 Ⅳ.①TP24

中国版本图书馆 CIP 数据核字(2020)第 120480 号

责任编辑：贾 斌
封面设计：刘 键
责任校对：李建庄
责任印制：宋 林

出版发行：清华大学出版社
网　　址：https://www.tup.com.cn，https://www.wqxuetang.com
地　　址：北京清华大学学研大厦 A 座　　**邮　　编**：100084
社 总 机：010-83470000　　**邮　　购**：010-62786544
投稿与读者服务：010-62776969，c-service@tup.tsinghua.edu.cn
质量反馈：010-62772015，zhiliang@tup.tsinghua.edu.cn
课件下载：https://www.tup.com.cn，010-83470236
印 装 者：三河市龙大印装有限公司
经　　销：全国新华书店
开　　本：185mm×260mm　　**印　张**：28.25　　**字　　数**：681 千字
版　　次：2021 年 8 月第 1 版　　**印　　次**：2024 年 7 月第 3 次印刷
印　　数：2501～2800
定　　价：99.00 元

产品编号：081220-01

丛 书 序

工业机器人诞生于20世纪50年代,并逐步走向实用化。到了20世纪70年代,工业机器人已经实现了产业化,在汽车工业中的喷涂、焊接等被广泛应用,至今已经成为现代制造业中不可或缺的一部分。服务机器人和特种机器人的发展,包括助老助残、文化娱乐、教育、抢险救灾以及空间、地下、水下资源的开发等,机器人将成为国家之间高技术竞争的战略制高点。为了满足机器人技术发展的需要,人才培养是关键的一环。我国各大专院校都在计划设置与机器人相关的专业,加强机器人各类人才的培养。目前亟需一套机器人及其应用的系统教材,为此我们编写了这部系列丛书,主要为大学以上学生、研究人员和工程师提供合适的教材和课外参考书。

机器人还处于发展阶段,编写这套教材存在着不少困难和不确定性,为此,我们组织了若干长期从事机器人教学与科研工作的教授和专家共同研讨,并根据以下原则编写这部丛书。

机器人的发展历史究竟从何时算起,有的认为有一千多年,有的则认为不过几十年,两种不同的历史观源于对"机器人"的不同定义。我们把1959年前后美国UNIMATION公司推出的第一台工业机器人,作为现代机器人的开端。因为这是历史上第一台可供工业使用的机器,与传统的机器不同,它具有以下两个特点:一是多功能性(versatility),即一台机器可以执行多项任务;另一是灵活性(flexibility),即通过编程等手段可以适应不同的工作环境。我们将这类新型的机器定义为"机器人"(robot),即执行人类相似的功能(function)或者执行传统上需要人类去完成的任务(task)的机器。这类机器至少需要具备以上两个基本特点,即多功能性和灵活性。当然,随着科技的发展和进步,未来的机器人还可能具备更多的人类功能,如感知、理性行为甚至"情感"等。这样,机器人学(robotics)就可以定义为研究、设计和使用机器人的学科。

机器人学是多学科与多技术的交叉领域,包含机械、控制、计算机、人工智能和仿生学等不同学科,同时包含传感器、机械电子和执行机构等不同技术。这些都给教材内容的选择和编写带来一定的困难,我们确定以下5册书作为丛书的内容,即《机器人数学基础》《机器人学及其应用导论》《机器人运动学、动力学与运动控制》《机器人传感器与视觉》《人工智能》。编写的重点放在不同学科与机器人相交叉的部分,比如,机器人控制,我们不是简单地去介绍一般的自动控制理论与方法,而把重点放在机器人运动学、动力学与控制算法相结合的部分。其他几册书也是按照这个原则编写的。机器人还处于发展的初期,目前的机器人大多只能完成结构化环境下的工作,为了适应复杂环境下的工作需求,智能化是机器人今后主要的发展方向，因此我们专门设置了《人工智能》这一册书。人工智能近年来无论在感知、理性智能和智能控制等领域，以及知识驱动与数据驱动等方法上均取得不少的进展，这些进展无疑将推动未来智能机器人的发展。

尽管我们邀请了各个领域著名教授和专家共同编写这部丛书，但由于机器人还处于发展过程之中，技术日新月异，难免有不足和遗漏，欢迎读者提出宝贵意见与建议，以便今后改进。

张　钹
中国科学院院士、清华大学教授

前　　言

机器人除了机械本体的机构学外，为了使其具有人类某种智能，还涉及多传感器信息融合、自主导航与定位和自主路径规划等核心技术。这些核心技术统称为机器人的智能技术。随着应用领域的扩大和应用要求的不断提高，研究者和开发人员越来越重视机器人智能技术的研究与实现，近年来机器人的智能程度取得了长足的进步。

在机器人学中，机构学和智能技术的研究都需要数学基础，使用的数学方法常涉及代数学、几何学、分析学、概率与统计和数值计算等众多数学分支。对就读机器人专业的工科学生来说，全面学习掌握这些分支的数学内容是不现实的，即使数学专业的大学本科毕业生也未必能做到。本书的目的是提供必要的数学基础知识，以便读者能进一步学习机构学和深入理解机器人智能技术中的相关数学方法。全书分为以下四个相对独立的部分。

(1) 矩阵理论与应用(第 1 章～第 3 章)：正交与对角化、矩阵分解、矩阵分析和最小线性二乘。

(2) 数值计算与分析(第 4 章～第 7 章)：插值与拟合、非线性方程(组)、非线性优化和微分方程。

(3) 概率与统计(第 8 章～第 10 章)：贝叶斯推断、贝叶斯决策、马尔可夫链和隐马尔可夫模型。

(4) 射影几何与非欧几何(第 11 章～第 13 章)：平面射影几何、空间射影几何和非欧几何学简介。

读者可根据专业或研究方向的需要，对这些内容进行适当取舍。

本书既可作为机器人专业的高年级本科生和研究生的数学教材或教学参考书，也可作为从事人工智能学术研究或技术开发人员需要了解相关数学知识的自学读本。工科学生阅读本书应具备高等数学、线性代数和概率与统计的初步知识。

本书的选材得到“机器人学及其应用系列丛书”编委会的审订。在写作过程中得到张钹院士的大力支持与热情鼓励，参考了有关书籍和文献，特别是韦来生教授的《贝叶斯分析》和刘次华教授的《随机过程》。清华大学出版社对本书的出版给予了大力支持与帮助。在此一并致谢。

因作者学识水平有限，书中难免存在错误或不足之处，恳请同行和广大读者批评指正。

作　者

2021 年 6 月于北京中关村

目　录

第一部分　矩阵理论与应用

第三部分 概率与统计

第四部分 射影几何与非欧几何

第一部分　矩阵理论与应用

第 1 章　正交与对角化

正交是应用十分广泛的几何概念，从远古的勾股定理、经典的线性最小二乘法，到近现代的最佳逼近(拟合)理论，无一不包含这一重要概念。正交依附于内积概念，本章首先引进两种内积空间：欧氏空间(实内积空间)和酉空间(复内积空间)，以及与其相伴的正交矩阵和酉矩阵，然后介绍与正交概念密切相关的矩阵正交对角化理论。本章假定读者已掌握线性代数和微积分学的基本知识，特别是线性空间、矩阵的特征值和特征向量、Cayley-Hamilton 定理和指数函数等内容。

1.1　欧氏空间

1.1.1　基本概念

定义 1.1.1　设 $\mathbf{X}$ 是实数域 $\mathbf{R}$ 上的 n 维线性空间，$\mathbf{X}$ 上的内积是满足如下性质的二元实值函数 $\langle\cdot,\cdot\rangle:\mathbf{X}\times\mathbf{X}\mapsto\mathbf{R}$：

(i) 对称性质：$\langle \boldsymbol{x},\boldsymbol{y}\rangle=\langle \boldsymbol{y},\boldsymbol{x}\rangle$，$\forall\, \boldsymbol{x},\boldsymbol{y}\in\mathbf{X}$；

(ii) 线性性质：$\langle s\boldsymbol{x}+u\boldsymbol{y},\boldsymbol{z}\rangle=s\langle \boldsymbol{x},\boldsymbol{z}\rangle+u\langle \boldsymbol{y},\boldsymbol{z}\rangle$，$\forall\, \boldsymbol{x},\boldsymbol{y},\boldsymbol{z}\in\mathbf{X}$，$s,u\in\mathbf{R}$；

(iii) 非负性质：$\langle \boldsymbol{x},\boldsymbol{x}\rangle\geqslant 0$，$\forall\, \boldsymbol{x}\in\mathbf{X}$；$\langle \boldsymbol{x},\boldsymbol{x}\rangle=0\Leftrightarrow \boldsymbol{x}=0$。

赋予了内积的 n 维线性空间 $\mathbf{X}$ 称为 n 维欧氏空间。由(i)和(ii)，内积对第二个变元也是线性的，即

$$\langle \boldsymbol{x},s\boldsymbol{y}+u\boldsymbol{z}\rangle=s\langle \boldsymbol{x},\boldsymbol{y}\rangle+u\langle \boldsymbol{y},\boldsymbol{z}\rangle$$

在欧氏空间中有向量的长度、距离和角度等几何概念：

定义 1.1.2　向量的长度(模或范数)定义为

$$\|\boldsymbol{x}\|_2=\sqrt{\langle \boldsymbol{x},\boldsymbol{x}\rangle} \tag{1.1}$$

向量之间的距离和角度分别定义为

$$d(\boldsymbol{x},\boldsymbol{y})=\|\boldsymbol{x}-\boldsymbol{y}\|_2 \tag{1.2}$$

$$\theta=\arccos\left(\frac{\langle \boldsymbol{x},\boldsymbol{y}\rangle}{\|\boldsymbol{x}\|_2\cdot\|\boldsymbol{y}\|_2}\right) \tag{1.3}$$

若向量 $\boldsymbol{x},\boldsymbol{y}$ 的角度是 $\pi/2$，即 $\langle \boldsymbol{x},\boldsymbol{y}\rangle=0$，则称它们是相互正交的，记作 $\boldsymbol{x}\perp\boldsymbol{y}$。众所周知 $-1\leqslant\cos\theta\leqslant 1$，为说明角度定义的合理性，需要证明下列柯西(Cauchy)不等式：

定理 1.1.1(柯西不等式)

$$\langle \boldsymbol{x},\boldsymbol{y}\rangle^2\leqslant\langle \boldsymbol{x},\boldsymbol{x}\rangle\cdot\langle \boldsymbol{y},\boldsymbol{y}\rangle \tag{1.4}$$

事实上，由(iii)，$\forall\, t\in\mathbf{R}$，$\langle \boldsymbol{x}+t\boldsymbol{y},\boldsymbol{x}+t\boldsymbol{y}\rangle\geqslant 0$，从(i)和(ii)得到

$$f(t)\triangleq\langle \boldsymbol{x}+t\boldsymbol{y},\boldsymbol{x}+t\boldsymbol{y}\rangle=\langle \boldsymbol{x},\boldsymbol{x}\rangle+2t\langle \boldsymbol{x},\boldsymbol{y}\rangle+t^2\langle \boldsymbol{y},\boldsymbol{y}\rangle$$

它是 t 的非负二次函数，因此

$$\langle \boldsymbol{x},\boldsymbol{x}\rangle \cdot \langle \boldsymbol{y},\boldsymbol{y}\rangle - \langle \boldsymbol{x},\boldsymbol{y}\rangle^2 = \det\begin{bmatrix}\langle \boldsymbol{x},\boldsymbol{x}\rangle & \langle \boldsymbol{x},\boldsymbol{y}\rangle \\ \langle \boldsymbol{x},\boldsymbol{y}\rangle & \langle \boldsymbol{y},\boldsymbol{y}\rangle\end{bmatrix} \geqslant 0$$

其中 det 表示矩阵的行列式。故柯西不等式成立。

例 1.1.1 在变量 x 的次数不大于 n 的所有多项式构成的 $n+1$ 线性空间 $\mathbf{P}[x]_n$ 中，对任意两个多项式 $f(x)$，$g(x)$，定义

$$\langle f(x),g(x)\rangle = \int_a^b f(x)g(x)\mathrm{d}x$$

不难验证，它满足(i)、(ii)和(iii)。在这个欧氏空间中，柯西不等式为

$$\left(\int_a^b f(x)g(x)\mathrm{d}x\right)^2 \leqslant \int_a^b (f(x))^2\mathrm{d}x \cdot \int_a^b (g(x))^2\mathrm{d}x$$

例 1.1.2 在 n^2 维线性空间 $\mathbf{R}^{n\times n}$ 中，对任意两个矩阵 $\boldsymbol{A}=(a_{ij})$，$\boldsymbol{B}=(b_{ij})$，定义

$$\langle \boldsymbol{A},\boldsymbol{B}\rangle = \sum_{i,j=1}^{n} a_{ij}b_{ij} = \mathrm{tr}(\boldsymbol{A}\boldsymbol{B}^{\mathrm{T}})$$

不难验证，它是 $\mathbf{R}^{n\times n}$ 上的内积，且柯西不等式为

$$\mathrm{tr}^2(\boldsymbol{A}\boldsymbol{B}^{\mathrm{T}}) \leqslant \mathrm{tr}(\boldsymbol{A}\boldsymbol{A}^{\mathrm{T}}) \cdot \mathrm{tr}(\boldsymbol{B}\boldsymbol{B}^{\mathrm{T}})$$

定理 1.1.2(勾股定理) 设 $\boldsymbol{x}=\boldsymbol{x}_1+\boldsymbol{x}_2+\cdots+\boldsymbol{x}_k$，其中 $\boldsymbol{x}_i \perp \boldsymbol{x}_j\ (i\neq j)$，则

$$\|\boldsymbol{x}\|_2^2 = \|\boldsymbol{x}_1\|_2^2 + \|\boldsymbol{x}_2\|_2^2 + \cdots + \|\boldsymbol{x}_k\|_2^2 \tag{1.5}$$

证明 由正交性，$\langle \boldsymbol{x}_i,\boldsymbol{x}_j\rangle = \begin{cases}\|\boldsymbol{x}_i\|_2^2, & i=j \\ 0, & i\neq j\end{cases}$，所以

$$\begin{aligned}\|\boldsymbol{x}\|_2^2 &= \left\langle \sum_{i=1}^{k}\boldsymbol{x}_i, \sum_{i=1}^{k}\boldsymbol{x}_i \right\rangle = \sum_{i=1}^{k}\sum_{j=1}^{k}\langle \boldsymbol{x}_i,\boldsymbol{x}_j\rangle = \sum_{i=1}^{k}\langle \boldsymbol{x}_i,\boldsymbol{x}_i\rangle \\ &= \|\boldsymbol{x}_1\|_2^2 + \|\boldsymbol{x}_2\|_2^2 + \cdots + \|\boldsymbol{x}_k\|_2^2\end{aligned}$$

证毕。

定理 1.1.3(余弦定理) 令 $\boldsymbol{x},\boldsymbol{y}$ 是欧氏空间 $\mathbf{X}$ 中任两个非零向量，则

$$\|\boldsymbol{x}\pm\boldsymbol{y}\|_2^2 = \|\boldsymbol{x}\|_2^2 + \|\boldsymbol{y}\|_2^2 \pm 2\|\boldsymbol{x}\|_2\|\boldsymbol{y}\|_2^2\cos\theta \tag{1.6}$$

特别，当 $\boldsymbol{x}\perp\boldsymbol{y}$ 时，

$$\|\boldsymbol{x}\pm\boldsymbol{y}\|_2^2 = \|\boldsymbol{x}\|_2^2 + \|\boldsymbol{y}\|_2^2$$

证明

$$\begin{aligned}\|\boldsymbol{x}\pm\boldsymbol{y}\|_2^2 &= \langle \boldsymbol{x}\pm\boldsymbol{y},\boldsymbol{x}\pm\boldsymbol{y}\rangle = \langle \boldsymbol{x},\boldsymbol{x}\rangle + \langle \boldsymbol{y},\boldsymbol{y}\rangle \pm 2\langle \boldsymbol{x},\boldsymbol{y}\rangle \\ &= \|\boldsymbol{x}\|_2^2 + \|\boldsymbol{y}\|_2^2 \pm 2\langle \boldsymbol{x},\boldsymbol{y}\rangle \\ &= \|\boldsymbol{x}\|_2^2 + \|\boldsymbol{y}\|_2^2 \pm 2\|\boldsymbol{x}\|_2\|\boldsymbol{y}\|_2^2\cos\theta\end{aligned}$$

证毕。

由余弦定理，容易得到不等式：

$$\big|\|\boldsymbol{x}\|_2 - \|\boldsymbol{y}\|_2\big| \leqslant \|\boldsymbol{x}\pm\boldsymbol{y}\|_2 \leqslant \|\boldsymbol{x}\|_2 + \|\boldsymbol{y}\|_2 \tag{1.7}$$

它的几何意义是三角形的一边长小于另两边长之和，而大于另两边长之差。事实上，由柯西不等式，

$$-\|\boldsymbol{x}\|_2 \cdot \|\boldsymbol{y}\|_2 \leqslant \langle \boldsymbol{x},\boldsymbol{y}\rangle \leqslant \|\boldsymbol{x}\|_2 \cdot \|\boldsymbol{y}\|_2$$

因此，根据余弦定理，有

$$(\|\boldsymbol{x}\|_2 - \|\boldsymbol{y}\|_2)^2 \leqslant \|\boldsymbol{x}\|_2^2 + \|\boldsymbol{y}\|_2^2 \pm 2\langle \boldsymbol{x},\boldsymbol{y}\rangle \leqslant (\|\boldsymbol{x}\|_2 + \|\boldsymbol{y}\|_2)^2$$

故(1.7)成立。

定义 1.1.3　若欧氏空间 $\mathbf{X}$ 的坐标基 $\mathbf{U}=\{\boldsymbol{u}_1,\boldsymbol{u}_2,\cdots,\boldsymbol{u}_n\}$ 满足

$$\langle \boldsymbol{u}_i,\boldsymbol{u}_j\rangle=\delta_{ij}\triangleq\begin{cases}1, & i=j\\ 0, & i\neq j\end{cases},\quad i,j=1,2,\cdots,n \tag{1.8}$$

即其中任两个相异向量都是相互正交的单位向量,则称 $\mathbf{U}$ 为 $\mathbf{X}$ 的标准正交基。

例 1.1.3　在 $\mathbf{R}^n$ 中,定义

$$\langle \boldsymbol{x},\boldsymbol{y}\rangle\triangleq\boldsymbol{y}^{\mathrm{T}}\boldsymbol{x}=\sum_{i=1}^{n}x_iy_i,\quad \forall\,\boldsymbol{x}=(x_1,x_2,\cdots,x_n)^{\mathrm{T}},\quad \boldsymbol{y}=(y_1,y_2,\cdots,y_n)^{\mathrm{T}}\in\mathbf{R}^n$$

不难验证,上式满足(i),(ii)和(iii),因此是 $\mathbf{R}^n$ 的内积,且 $\mathbf{E}=\{\boldsymbol{e}_1,\boldsymbol{e}_2,\cdots,\boldsymbol{e}_n\}$ 是 $\mathbf{R}^n$ 的一组标准正交基,其中 $\boldsymbol{e}_i$ 是第 i 个分量为 1 其他分量均为 0 的单位向量。此时,柯西不等式为

$$\left(\sum_{i=1}^{n}x_iy_i\right)^2\leqslant\sum_{i=1}^{n}x_i^2\sum_{i=1}^{n}y_i^2$$

定理 1.1.4　设 $\mathbf{U}=\{\boldsymbol{u}_1,\boldsymbol{u}_2,\cdots,\boldsymbol{u}_n\}$ 是 $\mathbf{X}$ 的一组标准正交基,则有

(i) Fourier 展开式:

$$\boldsymbol{x}=\langle \boldsymbol{x},\boldsymbol{u}_1\rangle\boldsymbol{u}_1+\langle \boldsymbol{x},\boldsymbol{u}_2\rangle\boldsymbol{u}_2+\cdots+\langle \boldsymbol{x},\boldsymbol{u}_n\rangle\boldsymbol{u}_n,\quad \forall\,\boldsymbol{x}\in\mathbf{X} \tag{1.9}$$

(ii) Bessel 等式:

$$\|\boldsymbol{x}\|_2^2=\langle \boldsymbol{x},\boldsymbol{u}_1\rangle^2+\langle \boldsymbol{x},\boldsymbol{u}_2\rangle^2+\cdots+\langle \boldsymbol{x},\boldsymbol{u}_n\rangle^2,\quad \forall\,\boldsymbol{x}\in\mathbf{X} \tag{1.10}$$

(iii) Parseval 等式:

$$\langle \boldsymbol{x},\boldsymbol{y}\rangle=\langle \boldsymbol{x},\boldsymbol{u}_1\rangle\langle \boldsymbol{y},\boldsymbol{u}_1\rangle+\langle \boldsymbol{x},\boldsymbol{u}_2\rangle\langle \boldsymbol{y},\boldsymbol{u}_2\rangle+\cdots+\langle \boldsymbol{x},\boldsymbol{u}_n\rangle\langle \boldsymbol{y},\boldsymbol{u}_n\rangle,\quad \forall\,\boldsymbol{x},\boldsymbol{y}\in\mathbf{X} \tag{1.11}$$

证明是容易的,留给读者。

给定标准正交基 $\mathbf{U}=\{\boldsymbol{u}_1,\boldsymbol{u}_2,\cdots,\boldsymbol{u}_n\}$,称 $\langle \boldsymbol{x},\boldsymbol{u}_j\rangle$ 是向量 $\boldsymbol{x}$ 在 $\boldsymbol{u}_j$ 上的投影或坐标分量,而

$$\boldsymbol{a}=(\langle \boldsymbol{x},\boldsymbol{u}_1\rangle,\langle \boldsymbol{x},\boldsymbol{u}_2\rangle,\cdots,\langle \boldsymbol{x},\boldsymbol{u}_n\rangle)^{\mathrm{T}}\in\mathbf{R}^n$$

称为 $\boldsymbol{x}$ 在标准正交基 $\mathbf{U}$ 下的坐标(向量)。

式(1.9)表明 $\mathbf{X}$ 中的任何向量都可表示为基向量的线性组合,组合系数正好是该向量的坐标分量;(1.10)表明向量长度的平方是各坐标分量的平方和;式(1.11)表明任何两个向量的内积是它们坐标分量的乘积之和。

定理 1.1.5(Gram-Schmidt 正交化)　令 $\mathbf{V}=\{\boldsymbol{v}_1,\boldsymbol{v}_2,\cdots,\boldsymbol{v}_k\}$ 是 n 维欧氏空间中的线性无关向量组,令

$$\begin{cases}\boldsymbol{u}_1=\boldsymbol{v}_1\\[2mm] \boldsymbol{u}_2=\boldsymbol{v}_2-\dfrac{\langle \boldsymbol{v}_2,\boldsymbol{u}_1\rangle}{\langle \boldsymbol{u}_1,\boldsymbol{u}_1\rangle}\boldsymbol{u}_1\\[2mm] \boldsymbol{u}_3=\boldsymbol{v}_3-\dfrac{\langle \boldsymbol{v}_3,\boldsymbol{u}_1\rangle}{\langle \boldsymbol{u}_1,\boldsymbol{u}_1\rangle}\boldsymbol{u}_1-\dfrac{\langle \boldsymbol{v}_3,\boldsymbol{u}_2\rangle}{\langle \boldsymbol{u}_2,\boldsymbol{u}_2\rangle}\boldsymbol{u}_2\\ \vdots\\ \boldsymbol{u}_k=\boldsymbol{v}_k-\dfrac{\langle \boldsymbol{v}_k,\boldsymbol{u}_1\rangle}{\langle \boldsymbol{u}_1,\boldsymbol{u}_1\rangle}\boldsymbol{u}_1-\cdots-\dfrac{\langle \boldsymbol{v}_k,\boldsymbol{u}_{k-1}\rangle}{\langle \boldsymbol{u}_{k-1},\boldsymbol{u}_{k-1}\rangle}\boldsymbol{u}_{k-1}\end{cases} \tag{1.12}$$

则 $\mathbf{U}=\{\boldsymbol{u}_1,\boldsymbol{u}_2,\cdots,\boldsymbol{u}_n\}$ 是一组正交向量,且

$$\text{span}\{\boldsymbol{u}_1,\boldsymbol{u}_2,\cdots,\boldsymbol{u}_i\}=\text{span}\{\boldsymbol{v}_1,\boldsymbol{v}_2,\cdots,\boldsymbol{v}_i\},\quad i=1,2,\cdots,k$$

其中,$\text{span}\{\boldsymbol{x}_1,\boldsymbol{x}_2,\cdots,\boldsymbol{x}_i\}$表示向量组$\{\boldsymbol{x}_1,\boldsymbol{x}_2,\cdots,\boldsymbol{x}_i\}$张成的线性子空间,即

$$\text{span}\{\boldsymbol{x}_1,\boldsymbol{x}_2,\cdots,\boldsymbol{x}_i\}\triangleq\left\{\boldsymbol{x}=\sum_{j=1}^{i}a_j\boldsymbol{x}_j\mid \boldsymbol{a}=(a_1,a_2,\cdots,a_i)^{\mathrm{T}}\in R^i\right\}$$

证明　归纳法：当 $h=2$ 时,

$$\langle \boldsymbol{u}_2,\boldsymbol{u}_1\rangle=\langle \boldsymbol{v}_2-\frac{\langle \boldsymbol{v}_2,\boldsymbol{v}_1\rangle}{\langle \boldsymbol{v}_1,\boldsymbol{v}_1\rangle}\boldsymbol{v}_1,\boldsymbol{v}_1\rangle=\langle \boldsymbol{v}_2,\boldsymbol{v}_1\rangle-\frac{\langle \boldsymbol{v}_2,\boldsymbol{v}_1\rangle}{\langle \boldsymbol{v}_1,\boldsymbol{v}_1\rangle}\langle \boldsymbol{v}_1,\boldsymbol{v}_1\rangle=0$$

故 $\boldsymbol{u}_2,\boldsymbol{u}_1$ 相互正交。假定当 $h=s$ 时,向量组$\{\boldsymbol{u}_1,\boldsymbol{u}_2,\cdots,\boldsymbol{u}_s\}$中的向量两两相互正交。下面证明当 $h=s+1$ 时,$\{\boldsymbol{u}_1,\boldsymbol{u}_2,\cdots,\boldsymbol{u}_s,\boldsymbol{u}_{s+1}\}$也是两两相互正交的。由归纳假定,只需证明 $\forall t<s+1,\boldsymbol{u}_t,\boldsymbol{u}_{s+1}$ 是相互正交的。

$$\langle \boldsymbol{u}_{s+1},\boldsymbol{u}_t\rangle=\left\langle \boldsymbol{v}_{s+1}-\sum_{j=1}^{s}\frac{\langle \boldsymbol{v}_{s+1},\boldsymbol{u}_j\rangle}{\langle \boldsymbol{u}_j,\boldsymbol{u}_j\rangle}\boldsymbol{u}_j,\boldsymbol{u}_t\right\rangle=\langle \boldsymbol{v}_{s+1},\boldsymbol{u}_t\rangle-\sum_{j=1}^{s}\frac{\langle \boldsymbol{v}_{s+1},\boldsymbol{u}_j\rangle}{\langle \boldsymbol{u}_j,\boldsymbol{u}_j\rangle}\cdot\langle \boldsymbol{u}_j,\boldsymbol{u}_t\rangle$$

$$=\langle \boldsymbol{v}_{s+1},\boldsymbol{u}_t\rangle-\frac{\langle \boldsymbol{v}_{s+1},\boldsymbol{u}_t\rangle}{\langle \boldsymbol{u}_t,\boldsymbol{u}_t\rangle}\cdot\langle \boldsymbol{u}_t,\boldsymbol{u}_t\rangle=0$$

因此,$\boldsymbol{u}_t,\boldsymbol{u}_{s+1}$ 相互正交。由式(1.12),$\forall i\leqslant k$,两个向量组$\{\boldsymbol{u}_1,\boldsymbol{u}_2,\cdots,\boldsymbol{u}_i\}$,$\{\boldsymbol{v}_1,\boldsymbol{v}_2,\cdots,\boldsymbol{v}_i\}$能相互线性表示,故它们张成相同的线性子空间。证毕。

在 n 维欧氏空间 $\mathbf{X}$ 中,给定一组标准正交基 $\mathbf{U}=\{\boldsymbol{u}_1,\boldsymbol{u}_2,\cdots,\boldsymbol{u}_n\}$,则 $\boldsymbol{x}\in\mathbf{X}$ 在基 $\mathbf{U}$ 下的坐标向量是 $\mathbf{R}^n$ 中的向量,即

$$\boldsymbol{a}=(\langle \boldsymbol{x},\boldsymbol{u}_1\rangle,\langle \boldsymbol{x},\boldsymbol{u}_2\rangle,\cdots,\langle \boldsymbol{x},\boldsymbol{u}_n\rangle)^{\mathrm{T}}\in\mathbf{R}^n$$

反之,$\boldsymbol{a}=(a_1,a_2,\cdots,a_n)^{\mathrm{T}}\in\mathbf{R}^n$ 唯一确定 $\mathbf{X}$ 中的向量

$$\boldsymbol{x}=a_1\boldsymbol{u}_1+a_2\boldsymbol{u}_2+\cdots+a_n\boldsymbol{u}_n$$

且

$$\langle \boldsymbol{x},\boldsymbol{u}_i\rangle=\langle a_1\boldsymbol{u}_1+a_2\boldsymbol{u}_2+\cdots+a_n\boldsymbol{u}_n,\boldsymbol{u}_i\rangle=a_i\langle \boldsymbol{u}_i,\boldsymbol{u}_i\rangle=a_i$$

因此,坐标向量建立了 $\mathbf{X}$ 和 $\mathbf{R}^n$ 之间的一一对应。令 $\boldsymbol{x},\boldsymbol{y}\in\mathbf{X}$,其坐标向量分别为 $\boldsymbol{a},\boldsymbol{b}\in\mathbf{R}^n$,则由 Bessel 等式和 Parseval 等式,

$$\|\boldsymbol{x}\|_2^2=\langle \boldsymbol{x},\boldsymbol{u}_1\rangle^2+\langle \boldsymbol{x},\boldsymbol{u}_2\rangle^2+\cdots+\langle \boldsymbol{x},\boldsymbol{u}_n\rangle^2=\|\boldsymbol{a}\|_2^2\tag{1.13}$$

$$\langle \boldsymbol{x},\boldsymbol{y}\rangle=\sum_{i=1}^{n}\langle \boldsymbol{x},\boldsymbol{u}_i\rangle\cdot\langle \boldsymbol{y},\boldsymbol{u}_i\rangle=\sum_{i=1}^{n}a_ib_i=\langle \boldsymbol{a},\boldsymbol{b}\rangle\tag{1.14}$$

也就是说,这个对应关系保持向量的内积和长度。所以,任何 n 维欧氏空间 $\mathbf{X}$ 的几何都归结为 n 维欧氏空间 $\mathbf{R}^n$ 的几何。以后,我们说 n 维欧氏空间都是指 n 维欧氏空间 $\mathbf{R}^n$,除特别说明外,其中的标准正交基是指 $\mathbf{E}=\{\boldsymbol{e}_1,\boldsymbol{e}_2,\cdots,\boldsymbol{e}_n\}$,内积为

$$\langle \boldsymbol{x},\boldsymbol{y}\rangle=\sum_{i=1}^{n}x_iy_i=\boldsymbol{x}^{\mathrm{T}}\boldsymbol{y},\forall \boldsymbol{x},\boldsymbol{y}\in\mathbf{R}^n$$

1.1.2　正交矩阵

定义 1.1.4　若实方阵 $\boldsymbol{Q}$ 满足 $\boldsymbol{Q}^{\mathrm{T}}=\boldsymbol{Q}^{-1}$(或等价地,$\boldsymbol{Q}^{\mathrm{T}}\boldsymbol{Q}=\boldsymbol{Q}\boldsymbol{Q}^{\mathrm{T}}=\boldsymbol{I}$),则称 $\boldsymbol{Q}$ 为正交矩阵。

由定义,正交矩阵的任意两个列向量是单位正交的,任意两个行向量也是单位正交的。不难验证,正交矩阵有下述性质：

(i) $\boldsymbol{Q}$ 为正交矩阵⇔保持向量的内积不变，即

$$\forall \boldsymbol{x},\boldsymbol{y} \in \mathbf{R}^n,\quad \langle \boldsymbol{Qx},\boldsymbol{Qy}\rangle = \langle \boldsymbol{x},\boldsymbol{y}\rangle$$

(ii) $\boldsymbol{Q}$ 为正交矩阵⇔保持向量间的距离不变，即

$$\forall \boldsymbol{x},\boldsymbol{y} \in \mathbf{R}^n,\quad \| \boldsymbol{Qx}-\boldsymbol{Qy}\|_2 = \|\boldsymbol{x}-\boldsymbol{y}\|_2$$

(iii) 任意两个正交矩阵的积是正交的。

(iv) 正交矩阵的行列式等于±1。

行列式等于 1 的正交矩阵称为旋转矩阵或正常正交矩阵，行列式等于－1 的正交矩阵称为反射矩阵或非正常正交矩阵。容易证明上述性质，比如(i)：

$$\langle \boldsymbol{Qx},\boldsymbol{Qy}\rangle = (\boldsymbol{Qx})^{\mathrm{T}}(\boldsymbol{Qy}) = \boldsymbol{x}^{\mathrm{T}}(\boldsymbol{Q}^{\mathrm{T}}\boldsymbol{Q})\boldsymbol{y} = \boldsymbol{x}^{\mathrm{T}}\boldsymbol{y} = \langle \boldsymbol{x},\boldsymbol{y}\rangle$$

反之，若 $\forall \boldsymbol{x},\boldsymbol{y}\in\mathbf{R}^n$，$\langle \boldsymbol{Qx},\boldsymbol{Qy}\rangle = \langle \boldsymbol{x},\boldsymbol{y}\rangle$，令 $\boldsymbol{x}=\boldsymbol{e}_i$，$\boldsymbol{y}=\boldsymbol{e}_j$，则 $\boldsymbol{Q}$ 的第 i,j 列向量 $\boldsymbol{q}_i=\boldsymbol{Qe}_i$，$\boldsymbol{q}_j=\boldsymbol{Qe}_j$ 且满足

$$\langle \boldsymbol{q}_i,\boldsymbol{q}_j\rangle = \langle \boldsymbol{Qe}_i,\boldsymbol{Qe}_j\rangle = \langle \boldsymbol{e}_i,\boldsymbol{e}_j\rangle = \begin{cases}1, & i=j\\ 0, & i\neq j\end{cases}$$

故 $\boldsymbol{Q}$ 为正交矩阵。

令 $\boldsymbol{Q}=\{\boldsymbol{q}_1,\boldsymbol{q}_2,\cdots,\boldsymbol{q}_n\}$ 是 n 维欧氏空间 $\mathbf{R}^n$ 的一组标准正交基，由它构成的基矩阵 $\boldsymbol{Q}=(\boldsymbol{q}_1,\boldsymbol{q}_2,\cdots,\boldsymbol{q}_n)$ 必是正交矩阵。若 $\boldsymbol{P}$ 是正交矩阵，则 $\boldsymbol{Q}'=\{\boldsymbol{Pq}_1,\boldsymbol{Pq}_2,\cdots,\boldsymbol{Pq}_n\}$ 必为两两正交的标准向量组，因此正交变换将标准正交基变换到另一标准正交基；反之，任意给定另一标准正交基 $\mathbf{G}=\{\boldsymbol{g}_1,\boldsymbol{g}_2,\cdots,\boldsymbol{g}_n\}$，对应的基矩阵为 $\boldsymbol{G}=(\boldsymbol{g}_1,\boldsymbol{g}_2,\cdots,\boldsymbol{g}_n)$，则存在正交阵 $\boldsymbol{P}$ 使得 $\boldsymbol{PQ}=\boldsymbol{G}$，即

$$\boldsymbol{Pq}_j=\boldsymbol{g}_j,\quad j=1,2,\cdots,n$$

事实上，由正交性，$\boldsymbol{Q}^{\mathrm{T}}\boldsymbol{Q}=\boldsymbol{I}=\boldsymbol{G}^{\mathrm{T}}\boldsymbol{G}$，于是令 $\boldsymbol{P}=\boldsymbol{GQ}^{\mathrm{T}}$ 就得到 $\boldsymbol{PQ}=\boldsymbol{G}$。故 n 维欧氏空间 $\mathbf{R}^n$ 的任意两组标准正交基之间都相差一个正交变换。

正交矩阵的几何意义

考虑 2 阶正交矩阵 $\boldsymbol{Q}=\begin{bmatrix}a & b\\ c & d\end{bmatrix}$。由正交性，

$$a^2+b^2=1=c^2+d^2,\quad a^2+c^2=1=b^2+d^2,\quad ac+bd=0=ab+cd$$

从 $a^2+b^2=1$ 知，存在角 θ 使得 $a=\cos\theta$，$b=\pm\sin\theta$。如果 $b=\sin\theta$，令 $\theta'=-\theta$，则有 $a=\cos\theta'$，$b=-\sin\theta'$。总之，可选取一个角 θ 使得

$$a=\cos\theta,\quad b=-\sin\theta \tag{1.15}$$

再利用 $a^2+c^2=1$ 得 $c=\pm\sin\theta$。如果 $\sin\theta\neq 0$，则由 $ac+bd=0$ 得到 $d=\pm\cos\theta$。这说明，当 $\sin\theta\neq 0$ 时，

$$c=\sin\theta,\quad d=\cos\theta,\quad 或\quad c=-\sin\theta,\quad d=-\cos\theta$$

即此时 $\boldsymbol{Q}$ 仅有下述两种类型

$$\begin{bmatrix}\cos\theta & -\sin\theta\\ \sin\theta & \cos\theta\end{bmatrix},\quad \begin{bmatrix}\cos\theta & -\sin\theta\\ -\sin\theta & -\cos\theta\end{bmatrix} \tag{1.16}$$

当 $\sin\theta=0$ 时，$\boldsymbol{Q}$ 必为下述四种情况之一

$$\begin{bmatrix}1 & 0\\ 0 & 1\end{bmatrix},\quad \begin{bmatrix}-1 & 0\\ 0 & -1\end{bmatrix},\quad \begin{bmatrix}1 & 0\\ 0 & -1\end{bmatrix},\quad \begin{bmatrix}-1 & 0\\ 0 & 1\end{bmatrix}$$

前两种情况可归为式(1.16)中的第一个矩阵($\theta=0,\pi$)；后两种情况可归为式(1.16)中的第二个矩阵($\theta=0,\pi$)。综上所述，2阶正交阵 $\boldsymbol{Q}$ 可表示为式(1.16)中的两种形状。

变换 $\begin{bmatrix} x' \\ y' \end{bmatrix}=\begin{bmatrix} \cos\theta & -\sin\theta \\ \sin\theta & \cos\theta \end{bmatrix}\begin{bmatrix} x \\ y \end{bmatrix}$ 的几何意义是平面上绕原点旋转 θ 角，把点 x 变到 x' 的旋转变换。此时 $\boldsymbol{Q}$ 的行列式等于1，是正常正交矩阵。

变换 $\begin{bmatrix} x' \\ y' \end{bmatrix}=\begin{bmatrix} \cos\theta & -\sin\theta \\ -\sin\theta & -\cos\theta \end{bmatrix}\begin{bmatrix} x \\ y \end{bmatrix}$ 的几何意义：这个变换是下述两个变换的复合：

$$\begin{bmatrix} x' \\ y' \end{bmatrix}=\begin{bmatrix} 1 & 0 \\ 0 & -1 \end{bmatrix}\begin{bmatrix} s \\ t \end{bmatrix},\quad \begin{bmatrix} s \\ t \end{bmatrix}=\begin{bmatrix} \cos\theta & -\sin\theta \\ \sin\theta & \cos\theta \end{bmatrix}\begin{bmatrix} x \\ y \end{bmatrix}$$

后者表示旋转，前者表示关于 s-轴的反射变换。因此，$\boldsymbol{Q}$ 确定的变换是平面上以直线 $x\sin(\theta/2)+y\cos(\theta/2)=0$ 为对称轴的反射变换，如图1.1所示。此时 $\boldsymbol{Q}$ 的行列式等于 -1，它是非正常正交阵。

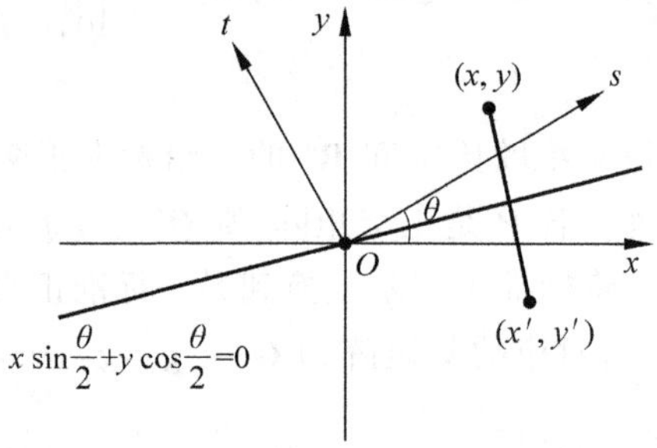

图1.1 反射矩阵的几何意义

总之，2阶正交矩阵在几何上或是绕坐标原点的旋转，或是通过原点直线的反射，由它是否为正常正交矩阵来确定。

1.2 酉空间

1.2.1 基本概念

定义1.2.1 设 $\mathbf{X}$ 是复数域 $\mathbf{C}$ 上的 n 维线性空间，$\mathbf{X}$ 上的内积是满足如下性质的复值函数 $\langle\cdot,\cdot\rangle$：$\mathbf{X}\times\mathbf{X}\mapsto\mathbf{C}$：

(i) 轭米特性：$\langle \boldsymbol{x},\boldsymbol{y}\rangle=\overline{\langle \boldsymbol{y},\boldsymbol{x}\rangle}$；

(ii) 对第一变元的线性：$\langle s\boldsymbol{x}+u\boldsymbol{y},\boldsymbol{z}\rangle=s\langle \boldsymbol{x},\boldsymbol{z}\rangle+u\langle \boldsymbol{y},\boldsymbol{z}\rangle$；

(iii) 非负性：$\langle \boldsymbol{x},\boldsymbol{x}\rangle\geqslant 0$；$\langle \boldsymbol{x},\boldsymbol{x}\rangle=0\Leftrightarrow \boldsymbol{x}=0$。

若在 n 维复线性空间 $\mathbf{X}$ 上定义了内积，则称 $\mathbf{X}$ 为 n 维酉空间(或复内积空间)。由(i)和(ii)，内积对于第二变元具有共轭线性：

$$\langle \boldsymbol{z},s\boldsymbol{x}+u\boldsymbol{y}\rangle=\overline{\langle s\boldsymbol{x}+u\boldsymbol{y},\boldsymbol{z}\rangle}=\bar{s}\langle \boldsymbol{z},\boldsymbol{x}\rangle+\bar{u}\langle \boldsymbol{z},\boldsymbol{y}\rangle$$

欧氏空间中的向量长度、距离和夹角等几何概念与相关性质都可平行地推广到酉空间：

长度(模或范数)：$\|\boldsymbol{x}\|_2=\sqrt{\langle \boldsymbol{x},\boldsymbol{x}\rangle}$

距离：$d(\boldsymbol{x},\boldsymbol{y})=\|\boldsymbol{x}-\boldsymbol{y}\|_2$

柯西不等式：$\langle\boldsymbol{x},\boldsymbol{y}\rangle\cdot\overline{\langle\boldsymbol{x},\boldsymbol{y}\rangle}\leqslant\langle\boldsymbol{x},\boldsymbol{x}\rangle\cdot\langle\boldsymbol{y},\boldsymbol{y}\rangle$

角度：$\theta=\arccos\dfrac{|\langle\boldsymbol{x},\boldsymbol{y}\rangle|}{\|\boldsymbol{x}\|_2\cdot\|\boldsymbol{y}\|_2}$

正交：$\boldsymbol{x}\perp\boldsymbol{y}\Leftrightarrow\langle\boldsymbol{x},\boldsymbol{y}\rangle=0$

标准正交基：$\mathbf{U}=\{\boldsymbol{u}_1,\boldsymbol{u}_2,\cdots,\boldsymbol{u}_n\}\Leftrightarrow\langle\boldsymbol{u}_i,\boldsymbol{u}_j\rangle=\delta_{ij}=\begin{cases}1, & i=j\\0, & i\neq j\end{cases},\quad i,j=1,2,\cdots,n$

Fourier 展开式：$\boldsymbol{x}=\langle\boldsymbol{x},\boldsymbol{u}_1\rangle\boldsymbol{u}_1+\langle\boldsymbol{x},\boldsymbol{u}_2\rangle\boldsymbol{u}_2+\cdots+\langle\boldsymbol{x},\boldsymbol{u}_n\rangle\boldsymbol{u}_n,\quad\forall\boldsymbol{x}\in\mathbf{X}$

Bessel 等式：$\|\boldsymbol{x}\|_2^2=|\langle\boldsymbol{x},\boldsymbol{u}_1\rangle|^2+|\langle\boldsymbol{x},\boldsymbol{u}_2\rangle|^2+\cdots+|\langle\boldsymbol{x},\boldsymbol{u}_n\rangle|^2,\quad\forall\boldsymbol{x}\in\mathbf{X}$

Parseval 等式：$\langle\boldsymbol{x},\boldsymbol{y}\rangle=\langle\boldsymbol{x},\boldsymbol{u}_1\rangle\overline{\langle\boldsymbol{y},\boldsymbol{u}_1\rangle}+\cdots+\langle\boldsymbol{x},\boldsymbol{u}_n\rangle\overline{\langle\boldsymbol{y},\boldsymbol{u}_n\rangle},\quad\forall\boldsymbol{x},\boldsymbol{y}\in\mathbf{X}$

Gram-Schmidt 正交化：$\mathbf{V}=\{\boldsymbol{v}_1,\boldsymbol{v}_2,\cdots,\boldsymbol{v}_k\}$是线性无关的向量组，令

$$\boldsymbol{u}_1=\boldsymbol{v}_1,\quad\boldsymbol{u}_s=\boldsymbol{v}_s-\sum_{j=1}^{s-1}\frac{\langle\boldsymbol{v}_s,\boldsymbol{u}_j\rangle}{\langle\boldsymbol{u}_j,\boldsymbol{u}_j\rangle}\boldsymbol{u}_j,\quad s=2,3,\cdots,k$$

则 $\mathbf{U}=\{\boldsymbol{u}_1,\boldsymbol{u}_2,\cdots,\boldsymbol{u}_k\}$是正交向量组，且

$$\operatorname{span}\{\boldsymbol{u}_1,\boldsymbol{u}_2,\cdots,\boldsymbol{u}_s\}=\operatorname{span}\{\boldsymbol{v}_1,\boldsymbol{v}_2,\cdots,\boldsymbol{v}_s\},\quad\forall s\leqslant k$$

酉空间 $\mathbf{C}^n$

在 $\mathbf{C}^n$ 中的标准内积定义为

$$\langle\boldsymbol{x},\boldsymbol{y}\rangle=\boldsymbol{y}^H\boldsymbol{x}=\sum_{i=1}^{n}\bar{y}_i x_i\tag{1.17}$$

其中 $\boldsymbol{y}^H$ 表示共轭转置向量，即 $\boldsymbol{y}^H=\bar{\boldsymbol{y}}^{\mathrm{T}}$。与欧氏空间类似，$n$ 维酉空间的几何都归结 $\mathbf{C}^n$ 的几何。因此，以后在没有特别说明的情况下，所讨论的酉空间是由式(1.17)定义的复内积空间 $\mathbf{C}^n$。

1.2.2 酉矩阵

定义 1.2.2 设$\boldsymbol{U}$为复矩阵，若满足$\boldsymbol{U}^H=\boldsymbol{U}^{-1}$(或等价地$\boldsymbol{U}^H\boldsymbol{U}=\boldsymbol{U}\boldsymbol{U}^H=\boldsymbol{I}$)，则称$\boldsymbol{U}$为酉矩阵(或复正交矩阵)，其中$\boldsymbol{U}^H=\bar{\boldsymbol{U}}^{\mathrm{T}}$是矩阵$\boldsymbol{U}$的共轭转置。

欧氏空间 $\mathbf{R}^n$ 是酉空间 $\mathbf{C}^n$ 的实子空间，正交矩阵是酉矩阵的特别情形。下面陈述是等价的：

(i) $\boldsymbol{U}$ 为酉矩阵；

(ii) $\boldsymbol{U}$ 的任两列是单位正交的，且任两行也是单位正交的；

(iii) 对 $\mathbf{C}^n$ 的任意两个向量有$\langle\boldsymbol{U}\boldsymbol{x},\boldsymbol{U}\boldsymbol{y}\rangle=\langle\boldsymbol{x},\boldsymbol{y}\rangle$；

(iv) 对 $\mathbf{C}^n$ 的任意向量有 $\|\boldsymbol{U}\boldsymbol{x}\|_2=\|\boldsymbol{x}\|_2$。

酉矩阵具有下述性质：

(i) 酉矩阵的逆是酉矩阵；

(ii) 酉矩阵的有限积是酉矩阵；

(iii) 酉矩阵的任何特征值都是单位复数；

(iv) 酉矩阵不同特征值的特征向量相互正交；

(v) 酉矩阵行列式的绝对值等于 1。

定理 1.2.1　设 $\boldsymbol{U}$ 为酉矩阵,则存在酉矩阵 $\boldsymbol{V}$ 使得 $\boldsymbol{V}^{-1}\boldsymbol{U}\boldsymbol{V}(=\boldsymbol{V}^H\boldsymbol{U}\boldsymbol{V})$ 为对角矩阵。

证明　令 d_1 为 $\boldsymbol{U}$ 的一个特征值,$|d_1|=1$,$\boldsymbol{x}_1$ 为相应的单位特征向量。构造以 $\boldsymbol{x}_1$ 为第一列的酉矩阵 $\boldsymbol{V}_1=(\boldsymbol{x}_1,\boldsymbol{x}_2,\cdots,\boldsymbol{x}_n)$(先将 $\boldsymbol{x}_1$ 扩张为 n 个线性无关的向量组,再将这个向量组进行 Gram-Schmidt 单位正交化可得到 $\boldsymbol{V}_1$),则有 $\boldsymbol{V}_1^{-1}\boldsymbol{U}\boldsymbol{x}_1=d_1\boldsymbol{e}_1$,因此

$$\boldsymbol{V}_1^{-1}\boldsymbol{U}\boldsymbol{V}_1=\begin{bmatrix} d_1 & \boldsymbol{s} \\ 0 & \boldsymbol{B} \end{bmatrix}$$

由于 $\boldsymbol{V}_1$ 和 $\boldsymbol{U}$ 为酉矩阵,$\boldsymbol{V}_1^{-1}\boldsymbol{U}\boldsymbol{V}_1$ 也必为酉矩阵,因此 $\boldsymbol{s}=0$,且

$$\boldsymbol{V}_1^{-1}\boldsymbol{U}\boldsymbol{V}_1=\begin{bmatrix} d_1 & 0 \\ 0 & \boldsymbol{B} \end{bmatrix}$$

其中 $\boldsymbol{B}$ 为 $n-1$ 阶酉矩阵。归纳假定:存在 $n-1$ 阶正交阵 $\boldsymbol{V}_2$,使得

$$\boldsymbol{V}_2^{-1}\boldsymbol{B}\boldsymbol{V}_2=\mathrm{diag}(d_2,d_3,\cdots,d_n)$$

于是,$\boldsymbol{V}=\begin{bmatrix} 1 & 0 \\ 0 & \boldsymbol{V}_2 \end{bmatrix}\boldsymbol{V}_1$ 是酉矩阵,且

$$\boldsymbol{V}^H\boldsymbol{U}\boldsymbol{V}=\boldsymbol{V}^{-1}\boldsymbol{U}\boldsymbol{V}=\mathrm{diag}(d_1,d_2,\cdots,d_n)$$

证毕。

推论 1.2.1(正交矩阵的复标准形)　对于正交矩阵 $\boldsymbol{Q}$,存在酉矩阵 $\boldsymbol{V}$ 使得

$$\boldsymbol{V}^H\boldsymbol{Q}\boldsymbol{V}=\boldsymbol{V}^{-1}\boldsymbol{Q}\boldsymbol{V}=\mathrm{diag}(d_1,d_2,\cdots,d_n)$$

正交矩阵的实标准形

当正交矩阵 $\boldsymbol{Q}$ 有复特征值时,推论 1.2.1 中的矩阵 $\boldsymbol{V}$ 不可能是正交矩阵。现在的问题是,能否选择一个适当的正交矩阵 $\boldsymbol{V}$ 使得 $\boldsymbol{V}^{-1}\boldsymbol{Q}\boldsymbol{V}$ 有一种简单形状呢?

正交矩阵 $\boldsymbol{Q}$ 的特征多项式是实系数多项式,其复根必共轭成对出现,即若 d 是复特征值,$\boldsymbol{v}$ 是对应的特征向量,则

$$\boldsymbol{Q}\boldsymbol{v}=d\boldsymbol{v}\Leftrightarrow\boldsymbol{Q}\,\bar{\boldsymbol{v}}=\bar{d}\,\bar{\boldsymbol{v}}$$

不妨假定,$\boldsymbol{Q}$ 有 k_1 个 1 特征值,k_2 个 -1 特征值和 r 对互为共轭的单位复特征值 $(k_1+k_2+2r=n)$:

$$\begin{aligned}
&\boldsymbol{Q}\boldsymbol{v}_j=\boldsymbol{v}_j,\quad j=1,2,\cdots,k_1\\
&\boldsymbol{Q}\boldsymbol{v}_{k_1+j}=-\boldsymbol{v}_{k_1+j},\quad j=1,2,\cdots,k_2\\
&\boldsymbol{Q}\boldsymbol{v}_{k+j}=d_{k+j}\boldsymbol{v}_{k+j},\quad \boldsymbol{Q}\bar{\boldsymbol{v}}_{k+j}=\bar{d}_{k+j}\bar{\boldsymbol{v}}_{k+j},\quad j=1,2,\cdots,r
\end{aligned}$$

其中 $k=k_1+k_2$。令

$$\boldsymbol{V}=(\boldsymbol{v}_1,\cdots,\boldsymbol{v}_k,\boldsymbol{v}_{k+1},\bar{\boldsymbol{v}}_{k+1},\boldsymbol{v}_{k+2},\bar{\boldsymbol{v}}_{k+2},\cdots,\boldsymbol{v}_{k+r},\bar{\boldsymbol{v}}_{k+r})$$

则

$$\boldsymbol{Q}\boldsymbol{V}=\boldsymbol{V}\mathrm{diag}(1,\cdots,1,-1,\cdots,-1,d_{k+1},\bar{d}_{k+1},d_{k+2},\bar{d}_{k+2},\cdots,d_{k+r},\bar{d}_{k+r})$$

记

$$\boldsymbol{u}_{k+j}=\frac{1}{\sqrt{2}}(\boldsymbol{v}_{k+j}+\bar{\boldsymbol{v}}_{k+j}),\quad \boldsymbol{u}'_{k+j}=\frac{1}{\mathrm{i}\sqrt{2}}(\boldsymbol{v}_{k+j}-\bar{\boldsymbol{v}}_{k+j}),\quad j=1,2,\cdots,r$$

不难验证

$$\boldsymbol{P}=(\boldsymbol{v}_1,\cdots,\boldsymbol{v}_k,\boldsymbol{u}_{k+1},\boldsymbol{u}'_{k+1},\boldsymbol{u}_{k+2},\boldsymbol{u}'_{k+2},\cdots,\boldsymbol{u}_{k+r},\boldsymbol{u}'_{k+r})\tag{1.18}$$

是正交矩阵，且

$$
\begin{aligned}
\boldsymbol{Q}\boldsymbol{u}_{k+j} &= \frac{1}{\sqrt{2}}\boldsymbol{Q}(\boldsymbol{v}_{k+j}+\bar{\boldsymbol{v}}_{k+j}) = \frac{1}{\sqrt{2}}(d_{k+j}\boldsymbol{v}_{k+j}+\bar{d}_{k+j}\bar{\boldsymbol{v}}_{k+j}) \\
&= \frac{1}{\sqrt{2}}(\cos\theta_j(\boldsymbol{v}_{k+j}+\bar{\boldsymbol{v}}_{k+j}) - \mathrm{i}\sin\theta_j(\boldsymbol{v}_{k+j}-\bar{\boldsymbol{v}}_{k+j})) \\
&= \frac{\cos\theta_j(\boldsymbol{v}_{k+j}+\bar{\boldsymbol{v}}_{k+j})}{\sqrt{2}} + \frac{\sin\theta_j(\boldsymbol{v}_{k+j}-\bar{\boldsymbol{v}}_{k+j})}{\mathrm{i}\sqrt{2}} \\
&= \cos\theta_j\boldsymbol{u}_{k+j} + \sin\theta_j\boldsymbol{u}'_{k+j}
\end{aligned}
$$

同理

$$\boldsymbol{Q}\boldsymbol{u}'_{k+j} = \cos\theta_j\boldsymbol{u}_{k+j} - \sin\theta_j\boldsymbol{u}'_{k+j}$$

所以

$$\boldsymbol{Q}(\boldsymbol{u}_{k+j},\boldsymbol{u}'_{k+j}) = (\boldsymbol{u}_{k+j},\boldsymbol{u}'_{k+j})\boldsymbol{R}(\theta_j),\quad j=1,2,\cdots,r$$

其中

$$\boldsymbol{R}(\theta_j) = \begin{bmatrix} \cos\theta_j & -\sin\theta_j \\ \sin\theta_j & \cos\theta_j \end{bmatrix}$$

因此

$$\boldsymbol{Q}\boldsymbol{P} = \boldsymbol{P}\mathrm{diag}(1,\cdots,1,-1,\cdots,-1,\boldsymbol{R}(\theta_1),\cdots,\boldsymbol{R}(\theta_r))$$

或写成

$$\boldsymbol{P}^{\mathrm{T}}\boldsymbol{Q}\boldsymbol{P} = \mathrm{diag}(1,\cdots,1,-1,\cdots,-1,\boldsymbol{R}(\theta_1),\cdots,\boldsymbol{R}(\theta_r)) \tag{1.19}$$

定义 1.2.3　矩阵

$$\boldsymbol{R} \triangleq \mathrm{diag}(1,\cdots,1,-1,\cdots,-1,\boldsymbol{R}(\theta_1),\cdots,\boldsymbol{R}(\theta_r))$$

称为正交矩阵 $\boldsymbol{Q}$ 的实标准形。

综上所述，得到下述结论。

定理 1.2.2　正交矩阵 $\boldsymbol{Q}$ 正交相似于它的实标准形。

1.3　正规矩阵

定义 1.3.1　设 $\boldsymbol{A},\boldsymbol{B}$ 是复方阵(实方阵)，若存在酉(正交)矩阵 $\boldsymbol{U}$，使得

$$\boldsymbol{U}^H\boldsymbol{A}\boldsymbol{U} = \boldsymbol{U}^{-1}\boldsymbol{A}\boldsymbol{U} = \boldsymbol{B}(\text{或 } \boldsymbol{U}^{\mathrm{T}}\boldsymbol{A}\boldsymbol{U} = \boldsymbol{U}^{-1}\boldsymbol{A}\boldsymbol{U} = \boldsymbol{B}) \tag{1.20}$$

则称 $\boldsymbol{A}$ 酉相似(正交相似)于 $\boldsymbol{B}$。

若 $\boldsymbol{A}$ 酉(正交)相似于对角矩阵，即存在酉矩阵 $\boldsymbol{U}$ 和对角矩阵 $\boldsymbol{D}=\mathrm{diag}(d_1,d_2,\cdots,d_n)$ 使得

$$\boldsymbol{U}^H\boldsymbol{A}\boldsymbol{U} = \mathrm{diag}(d_1,d_2,\cdots,d_n) \tag{1.21}$$

则称 $\boldsymbol{A}$ 可酉（正交)对角化。

由式(1.21)，得到

$$\boldsymbol{A}\boldsymbol{U} = \boldsymbol{U}\mathrm{diag}(d_1,d_2,\cdots,d_n)$$

这表明，可酉(正交)对角化的充要条件是存在 n 个两两正交的特征向量。本节将进一步讨论矩阵可酉(正交)对角化的特征。

1.3.1 舒尔引理

定理 1.3.1(舒尔引理) 任何复方阵 $\boldsymbol{A}$ 均酉相似于一个上三角矩阵

$$\boldsymbol{R}=\begin{bmatrix} r_{11} & r_{12} & \cdots & r_{1n} \\ & r_{22} & \cdots & r_{2n} \\ & & \ddots & \vdots \\ & & & r_{nn} \end{bmatrix}$$

若实方阵的特征值均为实数,则它正交相似于上三角实方阵。

证明 下面仅证明定理的前半部分,用类似方法可证明后半部分。归纳法:对于一阶矩阵,定理显然成立。设定理对 $n-1$ 阶矩阵成立,下面证明对 n 阶矩阵也成立。令 λ_1 是 n 阶矩阵 $\boldsymbol{A}$ 的一个特征值,$\boldsymbol{b}_1$ 为相应的单位特征向量,构造以 $\boldsymbol{b}_1$ 为第一列的 n 阶酉矩阵 $\boldsymbol{U}_1=(\boldsymbol{b}_1,\boldsymbol{b}_2,\cdots,\boldsymbol{b}_n)$,则

$$\boldsymbol{A}\boldsymbol{U}_1=(\boldsymbol{A}\boldsymbol{b}_1,\boldsymbol{A}\boldsymbol{b}_2,\cdots,\boldsymbol{A}\boldsymbol{b}_n)=(\lambda_1\boldsymbol{b}_1,\boldsymbol{A}\boldsymbol{b}_2,\cdots,\boldsymbol{A}\boldsymbol{b}_n)$$

由于$\{\boldsymbol{b}_1,\boldsymbol{b}_2,\cdots,\boldsymbol{b}_n\}$是 $\mathbf{C}^n$ 的一个标准正交基,令 $\boldsymbol{A}\boldsymbol{b}_i=\sum\limits_{j=1}^{n}x_{ij}\boldsymbol{b}_j\,(i=1,2,\cdots,n)$,于是

$$\boldsymbol{A}\boldsymbol{U}_1=(\boldsymbol{b}_1,\boldsymbol{b}_2,\cdots,\boldsymbol{b}_n)\begin{bmatrix} \lambda_1 & x_{21} & \cdots & x_{n1} \\ 0 & & & \\ \vdots & & \boldsymbol{A}_1 & \\ 0 & & & \end{bmatrix}$$

其中 $\boldsymbol{A}_1$ 是 $n-1$ 阶矩阵。由归纳假定,存在 $n-1$ 阶酉矩阵 $\boldsymbol{W}$ 和 $n-1$ 阶上三角矩阵 $\boldsymbol{R}_1$,使得

$$\boldsymbol{W}^H\boldsymbol{A}_1\boldsymbol{W}=\boldsymbol{R}_1$$

令 $\boldsymbol{U}=\boldsymbol{U}_1\begin{bmatrix}1 & \\ & \boldsymbol{W}\end{bmatrix}$,则 $\boldsymbol{U}$ 是 n 阶酉矩阵,且

$$\boldsymbol{U}^H\boldsymbol{A}\boldsymbol{U}=\begin{bmatrix} \lambda_1 & x_{21} & \cdots & x_{n1} \\ 0 & & & \\ \vdots & & \boldsymbol{R}_1 & \\ 0 & & & \end{bmatrix}$$

证毕。

定理 1.3.2(舒尔不等式) 设 $\boldsymbol{A}=(a_{ij})_{n\times n}$,其特征值记为 $\lambda_1,\lambda_2,\cdots,\lambda_n$,则

$$\sum_{j=1}^{n}|\lambda_j|^2\leqslant\sum_{i,j=1}^{n}|a_{ij}|^2 \tag{1.22}$$

其中等号成立的充要条件是 $\boldsymbol{A}$ 与对角矩阵酉相似。

证明 由舒尔引理知,存在酉矩阵 $\boldsymbol{U}$ 使得

$$\boldsymbol{U}^H\boldsymbol{A}\boldsymbol{U}=\boldsymbol{R},\quad \boldsymbol{U}^H\boldsymbol{A}^H\boldsymbol{U}=\boldsymbol{R}^H$$

其中 $\boldsymbol{R}=(r_{ij})$是上三角矩阵。于是,

$$\boldsymbol{U}^H\boldsymbol{A}\boldsymbol{A}^H\boldsymbol{U}=\boldsymbol{R}\boldsymbol{R}^H$$

因此，

$$\sum_{i,j}|a_{ij}|^2=\mathrm{tr}(\boldsymbol{A}\boldsymbol{A}^H)=\mathrm{tr}(\boldsymbol{U}^H\boldsymbol{A}\boldsymbol{A}^H\boldsymbol{U})=\mathrm{tr}(\boldsymbol{R}\boldsymbol{R}^H)$$

$$=\sum_{i,j}|r_{ij}|^2\geqslant\sum_{j}|r_{jj}|^2=\sum_{j}|\lambda_j|^2$$

其中 tr 表示矩阵的迹。显然，等号成立$\Leftrightarrow r_{ij}=0(i\neq j)\Leftrightarrow\boldsymbol{R}$ 是对角矩阵。

1.3.2　正规矩阵

定义 1.3.2　设 $\boldsymbol{A}$ 是复矩阵。若 $\boldsymbol{A}^H=\boldsymbol{A}$，则称 $\boldsymbol{A}$ 是轭米特矩阵；若 $\boldsymbol{A}^H=-\boldsymbol{A}$，则称 $\boldsymbol{A}$ 是反轭米特矩阵；若 $\boldsymbol{A}^H\boldsymbol{A}=\boldsymbol{A}\boldsymbol{A}^H$，则称 $\boldsymbol{A}$ 是正规矩阵。

显然，轭米特矩阵、反轭米特矩阵和酉矩阵都是正规矩阵，因而对称矩阵($\boldsymbol{A}^{\mathrm{T}}=\boldsymbol{A}$)、反对称矩阵($\boldsymbol{A}^{\mathrm{T}}=-\boldsymbol{A}$)和正交矩阵也是正规矩阵。正规矩阵的酉相似矩阵也是正规的。注意，这里所说的对称矩阵和反对称矩阵都是指对称的实矩阵和反对称的实矩阵。

1. 酉对角化

引理 1.3.1　正规的上三角矩阵必为对角矩阵。

证明　令

$$\boldsymbol{A}=\begin{bmatrix}a_{11} & a_{12} & \cdots & a_{1n}\\ & a_{22} & \cdots & a_{2n}\\ & & \ddots & \vdots\\ & & & a_{nn}\end{bmatrix}$$

由正规性知，

$$\boldsymbol{A}^H\boldsymbol{A}-\boldsymbol{A}\boldsymbol{A}^H=\begin{bmatrix}\bar{a}_{11}a_{11}-\sum_{j=1}^{n}\bar{a}_{1j}a_{1j} & & & *\\ & \sum_{j=1}^{2}\bar{a}_{j2}a_{j2}-\sum_{j=2}^{n}\bar{a}_{2j}a_{2j} & & \\ & & \ddots & \\ * & & & \sum_{j=1}^{n}\bar{a}_{jn}a_{jn}-\bar{a}_{nn}a_{nn}\end{bmatrix}=0$$

因此，

$$\begin{cases}\bar{a}_{11}a_{11}-\sum_{j=1}^{n}\bar{a}_{1j}a_{1j}=0\\ \sum_{j=1}^{2}\bar{a}_{j2}a_{j2}-\sum_{j=2}^{n}\bar{a}_{2j}a_{2j}=0\\ \qquad\vdots\\ \sum_{j=1}^{n}\bar{a}_{jn}a_{jn}-\bar{a}_{nn}a_{nn}=0\end{cases}$$

从最后一个方程开始，递归得到

$a_{n-1,n}=0$；$a_{n-2,n}=0$，　$a_{n-2,n-1}=0$；$\cdots$；$a_{2j}=0$，　$j=3,4,\cdots,n$；$a_{1j}=0$，　$j=2,3,\cdots,n$

故 $\boldsymbol{A}$ 为对角矩阵。证毕。

定理 1.3.3 矩阵 $\boldsymbol{A}$ 可酉对角化的充要条件是 $\boldsymbol{A}$ 为正规矩阵。

证明 必要性：若存在酉矩阵 $\boldsymbol{V}$ 使得

$$\boldsymbol{V}^H\boldsymbol{A}\boldsymbol{V}=\operatorname{diag}(d_1,d_2,\cdots,d_n)$$

即 $\boldsymbol{A}=\boldsymbol{V}\operatorname{diag}(d_1,d_2,\cdots,d_n)\boldsymbol{V}^H$，则

$$\begin{aligned}\boldsymbol{A}^H\boldsymbol{A}&=\boldsymbol{V}\operatorname{diag}(\bar{d}_1,\bar{d}_2,\cdots,\bar{d}_n)\operatorname{diag}(d_1,d_2,\cdots,d_n)\boldsymbol{V}^H\\&=\boldsymbol{V}\operatorname{diag}(d_1,d_2,\cdots,d_n)\boldsymbol{V}^H\boldsymbol{V}\operatorname{diag}(\bar{d}_1,\bar{d}_2,\cdots,\bar{d}_n)\boldsymbol{V}^H\quad(\boldsymbol{V}^H\boldsymbol{V}=\boldsymbol{I})\\&=\boldsymbol{A}\boldsymbol{A}^H\end{aligned}$$

故 $\boldsymbol{A}$ 是正规矩阵。

充分性：设 $\boldsymbol{A}$ 是正规矩阵。由舒尔引理，存在酉矩阵 $\boldsymbol{V}$ 和上三角矩阵 $\boldsymbol{R}$ 使得 $\boldsymbol{V}^H\boldsymbol{A}\boldsymbol{V}=\boldsymbol{R}$。显然 $\boldsymbol{R}$ 也是正规矩阵，由引理 1.3.1，$\boldsymbol{R}$ 必为对角矩阵，因此 $\boldsymbol{A}$ 与对角矩阵酉相似。证毕。

这个定理表明，正规矩阵可表示为

$$\boldsymbol{A}=\boldsymbol{V}\operatorname{diag}(d_1,d_2,\cdots,d_n)\boldsymbol{V}^H=d_1\boldsymbol{v}_1\boldsymbol{v}_1^H+d_2\boldsymbol{v}_2\boldsymbol{v}_2^H+\cdots+d_n\boldsymbol{v}_n\boldsymbol{v}_n^H\tag{1.23}$$

其中，$d_1,d_2,\cdots,d_n$ 是特征值，$\boldsymbol{v}_1,\boldsymbol{v}_2,\cdots,\boldsymbol{v}_n$ 是对应的特征向量，且任意两个相异特征向量相互正交。

推论 1.3.1 设 $\boldsymbol{A}$ 是正规矩阵，则

(i) $\boldsymbol{A}$ 为轭米特矩阵的充要条件是 $\boldsymbol{A}$ 的特征值均为实数；

(ii) $\boldsymbol{A}$ 为反轭米特矩阵的充要条件是 $\boldsymbol{A}$ 的非零特征值均为纯虚数；

(iii) $\boldsymbol{A}$ 为酉矩阵的充要条件是 $\boldsymbol{A}$ 的特征值均为单位复数。

证明 因 $\boldsymbol{A}$ 为正规矩阵，由定理 1.3.3，存在酉矩阵 $\boldsymbol{V}$ 使得

$$\boldsymbol{A}=\boldsymbol{V}\operatorname{diag}(d_1,d_2,\cdots,d_n)\boldsymbol{V}^H$$

这里仅证明(i)，用类似方法可证(ii)和(iii)。必要性：从

$$\boldsymbol{A}=\boldsymbol{V}\operatorname{diag}(d_1,d_2,\cdots,d_n)\boldsymbol{V}^H,\quad \boldsymbol{A}^H=\boldsymbol{V}\operatorname{diag}(\bar{d}_1,\bar{d}_2,\cdots,\bar{d}_n)\boldsymbol{V}^H$$

得到

$$0=\boldsymbol{A}-\boldsymbol{A}^H=\boldsymbol{V}\operatorname{diag}(d_1-\bar{d}_1,d_2-\bar{d}_2,\cdots,d_n-\bar{d}_n)\boldsymbol{V}^H$$

因此

$$d_1-\bar{d}_1=d_2-\bar{d}_2=\cdots=d_n-\bar{d}_n=0$$

故 $\boldsymbol{A}$ 的特征值均为实数。

充分性：由 $\boldsymbol{A}$ 的特征值均为实数，

$$\boldsymbol{A}^H=\boldsymbol{V}\operatorname{diag}(\bar{d}_1,\bar{d}_2,\cdots,\bar{d}_n)\boldsymbol{V}^H=\boldsymbol{V}\operatorname{diag}(d_1,d_2,\cdots,d_n)\boldsymbol{V}^H=\boldsymbol{A}$$

故 $\boldsymbol{A}$ 为轭米特矩阵。证毕。

定理 1.3.4 实正规矩阵 $\boldsymbol{A}$ 可正交对角化的充要条件是 $\boldsymbol{A}$ 为对称矩阵。

证明 充分性：对称矩阵 $\boldsymbol{A}$ 的特征值均为实数，所以由舒尔引理存在正交矩阵 $\boldsymbol{Q}$ 使得 $\boldsymbol{Q}^{\mathrm{T}}\boldsymbol{A}\boldsymbol{Q}=\boldsymbol{D}$ 是实上三角矩阵，且 $\boldsymbol{D}$ 是对称的，故 $\boldsymbol{D}$ 是实对角矩阵。

必要性：令 $\boldsymbol{A}=\boldsymbol{Q}\operatorname{diag}(d_1,d_2,\cdots,d_n)\boldsymbol{Q}^{\mathrm{T}}$，其中 $\boldsymbol{Q}$ 是正交矩阵，于是 $\boldsymbol{A}$ 的特征向量是实向量。又因 $\boldsymbol{A}$ 是实矩阵，所以 $\operatorname{diag}(d_1,d_2,\cdots,d_n)=\boldsymbol{Q}^{\mathrm{T}}\boldsymbol{A}\boldsymbol{Q}$ 是实对角矩阵。因此

$$\boldsymbol{A}^{\mathrm{T}}=(\boldsymbol{Q}\operatorname{diag}(d_1,d_2,\cdots,d_n)\boldsymbol{Q}^{\mathrm{T}})^{\mathrm{T}}=\boldsymbol{Q}\operatorname{diag}(d_1,d_2,\cdots,d_n)\boldsymbol{Q}^{\mathrm{T}}=\boldsymbol{A}$$

故 $\boldsymbol{A}$ 是对称矩阵。证毕。

推论 1.3.2　对称矩阵 $\boldsymbol{A}$ 可表示为

$$\boldsymbol{A}=d_1\boldsymbol{q}_1\boldsymbol{q}_1^{\mathrm{T}}+d_2\boldsymbol{q}_2\boldsymbol{q}_2^{\mathrm{T}}+\cdots+d_n\boldsymbol{q}_n\boldsymbol{q}_n^{\mathrm{T}}$$

其中 $d_i,\boldsymbol{q}_i,i=1,2,\cdots,n$ 是它的特征值和相应的特征向量。

2. 同时酉对角化

设 $\boldsymbol{A},\boldsymbol{B}$ 都是正规矩阵，对于 $\boldsymbol{A}$ 存在酉矩阵 $\boldsymbol{Q}$ 使得

$$\boldsymbol{Q}^H\boldsymbol{A}\boldsymbol{Q}=\mathrm{diag}(\lambda_1,\lambda_2,\cdots,\lambda_n)$$

同样，对于 $\boldsymbol{B}$ 存在酉矩阵 $\boldsymbol{R}$ 使得

$$\boldsymbol{R}^H\boldsymbol{A}\boldsymbol{R}=\mathrm{diag}(\mu_1,\mu_2,\cdots,\mu_n)$$

一般情况下，$\boldsymbol{Q}$ 与 $\boldsymbol{R}$ 是两个不同的酉矩阵。在什么时候有 $\boldsymbol{Q}=\boldsymbol{R}$？即何时存在同一个酉变换使两个正规矩阵同时化为对角形？这就是所谓的同时酉对角化问题。显然，$\boldsymbol{A},\boldsymbol{B}$ 同时对角化的充要条件是它们有相同的特征向量。下述定理给出了同时酉对角化的本质特征。

定理 1.3.5　正规矩阵 $\boldsymbol{A},\boldsymbol{B}$ 可同时酉对角化的充要条件是 $\boldsymbol{AB}=\boldsymbol{BA}$，即 $\boldsymbol{A}$ 与 $\boldsymbol{B}$ 可交换。

证明　必要性：若 $\boldsymbol{Q}=\boldsymbol{R}$，则由

$$\boldsymbol{R}^H\boldsymbol{A}\boldsymbol{R}=\mathrm{diag}(\lambda_1,\lambda_2,\cdots,\lambda_n),\quad \boldsymbol{R}^H\boldsymbol{B}\boldsymbol{R}=\mathrm{diag}(\mu_1,\mu_2,\cdots,\mu_n)$$

得到

$$\begin{aligned}\boldsymbol{AB}&=\boldsymbol{R}\,\mathrm{diag}(\lambda_1,\lambda_2,\cdots,\lambda_n)\boldsymbol{R}^H\boldsymbol{R}\,\mathrm{diag}(\mu_1,\mu_2,\cdots,\mu_n)\boldsymbol{R}^H\\&=\boldsymbol{R}\,\mathrm{diag}(\lambda_1,\lambda_2,\cdots,\lambda_n)\mathrm{diag}(\mu_1,\mu_2,\cdots,\mu_n)\boldsymbol{R}^H\\&=\boldsymbol{R}\,\mathrm{diag}(\mu_1,\mu_2,\cdots,\mu_n)\mathrm{diag}(\lambda_1,\lambda_2,\cdots,\lambda_n)\boldsymbol{R}^H\\&=\boldsymbol{R}\,\mathrm{diag}(\mu_1,\mu_2,\cdots,\mu_n)\boldsymbol{R}^H\boldsymbol{R}\,\mathrm{diag}(\lambda_1,\lambda_2,\cdots,\lambda_n)\boldsymbol{R}^H=\boldsymbol{BA}\end{aligned}$$

故 $\boldsymbol{A}$ 与 $\boldsymbol{B}$ 可交换。

充分性：设 $\boldsymbol{AB}=\boldsymbol{BA}$。若 $\lambda_1,\boldsymbol{x}_1$ 使得 $\boldsymbol{A}\boldsymbol{x}_1=\lambda_1\boldsymbol{x}_1$，则对任意正整数 k 有

$$\boldsymbol{A}\boldsymbol{B}^k\boldsymbol{x}_1=\boldsymbol{B}^k\boldsymbol{A}\boldsymbol{x}_1=\lambda_1\boldsymbol{B}^k\boldsymbol{x}_1$$

因此，当 $\boldsymbol{x}_1$ 为 $\boldsymbol{A}$ 的特征值 λ_1 的特征向量时，$\boldsymbol{B}\boldsymbol{x}_1,\boldsymbol{B}^2\boldsymbol{x}_1,\cdots,\boldsymbol{B}^k\boldsymbol{x}_1,\cdots$ 均为 $\boldsymbol{A}$ 的相应于 λ_1 的特征向量，即

$$\{\boldsymbol{x}_1,\boldsymbol{B}\boldsymbol{x}_1,\boldsymbol{B}^2\boldsymbol{x}_1,\cdots,\boldsymbol{B}^k\boldsymbol{x}_1,\cdots\}\subset S_{\lambda_1}(\boldsymbol{A})$$

其中 $S_{\lambda_1}(\boldsymbol{A})$ 表示 λ_1 的特征子空间。令 $\boldsymbol{B}$ 的特征值为 $\mu_1,\mu_2,\cdots,\mu_n$，由 Cayley-Hamilton 定理[1]有

$$(\boldsymbol{B}-\mu_1\boldsymbol{I})(\boldsymbol{B}-\mu_2\boldsymbol{I})\cdots(\boldsymbol{B}-\mu_n\boldsymbol{I})\boldsymbol{x}_1=0$$

不妨假定

$$\boldsymbol{q}_1=(\boldsymbol{B}-\mu_2\boldsymbol{I})(\boldsymbol{B}-\mu_2\boldsymbol{I})\cdots(\boldsymbol{B}-\mu_n\boldsymbol{I})\boldsymbol{x}_1\neq 0$$

否则，类似考虑 $(\boldsymbol{B}-\mu_2\boldsymbol{I})(\boldsymbol{B}-\mu_2\boldsymbol{I})\cdots(\boldsymbol{B}-\mu_n\boldsymbol{I})\boldsymbol{x}_1=0$。则 $\boldsymbol{q}_1\in S_{\lambda_1}(\boldsymbol{A})$ 且 $(\boldsymbol{B}-\mu_1\boldsymbol{I})\boldsymbol{q}_1=0$，从而 $\boldsymbol{q}_1$ 是 $\boldsymbol{A},\boldsymbol{B}$ 的一个公共特征向量。将 $\boldsymbol{q}_1$ 单位化得到 $\boldsymbol{A},\boldsymbol{B}$ 的公共单位特征向量 $\boldsymbol{r}_1=\boldsymbol{q}_1/(\boldsymbol{q}_1^H\boldsymbol{q}_1)^{1/2}$。

再考虑与 $\boldsymbol{r}_1$ 正交的子空间 $S^{\perp}(\boldsymbol{r}_1)$，存在 $\boldsymbol{x}_2\in S^{\perp}(\boldsymbol{r}_1)$ 是 $\boldsymbol{A}$ 的特征向量，用上面类似方法，找到 $\boldsymbol{A},\boldsymbol{B}$ 的第 2 个公共的单位特征向量 $\boldsymbol{r}_2\in S^{\perp}(\boldsymbol{r}_1)$。如此继续下去，可找到 $\boldsymbol{A},\boldsymbol{B}$ 的 n 个两两正交的公共单位特征向量。这样，就证明了所需要的结论。证毕。

1.3.3 正交谱分解

1. 正交投影

令 S 是 $\mathbf{C}^n$ 的子空间，$S^{\perp}$ 是 S 在 $\mathbf{C}^n$ 上正交补，即 $S\perp S^{\perp}$ 且 $\mathbf{C}^n=S+S^{\perp}$。$\forall \boldsymbol{x}\in\mathbf{C}^n$，存在唯一的 $\boldsymbol{x}_S\in S$ 和唯一的 $\boldsymbol{x}_{S^{\perp}}\in S^{\perp}$ 使得 $\boldsymbol{x}=\boldsymbol{x}_S+\boldsymbol{x}_{S^{\perp}}$。

定义 1.3.3 若矩阵 $\boldsymbol{P}_S$ 使得

$$\boldsymbol{P}_S\boldsymbol{x}=\boldsymbol{P}_S(\boldsymbol{x}_S+\boldsymbol{x}_{S^{\perp}})=\boldsymbol{x}_S \tag{1.24}$$

则称 $\boldsymbol{P}_S$ 是沿方向 $S^{\perp}$ 到 S 上的正交投影，如图 1.2 所示。

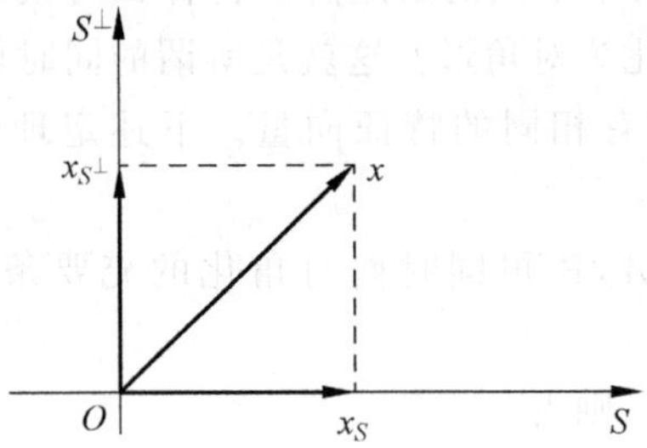

图 1.2 正交投影

令 $\{\boldsymbol{x}_1,\boldsymbol{x}_2,\cdots,\boldsymbol{x}_k\}$ 和 $\{\boldsymbol{x}_{k+1},\boldsymbol{x}_{k+2},\cdots,\boldsymbol{x}_n\}$ 分别为 S 和 $S^{\perp}$ 的标准正交基，它们的并集构成 $\mathbf{C}^n$ 的标准正交基。显然，正交投影 $\boldsymbol{P}_S$ 使得

$$\boldsymbol{P}_S\boldsymbol{x}_j=\boldsymbol{x}_j,j=1,2,\cdots,k;\quad \boldsymbol{P}_S\boldsymbol{x}_j=0,j=k+1,k+2,\cdots,n$$

记

$$\boldsymbol{X}_S=(\boldsymbol{x}_1,\boldsymbol{x}_2,\cdots,\boldsymbol{x}_k),\quad \boldsymbol{X}_{S^{\perp}}=(\boldsymbol{x}_{k+1},\boldsymbol{x}_{k+2},\cdots,\boldsymbol{x}_n)$$

则

$$\boldsymbol{P}_S(\boldsymbol{X}_S,\boldsymbol{X}_{S^{\perp}})=(\boldsymbol{X}_S,0)$$

因此，S 上的正交投影 $\boldsymbol{P}_S$ 有如下矩阵表示：

$$\boldsymbol{P}_S=(\boldsymbol{X}_S,0)(\boldsymbol{X}_S,\boldsymbol{X}_{S^{\perp}})^H=\boldsymbol{X}_S\boldsymbol{X}_S^H=\boldsymbol{x}_1\boldsymbol{x}_1^H+\boldsymbol{x}_2\boldsymbol{x}_2^H+\cdots+\boldsymbol{x}_k\boldsymbol{x}_k^H \tag{1.25}$$

上面的推理表明，若 $\boldsymbol{P}$ 是正交投影，则存在 $\mathbf{C}^n$ 的子空间 S 使得 $\boldsymbol{P}=\boldsymbol{X}_S\boldsymbol{X}_S^H$，即 $\boldsymbol{P}$ 是轭米特矩阵。此外，由

$$\boldsymbol{P}^2\boldsymbol{x}=\boldsymbol{P}(\boldsymbol{P}(\boldsymbol{x}_S+\boldsymbol{x}_{S^{\perp}}))=\boldsymbol{P}\boldsymbol{x}_S=\boldsymbol{P}\boldsymbol{x}$$

知 $\boldsymbol{P}$ 是幂等矩阵，$\boldsymbol{P}^2=\boldsymbol{P}$。

反之，若 $\boldsymbol{P}$ 是轭米特的幂等矩阵，记

$$\mathcal{R}(\boldsymbol{P})=\{\boldsymbol{P}\boldsymbol{x}\mid\boldsymbol{x}\in\mathbf{C}^n\},\quad \mathcal{N}(\boldsymbol{P})=\{\boldsymbol{x}\mid\boldsymbol{P}\boldsymbol{x}=0,\boldsymbol{x}\in\mathbf{C}^n\}$$

分别为 $\boldsymbol{P}$ 的值空间与零空间，则 $\forall\boldsymbol{x}\in\mathcal{N}(\boldsymbol{P}),\boldsymbol{y}\in\mathbf{C}^n$ 有

$$\langle\boldsymbol{P}\boldsymbol{y},\boldsymbol{x}\rangle=\boldsymbol{x}^H\boldsymbol{P}\boldsymbol{y}=\boldsymbol{x}^H\boldsymbol{P}^H\boldsymbol{y}=0^H\boldsymbol{y}=0$$

即 $\mathcal{R}(\boldsymbol{P})\perp\mathcal{N}(\boldsymbol{P})$。令 $S=\{\boldsymbol{x}:\boldsymbol{x}=\boldsymbol{P}\boldsymbol{x},\boldsymbol{x}\in\mathbf{C}^n\}$，则 $S\subset\mathcal{R}(\boldsymbol{P})$。另一方面，由幂等性 $\boldsymbol{P}^2=\boldsymbol{P}$，

$$\boldsymbol{x}=\boldsymbol{P}\boldsymbol{y}=\boldsymbol{P}^2\boldsymbol{y}=\boldsymbol{P}\boldsymbol{x},\quad\forall\boldsymbol{y}\in\mathbf{C}^n$$

于是 $S\supset\mathcal{R}(\boldsymbol{P})$，从而 $S=\mathcal{R}(\boldsymbol{P})$。因此，$\forall\boldsymbol{y}\in\mathbf{C}^n$

$$\boldsymbol{y}=\boldsymbol{P}\boldsymbol{y}+(\boldsymbol{y}-\boldsymbol{P}\boldsymbol{y})\in\mathcal{R}(\boldsymbol{P})+\mathcal{N}(\boldsymbol{P})$$

故 $\boldsymbol{P}$ 是$\mathcal{R}(\boldsymbol{P})$上的正交投影。

综上所述，得到正交投影的如下特征。

定理 1.3.6　$\boldsymbol{P}$ 为正交投影的充要条件是它为幂等的軛米特矩阵。

关于正交投影的运算，有下述定理（证明留给读者做练习）：

定理 1.3.7（正交投影的运算）

(i) 设 $\boldsymbol{P}_1,\boldsymbol{P}_2$ 是两个正交投影，则 $\boldsymbol{P}_1+\boldsymbol{P}_2$ 是正交投影当且仅当 $\boldsymbol{P}_1\boldsymbol{P}_2$ 是反軛米特的；

(ii) 设 $\boldsymbol{P}_1,\boldsymbol{P}_2$ 是两个正交投影，则 $\boldsymbol{P}_1-\boldsymbol{P}_2$ 是正交投影当且仅当$(\boldsymbol{I}-\boldsymbol{P}_1)\boldsymbol{P}_2$ 是反軛米特的；

(iii) 设 $\boldsymbol{P}_1,\boldsymbol{P}_2$ 是两个正交投影，则 $\boldsymbol{P}_1\boldsymbol{P}_2$ 是正交投影当且仅当 $\boldsymbol{P}_1\boldsymbol{P}_2=\boldsymbol{P}_2\boldsymbol{P}_1$；

(iv) 设 $S_1,S_2,S_3,\cdots,S_k$ 是 $\mathbf{C}^n$ 的两两正交的子空间，且 $\mathbf{C}^n=S_1+S_2+S_3+\cdots+S_k$，则

$$\boldsymbol{I}=\boldsymbol{P}_{S_1}+\boldsymbol{P}_{S_2}+\cdots+\boldsymbol{P}_{S_k}$$

2. 正交谱分解

定理 1.3.8（正交谱分解）　设 $\boldsymbol{A}$ 是正规矩阵，假定 $\lambda_1,\lambda_2,\cdots,\lambda_k$ 是 $\boldsymbol{A}$ 的所有相异的特征值，相应的特征子空间记为 $S_1,S_2,S_3,\cdots,S_k$，则

$$\boldsymbol{A}=\lambda_1\boldsymbol{P}_{S_1}+\lambda_2\boldsymbol{P}_{S_2}+\cdots+\lambda_k\boldsymbol{P}_{S_k}\tag{1.26}$$

且

$$\boldsymbol{P}_{S_1}+\boldsymbol{P}_{S_2}+\cdots+\boldsymbol{P}_{S_k}=\boldsymbol{I}\tag{1.27}$$

证明　由定理 1.3.3，

$$\boldsymbol{A}=d_1\boldsymbol{v}_1\boldsymbol{v}_1^H+d_2\boldsymbol{v}_2\boldsymbol{v}_2^H+\cdots+d_n\boldsymbol{v}_n\boldsymbol{v}_n^H$$

上式右端按相同特征值合并，得到

$$\boldsymbol{A}=\lambda_1\boldsymbol{P}_{S_1}+\lambda_2\boldsymbol{P}_{S_2}+\cdots+\lambda_k\boldsymbol{P}_{S_k}$$

其中 $\boldsymbol{P}_{S_i}=\sum\limits_{k=1}^{r_i}\boldsymbol{v}_{i_k}\boldsymbol{v}_{i_k}^H$ 是特征子空间 S_j 上的正交投影，且

$$\boldsymbol{P}_{S_1}+\boldsymbol{P}_{S_2}+\cdots+\boldsymbol{P}_{S_k}=\boldsymbol{v}_1\boldsymbol{v}_1^H+\boldsymbol{v}_2\boldsymbol{v}_2^H+\cdots+\boldsymbol{v}_n\boldsymbol{v}_n^H=\boldsymbol{I}$$

证毕。

3. 函数演算

设 $\boldsymbol{A}$ 是正规矩阵，由定理 1.3.8，

$$\boldsymbol{A}=\lambda_1\boldsymbol{P}_1+\lambda_2\boldsymbol{P}_2+\cdots+\lambda_k\boldsymbol{P}_k$$

由于$(\boldsymbol{P}_j)^m=\boldsymbol{P}_j(m\geqslant 1)$，$\boldsymbol{P}_i\boldsymbol{P}_j=0(i\neq j)$，所以对任意多项式 $p(z)$，

$$p(\boldsymbol{A})=p(\lambda_1)\boldsymbol{P}_1+p(\lambda_2)\boldsymbol{P}_2+\cdots+p(\lambda_k)\boldsymbol{P}_k\tag{1.28}$$

这个结果可推广到在 $\boldsymbol{A}$ 的谱集（所有特征值的集合）上有定义的解析函数 $f(z)$：

$$f(\boldsymbol{A})=f(\lambda_1)\boldsymbol{P}_1+f(\lambda_2)\boldsymbol{P}_2+\cdots+f(\lambda_k)\boldsymbol{P}_k\tag{1.29}$$

上式称为正规矩阵的函数演算。可见，$f(\boldsymbol{A})$的特征值为 $f(\lambda_i)$，$i=1,2,\cdots,k$，对应的特征向量是 $\boldsymbol{A}$ 的特征值λ_i 的特征向量。

逆运算：若 $\boldsymbol{A}$ 是可逆的正规矩阵，则特征值都不为零，对它的谱分解作函数 $1/z$ 演算，得到 $\boldsymbol{A}$ 的逆矩阵

$$\boldsymbol{A}^{-1}=(1/\lambda_1)\boldsymbol{P}_1+(1/\lambda_2)\boldsymbol{P}_2+\cdots+(1/\lambda_k)\boldsymbol{P}_k\tag{1.30}$$

共轭转置：正规矩阵的共轭转置可表示为

$$\boldsymbol{A}^H = \bar{\lambda}_1 \boldsymbol{P}_1 + \bar{\lambda}_2 \boldsymbol{P}_2 + \cdots + \bar{\lambda}_k \boldsymbol{P}_k \tag{1.31}$$

1.4 轭米特矩阵

1.4.1 特征值的极性

定义 1.4.1 设 $\mathbf{A}$ 为 n 阶轭米特矩阵，

$$r(\boldsymbol{x}) = \frac{\boldsymbol{x}^H \mathbf{A} \boldsymbol{x}}{\boldsymbol{x}^H \boldsymbol{x}}, \quad \boldsymbol{x} \in \mathbf{C}^n \backslash \{0\} \tag{1.32}$$

称为 $\mathbf{A}$ 的瑞利(Rayleigh)商。若 $\mathbf{A}$ 为对称矩阵，它的瑞利商为

$$r(\boldsymbol{x}) = \frac{\boldsymbol{x}^{\mathrm{T}} \mathbf{A} \boldsymbol{x}}{\boldsymbol{x}^{\mathrm{T}} \boldsymbol{x}}, \quad \boldsymbol{x} \in \boldsymbol{R}^n \backslash \{0\}$$

本节只讨论轭米特矩阵，但所有结论关于对称矩阵都成立。瑞利商有下述性质：

(i) $r(\boldsymbol{x})$是 $\mathbf{C}^n \backslash \{0\}$上的连续函数；

(ii) $\forall \lambda \neq 0, r(\lambda \boldsymbol{x}) = r(\boldsymbol{x})$；

(iii) $\forall \boldsymbol{x} \in \mathrm{span}\{\boldsymbol{x}_0\}, r(\boldsymbol{x}) = r(\boldsymbol{x}_0)$；

(iv) 若 d 为 $\mathbf{A}$ 的特征值，对应的特征子空间为 S_d，则 $\forall \boldsymbol{x} \in S_d \backslash \{0\}, r(\boldsymbol{x}) = d$；

(v) $r(\boldsymbol{x})$在 $\mathbf{C}^n \backslash \{0\}$上存在最大值和最小值，且在单位球面 $\mathbf{B} = \{\boldsymbol{x} \in \mathbf{C}^n : \| \boldsymbol{x} \|_2 = 1\}$上达到最大值和最小值。

性质(i)～性质(iv)是明显的。下面考虑性质(v)：事实上，由于 $r(\boldsymbol{x})$是有界闭集 $\mathbf{B}$ 上的连续函数，所以在 $\mathbf{B}$ 上存在 $\boldsymbol{x}_1, \boldsymbol{x}_2$ 使得

$$\min_{x \in B} r(\boldsymbol{x}) = r(\boldsymbol{x}_1), \quad \max_{x \in \mathbf{B}} r(\boldsymbol{x}) = r(\boldsymbol{x}_2)$$

$\forall \boldsymbol{y} \in \mathbf{C}^n \backslash \{0\}$，令 $\boldsymbol{x} = \boldsymbol{y} / \| \boldsymbol{y} \|_2 \in \mathbf{B}$，由性质(ii)，$r(\boldsymbol{x}) = r(\boldsymbol{y} / \| \boldsymbol{y} \|_2) = r(\boldsymbol{y})$。于是，

$$\min_{x \in \mathbf{B}} r(\boldsymbol{x}) = r(\boldsymbol{x}_1) \leqslant r(\boldsymbol{y}) \leqslant r(\boldsymbol{x}_2) = \max_{x \in \mathbf{B}} r(\boldsymbol{x})$$

这样，就证明了性质(v)。

由性质(v)，

$$\max_{x \neq 0} \frac{\boldsymbol{x}^H \mathbf{A} \boldsymbol{x}}{\boldsymbol{x}^H \boldsymbol{x}} = \max_{\| x \|_2 = 1} \boldsymbol{x}^H \mathbf{A} \boldsymbol{x}, \quad \min_{x \neq 0} \frac{\boldsymbol{x}^H \mathbf{A} \boldsymbol{x}}{\boldsymbol{x}^H \boldsymbol{x}} = \min_{\| x \|_2 = 1} \boldsymbol{x}^H \mathbf{A} \boldsymbol{x} \tag{1.33}$$

下面给出瑞利商的最大值和最小值与特征值之间的关系。

定理 1.4.1 设轭米特矩阵 $\mathbf{A}$ 的特征值为 $d_1 \leqslant d_2 \leqslant \cdots \leqslant d_n$，则

$$\max_{x \neq 0} \frac{\boldsymbol{x}^H \mathbf{A} \boldsymbol{x}}{\boldsymbol{x}^H \boldsymbol{x}} = d_n, \quad \min_{x \neq 0} \frac{\boldsymbol{x}^H \mathbf{A} \boldsymbol{x}}{\boldsymbol{x}^H \boldsymbol{x}} = d_1 \tag{1.34}$$

证明 由定理 1.3.3，存在酉矩阵 $\boldsymbol{Q} = (\boldsymbol{q}_1, \boldsymbol{q}_2, \cdots, \boldsymbol{q}_n)$使得

$$\mathbf{A} = d_1 \boldsymbol{q}_1 \boldsymbol{q}_1^H + d_2 \boldsymbol{q}_2 \boldsymbol{q}_2^H + \cdots + d_n \boldsymbol{q}_n \boldsymbol{q}_n^H$$

其中 $\boldsymbol{q}_j$ 是特征值 d_j 的单位特征向量，且$\{\boldsymbol{q}_1, \boldsymbol{q}_2, \cdots, \boldsymbol{q}_n\}$构成 $\mathbf{C}^n$ 的标准正交基。于是 $\forall \boldsymbol{x} \in \mathbf{C}^n$

$$\boldsymbol{x} = \sum_{j=1}^{n} a_j \boldsymbol{q}_j$$

$$\frac{\boldsymbol{x}^H\boldsymbol{A}\boldsymbol{x}}{\boldsymbol{x}^H\boldsymbol{x}}=\frac{\sum_{j=1}^{n}d_j\mid a_j\mid^2}{\sum_{j=1}^{n}\mid a_j\mid^2}\leqslant\frac{d_n\sum_{j=1}^{n}\mid a_j\mid^2}{\sum_{j=1}^{n}\mid a_j\mid^2}=d_n$$

特别取 $\boldsymbol{x}=\boldsymbol{q}_n$，$\frac{\boldsymbol{x}^H\boldsymbol{A}\boldsymbol{x}}{\boldsymbol{x}^H\boldsymbol{x}}=d_n$，因此

$$\max_{x\neq 0}\frac{\boldsymbol{x}^H\boldsymbol{A}\boldsymbol{x}}{\boldsymbol{x}^H\boldsymbol{x}}=d_n$$

同理可证：

$$\min_{x\neq 0}\frac{\boldsymbol{x}^H\boldsymbol{A}\boldsymbol{x}}{\boldsymbol{x}^H\boldsymbol{x}}=d_1$$

证毕。

用类似的方法，不难证明下面较为一般的定理：

定理 1.4.2　设 $S=\mathrm{span}\{\boldsymbol{q}_r,\boldsymbol{q}_{r+1},\cdots,\boldsymbol{q}_s\}$，其中 $1\leqslant r\leqslant s\leqslant n$，则

$$\max_{x\in S\backslash\{0\}}\frac{\boldsymbol{x}^H\boldsymbol{A}\boldsymbol{x}}{\boldsymbol{x}^H\boldsymbol{x}}=d_r,\quad \min_{x\in S\backslash\{0\}}\frac{\boldsymbol{x}^H\boldsymbol{A}\boldsymbol{x}}{\boldsymbol{x}^H\boldsymbol{x}}=d_s \tag{1.35}$$

事实上，还有更为深刻的结果，称为轭米特矩阵特征值的极小极大原理。

定理 1.4.3(Courant-Fischer)　设轭米特矩阵 $\boldsymbol{A}$ 的特征值为 $d_1\leqslant d_2\leqslant\cdots\leqslant d_n$，$S_k$ 为 $\mathbf{C}^n$ 的任一 k 维子空间，则

$$d_k=\min_{S_k}\max\left\{\frac{\boldsymbol{x}^H\boldsymbol{A}\boldsymbol{x}}{\boldsymbol{x}^H\boldsymbol{x}}:\boldsymbol{x}\in S_k\backslash\{0\}\right\} \tag{1.36}$$

$$d_{n-k+1}=\max_{S_k}\min\left\{\frac{\boldsymbol{x}^H\boldsymbol{A}\boldsymbol{x}}{\boldsymbol{x}^H\boldsymbol{x}}:\boldsymbol{x}\in S_k\backslash\{0\}\right\} \tag{1.37}$$

证明　下面仅证明式(1.36)，可类似证明式(1.37)。令

$$W_k=\mathrm{span}\{\boldsymbol{q}_k,\boldsymbol{q}_{k+1},\cdots,\boldsymbol{q}_n\}$$

其中 $\boldsymbol{q}_j$ 是特征值 d_j 的单位特征向量。显然，$\dim W_k=n-k+1$，dim 表示子空间的维数。因 $S_k+W_k\subset\mathbf{C}^n$，所以

$$n\geqslant\dim(W_k+S_k)=\dim S_k+\dim W_k-\dim(S_k\cap W_k)=n+1-\dim(S_k\cap W_k)$$

于是

$$\dim(S_k\cap W_k)\geqslant 1$$

因此，存在非零向量 $\boldsymbol{x}_0\in S_k\cap W_k$，$\boldsymbol{x}_0=\sum_{j=k}^{n}c_j\boldsymbol{q}_j$，且

$$\frac{\boldsymbol{x}_0^H\boldsymbol{A}\boldsymbol{x}_0}{\boldsymbol{x}_0^H\boldsymbol{x}_0}=\frac{\sum_{j=k}^{n}d_j\mid c_j\mid^2}{\sum_{j=k}^{n}\mid c_j\mid^2}\geqslant d_k$$

所以，对 $\mathbf{C}^n$ 的任一 k 维子空间 S_k

$$\max\left\{\frac{\boldsymbol{x}^H\boldsymbol{A}\boldsymbol{x}}{\boldsymbol{x}^H\boldsymbol{x}}:\boldsymbol{x}\in V_k\backslash\{0\}\right\}\geqslant d_k \tag{1.38}$$

另一方面，取 $S_k=\mathrm{span}\{\boldsymbol{q}_1,\boldsymbol{q}_2,\cdots,\boldsymbol{q}_k\}$，由定理 1.4.2，

$$\max\left\{\frac{\boldsymbol{x}^H\boldsymbol{A}\boldsymbol{x}}{\boldsymbol{x}^H\boldsymbol{x}}:\boldsymbol{x}\in S_k\backslash\{0\}\right\}=d_k \tag{1.39}$$

由式(1.38)和式(1.39),得到

$$d_k=\min_{S_k}\max\left\{\frac{\boldsymbol{x}^H\boldsymbol{A}\boldsymbol{x}}{\boldsymbol{x}^H\boldsymbol{x}}:\boldsymbol{x}\in S_k\backslash\{0\}\right\}$$

证毕。

1.4.2 半正定轭米特矩阵

定义 1.4.2 轭米特矩阵 $\boldsymbol{A}$ 称为半正定的,如果 $\langle\boldsymbol{A}\boldsymbol{x},\boldsymbol{x}\rangle=\boldsymbol{x}^H\boldsymbol{A}\boldsymbol{x}\geqslant 0,\forall\,\boldsymbol{x}\in\mathbf{C}^n$。半正定轭米特矩阵记为 $\boldsymbol{A}\geqslant 0$。若轭米特矩阵 $\boldsymbol{A}$ 使得 $\langle\boldsymbol{A}\boldsymbol{x},\boldsymbol{x}\rangle=\boldsymbol{x}^H\boldsymbol{A}\boldsymbol{x}>0,\forall\,\boldsymbol{x}\neq 0$,则称 $\boldsymbol{A}$ 为正定轭米特矩阵,记为 $\boldsymbol{A}>0$。

若 $\boldsymbol{A}$ 是对称矩阵,可类似定义半正定对称矩阵和正定对称矩阵。本节只讨论半正定和正定轭米特矩阵,所有结论对于半正定和正定对称矩阵都成立。

下列性质是明显的:

(i) $\boldsymbol{A}\geqslant 0\Leftrightarrow\boldsymbol{A}$ 的特征值是非负的;

(ii) $\boldsymbol{A}>0\Leftrightarrow\boldsymbol{A}$ 的特征值均为正数 $\Leftrightarrow\boldsymbol{A}\geqslant 0,\det\boldsymbol{A}\neq 0$;

(iii) $\boldsymbol{A}\geqslant 0,\boldsymbol{B}\geqslant 0\Rightarrow\forall\,a,b\in\mathbf{R}^+,a\boldsymbol{A}+b\boldsymbol{B}\geqslant 0$。

令 $\boldsymbol{A}$ 的谱分解为

$$\boldsymbol{A}=d_1\boldsymbol{v}_1\boldsymbol{v}_1^H+d_2\boldsymbol{v}_2\boldsymbol{v}_2^H+\cdots+d_n\boldsymbol{v}_n\boldsymbol{v}_n^H$$

根据正规矩阵的函数演算,对任意 $\alpha\geqslant 0$,

$$\boldsymbol{A}^\alpha=d_1^\alpha\boldsymbol{v}_1\boldsymbol{v}_1^H+d_2^\alpha\boldsymbol{v}_2\boldsymbol{v}_2^H+\cdots+d_n^\alpha\boldsymbol{v}_n\boldsymbol{v}_n^H \tag{1.40}$$

特别地,当 $\alpha=1/2$ 时

$$\boldsymbol{A}^{1/2}=\sqrt{d_1}\,\boldsymbol{v}_1\boldsymbol{v}_1^H+\sqrt{d_2}\,\boldsymbol{v}_2\boldsymbol{v}_2^H+\cdots+\sqrt{d_n}\,\boldsymbol{v}_n\boldsymbol{v}_n^H$$

称为 $\boldsymbol{A}$ 的算术平方根。

若 $\boldsymbol{A}>0$,则 $\boldsymbol{A}^\alpha$ 对任何实数 α 都有意义,且 $\boldsymbol{A}^\alpha>0$。对于半正定轭米特矩阵,$\boldsymbol{A}$ 的幂有下列性质:

(i) $\boldsymbol{A}^\alpha\geqslant 0$;

(ii) $\boldsymbol{A}^\alpha\boldsymbol{A}^\beta=\boldsymbol{A}^{\alpha+\beta}$;

(iii) $(\boldsymbol{A}^\alpha)^\beta=\boldsymbol{A}^{\alpha\beta}$;

(iv) 若 $\boldsymbol{A},\boldsymbol{B}$ 可交换,则 $\boldsymbol{A}^\alpha\boldsymbol{B}^\alpha=(\boldsymbol{A}\boldsymbol{B})^\alpha=(\boldsymbol{B}\boldsymbol{A})^\alpha$。

1. 相对特征值

定义 1.4.3 设 $\boldsymbol{A}$ 为轭米特矩阵,$\boldsymbol{B}>0$,若 $(d,\boldsymbol{x})$ 是下述方程的解

$$\boldsymbol{A}\boldsymbol{x}=d\boldsymbol{B}\boldsymbol{x} \tag{1.41}$$

则 d 称为 $\boldsymbol{A}$ 相对 $\boldsymbol{B}$ 的特征值,$\boldsymbol{x}$ 称为 $\boldsymbol{A}$ 相对 $\boldsymbol{B}$ 的特征向量。

当 $\boldsymbol{B}$ 为单位矩阵时,相对特征值与相对特征向量是通常的特征值与特征向量。相对特征值与相对特征向量也称为广义特征值与广义特征向量。显然,$\boldsymbol{A}$ 相对 $\boldsymbol{B}$ 的特征值 d 是下述方程的解

$$\det(\boldsymbol{A}-d\boldsymbol{B})=0 \tag{1.42}$$

此方程称为相对特征值问题(1.41)的特征方程。

定理 1.4.4　设 $\boldsymbol{A}$ 为轭米特矩阵，$\boldsymbol{B}>0$，则存在非奇异矩阵 $\boldsymbol{P}$ 使得

$$\boldsymbol{P}^H\boldsymbol{A}\boldsymbol{P}=\mathrm{diag}(d_1,d_2,\cdots,d_n),\quad \boldsymbol{P}^H\boldsymbol{B}\boldsymbol{P}=\boldsymbol{I}\tag{1.43}$$

其中 d_j 是 $\boldsymbol{A}$ 相对 $\boldsymbol{B}$ 的特征值，$\boldsymbol{P}$ 的第 j 个列向量 $\boldsymbol{p}_j$ 是对应的相对特征向量。当 $\boldsymbol{A}\geqslant 0$ 时，$\boldsymbol{A}$ 相对于 $\boldsymbol{B}$ 的特征值 d_j 均为非负实数。

证明　令 $\boldsymbol{L}=\boldsymbol{B}^{1/2}>0$，由于 $\boldsymbol{L}^{-1}\boldsymbol{A}\boldsymbol{L}^{-1}$ 仍是轭米特矩阵，所以存在酉矩阵 $\boldsymbol{Q}$ 使得

$$\boldsymbol{Q}^H\boldsymbol{L}^{-1}\boldsymbol{A}\boldsymbol{L}^{-1}\boldsymbol{Q}=\mathrm{diag}(d_1,d_2,\cdots,d_n)$$

令 $\boldsymbol{P}=\boldsymbol{L}^{-1}\boldsymbol{Q}$，则

$$\boldsymbol{P}^H\boldsymbol{A}\boldsymbol{P}=\mathrm{diag}(d_1,d_2,\cdots,d_n),\quad \boldsymbol{P}^H\boldsymbol{B}\boldsymbol{P}=\boldsymbol{Q}^H\boldsymbol{Q}=\boldsymbol{I}$$

从上式，

$$\boldsymbol{P}^H\boldsymbol{A}\boldsymbol{P}=\boldsymbol{P}^H\boldsymbol{B}\boldsymbol{P}\,\mathrm{diag}(d_1,d_2,\cdots,d_n)$$

因此

$$\boldsymbol{A}\boldsymbol{P}=\boldsymbol{B}\boldsymbol{P}\,\mathrm{diag}(d_1,d_2,\cdots,d_n)$$

故 $d_1,d_2,\cdots,d_n$ 为相对特征值，$\boldsymbol{P}$ 的列向量为对应的相对特征向量。

另外，由 $\det(x\boldsymbol{B}-\boldsymbol{A})=\det\boldsymbol{B}\det(x\boldsymbol{I}-\boldsymbol{B}^{-1}\boldsymbol{A})$，$\boldsymbol{B}^{-1}\boldsymbol{A}$ 的特征值是 $\boldsymbol{A}$ 相对于 $\boldsymbol{B}$ 的特征值。注意到矩阵 $\boldsymbol{B}^{-1/2}\boldsymbol{A}\boldsymbol{B}^{-1/2}$ 与 $\boldsymbol{B}^{-1}\boldsymbol{A}$ 相似，因而有相同的特征值。当 $\boldsymbol{A}\geqslant 0$ 时，有 $\boldsymbol{B}^{-1/2}\boldsymbol{A}\boldsymbol{B}^{-1/2}\geqslant 0$，故 $\boldsymbol{A}$ 相对于 $\boldsymbol{B}$ 的特征值均为非负实数。证毕。

2. 相对特征值的极性

定义 1.4.4　设 $\boldsymbol{A}$ 为 n 阶轭米特矩阵，$\boldsymbol{B}$ 为 n 阶正定轭米特矩阵

$$R(\boldsymbol{x})=\frac{\boldsymbol{x}^H\boldsymbol{A}\boldsymbol{x}}{\boldsymbol{x}^H\boldsymbol{B}\boldsymbol{x}},\quad \boldsymbol{x}\in\mathbf{C}^n\backslash\{0\}\tag{1.44}$$

称为 $\boldsymbol{A}$ 关于 $\boldsymbol{B}$ 的瑞利商，简称 $\boldsymbol{A}$ 的广义瑞利商。若 $\boldsymbol{A}$ 为对称矩阵，$\boldsymbol{B}$ 为正定对称矩阵，$\boldsymbol{A}$ 的广义瑞利商为

$$R(\boldsymbol{x})=\frac{\boldsymbol{x}^{\mathrm{T}}\boldsymbol{A}\boldsymbol{x}}{\boldsymbol{x}^{\mathrm{T}}\boldsymbol{B}\boldsymbol{x}},\quad \boldsymbol{x}\in\mathbf{R}^n\backslash\{0\}$$

广义瑞利商和瑞利商有类似的性质：

(i) $R(\boldsymbol{x})$ 是 $\mathbf{C}^n\backslash\{0\}$ 上的连续函数；

(ii) $\forall\lambda\neq 0, R(\lambda\boldsymbol{x})=R(\boldsymbol{x})$；

(iii) $\forall\boldsymbol{x}\in\mathrm{span}\{\boldsymbol{x}_0\}, R(\boldsymbol{x})=R(\boldsymbol{x}_0)$；

(iv) 若 d 为 $\boldsymbol{A}$ 的相对特征值，对应的相对特征子空间记为 S_d，则 $\forall\boldsymbol{x}\in S_d\backslash\{0\}, R(\boldsymbol{x})=d$；

(v) $R(\boldsymbol{x})$ 在 $\mathbf{C}^n\backslash\{0\}$ 上存在最大值和最小值，且在单位球面 $\boldsymbol{B}=\{\boldsymbol{x}\in\mathbf{C}^n:\|\boldsymbol{x}\|_2=1\}$ 上达到它的最大值和最小值。

关于广义瑞利商最大值和最小值与 $\boldsymbol{A}$ 的相对特征值之间的关系，由下列定理来描述。

定理 1.4.5　设轭米特矩阵 $\boldsymbol{A}$ 的相对特征值为 $d_1\leqslant d_2\leqslant\cdots\leqslant d_n$，则

$$\max_{x\neq 0}\frac{\boldsymbol{x}^H\boldsymbol{A}\boldsymbol{x}}{\boldsymbol{x}^H\boldsymbol{B}\boldsymbol{x}}=d_n,\quad \min_{x\neq 0}\frac{\boldsymbol{x}^H\boldsymbol{A}\boldsymbol{x}}{\boldsymbol{x}^H\boldsymbol{B}\boldsymbol{x}}=d_1\tag{1.45}$$

定理 1.4.6　设 $d_1\leqslant d_2\leqslant\cdots\leqslant d_n$ 为轭米特矩阵 $\boldsymbol{A}$ 的相对特征值，相应的相对特征向量为 $\{\boldsymbol{p}_r,\boldsymbol{p}_{r+1},\cdots,\boldsymbol{p}_s\}$，其中 $1\leqslant r\leqslant s\leqslant n$。若 $\boldsymbol{x}\in\mathrm{span}\{\boldsymbol{p}_r,\boldsymbol{p}_{r+1},\cdots,\boldsymbol{p}_s\}$，则

$$\max_{x\neq 0}\frac{\boldsymbol{x}^H\boldsymbol{A}\boldsymbol{x}}{\boldsymbol{x}^H\boldsymbol{B}\boldsymbol{x}}=d_r,\quad \min_{x\neq 0}\frac{\boldsymbol{x}^H\boldsymbol{A}\boldsymbol{x}}{\boldsymbol{x}^H\boldsymbol{B}\boldsymbol{x}}=d_s\tag{1.46}$$

定理 1.4.7 设轭米特矩阵 $\boldsymbol{A}$ 的相对特征值为 $d_1 \leqslant d_2 \leqslant \cdots \leqslant d_n$，$S_k$ 为 $\mathbf{C}^n$ 的任一 k 维子空间，则

$$d_k = \min_{S_k}\max\left\{\frac{\boldsymbol{x}^H\boldsymbol{A}\boldsymbol{x}}{\boldsymbol{x}^H\boldsymbol{B}\boldsymbol{x}}:\boldsymbol{x} \in S_k\backslash\{0\}\right\} \tag{1.47}$$

$$d_{n-k+1} = \max_{S_k}\min\left\{\frac{\boldsymbol{x}^H\boldsymbol{A}\boldsymbol{x}}{\boldsymbol{x}^H\boldsymbol{B}\boldsymbol{x}}:\boldsymbol{x} \in S_k\backslash\{0\}\right\} \tag{1.48}$$

上述定理可用证明轭米特矩阵极性定理的方法直接给出证明，也可以将它们作为轭米特矩阵极性定理的推论。证明留给读者。

1.4.3 与酉矩阵的关系

复变量的指数函数有实系数的幂级数形式

$$w = \exp(z) \triangleq \sum_{m=0}^{\infty}\frac{1}{m!}z^m \quad (z \in \mathbf{C})$$

它是复平面上的解析函数。不难验证，矩阵幂级数 $\sum_{m=0}^{\infty}\frac{1}{m!}\boldsymbol{A}^m$ 对任意 n 阶矩阵 $\boldsymbol{A}$ 都收敛(见 3.2 节)，因此定义

$$\exp(\boldsymbol{A}) = \sum_{m=0}^{\infty}\frac{1}{m!}\boldsymbol{A}^m$$

为矩阵 $\boldsymbol{A}$ 的指数变换。它有下列基本性质：

$$(\exp(\boldsymbol{A}))^H = \exp(\boldsymbol{A}^H)$$

对任意可逆矩阵 $\boldsymbol{A},\boldsymbol{B}$，$(\exp(\boldsymbol{A}))^{-1}=\exp(-\boldsymbol{A})$，$\exp(\boldsymbol{B}\boldsymbol{A}\boldsymbol{B}^{-1})=\boldsymbol{B}\exp(\boldsymbol{A})\boldsymbol{B}^{-1}$

$$\det(\exp(\boldsymbol{A})) = \exp(\mathrm{tr}(\boldsymbol{A}))$$

$$\lambda \in \sigma(\boldsymbol{A}) \Leftrightarrow \exp(\lambda) \in \sigma(\exp(\boldsymbol{A}))$$

其中 $\sigma(\cdot)$表示矩阵的所有特征值构成的集合。

设 $\boldsymbol{A}$ 是轭米特矩阵，定义它的指数变换为 $\boldsymbol{B}=\exp(\mathrm{i}\boldsymbol{A})$。令 $\boldsymbol{A}=\lambda_1\boldsymbol{P}_1+\lambda_2\boldsymbol{P}_2+\cdots+\lambda_k\boldsymbol{P}_k$ 是 $\boldsymbol{A}$ 的谱分解，则

$$\exp(\mathrm{i}\boldsymbol{A}) = \exp(\mathrm{i}\lambda_1)\boldsymbol{P}_1 + \exp(\mathrm{i}\lambda_2)\boldsymbol{P}_2 + \cdots + \exp(\mathrm{i}\lambda_k)\boldsymbol{P}_k \tag{1.49}$$

由于轭米特矩阵的特征值 λ_j 是实数，所以 $\exp(\mathrm{i}\lambda_j)$都是单位复数。下述定理给出了轭米特矩阵与酉矩阵之间的关系。

定理 1.4.8 $\boldsymbol{U}$ 为酉矩阵的充要条件是存在轭米特矩阵 $\boldsymbol{A}$ 使得 $\boldsymbol{U}=\exp(\mathrm{i}\boldsymbol{A})$。

证明 由于

$$\begin{aligned}\exp(\mathrm{i}\boldsymbol{A})(\exp(\mathrm{i}\boldsymbol{A}))^H &= (\exp(\mathrm{i}\lambda_1)\boldsymbol{P}_1+\cdots+\exp(\mathrm{i}\lambda_k)\boldsymbol{P}_k)(\exp(\mathrm{i}\lambda_1)\boldsymbol{P}_1+\cdots+\exp(\mathrm{i}\lambda_k)\boldsymbol{P}_k)^H\\ &= \exp(\mathrm{i}\lambda_1)\overline{\exp(\mathrm{i}\lambda_1)}\boldsymbol{P}_1+\exp(\mathrm{i}\lambda_2)\overline{\exp(\mathrm{i}\lambda_2)}\boldsymbol{P}_2+\cdots+\\ &\quad \exp(\mathrm{i}\lambda_k)\overline{\exp(\mathrm{i}\lambda_k)}\boldsymbol{P}_k\\ &= \boldsymbol{P}_1+\boldsymbol{P}_2+\cdots+\boldsymbol{P}_k=\boldsymbol{I}\end{aligned}$$

所以，轭米特矩阵的指数 $\exp(\mathrm{i}\boldsymbol{A})$是酉矩阵；反之，若 $\boldsymbol{U}$ 是酉矩阵，则它的特征值都是单位复数，因此存在实数 $\lambda_1,\lambda_2,\cdots,\lambda_k$ 使得 $\boldsymbol{U}$ 有下述谱分解

$$\boldsymbol{U}=\exp(\mathrm{i}\lambda_1)\boldsymbol{P}_1+\exp(\mathrm{i}\lambda_2)\boldsymbol{P}_2+\cdots+\exp(\mathrm{i}\lambda_k)\boldsymbol{P}_k$$

令 $\boldsymbol{A}=\lambda_1\boldsymbol{P}_1+\lambda_2\boldsymbol{P}_2+\cdots+\lambda_k\boldsymbol{P}_k$，则 $\boldsymbol{A}$ 为轭米特矩阵且 $\boldsymbol{U}=\exp(\mathrm{i}\boldsymbol{A})$。证毕。

1.5　反对称矩阵

1.5.1　三阶反对称矩阵

三阶反对称矩阵与三维向量 $\boldsymbol{a}=(a_1,a_2,a_3)^{\mathrm{T}}\in\mathbf{R}^3$ 之间有下述关系：

$$[\boldsymbol{a}]_\times \triangleq \begin{bmatrix} 0 & -a_3 & a_2 \\ a_3 & 0 & -a_1 \\ -a_2 & a_1 & 0 \end{bmatrix} \tag{1.50}$$

即对任何一个三维向量 $\boldsymbol{a}$，按上述公式确定一个反对称矩阵；反之，任何一个反对称矩阵，都可用一个三维向量 $\boldsymbol{a}$ 写成式(1.50)的形式。$\boldsymbol{a}$ 是矩阵$[\boldsymbol{a}]_\times$的左零向量和右零向量，即 $\boldsymbol{a}^{\mathrm{T}}[\boldsymbol{a}]_\times=0$，$[\boldsymbol{a}]_\times\boldsymbol{a}=0$，因此三阶反对称矩阵由它的零向量确定到相差一个非零因子的程度。

定义 1.5.1　令 $\boldsymbol{a}=(a_1,a_2,a_3)^{\mathrm{T}}$，$\boldsymbol{b}=(b_1,b_2,b_3)^{\mathrm{T}}\in\mathbf{R}^3$，

$$\boldsymbol{a}\times\boldsymbol{b}=(a_2b_3-a_3b_2,\quad a_3b_1-a_1b_3,\quad a_1b_2-a_2b_1)^{\mathrm{T}} \tag{1.51}$$

称为 $\boldsymbol{a}$，$\boldsymbol{b}$ 的叉积。

不难验证，

$$\boldsymbol{a}\times\boldsymbol{b}=-\boldsymbol{b}\times\boldsymbol{a} \tag{1.52}$$

$$\boldsymbol{a}\times(\boldsymbol{b}+\boldsymbol{c})=\boldsymbol{a}\times\boldsymbol{b}+\boldsymbol{a}\times\boldsymbol{c} \tag{1.53}$$

叉积与反对称矩阵有如下关系：

$$\boldsymbol{a}\times\boldsymbol{b}=[\boldsymbol{a}]_\times\boldsymbol{b}=-[\boldsymbol{b}]_\times\boldsymbol{a} \tag{1.54}$$

矩阵对叉积的分配律与矩阵的余因子阵有关，确切地说有如下等式：

$$(\boldsymbol{A}\boldsymbol{x})\times(\boldsymbol{A}\boldsymbol{y})=\boldsymbol{A}^*(\boldsymbol{x}\times\boldsymbol{y}) \tag{1.55}$$

其中 $\boldsymbol{A}$ 是任意三阶实矩阵，$\boldsymbol{A}^*=((-1)^{i+j}\det M_{ij})$是 $\boldsymbol{A}$ 的余因子阵，即 $\boldsymbol{A}^*$ 的(i,j)元素是 $\boldsymbol{A}$ 的(i,j)元素的代数余子式，$\boldsymbol{A}^*$ 称为 $\boldsymbol{A}$ 的对偶。当 $\boldsymbol{A}$ 可逆时，$\boldsymbol{A}^*=\det\boldsymbol{A}\cdot\boldsymbol{A}^{-\mathrm{T}}$；若 $\boldsymbol{A}$ 不可逆，此公式不成立。$\boldsymbol{A}$ 为可逆矩阵，则式(1.55)变为

$$(\boldsymbol{A}\boldsymbol{x})\times(\boldsymbol{A}\boldsymbol{y})=\det\boldsymbol{A}\cdot\boldsymbol{A}^{-\mathrm{T}}(\boldsymbol{x}\times\boldsymbol{y}) \tag{1.56}$$

将式(1.55)写成如下形式是有益的：

$$[\boldsymbol{A}\boldsymbol{x}]_\times\boldsymbol{A}\boldsymbol{y}=\boldsymbol{A}^*[\boldsymbol{x}]_\times\boldsymbol{y} \tag{1.57}$$

比如，令 $\boldsymbol{y}$ 分别为 $\boldsymbol{e}_1$，$\boldsymbol{e}_2$，$\boldsymbol{e}_3$，得到

$$[\boldsymbol{A}\boldsymbol{x}]_\times\boldsymbol{A}=\boldsymbol{A}^*[\boldsymbol{x}]_\times \tag{1.58}$$

若 $\boldsymbol{A}$ 可逆，在式(1.58)中令 $\boldsymbol{t}=\boldsymbol{A}\boldsymbol{x}$，得到重要公式：

$$[\boldsymbol{t}]_\times\boldsymbol{A}=\det\boldsymbol{A}\cdot\boldsymbol{A}^{-\mathrm{T}}[\boldsymbol{A}^{-1}\boldsymbol{t}]_\times \tag{1.59}$$

1.5.2　正交相似标准形

由推论 1.3.1，反对称矩阵的非零特征值都是纯虚数，因此反对称矩阵有偶数个非零特征值，奇数阶的反对称矩阵必是奇异的。下面讨论反对称矩阵的对角化问题。反对称矩阵是正规矩阵，因而能酉对角化，但定理 1.3.4 表明，不能正交对角化。那么，反对称矩阵的正

交相似标准形是什么？下面的定理回答了这个问题。

定理 1.5.1 若 $\boldsymbol{A}$ 是反对称矩阵，则存在正交矩阵 $\boldsymbol{Q}$ 使得

$$\boldsymbol{Q}^{\mathrm{T}}\boldsymbol{AQ}=\mathrm{diag}(\lambda_1\boldsymbol{Z},\lambda_2\boldsymbol{Z},\cdots,\lambda_r\boldsymbol{Z},0,\cdots,0) \tag{1.60}$$

其中 $\pm\mathrm{i}\lambda_j, j=1,2,\cdots,r$ 是 $\boldsymbol{A}$ 的非零特征值，$\boldsymbol{Z}=\begin{bmatrix}0 & 1\\ -1 & 0\end{bmatrix}$。

证明 令 $\boldsymbol{A}$ 的非零特征值 $\mathrm{i}\lambda_j, -\mathrm{i}\lambda_j$ 的单位特征向量为

$$\boldsymbol{b}_j,\bar{\boldsymbol{b}}_j,\quad j=1,2,\cdots,r$$

并令 $\{\boldsymbol{x}_{2r+1},\boldsymbol{x}_{2r+2},\cdots,\boldsymbol{x}_n\}$ 是 $\boldsymbol{A}$ 的零空间的标准正交基，则

$$\boldsymbol{V}^H\boldsymbol{AV}=\mathrm{diag}(\mathrm{i}\lambda_1,-\mathrm{i}\lambda_1,\mathrm{i}\lambda_2,-\mathrm{i}\lambda_2,\cdots,\mathrm{i}\lambda_r,-\mathrm{i}\lambda_r,0,\cdots,0) \tag{1.61}$$

其中

$$\boldsymbol{V}=(\boldsymbol{b}_1,\bar{\boldsymbol{b}}_1,\boldsymbol{b}_2,\bar{\boldsymbol{b}}_2,\cdots,\boldsymbol{b}_r,\bar{\boldsymbol{b}}_r,\boldsymbol{x}_{2r+1},\cdots,\boldsymbol{x}_n)$$

是酉矩阵。记

$$\boldsymbol{U}=\frac{1}{\sqrt{2}}\begin{bmatrix}1 & 1/\mathrm{i}\\ 1 & -1/\mathrm{i}\end{bmatrix}$$

它是 2 阶酉矩阵，因而

$$\boldsymbol{W}\triangleq\mathrm{diag}(\underbrace{\boldsymbol{U},\boldsymbol{U},\cdots,\boldsymbol{U}}_{r},\boldsymbol{I}_{n-2r})$$

是 n 阶酉矩阵。于是

$$\boldsymbol{VW}=(\boldsymbol{b}_1,\bar{\boldsymbol{b}}_1,\boldsymbol{b}_2,\bar{\boldsymbol{b}}_2,\cdots,\boldsymbol{b}_r,\bar{\boldsymbol{b}}_r,\boldsymbol{x}_{2r+1},\cdots,\boldsymbol{x}_n)\mathrm{diag}(\underbrace{\boldsymbol{U},\boldsymbol{U},\cdots,\boldsymbol{U}}_{r},\boldsymbol{I}_{n-2r})$$

$$=\left(\frac{\boldsymbol{b}_1+\bar{\boldsymbol{b}}_1}{\sqrt{2}},\frac{\boldsymbol{b}_1-\bar{\boldsymbol{b}}_1}{\mathrm{i}\sqrt{2}},\frac{\boldsymbol{b}_2+\bar{\boldsymbol{b}}_2}{\sqrt{2}},\frac{\boldsymbol{b}_2+\bar{\boldsymbol{b}}_2}{\mathrm{i}\sqrt{2}},\cdots,\frac{\boldsymbol{b}_r+\bar{\boldsymbol{b}}_r}{\sqrt{2}},\frac{\boldsymbol{b}_r+\bar{\boldsymbol{b}}_r}{\mathrm{i}\sqrt{2}},\boldsymbol{x}_{2r+1},\cdots,\boldsymbol{x}_n\right)$$

是正交矩阵，且

$$\begin{aligned}&\boldsymbol{W}^H\mathrm{diag}(\mathrm{i}\lambda_1,-\mathrm{i}\lambda_1,\mathrm{i}\lambda_2,-\mathrm{i}\lambda_2,\cdots,\mathrm{i}\lambda_r,-\mathrm{i}\lambda_r,0,\cdots,0)\boldsymbol{W}\\&=\mathrm{diag}(\lambda_1\boldsymbol{Z},\lambda_2\boldsymbol{Z},\cdots,\lambda_r\boldsymbol{Z},0,\cdots,0)\end{aligned} \tag{1.62}$$

其中 $\boldsymbol{Z}=\begin{bmatrix}0 & 1\\ -1 & 0\end{bmatrix}$。令 $\boldsymbol{Q}=\boldsymbol{VW}$，由式(1.61)和式(1.62)，得到

$$\begin{aligned}\boldsymbol{Q}^{\mathrm{T}}\boldsymbol{AQ}&=\boldsymbol{W}^H\boldsymbol{V}^H\boldsymbol{AVW}\\&=\boldsymbol{W}^H\mathrm{diag}(\mathrm{i}\lambda_1,-\mathrm{i}\lambda_1,\mathrm{i}\lambda_2,-\mathrm{i}\lambda_2,\cdots,\mathrm{i}\lambda_r,-\mathrm{i}\lambda_r,0,\cdots,0)\boldsymbol{W}\\&=\mathrm{diag}(\lambda_1\boldsymbol{Z},\lambda_2\boldsymbol{Z},\cdots,\lambda_r\boldsymbol{Z},0,\cdots,0)\end{aligned}$$

证毕。

1.5.3 与旋转矩阵的关系

考虑 n 阶反对称矩阵 $\boldsymbol{W}$ 的指数变换 $\exp(\boldsymbol{W})$：由于

$$(\exp(\boldsymbol{W}))^{\mathrm{T}}=\exp(\boldsymbol{W}^{\mathrm{T}})=\exp(-\boldsymbol{W})=(\exp(\boldsymbol{W}))^{-1}$$

所以 $\exp(\boldsymbol{W})$ 是正交矩阵。此外，反对称矩阵的特征值为纯虚数和零，因此矩阵 $\exp(\boldsymbol{W})$ 的复特征值都是共轭成对的单位复数，且所有实特征值均为 1，因而 $\det(\exp(\boldsymbol{W}))=1$，即

exp($\boldsymbol{W}$)是 n 阶旋转矩阵。也就是说，反对称矩阵的指数变换是旋转矩阵。事实上，任意旋转矩阵都能表示为反对称矩阵的指数变换。

定理 1.5.2　$\boldsymbol{R}$ 为 n 阶旋转矩阵的充要条件是存在 n 阶反对称矩阵 $\boldsymbol{W}$ 使得 $\boldsymbol{R}=\exp(\boldsymbol{W})$。

此定理表明，n 阶旋转矩阵可用 n 阶反对称矩阵的指数变换来表达。n 阶旋转矩阵列向量的正交性和单位性，表明旋转矩阵仅有 $n(n-1)/2$ 个自由度，它正好由 n 阶反对称矩阵的 $n(n-1)/2$ 个不同元素来表达。下面证明定理 1.5.2。

证明　只需证明必要性：注意到

$$\boldsymbol{Z}^k=\begin{cases}(-1)^m\boldsymbol{I}, & k=2m\\ (-1)^m\boldsymbol{Z}, & k=2m+1\end{cases}\quad\left(\boldsymbol{Z}=\begin{bmatrix}0 & 1\\ -1 & 0\end{bmatrix}\right)$$

则 2 阶旋转矩阵 $\boldsymbol{R}_2(\theta)=\begin{bmatrix}\cos\theta & \sin\theta\\ -\sin\theta & \cos\theta\end{bmatrix}$能被表示为反对称矩阵 $\theta\boldsymbol{Z}$ 的指数变换

$$\exp(\theta\boldsymbol{Z})=\sum_{m=0}^{\infty}\frac{\theta^m}{m!}\boldsymbol{Z}^m=\begin{bmatrix}\cos\theta & \sin\theta\\ -\sin\theta & \cos\theta\end{bmatrix}$$

由定理 1.2.3，旋转矩阵 $\boldsymbol{R}$ 能被正交分解为

$$\boldsymbol{R}=\boldsymbol{Q}\operatorname{diag}(\boldsymbol{R}_2(\theta_1),\boldsymbol{R}_2(\theta_2),\cdots,\boldsymbol{R}_2(\theta_r),1,\cdots,1)\boldsymbol{Q}^{\mathrm{T}}$$

其中 $\boldsymbol{Q}$ 是正交矩阵，因而

$$\begin{aligned}\boldsymbol{R}&=\boldsymbol{Q}\operatorname{diag}(\exp(\theta_1\boldsymbol{Z}),\exp(\theta_2\boldsymbol{Z}),\cdots,\exp(\theta_r\boldsymbol{Z}),\exp(0),\cdots,\exp(0))\boldsymbol{Q}^{\mathrm{T}}\\ &=\exp(\boldsymbol{Q}\operatorname{diag}(\theta_1\boldsymbol{Z},\theta_2\boldsymbol{Z},\cdots,\theta_r\boldsymbol{Z},0,\cdots,0)\boldsymbol{Q}^{\mathrm{T}})\end{aligned}$$

显然，$\boldsymbol{W}=\boldsymbol{Q}\operatorname{diag}(\theta_1\boldsymbol{Z},\theta_2\boldsymbol{Z},\cdots,\theta_r\boldsymbol{Z},0,\cdots,0)\boldsymbol{Q}^{\mathrm{T}}$ 是反对称矩阵，且 $\boldsymbol{R}=\exp(\boldsymbol{W})$。证毕。

习　题

1. 单位正交化下述 4 维向量组，然后再扩充为 $\mathbf{R}^4$ 标准正交基：

$$\boldsymbol{x}_1=\begin{bmatrix}1\\1\\0\\0\end{bmatrix},\quad \boldsymbol{x}_2=\begin{bmatrix}1\\0\\1\\0\end{bmatrix},\quad \boldsymbol{x}_3=\begin{bmatrix}-1\\0\\0\\1\end{bmatrix}$$

2. 在多项式 $\mathbf{P}[x]_3$ 空间中定义内积为 $\langle f,g\rangle=\int_{-1}^{1}f(x)g(x)\mathrm{d}x$，求 $\mathbf{P}[x]_3$ 的一个标准正交基。提示：对基$\{1,x,x^2,x^3\}$应用 Gram-Schmidt 正交化。

3. 设 $\boldsymbol{A}$ 是正交矩阵，证明 $\det\boldsymbol{A}=\pm 1$。若 $\boldsymbol{B}$ 也是正交的且 $\det\boldsymbol{B}=-\det\boldsymbol{A}$，则 $\boldsymbol{A}+\boldsymbol{B}$ 是奇异的，即 $\det(\boldsymbol{A}+\boldsymbol{B})=0$。

4. 矩阵 $\boldsymbol{A}$ 的秩是它的列张成空间的维数，记为 $\operatorname{rank}\boldsymbol{A}$。证明：$\operatorname{rank}\boldsymbol{A}=1$ 当且仅当存在列向量 $\boldsymbol{a},\boldsymbol{b}$ 使得 $\boldsymbol{A}=\boldsymbol{a}\boldsymbol{b}^{\mathrm{T}}$。

5. 设$\boldsymbol{v}\in\mathbf{R}^n$，$\|\boldsymbol{v}\|_2=1$，定义 $\boldsymbol{H}=\boldsymbol{I}-2\boldsymbol{v}\boldsymbol{v}^{\mathrm{T}}$(称为 Householder 矩阵)，证明：

(i) $\boldsymbol{H}^{\mathrm{T}}=\boldsymbol{H}=\boldsymbol{H}^{-1}$，即 $\boldsymbol{H}$ 是对称的正交矩阵；

(ii) $\det \boldsymbol{H}=-1$；

(iii) 请说明变换 $\boldsymbol{y}=\boldsymbol{H}\boldsymbol{x}$ 的几何意义。

6. 设 $\boldsymbol{A},\boldsymbol{S}$ 分别为对称和反对称矩阵，$\boldsymbol{AS}=\boldsymbol{SA}$ 且 $\boldsymbol{A}-\boldsymbol{S}$ 可逆，证明：

(i) $(\boldsymbol{A}+\boldsymbol{S})(\boldsymbol{A}-\boldsymbol{S})^{-1}=(\boldsymbol{A}-\boldsymbol{S})^{-1}(\boldsymbol{A}+\boldsymbol{S})$；

(ii) $\boldsymbol{B}=(\boldsymbol{A}+\boldsymbol{S})(\boldsymbol{A}-\boldsymbol{S})^{-1}$ 是正交矩阵；

(iii) 令 $\boldsymbol{A}=\boldsymbol{I},\boldsymbol{C}=(\boldsymbol{I}+\boldsymbol{S})(\boldsymbol{I}-\boldsymbol{S})^{-1}$ 是正交矩阵。

7. 设 $\boldsymbol{A},\boldsymbol{S}$ 分别为对称和反对称矩阵，令 $\boldsymbol{B}=\boldsymbol{A}+\boldsymbol{S}$，证明如下陈述等价：

(i) $\boldsymbol{B}$ 为实正规矩阵；

(ii) $\boldsymbol{AS}=\boldsymbol{SA}$；

(iii) $\boldsymbol{AS}=-(\boldsymbol{AS})^{\mathrm{T}}$，即 $\boldsymbol{AS}$ 是反对称的。

8. 设 $\boldsymbol{A},\boldsymbol{B}$ 分别为对称矩阵，证明：存在正交矩阵 $\boldsymbol{Q}$ 使得 $\boldsymbol{Q}^{\mathrm{T}}\boldsymbol{AQ}=\boldsymbol{B}$ 的充要条件是 $\boldsymbol{A}$ 和 $\boldsymbol{B}$ 有相同的特征值。

9. 正交对角化下述矩阵：

$$\boldsymbol{A}_1=\begin{bmatrix}0 & 1\\ 1 & 3/2\end{bmatrix},\quad \boldsymbol{A}_2=\begin{bmatrix}0 & \mathrm{i} & 1\\ -\mathrm{i} & 0 & 0\\ 1 & 0 & 0\end{bmatrix}$$

并计算 $f(\boldsymbol{A}_1),f(\boldsymbol{A}_2)$，其中 $f(x)=x^3+x^2+x+1$。

10. 求正交矩阵，同时对角化 $\boldsymbol{A}$ 和 $\boldsymbol{B}$：

$$\boldsymbol{A}=\begin{bmatrix}2 & 0 & 0\\ 0 & 0 & 1\\ 0 & 1 & 0\end{bmatrix},\quad \boldsymbol{B}=\begin{bmatrix}-1 & 0 & 0\\ 0 & 3/2 & -1/2\\ 0 & -1/2 & 3/2\end{bmatrix}$$

11. 证明正交投影有如下性质：

(i) 设 $\boldsymbol{P}_1,\boldsymbol{P}_2$ 是两个正交投影，则 $\boldsymbol{P}_1+\boldsymbol{P}_2$ 是正交投影当且仅当 $\boldsymbol{P}_1\boldsymbol{P}_2$ 是反轭米特的；

(ii) 设 $\boldsymbol{P}_1,\boldsymbol{P}_2$ 是两个正交投影，则 $\boldsymbol{P}_1-\boldsymbol{P}_2$ 是正交投影当且仅当 $(\boldsymbol{I}-\boldsymbol{P}_1)\boldsymbol{P}_2$ 是反轭米特的；

(iii) 设 $\boldsymbol{P}_1,\boldsymbol{P}_2$ 是两个正交投影，则 $\boldsymbol{P}_1\boldsymbol{P}_2$ 是正交投影当且仅当 $\boldsymbol{P}_1\boldsymbol{P}_2=\boldsymbol{P}_2\boldsymbol{P}_1$；

(iv) 设 $S_1,S_2,S_3,\cdots,S_k$ 是 $\mathbf{C}^n$ 的两两正交的子空间，且 $\mathbf{R}^n=S_1+S_2+S_3+\cdots+S_k$，则

$$\boldsymbol{I}=\boldsymbol{P}_{S_1}+\boldsymbol{P}_{S_2}+\cdots+\boldsymbol{P}_{S_k}$$

12. 求函数 $f(\boldsymbol{x})=x_2^2+x_3^2+2x_1x_2+2x_1x_3$ 在 $\mathbf{B}=\{\boldsymbol{x}:x_1^2+x_2^2+x_3^2=1\}$ 上的最小值和最大值。

13. 设 $\boldsymbol{A}$ 是轭米特矩阵，$\boldsymbol{B}$ 是正定轭米特矩阵，证明：

① $\forall \boldsymbol{x}\in\mathbf{C}^n,\dfrac{\boldsymbol{x}^H\boldsymbol{Ax}}{\boldsymbol{x}^H\boldsymbol{Bx}}=\dfrac{\boldsymbol{y}^H\boldsymbol{B}^{-1/2}\boldsymbol{AB}^{-1/2}\boldsymbol{y}}{\boldsymbol{y}^H\boldsymbol{y}}$，其中 $\boldsymbol{y}=\boldsymbol{B}^{1/2}\boldsymbol{x}$；

② $\boldsymbol{p}$ 为 $\boldsymbol{A}$ 对应于相对特征值 d 的相对特征向量的充要条件是 $\boldsymbol{v}=\boldsymbol{B}^{1/2}\boldsymbol{p}$ 为 $\boldsymbol{B}^{-1/2}\boldsymbol{AB}^{-1/2}$ 对应于特征值 d 的特征向量；

③ 应用这两个性质和定理 1.4.1、定理 1.4.2 和定理 1.4.3，证明定理 1.4.5、定理 1.4.6

和定理 1.4.7。

14. 求下述函数在 $\mathbf{B}=\{\boldsymbol{x}: x_1^2+x_2^2+x_3^2=1\}$ 上的最大值和最小值：

$$f(\boldsymbol{x})=\frac{x_1^2+x_2x_3}{x_1^2+2x_2^2+x_3^2}$$

15. 设 $\boldsymbol{A}$ 是三阶实矩阵，$\boldsymbol{x},\boldsymbol{y}\in\mathbf{R}^3$，证明：

$$(\boldsymbol{A}\boldsymbol{x})\times(\boldsymbol{A}\boldsymbol{y})=\boldsymbol{A}^*(\boldsymbol{x}\times\boldsymbol{y})$$

其中 $\boldsymbol{A}^*=((-1)^{i+j}\det M_{ij})$ 是 $\boldsymbol{A}$ 的余因子矩阵，即 $\boldsymbol{A}^*$ 的 (i,j) 元素是 $\boldsymbol{A}$ 的 (i,j) 元素的代数余子式。

第2章　矩阵分解

本章涉及的矩阵都是实矩阵，主要内容是矩阵分解，包括正交三角分解(QR)、三角分解(LU)、奇异值分解(SVD)和它们的一些应用，尤其是在线性最小二乘中的应用。本章要求读者具有线性代数的初步知识，比如：矩阵的特征值与特征向量和线性方程组的基本理论。

2.1　正交三角分解

定义 2.1.1　若非奇异矩阵 $\boldsymbol{A}$ 能表示为正交矩阵 $\boldsymbol{Q}$ 与上三角矩阵 $\boldsymbol{R}$ 的积：

$$\boldsymbol{A}=\boldsymbol{QR} \tag{2.1}$$

则称它是 $\boldsymbol{A}$ 的 $\boldsymbol{QR}$ 分解。类似 $\boldsymbol{QR}$ 分解，还有矩阵的 $\boldsymbol{RQ}$，$\boldsymbol{QL}$ 和 $\boldsymbol{LQ}$ 分解，这里 $\boldsymbol{L}$ 表示下三角矩阵：

$$\boldsymbol{L}=\begin{bmatrix} l_{11} & & & \\ l_{21} & l_{22} & & \\ \vdots & \vdots & \ddots & \\ l_{n1} & l_{n2} & \cdots & l_{nn} \end{bmatrix}$$

矩阵的 $\boldsymbol{QR}$，$\boldsymbol{RQ}$，$\boldsymbol{QL}$ 和 $\boldsymbol{LQ}$ 分解统称为正交三角分解。

下面仅讨论矩阵的 $\boldsymbol{QR}$ 分解，其他类型的三角分解可类似获得。

定理 2.1.1　对任意非奇异矩阵 $\boldsymbol{A}$ 总存在 $\boldsymbol{QR}$ 分解，若要求上三角矩阵 $\boldsymbol{R}$ 的对角元素均为正数，则这种分解是唯一的。

证明　令 $\boldsymbol{A}=(\boldsymbol{a}_1,\boldsymbol{a}_2,\cdots,\boldsymbol{a}_n)$，由非奇异性，它的列向量组 $\{\boldsymbol{a}_1,\boldsymbol{a}_2,\cdots,\boldsymbol{a}_n\}$ 线性无关，因此对 $\{\boldsymbol{a}_1,\boldsymbol{a}_2,\cdots,\boldsymbol{a}_n\}$ 进行 Gram-Schmidt 正交化得到 n 个两两正交的单位向量 $\tilde{\boldsymbol{q}}_1,\tilde{\boldsymbol{q}}_2,\cdots,\tilde{\boldsymbol{q}}_n$ 使得

$$\begin{cases} \tilde{\boldsymbol{q}}_1=\tilde{c}_{11}\boldsymbol{a}_1 \\ \tilde{\boldsymbol{q}}_2=\tilde{c}_{12}\boldsymbol{a}_1+\tilde{c}_{22}\boldsymbol{a}_{22} \\ \vdots \\ \tilde{\boldsymbol{q}}_n=\tilde{c}_{1n}\boldsymbol{a}_1+\tilde{c}_{2n}\boldsymbol{a}_{22}+\cdots+\tilde{c}_{nn}\boldsymbol{a}_n \end{cases}$$

其中 $\tilde{c}_{ii}\neq 0$。将 $\tilde{\boldsymbol{q}}_j$ 单位化 $\boldsymbol{q}_j=\|\tilde{\boldsymbol{q}}_j\|_2^{-1}\tilde{\boldsymbol{q}}_j$，并令 $c_{ij}=\|\tilde{\boldsymbol{q}}_j\|_2^{-1}\tilde{c}_{ij}$，有

$$\begin{cases} \boldsymbol{q}_1=c_{11}\boldsymbol{a}_1 \\ \boldsymbol{q}_2=c_{12}\boldsymbol{a}_1+c_{22}\boldsymbol{a}_{22} \\ \vdots \\ \boldsymbol{q}_n=c_{1n}\boldsymbol{a}_1+c_{2n}\boldsymbol{a}_{22}+\cdots+c_{nn}\boldsymbol{a}_n \end{cases}$$

写成矩阵形式，

$$\underbrace{(\boldsymbol{q}_1,\boldsymbol{q}_2,\cdots,\boldsymbol{q}_n)}_{Q}=\underbrace{(\boldsymbol{a}_1,\boldsymbol{a}_2,\cdots,\boldsymbol{a}_n)}_{A}\underbrace{\begin{bmatrix} c_{11} & \cdots & c_{1n} \\ & \ddots & \vdots \\ & & c_{nn} \end{bmatrix}}_{C}$$

$$\boldsymbol{Q}=\boldsymbol{AC}$$

由于上三角矩阵的逆仍是上三角矩阵，$\boldsymbol{R}\triangleq\boldsymbol{C}^{-1}$ 是上三角矩阵，所以 $\boldsymbol{A}$ 有 $\boldsymbol{QR}$ 分解 $\boldsymbol{A}=\boldsymbol{QR}$。

下面证明唯一性：设 $\boldsymbol{A}$ 有两种分解 $\boldsymbol{QR}=\boldsymbol{A}=\widetilde{\boldsymbol{Q}}\widetilde{\boldsymbol{R}}$，则有 $\boldsymbol{R}\widetilde{\boldsymbol{R}}^{-1}=\boldsymbol{Q}^{-1}\widetilde{\boldsymbol{Q}}$，因此 $\boldsymbol{R}\widetilde{\boldsymbol{R}}^{-1}$ 是正交的上三角矩阵。正交矩阵是正规矩阵，根据引理 1.3.1，$\boldsymbol{R}\widetilde{\boldsymbol{R}}^{-1}$ 必为对角矩阵。再由正交性，$\boldsymbol{R}\widetilde{\boldsymbol{R}}^{-1}$ 的对角元为±1。若要求 $\boldsymbol{QR}$ 分解中的上三角矩阵的对角元均为正数，则 $\boldsymbol{R}\widetilde{\boldsymbol{R}}^{-1}=\boldsymbol{I}$。故 $\boldsymbol{R}=\widetilde{\boldsymbol{R}}$ 且 $\boldsymbol{Q}=\widetilde{\boldsymbol{Q}}$，唯一性得证。

对于非方阵的情况，有如下定理：

定理 2.1.2　对任意列满秩矩阵 $\boldsymbol{A}$，都可分解为列正交矩阵 $\boldsymbol{Q}$ 与上三角矩阵 $\boldsymbol{R}$ 的积。若要求上三角阵 $\boldsymbol{R}$ 的对角元素均为正数，则这种分解是唯一的。

列满秩矩阵是指矩阵的列向量组线性无关；列正交矩阵是指矩阵的列向量是两两正交的单位向量。证明留给读者。

定理 2.1.1 的证明同时给出了 $\boldsymbol{QR}$ 分解的计算方法，即 Gram-Schmidt 正交化方法。在实际应用中并不使用这种方法，因为 Gram-Schmidt 正交化方法欠数值稳定性，尤其是对近似线性相关的向量组。下面介绍两种实用的计算方法：吉文斯(Givens)方法和豪斯荷德(Householder)方法。

2.1.1　吉文斯方法

旋转矩阵

$$\boldsymbol{R}(\theta)=\begin{bmatrix}\cos\theta & -\sin\theta \\ \sin\theta & \cos\theta\end{bmatrix}$$

称为二阶吉文斯旋转，它将二维向量 $\boldsymbol{x}=\begin{bmatrix}x_1\\x_2\end{bmatrix}$ 按逆时针方向旋转 θ 角得到 $\boldsymbol{R}(\theta)\boldsymbol{x}$，如图 2.1 所示。

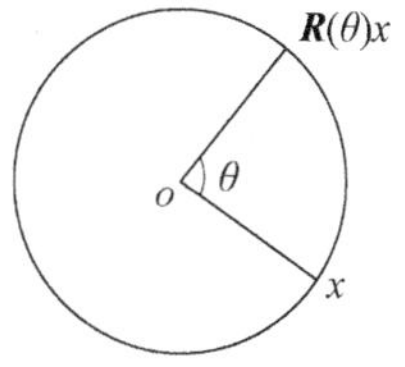

图 2.1　二阶吉文斯旋转

若选择旋转角 θ 使得

$$\cos\theta=\frac{x_1}{\sqrt{x_1^2+x_2^2}},\quad \sin\theta=-\frac{x_2}{\sqrt{x_1^2+x_2^2}}$$

则

$$\begin{bmatrix}\cos\theta & -\sin\theta \\ \sin\theta & \cos\theta\end{bmatrix}\begin{bmatrix}x_1\\x_2\end{bmatrix}=\begin{bmatrix}\sqrt{x_1^2+x_2^2}\\0\end{bmatrix}$$

因此，对二阶矩阵 $\boldsymbol{A}=\begin{bmatrix}x_1 & y_1\\x_2 & y_2\end{bmatrix}$ 进行一次吉文斯旋转，就化为上三角矩阵

$$\begin{bmatrix}\cos\theta & -\sin\theta \\ \sin\theta & \cos\theta\end{bmatrix}\begin{bmatrix}x_1 & y_1\\x_2 & y_2\end{bmatrix}=\begin{bmatrix}\sqrt{x_1^2+x_2^2} & * \\ 0 & *\end{bmatrix}$$

三阶吉文斯旋转有三种类型，分别是绕三个坐标轴的旋转，定义如下：

$$\boldsymbol{R}_x(\theta)=\begin{bmatrix}1 & & \\ & c & -s \\ & s & c\end{bmatrix},\quad \boldsymbol{R}_y(\theta)=\begin{bmatrix}c & & -s \\ & 1 & \\ s & & c\end{bmatrix},\quad \boldsymbol{R}_z(\theta)=\begin{bmatrix}c & -s & \\ s & c & \\ & & 1\end{bmatrix}$$

其中 $c \triangleq \cos(\theta), s \triangleq \sin(\theta)$。现在考虑三阶矩阵 $\boldsymbol{A}$ 的 $\boldsymbol{QR}$ 分解：令

$$\boldsymbol{A}=\begin{bmatrix}a_{11} & a_{12} & a_{13} \\ a_{21} & a_{22} & a_{23} \\ a_{31} & a_{32} & a_{33}\end{bmatrix}=\begin{bmatrix}\boldsymbol{a}_1^{\mathrm{T}} \\ \boldsymbol{a}_2^{\mathrm{T}} \\ \boldsymbol{a}_3^{\mathrm{T}}\end{bmatrix}$$

对它进行吉文斯旋转 $\boldsymbol{R}_x$，得到

$$\boldsymbol{R}_x\boldsymbol{A}=\begin{bmatrix}\boldsymbol{a}_1^{\mathrm{T}} \\ c\boldsymbol{a}_2^{\mathrm{T}}-s\boldsymbol{a}_3^{\mathrm{T}} \\ s\boldsymbol{a}_2^{\mathrm{T}}+c\boldsymbol{a}_3^{\mathrm{T}}\end{bmatrix}$$

$$s\boldsymbol{a}_2^{\mathrm{T}}+c\boldsymbol{a}_3^{\mathrm{T}}=(sa_{21}+ca_{31}, sa_{22}+ca_{32}, sa_{23}+ca_{33})$$

选择角度 θ_1 使得 $sa_{21}+ca_{31}=0$，有

$$\boldsymbol{R}_x(\theta_1)\boldsymbol{A}=\begin{bmatrix}a'_{11} & a'_{12} & a'_{13} \\ a'_{21} & a'_{22} & a'_{23} \\ 0 & a'_{32} & a'_{33}\end{bmatrix}=\begin{bmatrix}\boldsymbol{a}_1'^{\mathrm{T}} \\ \boldsymbol{a}_2'^{\mathrm{T}} \\ \boldsymbol{a}_3'^{\mathrm{T}}\end{bmatrix}$$

再进行吉文斯旋转 $\boldsymbol{R}_z$，得到

$$\boldsymbol{R}_z\boldsymbol{R}_x(\theta_1)\boldsymbol{A}=\begin{bmatrix}c\boldsymbol{a}_1'^{\mathrm{T}}-s\boldsymbol{a}_2'^{\mathrm{T}} \\ s\boldsymbol{a}_1'^{\mathrm{T}}+c\boldsymbol{a}_2'^{\mathrm{T}} \\ \boldsymbol{a}_3'^{\mathrm{T}}\end{bmatrix}$$

$$s\boldsymbol{a}_1'^{\mathrm{T}}+c\boldsymbol{a}_2'^{\mathrm{T}}=(sa'_{11}+ca'_{21}, sa'_{12}+ca'_{22}, sa'_{13}+ca'_{23})$$

于是，选择角度 θ_2 使得 $sa'_{11}+ca'_{21}=0$，有

$$\boldsymbol{R}_z(\theta_2)\boldsymbol{R}_x(\theta_1)\boldsymbol{A}=\begin{bmatrix}a''_{11} & a''_{12} & a''_{13} \\ 0 & a''_{22} & a''_{23} \\ 0 & a''_{32} & a''_{33}\end{bmatrix}=\begin{bmatrix}\boldsymbol{a}_1''^{\mathrm{T}} \\ \boldsymbol{a}_2''^{\mathrm{T}} \\ \boldsymbol{a}_3''^{\mathrm{T}}\end{bmatrix}$$

最后，进行吉文斯旋转 $\boldsymbol{R}_x$，得到

$$\boldsymbol{R}_x\boldsymbol{R}_z(\theta_2)\boldsymbol{R}_x(\theta_1)\boldsymbol{A}=\begin{bmatrix}\boldsymbol{a}_1''^{\mathrm{T}} \\ c\boldsymbol{a}_2''^{\mathrm{T}}-s\boldsymbol{a}_3''^{\mathrm{T}} \\ c\boldsymbol{a}_2''^{\mathrm{T}}+s\boldsymbol{a}_3''^{\mathrm{T}}\end{bmatrix}$$

$$c\boldsymbol{a}_2''^{\mathrm{T}}+s\boldsymbol{a}_3''^{\mathrm{T}}=(0, ca''_{22}+sa''_{32}, ca''_{23}+sa''_{33})$$

选择角度 θ_3 使得 $ca''_{22}+sa''_{32}=0$，有

$$\boldsymbol{R}_x(\theta_3)\boldsymbol{R}_z(\theta_2)\boldsymbol{R}_x(\theta_1)\boldsymbol{A}=\begin{bmatrix}a'''_{11} & a'''_{12} & a'''_{13} \\ 0 & a'''_{22} & a'''_{23} \\ 0 & 0 & a'''_{33}\end{bmatrix}$$

因此，

$$\boldsymbol{A} = \underbrace{(\boldsymbol{R}_x(\theta_3)\boldsymbol{R}_z(\theta_2)\boldsymbol{R}_x(\theta_1))^{\mathrm{T}}}_{Q} \underbrace{\begin{bmatrix} a'''_{11} & a'''_{12} & a'''_{13} \\ 0 & a'''_{22} & a'''_{23} \\ 0 & 0 & a'''_{33} \end{bmatrix}}_{R}$$

$$\boldsymbol{A} = \boldsymbol{QR}$$

综上所述,通过三次吉文斯旋转可得到三阶矩阵的 $\boldsymbol{QR}$ 分解。读者能毫无困难地将吉文斯方法推广到高阶矩阵。吉文斯旋转的一般形式如下:

$$\boldsymbol{R}(i,j,\theta) = \begin{bmatrix} 1 & & & & & & & & & \\ & \ddots & & & & & & & & \\ & & 1 & & & & & & & \\ & & & \ddots & & & & & & \\ & & & & \cos\theta & & & -\sin\theta & & \\ & & & & & 1 & & & & \\ & & & & & & \ddots & & & \\ & & & & & & & 1 & & \\ & & & & \sin\theta & & & \cos\theta & & \\ & & & & & & & & 1 & \\ & & & & & & & & & \ddots \\ & & & & & & & & & & 1 \end{bmatrix} \begin{matrix} \\ \\ \\ \\ i \\ \\ \\ \\ j \\ \\ \\ \\ \end{matrix} \tag{2.2}$$

给定 $\boldsymbol{x} \in \mathbf{R}^n$ 和 i, j 可以选择一个角度 θ,使得 $\boldsymbol{x}$ 的第 j 分量变为零:

$$\begin{bmatrix} \cos\theta & -\sin\theta \\ \sin\theta & \cos\theta \end{bmatrix} \begin{bmatrix} x_i \\ x_j \end{bmatrix} = \begin{bmatrix} \sqrt{x_i^2 + x_j^2} \\ 0 \end{bmatrix}$$

即对矩阵进行一次吉文斯旋转,可使其中的一个元素化为零,因此进行 $n(n-1)/2$ 次吉文斯旋转就得到 n 阶矩阵的 $\boldsymbol{QR}$ 分解。

2.1.2　豪斯荷德方法

应用吉文斯方法对 n 阶矩阵计算 $\boldsymbol{QR}$ 分解,需要构造 $n(n-1)/2$ 个吉文斯旋转,以及这些旋转矩阵的乘积,计算量较大。对高阶矩阵而言,本节介绍的豪斯荷德方法更为有效。

定义 2.1.2　$\forall \boldsymbol{v} \in \mathbf{R}^n \backslash \{0\}$,定义 n 阶矩阵

$$\boldsymbol{H}_v = \boldsymbol{I} - 2\frac{\boldsymbol{v}\boldsymbol{v}^{\mathrm{T}}}{\boldsymbol{v}^{\mathrm{T}}\boldsymbol{v}} \tag{2.3}$$

并称为豪斯荷德矩阵。

不难验证: $\boldsymbol{H}_v^{\mathrm{T}}\boldsymbol{H}_v = \boldsymbol{I}$, $\det\boldsymbol{H}_v = -1$,且 $\boldsymbol{H}_v^{\mathrm{T}} = \boldsymbol{H}_v = \boldsymbol{H}_v^{-1}$,因此 $\boldsymbol{H}_v$ 是对称的正交矩阵,它确定一个反射变换,称为豪斯荷德反射。如图 2.2 所示,豪斯荷德反射将向量 $\boldsymbol{x}$ 变换到与 $\boldsymbol{v}$ 垂直的超平面的对称点。

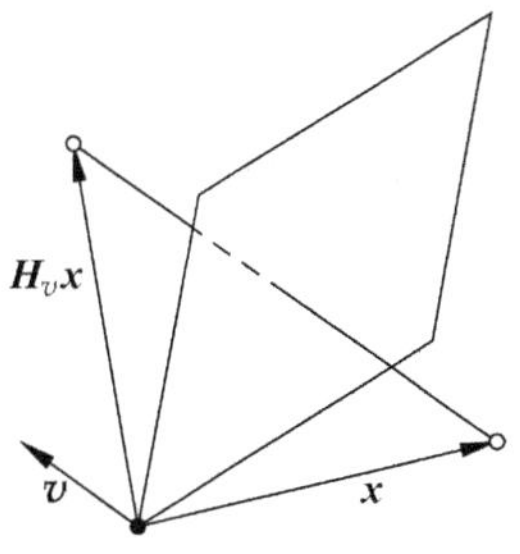

图 2.2　豪斯荷德反射

类似吉文斯旋转,对矩阵进行豪斯荷德反射可得到矩阵的 $\boldsymbol{QR}$ 分解,这种方法只需要进行 $n-1$ 次豪斯荷德反射,其计算量大约是吉文斯方法的一半。为给出豪斯荷德方法,先引进一个

引理。

引理 2.1.1 设 $\boldsymbol{x},\boldsymbol{w}$ 是等长的向量，$\|\boldsymbol{x}\|_2=\|\boldsymbol{w}\|_2$，令 $\boldsymbol{v}=\boldsymbol{w}-\boldsymbol{x}$，则豪斯荷德反射 $\boldsymbol{H}_v$ 使得

$$\boldsymbol{H}_v\boldsymbol{x}=\boldsymbol{w}$$

证明 通过直接计算：$(\boldsymbol{x}-\boldsymbol{w})^{\mathrm{T}}(\boldsymbol{x}+\boldsymbol{w})=\boldsymbol{x}^{\mathrm{T}}\boldsymbol{x}-\boldsymbol{w}^{\mathrm{T}}\boldsymbol{w}=\|\boldsymbol{x}\|_2^2-\|\boldsymbol{w}\|_2^2=0$，这表明向量 $\boldsymbol{x}-\boldsymbol{w}$ 和 $\boldsymbol{x}+\boldsymbol{w}$ 相互正交，因此

$$\begin{aligned}\boldsymbol{H}_v\boldsymbol{x}&=\left(\boldsymbol{I}-2\frac{\boldsymbol{v}\boldsymbol{v}^{\mathrm{T}}}{\boldsymbol{v}^{\mathrm{T}}\boldsymbol{v}}\right)\boldsymbol{x}=\boldsymbol{x}-2\frac{\boldsymbol{v}\boldsymbol{v}^{\mathrm{T}}\boldsymbol{x}}{\boldsymbol{v}^{\mathrm{T}}\boldsymbol{v}}\\&=\boldsymbol{w}-\boldsymbol{v}-\frac{\boldsymbol{v}\boldsymbol{v}^{\mathrm{T}}\boldsymbol{x}}{\boldsymbol{v}^{\mathrm{T}}\boldsymbol{v}}-\frac{\boldsymbol{v}\boldsymbol{v}^{\mathrm{T}}(\boldsymbol{w}-\boldsymbol{v})}{\boldsymbol{v}^{\mathrm{T}}\boldsymbol{v}}\\&=\boldsymbol{w}-\left(\frac{\boldsymbol{v}\boldsymbol{v}^{\mathrm{T}}(\boldsymbol{x}+\boldsymbol{w})}{\boldsymbol{v}^{\mathrm{T}}\boldsymbol{v}}\right)\\&=\boldsymbol{w}-\left(\frac{\boldsymbol{v}(\boldsymbol{x}-\boldsymbol{w})^{\mathrm{T}}(\boldsymbol{x}+\boldsymbol{w})}{\boldsymbol{v}^{\mathrm{T}}\boldsymbol{v}}\right)=\boldsymbol{w}\end{aligned}$$

故，引理 2.1.1 成立。

由引理 2.1.1，对 n 阶非奇异方阵 $\mathbf{A}=(\boldsymbol{a}_1,\boldsymbol{a}_2,\cdots,\boldsymbol{a}_n)$ 进行一系列豪斯荷德反射，可化化为上三角矩阵，具体步骤如下：

(1) 令 $\boldsymbol{x}=\boldsymbol{a}_1,\boldsymbol{w}=\|\boldsymbol{a}_1\|_2\boldsymbol{e}_1,\boldsymbol{v}=\boldsymbol{w}-\boldsymbol{x}$，由引理 2.1.1 可找到 n 阶豪斯荷德反射 $\boldsymbol{H}_1=\boldsymbol{I}-2\dfrac{\boldsymbol{v}\boldsymbol{v}^{\mathrm{T}}}{\boldsymbol{v}^{\mathrm{T}}\boldsymbol{v}}$，使得

$$\boldsymbol{H}_1\boldsymbol{a}_1=\|\boldsymbol{a}_1\|_2\boldsymbol{e}_1(\boldsymbol{e}_1=(1,0,\cdots,0)^{\mathrm{T}}\in\mathbf{R}^n)$$

令 $\boldsymbol{a}_{11}^{(1)}=\|\boldsymbol{a}_1\|_2$，有

$$\boldsymbol{H}_1\boldsymbol{A}=\begin{bmatrix}a_{11}^{(1)}&\boldsymbol{a}^{(1)\mathrm{T}}\\0&\boldsymbol{A}_1\end{bmatrix}$$

(2) 对 $n-1$ 阶矩阵 $\boldsymbol{A}_1$ 执行步骤(1)，有

$$\boldsymbol{H}_2\boldsymbol{A}_1=\begin{bmatrix}a_{22}^{(2)}&\boldsymbol{a}^{(2)\mathrm{T}}\\0&\boldsymbol{A}_2\end{bmatrix}$$

继续上述过程，直至 $n-1$ 步，得到

$$\boldsymbol{H}_{n-1}\boldsymbol{A}_{n-2}=\begin{bmatrix}a_{(n-1)(n-1)}^{(n-1)}&a_{(n-1)n}^{(n-1)}\\0&a_{nn}^{(n-1)}\end{bmatrix}$$

令

$$\boldsymbol{Q}=\begin{bmatrix}\boldsymbol{I}_{n-2}&0\\0&\boldsymbol{H}_{n-1}\end{bmatrix}\cdots\begin{bmatrix}\boldsymbol{I}_2&0\\0&\boldsymbol{H}_3\end{bmatrix}\begin{bmatrix}1&0\\0&\boldsymbol{H}_2\end{bmatrix}\boldsymbol{H}_1$$

它是正交矩阵，且

$$\boldsymbol{QA}=\underbrace{\begin{bmatrix}a_{11}^{(1)}&*&*\\&a_{22}^{(2)}&*\\&&\ddots\\&&&a_{nn}^{(n-1)}\end{bmatrix}}_{R}$$

这样，就得到了矩阵 $\boldsymbol{A}$ 的 $\boldsymbol{QR}$ 分解 $\boldsymbol{A}=\boldsymbol{Q}^{\mathrm{T}}\boldsymbol{R}$。

注释　本节只对可逆方阵介绍了 $\boldsymbol{QR}$ 分解的 Gram-Schmidt，吉文斯和豪斯荷德方法，但这些方法对列满秩矩阵的 $\boldsymbol{QR}$ 分解仍然有效。所谓列满秩矩阵的 $\boldsymbol{QR}$ 分解是指它被分解为下述形式：

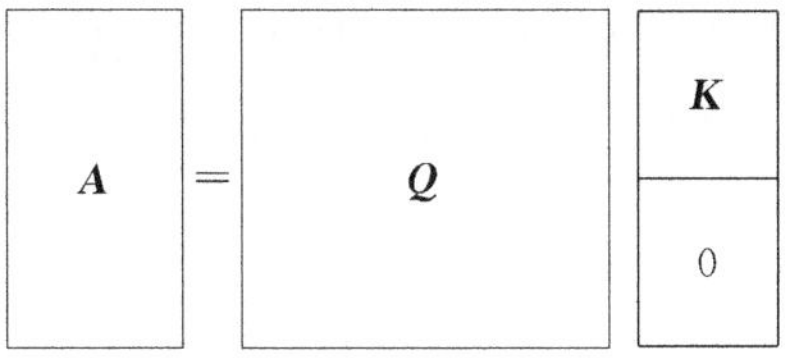

其中 $\boldsymbol{A}$ 是列满秩的 $m\times n(m>n)$ 矩阵；$\boldsymbol{Q}$ 是 m 阶正交矩阵；$\boldsymbol{R}$ 是具有正对角元的 n 阶上三角矩阵。下面举例说明这种情况的豪斯荷德方法。

例 2.1.1　应用豪斯荷德方法计算下述矩阵 $\boldsymbol{A}$ 的 $\boldsymbol{QR}$ 分解

$$\boldsymbol{A}=\begin{bmatrix}1 & -4\\ 2 & 3\\ 2 & 2\end{bmatrix}$$

解　先计算第一列的豪斯荷德反射：令

$$\boldsymbol{x}=(1,2,2)^{\mathrm{T}},\quad \boldsymbol{w}=(\|\boldsymbol{x}\|_2,0,0)^{\mathrm{T}},\quad \boldsymbol{v}=\boldsymbol{w}-\boldsymbol{x}=(2,-2,-2)^{\mathrm{T}}$$

由引理 2.1.1，得到

$$\boldsymbol{H}_1=\begin{bmatrix}1 & & \\ & 1 & \\ & & 1\end{bmatrix}-\frac{1}{12}\begin{bmatrix}4 & -4 & -4\\ -4 & 4 & 4\\ -4 & 4 & 4\end{bmatrix}=\frac{1}{3}\begin{bmatrix}1 & 2 & 2\\ 2 & 1 & -2\\ 2 & -2 & 1\end{bmatrix}$$

$$\boldsymbol{H}_1\boldsymbol{A}=\frac{1}{3}\begin{bmatrix}1 & 2 & 2\\ 2 & 1 & -2\\ 2 & -2 & 1\end{bmatrix}\begin{bmatrix}1 & -4\\ 2 & 3\\ 2 & 2\end{bmatrix}=\begin{bmatrix}3 & 2\\ 0 & -3\\ 0 & -4\end{bmatrix}$$

再计算一个二维豪斯荷德反射 $\widetilde{\boldsymbol{H}}$ 将向量 $\tilde{\boldsymbol{x}}=(-3,-4)^{\mathrm{T}}$ 变换到 $\tilde{\boldsymbol{w}}=(\|\tilde{\boldsymbol{x}}\|_2,0)^{\mathrm{T}}$，由引理 2.1.1 得到

$$\widetilde{\boldsymbol{H}}=\frac{1}{5}\begin{bmatrix}-3 & -4\\ -4 & 3\end{bmatrix},\quad \widetilde{\boldsymbol{H}}\tilde{\boldsymbol{x}}=\begin{bmatrix}5\\ 0\end{bmatrix}$$

于是

$$\boldsymbol{H}_2\boldsymbol{H}_1\boldsymbol{A}=\begin{bmatrix}1 & 0 & 0\\ 0 & -3/5 & -4/5\\ 0 & -4/5 & 3/5\end{bmatrix}\begin{bmatrix}1/3 & 2/3 & 2/3\\ 2/3 & 1/3 & -2/3\\ 2/3 & -2/3 & 1/3\end{bmatrix}\begin{bmatrix}1 & -4\\ 2 & 3\\ 2 & 2\end{bmatrix}=\begin{bmatrix}3 & 2\\ 0 & 5\\ 0 & 0\end{bmatrix}$$

$$(\boldsymbol{H}_2\boldsymbol{H}_1)^{-1}=\boldsymbol{H}_1\boldsymbol{H}_2=\begin{bmatrix}1/3 & -14/15 & 2/15\\ 2/3 & 1/3 & -2/3\\ 2/3 & 2/15 & 11/15\end{bmatrix}$$

$$\underbrace{\begin{bmatrix}1 & -4\\ 2 & 3\\ 2 & 2\end{bmatrix}}_{A}=\underbrace{\begin{bmatrix}1/3 & -14/15 & 2/15\\ 2/3 & 1/3 & -2/3\\ 2/3 & 2/15 & 11/15\end{bmatrix}}_{Q}\underbrace{\begin{bmatrix}3 & 2\\ 0 & 5\\ 0 & 0\end{bmatrix}}_{R}$$

2.2 三角分解

本节涉及的矩阵均假定是非奇异的方阵。所谓矩阵 $\boldsymbol{A}$ 的三角分解，是指将其分解为两个因子矩阵 $\boldsymbol{L}$ 和 $\boldsymbol{U}$ 的乘积 $\boldsymbol{A}=\boldsymbol{LU}$，其中 $\boldsymbol{L}$ 和 $\boldsymbol{U}$ 分别为下三角和上三角矩阵：

$$\boldsymbol{L}=\begin{bmatrix} l_{11} & & & \\ l_{21} & l_{22} & & \\ \vdots & \vdots & \ddots & \\ l_{n1} & l_{n2} & \cdots & l_{nn} \end{bmatrix},\quad \boldsymbol{U}=\begin{bmatrix} u_{11} & u_{12} & \cdots & u_{1n} \\ & u_{22} & \cdots & u_{2n} \\ & & \ddots & \vdots \\ & & & u_{nn} \end{bmatrix}$$

先从正定对称矩阵的乔里斯基(Cholesky)分解开始，然后再介绍一般矩阵的三角分解。

2.2.1 乔里斯基分解

设 $\boldsymbol{A}$ 是正定对称矩阵，由对称矩阵的特征值分解

$$\boldsymbol{A}=\boldsymbol{Q}\operatorname{diag}(\lambda_1,\lambda_2,\cdots,\lambda_n)\boldsymbol{Q}^{\mathrm{T}} \tag{2.4}$$

对任意 $1\leqslant j\leqslant n$，

$$\boldsymbol{q}_j^{\mathrm{T}}\boldsymbol{A}\boldsymbol{q}_j=\boldsymbol{e}_j^{\mathrm{T}}\operatorname{diag}(\lambda_1,\lambda_2,\cdots,\lambda_n)\boldsymbol{e}_j=\lambda_j$$

从正定性知，$\boldsymbol{q}_j^{\mathrm{T}}\boldsymbol{A}\boldsymbol{q}_j>0$，因此正定对称矩阵的特征值均为正数。对正定矩阵的三角分解，有下述定理。

定理 2.2.1(乔里斯基分解) 对任意正定对称矩阵 $\boldsymbol{A}$ 都存在一个下三角矩阵 $\boldsymbol{K}$ 使得 $\boldsymbol{A}=\boldsymbol{K}\boldsymbol{K}^{\mathrm{T}}$。若要求 $\boldsymbol{K}$ 的对角元均大于零($k_{ii}>0$)，则这种分解是唯一的。

证明 由于 $\lambda_i>0$，将式(2.4)改写为

$$\boldsymbol{A}=\underbrace{(\boldsymbol{Q}\operatorname{diag}(\sqrt{\lambda_1},\sqrt{\lambda_2},\cdots,\sqrt{\lambda_n}))}_{\boldsymbol{V}}\underbrace{(\boldsymbol{Q}\operatorname{diag}(\sqrt{\lambda_1},\sqrt{\lambda_2},\cdots,\sqrt{\lambda_n}))^{\mathrm{T}}}_{\boldsymbol{V}^{\mathrm{T}}}=\boldsymbol{V}\boldsymbol{V}^{\mathrm{T}}$$

对 $\boldsymbol{V}^{\mathrm{T}}$ 进行 $\boldsymbol{QR}$ 分解，$\boldsymbol{V}^{\mathrm{T}}=\widetilde{\boldsymbol{Q}}\widetilde{\boldsymbol{K}}$，其中 $\widetilde{\boldsymbol{Q}}$ 是正交矩阵，$\widetilde{\boldsymbol{K}}$ 是对角元素均为正数的上三角矩阵，于是

$$\boldsymbol{A}=\boldsymbol{V}\boldsymbol{V}^{\mathrm{T}}=\widetilde{\boldsymbol{K}}^{\mathrm{T}}\widetilde{\boldsymbol{Q}}^{\mathrm{T}}\widetilde{\boldsymbol{Q}}\widetilde{\boldsymbol{K}}=\widetilde{\boldsymbol{K}}^{\mathrm{T}}\widetilde{\boldsymbol{K}}$$

令 $\boldsymbol{K}=\widetilde{\boldsymbol{K}}^{\mathrm{T}}$，它是对角元素均为正数的下三角矩阵，至此已证明了存在性。下面证明唯一性：若存在 $\boldsymbol{K}_1,\boldsymbol{K}_2$ 使得 $\boldsymbol{K}_1\boldsymbol{K}_1^{\mathrm{T}}=\boldsymbol{A}=\boldsymbol{K}_2\boldsymbol{K}_2^{\mathrm{T}}$，则

$$\boldsymbol{K}_2^{-1}\boldsymbol{K}_1=\boldsymbol{K}_2^{\mathrm{T}}\boldsymbol{K}_1^{-\mathrm{T}}=(\boldsymbol{K}_2^{-1}\boldsymbol{K}_1)^{-\mathrm{T}}$$

上式两边分别为下三角和上三角矩阵，因此它们是同一个对角矩阵，于是

$$\boldsymbol{K}_2^{-1}\boldsymbol{K}_1=(\boldsymbol{K}_2^{-1}\boldsymbol{K}_1)^{-\mathrm{T}}=(\boldsymbol{K}_2^{-1}\boldsymbol{K}_1)^{-1}$$

这表明 $\boldsymbol{K}_2^{-1}\boldsymbol{K}_1$ 是对角的正交矩阵，因而 $\boldsymbol{K}_2^{-1}\boldsymbol{K}_1=\boldsymbol{I}$，故 $\boldsymbol{K}_1=\boldsymbol{K}_2$，唯一性得证。

递归算法

令 $\boldsymbol{K}=(k_{ij})_{n\times n}$，从等式

$$\begin{bmatrix} a_{11} & a_{12} & \cdots & a_{1n} \\ a_{21} & a_{22} & \cdots & a_{2n} \\ \vdots & \vdots & & \vdots \\ a_{n1} & a_{n2} & \cdots & a_{nn} \end{bmatrix} = \begin{bmatrix} k_{11} & & & \\ k_{21} & k_{22} & & \\ \vdots & \vdots & \ddots & \\ k_{n1} & k_{n2} & \cdots & k_{nn} \end{bmatrix} \begin{bmatrix} k_{11} & k_{21} & \cdots & k_{n1} \\ & k_{22} & \cdots & k_{n2} \\ & & \ddots & \vdots \\ & & & k_{nn} \end{bmatrix}$$

按矩阵乘法，得到

$$\begin{cases} a_{ij} = k_{ii}k_{ji} + k_{ii+1}k_{ji+1} + \cdots + k_{in}k_{jn} = k_{ii}k_{ji} + \sum\limits_{r=i+1}^{n} k_{ir}k_{jr}, & i > j \\ a_{ii} = k_{ii}^2 + k_{ii+1}^2 + \cdots + k_{in}^2 = k_{ii}^2 + \sum\limits_{r=i+1}^{n} k_{ir}^2, & i = j \end{cases}$$

由此得到 k_{ij} 的如下递归关系：

$$k_{ij} = \begin{cases} \sqrt{a_{ii} - \sum\limits_{r=i+1}^{n} k_{ir}^2}, & i = j \\ \dfrac{1}{k_{ii}}\left(a_{ij} - \sum\limits_{r=i+1}^{n} k_{ir}k_{jr}\right), & i > j \end{cases} \tag{2.5}$$

2.2.2 杜利特分解

对一般矩阵 $\boldsymbol{A}$，不再有乔里斯基分解，但在一定的条件下可将它分解为下三角矩阵 $\boldsymbol{L}$ 与上三角矩阵 $\boldsymbol{U}$ 的乘积，若要求下三角矩阵 $\boldsymbol{L}$ 是单位下三角矩阵(即要求下三角矩阵的对角元都等于 1)：

$$\boldsymbol{L} = \begin{bmatrix} 1 & & & \\ l_{21} & 1 & & \\ \vdots & \vdots & \ddots & \\ l_{n1} & l_{n2} & \cdots & 1 \end{bmatrix}, \quad \boldsymbol{U} = \begin{bmatrix} u_{11} & u_{12} & \cdots & u_{1n} \\ & u_{22} & \cdots & u_{2n} \\ & & \ddots & \vdots \\ & & & u_{nn} \end{bmatrix}$$

则称 $\boldsymbol{A}=\boldsymbol{L}\boldsymbol{U}$ 为杜利特(Doolittle)分解。

记 Δ_i 是 $\boldsymbol{A}$ 的第 i 个顺序主子式：

$$\Delta_i = \det \begin{bmatrix} a_{11} & \cdots & a_{1i} \\ \vdots & & \vdots \\ a_{i1} & \cdots & a_{ii} \end{bmatrix}, \quad i = 1, 2, \cdots, n$$

对于杜利特分解，有下述定理：

定理 2.2.2(杜利特分解) 若 $\boldsymbol{A}$ 是可逆矩阵，且前 $n-1$ 个顺序主子式都不为零：

$$\Delta_i \neq 0, \quad i = 1, 2, \cdots, n-1$$

则 $\boldsymbol{A}$ 存在唯一杜利特分解。

证明 存在性：用归纳法，显然定理对 $n=1$ 成立。假定当 $n=k$ 时定理成立，下面证明当 $n=k+1$ 时定理也成立：记

$$\boldsymbol{A} = \begin{bmatrix} a_{11} & a_{12} & \cdots & a_{1(k+1)} \\ a_{21} & & & \\ \vdots & & \boldsymbol{A}_1 & \\ a_{(k+1)1} & & & \end{bmatrix}$$

由于 $a_{11}\neq 0$，令 $m_{i1}=-a_{i1}/a_{11}$，$i=2,3,\cdots,k+1$，构造单位下三角矩阵：

$$\boldsymbol{L}_1=\begin{bmatrix}1 & & & \\ -m_{21} & 1 & & \\ \vdots & & \ddots & \\ -m_{(k+1)1} & & & 1\end{bmatrix}$$

于是，

$$\boldsymbol{L}_1\boldsymbol{A}=\begin{bmatrix}a_{11} & a_{12}^{(1)} & \cdots & a_{1(k+1)}^{(1)} \\ 0 & & & \\ \vdots & & \boldsymbol{A}^{(1)} & \\ 0 & & & \end{bmatrix}$$

从 $\boldsymbol{A}$ 的顺序子式都不为零知，$\boldsymbol{A}^{(1)}$ 的顺序子式也都不为零。由归纳假定，存在 k 阶单位下三角矩阵 $\boldsymbol{L}^{(1)}$ 和上三角矩阵 $\boldsymbol{U}^{(1)}$ 使得 $\boldsymbol{A}^{(1)}=\boldsymbol{L}^{(1)}\boldsymbol{U}^{(1)}$。令 $\boldsymbol{L}_2=\begin{bmatrix}1 & \\ & (\boldsymbol{L}^{(1)})^{-1}\end{bmatrix}$，则

$$\boldsymbol{L}_2\boldsymbol{L}_1\boldsymbol{A}=\underbrace{\begin{bmatrix}a_{11} & a_{12}^{(1)} & \cdots & a_{1(k+1)}^{(1)} \\ 0 & & & \\ \vdots & & \boldsymbol{U}^{(1)} & \\ 0 & & & \end{bmatrix}}_{U},\quad \boldsymbol{A}=(\boldsymbol{L}_2\boldsymbol{L}_1)^{-1}\boldsymbol{U}=\underbrace{\boldsymbol{L}_1^{-1}\boldsymbol{L}_2^{-1}}_{L}\boldsymbol{U}$$

由于单位下（上）三角矩阵的逆和乘积仍是单位下（上）三角矩阵，因此得到杜利特分解 $\boldsymbol{A}=\boldsymbol{L}\boldsymbol{U}$。

唯一性：若有两个杜利特分解：$\boldsymbol{L}\boldsymbol{U}=\boldsymbol{A}=\tilde{\boldsymbol{L}}\tilde{\boldsymbol{U}}$，由 $\boldsymbol{A}$ 的可逆性，其因子矩阵也都是可逆的，因此 $\tilde{\boldsymbol{L}}^{-1}\boldsymbol{L}=\tilde{\boldsymbol{U}}\boldsymbol{U}^{-1}$，而 $\tilde{\boldsymbol{L}}^{-1}\boldsymbol{L}$ 是单位下三角矩阵，$\tilde{\boldsymbol{U}}\boldsymbol{U}^{-1}$ 是上三角矩阵，因此 $\tilde{\boldsymbol{L}}^{-1}\boldsymbol{L}=\tilde{\boldsymbol{U}}\boldsymbol{U}^{-1}=\boldsymbol{I}$，故 $\boldsymbol{L}=\tilde{\boldsymbol{L}}$，$\boldsymbol{U}=\tilde{\boldsymbol{U}}$。唯一性得证。

1. 递归算法

上面的证明是构造性的，同时也给出了杜利特分解的计算方法。实际上，这种计算方法是高斯（Gauss）在解线性方程组时使用的消元法，通常又称为高斯消元法。它是逐步实现的，需要多次存储最后无用的中间结果，不仅费时还易出错，会产生较大舍取误差。在实际应用中，通常使用类似乔里斯基分解的递归算法。

记 $\boldsymbol{A}=(a_{ij})$，$\boldsymbol{L}=(l_{ij})$，$\boldsymbol{U}=(u_{ij})$，由

$$\begin{bmatrix}a_{11} & a_{12} & \cdots & a_{1n} \\ a_{21} & a_{22} & \cdots & a_{2n} \\ \vdots & \vdots & & \vdots \\ a_{n1} & a_{n2} & \cdots & a_{nn}\end{bmatrix}=\begin{bmatrix}1 & & & \\ l_{21} & 1 & & \\ \vdots & \vdots & \ddots & \\ l_{n1} & l_{n2} & \cdots & 1\end{bmatrix}\begin{bmatrix}u_{11} & u_{12} & \cdots & u_{1n} \\ & u_{22} & \cdots & u_{2n} \\ & & \ddots & \vdots \\ & & & u_{nn}\end{bmatrix}$$

得到

$$\begin{cases}a_{ij}=\sum_{k=1}^{i-1}l_{ik}u_{kj}+u_{ii}, & i\leqslant j \\ a_{ij}=\sum_{k=1}^{j-1}l_{ik}u_{kj}+l_{ij}u_{jj}, & i>j\end{cases}$$

由此得到计算 u_{ij}, l_{ij} 的递归公式：

$$\begin{cases} u_{ij} = a_{ij} - \sum_{k=1}^{i-1} l_{ik} u_{kj}, & i=1,2,\cdots,n;\ j=i,i+1,\cdots,n \\ l_{ij} = \dfrac{1}{u_{jj}}\left(a_{ij} - \sum_{k=1}^{j-1} l_{ik} u_{kj}\right), & j=1,2,\cdots,n;\ i=j+1,\cdots,n \end{cases} \tag{2.6}$$

注意，式(2.6)两式中的求和指标分别小于 i 和 j，因此可按图 2.3 所示的顺序递归计算 $\boldsymbol{L}$ 和 $\boldsymbol{U}$ 的元素，其中奇数代表 $\boldsymbol{U}$ 的行，偶数代表 $\boldsymbol{L}$ 的列。事实上，$\boldsymbol{U}$ 的第一行等于 $\boldsymbol{A}$ 的第一行，因而不必计算。

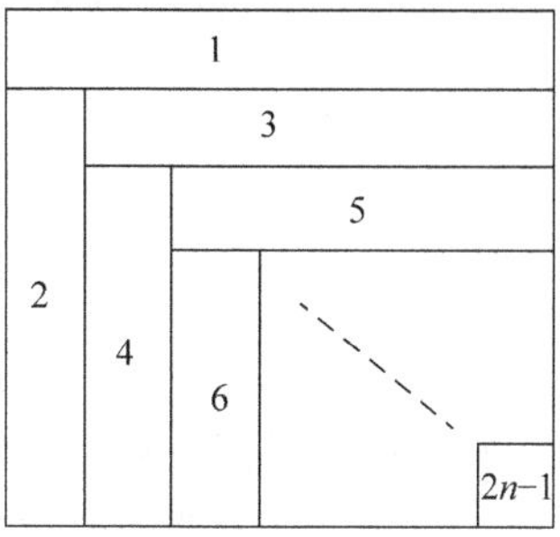

图 2.3　杜利特分解的计算顺序

例 2.2.1　计算如下矩阵 $\boldsymbol{A}$ 的杜利特分解：

$$\boldsymbol{A} = \begin{bmatrix} -1 & 4 & 6 \\ -3 & 14 & 25 \\ 1 & 0 & 13 \end{bmatrix}$$

解　按递推公式(2.6)依次计算：

$\boldsymbol{U}$ 的第一行：$u_{11}=-1, u_{12}=4, u_{13}=4$

$\boldsymbol{L}$ 的第一列：$l_{21}=\dfrac{a_{21}}{u_{11}}=3, l_{31}=\dfrac{a_{31}}{u_{11}}=-1$

$\boldsymbol{U}$ 的第二行：$u_{22}=a_{22}-l_{21}u_{12}=2, u_{23}=a_{23}-l_{21}u_{13}=7$

$\boldsymbol{L}$ 的第二列：$l_{32}=\dfrac{1}{u_{22}}(a_{32}-l_{31}u_{12})=2$

$\boldsymbol{U}$ 的第三行：$u_{33}=a_{33}-l_{31}u_{13}-l_{32}u_{23}=5$

最后，得到 $\boldsymbol{A}$ 的杜利特分解：

$$\begin{bmatrix} -1 & 4 & 6 \\ -3 & 14 & 25 \\ 1 & 0 & 13 \end{bmatrix} = \begin{bmatrix} 1 & & \\ 3 & 1 & \\ -1 & 2 & 1 \end{bmatrix} \begin{bmatrix} -1 & 4 & 6 \\ & 2 & 7 \\ & & 5 \end{bmatrix}$$

2. 线性方程组

在实践中，常用矩阵的三角分解计算大型线性方程组的解。记线性方程组为 $\boldsymbol{Ax}=\boldsymbol{b}$，若 $\boldsymbol{A}$ 的杜利特分解为 $\boldsymbol{A}=\boldsymbol{LU}$，则可转化 $\boldsymbol{Ax}=\boldsymbol{b}$ 为两个三角形方程组：

$$\begin{cases} \boldsymbol{Ly}=\boldsymbol{b} \\ \boldsymbol{Ux}=\boldsymbol{y} \end{cases}$$

由三角形方程组 $\boldsymbol{L}y=\boldsymbol{b}$ 得到 $\boldsymbol{y}$ 的解

$$y_i = b_i - \sum_{k=1}^{i-1} l_{ik} y_k, \quad i=1,2,\cdots,n \tag{2.7}$$

然后，由三角形方程组 $\boldsymbol{Ux}=\boldsymbol{y}$ 得到 $\boldsymbol{x}$ 的解

$$x_i = \frac{1}{u_{ii}}\left(y_i - \sum_{k=i+1}^{n} u_{ik} x_k\right), \quad i=n,(n-1),\cdots,1 \tag{2.8}$$

例 2.2.2　计算下列线性方程组的解：

$$\begin{bmatrix} -1 & 4 & 6 \\ -3 & 14 & 25 \\ 1 & 0 & 13 \end{bmatrix} \begin{bmatrix} x_1 \\ x_2 \\ x_3 \end{bmatrix} = \begin{bmatrix} 3 \\ 6 \\ 14 \end{bmatrix}$$

解 根据例 2.2.1,方程组系数矩阵的杜利特分解的两个因子矩阵为

$$L=\begin{bmatrix}1&&\\3&1&\\-1&2&1\end{bmatrix},\quad U=\begin{bmatrix}-1&4&6\\&2&7\\&&5\end{bmatrix}$$

应用式(2.7)得到 $\boldsymbol{Ly}=\boldsymbol{b}$ 的解:

$$(y_1,y_2,y_3)=(3,-3,-5)$$

然后,应用式(2.8)得到 $\boldsymbol{Ux}=\boldsymbol{y}$,即 $\boldsymbol{Ax}=\boldsymbol{b}$ 的解:

$$(x_1,x_2,x_3)=(-1,2,-1)$$

2.3 奇异值分解

矩阵的奇异值分解在最优化问题、特征值问题、线性最小二乘和广义逆问题中都有非常重要的应用。在机器人视觉中,常被用来求解各种运动分析和线性最优化问题。下面,先从非奇异矩阵的正交对角分解开始,然后引进矩阵的奇异值分解。

2.3.1 正交对角分解

根据 1.1.3 节的讨论,对任意对称矩阵 $\boldsymbol{A}$ 都存在正交矩阵 $\boldsymbol{Q}$ 使

$$\boldsymbol{A}=\boldsymbol{Q}\,\mathrm{diag}(\lambda_1,\lambda_2,\cdots,\lambda_n)\boldsymbol{Q}^{\mathrm{T}}$$

对一般矩阵,不再有上述正交对角化,但下面的定理说明,对任何非奇异矩阵总存在两个正交矩阵 $\boldsymbol{P}$ 和 $\boldsymbol{Q}$ 使类似的公式成立。

定理 2.3.1(正交对角分解) 设 $\boldsymbol{A}$ 是非奇异方阵,则存在正交矩阵 $\boldsymbol{P}$ 和 $\boldsymbol{Q}$ 使

$$\boldsymbol{A}=\boldsymbol{P}\,\mathrm{diag}(\sigma_1,\sigma_2,\cdots,\sigma_n)\boldsymbol{Q}^{\mathrm{T}} \tag{2.9}$$

其中 $\sigma_i>0(i=1,2,\cdots,n)$。

事实上,从 $\boldsymbol{A}$ 的非奇异性,$\boldsymbol{A}^{\mathrm{T}}\boldsymbol{A}$ 是正定对称的,因而存在正交矩阵 $\boldsymbol{Q}$ 使

$$\boldsymbol{Q}^{\mathrm{T}}(\boldsymbol{A}^{\mathrm{T}}\boldsymbol{A})\boldsymbol{Q}=\mathrm{diag}(\lambda_1,\lambda_2,\cdots,\lambda_n)$$

其中 $\lambda_i>0(i=1,2,\cdots,n)$是 $\boldsymbol{A}^{\mathrm{T}}\boldsymbol{A}$ 的特征值。令

$$\sigma_i=\sqrt{\lambda_i},\quad \boldsymbol{D}=\mathrm{diag}(\sigma_1,\sigma_2,\cdots,\sigma_n)$$

则

$$\boldsymbol{Q}^{\mathrm{T}}(\boldsymbol{A}^{\mathrm{T}}\boldsymbol{A})\boldsymbol{Q}=\boldsymbol{D}^2$$

因此

$$(\underbrace{\boldsymbol{AQD}^{-1}}_{P})^{\mathrm{T}}\boldsymbol{AQ}=\boldsymbol{D}$$

由于

$$\boldsymbol{P}^{\mathrm{T}}\boldsymbol{P}=(\boldsymbol{AQD}^{-1})^{\mathrm{T}}(\boldsymbol{AQD}^{-1})=\boldsymbol{D}^{-\mathrm{T}}\boldsymbol{Q}^{\mathrm{T}}\boldsymbol{A}^{\mathrm{T}}\boldsymbol{AQD}^{-1}=\boldsymbol{I}$$

故 $\boldsymbol{P}$ 是正交矩阵,且

$$\boldsymbol{A}=\boldsymbol{P}\,\mathrm{diag}(\sigma_1,\sigma_2,\cdots,\sigma_n)\boldsymbol{Q}^{\mathrm{T}}$$

证毕。

2.3.2　奇异值分解

奇异值分解(SVD)是将定理 2.3.1 推广到任意矩阵,即不要求 $\boldsymbol{A}$ 是可逆的,也不要求是方阵。为此,先定义矩阵的奇异值。

定义 2.3.1　设 $\boldsymbol{A}$ 是 $m\times n$ 矩阵,$\boldsymbol{A}^{\mathrm{T}}\boldsymbol{A}$ 的特征值按降序排列为

$$\lambda_1 \geqslant \lambda_2 \geqslant \cdots \geqslant \lambda_r > \lambda_{r+1} = \cdots = \lambda_n = 0$$

称 $\sigma_i=\sqrt{\lambda_i}\,(i=1,2,\cdots,n)$ 为 $\boldsymbol{A}$ 的奇异值:

$$\sigma_1 \geqslant \sigma_2 \geqslant \cdots \geqslant \sigma_r > \sigma_{r+1} = \cdots = \sigma_n = 0$$

$\boldsymbol{A}\boldsymbol{A}^{\mathrm{T}}$ 和 $\boldsymbol{A}^{\mathrm{T}}\boldsymbol{A}$ 有相同的秩和相同的非零特征值,因此也可由 $\boldsymbol{A}\boldsymbol{A}^{\mathrm{T}}$ 的特征值计算 $\boldsymbol{A}$ 的奇异值。当 $\boldsymbol{A}$ 为零矩阵时,所有奇异值都为零。一般,矩阵 $\boldsymbol{A}$ 的奇异值的个数等于 $\boldsymbol{A}$ 的列数,非零奇异值的个数等于 $\boldsymbol{A}$ 的秩。

定理 2.3.2(奇异值分解,SVD)　设 $\boldsymbol{A}$ 为 $m\times n$ 矩阵,则存在 m 阶和 n 阶正交矩阵 $\boldsymbol{U},\boldsymbol{V}$ 使得

$$\boldsymbol{A}=\boldsymbol{U}\begin{bmatrix}\boldsymbol{\Sigma} & 0\\ 0 & 0\end{bmatrix}\boldsymbol{V}^{\mathrm{T}} \tag{2.10}$$

其中 $\boldsymbol{\Sigma}=\mathrm{diag}(\sigma_1,\sigma_2,\cdots,\sigma_r)$,$\sigma_1,\sigma_2,\cdots,\sigma_r$ 是 $\boldsymbol{A}$ 的非零奇异值。通常简记式(2.10)为

$$\boldsymbol{A}=\boldsymbol{U}\boldsymbol{D}\boldsymbol{V}^{\mathrm{T}}\left(\boldsymbol{D}=\begin{bmatrix}\boldsymbol{\Sigma} & 0\\ 0 & 0\end{bmatrix}\right) \tag{2.11}$$

证明　记对称矩阵 $\boldsymbol{A}^{\mathrm{T}}\boldsymbol{A}$ 的特征值为

$$\lambda_1 \geqslant \lambda_2 \geqslant \cdots \geqslant \lambda_r > \lambda_{r+1} = \cdots = \lambda_n = 0$$

由对称矩阵的正交对角化

$$\boldsymbol{V}^{\mathrm{T}}(\boldsymbol{A}^{\mathrm{T}}\boldsymbol{A})\boldsymbol{V}=\mathrm{diag}(\lambda_1,\lambda_2,\cdots,\lambda_n)=\begin{bmatrix}\boldsymbol{\Sigma}^2 & 0\\ 0 & 0\end{bmatrix} \tag{2.12}$$

其中 $\boldsymbol{V}$ 是 n 阶正交矩阵,将其分块为

$$\boldsymbol{V}=(\boldsymbol{V}_1 \mid \boldsymbol{V}_2),\quad \boldsymbol{V}_1\in\mathbf{R}^{n\times r},\quad \boldsymbol{V}_2\in\mathbf{R}^{n\times(n-r)}$$

并将式(2.12)改写为

$$(\boldsymbol{A}^{\mathrm{T}}\boldsymbol{A})\boldsymbol{V}=\boldsymbol{V}\begin{bmatrix}\boldsymbol{\Sigma}^2 & 0\\ 0 & 0\end{bmatrix}$$

于是

$$\boldsymbol{A}^{\mathrm{T}}\boldsymbol{A}\boldsymbol{V}_1=\boldsymbol{V}_1\boldsymbol{\Sigma}^2,\quad \boldsymbol{A}^{\mathrm{T}}\boldsymbol{A}\boldsymbol{V}_2=0 \tag{2.13}$$

由式(2.13)中第一式得到

$$\boldsymbol{V}_1^{\mathrm{T}}\boldsymbol{A}^{\mathrm{T}}\boldsymbol{A}\boldsymbol{V}_1=\boldsymbol{\Sigma}^2$$

或写成

$$(\boldsymbol{A}\boldsymbol{V}_1\boldsymbol{\Sigma}^{-1})^{\mathrm{T}}(\boldsymbol{A}\boldsymbol{V}_1\boldsymbol{\Sigma}^{-1})=\boldsymbol{I}_r$$

由式(2.13)中第二式得到

$$(\boldsymbol{A}\boldsymbol{V}_2)^{\mathrm{T}}(\boldsymbol{A}\boldsymbol{V}_2)=0$$

或写成

$$\boldsymbol{A}\boldsymbol{V}_2=0$$

令 $\boldsymbol{U}_1=\boldsymbol{A}\boldsymbol{V}_1\boldsymbol{\Sigma}^{-1}$，则 $\boldsymbol{U}_1^{\mathrm{T}}\boldsymbol{U}_1=\boldsymbol{I}_r$，即 $\boldsymbol{U}_1$ 的 r 个列向量是两两正交的单位向量，记

$$\boldsymbol{U}_1=(\boldsymbol{u}_1,\boldsymbol{u}_2,\cdots,\boldsymbol{u}_r)$$

将 $\{\boldsymbol{u}_1,\boldsymbol{u}_2,\cdots,\boldsymbol{u}_r\}$ 扩充成 m 维空间的一组正交基 $\{\boldsymbol{u}_1,\boldsymbol{u}_2,\cdots,\boldsymbol{u}_r,\boldsymbol{u}_{r+1},\cdots,\boldsymbol{u}_m\}$。令

$$\boldsymbol{U}_2=(\boldsymbol{u}_{r+1},\cdots,\boldsymbol{u}_m)$$

则 $\boldsymbol{U}=(\boldsymbol{U}_1|\boldsymbol{U}_2)$ 是正交矩阵，且

$$\boldsymbol{U}_1^{\mathrm{T}}\boldsymbol{U}_1=\boldsymbol{I}_r,\quad \boldsymbol{U}_2^{\mathrm{T}}\boldsymbol{U}_1=0$$

于是

$$\boldsymbol{U}^{\mathrm{T}}\boldsymbol{A}\boldsymbol{V}=\boldsymbol{U}^{\mathrm{T}}(\boldsymbol{A}\boldsymbol{V}_1,\boldsymbol{A}\boldsymbol{V}_2)=\begin{bmatrix}\boldsymbol{U}_1^{\mathrm{T}}\\ \boldsymbol{U}_2^{\mathrm{T}}\end{bmatrix}(\boldsymbol{U}_1\boldsymbol{\Sigma},0)=\begin{bmatrix}\boldsymbol{\Sigma} & 0\\ 0 & 0\end{bmatrix}$$

故

$$\boldsymbol{A}=\boldsymbol{U}\begin{bmatrix}\boldsymbol{\Sigma} & 0\\ 0 & 0\end{bmatrix}\boldsymbol{V}^{\mathrm{T}}$$

证毕。

在 SVD 分解中，$\boldsymbol{V}$ 列向量 $\boldsymbol{v}_i$ 称为 $\boldsymbol{A}$ 的右奇异向量，而 $\boldsymbol{U}$ 的列向量 $\boldsymbol{u}_i$ 称为 $\boldsymbol{A}$ 的左奇异向量，统称 $\boldsymbol{A}$ 的奇异向量。不难看出，右奇异向量是 $\boldsymbol{A}^{\mathrm{T}}\boldsymbol{A}$ 的特征向量，左奇异向量是 $\boldsymbol{A}\boldsymbol{A}^{\mathrm{T}}$ 的特征向量。矩阵 $\boldsymbol{A}$ 的秩正好是非零奇异值的个数。$\boldsymbol{A}$ 的零空间 $\mathcal{N}(\boldsymbol{A})$ 和值空间 $\mathcal{R}(\boldsymbol{A})$ 分别定义为

$$\mathcal{N}(\boldsymbol{A})=\{\boldsymbol{x}:\boldsymbol{A}\boldsymbol{x}=0,\boldsymbol{x}\in\mathbf{R}^n\}\subset\mathbf{R}^n$$

$$\mathcal{R}(\boldsymbol{A})=\{\boldsymbol{y}:\boldsymbol{y}=\boldsymbol{A}\boldsymbol{x},\boldsymbol{x}\in\mathbf{R}^m\}\subset\mathbf{R}^m$$

由 $\boldsymbol{A}$ 的 SVD 分解，不难验证

$$\mathcal{N}(\boldsymbol{A})=\operatorname{span}\{\boldsymbol{v}_{r+1},\boldsymbol{v}_{r+2},\cdots,\boldsymbol{v}_n\}\tag{2.14}$$

$$\mathcal{R}(\boldsymbol{A})=\operatorname{span}\{\boldsymbol{u}_1,\boldsymbol{u}_2,\cdots,\boldsymbol{u}_r\}\tag{2.15}$$

1. SVD 分解的几何意义

记 $\boldsymbol{U}=(\boldsymbol{u}_1,\boldsymbol{u}_2,\cdots,\boldsymbol{u}_m)$，$\boldsymbol{V}=(\boldsymbol{v}_1,\boldsymbol{v}_2,\cdots,\boldsymbol{v}_n)$，则它们的列向量分别构成 $\mathbf{R}^m$ 和 $\mathbf{R}^n$ 的一组标准正交基，由 SVD 分解，

$$\boldsymbol{A}\boldsymbol{v}_i=\sigma_i\boldsymbol{u}_i,\quad i=1,2,\cdots,n\tag{2.16}$$

于是

$$\forall\,\boldsymbol{x}=\sum_{i=1}^{n}x_i\boldsymbol{v}_i\in\mathbf{R}^n,\quad \boldsymbol{A}\boldsymbol{x}=\sum_{i=1}^{n}x_i\boldsymbol{A}\boldsymbol{v}_i=\sum_{i=1}^{n}x_i\sigma_i\boldsymbol{u}_i\in\mathbf{R}^m$$

这表明 SVD 分解有下述几何意义：对任何矩阵 $\boldsymbol{A}$，如果将它看作是从 $\mathbf{R}^n$ 到 $\mathbf{R}^m$ 的线性映射 $\boldsymbol{y}=\boldsymbol{A}\boldsymbol{x}$，则可以选择 $\mathbf{R}^n$ 和 $\mathbf{R}^m$ 的标准正交基，使得这个线性映射有对角矩阵表示。另外，从 SVD 分解还能看出

$$\boldsymbol{u}_i^{\mathrm{T}}\boldsymbol{A}=\sigma_i\boldsymbol{v}_i^{\mathrm{T}},\quad i=1,2,\cdots,m\tag{2.17}$$

因此，式(2.16)和式(2.17)说明了右奇异向量和左奇异向量名称的由来。

设 $\operatorname{rank}(\boldsymbol{A})=r$，$\mathbf{B}=\{\boldsymbol{x}:\|\boldsymbol{x}\|_2\leqslant 1\}\subset\mathbf{R}^n$ 是 n 维单位球，则 $\mathbf{D}=\{\boldsymbol{y}=\boldsymbol{A}\boldsymbol{x}:\boldsymbol{x}\in\mathbf{B}\}\subset\mathbf{R}^m$ 是 r 维椭球，其主轴为 $\sigma_i\boldsymbol{u}_i$，$i=1,2,\cdots,r$。令 $\boldsymbol{A}$ 的 SVD 分解为

$$\boldsymbol{A}=\boldsymbol{U}\begin{bmatrix}\boldsymbol{\Sigma} & 0\\ 0 & 0\end{bmatrix}\boldsymbol{V}^{\mathrm{T}}$$

首先，正交变换 $\boldsymbol{x}'=\mathbf{V}^{\mathrm{T}}\boldsymbol{x}$ 将单位球 **B** 变换到单位球 **B**′；然后，变换

$$\boldsymbol{x}''=\begin{bmatrix}\boldsymbol{\Sigma} & 0\\ 0 & 0\end{bmatrix}\boldsymbol{x}'$$

将 **B**′变换到中心在原点主轴分别变 $\sigma_i\boldsymbol{u}_i$，$i=1,2,\cdots,r$ 的 r 维椭球 **B**″；最后，正交变换 $\boldsymbol{y}=\boldsymbol{U}\boldsymbol{x}''$保持 **B**″的形状，且将 $\sigma_i\boldsymbol{e}_i$ 变换到 $\sigma_i\boldsymbol{u}_i$，$i=1,2,\cdots,r$，因此 **D** 是中心在原点主轴为 $\sigma_i\boldsymbol{u}_i$ 的 r 维椭球。令

$$\mathbf{A}=\begin{bmatrix}3 & 1\\ 1 & 3\end{bmatrix}=\begin{bmatrix}2^{-1/2} & -2^{-1/2}\\ 2^{-1/2} & 2^{-1/2}\end{bmatrix}\begin{bmatrix}4 & 0\\ 0 & 2\end{bmatrix}\begin{bmatrix}2^{-1/2} & -2^{-1/2}\\ 2^{-1/2} & 2^{-1/2}\end{bmatrix}^{\mathrm{T}}$$

图 2.4 给出了 **A** 的 SVD 分解的变换过程。

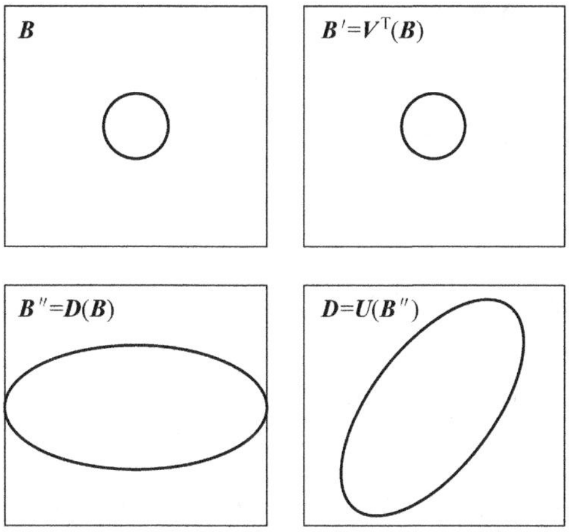

图 2.4　SVD 三个因子矩阵实现的映射

2. SVD 的计算

首先，计算 $A^{\mathrm{T}}A$ 的特征值和对应的特征向量

$$\lambda_1\geqslant\lambda_2\geqslant\cdots\geqslant\lambda_r>\lambda_{r+1}=\cdots=\lambda_n=0$$

$$\boldsymbol{v}_1,\boldsymbol{v}_2,\cdots,\boldsymbol{v}_n$$

由于 **A** 的奇异值是 $\sigma_i=\sqrt{\lambda_i}$，相应的右奇异向量是 $\mathbf{A}^{\mathrm{T}}\mathbf{A}$ 的特征值 λ_i 的特征向量 $\boldsymbol{v}_i$，这样就得到了 **A** 的奇异值和右奇异向量。

然后，确定 **A** 的左奇异向量 $\boldsymbol{u}_i$，$i=1,2,\cdots,m$：当 $m\leqslant n$ 时，如果 $\sigma_i\neq 0$，则由式(2.17)，$\boldsymbol{u}_i=\mathbf{A}\boldsymbol{v}_i/\sigma_i$；否则，选择一个与 $\boldsymbol{u}_1,\boldsymbol{u}_2,\cdots,\boldsymbol{u}_{i-1}$ 正交的单位向量。当 $m>n$ 时，用上述方法计算得到 $\boldsymbol{u}_i$，$i=1,2,\cdots,n$，然后再选择 $m-n$ 个正交于 $\boldsymbol{u}_i$，$i=1,2,\cdots,n$ 的两两正交的单位向量 $\boldsymbol{u}_i$，$i=n+1,\cdots,m$。

至此，就完成了 SVD 分解的计算，其关键是计算半正定矩阵的特征值与特征向量。注意，SVD 分解对给定的矩阵不是唯一的，例如用 $-\boldsymbol{u}_i$，$-\boldsymbol{v}_i$ 替换 $\boldsymbol{u}_i$，$\boldsymbol{v}_i$，并未改变等式 $\mathbf{A}\boldsymbol{v}_i=\sigma_i\boldsymbol{u}_i$，但改变了正交矩阵 $\boldsymbol{U}$ 和 $\mathbf{V}$。

例 2.3.1　计算矩阵 $\mathbf{A}=\begin{bmatrix}0 & -1/2\\ 3 & 0\\ 0 & 0\end{bmatrix}$ 的 SVD。

解 计算 A^TA 的特征值与特征向量

$$\lambda_1=9,\quad v_1=\begin{bmatrix}1\\0\end{bmatrix};\quad \lambda_2=1/4,\quad v_2=\begin{bmatrix}0\\1\end{bmatrix}$$

于是

$$u_1=\frac{1}{\sqrt{\lambda_1}}Av_1=\begin{bmatrix}0\\1\\0\end{bmatrix},\quad u_2=\frac{1}{\sqrt{\lambda_2}}Av_2=\begin{bmatrix}-1\\0\\0\end{bmatrix},\quad u_3=\begin{bmatrix}0\\0\\1\end{bmatrix}\ (u_3\perp \operatorname{span}\{u_1,u_2\})$$

因此,A 的 SVD 分解为

$$A=\underbrace{\begin{bmatrix}0&-1&0\\1&0&0\\0&0&1\end{bmatrix}}_{U}\underbrace{\begin{bmatrix}3&0\\0&1/2\\0&0\end{bmatrix}}_{D}\underbrace{\begin{bmatrix}1&0\\0&1\end{bmatrix}}_{V^T}$$

注释 MATLAB 的 SVD 命令为 svd,≫[u,d,v]=svd(a),返回矩阵 a 的 SVD 的三个因子矩阵。

3. SVD 的性质

SVD 分解有很多重要的代数性质和几何性质。在此先陈述一些基本性质,以后将会看到更多的性质。

性质 1 若 A 是 n 阶方阵,则 $|\det(A)|=\sigma_1\sigma_2\cdots\sigma_r$

证明

$$\begin{aligned}\det(A)&=\det(UDV^T)=\det(U)\cdot\det(D)\cdot\det(V^T)\\&=\pm\sigma_1\sigma_2\cdots\sigma_r\end{aligned}$$

因此,$|\det(A)|=\sigma_1\sigma_2\cdots\sigma_r$。

性质 2 若 $A=UDV^T$ 是可逆矩阵,则 $A^{-1}=VD^{-1}U^T$

证明是显而易见的。由这个性质,从

$$\begin{bmatrix}3&1\\1&3\end{bmatrix}=\begin{bmatrix}2^{-1/2}&-2^{-1/2}\\2^{-1/2}&2^{-1/2}\end{bmatrix}\begin{bmatrix}4&0\\0&2\end{bmatrix}\begin{bmatrix}2^{-1/2}&-2^{-1/2}\\2^{-1/2}&2^{-1/2}\end{bmatrix}^T$$

直接得到

$$\begin{bmatrix}3&1\\1&3\end{bmatrix}^{-1}=\begin{bmatrix}2^{-1/2}&-2^{-1/2}\\2^{-1/2}&2^{-1/2}\end{bmatrix}\begin{bmatrix}1/4&0\\0&1/2\end{bmatrix}\begin{bmatrix}2^{-1/2}&-2^{-1/2}\\2^{-1/2}&2^{-1/2}\end{bmatrix}^T$$

定义 2.3.2 若矩阵 X 满足

$$AXA=A,\quad XAX=X,\quad (AX)^T=AX,\quad (XA)^T=XA$$

则称 X 是 A 的广义逆(或 Moore-Pseudo 逆),记为 A^+。任何矩阵 A 都存在唯一广义逆。

性质 3 若 A 的 SVD 为 $A=U\begin{bmatrix}\Sigma_r&0\\0&0\end{bmatrix}V^T$,则 A^+ 的 SVD 为

$$A^+=V\begin{bmatrix}\Sigma_r^{-1}&0\\0&0\end{bmatrix}U^T \tag{2.18}$$

证明留给读者。这个性质同时给出了 A 广义逆和它的 SVD。

性质 4 若对称矩阵 A 的特征分解为

$$A=U\mathrm{diag}(\lambda_1,\lambda_2,\cdots,\lambda_n)U^T=\sum_{i=1}^{n}\lambda_i u_i u_i^T$$

则 A 的 SVD 分解是

$$A=U\mathrm{diag}(\sigma_1,\sigma_2,\cdots,\sigma_n)V^T$$

其中 $\sigma_i=|\lambda_i|$，$v_i=\mathrm{sign}(\lambda_i)u_i$（$\mathrm{sign}(0)=1$）。

证明

$$A=\sum_{i=1}^{n}\lambda_i u_i u_i^T=\sum_{i=1}^{n}|\lambda_i|\,u_i(\mathrm{sign}(\lambda_i)u_i^T)$$

$$=\underbrace{(u_1,u_2,\cdots,u_n)}_{U}\underbrace{\mathrm{diag}(|\lambda_1|,|\lambda_2|,\cdots,|\lambda_n|)}_{D}\underbrace{(\mathrm{sign}(\lambda_1)u_1,\mathrm{sign}(\lambda_2)u_2,\cdots,\mathrm{sign}(\lambda_n)u_n)}_{V}{}^T$$

且 $VV^T=\sum_{i=1}^{n}(\mathrm{sign}(\lambda_i))^2 u_i u_i^T=I$，即 V 是正交矩阵，故性质 4 成立。

性质 5　设方阵 A 的 SVD 分解为 $A=U\Sigma V^T$，其中

$$\Sigma=\mathrm{diag}(\sigma_1,\sigma_2,\cdots,\sigma_n),\quad U=(u_1,u_2,\cdots,u_n),\quad V=(v_1,v_2,\cdots,v_n)$$

则矩阵 $H=\begin{bmatrix}0 & A^T\\ A & 0\end{bmatrix}$ 的 $2n$ 个特征值为 $\pm\sigma_i$，相应的单位特征向量为

$$\frac{1}{\sqrt{2}}\begin{bmatrix}v_i\\ \pm u_i\end{bmatrix},\quad i=1,2,\cdots,n$$

证明

$$H=\begin{bmatrix}0 & A^T\\ A & 0\end{bmatrix}=\begin{bmatrix}0 & V\Sigma U^T\\ U\Sigma V^T & 0\end{bmatrix}=\underbrace{\begin{bmatrix}V/\sqrt{2} & V/\sqrt{2}\\ U/\sqrt{2} & -U/\sqrt{2}\end{bmatrix}}_{Q}\begin{bmatrix}\Sigma & \\ & -\Sigma\end{bmatrix}\underbrace{\begin{bmatrix}V/\sqrt{2} & V/\sqrt{2}\\ U/\sqrt{2} & -U/\sqrt{2}\end{bmatrix}^T}_{Q^T}$$

通过直接计算，$Q^TQ=I$，即 Q 是正交矩阵，因此，

$$H\begin{bmatrix}V/\sqrt{2} & V/\sqrt{2}\\ U/\sqrt{2} & -U/\sqrt{2}\end{bmatrix}=\begin{bmatrix}V/\sqrt{2} & V/\sqrt{2}\\ U/\sqrt{2} & -U/\sqrt{2}\end{bmatrix}\begin{bmatrix}\Sigma & \\ & -\Sigma\end{bmatrix}$$

故性质 5 成立。

性质 6　A 的 SVD 分解可用非零奇异值和相应的奇异向量表示为

$$A=\sigma_1 u_1 v_1^T+\sigma_2 u_2 v_2^T+\cdots+\sigma_r u_r v_r^T \tag{2.19}$$

其中矩阵 $u_i v_i^T$ 的秩都等于 1，称式(2.19)为 SVD 分解的秩 1 形式。

证明　$A=U\begin{bmatrix}\Sigma & 0\\ 0 & 0\end{bmatrix}V^T=(u_1,u_2,\cdots,u_r)\mathrm{diag}(\sigma_1,\sigma_2,\cdots,\sigma_r)\begin{bmatrix}v_1^T\\ v_2^T\\ \vdots\\ v_r^T\end{bmatrix}$

$$=\sigma_1 u_1 v_1^T+\sigma_2 u_2 v_2^T+\cdots+\sigma_r u_r v_r^T$$

2.3.3　奇异值的极性

矩阵 A 的奇异值 σ 和半正定矩阵 A^TA 的特征值 λ 有关系 $\sigma=\sqrt{\lambda}$，因此可利用半正定矩阵特征值的极性研究奇异值的极性。

定理 2.3.3 设 $m\times n$ 矩阵 $\boldsymbol{A}$ 的奇异值为

$$\sigma_1 \geqslant \sigma_2 \geqslant \cdots \geqslant \sigma_r > \sigma_{r+1} = \cdots \sigma_n = 0$$

则

(i) $\max\limits_{x\neq 0} \dfrac{\|\boldsymbol{Ax}\|_2}{\|\boldsymbol{x}\|_2} = \sigma_1$;

(ii) 第 k 个奇异值与第 $n-k+1$ 个奇异值具有下述性质：

$$\sigma_k = \max_{S_k}\left(\min_{\substack{x\in S_k\\ x\neq 0}} \frac{\|\boldsymbol{Ax}\|_2}{\|\boldsymbol{x}\|_2}\right),\quad \sigma_{n-k+1} = \min_{S_k}\left(\max_{\substack{x\in S_k\\ x\neq 0}} \frac{\|\boldsymbol{Ax}\|_2}{\|\boldsymbol{x}\|_2}\right)$$

其中 S_k 为 $\mathbf{R}^n$ 的任一 k 维子空间。

证明 设 $\boldsymbol{A}^{\mathrm{T}}\boldsymbol{A}$ 的特征值为

$$\lambda_1 \geqslant \lambda_2 \geqslant \cdots \geqslant \lambda_r > \lambda_{r+1} = \cdots = \lambda_n = 0$$

于是 $\sigma_j = \sqrt{\lambda_j}$。对 $\boldsymbol{A}^{\mathrm{T}}\boldsymbol{A}$ 应用定理 1.4.1，

$$\sigma_1 = \sqrt{\lambda_1} = \sqrt{\max_{x\neq 0} \frac{\boldsymbol{x}^{\mathrm{T}}\boldsymbol{A}^{\mathrm{T}}\boldsymbol{Ax}}{\boldsymbol{x}^{\mathrm{T}}\boldsymbol{x}}} = \max_{x\neq 0}\sqrt{\frac{\boldsymbol{x}^{\mathrm{T}}\boldsymbol{A}^{\mathrm{T}}\boldsymbol{Ax}}{\boldsymbol{x}^{\mathrm{T}}\boldsymbol{x}}} = \max_{x\neq 0} \frac{\|\boldsymbol{Ax}\|_2}{\|\boldsymbol{x}\|_2}$$

对 $\boldsymbol{A}^{\mathrm{T}}\boldsymbol{A}$ 应用定理 1.4.3，

$$\sigma_k = \sqrt{\lambda_k} = \sqrt{\max_{S_k}\left(\min_{\substack{x\in S_k\\ x\neq 0}} \frac{\boldsymbol{x}^{\mathrm{T}}\boldsymbol{A}^{\mathrm{T}}\boldsymbol{Ax}}{\boldsymbol{x}^{\mathrm{T}}\boldsymbol{x}}\right)} = \max_{S_k}\left(\min_{\substack{x\in S_k\\ x\neq 0}} \sqrt{\frac{\boldsymbol{x}^{\mathrm{T}}\boldsymbol{A}^{\mathrm{T}}\boldsymbol{Ax}}{\boldsymbol{x}^{\mathrm{T}}\boldsymbol{x}}}\right) = \max_{S_k}\left(\min_{\substack{x\in S_k\\ x\neq 0}} \frac{\|\boldsymbol{Ax}\|_2}{\|\boldsymbol{x}\|_2}\right)$$

同理可证

$$\sigma_{n-k+1} = \min_{S_k}\left(\max_{\substack{x\in S_k\\ x\neq 0}} \frac{\|\boldsymbol{Ax}\|_2}{\|\boldsymbol{x}\|_2}\right)$$

1. 奇异值的数值性态

定义 2.3.3 设 $\boldsymbol{A}$ 是 $m\times n$ 矩阵，定义它的 2-范数(或谱范数)为

$$\|\boldsymbol{A}\|_2 = \max_{x\neq 0} \frac{\|\boldsymbol{Ax}\|_2}{\|\boldsymbol{x}\|_2} \tag{2.20}$$

定理 2.3.3 表明矩阵的 2-范数等于它的最大奇异值，$\|\boldsymbol{A}\|_2 = \sigma_1$。正交变换保持 2-范数，即

$$\|\boldsymbol{QAR}\|_2 = \|\boldsymbol{A}\|_2 \tag{2.21}$$

这是因为 $\boldsymbol{QAR}$ 和 $\boldsymbol{A}$ 有相同的奇异值。事实上，若 $\boldsymbol{A}$ 的 SVD 为 $\boldsymbol{A}=\boldsymbol{UDV}^{\mathrm{T}}$，则 $\boldsymbol{QAR} = (\boldsymbol{QU})\boldsymbol{D}(\boldsymbol{RV})^{\mathrm{T}}$ 是 $\boldsymbol{QAR}$ 的 SVD，故 $\boldsymbol{QAR}$ 和 $\boldsymbol{A}$ 有相同的奇异值。

定理 2.3.4 设 $m\times n$ 矩阵 $\boldsymbol{A}$ 的奇异值为

$$\sigma_1 \geqslant \sigma_2 \geqslant \cdots \geqslant \sigma_r > \sigma_{r+1} = \cdots = \sigma_n = 0$$

矩阵$(\boldsymbol{A}+\boldsymbol{Q})$的奇异值为 $\tau_1 \geqslant \tau_2 \geqslant \cdots \geqslant \tau_r > \tau_{r+1} = \cdots = \tau_n = 0$，则

$$|\sigma_j - \tau_j| \leqslant \|\boldsymbol{Q}\|_2,\quad j=1,2,\cdots,n$$

此定理表明，矩阵 $\boldsymbol{A}$ 在 $\boldsymbol{Q}$ 的摄动下，奇异值的变化量不超过 $\|\boldsymbol{Q}\|_2$。换句话说，奇异值具有良好的数值性态。

证明 设 $\boldsymbol{A}^{\mathrm{T}}\boldsymbol{A}$ 的特征值为 $\lambda_1 \geqslant \lambda_2 \geqslant \cdots \geqslant \lambda_r > \lambda_{r+1} = \cdots = \lambda_n = 0$，相应的单位特征向量为 $\boldsymbol{x}_1, \boldsymbol{x}_2, \cdots, \boldsymbol{x}_n$，记

$$S_j = \mathrm{span}\{\boldsymbol{x}_j, \boldsymbol{x}_{j+1}, \cdots, \boldsymbol{x}_n\},\quad j=1,2,\cdots,n$$

则

$$\sigma_j=\sqrt{\lambda_j}=\sqrt{\left(\max_{\substack{x\in S_j\\x\neq 0}}\frac{\boldsymbol{x}^{\mathrm{T}}\boldsymbol{A}^{\mathrm{T}}\boldsymbol{A}\boldsymbol{x}}{\boldsymbol{x}^{\mathrm{T}}\boldsymbol{x}}\right)}=\max_{\substack{x\in S_j\\x\neq 0}}\frac{\|\boldsymbol{A}\boldsymbol{x}\|_2}{\|\boldsymbol{x}\|_2}$$

对矩阵$(\boldsymbol{A}+\boldsymbol{Q})$有

$$\tau_j\leqslant\max_{\substack{x\in S_j\\x\neq 0}}\frac{\|(\boldsymbol{A}+\boldsymbol{Q})\boldsymbol{x}\|_2}{\|\boldsymbol{x}\|_2}\leqslant\max_{\substack{x\in S_j\\x\neq 0}}\frac{\|\boldsymbol{A}\boldsymbol{x}\|_2}{\|\boldsymbol{x}\|_2}+\max_{\substack{x\in S_j\\x\neq 0}}\frac{\|\boldsymbol{Q}\boldsymbol{x}\|_2}{\|\boldsymbol{x}\|_2}\leqslant\sigma_j+\|\boldsymbol{Q}\|_2$$

同理,考虑$(\boldsymbol{A}+\boldsymbol{Q})^{\mathrm{T}}(\boldsymbol{A}+\boldsymbol{Q})$的特征值与单位特征向量,得到$\sigma_j\leqslant\tau_j+\|\boldsymbol{Q}\|_2$,故

$$|\sigma_j-\tau_j|\leqslant\|\boldsymbol{Q}\|_2,\quad j=1,2,\cdots,n$$

证毕。

2. 最优低秩近似

定义 2.3.4　令$\boldsymbol{A}$是秩为r的$m\times n$矩阵,$q<r$,

$$\boldsymbol{B}^*=\operatorname{argmin}\{\|\boldsymbol{A}-\boldsymbol{B}\|_2:\operatorname{rank}(\boldsymbol{B})=q\}$$

称为$\boldsymbol{A}$在 2-范数下的最优q-秩近似,简称最优低秩近似。

最优低秩近似$\boldsymbol{B}^*$是使残差 2-范数达到最小的q-秩矩阵。

定理 2.3.5　设$\boldsymbol{A}$的 SVD 分解为$\boldsymbol{A}=\sigma_1\boldsymbol{u}_1\boldsymbol{v}_1^{\mathrm{T}}+\sigma_2\boldsymbol{u}_2\boldsymbol{v}_2^{\mathrm{T}}+\cdots+\sigma_r\boldsymbol{u}_r\boldsymbol{v}_r^{\mathrm{T}}$,则

$$\boldsymbol{B}^*=\sigma_1\boldsymbol{u}_1\boldsymbol{v}_1^{\mathrm{T}}+\sigma_2\boldsymbol{u}_2\boldsymbol{v}_2^{\mathrm{T}}+\cdots+\sigma_q\boldsymbol{u}_q\boldsymbol{v}_q^{\mathrm{T}}\tag{2.22}$$

证明　首先,

$$\|\boldsymbol{A}-\boldsymbol{B}^*\|_2=\|\sigma_{q+1}\boldsymbol{u}_{q+1}\boldsymbol{v}_{q+1}^{\mathrm{T}}+\sigma_{q+2}\boldsymbol{u}_{q+2}\boldsymbol{v}_{q+2}^{\mathrm{T}}+\cdots+\sigma_r\boldsymbol{u}_r\boldsymbol{v}_r^{\mathrm{T}}\|_2=\left\|\boldsymbol{U}\begin{bmatrix}\boldsymbol{\Sigma}' & 0\\ 0 & 0\end{bmatrix}\boldsymbol{V}\right\|_2=\sigma_{q+1}$$

其中

$$\boldsymbol{\Sigma}'=\begin{bmatrix}0 & & & \\ & \sigma_{q+1} & & \\ & & \ddots & \\ & & & \sigma_r\end{bmatrix}$$

现在,只需证明不存在更接近于$\boldsymbol{A}$的q-秩矩阵。设$\boldsymbol{B}$是秩为q的矩阵,其零空间记为$\mathcal{N}$,$\dim(\mathcal{N})=n-q$。令$\mathcal{S}=\operatorname{span}\{\boldsymbol{v}_1,\boldsymbol{v}_2,\cdots,\boldsymbol{v}_{q+1}\}$,则$\mathcal{S}\cap\mathcal{N}\neq\varnothing$。取$\mathcal{S}\cap\mathcal{N}$的一个单位向量

$$\boldsymbol{x}=\sum_{i=1}^{q+1}x_i\boldsymbol{v}_i\left(\sum_{i=1}^{q+1}x_1^2=1\right)$$

有

$$\|\boldsymbol{A}-\boldsymbol{B}\|_2^2\geqslant\|(\boldsymbol{A}-\boldsymbol{B})\boldsymbol{x}\|_2^2=\|\boldsymbol{A}\boldsymbol{x}\|_2^2=\left\|\sum_{i=1}^{q+1}x_i\sigma_i\boldsymbol{u}_i\right\|_2^2\geqslant\sigma_{q+1}^2\left\|\sum_{i=1}^{q+1}x_i\boldsymbol{u}_i\right\|_2^2=\sigma_{q+1}^2$$

证毕。

上述性质说明 SVD 分解直接给出了一种数据降维的方法。所谓数据降维是指将原始高维数据投影到低维空间,同时要求降维引入的误差最小。最优低秩近似的降维方法:首先,将原始n个m维向量数据$\{\boldsymbol{a}_1,\boldsymbol{a}_2,\cdots,\boldsymbol{a}_n\}$组成矩阵$\boldsymbol{A}=(\boldsymbol{a}_1,\boldsymbol{a}_2,\cdots,\boldsymbol{a}_n)$,并计算$\boldsymbol{A}$的 SVD 分解,$\boldsymbol{A}=\sum_{i=1}^{m}\sigma_i\boldsymbol{u}_i\boldsymbol{v}_i^{\mathrm{T}}$;然后,进行低秩近似$\boldsymbol{A}_q=\sum_{i=1}^{q}\sigma_i\boldsymbol{u}_i\boldsymbol{v}_i^{\mathrm{T}}$。由于$\boldsymbol{A}_q$的秩为$q$,其列向量$\boldsymbol{a}_i'=\boldsymbol{A}_q\boldsymbol{e}_i$,$i=1,2,\cdots,n$是$q$维子空间中的数据,且$\boldsymbol{A}_q$在 2-范数的意义下最接近于原始数据矩阵,这样用$\boldsymbol{a}_i'=\boldsymbol{A}_q\boldsymbol{e}_i$取代$\boldsymbol{a}_i=\boldsymbol{A}\boldsymbol{e}_i$就达到了降维目的。

2.4 线性最小二乘

本节考虑线性系统 $\boldsymbol{Ax}=\boldsymbol{b}$,其中系数矩阵 $\boldsymbol{A}$ 是 $m\times n(m\geqslant n)$ 矩阵,$\boldsymbol{b}\in\mathbf{R}^m$,$\boldsymbol{x}\in\mathbf{R}^n$。在实际问题中,由于系数矩阵的数据来源不准确等原因,导致其中的方程不一致使得线性系统无解,即不存在 $\boldsymbol{x}\in\mathbf{R}^n$ 使得等式 $\boldsymbol{Ax}=\boldsymbol{b}$ 成立。在这种情况下,需要找一种"最相似"的解。

下面提供一种找"最相似"解的最直接方法。将 $\boldsymbol{Ax}=\boldsymbol{b}$ 写成向量的形式

$$x_1\boldsymbol{a}_1+x_2\boldsymbol{a}_2+\cdots+x_n\boldsymbol{a}_n=\boldsymbol{b}$$

其中 $\boldsymbol{a}_i$ 是系数矩阵的列向量,x_i 是 $\boldsymbol{x}$ 的坐标分量。让 $\boldsymbol{x}$ 在 $\mathbf{R}^n$ 中变化,左边的线性组合构成 $\mathbf{R}^m$ 的一个子空间$\mathcal{S}=\{\boldsymbol{Ax}:\boldsymbol{x}\in\mathbf{R}^n\}$。若 $\boldsymbol{b}\in\mathcal{S}$,则 $\boldsymbol{b}$ 能被表示成 $\boldsymbol{a}_i$ 的线性组合,此时线性系统有解。导致线性系统无解的原因是 $\boldsymbol{b}\notin\mathcal{S}$,即 $\boldsymbol{b}$ 不能表示成 $\boldsymbol{a}_i$ 的线性组合,此时在$\mathcal{S}$中找一个"最接近"于 $\boldsymbol{b}$ 的点 $\bar{\boldsymbol{b}}$ 取代 $\boldsymbol{b}$,"最接近"使用欧氏距离来度量,则 $\bar{\boldsymbol{b}}$ 正好是 $\boldsymbol{b}$ 在$\mathcal{S}$上的正交投影,$(\bar{\boldsymbol{b}}-\boldsymbol{b})\perp\mathcal{S}$,如图 2.5 所示。由于 $\bar{\boldsymbol{b}}\in\mathcal{S}$,存在 $\bar{\boldsymbol{x}}$ 使得等式 $\boldsymbol{A}\bar{\boldsymbol{x}}=\bar{\boldsymbol{b}}$,如此的 $\bar{\boldsymbol{x}}$ 就是"最相似"的解,称为线性系统 $\boldsymbol{Ax}=\boldsymbol{b}$ 的最小二乘解。不难看出,$\bar{\boldsymbol{x}}$ 最小化 $\boldsymbol{b}$ 到子空间$\mathcal{S}$的欧氏距离 $\|\boldsymbol{Ax}-\boldsymbol{b}\|_2$,因此

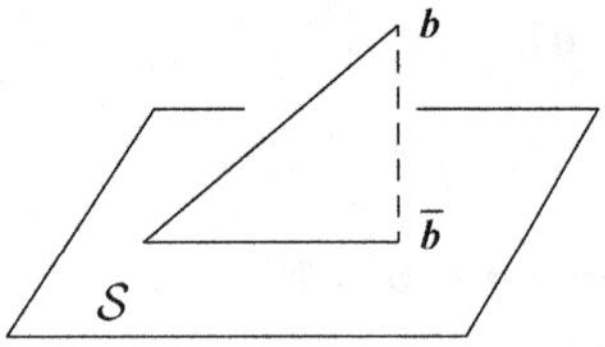

图 2.5 线性最小二乘法

$$\bar{\boldsymbol{x}}=\operatorname{argmin}\{\|\boldsymbol{Ax}-\boldsymbol{b}\|_2:\boldsymbol{x}\in\mathbf{R}^n\} \tag{2.23}$$

现在讨论如何找出最小二乘解 $\bar{\boldsymbol{x}}$。由于 $\boldsymbol{A}\bar{\boldsymbol{x}}=\bar{\boldsymbol{b}}$,$(\bar{\boldsymbol{b}}-\boldsymbol{b})\perp\mathcal{S}$,因此 $\forall\,\boldsymbol{x}\in\mathbf{R}^n$,$(\boldsymbol{A}\bar{\boldsymbol{x}}-\boldsymbol{b})\perp\boldsymbol{Ax}$,即对任意 $\boldsymbol{x}$,

$$(\boldsymbol{Ax})^{\mathrm{T}}(\boldsymbol{A}\bar{\boldsymbol{x}}-\boldsymbol{b})=0\rightarrow\boldsymbol{x}^{\mathrm{T}}\boldsymbol{A}^{\mathrm{T}}(\boldsymbol{A}\bar{\boldsymbol{x}}-\boldsymbol{b})=0$$

因此,最小二乘解 $\bar{\boldsymbol{x}}$ 满足下述线性方程

$$\boldsymbol{A}^{\mathrm{T}}\boldsymbol{A}\bar{\boldsymbol{x}}=\boldsymbol{A}^{\mathrm{T}}\boldsymbol{b} \tag{2.24}$$

这个方程称为线性系统 $\boldsymbol{Ax}=\boldsymbol{b}$ 的正规方程。

若 $\boldsymbol{A}$ 是列满秩的,则称 $\boldsymbol{Ax}=\boldsymbol{b}$ 为满秩线性系统;否则,称为亏秩线性系统。

定理 2.4.1

(i) 满秩线性系统有唯一最小二乘解

$$\bar{\boldsymbol{x}}=(\boldsymbol{A}^{\mathrm{T}}\boldsymbol{A})^{-1}\boldsymbol{A}^{\mathrm{T}}\boldsymbol{b}=\boldsymbol{A}^{+}\boldsymbol{b} \tag{2.25}$$

其中 $\boldsymbol{A}^{+}$是 $\boldsymbol{A}$ 的广义逆,当 $\boldsymbol{A}$ 列满秩时 $\boldsymbol{A}^{+}=(\boldsymbol{A}^{\mathrm{T}}\boldsymbol{A})^{-1}\boldsymbol{A}^{\mathrm{T}}$。

(ii) 亏秩线性系统有无穷多最小二乘解

$$\bar{\boldsymbol{x}}=\boldsymbol{A}^{+}\boldsymbol{b}+(\boldsymbol{I}-\boldsymbol{A}^{+}\boldsymbol{A})\boldsymbol{z},\quad \boldsymbol{z}\in\mathbf{R}^n \tag{2.26}$$

其中,最小二乘解 $\bar{\boldsymbol{x}}=\boldsymbol{A}^{+}\boldsymbol{b}$ 是唯一范数达到最小的解。

证明 (i) 是明显的,下面证明(ii):由 $\boldsymbol{A}$ 的 SVD 分解和它广义逆 $\boldsymbol{A}^{+}=\boldsymbol{V}\begin{bmatrix}\boldsymbol{\Sigma}^{-1} & 0\\ 0 & 0\end{bmatrix}\boldsymbol{U}^{\mathrm{T}}$,可验证 $\bar{\boldsymbol{x}}=\boldsymbol{A}^{+}\boldsymbol{b}$ 是式(2.24)的一个特解,且

$$\mathcal{N}(\boldsymbol{A}^{\mathrm{T}}\boldsymbol{A})=\mathcal{N}(\boldsymbol{A})=\{(\boldsymbol{I}-\boldsymbol{A}^{+}\boldsymbol{A})\boldsymbol{z}:\boldsymbol{z}\in\mathbf{R}^n\}$$

根据线性方程理论,方程(2.24)的所有解为

$$x = A^{+} b + (I - A^{+}A)z, \quad z \in \mathbf{R}^n$$

此外,注意到

$$((I - A^{+}A)z)^{\mathrm{T}} A^{+} b = z^{\mathrm{T}} (I - A^{+}A) A^{+} b = 0$$

即 $A^{+}b \perp (I - A^{+}A)z$,于是对任意 $x \neq A^{+}b, z \neq 0$,

$$\| x \|_2^2 = \| A^{+}b \|_2^2 + \| (I - A^{+}A)z \|_2^2 > \| A^{+}b \|_2^2$$

故,在所有最小二乘解中,$\bar{x} = A^{+}b$ 的范数达到最小且是唯一的。证毕。

最小二乘解的扰动分析

在求解线性最小二乘问题中,通常关心的是最小范数解 $\bar{x} = A^{+}b$。设 $x, x + \delta x \in \mathbf{R}^n$ 分别为最小二乘问题

$$\| Ax - b \|_2 = \min\{ \| Av - b \|_2 : v \in \mathbf{R}^n \}$$

和

$$\| (A + \delta A)(x + \delta x) - (b + \delta b) \|_2 = \min\{ \| (A + \delta A) v - (b + \delta b) \|_2 : v \in \mathbf{R}^n \}$$

的最小范数解,即

$$x = A^{+}b$$

$$x + \delta x = (A + \delta A)^{+} (b + \delta b)$$

现在考虑 δA 和 δb 的大小对 δx 的影响。由于广义逆的不连续性,即 $\delta A \to 0$ 时,不一定有 $(A + \delta A)^{+} \to A^{+}$,这使得最小二乘解的扰动分析变得复杂化。但是,广义逆的连续性与保秩扰动之间具有内在联系。实际上, $\lim\limits_{\| \delta A \|_2 \to 0} (A + \delta A)^{+} = A^{+}$ 的充要条件是当 $\| \delta A \|_2$ 充分小时,$\mathrm{rank}(A + \delta A) = \mathrm{rank}(A)$。因此,通常都在扰动 δA 不改变 A 的秩的前提下,考虑最小二乘解的扰动分析。记

$$\bar{A} = A + \delta A, \quad \bar{x} = x + \delta x, \quad \bar{b} = b + \delta b$$

$$\varepsilon_A = \| \delta A \|_2 / \| A \|_2, \quad k = \| A \|_2 \| A^{+} \|_2$$

我们有下列定理。

定理 2.4.2 如果 $\mathrm{rank}(A) = \mathrm{rank}(\bar{A})$,且 $k\varepsilon_A < 1$,则

$$\| \delta x \|_2 \leqslant \frac{k}{1 - k\varepsilon_A} \left(\varepsilon_A \| x \|_2 + \frac{\| \delta b \|_2 + \varepsilon_A k \| b - Ax \|_2}{\| A \|_2} \right) + \varepsilon_A k \| x \|_2 \qquad (2.27)$$

这个结论的证明比较复杂,有兴趣的读者请参考[2]。$k = \| A \|_2 \| A^{+} \|_2$ 称最小二乘问题的条件数,它在一定程度上反映了最小二乘解对扰动的敏感程度。当 k 很大时,就称线性系统是病态的;否则,就称它是良态的。

2.4.1 满秩最小二乘

对于满秩最小二乘问题,根据前面的讨论它有唯一解:$x = A^{+}b = (A^{\mathrm{T}}A)^{-1}A^{\mathrm{T}}b$,下面考虑最小二乘解的数值算法。

1. 正规化方法

列满秩表明,正规方程(2.24)的系数矩阵 $A^{\mathrm{T}}A$ 是正定的。正规化方法先计算乔里斯基分解 $A^{\mathrm{T}}A = KK^{\mathrm{T}}$,其中 K 是下三角矩阵:

$$\boldsymbol{K}=\begin{bmatrix} k_{11} & & & \\ k_{21} & k_{22} & & \\ \vdots & \vdots & \ddots & \\ k_{n1} & k_{n2} & \cdots & k_{nn} \end{bmatrix}$$

然后,将正规方程分解化为两个三角形方程

$$\begin{cases} \boldsymbol{K}\boldsymbol{y}=\boldsymbol{d}\,(\triangleq \boldsymbol{A}^{\mathrm{T}}\boldsymbol{b}) \\ \boldsymbol{K}^{\mathrm{T}}\boldsymbol{x}=\boldsymbol{y} \end{cases}$$

最后,由下述递推公式计算最小二乘解:

$$\begin{cases} y_i=\dfrac{1}{k_{ii}}\left(b_{ii}-\sum\limits_{k=1}^{i-1}k_{ik}y_k\right), \quad i=1,2,\cdots,n \\ x_i=\dfrac{1}{k_{ii}}\left(y_i-\sum\limits_{k=i+1}^{n}k_{ki}x_k\right), \quad i=n,(n-1),\cdots,1 \end{cases} \tag{2.28}$$

当然,也可以对 $\boldsymbol{A}^{\mathrm{T}}\boldsymbol{A}$ 进行杜利特分解,将正规方程化为两个三角形方程而获得最小二乘解,见本章 2.2.2 节。正规化方法对小型问题能获得较好的结果。对大型问题,特别是系数矩阵有误差的情况,条件数 $k(\boldsymbol{A}^{\mathrm{T}}\boldsymbol{A})$ 近似于原始条件数 $k(\boldsymbol{A})$ 的平方,正规化方法可能致为病态问题。

2. *QR* 方法

设 $\boldsymbol{A}$ 的 QR 分解为

$$\boldsymbol{A}=\boldsymbol{Q}\begin{bmatrix}\boldsymbol{R}\\0\end{bmatrix}=(\boldsymbol{Q}_1,\boldsymbol{Q}_2)\begin{bmatrix}\boldsymbol{R}\\0\end{bmatrix}$$

其中 $\boldsymbol{Q}=(\underset{n}{\boldsymbol{Q}_1},\underset{m-n}{\boldsymbol{Q}_2})$ 是 m 阶正交矩阵;$\boldsymbol{R}$ 是对角元均为正数的 n 阶上三角矩阵。正交矩阵保持向量范数,因此最小二乘问题等价于

$$\bar{\boldsymbol{x}}=\operatorname{argmin}\{\|\boldsymbol{Q}^{\mathrm{T}}(\boldsymbol{A}\boldsymbol{x}-\boldsymbol{b})\|_2 : \boldsymbol{x}\in\mathbf{R}^n\}$$

由

$$\boldsymbol{Q}^{\mathrm{T}}\boldsymbol{b}=\begin{bmatrix}\boldsymbol{Q}_1^{\mathrm{T}}\boldsymbol{b}\\ \boldsymbol{Q}_2^{\mathrm{T}}\boldsymbol{b}\end{bmatrix}, \quad \boldsymbol{Q}^{\mathrm{T}}\boldsymbol{A}=\begin{bmatrix}\boldsymbol{R}\\0\end{bmatrix}$$

得到

$$\begin{aligned}\|\boldsymbol{Q}^{\mathrm{T}}(\boldsymbol{A}\boldsymbol{x}-\boldsymbol{b})\|_2^2&=\left\|\begin{bmatrix}\boldsymbol{R}\\0\end{bmatrix}\boldsymbol{x}-\begin{bmatrix}\boldsymbol{Q}_1^{\mathrm{T}}\boldsymbol{b}\\ \boldsymbol{Q}_2^{\mathrm{T}}\boldsymbol{b}\end{bmatrix}\right\|_2^2=\left\|\begin{bmatrix}\boldsymbol{R}\boldsymbol{x}-\boldsymbol{Q}_1^{\mathrm{T}}\boldsymbol{b}\\ -\boldsymbol{Q}_2^{\mathrm{T}}\boldsymbol{b}\end{bmatrix}\right\|_2^2\\&=\|\boldsymbol{R}\boldsymbol{x}-\boldsymbol{Q}_1^{\mathrm{T}}\boldsymbol{b}\|_2^2+\|\boldsymbol{Q}_2^{\mathrm{T}}\boldsymbol{b}\|_2^2\end{aligned}$$

所以,$\boldsymbol{x}$ 是最小二乘解当且仅当 $\boldsymbol{x}$ 是方程 $\boldsymbol{R}\boldsymbol{x}=\boldsymbol{Q}_1^{\mathrm{T}}\boldsymbol{b}$ 的解,且 $\boldsymbol{b}$ 到子空间 $\mathcal{S}$ 的距离为 $\|\boldsymbol{Q}_2^{\mathrm{T}}\boldsymbol{b}\|_2$。于是,

$$\bar{\boldsymbol{x}}=\boldsymbol{R}^{-1}\boldsymbol{Q}_1^{\mathrm{T}}\boldsymbol{b} \tag{2.29}$$

下面给出不用 $\boldsymbol{Q}_2$ 的稍为不同的推导方法。由 QR 分解将 $\boldsymbol{A}\boldsymbol{x}-\boldsymbol{b}$ 改写成

$$\begin{aligned}\boldsymbol{A}\boldsymbol{x}-\boldsymbol{b}&=\boldsymbol{Q}_1\boldsymbol{R}\boldsymbol{x}-\boldsymbol{b}=\boldsymbol{Q}_1\boldsymbol{R}\boldsymbol{x}-(\boldsymbol{Q}_1\boldsymbol{Q}_1^{\mathrm{T}}+\boldsymbol{I}-\boldsymbol{Q}_1\boldsymbol{Q}_1^{\mathrm{T}})\boldsymbol{b}\\&=\boldsymbol{Q}_1(\boldsymbol{R}\boldsymbol{x}-\boldsymbol{Q}_1^{\mathrm{T}}\boldsymbol{b})-(\boldsymbol{I}-\boldsymbol{Q}_1\boldsymbol{Q}_1^{\mathrm{T}})\boldsymbol{b}\end{aligned}$$

注意 $\boldsymbol{Q}_1^{\mathrm{T}}\boldsymbol{Q}_1=\boldsymbol{I}$,可推知 $((\boldsymbol{I}-\boldsymbol{Q}_1\boldsymbol{Q}_1^{\mathrm{T}})\boldsymbol{b})^{\mathrm{T}}(\boldsymbol{Q}_1(\boldsymbol{R}\boldsymbol{x}-\boldsymbol{Q}_1^{\mathrm{T}}\boldsymbol{b}))=0$,即 $(\boldsymbol{I}-\boldsymbol{Q}_1\boldsymbol{Q}_1^{\mathrm{T}})\boldsymbol{b}\perp\boldsymbol{Q}_1(\boldsymbol{R}\boldsymbol{x}-$

$Q_1^{\mathrm{T}}\boldsymbol{b}$)，于是由勾股定理，

$$\begin{aligned}\|\boldsymbol{A}\boldsymbol{x}-\boldsymbol{b}\|_2^2 &= \|\boldsymbol{Q}_1(\boldsymbol{R}\boldsymbol{x}-\boldsymbol{Q}_1^{\mathrm{T}}\boldsymbol{b})\|_2^2+\|(\boldsymbol{I}-\boldsymbol{Q}_1\boldsymbol{Q}_1^{\mathrm{T}})\boldsymbol{b}\|_2^2\\ &= \|\boldsymbol{R}\boldsymbol{x}-\boldsymbol{Q}_1^{\mathrm{T}}\boldsymbol{b}\|_2^2+\|(\boldsymbol{I}-\boldsymbol{Q}_1\boldsymbol{Q}_1^{\mathrm{T}})\boldsymbol{b}\|_2^2\end{aligned}$$

故 $\bar{\boldsymbol{x}}=\boldsymbol{R}^{-1}\boldsymbol{Q}_1^{\mathrm{T}}\boldsymbol{b}$ 使得误差平方达到最小；且 $\boldsymbol{b}$ 到子空间$\mathcal{S}$的距离为 $\|(\boldsymbol{I}-\boldsymbol{Q}_1\boldsymbol{Q}_1^{\mathrm{T}})\boldsymbol{b}\|_2$，注意这个距离在上面的推导中是 $\|\boldsymbol{Q}_2^{\mathrm{T}}\boldsymbol{b}\|_2$。事实上，确实有 $\|(\boldsymbol{I}-\boldsymbol{Q}_1\boldsymbol{Q}_1^{\mathrm{T}})\boldsymbol{b}\|_2=\|\boldsymbol{Q}_2^{\mathrm{T}}\boldsymbol{b}\|_2$，证明留给读者做练习。

最后，说明从正规方程也可推导出最小二乘解：

$$\begin{aligned}\bar{\boldsymbol{x}} &=(\boldsymbol{A}^{\mathrm{T}}\boldsymbol{A})^{-1}\boldsymbol{A}^{\mathrm{T}}\boldsymbol{b}\\ &=(\boldsymbol{R}^{\mathrm{T}}\boldsymbol{Q}_1^{\mathrm{T}}\boldsymbol{Q}_1\boldsymbol{R})^{-1}\boldsymbol{R}^{\mathrm{T}}\boldsymbol{Q}_1^{\mathrm{T}}\boldsymbol{b}=(\boldsymbol{R}^{\mathrm{T}}\boldsymbol{R})^{-1}\boldsymbol{R}^{\mathrm{T}}\boldsymbol{Q}_1^{\mathrm{T}}\boldsymbol{b}\\ &=\boldsymbol{R}^{-1}\boldsymbol{Q}_1^{\mathrm{T}}\boldsymbol{b}\end{aligned}$$

前面给出了 QR 方法解最小二乘问题的三种推导。在实际计算中，不必求 $\boldsymbol{R}$ 的逆，因为 $\boldsymbol{R}$ 是上三角矩阵，可直接写出最小二乘解。QR 的计算步骤如下：

(i) 计算 $\boldsymbol{A}$ 的 QR 分解 $\boldsymbol{A}=(\boldsymbol{Q}_1,\boldsymbol{Q}_2)\begin{bmatrix}\boldsymbol{R}\\0\end{bmatrix}$；

(ii) 记 $\boldsymbol{d}=\boldsymbol{Q}_1^{\mathrm{T}}\boldsymbol{b}$，$\boldsymbol{R}=(r_{ij})$；

(iii) 计算最小二乘解：$x_i=\dfrac{1}{r_{ii}}\left(d_i-\sum\limits_{k=i+1}^{n}r_{ik}x_k\right)$，$i=n,(n-1),\cdots,2,1$。

与正规化方法相比，QR 方法有较好的数值稳定性和更精确计算结果，但计算代价在 $m\gg n$ 时，大约是正规化方法的两倍；在 $m=n$ 时，则两者代价大约相同。

例 2.4.1　用正规方法和 QR 方法计算下列线性系统的最小二乘解：

$$\begin{bmatrix}1&-4\\2&3\\2&2\end{bmatrix}\begin{bmatrix}x_1\\x_2\end{bmatrix}=\begin{bmatrix}-3\\15\\9\end{bmatrix}$$

解　正规方法：正规方程 $\boldsymbol{A}^{\mathrm{T}}\boldsymbol{A}\bar{\boldsymbol{x}}=\boldsymbol{A}^{\mathrm{T}}\boldsymbol{b}$ 是

$$\begin{bmatrix}9&6\\6&29\end{bmatrix}\begin{bmatrix}x_1\\x_2\end{bmatrix}=\begin{bmatrix}45\\75\end{bmatrix}$$

它的解为 $x_1=3.8$，$x_2=1.8$。

QR 方法：根据例 2.2.1，QR 分解是

$$\begin{bmatrix}1&-4\\2&3\\2&2\end{bmatrix}=\begin{bmatrix}1/3&-14/15&2/15\\2/3&1/3&-2/3\\2/3&2/15&11/15\end{bmatrix}\begin{bmatrix}3&2\\0&5\\0&0\end{bmatrix}$$

$$\boldsymbol{d}=\boldsymbol{Q}_1^{\mathrm{T}}\boldsymbol{b}=\begin{bmatrix}15\\9\end{bmatrix},\quad \boldsymbol{R}=\begin{bmatrix}3&2\\0&5\end{bmatrix}$$

方程 $\begin{bmatrix}3&2\\0&5\end{bmatrix}\begin{bmatrix}x_1\\x_2\end{bmatrix}=\begin{bmatrix}15\\9\end{bmatrix}$ 的解是 $x_2=1.8$，$x_1=3.8$。

3. SVD 方法

最常用的是 SVD 方法。由于 $\mathrm{rank}(\boldsymbol{A})=n$，$\boldsymbol{A}$ 的 SVD 分解有下述形式

$$A = U\begin{bmatrix}\boldsymbol{\Sigma}\\0\end{bmatrix}V^{\mathrm{T}}$$

于是，$A^{+} = V(\boldsymbol{\Sigma}^{-1}, 0)U^{\mathrm{T}}$，最小二乘解为

$$\bar{x} = A^{+}b = V(\boldsymbol{\Sigma}^{-1}, 0)U^{\mathrm{T}}b$$

用奇异值和奇异向量可表示成非常漂亮的形式

$$\bar{x} = \frac{u_1^{\mathrm{T}}b}{\sigma_1}v_1 + \frac{u_2^{\mathrm{T}}b}{\sigma_2}v_2 + \cdots + \frac{u_n^{\mathrm{T}}b}{\sigma_n}v_n \tag{2.30}$$

例 2.4.2 用 SVD 方法计算下述线性系统的最小二乘解

$$\begin{bmatrix}1 & 0\\1 & 1\\-1 & 1\end{bmatrix}\begin{bmatrix}x_1\\x_2\end{bmatrix} = \begin{bmatrix}1\\2\\1\end{bmatrix}$$

解 系数矩阵的 SVD 分解为

$$\begin{bmatrix}1 & 0\\1 & 1\\-1 & 1\end{bmatrix} = \begin{bmatrix}1/\sqrt{3} & 0 & \sqrt{2}/\sqrt{3}\\1/\sqrt{3} & 1/\sqrt{2} & -1/\sqrt{6}\\-1/\sqrt{3} & 1/\sqrt{2} & 1/\sqrt{6}\end{bmatrix}\begin{bmatrix}\sqrt{3} & 0\\0 & \sqrt{2}\\0 & 0\end{bmatrix}\begin{bmatrix}1 & 0\\0 & 1\end{bmatrix}$$

故最小二乘解为

$$\begin{aligned}\bar{x} &= \frac{u_1^{\mathrm{T}}b}{\sigma_1}v_1 + \frac{u_2^{\mathrm{T}}b}{\sigma_2}v_2\\&= \frac{1}{\sqrt{3}}\begin{bmatrix}1/\sqrt{3}\\0\end{bmatrix} + \frac{1}{\sqrt{2}}\begin{bmatrix}0\\3/\sqrt{2}\end{bmatrix} = \begin{bmatrix}1\\3/2\end{bmatrix}\end{aligned}$$

2.4.2 亏秩最小二乘

亏秩最小二乘问题的有无穷多解，其中最小范数解 $\bar{x} = A^{+}b$ 与 A 的零空间之和组成了所有解。亏秩问题通常是求最小范数解，$\bar{x} = A^{+}b$。上面介绍的正规化方法和 QR 方法对亏秩问题都将失败，但 SVD 方法仍有效。具体地说，若 $\mathrm{rank}(A) = r < n$，则 A 有如下形式的 SVD：

$$A = U\begin{bmatrix}\boldsymbol{\Sigma}_r & 0\\0 & 0\end{bmatrix}V^{\mathrm{T}}$$

因此，最小范数解为

$$\bar{x} = A^{+}b = V\begin{bmatrix}\boldsymbol{\Sigma}_r^{-1} & 0\\0 & 0\end{bmatrix}U^{\mathrm{T}}b = \frac{u_1^{\mathrm{T}}b}{\sigma_1}v_1 + \frac{u_2^{\mathrm{T}}b}{\sigma_2}v_2 + \cdots + \frac{u_r^{\mathrm{T}}b}{\sigma_r}v_r \tag{2.31}$$

不论是满秩还是亏秩线性系统，SVD 方法总能给出最小二乘解的计算公式，且有统一的形式。以后，还会看到 SVD 分解在数值分析和计算中的重要作用。

数值秩的确定

亏秩最小二乘问题求解与矩阵的秩密切相关。然而，“秩”这一数学上的精确概念，在数据有误差或在计算机上进行浮点运算时，就变得模糊不清。于是，人们就自然地引进了所谓的“数值秩”概念。

定义 2.4.1 设 A 为 $m\times n$ 矩阵，若对某一正数 ε，有

$$r=\min_{B}\{\operatorname{rank}(\boldsymbol{B}):\|\boldsymbol{A}-\boldsymbol{B}\|_2<\varepsilon\} \tag{2.32}$$

则称 r 为矩阵 $\boldsymbol{A}$ 的 ε-数值秩。

考虑如何确定数值秩的问题。设 $\boldsymbol{A}(m\geqslant n)$ 的奇异值为 $\sigma_1\geqslant\sigma_2\geqslant\cdots\geqslant\sigma_n$，对应的左、右奇异向量分别为

$$\boldsymbol{u}_1,\boldsymbol{u}_2,\cdots,\boldsymbol{u}_n;\qquad \boldsymbol{v}_1,\boldsymbol{v}_2,\cdots,\boldsymbol{v}_n$$

由定理 2.3.5，

$$\min_{\operatorname{rank}(\boldsymbol{B})\leqslant k}\|\boldsymbol{A}-\boldsymbol{B}\|_2=\sigma_{k+1},\quad k=1,2,\cdots,n$$

且最小值在 $\boldsymbol{B}=\sum_{j=1}^{k}\sigma_j\boldsymbol{u}_j\boldsymbol{v}_j^{\mathrm{T}}$ 达到。因此，矩阵 $\boldsymbol{A}$ 的 ε-数值秩为 r 的充要条件是

$$\sigma_r\geqslant\varepsilon\geqslant\sigma_{r+1} \tag{2.33}$$

故可用 SVD 确定矩阵的 ε-数值秩。

由于 SVD 分解的良好数值性态，普遍认为它是确定数值秩的最可靠方法。值得指出的是：要使式(2.33)成立，σ_{r+1}，σ_r 之间必须具有一定的距离。如果奇异值分离不明显，则 SVD 确定 ε-数值秩可能有一定的困难，需要更复杂的方法来处理。

2.4.3　齐次最小二乘

齐次线性系统 $\boldsymbol{Ax}=0$ 总有零解，在实际问题中人们所关心的是非零解，即考虑约束最小二乘问题：

$$\min\{\|\boldsymbol{Ax}\|_2:\boldsymbol{x}\in\mathbf{R}^n,\|\boldsymbol{x}\|_2=1\}$$

等价地写成

$$\begin{cases}\min\|\boldsymbol{Ax}\|_2^2\\ \text{subject to }\|\boldsymbol{x}\|_2^2=1\end{cases} \tag{2.34}$$

定理 2.4.3　若 $\operatorname{rank}\boldsymbol{A}=r$，则式(2.34)的所有解为

$$\boldsymbol{x}=\sum_{j=1}^{n-r}s_j\boldsymbol{v}_{r+j}\ \Big(\sum_{j=1}^{n-r}s_j^2=1\Big) \tag{2.35}$$

其中，$\boldsymbol{v}_{r+1},\boldsymbol{v}_{r+2},\cdots,\boldsymbol{v}_n$ 是 $\boldsymbol{A}^{\mathrm{T}}\boldsymbol{A}$ 的零特征子空间的 $n-r$ 个两两正交的单位向量，即 $\boldsymbol{A}$ 的零奇异值的右奇异向量。

证明　问题式(2.34)等价于

$$\begin{cases}\min\boldsymbol{x}^{\mathrm{T}}\boldsymbol{A}^{\mathrm{T}}\boldsymbol{Ax}\\ \text{subject to }\boldsymbol{x}^{\mathrm{T}}\boldsymbol{x}=1\end{cases} \tag{2.36}$$

因 $\operatorname{rank}(\boldsymbol{A}^{\mathrm{T}}\boldsymbol{A})=\operatorname{rank}\boldsymbol{A}=r$，$\boldsymbol{A}^{\mathrm{T}}\boldsymbol{A}$ 有特征值分解

$$\boldsymbol{A}^{\mathrm{T}}\boldsymbol{A}=\boldsymbol{V}\operatorname{diag}(\lambda_1,\lambda_2,\cdots,\lambda_r,0,\cdots,0)\boldsymbol{V}^{\mathrm{T}}$$

其中 $\boldsymbol{V}$ 是正交矩阵。因此，$\boldsymbol{v}_{r+1},\boldsymbol{v}_{r+2},\cdots,\boldsymbol{v}_n$ 是使得 $\boldsymbol{A}^{\mathrm{T}}\boldsymbol{Ax}=0$ 的 $n-r$ 个两两正交的单位向量。故式(2.36)的所有解为

$$\boldsymbol{x}=\sum_{j=1}^{n-r}s_j\boldsymbol{v}_{r+j}\ \Big(\sum_{j=1}^{n-r}s_j^2=1\Big)$$

证毕。

定理 2.4.4　若 $\operatorname{rank}(\boldsymbol{A})\geqslant n-1$，则 $\boldsymbol{A}^{\mathrm{T}}\boldsymbol{A}$ 的最小特征值的单位特征向量(即最小奇异

值的右奇异向量)是式(2.34)的解。

证明 由 A^TA 的特征值分解

$$A^TA=V\mathrm{diag}(\lambda_1,\lambda_2,\cdots,\lambda_n)V^T$$

其中 $\lambda_1\geqslant\lambda_2\geqslant\cdots\geqslant\lambda_n$,且$\{\boldsymbol{v}_1,\boldsymbol{v}_2,\cdots,\boldsymbol{v}_n\}$构成 $\mathbf{R}^n$ 的一组单位正交基。$\forall \boldsymbol{x}\in\mathbf{R}^n,\boldsymbol{x}^T\boldsymbol{x}=1$ 则必有

$$\boldsymbol{x}=\sum_{j=1}^{n-1}s_j\boldsymbol{v}_{r+j}\left(\sum_{j=1}^{n-r}s_j^2=1\right)$$

且

$$\begin{aligned}\boldsymbol{x}^TA^TA\boldsymbol{x}&=\left(\sum_{j=1}^{n}s_j\,\boldsymbol{v}_j\right)^TV\mathrm{diag}(\lambda_1^2,\lambda_2^2,\cdots,\lambda_n^2)V^T\sum_{j=1}^{n}s_j\boldsymbol{v}_j\\&=\sum_{j=1}^{n}\lambda_j^2s_j^2\boldsymbol{v}_j^T\boldsymbol{v}_j=\sum_{j=1}^{n}\lambda_j^2s_j^2\geqslant\lambda_n^2\\&=\boldsymbol{v}_n^TA^TA\boldsymbol{v}_n\end{aligned}$$

故$\boldsymbol{v}_n$ 是式(2.35)的解。证毕。

事实上,上面两个定理是对称矩阵特征值极性的推论,见第 1 章 1.4 节。

习　题

1. 证明:当 A 列满秩时,$A^+=(A^TA)^{-1}A^T$。

2. 在最小二乘 QR 方法的两种推导中,得到 $\boldsymbol{b}$ 到子空间$\mathcal{S}$的距离分别为 $\|Q_2^T\boldsymbol{b}\|_2$,$\|(I-Q_1Q_1^T)\boldsymbol{b}\|_2$,证明:$\|(I-Q_1Q_1^T)\boldsymbol{b}\|_2=\|Q_2^T\boldsymbol{b}\|_2$。

3. 用 Gram-Schmidt 正交化方法计算 A 的 QR 分解

$$A=\begin{bmatrix}1&2&2\\2&1&2\\1&2&1\end{bmatrix}$$

4. 用吉文斯方法计算 A 的 QR 分解

$$A=\begin{bmatrix}0&1&1\\1&1&0\\1&0&1\end{bmatrix}$$

5. 用豪斯荷德方法计算 A 的 QR 分解

$$A=\begin{bmatrix}3&14&9\\6&43&3\\6&22&15\end{bmatrix}$$

6. 计算下面矩阵的 SVD:

(i) $\begin{bmatrix}0&1\\1&3/2\end{bmatrix}$　　(ii) $\begin{bmatrix}3/2&-1/2\\-1/2&3/2\end{bmatrix}$

7. 求下面矩阵的最优 z-秩近似:

(i) $\begin{bmatrix}1 & 2 & 4\\1 & 3 & 3\\0 & 0 & 1\end{bmatrix}$　　(ii) $\begin{bmatrix}1 & 5 & 3\\2 & -3 & 2\\-3 & 1 & 1\end{bmatrix}$

8. 求矩阵 $\boldsymbol{A}$ 的杜利特分解和方程组 $\boldsymbol{Ax}=\boldsymbol{b}$ 的解：

$$\boldsymbol{A}=\begin{bmatrix}1 & 2 & -1\\2 & 1 & -2\\-3 & 1 & 1\end{bmatrix},\quad \boldsymbol{b}=\begin{bmatrix}3\\3\\-6\end{bmatrix}$$

9. 用正规化、QR 和 SVD 三种方法，求下列线性系统的最小二乘解：

(i) $\begin{bmatrix}1 & 2\\0 & 1\\2 & 1\end{bmatrix}\begin{bmatrix}x\\y\end{bmatrix}=\begin{bmatrix}3\\1\\1\end{bmatrix}$　　(ii) $\begin{bmatrix}1 & 1\\2 & 1\\3 & 1\end{bmatrix}\begin{bmatrix}x\\y\end{bmatrix}=\begin{bmatrix}1\\2\\0\end{bmatrix}$

10. 将下列三个约束齐次最小二乘问题化为标准形式：

$$\begin{cases}\min \|\boldsymbol{By}\|_2^2\\ \text{subject to } \|\boldsymbol{y}\|_2^2=1\end{cases}$$

(i) $\begin{cases}\min \|\boldsymbol{Ax}\|_2^2\\ \text{subject to } \|\boldsymbol{x}\|_2^2=1,\quad \boldsymbol{Cx}=0\end{cases}$

(ii) $\begin{cases}\min \|\boldsymbol{Ax}\|_2^2\\ \text{subject to } \|\boldsymbol{x}\|_2^2=1,\quad \boldsymbol{x}=\boldsymbol{Cy}\end{cases}$

(iii) $\begin{cases}\min \|\boldsymbol{Ax}\|_2^2\\ \text{subject to } \|\boldsymbol{Cx}\|_2^2=1\end{cases}$

提示：应用 SVD 分解。

第3章 矩阵分析

矩阵原本是一种代数概念，只有对它赋予范数之后才能进入数值分析阶段，才可以对与矩阵相关的问题进行数值分析。本章首先引入向量、矩阵范数的概念和性质，然后在此基础上，介绍矩阵级数、矩阵函数和矩阵导数等分析内容。阅读本章读者需要具有矩阵 Jordan 标准形和初等微积分的知识，特别是函数的幂级数理论。

3.1 向量与矩阵范数

3.1.1 向量范数

定义 3.1.1 若定义在线性空间 $\mathbf{C}^n(\mathbf{R}^n)$ 上的实值函数 $\|\cdot\|:\mathbf{C}^n(\mathbf{R}^n)\mapsto\mathbf{R}^+\cup\{0\}$ 满足下述三个条件：

(i) 非负性：$\forall \boldsymbol{x}$，$\|\boldsymbol{x}\|\geqslant 0$，且 $\|\boldsymbol{x}\|=0\Leftrightarrow\boldsymbol{x}=0$

(ii) 绝对齐性：$\forall \boldsymbol{x}$，$\|k\boldsymbol{x}\|=|k|\cdot\|\boldsymbol{x}\|$

(iii) 三角不等式：$\forall \boldsymbol{x},\boldsymbol{y}$，$\|\boldsymbol{x}+\boldsymbol{y}\|\leqslant\|\boldsymbol{x}\|+\|\boldsymbol{y}\|$

则称 $\|\cdot\|$ 为 $\mathbf{C}^n(\mathbf{R}^n)$ 上的范数，$\|\boldsymbol{x}\|$ 称为向量 $\boldsymbol{x}$ 的范数。

有了范数就可定义两个向量之间的距离，$d(\boldsymbol{x},\boldsymbol{y})=\|\boldsymbol{x}-\boldsymbol{y}\|$。在欧氏空间 $\mathbf{C}^n(\mathbf{R}^n)$ 中，由内积定义的 $\|\boldsymbol{x}\|_2=\sqrt{\langle\boldsymbol{x},\boldsymbol{x}\rangle}$ 满足范数的三个条件，因此它是 $\mathbf{C}^n(\mathbf{R}^n)$ 的一种范数，通常称为内积诱导的范数，由它导入的距离就是欧氏距离。在 $\mathbf{C}^n(\mathbf{R}^n)$ 上可定义很多种范数，并非都是由内积诱导的。下面介绍两类最常用的范数。

1. p-范数

$\forall \boldsymbol{x}=(x_1,x_2,\cdots,x_n)^{\mathrm{T}}\in\mathbf{C}^n(\mathbf{R}^n)$，定义

$$\|\boldsymbol{x}\|_p=\left(\sum_{j=1}^{n}|x_j|^p\right)^{1/p}\quad(1\leqslant p<+\infty)\tag{3.1}$$

则它是 $\mathbf{C}^n(\mathbf{R}^n)$ 上的范数，称为 p-范数。

证明 根据范数的定义，只须验证 $\|\cdot\|_p$ 满足条件(i)，(ii)，(iii)。条件(i)显然满足。条件(ii)也满足，这是因为

$$\|k\boldsymbol{x}\|_p=\left(\sum_{j=1}^{n}|kx_j|^p\right)^{1/p}=|k|\left(\sum_{j=1}^{n}|x_j|^p\right)^{1/p}=|k|\cdot\|\boldsymbol{x}\|_p$$

现在验证条件(iii)：

$$\|\boldsymbol{x}+\boldsymbol{y}\|_p^p=\sum_{j=1}^{n}|x_j+y_j|^p\leqslant\sum_{j=1}^{n}|x_j+y_j|^{p-1}|x_j|+\sum_{j=1}^{n}|x_j+y_j|^{p-1}|y_j|$$

当 $p>1$ 时，对上式右端两项分别应用 Holder 不等式

$$\sum_{j=1}^{n}|a_jb_j|\leqslant\left(\sum_{j=1}^{n}|a_j|^p\right)^{1/p}\cdot\left(\sum_{j=1}^{n}|b_j|^q\right)^{1/q},\quad\left(p,q>1,\frac{1}{p}+\frac{1}{q}=1\right)$$

得到

$$\begin{aligned}\|\boldsymbol{x}+\boldsymbol{y}\|_p^p &\leqslant\left(\sum_{j=1}^n |x_j|^p\right)^{1/p}\cdot\left(\sum_{j=1}^n |x_j+y_j|^{(p-1)q}\right)^{1/q}+\left(\sum_{j=1}^n |y_j|^p\right)^{1/p}\cdot\\ &\quad\left(\sum_{j=1}^n |x_j+y_j|^{(p-1)q}\right)^{1/q}\\ &=\left[\left(\sum_{j=1}^n |x_j|^p\right)^{1/p}+\left(\sum_{j=1}^n |y_j|^p\right)^{1/p}\right]\cdot\left(\sum_{j=1}^n |x_j+y_j|^p\right)^{1/q}\\ &=(\|\boldsymbol{x}\|_p+\|\boldsymbol{y}\|_p)\|\boldsymbol{x}+\boldsymbol{y}\|_p^{p/q}\end{aligned}$$

因此，

$$\|\boldsymbol{x}+\boldsymbol{y}\|_p=\|\boldsymbol{x}+\boldsymbol{y}\|_p^{p-p/q}\leqslant\|\boldsymbol{x}\|_p+\|\boldsymbol{y}\|_p$$

当 $p=1$ 时，显然

$$\|\boldsymbol{x}+\boldsymbol{y}\|_1=\sum_{j=1}^n |x_j+y_j|\leqslant\sum_{j=1}^n |x_j|+\sum_{j=1}^n |y_j|=\|\boldsymbol{x}\|_1+\|\boldsymbol{y}\|_1$$

故式(3.1) 是 $\mathbf{C}^n(\mathbf{R}^n)$上的范数。证毕。

在 $\mathbf{C}^n(\mathbf{R}^n)$上定义

$$\|\boldsymbol{x}\|_\infty=\max_j |x_j| \tag{3.2}$$

不难验证，它也是 $\mathbf{C}^n(\mathbf{R}^n)$上的范数。事实上，式(3.2)是式(3.1) 在 $p\to+\infty$时的极限

$$\lim_{p\to+\infty}\|\boldsymbol{x}\|_p=\max_j |x_j|$$

这样式(3.1)就扩张 p-范数到 $p=+\infty$的情况。包括 $p=+\infty$，$\mathbf{C}^n(\mathbf{R}^n)$上的 p-范数可表示为

$$\|\boldsymbol{x}\|_p=\left(\sum_{j=1}^n |\boldsymbol{x}|^p\right)^{1/p}\quad(1\leqslant p\leqslant+\infty) \tag{3.3}$$

当 $p=2$ 时，$\|\boldsymbol{x}\|_2=\left(\sum_{j=1}^n x_j\bar{x}_j\right)^{1/2}=\langle\boldsymbol{x},\boldsymbol{x}\rangle^{1/2}$，就是由内积诱导的欧氏范数。$p$-范数的单位球是集合 $\mathbf{B}=\{\boldsymbol{x}:\|\boldsymbol{x}\|_p=1\}$，图 3.1 给出了 $p=1,2,\infty$时的图示，可见不同的 p-范数有不同的单位球。注意，当 $0<p<1$ 时，式(3.3)仍有意义但不再是向量范数。例如：取 $\boldsymbol{x}_1=(1,0)^{\mathrm{T}}$，$\boldsymbol{x}_2=(0,1)^{\mathrm{T}}$，则

$$\|\boldsymbol{x}_1+\boldsymbol{x}_2\|_{1/2}=4,\quad \|\boldsymbol{x}_1\|_{1/2}+\|\boldsymbol{x}_2\|_{1/2}=2$$

范数的三角不等式不成立，故 $\|\boldsymbol{x}\|_{1/2}$ 不是 $\mathbf{R}^2$ 上的范数。

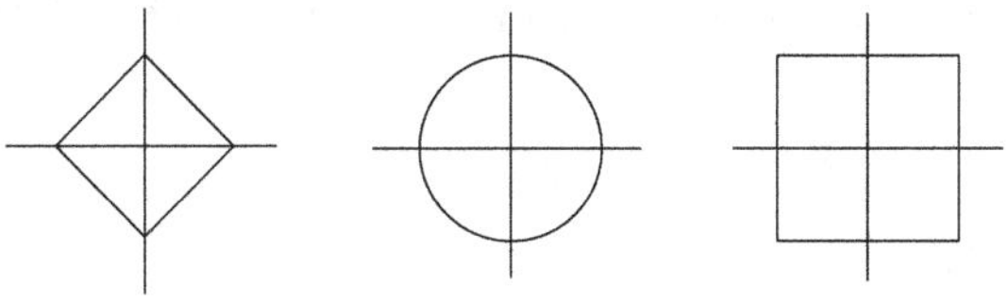

图 3.1 二维 p-范数的单位圆：左 $p=1$，中 $p=2$，右 $p\to\infty$

应用 $\mathbf{C}^n(\mathbf{R}^n)$的 p-范数，可诱导出任何 n 维线性空间 $\mathbf{X}$ 的 p-范数。给定 n 维线性空间 $\mathbf{X}$ 的一组基向量 $\varepsilon_1,\varepsilon_2,\cdots,\varepsilon_n$，设 $\boldsymbol{x}\in\mathbf{X}$ 在这组基下的坐标向量为 $\tilde{\boldsymbol{x}}=(\tilde{x}_1,\tilde{x}_2,\cdots,\tilde{x}_n)^{\mathrm{T}}$，即 $\boldsymbol{x}=\tilde{x}_1\varepsilon_1+\tilde{x}_2\varepsilon_2+\cdots+\tilde{x}_n\varepsilon_n$，定义

$$\|\boldsymbol{x}\|_p=\|\tilde{\boldsymbol{x}}\|_p,\quad 1\leqslant p\leqslant+\infty$$

不难证明它是 $\mathbf{X}$ 上的范数，称为 $\mathbf{X}$ 上的 p-范数。事实上，对于 $\mathbf{C}^n(\mathbf{R}^n)$上的任何一种范数，

按照上面的方法都可诱导出 **X** 上的一种范数；反之，对于 **X** 上的任何一种范数，也可以诱导出 $\mathbf{C}^n(\mathbf{R}^n)$ 上的一种范数。

2. 椭球范数(加权范数)

设 $\boldsymbol{A}$ 是正定轭米特(对称)矩阵，定义 $\mathbf{C}^n(\mathbf{R}^n)$ 上的非负函数

$$\|\boldsymbol{x}\|_A=(\boldsymbol{x}^H\boldsymbol{A}\boldsymbol{x})^{1/2}\left(\|\boldsymbol{x}\|_A=(\boldsymbol{x}^{\mathrm{T}}\boldsymbol{A}\boldsymbol{x})^{1/2}\right) \tag{3.4}$$

则 $\|\cdot\|_A$ 是 $\mathbf{C}^n(\mathbf{R}^n)$ 上的范数，称为椭球范数。

事实上，由 $\boldsymbol{A}$ 的正定性，$\boldsymbol{x}^H\boldsymbol{A}\boldsymbol{x}\geqslant 0$ 且 $(\boldsymbol{x}^H\boldsymbol{A}\boldsymbol{x})^{1/2}=0\Leftrightarrow\boldsymbol{x}=0$，故非负性成立。$\forall k\in\mathbf{C}$，

$$\|k\boldsymbol{x}\|_A=((k\boldsymbol{x})^H\boldsymbol{A}(k\boldsymbol{x}))^{1/2}=|k|(\boldsymbol{x}^H\boldsymbol{A}\boldsymbol{x})^{1/2}=|k|\cdot\|\boldsymbol{x}\|_A$$

因此，绝对齐性成立。再证明三角不等式成立：由于 $\boldsymbol{A}$ 是正定轭米特矩阵，$\boldsymbol{B}=\boldsymbol{A}^{1/2}$ 使得 $\boldsymbol{A}=\boldsymbol{B}^H\boldsymbol{B}$，于是 $\forall\boldsymbol{x}\in\mathbf{C}^n$，

$$\|\boldsymbol{x}\|_A=(\boldsymbol{x}^H\boldsymbol{A}\boldsymbol{x})^{1/2}=((\boldsymbol{B}\boldsymbol{x})^H(\boldsymbol{B}\boldsymbol{x}))^{1/2}=\|\boldsymbol{B}\boldsymbol{x}\|_2$$

由此，得到

$$\|\boldsymbol{x}+\boldsymbol{y}\|_A=\|\boldsymbol{B}(\boldsymbol{x}+\boldsymbol{y})\|_2\leqslant\|\boldsymbol{B}\boldsymbol{x}\|_2+\|\boldsymbol{B}\boldsymbol{y}\|_2=\|\boldsymbol{x}\|_A+\|\boldsymbol{y}\|_A$$

证毕。

注意，$\|\boldsymbol{x}\|_A$ 可由 $\mathbf{C}^n(\mathbf{R}^n)$ 上的某种内积诱导出来。事实上，对任意正定轭米特(对称)矩阵 $\boldsymbol{A}$，二元函数

$$\langle\boldsymbol{x},\boldsymbol{y}\rangle_A=\boldsymbol{x}^H\boldsymbol{A}\boldsymbol{y}\left(\langle\boldsymbol{x},\boldsymbol{y}\rangle_A=\boldsymbol{x}^{\mathrm{T}}\boldsymbol{A}\boldsymbol{y}\right)$$

都是 $\mathbf{C}^n(\mathbf{R}^n)$ 上内积，由它诱导的范数就是 $\|\boldsymbol{x}\|_A$。

在 $\mathbf{R}^n$ 中，范数 $\|\cdot\|_A$ 的单位球 $\mathbf{B}=\{x\in\mathbf{R}^n:\|\boldsymbol{x}\|_A=1\}$ 是一个椭球，因此称 $\|\cdot\|_A$ 为椭球范数。若取 $\boldsymbol{A}$ 为对角正定矩阵，$\boldsymbol{A}=\mathrm{diag}(\sigma_1,\sigma_2,\cdots,\sigma_n)$，则对应的椭球范数为

$$\|\boldsymbol{x}\|_A=\left(\sum_{i=1}^{n}\sigma_i\,|\boldsymbol{x}_i|^2\right)^{1/2} \tag{3.5}$$

其单位球是主轴长分别为 $2\sigma_1^{-1/2},2\sigma_2^{-1/2},\cdots,2\sigma_n^{-1/2}$ 的椭球。在形式上，恰好是欧氏范数的加权，因此 $\|\cdot\|_A$ 也称为加权范数。

3. 向量范数的性质

从上面的讨论可以看出，在 $\mathbf{C}^n(\mathbf{R}^n)$ 上可定义无穷多种范数，自然要问这些范数之间有什么重要关系？下面将证明所有的范数都相互等价，为此先给出等价性的定义。

定义 3.1.2 设 $\|\cdot\|_\alpha$，$\|\cdot\|_\beta$ 为 $\mathbf{C}^n(\mathbf{R}^n)$ 上的两个范数，若存在正数 c_1,c_2 使 $\forall\boldsymbol{x}\in\mathbf{C}^n(\mathbf{R}^n)$ 有

$$c_1\|\boldsymbol{x}\|_\beta\leqslant\|\boldsymbol{x}\|_\alpha\leqslant c_2\|\boldsymbol{x}\|_\beta \tag{3.6}$$

则称这两个范数相互等价。

容易验证

$$\|\boldsymbol{x}\|_\infty\leqslant\|\boldsymbol{x}\|_1\leqslant n\|\boldsymbol{x}\|_\infty,\quad \|\boldsymbol{x}\|_\infty\leqslant\|\boldsymbol{x}\|_2\leqslant\sqrt{n}\|\boldsymbol{x}\|_\infty$$

一般，$\forall 1\leqslant p<+\infty$，

$$\|\boldsymbol{x}\|_\infty\leqslant\|\boldsymbol{x}\|_p\leqslant n^{1/p}\|\boldsymbol{x}\|_\infty$$

由此推知

$$n^{-1/p_1}\|\boldsymbol{x}\|_{p_1}\leqslant\|\boldsymbol{x}\|_{p_2}\leqslant n^{1/p_2}\|\boldsymbol{x}\|_{p_1}$$

也就是说,$\mathbf{C}^n(\mathbf{R}^n)$上的所有 p-范数都是相互等价的。这并非偶然结果,因为有如下等价性定理:

定理 3.1.1 $\mathbf{C}^n(\mathbf{R}^n)$上的任意两种范数 $\|\cdot\|_\alpha$, $\|\cdot\|_\beta$ 都是等价的,即存在正数 c_1, c_2 使得式(3.6)成立。

证明 先证:任意范数 $\|\cdot\|$ 都与2-范数等价,即存在正数 a,b 使 $a\|\boldsymbol{x}\|_2 \leqslant \|\boldsymbol{x}\| \leqslant b\|\boldsymbol{x}\|_2$。令 $f(\boldsymbol{x})=\|\boldsymbol{x}\|$,它是 $\boldsymbol{x}$ 的连续函数,这是因为三角不等式(iii)导致

$$|f(\boldsymbol{x})-f(\boldsymbol{y})|=|\|\boldsymbol{x}\|-\|\boldsymbol{y}\||\leqslant\|\boldsymbol{x}-\boldsymbol{y}\|$$

因此,$f(\boldsymbol{x})=\|\boldsymbol{x}\|$ 在2-范数的单位球 $\mathbf{B}=\{\boldsymbol{x}:\|\boldsymbol{x}\|_2=1\}$ 上有最大值和最小值,分别记为 b 和 a。由于在单位球上 $\boldsymbol{x}\neq 0$,所以 $b\geqslant a>0$。对任意 $\boldsymbol{x}\in\mathbf{C}^n(\mathbf{R}^n)$,令

$$\boldsymbol{y}=\frac{\boldsymbol{x}}{\|\boldsymbol{x}\|_2}\in\mathbf{B}$$

则

$$a\leqslant f(\boldsymbol{y})=\|\boldsymbol{y}\|\leqslant b$$

由范数的绝对齐性(ii),

$$\|\boldsymbol{y}\|=\frac{\|\boldsymbol{x}\|}{\|\boldsymbol{x}\|_2}$$

于是

$$a\|\boldsymbol{x}\|_2\leqslant\|\boldsymbol{x}\|\leqslant b\|\boldsymbol{x}\|_2$$

由上述证明,对任意 $\|\cdot\|_\alpha$, $\|\cdot\|_\beta$ 必存在两对正数 a,b 和 a',b' 使得

$$a\|\boldsymbol{x}\|_2\leqslant\|\boldsymbol{x}\|_\alpha\leqslant b\|\boldsymbol{x}\|_2,\quad a'\|\boldsymbol{x}\|_2\leqslant\|\boldsymbol{x}\|_\beta\leqslant b'\|\boldsymbol{x}\|_2$$

令 $c_2=\dfrac{b}{a'}$, $c_1=\dfrac{a}{b'}$,则

$$c_1\|\boldsymbol{x}\|_\beta\leqslant\|\boldsymbol{x}\|_\alpha\leqslant c_2\|\boldsymbol{x}\|_\beta$$

证毕。

4. 向量序列的收敛性

定义 3.1.3 设$\{\boldsymbol{x}^{(k)}\}_{k=1}^{\infty}$ 是 $\mathbf{C}^n(\mathbf{R}^n)$中向量序列,若存在 $\boldsymbol{x}^*\in\mathbf{C}^n(\mathbf{R}^n)$使得

$$\lim_{k\to+\infty}\|\boldsymbol{x}^{(k)}-\boldsymbol{x}^*\|=0$$

则称$\{\boldsymbol{x}^{(k)}\}_{k=1}^{\infty}$ 是范数 $\|\cdot\|$ 下的收敛序列,$\boldsymbol{x}^*$ 为向量序列 $\{\boldsymbol{x}^{(k)}\}_{k=1}^{\infty}$ 的极限,记为 $\boldsymbol{x}^*=\lim\limits_{k\to+\infty}\boldsymbol{x}^{(k)}$。

由范数等价性定理,向量序列的收敛性不依赖于范数的选择,即若向量序列在某种范数 $\|\cdot\|$ 下收敛,则对任何范数都收敛且有相同的极限。事实上,假定$\{\boldsymbol{x}^{(k)}\}_{k=1}^{\infty}$ 在范数 $\|\cdot\|_\alpha$ 下收敛:

$$\lim_{k\to+\infty}\|\boldsymbol{x}^{(k)}-\boldsymbol{x}^*\|_\alpha=0$$

对任意范数 $\|\cdot\|_\beta$,由范数等价性定理存在 c_1,c_2 使

$$c_1\|\boldsymbol{x}^{(k)}-\boldsymbol{x}^*\|_\alpha\leqslant\|\boldsymbol{x}^{(k)}-\boldsymbol{x}^*\|_\beta\leqslant c_2\|\boldsymbol{x}^{(k)}-\boldsymbol{x}^*\|_\alpha$$

因此

$$\lim_{k\to+\infty}\|\boldsymbol{x}^{(k)}-\boldsymbol{x}^*\|_\beta=0$$

尽管同一向量在不同范数的度量下有不同的大小,然而考虑向量序列收敛性问题,对任

何范数都表现出一致性，这是范数等价性定理所揭示的本性。

推论 3.1.1 向量序列$\{\boldsymbol{x}^{(k)}\}_{k=1}^{\infty}$收敛到向量$\boldsymbol{x}^*$的充要条件为每一个分量$x_j^{(k)}$收敛到$x_j^*$，即

$$\lim_{k\to+\infty} x_j^{(k)} = x_j^*, \quad \forall j$$

3.1.2 矩阵范数

若$\boldsymbol{A}$是$m\times n$复(实)矩阵，则以后将它记为$\boldsymbol{A}\in\mathbf{C}^{m\times n}(\mathbf{R}^{m\times n})$。

定义 3.1.4 设$\|\cdot\|:\mathbf{C}^{m\times n}(\mathbf{R}^{m\times n})\mapsto\mathbf{R}^+\cup\{0\}$是实值函数，若它满足下述三个条件：

(i) 非负性：$\forall \boldsymbol{A}\in\mathbf{C}^{m\times n}(\mathbf{R}^{m\times n})$，$\|\boldsymbol{A}\|\geqslant 0$ 且 $\|\boldsymbol{A}\|=0\Leftrightarrow\boldsymbol{A}=0$

(ii) 绝对齐性：$\forall k\in\mathbf{C}(\mathbf{R}),\boldsymbol{A}\in\mathbf{C}^{m\times n}(\mathbf{R}^{m\times n})$，$\|k\boldsymbol{A}\|=|k|\cdot\|\boldsymbol{A}\|$

(iii) 三角不等式：$\forall \boldsymbol{A},\boldsymbol{B}\in\mathbf{C}^{m\times n}(\mathbf{R}^{m\times n})$，$\|\boldsymbol{A}+\boldsymbol{B}\|\leqslant\|\boldsymbol{A}\|+\|\boldsymbol{B}\|$

则称$\|\cdot\|$为广义矩阵范数。

若广义矩阵范数$\|\cdot\|$还满足第四个性质：

(iv) 相容性：$\forall \boldsymbol{A},\boldsymbol{B}\in\mathbf{C}^{m\times n}(\mathbf{R}^{m\times n})$，$\|\boldsymbol{AB}\|\leqslant\|\boldsymbol{A}\|\cdot\|\boldsymbol{B}\|$

则称$\|\cdot\|$为矩阵范数。

注意，在相容性定义中，$\boldsymbol{B}\in\mathbf{C}^{n\times l}(\mathbf{R}^{n\times l})$，$\boldsymbol{AB}\in\mathbf{C}^{m\times l}(\mathbf{R}^{m\times l})$，$\|\boldsymbol{B}\|$和$\|\boldsymbol{AB}\|$的定义规则与$\|\boldsymbol{A}\|$的定义规则相同。

由三角不等式，$\forall \boldsymbol{A},\boldsymbol{B}\in\mathbf{C}^{m\times n}(\mathbf{R}^{m\times n})$，$|\,\|\boldsymbol{A}\|-\|\boldsymbol{B}\|\,|\leqslant\|\boldsymbol{A}-\boldsymbol{B}\|$。这是因为

$$\|\boldsymbol{A}\| = \|\boldsymbol{A}-\boldsymbol{B}+\boldsymbol{B}\| \leqslant \|\boldsymbol{A}-\boldsymbol{B}\| + \|\boldsymbol{B}\|$$

即

$$\|\boldsymbol{A}\| - \|\boldsymbol{B}\| \leqslant \|\boldsymbol{A}-\boldsymbol{B}\|$$

同理考虑矩阵$\boldsymbol{B}$，得到$\|\boldsymbol{B}\|-\|\boldsymbol{A}\|\leqslant\|\boldsymbol{A}-\boldsymbol{B}\|$。因此，矩阵范数有如下连续性定理：

定理 3.1.2(连续性) 若$\lim\limits_{k\to+\infty}\|\boldsymbol{A}^{(k)}-\boldsymbol{A}\|=0$，则$\lim\limits_{k\to+\infty}\|\boldsymbol{A}^{(k)}\|=\|\boldsymbol{A}\|$。

同向量范数一样，任何两个矩阵范数都是等价的，即有下面的定理(证明留给读者)：

定理 3.1.3(等价性) 若$\|\cdot\|_\alpha$和$\|\cdot\|_\beta$是两个矩阵范数，则存在正数$a<b$使得

$$a\|\boldsymbol{A}\|_\alpha \leqslant \|\boldsymbol{A}\|_\beta \leqslant b\|\boldsymbol{A}\|_\alpha$$

矩阵$\boldsymbol{A}\in\mathbf{C}^{m\times n}(\mathbf{R}^{m\times n})$确定一个从$\mathbf{C}^n(\mathbf{R}^n)$到$\mathbf{C}^m(\mathbf{R}^m)$的线性变换$\boldsymbol{y}=\boldsymbol{Ax}$，在数值分析中不仅考虑矩阵范数，还要考虑线性变换与定义域和值域上向量范数之间的联系，这种联系由矩阵范数与向量范数的相容性来实现。

定义 3.1.5 若矩阵范数$\|\cdot\|_\beta$和向量范数$\|\cdot\|_\alpha$满足

$$\|\boldsymbol{Ax}\|_\alpha \leqslant \|\boldsymbol{A}\|_\beta\cdot\|\boldsymbol{x}\|_\alpha \quad (\forall \boldsymbol{x},\boldsymbol{A}) \tag{3.7}$$

则称矩阵范数$\|\cdot\|_\beta$与向量范数$\|\cdot\|_\alpha$是相容的。

1. Frobenius 范数

设$\boldsymbol{A}\in\mathbf{C}^{m\times n}(\mathbf{R}^{m\times n})$，令

$$\|\boldsymbol{A}\|_F = \left(\sum_{i=1}^{m}\sum_{j=1}^{n}|a_{ij}|^2\right)^{1/2} = (\mathrm{tr}\boldsymbol{A}^H\boldsymbol{A})^{1/2} \tag{3.8}$$

下面将验证式(3.8)是与向量范数$\|\cdot\|_2$相容的矩阵范数，称为 Frobenius 范数。

显然，$\|\cdot\|_F$有非负性和绝对齐性。现在说明$\|\cdot\|_F$满足三角不等式：记$\boldsymbol{a}_j,\boldsymbol{b}_j$

分别为矩阵 $\boldsymbol{A},\boldsymbol{B}$ 的第 j 列向量,则

$$\|\boldsymbol{A}+\boldsymbol{B}\|_F^2=\sum_{j=1}^n\|\boldsymbol{a}_j+\boldsymbol{b}_j\|_2^2\leqslant\sum_{j=1}^n(\|\boldsymbol{a}_j\|_2+\|\boldsymbol{b}_j\|_2)^2$$

$$=\sum_{j=1}^n\|\boldsymbol{a}_j\|_2^2+2\sum_{j=1}^n\|\boldsymbol{a}_j\|_2\cdot\|\boldsymbol{b}_j\|_2+\sum_{j=1}^n\|\boldsymbol{b}_j\|_2^2$$

由柯西不等式

$$\sum_{j=1}^n\|\boldsymbol{a}_j\|_2\cdot\|\boldsymbol{b}_j\|_2\leqslant\left(\sum_{j=1}^n\|\boldsymbol{a}_j\|_2^2\right)^{1/2}\left(\sum_{j=1}^n\|\boldsymbol{b}_j\|_2^2\right)^{1/2}$$

得到

$$\|\boldsymbol{A}+\boldsymbol{B}\|_F^2\leqslant\sum_{j=1}^n\|\boldsymbol{a}_j\|_2^2+2\left(\sum_{j=1}^n\|\boldsymbol{a}_j\|_2^2\right)^{1/2}\left(\sum_{j=1}^n\|\boldsymbol{b}_j\|_2^2\right)^{1/2}+\sum_{j=1}^n\|\boldsymbol{b}_j\|_2^2$$

$$=\|\boldsymbol{A}\|_F^2+2\|\boldsymbol{A}\|_F\|\boldsymbol{B}\|_F+\|\boldsymbol{B}\|_F^2$$

$$=(\|\boldsymbol{A}\|_F+\|\boldsymbol{B}\|_F)^2$$

故,$\|\boldsymbol{A}+\boldsymbol{B}\|_F\leqslant\|\boldsymbol{A}\|_F+\|\boldsymbol{B}\|_F$。再验证相容性:

$$\|\boldsymbol{AB}\|_F^2=\sum_{i=1}^m\sum_{j=1}^l\left|\sum_{k=1}^n a_{ik}b_{kj}\right|^2\leqslant\sum_{i=1}^m\sum_{j=1}^l\left(\sum_{k=1}^n|a_{ik}|\cdot|b_{kj}|\right)^2$$

$$\leqslant\left(\sum_{i=1}^m\sum_{k=1}^n|a_{ik}|^2\right)\left(\sum_{j=1}^l\sum_{k=1}^n|b_{kj}|^2\right)$$

$$=\|\boldsymbol{A}\|_F^2\cdot\|\boldsymbol{B}\|_F^2$$

故,$\|\boldsymbol{AB}\|_F\leqslant\|\boldsymbol{A}\|_F\cdot\|\boldsymbol{B}\|_F$。最后,验证与向量范数 $\|\cdot\|_2$ 的相容性:

在上式中令 $\boldsymbol{B}=\boldsymbol{x}$,则有

$$\|\boldsymbol{Ax}\|_2=\|\boldsymbol{AB}\|_F\leqslant\|\boldsymbol{A}\|_F\cdot\|\boldsymbol{B}\|_F=\|\boldsymbol{A}\|_F\cdot\|\boldsymbol{x}\|_2$$

证毕。

Frobenius 范数有下述重要性质:

定理 3.1.4 若 $\boldsymbol{Q},\boldsymbol{R}$ 是酉(正交)矩阵,则

$$\|\boldsymbol{QA}\|_F=\|\boldsymbol{A}\|_F=\|\boldsymbol{AR}\|_F \tag{3.9}$$

此定理表明,用酉(正交)矩阵右乘或左乘,不改变该矩阵的 Frobenius 范数。

证明

$$\|\boldsymbol{QA}\|_F^2=\|\boldsymbol{Q}(\boldsymbol{a}_1,\boldsymbol{a}_2,\cdots,\boldsymbol{a}_n)\|_F^2=\|(\boldsymbol{Qa}_1,\boldsymbol{Qa}_2,\cdots,\boldsymbol{Qa}_n)\|_F^2$$

$$=\sum_{j=1}^n\|\boldsymbol{Qa}_j\|_2^2=\sum_{j=1}^n\|\boldsymbol{a}_j\|_2^2=\|\boldsymbol{A}\|_F^2$$

因此,$\|\boldsymbol{QA}\|_F=\|\boldsymbol{A}\|_F$。此外,

$$\|\boldsymbol{A}\|_F=\|\boldsymbol{A}^H\|_F=\|\boldsymbol{R}^H\boldsymbol{A}^H\|_F=\|(\boldsymbol{AR})^H\|_F=\|\boldsymbol{AR}\|_F$$

证毕。

推论 3.1.2 酉(正交)相似保持 Frobenius 范数,即任意酉(正交)矩阵 $\boldsymbol{Q}$ 都有

$$\|\boldsymbol{A}\|_F=\|\boldsymbol{Q}^H\boldsymbol{AQ}\|_F \tag{3.10}$$

2. 算子范数(从属范数)

给定任何一种向量范数,可导入一种与它相容的矩阵范数,也就是说,有多少种向量范数就有多少种与其相容的矩阵范数,见下面的定理:

定理 3.1.5 令 $\|\cdot\|_\alpha$ 是任意一种向量范数，定义

$$\|\boldsymbol{A}\|_\alpha = \max_{\|\boldsymbol{x}\|_\alpha=1} \|\boldsymbol{Ax}\|_\alpha \tag{3.11}$$

则 $\|\boldsymbol{A}\|_\alpha$ 是与向量范数 $\|\boldsymbol{x}\|_\alpha$ 相容的矩阵范数，称为算子范数(或从属范数)。

证明

(i) 非负性：显然 $\|\boldsymbol{A}\|_\alpha \geqslant 0$。若 $\|\boldsymbol{A}\|_\alpha = 0$，则对任意 $\boldsymbol{x}$，$\|\boldsymbol{Ax}\|_\alpha = 0$，即 $\boldsymbol{Ax} = 0$，因此 $\boldsymbol{A} = 0$。

(ii) 绝对齐性：$\|k\boldsymbol{A}\|_\alpha = \max\limits_{\|\boldsymbol{x}\|_\alpha=1} \|k\boldsymbol{Ax}\|_\alpha = |k| \max\limits_{\|\boldsymbol{x}\|_\alpha=1} \|\boldsymbol{Ax}\|_\alpha = |k| \cdot \|\boldsymbol{A}\|_\alpha$。

(iii) 三角不等式：$\|\boldsymbol{A}+\boldsymbol{B}\|_\alpha = \max\limits_{\|\boldsymbol{x}\|_\alpha=1} \|(\boldsymbol{A}+\boldsymbol{B})\boldsymbol{x}\|_\alpha \leqslant \max\limits_{\|\boldsymbol{x}\|_\alpha=1} \|\boldsymbol{Ax}\|_\alpha + \max\limits_{\|\boldsymbol{x}\|_\alpha=1} \|\boldsymbol{Ax}\|_\alpha \leqslant \|\boldsymbol{A}\|_\alpha + \|\boldsymbol{B}\|_\alpha$。

(iv) 与向量范数 $\|\cdot\|_\alpha$ 的相容性：当 $\boldsymbol{x}=0$ 时，显然，$\|\boldsymbol{Ax}\|_\alpha = \|\boldsymbol{A}\|_\alpha \cdot \|\boldsymbol{x}\|_\alpha = 0$。若 $\boldsymbol{x} \neq 0$，则

$$\frac{1}{\|\boldsymbol{x}\|_\alpha}\|\boldsymbol{Ax}\|_\alpha = \left\|\frac{\boldsymbol{Ax}}{\|\boldsymbol{x}\|_\alpha}\right\|_\alpha \leqslant \max_{\|\boldsymbol{y}\|_\alpha=1} \|\boldsymbol{Ay}\|_\alpha = \|\boldsymbol{A}\|_\alpha \left(\left\|\frac{\boldsymbol{x}}{\|\boldsymbol{x}\|_\alpha}\right\|_\alpha = 1\right)$$

因此

$$\|\boldsymbol{Ax}\|_\alpha \leqslant \|\boldsymbol{A}\|_\alpha \cdot \|\boldsymbol{x}\|_\alpha$$

相容性：$\forall \boldsymbol{x}(\|\boldsymbol{x}\|_\alpha = 1)$，

$$\|\boldsymbol{ABx}\|_\alpha \leqslant \|\boldsymbol{A}\|_\alpha \cdot \|\boldsymbol{Bx}\|_\alpha \leqslant \|\boldsymbol{A}\|_\alpha \cdot \|\boldsymbol{B}\|_\alpha$$

所以

$$\|\boldsymbol{AB}\|_\alpha = \max_{\|\boldsymbol{x}\|_\alpha=1} \|\boldsymbol{ABx}\|_\alpha \leqslant \|\boldsymbol{A}\|_\alpha \cdot \|\boldsymbol{B}\|_\alpha$$

证毕。

对任何算子范数，

$$\|\boldsymbol{I}\|_p = \max_{\|\boldsymbol{x}\|_p=1} \|\boldsymbol{Ix}\|_p = 1$$

然而，对一般(与向量范数相容)矩阵范数，由于 $\|\boldsymbol{x}\| = \|\boldsymbol{Ix}\| \leqslant \|\boldsymbol{I}\| \cdot \|\boldsymbol{x}\|$，仅能保证 $\|\boldsymbol{I}\| \geqslant 1$。这表明，在所有矩阵范数中算子范数使单位矩阵范数达到最小。

在实践中，以矩阵元素表达算子范数通常是困难的，但对常用向量范数 $\|\cdot\|_1$，$\|\cdot\|_2$ 和 $\|\cdot\|_\infty$，可给出对应算子范数的表达式，见下面的定理，证明留给读者。

定理 3.1.6 从属向量范数 $\|\cdot\|_1$，$\|\cdot\|_2$，$\|\cdot\|_\infty$ 的矩阵范数分别为

$$\|\boldsymbol{A}\|_1 = \max_j \sum_{j=1}^{n} |a_{ij}| \tag{3.12}$$

$$\|\boldsymbol{A}\|_2 = \sqrt{\lambda_{\max}(A^H A)} \tag{3.13}$$

$$\|\boldsymbol{A}\|_\infty = \max_i \sum_{j=1}^{n} |a_{ij}| \tag{3.14}$$

其中 $\lambda_{\max}(A^H A)$ 表示 $\boldsymbol{A}^H\boldsymbol{A}$ 的最大特征值，即 $\|\boldsymbol{A}\|_2$ 是 $\boldsymbol{A}$ 的最大奇异值。

范数 $\|\cdot\|_1$ 和 $\|\cdot\|_\infty$ 分别是矩阵列分量绝对值之和的最大值和行分量绝对值之和的最大值，称它们为列和范数和行和范数，而范数 $\|\cdot\|_2$ 称为谱范数。

例 3.1.1 令 $\boldsymbol{A} = \begin{bmatrix} 1 & -2 \\ -3 & 4 \end{bmatrix}$，计算 $\|\boldsymbol{A}\|_F$，$\|\boldsymbol{A}\|_1$，$\|\boldsymbol{A}\|_2$，$\|\boldsymbol{A}\|_\infty$

解 $\|A\|_F=\sqrt{30}$，$\|A\|_1=6$，$\|A\|_2=7$，$\|A\|_\infty=\sqrt{15+\sqrt{221}}$

3. 谱范数的性质

谱范数有很多良好性质，因而在实践中经常被作为分析工具。

定理 3.1.7 谱范数有下列性质：

(i) $\|\boldsymbol{A}\|_2=\max\limits_{\|\boldsymbol{x}\|_2=\|\boldsymbol{y}\|_2=1}|\boldsymbol{y}^H\boldsymbol{A}\boldsymbol{x}|$

(ii) $\|\boldsymbol{A}^H\|_2=\|\boldsymbol{A}\|_2$

(iii) $\|\boldsymbol{A}^H\boldsymbol{A}\|_2=\|\boldsymbol{A}\|_2^2$

(iv) 若 $\boldsymbol{Q}$,$\boldsymbol{R}$ 是酉(正交)矩阵，则 $\|\boldsymbol{QAR}\|_2=\|\boldsymbol{A}\|_2$

证明 (i) 首先注意到，$|\boldsymbol{y}^H\boldsymbol{A}\boldsymbol{x}|\leqslant\|\boldsymbol{y}\|_2\cdot\|\boldsymbol{A}\boldsymbol{x}\|_2\leqslant\|\boldsymbol{A}\|_2$。另一方面，取2-范数的单位向量 $\boldsymbol{x}_0$($\|\boldsymbol{x}_0\|_2=1$)使得 $\|\boldsymbol{A}\boldsymbol{x}_0\|_2=\|\boldsymbol{A}\|_2\neq0$，令 $\boldsymbol{y}_0=\dfrac{\boldsymbol{A}\boldsymbol{x}_0}{\|\boldsymbol{A}\boldsymbol{x}_0\|_2}$，则 $\|\boldsymbol{y}_0\|_2=1$ 且

$$|\boldsymbol{y}_0^H\boldsymbol{A}\boldsymbol{x}_0|=\frac{\boldsymbol{x}_0^H\boldsymbol{A}^H\boldsymbol{A}\boldsymbol{x}_0}{\|\boldsymbol{A}\boldsymbol{x}_0\|_2}=\frac{\|\boldsymbol{A}\boldsymbol{x}_0\|_2^2}{\|\boldsymbol{A}\boldsymbol{x}_0\|_2}=\|\boldsymbol{A}\boldsymbol{x}_0\|_2=\|\boldsymbol{A}\|_2$$

故

$$\|\boldsymbol{A}\|_2=\max_{\|\boldsymbol{x}\|_2=\|\boldsymbol{y}\|=1}|\boldsymbol{y}^H\boldsymbol{A}\boldsymbol{x}|$$

(ii) $\|\boldsymbol{A}\|_2=\max\limits_{\|\boldsymbol{x}\|_2=\|\boldsymbol{y}\|=1}|\boldsymbol{y}^H\boldsymbol{A}\boldsymbol{x}|=\max\limits_{\|\boldsymbol{x}\|_2=\|\boldsymbol{y}\|_2=1}|\boldsymbol{x}^H\boldsymbol{A}^H\boldsymbol{y}|=\|\boldsymbol{A}^H\|_2$

(iii) 由 $\|\boldsymbol{A}^H\boldsymbol{A}\|_2\leqslant\|\boldsymbol{A}^H\|_2\cdot\|\boldsymbol{A}\|_2$ 和 $\|\boldsymbol{A}^H\|_2=\|\boldsymbol{A}\|_2$，得到 $\|\boldsymbol{A}^H\boldsymbol{A}\|_2\leqslant\|\boldsymbol{A}\|_2^2$。另一方面，

$$\|\boldsymbol{A}^H\boldsymbol{A}\|_2\geqslant\max_{\|\boldsymbol{x}\|_2=1}|\boldsymbol{x}^H\boldsymbol{A}^H\boldsymbol{A}\boldsymbol{x}|=\max_{\|\boldsymbol{x}\|_2=1}\|\boldsymbol{A}\boldsymbol{x}\|_2^2=\|\boldsymbol{A}\|_2^2$$

故

$$\|\boldsymbol{A}^H\boldsymbol{A}\|_2=\|\boldsymbol{A}\|_2^2$$

(iv) 令 $\boldsymbol{v}=\boldsymbol{R}^H\boldsymbol{x}$，$\boldsymbol{u}=\boldsymbol{Q}^H\boldsymbol{y}$，则 $\|\boldsymbol{x}\|_2=1\Leftrightarrow\|\boldsymbol{v}\|_2=1$，$\|\boldsymbol{y}\|_2=1\Leftrightarrow\|\boldsymbol{u}\|_2=1$。因此

$$\|\boldsymbol{A}\|_2=\max_{\|\boldsymbol{x}\|_2=\|\boldsymbol{y}\|_2=1}|\boldsymbol{y}^H\boldsymbol{A}\boldsymbol{x}|=\max_{\|\boldsymbol{x}\|_2=\|\boldsymbol{y}\|_2=1}|\boldsymbol{u}^H\boldsymbol{QARv}|=\|\boldsymbol{QAR}\|_2$$

证毕。

定义 3.1.6 设方阵 $\boldsymbol{A}$ 的特征值为 $\lambda_1,\lambda_2,\cdots,\lambda_n$，称

$$\rho(\boldsymbol{A})=\max_i|\lambda_i| \tag{3.15}$$

为 $\boldsymbol{A}$ 的谱半径。

谱半径是数值代数中经常使用的概念，它的几何意义是以原点为圆心、包含 $\boldsymbol{A}$ 的所有特征值的最小圆。

定理 3.1.8 对任何一种范数，$\rho(\boldsymbol{A})\leqslant\|\boldsymbol{A}\|$。特别，对正规矩阵等式成立

$$\rho(\boldsymbol{A})=\|\boldsymbol{A}\|_2 \tag{3.16}$$

这个定理表明：$\boldsymbol{A}$ 的所有特征值均在以原点为圆心、$\boldsymbol{A}$ 的范数为半径的圆内，它给出特征值上界的一个估计，对正规矩阵这个上界是可达的。

证明 令 λ 为 $\boldsymbol{A}$ 的特征值，$\boldsymbol{x}$ 为相应的特征向量，则 $\boldsymbol{A}\boldsymbol{x}=\lambda\boldsymbol{x}$。因此

$$|\lambda|\cdot\|\boldsymbol{x}\|=\|\lambda\boldsymbol{x}\|\leqslant\|\boldsymbol{A}\|\cdot\|\boldsymbol{x}\|$$

从而 $|\lambda|\leqslant\|\boldsymbol{A}\|$，故 $\rho(\boldsymbol{A})\leqslant\|\boldsymbol{A}\|$。对正规矩阵 $\boldsymbol{A}$，由酉对角化定理存在酉矩阵 $\boldsymbol{U}$ 使得

$$U^H A U = \mathrm{diag}(\lambda_1, \lambda_2, \cdots, \lambda_n)$$

由定理 3.1.7(iv)，

$$\| A \|_2 = \| U^H A U \|_2 = \| \mathrm{diag}(\lambda_1, \lambda_2, \cdots, \lambda_n) \|_2 = \sqrt{\max_j \bar{\lambda}_j \lambda_j} = \sqrt{\max_j |\lambda_j|^2} = \rho(A)$$

证毕。

3.1.3 矩阵条件数

定义 3.1.7 若线性系统 $Ax=b$ 的系数矩阵 A 或常数项 b 的微小变化引起解的巨大变化，则称线性系统是病态的，系数矩阵 A 就解线性系统(或求逆)而言是病态矩阵；否则，线性系统称为良态的，A 称为良态矩阵。

值得指出的是，“病态矩阵”的概念是针对具体问题而言的，例如：对解线性系统(或求逆)来说是病态的，但是对求特征值而言未必是病态的，不能笼统地说某个矩阵是“病态”的。在本节所说的“病态”都是针对线性系统的。能否给出衡量矩阵是否病态的标准？为此，先给出一个引理。

引理 3.1.1 若 $\| A \| < 1$，则 $I \pm A$ 为非奇异矩阵，且

$$\| I \pm A \|^{-1} \leqslant \frac{1}{1 - \| A \|} \tag{3.17}$$

其中 $\| \cdot \|$ 为矩阵的任何一种范数。

证明 由定理 3.1.8，$\rho(A) \leqslant \| A \| < 1$，于是 $\lambda = \pm 1$ 不可能为 A 的特征值，因而 $I - A$ 可逆，且

$$(I - A)^{-1} = ((I - A) + A)(I - A)^{-1} = I + A(I - A)^{-1}$$

所以

$$\| (I - A)^{-1} \| \leqslant 1 + \| A \| \cdot \| (I - A)^{-1} \|$$

$$\| (I - A)^{-1} \| \leqslant \frac{1}{1 - \| A \|}$$

同理可证 $I + A$ 的情形。证毕。

下面分析线性系统 $Ax = b\,(b \neq 0)$ 系数矩阵与常数项的微小变化，解是如何变化的。这个问题称为线性系统的扰动分析。假定 A 精确，b 有误差 δb，且解为 $x + \delta x$，则

$$A(x + \delta x) = b + \delta b, \quad \delta x = A^{-1} \delta b, \quad \| \delta x \| = \| A^{-1} \| \cdot \| \delta b \|$$

另一方面，从 $Ax = b$ 知，$\| b \| \leqslant \| A \| \cdot \| x \|$，所以

$$\frac{1}{\| x \|} \leqslant \frac{\| A \|}{\| b \|}$$

由此得到下述定理：

定理 3.1.9 若 A 为非奇异矩阵，$Ax = b\,(b \neq 0)$ 且 $A(x + \delta x) = b + \delta b$，则

$$\frac{\| \delta x \|}{\| x \|} \leqslant (\| A^{-1} \| \cdot \| A \|) \frac{\| \delta b \|}{\| b \|} \tag{3.18}$$

由于 $\| \delta x \| \cdot \| x \|^{-1}$，$\| \delta b \| \cdot \| b \|^{-1}$ 分别表示解和常数项的相对误差，所以此定理表明：解的相对误差可能是常数项相对误差的 $\| A^{-1} \| \cdot \| A \|$ 倍。

现在假定 b 是精确的，A 有微小误差 δA 且解为 $x + \delta x$，则

$$(A + \delta A)(x + \delta x) = b, \quad (A + \delta A)\delta x = -(\delta A)x \tag{3.19}$$

若 $\delta\boldsymbol{A}$ 不受限制，$\boldsymbol{A}+\delta\boldsymbol{A}$ 可能是非奇异的而不能求逆，但有

$$(\boldsymbol{A}+\delta\boldsymbol{A})=\boldsymbol{A}(\boldsymbol{I}+\boldsymbol{A}^{-1}\delta\boldsymbol{A})$$

由引理 3.1.1，当 $\|\boldsymbol{A}^{-1}\delta\boldsymbol{A}\|<1$ 时，$(\boldsymbol{I}+\boldsymbol{A}^{-1}\delta\boldsymbol{A})^{-1}$ 存在。于是，从式(3.19)得到

$$\delta\boldsymbol{x}=(\boldsymbol{I}+\boldsymbol{A}^{-1}\delta\boldsymbol{A})^{-1}\boldsymbol{A}^{-1}(\delta\boldsymbol{A})\boldsymbol{x}$$

由此，

$$\|\delta\boldsymbol{x}\|\leqslant\frac{\|\boldsymbol{A}^{-1}\|\cdot\|\delta\boldsymbol{A}\|\cdot\|\boldsymbol{x}\|}{1-\|\boldsymbol{A}^{-1}\delta\boldsymbol{A}\|}\tag{3.20}$$

若 $\boldsymbol{A}$ 的微小变化 $\delta\boldsymbol{A}$ 满足

$$\|\boldsymbol{A}^{-1}\|\cdot\|\delta\boldsymbol{A}\|<1$$

则 $1-\|\boldsymbol{A}^{-1}\delta\boldsymbol{A}\|\geqslant1-\|\boldsymbol{A}^{-1}\|\cdot\|\delta\boldsymbol{A}\|$，因而从式(3.20)得到

$$\frac{\|\delta\boldsymbol{x}\|}{\|\boldsymbol{x}\|}\leqslant\frac{(\|\boldsymbol{A}^{-1}\|\cdot\|\boldsymbol{A}\|)\cdot\dfrac{\|\delta\boldsymbol{A}\|}{\|\boldsymbol{A}\|}}{1-(\|\boldsymbol{A}^{-1}\|\cdot\|\boldsymbol{A}\|)\cdot\dfrac{\|\delta\boldsymbol{A}\|}{\|\boldsymbol{A}\|}}\tag{3.21}$$

这个不等式说明了解的相对变化与系数矩阵的相对变化之间的关系。不难看出，式(3.21)表明 $\|\boldsymbol{A}^{-1}\|\cdot\|\boldsymbol{A}\|$ 越大，解的相对变化也越大；$\|\boldsymbol{A}^{-1}\|\cdot\|\boldsymbol{A}\|$ 越小，解的相对变化也越小。综合上述讨论，$\|\boldsymbol{A}^{-1}\|\cdot\|\boldsymbol{A}\|$ 在某种程度上刻画了线性系统的解对数据变化的敏感程度，也就是说，它刻画了线性系统的“病态”程度。这就自然引进了下面“条件数”的概念。

定义 3.1.8 设 $\boldsymbol{A}$ 为非奇异矩阵，

$$\mathrm{Cond}\boldsymbol{A}=\|\boldsymbol{A}^{-1}\|\cdot\|\boldsymbol{A}\|$$

称为矩阵 $\boldsymbol{A}$ 的条件数。

矩阵条件数刻画了(线性系统)解的相对误差关于数据相对误差可能的放大率。当 $\mathrm{Cond}\boldsymbol{A}\gg1$ 时，则线性系统是“病态”的(即 $\boldsymbol{A}$ 是“病态”矩阵，或者说 $\boldsymbol{A}$ 是坏条件的)；当 $\mathrm{Cond}\boldsymbol{A}$ 相对较小时，则线性系统是“良态”的(或者说 $\boldsymbol{A}$ 是好条件的)。但是，条件数究竟多大矩阵才算是病态的，一般没有具体的标准，也就是说“病态”只是一种相对概念。在数值分析中，常用的条件数还有：

(1) $\mathrm{Cond}_\infty\boldsymbol{A}=\|\boldsymbol{A}^{-1}\|_\infty\cdot\|\boldsymbol{A}\|_\infty$；

(2) $\mathrm{Cond}_2\boldsymbol{A}=\|\boldsymbol{A}^{-1}\|_2\cdot\|\boldsymbol{A}\|_2=\sqrt{\dfrac{\lambda_{\max}(\boldsymbol{A}^H\boldsymbol{A})}{\lambda_{\min}(\boldsymbol{A}^H\boldsymbol{A})}}$(谱条件数)；

特别，$\boldsymbol{A}$ 为轭米特(对称)矩阵时，谱条件数为 $\mathrm{Cond}_2\boldsymbol{A}=|\lambda_1|/|\lambda_n|$，其中 λ_1,λ_n 分别为绝对值最大和最小的特征值。

(3) $\mathrm{Cond}_F\boldsymbol{A}=\|\boldsymbol{A}^{-1}\|_F\cdot\|\boldsymbol{A}\|_F$。

例 3.1.2 矩阵

$$\boldsymbol{H}_n=\begin{bmatrix}1 & 1/2 & \cdots & 1/n\\ 1/2 & 1/3 & \cdots & 1/(n+1)\\ \vdots & \vdots & & \vdots\\ 1/n & 1/(n+1) & \cdots & 1/(2n-1)\end{bmatrix}$$

称为 Hilbert 矩阵，计算条件数 $\mathrm{Cond}_\infty\boldsymbol{H}_3$

解

$$H_3=\begin{bmatrix}1&1/2&1/3\\1/2&1/3&1/4\\1/3&1/4&1/5\end{bmatrix},\quad H_3^{-1}=\begin{bmatrix}9&-36&30\\-36&192&-180\\30&-180&180\end{bmatrix}$$

$$\|H_3\|_\infty=11/6,\quad \|H_3^{-1}\|_\infty=408$$

所以 $\mathrm{Cond}_\infty H_3=748$。同样计算,$\mathrm{Cond}_\infty H_6\approx3\cdot10^6$,一般 n 越大 H_n 就越病态。

例 3.1.3 设 $A=\begin{bmatrix}1&10^4\\1&1\end{bmatrix}$,计算 $\mathrm{Cond}_\infty A$

解

$$A^{-1}=\frac{1}{10^4-1}\begin{bmatrix}-1&10^4\\1&-1\end{bmatrix},\quad \mathrm{Cond}_\infty A=\frac{(10^4+1)^2}{10^4-1}\approx10^4$$

这个例子说明,矩阵元素的大小不均匀时可能导致很大的条件数。此时,可通过对行(或列)乘以适当的非零因子来降低条件数,因为行乘以非零因子不改变方程的解;列行乘以非零因子相当于对某变元进行缩放变换。例如,下面的第二个方程是通过以 10^{-4} 乘第一行得到的,因而同解。

$$\begin{bmatrix}1&10^4\\1&1\end{bmatrix}\begin{bmatrix}x\\y\end{bmatrix}=\begin{bmatrix}10^4\\2\end{bmatrix},\quad \underbrace{\begin{bmatrix}10^{-4}&1\\1&1\end{bmatrix}}_{A'}\begin{bmatrix}x\\y\end{bmatrix}=\begin{bmatrix}1\\2\end{bmatrix}$$

但是,它们的条件数有极大差异:

$$\mathrm{Cond}_\infty A'\approx4\ll10^4\approx\mathrm{Cond}_\infty A$$

注释 对于亏秩的线性系统以及最小二乘问题(见第 2 章 2.4 节),由于系数矩阵不可逆,不能使用上面定义的条件数来分析数值计算的稳定性,此时常用广义逆来定义线性系统或矩阵的条件数:

$$\kappa(A)=\|A^+\|\cdot\|A\|$$

在一定的程度上,它也反映了解对数据扰动的敏感度,κ 越小解对数据扰动的敏感度就越小。

3.2 矩阵级数与函数

3.2.1 矩阵序列

为叙述方便,本节假定所考虑的矩阵都是 n 阶方阵。但是只要不涉及矩阵乘法与逆矩阵时,所有概念与结果对任意矩阵都成立。若仅涉及矩阵乘法,作相应的修改结论也成立。在定理 3.1.2(矩阵范数的连续性)中,已经涉及了矩阵序列极限的概念,这里进行系统讨论。

定义 3.2.1 设矩阵序列 $\{A^{(k)}=(a_{ij}^{(k)})\}_{k=1}^{\infty}$,当 $k\to+\infty$ 时,$\forall i,j,a_{ij}^{(k)}\to a_{ij}$,则称 $\{A^{(k)}\}$ 收敛,且 $A=(a_{ij})$ 是它的极限,或者说矩阵序列 $\{A^{(k)}\}$ 收敛到 A,记为

$$\lim_{k\to+\infty}A^{(k)}=A\ (\text{或 } A^{(k)}\to A)$$

不收敛的矩阵序列称为发散的。

用范数也可定义矩阵序列的收敛性：若 $\lim\limits_{k\to+\infty}\|\boldsymbol{A}^{(k)}-\boldsymbol{A}\|=0$，则称序列 $\{\boldsymbol{A}^{(k)}\}$ 在范数 $\|\cdot\|$ 下收敛于 $\boldsymbol{A}$。然而，这种定义与前述定义是等价的。

定理 3.2.1　定义 3.2.1 与范数 $\|\cdot\|$ 下收敛性的定义是等价的，即矩阵序列在这两种定义下有相同的收敛性，收敛时有相同的极限。

证明　取 Frobenius 范数

$$\|\boldsymbol{A}\|_F=\left(\sum_{i,j=1}^{n}|a_{ij}|^2\right)^{1/2}$$

若 $\|\boldsymbol{A}^{(k)}-\boldsymbol{A}\|_F\to 0$，则 $\sum\limits_{i,j=1}^{n}|a_{ij}^{(k)}-a_{ij}|^2\to 0$。因此，$\forall i,j,a_{ij}^{(k)}\to a_{ij}$；反之，若 $\forall i,j,a_{ij}^{(k)}\to a_{ij}$，显然有 $\sum\limits_{i,j=1}^{n}|a_{ij}^{(k)}-a_{ij}|^2\to 0$。因此，$\|\boldsymbol{A}^{(k)}-\boldsymbol{A}\|_F\to 0$。这表明，定义 3.2.1 与 Frobenius 范数下的收敛性定义是等价的。对一般情况，令 $\|\cdot\|$ 是任一种矩阵范数，由矩阵范数的等价性，存在正数 c_1,c_2 使得

$$c_1\|\boldsymbol{A}^{(k)}-\boldsymbol{A}\|_F\leqslant\|\boldsymbol{A}^{(k)}-\boldsymbol{A}\|\leqslant c_2\|\boldsymbol{A}^{(k)}-\boldsymbol{A}\|_F$$

因此，Frobenius 范数下的收敛性与任何矩阵范数 $\|\cdot\|$ 下的收敛性等价，且收敛时有相同的极限。故定义 3.2.1 与任何范数下的收敛性都是等价的。证毕。

矩阵序列的极限运算与普通数列的极限运算完全相同：

(i) 若 $\lim\limits_{k\to+\infty}\boldsymbol{A}^{(k)}=\boldsymbol{A}$，$\lim\limits_{k\to+\infty}\boldsymbol{B}^{(k)}=\boldsymbol{B}$，则 $\forall a,b\in\mathbf{C}$

$$\lim_{k\to+\infty}(a\boldsymbol{A}^{(k)}+b\boldsymbol{B}^{(k)})=a\boldsymbol{A}+b\boldsymbol{B}$$

(ii) 若 $\lim\limits_{k\to+\infty}\boldsymbol{A}^{(k)}=\boldsymbol{A}$，$\lim\limits_{k\to+\infty}\boldsymbol{B}^{(k)}=\boldsymbol{B}$，则

$$\lim_{k\to+\infty}\boldsymbol{A}^{(k)}\boldsymbol{B}^{(k)}=\boldsymbol{A}\boldsymbol{B}$$

(iii) 设 $\{\boldsymbol{A}^{(k)}\}$ 是每项都可逆的矩阵序列，若 $\lim\limits_{k\to+\infty}\boldsymbol{A}^{(k)}=\boldsymbol{A}$，则 $\{(\boldsymbol{A}^{(k)})^{-1}\}$ 也收敛，且

$$\lim_{k\to+\infty}(\boldsymbol{A}^{(k)})^{-1}=\boldsymbol{A}^{-1}$$

证明　(i)和(ii)是明显的。下面证明(iii)：记

$$\operatorname{adj}(\boldsymbol{A}^{(k)})=\begin{bmatrix}A_{11}^{(k)} & A_{21}^{(k)} & \cdots & A_{n1}^{(k)}\\ \vdots & \vdots & & \vdots\\ A_{1n}^{(k)} & A_{2n}^{(k)} & \cdots & A_{nn}^{(k)}\end{bmatrix}$$

为 $\boldsymbol{A}^{(k)}$ 的伴随矩阵，其中 $A_{ij}^{(k)}$ 是 $\boldsymbol{A}^{(k)}$ 的元素 $a_{ji}^{(k)}$ 的代数余子式，从而它是 $\boldsymbol{A}^{(k)}$ 元素的 $n-1$ 次多项式。因此，由 $\lim\limits_{k\to+\infty}\boldsymbol{A}^{(k)}=\boldsymbol{A}$ 知

$$\lim_{k\to+\infty}A_{ij}^{(k)}=A_{ij},\quad \lim_{k\to+\infty}\operatorname{adj}(\boldsymbol{A}^{(k)})=\operatorname{adj}(\boldsymbol{A})$$

而 $(\boldsymbol{A}^{(k)})^{-1}=\dfrac{\operatorname{adj}(\boldsymbol{A}^{(k)})}{\det(\boldsymbol{A}^{(k)})}$，故

$$\lim_{k\to+\infty}(\boldsymbol{A}^{(k)})^{-1}=\lim_{k\to+\infty}\frac{\operatorname{adj}(\boldsymbol{A}^{(k)})}{\det(\boldsymbol{A}^{(k)})}=\frac{\operatorname{adj}(\boldsymbol{A})}{\det(\boldsymbol{A})}=\boldsymbol{A}^{-1}$$

证毕。

考虑矩阵 $\boldsymbol{A}$ 的幂序列

$$A^1, A^2, \cdots, A^n \cdots$$

的收敛性。注意,上标不加括号表示矩阵的幂。对此,有下述定理。

定理 3.2.2 $\lim\limits_{k\to+\infty} A^k=0$ 的充要条件是 $\rho(A)<1$(即 A 的所有特征值的模都小于 1)。

证明 令 A 的约当标准形为

$$J=\begin{bmatrix} J_1 & & \\ & \ddots & \\ & & J_s \end{bmatrix},\quad J_r=\begin{bmatrix} \lambda_r & 1 & & & \\ & \lambda_r & 1 & & \\ & & \ddots & \ddots & \\ & & & \ddots & 1 \\ & & & & \lambda_r \end{bmatrix}_{n_r\times n_r}$$

则存在可逆矩阵 B 使 $A=BJB^{-1}$,由 $A^k=BJ^kB^{-1}$,得到

$$\lim_{k\to+\infty} A^k=0 \Leftrightarrow \lim_{k\to+\infty} J^k=0$$

因

$$J_r^k=\begin{bmatrix} \lambda_r^k & C_k^1\lambda_r^{k-1} & \cdots & C_k^{n_r-1}\lambda_r^{k-n_r+1} \\ & \lambda_r^k & \cdots & C_k^{n_r-2}\lambda_r^{k-n_r+2} \\ & & \ddots & \vdots \\ & & & \lambda_r^k \end{bmatrix}_{n_r\times n_r}$$

其中 $C_k^i=\dfrac{k!}{(k-i)!\ i!}$是组合数,故

$$\lim_{k\to+\infty} J^k=0 \Leftrightarrow \forall r,\lim_{k\to+\infty} J_r^k=0$$

$$\Leftrightarrow \forall r,\lim_{k\to+\infty}\lambda_r^k=0 \Leftrightarrow \forall r,|\lambda_r|<1 \Leftrightarrow \rho(A)<1$$

证毕。

由定理 3.1.7,$\rho(A)\leqslant\|A\|$,因此有下面的推论:

推论 3.2.1 若 $\|A\|<1$,则 $\lim\limits_{k\to+\infty} A^k=0$。

3.2.2 矩阵级数

在建立矩阵函数和求解常线性微分方程组时,经常使用矩阵级数和矩阵幂级数,它们在矩阵分析中占有特别重要位置。矩阵级数的定义与数学分析中的数项级数的定义非常类似,且性质也类似。

定义 3.2.2 令 $\{A^{(k)}\}_{k=1}^{\infty}$ 是矩阵序列,称下述无穷和为矩阵级数:

$$\sum_{k=1}^{\infty} A^{(k)}=A^{(1)}+A^{(2)}+\cdots+A^{(k)}+\cdots$$

其中 $A^{(k)}$ 称为一般项;前 k 项之和称为矩阵级数的部分和:

$$S^{(k)}=\sum_{j=1}^{k} A^{(j)}=A^{(1)}+A^{(2)}+\cdots+A^{(k)}$$

若 $\{S^{(k)}\}_{k=1}^{\infty}$ 收敛且极限为 S,即 $S=\lim\limits_{k\to\infty} S^{(k)}$,则称矩阵级数 $\sum\limits_{k=1}^{\infty} A^{(k)}$ 收敛,S 称为级数的和,记为 $S=\sum\limits_{k=1}^{\infty} A^{(k)}$。不收敛的矩阵级数称为发散矩阵级数,或者说矩阵级数是发散的。

显然,矩阵级数收敛的充要条件为$\forall i,j$,数项级数$\sum\limits_{k=1}^{\infty}a_{ij}^{(k)}$收敛,收敛时它的和为

$$S=\begin{bmatrix}\sum\limits_{k=0}^{\infty}a_{11}^{(k)} & \sum\limits_{k=0}^{\infty}a_{12}^{(k)} & \cdots & \sum\limits_{k=0}^{\infty}a_{1n}^{(k)}\\ \sum\limits_{k=0}^{\infty}a_{21}^{(k)} & \sum\limits_{k=0}^{\infty}a_{22}^{(k)} & \cdots & \sum\limits_{k=0}^{\infty}a_{2n}^{(k)}\\ \vdots & \vdots & & \vdots\\ \sum\limits_{k=0}^{\infty}a_{n1}^{(k)} & \sum\limits_{k=0}^{\infty}a_{n2}^{(k)} & \cdots & \sum\limits_{k=0}^{\infty}a_{nn}^{(k)}\end{bmatrix}$$

下面两个性质也是明显的：

(i) 若$\sum\limits_{k=1}^{\infty}\boldsymbol{A}^{(k)}$收敛,则$\lim\limits_{k\to+\infty}\boldsymbol{A}^{(k)}=0$;

(ii) 若$\sum\limits_{k=1}^{\infty}\boldsymbol{A}^{(k)}=\boldsymbol{A}$,$\sum\limits_{k=1}^{\infty}\boldsymbol{B}^{(k)}=\boldsymbol{B}$,则$\forall a,b\in\mathbf{C}$,$\sum\limits_{k=1}^{\infty}(a\boldsymbol{A}^{(k)}+b\boldsymbol{B}^{(k)})=a\boldsymbol{A}+b\boldsymbol{B}$。

定义 3.2.3 若矩阵级数$\sum\limits_{k=1}^{\infty}\boldsymbol{A}^{(k)}$对任意$i,j$数项级数$\sum\limits_{k=1}^{\infty}a_{ij}^{(k)}$都绝对收敛,则称$\sum\limits_{k=1}^{\infty}\boldsymbol{A}^{(k)}$绝对收敛。

矩阵级数绝对收敛的充要条件是各项范数构成的数项级数收敛,即有下述定理：

定理 3.2.3 矩阵级数$\sum\limits_{k=1}^{\infty}\boldsymbol{A}^{(k)}$绝对收敛的充要条件为数项级数$\sum\limits_{k=1}^{\infty}\|\boldsymbol{A}^{(k)}\|$收敛,其中$\|\cdot\|$为任何矩阵范数。

证明 若$\sum\limits_{k=1}^{\infty}\boldsymbol{A}^{(k)}$绝对收敛,由定义存在正数$M$使对任意$i,j$,$\sum\limits_{k=1}^{+\infty}|a_{ij}^{(k)}|\leqslant M$,从而

$$\sum_{k=1}^{+\infty}\|\boldsymbol{A}^{(k)}\|_1=\sum_{k=1}^{+\infty}\left(\sum_{i=1}^{n}\sum_{j=1}^{n}|a_{ij}^{(k)}|\right)\leqslant n^2M$$

因此,$\sum\limits_{k=1}^{\infty}\|\boldsymbol{A}^{(k)}\|_1$收敛,由范数的等价性$\sum\limits_{k=1}^{\infty}\|\boldsymbol{A}^{(k)}\|$收敛。

反之,若$\sum\limits_{k=1}^{\infty}\|\boldsymbol{A}^{(k)}\|$收敛,由矩阵范数等价性,$\sum\limits_{k=1}^{\infty}\|\boldsymbol{A}^{(k)}\|_F$也收敛,从而由$|a_{ij}^{(k)}|\leqslant\|\boldsymbol{A}^{(k)}\|_F$知,$\sum\limits_{k=1}^{+\infty}|a_{ij}^{(k)}|\leqslant\sum\limits_{k=1}^{+\infty}\|\boldsymbol{A}^{(k)}\|_F$,由此$\forall i,j$,$\sum\limits_{k=1}^{+\infty}|a_{ij}^{(k)}|$都收敛,故$\sum\limits_{k=1}^{\infty}\boldsymbol{A}^{(k)}$绝对收敛。证毕。

对矩阵级数的乘积,有

定理 3.2.4 若$\sum\limits_{k=1}^{\infty}\boldsymbol{A}^{(k)}$,$\sum\limits_{k=1}^{\infty}\boldsymbol{B}^{(k)}$分别绝对收敛于$\boldsymbol{A}$和$\boldsymbol{B}$,则它们的乘积$\sum\limits_{k=1}^{\infty}\boldsymbol{C}^{(k)}$绝对收敛于$\boldsymbol{AB}$。其中

$$\boldsymbol{C}^{(k)}=\sum_{j=1}^{k}\boldsymbol{A}^{(j)}\boldsymbol{B}^{(k-j+1)}=\boldsymbol{A}^{(1)}\boldsymbol{B}^{(k)}+\boldsymbol{A}^{(2)}\boldsymbol{B}^{(k-1)}+\cdots+\boldsymbol{A}^{(k)}\boldsymbol{B}^{(1)}$$

证明

$$\sum_{k=1}^{\infty}\|\boldsymbol{C}^{(k)}\|=\sum_{k=1}^{\infty}\left\|\sum_{j=1}^{k}\boldsymbol{A}^{(j)}\boldsymbol{B}^{(k-j+1)}\right\|\leqslant\sum_{k=1}^{\infty}\sum_{j=1}^{k}\|\boldsymbol{A}^{(j)}\|\cdot\|\boldsymbol{B}^{(k-j+1)}\|$$

$$=\sum_{k=1}^{\infty}\|\boldsymbol{A}^{(j)}\|\cdot\sum_{k=1}^{\infty}\|\boldsymbol{B}^{(k)}\|$$

因此 $\sum_{k=1}^{\infty}\boldsymbol{C}^{(k)}$ 绝对收敛。下面证明 $\sum_{k=1}^{\infty}\boldsymbol{C}^{(k)}=\boldsymbol{AB}$：记

$$\boldsymbol{S}_1^{(K)}=\sum_{k=1}^{K}\boldsymbol{A}^{(k)},\quad \boldsymbol{S}_2^{(K)}=\sum_{k=1}^{K}\boldsymbol{B}^{(k)},\quad \boldsymbol{S}_3^{(K)}=\sum_{k=1}^{K}\boldsymbol{C}^{(k)}$$

$$\widetilde{S}_1^{(K)}=\sum_{k=1}^{K}\|\boldsymbol{A}^{(k)}\|,\quad \widetilde{S}_2^{(K)}=\sum_{k=1}^{K}\|\boldsymbol{B}^{(k)}\|,\quad \widetilde{S}_3^{(K)}=\sum_{k=1}^{K}\left(\sum_{j=1}^{k}\|\boldsymbol{A}^{(j)}\|\cdot\|\boldsymbol{B}^{(k-j+1)}\|\right)$$

首先，从 $\sum_{k=1}^{\infty}\|\boldsymbol{A}^{(k)}\|$，$\sum_{k=1}^{\infty}\|\boldsymbol{B}^{(k)}\|$ 的收敛性知

$$\sum_{k=1}^{K}\left(\sum_{j=1}^{k}\|\boldsymbol{A}^{(j)}\|\cdot\|\boldsymbol{B}^{(k-j+1)}\|\right)=\sum_{k=1}^{\infty}\|\boldsymbol{A}^{(k)}\|\cdot\sum_{k=1}^{\infty}\|\boldsymbol{B}^{(k)}\|$$

因此

$$\widetilde{S}_1^{(K)}\widetilde{S}_2^{(K)}-\widetilde{S}_3^{(K)}\to 0(K\to\infty)$$

然后，注意到：以 $\|\boldsymbol{A}^{(k)}\|$，$\|\boldsymbol{B}^{(k)}\|$ 替换 $\boldsymbol{S}_1^{(K)}$，$\boldsymbol{S}_2^{(K)}$，$\boldsymbol{S}_3^{(K)}$ 中的 $\boldsymbol{A}^{(k)}$，$\boldsymbol{B}^{(k)}$ 得到 $\widetilde{S}_1^{(K)}$，$\widetilde{S}_2^{(K)}$，$\widetilde{S}_3^{(K)}$，就不难看出

$$\|\boldsymbol{S}_1^{(K)}\boldsymbol{S}_2^{(K)}-\boldsymbol{S}_3^{(K)}\|\leqslant\widetilde{S}_1^{(K)}\widetilde{S}_2^{(K)}-\widetilde{S}_3^{(K)}$$

于是，$\boldsymbol{S}_1^{(K)}\boldsymbol{S}_2^{(K)}-\boldsymbol{S}_3^{(K)}\to 0$，从而

$$\lim_{K\to\infty}\boldsymbol{S}_3^{(K)}=\lim_{K\to\infty}(\boldsymbol{S}_1^{(K)}\boldsymbol{S}_2^{(K)})=\lim_{K\to\infty}\boldsymbol{S}_1^{(K)}\lim_{K\to\infty}\boldsymbol{S}_2^{(K)}=\boldsymbol{AB}$$

证毕。

由绝对收敛的定义和数学分析中相应的结果，也可得到矩阵级数的一些类似性质，例如：

(1) 若 $\sum_{k=1}^{\infty}\boldsymbol{A}^{(k)}$ 绝对收敛，则它一定收敛，且重排各项所得到的级数仍收敛到相同的和；

(2) 若级数 $\sum_{k=1}^{\infty}\boldsymbol{A}^{(k)}$ 收敛(或绝对收敛)，则级数 $\sum_{k=1}^{\infty}\boldsymbol{PA}^{(k)}\boldsymbol{Q}$ 也收敛(或绝对收敛)。

读者仿照数项级数的 Dirichlet 定理就可证明(1)。证明(2)也很容易：事实上，记

$$\boldsymbol{S}^{(K)}=\sum_{k=1}^{K}\boldsymbol{A}^{(k)},\quad \boldsymbol{S}=\sum_{k=1}^{\infty}\boldsymbol{A}^{(k)}$$

则 $\lim_{K\to\infty}\boldsymbol{S}^{(K)}=\boldsymbol{S}$，且

$$\lim_{K\to\infty}\left(\sum_{k=1}^{K}\boldsymbol{PA}^{(k)}\boldsymbol{Q}\right)=\lim_{K\to\infty}(\boldsymbol{PS}^{(K)}\boldsymbol{Q})=\boldsymbol{P}(\lim_{K\to\infty}\boldsymbol{S}^{(K)})\boldsymbol{Q}=\boldsymbol{PSQ}$$

即 $\sum_{k=1}^{\infty}\boldsymbol{A}^{(k)}$ 收敛时，$\sum_{k=1}^{\infty}\boldsymbol{PA}^{(k)}\boldsymbol{Q}$ 也收敛。由于 $\sum_{k=1}^{K}\|\boldsymbol{PA}^{(k)}\boldsymbol{Q}\|\leqslant\|\boldsymbol{P}\|\cdot\|\boldsymbol{Q}\|\sum_{k=1}^{K}\|\boldsymbol{A}^{(k)}\|$，因此 $\sum_{k=1}^{\infty}\boldsymbol{A}^{(k)}$ 绝对收敛时，$\sum_{k=1}^{\infty}\boldsymbol{PA}^{(k)}\boldsymbol{Q}$ 也绝对收敛。

3.2.3 矩阵函数

1. 矩阵幂级数

下面建立矩阵的幂级数理论，先从类似于几何级数的简单情况开始。几何级数

$$1+z+z^2+\cdots+z^k+\cdots$$

在单位圆内 $|z|<1$ 绝对收敛于函数 $(1-z)^{-1}$，换句话说几何级数在单位圆内定义了复变函数 $(1-z)^{-1}$。考虑矩阵的几何级数

$$\sum_{k=0}^{\infty}\boldsymbol{A}^k=\boldsymbol{I}+\boldsymbol{A}+\boldsymbol{A}^2+\cdots+\boldsymbol{A}^k+\cdots \tag{3.22}$$

会得到什么结果呢？

首先，级数式(3.22)收敛 $\Rightarrow \forall i,j$，$\sum\limits_{k=0}^{\infty}a_{ij}^{(k)}$ 收敛 $\Rightarrow \forall i,j, a_{ij}^{(k)}\to 0\Rightarrow\rho(\boldsymbol{A})<1$（定理3.2.2）；反之，若 $\rho(\boldsymbol{A})<1$，则 $\boldsymbol{I}-\boldsymbol{A}$ 是非奇异矩阵，$(\boldsymbol{I}-\boldsymbol{A})^{-1}$ 存在。又因

$$\boldsymbol{S}^{(k)}(\boldsymbol{I}-\boldsymbol{A})=(\boldsymbol{I}+\boldsymbol{A}+\cdots+\boldsymbol{A}^k)(\boldsymbol{I}-\boldsymbol{A})=\boldsymbol{I}-\boldsymbol{A}^{k+1}$$

所以

$$\boldsymbol{S}^{(k)}=\boldsymbol{I}+\boldsymbol{A}+\cdots+\boldsymbol{A}^k=(\boldsymbol{I}-\boldsymbol{A})^{-1}-\boldsymbol{A}^{k+1}(\boldsymbol{I}-\boldsymbol{A})^{-1}$$

$$\lim_{k\to\infty}\boldsymbol{S}^{(k)}=(\boldsymbol{I}-\boldsymbol{A})^{-1}-\lim_{k\to\infty}\boldsymbol{A}^{k+1}(\boldsymbol{I}-\boldsymbol{A})^{-1}=(\boldsymbol{I}-\boldsymbol{A})^{-1}$$

故，得到下述结论：

定理 3.2.5 矩阵 $\boldsymbol{A}$ 的几何级数在 $\rho(\boldsymbol{A})<1$ 内定义了矩阵函数

$$(\boldsymbol{I}-\boldsymbol{A})^{-1}=\boldsymbol{I}+\boldsymbol{A}+\boldsymbol{A}^2+\cdots+\boldsymbol{A}^k+\cdots$$

推论 3.2.1 若 $\|\boldsymbol{A}\|<1$，则

$$\left\|(\boldsymbol{I}-\boldsymbol{A})^{-1}-\sum_{i=1}^{k}\boldsymbol{A}^i\right\|\leqslant\frac{1}{1-\|\boldsymbol{A}\|}\|\boldsymbol{A}\|^{k+1} \tag{3.23}$$

证明 从

$$(\boldsymbol{I}-\boldsymbol{A})^{-1}-\sum_{i=1}^{k}\boldsymbol{A}^i=\sum_{i=k+1}^{\infty}\boldsymbol{A}^i=\boldsymbol{A}^{k+1}\sum_{i=0}^{\infty}\boldsymbol{A}^i$$

得到

$$\begin{aligned}\left\|(\boldsymbol{I}-\boldsymbol{A})^{-1}-\sum_{i=1}^{k}\boldsymbol{A}^i\right\|&\leqslant\left\|\boldsymbol{A}^{k+1}\sum_{i=0}^{\infty}\boldsymbol{A}^i\right\|\\&\leqslant\|\boldsymbol{A}^{k+1}\|\cdot\sum_{i=0}^{\infty}\|\boldsymbol{A}\|^i\\&\leqslant\frac{1}{1-\|\boldsymbol{A}\|}\|\boldsymbol{A}^{k+1}\|\\&\leqslant\frac{1}{1-\|\boldsymbol{A}\|}\|\boldsymbol{A}\|^{k+1}\end{aligned}$$

证毕。

矩阵幂级数的一般定义如下：

定义 3.2.4 设 $\boldsymbol{A}=(a_{ij})\in\mathbf{C}^{n\times n}$，矩阵级数

$$\sum_{k=0}^{\infty}c_k\boldsymbol{A}^k=c_0\boldsymbol{I}+c_1\boldsymbol{A}+\cdots+c_k\boldsymbol{A}^k+\cdots \tag{3.24}$$

称为矩阵幂级数，$\sum_{k=0}^{\infty} c_k z^k$ 是对应的(数项) 幂级数。

现在的问题是矩阵幂级数式(3.24)何时收敛，即何时能确定一个矩阵函数。从几何级数可以看出矩阵幂级数收敛性与矩阵的谱半径和对应的(数项)幂级数收敛半径有关。事实上，有下述一般定理：

定理 3.2.6 假定级数 $\sum_{k=0}^{\infty} c_k z^k$ 的收敛半径为 r。若 $\rho(\boldsymbol{A}) < r$，矩阵幂级数式(3.24) 绝对收敛；若 $\rho(\boldsymbol{A}) > r$，矩阵幂级数式(3.24) 发散。

此定理表明，式(3.24)在 $\{\boldsymbol{A} \mid \rho(\boldsymbol{A}) < r\}$ 内确定了一个矩阵函数。若幂级数在收敛圆 $|z| < r$ 内确定了一个复值函数 $\varphi(z) = \sum_{k=0}^{\infty} c_k z^k \, (|z| < r)$，则将相应的矩阵函数记为

$$\varphi(\boldsymbol{A}) = \sum_{k=0}^{\infty} c_k \boldsymbol{A}^k \, (\rho(\boldsymbol{A}) < r)$$

证明 令 $\boldsymbol{J}$ 是 $\boldsymbol{A}$ 的 Jordan 标准形，则存在可逆矩阵 $\boldsymbol{P}$ 使得

$$\boldsymbol{A} = \boldsymbol{P}\boldsymbol{J}\boldsymbol{P}^{-1} = \boldsymbol{P}\operatorname{diag}(\boldsymbol{J}_1, \boldsymbol{J}_2, \cdots, \boldsymbol{J}_s)\boldsymbol{P}^{-1} \tag{3.25}$$

$$\boldsymbol{J}_r = \begin{bmatrix} \lambda_r & 1 & & & \\ & \lambda_r & 1 & & \\ & & \ddots & \ddots & \\ & & & \ddots & 1 \\ & & & & \lambda_r \end{bmatrix}_{n_r \times n_r} \quad \left(\sum_{r=1}^{s} n_r = n\right) \tag{3.26}$$

于是

$$\boldsymbol{A}^k = \boldsymbol{P}\operatorname{diag}(\boldsymbol{J}_1^k, \boldsymbol{J}_2^k, \cdots, \boldsymbol{J}_s^k)\boldsymbol{P}^{-1}, \quad \boldsymbol{J}_r^k = \begin{bmatrix} \lambda_r^k & C_k^1 \lambda_r^{k-1} & \cdots & C_k^{n_r-1} \lambda_r^{k-n_r+1} \\ & \lambda_r^k & \cdots & C_k^{n_r-2} \lambda_r^{k-n_r+2} \\ & & \ddots & \vdots \\ & & & \lambda_r^k \end{bmatrix}_{n_r \times n_r}$$

因此

$$\begin{aligned} \sum_{k=0}^{\infty} c_k \boldsymbol{A}^k &= \sum_{k=0}^{\infty} c_k (\boldsymbol{P}\boldsymbol{J}^k\boldsymbol{P}^{-1}) = \boldsymbol{P}\left(\sum_{k=0}^{\infty} c_k \boldsymbol{J}_r^k\right)\boldsymbol{P}^{-1} \\ &= \boldsymbol{P}\operatorname{diag}\left(\sum_{k=0}^{\infty} c_k \boldsymbol{J}_1^k, \sum_{k=0}^{\infty} c_k \boldsymbol{J}_2^k, \cdots, \sum_{k=0}^{\infty} c_k \boldsymbol{J}_r^k\right)\boldsymbol{P}^{-1} \end{aligned}$$

其中，

$$\sum_{k=0}^{\infty} c_k \boldsymbol{J}_r^k = \begin{bmatrix} \sum\limits_{k=0}^{\infty} c_k \lambda_r^k & \sum\limits_{k=1}^{\infty} c_k C_k^1 \lambda_r^{k-1} & \cdots & \sum\limits_{k=n_r-1}^{\infty} c_k C_k^{n_r-1} \lambda_r^{k-n_r+1} \\ & \sum\limits_{k=0}^{\infty} c_k \lambda_r^k & \cdots & \sum\limits_{k=n_r-2}^{\infty} c_k C_k^{n_r-2} \lambda_r^{k-n_r+2} \\ & & \ddots & \vdots \\ & & & \sum\limits_{k=0}^{\infty} c_k \lambda_r^k \end{bmatrix}_{n_r \times n_r}$$

$$C_k^l=\begin{cases}\dfrac{k!}{(k-l)!\ l!}, & k\geq l\\ 0, & k<l\end{cases}$$

当 $\rho(\boldsymbol{A})<r$ 时，幂级数 $\sum\limits_{k=0}^{\infty}c_k\lambda_r^k$，$\sum\limits_{k=0}^{\infty}c_kC_k^1\lambda_r^{k-1}$，…，$\sum\limits_{k=0}^{\infty}c_kC_k^{k-n_r+1}\lambda_r^k$ 都绝对收敛，故矩阵幂级数 $\sum\limits_{k=0}^{\infty}c_k\boldsymbol{A}^k$ 也绝对收敛。当 $\rho(\boldsymbol{A})>r$ 时，幂级数 $\sum\limits_{k=0}^{\infty}c_k\lambda_r^k$ 发散，故矩阵幂级数 $\sum\limits_{k=0}^{\infty}c_k\boldsymbol{A}^k$ 发散。证毕。

由定理 3.2.6，立即得到下面的推论：

推论 3.2.2 假定 $\varphi(z)=\sum\limits_{k=0}^{\infty}c_kz^k\ (z\in\mathbf{C})$。若 $\lambda\in\sigma(\boldsymbol{A})$，则 $\varphi(\lambda)\in\sigma(\varphi(\boldsymbol{A}))$，也就是说，若 λ 是 $\boldsymbol{A}$ 的特征值，则 $\varphi(\lambda)$ 必为 $\varphi(\boldsymbol{A})$ 的特征值。

2. 初等矩阵函数

本节介绍初等矩阵函数及其有关性质。从复变函数论，知道初等函数 $\exp(z)$，$\sin(z)$ 和 $\cos(z)$ 在整个复平面上都有幂级数表示：

$$\exp(z)=1+\frac{z}{1!}+\frac{z^2}{2!}+\cdots+\frac{z^k}{2!}+\cdots$$

$$\sin(z)=z-\frac{z^3}{3!}+\frac{z^5}{5!}+\cdots+(-1)^k\frac{z^{2k+1}}{(2k+1)!}+\cdots$$

$$\cos(z)=1-\frac{z^2}{2!}+\frac{z^4}{4!}+\cdots+(-1)^k\frac{z^{2k}}{(2k)!}+\cdots$$

因此，定义矩阵指数函数和三角函数如下，它们对任何方阵都有意义：

$$\exp(\boldsymbol{A})=\boldsymbol{I}+\frac{\boldsymbol{A}}{1!}+\frac{\boldsymbol{A}^2}{2!}+\cdots+\frac{\boldsymbol{A}^k}{2!}+\cdots \tag{3.27}$$

$$\sin(\boldsymbol{A})=\boldsymbol{A}-\frac{\boldsymbol{A}^3}{3!}+\frac{\boldsymbol{A}^5}{5!}+\cdots+(-1)^k\frac{\boldsymbol{A}^{2k+1}}{(2k+1)!}+\cdots \tag{3.28}$$

$$\cos(\boldsymbol{A})=\boldsymbol{I}-\frac{\boldsymbol{A}^2}{2!}+\frac{\boldsymbol{A}^4}{4!}+\cdots+(-1)^k\frac{\boldsymbol{A}^{2k}}{(2k)!}+\cdots \tag{3.29}$$

对于指数函数，$\exp(z_1)\cdot\exp(z_2)=\exp(z_2)\cdot\exp(z_1)=\exp(z_1+z_2)$，这是因为数的乘法满足交换律，但对矩阵指数函数一般没有此性质。例如，令

$$\boldsymbol{A}=\begin{bmatrix}1&1\\0&0\end{bmatrix},\quad \boldsymbol{B}=\begin{bmatrix}1&-1\\0&0\end{bmatrix}$$

通过直接计算，得到

$$\exp(\boldsymbol{A})=\boldsymbol{I}+(\mathrm{e}-1)\boldsymbol{A}=\begin{bmatrix}\mathrm{e}&\mathrm{e}-1\\0&1\end{bmatrix}\ (\mathrm{e}=\exp(1))$$

$$\exp(\boldsymbol{B})=\boldsymbol{I}+(\mathrm{e}-1)\boldsymbol{B}=\begin{bmatrix}\mathrm{e}&1-\mathrm{e}\\0&1\end{bmatrix}$$

$$\exp(\boldsymbol{A}+\boldsymbol{B})=\boldsymbol{I}+(\mathrm{e}^2-1)(\boldsymbol{A}+\boldsymbol{B})=\begin{bmatrix}\mathrm{e}^2&0\\0&1\end{bmatrix}$$

因此

$$\exp(\boldsymbol{A})\cdot\exp(\boldsymbol{B})=\begin{bmatrix}\mathrm{e}^2 & -(\mathrm{e}-1)^2\\0 & 1\end{bmatrix}\neq\begin{bmatrix}\mathrm{e}^2 & (\mathrm{e}-1)^2\\0 & 1\end{bmatrix}=\exp(\boldsymbol{B})\cdot\exp(\boldsymbol{A})$$

$$\exp(\boldsymbol{A})\cdot\exp(\boldsymbol{B})\neq\exp(\boldsymbol{A}+\boldsymbol{B})$$

$$\exp(\boldsymbol{A})\cdot\exp(\boldsymbol{B})\neq\exp(\boldsymbol{B})\cdot\exp(\boldsymbol{A})$$

发生这种情况的根本原因,在于 $\boldsymbol{A}$ 与 $\boldsymbol{B}$ 不可交换 $\boldsymbol{AB}\neq\boldsymbol{BA}$。

定理 3.2.7 若 $\boldsymbol{AB}=\boldsymbol{BA}$,则

$$\exp(\boldsymbol{A})\cdot\exp(\boldsymbol{B})=\exp(\boldsymbol{A}+\boldsymbol{B})=\exp(\boldsymbol{B})\cdot\exp(\boldsymbol{A})$$

证明 由于 $\boldsymbol{A}$ 与 $\boldsymbol{B}$ 可交换,易知它们的多项式也是可交换的,因此 $\exp(\boldsymbol{A})$,$\exp(\boldsymbol{B})$ 也是可交换的,即

$$\exp(\boldsymbol{A})\cdot\exp(\boldsymbol{B})=\exp(\boldsymbol{B})\cdot\exp(\boldsymbol{A})$$

下证 $\exp(\boldsymbol{A})\cdot\exp(\boldsymbol{B})=\exp(\boldsymbol{A}+\boldsymbol{B})$:

$$\begin{aligned}\exp(\boldsymbol{A})\cdot\exp(\boldsymbol{B})&=\sum_{k=0}^{\infty}\frac{\boldsymbol{A}^k}{k\,!}\cdot\sum_{k=0}^{\infty}\frac{\boldsymbol{B}^k}{k\,!}\\&=\boldsymbol{I}+(\boldsymbol{A}+\boldsymbol{B})+\frac{1}{2\,!}(\boldsymbol{A}^2+2\boldsymbol{AB}+\boldsymbol{B}^2)+\\&\quad\frac{1}{3\,!}(\boldsymbol{A}^3+3\boldsymbol{A}^2\boldsymbol{B}+3\boldsymbol{AB}^2+\boldsymbol{B}^3)+\cdots\\&=\boldsymbol{I}+(\boldsymbol{A}+\boldsymbol{B})+\frac{1}{2\,!}(\boldsymbol{A}+\boldsymbol{B})^2+\frac{1}{3\,!}(\boldsymbol{A}+\boldsymbol{B})^3+\cdots\\&=\exp(\boldsymbol{A}+\boldsymbol{B})\end{aligned}$$

证毕。

同数量函数一样,矩阵三角函数 $\cos(\boldsymbol{A})$ 和 $\sin(\boldsymbol{A})$ 分别为偶函数和奇函数,即

$$\cos(-\boldsymbol{A})=\cos(\boldsymbol{A}),\quad \sin(-\boldsymbol{A})=-\sin(\boldsymbol{A})$$

当 $\boldsymbol{A}$ 与 $\boldsymbol{B}$ 可交换时,有类似数量函数的三角公式:

$$\cos(\boldsymbol{A}+\boldsymbol{B})=\cos(\boldsymbol{A})\cos(\boldsymbol{B})-\sin(\boldsymbol{A})\sin(\boldsymbol{B})$$

$$\sin(\boldsymbol{A}+\boldsymbol{B})=\sin(\boldsymbol{A})\cos(\boldsymbol{B})+\cos(\boldsymbol{A})\sin(\boldsymbol{B})$$

$$\cos(2\boldsymbol{A})=\cos^2(\boldsymbol{A})-\sin^2(\boldsymbol{A})$$

$$\sin(2\boldsymbol{A})=2\sin(\boldsymbol{A})\cos(\boldsymbol{B})$$

矩阵指数和三角函数有如下关系:

$$\exp(\mathrm{i}\boldsymbol{A})=\cos(\boldsymbol{A})+\mathrm{i}\sin(\boldsymbol{A})\quad(\mathrm{i}=\sqrt{-1})$$

$$\cos(\boldsymbol{A})=\frac{1}{2}(\exp(\mathrm{i}\boldsymbol{A})+\exp(-\mathrm{i}\boldsymbol{A}))$$

$$\sin(\boldsymbol{A})=\frac{1}{2\mathrm{i}}(\exp(\mathrm{i}\boldsymbol{A})-\exp(-\mathrm{i}\boldsymbol{A}))$$

3. 矩阵函数值的求法

Jordan 分解法 令 $\boldsymbol{A}$ 的 Jordan 标准形为 $\boldsymbol{J}=\mathrm{diag}(\boldsymbol{J}_1,\boldsymbol{J}_2,\cdots,\boldsymbol{J}_s)$,则存在非奇异矩阵 $\boldsymbol{P}$ 使得

$$\boldsymbol{A}=\boldsymbol{PJP}^{-1}=\boldsymbol{P}\mathrm{diag}(\boldsymbol{J}_1,\boldsymbol{J}_2,\cdots,\boldsymbol{J}_s)\boldsymbol{P}^{-1}$$

其中 Jordan 块 $\boldsymbol{J}_r$ 由式(3.26)给出。如果 $\varphi(z)$ 是复平面上的解析函数,则它有幂级数展开式

$$\varphi(z)=\varphi(0)+\frac{\varphi'(0)}{1!}z+\frac{\varphi''(0)}{2!}z^2+\cdots+\frac{\varphi^{(k)}(0)}{k!}z^k+\cdots \tag{3.30}$$

用证明定理 3.2.6 的方法，得到

$$\varphi(\boldsymbol{A})=\sum_{k=0}^{\infty}\frac{\varphi^{(k)}(0)}{k!}\boldsymbol{A}^k=\boldsymbol{P}\,\mathrm{diag}(\varphi(\boldsymbol{J}_1),\varphi(\boldsymbol{J}_2),\cdots,\varphi(\boldsymbol{J}_s))\boldsymbol{P}^{-1} \tag{3.31}$$

$$\varphi(\boldsymbol{J}_r)=\sum_{k=0}^{\infty}\frac{\varphi^{(k)}(0)}{k!}\boldsymbol{J}_r^k$$

$$=\begin{bmatrix}\sum\limits_{k=0}^{\infty}\frac{\varphi^{(k)}(0)}{k!}\lambda_r^k & \sum\limits_{k=1}^{\infty}\frac{\varphi^{(k)}(0)}{k!}C_k^1\lambda_r^{k-1} & \cdots & \sum\limits_{k=n_r-1}^{\infty}\frac{\varphi^{(k)}(0)}{k!}C_k^{n_r-1}\lambda_r^{k-n_r+1}\\ & \sum\limits_{k=0}^{\infty}\frac{\varphi^{(k)}(0)}{k!}\lambda_r^k & \cdots & \sum\limits_{k=n_r-2}^{\infty}\frac{\varphi^{(k)}(0)}{k!}C_k^{n_r-2}\lambda_r^{k-n_r+2}\\ & & \ddots & \vdots\\ & & & \sum\limits_{k=0}^{\infty}\frac{\varphi^{(k)}(0)}{k!}\lambda_r^k\end{bmatrix}_{n_r\times n_r} \tag{3.32}$$

为了计算 $\varphi(\boldsymbol{A})$，只须计算 $\varphi(\boldsymbol{J}_r)$。不难验证：

$$\varphi(\lambda_r)=\sum_{k=0}^{\infty}\frac{\varphi^{(k)}(0)}{k!}\lambda_r^k$$

$$\varphi'(\lambda_r)=\sum_{k=1}^{\infty}\frac{\varphi^{(k)}(0)}{k!}C_k^1\lambda_r^{k-1}$$

$$\frac{1}{2!}\varphi''(\lambda_r)=\sum_{k=2}^{\infty}\frac{\varphi^{(k)}(0)}{k!}C_k^2\lambda_r^{k-2}$$

$$\vdots$$

$$\frac{1}{n!}\varphi^{(m)}(\lambda_r)=\sum_{k=m}^{\infty}\frac{\varphi^{(k)}(0)}{k!}C_k^m\lambda_r^{k-m}$$

$$\vdots$$

因此

$$\varphi(\boldsymbol{J}_r)=\sum_{k=0}^{\infty}\frac{\varphi^{(k)}(0)}{k!}\boldsymbol{J}_r^k=\begin{bmatrix}\varphi(\lambda_r) & \varphi'(\lambda_r) & \cdots & \frac{\varphi^{(n_r-1)}(\lambda_r)}{(n_r-1)!}\\ & \varphi(\lambda_r) & \cdots & \frac{\varphi^{(n_r-2)}(\lambda_r)}{(n_r-2)!}\\ & & \ddots & \vdots\\ & & & \varphi(\lambda_r)\end{bmatrix} \tag{3.33}$$

总结上述讨论，得到计算 $\varphi(\boldsymbol{A})$ 的 Jordan 方法：

(i) 计算 $\boldsymbol{A}$ 的 Jordan 分解：

$$\boldsymbol{A}=\boldsymbol{PJP}^{-1}=\boldsymbol{P}\mathrm{diag}(\boldsymbol{J}_1,\boldsymbol{J}_2,\cdots,\boldsymbol{J}_s)\boldsymbol{P}^{-1}$$

(ii) 计算 $\varphi(\boldsymbol{J}_r)$：

$$\varphi(\boldsymbol{J}_r)=\begin{bmatrix}\varphi(\lambda_r) & \varphi'(\lambda_r) & \cdots & \dfrac{\varphi^{(n_r-1)}(\lambda_r)}{(n_r-1)!}\\ & \varphi(\lambda_r) & \cdots & \dfrac{\varphi^{(n_r-2)}(\lambda_r)}{(n_r-2)!}\\ & & \ddots & \vdots\\ & & & \varphi(\lambda_r)\end{bmatrix}$$

(iii) 计算 $\varphi(\boldsymbol{A})$：

$$\varphi(\boldsymbol{A})=\boldsymbol{P}\mathrm{diag}(\varphi(\boldsymbol{J}_1),\varphi(\boldsymbol{J}_2),\cdots,\varphi(\boldsymbol{J}_s))\boldsymbol{P}^{-1}$$

例 3.2.1 设 $\boldsymbol{A}=\begin{bmatrix}3 & 1 & -1\\1 & 2 & -1\\2 & 1 & 0\end{bmatrix}$，计算 $\exp(\boldsymbol{A})$。

(i) 计算 $\boldsymbol{A}$ 的 Jordan 分解：

由于 $\det(\lambda\boldsymbol{I}-\boldsymbol{A})=\det\begin{bmatrix}\lambda-3 & -1 & 1\\ -1 & \lambda-2 & 1\\ -2 & -1 & \lambda\end{bmatrix}=(\lambda-1)(\lambda-2)^2$，$\boldsymbol{A}$ 的 Jordan 标准形为

$$\boldsymbol{J}=\begin{bmatrix}1 & & \\ & 2 & 1\\ & & 2\end{bmatrix},\quad \boldsymbol{J}_1=(1),\quad \boldsymbol{J}_2=\begin{bmatrix}2 & 1\\ & 2\end{bmatrix}$$

对应特征值 $\lambda=1$ 的特征向量为 $(0,1,1)^{\mathrm{T}}$，$\lambda=2$ 的线性无关特征向量只有 $(1,0,1)^{\mathrm{T}}$，为此求一个广义特征向量 $(1,1,1)^{\mathrm{T}}$。因此，非奇异矩阵 $\boldsymbol{P}$ 为

$$\boldsymbol{P}=\begin{bmatrix}0 & 1 & 1\\1 & 0 & 1\\1 & 1 & 1\end{bmatrix},\quad \boldsymbol{P}^{-1}=\begin{bmatrix}-1 & 1 & 1\\0 & -1 & 1\\1 & 1 & -1\end{bmatrix}$$

(ii) 计算 $\exp(\boldsymbol{J}_1)$，$\exp(\boldsymbol{J}_2)$

$$\exp(\boldsymbol{J}_1)=\exp(1)=\mathrm{e},\quad \exp(\boldsymbol{J}_2)=\begin{bmatrix}\mathrm{e}^2 & \mathrm{e}^2\\ & \mathrm{e}^2\end{bmatrix}$$

(iii) 计算 $\exp(\boldsymbol{A})$

$$\exp(\boldsymbol{A})=\begin{bmatrix}0 & 1 & 1\\1 & 0 & 1\\1 & 1 & 1\end{bmatrix}\begin{bmatrix}\mathrm{e} & & \\ & \mathrm{e}^2 & \mathrm{e}^2\\ & & \mathrm{e}^2\end{bmatrix}\begin{bmatrix}-1 & 1 & 1\\0 & -1 & 1\\1 & 1 & -1\end{bmatrix}=\begin{bmatrix}2\mathrm{e}^2 & \mathrm{e}^2 & 3\mathrm{e}^2\\ -\mathrm{e}+\mathrm{e}^2 & \mathrm{e}+\mathrm{e}^2 & \mathrm{e}+\mathrm{e}^2\\ -\mathrm{e}+2\mathrm{e}^2 & \mathrm{e}+\mathrm{e}^2 & \mathrm{e}+3\mathrm{e}^2\end{bmatrix}$$

相似对角化方法 如果矩阵 $\boldsymbol{A}$ 可相似对角化，即存在非奇异矩阵为 $\boldsymbol{P}$ 使得 $\boldsymbol{A}=\boldsymbol{P}\mathrm{diag}(\lambda_1,\lambda_2,\cdots,\lambda_n)\boldsymbol{P}^{-1}$，这是 Jordan 分解的特别情形，则

$$\varphi(\boldsymbol{A})=\boldsymbol{P}\mathrm{diag}(\varphi(\lambda_1),\varphi(\lambda_2),\cdots,\varphi(\lambda_n))\boldsymbol{P}^{-1}$$

这表明，对于可相似对角化的矩阵 $\boldsymbol{A}$，计算函数值 $\varphi(\boldsymbol{A})$ 十分简单。

从线性代数知，并非所有矩阵都存在相似对角化。可相似对角化的充要条件是特征值的代数重数等于几何重数，即只有单纯矩阵才能相似对角化。换句话说，求矩阵函数值的相似对角化方法的适用范围是有限制的。尽管如此，该方法还是有用的，比如对正规矩阵，包括轭米特（对称）、反轭米特（反对称）和酉（正交）矩阵，都可以使用这种方法求矩阵的函

数值。

例 3.2.2　设 $A=\begin{bmatrix}3&2&-2\\1&3&-1\\1&2&0\end{bmatrix}$，计算 $\exp(A)$、$\cos(A)$ 和 $\sin(A)$。

不难计算 A 的特征值为 3,2,1，且相应的特征向量为 $(1,0,1)^T,(1,1,0)^T,(1,1,1)^T$，因此 A 有相似对角分解

$$A=\begin{bmatrix}1&1&1\\0&1&1\\1&0&1\end{bmatrix}\begin{bmatrix}3&&\\&2&\\&&1\end{bmatrix}\begin{bmatrix}1&1&-1\\-1&0&1\\0&-1&1\end{bmatrix}$$

故

$$\exp(A)=\begin{bmatrix}1&1&1\\0&1&1\\1&0&1\end{bmatrix}\begin{bmatrix}e^3&&\\&e^2&\\&&e\end{bmatrix}\begin{bmatrix}1&1&-1\\-1&0&1\\0&-1&1\end{bmatrix}=\begin{bmatrix}e^3-e^2&e^3-e&-e^3+e^2+e\\e^2&e&e^2+e\\e^3&e^3-e&-e^3+e\end{bmatrix}$$

$$\cos(A)=\begin{bmatrix}1&1&1\\0&1&1\\1&0&1\end{bmatrix}\begin{bmatrix}\cos3&&\\&\cos2&\\&&\cos1\end{bmatrix}\begin{bmatrix}1&1&-1\\-1&0&1\\0&-1&1\end{bmatrix}$$

$$=\begin{bmatrix}\cos3-\cos1&\cos3-\cos1&-\cos3+\cos2+\cos1\\\cos2&\cos1&\cos2+\cos1\\\cos3&\cos3-\cos1&-\cos3+\cos1\end{bmatrix}$$

$$\sin(A)=\begin{bmatrix}1&1&1\\0&1&1\\1&0&1\end{bmatrix}\begin{bmatrix}\sin3&&\\&\sin2&\\&&\sin1\end{bmatrix}\begin{bmatrix}1&1&-1\\-1&0&1\\0&-1&1\end{bmatrix}$$

$$=\begin{bmatrix}\sin3-\sin1&\sin3-\sin1&-\sin3+\sin2+\sin1\\\sin2&\sin1&\sin2+\sin1\\\sin3&\sin3-\sin1&-\sin3+\sin1\end{bmatrix}$$

利用 Cayley-Hamilton 定理方法　Jordan 分解方法是一种通用方法，相似对角分解方法只适用于单纯矩阵，下面介绍另一种特殊方法。首先，回顾线性代数中的 Cayley-Hamilton 定理：设矩阵 A 的特征多项式为

$$f(\lambda)=\det(\lambda I-A)=\lambda^n+a_1\lambda^{n-1}+\cdots+a_{n-1}\lambda+a_n$$

则

$$f(A)=A^n+a_1A^{n-1}+\cdots+a_{n-1}A+a_nI=0$$

如果已知 A 的特征值 $\lambda_1,\lambda_2,\cdots,\lambda_n$，则 $f(\lambda)$ 可表示成 $f(\lambda)=(\lambda-\lambda_1)(\lambda-\lambda_2)\cdots(\lambda-\lambda_n)$，此时

$$(A-\lambda_1I)(A-\lambda_2I)\cdots(A-\lambda_nI)=0 \tag{3.34}$$

当 A 有零特征值和相同的特征值时，利用式(3.34)可以得到矩阵幂之间的关系，从而易计算矩阵幂级数的和，进而得到矩阵的函数值。

例 3.2.3　设四阶矩阵 A 有特征值 $1/2,-1/2,0,0$，求 $\ln(I+A)$。

先说明 $\ln(I+A)$ 有意义：因幂级数 $\ln(1+z)=z-\frac{1}{2}z^2+\cdots+(-1)^{k-1}\frac{1}{k}z^k+\cdots$ 在

$|z|<1$ 内收敛于 $\ln(1+z)$，所以在 $\rho(\boldsymbol{A})<1$ 内，

$$\ln(\boldsymbol{I}+\boldsymbol{A})=\boldsymbol{A}-\frac{1}{2}\boldsymbol{A}^2+\cdots+(-1)^{k-1}\frac{1}{k}\boldsymbol{A}^k+\cdots$$

由于 $\boldsymbol{A}$ 的特征值为 $1/2,-1/2,0,0$，它的特征多项式是 $f(\lambda)=(\lambda-1/2)(\lambda+1/2)\lambda^2$，因此

$$(\boldsymbol{A}-(1/2)\boldsymbol{I})(\boldsymbol{A}+(1/2)\boldsymbol{I})\boldsymbol{A}^2=0$$

$$\boldsymbol{A}^4=\boldsymbol{A}^2/4$$

故

$$\begin{aligned}\ln(\boldsymbol{I}+\boldsymbol{A})&=\boldsymbol{A}-\frac{1}{2}\boldsymbol{A}^2+\cdots+(-1)^{k-1}\frac{1}{k}\boldsymbol{A}^k+\cdots\\&=\boldsymbol{A}-\frac{1}{2}\boldsymbol{A}^2+\frac{1}{3}\boldsymbol{A}^3-\frac{1}{4}\left(\frac{1}{4}\right)\boldsymbol{A}^2+\frac{1}{5}\left(\frac{1}{4}\right)\boldsymbol{A}^3-\frac{1}{6}\left(\frac{1}{4}\right)^2\boldsymbol{A}^2+\frac{1}{7}\left(\frac{1}{4}\right)^2\boldsymbol{A}^3-\cdots\\&=\boldsymbol{A}-\underbrace{\left(\frac{1}{2}+\frac{1}{4}\left(\frac{1}{4}\right)+\frac{1}{6}\left(\frac{1}{4}\right)^2+\cdots\right)}_{p}\boldsymbol{A}^2+\underbrace{\left(\frac{1}{3}+\frac{1}{5}\left(\frac{1}{4}\right)+\frac{1}{7}\left(\frac{1}{4}\right)^2+\cdots\right)}_{q}\boldsymbol{A}^3\\&=\boldsymbol{A}-p\boldsymbol{A}^2+q\boldsymbol{A}^3\end{aligned}$$

3.3 矩阵导数

3.3.1 函数矩阵的导数

定义 3.3.1 若矩阵 $\boldsymbol{A}$ 的所有元素 a_{ij} 均为实变量 t 的函数，即

$$\boldsymbol{A}(t)=\begin{bmatrix}a_{11}(t) & a_{12}(t) & \cdots & a_{1n}(t)\\ a_{21}(t) & a_{22}(t) & \cdots & a_{2n}(t)\\ \vdots & \vdots & & \vdots\\ a_{m1}(t) & a_{m2}(t) & \cdots & a_{mn}(t)\end{bmatrix}$$

则称 $\boldsymbol{A}(t)$ 为函数矩阵。

与普通函数类似，可引入函数矩阵的极限、连续、导数等概念。

如果对所有元素 $a_{ij}(t)$ 在 t_0 点存在极限 a_{ij}，即 $\lim\limits_{t\to t_0}a_{ij}(t)=a_{ij}$，则称矩阵 $\boldsymbol{A}(t)$ 在 t_0 点有极限，且极限为 $\boldsymbol{A}=(a_{ij})$，即 $\lim\limits_{t\to t_0}\boldsymbol{A}(t)=(\lim\limits_{t\to t_0}a_{ij}(t))_{m\times n}=(a_{ij})$；与普通函数类似，若 $\boldsymbol{A}(t)$，$\boldsymbol{B}(t)$ 在 t_0 点有极限 $\boldsymbol{A}$，$\boldsymbol{B}$，则 $\lim\limits_{t\to t_0}(a\boldsymbol{A}(t)+b\boldsymbol{B}(t))=a\boldsymbol{A}+b\boldsymbol{B}$，$a,b$ 为常量

$$\lim_{t\to t_0}(\boldsymbol{A}(t)\boldsymbol{B}(t))=\boldsymbol{AB}$$

类似地，引进 $\boldsymbol{A}(t)$ 的连续性概念。

定义 3.3.2 设 $\boldsymbol{A}(t)=(a_{ij}(t))_{m\times n}$，若 $\forall i,j$，$a_{ij}(t)$ 在 $t=t_0$ 处（或在闭区间 $[a,b]$ 上）可导，则称 $\boldsymbol{A}(t)$ 在 t_0 处（或在 $[a,b]$ 上）可导，导函数矩阵记为

$$\boldsymbol{A}'(t_0)=\left.\frac{\mathrm{d}\boldsymbol{A}(t)}{\mathrm{d}t}\right|_{t_0}=(a'_{ij}(t_0))_{m\times n}$$

由于导函数矩阵本身还是函数矩阵，定义高阶导数：

$$\frac{\mathrm{d}^k \boldsymbol{A}(t)}{\mathrm{d}t}=\frac{\mathrm{d}}{\mathrm{d}t}\left(\frac{d^{k-1}\boldsymbol{A}(t)}{\mathrm{d}t}\right),\quad (k=1,2,\cdots,n)$$

函数矩阵导数有下述性质:

(i) $\boldsymbol{A}(t)$为常量矩阵$\Leftrightarrow \boldsymbol{A}'(t)=0$

(ii) 若 $\boldsymbol{A}(t)$,$\boldsymbol{B}(t)$可导,则

$$\frac{\mathrm{d}}{\mathrm{d}t}(\boldsymbol{A}(t)\pm\boldsymbol{B}(t))=\frac{\mathrm{d}\boldsymbol{A}(t)}{\mathrm{d}t}\pm\frac{\mathrm{d}\boldsymbol{B}(t)}{\mathrm{d}t}$$

(iii) 若 $\varphi(t)$是可导的实值函数且 $\boldsymbol{A}(t)$也可导,则

$$\frac{\mathrm{d}}{\mathrm{d}t}(\varphi(t)\boldsymbol{A}(t))=\frac{\mathrm{d}\varphi(t)}{\mathrm{d}t}\cdot\boldsymbol{A}(t)+\frac{\mathrm{d}\boldsymbol{A}(t)}{\mathrm{d}t}\cdot\varphi(t)$$

(iv) 若 $\boldsymbol{A}(t)$,$\boldsymbol{B}(t)$可导且可乘,则

$$\frac{\mathrm{d}}{\mathrm{d}t}(\boldsymbol{A}(t)\boldsymbol{B}(t))=\frac{\mathrm{d}\boldsymbol{A}(t)}{\mathrm{d}t}\cdot\boldsymbol{B}(t)+\boldsymbol{A}(t)\cdot\frac{\mathrm{d}\boldsymbol{B}(t)}{\mathrm{d}t}$$

(v) 若 $\boldsymbol{A}(t)$可导且可逆,则

$$\frac{\mathrm{d}\boldsymbol{A}^{-1}(t)}{\mathrm{d}t}=-\boldsymbol{A}^{-1}(t)\cdot\frac{\mathrm{d}\boldsymbol{A}(t)}{\mathrm{d}t}\cdot\boldsymbol{A}^{-1}(t)$$

(vi) 设 $\boldsymbol{A}(t)$关于变量 t 可导,而 $t=\varphi(x)$是变量 x 的可导函数,则

$$\frac{\mathrm{d}\boldsymbol{A}(t)}{\mathrm{d}t}=\frac{\mathrm{d}\boldsymbol{A}(t)}{\mathrm{d}t}\cdot\frac{\mathrm{d}\varphi(x)}{x}=\frac{\mathrm{d}\varphi(x)}{\mathrm{d}x}\cdot\frac{\mathrm{d}\boldsymbol{A}(t)}{\mathrm{d}t}$$

证明　这里只证(v),其他各条的证明是容易的。因 $\boldsymbol{A}(t)\cdot\boldsymbol{A}^{-1}(t)=\boldsymbol{I}$,所以

$$\frac{\mathrm{d}(\boldsymbol{A}(t)\cdot\boldsymbol{A}^{-1}(t))}{\mathrm{d}t}=0$$

另一方面,

$$\frac{\mathrm{d}(\boldsymbol{A}(t)\cdot\boldsymbol{A}^{-1}(t))}{\mathrm{d}t}=\frac{\mathrm{d}\boldsymbol{A}(t)}{\mathrm{d}t}\cdot\boldsymbol{A}^{-1}(t)+\boldsymbol{A}(t)\frac{\mathrm{d}\boldsymbol{A}^{-1}(t)}{\mathrm{d}t}$$

故

$$\frac{\mathrm{d}\boldsymbol{A}^{-1}(t)}{\mathrm{d}t}=-\boldsymbol{A}^{-1}(t)\cdot\frac{\mathrm{d}\boldsymbol{A}(t)}{\mathrm{d}t}\cdot\boldsymbol{A}^{-1}(t)$$

证毕。

值得注意的是,由性质(iv)

$$\frac{\mathrm{d}}{\mathrm{d}t}(\boldsymbol{A}(t)\cdot\boldsymbol{A}(t))=\frac{\mathrm{d}\boldsymbol{A}(t)}{\mathrm{d}t}\cdot\boldsymbol{A}(t)+\boldsymbol{A}(t)\cdot\frac{\mathrm{d}\boldsymbol{A}(t)}{\mathrm{d}t}$$

在一般情况下,$\boldsymbol{A}(t)$与$\dfrac{\mathrm{d}\boldsymbol{A}(t)}{\mathrm{d}t}$不可交换,因此

$$\frac{\mathrm{d}}{\mathrm{d}t}(\boldsymbol{A}(t)\cdot\boldsymbol{A}(t))\neq 2\frac{\mathrm{d}\boldsymbol{A}(t)}{\mathrm{d}t}\cdot\boldsymbol{A}(t)$$

例 3.3.1　设 $\boldsymbol{A}(t)=\begin{bmatrix}1 & t^2\\ t & 0\end{bmatrix}$,求$\dfrac{\mathrm{d}^2\boldsymbol{A}}{\mathrm{d}t^2}$,$\dfrac{\mathrm{d}\boldsymbol{A}^{-1}}{\mathrm{d}t}$。

解　显然

$$\frac{\mathrm{d}\boldsymbol{A}}{\mathrm{d}t}=\begin{bmatrix}0 & 2t\\ 1 & 0\end{bmatrix},\quad \frac{\mathrm{d}^2\boldsymbol{A}}{\mathrm{d}t^2}=\frac{\mathrm{d}}{\mathrm{d}t}\left(\frac{\mathrm{d}\boldsymbol{A}}{\mathrm{d}t}\right)=\begin{bmatrix}0 & 2\\ 0 & 0\end{bmatrix}$$

为求$\frac{\mathrm{d}\boldsymbol{A}^{-1}}{\mathrm{d}t}$,先计算:

$$\boldsymbol{A}^{-1}=\begin{bmatrix}0 & \frac{1}{t}\\ \frac{1}{t^2} & -\frac{1}{t^3}\end{bmatrix}$$

故

$$\frac{\mathrm{d}\boldsymbol{A}^{-1}}{\mathrm{d}t}=-\begin{bmatrix}0 & \frac{1}{t}\\ \frac{1}{t^2} & -\frac{1}{t^3}\end{bmatrix}\begin{bmatrix}0 & 2t\\ 1 & 0\end{bmatrix}\begin{bmatrix}0 & \frac{1}{t}\\ \frac{1}{t^2} & -\frac{1}{t^3}\end{bmatrix}=\frac{1}{t^4}\begin{bmatrix}0 & -t^2\\ -2t & 1\end{bmatrix}$$

例 3.3.2 证明$\frac{\mathrm{d}}{\mathrm{d}t}(\mathrm{tr}\boldsymbol{A}(t))=\mathrm{tr}\,\frac{\mathrm{d}\boldsymbol{A}(t)}{\mathrm{d}t}$。

证明 $\frac{\mathrm{d}(\mathrm{tr}\boldsymbol{A}(t))}{\mathrm{d}t}=\mathrm{tr}\left(\frac{\mathrm{d}a_{ij}(t)}{\mathrm{d}t}\right)$

$$=\frac{\mathrm{d}a_{11}(t)}{\mathrm{d}t}+\cdots+\frac{\mathrm{d}a_{nn}(t)}{\mathrm{d}t}=\frac{\mathrm{d}}{\mathrm{d}t}(a_{11}(t)+\cdots+a_{nn}(t))=\mathrm{tr}\,\frac{\mathrm{d}A(t)}{\mathrm{d}t}$$

例 3.3.3 对任何与 t 无关的方阵 $\boldsymbol{A}$,

(i) $\frac{\mathrm{d}(\exp(t\boldsymbol{A}))}{\mathrm{d}t}=\boldsymbol{A}\cdot\exp(t\boldsymbol{A})=\exp(t\boldsymbol{A})\cdot\boldsymbol{A}$

(ii) $\frac{\mathrm{d}(\cos(t\boldsymbol{A}))}{\mathrm{d}t}=-\boldsymbol{A}\cdot\sin(t\boldsymbol{A})=-\sin(t\boldsymbol{A})\cdot\boldsymbol{A}$

(iii) $\frac{\mathrm{d}(\sin(t\boldsymbol{A}))}{\mathrm{d}t}=\boldsymbol{A}\cdot\cos(t\boldsymbol{A})=\cos(t\boldsymbol{A})\cdot\boldsymbol{A}$

证明

$$\frac{\mathrm{d}(\exp(t\boldsymbol{A}))}{\mathrm{d}t}=\frac{\mathrm{d}}{\mathrm{d}t}\left(\sum_{k=0}^{\infty}\frac{1}{k!}t^k\boldsymbol{A}^k\right)=\sum_{k=0}^{\infty}\frac{1}{k!}\frac{\mathrm{d}}{\mathrm{d}t}t^k\boldsymbol{A}^k\text{(可逐项求导是因为此幂级数绝对收敛)}$$

$$=\sum_{k=1}^{\infty}\frac{1}{(k-1)!}t^{k-1}\boldsymbol{A}^k=\begin{cases}\boldsymbol{A}\left(\sum_{k=1}^{\infty}\frac{1}{(k-1)!}t^{k-1}\boldsymbol{A}^{k-1}\right)=\boldsymbol{A}\cdot\exp(t\boldsymbol{A})\\ \left(\sum_{k=1}^{\infty}\frac{1}{(k-1)!}t^{k-1}\boldsymbol{A}^{k-1}\right)\boldsymbol{A}=\exp(t\boldsymbol{A})\cdot\boldsymbol{A}\end{cases}$$

同理可证(ii)和(iii)。

3.3.2 向量映射对向量的导数

1. 函数关于向量的导数

定义 3.3.3 设 $y=f(\boldsymbol{x})$是 n 维列向量 $\boldsymbol{x}=(x_1,x_2,\cdots,x_n)^{\mathrm{T}}$ 的函数,

$$\frac{\mathrm{d}f}{\mathrm{d}\boldsymbol{x}}=\left(\frac{\partial f}{\partial x_1},\frac{\partial f}{\partial x_2},\cdots,\frac{\partial f}{\partial x_n}\right)^{\mathrm{T}},\quad \frac{\mathrm{d}f}{\mathrm{d}\boldsymbol{x}^{\mathrm{T}}}=\left(\frac{\partial f}{\partial x_1},\frac{\partial f}{\partial x_2},\cdots,\frac{\partial f}{\partial x_n}\right)\tag{3.35}$$

分别称为函数 f 关于列向量 $\boldsymbol{x}$ 和行向量 $\boldsymbol{x}^{\mathrm{T}}$ 的梯度。

例 3.3.4 证明函数 $f(\boldsymbol{x})=\boldsymbol{x}^{\mathrm{T}}\boldsymbol{A}\boldsymbol{x}$ 关于向量 $\boldsymbol{x}$ 的导数为

$$\frac{\mathrm{d}f}{\mathrm{d}\boldsymbol{x}}=(\boldsymbol{A}+\boldsymbol{A}^{\mathrm{T}})\boldsymbol{x} \tag{3.36}$$

证明 从 $f(\boldsymbol{x})=\boldsymbol{x}^{\mathrm{T}}\boldsymbol{A}\boldsymbol{x}=\sum_{i,j=1}^{n}a_{ij}x_ix_j$，得到

$$\frac{\mathrm{d}f}{\mathrm{d}\boldsymbol{x}}=\left(\frac{\partial}{\partial x_1}\sum_{i,j=1}^{n}a_{ij}x_ix_j,\frac{\partial}{\partial x_2}\sum_{i,j=1}^{n}a_{ij}x_ix_j,\cdots,\frac{\partial}{\partial x_n}\sum_{i,j=1}^{n}a_{ij}x_ix_j\right)^{\mathrm{T}}$$

$$=\begin{bmatrix}\sum_{j=1}^{n}a_{1j}x_j+\sum_{j=1}^{n}a_{j1}x_j\\ \sum_{j=1}^{n}a_{2j}x_j+\sum_{j=1}^{n}a_{j2}x_j\\ \vdots\\ \sum_{j=1}^{n}a_{nj}x_j+\sum_{j=1}^{n}a_{jn}x_j\end{bmatrix}=\boldsymbol{A}\boldsymbol{x}+\boldsymbol{A}^{\mathrm{T}}\boldsymbol{x}=(\boldsymbol{A}+\boldsymbol{A}^{\mathrm{T}})\boldsymbol{x}$$

例 3.3.5 令 $\boldsymbol{x}(t)=(x_1(t),x_2(t),\cdots,x_n(t))^{\mathrm{T}}$，$y=f(\boldsymbol{x}(t))$，则

$$\frac{\mathrm{d}f}{\mathrm{d}t}=\left(\frac{\mathrm{d}f}{\mathrm{d}\boldsymbol{x}}\right)^{\mathrm{T}}\frac{\mathrm{d}\boldsymbol{x}}{\mathrm{d}t} \tag{3.37}$$

证明 $$\frac{\mathrm{d}f}{\mathrm{d}t}=\frac{\partial f}{\partial x_1}\cdot\frac{\mathrm{d}x_1}{\mathrm{d}t}+\cdots+\frac{\partial f}{\partial x_n}\cdot\frac{\mathrm{d}x_n}{\mathrm{d}t}=\left(\frac{\partial f}{\partial x_1},\frac{\partial f}{\partial x_2},\cdots,\frac{\partial f}{\partial x_n}\right)\begin{bmatrix}\frac{\mathrm{d}x_1}{\mathrm{d}t}\\ \vdots\\ \frac{\mathrm{d}x_n}{\mathrm{d}t}\end{bmatrix}=\left(\frac{\mathrm{d}f}{\mathrm{d}\boldsymbol{x}}\right)^{\mathrm{T}}\frac{\mathrm{d}\boldsymbol{x}}{\mathrm{d}t}$$

对 n 维列向量函数，有如下求导法则：

(i) 线性法则：$\dfrac{\mathrm{d}(af(\boldsymbol{x})+bg(\boldsymbol{x}))}{\mathrm{d}\boldsymbol{x}}=a\dfrac{\mathrm{d}f(\boldsymbol{x})}{\mathrm{d}\boldsymbol{x}}+b\dfrac{\mathrm{d}g(\boldsymbol{x})}{\mathrm{d}\boldsymbol{x}}$

(ii) 乘积法则：$\dfrac{\mathrm{d}(f(\boldsymbol{x})g(\boldsymbol{x}))}{\mathrm{d}\boldsymbol{x}}=g(\boldsymbol{x})\dfrac{\mathrm{d}f(\boldsymbol{x})}{\mathrm{d}\boldsymbol{x}}+f(\boldsymbol{x})\dfrac{\mathrm{d}g(\boldsymbol{x})}{\mathrm{d}\boldsymbol{x}}$

(iii) 商法则：$\dfrac{\mathrm{d}(f(\boldsymbol{x})/g(\boldsymbol{x}))}{\mathrm{d}\boldsymbol{x}}=\dfrac{1}{g^2(\boldsymbol{x})}\left(g(\boldsymbol{x})\dfrac{\mathrm{d}f(\boldsymbol{x})}{\mathrm{d}\boldsymbol{x}}-f(\boldsymbol{x})\dfrac{\mathrm{d}g(\boldsymbol{x})}{\mathrm{d}\boldsymbol{x}}\right)$，$(g(\boldsymbol{x})\neq 0)$

(iv) 链式法则：$\dfrac{\mathrm{d}(f(\boldsymbol{g}(\boldsymbol{x})))}{\mathrm{d}\boldsymbol{x}}=\dfrac{\mathrm{d}\boldsymbol{g}(\boldsymbol{x})}{\mathrm{d}\boldsymbol{x}}\cdot\dfrac{\mathrm{d}f(\boldsymbol{g})}{\mathrm{d}\boldsymbol{g}}$

其中

$$\boldsymbol{g}(\boldsymbol{x})=(g_1(\boldsymbol{x}),g_2(\boldsymbol{x}),\cdots,g_n(\boldsymbol{x}))$$

$$\frac{\mathrm{d}\boldsymbol{g}(\boldsymbol{x})}{\mathrm{d}\boldsymbol{x}}=\left(\frac{\partial g_1(\boldsymbol{x})}{\partial\boldsymbol{x}},\frac{\partial g_2(\boldsymbol{x})}{\partial\boldsymbol{x}},\cdots,\frac{\partial g_n(\boldsymbol{x})}{\partial\boldsymbol{x}}\right)\text{是 } n \text{ 阶方阵}$$

2. 向量映射关于向量的导数

定义 3.3.4 设 $\boldsymbol{x}=(x_1,x_2,\cdots,x_n)^{\mathrm{T}}$，$\boldsymbol{f}(\boldsymbol{x})=(f_1(\boldsymbol{x}),f_2(\boldsymbol{x}),\cdots,f_m(\boldsymbol{x}))$ 为 n 维列向量到 m 维行向量的映射，定义 $\boldsymbol{f}(\boldsymbol{x})$ 关于 $\boldsymbol{x}$ 的导数为

$$\frac{\mathrm{d}\boldsymbol{f}(\boldsymbol{x})}{\mathrm{d}\boldsymbol{x}}=\begin{bmatrix}\frac{\partial f_1(\boldsymbol{x})}{\partial x_1} & \frac{\partial f_2(\boldsymbol{x})}{\partial x_1} & \cdots & \frac{\partial f_m(\boldsymbol{x})}{\partial x_1}\\ \frac{\partial f_1(\boldsymbol{x})}{\partial x_2} & \frac{\partial f_2(\boldsymbol{x})}{\partial x_2} & \cdots & \frac{\partial f_m(\boldsymbol{x})}{\partial x_2}\\ \vdots & \vdots & & \vdots\\ \frac{\partial f_1(\boldsymbol{x})}{\partial x_n} & \frac{\partial f_2(\boldsymbol{x})}{\partial x_n} & \cdots & \frac{\partial f_m(\boldsymbol{x})}{\partial x_n}\end{bmatrix}=\left(\frac{\partial f_1(\boldsymbol{x})}{\partial \boldsymbol{x}},\frac{\partial f_2(\boldsymbol{x})}{\partial \boldsymbol{x}},\cdots,\frac{\partial f_n(\boldsymbol{x})}{\partial \boldsymbol{x}}\right) \tag{3.38}$$

称为 $\boldsymbol{f}(\boldsymbol{x})$在点 $\boldsymbol{x}$ 处的梯度矩阵。

下面是一些常用的求导公式,其中的矩阵都是方阵,证明留给读者:

(i) 若向量 $\boldsymbol{c}$ 与向量 $\boldsymbol{x}$ 无关,则

$$\frac{\mathrm{d}\boldsymbol{x}^{\mathrm{T}}\boldsymbol{c}}{\mathrm{d}\boldsymbol{x}}=\frac{\mathrm{d}\boldsymbol{c}^{\mathrm{T}}\boldsymbol{x}}{\mathrm{d}\boldsymbol{x}}=\boldsymbol{c} \tag{3.39}$$

$$\frac{\mathrm{d}\boldsymbol{f}^{\mathrm{T}}(\boldsymbol{x})\boldsymbol{c}}{\mathrm{d}\boldsymbol{x}}=\frac{\mathrm{d}\boldsymbol{f}^{\mathrm{T}}(\boldsymbol{x})}{\mathrm{d}\boldsymbol{x}}\boldsymbol{c} \tag{3.40}$$

(ii) 若 $\boldsymbol{A},\boldsymbol{y}$ 均与向量 $\boldsymbol{x}$ 无关,则

$$\frac{\mathrm{d}\boldsymbol{x}^{\mathrm{T}}\boldsymbol{A}\boldsymbol{y}}{\mathrm{d}\boldsymbol{x}}=\frac{\mathrm{d}\boldsymbol{x}^{\mathrm{T}}}{\mathrm{d}\boldsymbol{x}}\boldsymbol{A}\boldsymbol{y}=\boldsymbol{A}\boldsymbol{y} \tag{3.41}$$

$$\frac{\mathrm{d}\boldsymbol{y}^{\mathrm{T}}\boldsymbol{A}\boldsymbol{x}}{\mathrm{d}\boldsymbol{x}}=\frac{\mathrm{d}\boldsymbol{x}^{\mathrm{T}}\boldsymbol{A}^{\mathrm{T}}\boldsymbol{y}}{\mathrm{d}\boldsymbol{x}}=\boldsymbol{A}^{\mathrm{T}}\boldsymbol{y} \tag{3.42}$$

(iii) 若 $\boldsymbol{A}$ 与向量 $\boldsymbol{x}$ 无关,则

$$\frac{\mathrm{d}\boldsymbol{x}^{\mathrm{T}}\boldsymbol{A}}{\mathrm{d}\boldsymbol{x}}=\boldsymbol{A} \tag{3.43}$$

$$\frac{\mathrm{d}\boldsymbol{x}^{\mathrm{T}}\boldsymbol{A}\boldsymbol{x}}{\mathrm{d}\boldsymbol{x}}=(\boldsymbol{A}+\boldsymbol{A}^{\mathrm{T}})\boldsymbol{x} \tag{3.44}$$

$$\frac{\mathrm{d}\boldsymbol{x}^{\mathrm{T}}\boldsymbol{A}\boldsymbol{x}}{\mathrm{d}\boldsymbol{x}}=2\boldsymbol{A}\boldsymbol{x},\quad \text{其中 } \boldsymbol{A} \text{ 为对称矩阵} \tag{3.45}$$

(iv) 若 $\boldsymbol{A}$ 与向量 $\boldsymbol{x}$ 无关,则

$$\frac{\mathrm{d}\boldsymbol{f}(\boldsymbol{x})\boldsymbol{A}\boldsymbol{f}^{\mathrm{T}}(\boldsymbol{x})}{\mathrm{d}\boldsymbol{x}}=\frac{\mathrm{d}\boldsymbol{f}(\boldsymbol{x})}{\mathrm{d}\boldsymbol{x}}(\boldsymbol{A}+\boldsymbol{A}^{\mathrm{T}})\boldsymbol{f}^{\mathrm{T}}(\boldsymbol{x}) \tag{3.46}$$

$$\frac{\mathrm{d}\boldsymbol{g}(\boldsymbol{x})\boldsymbol{A}\boldsymbol{f}^{\mathrm{T}}(\boldsymbol{x})}{\mathrm{d}\boldsymbol{x}}=\frac{\mathrm{d}\boldsymbol{g}(\boldsymbol{x})}{\mathrm{d}\boldsymbol{x}}\boldsymbol{A}\boldsymbol{f}^{\mathrm{T}}(\boldsymbol{x})+\frac{\mathrm{d}\boldsymbol{f}(\boldsymbol{x})}{\mathrm{d}\boldsymbol{x}}\boldsymbol{A}^{\mathrm{T}}\boldsymbol{g}^{\mathrm{T}}(\boldsymbol{x}) \tag{3.47}$$

定义 3.3.5 设 $\boldsymbol{x}=(x_1,x_2,\cdots,x_n)^{\mathrm{T}}$,$\boldsymbol{f}(\boldsymbol{x})=(f_1(\boldsymbol{x}),f_2(\boldsymbol{x}),\cdots,f_m(\boldsymbol{x}))^{\mathrm{T}}$ 为 n 维列向量到 m 维列向量的映射,定义 $\boldsymbol{f}(\boldsymbol{x})$对于 $\boldsymbol{x}^{\mathrm{T}}$ 的导数为

$$\frac{\mathrm{d}\boldsymbol{f}(\boldsymbol{x})}{\mathrm{d}\boldsymbol{x}^{\mathrm{T}}}=\begin{bmatrix}\frac{\partial f_1(\boldsymbol{x})}{\partial x_1} & \frac{\partial f_1(\boldsymbol{x})}{\partial x_2} & \cdots & \frac{\partial f_1(\boldsymbol{x})}{\partial x_n}\\ \frac{\partial f_2(\boldsymbol{x})}{\partial x_1} & \frac{\partial f_2(\boldsymbol{x})}{\partial x_2} & \cdots & \frac{\partial f_2(\boldsymbol{x})}{\partial x_n}\\ \vdots & \vdots & & \vdots\\ \frac{\partial f_m(\boldsymbol{x})}{\partial x_1} & \frac{\partial f_m(\boldsymbol{x})}{\partial x_2} & \cdots & \frac{\partial f_m(\boldsymbol{x})}{\partial x_n}\end{bmatrix} \tag{3.48}$$

称为 $\boldsymbol{f}(\boldsymbol{x})$ 在点 $\boldsymbol{x}$ 的 Jacobi 矩阵。

不难看出，Jacobi 矩阵是相应行向量映射 $\boldsymbol{f}^{\mathrm{T}}(\boldsymbol{x})$ 梯度矩阵的转置，即

$$\frac{\mathrm{d}\boldsymbol{f}(\boldsymbol{x})}{\mathrm{d}\boldsymbol{x}^{\mathrm{T}}}=\frac{\mathrm{d}\boldsymbol{f}^{\mathrm{T}}(\boldsymbol{x})}{\mathrm{d}\boldsymbol{x}} \tag{3.49}$$

特别，

$$\frac{\mathrm{d}\boldsymbol{x}}{\mathrm{d}\boldsymbol{x}^{\mathrm{T}}}=\frac{\mathrm{d}\boldsymbol{x}^{\mathrm{T}}}{\mathrm{d}\boldsymbol{x}}=\boldsymbol{I} \tag{3.50}$$

这个结果虽简单，但在实践中非常有用。

Jacobi 矩阵不仅在运动分析中十分重要，而且在数学本身也占有非常重要的地位，如在微积分学中的反函数、隐函数存在性和积分变元替换中都起着关键作用。为了指明自变元和应变元的分量，Jacobi 矩阵常用偏微符号记为

$$\frac{\partial(f_1,f_2,\cdots,f_m)}{\partial(x_1,x_2,\cdots,x_n)}\triangleq\frac{\mathrm{d}\boldsymbol{f}(\boldsymbol{x})}{\mathrm{d}\boldsymbol{x}^{\mathrm{T}}}$$

在 $m=n$ 时，即 $\boldsymbol{f}$ 将 n 维向量映射为 n 维向量，Jacobi 矩阵是 n 阶方阵，其行列式称为 Jacobi 行列式，记为

$$J_f(\boldsymbol{x})\triangleq\det\left(\frac{\mathrm{d}\boldsymbol{f}(\boldsymbol{x})}{\mathrm{d}\boldsymbol{x}^{\mathrm{T}}}\right)$$

若 Jacobi 行列式在某点等于零，$J_f(\boldsymbol{x}_0)=0$，则 Jacobi 矩阵是退化的，这意味着在 $\boldsymbol{x}_0$ 附近映射 $\boldsymbol{f}$ 会有某种不规则的性态。因此，常用 Jacobi 矩阵分析映射的性态。

例 3.3.6 分析映射 $\boldsymbol{f}(\boldsymbol{x})\triangleq\begin{bmatrix}y_1\\y_2\end{bmatrix}=\begin{bmatrix}x_1^2+x_2^2\\2x_1x_2\end{bmatrix}$，$\boldsymbol{x}=\begin{bmatrix}x_1\\x_2\end{bmatrix}\in\mathbf{R}^2$ 的性态。

解 不难看出，映射 $\boldsymbol{f}$ 的定义域是整个平面 $\mathbf{R}^2$，值域 $\boldsymbol{f}(\mathbf{R}^2)$ 是平面的四分之一部分（见图 3.2），这是因为 $f_1=x_1^2+x_2^2$，$f_2=2x_1x_2$ 导致 $y_1+y_2\geqslant 0$，$y_1-y_2\geqslant 0$。映射 $\boldsymbol{f}$ 的 Jacobi 行列式为

$$J_f(\boldsymbol{x})=\det\left(\frac{\mathrm{d}\boldsymbol{f}(\boldsymbol{x})}{\mathrm{d}\boldsymbol{x}^{\mathrm{T}}}\right)=\det\begin{bmatrix}2x_1 & 2x_2\\2x_2 & 2x_1\end{bmatrix}$$

显然，

$$J_f(\boldsymbol{x})=0\Leftrightarrow x_1^2-x_2^2=0$$

表示平面 $\mathbf{R}^2$ 内的二条直线 $x_2=\pm x_1$，即使 Jacobi 行列式等于零的点集为

$$S=\{\boldsymbol{x}=(x_1,\pm x_1)^{\mathrm{T}}:x_1\in\mathbf{R}\}$$

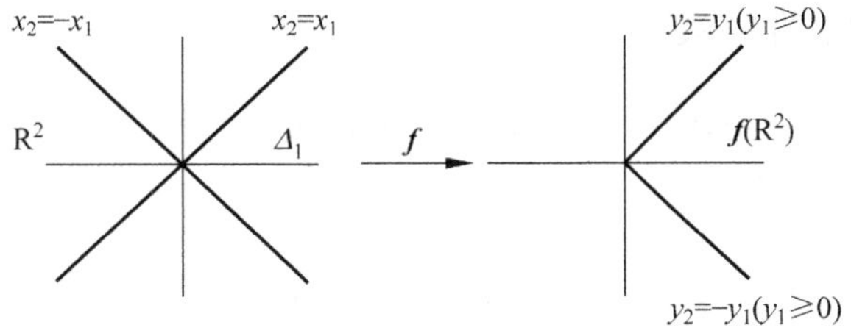

图 3.2 映射 $\boldsymbol{f}$ 的性态

它的像

$$f(S)=\{(x_1^2,\pm x_1^2):x_1\in\mathbf{R}\}=\{(y_1,\pm y_1):y_1\geqslant 0\}$$

正好是值域 $\boldsymbol{f}(\mathbf{R}^2)$边界的两条半直线。在Jacobi行列式等于零的点的局部区域,映射 $\boldsymbol{f}$ 不是一一对应,因而不存在逆映射。

若 $J_f(\boldsymbol{x}_0)\neq 0$,则 $\boldsymbol{x}_0$ 必位于两条直线 $x_2=\pm x_1$ 所划分的四个区域之一的内部。此时,在 $\boldsymbol{x}_0$ 局部区域 $\boldsymbol{f}$ 有逆映射,比如 $\boldsymbol{x}_0\in\Delta_1=\{\boldsymbol{x}:x_1>0,|x_2|<x_1\}$时,$\boldsymbol{f}$ 在 Δ_1 内有逆映射:

$$\begin{bmatrix}x_1\\x_2\end{bmatrix}=\frac{1}{2}\begin{bmatrix}\sqrt{y_1+y_2}+\sqrt{y_1-y_2}\\\sqrt{y_1+y_2}-\sqrt{y_1-y_2}\end{bmatrix}$$

3. Hessian 矩阵

令 $y=f(\boldsymbol{x}),\boldsymbol{x}=(x_1,x_2,\cdots,x_n)^{\mathrm{T}}$ 是 n 维列向量的函数,它的梯度

$$\frac{\mathrm{d}f(\boldsymbol{x})}{\mathrm{d}\boldsymbol{x}}=\left(\frac{\partial f(\boldsymbol{x})}{\partial x_1},\frac{\partial f(\boldsymbol{x})}{\partial x_2},\cdots,\frac{\partial f(\boldsymbol{x})}{\partial x_n}\right)^{\mathrm{T}}$$

是 n 维列空间到 n 维列空间的映射。考虑梯度的Jacobi矩阵

$$\frac{\partial}{\partial\boldsymbol{x}^{\mathrm{T}}}\left(\frac{\mathrm{d}f(\boldsymbol{x})}{\mathrm{d}\boldsymbol{x}}\right)=\begin{bmatrix}\frac{\partial^2 f(\boldsymbol{x})}{\partial^2 x_1} & \frac{\partial^2 f(\boldsymbol{x})}{\partial x_2\partial x_1} & \cdots & \frac{\partial^2 f(\boldsymbol{x})}{\partial x_n\partial x_1}\\ \frac{\partial^2 f(\boldsymbol{x})}{\partial x_1\partial x_2} & \frac{\partial^2 f(\boldsymbol{x})}{\partial^2 x_2} & \cdots & \frac{\partial^2 f(\boldsymbol{x})}{\partial x_n\partial x_2}\\ \vdots & \vdots & & \vdots\\ \frac{\partial^2 f(\boldsymbol{x})}{\partial x_1\partial x_n} & \frac{\partial^2 f(\boldsymbol{x})}{\partial x_2\partial x_n} & \cdots & \frac{\partial^2 f(\boldsymbol{x})}{\partial^2 x_n}\end{bmatrix}\tag{3.51}$$

由于$\frac{\partial^2 f(\boldsymbol{x})}{\partial x_i\partial x_j}=\frac{\partial^2 f(\boldsymbol{x})}{\partial x_j\partial x_i}$,所以梯度的Jacobi矩阵是对称矩阵,称为函数 f 在 $\boldsymbol{x}$ 的 Hessian 矩阵,记为

$$\boldsymbol{H}_f(\boldsymbol{x})\triangleq\frac{\partial}{\partial\boldsymbol{x}^{\mathrm{T}}}\left(\frac{\mathrm{d}f(\boldsymbol{x})}{\mathrm{d}\boldsymbol{x}}\right)$$

Hessian矩阵在稳定点分析和迭代优化中占有特别重要的地位。所谓稳定点是指梯度为零的点,函数的局部极值点(极大或极小点)一定是稳定点;反之,稳定点是否为极值点在一定程度上取决于 Hessian 矩阵在该点的性质。确切地说,对稳定点 $\boldsymbol{x}_0$,若 $\boldsymbol{H}_f(\boldsymbol{x}_0)$是正定的,则 f 在 $\boldsymbol{x}_0$ 达到相对极小值;若 $\boldsymbol{H}_f(\boldsymbol{x}_0)$负定的,则 f 在 $\boldsymbol{x}_0$ 达到相对极大值;若 $\boldsymbol{H}_f(\boldsymbol{x}_0)$是不定的,则 f 在 $\boldsymbol{x}_0$ 点不能达到相对极大或极小[3]。

3.3.3 函数对矩阵的导数

定义 3.3.6 设 $y=f(\mathbf{A})$为 $m\times n$ 矩阵 $\mathbf{A}$ 的数量函数,即 f 是 $m\times n$ 元函数,定义 $f(\mathbf{A})$关于矩阵 $\mathbf{A}$ 的导数为

$$\frac{\mathrm{d}f}{\mathrm{d}\mathbf{A}}=\begin{bmatrix}\frac{\partial f}{\partial a_{11}} & \cdots & \frac{\partial f}{\partial a_{1n}}\\ \vdots & & \vdots\\ \frac{\partial f}{\partial a_{m1}} & \cdots & \frac{\partial f}{\partial a_{mn}}\end{bmatrix}\tag{3.52}$$

例 3.3.7 求 $f(\boldsymbol{A})=\boldsymbol{x}^{\mathrm{T}}\boldsymbol{A}\boldsymbol{x}$ 关于矩阵 $\boldsymbol{A}$ 的导数,其中 $\boldsymbol{A}$ 是 n 阶实对称矩阵。

解 $\dfrac{\mathrm{d}}{\mathrm{d}\boldsymbol{A}}(\boldsymbol{x}^{\mathrm{T}}\boldsymbol{A}\boldsymbol{x})=\left(\dfrac{\partial}{\partial a_{ij}}\sum_{i,j=1}^{n}a_{ij}x_i x_j\right)_{n\times n}=(x_i x_j)_{n\times n}=\boldsymbol{x}\boldsymbol{x}^{\mathrm{T}}$。

对于矩阵的实值函数有下述求导法则:

(i) 线性法则:$\dfrac{\mathrm{d}(af(\boldsymbol{A})+bg(\boldsymbol{A}))}{\mathrm{d}\boldsymbol{A}}=a\dfrac{\mathrm{d}f(\boldsymbol{A})}{\mathrm{d}\boldsymbol{A}}+b\dfrac{\mathrm{d}g(\boldsymbol{A})}{\mathrm{d}\boldsymbol{A}}$;

(ii) 乘积法则:$\dfrac{\mathrm{d}(f(\boldsymbol{A})g(\boldsymbol{A}))}{\mathrm{d}\boldsymbol{A}}=g(\boldsymbol{A})\dfrac{\mathrm{d}f(\boldsymbol{A})}{\mathrm{d}\boldsymbol{A}}+f(\boldsymbol{x})\dfrac{\mathrm{d}g(\boldsymbol{A})}{\mathrm{d}\boldsymbol{A}}$;

(iii) 商法则:$\dfrac{\mathrm{d}(f(\boldsymbol{A})/g(\boldsymbol{A}))}{\mathrm{d}\boldsymbol{A}}=\dfrac{1}{g^2(\boldsymbol{A})}\left(g(\boldsymbol{A})\dfrac{\mathrm{d}f(\boldsymbol{A})}{\mathrm{d}\boldsymbol{A}}-f(\boldsymbol{A})\dfrac{\mathrm{d}g(\boldsymbol{A})}{\mathrm{d}\boldsymbol{A}}\right),(g(\boldsymbol{A})\neq 0)$;

(iv) 链式法则:$\dfrac{\mathrm{d}(g(f(\boldsymbol{A})))}{\mathrm{d}\boldsymbol{A}}=\dfrac{\mathrm{d}g(y)}{\mathrm{d}y}\cdot\dfrac{\mathrm{d}f(\boldsymbol{A})}{\mathrm{d}\boldsymbol{A}}$,其中 g 是单变量的实值函数,$y=f(\boldsymbol{A})$。

1. 行列式的导数

设 $\boldsymbol{A}$ 为 n 阶方阵,考虑 $\boldsymbol{A}$ 的行列式的导数$\dfrac{\mathrm{d}}{\mathrm{d}\boldsymbol{A}}\det\boldsymbol{A}$。令 A_{ij} 表示元素 a_{ij} 的代数余子式,有

$$\det\boldsymbol{A}=\sum_{i=1}^{n}a_{ij}A_{ij},\quad j=1,2,\cdots,n$$

由于 A_{ij} 不含有元素 a_{ij},$\dfrac{\partial}{\partial a_{ij}}\det\boldsymbol{A}=A_{ij}$,于是

$$\frac{\mathrm{d}}{\mathrm{d}\boldsymbol{A}}\det\boldsymbol{A}=(\mathrm{adj}\boldsymbol{A})^{\mathrm{T}}\tag{3.53}$$

其中 $\mathrm{adj}\boldsymbol{A}=(A_{ij})$ 是 $\boldsymbol{A}$ 的伴随矩阵。

(i) 如果 $\boldsymbol{A}$ 可逆,则 $\boldsymbol{A}^{-1}=\dfrac{1}{\det(\boldsymbol{A})}\mathrm{adj}(\boldsymbol{A})$,由此得到

$$\frac{\mathrm{d}}{\mathrm{d}\boldsymbol{A}}\det\boldsymbol{A}=\det\boldsymbol{A}\cdot\boldsymbol{A}^{-\mathrm{T}}=\det\boldsymbol{A}^{\mathrm{T}}\cdot\boldsymbol{A}^{-\mathrm{T}}\tag{3.54}$$

同时

$$\frac{\mathrm{d}}{\mathrm{d}\boldsymbol{A}}\det\boldsymbol{A}^{-1}=\frac{\mathrm{d}}{\mathrm{d}\boldsymbol{A}}(1/\det\boldsymbol{A})=\frac{1}{(\det\boldsymbol{A})^2}\left(-\frac{\mathrm{d}}{\mathrm{d}\boldsymbol{A}}\det\boldsymbol{A}\right)=-\frac{1}{\det\boldsymbol{A}}\boldsymbol{A}^{-\mathrm{T}}$$

故

$$\frac{\mathrm{d}}{\mathrm{d}\boldsymbol{A}}\det\boldsymbol{A}^{-1}=-\frac{1}{\det\boldsymbol{A}}\boldsymbol{A}^{-\mathrm{T}}\tag{3.55}$$

(ii) 如果 $\boldsymbol{A}$ 为正定对称矩阵,则

$$\frac{\partial}{\partial a_{ij}}\det\boldsymbol{A}=\begin{cases}A_{ij}, & i=j\\ 2A_{ij}, & i\neq j\end{cases}$$

故

$$\frac{\mathrm{d}}{\mathrm{d}\boldsymbol{A}}\det(\boldsymbol{A})=\det(\boldsymbol{A})(2\boldsymbol{A}^{-1}-\mathrm{diag}(\boldsymbol{A}^{-1}))\tag{3.56}$$

(iii) 对非奇异矩阵 $\boldsymbol{A}$,由链式法则,

$$\frac{\mathrm{d}}{\mathrm{d}\boldsymbol{A}}\ln(\det\boldsymbol{A})=\frac{1}{\det\boldsymbol{A}}\cdot\frac{\mathrm{d}}{\mathrm{d}\boldsymbol{A}}\det\boldsymbol{A}=-\boldsymbol{A}^{-\mathrm{T}} \tag{3.57}$$

若 $\boldsymbol{A}$ 又是对称矩阵，则

$$\frac{\mathrm{d}}{\mathrm{d}\boldsymbol{A}}\ln(\det\boldsymbol{A})=2\boldsymbol{A}^{-1}-\mathrm{diag}(\boldsymbol{A}^{-1}) \tag{3.58}$$

下面，不加证明地引进矩阵乘积行列式的导数[4]：

$$\frac{\mathrm{d}}{\mathrm{d}\boldsymbol{A}}\det(\boldsymbol{A}\boldsymbol{A}^{\mathrm{T}})=2\det(\boldsymbol{A}\boldsymbol{A}^{\mathrm{T}})(\boldsymbol{A}\boldsymbol{A}^{\mathrm{T}})^{-1}\boldsymbol{A},\mathrm{rank}\boldsymbol{A}_{m\times n}=m \tag{3.59}$$

$$\frac{\mathrm{d}}{\mathrm{d}\boldsymbol{A}}\det(\boldsymbol{A}^{\mathrm{T}}\boldsymbol{A})=2\det(\boldsymbol{A}^{\mathrm{T}}\boldsymbol{A})\boldsymbol{A}(\boldsymbol{A}^{\mathrm{T}}\boldsymbol{A})^{-1},\mathrm{rank}\boldsymbol{A}_{m\times n}=n \tag{3.60}$$

$$\frac{\mathrm{d}}{\mathrm{d}\boldsymbol{A}}\det(\boldsymbol{A}^2)=2\det{}^2(\boldsymbol{A})\boldsymbol{A}^{-\mathrm{T}},\mathrm{rank}\boldsymbol{A}_{n\times n}=n \tag{3.61}$$

2. 迹的导数

设 $\boldsymbol{A}\in\mathbf{R}^{n\times m}$，$\boldsymbol{B}\in\mathbf{R}^{m\times n}$，考虑迹 $\mathrm{tr}(\boldsymbol{AB})$ 的导数：$\frac{\mathrm{d}}{\mathrm{d}\boldsymbol{A}}\mathrm{tr}(\boldsymbol{AB})$。由于 $\mathrm{tr}(\boldsymbol{AB})=\sum_{i=1}^{n}\sum_{j=1}^{m}a_{ij}b_{ji}$，

$$\frac{\partial}{\partial a_{ij}}\mathrm{tr}(\boldsymbol{AB})=b_{ji}$$

于是

$$\frac{\mathrm{d}}{\mathrm{d}\boldsymbol{A}}\mathrm{tr}(\boldsymbol{AB})=\boldsymbol{B}^{\mathrm{T}} \tag{3.62}$$

特别，

$$\frac{\mathrm{d}}{\mathrm{d}\boldsymbol{A}}\mathrm{tr}\boldsymbol{A}=\boldsymbol{I} \tag{3.63}$$

$$\frac{\mathrm{d}}{\mathrm{d}\boldsymbol{A}}\mathrm{tr}(\boldsymbol{BA})=\frac{\mathrm{d}}{\mathrm{d}\boldsymbol{A}}\mathrm{tr}(\boldsymbol{AB})=\boldsymbol{B}^{\mathrm{T}} \tag{3.64}$$

$$\frac{\mathrm{d}}{\mathrm{d}\boldsymbol{x}}\mathrm{tr}(\boldsymbol{x}\boldsymbol{y}^{\mathrm{T}})=\frac{\mathrm{d}}{\mathrm{d}\boldsymbol{x}}\mathrm{tr}(\boldsymbol{y}\boldsymbol{x}^{\mathrm{T}})=\boldsymbol{y},\quad \boldsymbol{x},\boldsymbol{y}\in\mathbf{R}^n \tag{3.65}$$

$$\frac{\mathrm{d}}{\mathrm{d}\boldsymbol{A}}(\boldsymbol{x}^{\mathrm{T}}\boldsymbol{A}\boldsymbol{x})=\frac{\mathrm{d}\mathrm{tr}(\boldsymbol{x}^{\mathrm{T}}\boldsymbol{A}\boldsymbol{x})}{\mathrm{d}\boldsymbol{A}}=\frac{\mathrm{d}\mathrm{tr}(\boldsymbol{A}\boldsymbol{x}\boldsymbol{x}^{\mathrm{T}})}{\mathrm{d}\boldsymbol{A}}=\boldsymbol{x}\boldsymbol{x}^{\mathrm{T}},\quad \boldsymbol{x}\in\mathbf{R}^n,\boldsymbol{A}\in\mathbf{R}^{n\times n} \tag{3.66}$$

$$\frac{\mathrm{d}}{\mathrm{d}\boldsymbol{A}}\mathrm{tr}(\boldsymbol{AB})=\boldsymbol{B}+\boldsymbol{B}^{\mathrm{T}}-\mathrm{diag}(\boldsymbol{B}),\quad \boldsymbol{A}\text{ 为对称矩阵} \tag{3.67}$$

下面，不加证明地引进一些常用的迹导数计算公式[4]：

$$\frac{\mathrm{d}}{\mathrm{d}\boldsymbol{A}}\mathrm{tr}(\boldsymbol{A}\boldsymbol{A}^{\mathrm{T}})=\frac{\mathrm{d}}{\mathrm{d}\boldsymbol{A}}\mathrm{tr}(\boldsymbol{A}^{\mathrm{T}}\boldsymbol{A})=2\boldsymbol{A} \tag{3.68}$$

$$\frac{\mathrm{d}}{\mathrm{d}\boldsymbol{A}}\mathrm{tr}(\boldsymbol{ABA}^{\mathrm{T}})=\boldsymbol{A}(\boldsymbol{B}+\boldsymbol{B}^{\mathrm{T}}) \tag{3.69}$$

$$\frac{\mathrm{d}}{\mathrm{d}\boldsymbol{A}}\mathrm{tr}(\boldsymbol{ABA}^{\mathrm{T}})=2\boldsymbol{AB},\boldsymbol{B}\text{ 为对称矩阵} \tag{3.70}$$

$$\frac{\mathrm{d}}{\mathrm{d}\boldsymbol{A}}\mathrm{tr}(\boldsymbol{A}^{\mathrm{T}}\boldsymbol{BA})=(\boldsymbol{B}+\boldsymbol{B}^{\mathrm{T}})\boldsymbol{A} \tag{3.71}$$

$$\frac{\mathrm{d}}{\mathrm{d}\boldsymbol{A}}\mathrm{tr}(\boldsymbol{A}^{\mathrm{T}}\boldsymbol{BA})=2\boldsymbol{BA},\boldsymbol{B}\text{ 为对称矩阵} \tag{3.72}$$

$$\frac{\mathrm{d}}{\mathrm{d}\boldsymbol{A}}\mathrm{tr}(\boldsymbol{A}^2)=\frac{\mathrm{d}}{\mathrm{d}\boldsymbol{A}}\mathrm{tr}(\boldsymbol{A}\boldsymbol{A})=2\boldsymbol{A}^{\mathrm{T}} \tag{3.73}$$

$$\frac{\mathrm{d}}{\mathrm{d}\boldsymbol{A}}\mathrm{tr}(\boldsymbol{B}\boldsymbol{A}^{-1})=-(\boldsymbol{A}^{-1}\boldsymbol{B}\boldsymbol{A}^{-1})^{\mathrm{T}},\boldsymbol{A},\boldsymbol{B}\in\mathbf{R}^{n\times n} \tag{3.74}$$

$$\frac{\mathrm{d}}{\mathrm{d}\boldsymbol{A}}\mathrm{tr}(\boldsymbol{B}\boldsymbol{A}^{-1}\boldsymbol{C})=-(\boldsymbol{A}^{-1}\boldsymbol{C}\boldsymbol{B}\boldsymbol{A}^{-1})^{\mathrm{T}},\boldsymbol{A},\boldsymbol{B},\boldsymbol{C}\in\mathbf{R}^{n\times n} \tag{3.75}$$

3.3.4　矩阵映射对矩阵的导数

定义 3.3.7　设 $\boldsymbol{X}=(x_{ij})\in\mathbf{R}^{m\times n}$，$\boldsymbol{F}:\mathbf{R}^{m\times n}\mapsto\mathbf{R}^{r\times s}$ 是矩阵到矩阵的映射

$$\boldsymbol{F}(X)=\begin{bmatrix} f_{11}(\boldsymbol{X}) & \cdots & f_{1s}(\boldsymbol{X}) \\ \vdots & & \vdots \\ f_{r1}(\boldsymbol{X}) & \cdots & f_{rs}(\boldsymbol{X}) \end{bmatrix}$$

其中，$f_{ij}(\boldsymbol{X})$是矩阵 $\boldsymbol{X}$ 的实值函数，定义映射 $\boldsymbol{F}$ 的导数为

$$\frac{\mathrm{d}\boldsymbol{F}}{\mathrm{d}\boldsymbol{X}}=\begin{bmatrix} \frac{\partial \boldsymbol{F}}{\partial x_{11}} & \frac{\partial \boldsymbol{F}}{\partial x_{12}} & \cdots & \frac{\partial \boldsymbol{F}}{\partial x_{1n}} \\ \frac{\partial \boldsymbol{F}}{\partial x_{21}} & \frac{\partial \boldsymbol{F}}{\partial x_{22}} & \cdots & \frac{\partial \boldsymbol{F}}{\partial x_{2n}} \\ \vdots & \vdots & & \vdots \\ \frac{\partial \boldsymbol{F}}{\partial x_{m1}} & \frac{\partial \boldsymbol{F}}{\partial x_{m2}} & \cdots & \frac{\partial \boldsymbol{F}}{\partial x_{mn}} \end{bmatrix}\in\mathbf{R}^{rm\times sn} \tag{3.76}$$

其中

$$\frac{\partial \boldsymbol{F}}{\partial x_{ij}}=\begin{bmatrix} \frac{\partial f_{11}}{\partial x_{ij}} & \frac{\partial f_{12}}{\partial x_{ij}} & \cdots & \frac{\partial f_{1s}}{\partial x_{ij}} \\ \frac{\partial f_{21}}{\partial x_{ij}} & \frac{\partial f_{22}}{\partial x_{ij}} & \cdots & \frac{\partial f_{2s}}{\partial x_{ij}} \\ \vdots & \vdots & & \vdots \\ \frac{\partial f_{r1}}{\partial x_{ij}} & \frac{\partial f_{r2}}{\partial x_{ij}} & \cdots & \frac{\partial f_{rs}}{\partial x_{ij}} \end{bmatrix}\in\mathbf{R}^{r\times s} \tag{3.77}$$

因数量和向量都是特殊的矩阵，因此数量和向量对于向量的导数、矩阵关于向量的导数都可视为矩阵对矩阵导数的特殊情形。例如：设 $\boldsymbol{x}=(x_1,x_2,\cdots,x_n)^{\mathrm{T}}$，$\boldsymbol{F}(\boldsymbol{x})=(f_1(\boldsymbol{x}),f_2(\boldsymbol{x}),\cdots,f_n(\boldsymbol{x}))$，根据定义，

$$\frac{\mathrm{d}\boldsymbol{F}}{\mathrm{d}\boldsymbol{x}}=\left(\frac{\partial \boldsymbol{F}}{\partial x_1},\frac{\partial \boldsymbol{F}}{\partial x_2},\cdots,\frac{\partial \boldsymbol{F}}{\partial x_n}\right)^{\mathrm{T}}=\begin{bmatrix} \frac{\partial f_1}{\partial x_1} & \frac{\partial f_2}{\partial x_1} & \cdots & \frac{\partial f_n}{\partial x_1} \\ \frac{\partial f_1}{\partial x_2} & \frac{\partial f_2}{\partial x_2} & \cdots & \frac{\partial f_n}{\partial x_2} \\ \vdots & \vdots & & \vdots \\ \frac{\partial f_1}{\partial x_n} & \frac{\partial f_2}{\partial x_n} & \cdots & \frac{\partial f_n}{\partial x_n} \end{bmatrix}$$

这与定义 3.3.4 是一致的。

例 3.3.8 求$\dfrac{\mathrm{d}\boldsymbol{A}}{\mathrm{d}\boldsymbol{A}},\dfrac{\mathrm{d}\boldsymbol{A}^{\mathrm{T}}}{\mathrm{d}\boldsymbol{A}}$。

解 令 $f_{ij}(\boldsymbol{A})=a_{ij}$，则 $\boldsymbol{A}=(f_{ij}(\boldsymbol{A}))_{m\times n}$。显然，$\dfrac{\mathrm{d}f_{ij}(\boldsymbol{A})}{\mathrm{d}\boldsymbol{A}}=(\boldsymbol{E}_{ij})_{m\times n}$，其中 $\boldsymbol{E}_{ij}$ 表示 (i,j)元素为 1，其他元素均为零的 $m\times n$ 矩阵，故$\dfrac{\mathrm{d}\boldsymbol{A}}{\mathrm{d}\boldsymbol{A}}=(\boldsymbol{E}_{ij})_{m\times n}$。同理，$\dfrac{\mathrm{d}\boldsymbol{A}^{\mathrm{T}}}{\mathrm{d}\boldsymbol{A}}=(\boldsymbol{E}_{ji})_{n\times m}$。

定义 3.3.8 设 $\boldsymbol{A}\in\mathbf{R}^{m\times n}$，$\boldsymbol{B}\in\mathbf{R}^{p\times q}$，

$$\boldsymbol{A}\otimes\boldsymbol{B}\triangleq\begin{bmatrix}a_{11}\boldsymbol{B} & a_{12}\boldsymbol{B} & \cdots & a_{1n}\boldsymbol{B}\\ a_{21}\boldsymbol{B} & a_{22}\boldsymbol{B} & \cdots & a_{2n}\boldsymbol{B}\\ \vdots & \vdots & & \vdots\\ a_{m1}\boldsymbol{B} & a_{m2}\boldsymbol{B} & \cdots & a_{mn}\boldsymbol{B}\end{bmatrix}\in\mathbf{R}^{pm\times qn}$$

称为 $\boldsymbol{A}$ 与 $\boldsymbol{B}$ 的直积。

利用矩阵直积，可给出乘积矩阵关于矩阵导数表达式。

定理 3.3.1（矩阵乘积的导数） 设 $\boldsymbol{X}=(x_{pq})_{m\times n}$，$\boldsymbol{F}(\boldsymbol{X})=(f_{ij}(\boldsymbol{X}))_{s\times r}$，$G(\boldsymbol{X})=(g_{ij}(\boldsymbol{X}))_{r\times t}$，则

$$\frac{\mathrm{d}(\boldsymbol{FG})}{\mathrm{d}\boldsymbol{X}}=\frac{\mathrm{d}\boldsymbol{F}}{\mathrm{d}\boldsymbol{X}}(\boldsymbol{I}_n\otimes\boldsymbol{G})+(\boldsymbol{I}_m\otimes\boldsymbol{F})\frac{\mathrm{d}\boldsymbol{G}}{\mathrm{d}\boldsymbol{X}}\tag{3.78}$$

证明 令 $\boldsymbol{A}(\boldsymbol{X})=\boldsymbol{F}(\boldsymbol{X})\boldsymbol{G}(\boldsymbol{X})$，则

$$a_{ij}(\boldsymbol{X})=\sum_{k=1}^{r}f_{ik}(\boldsymbol{X})g_{kj}(\boldsymbol{X}),\quad i=1,2,\cdots,s;j=1,2,\cdots,t$$

根据导数定义，

$$\frac{\mathrm{d}\boldsymbol{A}}{\mathrm{d}\boldsymbol{X}}=\left(\frac{\partial\boldsymbol{A}}{\partial x_{pq}}\right)_{m\times n}$$

$$\begin{aligned}\frac{\partial\boldsymbol{A}}{\partial x_{pq}}&=\left(\frac{\partial a_{ij}}{\partial x_{pq}}\right)_{s\times t}=\left(\sum_{k=1}^{r}\frac{\partial(f_{ik}g_{kj})}{\partial x_{pq}}\right)_{s\times t}=\left(\sum_{k=1}^{r}\frac{\partial f_{ik}}{\partial x_{pq}}\cdot g_{kj}\right)_{s\times t}+\left(\sum_{k=1}^{r}f_{ik}\cdot\frac{\partial g_{kj}}{\partial x_{pq}}\right)_{s\times t}\\&=\frac{\partial\boldsymbol{F}}{\partial x_{pq}}\cdot\boldsymbol{G}+\boldsymbol{F}\frac{\partial\boldsymbol{G}}{\partial x_{pq}}\end{aligned}$$

所以

$$\begin{aligned}\frac{\mathrm{d}\boldsymbol{A}}{\mathrm{d}\boldsymbol{X}}&=\left(\frac{\partial\boldsymbol{F}}{\partial x_{pq}}\cdot\boldsymbol{G}\right)_{m\times n}+\left(\boldsymbol{F}\cdot\frac{\partial\boldsymbol{G}}{\partial x_{pq}}\right)_{m\times n}\\&=\begin{bmatrix}\dfrac{\partial\boldsymbol{F}}{\partial x_{11}}\cdot\boldsymbol{G} & \cdots & \dfrac{\partial\boldsymbol{F}}{\partial x_{1n}}\cdot\boldsymbol{G}\\ \vdots & & \vdots\\ \dfrac{\partial\boldsymbol{F}}{\partial x_{m1}}\cdot\boldsymbol{G} & \cdots & \dfrac{\partial\boldsymbol{F}}{\partial x_{mn}}\cdot\boldsymbol{G}\end{bmatrix}+\begin{bmatrix}\boldsymbol{F}\cdot\dfrac{\partial\boldsymbol{G}}{\partial x_{11}} & \cdots & \boldsymbol{F}\cdot\dfrac{\partial\boldsymbol{G}}{\partial x_{1n}}\\ \vdots & & \vdots\\ \boldsymbol{F}\cdot\dfrac{\partial\boldsymbol{G}}{\partial x_{m1}} & \cdots & \boldsymbol{F}\cdot\dfrac{\partial\boldsymbol{G}}{\partial x_{mn}}\end{bmatrix}\\&=\begin{bmatrix}\dfrac{\partial\boldsymbol{F}}{\partial x_{11}} & \cdots & \dfrac{\partial\boldsymbol{F}}{\partial x_{1n}}\\ \vdots & & \vdots\\ \dfrac{\partial\boldsymbol{F}}{\partial x_{m1}} & \cdots & \dfrac{\partial\boldsymbol{F}}{\partial x_{mn}}\end{bmatrix}\begin{bmatrix}\boldsymbol{G} & & \\ & \ddots & \\ & & \boldsymbol{G}\end{bmatrix}+\begin{bmatrix}\boldsymbol{F} & & \\ & \ddots & \\ & & \boldsymbol{F}\end{bmatrix}\begin{bmatrix}\dfrac{\partial\boldsymbol{G}}{\partial x_{11}} & \cdots & \dfrac{\partial\boldsymbol{G}}{\partial x_{1n}}\\ \vdots & & \vdots\\ \dfrac{\partial\boldsymbol{G}}{\partial x_{m1}} & \cdots & \dfrac{\partial\boldsymbol{G}}{\partial x_{mn}}\end{bmatrix}\end{aligned}$$

$$=\frac{\mathrm{d}\boldsymbol{F}}{\mathrm{d}\boldsymbol{X}}(\boldsymbol{I}_n\otimes\boldsymbol{G})+(\boldsymbol{I}_m\otimes\boldsymbol{F})\frac{\mathrm{d}\boldsymbol{G}}{\mathrm{d}\boldsymbol{X}}$$

证毕。

例 3.3.9　令 $f(\boldsymbol{A})=\boldsymbol{A}^{\mathrm{T}}\boldsymbol{A}$，其中 $\boldsymbol{A}=(a_{ij})_{n\times n}$，求$\frac{\mathrm{d}f}{\mathrm{d}\boldsymbol{A}}$。

解　由定理 3.3.1，

$$\frac{\mathrm{d}f}{\mathrm{d}\boldsymbol{A}}=\frac{\mathrm{d}\boldsymbol{A}^{\mathrm{T}}}{\mathrm{d}\boldsymbol{A}}(\boldsymbol{I}_n\otimes\boldsymbol{A})+(\boldsymbol{I}_n\otimes\boldsymbol{A}^{\mathrm{T}})\frac{\mathrm{d}\boldsymbol{A}}{\mathrm{d}\boldsymbol{A}}$$

因

$$\frac{\mathrm{d}\boldsymbol{A}}{\mathrm{d}\boldsymbol{A}}=\left(\frac{\partial\boldsymbol{A}}{\partial a_{ij}}\right)=(\boldsymbol{E}_{ij})_{n\times n},\quad \frac{\mathrm{d}\boldsymbol{A}^{\mathrm{T}}}{\mathrm{d}\boldsymbol{A}}=\left(\frac{\partial\boldsymbol{A}^{\mathrm{T}}}{\partial a_{ij}}\right)=(\boldsymbol{E}_{ji})_{n\times n}$$

故

$$\frac{\mathrm{d}(\boldsymbol{A}^{\mathrm{T}}\boldsymbol{A})}{\mathrm{d}\boldsymbol{A}}=(\boldsymbol{E}_{ji})_{n\times n}(\boldsymbol{I}_n\otimes\boldsymbol{A})+(\boldsymbol{I}_n\otimes\boldsymbol{A}^{\mathrm{T}})(\boldsymbol{E}_{ij})_{n\times n}=(\boldsymbol{E}_{ji}\boldsymbol{A}+\boldsymbol{A}^{\mathrm{T}}\boldsymbol{E}_{ij})_{n\times n}\tag{3.79}$$

例 3.3.10　求$\frac{\mathrm{d}\boldsymbol{A}^{-1}}{\mathrm{d}\boldsymbol{A}}$。

解　根据定理 3.3.1，从 $\boldsymbol{A}^{-1}\boldsymbol{A}=\boldsymbol{I}$ 得到

$$\frac{\mathrm{d}\boldsymbol{A}^{-1}}{\mathrm{d}\boldsymbol{A}}(\boldsymbol{I}_n\otimes\boldsymbol{A})+(\boldsymbol{I}_n\otimes\boldsymbol{A}^{-1})\frac{\mathrm{d}\boldsymbol{A}}{\mathrm{d}\boldsymbol{A}}=0$$

于是

$$\frac{\mathrm{d}\boldsymbol{A}^{-1}}{\mathrm{d}\boldsymbol{A}}=-(\boldsymbol{I}_n\otimes\boldsymbol{A}^{-1})\frac{\mathrm{d}\boldsymbol{A}}{\mathrm{d}\boldsymbol{A}}(\boldsymbol{I}_n\otimes\boldsymbol{A})^{-1}=-(\boldsymbol{I}_n\otimes\boldsymbol{A}^{-1})(\boldsymbol{E}_{ij})_{n\times n}(\boldsymbol{I}_n\otimes\boldsymbol{A}^{-1})$$

故

$$\frac{\mathrm{d}\boldsymbol{A}^{-1}}{\mathrm{d}\boldsymbol{A}}=-(\boldsymbol{A}^{-1}\boldsymbol{E}_{ij}\boldsymbol{A}^{-1})_{n\times n}\tag{3.80}$$

3.3.5 矩阵的全微分

定义 3.3.9　设 $\boldsymbol{F}=(f_{ij})_{m\times n}$，定义矩阵的全微分为 $\mathrm{d}\boldsymbol{F}=(\mathrm{d}f_{ij})_{m\times n}$

例如，矩阵

$$\boldsymbol{F}=\begin{bmatrix}x-y & x^3+2y\\ 2x+y^2 & y^3\end{bmatrix}$$

的全微分是

$$\mathrm{d}\boldsymbol{F}=\begin{bmatrix}\mathrm{d}x-\mathrm{d}y & 3x^2\mathrm{d}x+2\mathrm{d}y\\ 2\mathrm{d}x+2\mathrm{d}y & 3y^2\mathrm{d}y\end{bmatrix}$$

不难验证，矩阵全微分有下述运算性质：

(i) $\mathrm{d}(s\boldsymbol{F}+t\boldsymbol{G})=s\mathrm{d}\boldsymbol{F}+t\mathrm{d}\boldsymbol{G}$，其中 s,t 是常数；

(ii) 当 $\boldsymbol{F}$ 是常量矩阵时，$\mathrm{d}\boldsymbol{F}=0$；

(iii) $\mathrm{d}(\boldsymbol{F}^{\mathrm{T}})=(\mathrm{d}\boldsymbol{F})^{\mathrm{T}}$；

(iv) $\mathrm{d}(\mathrm{tr}\boldsymbol{F})=\mathrm{tr}(\mathrm{d}\boldsymbol{F})$，其中 $\boldsymbol{F}$ 是方阵。

定理 3.3.2　设矩阵 $\boldsymbol{F}=(f_{ij})_{m\times n}$，其中 f_{ij} 都是向量 $\boldsymbol{x}=(x_1,x_2,\cdots,x_n)^{\mathrm{T}}$ 的函数，则

$$\mathrm{d}\boldsymbol{F}=\sum_{k=1}^{n}\frac{\partial \boldsymbol{F}}{\partial x_i}\mathrm{d}x_i \tag{3.81}$$

证明　根据全微分定义，

$$\mathrm{d}\boldsymbol{F}=\begin{bmatrix}\mathrm{d}f_{11} & \mathrm{d}f_{12} & \cdots & \mathrm{d}f_{1q}\\ \mathrm{d}f_{21} & \mathrm{d}f_{22} & \cdots & \mathrm{d}f_{2q}\\ \vdots & \vdots & & \vdots\\ \mathrm{d}f_{p1} & \mathrm{d}f_{p2} & \cdots & \mathrm{d}f_{pq}\end{bmatrix}=\begin{bmatrix}\sum_{i=1}^{n}\frac{\partial f_{11}}{\partial x_i}\mathrm{d}x_i & \sum_{i=1}^{n}\frac{\partial f_{12}}{\partial x_i}\mathrm{d}x_i & \cdots & \sum_{i=1}^{n}\frac{\partial f_{1q}}{\partial x_i}\mathrm{d}x_i\\ \sum_{i=1}^{n}\frac{\partial f_{21}}{\partial x_i}\mathrm{d}x_i & \sum_{i=1}^{n}\frac{\partial f_{22}}{\partial x_i}\mathrm{d}x_i & \cdots & \sum_{i=1}^{n}\frac{\partial f_{2q}}{\partial x_i}\mathrm{d}x_i\\ \vdots & \vdots & & \vdots\\ \sum_{i=1}^{n}\frac{\partial f_{p1}}{\partial x_i}\mathrm{d}x_i & \sum_{i=1}^{n}\frac{\partial f_{p2}}{\partial x_i}\mathrm{d}x_i & \cdots & \sum_{i=1}^{n}\frac{\partial f_{pq}}{\partial x_i}\mathrm{d}x_i\end{bmatrix}$$

$$=\sum_{i=1}^{n}\begin{bmatrix}\frac{\partial f_{11}}{\partial x_i} & \frac{\partial f_{12}}{\partial x_i} & \cdots & \frac{\partial f_{1q}}{\partial x_i}\\ \frac{\partial f_{21}}{\partial x_i} & \frac{\partial f_{22}}{\partial x_i} & \cdots & \frac{\partial f_{2q}}{\partial x_i}\\ \vdots & \vdots & & \vdots\\ \frac{\partial f_{p1}}{\partial x_i} & \frac{\partial f_{p2}}{\partial x_i} & \cdots & \frac{\partial f_{pq}}{\partial x_i}\end{bmatrix}\mathrm{d}x_i=\sum_{i=1}^{n}\frac{\partial \boldsymbol{F}}{\partial x_i}\mathrm{d}x_i$$

关于乘积矩阵 $\boldsymbol{F}=\boldsymbol{A}_1\boldsymbol{A}_2\cdots\boldsymbol{A}_s$ 的全微分，有下述运算规则：

$$\mathrm{d}\boldsymbol{F}=(\mathrm{d}\boldsymbol{A}_1)\boldsymbol{A}_2\boldsymbol{A}_3\cdots\boldsymbol{A}_s+\boldsymbol{A}_1(\mathrm{d}\boldsymbol{A}_2)\boldsymbol{A}_3\cdots\boldsymbol{A}_s+\cdots+\boldsymbol{A}_1\boldsymbol{A}_2\boldsymbol{A}_3\cdots(\mathrm{d}\boldsymbol{A}_s) \tag{3.82}$$

特别，当 $s=2$ 时

$$\mathrm{d}\boldsymbol{F}=(\mathrm{d}\boldsymbol{A}_1)\boldsymbol{A}_2+\boldsymbol{A}_1(\mathrm{d}\boldsymbol{A}_2)$$

利用这个性质，很容易计算一些函数、向量和矩阵的全微分，例如：

(i) $\mathrm{d}(\boldsymbol{a}^{\mathrm{T}}\boldsymbol{x})=\boldsymbol{a}^{\mathrm{T}}\mathrm{d}\boldsymbol{x}$，其中 $\boldsymbol{a}$ 是常值向量；

(ii) $\mathrm{d}(\boldsymbol{x}^{\mathrm{T}}\boldsymbol{A}\boldsymbol{x})=\boldsymbol{x}^{\mathrm{T}}(\boldsymbol{A}^{\mathrm{T}}+\boldsymbol{A})\mathrm{d}\boldsymbol{x}$，其中 $\boldsymbol{A}$ 是常量方阵；

(iii) $\mathrm{d}(\boldsymbol{A}\boldsymbol{x})=\boldsymbol{A}\mathrm{d}\boldsymbol{x}$，其中 $\boldsymbol{A}$ 是常量矩阵；

(iv) $\mathrm{d}(\boldsymbol{A}^{\mathrm{T}}\boldsymbol{A})=(\boldsymbol{A}^{\mathrm{T}}\mathrm{d}\boldsymbol{A})^{\mathrm{T}}+\boldsymbol{A}^{\mathrm{T}}\mathrm{d}\boldsymbol{A}$。

习　　题

1. 若 $\|\cdot\|_\alpha$ 和 $\|\cdot\|_\beta$ 是 $\mathbf{C}^n$ 上的两种范数，证明：

(i) $\|\boldsymbol{x}\|=\max\{\|\boldsymbol{x}\|_\alpha,\|\boldsymbol{x}\|_\beta\}$ 是 $\mathbf{C}^n$ 上的范数；

(ii) $\forall c_1,c_2>0$，$\|\boldsymbol{x}\|=c_1\|\boldsymbol{x}\|_\alpha+c_2\|\boldsymbol{x}\|_\beta$ 也是 $\mathbf{C}^n$ 上的范数。

2. 若 $\|\cdot\|_\alpha$ 和 $\|\cdot\|_\beta$ 是任何两种矩阵范数，则存在正数 $a<b$ 使得

$$a\|\boldsymbol{A}\|_\alpha\leqslant\|\boldsymbol{A}\|_\beta\leqslant b\|\boldsymbol{A}\|_\alpha$$

3. 证明：从属向量范数 $\|\cdot\|_1$，$\|\cdot\|_2$，$\|\cdot\|_\infty$ 的矩阵范数分别为

$$\|\boldsymbol{A}\|_1=\max_j\sum_{j=1}^{n}|a_{ij}|$$

$$\|\boldsymbol{A}\|_2=\sqrt{\lambda_{\max}(\boldsymbol{A}^H\boldsymbol{A})}$$

$$\|\boldsymbol{A}\|_{\infty}=\max_{i}\sum_{j=1}^{n}|a_{ij}|$$

其中 $\lambda_{\max}(\boldsymbol{A}^H\boldsymbol{A})$ 表示 $\boldsymbol{A}^H\boldsymbol{A}$ 的最大特征值，即 $\|\boldsymbol{A}\|_2$ 是 $\boldsymbol{A}$ 的最大奇异值。

4. 设 $\boldsymbol{A},\boldsymbol{B}\in\mathbf{C}^n$，$\boldsymbol{A}$ 可逆且存在范数 $\|\cdot\|$ 使得 $\|\boldsymbol{A}^{-1}\boldsymbol{B}\|<1$，证明：

(i) $\boldsymbol{A}+\boldsymbol{B}$ 可逆；

(ii) 令 $\boldsymbol{C}=\boldsymbol{I}-(\boldsymbol{I}-\boldsymbol{A}^{-1}\boldsymbol{B})^{-1}$，则 $\|\boldsymbol{C}\|\leqslant\dfrac{\|\boldsymbol{A}^{-1}\boldsymbol{B}\|}{1-\|\boldsymbol{A}^{-1}\boldsymbol{B}\|}$；

(iii) $\dfrac{\|\boldsymbol{A}^{-1}-(\boldsymbol{A}+\boldsymbol{B})^{-1}\|}{\|\boldsymbol{A}^{-1}\|}\leqslant\dfrac{\|\boldsymbol{A}^{-1}\boldsymbol{B}\|}{1-\|\boldsymbol{A}^{-1}\boldsymbol{B}\|}$。

5. 设 $\boldsymbol{A}=\begin{bmatrix}4&6&0\\-3&-5&0\\-3&-6&1\end{bmatrix}$，计算 $\exp(\boldsymbol{A})$、$\cos(\boldsymbol{A})$ 和 $\sin(\boldsymbol{A})$。

6. 计算 $\ln\boldsymbol{A}$，其中

$$\text{(i) }\boldsymbol{A}=\begin{bmatrix}1&&&\\1&1&&\\&1&1&\\&&1&1\end{bmatrix}\qquad\text{(ii) }\boldsymbol{A}=\begin{bmatrix}1&1&&\\&1&&\\&&2&1\\&&&2\end{bmatrix}$$

7. 举例说明下述关系式

$$\frac{\mathrm{d}}{\mathrm{d}x}(\boldsymbol{A}(x))^k=k(\boldsymbol{A}(x))^{k-1}\frac{\mathrm{d}}{\mathrm{d}x}\boldsymbol{A}(x)$$

在一般情况下不成立。问：在何种情况下，才能成立？

8. 设 $f(\boldsymbol{A})=\boldsymbol{x}^{\mathrm{T}}\boldsymbol{A}^{-1}\boldsymbol{x}$，求 $\dfrac{\mathrm{d}f}{\mathrm{d}\boldsymbol{A}}$。

9. 设矩阵 $\boldsymbol{A}$ 与列向量 $\boldsymbol{x}$ 无关，证明：

(i) $\dfrac{\mathrm{d}\boldsymbol{x}^{\mathrm{T}}\boldsymbol{A}}{\mathrm{d}\boldsymbol{x}}=\boldsymbol{A}$；

(ii) $\dfrac{\mathrm{d}\boldsymbol{x}^{\mathrm{T}}\boldsymbol{A}\boldsymbol{x}}{\mathrm{d}\boldsymbol{x}}=(\boldsymbol{A}+\boldsymbol{A}^{\mathrm{T}})\boldsymbol{x}$；

(iii) $\dfrac{\mathrm{d}\boldsymbol{x}^{\mathrm{T}}\boldsymbol{A}\boldsymbol{x}}{\mathrm{d}\boldsymbol{x}}=2\boldsymbol{A}\boldsymbol{x}$，其中 $\boldsymbol{A}$ 为对称矩阵。

10. 证明：

(i) $\dfrac{\mathrm{d}}{\mathrm{d}\boldsymbol{A}}\mathrm{tr}(\boldsymbol{A}\boldsymbol{A}^{\mathrm{T}})=\dfrac{\mathrm{d}}{\mathrm{d}\boldsymbol{A}}\mathrm{tr}(\boldsymbol{A}^{\mathrm{T}}\boldsymbol{A})=2\boldsymbol{A}$；

(ii) $\dfrac{\mathrm{d}}{\mathrm{d}\boldsymbol{A}}\mathrm{tr}(\boldsymbol{A}\boldsymbol{B}\boldsymbol{A}^{\mathrm{T}})=\boldsymbol{A}(\boldsymbol{B}+\boldsymbol{B}^{\mathrm{T}})$。

第二部分　数值计算与分析

第4章　插值与拟合

插值与拟合是两种古老的数学方法，其基本理论直至微积分诞生之后才逐渐完善，它们的应用也日益广泛。现今，随计算机的使用和科学技术问题的需要，插值与拟合的重要性在实践应用中更为显著。本章主要介绍各种多项式插值方法、数据的线性和非线性最小二乘拟合方法。阅读本章要求读者具有初等微积分学的知识，特别是函数的 Taylor 展开理论。

4.1　多项式插值

4.1.1　基本概念

假定函数 $y=y(x)$ 在区间 $[a,b]$ 上有定义，且已知在 $n+1$ 个点 $a\leqslant x_0<x_1<\cdots<x_n\leqslant b$ 处的值 $y_0,y_1,\cdots,y_n$。如果存在简单函数 $y=p(x)$ 使得

$$y_k=p(x_k),\quad k=0,1,2,\cdots,n \tag{4.1}$$

则称 $p(x)$ 是 $y(x)$ 的插值函数，$\{x_k\}_{k=0}^{n}$ 中的点称为插值节点，区间 $[a,b]$ 称为插值区间，求插值函数 $p(x)$ 的方法称为插值法。如果插值函数 $p(x)$ 是代数多项式、分段多项式和三角多项式，则相应的插值法分别称为多项式插值、分段插值和三角插值。

在几何上，插值法就是要找通过 $n+1$ 个节点 (x_k,y_k)，$k=0,1,2,\cdots,n$ 的曲线 $y=p(x)$，且用它替代未知的（或复杂的）曲线 $y=y(x)$，如图 4.1 所示，以便获得（或简化计算）函数 $y(x)$ 在节点之外的近似值。

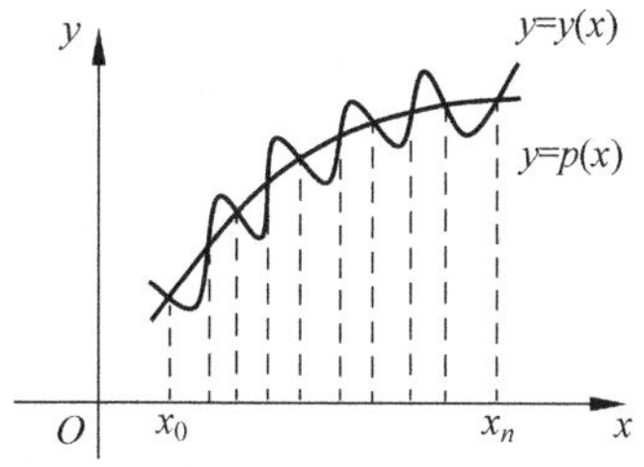

图 4.1　插值函数

根据多项式插值问题，需要寻找一个次数不超过 n 的多项式 $p(x)=c_0+c_1x+\cdots+c_nx^n$ 使得式(4.1)成立，换句话说，需要找一组数（多项式系数）$c_0,c_1,\cdots,c_n$ 满足下述线性系统

$$\underbrace{\begin{bmatrix}1 & x_0 & x_0^2 & \cdots & x_0^n\\ 1 & x_1 & x_1^2 & \cdots & x_1^n\\ 1 & x_2 & x_2^2 & \cdots & x_2^n\\ \vdots & \vdots & \vdots & & \vdots\\ 1 & x_n & x_n^2 & \cdots & x_n^n\end{bmatrix}}_{\boldsymbol{V}}\underbrace{\begin{bmatrix}c_0\\ c_1\\ c_2\\ \vdots\\ c_n\end{bmatrix}}_{\boldsymbol{c}}=\underbrace{\begin{bmatrix}y_0\\ y_1\\ y_2\\ \vdots\\ y_n\end{bmatrix}}_{\boldsymbol{y}} \tag{4.2}$$

系数矩阵 $\boldsymbol{V}$ 称为范得蒙（Vandermonde）矩阵，其行列式 $\det(\boldsymbol{V})=\prod\limits_{1\leqslant i<j\leqslant n}(x_j-x_i)\neq 0$，因为插值节点 x_i,x_j 互不相同，$\boldsymbol{V}$ 是非奇异的。因此，由线性系统理论，式(4.2)存在唯一解 $\boldsymbol{c}=\boldsymbol{V}^{-1}\boldsymbol{y}$，这就证明了多项式插值的存在性和唯一性。

上面同时给出了求逆矩阵的插值计算方法（以后称为范得蒙法），这似乎已解决了多项

式插值问题。很不幸,范得蒙矩阵对于线性系统(或求逆)可能是非常病态的,此外高斯消元法或 QR 方法在解这个线性系统时需要 $O(n^3)$ 运算。因病态和计算量的原因,在实际问题中不使用这种方法求解插值问题。在介绍常用方法之前,先分析导入插值计算方法的理论基础。

我们知道在多项式加法和数乘运算下,次数不超过 n 的多项式全体 $\mathbf{P}[x]_n$ 构成一个 $n+1$ 维线性空间。给定 $\mathbf{P}[x]_n$ 的一组基函数 $w_0(x), w_1(x), \cdots, w_n(x)$,对任意 $p(x)\in\mathbf{P}[x]_n$ 都能唯一表示成基函数的线性组合

$$p(x)=c_0w_0(x)+c_1w_1(x)+\cdots+c_nw_n(x)$$

于是,多项式插值问题就化为求组合系数问题。例如:上面范得蒙法使用的基函数是 $\{1, x, \cdots, x^n\}$,且在这组基函数下求组合系数。选择一组基函数就可导入一种多项式插值法,问题是需要选择一组"好"基函数以便计算组合系数。在选择中,基函数应该与插值节点有关联才可能成为"好"基函数。在范得蒙法中,$\{1, x, \cdots, x^n\}$ 是与插值节点无联系的基函数,因而不能成为高性能的插值法。

4.1.2 拉格朗日插值法

1. 插值基函数

由插值节点 $x_0<x_1<\cdots<x_n$ 构造 $n+1$ 个 n 次多项式

$$\begin{aligned}\varphi_k(x)&=\prod_{i\neq k}\frac{x-x_i}{x_k-x_i}\\&=\left(\frac{x-x_0}{x_k-x_0}\right)\cdots\left(\frac{x-x_{k-1}}{x_k-x_0}\right)\left(\frac{x-x_{k+1}}{x_k-x_0}\right)\cdots\left(\frac{x-x_n}{x_k-x_n}\right),\quad k=0,1,\cdots,n\end{aligned}\tag{4.3}$$

不难看出,它们在 $\mathbf{P}[x]_n$ 中是线性无关的,因而构成一组基函数,称为拉格朗日插值基函数。例如:

当 $n=1$ 时,两个基函数都是线性函数,表示两条直线

$$\varphi_0(x)=\frac{x-x_1}{x_0-x_1},\quad \varphi_1(x)=\frac{x-x_0}{x_1-x_0}$$

当 $n=2$ 时,三个基函数都是二次函数,表示三条抛物线

$$\varphi_0(x)=\left(\frac{x-x_1}{x_0-x_1}\right)\left(\frac{x-x_2}{x_0-x_2}\right),\quad \varphi_1(x)=\left(\frac{x-x_0}{x_1-x_0}\right)\left(\frac{x-x_2}{x_1-x_2}\right),$$

$$\varphi_2(x)=\left(\frac{x-x_0}{x_2-x_0}\right)\left(\frac{x-x_1}{x_2-x_1}\right)$$

考虑插值基函数在节点处的性质:当 $x=x_k$ 时,$\varphi_k(x_k)$ 的每个因子都等于 1,因此 $\varphi_k(x_k)=1$;当 $x=x_j(j\neq k)$ 时,$\varphi_k(x_j)$ 必有一个因子为零,因此 $\varphi_k(x_j)=0$。于是,插值基函数在节点处满足

$$\varphi_k(x_j)=\begin{cases}1, & k=j\\0, & k\neq j\end{cases}\quad k,j=0,1,\cdots,n\tag{4.4}$$

2. 拉格朗日插值公式

由拉格朗日插值基函数式(4.3),插值多项式有下述形式

$$p(x)=c_0\varphi_0(x)+c_1\varphi_1(x)+\cdots+c_n\varphi_n(x)$$

因 $y_k=p(x_k)=c_0\varphi_0(x_k)+c_1\varphi_1(x_k)+\cdots+c_n\varphi_n(x_k)$，根据式(4.4)组合系数为

$$c_k=y_k,\quad k=0,1,\cdots,n$$

从而得到插值多项式

$$p(x)=\sum_{k=0}^{n}y_k\varphi_k(x)=\sum_{k=0}^{n}y_k\prod_{i\neq k}\frac{x-x_i}{x_k-x_i} \tag{4.5}$$

并称它为拉格朗日插值公式。

例 4.1.1　用范得蒙法和拉格朗日法，求三个节点数据{(1,2),(2,3),(3,6)}的二次插值多项式。

解　通过求解范得蒙方程

$$\begin{bmatrix}1&1&2\\1&2&3\\1&3&6\end{bmatrix}\begin{bmatrix}c_0\\c_2\\c_1\end{bmatrix}=\begin{bmatrix}2\\3\\6\end{bmatrix}$$

得到 $c_0=3,c_1=-2,c_3=1$，因此，插值多项式为

$$p(x)=3-2x+x^3$$

由式(4.5)，拉格朗日插值多项式为

$$p(x)=2\times\frac{(x-2)(x-3)}{(1-2)(1-3)}+3\times\frac{(x-1)(x-3)}{(2-1)(2-3)}+6\times\frac{(x-1)(x-2)}{(3-1)(3-2)}$$

对上式化简同样得到 $p(x)=3-2x+x^3$，即两种方法得到相同的插值多项式。事实上，由插值多项式的唯一性，任何插值法对同一组数据得到的多项式在本质上都是一样的，只是基函数的不同选择才导致不同的表现形式。

根据插值多项式的存在性与唯一性，令 $y_k=x_k^m,m=0,1,2,\cdots,n$，从式(4.5)得到

$$x^m=\sum_{k=0}^{n}x_k^m\varphi_k(x),\quad m=0,1,2,\cdots,n \tag{4.6a}$$

特别，

$$\sum_{k=0}^{n}\varphi_k(x)=1 \tag{4.6b}$$

式(4.6a)可以用来检验基函数 $\{\varphi_k(x)\}_{k=0}^{n}$ 的正确性，同时也说明：在一些特殊情况下插值多项式可能是次数小于 n 的多项式。

虽然由节点数据可以直接写出拉格朗日插值多项式，但用这种形式计算某点的函数值是较费时的，需要 $O(n^2)$ 次运算，因为其中有 $n+1$ 项求和，需要 n 次加法运算；每项有 n 个因子的乘积，需要 $n-1$ 次乘法运算。采用 $p(x)=c_0+c_1x+\cdots+c_nx^n$ 的形式，仅需要 $O(n)$ 次运算：开始 $y^{(0)}=c_n$，然后计算 $y^{(i+1)}=y^{(i)}x+c_{n-i},i=1,2,\cdots,n$，大约需要 $2n$ 次运算。为了减少计算函数值的运算量，将拉格朗日插值公式改写为

$$p(x)=\left(\prod_{k=0}^{n}(x-x_k)\right)\cdot\sum_{k=0}^{n}\frac{w_k}{x-x_k}y_k \tag{4.7}$$

其中

$$w_k=\prod_{i\neq k}\frac{1}{x_k-x_i},\quad k=0,1,2,\cdots,n \tag{4.8}$$

这种形式的优点在于，w_k 仅与节点有关因而是常数，尽管确定它们仍需要 $O(n^2)$ 次运算，但一旦被确定计算函数值时只需要 $O(n)$ 次运算。

再稍做一点变化，把式(4.7)写成更规整的形式。由式(4.6b)

$$\left(\prod_{k=0}^{n}(x-x_k)\right)\cdot\sum_{k=0}^{n}\frac{w_k}{x-x_k}=1$$

因而

$$\prod_{k=0}^{n}(x-x_k)=\frac{1}{\displaystyle\sum_{k=0}^{n}\frac{w_k}{x-x_k}}$$

代入式(4.7)

$$p(x)=\frac{\displaystyle\sum_{k=0}^{n}\frac{w_k}{x-x_k}y_k}{\displaystyle\sum_{k=0}^{n}\frac{w_k}{x-x_k}} \tag{4.9}$$

在式(4.9)中，y_k 的系数是 $\lambda_k(x)=\dfrac{\dfrac{w_k}{x-x_k}}{\displaystyle\sum_{k=0}^{n}\frac{w_k}{x-x_k}}$，且 $\displaystyle\sum_{k=1}^{n}\lambda_k(x)=1$，即 $\{\lambda_k(x)\}_{k=1}^{n}$ 是数据 $\{y_k\}_{k=1}^{n}$ 的重心权，因此称式(4.9)为拉格朗日重心插值公式。

在形式上，难以看出重心插值公式是多项式，但从上述推导可知它确实是多项式。用重心插值公式计算函数值，在已确定 w_k 的情况下也只需要 $O(n)$ 次运算。它的另一个优点是，当增加新节点数据 (x_{n+1},y_{n+1}) 时，只须对式(4.9)稍做改变就得到 $n+1$ 次插值多项式 $p_{n+1}(x)$：

$$w_k\leftarrow\frac{w_k}{x_k-x_{n+1}}(k=0,1,2,\cdots,n),\quad w_{n+1}=\frac{1}{\displaystyle\prod_{k\neq n+1}(x_{n+1}-x_k)}$$

$$p_{n+1}(x)=\frac{\displaystyle\sum_{k=0}^{n}\frac{w_k}{x-x_k}y_k+\frac{w_{n+1}}{x-x_{n+1}}y_{n+1}}{\displaystyle\sum_{k=0}^{n}\frac{w_k}{x-x_k}+\frac{w_{n+1}}{x-x_{n+1}}}$$

4.1.3 牛顿插值法

1. 牛顿插值形式

牛顿插值法是选择如下一组线性无关的多项式作为 $\mathbf{P}[x]_n$ 的基函数

$$1,x-x_0,(x-x_0)(x-x_1),\cdots,\prod_{k=0}^{n-1}(x-x_k)$$

因 $\mathbf{P}[x]_n$ 中的任一多项式都是它们的线性组合，所以插值多项式的形式为

$$p(x)=c_0+c_1(x-x_0)+c_2(x-x_0)(x-x_1)+\cdots+c_n\prod_{k=0}^{n-1}(x-x_k) \tag{4.10}$$

一旦确定系数，这种形式按下述计算方法大约 $3n$ 次运算就可得到在非节点处的值：

$$y^{(0)}(x)=c_n,\quad y^{(k+1)}(x)=y^{(k)}(x)(x-x_{n-k})+c_{n-k}(k=1,2,\cdots,n)$$

现在确定插值多项式(4.10)的系数。由插值条件 $p(x_k)=y_k(k=0,1,\cdots,n)$，得到如下三角型线性系统：

$$\begin{bmatrix} 1 & & & & \\ 1 & x_1-x_0 & & & \\ 1 & x_2-x_0 & (x_2-x_0)(x_2-x_1) & & \\ \vdots & \vdots & \vdots & \ddots & \\ 1 & x_n-x_0 & (x_n-x_0)(x_n-x_1) & & \prod_{k=0}^{n-1}(x_n-x_k) \end{bmatrix}\begin{bmatrix} c_0 \\ c_1 \\ c_2 \\ \vdots \\ c_n \end{bmatrix}=\begin{bmatrix} y_0 \\ y_1 \\ y_2 \\ \vdots \\ y_n \end{bmatrix} \tag{4.11}$$

于是，得到系数的递推公式

$$c_0=y_0,\quad c_1=\frac{y_1-c_0}{x_1-x_0},\quad c_k=\frac{y_k-c_0-\sum_{i=1}^{k-1}c_i\prod_{j=0}^{i-1}(x_k-x_j)}{\prod_{j=0}^{k-1}(x_k-x_j)}(k=2,3,\cdots,n) \tag{4.12}$$

可见，确定牛顿插值公式的计算量是 $O(n^2)$，比拉格朗日法的计算量大，但小于范得蒙法的计算量。牛顿插值形式最突出的优点是，在增加新节点数据(x_{n+1},y_{n+1})时，前面计算的系数式(4.12)不变，即原来计算的 n 次插值多项式不发生变化，只须计算

$$c_{n+1}=\frac{y_{n+1}-c_0-\sum_{i=1}^{n}c_i\prod_{j=0}^{i-1}(x_{n+1}-x_j)}{\prod_{j=0}^{n}(x_{n+1}-x_j)} \tag{4.13}$$

在原插值多项式后面增加一项就得到 $n+1$ 次插值多项式

$$p_{n+1}(x)=p(x)+c_{n+1}\prod_{j=0}^{n}(x-x_j)$$

例 4.1.2　计算三个节点数据{(1,2),(2,3),(3,6)}的牛顿插值多项式。

解　根据式(4.12)

$$c_0=2,\quad c_1=\frac{3-2}{2-1}=1,\quad c_2=\frac{6-2-1\times(3-1)}{(3-1)(3-2)}=1$$

因此，牛顿插值多项式为

$$p_2(x)=2+(x-1)+(x-1)(x-2)$$

容易验证，这与例 4.1.1 的结果 $p(x)=3-2x+x^3$ 是相同的。

若新增节点数据(4,8)，由式(4.13)得到

$$c_3=\frac{8-2-(4-1)-(4-1)(4-2)}{(4-1)(4-2)(4-3)}=-\frac{1}{2}$$

因此，三次牛顿插值多项式

$$p_3(x)=\underbrace{2+(x-1)+(x-1)(x-2)}_{p_2(x)}-\frac{1}{2}(x-1)(x-2)(x-3)$$

可验证这个结果与直接解如下三角型方程的结果是一致的。

$$\begin{bmatrix}1 & & & \\ 1 & 1 & & \\ 1 & 2 & 2 & \\ 1 & 3 & 6 & 6\end{bmatrix}\begin{bmatrix}c_0\\ c_1\\ c_2\\ c_3\end{bmatrix}=\begin{bmatrix}2\\ 3\\ 6\\ 8\end{bmatrix}$$

通过求解三角形方程(4.11)确定系数,有时会导致数值的上溢或下溢。若相邻节点之间的距离都大于1时,$\prod_{j=0}^{n}(x_{n+1}-x_j)$可能会很大而使数值上溢;若距离都小于1,$\prod_{j=0}^{n}(x_{n+1}-x_j)$可能会很小而使数值下溢。为了克服这个缺点,下面介绍牛顿插值的均差形式。

2. 牛顿均差插值公式

将节点数据(x_k,y_k)中的y_k视为某个函数$y=y(x)$在x_k处值,记$y(x_k)=y_k$,依次代入插值多项式的牛顿形式:

$$p(x)=c_0+c_1(x-x_0)+c_2(x-x_0)(x-x_1)+\cdots+c_n\prod_{k=0}^{n-1}(x-x_k)$$

当$x=x_0$时,$y(x_0)=p(x_0)=c_0\Rightarrow c_0=y(x_0)$

当$x=x_1$时,$y(x_1)=c_0+c_1(x_1-x_0)\Rightarrow c_1=\dfrac{y(x_1)-y(x_0)}{x_1-x_0}$

当$x=x_2$时,$y(x_2)=c_0+c_1(x_1-x_0)+c_2(x_2-x_0)(x_2-x_1)\Rightarrow c_2=\dfrac{\dfrac{y(x_2)-y(x_0)}{x_2-x_0}-\dfrac{y(x_1)-y(x_0)}{x_1-x_0}}{x_2-x_1}$

用这种方式计算系数不涉及乘积$\prod_{i=0}^{K}(x_{k+1}-x_i)$,因此避免了数值溢出问题。

为了给出计算系数的一般方法,先引进函数的均差概念。

定义 4.1.1 $y[x_i,x_j]\triangleq\dfrac{y(x_j)-y(x_i)}{x_j-x_i}$称为$y(x)$在$\{x_i,x_j\}$的均差

$$y[x_i,x_j,x_k]\triangleq\frac{y[x_j,x_k]-y[x_i,x_j]}{x_k-x_i}$$

称为$y(x)$在$\{x_i,x_j,x_k\}$的二阶均差;一般

$$y[x_{i_0},x_{i_1},\cdots,x_{i_k}]\triangleq\frac{y[x_{i_1},\cdots,x_{i_{k-1}},x_{i_k}]-y[x_{i_0},\cdots,x_{i_{k-2}},x_{i_{k-1}}]}{x_{i_k}-x_{i_0}}$$

称为$y(x)$在$\{x_{i_0},x_{i_1},\cdots,x_{i_k}\}$的$k$阶均差。

$y(x)$在x_i处的函数值$y(x_i)$称为零阶均差,记为$y[x_i]\triangleq y(x_i)$。

不难验证,均差有如下基本性质:

(i) k阶均差$y[x_1,x_2,\cdots,x_k]$是$y(x_1),y(x_2),\cdots,y(x_k)$的线性组合:

$$y[x_0,x_1,\cdots,x_k]=\sum_{j=0}^{k}\frac{y(x_j)}{\prod\limits_{0\leqslant i\leqslant k,i\neq j}(x_j-x_i)}$$

这个性质同时说明k阶均差不依赖于节点的排列次序。

(ii) 若$y(x)$在$[a,b]$上有k阶导数,则

$$y[x_0,x_1,\cdots,x_k]=\frac{1}{k!}f^{(k)}(\xi)\quad(\xi\in[a,b])$$

利用均差和前面的观察，似乎牛顿插值多项式系数 $c_k = y[x_0, x_1, x_2, \cdots, x_n]$，这确实是真的。由均差的定义，不难得到

$$y[x] = y(x_0) + y[x, x_0](x - x_0)$$
$$y[x, x_0] = y[x_0, x_1] + y[x, x_0, x_1](x - x_1)$$
$$y[x, x_0, x_1] = y[x_0, x_1, x_2] + y[x, x_0, x_1, x_2](x - x_2)$$

……

$$y(x) = \underbrace{y(x_0) + y[x_0, x_1](x - x_0) + \cdots + y[x_0, x_1, x_2, \cdots, x_n] \cdot \prod_{i=1}^{n-1}(x - x_i)}_{p(x)} + \underbrace{y[x, x_0, x_1, \cdots, x_n] \cdot \prod_{i=1}^{n}(x - x_i)}_{R(x)}$$

显然，$p(x_i) = y(x_i) = y_i, i = 0, 1, \cdots, n$，且 $p(x)$是次数不超过 n 的多项式，由插值多项式的唯一性，$p(x)$是满足插值条件的多项式，于是得到牛顿插值的均差形式

$$p(x) = y(x_0) + y[x_0, x_1](x - x_0) + \cdots + y[x_0, x_1, x_2, \cdots, x_n] \cdot \prod_{i=1}^{n-1}(x - x_i) \tag{4.14}$$

给定节点数据，按下述方式很容易计算各阶均差。参考表 4.1，第 1 列是节点数据，其他列是各阶均差，对角元素正好是牛顿插值多项式的系数。从第 2 列开始，第 i 列的 i 阶均差可从前列的$(i-1)$阶均差计算出来，例如 $y[x_1, x_2, x_3]$使用同行的前列元素 $y[x_2, x_3]$ 和上一行的前列元素 $y[x_1, x_2]$来计算

$$y[x_1, x_2, x_3] = \frac{y[x_2, x_3] - y[x_1, x_2]}{x_3 - x_1}$$

一般，记 d_{ij} 为表 4.1 中的(i, j)元素，则

$$d_{ij} = \frac{d_{i(j-1)} - d_{(i-1)(j-1)}}{x_{i-1} - x_{i-j}}$$

表 4.1　均差计算表

	1	2	3	4	…	k
1	$y(x_0)$					
2	$y(x_1)$	$y[x_0, x_1]$				
3	$y(x_2)$	$y[x_1, x_2]$	$y[x_0, x_1, x_2]$			
4	$y(x_3)$	$y[x_2, x_3]$	$y[x_1, x_2, x_3]$	$y[x_0, x_1, x_2, x_3]$		
⋮	⋮	⋮	⋮	⋮	⋱	
k	$y(x_k)$	$y[x_{k-1}, x_k]$	$y[x_{k-2}, x_{k-1}, x_k]$	$y[x_{k-3}, x_{k-2}, x_{k-1}, x_k]$	…	$y[x_0, x_1, x_2, \cdots, x_k]$

例 4.1.3　计算四个数据点$\{(1,2), (2,3), (3,6), (4,8)\}$的各阶均差和牛顿插值多项式。

解　按上述方法计算出各阶均差如下：

$y(1)=2$

$y(2)=3 \quad \dfrac{3-2}{2-1}=1$

$y(3)=6 \quad \dfrac{6-3}{3-2}=3 \quad \dfrac{3-1}{3-1}=1$

$y(4)=8 \quad \dfrac{8-6}{4-3}=2 \quad \dfrac{2-3}{4-2}=-\dfrac{1}{2} \quad \dfrac{(-1/2)-1}{4-1}=-\dfrac{1}{2}$

从对角元$\{2,1,1,-1/2\}$，得到牛顿插值多项式

$$p(x)=2+(x-1)+(x-1)(x-2)-\frac{1}{2}(x-1)(x-2)(x-3)$$

这与例 4.1.2 的计算结果是一致的。

4.1.4 插值误差

假定 $p(x)$是在$(n+1)$个节点插值光滑函数 $y(x)$的 n 次多项式，自然要问在非节点 x 处 $y(x)$与 $p(x)$之差是多少？随节点的增加，$p(x)$能否很好地接近于 $y(x)$？这是本节要讨论的问题，可概括为如下定理：

定理 4.1.1(**余项定理**)　设函数 $y(x)$在$[a,b]$上有$(n+1)$阶导数，$\{x_0,x_1,\cdots,x_n\}\subset[a,b]$。若 $p(x)$是在节点$\{x_0,x_1,\cdots,x_n\}$上的 n 次插值多项式，则$\forall x\in[a,b]$，

$$y(x)-p(x)=\frac{1}{(n+1)!}\prod_{i=0}^{n}(x-x_i)\cdot y^{(n+1)}(\theta_x) \quad (\theta_x\in[a,b]) \tag{4.15}$$

证明　令 $q(t)$是在$\{x_0,x_1,\cdots,x_n,x\}$上插值 $y(t)$的$(n+1)$次多项式，则

$$q(t)=p(t)+\lambda\prod_{i=0}^{n}(t-x_i) \tag{4.16}$$

由于 $q(x)=y(x)$，

$$\lambda=\frac{y(x)-p(x)}{\prod_{i=0}^{n}(x-x_i)} \tag{4.17}$$

令 $r(t)\triangleq y(t)-q(t)$，它在$(n+2)$个节点$\{x_0,x_1,\cdots,x_n,x\}$处等于零，根据 Rolle 定理，$r'(t)$在两个相邻节点之间至少有一个零点，因而在$[a,b]$上至少有 n 个零点。连续$(n+1)$次应用 Rolle 定理后，存在 $\theta_x\in[a,b]$使得 $r^{(n+1)}(\theta_x)=0$，即

$$y^{(n+1)}(\theta_x)-q^{(n+1)}(\theta_x)=0 \tag{4.18}$$

$p(x)$是 n 次多项式，因而 $p^{(n+1)}(t)\equiv 0$，于是从式(4.16)知，$q^{(n+1)}(t)$是常值函数：

$$q^{(n+1)}(t)=\lambda(n+1)!=\frac{y(x)-p(x)}{\prod_{i=0}^{n}(x-x_i)}(n+1)!$$

代入式(4.18)，

$$y^{(n+1)}(\theta_x)-\frac{y(x)-p(x)}{\prod_{i=0}^{n}(x-x_i)}(n+1)!=0$$

故式(4.15)成立。证毕。

定理 4.1.1 给出了插值余项的表达式,称为余项定理。但此定理只有函数 $y(x)$ 存在高阶导数时才能应用;其次 θ 只有存在性,在 $[a,b]$ 中的具体位置难以确定,实践中都是通过估计 $M=\max\limits_{x\in[a,b]}|y^{(n+1)}(x)|$ 给出插值多项式 $p(x)$ 逼近 $y(x)$ 的截断误差限:

$$|y(x)-p(x)|\leqslant\frac{M}{(n+1)!}\prod_{i=0}^{n}|x-x_i| \tag{4.19}$$

注释 应用定理 4.1.1 能证明均差基本性质(ii):从牛顿插值均差形式的推导,有

$$y(x)-p(x)=y[x_0,x_1,\cdots,x_n,x]\cdot\prod_{i=0}^{n}(x-x_i)$$

与式(4.15)作比较,立即得到

$$y[x_0,x_1,\cdots,x_n,x]=\frac{1}{(n+1)!}y^{(n+1)}(\theta_x)$$

例 4.1.4 在区间 $[0,\pi/2]$ 上,考虑函数 $y=\sin x$ 的三个和四个均匀节点的插值多项式和在 $[0,\pi/2]$ 上截断误差限。

解 三个均匀节点数据和各阶均差是

$$\begin{array}{llll}\sin(0)=0.0000 & & \\ \sin(\pi/4)=0.7071 & 0.9002 & \\ \sin(\pi/2)=1.0000 & 0.3732 & -0.3358\end{array}$$

因此,插值多项式为

$$p_2(x)=0+x(0.9002-0.3358(x-\pi/4))$$

由定理 4.1.1,插值误差为

$$\sin x-p_2(x)=\frac{1}{6}x(x-\pi/4)(x-\pi/2)\cdot\cos\theta$$

在区间 $[0,\pi/2]$ 上,$|\cos\theta|\leqslant 1$,$|x(x-\pi/4)(x-\pi/2)|\leqslant\pi^3/96\sqrt{3}\approx 0.1865$(在 $x=(3\pm\sqrt{3})\pi/12$ 处达到最大值),因此得到在 $[0,\pi/2]$ 上截断误差的估计:

$$|\sin x-p_2(x)|\leqslant 0.1865,\quad\forall x\in[0,\pi/2]$$

实际误差要比这个估计值小得多,比如在 $x=(3\pm\sqrt{3})\pi/12\approx\begin{cases}1.2388\\0.3319\end{cases}$ 处,实际误差分别是

$$\sin(1.2388)-p_2(1.2388)=0.0187$$
$$\sin(0.3319)-p_2(0.3319)=-0.0234$$

从图 4.2(a)画出的插值多项式 $p_2(x)$ 曲线和 $\sin x$ 曲线(虚线)也可以看出这一点。

四个均匀节点数据和各阶均差为

$$\begin{array}{llll}\sin(0)=0.000 & & & \\ \sin(\pi/6)=0.5000 & 0.9549 & & \\ \sin(\pi/3)=0.8660 & 0.6990 & -0.2444 & \\ \sin(\pi/2)=1.0000 & 0.2559 & -0.4232 & -0.1138\end{array}$$

由此,得到插值多项式

$$p_3(x)=x(0.9549-(x-\pi/6)(0.2444+0.1138(x-\pi/3)))$$

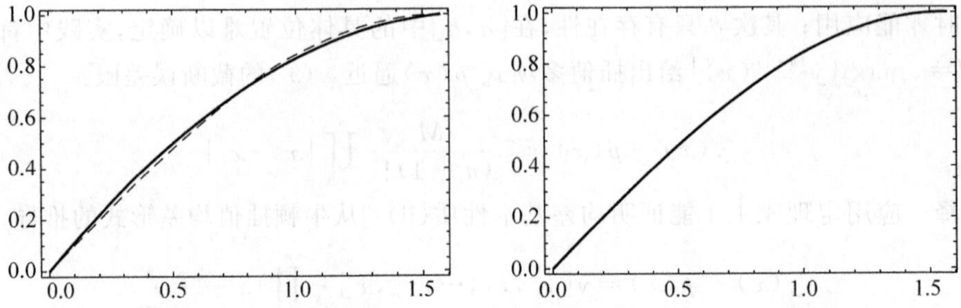

(a) 三个均匀节点的二次插值多项式曲线，虚线是sinx的曲线　　(b) 四个均匀节点的三次插值多项式曲线

图 4.2　函数 $\sin x(x\in[0,\pi/2])$ 的插值多项式

插值误差为

$$\sin x - p_3(x) = \frac{1}{24}x(x-\pi/6)(x-\pi/3)(x-\pi/2)\cdot\cos\theta$$

在区间 $[0,\pi/2]$ 上，$|x(x-\pi/6)(x-\pi/3)(x-\pi/2)|\leqslant\pi^4/1296\approx0.0752$（在 $x=(3-\sqrt{5})/12\approx0.2$ 处达到最大值），所以在 $[0,\pi/2]$ 上的截断误差不超过 0.0752，即

$$|\sin x - p_3(x)|\leqslant 0.0752,\quad \forall x\in[0,\pi/2]$$

检查一下 $x=(3-\sqrt{5})/12\approx0.2$ 处插值误差

$$\sin(0.2)-p_3(0.2)=-0.00189$$

因此，实际插值误差要小于估计值 0.0752。图 4.2(b)画出了的插值多项式 $p_3(x)$ 曲线和 $\sin x$ 曲线，两者几乎重合而无法区分，这说明三次插值多项式对函数 $\sin x$ 有较高的插值精度。

并非所有函数都像正弦函数那样，用低次插值多项式就获得很好的逼近，有些函数的插值多项式在插值区间的端点附近会发生剧烈地“扭动”，这种多项式扭动是龙格(Runge)首先发现的，称为龙格现象，如图 4.3 所示。下面举一个龙格的例子。

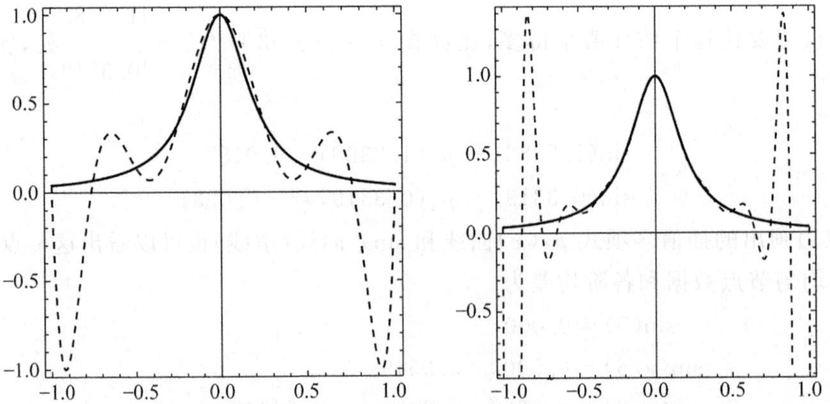

(a) 节点数为9　　(b) 节点数为17

图 4.3　龙格现象：$y=1/(1+25x^2)$ 的插值多项式

例 4.1.5　考虑函数 $y=\dfrac{1}{1+25x^2}$ 在区间[−1,1]均匀节点的插值多项式。取 9 个均匀节点数据：

x	−1	−3/4	−1/2	−1/4	0	1/4	1/2	3/4	1
y	1/26	16/241	4/29	16/41	1	16/41	4/29	16/241	1/26

插值多项式曲线如图 4.3(a)所示，可以看出在两个端点附近发生扭动现象。增加节点数据这种现象是否得到改善呢？图 4.3(b)所示的曲线是 17 个均匀节点数据的插值多项式曲线，可以看出不但没有改善反而加重了扭动现象。随节点数据的增加，在区间端点附近扭动越来越剧烈。这与定理 4.1.1 并不矛盾，因为随 n 的增大，余项的分子 $\left|\prod_{i=0}^{n}(x-x_i)\cdot y(\theta_x)\right|$ 在端点附近比分母 $(n+1)!$ 增大得更快。

4.1.5　切比雪夫插值法

从余项定理(定理 4.1.1)知，节点分布形式对插值误差有极大影响。使用均匀分布节点对函数进行插值较为普遍，这是因为在很多实际情况中仅存在这种分布形式的数据，比如实践中大多以等时间隔的方式读取或观测数据。然而，在有些情况下不必使用均匀节点的数据，比如：对复杂函数的多项式近似是为了函数值的近似计算，或求函数的数值积分，此时节点可以自由选择。那么，如何选择节点使插值误差尽可能小呢？本节引进的切比雪夫(Chebyshev)节点将回答这个问题。

1. 切比雪夫多项式

定义 4.1.2　n 次切比雪夫多项式定义为

$$T_n(x)=\cos(n\arccos x),\quad -1\leqslant x\leqslant 1 \tag{4.20}$$

从外表看不出式(4.20)是一个 n 次多项式，但稍作分析就知道它确实是多项式。当 $n=0,1$ 时，$T_0(x)=1$，$T_1(x)=x$ 分别是 0 次和一次多项式。现在考虑一般情况：

$$\begin{aligned}T_{n+1}(x)&=\cos((n+1)\arccos x)=\cos(n\arccos x)\cdot\cos(\arccos x)-\\&\quad\sin(n\arccos x)\cdot\sin(\arccos x)\\T_{n-1}(x)&=\cos((n-1)\arccos x)=\cos(n\arccos x)\cdot\cos(\arccos x)+\\&\quad\sin(n\arccos x)\cdot\sin(\arccos x)\end{aligned}$$

两式两端分别相加得到

$$T_{n+1}(x)+T_{n-1}(x)=2\cos(n\arccos x)\cdot\cos(\arccos x)=2xT_n(x)$$

于是，切比雪夫多项式有如下递归关系：

$$\begin{cases}T_{n+1}(x)=2xT_n(x)-T_{n-1}(x),\quad n=1,2,\cdots\\T_0(x)=1,\quad T_1(x)=x\end{cases} \tag{4.21}$$

故 $T_n(x)$ 是 n 次多项式。

根据式(4.21)，容易写出开始的几个切比雪夫多项式

$$\begin{aligned}&T_0(x)=1,\quad T_1(x)=x,\quad T_2(x)=2x^2-1,\\&T_3(x)=4x^3-3x,\quad T_4(x)=8x^4-8x^2+1\end{aligned}$$

图 4.4 是 $T_2(x)$,$T_3(x)$,$T_4(x)$三个多项式曲线的图示。

切比雪夫多项式有如下基本性质：

(i) $T_n(x)$的首系数(x^n 的系数)是 2^{n-1}；$|T_n(x)|\leqslant 1,(-1\leqslant x\leqslant 1)$。

(ii) 令 $x_k=\cos\dfrac{k\pi}{n},(k=0,1,2,\cdots,n)$,则 $T_n(x_k)=(-1)^k,(k=0,1,2,\cdots,n)$,因而 $T_n(x)$在 x_k 达到最大值或最小值,且从 $x_0=1$ 开始交替取最大值和最小值。

(iii) $T_n(x)$的 n 个零点为

$$\hat{x}_k=\cos\frac{(2k+1)\pi}{2n},\quad (k=0,1,2,\cdots,n-1) \tag{4.22}$$

从递归关系式(4.21)容易看出 $T_n(x)$的首系数为 2^{n-1},从切比雪夫多项式的余弦定义式(4.20)容易验证其他性质,证明留给读者。

由式(4.22)不难看出,$T_n(x)$的 n 个零点是上半单位圆周上均匀采样点在 x 轴上的投影(见图 4.5),零点在两个端点附近较其他部分密集,越接近端点越密。

由于 n 次多项式 $T_n(x)$的首系数为 2^{n-1} 且已知它的 n 个零点 $\hat{x}_k(k=0,1,2,\cdots,n-1)$,因此得到 $T_n(x)$的表达式

$$T_n(x)=2^{n-1}\prod_{k=0}^{n-1}(x-\hat{x}_k) \tag{4.23}$$

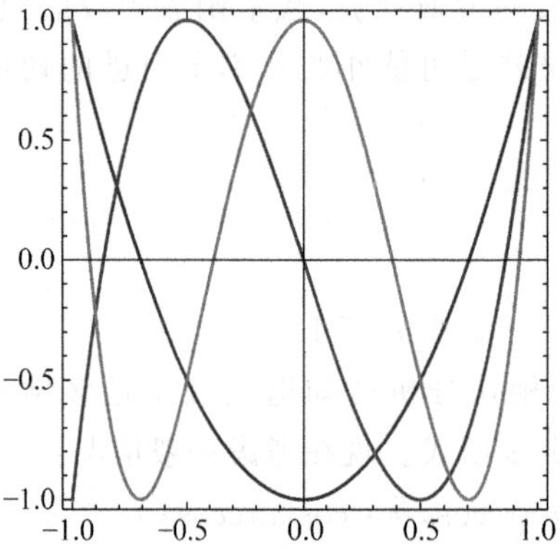

图 4.4 切比雪夫多项式 $T_2(x)$,$T_3(x)$和 $T_4(x)$

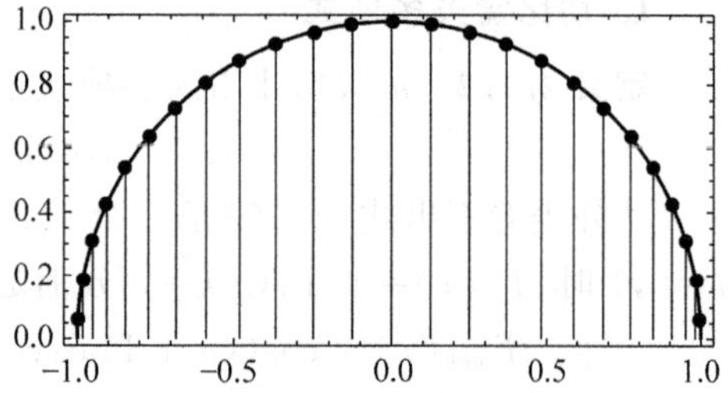

图 4.5 25 次切比雪夫多项式的零点

2. 切比雪夫插值多项式

以切比雪夫多项式 $T_{n+1}(x)$的$(n+1)$个零点 $\hat{x}_k=\cos((2k+1)\pi/2(n+1)),k=0,1,\cdots,n$ 为节点的插值多项式称为切比雪夫插值多项式,称这些零点为切比雪夫节点。注意,比切雪夫插值多项式和切比雪夫多项式是两个不同的概念。在给出切比雪夫插值多项式优良性质之前,先回到例 4.1.4 看看切比雪夫插值多项式是否消除了龙格现象。

同样也取 9 个和 17 个节点来插值函数 $y=1/(1+25x^2)(x\in[-1,1])$,不过这次不是$[-1,1]$上均匀分布的节点而是切比雪夫节点,即 $T_9(x)$和 $T_{17}(x)$的零点,切比雪夫插值多项式如图 4.6 所示。可以看出,图 4.3 中的多项式扭动现象基本消失了,16 次切比雪夫插值多项式(见图 4.6(b))的插值误差得到有效控制,插值精度随切比雪夫插值多项式次数的增加而增高。

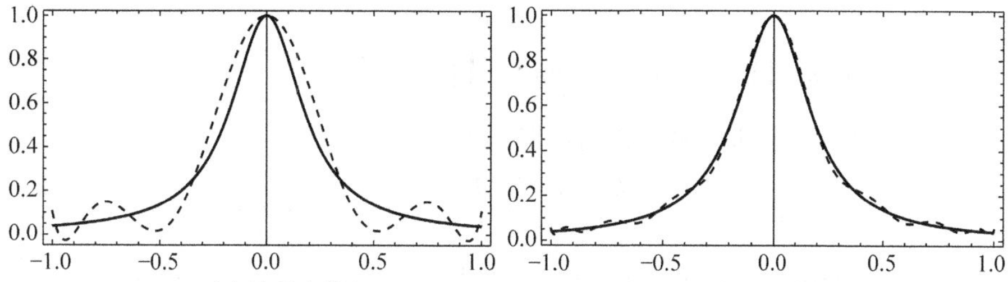

图 4.6　应用切比雪夫节点插值的例子

根据定理 4.1.1, n 次插值多项式 $p(x)$ 的插值误差(余项)是

$$y(x)-p(x)=\frac{1}{(n+1)!}\prod_{i=0}^{n}(x-x_i)\cdot y^{(n+1)}(\theta_x)\quad (\theta_x\in[-1,1])$$

切比雪夫节点的优良性质在于,它使得插值误差中因子 $\prod_{i=0}^{n}(x-x_i)$ 的绝对值在所有节点选择中的最大值达到最小,即有如下定理:

定理 4.1.2　$\forall\{x_0,x_1,\cdots,x_n\}\subset[-1,1]$,

$$\max_{-1\leqslant x\leqslant 1}\left|\prod_{i=0}^{n}(x-x_i)\right|\geqslant\max_{-1\leqslant x\leqslant 1}\left|\prod_{i=0}^{n}(x-\hat{x}_i)\right|=2^{-n}\tag{4.24}$$

证明　记 $g(x)=\prod_{i=0}^{n}(x-\hat{x}_i)$,由式(4.23)知 $g(x)=2^{-n}T_{n+1}(x)$,由切比雪夫多项式的基本性质(ii), $\max_{-1\leqslant x\leqslant 1}|g(x)|=2^{-n}$。反证:若式(4.24)中的不等式不成立,即存在$\{x_0,x_1,\cdots,x_{n-1}\}\subset[-1,1]$使得 $h(x)\triangleq\prod_{i=0}^{n}(x-x_i)$满足 $\max_{-1\leqslant x\leqslant 1}|h(x)|<2^{-n}$。令 $f(x)=h(x)-g(x)$,由于 $h(x)$, $g(x)$都是首系数为 1 的$(n+1)$次多项式, $f(x)$必为 n 次多项式。再由切比雪夫多项式的基本性质(ii), $f(x)$在$[-1,1]$上改变$(n+2)$次符号,由介值定理它在$[-1,1]$上有$(n+1)$个零点,有$(n+1)$个零点的 n 次多项式恒等于零,因此 $f(x)\equiv 0$,即 $h(x)\equiv g(x)$,于是

$$2^{-n}=\max_{-1\leqslant x\leqslant 1}|g(x)|=\max_{-1\leqslant x\leqslant 1}|h(x)|<2^{-n}$$

矛盾。故式(4.24)成立。证毕。

由定理 4.1.2,得到切比雪夫插值多项式的截断误差限

$$|y(x)-p(x)|\leqslant\frac{M}{2^n\cdot(n+1)!}\quad (M=\max_{-1\leqslant x\leqslant 1}|y^{(n+1)}(x)|)\tag{4.25}$$

上面论述的插值区间都局限在$[-1,1]$,为了将切比雪夫插值多项式拓展到任意区间$[a,b]$,必须在$[a,b]$上定义切比雪夫节点,这可通过伸缩和平移来实现。变换

$$x'=\left(\frac{b-a}{2}\right)x+\frac{a+b}{2}$$

将$[-1,1]$变换到$[a,b]$,切比雪夫节点 $\hat{x}_k$ 变换到

$$\hat{x}'_k=\left(\frac{b-a}{2}\right)\cos\frac{(2k+1)\pi}{2(n+1)}+\frac{a+b}{2},\quad k=0,1,\cdots,n$$

称它们是区间$[a,b]$上的切比雪夫节点。此时,定理 4.1.2 可改述为: $\forall\{x_0,x_1,\cdots,x_n\}\subset$

$[a,b]$,

$$\max_{a\leqslant x\leqslant b}\left|\prod_{i=0}^{n}(x-x_i)\right|\geqslant\max_{a\leqslant x\leqslant b}\left|\prod_{i=0}^{n}(x-\hat{x}'_i)\right|=\frac{(b-a)^{n+1}}{2^{2n+1}}\tag{4.26}$$

因此,在$[a,b]$上切比雪夫插值多项式的截断误差限

$$|y(x)-p(x)|\leqslant\frac{(b-a)^{n+1}M}{2^{2n+1}(n+1)!}\quad\left(M=\max_{a\leqslant x\leqslant b}|y^{(n+1)}(x)|\right)\tag{4.27}$$

例 4.1.6 考虑函数 $y=\sin x$ 在$[0,\pi/2]$上的 3 次切比雪夫插值多项式。

解 取$[0,\pi/2]$上的 4 个切比雪夫节点:

$$\hat{x}'_k=\frac{\pi}{4}\cdot\cos\frac{(2k+1)\pi}{8}+\frac{\pi}{4},\quad k=0,1,2,3$$

得到 3 次切比雪夫插值多项式

$$p_3(x)=0.99821+(x-1.51101)(0.64667-(x-0.05978)$$
$$(0.37005+0.11426(x-1.08596)))$$

由式(4.27)它的截断误差限

$$|y(x)-p_3(x)|\leqslant\frac{(\pi/2)^4}{2^7 4!}=0.00198179$$

回忆例 4.1.3,使用均匀节点的 3 次插值多项式的截断误差限为 0.0752,切比雪夫插值多项式有更高的插值精度。表 4.2 是开始几次切比雪夫插值多项式的截断误差限,可以看出对正弦函数 $y=\sin x$,5 次切比雪夫插值多项式就给出了非常高的插值精度。图 4.7 画出了 3 次、4 次和 5 次切比雪夫插值多项式的误差曲线。

表 4.2 函数 $y=\sin x$ 在$[0,\pi/2]$上切比雪夫插值多项式的截断误差限

次数	2	3	4	5	6	7	8
误差限	0.02018	0.00198	0.00156	$1.018*10^{-5}$	$5.715*10^{-7}$	$2.805*10^{-8}$	$1.224*10^{-9}$

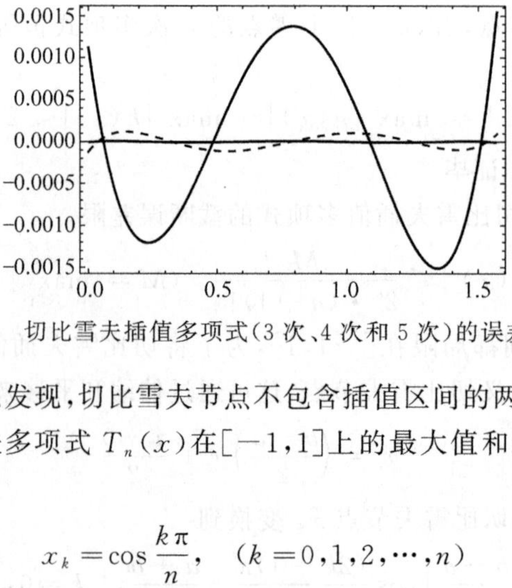

图 4.7 切比雪夫插值多项式(3 次、4 次和 5 次)的误差曲线

注释 通过观察可以发现,切比雪夫节点不包含插值区间的两个端点,为了克服这个缺点人们有时使用切比雪夫多项式 $T_n(x)$在$[-1,1]$上的最大值和最小值点作为节点,也称为切比雪夫节点[5]:

$$x_k=\cos\frac{k\pi}{n},\quad(k=0,1,2,\cdots,n)$$

由这些节点得到的插值多项式也称为切比雪夫插值多项式。此时,插值误差中的因子

$\prod_{i=0}^{n}(x-x_i)$ 满足[6]：

$$\max_{-1\leqslant x\leqslant 1}\left|\prod_{i=0}^{n}(x-x_i)\right|\leqslant 2^{-(n-1)}=2\cdot\max_{-1\leqslant x\leqslant 1}\left|\prod_{i=0}^{n}(x-\hat{x}_i)\right|$$

当 n 充分大时它接近最优。

4.2　分段低次插值

人们通常认为插值多项式次数越高逼近 $y(x)$的精度就越高，事实并非如此。比如：20 世纪龙格给出一个例子，指出等距节点的插值序列不收敛于 $y(x)=1/(1+x^2)$。虽然，使用切比雪夫节点改进了精度，但计算高次多项式的函数值需要付出较高的计算代价。有时，将插值区间分成若干子区间，再在子区间上用低次多项式插值，会比在整个区间上的高次多项式插值有更好的效果。

4.2.1　分段线性和二次插值

1. 分段线性插值

将插值区间$[a,b]$分成 n 个子区间$[x_i,x_{i+1}]$，其中 $a=x_0<x_1<\cdots<x_n=b$。在子区间$[x_i,x_{i+1}]$上使用线性插值

$$l_i(x)=y(x_i)\frac{x-x_{i+1}}{x_i-x_{i+1}}+y(x_{i+1})\frac{x-x_i}{x_{i+1}-x_i},\quad x_i\leqslant x\leqslant x_{i+1}\,(i=0,1,2,\cdots,n-1)\tag{4.28}$$

这样就得到了$[a,b]$上分段线性插值公式。

作些数学变化，可以将这 n 个线性函数统一在同一个表达式中。令

$$\varphi_k(x)=\begin{cases}\dfrac{x-x_{k-1}}{x_k-x_{k-1}}, & x_{k-1}\leqslant x\leqslant x_k\,(\text{不包括 } k=0)\\ \dfrac{x-x_{k+1}}{x_k-x_{k+1}}, & x_k\leqslant x\leqslant x_{k+1}\,(\text{不包括 } k=n)\\ 0, & x\notin[x_{k-1},x_{k+1}]\end{cases}\tag{4.29}$$

则 $\varphi_k(x_j)=\begin{cases}1, & j=k\\ 0, & j\neq k\end{cases}$，因此

$$L(x)\triangleq\sum_{k=0}^{n-1}y(x_k)\varphi_k(x)\tag{4.30}$$

满足插值条件，且当 $x\in[x_i,x_{i+1}]$时

$$\varphi_k(x)=0,k\neq i,i+1,\quad \varphi_i(x)=\frac{x-x_{i+1}}{x_i-x_{i+1}};\ \varphi_{i+1}(x)=\frac{x-x_i}{x_{i+1}-x_i}$$

因此，

$$L(x)=y(x_i)\varphi_i(x)+y(x_{i+1})\varphi_{i+1}(x)$$

$$=y(x_i)\frac{x-x_{i+1}}{x_i-x_{i+1}}+y(x_{i+1})\frac{x-x_i}{x_{i+1}-x_i}(x_i\leqslant x\leqslant x_{i+1})$$

所以式(4.30)表达了分段线性插值公式(4.28)。

令 $h=\max\limits_{i=1,\cdots,n}|x_i-x_{i-1}|$，$M=\max\limits_{x\in[a,b]}|y''(x)|$。由插值余项公式，当 $x\in[x_i,x_{i+1}]$时

$$y(x)-L(x)=\frac{1}{2}(x-x_i)(x-x_{i+1})y''(\theta_x)$$

因此，分段线性插值的截断误差

$$|y(x)-L(x)|\leqslant\max_{i=0,1,\cdots,n-1}\max_{x\in[x_i,x_{i+1}]}\left|\frac{1}{2}(x-x_i)(x-x_{i+1})y''(\theta_x)\right|\leqslant\frac{Mh^2}{8}\tag{4.31}$$

公式(4.31)表明，当 $h\to 0$ 时分段线性插值序列一致收敛于 $y(x)$。要使插值误差小于某个给定的值 ε，从 $Mh^2/8<\varepsilon$ 知，最大子区间的长度应满足 $h<2\sqrt{2M^{-1}\varepsilon}$。

2. 分段二次插值

若在子区间$[x_i,x_{i+1}]$的线性插值不满足精度要求，可增加中点 $x_{i+1/2}=(x_i+x_{i+1})/2$ 在区间$[x_i,x_{i+1}]$上进行二次多项式插值

$$p_i(x)=y(x_i)\frac{(x-x_{i+1/2})(x-x_{i+1})}{(x_i-x_{i+1/2})(x_i-x_{i+1})}+y(x_{i+1/2})\frac{(x-x_i)(x-x_{i+1})}{(x_{i+1/2}-x_i)(x_{i+1/2}-x_{i+1})}+$$
$$y(x_{i+1})\frac{(x-x_i)(x-x_{i+1/2})}{(x_{i+1}-x_i)(x_{i+1}-x_{i+1/2})}\tag{4.32}$$

这就是分段二次插值公式。不难估计它在$[a,b]$上的截断误差

$$|y(x)-p(x)|\leqslant\frac{Mh^3}{96}\quad(h=\max_{i=1,\cdots,n}|x_i-x_{i-1}|,M=\max_{x\in[a,b]}|y'''(x)|)\tag{4.33}$$

在实践中，可以混合使用线性插值和二次插值，比如在 $y(x)$的高度非线性区间多放置一些节点进行分段二次插值；在接近线性的区间少放置节点作分段线性插值。

例 4.2.1 函数 $y=y(x)$在$[a,b]$上有连续的 4 阶导数，已知在等距节点 $a=x_0<x_1<\cdots<x_n=b(x_k=x_0+k(b-a)/n)$的函数值 $y_k=y(x_k)$，以及在区间$[x_i,x_{i+1}]$中点 $x_{i+1/2}$ 的值 $y_{k+1/2}=y(x_{k+1/2})$，分别利用分段线性和二次插值多项式估计积分 $\int_a^b y(x)\mathrm{d}x$，并给出积分误差限。

解 考虑分段线性插值：由$[x_i,x_{i+1}]$上线性插值公式，

$$\int_{x_i}^{x_{i+1}}y(x)\mathrm{d}x\approx\int_{x_i}^{x_{i+1}}l_i(x)\mathrm{d}x=\int_{x_i}^{x_{i+1}}\left(y_i\frac{x-x_{i+1}}{x_i-x_{i+1}}+y_{i+1}\frac{x-x_i}{x_{i+1}-x_i}\right)\mathrm{d}x$$
$$=\frac{y_i}{x_i-x_{i+1}}\int_{x_i}^{x_{i+1}}(x-x_{i+1})\mathrm{d}x+\frac{y_{i+1}}{x_{i+1}-x_i}\int_{x_i}^{x_{i+1}}(x-x_i)\mathrm{d}x=\frac{h}{2}(y_i+y_{i+1})$$

其中 $h=(b-a)/n=x_{i+1}-x_i$。因此得到积分的估计

$$\int_a^b y(x)\mathrm{d}x\approx\sum_{i=0}^{n-1}\int_{x_i}^{x_{i+1}}l_i(x)\mathrm{d}x=\frac{h}{2}\left(y_0+2\sum_{i=1}^{n-1}y_i+y_n\right)\tag{4.34}$$

考虑积分误差：因线性插值余项

$$y(x)-l_i(x)=\frac{(x-x_i)(x-x_{i+1})}{2}y''(\theta_x)$$

在$[x_i,x_{i+1}]$上的积分误差限

$$\left|\int_{x_i}^{x_{i+1}} y(x)\mathrm{d}x - \int_{x_i}^{x_{i+1}} l_i(x)\mathrm{d}x\right| \leqslant \frac{M_1}{2}\left|\int_{x_i}^{x_{i+1}} (x-x_i)(x-x_{i+1})\mathrm{d}x\right| = \frac{M_1}{12}h^3$$

因此在$[a,b]$上的积分误差限

$$\left|\int_a^b y(x)\mathrm{d}x - \int_a^b L(x)\mathrm{d}x\ \frac{h}{2}\right| \leqslant \frac{nM_1h^3}{12} = \frac{(b-a)M_1h^2}{12} \quad (M_1 = \max_{x\in[a,b]} |y''(x)|) \tag{4.35}$$

用同样的方法(计算稍复杂些),得到二次插值估计的积分

$$\int_a^b y(x)\mathrm{d}x \approx \frac{h}{6}\left(y_0 + 2\sum_{i=1}^{n-1}(y_i + 2y_{i+1/2}) + y_n\right) \tag{4.36}$$

其误差限为

$$\left|\int_a^b y(x)\mathrm{d}x - \int_a^b P(x)\mathrm{d}x\ \frac{h}{2}\right| \leqslant \frac{(b-a)M_2h^4}{2880} \quad (M_2 = \max_{x\in[a,b]} |y^{(4)}(x)|) \tag{4.37}$$

图 4.8 给出了函数 $y=\mathrm{e}^{-x^2}(x\in[0,1])$在等距节点 $x=0,1,2$ 的分段线性插值和分段二次插值的图像,由式(4.34)和式(4.36)估计积分,得到

$$\int_0^2 \mathrm{e}^{-x^2}\mathrm{d}x \approx \frac{1}{2}(1+2\mathrm{e}^{-1}+\mathrm{e}^{-4}) = 0.877037$$

$$\int_0^2 \mathrm{e}^{-x^2}\mathrm{d}x \approx \frac{1}{6}(1+4\mathrm{e}^{-1/4}+2\mathrm{e}^{-1}+4\mathrm{e}^{-9/4}+\mathrm{e}^{-4}) = 0.881812$$

误差分别为 0.005044 和 0.000268。

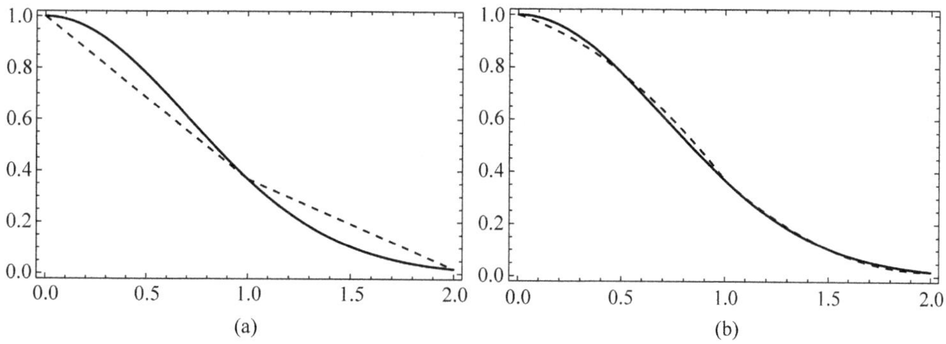

图 4.8　$y=\mathrm{e}^{-x^2}(x\in[0,1])$的分段线性插值(a)和分段二次插值(b)

4.2.2　分段三次鲍米特插值

分段线性插值和二次插值保证了在节点的连续性,但不保证在节点处有可导性。在实践中,通常要求分段低次插值 $p(x)$在节点处也与函数 $y=y(x)$的导数相匹配,即满足如下插值条件

$$p(x_i)=y(x_i),\quad p'(x_i)=y'(x_i),\quad i=0,1,\cdots,n \tag{4.38}$$

线性插值的导数是常数,因而无法满足这一要求。若分段二次多项式满足 $p'(x_i)=y'(x_i)$,则在子区间$[x_i,x_{i+1}]$上 $p'(x)$是 $y'(x)$的线性插值:

$$p'(x) = y'(x_i)\frac{x-x_{i+1}}{x_i-x_{i+1}} + y'(x_{i+1})\frac{x-x_i}{x_{i+1}-x_i}$$

积分 $p'(x)$得到 $p(x)=\int_{x_i}^{x} p'(t)\mathrm{d}t + C$。为了使 $p(x_i)=y(x_i)$，常数 C 必须取 $y(x_i)$。在 C 固定之后，一般不满足 $p(x_{i+1})\neq y(x_{i+1})$，因此分段二次插值也无法满足匹配导数的要求。

现在介绍满足插值条件式(4.38)的分段三次插值方法。如果能在子区间$[x_i, x_{i+1}]$上求出满足下述条件的三次多项式 $\alpha_0(x),\alpha_1(x),\beta_0(x),\beta_1(x)$：

$$\begin{cases}\alpha_0(x_i)=1,\alpha_0(x_{i+1})=0;\ \alpha_1(x_i)=0,\quad \alpha_1(x_{i+1})=1\\ \alpha_0{}'(x_k)=\alpha_1'(x_k)=0,\quad k=i,i+1\end{cases}$$

$$\begin{cases}\beta_0'(x_i)=1,\beta_0'(x_{i+1})=0;\ \beta_1'(x_i)=0,\quad \beta_1'(x_{i+1})=1\\ \beta_0(x_k)=\beta_1(x_k)=0,\quad k=i,i+1\end{cases}$$

则三次多项式

$$p_i(x)=y(x_i)\alpha_0(x)+y(x_{i+1})\alpha_1(x)+y'(x_i)\beta_0(x)+y'(x_1)\beta_{i+1}(x)$$

一定满足条件

$$p_i(x_k)=y(x_k),\quad p'(x_k)=y'(x_k),\quad k=i,i+1$$

于是问题归结为寻找 $\alpha_0(x),\alpha_1(x),\beta_0(x),\beta_1(x)$。因 $\alpha_0(x_{i+1})=0$；$\alpha_0{}'(x_{i+1})=0$，$\alpha_0(x)$ 必为下述形式

$$\alpha_0(x)=(ax+b)\left(\frac{x-x_{i+1}}{x_i-x_{i+1}}\right)^2$$

其中 a,b 是待定的常数。由 $\alpha_0(x_i)=1$；$\alpha_0{}'(x_i)=0$，得到

$$\begin{cases}ax_i+b=1\\ a+\dfrac{2(ax_i+b)}{x_l-x_{i+1}}=0\end{cases}\Rightarrow\begin{cases}a=\dfrac{2}{x_{i+1}-x_i}\\ b=1-\dfrac{2x_i}{x_{i+1}-x_i}\end{cases}$$

因此

$$\alpha_0(x)=\left(1+2\left(\frac{x-x_i}{x_{i+1}-x_i}\right)\right)\left(\frac{x-x_{i+1}}{x_i-x_{i+1}}\right)^2 \tag{4.39}$$

同理

$$\alpha_1(x)=\left(1+2\left(\frac{x-x_{i+1}}{x_i-x_{i+1}}\right)\right)\left(\frac{x-x_i}{x_{i+1}-x_i}\right)^2 \tag{4.40}$$

$$\beta_0(x)=(x-x_i)\left(\frac{x-x_{i+1}}{x_i-x_{i+1}}\right)^2 \tag{4.41}$$

$$\beta_1(x)=(x-x_{i+1})\left(\frac{x-x_i}{x_{i+1}-x_i}\right)^2 \tag{4.42}$$

这样，就得到了与导数相匹配的分段三次插值多项式

$$\begin{aligned}p_i(x)=&\left(y(x_i)\left(1+2\left(\frac{x-x_i}{x_{i+1}-x_i}\right)\right)+y'(x_i)(x-x_i)\right)\left(\frac{x-x_{i+1}}{x_i-x_{i+1}}\right)^2+\\&\left(y(x_{i+1})\left(1+2\left(\frac{x-x_{i+1}}{x_i-x_{i+1}}\right)\right)+y'(x_{i+1})(x-x_{i+1})\right)\left(\frac{x-x_i}{x_{i+1}-x_i}\right)^2\\&(i=0,1,\cdots,n-1)\end{aligned} \tag{4.43}$$

与导数相匹配的插值多项式称为钝米特(Hermite)插值多项式，式(4.43)称为分段三次钝米特插值多项式，式(4.39)～式(4.42)称为两个节点的钝米特插值基函数。

考虑分段三次钝米特插值多项式的误差界。首先不难验证：$\forall x\in[x_i,x_{i+1}]$，

$$0\leqslant \alpha_0(x),\quad \alpha_1(x)\leqslant 1;\ \alpha_0(x)+\alpha_1(x)=1$$

$$|\beta_0(x)|,\quad |\beta_1(x)|\leqslant \frac{4}{27}h_i(h_i=|x_{i+1}-x_i|)$$

于是

$$\begin{aligned}|y(x)-p_i(x)|&\leqslant \alpha_0(x)|y(x)-y(x_i)|+\alpha_1(x)|y(x)-y(x_{i+1})|+\\&\quad\frac{4h_i}{27}(|y'(x_i)|+|y'(x_{i+1})|)\\&=\alpha_0(x)|y'(\xi)|h_i+\alpha_1(x)|y'(\eta)|h_i+\frac{4h_i}{27}(|y'(x_i)|+|y'(x_{i+1})|)\\&\leqslant\frac{35}{27}M_ih_i\quad (M_i=\max_{x\in[x_i,x_{i+1}]}|y'(x)|)\end{aligned}$$

由此，得到误差界

$$\max_{x\in[a,b]}|y(x)-p(x)|\leqslant\frac{35}{27}Mh\quad (M=\max_{x\in[a,b]}|y'(x)|,h=\max_{i=0,1,\cdots,n-1}|x_{i+1}-x_i|)\tag{4.44}$$

例 4.2.2　令 $y(x)=x^5(x\in[-1/2,1/2])$，求在两个子区间 $[-1/2,0]$ 和 $[0,1/2]$ 上的分段三次钝米特插值多项式。

解　在这个问题中，$x_0=-1/2,x_1=0,x_2=1/2$；$y'(x_0)=5/16,y'(x_1)=0,y'(x_2)=5/16$，将它们代入式(4.43)得到分段三次钝米特插值多项式(见图 4.9)：

$$p(x)=\begin{cases}x^2(3x+1)/4, & -1/2\leqslant x\leqslant 0\\ x^2(3x-1)/4, & 0\leqslant x\leqslant 1/2\end{cases}$$

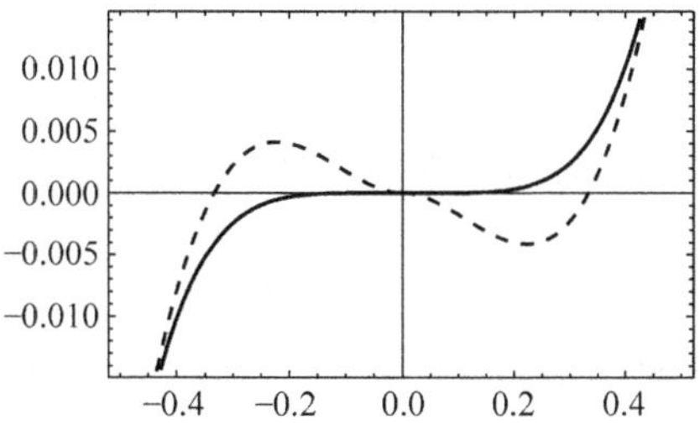

图 4.9　虚线是 $y(x)=x^5$ 在两个子区间 $[-1/2,0]$ 和 $[0,1/2]$ 上的分段三钝米特插值多项式曲线

4.2.3　分段三次样条插值

分段三次钝米特插值有连续的一阶导数，且在节点处与函数 $y=y(x)$ 的导数相匹配。如果放弃匹配导数的要求，还可以得到更光滑的插值，即可以使分段三次插值多项式在节点处有连续的二阶导数。本节将要介绍的三次样条插值就有这样的性能，为此先引进三次样条函数的概念。

1. 三次样条函数

定义 4.2.1 如果函数 $s=s(x)$ 在区间 $[a,b]$ 上有连续的二阶导数，且在第 i 个子区间 $[x_i,x_{i+1}]$ 上是三次多项式，其中 $a=x_0<x_1<\cdots<x_n=b$ 是节点，则称 $s(x)$ 是这些节点上的三次样条函数。若在节点上满足

$$y_i \triangleq y(x_i)=s(x_i) \quad (i=0,1,\cdots,n)$$

则称 $s(x)$ 是 $y=y(x)$ 的三次样条插值函数。

记 $s_i(x)$ 是样条 $s(x)$ 在子区间 $[x_i,x_{i+1}]$ 上的三次多项式，由定义 $s_i(x)$ 有如下性质：

(i) $s_i(x_i)=y_i, s_i(x_{i+1})=y_{i+1} (i=0,1,\cdots,n-1)$

(ii) $s_i'(x_{i+1})=s_{i+1}'(x_{i+1}) (i=0,1,\cdots,n-2)$

(iii) $s_i''(x_{i+1})=s_{i+1}''(x_{i+1}) (i=0,1,\cdots,n-2)$

由此，三次样条共有 $2n+2(n-1)=4n-2$ 个约束条件。确定每个子区间 $[x_i,x_{i+1}]$ 上的三次多项式 $s_i(x)$ 需要求解 4 个未知参数(三次多项式的 4 个系数)，所以确定三次样条需要求解 $4n$ 个未知参数。根据三次样条的 $4n-2$ 个约束条件，得到这些参数的 $4n-2$ 个方程，因此还需要二个约束条件才能唯一确定三次样条。通常在区间 $[a,b]$ 的两个端点上各加一个约束条件，称为边界条件，选择不同的边界条件导致不同类型的三次样条：

(Ⅰ) 匹配端点的一阶导数：$s'(x_0)=y_0', s'(x_n)=y_n'$，满足此条件的样条称为完全样条。

(Ⅱ) 匹配端点的二阶导数：$s''(x_0)=y_0'', s''(x_n)=y_n''$；特别地，满足条件 $s''(x_0)=s''(x_n)=0$ 的样条称为自然样条。

(Ⅲ) 周期条件：若 $y=y(x)$ 是以 $T=x_n-x_0$ 为周期的函数，则要求样条也是周期函数。此时，边界条件为 $s'(x_0)=s'(x_n), s''(x_0)=s''(x_n)$，满足周期条件的样条称为周期样条。

2. 约束方程组

下面由约束条件建立样条插值函数的约束方程组。记

$$m_i=s_i''(x_i), m_{i+1}=s_i''(x_{i+1}) \quad (i=0,1,\cdots,n-1)$$

由于 $s_i(x)$ 是三次多项式，它的二阶导数是线性函数

$$s_i''(x)=m_i\frac{x_{i+1}-x}{h_i}+m_{i+1}\frac{x-x_i}{h_i} \quad (h_i=x_{i+1}-x_i)$$

考虑对 $s_i''(x)$ 积分二次，并注意约束条件 $s_i(x_i)=y_i, s_i(x_{i+1})=y_{i+1}$，得到

$$s_i(x)=m_i\frac{(x_{i+1}-x)^3}{6h_i}+m_{i+1}\frac{(x-x_i)^3}{6h_i}+\left(y_i-\frac{m_ih_i^2}{6}\right)\frac{x_{i+1}-x}{h_i}+\left(y_{i+1}-\frac{m_{i+1}h_i^2}{6}\right)\frac{x-x_{i+1}}{h_i} \quad (i=0,1,\cdots,n-1) \tag{4.45}$$

其中 $m_i(i=0,1,\cdots,n-1)$ 是待定未知量(请读者完成式(4.45)的推导细节)。为了确定这些未知量需要利用样条性质(ii)，为此对式(4.45)求导

$$s_i'(x)=-m_i\frac{(x_{i+1}-x)^2}{2h_i}+m_{i+1}\frac{(x-x_i)^2}{2h_i}-\frac{m_{i+1}-m_i}{6}h_i+\frac{y_{i+1}-y_i}{h_i}$$

从 $s_i'(x_{i+1})=s_{i+1}'(x_{i+1})$ 得到

$$\frac{1}{3}m_{i+1}h_i+\frac{1}{6}m_ih_i+\frac{y_{i+1}-y_i}{h_i}=-\frac{1}{3}m_{i+1}h_{i+1}-\frac{1}{6}m_{i+2}h_{i+1}+\frac{y_{i+2}-y_{i+1}}{h_{i+1}}$$

因此

$$\frac{h_i}{h_i+h_{i+1}}m_i+2m_{i+1}+\frac{h_{i+1}}{h_i+h_{i+1}}m_{i+2}=6\frac{1}{h_i+h_{i+1}}\left(\frac{y_{i+2}-y_{i+1}}{h_{i+1}}-\frac{y_{i+1}-y_i}{h_i}\right)$$

令

$$\alpha_{i+1}=\frac{h_i}{h_i+h_{i+1}},\quad \beta_{i+1}=\frac{h_{i+1}}{h_i+h_{i+1}},$$

$$\gamma_{i+1}=6\frac{1}{h_i+h_{i+1}}\left(\frac{y_{i+2}-y_{i+1}}{h_{i+1}}-\frac{y_{i+1}-y_i}{h_i}\right)=6y[x_i,x_{i+1},x_{i+2}]$$

将上式写成

$$\alpha_{i+1}m_i+2m_{i+1}+\beta_{i+1}m_{i+2}=\gamma_{i+1}\quad (i=0,1,\cdots,n-2) \tag{4.46}$$

这样就得到了关于 $n+1$ 个未知量 m_i 的 $n-1$ 个线性方程。根据边界条件增加两个线性方程,与式(4.46)联立求解未知量 m_i,从而确定三次样条插值函数。

第Ⅰ类边界条件：由 $s'(x_0)=y'_0,s'(x_n)=y'_n$,可导出两个方程

$$\begin{cases}2m_0+m_1=\dfrac{6}{h_0}(y[x_0,x_1]-y'_0)\\ m_{n-1}+2m_n=\dfrac{6}{h_{n-1}}(y'_n-y[x_{n-1},x_n])\end{cases} \tag{4.47}$$

令 $\beta_0=1,\beta_0=\dfrac{6}{h_0}(y[x_0,x_1]-y'_0)$；$\alpha_n=1,\gamma_n=\dfrac{6}{h_{n-1}}(y'_n-y[x_{n-1},x_n])$,与式(4.46)联立得到 $n+1$ 个未知量 m_i 的 $n+1$ 个线性方程,写成矩阵形式

$$\begin{bmatrix}2 & \beta_0 & & & \\ \alpha_1 & 2 & \beta_1 & & \\ & \ddots & \ddots & \ddots & \\ & & \alpha_{n-1} & 2 & \beta_{n-1}\\ & & & \alpha_n & 2\end{bmatrix}\begin{bmatrix}m_0\\ m_1\\ \vdots\\ m_{n-1}\\ m_n\end{bmatrix}=\begin{bmatrix}\gamma_0\\ \gamma_1\\ \vdots\\ \gamma_{n-1}\\ \gamma_n\end{bmatrix} \tag{4.48}$$

第Ⅱ类边界条件：由条件直接得到 $m_0=y''_0,m_n=y''_n$,特别地对自然边界条件 $m_0=m_n=0$,因此令 $\beta_0=\alpha_n=0,\gamma_0=y''_0(0),\gamma_n=y''_n(0)$,也得到形如式(4.48)的线性方程组。

第Ⅲ类边界条件：由 $s'(x_0)=s'(x_n),s''(x_0)=s''(x_n)$得到

$$\begin{cases}\beta_nm_1+\alpha_nm_{n-1}+2m_n=\gamma_n\\ m_0=m_n\end{cases}$$

其中

$$\beta_n=\frac{h_0}{h_{n-1}+h_0},\quad \alpha_n=\frac{h_{n-1}}{h_{n-1}+h_0},\quad \gamma_n=6\frac{y[x_0,x_1]-y[x_{n-1},x_n]}{h_{n-1}+h_0}$$

由于 $m_0=m_n$,所以此时只须求解下述 n 个未知量的线性方程组

$$\begin{bmatrix}2 & \beta_1 & & & \alpha_1\\ \alpha_2 & 2 & \beta_2 & & \\ & \ddots & \ddots & \ddots & \\ & & \alpha_{n-1} & 2 & \beta_{n-1}\\ \beta_n & & & \alpha_n & 2\end{bmatrix}\begin{bmatrix}m_1\\ m_2\\ \vdots\\ m_{n-1}\\ m_n\end{bmatrix}=\begin{bmatrix}\gamma_1\\ \gamma_2\\ \vdots\\ \gamma_{n-1}\\ \gamma_n\end{bmatrix} \tag{4.49}$$

3. 求解约束方程组

约束方程组(4.48)和(4.49)中的变量 m_i,即样条在节点处的二阶导数,在力学上被解释成细梁在节点处的弯矩,称为三次样条 $s=s(x)$ 的矩,同时称式(4.48)和式(4.49)为三弯矩方程组。它们的系数矩阵已完全确定,且 $0\leqslant\alpha_i,\beta_i\leqslant 1,\alpha_i+\beta_i=1$,即系数矩阵是严格对角占优的,因此方程组有唯一解。

利用第 2 章的 Doolittle 分解法,可以求方程组的解。事实上,由式(4.48)和式(4.49)的三对角形式,Doolittle 分解能得到进一步简化,比如式(4.48)的系数矩阵可分解为下述形式

$$\begin{bmatrix} 2 & \beta_0 & & & \\ \alpha_1 & 2 & \beta_1 & & \\ & \ddots & \ddots & \ddots & \\ & & \alpha_{n-1} & 2 & \beta_{n-1} \\ & & & \alpha_n & 2 \end{bmatrix} = \underbrace{\begin{bmatrix} b_0 & & & \\ a_1 & b_1 & & \\ & \ddots & \ddots & \\ & & a_{n-1} & b_{n-2} \\ & & & a_n & b_n \end{bmatrix}}_{A} \underbrace{\begin{bmatrix} 1 & c_0 & & & \\ & 1 & c_1 & & \\ & & \ddots & \ddots & \ddots \\ & & & 1 & c_{n-1} \\ & & & & 1 \end{bmatrix}}_{B}$$

由此,得到 a_k,b_k,c_k 的表达式

$$\begin{cases} a_k=\alpha_k, & k=1,2,\cdots,n \\ b_0=2, \quad c_0=\beta_0/2 & \\ b_k=(1-\alpha_k\beta_{k-1})/2, & k=1,2,\cdots,n \\ c_k=2\beta_k/(1-\alpha_k\beta_{k-1}), & k=1,2,\cdots,n-1 \end{cases}$$

从 $A\boldsymbol{x}=\gamma$,得到

$$x_0=\gamma_0/b_0, \quad x_k=(\gamma_k-a_kx_{k-1})/b_k, \quad k=1,2,\cdots,n$$

然后,从 $B\boldsymbol{m}=\boldsymbol{x}$,得到

$$m_n=x_n, \quad m_k=x_k-c_kx_{k+1}, \quad k=n-1,n-2,\cdots,0$$

三对角线性方程组的这种解法称为追赶法。

例 4.2.3 求通过四点(0,0),(1,2),(2,4),(3,2)且满足边界条件 $s'(0)=1,s'(3)=-1$ 的三次样条。

解 在四个节点的情况下,有两个形如式(4.46)的约束方程。从

$$\alpha_1=\frac{h_0}{h_0+h_1}=\frac{1}{2}, \quad \beta_1=\frac{h_1}{h_0+h_1}=\frac{1}{2}, \quad \gamma_1=6y[x_0,x_1,x_2]=0$$

$$\alpha_2=\frac{h_1}{h_1+h_2}=\frac{1}{2}, \quad \beta_2=\frac{h_2}{h_1+h_2}=\frac{1}{2}, \quad \gamma_2=6y[x_1,x_2,x_3]=-12$$

得到这两个约束方程为

$$\begin{cases} m_0+4m_1+m_2=0 \\ m_1+4m_2+m_3=-12 \end{cases}$$

再由条件 $s'(0)=1,s'(3)=-1$,由式(4.47)得到另外两个约束方程

$$\begin{cases} 2m_0+m_1=6 \\ m_1+2m_2=6 \end{cases}$$

于是

$$m_0=\frac{34}{15},\quad m_1=\frac{22}{15},\quad m_2=-\frac{122}{15},\quad m_3=-\frac{106}{15}$$

代入式(4.45)得到满足边界条件的三次样条

$$s(x)=\begin{cases}x(15+17x-2x^2)/15, & 0\leqslant x\leqslant 1\\(22-51x+83x^2-24x^3)/15, & 1\leqslant x\leqslant 2\\(-474+693x-289x^2+38x^3)/15, & 2\leqslant x\leqslant 3\end{cases}$$

4.3 最小二乘拟合

4.3.1 基本概念

本节考虑数据拟合问题。先看一个例子,令(x_k,y_k),$k=0,1,\cdots,m$ 是平面上的一组数据点,假定它们是来自某条直线的测量点,不可避免地带有误差。现在希望找到一条直线,作为生成这些数据点的直线。平面上直线的集合能被表示成

$$\mathcal{L}(\Theta)=\{y=\theta_0+\theta_1 x:\Theta=(\theta_0,\theta_1)^{\mathrm{T}}\in\mathbf{R}^2\}$$

给定 Θ,记

$$e_i(\Theta)=y_i-(\theta_0+\theta_1 x_i)$$

它是以直线 $y=\theta_0+\theta_1 x$ 拟合数据点(x_i,y_i)的拟合误差(简称误差),如图 4.10(a)所示。问题是找一条直线使误差平方和达到最小

$$\Theta^*=\underset{\Theta}{\operatorname{argmin}}\sum_{i=1}^{m}e_i^2(\Theta)\tag{4.50}$$

记

$$\boldsymbol{y}=(y_1,y_2,\cdots,y_n)^{\mathrm{T}},\quad \boldsymbol{x}=(x_1,x_2,\cdots,x_n)^{\mathrm{T}},\quad 1=(1,1,\cdots,1)^{\mathrm{T}}$$

令 $\boldsymbol{A}=(1,\boldsymbol{x})$,则

$$\sum_{i=1}^{m}e_i^2(\Theta)=\sum_{i=1}^{m}(y_i-(\theta_0+\theta_1 x_i))^2=\|\boldsymbol{y}-\boldsymbol{A}\Theta\|_2^2$$

因此,式(4.50)可改写为

$$\Theta^*=\underset{\Theta}{\operatorname{argmin}}\|\boldsymbol{y}-A\Theta\|_2^2\tag{4.51}$$

这是线性最小二乘问题(见第 2 章 2.4 节),解是 $\Theta^*=(\boldsymbol{A}^{\mathrm{T}}\boldsymbol{A})^{-1}\boldsymbol{A}^{\mathrm{T}}\boldsymbol{y}$,称直线 $y=\theta_0^*+\theta_1^* x$ 是给定数据的最小二乘拟合。

例如,求拟合三个数据点$(-1,1)$,$(1,2)$,$(2,3)$的直线:首先,构造向量 $\boldsymbol{y}$ 和矩阵 $\boldsymbol{A}$

$$\boldsymbol{y}=\begin{bmatrix}1\\2\\3\end{bmatrix},\quad \boldsymbol{A}=\begin{bmatrix}1&-1\\1&1\\1&1\end{bmatrix}$$

然后,计算 $\Theta^*=(\boldsymbol{A}^{\mathrm{T}}\boldsymbol{A})^{-1}\boldsymbol{A}^{\mathrm{T}}\boldsymbol{y}=(7/4,3/4)^{\mathrm{T}}$,得到最小二乘拟合 $y=7/4+3x/4$,如图 4.10(b)所示,均方根误差

$$\sqrt{\frac{1}{3}\sum_{i=1}^{3}e_i^2(\Theta^*)}=\sqrt{\frac{0+(-0.5)^2+(0.5)^2}{3}}\approx 0.428248$$

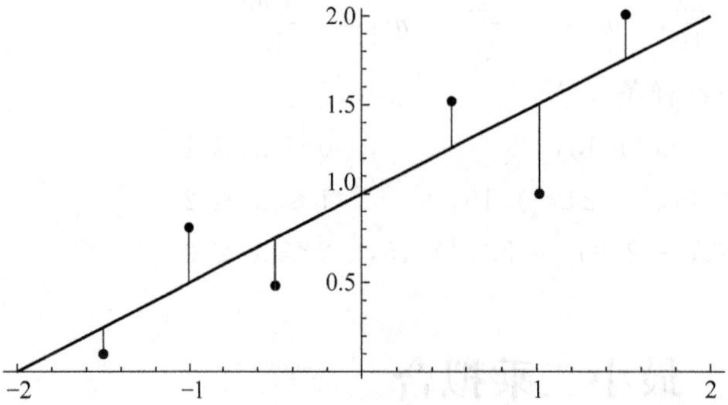

(a) 拟合误差

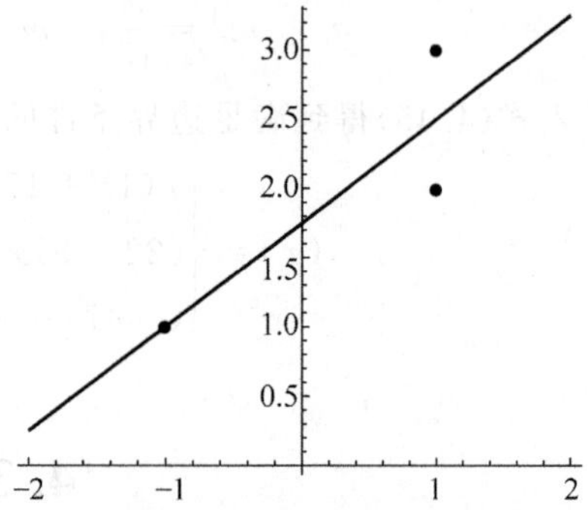

(b) 最小二乘拟合直线

图 4.10

在直线拟合的例子中，直线集合$\mathcal{L}(\Theta)$称为直线模型，其中Θ是模型参数。给定参数Θ，由它确定的直线称为模型的一个实例。直线模型对参数Θ是线性的，称这样的模型为线性模型。

再看一个指数模型的例子。指数模型是指数函数类

$$\mathcal{E}(\Theta)=\{y=\theta_0\mathrm{e}^{\theta_1 x}:\Theta=(\theta_0,\theta_1)^{\mathrm{T}}\in\mathbf{R}^2\}$$

通常用来拟合人口数据或产品销量数据，以便预测人口变化或产品销量变化的趋势。与直线拟合类似，给定数据(x_k,y_k)，$k=0,1,\cdots,m$，问题是要找一个实例$y=\theta_0^*\mathrm{e}^{\theta_1^* x}$使误差平方和达到最小：

$$\Theta^*=\underset{\Theta}{\operatorname{argmin}}\sum_{i=1}^{m}e_i^2(\Theta)\triangleq\sum_{i=1}^{m}(y_i-\theta_0\mathrm{e}^{\theta_1 x_i})^2 \tag{4.52}$$

指数模型对参数Θ是非线性的，即y是参数的非线性函数，这样的模型称为非线性模型，对应的问题式(4.52)称为非线性最小二乘拟合问题，求解比线性模型困难。

现将数据拟合问题概括如下：

给定一组数据(x_k,y_k)，$k=0,1,\cdots,m$。

(1) 选择模型：选择用于拟合数据的模型$S(\Theta)=\{y=f(\Theta,x):\Theta\in\mathbf{R}^n\}$。

(2) 误差函数：将数据代入模型建立误差函数$e(\Theta)=\sum_{i=1}^{m}(y_i-f(\Theta,x_i))^2$。

(3) 最小化误差：求参数Θ^*使误差$e(\Theta)$达到最小，得到给定数据的最小二乘拟合$y=f(\Theta^*,x)$。

在实践中，选择模型是最为困难的步骤，需要有与问题有关的物理或几何背景知识，还需要已往的经验。在这里，假定模型是给定的，重点是如何最小化误差以便得到最优解。

数据拟合看上去很像多项式插值，实则是不同的两类问题。给定一组数据，在多项式插值中，总能选择高阶多项式使得它经过所有数据点，因而误差平方和为零，但对数据拟合而言这不是一种好的选择。因为实际数据有误差，使误差为零的模型往往不是生成这些数据的原始模型，模型错误在科学研究中是致命的。数据拟合的一般原则是：尽可能应用简单模型使拟合误差在可接受的范围内，而不是用更复杂的模型使拟合误差为零。

值得指出的是，①模型参数的表达方式不是唯一的。也就是说，同一个模型根据实际需要可以使用不同参数来表达，但模型的自由度(即独立参数的个数)是唯一的。②前面所说

的模型都用某种函数类来描述，有时以方程形式 $f(\Theta,x,y)=0$ 来描述更方便、适用范围更广，对此以后将有涉及。③这里只以二维数据为例子来描述拟合问题，对于高维数据拟合其原理是类似的。

4.3.2 线性最小二乘拟合

线性模型可抽象地定义为如下形式

$$\mathcal{M}_L(\Theta)=\left\{y=\sum_{i=0}^{n}\theta_i\cdot\alpha_i(\boldsymbol{x}):\Theta\in\mathbf{R}^{n+1}\right\}\tag{4.53}$$

其中 $\{\alpha_i(\boldsymbol{x}):i=0,1,\cdots,n\}$ 是一组线性无关的单变量(或多变量)函数。例如：

(i) 多项式模型：$\alpha_0(x)=1,\alpha_i(x)=x^i,i=1,2,\cdots,n$，特别地，当 $n=1$ 时就是直线模型。

(ii) 三角多项式模型：$\alpha_0(x)=1,\alpha_{2i-1}(x)=\cos i\pi x,\alpha_{2i}(x)=\sin i\pi x,i=1,2,\cdots,n$。

(iii) 超平面模型：$\alpha_0(\boldsymbol{x})=1,\alpha_i(\boldsymbol{x})=x_i,i=1,2,\cdots,n$，其中 $\boldsymbol{x}=(x_1,x_2,\cdots,x_n)^{\mathrm{T}}\in\mathbf{R}^n$。特别地，$n=3$ 时是三维空间的平面模型。

线性模型式(4.53)拟合数据 $\{(\boldsymbol{x}_k,y_k):k=0,1,\cdots,m\}$ 的误差平方和

$$e(\Theta)=\sum_{k=1}^{m}\left(y_k-\sum_{i=0}^{n}\theta_i\cdot\alpha_i(\boldsymbol{x}_k)\right)^2=\|\boldsymbol{y}-\boldsymbol{A}_\alpha\Theta\|_2^2\tag{4.54}$$

其中

$$\boldsymbol{A}_\alpha=\begin{bmatrix}\alpha_0(\boldsymbol{x}_1) & \alpha_1(\boldsymbol{x}_1) & \cdots & \alpha_n(\boldsymbol{x}_1)\\ \alpha_0(\boldsymbol{x}_2) & \alpha_1(\boldsymbol{x}_2) & \cdots & \alpha_n(\boldsymbol{x}_2)\\ \vdots & \vdots & & \vdots\\ \alpha_0(\boldsymbol{x}_m) & \alpha_1(\boldsymbol{x}_m) & \cdots & \alpha_n(\boldsymbol{x}_m)\end{bmatrix},\quad \boldsymbol{y}=\begin{bmatrix}y_0\\ y_1\\ \vdots\\ y_n\end{bmatrix}\tag{4.55}$$

因此，线性模型拟合这组数据的最小二乘解是 $\Theta^*=(\boldsymbol{A}_\alpha^{\mathrm{T}}\boldsymbol{A}_\alpha)^{-1}\boldsymbol{A}_\alpha^{\mathrm{T}}\boldsymbol{y}$。

下面给出线性模型的另一种描述方式。在模型式(4.53)中，y 作为变量 $\boldsymbol{x}$ 的函数，$y=\sum_{i=0}^{n}\theta_i\cdot\alpha_i(\boldsymbol{x})$，其图像是 $n+1$ 维空间的曲线(或曲面)类，它们是方程 $y-\sum_{i=0}^{n}\theta_i\cdot\alpha_i(\boldsymbol{x})=0$ 的解曲线(或曲面)。在这种几何观点下，模型式(4.53)是某类曲线(或曲面)集合的特例。于是，得到适用范围更广的线性模型

$$\widetilde{\mathcal{M}}_L(\Theta)=\left\{\sum_{i=0}^{n}\theta_i\cdot\alpha_i(\boldsymbol{x})=0:\|\Theta\|_2^2=1\right\}\tag{4.56}$$

与线性模型式(4.53)不同是：这里不区分 y 和 $\boldsymbol{x}$，将 y 作为分量统一在 $\boldsymbol{x}$ 中；此外，不要求 $\{\alpha_i(x)\}$ 是线性无关的函数组，否则 Θ 只有零解；在这里必须对参数施加约束，因为以非零常数同乘方程 $\sum_{i=0}^{n}\theta_i\cdot\alpha_i(\boldsymbol{x})=0$ 两边，在几何上表示同一曲线(或曲面)，常用的约束条件是参数平方之和等于 1。

线性模型式(4.56)拟合数据 $\{\boldsymbol{x}_k:k=0,1,\cdots,m\}$ 的误差平方和

$$e(\Theta)=\sum_{k=1}^{m}\left(\sum_{i=0}^{n}\theta_i\cdot\alpha_i(\boldsymbol{x}_k)\right)^2=\|\boldsymbol{A}_\alpha\Theta\|_2^2\tag{4.57}$$

由于 $\|\Theta\|_2^2=1$，最小化式(4.57)是齐次线性最小二乘问题，解是矩阵 $\boldsymbol{A}_\alpha^{\mathrm{T}}\boldsymbol{A}_\alpha$ 的最小特征值

的特征向量。

1. 多项式拟合

n 次多项式模型有 $n+1$ 个参数，表示为

$$\mathcal{P}(\Theta)=\left\{y=\sum_{i=0}^{n}\theta_i x^i:\Theta\in\mathbf{R}^{n+1}\right\} \tag{4.58}$$

将多项式写成如下内积形式更方便：

$$y=\boldsymbol{x}^{\mathrm{T}}\Theta,\quad \boldsymbol{x}=(1,x,\cdots,x^n)^{\mathrm{T}}$$

给定数据 $\{(x_k,y_k):k=0,1,\cdots,m\}$，记 $\boldsymbol{x}_k=(1,x_k,\cdots,x_k^n)^{\mathrm{T}}$，拟合误差为 $e_k(\Theta)=y_k-\boldsymbol{x}_k^{\mathrm{T}}\Theta$，因此

$$\sum_{k=1}^{m}e_k^2(\Theta)=\sum_{i=1}^{m}(y_k-\boldsymbol{x}_k^{\mathrm{T}}\Theta)^2=\|\boldsymbol{y}-A\Theta\|_2^2$$

其中 $\boldsymbol{y}=(y_1,y_2,\cdots,y_m)^{\mathrm{T}}$，

$$A=\begin{bmatrix}\boldsymbol{x}_1^{\mathrm{T}}\\ \boldsymbol{x}_2^{\mathrm{T}}\\ \vdots\\ \boldsymbol{x}_m^{\mathrm{T}}\end{bmatrix}=\begin{bmatrix}1 & x_1 & \cdots & x_1^n\\ 1 & x_2 & \cdots & x_2^n\\ \vdots & \vdots & & \vdots\\ 1 & x_m & \cdots & x_m^n\end{bmatrix}$$

即多项式拟合是如下线性最小二乘问题：

$$\Theta^*=\underset{\Theta}{\operatorname{argmin}}\|\boldsymbol{y}-A\Theta\|_2^2 \tag{4.59}$$

由正规化方法，解是 $\Theta^*=(\mathbf{A}^{\mathrm{T}}\mathbf{A})^{-1}\mathbf{A}^{\mathrm{T}}\boldsymbol{y}$。

由于 $\mathbf{A}^{\mathrm{T}}\mathbf{A}$ 放大了本来就较病态的范得蒙矩阵条件数，正规化方法在双精度算术中不能得到一个好解，实践中使用 QR 方法或 SVD 方法计算式(4.59)的解。一种避免范得蒙矩阵的方法是，选择另一组基函数来描述多项式模型，比如拉格朗日基函数

$$\varphi_k(x)=\prod_{j\neq k}\frac{x-\bar{x}_j}{\bar{x}_k-\bar{x}_j},\quad k=0,1,\cdots,n$$

将多项式模型描述为

$$y=\sum_{k=0}^{n}\theta_k\varphi_k(x) \tag{4.60}$$

其中，$\bar{x}_k$ 通过观察数据 $\{x_i:i=0,1,\cdots,m\}$ 的范围来确定：令

$$a=\min\{x_i:i=0,1,\cdots,m\},\quad b=\max\{x_i:i=0,1,\cdots,m\}$$

取 $\bar{x}_k$ 为$[a,b]$上的均匀分布点

$$\bar{x}_k=a+k(b-a)/m,\quad k=0,1,\cdots,m$$

此时，多项式拟合是如下线性最小二乘问题

$$\Theta^*=\underset{\Theta}{\operatorname{argmin}}\|\boldsymbol{y}-\boldsymbol{L}\Theta\|_2^2 \tag{4.61}$$

其中

$$\boldsymbol{L}=\begin{bmatrix}\varphi_0(x_1) & \varphi_1(x_1) & \cdots & \varphi_n(x_1)\\ \varphi_0(x_2) & \varphi_1(x_2) & \cdots & \varphi_n(x_2)\\ \vdots & \vdots & & \vdots\\ \varphi_0(x_m) & \varphi_1(x_m) & \cdots & \varphi_n(x_m)\end{bmatrix}$$

由正规化方法，得到最小二乘解是 $\Theta^* = (\boldsymbol{L}^{\mathrm{T}}\boldsymbol{L})^{-1}\boldsymbol{L}^{\mathrm{T}}\boldsymbol{y}$。

例 4.3.1　表 4.3 是来自多项式 $y=\sum_{i=0}^{7}x^i$ 在[2,4]上的均匀采样数据，用 7 次多项式拟合这组数据的正确最小二乘解应是 $\theta_0=\theta_1=\cdots=\theta_7=1$，然而使用模型式(4.58)由正规化方法得到的解却是

$$\theta_0=1.5134,\quad \theta_1=-0.2644,\quad \theta_3=2.3211,\quad \theta_4=0.2408,$$
$$\theta_5=1.2592,\quad \theta_6=0.9474,\quad \theta_7=1.0059,\quad \theta_8=0.9997$$

QR 方法能获得正确解

$$\theta_0=0.9999,\quad \theta_1=1.0000,\quad \theta_3=0.9999,\quad \theta_4=1.0000,$$
$$\theta_5=0.9999,\quad \theta_6=1.0000,\quad \theta_7=0.9999,\quad \theta_8=1.0000$$

表 4.3　多项式拟合的数据

x	2	2.2	2.4	2.6	2.8	3.0	3.2	3.4	3.6	3.8	4.0
y	255	456.466	785.538	1304.54	2098.34	3280.00	4997.33	7440.39	10850.0	15527.5	421845

这说明对于多项式模型式(4.58)正规化方法不适用，应使用 QR 方法求最小二乘拟合。对于拉格朗日基函数的多项式模型式(4.60)又怎样呢？通过计算会发现，正规化方法与 QR 方法一样能得到正确解

$$\theta_0=1.0000,\quad \theta_1=0.9998,\quad \theta_3=1.0002,\quad \theta_4=0.9999,$$
$$\theta_5=1.0000,\quad \theta_6=0.9999,\quad \theta_7=1.0000,\quad \theta_8=1.0000$$

这进一步证实了范得蒙矩阵对于最小二乘问题是病态的，同时也说明了模型描述方式对数据拟合的重要性，多项式拟合建议使用基于拉格朗日基函数。

2. 二次曲线拟合

二次曲线是二元二次方程 $\theta_1x^2+\theta_2xy+\theta_3y^2+\theta_4x+\theta_5y+\theta_6=0$ 的解集合，因此二次曲线模型可表示为

$$\mathcal{C}(\Theta)=\{\theta_1x^2+\theta_2xy+\theta_3y^2+\theta_4x+\theta_5y+\theta_6=0:\|\Theta\|_2^2=1\}$$

由于 $\|\Theta\|_2^2=1$，二次曲线模型有 5 个独立参数，这与平面上 5 个点唯一确定一条二次曲线的结论是一致的。若限制二次曲线的类型，用较少参数就可以描述，比如圆模型仅需圆心位置和半径三个参数：

$$\mathcal{O}(\Theta)=\{(x-\theta_1)^2+(y-\theta_2)^2+\theta_3=0:\Theta\in\mathbf{R}^3\}$$

但它对参数是非线性的，因而是非线性模型。这里不限制二次曲线类型，也就是说根据数据有可能拟合出圆、椭圆、抛物线、双曲线和两条直线的其中之一，究竟是哪种类型完全由数据和算法确定。

对数据点 $\{(x_i,y_i):i=1,2,\cdots,m\}$，二次曲线的拟合误差

$$e_i(\Theta)=\theta_1x_i^2+\theta_2x_iy_i+\theta_3y_i^2+\theta_4x_i+\theta_5y_i+\theta_6$$

误差平方和

$$\sum_{i=1}^{m}e_i^2(\Theta)=\sum_{i=1}^{m}(\theta_1x_i^2+\theta_2x_iy_i+\theta_3y_i^2+\theta_4x_i+\theta_5y_i+\theta_6)^2=\|\mathbf{A}\Theta\|_2^2$$

其中

$$A = \begin{bmatrix} x_1^2 & x_1 y_1 & y_1^2 & x_1 & y_1 & 1 \\ x_2^2 & x_2 y_2 & y_2^2 & x_2 & y_2 & 1 \\ \vdots & \vdots & \vdots & \vdots & \vdots & \vdots \\ x_m^2 & x_m y_m & y_m^2 & x_m & y_m & 1 \end{bmatrix}$$

因此，得到二次曲线拟合的最小二乘问题

$$\Theta^* = \underset{\Theta}{\operatorname{argmin}} \|A\Theta\|_2^2$$
$$\text{subject to } \|\Theta\|_2^2 = 1 \tag{4.62}$$

这是齐次线性最小二乘问题，它的解 Θ^* 是 $A^{\mathrm{T}}A$ 的最小特征值的单位特征向量。

例 4.3.2 在图 4.11 中，数据是来自圆 $x^2+y^2=4^2$ 上均匀采样并加 1 个单位随机噪声的 30 个点，由这些数据计算

$$A^{\mathrm{T}}A = \begin{bmatrix} 3412.31 & 105.511 & 1270.64 & 419.738 & 90.1017 & 255.199 \\ 105.511 & 1270.64 & 257.427 & 90.1017 & 164.751 & 9.20586 \\ 1270.64 & 257.427 & 3650.26 & 164.751 & 328.125 & 261.337 \\ 419.738 & 90.1017 & 164.751 & 255.199 & 9.20586 & 16.5326 \\ 90.1017 & 164.751 & 328.125 & 9.20586 & 261.337 & 11.0731 \\ 255.199 & 9.20586 & 261.337 & 16.5326 & 11.0731 & 30.0000 \end{bmatrix}$$

通过计算它的最小特征值的单位特征向量，得到最小二乘拟合的二次曲线（见图 4.11）

$$0.063764x^2 + 0.0023041xy + 0.0566113y^2 - 0.0763083x - 0.0498827y - 0.992176 = 0$$

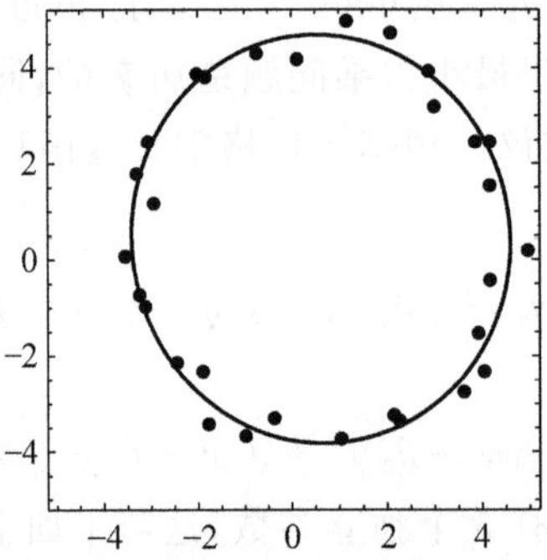

图 4.11 来自 $x^2+y^2=4^2$ 上带有 1 个单位随机噪声的 30 个数据点和最小二乘拟合曲线

3. 直线的正交拟合

直线是多项式曲线的特殊情形，似乎没有更多的内容可说。观察图 4.10(a)中计算误差的方式，你会发现还有值得做的事。图 4.10(a)总是沿 y 轴方向计算误差，现在改变为沿直线正交方向计算误差，如图 4.12 所示，用这种方式定义的误差正好是数据点到直线的距离，记作 $e_i^{\perp}(\Theta)$，称为几何误差或正交误差。最小化几何误差平方和的直线称为正交最小二乘拟合直线。为陈述方便，原定义的误差 $e_i(\Theta)$ 称为代数误差。

求解正交最小二乘拟合的方法：为此改变直线模型参数的表述方式。在平面上，直线方程的一般形式为 $\theta_1 x+\theta_2 y+\theta_3=0$，注意：以非零常数同乘方程两边得到的方程表示同一直线，为了直线有唯一表示需要对参数 $\Theta=(\theta_1,\theta_2,\theta_3)^{\mathrm{T}}$ 施加约束，常用的约束条件是 $\theta_1^2+\theta_2^2=1$，这样就得到了直线模型的另一种表达

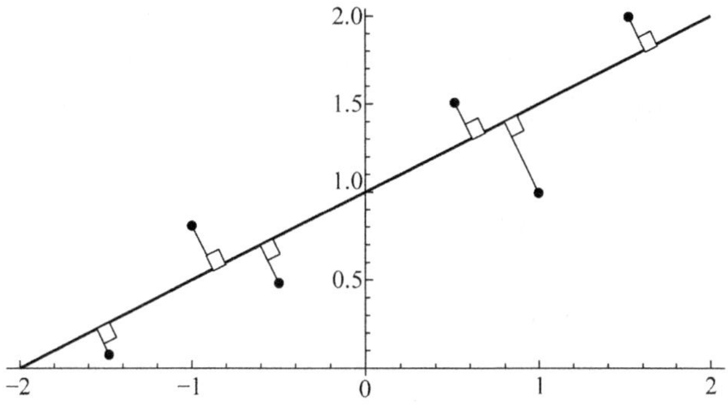

图 4.12　直线拟合的几何误差

$$\mathcal{L}(\Theta)=\{\theta_1 x+\theta_2 y+\theta_3=0:\Theta\in\mathbf{R}^3,\theta_1^2+\theta_2^2=1\}$$

在这个模型中，虽有三个参数但有一个约束条件，因此只有两个独立的参数。由解析几何知，点(x_i,y_i)到直线 $\theta_1 x+\theta_2 y+\theta_3=0$ 的距离为

$$e_i^{\perp}(\Theta)=\frac{|\theta_1 x_i+\theta_2 y_i+\theta_3|}{\sqrt{\theta_1^2+\theta_2^2}}=|\theta_1 x_i+\theta_2 y_i+\theta_3|$$

因此，正交最小二乘拟合问题可表述为

$$\Theta^*=\underset{\Theta}{\operatorname{argmin}}\sum_{i=1}^{n}(\theta_1 x_i+\theta_2 y_i+\theta_3)^2$$
$$\text{subject to } \theta_1^2+\theta_2^2=1 \tag{4.63}$$

若直线过点 $\boldsymbol{x}_0=(x_0,y_0)$，必有 $\theta_3=-(\theta_1 x_0+\theta_2 y_0)$，因而点 $\boldsymbol{x}$ 到直线的几何误差还可表达成

$$e^{\perp}(\boldsymbol{x},\Theta)=|\theta_1(x-x_0)+\theta_2(y-y_0)|$$

于是，直线拟合数据点 $\boldsymbol{x}_i=(x_i,y_i)^{\mathrm{T}},i=1,2,\cdots,m$ 的几何误差平方和为

$$e(x_0,y_0)=\sum_{i=1}^{n}(\theta_1(x_i-x_0)+\theta_2(y_i-y_0))^2$$

为了求解式(4.63)，先证明：正交最小二乘拟合直线必过数据的重心

$$(\bar{x},\bar{y})=\left(\frac{1}{m}\sum_{i=1}^{m}x_i,\frac{1}{m}\sum_{i=1}^{m}y_i\right)$$

也就是说，对任意(x_0,y_0)，不等式 $e(x_0,y_0)\geqslant e(\bar{x},\bar{y})$成立。事实上，令

$$\boldsymbol{w}=\begin{bmatrix}\theta_1(x_1-\bar{x})+\theta_2(y_1-\bar{y})\\ \theta_1(x_2-\bar{x})+\theta_2(y_2-\bar{y})\\ \vdots\\ \theta_1(x_m-\bar{x})+\theta_2(y_m-\bar{y})\end{bmatrix},\quad \boldsymbol{z}=\begin{bmatrix}\theta_1(x_1-x_0)+\theta_2(y_1-y_0)\\ \theta_1(x_2-x_0)+\theta_2(y_2-y_0)\\ \vdots\\ \theta_1(x_m-x_0)+\theta_2(y_m-y_0)\end{bmatrix}$$

则

$$\boldsymbol{z}=\boldsymbol{w}+s\boldsymbol{1},\quad (s=\theta_1(\bar{x}-x_0)+\theta_2(\bar{y}-y_0),\boldsymbol{1}=(1,1,\cdots,1)^{\mathrm{T}})$$
$$e(\bar{x},\bar{y})=\|\boldsymbol{w}\|_2^2,\quad e(x_0,y_0)=\|\boldsymbol{z}\|_2^2=\|\boldsymbol{w}+s\boldsymbol{1}\|_2^2$$

由于$(\bar{x},\bar{y})$是数据的重心，$\boldsymbol{w}^{\mathrm{T}}\boldsymbol{1}=\sum_{i=1}^{m}w_i=\theta_1\sum_{i=1}^{m}(x_i-\bar{x})+\theta_2\sum_{i=1}^{m}(y_i-\bar{y})=0$，即 $\boldsymbol{w}\perp\boldsymbol{1}$。

因此

$$e(x_0,y_0)=\|\boldsymbol{w}+s\mathbf{1}\|_2^2=\|\boldsymbol{w}\|_2^2+s^2m\geqslant\|\boldsymbol{w}\|_2^2=e(\bar{x},\bar{y})$$

这样，就证明了最小二乘拟合直线过数据重心$(\bar{x},\bar{y})$。现在，问题式(4.63)归结为如下齐次最小二乘问题

$$\begin{cases}\min\sum_{i=1}^{m}(\theta_1(x_i-\bar{x})+\theta_2(y_i-\bar{y}))^2\\ \text{subject to } \theta_1^2+\theta_2^2=1\end{cases}\tag{4.64}$$

它的解是矩阵

$$\boldsymbol{M}=\begin{bmatrix}x_1-\bar{x} & y_1-\bar{y}\\ x_2-\bar{x} & y_2-\bar{y}\\ \vdots & \vdots\\ x_m-\bar{x} & y_m-\bar{y}\end{bmatrix}^{\mathrm{T}}\begin{bmatrix}x_1-\bar{x} & y_1-\bar{y}\\ x_2-\bar{x} & y_2-\bar{y}\\ \vdots & \vdots\\ x_m-\bar{x} & y_m-\bar{y}\end{bmatrix}$$

的最小特征值的单位特征向量。

综合上述讨论，求正交最小二乘拟合直线的步骤如下：

(i) 计算数据的重心$(\bar{x},\bar{y})$；

(ii) 计算矩阵$\boldsymbol{M}$的最小特征值的单位特征向量(θ_1^*,θ_2^*)；

(iii) 计算$\theta_3^*=-(\theta_1^*\bar{x}+\theta_2^*\bar{y})$。

对同一组数据，用正交最小二乘方法和(基于代数误差的)最小二乘方法通常拟合出不同的直线，例如三个数据点$\{(-1,1),(1,2),(1,3)\}$的拟合直线分别为

$$y=(37-\sqrt{37})/18+(\sqrt{37}-1)x/6,\quad y=7/4+3x/4$$

如图4.13所示，其中虚线是正交最小二乘的拟合直线。实践中，倾向于使用正交最小二乘拟合，因为它比(基于代数误差的)最小二乘有更明显的几何意义。

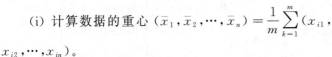

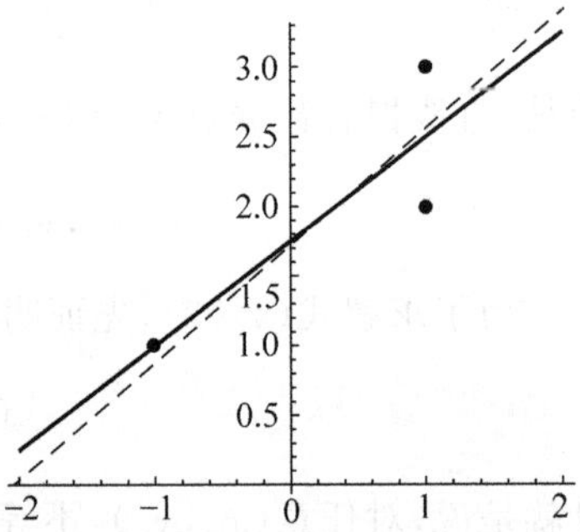

图4.13 最小二乘和正交最小二乘拟合的直线

读者可以毫无困难地将正交最小二乘推广到高维数据，如三维数据的平面正交拟合，以及更高维数据的超平面拟合。给定n维数据$(x_{i1},x_{i2},\cdots,x_{in})$，$i=1,2,\cdots,m$，求它的正交最小二乘拟合超平面$\sum_{k=1}^{n+1}\theta_kx_k=0$的步骤如下：

(i) 计算数据的重心$(\bar{x}_1,\bar{x}_2,\cdots,\bar{x}_n)=\dfrac{1}{m}\sum_{k=1}^{m}(x_{i1},x_{i2},\cdots,x_{in})$。

(ii) 计算$\boldsymbol{A}^{\mathrm{T}}\boldsymbol{A}$的最小特征值的单位特征向量$(\theta_1^*,\theta_2^*,\cdots,\theta_n^*)$，其中

$$\boldsymbol{A}=\begin{bmatrix}x_{11}-\bar{x}_1 & x_{12}-\bar{x}_2 & \cdots & x_{1n}-\bar{x}_n\\ x_{21}-\bar{x}_1 & x_{22}-\bar{x}_2 & \cdots & x_{2n}-\bar{x}_n\\ \vdots & \vdots & & \vdots\\ x_{m1}-\bar{x}_1 & x_{m2}-\bar{x}_2 & \cdots & x_{mn}-\bar{x}_n\end{bmatrix}$$

(iii) 计算 $\theta_{n+1}^{*}=-\sum_{k=1}^{n}\theta_k^{*}\bar{x}_k$。

4.3.3　非线性最小二乘拟合

非线性模型可表述为

$$\mathcal{M}_{NL}(\Theta)=\{y=f(\Theta;\boldsymbol{x}):\Theta\in\mathbf{R}^{n+1}\} \tag{4.65}$$

其中 $f(\Theta;\boldsymbol{x})$关于参量 Θ 是非线性的，例如指数模型和幂法模型 $y=\theta_0\mathrm{e}^{\theta_1 t}$，$y=\theta_0 t^{\theta_1}$；$\boldsymbol{x}$ 可以是单变量也可以是多变量。模型式(4.65)关于数据$(\boldsymbol{x}_k,y_k)$的拟合误差为 $e_i(\Theta)=y_i-f(\Theta;\boldsymbol{x}_i)$，误差平方和为

$$E(\Theta)=\sum_{i=1}^{m}(y_i-f(\Theta;\boldsymbol{x}_i))^2=\boldsymbol{e}^{\mathrm{T}}(\Theta)\boldsymbol{e}(\Theta) \tag{4.66}$$

其中 $\boldsymbol{e}^{\mathrm{T}}(\Theta)=(e_1(\Theta),e_2(\Theta),\cdots,e_m(\Theta))$。最小化误差平方和是非线性最小二乘问题。下面介绍求解非线性最小二乘的高斯-牛顿法。

1. 高斯-牛顿法

高斯-牛顿法是一种迭代方法。假定已经得到了第 k 次迭代点 $\Theta^{(k)}$，根据下述方法确定第 $k+1$ 次迭代点 $\Theta^{(k+1)}$：

(i) 解线性方程组 $\boldsymbol{J}^{\mathrm{T}}(\Theta^{(k)})\boldsymbol{J}(\Theta^{(k)})\Delta^{(k)}=-\boldsymbol{J}^{\mathrm{T}}(\Theta^{(k)})\boldsymbol{e}(\Theta^{(k)})$得到 $\Delta^{(k)}$，其中 $\boldsymbol{J}(\Theta^{(k)})$是 $\boldsymbol{e}(\Theta)$在 $\Theta^{(k)}$ 处的 Jacobi 矩阵

$$\boldsymbol{J}(\Theta^{(k)})=\begin{bmatrix}\dfrac{\partial e_1}{\partial\theta_1} & \dfrac{\partial e_1}{\partial\theta_2} & \cdots & \dfrac{\partial e_1}{\partial\theta_n}\\ \dfrac{\partial e_2}{\partial\theta_1} & \dfrac{\partial e_2}{\partial\theta_2} & \cdots & \dfrac{\partial e_2}{\partial\theta_n}\\ \vdots & \vdots & & \vdots\\ \dfrac{\partial e_m}{\partial\theta_1} & \dfrac{\partial e_m}{\partial\theta_2} & \cdots & \dfrac{\partial e_m}{\partial\theta_n}\end{bmatrix}$$

(ii) 第 $k+1$ 次迭代点为 $\Theta^{(k+1)}=\Theta^{(k)}+\Delta^{(k)}$。

通常假定 Jacobi 矩阵 $\boldsymbol{J}(\Theta)$是列满秩的，此时线性方程组有唯一解。事实上，这种迭代方法是基于 $\boldsymbol{e}(\Theta)$的一阶近似，将非线性最小二乘转化为线性最小二乘。在 $\Theta^{(k)}$ 附近，

$$\boldsymbol{e}(\Theta)\approx\boldsymbol{l}(\Theta)\stackrel{\Delta}{=}\boldsymbol{e}(\Theta^{(k)})+\boldsymbol{J}(\Theta^{(k)})\Delta\quad(\Delta=\Theta-\Theta^{(k)})$$

于是，原非线性最小二乘可用如下线性最小二乘来近似

$$\min\boldsymbol{l}^{\mathrm{T}}(\Theta)\boldsymbol{l}(\Theta)=\min\|\boldsymbol{e}(\Theta^{(k)})+\boldsymbol{J}(\Theta^{(k)})\Delta\|_2^2$$

它的正规化方程是 $\boldsymbol{J}^{\mathrm{T}}(\Theta^{(k)})\boldsymbol{J}(\Theta^{(k)})\Delta=-\boldsymbol{J}^{\mathrm{T}}(\Theta^{(k)})\boldsymbol{e}(\Theta^{(k)})$，$\boldsymbol{J}(\Theta)$列满秩保证了此方程有唯一解 $\Delta^{(k)}$，这样就得到了第 $k+1$ 次迭代点 $\Theta^{(k+1)}=\Theta^{(k)}+\Delta^{(k)}$。高斯-牛顿法的收敛性与 $E(\Theta)$在极小点的值(即拟合误差平方和)相关。如果 Θ^{*} 是一个局部极小点，迭代初始值 $\Theta^{(0)}$充分接近 Θ^{*}，则 $E(\Theta^{*})$较小时，高斯-牛顿法收敛；当 $E(\Theta^{*})$较大时，高斯-牛顿法未必收敛。

2. 可线性化模型

有些非线性模型可以通过变换转化为线性模型，本节介绍常用的指数模型和幂法模型，

它们都可以通过对数变换转化为线性模型。

指数模型 在4.3.1节已提到这个模型

$$\mathcal{E}(\Theta)=\{y=\theta_0 e^{\theta_1 x}:\Theta=(\theta_0,\theta_1)^T\in\mathbf{R}^2\}$$

如果对 $y=\theta_0 e^{\theta_1 x}$ 两边取对数，并令 $\tilde{\theta}_0=\ln\theta_0,\tilde{\theta}_1=\theta_1$，则得到线性模型

$$\ln y=\tilde{\theta}_0+\tilde{\theta}_1 x$$

它拟合数据得到解 $\tilde{\theta}_0^*,\tilde{\theta}_1^*$，即线性模型的最小二乘拟合 $\ln y=\tilde{\theta}_0^*+\tilde{\theta}_1^* x$，两边取指数就得到了原指数模型的一个实例

$$y=e^{\tilde{\theta}_0^*}e^{\tilde{\theta}_1^* x}$$

注意，这个实例并非是原指数模型的最小二乘拟合，因为它们是两个完全不同的最小化问题。但是线性化能为非线性最小二乘的高斯-牛顿法提供非常好的初始值。

幂法模型 通常被用来描述儿童在成长期体重与身高之间的关系，以检查儿童的发育健康状况。它是由幂函数定义的非线性模型

$$\mathcal{V}(\Theta)=\{y=\theta_0 x^{\theta_1}:\Theta\in\mathbf{R}^2\}$$

与指数模型的线性化类似，通过对 $y=\theta_0 x^{\theta_1}$ 两边取对数

$$\ln y=\ln\theta_0+\theta_1\ln x=k+\theta_1\ln x$$

转化为以(k,θ_1)为参数的线性模型，通过求解线性模型得到幂法模型的一个实例

$$y=e^{k^*}x^{\theta_1^*}$$

例 4.3.3 用指数模型 $y=\theta_0 e^{\theta_1 x}$ 和它的线性化最小二乘拟合表4.4的数据[8]。

表 4.4 从1950年到1980年全球汽车的装配数量

年 份	汽车($\times10^6$)	年 份	汽车($\times10^6$)
1950	53.05	1970	193.48
1955	73.04	1975	260.20
1960	98.31	1980	320.39
1965	139.78		

表4.4给出了从1950年到1980年全球汽车的装配数量。用线性化模型求解相应的最小二乘问题得到 $\tilde{\theta}_0\approx3.9896,\theta_1\approx0.06152$，均方根误差 RMSE≈0.0357。由此得到指数模型的一个实例

$$y\approx e^{3.9896}e^{0.06152x}\approx54.03e^{0.06152x}$$

对应的均方根误差 RMSE≈9.56。

直接用指数模型求解相应的非线性最小二乘问题，从初始$(\theta_0,\theta_1)=(50.0,0.1)$开始，高斯-牛顿法经过5步迭代得到 $\theta_0=58.51,\theta_1=0.05772$，最小二乘拟合的指数函数为

$$y\approx58.51e^{0.05772x}$$

均方根误差 RMSE≈7.68。转化到线性化空间，对应的均方根误差 RMSE≈0.0568。

可见，这两种方法在各自的空间中都使均方根误差最小化，但拟合结果不同(图4.14给出了拟合曲线)，这是因为线性化方法没有最小化原始非线性最小二乘的均方根误差。

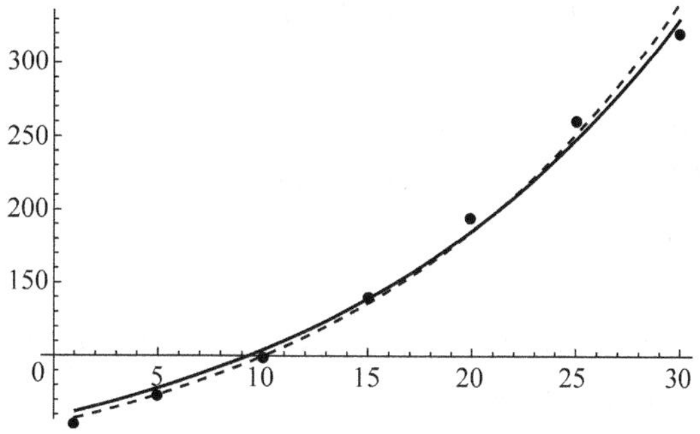

图 4.14　指数模型和线性化模型的拟合曲线
实线是指数模型的拟合；虚线是线性化模型的拟合

习　题

以下习题必要时可上机作业。

1. 使用拉格朗日插值和牛顿插值找出通过下面各点的多项式，并验证这两种插值多项式的一致性。

(i) (0,1),(2,3),(3,0),(4,−1)

(ii) (−2,0),(1,1),(2,1),(4,2)

(iii) (−1,3),(1,1),(2,3),(3,7)

2. 设 $y=y(x)$ 在均匀节点 $x_k=x_0+kh(k=0,1,\cdots,n)$ 的值为 $y_k=y(x_k)$ 已知，其中 h 为两相邻点的间距，称为步长。$y=y(x)$ 在 x_k 的各阶差分定义为

$$\begin{aligned}\Delta y_k &= y_{k+1}-y_k\\ \Delta^2 y_k &= \Delta y_{k+1}-\Delta y_k\\ &\vdots\\ \Delta^m y_k &= \Delta^{m-1} y_{k+1}-\Delta^{m-1} y_k\\ &\vdots\end{aligned}$$

试用差分表达均匀节点的牛顿多项式插值公式。

3. (i) 对数据点(1,0),(2,ln2),(4,ln4)，找出二阶插值多项式 $p_2(x)$ 。(ii) 以 $p_2(3)$ 近似 ln3，估计截断误差限，与实际误差作比较。

4. 证明：

(i) $T_n\left(\cos\dfrac{k\pi}{n}\right)=(-1)^k, k=0,1,2,\cdots,n$

(ii) $T_n\left(\cos\dfrac{(2k+1)\pi}{2n}\right)=0, k=0,1,2,\cdots,n$

5. 在区间[−1,1]上找出函数 $f(x)=\mathrm{e}^x$ 的 5 次切比雪夫插值多项式 $p_5(x)$，并在整个区间[−1,1]上估计插值误差。在区间[−1,1]上，使用 $p_5(x)$ 近似 e^x 能精确到小数点后多少位？

6. 设 $f(x)=[x(x-1)(x-2)(x-3)]^2$，求 f 以节点 $x_i=i, i=1,2,3$ 的分段三次 Hermite 插值多项式。

7. 求通过下列三点的三次自然样条：

(i) (0,3),(1,2),(2,1)　　(ii) (−1,1),(1,1),(2,4)

8. 求 4 个数据点(0,3),(1,1),(2,2),(3,0)的最小二乘和正交最小二乘拟合直线，并计算各自的均方误差。

9. 求 5 个数据点(0,0,0),(0,1,−1),(1,0,−1),(1,0,1),(1,1,1)的最小二乘和正交最小二乘拟合平面，并计算各自的均方误差。

10. 使用高斯-牛顿法以指数模型 $y=\theta_0 e^{\theta_1 x}$ 拟合表 4.4 中的数据。

第 5 章　非线性方程(组)

非线性方程(组)是科学技术与工程计算中的重要问题之一,求解方法远比线性方程(组)复杂,通常都要使用数值迭代技术。本章主要介绍二分法、牛顿法、拟牛顿法和不动点法,并讨论它们的收敛性和计算复杂性。这些迭代技术在实践中非常重要,应用十分广泛。阅读本章的数学基础是初等微分学。

5.1 非线性方程

5.1.1 二分法

定义 5.1.1 如果 $f(\xi)=0$,则称 ξ 是方程 $f(x)=0$ 的一个根(解),或者说是函数 $y=f(x)$的一个零点。若 $f(x)$是非线性函数,则称 $f(x)=0$ 为非线性方程。

二分法是求解非线性方程最简单的实用方法,其理论基础源于微分学中的介值定理和实数连续性的闭区间套定理。

介值定理:如果 $f(x)$在闭区间$[a,b]$上连续,则对 $f(a)$和 $f(b)$之间的任何一个数 y,都存在 $\xi\in[a,b]$使得 $f(\xi)=y$,即 $f(x)$能取到 $f(a)$和 $f(b)$之间的所有数。

闭区间套定理:设$[a_n,b_n]\supset[a_{n+1},b_{n+1}]$,$n=1,2,\cdots$,是一个闭区间套,若$\lim\limits_{n\to\infty}(b_n-a_n)=0$,则存在唯一 $\xi\in[a_n,b_n]$,$n=1,2,\cdots$,即长度趋于零的闭区间套的交是单点集,$\{\xi\}=\bigcap\limits_{n=1}^{\infty}[a_n,b_n]$。

若 $f(x)$是闭区间$[a,b]$上的连续函数,且在端点异号 $f(a)\cdot f(b)<0$,则 0 必在 $f(a)$和 $f(b)$之间,根据介值定理存在 $\xi\in[a,b]$使得 $f(\xi)=0$,即方程 $f(x)=0$ 在$[a,b]$上有根。

在$[a,b]$上找根:首先取中点 $c=(a+b)/2$,如果 $f(c)=0$ 则找到一个根 c;否则比较 $f(c)$和 $f(a)$的符号:若 $f(a)\cdot f(c)<0$,令 $a_1=a,b_1=c$,否则 $a_1=c,b_1=b$。于是,得到一个新区间$[a_1,b_1]\subset[a,b]$,且

$$b_1-a_1=\frac{b-a}{2},\quad f(a_1)\cdot f(b_1)<0$$

在$[a_1,b_1]$上重复前面的操作,并将这个过程继续下去,要么得到一个根 c;要么得到一个区间套

$$[a,b]\supset[a_1,b_1]\supset\cdots\supset[a_n,b_n]\supset\cdots$$

$$b_n-a_n=\frac{b-a}{2^n}\to 0(n\to\infty)$$

$$f(a_n)\cdot f(b_n)<0$$

在第二种情况下,由闭区间套定理存在 $\xi\in[a_n,b_n]$,且 $f(\xi)$在 $f(a_n)$和 $f(b_n)$之间,因此必

有 $f(\xi)=0$。不难看出

$$\left|\frac{a_n+b_n}{2}-\xi\right|\leqslant\frac{b-a}{2^{n+1}} \tag{5.1}$$

因此,根是闭区间套中点的极限

$$\xi=\lim_{n\to\infty}\frac{a_n+b_n}{2}$$

这就是二分法的寻根过程,首先找有根区间,然后二分区间将寻根范围缩小到原区间的二分之一,继续这个过程直至达到期望精度,得到近似根 $\xi\approx(a_n+b_n)/2$。在寻根过程中,不需要观察函数曲线的性态,只须计算函数值 $y_n=f((a_n+b_n)/2)$,算法极为简单。以下是二分法的概述。

二分法

给定初始区间 $[a,b]$,$f(a)\cdot f(b)<0$;控制误差 δ

(1) $(b-a)/2>\delta$,置 $c=(a+b)/2$。若 $f(c)=0$,输出根 c;否则
  若 $f(a)\cdot f(c)<0$,令 $b=c$,否则 $a=c$;

(2) $(b-a)/2\leqslant\delta$,输出近似根 $c=(a+b)/2$,否则返回(1)。

例 5.1.1 利用二分法求方程 $f(x)=x^3-x-1=0$ 在 $[1,2]$ 上的根。

解 $f(1)\cdot f(2)=-5<0$,因此在 $[1,2]$ 上方程有根,表 5.1 给出了二分法前 9 次迭代的计算结果,图 5.1 是函数 $f(x)=x^3-x-1$ 曲线和最初 4 次迭代区间端点的图示。

表 5.1 二分法寻方程 $x^3-x-1=0$ 的根:前 9 次迭代

n	a_n	b_n	$c_n=(a_n+b_n)/2$	$f(c_n)$
0	1.0	2.0	1.5	0.125
1	1.0	1.5	1.25	−0.609375
2	1.25	1.5	1.375	−0.291016
3	1.375	1.5	1.4375	−0.0959473
4	1.4375	1.5	1.46875	0.0112
5	1.4375	1.46875	1.45313	−0.0431938
6	1.45313	1.46875	1.46094	−0.0162034
7	1.46094	1.46875	1.46484	−0.00255352
8	1.46484	1.46875	1.4668	0.00431024
9	1.46484	1.4668	1.46582	0.00087512

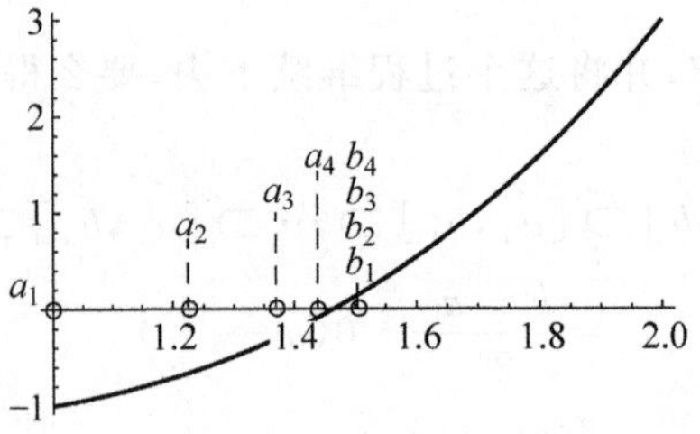

图 5.1 曲线 $f(x)=x^3-x-1$ 和二分法前 4 次迭代的区间端点

二分法第 n 次迭代的近似根 $c_n=(a_n+b_n)/2$，与真值之间的误差为

$$|c_n-\xi| \leqslant (b-a)/2^{n+1} \tag{5.2}$$

迭代过程中只需计算$(n+1)$次函数值，因而计算量极小。每次迭代都以常数因子 1/2 减小误差，因此二分法是线性收敛的，或者说二分法线性收敛。

如果取控制误差 $\delta=0.5\times10^{-p}$，即期望根精确到小数点后 p 位，则从 $(b-a)/2^{n+1}<0.5\times10^{-p}$ 估算出所需要的迭代次数

$$n > p\log_2 10+\log_2(b-a) \approx 3.3219p+\log_2(b-a) \tag{5.3}$$

实际迭代次数要小于这个估计数。例如：在例 5.1.1 中，如果期望根精确到小数点后 3 位，则迭代次数 $n>3.3219p+\log_2 1=9.99657$，即迭代 10 次后可以使根精确到小数点后 3 位。事实上，这个方程的根是 1.46557(精确到小数点后 5 位)，从表 5.1 可以看出第 9 次迭代根就已经精确到小数点后 3 位。

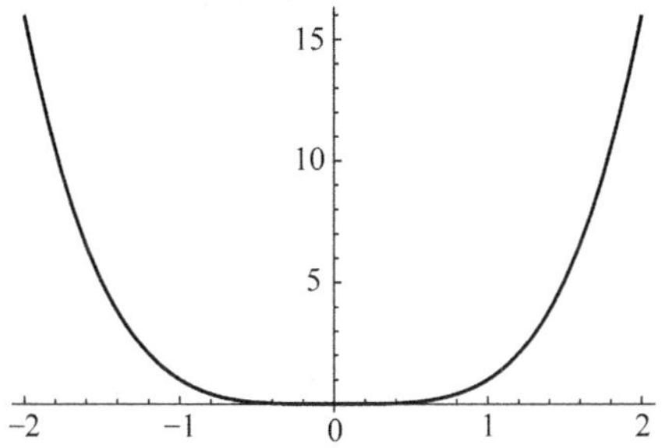

图 5.2　二分法失效

二分法的困难部分也许是确定端点异号的初始区间，一旦这种区间被找到二分法就保证迭代一定收敛到根。值得指出的是，二分法不适合重根的情况，对图像如 $y=x^{2m}$ 的一类问题失效，如图 5.2 所示。下面介绍的牛顿法可解决这类问题，收敛速度也比二分法快。

5.1.2　牛顿法

牛顿法，也称牛顿-拉夫逊(Newton-Raphson)方法，它的收敛速度比二分法快，求根的迭代过程有明显的几何意义，其原理是用一系列线性方程的根逼近非线性方程的根。

为求方程 $f(x)=0$ 的根，先给定一个初始猜测值(简称初始值)x_0，然后过点$(x_0,f(x_0))$作曲线 $y=f(x)$的切线

$$y=f(x_0)+f'(x_0)(x-x_0)$$

它与 x-轴的交点 x_1，如图 5.3 所示，是线性方程 $f(x_0)+f'(x_0)(x-x_0)=0$ 的解

$$x_1=x_0-\frac{f(x_0)}{f'(x_0)}$$

再以 x_1 代替 x_0 重复上面的操作，得到

$$x_2=x_1-\frac{f(x_1)}{f'(x_1)}$$

将这个过程继续下去，就得到牛顿迭代点列

$$x_{k+1}=x_k-\frac{f(x_k)}{f'(x_k)},\quad k=0,1,2,\cdots$$

可见，它是一系列线性方程 $f(x_k)+f'(x_k)(x-x_k)=0$，$k=0,1,2,\cdots$的解。

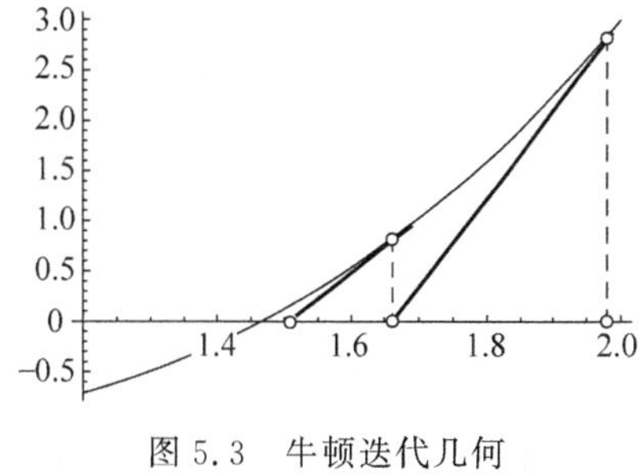

图 5.3　牛顿迭代几何

牛顿法

解方程 $f(x)=0$

给定初始值：x_0

迭代：$x_{k+1}=x_k-\dfrac{f(x_k)}{f'(x_k)},k=0,1,2,\cdots$

由 Taylor 公式也可导出牛顿法。由 Taylor 定理，在 x 和 x_0 之间存在 η_x 使得

$$f(x)=f(x_0)+f'(x_0)(x-x_0)+\frac{f''(\eta_x)}{2}(x-x_0)^2$$

当 x 在 x_0 附近时，二次项很小可忽略不计，即

$$f(x)\approx f(x_0)+f'(x_0)(x-x_0)$$

当 x_0 在方程 $f(x)=0$ 的根附近时，自然希望下次迭代 x_1 更靠近方程的根，因此希望 x_1 满足

$$f(x_0)+f'(x_0)(x_1-x_0)=0 \tag{5.4}$$

于是

$$x_1=x_0-\frac{f(x_0)}{f'(x_0)}$$

满足式(5.4)的 x_1 只是比 x_0 更接近于根 ξ，但未必有 $f(x_1)=0$。为了找到更精确的解，需要继续这个过程，因此就产生了逐渐趋近于根 ξ 的牛顿迭代，$x_{k+1}=x_k-f(x_k)/f'(x_k)$，$k=0,1,2,\cdots$。

和二分法一样，牛顿法也是通过迭代逼近方程的根，不同的是牛顿法将导数用在迭代过程中，从而充分利用了函数的局部变化信息（导数是函数的瞬时变化率），因此收敛速度比二分法更快。很可惜，牛顿迭代不总是收敛的。

例 5.1.2 从给定的初始值开始对下述方程作 8 次牛顿迭代，并观察收敛性：

(i) $x^2-2=0,x_0=2.5$

(ii) $\sin x=0,x_0=0.8$

(iii) $x^3-x-3=0,x_0=0.0$

(iv) $x^{1/3}=0,x_0=1.0$

解 这四个方程的牛顿迭代分别为

(i) $x_{k+1}=x_k-\dfrac{2x_k^2-1}{2x_k},x_0=2.5$

(ii) $x_{k+1}=x_k-\dfrac{\sin x_k}{\cos x_k},x_0=0.8$

(iii) $x_{k+1}=x_k-\dfrac{x_k^3-x_k-3}{3x_k^2-1},x_0=0.0$

(iv) $x_{k+1}=x_k-\dfrac{x_k^{1/3}}{x_k^{-2/3}/3},x_0=1.0$

表 5.2 给出了 8 次迭代结果，可以看出：对于 $x^2-2=0$ 和 $\sin x=0$ 牛顿法收敛，且第 4 次迭代就分别给出精确到小数点后 8 位和 24 位的根。对于方程 $x^3-x-3=0$，从初始值 $x_0=0.0$ 开始，迭代 3 次后进入循环状态，因此对给定的初始值牛顿迭代不收敛。对于 $x^{1/3}=0$，牛顿迭代对给定的初始值是发散的。

表 5.2　牛顿迭代

$x^2-2=0$	$\sin x=0$	$x^3-x-3=0$	$x^{1/3}=0$
2.5	0.8	0.00000	1.00000
1.65	−0.2296385570503640	−3.00000	−2.00000
1.431060606060606	0.00412357916974798	−1.96153	4.00000
1.414312727593564	−0.0000000233724753	−0.00657	16.0000
1.414213565849603	$3.308722450212\times10^{-24}$	−3.00038	−32.0000
1.414213562373095	0.	−1.96181	64.0000
1.414213562373095	0.	−1.14743	−128.000
1.414213562373095	0.	−0.00725	256.000
1.414213562373095	0.	−3.00047	−512.000

方程 $x^3-x-3=0$ 精确到小数点后 10 位的根是 $\xi=1.6716998816$，选择充分靠近根 ξ 的点作为初始值，比如 $x_0=1.0$，你会发现牛顿迭代收敛到根 ξ，即从初始值 $x_0=1.0$ 开始牛顿法收敛。这说明牛顿法的收敛性依赖于初始值的选择，有时在充分靠近根的情况下才收敛，也就是说牛顿法局部收敛。最特别的是方程 $x^{1/3}=0$，不管如何选取初始值，无论多么靠近方程的根(只要不等于根 ξ)，经过若干次迭代后将逐渐偏离方程的根，也就是说牛顿法对这类方程失效。

1. 二阶收敛性

牛顿法何时收敛，收敛速度如何？这是下面要讨论的问题，先给出收敛速度的定义。

定义 5.1.2　假定 ξ 是方程 $f(x)=0$ 的一个根，$\{x_k: k=1,2,\cdots\}$ 是收敛到 ξ 的迭代点列。如果存在常数 c 使得

$$\lim_{k\to\infty}\frac{|x_{k+1}-\xi|}{|x_k-\xi|^p}=c \tag{5.5}$$

则称迭代最终收敛速度是 p 阶的，或者说迭代 p 阶收敛。特别地，$p=1$，称为线性收敛；$p=2$，称为平方收敛；$1<p<2$，称为超线性收敛。p 越大收敛速度就越快。

关于牛顿迭代的收敛性与收敛速度有下述结论：

定理 5.1.1　假定 $f(x)$ 有连续的二阶导数。若 x_0 充分接近方程 $f(x)=0$ 的根 ξ，且 $f'(\xi)\neq0$，则牛顿迭代二阶收敛于 ξ。

证明　记 $c_\xi=\left|\frac{f''(\xi)}{2f'(\xi)}\right|$ $(f'(\xi)\neq0)$，由 $f''(x)$ 的连续性，当 $c>c_\xi$ 时必存在 δ 使得，

$$\forall x,\eta\in(\xi-\delta,\xi+\delta),\quad \left|\frac{f''(\eta)}{2f'(x)}\right|<c \tag{5.6}$$

根据 Taylor 定理，$f(x_k)+f'(x_k)(\xi-x_k)+f''(\eta_k)(\xi-x_k)^2/2=f(\xi)=0$，其中 η_k 位于 x_k 和 ξ 之间，于是

$$\xi=\underbrace{x_k-\frac{f(x_k)}{f'(x_k)}}_{x_{k+1}}-\frac{f''(\eta_k)}{2f'(x_k)}(\xi-x_k)^2$$

即

$$x_{k+1}-\xi=\frac{f''(\eta_k)}{2f'(x_k)}(x_k-\xi)^2 \tag{5.7}$$

因 x_0 充分接近 ξ，不妨假定 $|x_0-\xi|<\min\{\delta,1/c\}$。由式(5.6)和式(5.7)，

$$|x_{k+1}-\xi|=\left|\frac{f''(\eta_k)}{2f'(x_k)}(x_k-\xi)^2\right|<c|x_k-\xi|^2$$

于是

$$|x_{k+1}-\xi|<(c|x_0-\xi|)^{k+1}|x_0-\xi|$$

由于 $c|x_0-\xi|<1$，必有 $x_{k+1}-\xi\to 0(k\to\infty)$，故牛顿迭代收敛。

因 η_k 在 x_k,ξ 之间，所以 η_k 也收敛到 ξ。由式(5.7)，

$$\lim_{k\to\infty}\frac{|x_{k+1}-\xi|}{|x_k-\xi|^2}=\lim_{k\to\infty}\left|\frac{f''(\eta_k)}{2f'(x_k)}\right|=c_\xi$$

按定义 5.1.2，牛顿法最终收敛速度是二阶的。证毕。

应该指出的是，定理中的条件"x_0 充分接近 ξ"一般不可检验，因为事先不知道根 ξ 的位置，我们正想找到根的位置。另外，"充分接近"也很模糊，根据定理的证明过程可认为 x_0 在 ξ 的某个邻域，比如 $|x_0-\xi|<\min\{\delta,1/c\}$，当然这也不可检验。最后，定理只是说最终收敛速度是二阶的，未指出达到这个速度之前需要多少次迭代。因此，人们常说牛顿法的收敛性和收敛速度依赖于给定的初始值。尽管如此，定理 5.1.1 仍有十分重要的理论意义，因为它给出了牛顿迭代局部收敛的充分条件和最终收敛速度。

继续考虑例 5.1.2 中的方程 $x^2-2=0$，它的精确解

$$\xi=\sqrt{2},\quad c_\xi=\left|\frac{f''(\sqrt{2})}{2f'(\sqrt{2})}\right|\approx 0.353553$$

记 $e_k\triangleq x_k-\sqrt{2}$，它是第 k 次迭代误差，从表 5.2 得到最初几次的迭代误差

$$\begin{aligned}
&e_1=0.235786 \\
&e_2=0.016847 \qquad e_2/e_1^2=0.30303 \\
&e_3=0.000099 \qquad e_3/e_2^2=0.34939 \\
&e_4=3.47651*10^{-9} \qquad e_4/e_5^2=0.35352\approx c_\xi
\end{aligned}$$

注意，对于这个方程，初始取 $x_0=0$，牛顿法失败；取 $x_0>0$，收敛到$\sqrt{2}$；取 $x_0<0$，收敛到 $-\sqrt{2}$。

牛顿法不像二分法那样，可以通过估计绝对误差来终止迭代，在实际问题中需要设置终止条件。给定容差 ε，常用的终止条件有

绝对终止条件：$|x_{k+1}-x_k|\leqslant\varepsilon$。

相对终止条件：$\dfrac{|x_{k+1}-x_k|}{|x_{k+1}|}\leqslant\varepsilon$（根不在 0 附近）。

绝对/相对终止条件：$\dfrac{|x_{k+1}-x_k|}{\max\{|x_{k+1}|,\theta\}}\leqslant\varepsilon$，其中 $\theta>0$，常用于根在 0 附近。

2. 线性收敛性

在定理 5.1.1 中，$f'(\xi)\neq 0$ 是牛顿法收敛的充分条件，但不是必要条件。例如方程 $x^p=0$，零是它的 p 重根，即 $f(0)=f'(0)=\cdots=f^{(p-1)}(0)=0$，$f^{(p)}(0)=p\neq 0$，牛顿迭代

$$x_{k+1}=x_k-\frac{x_k^p}{px_k^{p-1}}\left(=\frac{p-1}{p}x_k\right)$$

以$(p-1)/p$的因子减小,因此收敛到方程的根。从$(x_{k+1}-0)/(x_k-0)=(p-1)/p$知,此时牛顿法的收敛速度是线性的,不再有二阶收敛性。下述定理概括了这类问题。

定理 5.1.2 假定$f(x)$有连续的$p+1$阶导数,ξ是$f(x)=0$的$p+1$重根,即

$$f(\xi)=f'(\xi)=\cdots=f^{(p)}(\xi)=0,\quad f^{(p+1)}(\xi)\neq 0$$

若x_0充分接近ξ,则牛顿迭代收敛于ξ,且

$$\lim_{k\to\infty}\left|\frac{x_{k+1}-\xi}{x_k-\xi}\right|=\frac{p}{p+1}\tag{5.8}$$

即牛顿迭代的收敛速度是线性的。

证明 在牛顿迭代$x_{k+1}=x_k-\dfrac{f(x_k)}{f'(x_1)}$的两边同减去$\xi$,得到

$$x_{k+1}-\xi=x_k-\xi-\frac{f(x_k)}{f'(x_k)}\tag{5.9}$$

由重根条件,对$f(x_k)$和$f'(x_k)$在点ξ作 Taylor 展开

$$f(x_k)=\frac{f^{(p+1)}(\eta_k)}{(p+1)!}(x_k-\xi)^{(p+1)},\quad f'(x_k)=\frac{f^{(p+1)}(\eta'_k)}{p!}(x_k-\xi)^p$$

其中η_k,η'_k位于ξ,x_k之间。将上式代入式(5.9),得到

$$x_{k+1}-\xi=(x_k-\xi)\left(1-\frac{1}{p+1}\cdot\frac{f^{(p+1)}(\eta_k)}{f^{(p+1)}(\eta'_k)}\right)\tag{5.10}$$

由于$f(x)$是连续$p+1$阶可导的,且$f^{(p+1)}(\xi)\neq 0$,所以取$0<\varepsilon<1/(p+1)$,一定存在$\delta>0$使得当$\eta,\eta'\in(\xi-\delta,\xi+\delta)$时,

$$\left|1-\frac{1}{p+1}\cdot\frac{f^{(p+1)}(\eta)}{f^{(p+1)}(\eta')}\right|<1-\varepsilon\tag{5.11}$$

其中$0<1-\varepsilon<1$。因x_0充分接近ξ,不妨假定$x_0\in(\xi-\delta,\xi+\delta)$,根据式(5.10)和式(5.11)得到

$$|x_1-\xi|=\left|(x_0-\xi)\left(1-\frac{1}{p+1}\cdot\frac{f^{(p+1)}(\eta_k)}{f^{(p+1)}(\eta'_k)}\right)\right|<(1-\varepsilon)|x_0-\xi|<\delta$$

从而$x_1\in(\xi-\delta,\xi+\delta)$,同理可推知所有$x_k\in(\xi-\delta,\xi+\delta)$,因此

$$|x_{k+1}-\xi|<(1-\varepsilon)|x_k-\xi|<\cdots<(1-\varepsilon)^{k+1}|x_0-\xi|$$

因$(1-\varepsilon)^{k+1}\to 0(k\to\infty)$,必有$x_{k+1}-\xi\to 0$。再由式(5.10),

$$\lim_{k\to\infty}\left|\frac{x_{k+1}-\xi}{x_k-\xi}\right|=\lim_{k\to\infty}\left|1-\frac{1}{p+1}\cdot\frac{f^{(p+1)}(\eta_k)}{f^{(p+1)}(\eta'_k)}\right|=\frac{p}{p+1}$$

证毕。

注释 对于$p+1$重根牛顿法线性收敛,如果利用下面的迭代

$$x_{k+1}=x_k-\frac{(p+1)f(x_k)}{f'(x_k)},\quad k=1,2,\cdots$$

则恢复到牛顿法的二阶收敛性。因事先难以确定根的重数,这种迭代方式仅有理论意义而无实用价值,对此不作详细讨论。

5.1.3 拟牛顿法

牛顿法对单根二阶收敛,对重根线性收敛,但在迭代过程中必须计算导数。实际问题的

函数可能非常复杂，或者根本没有解析表达式，此时牛顿法需要花费很大代价来计算导数，自然希望有不需计算导数的迭代方法来解决此类问题。拟牛顿法是避免计算导数的一类方法，它的一般迭代形式为

$$x_{k+1}=x_k-\frac{f(x_k)}{T_k}$$

这里 T_k 是 $f'(x_k)$ 的近似 $T_k\approx f'(x_k)$。选择不同的 T_k 导致不同的拟牛顿法，其中最著名的是下面将要介绍的割线法，其收敛速度介于线性与二阶之间。

1. 割线法

众所周知，导数是切线的斜率，而切线在几何上是割线的极限，因此导数可用割线的斜率来近似。通过$(x_{k-1},f(x_{k-1}))$和$(x_k,f(x_k))$两点的割线斜率

$$T_k=\frac{f(x_k)-f(x_{k-1})}{x_k-x_{k-1}}=f[x_{k-1},x_k]$$

替代牛顿法中 $f'(x_k)$，得到割线法的迭代

$$x_{k+1}=x_k-\frac{f(x_k)}{f[x_{k-1},x_k]} \tag{5.12}$$

事实上，x_{k+1} 是割线与 x-轴的交点，如图 5.4 所示。与牛顿法不同，实施割线法需要两个初始值。

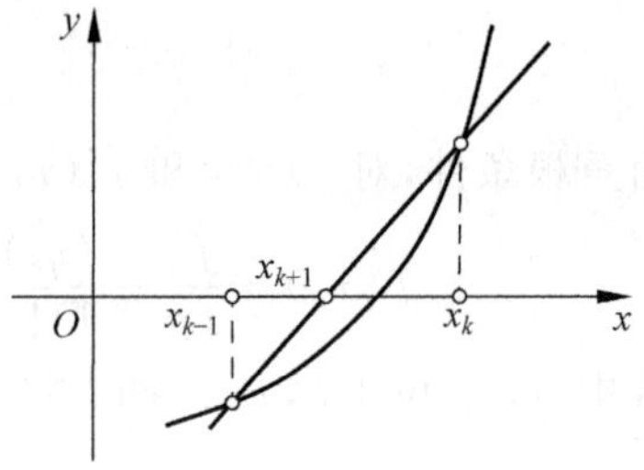

图 5.4 割线法迭代几何

割线法

解方程 $f(x)=0$

给定初始值：x_0,x_1

迭代：$x_{k+1}=x_k-\dfrac{f(x_k)}{f[x_{k-1},x_k]},k=1,2,\cdots$

在讨论割线法的收敛性和收敛速度之前，先看一个例子。继续考察方程 $x^2-2=0$，此次使用割线法，初始值取 $x_0=2.5,x_1=1.5$。按迭代公式(5.12)，最初 6 次迭代的近似值及其误差如下：

$$\begin{aligned}
x_2&=1.4375 & e_2&=0.0232864\\
x_3&=1.41489361 & e_3&=0.0006800\\
x_4&=1.41429114 & e_4&=5.551\times10^{-6}\\
x_5&=1.41421356 & e_5&=1.334\times10^{-9}\\
x_6&=1.41421356 & e_6&=2.664\times10^{-15}
\end{aligned}$$

观察误差可以发现，割线法的收敛速度快于线性收敛速度，但比二阶收敛速度慢。根据下面的定理，准确收敛阶 $p=(1+\sqrt{5})/2\approx1.618$，位于线性与二阶中间偏上一些。

定理 5.1.3 假定 $f(x)$有连续的二阶导数，ξ 是方程 $f(x)=0$ 的根，$f'(\xi)\neq0$。若 x_0，x_1 充分接近 ξ，则割线法收敛到 ξ，且

$$\lim_{k\to\infty}\left|\frac{e_{k+1}}{e_ke_{k-1}}\right|=c_\xi\quad\left(c_\xi\triangleq\left|\frac{f''(\xi)}{2f'(\xi)}\right|\right) \tag{5.13}$$

证明 由式(5.12)，得到

$$x_{k+1}-\xi=x_k-\xi-\frac{f(x_k)((x_k-\xi)-(x_{k-1}-\xi))}{f(x_k)-f(x_{k-1})}$$

因此

$$e_{k+1}=e_k-\frac{f(x_k)e_k-f(x_k)e_{k-1}}{f(x_k)-f(x_{k-1})}=e_ke_{k-1}\left(\frac{1}{e_{k-1}}-\frac{\dfrac{f(x_k)}{e_{k-1}}-\dfrac{f(x_k)}{e_k}}{f(x_k)-f(x_{k-1})}\right)$$

$$=e_ke_{k-1}\cdot\underbrace{\frac{f(x_k)/(x_k-\xi)-f(x_{k-1})/(x_{k-1}-\xi)}{x_k-x_{k-1}}}_{A(x_{k-1},x_k)}\cdot\underbrace{\frac{x_k-x_{k-1}}{f(x_k)-f(x_{k-1})}}_{B(x_{k-1},x_k)} \tag{5.14}$$

当 $x_k,x_{k-1}\to\xi$ 时

$$B(x_k,x_{k-1})\to\frac{1}{f'(\xi)} \tag{5.15}$$

考虑 $A(x_k,x_{k-1})$ 在 $x_k,x_{k-1}\to\xi$ 时的极限：定义 $h(x)=\dfrac{f(x)}{x-\xi}$，则

$$A(x_k,x_{k-1})=\frac{h(x_k)-h(x_{k-1})}{x_k-x_{k-1}}$$

当 $x_k,x_{k-1}\to\xi$ 时，$A(x_k,x_{k-1})\to h'(\xi)$。下面计算 $h'(\xi)$：

$$h'(x)=\frac{f'(x)(x-\xi)-f(x)}{(x-\xi)^2}$$

根据求极限的洛必达法则

$$h'(\xi)=\lim_{x\to\xi}\frac{f'(x)(x-\xi)-f(x)}{(x-\xi)^2}=\lim_{x\to\xi}\frac{f''(x)(x-\xi)}{2(x-\xi)}=\frac{f''(\xi)}{2}$$

因此

$$A(x_k,x_{k-1})\to\frac{f''(\xi)}{2} \tag{5.16}$$

由式(5.15)和式(5.16)，

$$|A(x_k,x_{k-1})\cdot B(x_k,x_{k-1})|\to\left|\frac{f''(\xi)}{2f'(\xi)}\right|=c_\xi \tag{5.17}$$

于是，给定 $\varepsilon>0$ 必存在 $\delta>0$ 使得当 $x_k,x_{k-1}\in(\xi-\delta,\xi+\delta)$ 时，

$$|A(x_k,x_{k-1})\cdot B(x_k,x_{k-1})|<c_\xi+\varepsilon$$

$$|e_{k+1}|<(c_\xi+\varepsilon)|e_ke_{k-1}|$$

由于 x_0,x_1 充分接近 ξ，不妨假定 $x_0,x_1\in(\xi-\delta',\xi+\delta')$，其中 $\delta'=\min\left\{\delta,\dfrac{1}{2(c_\xi+\varepsilon)}\right\}$，于是

$$|e_2|<(c_\xi+\varepsilon)|e_ke_{k-1}|<\frac{1}{2}|e_0|<\delta'$$

一般，

$$|e_{k+1}|<\frac{1}{2}|e_{k-1}|<\delta'$$

因此，所有 x_k 都落在 $(\xi-\delta',\xi+\delta')$ 内，且 $|e_{k+1}|<\dfrac{1}{2^k}|e_0|\to 0$，故割线法收敛到 ξ，从而由

式(5.14)和式(5.17)得到

$$\lim_{k\to\infty}\left|\frac{e_{k+1}}{e_k e_{k-1}}\right|=c_\xi$$

证毕。

根据定理5.1.3,可推知割线法的收敛阶 $p=\frac{1+\sqrt{5}}{2}\approx 1.618$：由式(5.13),对充分大的 k

$$|e_{k+1}|\approx c_\xi|e_k|\cdot|e_{k-1}| \tag{5.18}$$

假定存在常数 c,p 使得对充分大的 k,$|e_k|\approx c|e_{k-1}|^p$,即

$$|e_{k-1}|\approx\left(\frac{|e_k|}{c}\right)^{1/p}$$

将上式和 $|e_{k+1}|\approx c|e_k|^p$ 代入式(5.18),得到

$$c|e_k|^p\approx c_\xi|e_k|\cdot\left(\frac{|e_k|}{c}\right)^{1/p}=c_\xi c^{-1/p}|e_k|^{1+1/p}$$

$$c_\xi^{-1}c^{1+1/p}\approx|e_k|^{1-p+1/p}$$

上式左端是无关 k 的常数,因此右端指数必须为零,即

$$1-p+\frac{1}{p}=0$$

于是 $p=(1\pm\sqrt{5})/2$。阶是正值,故割线法的收敛阶 $p=(1+\sqrt{5})/2\approx 1.618$。

2. 抛物线法

不难看出,割线法是用一系列线性插值函数(割线)的零点逼近方程的根,它的直接推广是以二次插值函数的零点逼近方程的根,如图5.5所示,由此产生解方程的抛物线法,也称为密勒(Müller)法。

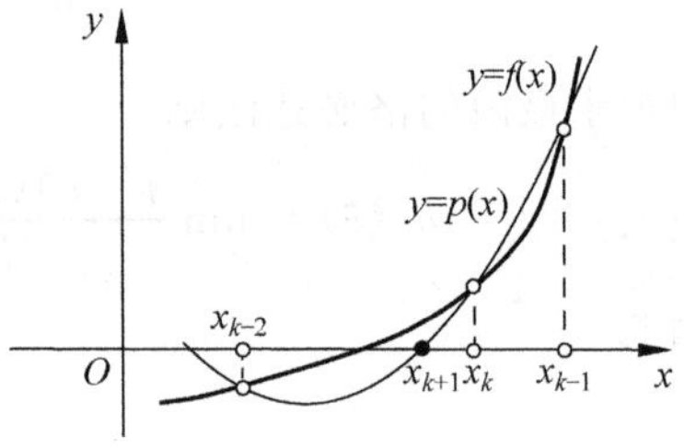

图5.5 抛物线法迭代几何

抛物线法

解方程 $f(x)=0$

给定初始值：x_0,x_1,x_2

迭代：

$$x_{k+1}=x_k-\frac{2f(x_k)}{b(x_k,x_{k-1},x_{k-2})+\text{sign}(b)\sqrt{b^2(x_k,x_{k-1},x_{k-2})-4f(x_k)f[x_k,x_{k-1},x_{k-2}]}},\quad k=2,3,\cdots$$

假定 x_k,x_{k-1},x_{k-2} 是当前迭代的三个近似根,以它们为节点的二次多项式插值

$$p(x)=f(x_k)+f[x_k,x_{k-1}](x-x_k)+f[x_k,x_{k-1},x_{k-2}](x-x_k)(x-x_{k-1})$$

有两个零点

$$x_\pm=x_k-\frac{2f(x_k)}{b(x_k,x_{k-1},x_{k-2})\pm\sqrt{b^2(x_k,x_{k-1},x_{k-2})-4f(x_k)f[x_k,x_{k-1},x_{k-2}]}} \tag{5.19}$$

其中

$$b(x_k,x_{k-1},x_{k-2})=f[x_k,x_{k-1}]+f[x_k,x_{k-1},x_{k-2}](x_k-x_{k-1})$$

为了确定第 $k+1$ 次迭代 x_{k+1}，需要选择根式前的正负号。在三个近似根 x_k,x_{k-1},x_{k-2} 中，自然假定 x_k 更接近方程的精确解，因而选择最接近于 x_k 的零点作为 x_{k+1}，此时根式前符号与 b 的符号相同。这样就得到了抛物线法的第 $k+1$ 次迭代。

例 5.1.3　用割线法和抛物线法求方程 $xe^x=1$ 的前 6 次迭代的近似根，其中割线法的两个初始值 $x_0=2,x_1=1.5$；抛物线法初始值 $x_2=1.144809$ 是割线法的第一次迭代。

解　计算结果见表 5.3，可以看出割线法第 6 次迭代才达到小数点后 4 位的精度；抛物线法以 x_0,x_1 和 $x_2=1.144809$ 为初始值时，首次迭代就达到了小数点后 14 位的精度，抛物线法比割线法收敛更快。

表 5.3　割线法和抛物线法解方程 $xe^x=1$

迭代次数	割线法	抛物线法
1	1.144809274721835	
2	0.849721510613437	0.567143290409784
3	0.668652203745926	0.567143290409783
4	0.587755224926128	0.567143290409783
5	0.568784819013826	0.567143290409783
6	0.567170784669773	0.567143290409783

事实上，在一定的条件下，可以证明抛物线法的迭代误差有如下渐近关系：

$$\lim_{k\to\infty}\frac{|e_{k+1}|}{|e_k|^{1.840}}=\left|\frac{f'''(\xi)}{2f'(\xi)}\right|^{0.42} \tag{5.20}$$

也就是说，抛物线法的收敛阶 $p=1.840$($\alpha^3-\alpha^2-\alpha-1=0$ 的根)，因此也是超线性收敛的，与割线法收敛阶 $p=1.618$ 相比，抛物线法收敛更快，几乎接近牛顿法的二阶收敛性。

注释　抛物线法在迭代过程中，二次插值多项式可能与 x 轴不相交，即得到的迭代 x_{k+1} 可能是复数，此时可得到方程的近似复根。也就是说，抛物线法也适用于求多项式的复根。若问题只关心实根，可以应用逆二次插值法使每次迭代 x_{k+1} 都是实数。所谓逆二次插值法是指，用 y 的二次多项式 $x=ay^2+by+c$ 而不是用 x 的二次多项式，进行插值，如图 5.6 所示。它与 x-轴有唯一交点 $x=c(y=0)$，因此 $x_{k+1}=c$，读者可自行写出逆插值二次法的迭代公式。

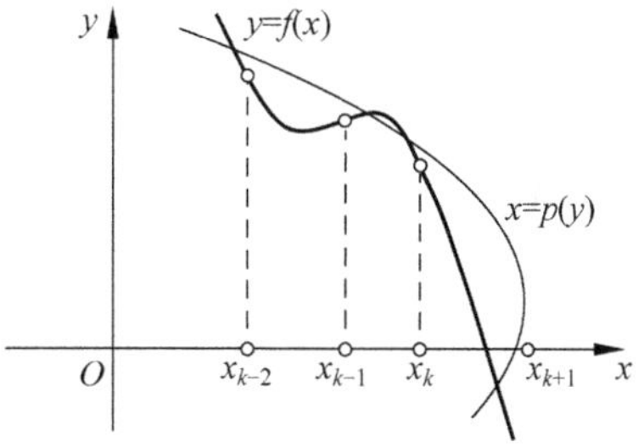

图 5.6　逆二次插值法迭代几何

5.1.4　不动点法

定义 5.1.3　如果 ξ 使得 $\phi(\xi)=\xi$，则称 ξ 为函数 $y=\phi(x)$ 的不动点。在几何上，不动点是曲线 $y=\phi(x)$ 与直线 $y=x$ 交点的 x-坐标。

不动点常用来分析动力系统的性态。动力系统的行为在不动点处达到平衡状态，既不增长也不衰减。非线性方程 $f(x)=0$ 的求解也可归结为求一个函数的不动点，比如：令

$$\phi(x)=x-\frac{f(x)}{f'(x)}(f'(x)\neq 0)$$

定义迭代 $x_{k+1}=\phi(x_k),k=0,1,2,\cdots$。如果迭代收敛于 ξ，则它是 $\phi(x)$ 的不动点 $\xi=\phi(\xi)$，同时 ξ 也是方程 $f(x)=0$ 的根，因为从 $\xi=\phi(\xi)$ 得到

$$\xi=\xi-\frac{f(\xi)}{f'(\xi)}(f'(\xi)\neq 0)$$

故 $f(\xi)=0$。事实上，此处 $x_{k+1}=\phi(x_k)$ 就是牛顿迭代。

一般，将方程 $f(x)=0$ 化为同解方程 $x=\phi(x)$ 后，就可以从给定初值开始迭代

$$x_{k+1}=\phi(x_k),\quad k=0,1,2,\cdots$$

称 ϕ 为迭代函数。若迭代收敛于 ξ 且迭代函数连续，则 ξ 是迭代函数的不动点，同时也是方程 $f(x)=0$ 的根。这就是解方程的不动点法。

不动点法

解方程 $f(x)=0$

构造同解方程：$x=\phi(x)$

给定初始值：x_0

迭代：$x_{k+1}=\phi(x_k),k=0,1,2,\cdots$

同解方程 $\phi(x)=x$ 有多种多样的形式，不同形式会有不同的性态，因此相应迭代的收敛性也不相同。

例 5.1.4 考虑方程 $x^3+x-1=0$ 的四种同解方程：

(i) $x=1-x^3$

(ii) $x=(1-x)^{1/3}$

(iii) $x=\dfrac{1}{1+x^2}$

(iv) $x=\dfrac{1+2x^3}{1+3x^2}$

其中(iv)是在(i)两边同时加 $3x^3$ 得到的。它们相应的迭代函数分别为

$$\phi_1(x)=1-x^3$$

$$\phi_2(x)=(1-x)^{1/3}$$

$$\phi_3(x)=\frac{1}{1+x^2}$$

$$\phi_4(x)=\frac{1+2x^3}{1+3x^2}$$

从初始值 $x_0=0.75$ 开始迭代，表 5.4 给出了最初 16 次的迭代结果。方程 $x^3+x-1=0$ 的精确解

$$\xi=\frac{\sqrt[3]{2(9+\sqrt{93})^2}-2\sqrt[3]{3}}{\sqrt[3]{36}\sqrt[3]{9+\sqrt{93}}}\approx 0.682327803828019$$

表 5.4　不动点迭代

$x_{k+1}=\phi_1(x_k)$	$x_{k+1}=\phi_2(x_k)$	$x_{k+1}=\phi_3(x_k)$	$x_{k+1}=\phi_4(x_k)$
0.578125	0.629960524947436	0.64	0.686046511627907
0.806774139404296	0.717930965249187	0.709421112372304	0.682339582597314
0.474883207970300	0.655820725748032	0.665212815374884	0.682327803946512
0.892907159169156	0.700801309750398	0.693237013444374	0.682327803828019
0.288100127392519	0.668836392902901	0.675412102122535	0.682327803828019
0.976087204437633	0.691853594202033	0.686727578064001	0.682327803828019
0.070036595169878	0.675438329507026	0.679534898317339	0.682327803828019
0.999656461769720	0.687225200495086	0.684103236806338	0.682327803828019
0.001030260675835	0.678803258036743	0.681200191457860	0.682327803828019
0.999999998906443	0.684841984588895	0.683044385812104	0.682327803828019
$3.2806707350\times10^{-9}$	0.680522965212763	0.681872592311510	0.682327803828019
1.	0.683617568033420	0.682617045997094	0.682327803828019
0.	0.681403123516969	0.682144045988890	0.682327803828019
1.	0.682989202492196	0.682444557594172	0.682327803828019
0.	0.681853935624274	0.682253626695813	0.682327803828019
1.	0.682666908956669	0.682374932546297	0.682327803828019

从表 5.4 可以看出，ϕ_1 迭代若干次后进入周期状态，循环取 0,1 两个值，因此不收敛；ϕ_2 收敛但收敛速度缓慢，迭代到 16 次才达到小数点后 3 位的精度；ϕ_3 收敛速度稍快；ϕ_4 收敛速度非常快，迭代 4 次就达到小数点后 15 位的精度。

同解方程为什么会表现出如此不同的性质？为此，分析迭代函数在不动点局部邻域 $\Delta=[0.5,0.8]$的性态。考虑迭代函数在 Δ 上的最小、最大值，以及导数在 Δ 上的最大值：

$$\phi_1(\Delta)=[0.488,0.875]\not\subset\Delta,\max_{x\in\Delta}|\phi_1'(x)|=1.92>1$$

$$\phi_2(\Delta)=[0.5848,0.7937]\subset\Delta,\max_{x\in\Delta}|\phi_2'(x)|=0.9746<1$$

$$\phi_3(\Delta)=[0.6097,0.8]\subset\Delta,\max_{x\in\Delta}|\phi_3'(x)|=0.6495<1$$

$$\phi_4(\Delta)=[0.6823,0.7142]\subset\Delta,\max_{x\in\Delta}|\phi_3'(x)|=0.1756<1$$

可见，收敛的迭代函数都有共同的质性$\phi(\Delta)\subset\Delta$，$\max|\phi'(x)|<1$，发散的迭代函数没有这个特性；$\max|\phi'(x)|$越小收敛越快。这一现象可由后面的定理得到进一步证实。

1. 整体收敛性

定义 5.1.4　如果存在常数 $\rho<1$ 使得

$$|\phi(x)-\phi(y)|\leqslant\rho|x-y|,\quad\forall x,y\in[a,b]$$

则称$\phi(x)$是$[a,b]$上压缩映射。

如果 $M\triangleq\max_{a\leqslant x\leqslant b}|\phi'(x)|<1$，则$\phi(x)$必是$[a,b]$上压缩映射。压缩映射缩小任意两点间的距离，因此在$[a,b]$上一致连续。

定理 5.1.4(整体收敛的充分条件)　如果$\phi(x)$是$[a,b]$上的压缩映射，且$\phi([a,b])\subset[a,b]$，则

(i) 在$[a,b]$上$\phi(x)$存在唯一的不动点 ξ

(ii) 对任意 $x_0 \in [a,b]$ 为初始值的迭代 $x_{k+1}=\phi(x_k)\in[a,b]$，且

$$|x_{k+1}-\xi| \leqslant \frac{\rho^{k+1}}{1-\rho}|x_1-x_0| \tag{5.21}$$

(iii) $x_k \to \xi(k\to\infty)$

证明　令 $\Phi(x)=x-\phi(x)$。因 $\phi([a,b])\subset[a,b]$，即 $\forall x\in[a,b], a\leqslant\phi(x)\leqslant b$，所以 $\Phi(a)\leqslant 0, \Phi(b)\geqslant 0$。由压缩映射的连续性和介值定理，在 $[a,b]$ 上存在 ξ 使 $\Phi(\xi)=0$，即 ξ 是 $\phi(x)$ 的不动点 ξ。如果还存在一个不动点 $\eta\neq\xi$，则

$$|\xi-\eta|=|\phi(\xi)-\phi(\eta)|\leqslant\rho|\xi-\eta| \Rightarrow \rho\geqslant 1$$

与 $\rho<1$ 矛盾，故不动点是唯一的。

$$|x_{k+1}-\xi|=|\phi(x_k)-\phi(\xi)|\leqslant\rho|x_k-\xi|\leqslant\rho(|x_{k+1}-x_k|+|x_{k+1}-\xi|)$$

由此可推知，

$$|x_{k+1}-\xi|\leqslant\frac{\rho}{1-\rho}|x_{k+1}-x_k| \tag{5.22}$$

此外

$$|x_{k+1}-x_k|=|\phi(x_k)-\phi(x_{k-1})|\leqslant\rho|x_k-x_{k-1}|\Rightarrow|x_{k+1}-x_k|\leqslant\rho^k|x_1-x_0|$$

代入式(5.22)，

$$|x_{k+1}-\xi|\leqslant\frac{\rho^{k+1}}{1-\rho}|x_1-x_0|$$

最后，因 $\rho<1$，得到 $\lim\limits_{k\to\infty}|x_{k+1}-\xi|=0$。证毕。

称式(5.21)和式(5.22)为迭代误差的事先估计和事后估计。事先估计是迭代开始时对第 $k+1$ 迭代误差的一个粗略估计，以便为终止迭代提供信息；事后估计是当前迭代的误差估计，比事先估计准确。给定精度 ε，由事先估计

$$\frac{\rho^{k+1}}{1-\rho}|x_1-x_0|=\varepsilon\to k+1=\rho^{-1}\ln\left(\frac{1-\rho}{|x_1-x_0|}\right)$$

得到需要迭代的次数。当然，这必须以已知 ρ 为前提，在 ρ 未知情况下仍使用 5.1.2 节介绍的终止条件。

定理 5.1.5(整体发散的充分条件)　假定存在常数 $\rho>1$ 使得 $|\phi(x)-\phi(y)|\geqslant\rho|x-y|$ $(\forall x,y\in[a,b])$，或者 $\min\limits_{a\leqslant x\leqslant b}|\phi'(x)|>1$。若初始点 x_0 不是不动点，则迭代发散。

证明略，留给读者。

例 5.1.5　下述三个方程在[2,3]上都与方程 $x^3-2x-5=0$ 同解，试分析不动点迭代的收敛性：

(i) $x=x^3-x-5$

(ii) $x=(2x+5)^{1/3}$

(iii) $x=(2+5/x)^{1/2}$

解

(i) $\phi(x)=x^3-x-5, \phi'(x)=3x^2-1, \min\limits_{2\leqslant x\leqslant 3}|\phi'(x)|=|\phi'(2)|=11>1$，由定理 5.1.5，迭代发散。

(ii) $\phi(x)=(2x+5)^{1/3}, \phi'(x)=2(2x+5)^{-2/3}/3$

$$\min_{2\leqslant x\leqslant 3}\phi(x)=\phi(2)=9^{1/3}>2, \max_{2\leqslant x\leqslant 3}\phi(x)=\phi(3)=11^{1/3}<3$$

$$\Downarrow$$

$$\phi([2,3]) \subset [2,3]$$

$$\max_{2\leqslant x\leqslant 3} |\phi'(x)| = \phi'(2) = 2 \cdot 9^{-2/3}/3 \approx 0.15408 < 1$$

根据定理 5.1.4,在区间[2,3]上迭代整体收敛。

(iii) $\phi(x)=(2+5/x)^{1/2}$,$\phi'(x)=-5(2+5/x)^{-1/2}/2x$

$$\min_{2\leqslant x\leqslant 3} \phi(x) = \phi(3) = (11/2)^{1/2} < 2, \max_{2\leqslant x\leqslant 3} \phi(x) = \phi(2) = (9/2)^{1/2} < 3$$

$$\Downarrow$$

$$\phi([2,3]) \not\subset [2,3]$$

因此,不满足定理 5.1.4 条件。如果将区间缩小到[2,2.5],就有

$$\phi([2,2.5]) \subset [2,2.5]$$

$$\max_{2\leqslant x\leqslant 2.5} |\phi'(x)| = \phi'(2) = 5 \cdot 2^{-1/2}/12 < 1$$

由定理 5.1.4,迭代在区间[2,2.5]上整体收敛。事实上,在区间[2,3]上迭代也是整体收敛的,这与定理 5.1.4 不矛盾,因它给出的仅是收敛性的充分条件。

2. 局部收敛性

如果初始值充分靠近不动点,则迭代的收敛性仅依赖于迭代函数的局部性质,对此有如下定理:

定理 5.1.6(局部收敛的充分条件)　若$\phi(x)$在不动点 ξ 的某个邻域有连续的导数,且$|\phi'(\xi)|<1$,则迭代局部收敛于 ξ,也就是说当 x_0 充分靠近不动点时,迭代 $x_{k+1}=\phi(x_k)$必收敛到 ξ。

证明　因$\phi'(x)$在包含 ξ 的邻域内连续且$\phi'(\xi)<1$,所以存在 $\delta>0$ 使得

$$\phi'(x) < 1, \quad \forall x \in [\xi-\delta, \xi+\delta]$$

记

$$\rho = \max\{|\phi'(x)| : x \in [\xi-\delta, \xi+\delta]\} < 1$$

由微分中值定理,$\forall x,y\in[\xi-\delta,\xi+\delta]$,

$$\phi(x)-\phi(y) = \phi'(\eta)(x-y) \Rightarrow |\phi(x)-\phi(y)| \leqslant \rho |x-y|$$

因此

$$|\phi(x)-\xi| = |\phi(x)-\phi(\xi)| \leqslant \rho |x-\xi| < \delta \Rightarrow \phi([\xi-\delta,\xi+\delta]) \subset [\xi-\delta,\xi+\delta]$$

根据定理 5.1.4,迭代 $x_{k+1}=\phi(x_k)$在$[\xi-\delta,\xi+\delta]$上收敛到 ξ。证毕。

定理 5.1.7(局部发散的充分条件)　假定$\phi(x)$在不动点 ξ 的某个邻域有连续的导数且$|\phi'(\xi)|>1$,则若 $x_1\neq x_0$(即 x_0 不是不动点),则迭代局部发散。

例 5.1.6　不难验证:迭代函数$\phi_1(x)=x^2-1$,$\phi_2(x)=2x-(1+\sqrt{5})/2$,$\phi_3(x)=\sqrt{1+x}$有同一个不动点

$$\xi = (1+\sqrt{5})/2 \approx 1.61803$$

由于$\phi_1'(\xi)=1+\sqrt{5}>1$,$\phi_2'(\xi)=2>1$,$|\phi_3'(\xi)|=1/2<1$,根据定理 5.1.7,对于$\phi_1(x)$,$\phi_2(x)$迭代都是局部发散的;根据定理 5.1.6 对于$\phi_3(x)$迭代收敛。两个发散迭代的性态不相同,对于$\phi_1(x)$迭代最终进入周期状态;而对于$\phi_2(x)$随着迭代次数的增加离不动点越来越远。表 5.5 给出了最初 15 次的迭代结果。

表 5.5　不动点局部迭代(初始值: 1.60)

$x_{k+1}=\phi_1(x_k)$	$x_{k+1}=\phi_2(x_k)$	$x_{k+1}=\phi_3(x_k)$
1.560000000000000	1.581966011250105	1.612451549659710
1.433600000000001	1.545898033750315	1.616307999627456
1.055208960000004	1.473762078750736	1.617500540843018
0.113465949264290	1.329490168751577	1.617869135883066
−0.987125478357553	1.040946348753260	1.617983045610511
−0.025583289977371	0.463858708756626	1.618018246377497
−0.999345495273933	−0.690316571236641	1.618029124081979
−0.001308581075696	−2.998667131223177	1.618032485484138
−0.999998287615568	−7.615368251196250	1.618033524215162
$-3.4247659311814\times10^{-6}$	−16.84877049114239	1.618033845200761
−0.999999999988270	−35.31557497103468	1.618033944390772
$-2.3458124331909\times10^{-11}$	−72.24918393081927	1.618033975042172
−1.	−146.1164018503884	1.618033984513975
0.	−293.8508376895267	1.618033987440923
−1.	−589.3197093678034	1.618033988345400

最后,以不动点迭代的收敛阶定理结束本节。

定理 5.1.8　如果$\phi(x)$在不动点 ξ 的某个邻域有连续的 p 阶导数,且

$$\phi'(\xi)=\phi''(\xi)=\cdots=\phi^{(p-1)}(\xi)=0,\quad \phi^{p}(\xi)\neq 0$$

则迭代 p 阶局部收敛于 ξ。

证明　由$\phi'(\xi)=0$,迭代必局部收敛于 ξ。对$\phi(x)$在点 ξ 应用 Taylor 定理:

$$x_k=\phi(x_{k-1})=\phi(\xi)+\frac{\phi'(\xi)}{2}(x_{k-1}-\xi)+\cdots+\frac{\phi^{(p-1)}(\xi)}{(p-1)!}(x_{k-1}-\xi)^{p-1}+\frac{\phi^{(p)}(\eta_{k-1})}{p!}(x_{k-1}-\xi)^{p}$$

于是

$$x_k=\xi+\frac{\phi^{(p)}(\eta_{k-1})}{p!}(x_{k-1}-\xi)^{p}$$

因此

$$\frac{|x_k-\xi|}{|x_{k-1}-\xi|^{p}}=\left|\frac{\phi^{(p)}(\eta_{k-1})}{p!}\right|\to\left|\frac{\phi^{(p)}(\xi)}{p!}\right|\quad(k\to\infty)$$

故迭代 p 阶收敛。证毕。

5.2　非线性方程组

非线性方程组是指由 n 个 n 元非线性方程构成的方程组,一般形式为

$$\begin{cases}f_1(x_1,x_2,\cdots,x_n)=0\\ f_2(x_1,x_2,\cdots,x_n)=0\\ \quad\vdots\\ f_n(x_1,x_2,\cdots,x_n)=0\end{cases}\tag{5.23}$$

记

$$f(x)=(f_1(x),f_2(x),\cdots,f_n(x))^{\mathrm T},\quad x=(x_1,x_2,\cdots,x_n)^{\mathrm T}$$

它是 $\mathbf{R}^n$ 到 $\mathbf{R}^n$ 的映射,称为向量值函数。利用这个记号,将非线性方程组写成简洁的向量形式

$$f(x)=0 \tag{5.24}$$

求解非线性方程组远比求解一元非线性方程困难,本节的主要目的是将上节中的牛顿法、拟牛顿法和不动点迭代法拓广到非线性方程组。

5.2.1　多元牛顿法

1. 向量函数的微分

为了将牛顿法推广到非线性方程组,需要类似一元函数导数的向量值函数的导数概念,尤其是向量值函数的一阶 Taylor 展开。

如果对每个 $1\leqslant i\leqslant n$,函数 $f_i(x)$ 在点 x_0 可微,则称向量值函数 $f(x)$ 在点 x_0 可微。矩阵

$$D_f(x_0)=\begin{bmatrix}\dfrac{\partial f_1}{\partial x_1}(x_0) & \dfrac{\partial f_1}{\partial x_2}(x_0) & \cdots & \dfrac{\partial f_1}{\partial x_n}(x_0)\\ \dfrac{\partial f_2}{\partial x_1}(x_0) & \dfrac{\partial f_2}{\partial x_2}(x_0) & \cdots & \dfrac{\partial f_2}{\partial x_n}(x_0)\\ \vdots & \vdots & & \vdots\\ \dfrac{\partial f_n}{\partial x_1}(x_0) & \dfrac{\partial f_n}{\partial x_2}(x_0) & \cdots & \dfrac{\partial f_n}{\partial x_n}(x_0)\end{bmatrix}$$

称为 $f(x)$ 在点 x_0 的 Jacobi 矩阵,在向量值函数分析中它相当于一元函数的导数。由 Jacobi 矩阵定义的线性映射

$$L(d)=D_f(x_0)d \tag{5.25}$$

称为 $f(x)$ 在点 x_0 的微分,它是 $f(x_0+d)-f(x_0)$ 的局部线性近似。也就是说,在 x_0 的邻域内

$$f(x_0+d)-f(x_0)\approx L(d)=D_f(x_0)d$$

即

$$f(x_0+d)\approx f(x_0)+D_f(x_0)d \tag{5.26}$$

例如:令 $f(x)=\begin{bmatrix}x_1^2+4x_2^2-4\\ 4x_1^2+x_2^2-4\end{bmatrix}$,$(f_1(x)=x_1^2+4x_2^2-4,f_2(x)=4x_1^2+x_2^2-4)$,它在点 x 的 Jacobi 矩阵是

$$D_f(x)=\begin{bmatrix}\dfrac{\partial f_1}{\partial x_1}(x) & \dfrac{\partial f_1}{\partial x_2}(x)\\ \dfrac{\partial f_2}{\partial x_1}(x) & \dfrac{\partial f_2}{\partial x_2}(x)\end{bmatrix}=\begin{bmatrix}2x_1 & 8x_2\\ 8x_1 & 2x_2\end{bmatrix}$$

在点 $x_0=(1,1)^{\mathrm T}$ 的微分

$$L(d)=D_f(1,1)d=\begin{bmatrix}2 & 8\\ 8 & 2\end{bmatrix}\begin{bmatrix}d_1\\ d_2\end{bmatrix}$$

由式(5.26),得到 $\boldsymbol{f}(1.1,1.1)$ 的近似值

$$\boldsymbol{f}(1.1,1.1) \approx \boldsymbol{f}(1,1) + \begin{bmatrix} 2 & 8 \\ 8 & 2 \end{bmatrix} \begin{bmatrix} 0.1 \\ 0.1 \end{bmatrix} = \begin{bmatrix} 2 \\ 2 \end{bmatrix}$$

而精确值 $\boldsymbol{f}(1.1,1.1)=(2.05,2.05)^{\mathrm{T}}$。可见,$\boldsymbol{f}(\boldsymbol{x})$ 在点 $\boldsymbol{x}_0$ 邻域内可由该点微分得到很好的线性近似。

回忆 n 元函数在点 $\boldsymbol{x}_0$ 的一阶 Taylor 展开

$$f_i(\boldsymbol{x}) = f_i(\boldsymbol{x}_0) + \nabla_{f_i}^{\mathrm{T}}(x_0)(\boldsymbol{x} - \boldsymbol{x}_0) + r_i(\boldsymbol{x}_0,\boldsymbol{x})$$

其中

$$\nabla_{f_i}(\boldsymbol{x}_0) = \left(\frac{\partial f_i}{\partial x_1}(\boldsymbol{x}_0), \frac{\partial f_i}{\partial x_2}(\boldsymbol{x}_0), \cdots, \frac{\partial f_i}{\partial x_n}(\boldsymbol{x}_0)\right)^{\mathrm{T}}$$

是 $f_i(\boldsymbol{x})$ 在点 $\boldsymbol{x}_0$ 的梯度;

$$r_i(\boldsymbol{x}_0,\boldsymbol{x}) = o(\| \boldsymbol{x}_0 - \boldsymbol{x} \|_2)$$

是 $\| \boldsymbol{x}_0 - \boldsymbol{x} \|_2$ 的无穷小量,即

$$\lim_{\| \boldsymbol{x}-\boldsymbol{x}_0 \|_2 \to 0} \frac{r_i(\boldsymbol{x}_0,\boldsymbol{x})}{\| \boldsymbol{x} - \boldsymbol{x}_0 \|_2} = 0$$

因此

$$\begin{aligned} \boldsymbol{f}(\boldsymbol{x}) &= \boldsymbol{f}(\boldsymbol{x}_0) + \begin{bmatrix} \nabla_{f_1}^{\mathrm{T}}(\boldsymbol{x}_0) \\ \nabla_{f_2}^{\mathrm{T}}(\boldsymbol{x}_0) \\ \vdots \\ \nabla_{f_n}^{\mathrm{T}}(\boldsymbol{x}_0) \end{bmatrix} (\boldsymbol{x} - \boldsymbol{x}_0) + \begin{bmatrix} r_1(\boldsymbol{x}_0,\boldsymbol{x}) \\ r_2(\boldsymbol{x}_0,\boldsymbol{x}) \\ \vdots \\ r_n(\boldsymbol{x}_0,\boldsymbol{x}) \end{bmatrix} \\ &= \boldsymbol{f}(\boldsymbol{x}_0) + \boldsymbol{D}_f(\boldsymbol{x}_0)(\boldsymbol{x} - \boldsymbol{x}_0) + \boldsymbol{r}(\boldsymbol{x}_0,\boldsymbol{x}) \end{aligned} \tag{5.27}$$

其中 $\boldsymbol{r}(\boldsymbol{x}_0,\boldsymbol{x})=o(\| \boldsymbol{x}_0-\boldsymbol{x} \|_2)$ 是 $\| \boldsymbol{x}_0-\boldsymbol{x} \|_2$ 的无穷小向量,即

$$\lim_{\| \boldsymbol{x}-\boldsymbol{x}_0 \|_2 \to 0} \frac{\| \boldsymbol{r}(\boldsymbol{x}_0,\boldsymbol{x}) \|_2}{\| \boldsymbol{x} - \boldsymbol{x}_0 \|_2} = 0$$

公式(5.27)称为向量值函数的一阶 Taylor 展开式。

2. 多元牛顿法

求解非线性方程组的牛顿法是一元方程牛顿思想的自然推广。用 Jacobi 矩阵 $\boldsymbol{D}_f(\boldsymbol{x}_k)$ 替代一元牛顿法中的导数 $f'(x_k)$,得到多元牛顿迭代

$$\boldsymbol{x}_{k+1} = \boldsymbol{x}_k - \boldsymbol{D}_f^{-1}(\boldsymbol{x}_k)\boldsymbol{f}(\boldsymbol{x}_k), \quad k = 0,1,2,\cdots \tag{5.28}$$

多元牛顿法

解方程 $\boldsymbol{f}(\boldsymbol{x})=0$

给定初始值:$\boldsymbol{x}_0$

迭代:$\boldsymbol{D}_f(\boldsymbol{x}_k)\boldsymbol{d}_k = -\boldsymbol{f}(\boldsymbol{x}_k)$

$\boldsymbol{x}_{k+1} = \boldsymbol{x}_k + \boldsymbol{d}_k, k=0,1,2,\cdots$

已知第 k 次迭代 $\boldsymbol{x}_k$,自然希望下次迭代 $\boldsymbol{x}_{k+1}$ 更靠近方程组 $\boldsymbol{f}(\boldsymbol{x})=0$ 的解。由一阶 Taylor 展开式

$$0 \approx \boldsymbol{f}(\boldsymbol{x}_{k+1}) = \boldsymbol{f}(\boldsymbol{x}_k) + \boldsymbol{D}_f(\boldsymbol{x}_k)(\boldsymbol{x}_{k+1} - \boldsymbol{x}_k) + \boldsymbol{r}(\boldsymbol{x}_{k+1}, \boldsymbol{x}_k)$$
$$\approx \boldsymbol{f}(\boldsymbol{x}_k) + \boldsymbol{D}_f(\boldsymbol{x}_k)(\boldsymbol{x}_{k+1} - \boldsymbol{x}_k)$$

于是,我们希望

$$\boldsymbol{f}(\boldsymbol{x}_k) + \boldsymbol{D}_f(\boldsymbol{x}_k)(\boldsymbol{x}_{k+1} - \boldsymbol{x}_k) = 0$$

故,第 $k+1$ 次迭代

$$\boldsymbol{x}_{k+1} = \boldsymbol{x}_k - \boldsymbol{D}_f^{-1}(\boldsymbol{x}_k)\boldsymbol{f}(\boldsymbol{x}_k)$$

在求解大型方程组中,为避免计算 Jacobi 矩阵的逆,可先解线性方程组(称为牛顿方程)

$$\boldsymbol{D}_f(\boldsymbol{x}_k)\boldsymbol{d}_k = -\boldsymbol{f}(\boldsymbol{x}_k) \quad (\boldsymbol{d}_k = \boldsymbol{x}_{k+1} - \boldsymbol{x}_k)$$

得到 $\boldsymbol{d}_k$,再实现牛顿迭代 $\boldsymbol{x}_{k+1} = \boldsymbol{x}_k + \boldsymbol{d}_k$。牛顿法在每步迭代的计算量是:计算 n 个分量函数的值,n^2 个偏导数(Jacobi 矩阵)和解一次牛顿方程,因此有 $O(n^3)$ 次运算。

例 5.2.1 用牛顿法解方程组

$$\boldsymbol{f}(\boldsymbol{x}) = \begin{bmatrix} x_1^2 + 4x_2^2 - 4 \\ 4x_1^2 + x_2^2 - 4 \end{bmatrix} = \begin{bmatrix} 0 \\ 0 \end{bmatrix} \tag{5.29}$$

解 计算 $\boldsymbol{f}(\boldsymbol{x})$ 在点 $\boldsymbol{x}$ 的 Jacobi 矩阵

$$\boldsymbol{D}_f(\boldsymbol{x}) = \begin{bmatrix} 2x_1 & 8x_2 \\ 8x_1 & 2x_2 \end{bmatrix}$$

初始值取 $\boldsymbol{x}_0 = \begin{bmatrix} 6.5 \\ 5.5 \end{bmatrix}$,$\boldsymbol{D}_f(\boldsymbol{x}_0) = \begin{bmatrix} 13 & 44 \\ 52 & 11 \end{bmatrix}$,$\boldsymbol{f}(\boldsymbol{x}_0) = \begin{bmatrix} 159.25 \\ 195.25 \end{bmatrix}$。从牛顿方程 $\boldsymbol{D}_f(\boldsymbol{x}_0)\boldsymbol{d}_0 = -\boldsymbol{f}(\boldsymbol{x}_0)$ 得到

$$\boldsymbol{d}_0 = \begin{bmatrix} -829/260 \\ -101/110 \end{bmatrix}$$

因此

$$\boldsymbol{x}_1 = \boldsymbol{x}_0 + \boldsymbol{d}_0 = \begin{bmatrix} 6.5 \\ 5.5 \end{bmatrix} + \begin{bmatrix} -829/260 \\ -101/110 \end{bmatrix} = \begin{bmatrix} 3.311538461538461 \\ 2.822727272727272 \end{bmatrix}$$

表 5.6 给出了最初 10 次迭代结果。这个方程组有四个解 $x_1 = \pm 2/\sqrt{5}$,$x_2 = \pm 2/\sqrt{5}$,分别以初始值 $\boldsymbol{x}_0 = (-6.5, 5.5)$、$(-6.5, -5.5)$ 和 $(6.5, -5.5)$ 进行迭代可得到另外三个解,但这样做没有必要,因为根据方程组的平方项特性,从一个解就可确定其他三个解。

表 5.6 多元牛顿迭代

k	$\boldsymbol{x}_k$
0	{6.5,5.5}
1	{3.3115384615384613, 2.8227272727272723}
2	{1.7765590100955955, 1.5530705606792563}
3	{1.1134338611524544, 1.0340895796272630}
4	{0.9159659295118101, 0.9038584739280965}
5	{0.8946804303627222, 0.8944763962130312}
6	{0.8944272268396262, 0.8944271923533070}
7	{0.8944271909999166, 0.8944271909999160}
8	{0.8944271909999159, 0.8944271909999159}
9	{0.8944271909999159, 0.8944271909999159}
10	{0.8944271909999159, 0.8944271909999159}

从表 5.6 可以看出，第 6 次迭代得到精确到小数点后 6 位的解。此后，收敛速加快，第 8 次迭代精度准确到小数点后 16 位，呈现出局部二阶收敛性特征。

事实上，如果 $\boldsymbol{f}(\boldsymbol{x})$ 可微且在解处的 Jacobi 矩阵 $\boldsymbol{D}_f(\boldsymbol{x}_*)$ 可逆，则牛顿法超线性收敛；如果 $\boldsymbol{D}_f(\boldsymbol{x})$ 在解的局部邻域内还满足李普希兹条件 $\|\boldsymbol{D}_f(\boldsymbol{x})-\boldsymbol{D}_f(\boldsymbol{y})\|_2<L\|\boldsymbol{x}-\boldsymbol{y}\|_2$，则牛顿法二阶收敛，证明请参考[9]。

3. 不精确牛顿法

在每次迭代中，牛顿法需要求解牛顿方程 $\boldsymbol{D}_f(\boldsymbol{x}_k)\boldsymbol{d}_k=-\boldsymbol{f}(\boldsymbol{x}_k)$。对于大规模问题，求此方程精确解的代价十分高昂。为了节省计算量，通常采用迭代法解牛顿方程获得近似解，这样就产生了不精确牛顿法。这里的不精确是相对牛顿方程的，并非说原始非线性方程组的解不精确。事实上，在每步迭代中没有必要获得牛顿方程的精确解，只要将精度控制在某个范围内就可以。具体地说，在不精确牛顿法的每步迭代中，先将求解线性方程组的某种迭代法用于牛顿方程，得到满足下述条件的迭代解 $\boldsymbol{d}_k$：

$$\|\boldsymbol{D}_f(\boldsymbol{x}_k)\boldsymbol{d}_k+\boldsymbol{f}(\boldsymbol{x}_k)\|_2\leqslant\eta_k\|\boldsymbol{f}(\boldsymbol{x}_k)\|_2$$

其中 $\eta_k\in(0,1)$ 是强制项，用来控制近似解 $\boldsymbol{d}_k$ 的精度。

牛顿-雅可比法

解方程 $\boldsymbol{f}(\boldsymbol{x})=0$

给定初始值：$\boldsymbol{x}_0$

迭代　内迭代：应用雅可比法迭代求解牛顿方程 $\boldsymbol{D}_f(\boldsymbol{x}_k)\boldsymbol{d}_k=-\boldsymbol{f}(\boldsymbol{x}_k)$ 使得

$$\|\boldsymbol{D}_f(\boldsymbol{x}_k)\boldsymbol{d}_k+\boldsymbol{f}(\boldsymbol{x}_k)\|_2\leqslant\eta_k\|\boldsymbol{f}(\boldsymbol{x}_k)\|_2$$

外迭代：$\boldsymbol{x}_{k+1}=\boldsymbol{x}_k+\boldsymbol{d}_k,k=0,1,2,\cdots$

可以看出，不精确牛顿法是一种内外迭代法。外层迭代是牛顿迭代；内层迭代是求解线性方程组的某种迭代，比如 Jacobi、Gauss-Seidel 和逐步松弛(SOR)等迭代法，使用不同的线性迭代法导致不同版本的不精确牛顿法。

5.2.2 多元拟牛顿法

拟牛顿法是对牛顿法修正所得到的，其目的一是为了避免牛顿法每迭代步都要计算 Jacobi 矩阵和求解牛顿方程，二是为了适应向量值函数不可微的一类方程组。主要思想是以矩阵 $\boldsymbol{A}_k$ 简单近似(或替代)Jacobi 矩阵 $\boldsymbol{D}_f(\boldsymbol{x}_k)$，一般迭代格式为

$$\begin{cases}\boldsymbol{x}_{k+1}=\boldsymbol{x}_k-\boldsymbol{A}_k^{-1}\boldsymbol{f}(\boldsymbol{x}_k), & k=0,1,2,\cdots\\ \boldsymbol{A}_{k+1}\boldsymbol{d}_k=\boldsymbol{D}_k\\ \boldsymbol{A}_{k+1}=\boldsymbol{A}_k+\Delta\boldsymbol{A}_k, & \operatorname{rank}(\Delta\boldsymbol{A}_k)=m\end{cases}\tag{5.30}$$

其中 $\boldsymbol{d}_k=\boldsymbol{x}_{k+1}-\boldsymbol{x}_k,\boldsymbol{D}_k=\boldsymbol{f}(\boldsymbol{x}_{k+1})-\boldsymbol{f}(\boldsymbol{x}_k)$；第二个方程称为拟牛顿方程，它相当于 Jacobi 矩阵要满足的方程；$\Delta\boldsymbol{A}_k$ 称为 $\boldsymbol{A}_k$ 的秩为 m 的修正矩阵，在实践中常见的是 $m=1,2$ 两种情形，分别称为秩 1 拟牛顿法和秩 2 拟牛顿法。

1. 布洛伊登法

布洛伊登法(Broyden)是秩 1 拟牛顿法。布洛伊登注意到拟牛顿方程 $\boldsymbol{A}_{k+1}\boldsymbol{d}_k=\boldsymbol{D}_k$ 没有利用 $\boldsymbol{d}_k$ 的正交补空间 $\mathcal{O}_k=\{\boldsymbol{u}:\boldsymbol{d}_k^{\mathrm{T}}\boldsymbol{u}=0\}$ 的任何信息，于是要求 $\boldsymbol{A}_{k+1}$ 对任意 $\boldsymbol{u}\in\mathcal{O}_k$ 有

$\boldsymbol{A}_{k+1}\boldsymbol{u}=\boldsymbol{A}_k\boldsymbol{u}$。也就是说,要求 $\boldsymbol{A}_{k+1}$ 满足

$$\begin{cases}\boldsymbol{A}_{k+1}\boldsymbol{d}_k=\boldsymbol{D}_k\\ \boldsymbol{A}_{k+1}\boldsymbol{u}=\boldsymbol{A}_k\boldsymbol{u}, \quad \forall \boldsymbol{u}\in \mathcal{O}_k\end{cases} \tag{5.31}$$

且

$$\mathrm{rank}\Delta\boldsymbol{A}_k=\mathrm{rank}(\boldsymbol{A}_{k+1}-\boldsymbol{A}_k)=1 \tag{5.32}$$

根据式(5.32)和式(5.31)的第二式

$$\boldsymbol{A}_{k+1}-\boldsymbol{A}_k=\boldsymbol{w}\boldsymbol{d}_k^{\mathrm{T}} \quad (\text{其中 } \boldsymbol{w} \text{ 为待定向量})$$

由式(5.31)的第一式

$$\boldsymbol{w}\boldsymbol{d}_k^{\mathrm{T}}\boldsymbol{d}_k=(\boldsymbol{A}_{k+1}-\boldsymbol{A}_k)\boldsymbol{d}_k=\boldsymbol{D}_k-\boldsymbol{A}_k\boldsymbol{d}_k\Rightarrow\boldsymbol{w}=\frac{\boldsymbol{D}_k-\boldsymbol{A}_k\boldsymbol{d}_k}{\boldsymbol{d}_k^{\mathrm{T}}\boldsymbol{d}_k}$$

因此

$$\boldsymbol{A}_{k+1}=\boldsymbol{A}_k+\frac{(\boldsymbol{D}_k-\boldsymbol{A}_k\boldsymbol{d}_k)\boldsymbol{d}_k^{\mathrm{T}}}{\boldsymbol{d}_k^{\mathrm{T}}\boldsymbol{d}_k} \tag{5.33}$$

这是布洛伊登法 $\boldsymbol{A}_k$ 的更新公式。

布洛伊登法 I

解方程 $\boldsymbol{f}(\boldsymbol{x})=0$

给定初始值:$\boldsymbol{x}_0$;$\boldsymbol{A}_0$

迭代:解拟牛顿方程 $\boldsymbol{A}_k\boldsymbol{d}_k=-\boldsymbol{f}(\boldsymbol{x}_k)$,$k=0,1,2,\cdots$

$$\begin{aligned}\boldsymbol{x}_{k+1}&=\boldsymbol{x}_k+\boldsymbol{d}_k\\ \boldsymbol{D}_k&=\boldsymbol{f}(\boldsymbol{x}_{k+1})-\boldsymbol{f}(\boldsymbol{x}_k)\\ \boldsymbol{A}_{k+1}&=\boldsymbol{A}_k+\frac{(\boldsymbol{D}_k-\boldsymbol{A}_k\boldsymbol{d}_k)\boldsymbol{d}_k^{\mathrm{T}}}{\boldsymbol{d}_k^{\mathrm{T}}\boldsymbol{d}_k}\end{aligned}$$

布洛伊登法需要从一个近似的 Jacobi 矩阵 $\boldsymbol{A}_0$ 开始。若无法获得初值 $\boldsymbol{x}_0$ 的 Jacobi 矩阵,通常取 $\boldsymbol{A}_0$ 是单位矩阵。布洛伊登法的计算比牛顿法简单,在每步迭代中计算 n 个分量函数在点 $\boldsymbol{x}_k$ 的值,然后解一次拟牛顿方程 $\boldsymbol{A}_k\boldsymbol{d}_{k+1}=-\boldsymbol{f}(\boldsymbol{x}_k)$ 得到 $\boldsymbol{x}_{k+1}$,再计算 n 个分量函数在点 $\boldsymbol{x}_{k+1}$ 的值,最后计算 $\boldsymbol{A}_{k+1}$。从表面上看,需要 $O(n^3)$ 次运算,若利用下面 Sherman-Morrison 求逆引理,计算量可降低到 $O(n^2)$。

Sherman-Morrison 求逆引理

若 $\boldsymbol{A}$ 为非奇异矩阵,则 $\boldsymbol{A}=\boldsymbol{A}+\boldsymbol{u}\boldsymbol{v}^{\mathrm{T}}$ 也是非奇异的,当 $s\triangleq 1+\boldsymbol{v}^{\mathrm{T}}\boldsymbol{A}^{-1}\boldsymbol{u}\neq 0$ 时,

$$(\boldsymbol{A}+\boldsymbol{u}\boldsymbol{v}^{\mathrm{T}})^{-1}=\boldsymbol{A}^{-1}-s^{-1}\boldsymbol{A}^{-1}\boldsymbol{u}\boldsymbol{v}^{\mathrm{T}}\boldsymbol{A}^{-1} \tag{5.34}$$

证明留给读者做练习。

由此引理,

$$\begin{aligned}\boldsymbol{B}_{k+1}=\boldsymbol{A}_{k+1}^{-1}&=\left(\boldsymbol{A}_k+\frac{(\boldsymbol{D}_k-\boldsymbol{A}_k\boldsymbol{d}_k)\boldsymbol{d}_k^{\mathrm{T}}}{\boldsymbol{d}_k^{\mathrm{T}}\boldsymbol{d}_k}\right)^{-1}\\ &=\boldsymbol{B}_k-\left(1+\frac{\boldsymbol{d}_k^{\mathrm{T}}\boldsymbol{B}_k(\boldsymbol{D}_k-\boldsymbol{A}_k\boldsymbol{d}_k)}{\boldsymbol{d}_k^{\mathrm{T}}\boldsymbol{d}_k}\right)^{-1}\left(\frac{\boldsymbol{B}_k(\boldsymbol{D}_k-\boldsymbol{A}_k\boldsymbol{d}_k)\boldsymbol{d}_k^{\mathrm{T}}\boldsymbol{B}_k}{\boldsymbol{d}_k^{\mathrm{T}}\boldsymbol{d}_k}\right)\\ &=\boldsymbol{B}_k+\frac{(\boldsymbol{d}_k-\boldsymbol{B}_k\boldsymbol{D}_k)\boldsymbol{d}_k^{\mathrm{T}}\boldsymbol{B}_k}{\boldsymbol{d}_k^{\mathrm{T}}\boldsymbol{B}_k\boldsymbol{D}_k}\end{aligned}$$

这样就得到一种不用解拟牛顿方程的布洛伊登法，称为第二种布洛伊登法。与布洛伊登法Ⅰ不同，这里的初始矩阵 $\boldsymbol{B}_0=\boldsymbol{D}_f^{-1}(\boldsymbol{x}_0)$，若 Jacobi 矩阵不可计算也可取单位矩阵。

布洛伊登法Ⅱ

解方程 $\boldsymbol{f}(\boldsymbol{x})=0$

给定初始值：$\boldsymbol{x}_0$；$\boldsymbol{B}_0$

迭代：$\boldsymbol{x}_{k+1}=\boldsymbol{x}_k-\boldsymbol{B}_k\boldsymbol{f}(\boldsymbol{x}_k),k=0,1,2,\cdots$

$$\boldsymbol{D}_k=\boldsymbol{f}(\boldsymbol{x}_{k+1})-\boldsymbol{f}(\boldsymbol{x}_k)$$

$$\boldsymbol{B}_{k+1}=\boldsymbol{B}_k+\frac{(\boldsymbol{d}_k-\boldsymbol{B}_k\boldsymbol{D}_k)\boldsymbol{d}_k^{\mathrm{T}}\boldsymbol{B}_k}{\boldsymbol{d}_k^{\mathrm{T}}\boldsymbol{B}_k\boldsymbol{D}_k}$$

例 5.2.2 用布洛伊登法Ⅰ和Ⅱ解方程组

$$\begin{cases}x^3-y^3+x=0\\x^2+y^2-1=0\end{cases}\quad((x_0,y_0)=(1,1);\boldsymbol{A}_0=\boldsymbol{B}_0=\boldsymbol{I})$$

解 考虑布洛伊登法Ⅰ，由

$$\boldsymbol{A}_0=\begin{bmatrix}1&\\&1\end{bmatrix},\quad \boldsymbol{f}(\boldsymbol{x}_0)=(1,1)^{\mathrm{T}}$$

从 $\boldsymbol{A}_0\boldsymbol{d}_0=-\boldsymbol{f}(\boldsymbol{x}_0)$ 得到 $\boldsymbol{d}_0=(-1,-1)^{\mathrm{T}}$，因此

$$\boldsymbol{x}_1=\boldsymbol{x}_0+\boldsymbol{d}_0=(0,0)^{\mathrm{T}}$$

$$f(\boldsymbol{x}_1)=(0,-1)^{\mathrm{T}},\quad \boldsymbol{D}_0=f(\boldsymbol{x}_1)-f(\boldsymbol{x}_0)=(-1,-2)^{\mathrm{T}}$$

$$\boldsymbol{A}_1=\boldsymbol{A}_0+\frac{(\boldsymbol{D}_0-\boldsymbol{A}_0\boldsymbol{d}_0)\boldsymbol{d}_0^{\mathrm{T}}}{\boldsymbol{d}_0^{\mathrm{T}}\boldsymbol{d}_0}=\begin{bmatrix}1&0\\0.5&1.5\end{bmatrix}$$

重复上面的过程得到 $\boldsymbol{x}_2=\boldsymbol{x}_0+\boldsymbol{d}_0=(0,0.666667)^{\mathrm{T}}$。表 5.7 给出了布洛伊登法Ⅰ和Ⅱ的最初 15 次迭代结果。可以看出两种方法，每次迭代结果一致，具有很快的收敛速度。事实上，在一定的条件下布洛伊登法是超线性收敛的。

表 5.7 布洛伊登迭代

	布洛伊登法Ⅰ	布洛伊登法Ⅱ
0	{1.,1.}	{1.,1.}
1	{0.,0.}	{0., 0.}
2	{0.,0.6666666666666666}	{0., 0.666666666666666}
3	{0.5,1.125}	{0.5, 1.125}
4	{0.706278271598889,0.502845255939402}	{0.706278271598889, 0.502845255939402}
5	{0.468495884132446,0.809419903629634}	{0.468495884132446, 0.809419903629634}
6	{0.542857470718812,0.841055958859420}	{0.542857470718812, 0.841055958859420}
7	{0.511338131697325,0.867764710168130}	{0.511338131697325, 0.867764710168130}
8	{0.507607106104817,0.860440707336289}	{0.507607106104817, 0.860440707336289}
9	{0.507993931920313,0.861355824683596}	{0.507993931920313, 0.861355824683596}
10	{0.507992049859365,0.861361723650724}	{0.507992049859365, 0.861361723650724}
11	{0.507992000676276,0.861361786301928}	{0.507992000676276, 0.861361786301928}

续表

	布洛伊登法 I	布洛伊登法 II
12	{0.507992000407849,0.861361786662122}	{0.507992000407849, 0.861361786662122}
13	{0.507992000407952,0.861361786661985}	{0.507992000407952, 0.861361786661985}
14	{0.507992000407951,0.861361786661985}	{0.507992000407951, 0.861361786661985}
15	{0.507992000407951,0.861361786661985}	{0.507992000407951, 0.861361786661985}

2. 秩 2 拟牛顿法

在理解了布洛伊登法的基础上,不难构造秩 2 拟牛顿法。仿照布洛伊登法Ⅱ,由于任何一个秩 2 矩阵可表示为 $\boldsymbol{u}^{(1)}(\boldsymbol{v}^{(1)})^{\mathrm{T}}+\boldsymbol{u}^{(2)}(\boldsymbol{v}^{(2)})^{\mathrm{T}}$,其中 $\boldsymbol{u}^{(i)},\boldsymbol{v}^{(i)}$ 是 n 维向量,因此要使 $\boldsymbol{B}_{k+1}-\boldsymbol{B}_k$ 的秩等于 2,则它必为下述形式

$$\boldsymbol{B}_{k+1}-\boldsymbol{B}_k=\boldsymbol{u}_k^{(1)}(\boldsymbol{v}_k^{(1)})^{\mathrm{T}}+\boldsymbol{u}_k^{(2)}(\boldsymbol{v}_k^{(2)})^{\mathrm{T}},\quad \boldsymbol{u}_k^{(i)},\boldsymbol{v}_k^{(i)}\in\mathcal{R}^n$$

此外,在布洛伊登法 II 中,$\boldsymbol{B}_{k+1}\boldsymbol{D}_k=\boldsymbol{d}_k$,这是拟牛顿方程的逆形式,在这里当然也要求成立:

$$(\boldsymbol{B}_k+\boldsymbol{u}_k^{(1)}(\boldsymbol{v}_k^{(1)})^{\mathrm{T}}+\boldsymbol{u}_k^{(2)}(\boldsymbol{v}_k^{(2)})^{\mathrm{T}})\boldsymbol{D}_k=\boldsymbol{d}_k$$

即

$$\boldsymbol{u}_k^{(1)}(\boldsymbol{v}_k^{(1)})^{\mathrm{T}}\boldsymbol{D}_k+\boldsymbol{u}_k^{(2)}(\boldsymbol{v}_k^{(2)})^{\mathrm{T}}\boldsymbol{D}_k=\boldsymbol{d}_k-\boldsymbol{B}_k\boldsymbol{D}_k \tag{5.35}$$

若$(\boldsymbol{v}_k^{(1)})^{\mathrm{T}}\boldsymbol{D}_k\neq 0$,$(\boldsymbol{v}_k^{(2)})^{\mathrm{T}}\boldsymbol{D}_k\neq 0$,取

$$\boldsymbol{u}_k^{(1)}=\frac{\boldsymbol{d}_k}{(\boldsymbol{v}_k^{(1)})^{\mathrm{T}}\boldsymbol{D}_k},\quad \boldsymbol{u}_k^{(2)}=-\frac{\boldsymbol{B}_k\boldsymbol{D}_k}{(\boldsymbol{v}_k^{(2)})^{\mathrm{T}}\boldsymbol{D}_k}$$

则(5.35)成立。于是

$$\boldsymbol{B}_{k+1}=\boldsymbol{B}_k+\frac{\boldsymbol{d}_k(\boldsymbol{v}_k^{(1)})^{\mathrm{T}}}{(\boldsymbol{v}_k^{(1)})^{\mathrm{T}}\boldsymbol{D}_k}-\frac{\boldsymbol{B}_k\boldsymbol{D}_k(\boldsymbol{v}_k^{(2)})^{\mathrm{T}}}{(\boldsymbol{v}_k^{(2)})^{\mathrm{T}}\boldsymbol{D}_k} \tag{5.36}$$

在式(5.36)中,若$\boldsymbol{v}_k^{(1)},\boldsymbol{v}_k^{(2)}$ 线性相关,则修正矩阵是秩 1 的。在式(5.36)中选择不同的线性无关向量$\boldsymbol{v}_k^{(1)},\boldsymbol{v}_k^{(2)}$ 就得到不同的秩 2 拟牛顿法的更新矩阵 $\boldsymbol{B}_{k+1}$。两个较著名的算法是 DFP(Davidon-Fletcher-Powell)和 BFS(Broyden-Fletcher-Shanno)法。

在 DFP 法中,取$\boldsymbol{v}_k^{(1)}=\boldsymbol{d}_k$,$\boldsymbol{v}_k^{(2)}=\boldsymbol{B}_k^{\mathrm{T}}\boldsymbol{D}_k$,DFP 的更新公式

$$\boldsymbol{B}_{k+1}=\boldsymbol{B}_k+\frac{\boldsymbol{d}_k\boldsymbol{d}_k^{\mathrm{T}}}{\boldsymbol{d}_k^{\mathrm{T}}\boldsymbol{D}_k}-\frac{\boldsymbol{B}_k\boldsymbol{D}_k(\boldsymbol{B}_k\boldsymbol{D}_k)^{\mathrm{T}}}{(\boldsymbol{B}_k\boldsymbol{D}_k)^{\mathrm{T}}\boldsymbol{D}_k},\quad k=0,1,2,\cdots$$

DFP 法

解方程 $\boldsymbol{f}(\boldsymbol{x})=0$

给定初始值:$\boldsymbol{x}_0$;$\boldsymbol{B}_0$

迭代:$\boldsymbol{x}_{k+1}=\boldsymbol{x}_k-\boldsymbol{B}_k\boldsymbol{f}(\boldsymbol{x}_k)$,$k=0,1,2,\cdots$

$\boldsymbol{D}_k=\boldsymbol{f}(\boldsymbol{x}_{k+1})-\boldsymbol{f}(\boldsymbol{x}_k)$

$$\boldsymbol{B}_{k+1}=\boldsymbol{B}_k+\frac{\boldsymbol{d}_k\boldsymbol{d}_k^{\mathrm{T}}}{\boldsymbol{d}_k^{\mathrm{T}}\boldsymbol{D}_k}-\frac{\boldsymbol{B}_k\boldsymbol{D}_k(\boldsymbol{B}_k\boldsymbol{D}_k)^{\mathrm{T}}}{(\boldsymbol{B}_k\boldsymbol{D}_k)^{\mathrm{T}}\boldsymbol{D}_k}$$

DFP 法不仅可以解方程组也可用求解无约束最优化问题,是一个较为成功的算法,但在实际问题中稳定性稍逊下面的 BFS 法。

取$\boldsymbol{v}_k^{(1)}=s_k\boldsymbol{d}_k-\boldsymbol{B}_k^{\mathrm{T}}\boldsymbol{D}_k$ ($s_k=1+\boldsymbol{D}_k^{\mathrm{T}}\boldsymbol{B}_k\boldsymbol{D}_k/\boldsymbol{d}_k^{\mathrm{T}}\boldsymbol{D}_k$)，$\boldsymbol{v}_k^{(2)}=\boldsymbol{d}_k$，代入式(5.36)得到 BFS 的更新公式

$$\boldsymbol{B}_{k+1}=\boldsymbol{B}_k+\frac{s_k\boldsymbol{d}_k\boldsymbol{d}_k^{\mathrm{T}}-\boldsymbol{d}_k\boldsymbol{D}_k^{\mathrm{T}}\boldsymbol{B}_k-\boldsymbol{B}_k\boldsymbol{D}_k\boldsymbol{d}_k^{\mathrm{T}}}{\boldsymbol{d}_k^{\mathrm{T}}\boldsymbol{D}_k},\quad k=0,1,2,\cdots$$

BFS 法

解方程组 $\boldsymbol{f}(\boldsymbol{x})=0$

给定初始值：$\boldsymbol{x}_0$；$\boldsymbol{B}_0$

迭代：$\boldsymbol{x}_{k+1}=\boldsymbol{x}_k-\boldsymbol{B}_k\boldsymbol{f}(\boldsymbol{x}_k)$，$k=0,1,2,\cdots$

$\boldsymbol{D}_k=\boldsymbol{f}(\boldsymbol{x}_{k+1})-\boldsymbol{f}(\boldsymbol{x}_k)$

$s_k=1+\boldsymbol{D}_k^{\mathrm{T}}\boldsymbol{B}_k\boldsymbol{D}_k/\boldsymbol{d}_k^{\mathrm{T}}\boldsymbol{D}_k$

$$\boldsymbol{B}_{k+1}=\boldsymbol{B}_k+\frac{s_k\boldsymbol{d}_k\boldsymbol{d}_k^{\mathrm{T}}-\boldsymbol{d}_k\boldsymbol{D}_k^{\mathrm{T}}\boldsymbol{B}_k-\boldsymbol{B}_k\boldsymbol{D}_k\boldsymbol{d}_k^{\mathrm{T}}}{\boldsymbol{d}_k^{\mathrm{T}}\boldsymbol{D}_k}$$

5.2.3 多元不动点法

解方程组 $\boldsymbol{f}(\boldsymbol{x})=0$ 的不动点法与解方程的不动点法类似，也是先将它化为不动点形式的同解方程组 $\boldsymbol{x}=\boldsymbol{g}(\boldsymbol{x})$，其中 $\boldsymbol{g}(\boldsymbol{x})$ 称为迭代映射，然后从初始点 $\boldsymbol{x}_0$ 开始迭代

$$\boldsymbol{x}_{k+1}=\boldsymbol{g}(\boldsymbol{x}_k),\quad k=0,1,2,\cdots$$

若迭代收敛于 $\boldsymbol{x}_*$ 且 $\boldsymbol{g}(\boldsymbol{x})$ 连续，则 $\boldsymbol{x}_*$ 是 $\boldsymbol{g}(\boldsymbol{x})$ 不动点，同时是 $\boldsymbol{f}(\boldsymbol{x})=0$ 的解。

不动点法

解方程组 $\boldsymbol{f}(\boldsymbol{x})=0$

构造同解方程组 $\boldsymbol{x}=\boldsymbol{g}(\boldsymbol{x})$

给定初始值：$\boldsymbol{x}_0$

迭代：$\boldsymbol{x}_{k+1}=\boldsymbol{g}(\boldsymbol{x}_k)$，$k=0,1,2,\cdots$

例 5.2.3 利用不动点迭代解方程组

$$\boldsymbol{f}(\boldsymbol{x})=\begin{bmatrix}x_1^2+x_2^2/4-1\\x_1^2/8+x_2^2-1\end{bmatrix}=0\quad\left(\boldsymbol{x}_0=\begin{bmatrix}1.5\\1.5\end{bmatrix}\right)\tag{5.37}$$

解 构造不动点形式的方程组

$$\boldsymbol{x}=\begin{bmatrix}(1-x_2^2/4)^{1/2}\\(1-x_1^2/8)^{1/2}\end{bmatrix}\ (\triangleq\boldsymbol{g}(\boldsymbol{x}))$$

然后，开始迭代

$$\boldsymbol{x}_1=\boldsymbol{g}(\boldsymbol{x}_0)=\begin{bmatrix}0.661438\\0.847791\end{bmatrix},\quad \boldsymbol{x}_2=\boldsymbol{g}(\boldsymbol{x}_1)=\begin{bmatrix}0.905711\\0.972272\end{bmatrix},\quad\cdots$$

表 5.8 给出了最初 20 次的迭代结果。方程组(5.37)在点 $\boldsymbol{x}_0$ 附近的精确解是

$$x_1=2\sqrt{6/31}\approx 0.8798826901281201,\quad x_2=2\sqrt{6/31}\approx 0.9503819266229829$$

从表 5.8 中可以看出，第 19 次迭代得到精确到小数点后 13 位的解。从方程组(5.37)的平方项特性，容易得到另外三个解。

表 5.8　不动点迭代

k	$\boldsymbol{x}_k$
0	{1.5, 1.5}
1	{0.661437827766147, 0.847791247890658}
2	{0.905711046636839, 0.972271824131502}
3	{0.873883215881847, 0.947344149451507}
4	{0.880701291940122, 0.951073612095825}
5	{0.879695825893103, 0.950287143076699}
6	{0.879908282962367, 0.950403549413764}
7	{0.879876851221481, 0.950378964780248}
8	{0.879883489915457, 0.950382602342641}
9	{0.879882507662873, 0.950381834065537}
10	{0.879882715121485, 0.950381947739229}
11	{0.879882684426081, 0.950381923730562}
12	{0.879882690909162, 0.950381927282865}
13	{0.879882689949931, 0.950381926532594}
14	{0.879882690152527, 0.950381926643604}
15	{0.879882690122551, 0.950381926620158}
16	{0.879882690128882, 0.950381926623627}
17	{0.879882690127945, 0.950381926622894}
18	{0.879882690128143, 0.950381926623003}
19	{0.879882690128114, 0.950381926622980}
20	{0.879882690128120, 0.950381926622983}

关于不动点迭代的收敛性,有下述定理:

定理 5.2.1　如果映射 $\boldsymbol{g}(\boldsymbol{x})$在闭集 D 上满足:存在 $\rho<1$ 使得 $\forall\, \boldsymbol{x},\boldsymbol{y}\in D$ 有

$$\|\boldsymbol{g}(\boldsymbol{x})-\boldsymbol{g}(\boldsymbol{y})\|_2\leqslant\rho\|\boldsymbol{x}-\boldsymbol{y}\|_2 \tag{5.38}$$

且 $\boldsymbol{g}(D)\subset D$,则 $\boldsymbol{g}(\boldsymbol{x})$在 D 上有唯一不动点 $\boldsymbol{x}_*\in D$,且对任意 $\boldsymbol{x}_0\in D$ 迭代都收敛于 $\boldsymbol{x}_*$,即在 D 上整体收敛于 $\boldsymbol{x}_*$。

证明　因 $\boldsymbol{g}(D)\subset D$,所以 $\boldsymbol{x}_{k+1}\in D$,$k=0,1,2,\cdots$。由式(5.38),

$$\begin{aligned}\|\boldsymbol{x}_{k+1}-\boldsymbol{x}_k\|_2&=\|\boldsymbol{g}(\boldsymbol{x}_k)-\boldsymbol{g}(\boldsymbol{x}_{k-1})\|_2\\&\leqslant\rho\|\boldsymbol{x}_k-\boldsymbol{x}_{k-1}\|_2\leqslant\cdots\leqslant\rho^k\|\boldsymbol{x}_1-\boldsymbol{x}_0\|_2\end{aligned}$$

于是

$$\begin{aligned}\|\boldsymbol{x}_{k+N}-\boldsymbol{x}_k\|_2&\leqslant\sum_{i=1}^{N}\|\boldsymbol{x}_{k+i}-\boldsymbol{x}_{k+i-1}\|_2\leqslant\sum_{i=1}^{N}\rho^{i-1}\cdot\|\boldsymbol{x}_{k+1}-\boldsymbol{x}_k\|_2\\&=\frac{1-\rho^N}{1-\rho}\|\boldsymbol{x}_{k+1}-\boldsymbol{x}_k\|_2\leqslant\frac{(1-\rho^N)\rho^k}{1-\rho}\|\boldsymbol{x}_1-\boldsymbol{x}_0\|_2\end{aligned}$$

由 $\rho<1$,$\{\boldsymbol{x}_k\}$是闭集 D 上的 Cauchy 点列,因而存在 $\boldsymbol{x}_*\in D$ 使得 $\boldsymbol{x}_k\to\boldsymbol{x}_*(k\to\infty)$。式(5.38)表明映射 $\boldsymbol{g}(\boldsymbol{x})$在 D 上连续,因此 $\boldsymbol{x}_*$是 $\boldsymbol{g}(\boldsymbol{x})$的不动点。若还存在一个不动点 $\boldsymbol{y}_*\neq\boldsymbol{x}_*$,则

$$\|\boldsymbol{x}_*-\boldsymbol{y}_*\|_2=\|\boldsymbol{g}(\boldsymbol{x}_*)-\boldsymbol{g}(\boldsymbol{y}_*)\|_2\leqslant\rho\|\boldsymbol{x}_*-\boldsymbol{y}_*\|_2\Rightarrow\rho\geqslant1$$

与 $\rho<1$ 矛盾,故不动点是唯一的。证毕。

不难看出,不动点迭代误差的事先估计和事后估计分别为

$$\| \boldsymbol{x}_{k+1} - \boldsymbol{x}_* \|_2 \leqslant \frac{\rho^{k+1}}{1-\rho} \| \boldsymbol{x}_1 - \boldsymbol{x}_0 \|_2 \tag{5.39}$$

$$\| \boldsymbol{x}_{k+1} - \boldsymbol{x}_* \|_2 \leqslant \frac{\rho}{1-\rho} \| \boldsymbol{x}_{k+1} - \boldsymbol{x}_k \|_2 \tag{5.40}$$

习　题

以下习题必要时可上机作业。

1. 用二分法求下列方程的根,精确到小数点后 8 位:

(i) $x^3=9$

(ii) $x^5+x=0$

(iii) $\sin x-6x-5=0$

2. 用下列方法求方程 $x^3-3x-1=0$ 在 $x_0=2.0$ 附近的根,精确到小数点后 6 位:

(i) 牛顿法;

(ii) 割线法,初始值:$x_0=2.0, x_1=1.9$;

(iii) 抛物线法,初始值:$x_0=1.0, x_1=3.0, x_2=2.0$。

3. 求下列函数的所有不动点:

(i) $\varphi(x)=3/x$

(ii) $\varphi(x)=x^2-2x+2$

(iii) $\varphi(x)=(6+x)/(3x-2)$

4. 下列哪个不动点迭代收敛到$\sqrt{2}$?依收敛速度从慢到快进行排序。

(i) $x_{n+1}=\frac{1}{2}x_n+\frac{1}{x_n}$

(ii) $x_{n+1}=\frac{2}{3}\left(x_n+\frac{1}{x_n}\right)$

(iii) $x_{n+1}=\frac{3}{4}x_n+\frac{1}{2x_n}$

5. 用不动点法解下列方程,精确到小数点后 8 位:

(i) $x^5+x=0$

(ii) $\sin x-6x-5=0$

(iii) $\ln x+x^2-3=0$

6. 令 $\varphi(x)=x-p(x)f(x)-q(x)f^2(x)$,试确定函数 $p(x)$ 和 $q(x)$,使得求解方程 $f(x)=0$ 以 $\varphi(x)$ 为迭代函数的不动点法至少三阶收敛。

7. 证明 Sherman-Morrison 求逆引理:若 $\boldsymbol{A}$ 为非奇异矩阵,则 $\boldsymbol{A}=\boldsymbol{A}+\boldsymbol{u}\boldsymbol{v}^{\mathrm{T}}$ 也是非奇异的,当 $s \triangleq 1+\boldsymbol{v}^{\mathrm{T}}\boldsymbol{A}^{-1}\boldsymbol{u} \neq 0$ 时,

$$(\boldsymbol{A}+\boldsymbol{u}\boldsymbol{v}^{\mathrm{T}})^{-1}=\boldsymbol{A}^{-1}-s^{-1}\boldsymbol{A}^{-1}\boldsymbol{u}\boldsymbol{v}^{\mathrm{T}}\boldsymbol{A}^{-1}$$

8. 用牛顿法找下述方程组的所有解

$$\begin{cases} x^2+y^2=4 \\ x^2-y^2=1 \end{cases}$$

9. 用布洛伊登法Ⅰ和Ⅱ求下列方程组的解，初始值 $x_0=y_0=1$：

(i) $\begin{cases} x^2+y^2=1 \\ (x-1)^2+y^2=1 \end{cases}$

(ii) $\begin{cases} x^2+4y^2=4 \\ 4x^2+y^2=4 \end{cases}$

(iii) $\begin{cases} x^2-y^2=4 \\ (x-1)^2+y^2=4 \end{cases}$

10. DFP 法和 BFS 法解习题 9 中的方程组。

第6章　非线性优化

非线性优化主要研究非线性函数的极值和约束极值问题的理论和数值算法，和非线性方程(组)一样，因它具有明确的实际应用背景，在自然科学、工程技术、军事运筹以及社会经济等领域都有十分广泛的应用。本章介绍无约束和有约束非线性优化的数值迭代算法，内容包括：无约束优化的最速下降法、牛顿法、拟牛顿法和共轭梯度法，约束优化的惩罚法和乘子法。阅读本章的数学基础是初等微分学的 Taylor 展开理论和局部极值定理。

6.1　基本概念

6.1.1　非线性优化问题

下面，列举在机器人视觉中有关非线性优化的例子。

1. 椭圆拟合

椭圆拟合常用于特征提取、场景建模、摄像机标定等问题中。给定一组来自某个椭圆的测量数据

$$\mathcal{X}=\left\{\boldsymbol{x}^{(i)}=\begin{bmatrix}x_1^{(i)}\\x_2^{(i)}\end{bmatrix}:i=1,2,\cdots,N\right\}$$

由于这些数据来自测量，不可避免地带有误差。现在的问题是从这组数据估计生成它的椭圆。众所周知椭圆的标准方程是

$$\frac{(x_1-\theta_1)^2}{\theta_3^2}+\frac{(x_2-\theta_2)^2}{\theta_4^2}=1$$

其中 θ_1,θ_2 是椭圆的中心位置，θ_3,θ_4 是两个半主轴。因误差原因，这些测量数据不严格满足椭圆方程。记第 i 个数据点的拟合残差

$$e_i(\theta_1,\theta_2,\theta_3,\theta_4)=\frac{(x_1^{(i)}-\theta_1)^2}{\theta_3^2}+\frac{(x_2^{(i)}-\theta_2)^2}{\theta_4^2}-1$$

这组数据的拟合残差平方和

$$e(\theta_1,\theta_2,\theta_3,\theta_4)=\sum_{i=1}^{N}(e_i(\theta_1,\theta_2,\theta_3,\theta_4))^2$$

因此，椭圆拟合是求最小化残差平方和的参数 $\Theta=(\theta_1,\theta_2,\theta_3,\theta_4)$，归结为下述非线性优化问题：

$$\min_{\Theta\in\mathbf{R}^4} e(\theta_1,\theta_2,\theta_3,\theta_4) \tag{6.1}$$

也许你认为将椭圆方程写成一般形式

$$g(\Theta;\boldsymbol{x})\triangleq\theta_1x_1^2+\theta_2x_2^2+2\theta_3x_1x_2+2\theta_4x_1+2\theta_5x_2+\theta_6=0$$

椭圆拟合就可以化为线性最小二乘

$$\min_{\Theta \in \mathbf{R}^6} \sum_{i=1}^{N} (g(\Theta; \boldsymbol{x}^{(i)}))^2$$

其实不然，因为在数据有误差时这个线性最小二乘的解不一定是椭圆，可能是其他类型的二次曲线。为了保证是椭圆，必须添加约束条件

$$\beta(\Theta) > 0, \quad \alpha(\Theta) \cdot \gamma(\Theta) < 0$$

其中

$$\alpha(\Theta) = \det \begin{bmatrix} \theta_1 & \theta_2 & \theta_4 \\ \theta_2 & \theta_3 & \theta_5 \\ \theta_4 & \theta_5 & \theta_6 \end{bmatrix}, \quad \beta(\Theta) = \det \begin{bmatrix} \theta_1 & \theta_2 \\ \theta_2 & \theta_3 \end{bmatrix}, \quad \gamma(\Theta) = \theta_1 + \theta_3$$

这导致一个稍复杂的约束非线性优化问题：

$$\begin{cases} \min \sum_{i=1}^{N} (g(\Theta; \boldsymbol{x}^{(i)}))^2 \\ \text{subject to } \beta(\Theta) > 0, \quad \alpha(\Theta) \cdot \gamma(\Theta) < 0 \end{cases} \tag{6.2}$$

2. 视觉定位

根据空间点集

$$\mathcal{X} = \{\boldsymbol{x}^{(i)} = (x_1^{(i)}, x_2^{(i)}, x_3^{(i)})^{\mathrm{T}} : i = 1, 2, \cdots, N\}$$

和它的图像点集

$$\mathcal{M} = \{\boldsymbol{m}^{(i)} = (m_1^{(i)}, m_2^{(i)})^{\mathrm{T}} : i = 1, 2, \cdots, N\}$$

确定摄像机(或视觉装置)的位置，这是所谓的视觉定位问题。摄像机的位置用它关于世界坐标系的姿态 $\boldsymbol{R}$ 和位移 $\boldsymbol{t}$ 来描述，此处 $\boldsymbol{R}$ 是旋转矩阵；$\boldsymbol{t}$ 是三维向量。令

$$\boldsymbol{R} = \begin{bmatrix} \boldsymbol{r}_1^{\mathrm{T}} \\ \boldsymbol{r}_2^{\mathrm{T}} \\ \boldsymbol{r}_3^{\mathrm{T}} \end{bmatrix}, \quad \boldsymbol{t} = \begin{bmatrix} t_1 \\ t_2 \\ t_3 \end{bmatrix}$$

在摄像机已标定(内参数已知)的情况下，空间点与图像点在理论上满足方程

$$m_1 = \frac{\boldsymbol{r}_1^{\mathrm{T}} \boldsymbol{x} + t_1}{\boldsymbol{r}_3^{\mathrm{T}} \boldsymbol{x} + t_3}, \quad m_2 = \frac{\boldsymbol{r}_2^{\mathrm{T}} \boldsymbol{x} + t_2}{\boldsymbol{r}_3^{\mathrm{T}} \boldsymbol{x} + t_3}$$

在实际问题中，空间点和图像点的数据都带有误差，因而不严格满足这两个方程。视觉定位问题是寻找$(\boldsymbol{R}, \boldsymbol{t})$最小化如下误差函数

$$f(\boldsymbol{R}, \boldsymbol{t}) = \sum_{i=1}^{N} \left(\left(\frac{\boldsymbol{r}_1^{\mathrm{T}} \boldsymbol{x}^{(i)} + t_1}{\boldsymbol{r}_3^{\mathrm{T}} \boldsymbol{x}^{(i)} + t_3} - m_1^{(i)} \right)^2 + \left(\frac{\boldsymbol{r}_2^{\mathrm{T}} \boldsymbol{x}^{(i)} + t_2}{\boldsymbol{r}_3^{\mathrm{T}} \boldsymbol{x}^{(i)} + t_3} - m_2^{(i)} \right)^2 \right)$$

在最小化过程中，应保证 $\boldsymbol{R}$ 是旋转矩阵，所以有约束条件

$$\|\boldsymbol{r}_1\|_2^2 = \|\boldsymbol{r}_2\|_2^2 = \|\boldsymbol{r}_3\|_2^2 = 1; \quad \boldsymbol{r}_1^{\mathrm{T}} \boldsymbol{r}_2 = \boldsymbol{r}_1^{\mathrm{T}} \boldsymbol{r}_3 = \boldsymbol{r}_2^{\mathrm{T}} \boldsymbol{r}_3 = 0$$

故视觉定位最终归结为非线性优化问题：

$$\begin{cases} \min f(\boldsymbol{R}, \boldsymbol{t}) \\ \text{subject to } \|\boldsymbol{r}_1\|_2^2 = \|\boldsymbol{r}_2\|_2^2 = \|\boldsymbol{r}_3\|_2^2 = 1; \\ \qquad \boldsymbol{r}_1^{\mathrm{T}} \boldsymbol{r}_2 = \boldsymbol{r}_1^{\mathrm{T}} \boldsymbol{r}_3 = \boldsymbol{r}_2^{\mathrm{T}} \boldsymbol{r}_3 = 0 \end{cases} \tag{6.3}$$

3. 摄像机自标定

已知 N 对图像的基本矩阵 $\boldsymbol{F}_i$ 和外极点 $\boldsymbol{e}_i$，$i=1,2,\cdots,N$，摄像机内参数矩阵 $\boldsymbol{K}$ 在理论

上满足下述方程

$$F_i \omega F_i^{\mathrm{T}} = s_i [\boldsymbol{e}_i]_\times \boldsymbol{\omega} [\boldsymbol{e}_i]_\times^{\mathrm{T}}, \quad i=1,2,\cdots,N \tag{6.4}$$

其中：s_i 是未知的比例因子，$\boldsymbol{\omega}=\boldsymbol{K}\boldsymbol{K}^{\mathrm{T}}$，以及

$$\boldsymbol{K}=\begin{bmatrix}\alpha & & u\\ & \beta & v\\ & & 1\end{bmatrix},\quad [\boldsymbol{e}]_\times=\begin{bmatrix}0 & -e_3 & e_2\\ e_3 & 0 & -e_1\\ -e_3 & e_1 & 0\end{bmatrix}$$

自标定问题是要从方程组(6.4)解出$\boldsymbol{\omega}$，然后对$\boldsymbol{\omega}$ 进行乔里斯基分解得到内参数矩阵$\boldsymbol{K}$。图像数据误差导致计算 $\boldsymbol{F}_i$ 和$\boldsymbol{e}_i$ 不准确，因而实际问题中不存在$\boldsymbol{\omega}$ 严格地满足这个方程组。自标定问题是找矩阵$\boldsymbol{\omega}$ 最小化下述误差函数

$$f(\boldsymbol{\omega})=\sum_{k=1}^{N}\sum_{i,j=1}^{3}\left(\frac{A_{ij}^{(k)}(\omega)}{A_{33}^{(k)}(\omega)}-\frac{B_{ij}^{(k)}(\omega)}{B_{33}^{(k)}(\omega)}\right)^2$$

其中

$$\boldsymbol{A}^{(k)}(\boldsymbol{\omega})=\boldsymbol{F}_k\boldsymbol{\omega}\boldsymbol{F}_k^{\mathrm{T}},\quad \boldsymbol{B}^{(k)}(\boldsymbol{\omega})=[\boldsymbol{e}_k]_\times\boldsymbol{\omega}[\boldsymbol{e}_k]_\times^{\mathrm{T}}$$

由于$\boldsymbol{\omega}=\boldsymbol{K}\boldsymbol{K}^{\mathrm{T}}$ 是正定矩阵，在最小化过程中必须保证矩阵$\boldsymbol{\omega}$ 的各阶主子式都满足大于零的约束

$$\alpha(\boldsymbol{\omega})\triangleq\det\boldsymbol{\omega}>0,\quad \beta(\boldsymbol{\omega})\triangleq\det\begin{bmatrix}\omega_{11} & \omega_{12}\\ \omega_{21} & \omega_{22}\end{bmatrix}>0,\quad \gamma(\boldsymbol{\omega})\triangleq\omega_{11}>0$$

于是，自标定问题最终归结为非线性优化问题：

$$\begin{cases}\min f(\boldsymbol{\omega})\\ \text{subject to } \alpha(\boldsymbol{\omega})>0,\quad \beta(\boldsymbol{\omega})>0,\gamma(\boldsymbol{\omega})>0\end{cases} \tag{6.5}$$

4. 一般描述

非线性优化的一般形式为

$$\begin{cases}\min f(\boldsymbol{x})\\ \text{subject to } g_i(\boldsymbol{x})\leqslant 0,\quad i=1,2,\cdots,p;\\ \qquad\qquad h_j(\boldsymbol{x})=0,\quad i=1,2,\cdots,q\end{cases} \tag{6.6}$$

其中 $f(\boldsymbol{x})$是 n 元非线性函数，称为目标函数（或代价函数）；由不等式和等式定义的区域

$$\mathcal{S}\triangleq\{\boldsymbol{x}: g_i(\boldsymbol{x})\leqslant 0, i=1,2,\cdots,p; h_j(\boldsymbol{x})=0, i=1,2,\cdots,q\}$$

是变量 $\boldsymbol{x}$ 的约束区域，称为优化的可行域；$\mathcal{S}$ 中的点称为可行点。若$\mathcal{S}=\mathbf{R}^n$，称式(6.6)为无约束优化；否则称为约束优化。

在非线性优化问题中，还有最大化问题 $\max\limits_{x\in\mathcal{S}} f(\boldsymbol{x})$，它可以转化为最小化问题 $\min\limits_{x\in\mathcal{S}}(-f(\boldsymbol{x}))$。因此，以后只须讨论最小化问题。

定义 6.1.1 设 $\boldsymbol{x}_*\in\mathcal{S}$，

(ia) 若对任何 $\boldsymbol{x}\in\mathcal{S}$ 有 $f(\boldsymbol{x})\geqslant f(\boldsymbol{x}_*)$，则称 $\boldsymbol{x}_*$ 是式(6.6)的整体极小点(或整体最优解)，称 $f(\boldsymbol{x}_*)$为式(6.6)的整体极小值(或整体最优值)。

(ib) 若对任何 $\boldsymbol{x}\in\mathcal{S}$ 有 $f(\boldsymbol{x})>f(\boldsymbol{x}_*)$，则称 $\boldsymbol{x}_*$ 是式(6.6)的严格整体极小点(或严格整体最优解)，称 $f(\boldsymbol{x}_*)$为式(6.6)的严格整体极小值(或严格整体最优值)。

(iia) 若存在 $\delta>0$ 使对任何 $\boldsymbol{x}\in\mathcal{N}(\boldsymbol{x}_*;\delta)\triangleq\{\boldsymbol{x}:\|\boldsymbol{x}-\boldsymbol{x}_*\|_2<\delta\}$有 $f(\boldsymbol{x})\geqslant f(\boldsymbol{x}_*)$，则

称 $\boldsymbol{x}_*$ 是式(6.6)的局部极小点(或局部最优解),称 $f(\boldsymbol{x}_*)$为式(6.6)的局部极小值(或局部最优值)。

(iib) 若存在 $\delta>0$ 使对任何 $\boldsymbol{x}\in\mathcal{N}(\boldsymbol{x}_*;\delta)$有 $f(\boldsymbol{x})>f(\boldsymbol{x}_*)$,则称 $\boldsymbol{x}_*$ 是式(6.6)的严格局部极小点(或严格局部最优解),称 $f(\boldsymbol{x}_*)$为式(6.6)的严格局部极小值(或严格局部最优值)。

整体最优解必是局部最优解,反之不成立。求解最优化问题是希望找到整体最优解,但是由于非线性问题的多样性和复杂性,在实际问题中一般很难找到最优解,甚至有时只能找到满足某种条件的解。由于计算机技术的发展促进了计算能力的极大提高,可以在计算机上实现这些局部最优算法,寻找多个局部最优解,再从中挑选一个“好解”来近似整体最优解。

6.1.2 局部极值定理

1. 二阶 Taylor 展开

本章经常与多元函数的 Taylor 展开式打交道,尤其是二阶 Taylor 展开,可以说 Taylor 展开式是数值计算的基础,这里对它做回顾是有益的。若 $f(\boldsymbol{x})$在 $\boldsymbol{x}_0$ 二阶可微,则在 $\boldsymbol{x}_0$ 的邻域内有展开式

$$f(\boldsymbol{x}_0+\boldsymbol{h})=f(\boldsymbol{x}_0)+(\nabla_f(\boldsymbol{x}_0))^{\mathrm{T}}\boldsymbol{h}+\frac{1}{2}\boldsymbol{h}^{\mathrm{T}}\boldsymbol{H}_f(\boldsymbol{x}_0)\boldsymbol{h}+o(\|\boldsymbol{h}\|^2)$$

其中

$$\nabla_f(\boldsymbol{x}_0)=\left(\frac{\partial f}{\partial x_1}(\boldsymbol{x}_0),\frac{\partial f}{\partial x_2}(\boldsymbol{x}_0),\cdots,\frac{\partial f}{\partial x_n}(\boldsymbol{x}_0)\right)^{\mathrm{T}}$$

是 $f(\boldsymbol{x})$在 $\boldsymbol{x}_0$ 的梯度,

$$\boldsymbol{H}_f(\boldsymbol{x}_0)=\begin{bmatrix}\dfrac{\partial^2 f}{\partial^2 x_1}(\boldsymbol{x}_0) & \dfrac{\partial^2 f}{\partial x_1\partial x_2}(\boldsymbol{x}_0) & \cdots & \dfrac{\partial^2 f}{\partial x_1\partial x_n}(\boldsymbol{x}_0)\\ \dfrac{\partial^2 f}{\partial x_2\partial x_1}(\boldsymbol{x}_0) & \dfrac{\partial^2 f}{\partial^2 x_2}(\boldsymbol{x}_0) & \cdots & \dfrac{\partial^2 f}{\partial x_2\partial x_n}(\boldsymbol{x}_0)\\ \vdots & \vdots & & \vdots\\ \dfrac{\partial^2 f}{\partial x_n\partial x_1}(\boldsymbol{x}_0) & \dfrac{\partial^2 f}{\partial x_n\partial x_2}(\boldsymbol{x}_0) & \cdots & \dfrac{\partial^2 f}{\partial^2 x_n}(\boldsymbol{x}_0)\end{bmatrix}$$

是 $f(\boldsymbol{x})$在 $\boldsymbol{x}_0$ 的二阶偏导矩阵,称为 $f(\boldsymbol{x})$在 $\boldsymbol{x}_0$ 的 Hessian 矩阵;$o(\|\boldsymbol{h}\|^2)$是 $\|\boldsymbol{h}\|^2$ 的无穷小量。也就是说,$f(\boldsymbol{x})$在 $\boldsymbol{x}_0$ 的邻域有二次近似

$$f(\boldsymbol{x}_0+\boldsymbol{h})\approx f(\boldsymbol{x}_0)+(\nabla_f(\boldsymbol{x}_0))^{\mathrm{T}}\boldsymbol{h}+\frac{1}{2}\boldsymbol{h}^{\mathrm{T}}\boldsymbol{H}_f(\boldsymbol{x}_0)\boldsymbol{h}\tag{6.7}$$

使梯度为零的点 $\boldsymbol{x}_0$,$\nabla_f(\boldsymbol{x}_0)=0$,称为 $f(\boldsymbol{x})$的平稳点(或驻点,临界点)。对于无约束优化,局部极值点必是平稳点。在平稳点 $\boldsymbol{x}_0$ 的邻域内

$$f(\boldsymbol{x}_0+\boldsymbol{h})\approx f(\boldsymbol{x}_0)+\frac{1}{2}\boldsymbol{h}^{\mathrm{T}}\boldsymbol{H}_f(\boldsymbol{x}_0)\boldsymbol{h}\tag{6.8}$$

因此,$f(\boldsymbol{x})$在平稳点的局部性态,很大程度上取决于 Hessian 矩阵的性质。

2. 局部极值定理

局部极值定理来源于多元微分学,是利用二阶 Taylor 展开得到的重要结论[3]:

定理 6.1.1 假定 $f(\boldsymbol{x})$在平稳点 $\boldsymbol{x}_0$ 二阶可微，

(i) 若 $\boldsymbol{x}_0$ 是局部极小点，则 $\boldsymbol{H}_f(\boldsymbol{x}_0)$半正定；

(ii) 若 $\boldsymbol{x}_0$ 是局部极大点，则 $\boldsymbol{H}_f(\boldsymbol{x}_0)$半负定；

(iii) 若 $\boldsymbol{H}_f(\boldsymbol{x}_0)$正定，则 $\boldsymbol{x}_0$ 是局部极小点；

(iv) 若 $\boldsymbol{H}_f(\boldsymbol{x}_0)$负定，则 $\boldsymbol{x}_0$ 是局部极大点；

(v) 若 $\boldsymbol{H}_f(\boldsymbol{x}_0)$不定，则 $\boldsymbol{x}_0$ 既不是极小点也不是极大点，称为鞍点。

例 6.1.1 考虑函数 $f(\boldsymbol{x})=2y^2-x(x-1)^2$ 的平稳点及其极值性质。

解 从

$$\nabla_f(x,y)=\begin{bmatrix}-(x-1)^2-2x(x-1)\\4y\end{bmatrix}=0$$

知 $f(\boldsymbol{x})$有两个平稳点

$$\boldsymbol{x}_1=\begin{bmatrix}1/3\\0\end{bmatrix},\quad \boldsymbol{x}_2=\begin{bmatrix}1\\0\end{bmatrix}$$

因 $\boldsymbol{H}_f(\boldsymbol{x}_0)=\mathrm{diag}(2,4)$正定，所以 $\boldsymbol{x}_0$ 是局部极小点；$\boldsymbol{H}_f(\boldsymbol{x}_1)=\mathrm{diag}(-2,4)$不定，因此 $\boldsymbol{x}_1$ 是鞍点。观察这个例子的水平集(见图 6.1)是有好处的，在极小点 $\boldsymbol{x}_0$ 附近的水平集是形如椭圆的闭曲线包围极小点，而在鞍点附近的水平集是开放的曲线。

一般情况下，局部最优解不一定是整体最优解，然而对凸函数而言局部最优解与整体最优解是一致的。凸函数的定义如下：

定义 6.1.2 若对任何 $\boldsymbol{x}_1,\boldsymbol{x}_2\in\mathbf{R}^n$ 及 $t\in[0,1]$有

$$f(t\boldsymbol{x}_1+(1-t)\boldsymbol{x}_2)\leqslant tf(\boldsymbol{x}_1)+(1-t)f(\boldsymbol{x}_2) \tag{6.9}$$

则称 $f(\boldsymbol{x})$是 $\mathbf{R}^n$ 上的凸函数；若 $\boldsymbol{x}_1\neq\boldsymbol{x}_2$，$t\in(0,1)$时，式(6.9)是严格不等式，则称 $f(\boldsymbol{x})$是 $\mathbf{R}^n$ 上的严格凸函数。

例如：$f(\boldsymbol{x})=\|\boldsymbol{x}-\boldsymbol{x}_0\|_2^2$ 是严格凸函数，如图 6.2 所示。

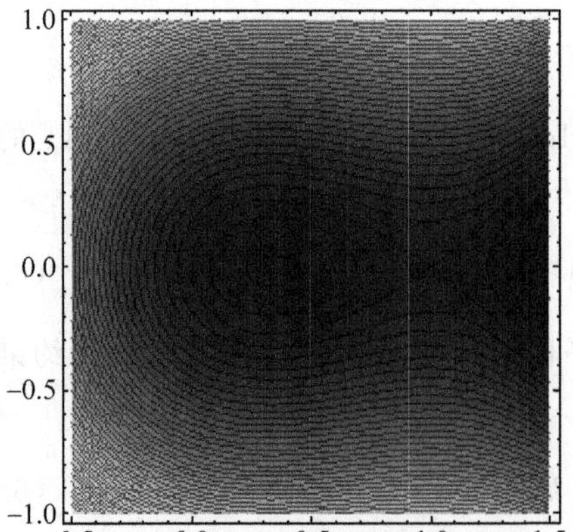

图 6.1 在平稳点附近的水平集

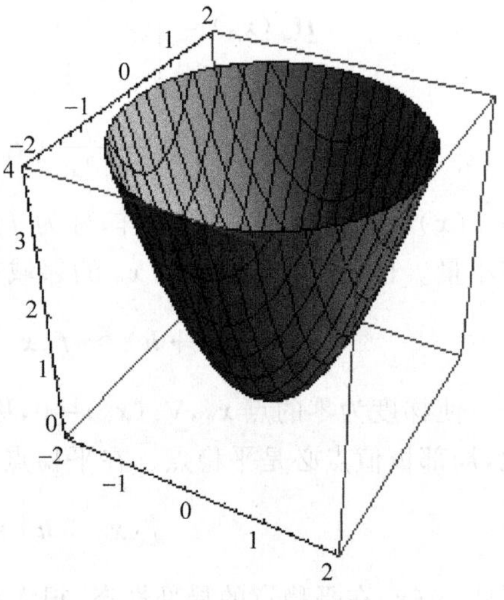

图 6.2 凸函数 $z=x^2+y^2$

如果凸函数 $f(\boldsymbol{x})$ 是可微的，则对任何 $\boldsymbol{x},\boldsymbol{x}_0$ 有

$$f(\boldsymbol{x}) \geqslant f(\boldsymbol{x}_0) + (\nabla_f(\boldsymbol{x}_0))^{\mathrm{T}}(\boldsymbol{x} - \boldsymbol{x}_0) \tag{6.10}$$

由于 $z(\boldsymbol{x})=f(\boldsymbol{x}_0)+(\nabla_f(\boldsymbol{x}_0))^{\mathrm{T}}(\boldsymbol{x}-\boldsymbol{x}_0)$ 是 $f(\boldsymbol{x})$ 在 $\boldsymbol{x}_0$ 的切平面方程，式(6.10)表明 $f(\boldsymbol{x})\geqslant z(\boldsymbol{x})$。因此，在几何上凸函数的图像总是位于切平面的上方。

当目标函数是可微凸函数时，其平稳点必是相应非线性优化问题的整体最优解。具体地说，有下述定理：

定理 6.1.2　假定 $f(\boldsymbol{x})$ 是 $\mathbf{R}^n$ 上的可微凸函数，若 $\nabla_f(\boldsymbol{x}_*)=0$，则

$$\boldsymbol{x}_* = \operatorname{argmin} f(\boldsymbol{x}) \tag{6.11}$$

证明　由于 $f(\boldsymbol{x})$ 是可微凸函数，根据式(6.10)对任何 $\boldsymbol{x}\in\mathbf{R}^n$ 有 $(\nabla_f(\boldsymbol{x}_*))^{\mathrm{T}}(\boldsymbol{x}-\boldsymbol{x}_*)\leqslant f(\boldsymbol{x})-f(\boldsymbol{x}_*)$，于是从 $\nabla_f(\boldsymbol{x}_*)=0$ 得到 $f(\boldsymbol{x})\geqslant f(\boldsymbol{x}_*)$，故 $\boldsymbol{x}_*$ 是 $\min f(\boldsymbol{x})$ 的整体最优解。证毕。

6.1.3　基本迭代格式

如何求解给定的非线性优化问题？从多元微分学知道，局部极小点一定是函数的平稳点，通过求解函数的梯度方程

$$\frac{\partial f(\boldsymbol{x})}{\partial x_1}=0,\quad \frac{\partial f(\boldsymbol{x})}{\partial x_2}=0,\quad \cdots,\quad \frac{\partial f(\boldsymbol{x})}{\partial x_n}=0$$

可获得平稳点，从而获得无约束问题的局部最优解。对等式约束问题，利用多元微分学中拉格朗日乘子法可化为无约束问题。在函数可微时，应用非线性方程组的求解方法是解决非线性优化问题的一条途径。如果函数不可微呢？或者面临不等式约束优化呢？经典多元微分学无法解决这些问题，必须寻找新的技术途径，以便给出实用的迭代法。

最优化的迭代法与非线性方程的迭代法类似。首先对目标函数 $f(\boldsymbol{x})$ 的局部极小点 $\boldsymbol{x}_*$ 作猜测得到初始点 $\boldsymbol{x}_0$，然后按照某种规则构造一个点列 $\{\boldsymbol{x}_k\}_{k=0}^{\infty}$ 逼近局部极小点 $\boldsymbol{x}_*$。假定第 k 步迭代点为 $\boldsymbol{x}_k$，下面分析如何产生下一步的迭代点 $\boldsymbol{x}_{k+1}$：令 $\Delta\boldsymbol{x}_k=\boldsymbol{x}_{k+1}-\boldsymbol{x}_k$，它是以 $\boldsymbol{x}_k$ 为起点、$\boldsymbol{x}_{k+1}$ 为终点的向量，$\boldsymbol{x}_{k+1}=\boldsymbol{x}_k+\Delta\boldsymbol{x}_k$。设 $\boldsymbol{p}_k\in\mathbf{R}^n$ 是向量 $\Delta\boldsymbol{x}_k$ 的方向，则存在 $t_k>0$ 使 $\Delta\boldsymbol{x}_k=t_k\boldsymbol{p}_k$，所以

$$\boldsymbol{x}_{k+1}=\boldsymbol{x}_k+t_k\boldsymbol{p}_k$$

为了迭代点列能逼近局部极小点 $\boldsymbol{x}_*$，自然要求迭代点的函数值逐渐减小

$$f(\boldsymbol{x}_{k+1}) < f(\boldsymbol{x}_k)$$

对约束优化，还必须使 $\boldsymbol{x}_{k+1}$ 落入可行域，$\boldsymbol{x}_{k+1}\in\mathcal{S}$。

通常，称 $\boldsymbol{p}_k$ 为第 $k+1$ 步迭代的搜索方向，t_k 为搜索步长。确定搜索方向和搜索步长是迭代法的两个最重要问题，不同的解决方案导致不同的迭代法。

基本迭代格式

$\min f(\boldsymbol{x})$

(1) 给定初始点 $\boldsymbol{x}_0$，$k=0$；

(2) 确定搜索方向 $\boldsymbol{p}_k$；

(3) 确定搜索步长 t_k；

(4) $\boldsymbol{x}_{k+1}=\boldsymbol{x}_k+t_k\boldsymbol{p}_k$；

(5) 检验 $\boldsymbol{x}_{k+1}$ 是否满足终止条件。若满足，停止迭代，输出 $\boldsymbol{x}_{k+1}$；否则，令 $k=k+1$，转到(2)。

---

1. 搜索方向

定义 6.1.3 令 $\boldsymbol{p}\neq 0$，若存在 $\delta>0$ 使得对任何 $t\in(0,\delta)$ 均有 $f(\boldsymbol{x}_k+t\boldsymbol{p})<f(\boldsymbol{x}_k)$，则称 $\boldsymbol{p}$ 是 $f(\boldsymbol{x})$ 在点 $\boldsymbol{x}_k$ 的下降方向。

下降方向是函数的局部性质，在局部邻域内沿此方向函数值减小，在迭代法中就是要确定这样的搜索方向。关键问题是如何找到下降方向，对此有下面的定理和推论，它们是构造搜索方向的理论基础。

定理 6.1.3 假定 $f(\boldsymbol{x})$ 在点 $\boldsymbol{x}_k$ 可微，若存在 $\boldsymbol{p}$ 使得 $(\nabla_f(\boldsymbol{x}_k))^{\mathrm{T}}\boldsymbol{p}<0$，则 $\boldsymbol{p}$ 是 $f(\boldsymbol{x})$ 在点 $\boldsymbol{x}_k$ 的下降方向。

证明 由于 $f(\boldsymbol{x})$ 在点 $\boldsymbol{x}_k$ 可微，所以在点 $\boldsymbol{x}_k$ 有 Taylor 展开式

$$f(\boldsymbol{x}_k+t\boldsymbol{p})=f(\boldsymbol{x}_k)+t(\nabla_f(\boldsymbol{x}_k))^{\mathrm{T}}\boldsymbol{p}+o(\|t\boldsymbol{p}\|_2)$$

因 $(\nabla_f(\boldsymbol{x}_k))^{\mathrm{T}}\boldsymbol{p}<0$，取 $t>0$ 有 $t(\nabla_f(\boldsymbol{x}_k))^{\mathrm{T}}\boldsymbol{p}<0$，所以存在 $\delta>0$ 使得 $\forall t\in(0,\delta)$，

$$f(\boldsymbol{x}_k+t\boldsymbol{p})-f(\boldsymbol{x}_k)=t(\nabla_f(\boldsymbol{x}_k))^{\mathrm{T}}\boldsymbol{p}+o(\|t\boldsymbol{p}\|_2)<0$$

由于 $o(\|t\boldsymbol{p}\|_2)$ 是 t 的无穷小量，故当 t 充分靠近 0 时，

$$f(\boldsymbol{x}_k+t\boldsymbol{p})<f(\boldsymbol{x}_k)$$

证毕。

推论 6.1.1 假定 $f(\boldsymbol{x})$ 在点 $\boldsymbol{x}_k$ 可微，则对任何正定矩阵 $\boldsymbol{G}$，$\boldsymbol{p}=-\boldsymbol{G}\nabla_f(\boldsymbol{x}_k)$ 都是 $f(\boldsymbol{x})$ 在点 $\boldsymbol{x}_k$ 的下降方向。特别，负梯度 $\boldsymbol{p}=-\nabla_f(\boldsymbol{x}_k)$ 是下降方向。

2. 搜索步长

给定 $\boldsymbol{x}_k,\boldsymbol{p}_k$，令 $g(t)=f(\boldsymbol{x}_k+t\boldsymbol{p}_k)$，它是单变量 t 的函数。为了得到 $\boldsymbol{x}_{k+1}$，需要确定搜索步长 t_k。对于无约束优化，需要解一个单变量优化，$t_k=\arg\min\limits_{t\geqslant 0} g(t)$；对于约束优化，为了保证 $\boldsymbol{x}_{k+1}$ 是可行点，需要求解单变量的约束优化

$$t_k=\arg\min_{0\leqslant t\leqslant t_{\max}} g(t)$$

因此，迭代法是一个内、外层迭代法，内层是单变量迭代，外层是多变量迭代。

3. 终止条件

何时终止迭代？需要终止条件。常用的终止策略有两种：第一种是观察迭代点的变化，若迭代点达到平稳状态，则终止迭代；第二种是观察迭代点函数值的变化，函数值达到平稳状态就终止迭代。具体地说，给定容差(容许误差)ε，若

$$\|\boldsymbol{x}_{k+1}-\boldsymbol{x}_k\|_2<\varepsilon \quad \text{或} \quad \|f(\boldsymbol{x}_{k+1})-f(\boldsymbol{x}_k)\|_2<\varepsilon$$

则终止迭代。在无约束优化中，大多数迭代法只是寻找函数的平稳点，时常也用下面的条件来终止迭代：

$$\|\nabla_f(\boldsymbol{x}_{k+1})\|_2<\varepsilon$$

从终止策略可看出，迭代法最终输出的是局部最优解的近似值。

4. 收敛性与收敛速度

评价一种迭代法的性能常有两种方式：一种从理论上证明迭代有收敛性和多快的收敛速度；另一种从实际数值计算的经验，来评价迭代是否有好的可靠性和计算效率。收敛性是指迭代点列收敛到局部最优解或整体最优解，因非线性优化问题的复杂性，有时也指收敛到满足某种条件的次优解。若迭代法的收敛性不依赖于初始点的选择，则称这种迭代法有

全局收敛性,否则称它有局部收敛性。收敛速度的定义如下:若存常数 $p,q>0$ 使得

$$\lim_{k\to\infty}\frac{\|\boldsymbol{x}_{k+1}-\boldsymbol{x}_*\|}{\|\boldsymbol{x}_k-\boldsymbol{x}_*\|^p}=q$$

其中 $\|\cdot\|$ 是向量的某种范数,则称迭代 p 阶收敛。p 越大,收敛速度越快。特别,$p=1$,称为线性收敛;$0<p<2$,称为超线性收敛;$p=2$,称为平方收敛。

6.2 一维搜索

在非线性优化的迭代中,假定已知第 k 步迭代点 $\boldsymbol{x}_k$ 和第 $k+1$ 步搜索方向 $\boldsymbol{p}_k$,确定第 $k+1$ 步搜索步长 t_k 导致一个子问题

$$\min_{t\geqslant 0(0\leqslant t\leqslant t_{\max})} f(\boldsymbol{x}^k+t\boldsymbol{p}^k)$$

其中的约束是 $t\geqslant 0$ 还是 $0\leqslant t\leqslant t_{\max}$,视原优化是无约束还是有约束而定。记 $g(t)=f(\boldsymbol{x}^k+t\boldsymbol{p}^k)$,将单变量优化写成一般形式

$$\min_{t\in[a,b]} g(t) \tag{6.12}$$

这类优化问题称为一维搜索。按照不同求解原则,一维搜索方法可分为二类:精确搜索和非精确搜索,精确搜索是求式(6.12)精确解,非精确搜索是求满足某种条件的近似解。

6.2.1 精确搜索

1. 牛顿法

牛顿法先以探索点 t_k 邻域内的二阶 Taylor 展开近似目标函数

$$\varphi(t)\overset{\Delta}{=}g(t_k)+g'(t_k)(t-t_k)+\frac{g''(t_k)}{2}(t-t_k)^2\approx g(t)$$

然后,用 $\varphi(t)$ 的极小点作为新的探索点 t_{k+1}。通过直接计算,得到二次函数 $\varphi(t)$ 的极小点

$$t_{k+1}=t_k-\frac{g'(t_k)}{g''(t_k)} \tag{6.13}$$

这是一维搜索牛顿法的迭代公式。

牛顿法(一维搜索)

$\min g(t)$

(1) 给定初值 t_1 和容差 $\varepsilon>0$;置 $k\leftarrow 1$;

(2) 若 $|g'(t_k)|<\varepsilon$,输出 t_k,停止迭代;否则,$g''(t_k)=0$ 时,终止迭代,算法失败;$g''(t_k)\neq 0$ 时,转下一步;

(3) $t_{k+1}=t_k-\dfrac{g'(t_k)}{g''(t_k)}$,若 $|g'(t_k)|<\varepsilon$(或 $|t_{k+1}-t_k|<\varepsilon$),输出 t_{k+1},终止迭代;否则 $k\leftarrow k+1$,转(2)。

注意,牛顿法的前提是 $g''(t_k)\neq 0$。当 $g(t)$ 没有二阶导数时,牛顿法失效,此时可用下面的试位法和 0.618 法进行精确一维搜索。

2. 试位法

试位法是将单变量优化转化为方程的求根。因为极小点 t_* 是函数 $g(t)$ 的平稳点,即

$g'(t_*)=0$,因此通过求解方程 $g'(t)=0$ 的根可得到平稳点,从而获取极小点 t_*。第 5 章介绍的求根迭代法都可应用于一维搜索,不同的求根方法导致不同的试位法,比如将求根牛顿迭代法用于方程 $g'(t)=0$,得到

$$t_{k+1}=t_k-\frac{g'(t_k)}{g''(t_k)}$$

这恰好是一维搜索的牛顿迭代公式(6.13)。实践中,常用的试位法是求解方程的割线法和抛物线法。割线法的迭代公式为

$$t_{k+1}=t_k-\frac{g'(t_k)(t_k-t_{k-1})}{g'(t_k)-g'(t_{k-1})},\quad k=2,3,\cdots \tag{6.14}$$

称为割线试位公式。迭代开始时,割线试位法需要两个初始值。

割线试位法

$\min\limits_{t\in[a,b]} g(t)$

(1) $\varphi(t)=g'(t)$

(2) 给定初值 t_1,t_2

(3) 迭代:$t_{k+1}=t_k-\dfrac{\varphi(t_k)(t_k-t_{k-1})}{\varphi(t_k)-\varphi(t_{k-1})},k=2,3,\cdots$

请读者结合第 5 章方程求根的抛物线法,写出一维搜索的抛物线试位法。方程求根的割线法和抛物线法是插值法,它们分别用线性和二次插值函数的零点逼近方程的根。高阶插值法也可以用于一维搜索,以插值函数的极小点逼近一维搜索目标函数的极小点,这是插值法解一维搜索的基本思想。由于容易获得二次和三次函数的极小点,实践中常用二次或三次插值法求解一维搜索,有兴趣的读者可参考[10]。插值法的优点在于对函数没有可导性要求,下面介绍一种更实用的 0.618 方法,也不要求函数可导。

3. 0.618 法

0.618 法是一种特殊的探索法。探索法是在 $g(t)$的单谷区间上进行一维搜索,以获得函数的最小点。若存在 $t_*\in[a,b]$使得 $g(t)$在$[a,t_*]$上单调减,且在$[t_*,b]$上单调增,则称 $g(t)$在$[a,b]$是单谷函数,或者说$[a,b]$是 $g(t)$的单谷区间。显然 t_* 是 $g(t)$在区间$[a,b]$上的最小点。

由于 $g(t)$在$[a,b]$上的最小点是 t_*,在$[a,b]$上选取两点 $t_1<t_2$(通常称它们为探索点),通过比较 $g(t_1)$,$g(t_2)$可以缩小区间$[a,b]$,使得最小点 t_* 位于缩小后的区间$[a,t_2]$(或$[t_1,b]$)。这是因为根据单谷区间的定义,

$$g(t_1)\leqslant g(t_2)\Rightarrow t_*\in[a,t_2]$$
$$g(t_1)>g(t_2)\Rightarrow t_*\in[t_1,b]$$

如图 6.3 所示,t_*所在的区间称为搜索区间。重复这个过程,可使搜索区间长度达到任意小,在终止搜索时就得到 t_* 的一个近似值。这种方法的要点在于如何选择探索点,不同的选择方式将产生不同的一维搜索方法。下面介绍一种选择方式,它导致的搜索方法称为 0.618 法。

事先不知道缩小后的区间是$[a,t_2]$还是$[t_1,b]$,因此设置这两个区间等长

$$t_2-a=b-t_1$$

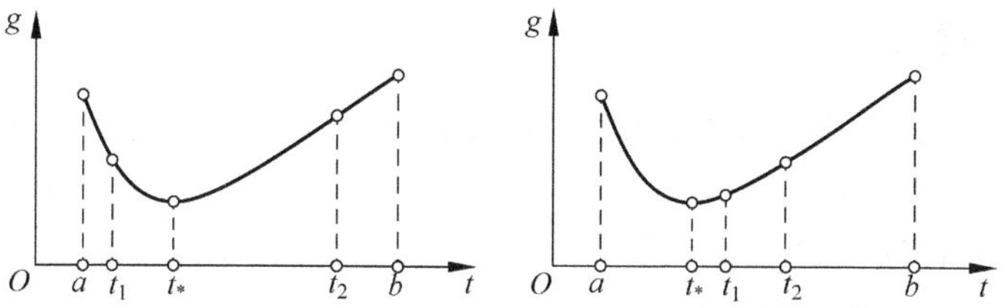

(a) 搜索单谷区间的最小点t_*　　(b) 0.618方法

图　6.3

令搜索区间的缩小比

$$\sigma=\frac{t_2-a}{b-a}=\frac{b-t_1}{b-a} \tag{6.15}$$

于是

$$\begin{cases} t_1=a+(1-\sigma)(b-a) \\ t_2=a+\sigma(b-a) \end{cases} \tag{6.16}$$

在以后每步搜索中，希望搜索区间的长度以相同的比值 σ 缩小。不妨假定新搜索区间为 $[a,t_2]$，由于 $t_1\in[a,t_2]$ 且函数值 $g(t_1)$ 已知，所以将它作为下步迭代中的探索点之一，这种选择是为了在下步迭代中仅需要计算一个新探索点的函数值，以减少计算量。在下步迭代中的两个探索点记为 $t_1'<t_2'$，它们均在区间 $[a,t_2]$ 内，其中一个是 t_1。于是

$$\sigma=\frac{t_2'-a}{t_2-a}=\frac{t_2-t_1'}{t_2-a}$$

由式(6.16)的第二式，$t_2-a=\sigma(b-a)$，代入上式分母得到

$$t_2'-a=t_2-t_1'=\sigma^2(b-a)$$

若 $t_1'=t_1$，则由式(6.16) $t_2-t_1'=(2\sigma-1)(b-a)$，于是得到方程 $\sigma^2-2\sigma+1=0$，它仅有的解是 $\sigma=1$，这是不可能的，因此必有 $t_2'=t_1$。用类似的方法，可得到方程 $\sigma^2+\sigma-1=0$。因 $0<\sigma<1$，故

$$\sigma=\frac{\sqrt{5}-1}{2}\approx 0.618$$

若新搜索区间为 $[t_1,b]$，可得到相同的 σ，此时 $t_1'=t_2$，新探索点为 t_2'。一旦有了 σ 的值，就可以实施这种搜索方法。$(\sqrt{5}-1)/2$ 称为黄金分割数，因而 0.618 法也称为近似黄金分割法。

0.618 法

$\min g(t)$

(1) 给定单谷区间 $[a,b]$，容差 ε；

(2) 初始探索点

$t_1=a+0.382(b-a)=b-0.618(b-a)$，$t_2=a+0.618(b-a)$，置 $g_1\leftarrow g(t_1)$，$g_2\leftarrow g(t_2)$；

(3) 若 $g_1\leqslant g_2$，转(4)；否则转(5)；

(4) 若 $t_2-a<\varepsilon$，输出 t_1，停止迭代；否则，置

$b\leftarrow t_2$，$t_2\leftarrow t_1$，$t_1\leftarrow b-0.618(b-a)$，$g_2\leftarrow g_1$，$g_1\leftarrow g(t_1)$，转(3)；

(5) 若 $b-t_1<\varepsilon$，输出 t_2，停止迭代；否则，置

$a\leftarrow t_1$，$t_1\leftarrow t_2$，$t_2\leftarrow a+0.618(b-a)$，$g_1\leftarrow g_2$，$g_2\leftarrow g(t_2)$，转(3)。

6.2.2 非精确搜索

在求解非线性优化问题中，更关心算法的整体收敛速度，每步迭代对步长都进行精确一维搜索，因计算量大而影响整体收敛速度。为了减少计算量，就产生了求解单变量优化的非精确搜索方法。非精确搜索方法包括两个部分：给定搜索点的规则和求解符合规则的搜索点。规则的作用是使得非精确搜索点 t_k 满足 $f(\boldsymbol{x}_{k+1})<f(\boldsymbol{x}_k)$，但 t_k 不能过大以致迭代 $\{\boldsymbol{x}_k\}_{k=0}^{\infty}$ 有很大的摆动，也不能过小以致在接近最优解之前而止步不前。此外，非精确搜索方法通常假定 $g(t)$ 在 $t=0$ 的邻域内可微，且 $g'(0)<0$。

下面介绍三种实用的非精确搜索方法：Goldstein 法、Wolfe-Powell 法和 Armijo 法。

1. Goldstein 法

Goldstein 法限制搜索点不过大也不过小的规则是

$$g(t_k)\leqslant g(0)+s_1t_kg'(0) \tag{6.17a}$$

$$g(t_k)\geqslant g(0)+s_2t_kg'(0) \tag{6.17b}$$

其中，$0<s_1<s_2<1$ 是两个给定的控制常数。图 6.4 给出了这两个规则的几何意义，式(6.17a)是限制搜索点 t_k 在直线 $y=g(0)+s_1t_kg'(0)$ 的下方，式(6.17b)是限制搜索点 t_k 在直线 $y=g(0)+s_2t_kg'(0)$ 的上方。同时满足这两个规则的搜索点 t_k 构成 $[c,d]\cup[e,f]$，落在这两个区间的点都认为是可以接受的搜索点，一旦搜索点落入 $[c,d]\cup[e,f]$ 就终止搜索。

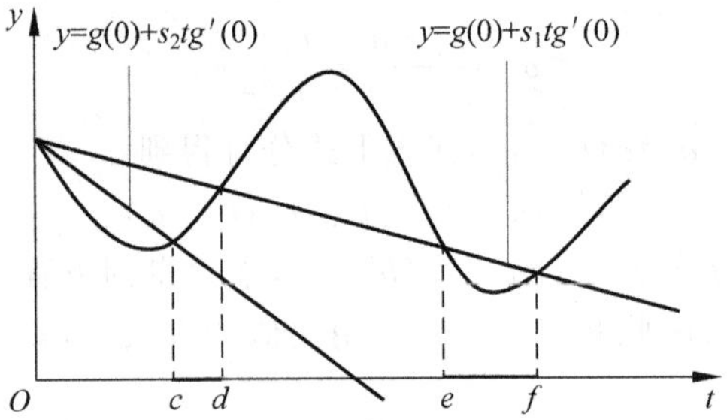

图 6.4 非精确搜索(Goldstein 法)

算法非常简单：记 (a_k,b_k) 为当前搜索范围，如果探索点 t_k 不满足规则式(6.17a)则减小 t_k；如果探索点 t_k 不满足规则式(6.17b)则增大 t_k，直到两个规则同时满足为止。实施 Goldstein 法时，常取

$$0<s_1<0.5,\quad 0.5<s_2<1,\quad \lambda=2$$

Goldstein 法

$$\min_{t\in[0,t_{\max}]} g(t)$$

(1) 给定：$0<s_1<s_2<1$，放大倍数 $\lambda>1$，初始点 $t_0\in[a,b]$；置 $a_0\leftarrow a$，$b_0\leftarrow b$，$k=0$；

(2) 若 $g(t_k)\leqslant g(0)+s_1t_kg'(0)$，转(3)；否则，置 $b_0\leftarrow t_k$，转(4)；

(3) 若 $g(t_k)\geqslant g(0)+s_2t_kg'(0)$，输出 t_k，停止迭代；否则，置 $a_0\leftarrow t_k$，若 $b_0<b$，转(4)；否则，置 $t_{k+1}\leftarrow\lambda t_k$，$k\leftarrow k+1$，转(2)；

(4) 置 $t_{k+1}\leftarrow\dfrac{a_0+b_0}{2}$，$k\leftarrow k+1$，转(2)。

例 6.2.1　利用 Goldstein 法解 Rosenbrock 函数 $f(x_1,x_2)=(1-x_1)^2+100(x_2^2-x_1)^2$ 的一维搜索，假定 $\boldsymbol{x}_0=(0,0)^{\mathrm{T}}$，$\boldsymbol{p}_0=(1,0)^{\mathrm{T}}$。

解　一维搜索的目标函数为

$$g(t)=f(\boldsymbol{x}_0+t\boldsymbol{p}_0)=(1-t)^2+100t^4$$

且

$$g'(t)=-2(1-t)+400t^3,\quad g'(0)=-2<0$$

取 $s_1=0.2$，$s_2=0.7$，$\lambda=2$，Goldstein 法的两个规则是

$$\mathrm{R1}: g(t)\leqslant 1-0.4t,\quad \mathrm{R2}: g(t)\geqslant 1-1.4t$$

令初始值 $t_0=0.1$，$a_0=0$，$b_0=\infty$。

第 1 步迭代：

$g(t_0)=0.82<0.96=1-0.4t_0$，满足 R1；但是 $g(t_0)=0.82<0.86=1-1.4t_0$，不满足 R2

第 2 步迭代：

$$a_0=t_0=0.1,\quad t_1=\lambda t_0=0.2$$

$g(t_1)=0.80<0.92=1-0.4t_1$，满足 R1；$g(t_1)=0.82>0.72=1-1.4t_1$，满足 R2

搜索步长为 $t=0.2$，终止迭代。

2. Wolfe-Powell 法

Wolfe-Powell 法要求 $g(t)$在区间$[0,t_{\max}]$上可微，限制搜索点规则是

$$g(t_k)\leqslant g(0)+s_1t_kg'(0) \tag{6.18a}$$

$$g'(t_k)\geqslant s_2g'(0) \tag{6.18b}$$

其中 $0<s_1<s_2<1$ 是两个给定的控制常数，通常取 $s_1=0.1$，$0.6<s_2<0.8$。第一个规则与 Goldstein 法第一个规则相同，第二规则的几何意义是在探索点处目标函数的切线斜率 $g'(t_k)$的下界是 $s_2g'(0)$，即以 $g(t)$在端点 $t=0$ 的导数来控制搜索点不太过小。类似 Goldstein 法，请读者写出 Wolfe-Powell 法的计算步骤。

3. Armijo 法

Armijo 法也是一种广泛使用的非精确搜索方法，它的规则是，给定 $\alpha\in(0,1)$，$\beta\in(0,0.5)$，取步长为 $t_k=\alpha^{m_k}$，其中 m_k 是使下述不等式成立的最小非负整数 m：

$$f(\boldsymbol{x}_k+\alpha^m\boldsymbol{p}_k)\leqslant f(\boldsymbol{x}_k)+\beta\alpha^m(\nabla_f(\boldsymbol{x}_k))^{\mathrm{T}}\boldsymbol{p}_k \tag{6.19}$$

若 $f(\boldsymbol{x})$连续可微，且$(\nabla_f(\boldsymbol{x}_k))^{\mathrm{T}}\boldsymbol{p}_k<0$，则存在正数 β 使得对充分大的正整数 m，不等式(6.19)成立。也就是说，Armijo 法是有限终止的。因搜索方向 $\boldsymbol{p}_k$ 是下降方向，$(\nabla_f(\boldsymbol{x}_k))^{\mathrm{T}}\boldsymbol{p}_k<0$，所以对满足不等式(6.19)的步长 $t_k=\alpha^{m_k}$，必然有 $f(\boldsymbol{x}_k+\alpha^{m_k}\boldsymbol{p}_k)<f(\boldsymbol{x}_k)$，故 Armijo 法和前面的非精确一维搜索方法一样，产生的迭代 $\boldsymbol{x}_{k+1}=\boldsymbol{x}_k+\alpha^{m_k}\boldsymbol{p}_k$ 使得 $f(\boldsymbol{x}_k)$具有单调减性质。

Armijo 法

$$\min_{t\in[0,t_{\max}]} f(\boldsymbol{x}_k+t\boldsymbol{p}_k)$$

(1) 给定：$0<\alpha<1$，$0<\beta<0.5$；$m\leftarrow 0$，$k\leftarrow 0$；

(2) 若 $f(\boldsymbol{x}_k+\alpha^m\boldsymbol{p}_k)\leqslant f(\boldsymbol{x}_k)+\beta\alpha^m(\nabla_f(\boldsymbol{x}_k))^{\mathrm{T}}\boldsymbol{p}_k$，输出 $t_k=\alpha^m$，终止迭代；否则，转下一步；

(3) 置 $m\leftarrow m+1$，返回(2)。

例 6.2.2 用 Armijo 法求解 Rosenbrock 函数 $f(x_1,x_2)=(1-x_1)^2+100(x_2^2-x_1)^2$ 的一维搜索问题：

$$g(t)=f(\boldsymbol{x}_0+t\boldsymbol{p}_0)\quad(\boldsymbol{x}_0=(0,0)^{\mathrm{T}},\boldsymbol{p}_0=(1,0)^{\mathrm{T}})$$

解 取 $\alpha=0.2,\beta=0.2$，令

$$\varphi_1(m)=f(\boldsymbol{x}_0+\alpha^m\boldsymbol{p}_0)=100\cdot 0.2^m+(1-0.2^m)^2$$

$$\varphi_2(m)=f(\boldsymbol{x}_0)+\beta\alpha^m\nabla_f(\boldsymbol{x}_0)\boldsymbol{p}_0=1-2\cdot 0.2^{m+1}$$

第 1 步迭代：$\varphi_1(0)=100>0.6=\varphi_2(0)$，不满足 Armijo 规则；

第 2 步迭代：$\varphi_1(1)=4.64>0.92=\varphi_2(1)$，不满足 Armijo 规则；

第 3 步迭代：$\varphi_1(2)=1.0816>0.984=\varphi_2(2)$，不满足 Armijo 规则；

第 4 步迭代：$\varphi_1(3)=0.990464<0.9968=\varphi_2(3)$，满足 Armijo 规则；搜索步长为 $t=0.2^3$ 终止迭代。

注释 前面介绍的一维搜索法都是单调搜索法，即在无约束优化中，它们产生的迭代 $\boldsymbol{x}_{k+1}=\boldsymbol{x}_k+t_k\boldsymbol{p}_k$ 使得 $f(\boldsymbol{x}_{k+1})$ 严格单调减。还有一类被称为非单调搜索方法，不要求每一迭代步都是严格下降的，允许在有些迭代步上升。当目标函数有很多狭长山谷时，利用非单调搜索法可以达到“以退为进”的效果，使整体收敛速度更快。经典的非单调搜索法是 Armijo 法的推广，其规则是求最小非负整数 m 使步长 $t_k=\alpha^m$ 满足

$$f(\boldsymbol{x}_k+\alpha^m\boldsymbol{p}_k)\leqslant\max_{0\leqslant i\leqslant\min\{m,k-1\}}f(\boldsymbol{x}_{k-i})+\beta\alpha^m(\nabla_f(\boldsymbol{x}_k))^{\mathrm{T}}\boldsymbol{p}_k$$

若 $i=0$，就成为 Armijo 规则。在 $f(\boldsymbol{x})$ 连续可微和 $(\nabla_f(\boldsymbol{x}_k))^{\mathrm{T}}\boldsymbol{p}_k<0$ 的条件下，这种非单调搜索法也是有限终止的。

6.3 无约束优化

6.3.1 最速下降法

最速下降法假定函数 $f(\boldsymbol{x})$ 连续可微，基本思想是：从当前点 $\boldsymbol{x}_k$ 出发，取 $f(\boldsymbol{x})$ 在 $\boldsymbol{x}_k$ 的最快下降方向作为搜索方向。为了找到最快下降方向，考虑 $f(\boldsymbol{x})$ 在 $\boldsymbol{x}_k$ 的一阶 Taylor 展开式

$$f(\boldsymbol{x}_k+t\boldsymbol{p})-f(\boldsymbol{x}_k)=t\nabla_f(\boldsymbol{x}_k)^{\mathrm{T}}\boldsymbol{p}+o(\|t\boldsymbol{p}\|)\approx t\nabla_f(\boldsymbol{x}_k)^{\mathrm{T}}\boldsymbol{p}$$

由 Cauchy 不等式，$\nabla_f(\boldsymbol{x}_k)^{\mathrm{T}}\boldsymbol{p}\geqslant-\|\nabla_f(\boldsymbol{x}_k)\|_2\cdot\|\boldsymbol{p}\|_2$，取 $\boldsymbol{p}=-\nabla_f(\boldsymbol{x}_k)$ 等号成立。因此，最快下降方向是负梯度方向，$\boldsymbol{p}_k=-\nabla_f(\boldsymbol{x}_k)$。

最速下降法

$\min f(\boldsymbol{x})$

(1) 给定初始点 $\boldsymbol{x}_0$ 和容差 $\varepsilon>0$，置 $k\leftarrow 0$；

(2) 计算 $\boldsymbol{p}_k=-\nabla_f(\boldsymbol{x}_k)$，若 $\|\boldsymbol{p}_k\|<\varepsilon$，输出 $\boldsymbol{x}_k$，终止迭代，否则转下一步。

(3) $t_k=\underset{t\geqslant 0}{\operatorname{argmin}}f(\boldsymbol{x}_k+t_k\boldsymbol{p}_k)$，$\boldsymbol{x}_{k+1}=\boldsymbol{x}_k+t_k\boldsymbol{p}_k$，$k\leftarrow k+1$，转(2)。

在最速下降法中，确定步长可用精确一维搜索也可用非精确一维搜索，在理论上都能保证算法的收敛性[11]。若使用精确搜索，t_k 是函数 $g(t)=f(\boldsymbol{x}_k+t\boldsymbol{p}_k)$ 的平衡点，因此

$$0=\frac{\mathrm{d}g}{\mathrm{d}t}(t_k)=(\nabla_f(\boldsymbol{x}_k+t_k\boldsymbol{p}_k))^{\mathrm{T}}\boldsymbol{p}_k=(\nabla_f(\boldsymbol{x}_{k+1}))^{\mathrm{T}}\nabla_f(\boldsymbol{x}_k)$$

这表明两个相继搜索方向是相互正交的，迭代行径路线呈锯齿状态(称为锯齿现象)，所以算法的收敛速度比较慢，至多线性收敛。

1. 两点步长梯度法

为了克服最速下降法收敛慢的缺点，Barzilai 和 Borwein(1988)放弃一维搜索，利用当前点和前一点的信息来确定搜索步长。由迭代公式 $\boldsymbol{x}_{k+1}=\boldsymbol{x}_k+t_k\boldsymbol{p}_k$ 得到

$$\boldsymbol{x}_{k+1}-\boldsymbol{x}_k=-(t_kI)\nabla_f(\boldsymbol{x}_k)$$

Barzilai 和 Borwein 为了使矩阵 t_kI 有拟牛顿性质(见 6.3.3 节拟牛顿法)，令步长

$$t_k=\operatorname*{argmin}_t\|\Delta\boldsymbol{x}_{k-1}+t\Delta\boldsymbol{g}_{k-1}\|_2^2$$

或者

$$t_k=\operatorname*{argmin}_t\|t^{-1}\Delta\boldsymbol{x}_{k-1}+\Delta\boldsymbol{g}_{k-1}\|_2^2$$

其中

$$\Delta\boldsymbol{x}_{k-1}=\boldsymbol{x}_k-\boldsymbol{x}_{k-1},\quad \Delta\boldsymbol{g}_{k-1}=\nabla_f(\boldsymbol{x}_k)-\nabla_f(\boldsymbol{x}_{k-1})$$

于是，由线性最小二乘法得到

$$t_k=-\frac{(\Delta g_{k-1})^{\mathrm{T}}\Delta\boldsymbol{x}_{k-1}}{\|\Delta g_{k-1}\|_2^2}$$

或者

$$t_k=-\frac{\|\Delta\boldsymbol{x}_{k-1}\|_2^2}{(\Delta\boldsymbol{x}_{k-1})^{\mathrm{T}}\Delta g_{k-1}}$$

由于用两点信息确定步长，称这种梯度下降法为两点步长梯度法，算法开始时仍用精确或非精确一维搜索来确定步长。Barzilai 和 Borwein 曾指出，两点步长梯度法是 R-超线性收敛的，即

$$\limsup_{k\to\infty}\|\boldsymbol{x}_k-\boldsymbol{x}_*\|_2^{1/k}=0$$

两点步长梯度法

$\min f(\boldsymbol{x})$

(1) 给定初始点 $\boldsymbol{x}_0$ 和容差 $\varepsilon>0$，置 $k\leftarrow 0$；

(2) 计算 $\boldsymbol{p}_k=-\nabla_f(\boldsymbol{x}_k)$若 $\|\boldsymbol{p}_k\|<\varepsilon$，输出 $\boldsymbol{x}_k$，终止迭代；否则转下一步；

(3) 若 $k=0$，$t_k=\operatorname*{argmin}_{t\geqslant 0}f(\boldsymbol{x}_k+t_k\boldsymbol{p}_k)$，$\boldsymbol{x}_{k+1}=\boldsymbol{x}_k+t_k\boldsymbol{p}_k$，$k\leftarrow k+1$，转(2)；否则转下一步；

(4) $t_k=\dfrac{(\Delta\boldsymbol{g}_{k-1})^{\mathrm{T}}\Delta\boldsymbol{x}_{k-1}}{\|\Delta\boldsymbol{g}_{k-1}\|_2^2}$，或 $t_k=\dfrac{\|\Delta\boldsymbol{x}_{k-1}\|_2^2}{(\Delta\boldsymbol{x}_{k-1})^{\mathrm{T}}\Delta\boldsymbol{g}_{k-1}}$，$\boldsymbol{x}_{k+1}=\boldsymbol{x}_k+t_k\boldsymbol{p}_k$，$k\leftarrow k+1$，转(2)。

例 6.3.1 考虑最优化问题

$$\min f(\boldsymbol{x})=x_1^2+16x_2^2\quad(\boldsymbol{x}_0=(2,2)^{\mathrm{T}})$$

显然，它的精确解是 $\boldsymbol{x}_*=(0,0)^{\mathrm{T}}$，试用最速下降法和两点步长梯度法计算精确到小数点后 12 位的最优解。

解 直接计算得到

$$p=-\nabla_f(x)=-(2x_1,32x_2)^{\mathrm{T}}$$

$$\varphi(t)=f(x+tp)=x_1^2+16x_2^2-4(x_1^2+256x_2^2)t+4(x_1^2+4069x_2^2)t^2$$

$$t=\underset{t}{\operatorname{argmin}}\varphi(t)=\frac{x_1^2+256x_2^2}{2(x_1^2+4069x_2^2)}$$

最速下降法：

第 1 迭代步：$p_0=-(4,64)^{\mathrm{T}}, t_0=\dfrac{4+256\cdot 4}{2(4+4069\cdot 4)}=\dfrac{257}{8194}\approx 0.031364412985$

$$x_1=x_0+t_0p_0=\left(\frac{7680}{4097},-\frac{30}{4069}\right)^{\mathrm{T}}\approx(1.874542348059,\ -0.007322431047)^{\mathrm{T}}$$

第 2 迭代步：$x_2=x_1+t_1p_1\approx(0.103375497135,\ 0.103375497135)^{\mathrm{T}}$，如此重复迭代的计算结果如表 6.1 所示，第 18 步迭代达到所要求的精度：

$$x_{19}=(5.266456903160*10^{-12}, 5.266456903161*10^{-12})^{\mathrm{T}}$$

表 6.1 $\min f(x)=x_1^2+16x_2^2(x_0=(2,2)^{\mathrm{T}})$

k	最速下降法	两点步长梯度法
1	{1.874542348059, −0.007322431047}	{1.874542348059, −0.007322431047}
2	{0.103375497135, 0.103375497135}	{1.757356636171, 1.675945888 $\times 10^{-6}$}
3	{0.096890873566, −0.000378479974}	{0.823760923205, −0.000012569594}
4	{0.005343246704, 0.005343246704}	{4.60312259 $\times 10^{-8}$, 0.000188543901}
5	{0.005008071111, −0.000019562777}	{6.58471921 $\times 10^{-13}$, −0.002828115364}
6	{0.000276180392, 0.000276180392}	{6.17317426 $\times 10^{-13}$, 3.858155114 $\times 10^{-14}$}
7	{0.000258855920, −1.011155939 $\times 10^{-6}$}	{5.78735087 $\times 10^{-13}$, 0.}
8	{0.000014275142, 0.000014275142}	{5.40452913 $\times 10^{-13}$, 0.}
9	{0.000013379679, −5.22643739 $\times 10^{-8}$}	{0., 0.}
10	{7.37849985 $\times 10^{-7}$, 7.378499850 $\times 10^{-7}$}	{0., 0.}
11	{6.91565521 $\times 10^{-7}$, −2.701427819 $\times 10^{-9}$}	
12	{3.81378045 $\times 10^{-8}$, 3.8137804510 $\times 10^{-8}$}	
13	{3.57454648 $\times 10^{-8}$, −1.396307219 $\times 10^{-10}$}	
14	{1.97125725 $\times 10^{-9}$, 1.9712572504 $\times 10^{-8}$}	
15	{1.84760259 $\times 10^{-9}$, −7.217197646 $\times 10^{-12}$}	
16	{1.01889849 $\times 10^{-10}$, 1.018898491 $\times 10^{-10}$}	
17	{9.54984185 $\times 10^{-11}$, −3.73040697 $\times 10^{-13}$}	
18	{5.26645690 $\times 10^{-12}$, 5.266456903 $\times 10^{-12}$}	
19	{4.93609824 $\times 10^{-12}$, −1.928163376 $\times 10^{-14}$}	

两点步长梯度法：

第 1 迭代步：同最速下降法，$x_1\approx(1.874542348059,\ -0.007322431047)^{\mathrm{T}}$

第 2 迭代步：

$$p_1=-\nabla_f(x_1)\approx-(3.749084696119,\ -0.234317793507)^{\mathrm{T}}$$

$$\Delta x_1=x_1-x_0=(-0.125457651940,\ -2.007322431047)^{\mathrm{T}}$$

$$\Delta \boldsymbol{g}_1=\nabla_f(\boldsymbol{x}_1)-\nabla_f(\boldsymbol{x}_0)=(-0.250915303880, -64.234317793507)^{\mathrm{T}}$$

$$t_1=\frac{(\Delta \boldsymbol{g}_1)^{\mathrm{T}}\Delta \boldsymbol{x}_1}{\|\Delta \boldsymbol{g}_1\|_2^2}\approx 0.031257152448$$

$$\boldsymbol{x}_2=\boldsymbol{x}_1+t_1\boldsymbol{p}_1\approx(1.757356636171, 1.675945888682*10^{-6})^{\mathrm{T}}$$

如此重复迭代的计算结果如表 6.1 所示，第 6 迭代达到所要求的精度：

$$\boldsymbol{x}_{19}=(6.173174264238*10^{-13}, 3.858155114833*10^{-14})^{\mathrm{T}}$$

这个例子表明，两点步长梯度法具有更快的收敛速度。

6.3.2 牛顿法

牛顿法假定函数 $f(\boldsymbol{x})$ 二阶连续可微，且 Hessian 矩阵 $\boldsymbol{H}_f(\boldsymbol{x})$ 是正定的。在当前迭代点 $\boldsymbol{x}_k$，以 $f(\boldsymbol{x})$ 的 Taylor 二次近似函数

$$Q(\boldsymbol{x})=f(\boldsymbol{x}_k)+\nabla_f(\boldsymbol{x}_k)^{\mathrm{T}}(\boldsymbol{x}-\boldsymbol{x}_k)+\frac{1}{2}(\boldsymbol{x}-\boldsymbol{x}_k)^{\mathrm{T}}\boldsymbol{H}_f(\boldsymbol{x}_k)(\boldsymbol{x}-\boldsymbol{x}_k)$$

的极小点作为下一步的迭代点 $\boldsymbol{x}_{k+1}$，这是牛顿法的基本思想。

由于 $\boldsymbol{H}_f(\boldsymbol{x}_k)$ 正定，$Q(\boldsymbol{x})$ 是二次凸函数，且它的整体极小点 $\boldsymbol{x}_{k+1}$ 是下面方程的根：

$$\nabla Q(\boldsymbol{x})=\nabla_f(\boldsymbol{x}_k)+\boldsymbol{H}_f(\boldsymbol{x}_k)(\boldsymbol{x}-\boldsymbol{x}_k)=0$$

由此得到牛顿迭代公式

$$\boldsymbol{x}_{k+1}=\boldsymbol{x}_k-\boldsymbol{H}_f^{-1}(\boldsymbol{x}_k)\nabla_f(\boldsymbol{x}_k) \tag{6.20}$$

在牛顿法中，搜索方向和步长

$$\begin{cases}\boldsymbol{p}_k=-\boldsymbol{H}_f^{-1}(\boldsymbol{x}_k)\nabla_f(\boldsymbol{x}_k)\\ t_k=1\end{cases}$$

为了避免求 Hessian 矩阵的逆，在实施牛顿法时通常都是通过解牛顿方程，$\boldsymbol{H}_f(\boldsymbol{x}_k)\boldsymbol{p}=-\nabla_f(\boldsymbol{x}_k)$，得到搜索方向 $\boldsymbol{p}_k$。

牛顿法

$\min f(\boldsymbol{x})$

(1) 给定初始点 $\boldsymbol{x}_0$ 和容差 $\varepsilon>0$，置 $k\leftarrow 0$；

(2) 计算 $\nabla_f(\boldsymbol{x}_k)$，若 $\|\nabla_f(\boldsymbol{x}_k)\|_2<\varepsilon$，输出 $\boldsymbol{x}_k$，终止迭代，否则转下一步；

(3) 解牛顿方程 $\boldsymbol{H}_f(\boldsymbol{x}_k)\boldsymbol{p}=-\nabla_f(\boldsymbol{x}_k)$ 得到搜索方向 $\boldsymbol{p}_k$，置 $\boldsymbol{x}_{k+1}=\boldsymbol{x}_k+\boldsymbol{p}_k$，$k\leftarrow k+1$，转(2)。

例 6.3.2 用牛顿法求解例 6.3.1 中最优化问题。

解 由于

$$\nabla_f(\boldsymbol{x}_0)=\begin{bmatrix}2\cdot 2\\ 32\cdot 2\end{bmatrix}=\begin{bmatrix}4\\ 64\end{bmatrix},\quad \boldsymbol{H}_f(\boldsymbol{x}_0)=\begin{bmatrix}2 & 0\\ 0 & 32\end{bmatrix}$$

所以

$$\boldsymbol{p}_0(\boldsymbol{x}_0)=-(\boldsymbol{H}_f(\boldsymbol{x}_0))^{-1}\nabla_f(\boldsymbol{x}_0)=-\begin{bmatrix}2^{-1} & 0\\ 0 & 32^{-1}\end{bmatrix}\begin{bmatrix}4\\ 64\end{bmatrix}=-\begin{bmatrix}2\\ 2\end{bmatrix}$$

$$\boldsymbol{x}_1=\boldsymbol{x}_0+\boldsymbol{p}_0=(0,0)^{\mathrm{T}}$$

在这个问题中，牛顿法仅需一步迭代就达到最优解。

例 6.3.3 用牛顿法求解最优化问题

$$\min f(\boldsymbol{x})=x_1^4+(1+x_2)^2+x_1x_2 \quad (\boldsymbol{x}_0=(0,0)^{\mathrm{T}})$$

解 这个问题的最优解(精确到小数点后 8 位)是

$$\boldsymbol{x}_*=(0.69588438,-1.34794219)^{\mathrm{T}}, \quad f(\boldsymbol{x}_*)=-0.58244517$$

目标函数的几何性态如图 6.5 所示。

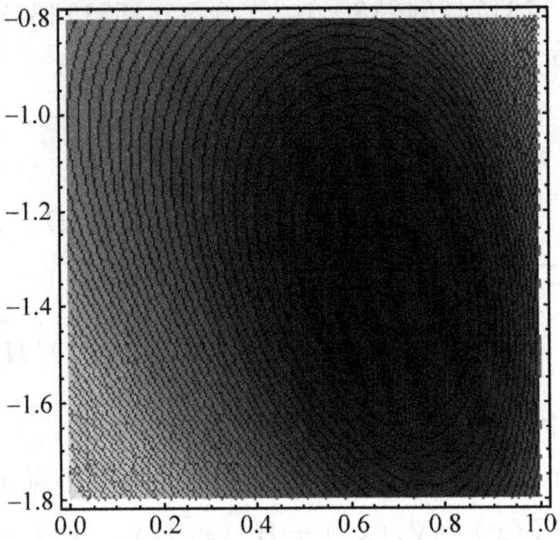

图 6.5 目标函数在 $\boldsymbol{x}_*$ 附近的水平集

通过计算得到

$$\nabla_f(\boldsymbol{x})=(4x_1^3+x_2,x_1+2x_2+2)^{\mathrm{T}}$$

$$\boldsymbol{H}_f(\boldsymbol{x})=\begin{bmatrix}12x_1^2 & 1\\ 1 & 2\end{bmatrix}$$

$$\boldsymbol{p}(\boldsymbol{x})=-\boldsymbol{H}_f^{-1}(\boldsymbol{x})\,\nabla_f(\boldsymbol{x})=\frac{1}{24x_1^2-1}\begin{bmatrix}2+x_1-8x_1^3\\ x_2-8x_1^3-24x_1^2(1+x_2)\end{bmatrix}$$

第 1 步迭代:

$$\boldsymbol{p}_0=\boldsymbol{p}(\boldsymbol{x}_0)=(-2,0)^{\mathrm{T}}, \quad \boldsymbol{x}_1=\boldsymbol{x}_0+\boldsymbol{p}_0=(-2,0)^{\mathrm{T}}, \quad f(\boldsymbol{x}_1)=17>1=f(\boldsymbol{x}_0)$$

如此重复迭代的计算结果如表 6.2 所示,可以看牛顿法不但不收敛,而且在有些迭代步的函数值不下降反上升。

表 6.2 牛顿法解 $\min f(x)=x_1^4+(1+x_2)^2+x_1x_2(x_0=(0,0)^{\mathrm{T}})$

k	$\boldsymbol{x}_k$	$f(\boldsymbol{x}_k)$	$\boldsymbol{H}_f(\boldsymbol{x}_k)$
0	{0,0}	1	$\boldsymbol{H}_f(\boldsymbol{x}_0)$={{0,1},{1,2}}
1	{−2,0}	17	
2	{−1.326315789473,−0.336842105263}	3.981017960267	
3	{−0.857140561073,−0.571429719463}	1.213237385764	
4	{−0.485536890312,−0.757231554843}	0.482176582743	
5	{0.036193383007,−1.018096691503}	−0.036519157253	$\boldsymbol{H}_f(\boldsymbol{x}_5)$={{0.15719,1},{1,2}}
6	{−2.065702337385,0.032851168692}	19.207286352403	
7	{−1.370992905618,−0.314503547190}	4.4340646797172	
8	{−0.889375407572,−0.555312296213}	1.3172912436745	

续表

k	$\boldsymbol{x}_k$	$f(\boldsymbol{x}_k)$	$\boldsymbol{H}_f(\boldsymbol{x}_k)$
9	{−0.514674921069,−0.742662539465}	0.518619209934	
10	{−0.033844631319,−0.983077684340}	0.033559578628	$\boldsymbol{H}_f(\boldsymbol{x}_{10})$={{0.01374,1},{1,2}}
11	{−2.055898458593,0.027949229296}	18.86436788253	
12	{−1.364332612016,−0.317833693991}	4.363804644221	

对二次凸函数，牛顿法只须一步迭代就达到最优解。对于一般非线性函数，在初始点充分靠近最优解 $\boldsymbol{x}_*$ 和 Hessian 矩阵 $\boldsymbol{H}_f(\boldsymbol{x}_*)$正定的条件下，牛顿法具有二阶收敛性。收敛速度快是牛顿法最突出的优点，但是牛顿法只有局部收敛性，若初始点离最优解太远，不保证收敛甚至不满足函数值的下降性。观察例 6.3.3 你会发现，若 Hessian 矩阵不正定，则导致下步迭代的函数值上升，例如第一步迭代 $\boldsymbol{H}_f(\boldsymbol{x}_0)$不正定就出现 $f(\boldsymbol{x}_1)>f(\boldsymbol{x}_0)$。事实上，Hessian 矩阵不正定是引起函数值上升的根本原因，这是因为在 $\boldsymbol{H}_f(\boldsymbol{x}_k)$正定时，$\boldsymbol{H}_f^{-1}(\boldsymbol{x}_k)$也正定，由推论 6.1.1，$\boldsymbol{p}_k=-\boldsymbol{H}_f^{-1}(\boldsymbol{x}_k)\nabla_f(\boldsymbol{x}_k)$必然是下降方向。为了克服牛顿法的这些缺点，人们提出了多种修正牛顿法。

1. 阻尼牛顿法

为了避免初始点选择给牛顿法造成困难，阻尼牛顿法引入一维搜索技术使得在更大范围内收敛。使用不同的一维搜索技术导致阻尼牛顿法的不同版本，下面是基于 Armijo 搜索技术的阻尼牛顿法，读者可毫无困难地获得基于其他一维搜索技术的阻尼牛顿法。

阻尼牛顿法(Armijo)

$\min f(\boldsymbol{x})$

(1) 给定：初始点 $\boldsymbol{x}_0$ 和容差 $\varepsilon>0$；置 $0<\alpha<1, 0<\beta<0.5$；$k\leftarrow 0$；

(2) 若 $\|\nabla_f(\boldsymbol{x}_k)\|_2<\varepsilon$，输出 $\boldsymbol{x}_k$，终止迭代；否则转下一步；

(3) 解牛顿方程 $H_f(\boldsymbol{x}_k)\boldsymbol{p}=-\nabla_f(\boldsymbol{x}_k)$得到搜索方向 $\boldsymbol{p}_k$；

(4) 应用 Armijo 一维搜索求使得下式成立的最小整数 m_k

$$f(\boldsymbol{x}_k+\alpha^{m_k}\boldsymbol{p}_k)\leqslant f(\boldsymbol{x}_k)+\beta\alpha^{m_k}(\nabla_f(\boldsymbol{x}_k))^{\mathrm{T}}\boldsymbol{p}_k$$

(5) 置 $\boldsymbol{x}_{k+1}=\boldsymbol{x}_k+\alpha^{m_k}\boldsymbol{p}_k$，$k\leftarrow k+1$，转(2)。

若 $f(\boldsymbol{x})$二阶连续可微，且存在 $\gamma>0$ 使得对任何 $\boldsymbol{y}\in\mathbf{R}^n$ 和 $\boldsymbol{x}\in L(\boldsymbol{x}_0)\triangleq\{\boldsymbol{x}\mid f(\boldsymbol{x})\leqslant f(\boldsymbol{x}_0)\}$，

$$\boldsymbol{y}^{\mathrm{T}}\boldsymbol{H}_f(\boldsymbol{x})\boldsymbol{y}\geqslant\gamma\|\boldsymbol{y}\|_2 \tag{6.21}$$

则阻尼牛顿法收敛于 $L(\boldsymbol{x}_0)$中的唯一全局极小点，在一定条件下有超线性收敛速度。但是，从条件式(6.21)可以看出，阻尼牛顿法仍要求 Hessian 矩阵正定才能保证收敛性，也就是说，它并未解决牛顿法在迭代中函数值上升问题。

如果用阻尼牛顿法解例 6.3.3 中的优化问题，你就会发现 $\boldsymbol{x}_1=\boldsymbol{x}_0$，即阻尼牛顿法对不正定的 Hessian 矩阵也无能为力。有两种方法可以克服牛顿法的函数值上升问题，一种方法是 $\boldsymbol{H}_f(\boldsymbol{x}_k)$正定时使用牛顿迭代，不正定时使用最速下降迭代，称为牛顿-最速下降混合法；另一种方法是 $\boldsymbol{H}_f(\boldsymbol{x}_k)$不正定时，设法修正它使之成为一个正定矩阵，称为修正牛顿法。牛顿-最速下降混合法没有更多内容可讨论，请读者自行写出算法步骤，下面介绍修正牛顿法。

2. 修正牛顿法

修正牛顿法使牛顿搜索方向偏向于最速下降方向，是用修正的对称正定矩阵 $\boldsymbol{H}_f(\boldsymbol{x}_k)+\alpha_k I$ 替代牛顿法中的 Hessian 矩阵 $\boldsymbol{H}_f(\boldsymbol{x}_k)$。其中的关键问题是如何选择 α_k，选择原则是 α_k 不要太大于使得 $\boldsymbol{H}_f(\boldsymbol{x}_k)+\alpha I$ 正定的最小数 α。不同选择方式导致不同版本的修正牛顿法，下面给出的是一种比较实用的修正牛顿法，其中 α_k 是梯度范数的幂

$$\alpha_k = \| \nabla_f(\boldsymbol{x}_k) \|_2^{1+\sigma} (\sigma \in (0,1))$$

它的值随迭代而变化，当迭代趋近极小点时 α_k 趋近于零。

修正牛顿法

$\min f(\boldsymbol{x})$

(1) 给定：初始点 $\boldsymbol{x}_0$，容差 $\varepsilon>0$，$0<\sigma<1$；置 $k \leftarrow 0$；

(2) 若 $\| \nabla_f(\boldsymbol{x}_k) \|_2<\varepsilon$，输出 $\boldsymbol{x}_k$，终止迭代；否则转下一步；

(3) 求解修正牛顿方程 $(\boldsymbol{H}_f(\boldsymbol{x}_k)+\| \nabla_f(\boldsymbol{x}_k) \|_2^{1+\sigma})\boldsymbol{p}=-\nabla_f(\boldsymbol{x}_k)$ 得到搜索方向 $\boldsymbol{p}_k$；

(4) 置 $\boldsymbol{x}_{k+1}=\boldsymbol{x}_k+\boldsymbol{p}_k$，$k \leftarrow k+1$，转(2)。

例 6.3.4 用修正牛顿法解例 6.3.3 中的最优化问题。

解 取 $\sigma=0.5$，修正牛顿法的迭代结果如表 6.3 所示。可以看出，修正牛顿法使得迭代的函数值单调递减，有效克服了牛顿法不能处理不正定 Hessian 矩阵的问题；在第 6 步迭代收敛到（精确到小数点后 8 位的）最优解

$$\boldsymbol{x}_* = (0.69588438, -1.34794219)^{\mathrm{T}}, \quad f(\boldsymbol{x}_*) = -0.58244517$$

表 6.3 修正牛顿法解 $\min f(x)=x_1^4+(1+x_2)^2+x_1x_2(\boldsymbol{x}_0=(\boldsymbol{0},\boldsymbol{0})^{\mathrm{T}})$

k	$\boldsymbol{x}_k$	$\| \nabla_f(\boldsymbol{x}_k) \|_2$	$f(\boldsymbol{x}_k)$
0	{0,0}	2	1
1	{0.158017147118,−0.446939985085}	0.2358746705957	1.3356420471098
2	{0.662743395351,−0.946111109722}	0.8008407597601	−0.431202930892
3	{0.674373670883,−1.234019261243}	0.2064625875080	−0.570600374383
4	{0.695226471702,−1.342523684550}	0.0103039187997	−0.582418122253
5	{0.695884403461,−1.347939369510}	6.374764247×10^{-6}	−0.582445174435
6	{0.695884386117,−1.347942193058}	$4.561057788\times10^{-14}$	−0.582445174443
7	{0.695884386117,−1.347942193058}	0.	−0.582445174443

注释 修正牛顿法有很多版本，其中最著名的是 Gill 和 Murray 的修正方法，他们提出了一种修改的 Cholesky 算法，从 Hessian 矩阵 $\boldsymbol{H}_f(\boldsymbol{x}_k)$ 得到修正（对称正定）矩阵

$$\boldsymbol{G}_k \triangleq \boldsymbol{H}_f(\boldsymbol{x}_k)+\boldsymbol{E}_k=\boldsymbol{LDL}^{\mathrm{T}}$$

其中 $\boldsymbol{E}$ 是非负对角矩阵，$\boldsymbol{LDL}^{\mathrm{T}}$ 是 $\boldsymbol{G}_k$ 的 Cholesky 分解。当 $\boldsymbol{H}_f(\boldsymbol{x}_k)$ 正定时，$\boldsymbol{E}_k=0$，即 $\boldsymbol{G}_k=\boldsymbol{H}_f(\boldsymbol{x}_k)$。更重要的是修正矩阵 $\boldsymbol{G}_k$ 的条件数一致有界

$$\| \boldsymbol{G}_k \| \cdot \| \boldsymbol{G}_k^{-1} \| \leqslant \kappa, \quad k=0,1,2,\cdots$$

这样，以 $\boldsymbol{G}_k=\boldsymbol{H}_f(\boldsymbol{x}_k)+\boldsymbol{E}_k$ 替代 $\boldsymbol{H}_f(\boldsymbol{x}_k)$，不仅使修正牛顿法有很好的数值稳定性，同时还保证了迭代的收敛性[12]。此外，在修正牛顿法中，也可以像阻尼法那样引入一维搜索技术进一步扩大收敛范围。

6.3.3 拟牛顿法

拟牛顿法也称为变度量法，是一类非线性优化迭代法的总称。这类方法仅使用目标函数的梯度而不涉及 Hessian 矩阵，是最速下降法的改进但收敛速度更快，而且牛顿法又可以看作是这类方法的特例。变度量法的名称来源于它对"最速下降"的度量是变化的。下面介绍拟牛顿法的基本思想。

给定 n 阶正定矩阵 $\boldsymbol{G}$，在 $\mathbf{R}^n$ 中定义向量的椭球范数为 $\|\boldsymbol{x}\|_G=(\boldsymbol{x}^{\mathrm{T}}\boldsymbol{G}\boldsymbol{x})^{1/2}$（见第 3 章），$\boldsymbol{G}$ 称为椭球范数的度量矩阵。在椭球范数下，$f(\boldsymbol{x})$ 在 $\boldsymbol{x}_k$ 关于 $\boldsymbol{p}$ 的方向导数

$$\lim_{t\to 0}\frac{f(\boldsymbol{x}_k+t\boldsymbol{p})-f(\boldsymbol{x}_k)}{\|t\boldsymbol{p}\|_G}=\frac{(\nabla_f(\boldsymbol{x}_k))^{\mathrm{T}}\boldsymbol{p}}{\|\boldsymbol{p}\|_G}$$

因此，当 $\nabla_f(\boldsymbol{x}_k)\neq 0$ 时，在椭球范数意义下 $f(\boldsymbol{x})$ 在 $\boldsymbol{x}_k$ 的最速下降方向

$$\begin{gathered}\boldsymbol{p}_*=\operatorname{argmin}(\nabla_f(\boldsymbol{x}_k))^{\mathrm{T}}\boldsymbol{p}\\ \text{subject to }\|\boldsymbol{p}\|_G^2=1\end{gathered}\tag{6.22}$$

由多元微分学，式(6.22)的拉格朗日(Lagrange)函数

$$L(\boldsymbol{p},\lambda)=\nabla_f(\boldsymbol{x}_k)^{\mathrm{T}}\boldsymbol{p}+\lambda(\boldsymbol{p}^{\mathrm{T}}\boldsymbol{G}\boldsymbol{p}-1)$$

由 $\dfrac{\partial L}{\partial \boldsymbol{p}}(\boldsymbol{p}_*,\lambda_*)=0$ 和 $\dfrac{\partial^2 L}{\partial^2 \boldsymbol{p}}(\boldsymbol{p}_*,\lambda_*)$ 正定性，可推知

$$\lambda_*=\|\boldsymbol{G}^{-1}\nabla_f(\boldsymbol{x}_k)^{\mathrm{T}}\|_G,\quad \boldsymbol{p}_*=-\frac{\boldsymbol{G}^{-1}\nabla_f(\boldsymbol{x}_k)}{\|\boldsymbol{G}^{-1}\nabla_f(\boldsymbol{x}_k)^{\mathrm{T}}\|_G}$$

因此，与方向 $\boldsymbol{p}_*$ 相同的向量 $\boldsymbol{p}_k=-\boldsymbol{G}^{-1}\nabla_f(\boldsymbol{x}_k)$ 是在范数 $\|\cdot\|_G$ 下的最速下降方向。

不难看出：

当 $\boldsymbol{G}=\boldsymbol{I}$ 时，$\boldsymbol{p}_k=-\nabla f(\boldsymbol{x}_k)$ 是最速下降法的搜索方向；

当 $\boldsymbol{G}=\boldsymbol{H}_f(\boldsymbol{x}_k)$ 时，$\boldsymbol{p}_k=-\boldsymbol{H}_f^{-1}(\boldsymbol{x}_k)\nabla_f(\boldsymbol{x}_k)$ 是牛顿法的搜索方向。

下面的目的是，寻找一种既能保证收敛速度快又避免求逆矩阵的迭代法。假定每步迭代的搜索方向

$$\boldsymbol{p}_k=-\boldsymbol{G}_k\nabla_f(\boldsymbol{x}_k)\tag{6.23}$$

其中正定矩阵 $\boldsymbol{G}_k$ 随迭代而发生变化，要求它近似于 Hessian 矩阵的逆 $\boldsymbol{H}_f^{-1}(\boldsymbol{x}_k)$，且只与 $f(\boldsymbol{x})$ 在相邻两步迭代点的梯度有关。

为了找到这样的 $\boldsymbol{G}_k$，暂时假定 $f(\boldsymbol{x})$ 二阶可微，且 $\boldsymbol{H}_f(\boldsymbol{x})$ 可逆。考虑 $f(\boldsymbol{x})$ 在 $\boldsymbol{x}_{k+1}$ 的 Taylor 二次近似

$$f(\boldsymbol{x})\approx f(\boldsymbol{x}_{k+1})+\nabla_f(\boldsymbol{x}_{k+1})(\boldsymbol{x}-\boldsymbol{x}_{k+1})+\frac{1}{2}(\boldsymbol{x}-\boldsymbol{x}_{k+1})^{\mathrm{T}}\boldsymbol{H}_f(\boldsymbol{x}_{k+1})(\boldsymbol{x}-\boldsymbol{x}_{k+1})$$

得到

$$\nabla_f(\boldsymbol{x})\approx\nabla_f(\boldsymbol{x}_{k+1})+\boldsymbol{H}_f(\boldsymbol{x}_{k+1})(\boldsymbol{x}-\boldsymbol{x}_{k+1})$$

于是，令 $\boldsymbol{x}=\boldsymbol{x}_k$，得到

$$\boldsymbol{H}_f^{-1}(\boldsymbol{x}_{k+1})\Delta\boldsymbol{g}_k\approx\Delta\boldsymbol{x}_k\tag{6.24}$$

其中

$$\Delta\boldsymbol{g}_k=\nabla_f(\boldsymbol{x}_{k+1})-\nabla_f(\boldsymbol{x}_k),\quad \Delta\boldsymbol{x}_k=\boldsymbol{x}_{k+1}-\boldsymbol{x}_k$$

若 $f(\boldsymbol{x})=\frac{1}{2}\boldsymbol{x}^{\mathrm{T}}\boldsymbol{A}\boldsymbol{x}+b^{\mathrm{T}}\boldsymbol{x}+c$，则式(6.24)变为等式

$$\boldsymbol{H}_f^{-1}(\boldsymbol{x}_{k+1})\Delta\boldsymbol{g}_k=\Delta\boldsymbol{x}_k \tag{6.25}$$

式(6.24)和式(6.25)分别是一般非线性函数与二次函数的 Hessian 矩阵 $\boldsymbol{H}_f(\boldsymbol{x}_{k+1})$ 应满足的条件，要使 $\boldsymbol{G}_{k+1}$ 有类似于 $\boldsymbol{H}_f^{-1}(\boldsymbol{x}_{k+1})$ 的性质，$\boldsymbol{G}_{k+1}$ 就应该满足所谓的拟牛顿方程

$$\boldsymbol{G}_{k+1}\Delta\boldsymbol{g}_k=\Delta\boldsymbol{x}_k \tag{6.26}$$

记 $\boldsymbol{G}_{k+1}=\boldsymbol{G}_k+\Delta\boldsymbol{G}_k$，将式(6.26)改写成

$$\Delta\boldsymbol{G}_k\Delta\boldsymbol{g}_k=\Delta\boldsymbol{x}_k-\boldsymbol{G}_k\Delta\boldsymbol{g}_k \tag{6.27}$$

其中 $\Delta\boldsymbol{G}_k$ 称为修正矩阵。

已知 $\boldsymbol{x}_k,\boldsymbol{x}_{k+1},\boldsymbol{G}_k$，为了得到搜索方向 $\boldsymbol{p}_{k+1}=-\boldsymbol{G}_{k+1}\nabla_f(\boldsymbol{x}_{k+1})$，只须从拟牛顿方程(6.27)解出修正矩阵 $\Delta\boldsymbol{G}_k$。拟牛顿方程是 n 个 $n(n+1)/2$ 元方程构成的方程组，因而解不唯一，用不同的方法确定 $\Delta\boldsymbol{G}_k$ 就导致不同的拟牛顿法。下面介绍两种常用的拟牛顿法都是以秩 2 的对称矩阵为修正矩阵，是第 5 章求解非线性方程组的秩 2 拟牛顿法在非线性优化中的版本。

1. DFP 法

DFP 法要求 $\Delta\boldsymbol{G}_k$ 是一个秩 2 矩阵，仅与相邻两步迭代点及其梯度有关，因此可以将 $\Delta\boldsymbol{G}_k$ 写成如下形式：

$$\Delta\boldsymbol{G}_k=\Delta\boldsymbol{x}_k\boldsymbol{u}_k^{\mathrm{T}}-\boldsymbol{G}_k\Delta\boldsymbol{g}_k\boldsymbol{v}_k^{\mathrm{T}} \tag{6.28}$$

其中 $\boldsymbol{u}_k,\boldsymbol{v}_k$ 为待定向量。由 $\boldsymbol{G}_{k+1}=\boldsymbol{G}_k+\Delta\boldsymbol{G}_k$ 的对称性要求，$\Delta\boldsymbol{G}_k$ 也应该是对称的，因此取

$$\boldsymbol{u}_k=\alpha_k\Delta\boldsymbol{x}_k,\quad \boldsymbol{v}_k=\beta_k\boldsymbol{G}_k\Delta\boldsymbol{g}_k$$

即

$$\Delta\boldsymbol{G}_k=\alpha_k\Delta\boldsymbol{x}_k(\Delta\boldsymbol{x}_k)^{\mathrm{T}}-\beta_k\boldsymbol{G}_k\Delta\boldsymbol{g}_k(\boldsymbol{G}_k\Delta\boldsymbol{g}_k)^{\mathrm{T}}$$

其中 α_k,β_k 是待定常数。将上式代入式(6.27)得到

$$\alpha_k\Delta\boldsymbol{x}_k(\Delta\boldsymbol{x}_k)^{\mathrm{T}}\Delta\boldsymbol{g}_k-\beta_k\boldsymbol{G}_k\Delta\boldsymbol{g}_k(\boldsymbol{G}_k\Delta\boldsymbol{g}_k)^{\mathrm{T}}\Delta\boldsymbol{g}_k=\Delta\boldsymbol{x}_k-\boldsymbol{G}_k\Delta\boldsymbol{g}_k$$

为了使这个等式成立，取

$$\alpha_k=\frac{1}{(\Delta\boldsymbol{x}_k)^{\mathrm{T}}\Delta\boldsymbol{g}_k},\quad \beta_k=\frac{1}{(\boldsymbol{G}_k\Delta\boldsymbol{g}_k)^{\mathrm{T}}\Delta\boldsymbol{g}_k}$$

至此，得到拟牛顿方程(6.27)的一个解

$$\Delta\boldsymbol{G}_k=\frac{\Delta\boldsymbol{x}_k(\Delta\boldsymbol{x}_k)^{\mathrm{T}}}{(\Delta\boldsymbol{x}_k)^{\mathrm{T}}\Delta\boldsymbol{g}_k}-\frac{\boldsymbol{G}_k\Delta\boldsymbol{g}_k(\boldsymbol{G}_k\Delta\boldsymbol{g}_k)^{\mathrm{T}}}{(\boldsymbol{G}_k\Delta\boldsymbol{g}_k)^{\mathrm{T}}\Delta\boldsymbol{g}_k} \tag{6.29}$$

这种构造修正矩阵 $\Delta\boldsymbol{G}_k$ 的方法由 Davidon(1959)首先提出，后来由 Fletcher 和 Powell (1963)简化形成，因此称为 DFP 法。

DFP 法

$\min f(\boldsymbol{x})$

(1) 给定初始点 $\boldsymbol{x}_0$，初始矩阵 $\boldsymbol{G}_0=\boldsymbol{I}$(或者 $\boldsymbol{H}_f^{-1}(\boldsymbol{x}_0)$)，容差 $\varepsilon>0$；$k\leftarrow 0$；

(2) $\boldsymbol{p}_k=-\boldsymbol{G}_k\nabla_f(\boldsymbol{x}_k)$；

(3) $t_k=\underset{t\geqslant 0}{\operatorname{argmin}} f(\boldsymbol{x}_k+t\boldsymbol{p}_k)$；$\boldsymbol{x}_{k+1}=\boldsymbol{x}_k+t_k\boldsymbol{p}_k$；

(4) 若 $\|\nabla_f(\boldsymbol{x}_{k+1})\|\leqslant\varepsilon$，输出 $\boldsymbol{x}_{k+1}$，终止迭代；否则转下一步；

(5) $\Delta \boldsymbol{x}_k=\boldsymbol{x}_{k+1}-\boldsymbol{x}_k, \Delta \boldsymbol{g}_k=\nabla_f(\boldsymbol{x}_{k+1})-\nabla_f(\boldsymbol{x}_k)$

$$\boldsymbol{G}_{k+1}=\boldsymbol{G}_k+\frac{\Delta \boldsymbol{x}_k(\Delta \boldsymbol{x}_k)^{\mathrm{T}}}{(\Delta \boldsymbol{x}_k)^{\mathrm{T}} \Delta \boldsymbol{g}_k}-\frac{\boldsymbol{G}_k \Delta \boldsymbol{g}_k(\Delta \boldsymbol{g}_k)^{\mathrm{T}} \boldsymbol{G}_k}{(\Delta \boldsymbol{g}_k)^{\mathrm{T}} \boldsymbol{G}_k \Delta \boldsymbol{g}_k}$$

$k \leftarrow k+1$，转(2)。

在实际运行 DFP 法时，为了消除迭代误差积累造成的影响，当 n 步迭代仍未满足终止条件时，可置 $\boldsymbol{G}_{n+1}=\boldsymbol{I}$（或者 $\boldsymbol{H}_f^{-1}(\boldsymbol{x}_{n+1})$）重新开始 DFP 法。

例 6.3.5　用 DFP 法求解下述最优化问题

$$\min f(\boldsymbol{x})=x_1^4+(1+x_2)^2+x_1 x_2 \quad (\boldsymbol{x}_0=(0,0)^{\mathrm{T}}, \boldsymbol{G}_0=\boldsymbol{I})$$

解　通过计算得到

$$\nabla_f(\boldsymbol{x})=(4x_1^3+x_2, x_1+2x_2+2)^{\mathrm{T}}$$

$$f(\boldsymbol{x}_0)=1, \quad \nabla_f(\boldsymbol{x}_0)=(0,2)^{\mathrm{T}}$$

第 1 步迭代：

$$\boldsymbol{p}_0=-\boldsymbol{G}_0 \nabla_f(\boldsymbol{x}_0)=(0,-2)^{\mathrm{T}}$$

$$f(\boldsymbol{x}_0+t\boldsymbol{p}_0)=(1-2t)^2-2t, \quad t_0=\underset{t}{\operatorname{argmin}} f(\boldsymbol{x}_0+t\boldsymbol{p}_0)=0.5$$

$$\boldsymbol{x}_1=\boldsymbol{x}_0+t_0\boldsymbol{p}_0=(0,-1)^{\mathrm{T}}$$

$$f(\boldsymbol{x}_1)=0, \quad \nabla_f(\boldsymbol{x}_1)=(-1,0)^{\mathrm{T}}$$

第 2 步迭代：

$$\boldsymbol{G}_1=\boldsymbol{G}_0+\frac{\Delta \boldsymbol{x}_0(\Delta \boldsymbol{x}_0)^{\mathrm{T}}}{(\Delta \boldsymbol{x}_0)^{\mathrm{T}} \Delta \boldsymbol{g}_0}-\frac{\boldsymbol{G}_0 \Delta \boldsymbol{g}_0(\Delta \boldsymbol{g}_0)^{\mathrm{T}} \boldsymbol{G}_0}{(\Delta \boldsymbol{g}_0)^{\mathrm{T}} \boldsymbol{G}_0 \Delta \boldsymbol{g}_0}=\begin{bmatrix} 0.8 & -0.4 \\ -0.4 & 0.7 \end{bmatrix}$$

$$\boldsymbol{p}_1=-\boldsymbol{G}_1 \nabla_f(\boldsymbol{x}_1)=(0.8,-0.4)^{\mathrm{T}}$$

$$f(\boldsymbol{x}_1+t\boldsymbol{p}_1)=(0.8t)^4-0.8t(1+0.4t)+(0.4t)^2$$

$$t_1=\underset{t}{\operatorname{argmin}} f(\boldsymbol{x}_1+t\boldsymbol{p}_1)=0.869855$$

$$\boldsymbol{x}_2=\boldsymbol{x}_1+t_1\boldsymbol{p}_1=(0.69588,-1.34794)^{\mathrm{T}}$$

$$f(\boldsymbol{x}_2)=-0.582445, \quad \nabla_f(\boldsymbol{x}_2)=(-3.46104\times 10^{-8}, 0)^{\mathrm{T}}$$

DFP 法 3 步迭代收敛到最优解，如表 6.4 所示。与表 6.2 比较，可以看出 DFP 法比修正牛顿法具有更快的收敛速度。

表 6.4　DFP 法解 $\min f(x)=x_1^4+(1+x_2)^2+x_1x_2 \quad (x_0=(0,0)^{\mathrm{T}}, G_0=I)$

k	$\boldsymbol{x}_k$	$\Vert \nabla_f(\boldsymbol{x}_k) \Vert_2$	$f(\boldsymbol{x}_k)$
0	{0,0}	2	1
1	{0.0,−1.0}	1	0.0
2	{0.695884379601,−1.347942189800}	3.461036 * 10^{-8}	−0.582445174443
3	{0.695884386117,−1.347942193058}	0.0	−0.582445174443

2. BFGS 法

BFGS 法是另一个较为著名的拟牛顿法，是 Broyden、Fletcher(1970)、Goldfarb(1969)和 Shanno(1970)等人的研究成果。与 DFP 法类似，BFGS 法也要求修正矩阵 $\Delta \boldsymbol{G}_k$ 是秩 2

的对称矩阵，在式(6.28)中取

$$\boldsymbol{u}_k=\frac{1}{(\Delta\boldsymbol{x}_k)^{\mathrm{T}}\Delta\boldsymbol{g}_k}\left(1+\frac{(\Delta\boldsymbol{g}_k)^{\mathrm{T}}\boldsymbol{G}_k\Delta\boldsymbol{g}_k}{(\Delta\boldsymbol{x}_k)^{\mathrm{T}}\Delta\boldsymbol{g}_k}\right)\Delta\boldsymbol{x}_k,\quad \boldsymbol{v}_k=\frac{\Delta\boldsymbol{x}_k}{(\Delta\boldsymbol{x}_k)^{\mathrm{T}}\Delta\boldsymbol{g}_k}$$

就得到 BFGS 的修正矩阵

$$\Delta\boldsymbol{G}_k=\frac{\Delta\boldsymbol{x}_k(\Delta\boldsymbol{x}_k)^{\mathrm{T}}}{(\Delta\boldsymbol{x}_k)^{\mathrm{T}}\Delta\boldsymbol{g}_k}\left(1+\frac{(\Delta\boldsymbol{g}_k)^{\mathrm{T}}\boldsymbol{G}_k\Delta\boldsymbol{g}_k}{(\Delta\boldsymbol{x}_k)^{\mathrm{T}}\Delta\boldsymbol{g}_k}\right)-\frac{\Delta\boldsymbol{x}_k(\Delta\boldsymbol{g}_k)^{\mathrm{T}}\boldsymbol{G}_k+\boldsymbol{G}_k\Delta\boldsymbol{g}_k(\Delta\boldsymbol{x}_k)^{\mathrm{T}}}{(\Delta\boldsymbol{x}_k)^{\mathrm{T}}\Delta\boldsymbol{g}} \tag{6.30}$$

DFGS 法

$\min f(\boldsymbol{x})$

(1) 给定初始点 $\boldsymbol{x}_0$，初始矩阵 $\boldsymbol{G}_0=\boldsymbol{I}$(或者 $\boldsymbol{H}_f^{-1}(\boldsymbol{x}_0)$)，终止常数 $\varepsilon>0$；$k\leftarrow 0$；

(2) $\boldsymbol{p}_k=-\boldsymbol{G}_k\nabla_f(\boldsymbol{x}_k)$；

(3) $t_k=\underset{t\geqslant 0}{\operatorname{argmin}} f(\boldsymbol{x}_k+t\boldsymbol{p}_k)$；$\boldsymbol{x}_{k+1}=\boldsymbol{x}_k+t_k\boldsymbol{p}_k$；

(4) 若 $\|\nabla_f(\boldsymbol{x}_{k+1})\|\leqslant\varepsilon$，输出 $\boldsymbol{x}_{k+1}$，终止迭代；否则转下一步；

(5) $\Delta\boldsymbol{x}_k=\boldsymbol{x}_{k+1}-\boldsymbol{x}^k$，$\Delta\boldsymbol{g}^k=\nabla_f(\boldsymbol{x}_{k+1})-\nabla_f(\boldsymbol{x}_{k+1})$

$$\Delta\boldsymbol{G}_k=\frac{\Delta\boldsymbol{x}_k(\Delta\boldsymbol{x}_k)^{\mathrm{T}}}{(\Delta\boldsymbol{x}_k)^{\mathrm{T}}\Delta\boldsymbol{g}_k}\left(1+\frac{(\Delta\boldsymbol{g}_k)^{\mathrm{T}}\boldsymbol{G}_k\Delta\boldsymbol{g}_k}{(\Delta\boldsymbol{x}_k)^{\mathrm{T}}\Delta\boldsymbol{g}_k}\right)-\frac{\Delta\boldsymbol{x}_k(\Delta\boldsymbol{g}_k)^{\mathrm{T}}\boldsymbol{G}_k+\boldsymbol{G}_k\Delta\boldsymbol{g}_k(\Delta\boldsymbol{x}_k)^{\mathrm{T}}}{(\Delta\boldsymbol{x}_k)^{\mathrm{T}}\Delta\boldsymbol{g}}$$

$\boldsymbol{G}_{k+1}=\boldsymbol{G}_k+\Delta\boldsymbol{G}_k$，$k\leftarrow k+1$，转(2)。

在适当的条件下，DFP 和 BFGS 法都是全局收敛的且有超线性收敛速度。此外，还有很多拟牛顿法，例如，限制修正矩阵是秩 1 的，类似第 5 章求解非线性方程组的布洛伊登法，可以得到一大类拟牛顿法，有兴趣的读者可参考[12,13]。

6.3.4 共轭方向法

与拟牛顿法一样，共轭方向法也是一类方法的总称，在迭代过程中也只使用函数的梯度。共轭方向法最初是为求解二次正定函数优化而设计的，其特点表现在搜索方向是二次函数系数矩阵的共轭方向，后来这种方法被推广到一般非线性优化。

1. 共轭方向法

定义 6.3.1 设 $\boldsymbol{G}$ 为 n 阶正定矩阵，若非零向量 $\boldsymbol{p},\boldsymbol{q}\in\mathbf{R}^n$ 使得 $\boldsymbol{p}^{\mathrm{T}}\boldsymbol{G}\boldsymbol{q}=0$，则称它们是相互 G-共轭的，或者说它们是两个 G-共轭方向。

事实上，G-共轭概念与内积空间中的正交概念是一致的。因为正定矩阵 $\boldsymbol{G}$ 按下述方式

$$\langle\boldsymbol{x},\boldsymbol{y}\rangle_G\overset{\Delta}{=}\boldsymbol{x}^{\mathrm{T}}\boldsymbol{G}\boldsymbol{y}\quad(\boldsymbol{x},\boldsymbol{y}\in\mathbf{R}^n) \tag{6.31}$$

定义了 $\mathbf{R}^n$ 上的一个内积，如此的内积空间记为 $\mathbf{R}_G^n$。由于 $\langle\boldsymbol{p},\boldsymbol{q}\rangle_G=\boldsymbol{p}^{\mathrm{T}}\boldsymbol{G}\boldsymbol{q}$，所以 $\boldsymbol{p},\boldsymbol{q}$ 为两个 G-共轭方向当且仅当它们在 $\mathbf{R}_G^n$ 中是两个正交方向，为区别通常的正交性概念，这里我们说 $\boldsymbol{p},\boldsymbol{q}$ 是两个 G-正交方向，即 G-共轭与 G-正交是一致的。

任何 n 维内积空间(特别，$\mathbf{R}_G^n$)都有 n 个正交方向，比如内积空间的一组正交基向量，因此对任何正定矩阵 $\boldsymbol{G}$ 一定存在 n 个 G-共轭方向 $\boldsymbol{p}_0,\boldsymbol{p}_1,\cdots,\boldsymbol{p}_{n-1}$：

$$\boldsymbol{p}_i^{\mathrm{T}}\boldsymbol{G}\boldsymbol{p}_j=0,\quad 0\leqslant i,j\leqslant n-1;i\neq j \tag{6.32}$$

称它们是 $\boldsymbol{G}$ 的共轭方向组。

显然，$\boldsymbol{G}$ 的共轭方向组是一组 n 个线性无关的向量；反之，对任何一组线性无关的向量

$\{\boldsymbol{v}_0,\boldsymbol{v}_1,\cdots,\boldsymbol{v}_{n-1}\}$，通过 Gram-Schmit 正交化(定理 1.1.2)可得到 $\boldsymbol{G}$ 的共轭方向组

$$\begin{cases}\boldsymbol{p}_0=\boldsymbol{v}_0\\ \boldsymbol{p}_1=\boldsymbol{v}_1-\dfrac{\langle\boldsymbol{v}_1,\boldsymbol{p}_0\rangle_G}{\langle\boldsymbol{p}_0,\boldsymbol{p}_0\rangle_G}\boldsymbol{u}_0\\ \boldsymbol{p}_2=\boldsymbol{v}_2-\dfrac{\langle\boldsymbol{v}_2,\boldsymbol{p}_0\rangle_G}{\langle\boldsymbol{p}_0,\boldsymbol{p}_0\rangle_G}\boldsymbol{p}_0-\dfrac{\langle\boldsymbol{v}_2,\boldsymbol{p}_1\rangle_G}{\langle\boldsymbol{p}_1,\boldsymbol{p}_1\rangle_G}\boldsymbol{p}_1\\ \vdots\\ \boldsymbol{p}_{n-1}=\boldsymbol{v}_{n-1}-\dfrac{\langle\boldsymbol{v}_{n-1},\boldsymbol{p}_0\rangle_G}{\langle\boldsymbol{p}_0,\boldsymbol{p}_0\rangle_G}\boldsymbol{p}_0-\cdots-\dfrac{\langle\boldsymbol{v}_{n-1},\boldsymbol{p}_{n-2}\rangle_G}{\langle\boldsymbol{p}_{n-2},\boldsymbol{p}_{n-2}\rangle_G}\boldsymbol{p}_{n-2}\end{cases}\tag{6.33}$$

令正定矩阵 $\boldsymbol{G}$ 的谱分解为 $\boldsymbol{G}=\boldsymbol{U}^{\mathrm{T}}\boldsymbol{\Sigma}\boldsymbol{U}(\boldsymbol{\Sigma}=\mathrm{diag}(\lambda_1,\lambda_2,\cdots,\lambda_n))$，它的逆平方根

$$\boldsymbol{G}^{-1/2}=\boldsymbol{U}^{\mathrm{T}}\boldsymbol{\Sigma}^{-1/2}\boldsymbol{U},\quad \boldsymbol{\Sigma}^{-1/2}=\mathrm{diag}(\lambda_1^{-1/2},\lambda_2^{-1/2},\cdots,\lambda_n^{-1/2})$$

若 $\{\boldsymbol{v}_0,\boldsymbol{v}_1,\cdots,\boldsymbol{v}_{n-1}\}$ 是 $\mathbf{R}^n$ 的一组正交方向，则 $\boldsymbol{p}_i=\boldsymbol{G}^{-1/2}\boldsymbol{v}_i\,(i=0,1,2,\cdots,n-1)$ 是 $\boldsymbol{G}$ 的共轭方向组。这是因为

$$\boldsymbol{p}_i^{\mathrm{T}}\boldsymbol{G}\boldsymbol{p}_j=\boldsymbol{p}_i^{\mathrm{T}}\boldsymbol{G}^{1/2}\boldsymbol{G}^{1/2}\boldsymbol{p}_j=(\boldsymbol{G}^{1/2}\boldsymbol{p}_i)^{\mathrm{T}}(\boldsymbol{G}^{1/2}\boldsymbol{p}_j)=\boldsymbol{v}_i^{\mathrm{T}}\boldsymbol{v}_j=0$$

特别取 $\mathbf{R}^n$ 的标准正交基 $\{\boldsymbol{e}_0,\boldsymbol{e}_1,\cdots,\boldsymbol{e}_{n-1}\}$，$\boldsymbol{p}_j=\boldsymbol{G}^{-1/2}\boldsymbol{e}_j$ 是 $\boldsymbol{G}^{-1/2}$ 的第 j 列向量，因此 $\boldsymbol{G}^{-1/2}$ 的列向量就构成 $\boldsymbol{G}$ 的共轭方向组。

上面给出了两种构造共轭方向组的方法，第一种是从线性无关向量组利用 Gram-Schmit 正交化得到共轭方向组；第二种方法是对正交向量组进行逆平方根变换得到共轭方向组。

现在，考虑二次正定函数的优化问题。二次函数的一般形式为

$$f(\boldsymbol{x})=\frac{1}{2}\boldsymbol{x}^{\mathrm{T}}\boldsymbol{G}\boldsymbol{x}+\boldsymbol{b}^{\mathrm{T}}\boldsymbol{x}+c\tag{6.34}$$

若 $\boldsymbol{G}$ 是正定的，则称它是二次正定函数。二次正定函数在 $\mathbf{R}^n$ 上严格凸，因此二次正定函数优化的局部最优解必是整体最优解。

定理 6.3.1　若 $\boldsymbol{p}_0,\boldsymbol{p}_1,\cdots,\boldsymbol{p}_{n-1}$ 为 $\boldsymbol{G}$ 的任何一组共轭方向，则从任何初始值 $\boldsymbol{x}_0$ 出发，依次沿共轭方向 $\boldsymbol{p}_0,\boldsymbol{p}_1,\cdots,\boldsymbol{p}_{n-1}$ 进行一维精确搜索，至多经过 n 步迭代达到式(6.34)的最小点。

由这个定理，得到二次正定函数最优化的共轭方向法：

共轭方向法

$\min f(\boldsymbol{x})=\dfrac{1}{2}\boldsymbol{x}^{\mathrm{T}}\boldsymbol{G}\boldsymbol{x}+\boldsymbol{b}^{\mathrm{T}}\boldsymbol{x}+c$

(1) 给定 $\boldsymbol{G}$ 的共轭方向 $\boldsymbol{p}_0,\boldsymbol{p}_1,\cdots,\boldsymbol{p}_{n-1}$，初始点 $\boldsymbol{x}_0$，容差 $\varepsilon>0$；$k\leftarrow 0$；

(2) $t_k=\underset{t\geqslant 0}{\mathrm{argmin}}f(\boldsymbol{x}_k+t\boldsymbol{p}_k)$；$\boldsymbol{x}_{k+1}=\boldsymbol{x}_k+t_k\boldsymbol{p}_k$；

(3) 若 $\|\nabla_f(\boldsymbol{x}_{k+1})\|\leqslant\varepsilon$ 或 $k=n-1$，输出 $\boldsymbol{x}_{k+1}$，终止迭代；否则，置 $k\leftarrow k+1$，转(2)。

证明　令 $\boldsymbol{x}_{k+1}=\boldsymbol{x}_k+t_k\boldsymbol{p}_k,k=0,1,2,\cdots,n-1$。因 $t_k=\underset{t\geqslant 0}{\mathrm{argmin}}f(\boldsymbol{x}_k+t\boldsymbol{p}_k)$，所以

$$\left.\frac{\mathrm{d}f(\boldsymbol{x}_k+t\boldsymbol{p}_k)}{\mathrm{d}t}\right|_{t=t_k}=0$$

另一方面，由复合函数求导法

$$\left.\frac{\mathrm{d}f(\boldsymbol{x}_k+t\boldsymbol{p}_k)}{\mathrm{d}t}\right|_{t=t_k}=(\nabla_f(\boldsymbol{x}_{k+1}))^{\mathrm{T}}\boldsymbol{p}_k$$

因此

$$(\nabla_f(\boldsymbol{x}_{k+1}))^{\mathrm{T}}\boldsymbol{p}_k=0 \tag{6.35}$$

从$\nabla_f(\boldsymbol{x})=\boldsymbol{G}\boldsymbol{x}+\boldsymbol{b}$，得到

$$\begin{aligned}\nabla_f(\boldsymbol{x}_{k+1})&=\boldsymbol{G}\boldsymbol{x}_{k+1}+\boldsymbol{b}=\boldsymbol{G}(\boldsymbol{x}_k+t_k\boldsymbol{p}_k)+\boldsymbol{b}\\&=\boldsymbol{G}\boldsymbol{x}_k+t_k\boldsymbol{G}\boldsymbol{p}_k+\boldsymbol{b}=\nabla_f(\boldsymbol{x}_k)+t_k\boldsymbol{G}\boldsymbol{p}_k=\cdots\\&=\nabla_f(\boldsymbol{x}_i)+\sum_{j=i}^{k}t_j\boldsymbol{G}\boldsymbol{p}_j,\quad i=0,1,\cdots,k\end{aligned}$$

于是

$$\begin{aligned}(\nabla_f(\boldsymbol{x}_{k+1}))^{\mathrm{T}}\boldsymbol{p}_i&=(\nabla_f(\boldsymbol{x}_i))^{\mathrm{T}}\boldsymbol{p}_i+\sum_{j=i}^{k}t_j\boldsymbol{p}_j^{\mathrm{T}}\boldsymbol{G}\boldsymbol{p}_i\quad(\boldsymbol{p}_j^{\mathrm{T}}\boldsymbol{G}\boldsymbol{p}_i=0,j\neq i)\\&=(\nabla_f(\boldsymbol{x}_i))^{\mathrm{T}}\boldsymbol{p}_i+t_i\boldsymbol{p}_i^{\mathrm{T}}\boldsymbol{G}\boldsymbol{p}_i=(\nabla_f(\boldsymbol{x}_{i+1}))^{\mathrm{T}}\boldsymbol{p}_i\end{aligned}$$

由式(6.35)，得到

$$(\nabla_f(\boldsymbol{x}_{k+1}))^{\mathrm{T}}\boldsymbol{p}_i=0,\quad i=0,1,2,\cdots,k$$

特别取 $k=n-1$，

$$(\nabla_f(\boldsymbol{x}_n))^{\mathrm{T}}\boldsymbol{p}_i=0,\quad i=0,1,2,\cdots,n-1$$

即

$$\begin{bmatrix}\boldsymbol{p}_0^{\mathrm{T}}\\\boldsymbol{p}_1^{\mathrm{T}}\\\vdots\\\boldsymbol{p}_{n-1}^{\mathrm{T}}\end{bmatrix}\cdot\nabla_f(\boldsymbol{x}_n)=0$$

共轭方向组 $\boldsymbol{p}_0,\boldsymbol{p}_1,\cdots,\boldsymbol{p}_{n-1}$ 是线性无关的，因而此线性方程组的系数矩阵可逆，于是这个方程仅有零解，$\nabla_f(\boldsymbol{x}_n)=0$，故 $\boldsymbol{x}_n$ 是二次正定函数的平稳点，根据定理 6.1.2 它也是最小点。证毕。

公式(6.35)是共轭方向法的重要公式，它意味着二次正定函数 $f(\boldsymbol{x})$在点 $\boldsymbol{x}_{k+1}$ 沿线性流形

$$S_{k+1}=\boldsymbol{x}_0+\mathrm{span}\{\boldsymbol{p}_0,\boldsymbol{p}_1,\cdots,\boldsymbol{p}_k\},\quad k=0,1,2,\cdots,n-1$$

中的任何方向的斜率都等于零，因此 $\boldsymbol{x}_{k+1}$ 是 $f(\boldsymbol{x})$在线性流形 S_{k+1} 上的极小点。定理 6.1.4 表明，应用一维精确搜索，共轭方向法具有二次终止性。

共轭方向组的选择不唯一，因而选择不同的共轭方向可导致不同的共轭方向法，其中最著名的是共轭梯度法。

2. 共轭梯度法

共轭梯度法是 Fletcher 和 Reeves(1964)首先提出来的，是 Hestenes 和 Stiefel(1952)解线性方程组的共轭梯度法在无约束优化中的发展。共轭梯度法是使最速下降方向有共轭性，从而极大地提高了算法的计算效率与可靠性，下面以二次正定函数为对象介绍这种迭代法。

令 $\boldsymbol{p}_0=-\nabla_f(\boldsymbol{x}_0)$，$t_0=\underset{t\geqslant 0}{\operatorname{argmin}} f(\boldsymbol{x}_0+t\boldsymbol{p}_0)$，$\boldsymbol{x}_1=\boldsymbol{x}_0+t_0\boldsymbol{p}_0$，由式(6.35)知$(\nabla_f(\boldsymbol{x}_1))^{\mathrm{T}}\boldsymbol{p}_0=0$。现在找下一步迭代的共轭方向

$$\boldsymbol{p}_1=-\nabla_f(\boldsymbol{x}_1)+\alpha_0\boldsymbol{p}_0$$

为了使 $\boldsymbol{p}_1$ 与 $\boldsymbol{p}_0$ 共轭，考虑方程

$$(-\nabla_f(\boldsymbol{x}_1)+\alpha_0\boldsymbol{p}_0)^{\mathrm{T}}\boldsymbol{G}\boldsymbol{p}_0=\boldsymbol{p}_1^{\mathrm{T}}\boldsymbol{G}\boldsymbol{p}_0=0$$

注意 $\boldsymbol{G}\boldsymbol{p}_0=t_0^{-1}(\nabla_f(\boldsymbol{x}_1)-\nabla_f(\boldsymbol{x}_0))$和$(\nabla_f(\boldsymbol{x}_1))^{\mathrm{T}}\boldsymbol{p}_0=0$，得到

$$\alpha_0=\frac{(\nabla_f(\boldsymbol{x}_1))^{\mathrm{T}}\boldsymbol{G}\boldsymbol{p}_0}{\boldsymbol{p}_0^{\mathrm{T}}\boldsymbol{G}\boldsymbol{p}_0}=\frac{(\nabla_f(\boldsymbol{x}_1))^{\mathrm{T}}(\nabla_f(\boldsymbol{x}_1)-\nabla_f(\boldsymbol{x}_0))}{\boldsymbol{p}_0^{\mathrm{T}}(\nabla_f(\boldsymbol{x}_1)-\nabla_f(\boldsymbol{x}_0))}=\frac{\|\nabla_f(\boldsymbol{x}_1)\|_2^2}{\|\nabla_f(\boldsymbol{x}_0)\|_2^2}$$

于是

$$\boldsymbol{p}_1=-\nabla_f(\boldsymbol{x}_1)+\frac{\|\nabla_f(\boldsymbol{x}_1)\|_2^2}{\|\nabla_f(\boldsymbol{x}_0)\|_2^2}\boldsymbol{p}_0$$

令 $t_1=\underset{t\geqslant 0}{\operatorname{argmin}} f(\boldsymbol{x}_1+t\boldsymbol{p}_1)$，$\boldsymbol{x}_2=\boldsymbol{x}_1+t_1\boldsymbol{p}_1$，$\boldsymbol{x}_1=\boldsymbol{x}_0+t_1\boldsymbol{p}_0$，由式(6.35)知$(\nabla_f(\boldsymbol{x}_2))^{\mathrm{T}}\boldsymbol{p}_i=0$，$i=0,1$。找下一步共轭方向

$$\boldsymbol{p}_2=-\nabla_f(\boldsymbol{x}_2)+\alpha_1\boldsymbol{p}_1+\alpha_0\boldsymbol{p}_0$$

为了使它与$\{\boldsymbol{p}_0,\boldsymbol{p}_1\}$共轭，考虑 α_0,α_1 的方程

$$(-\nabla_f(\boldsymbol{x}_2)+\alpha_1\boldsymbol{p}_1+\alpha_0\boldsymbol{p}_0)^{\mathrm{T}}\boldsymbol{G}\boldsymbol{p}_0=0 \tag{6.36}$$

$$(-\nabla_f(\boldsymbol{x}_2)+\alpha_1\boldsymbol{p}_1+\alpha_0\boldsymbol{p}_0)^{\mathrm{T}}\boldsymbol{G}\boldsymbol{p}_1=0 \tag{6.37}$$

根据 $\boldsymbol{G}\boldsymbol{p}_i=t_i^{-1}(\nabla_f(\boldsymbol{x}_{i+1})-\nabla_f(\boldsymbol{x}_i))$和$(\nabla_f(\boldsymbol{x}_2))^{\mathrm{T}}\boldsymbol{p}_i=0$，$i=0,1$，

$$(6.36)\Rightarrow\alpha_0=0$$

$$(6.37)\Rightarrow\alpha_1=\frac{(\nabla_f(\boldsymbol{x}_2))^{\mathrm{T}}(\nabla_f(\boldsymbol{x}_2)-\nabla_f(\boldsymbol{x}_1))}{\boldsymbol{p}_1^{\mathrm{T}}(\nabla_f(\boldsymbol{x}_2)-\nabla_f(\boldsymbol{x}_1))}=\frac{\|\nabla_f(\boldsymbol{x}_2)\|_2^2}{\|\nabla_f(\boldsymbol{x}_1)\|_2^2}$$

因此

$$\boldsymbol{p}_2=-\nabla_f(\boldsymbol{x}_2)+\frac{\|\nabla_f(\boldsymbol{x}_2)\|_2^2}{\|\nabla_f(\boldsymbol{x}_1)\|_2^2}\boldsymbol{p}_1$$

一般，假定已知 $\boldsymbol{p}_0,\boldsymbol{p}_1,\cdots,\boldsymbol{p}_k$ 和 $\boldsymbol{x}_0,\boldsymbol{x}_1,\cdots,\boldsymbol{x}_{k+1}$，令下一步的共轭方向

$$\boldsymbol{p}_{k+1}=-\nabla_f(\boldsymbol{x}_{k+1})+\sum_{i=0}^{k}\alpha_i\boldsymbol{p}_i$$

为了 $\boldsymbol{p}_{k+1}$ 与 $\boldsymbol{p}_0,\boldsymbol{p}_1,\cdots,\boldsymbol{p}_k$ 共轭，考虑 $\alpha_0,\alpha_1,\cdots,\alpha_k$ 的方程

$$\left(-\nabla_f(\boldsymbol{x}_{k+1})+\sum_{i=0}^{k}\alpha_i\boldsymbol{p}_i\right)^{\mathrm{T}}\boldsymbol{G}\boldsymbol{p}_j=0,\quad j=0,1,\cdots,k-1 \tag{6.38}$$

$$\left(-\nabla_f(\boldsymbol{x}_{k+1})+\sum_{i=0}^{k}\alpha_i\boldsymbol{p}_i\right)^{\mathrm{T}}\boldsymbol{G}\boldsymbol{p}_k=0 \tag{6.39}$$

根据 $\boldsymbol{G}\boldsymbol{p}_i=t_i^{-1}(\nabla_f(\boldsymbol{x}_{i+1})-\nabla_f(\boldsymbol{x}_i))$，和$(\nabla_f(\boldsymbol{x}_{k+1}))^{\mathrm{T}}\boldsymbol{p}_i=0$，$i=0,1,\cdots,k$，

$$(6.38)\Rightarrow\alpha_0=\alpha_1=\cdots=\alpha_{k-1}=0$$

$$(6.37)\Rightarrow\alpha_k=\frac{(\nabla_f(\boldsymbol{x}_{k+1}))^{\mathrm{T}}(\nabla_f(\boldsymbol{x}_{k+1})-\nabla_f(\boldsymbol{x}_k))}{\boldsymbol{p}_k^{\mathrm{T}}(\nabla_f(\boldsymbol{x}_{k+1})-\nabla_f(\boldsymbol{x}_k))}=\frac{\|\nabla_f(\boldsymbol{x}_{k+1})\|_2^2}{\|\nabla_f(\boldsymbol{x}_k)\|_2^2}$$

于是

$$\boldsymbol{p}_k=-\nabla_f(\boldsymbol{x}_{k+1})+\frac{\|\nabla_f(\boldsymbol{x}_{k+1})\|_2^2}{\|\nabla_f(\boldsymbol{x}_k)\|_2^2}\boldsymbol{p}_k,\quad k=0,1,\cdots,n-1 \tag{6.40}$$

这是共轭梯度法的搜索方向，称为共轭梯度方向，它比最速下降方向稍微复杂一点。对于二次正定函数，在精确一维搜索下（事实上，$t_k=-(\nabla_f(\boldsymbol{x}_k))^{\mathrm{T}}\boldsymbol{p}_k/\boldsymbol{p}_k^{\mathrm{T}}\boldsymbol{G}\boldsymbol{p}_k$），和共轭方向法一样共轭梯度法也是二次终止的。搜索方向式(6.40)在形式上没有出现矩阵 $\boldsymbol{G}$，因此共轭梯度法也能用于非线性优化，且在一定的条件下是二阶收敛的[12]。

共轭梯度法

$\min f(\boldsymbol{x})$

(1) 给定初始点 $\boldsymbol{x}_0$，$\boldsymbol{p}_0=-\nabla_f(\boldsymbol{x}_0)$，容差 $\varepsilon>0$；$k\leftarrow 0$；

(2) $t_k=\underset{t\geqslant 0}{\operatorname{argmin}} f(\boldsymbol{x}_k+t\boldsymbol{p}_k)$；令 $\boldsymbol{x}_{k+1}=\boldsymbol{x}_k+t_k\boldsymbol{p}_k$；

(3) 若 $\|\nabla_f(\boldsymbol{x}_{k+1})\|\leqslant\varepsilon$，输出 $\boldsymbol{x}_{k+1}$，终止迭代；否则转下一步；

(4) $\boldsymbol{p}_{k+1}=-\nabla_f(\boldsymbol{x}_{k+1})+\dfrac{\|\nabla_f(\boldsymbol{x}_{k+1})\|_2^2}{\|\nabla_f(\boldsymbol{x}_k)\|_2^2}\boldsymbol{p}_k$，置 $k\leftarrow k+1$，转(2)。

对于非线性优化，迭代 n 步共轭梯度法未必收敛。为了避免误差积累造成的影响，当 n 步迭代仍未满足终止条件时，置 $\boldsymbol{x}_0\leftarrow\boldsymbol{x}_{n+1}$ 重新起动共轭梯度法。

例 6.3.6 用共轭梯度法求解例 6.3.4 中的最优化问题

$$\min f(\boldsymbol{x})=x_1^4+(1+x_2)^2+x_1x_2 \quad (\boldsymbol{x}_0=(0,0)^{\mathrm{T}})$$

解 通过计算得到

$$\nabla_f(\boldsymbol{x})=(4x_1^3+x_2,x_1+2x_2+2)^{\mathrm{T}}$$

$$f(\boldsymbol{x}_0)=1,\quad \nabla_f(\boldsymbol{x}_0)=(0,2)^{\mathrm{T}}$$

第 1 步迭代与 DFP 法的第 1 步迭代结果相同：

$$\boldsymbol{p}_0=-\nabla_f(\boldsymbol{x}_0)=(0,-2)^{\mathrm{T}},\quad \|\nabla_f(\boldsymbol{x}_0)\|_2=2$$

$$f(\boldsymbol{x}_0+t\boldsymbol{p}_0)=(1-2t)^2-2t,\quad t_0=\underset{t}{\operatorname{argmin}} f(\boldsymbol{x}_0+t\boldsymbol{p}_0)=0.5$$

$$\boldsymbol{x}_1=\boldsymbol{x}_0+t_0\boldsymbol{p}_0=(0,-1)^{\mathrm{T}}$$

$$f(\boldsymbol{x}_1)=0,\quad \nabla_f(\boldsymbol{x}_1)=(-1,0)^{\mathrm{T}},\quad \|\nabla_f(\boldsymbol{x}_1)\|_2=1$$

第 2 步迭代：

$$\boldsymbol{p}_1=-\nabla_f(\boldsymbol{x}_1)+\frac{\|\nabla_f(\boldsymbol{x}_1)\|_2^2}{\|\nabla_f(\boldsymbol{x}_0)\|_2^2}\boldsymbol{p}_0=(1,-0.5)^{\mathrm{T}}$$

$$f(\boldsymbol{x}_1+t\boldsymbol{p}_1)=t^4-t(1+0.5t)+(0.5t)^2$$

$$t_1=\underset{t}{\operatorname{argmin}} f(\boldsymbol{x}_1+t\boldsymbol{p}_1)=0.695884$$

$$\boldsymbol{x}_2=\boldsymbol{x}_1+t_1\boldsymbol{p}_1=(0.695884386117,-1.347942193058)^{\mathrm{T}}$$

$$f(\boldsymbol{x}_2)=-0.582445174443,\quad \nabla_f(\boldsymbol{x}_2)=(0.0,0.0)^{\mathrm{T}}$$

可以看出，对这个问题共轭梯度法比 DFP 法有更快的收敛速度，2 步迭代就收敛到最优解。

6.3.5 莱文贝格-马夸特方法

考虑非线性最小二乘问题

$$\min f(\boldsymbol{x})=\frac{1}{2}\boldsymbol{e}^{\mathrm{T}}(\boldsymbol{x})\boldsymbol{e}(\boldsymbol{x}) \tag{6.41}$$

其中

$$\boldsymbol{e}(\boldsymbol{x})=(e_1(\boldsymbol{x}),e_2(\boldsymbol{x}),\cdots,e_m(\boldsymbol{x}))^{\mathrm{T}}$$

是从 $\mathbf{R}^n$ 到 $\mathbf{R}^m(m\geqslant n)$的向量值函数,在实际问题中通常称为残差向量。非线性最小二乘是一类具有广泛应用的无约束优化技术,常用于参数估计、模型拟合和函数逼近等领域。比如,从非线性模型 $y=\varphi(\boldsymbol{x};t)$的观测数据$\{(t_k,y_k):k=1,2,\cdots,m\}$确定模型参数 $\boldsymbol{x}$,就导致一个典型的非线性最小二乘问题:

$$\min f(\boldsymbol{x})=\frac{1}{2}\sum_{i=1}^{m}(y_i-\varphi(\boldsymbol{x};t_i))^2$$

由于最小二乘问题的目标函数有特殊形式,可以设计一些特殊方法求解。下面介绍的莱文贝格-马夸特 (Levenberg-Marquardt)法就是一种行之有效的方法,它是高斯-牛顿法的一种改良。为了引进莱文贝格-马夸特法,先介绍高斯-牛顿法。

1. 高斯-牛顿法

高斯-牛顿法是一种迭代方法。假定已经得到了第 k 步迭代点 $\boldsymbol{x}_k$,高斯-牛顿法按下述方法,确定第 $k+1$ 步迭代点 $\boldsymbol{x}_{k+1}$:

(i) 求解线性方程组 $\boldsymbol{J}^{\mathrm{T}}(\boldsymbol{x}_k)\boldsymbol{J}(\boldsymbol{x}_k)\boldsymbol{d}=-\boldsymbol{J}^{\mathrm{T}}(\boldsymbol{x}_k)\boldsymbol{e}(\boldsymbol{x}_k)$得到 $\boldsymbol{d}_k$,其中 $\boldsymbol{J}(\boldsymbol{x}_k)$是残差向量 $\boldsymbol{e}(\boldsymbol{x})$在 $\boldsymbol{x}_k$ 的 Jacobi 矩阵

$$\boldsymbol{J}(\boldsymbol{x}_k)=\begin{bmatrix}\dfrac{\partial e_1}{\partial x_1}(\boldsymbol{x}_k) & \dfrac{\partial e_1}{\partial x_2}(\boldsymbol{x}_k) & \cdots & \dfrac{\partial e_1}{\partial x_n}(\boldsymbol{x}_k)\\ \dfrac{\partial e_2}{\partial x_1}(\boldsymbol{x}_k) & \dfrac{\partial e_2}{\partial x_2}(\boldsymbol{x}_k) & \cdots & \dfrac{\partial e_2}{\partial x_n}(\boldsymbol{x}_k)\\ \vdots & \vdots & & \vdots\\ \dfrac{\partial e_m}{\partial x_1}(\boldsymbol{x}_k) & \dfrac{\partial e_m}{\partial x_2}(\boldsymbol{x}_k) & \cdots & \dfrac{\partial e_m}{\partial x_n}(\boldsymbol{x}_k)\end{bmatrix}$$

(ii) 第 $k+1$ 步迭代点 $\boldsymbol{x}_{k+1}=\boldsymbol{x}_k+\boldsymbol{d}_k$。

在高斯-牛顿法中,通常假定 Jacobi 矩阵 $\boldsymbol{J}(\boldsymbol{x}_k)$是列满秩的,此时线性方程组有唯一解。事实上,高斯-牛顿法是使用 $\boldsymbol{e}(\boldsymbol{x})$的一阶近似,将非线性最小二乘转化为线性最小二乘问题。在 $\boldsymbol{x}_k$ 的邻域内,

$$\boldsymbol{e}(\boldsymbol{x})\approx\boldsymbol{l}(\boldsymbol{x}_k)\overset{\Delta}{=}\boldsymbol{e}(\boldsymbol{x}_k)+\boldsymbol{J}(\boldsymbol{x}_k)\boldsymbol{d}\quad(\boldsymbol{d}=\boldsymbol{x}-\boldsymbol{x}_k)$$

于是,在 $\boldsymbol{x}_k$ 附近非线性最小二乘可近似为下面的线性最小二乘:

$$\min\frac{1}{2}\boldsymbol{l}^{\mathrm{T}}(\boldsymbol{x})\boldsymbol{l}(\boldsymbol{x})=\min\frac{1}{2}\|\boldsymbol{e}(\boldsymbol{x}_k)+\boldsymbol{J}(\boldsymbol{x}_k)\boldsymbol{d}\|_2^2$$

它的正规化方程为

$$\boldsymbol{J}^{\mathrm{T}}(\boldsymbol{x}_k)\boldsymbol{J}(\boldsymbol{x}_k)\boldsymbol{d}=-\boldsymbol{J}^{\mathrm{T}}(\boldsymbol{x}_k)\boldsymbol{e}(\boldsymbol{x}_k)\tag{6.42}$$

由于 $\boldsymbol{J}(\boldsymbol{x}_k)$列满秩,正规化方程有唯一解,$\boldsymbol{d}_k=-(\boldsymbol{J}^{\mathrm{T}}(\boldsymbol{x}_k)\boldsymbol{J}(\boldsymbol{x}_k))^{-1}\boldsymbol{J}^{\mathrm{T}}(\boldsymbol{x}_k)\boldsymbol{e}(\boldsymbol{x}_k)$。故,第 $k+1$ 步迭代点为 $\boldsymbol{x}_{k+1}=\boldsymbol{x}_k+\boldsymbol{d}_k$。

高斯-牛顿法的收敛性与 $f(\boldsymbol{x})$在极小点的函数值(残差平方和)有关。若 $\boldsymbol{x}_*$ 是局部极小点,初始值 $\boldsymbol{x}_0$ 充分接近 $\boldsymbol{x}_*$,则高斯-牛顿法在 $f(\boldsymbol{x}_*)=0$ 的情况下二阶收敛;在 $f(\boldsymbol{x}_*)$较小的情况下线性收敛;当 $f(\boldsymbol{x}_*)$较大时,高斯-牛顿法未必收敛。也就是说,高斯-牛顿法只适用于小残差问题,对于大残差问题高斯-牛顿法失效。

2. 莱文贝格-马夸特法

莱文贝格-马夸特法是高斯-牛顿法的一种改进,主要目的是为大规模非线性最小二乘问题提供一个快速收敛的正则化方法。该方法是高斯-牛顿法与最速下降法相结合的产物。

记 $\boldsymbol{N}(\boldsymbol{x}_k)=\boldsymbol{J}^{\mathrm{T}}(\boldsymbol{x}_k)\boldsymbol{J}(\boldsymbol{x}_k)$,将高斯-牛顿法的正规化方程(6.42)写成

$$\boldsymbol{N}(\boldsymbol{x}_k)\boldsymbol{d}=-\boldsymbol{J}^{\mathrm{T}}(\boldsymbol{x}_k)\boldsymbol{e}(\boldsymbol{x}_k)$$

莱文贝格-马夸特法是用如下增量正规化方程

$$\overline{\boldsymbol{N}}(\boldsymbol{x}_k,\lambda)\boldsymbol{d}=-\boldsymbol{J}^{\mathrm{T}}(\boldsymbol{x}_k)\boldsymbol{e}(\boldsymbol{x}_k) \tag{6.43}$$

代替正规化方程,其中

$$\begin{cases}\overline{N}_{ii}(\boldsymbol{x}_k,\lambda)=(1+\lambda)N_{ii}(\boldsymbol{x}_k)\\ \overline{N}_{ij}(\boldsymbol{x}_k,\lambda)=N_{ij}(\boldsymbol{x}_k), \quad i\neq j\end{cases} \tag{6.44}$$

在莱文贝格-马夸特法中,每步迭代都是寻找一个合适的 λ 值。开始时,通常取 $\lambda=10^{-3}$,若增量方程(6.43)的解 $\boldsymbol{d}$ 使误差下降,$f(\boldsymbol{x}_k+\boldsymbol{d})<f(\boldsymbol{x}_k)$,则接受 λ 的当前值,并且在下一步迭代中减小 λ 值,以 $\lambda/10$ 代替 λ;否则,增大 λ 值,以 10λ 代替 λ 重新求解增量方程(6.43),此过程直至求出一个使误差下降的 $\boldsymbol{d}$ 为止。也就是说,对不同的 λ,重复地解增量方程直到得出一个可接受的 $\boldsymbol{d}$,构成莱文贝格-马夸特法的一步迭代。

莱文贝格-马夸特法

$\min f(\boldsymbol{x})=\dfrac{1}{2}\boldsymbol{e}^{\mathrm{T}}(\boldsymbol{x})\boldsymbol{e}(\boldsymbol{x})$

(1) 给定初始点 $\boldsymbol{x}_0$ 和容差 ε;置 $\lambda_0=10^{-3}$,$k\leftarrow 0$;

(2) 计算 $\boldsymbol{J}^{\mathrm{T}}(\boldsymbol{x}_k)$,$\boldsymbol{e}(\boldsymbol{x}_k)$;

(3) (3.1) 从增量方程 $\overline{\boldsymbol{N}}(\boldsymbol{x}_k,\lambda_k)\boldsymbol{d}=\boldsymbol{J}^{\mathrm{T}}(\boldsymbol{x}_k)\boldsymbol{e}(\boldsymbol{x}_k)$ 得到 $\boldsymbol{d}_k$;

(3.2) 若 $f(\boldsymbol{x}_k+\boldsymbol{d}_k)<f(\boldsymbol{x}_k)$,令 $\boldsymbol{x}_{k+1}=\boldsymbol{x}_k+\boldsymbol{d}_k$。若 $\|\boldsymbol{d}_k\|_2<\varepsilon$,输出 $\boldsymbol{x}_{k+1}$,终止迭代;否则,令 $\lambda_{k+1}=\lambda_k/10$,置 $k\leftarrow k+1$,转(2);

(3.3) 若 $f(\boldsymbol{x}_k+\boldsymbol{d}_k)\geqslant f(\boldsymbol{x}_k)$,置 $\lambda_k\leftarrow 10\lambda_k$,返回(3.1)。

6.4 约束优化

6.4.1 最优性条件

约束优化的最优性条件比无约束复杂得多。先考虑等式约束

$$\begin{cases}\min f(\boldsymbol{x})\\ \text{subject to } \boldsymbol{h}(\boldsymbol{x})=0\end{cases} \tag{6.45}$$

引进拉格朗日(Lagrange)函数

$$L(\boldsymbol{x},\mu)=f(\boldsymbol{x})+\boldsymbol{\mu}^{\mathrm{T}}\boldsymbol{h}(\boldsymbol{x}), \quad (\boldsymbol{\mu}=(\mu_1,\mu_2,\cdots,\mu_q)^{\mathrm{T}})$$

令 $\boldsymbol{x}^*$ 是式(6.45)的局部最优解,$\operatorname{rank}(\boldsymbol{J}_h(\boldsymbol{x}^*))=q$,根据多元微分学的相对极值定理[3],存在 μ_* 使得

$$\frac{\partial L}{\partial \boldsymbol{x}}(\boldsymbol{x}^*,\boldsymbol{\mu}^*)=\nabla_f(\boldsymbol{x}^*)+\boldsymbol{J}_h(\boldsymbol{x}^*)\boldsymbol{\mu}^*=0$$

因此

$$-\nabla_f(\boldsymbol{x}^*)=\sum_{j=1}^{q}\mu_j^*\ \nabla_{h_j}(\boldsymbol{x}^*) \tag{6.46}$$

这表明，若 $\boldsymbol{x}^*$ 是式(6.45)的局部最优解，则 $f(\boldsymbol{x})$ 在 $\boldsymbol{x}^*$ 的梯度方向落入向量组 $\{\nabla_{h_1}(\boldsymbol{x}^*),\cdots,\nabla_{h_q}(\boldsymbol{x}^*)\}$ 张成的线性子空间

$$\nabla_f(\boldsymbol{x}^*)\in \operatorname{span}\{\nabla_{h_1}(\boldsymbol{x}^*),\cdots,\nabla_{h_q}(\boldsymbol{x}^*)\} \tag{6.47}$$

再考虑不等式约束

$$\begin{cases}\min f(\boldsymbol{x})\\ \text{subject to } \boldsymbol{g}(\boldsymbol{x})\leqslant 0\end{cases} \tag{6.48}$$

若点 $\boldsymbol{x}_0$ 是式(6.48)是可行解，即满足 $\boldsymbol{g}(\boldsymbol{x}_0)\leqslant 0$，在 $\boldsymbol{g}(\boldsymbol{x}_0)$ 的分量中可能有两种情况，第一种情况是使得等式 $g_i(\boldsymbol{x}_0)=0$ 成立的分量 g_i；第二种情况是严格不等式 $g_j(\boldsymbol{x}_0)<0$ 成立的分量 g_j。这两种情况对 $\boldsymbol{x}_0$ 的约束具有不同的效果。第一种情况的 $\boldsymbol{x}_0$ 是可行域的边界点，因此 $\boldsymbol{x}_0$ 的微小变化会导致第一种情况不再满足。第二种情况则不同，$\boldsymbol{x}_0$ 有微小变化时，第二种情况仍然成立。使第一种情况发生的分量 g_i 称为 $\boldsymbol{x}_0$ 的积极约束，这些分量的指标集记为

$$I(\boldsymbol{x}_0)=\{i\mid g_i(\boldsymbol{x}_0)=0\}$$

引进式(6.48)的拉格朗日函数

$$L(\boldsymbol{x},\lambda)=f(\boldsymbol{x})+\boldsymbol{\lambda}^{\mathrm{T}}\boldsymbol{g}(\boldsymbol{x}),\quad (\boldsymbol{\lambda}=(\lambda_1,\lambda_2,\cdots,\lambda_p)^{\mathrm{T}})$$

假定 $\boldsymbol{x}^*$ 是式(6.48)的局部最优解，若 $\{\nabla_{g_i}(\boldsymbol{x}^*)\mid i\in I(\boldsymbol{x}^*)\}$ 是线性无关组，则可以证明存在 $\boldsymbol{\lambda}^*$ 使得

$$\begin{cases}\dfrac{\partial L}{\partial \boldsymbol{x}}(\boldsymbol{x}^*,\boldsymbol{\lambda}^*)=\nabla_f(\boldsymbol{x}^*)+\displaystyle\sum_{i\in I(\boldsymbol{x}^*)}\lambda_i^*\ \nabla g_i(\boldsymbol{x}^*)=0\\ \boldsymbol{\lambda}^*\geqslant 0\end{cases} \tag{6.49}$$

与等式约束不同，这里要求乘子是非负的，几何意义是 $f(\boldsymbol{x})$ 在 $\boldsymbol{x}^*$ 的负梯度落入向量组 $\{\nabla_{g_i}(\boldsymbol{x}^*)\mid i\in I(\boldsymbol{x}^*)\}$ 张成的锥流形

$$\nabla_f(\boldsymbol{x}^*)\in\left\{\boldsymbol{x}=\sum_{i\in I(\boldsymbol{x}_*)}\lambda_i\ \nabla g_i(\boldsymbol{x}^*)\mid \lambda_i\geqslant 0, i\in I(\boldsymbol{x}^*)\right\} \tag{6.50}$$

可以将式(6.49)写成如下等价形式

$$\begin{cases}\dfrac{\partial L}{\partial \boldsymbol{x}}(\boldsymbol{x}^*,\boldsymbol{\lambda}^*)=\nabla_f(\boldsymbol{x}^*)+\nabla_g(\boldsymbol{x}^*)\cdot\boldsymbol{\lambda}^*=0\\ \operatorname{diag}(\boldsymbol{\lambda}^*)\boldsymbol{g}(\boldsymbol{x}^*)=0\\ \boldsymbol{\lambda}^*\geqslant 0\end{cases} \tag{6.51}$$

条件 $\operatorname{diag}(\boldsymbol{\lambda}^*)\boldsymbol{g}(\boldsymbol{x}^*)=0$ 称为互补松紧条件，目的是使得式(6.49)与式(6.51)一致。

对一般约束问题

$$\begin{cases}\min f(\boldsymbol{x})\\ \text{subject to } g_i(\boldsymbol{x})\leqslant 0,\quad i=1,2,\cdots,p;\\ \qquad\qquad\quad h_j(\boldsymbol{x})=0,\quad i=1,2,\cdots,q\end{cases} \tag{6.52}$$

的拉格朗日函数

$$L(\boldsymbol{x},\mu,\lambda)=f(\boldsymbol{x})+\boldsymbol{\mu}^{\mathrm{T}}\boldsymbol{g}(\boldsymbol{x})+\boldsymbol{\lambda}^{\mathrm{T}}\boldsymbol{h}(\boldsymbol{x})$$

下述定理是 Kuhn 和 Tucker(1951)给出的最优性条件[12]：

定理 6.4.1 设 $f(\boldsymbol{x}),\boldsymbol{g}(\boldsymbol{x}),\boldsymbol{h}(\boldsymbol{x})$在点 $\boldsymbol{x}^*$ 连续可微,向量组

$$\{\nabla_{g_i}(\boldsymbol{x}^*),\nabla_{h_j}(\boldsymbol{x}^*):i\in I(\boldsymbol{x}^*),j=1,2,\cdots,q\}$$

线性无关。若 $\boldsymbol{x}^*$ 是式(6.52)的局部最优解,则存在 $\boldsymbol{\mu}^*,\boldsymbol{\lambda}^*$ 使得

$$\begin{cases}\dfrac{\partial L}{\partial \boldsymbol{x}}(\boldsymbol{x}^*,\boldsymbol{\mu}^*,\boldsymbol{\lambda}^*)=\nabla_f(\boldsymbol{x}^*)+\nabla_g(\boldsymbol{x}^*)\cdot\boldsymbol{\lambda}^*+\nabla_h(\boldsymbol{x}^*)\cdot\boldsymbol{\mu}^*=0\\ \mathrm{diag}(\boldsymbol{\lambda}^*)\boldsymbol{g}(\boldsymbol{x}^*)=0\\ \boldsymbol{\lambda}^*\geqslant 0\end{cases}\tag{6.53}$$

这是一个非常著名最优性条件,称为 K-T 条件。满足 K-T 条件的点称为 K-T 点,大多数约束优化方法都是寻找 K-T 点。在一定的凸性条件下,K-T 条件也是充分的。

定理 6.4.2 设 $f(\boldsymbol{x}),\boldsymbol{g}(\boldsymbol{x}),\boldsymbol{h}(\boldsymbol{x})$在点 $\boldsymbol{x}^*$ 连续可微,且 $f(\boldsymbol{x}),\boldsymbol{g}(\boldsymbol{x})$是凸函数,$\boldsymbol{h}(\boldsymbol{x})$是线性函数。若 $\boldsymbol{x}^*$ 满足 K-T 条件,则它是式(6.52)的整体最优解。

6.4.2 惩罚法

惩罚法,按照 Fiacco 和 McCormik 的说法,又称为序列无约束极小化方法。该方法通过引入罚函数构造增广目标函数,将约束优化转化为一系列的无约束优化,通过求解无约束优化而获得约束优化的解。惩罚法有多种类型,这里仅介绍两种常用的类型:外惩罚法(又称为罚函数法)和内惩罚法(也称为障碍函数法)。本节假定约束优化中涉及的函数都是连续的。

1. 外惩罚法

外惩罚法的基本思想是,首先选择一个充分大的数 C 构造罚函数

$$b(\boldsymbol{x})=\begin{cases}0, & \boldsymbol{x}\in\mathcal{S}\\ C, & \boldsymbol{x}\notin\mathcal{S}\end{cases}\tag{6.54}$$

其中$\mathcal{S}$是约束优化的可行域;C 称为惩罚因子,表示对不可行点的惩罚,即对可行域的外部点加以惩罚,这也是外惩罚法名字的由来。然后,试图将约束优化归结为下面的无约束优化

$$\min p(\boldsymbol{x})\tag{6.55}$$

其中

$$p(\boldsymbol{x})=f(\boldsymbol{x})+b(\boldsymbol{x})=\begin{cases}f(\boldsymbol{x}), & \boldsymbol{x}\in\mathcal{S}\\ C, & \boldsymbol{x}\notin\mathcal{S}\end{cases}$$

称为约束优化的增广目标函数。

因 C 是充分大,式(6.55)的最优解一定是原约束优化的最优解。然而,罚函数式(6.54)在可行域$\mathcal{S}$的边界具有非常大的跳变,增广目标函数不能保持原目标函数在可行域边界的连续性,而约束优化的最优解通常都是可行域的边界点,这使无约束优化的迭代法很难计算出原约束优化的最优解。

要使增广目标函数 $p(\boldsymbol{x})$在可行域边界有原目标函数的数值性态,则在可行域的边界它不能发生跳变。若选择罚函数

$$b_C(\boldsymbol{x}) = C\sum_{i=1}^{p}(\max(g_i(\boldsymbol{x}),0))^2 + \frac{C}{2}\sum_{i=1}^{q}(h_i(\boldsymbol{x}))^2 \tag{6.56}$$

则增广目标函数

$$p_C(\boldsymbol{x}) = f(\boldsymbol{x}) + b_C(\boldsymbol{x})$$

在可行域边界就有连续性。因此，只要 C 充分大，约束优化就可以归结为无约束优化

$$\min p_C(\boldsymbol{x}) = f(\boldsymbol{x}) + b_C(\boldsymbol{x}) \tag{6.57}$$

惩罚因子 C 究竟选择多大才合适，这是实践中的难题。为此，人们使用一系列的罚函数渐近地解决这个问题。具体地说，选择一个单调严格递增趋于正无穷的惩罚因子序列 $\{C_k \mid k=1,2,\cdots\}$，随 k 的增大罚函数 $b_{C_k}(\boldsymbol{x})$ 对不可行点的惩罚 C_k 也将增大，k 趋于正无穷时惩罚 C_k 也将趋于正无穷。这样，就将约束优化归结为求解一系列的无约束优化

$$\min p_{C_k}(\boldsymbol{x}),\quad k=1,2,\cdots \tag{6.58}$$

其中

$$\begin{cases} p_{C_k}(\boldsymbol{x}) = f(\boldsymbol{x}) + b_{C_k}(\boldsymbol{x}) \\ b_{C_k}(\boldsymbol{x}) = C_k\sum_{i=1}^{p}(\max(g_i(\boldsymbol{x}),0))^2 + \dfrac{C_k}{2}\sum_{i=1}^{q}(h_i(\boldsymbol{x}))^2 \end{cases} \tag{6.59}$$

对于式(6.58)的最优解$\{\boldsymbol{x}^k\}$，期望随 k 的增大它能趋近约束优化的最优解。这就是外惩罚法的整个过程。

例 6.4.1　用外惩罚法解约束优化问题

$$\begin{cases} \min x^2 \\ \text{subject to } 1-x \leqslant 0 \end{cases}$$

解　构造罚函数

$$b_k(\boldsymbol{x}) = k(\max\{0,1-x\})^2 = \begin{cases} k(1-x)^2, & x<1 \\ 0, & x \geqslant 1 \end{cases}$$

增广目标函数为

$$p_k(\boldsymbol{x}) = \begin{cases} x^2 + k(1-x)^2, & x<1 \\ x^2, & x \geqslant 1 \end{cases}$$

求解无约束优化

$$\min p_k(\boldsymbol{x}),\quad k=1,2,\cdots$$

此问题简单，可解析求解：

$$p'_k(x) = \begin{cases} 2x - 2k(1-x), & x<1 \\ 2x, & x \geqslant 1 \end{cases}$$

从 $p'_k(x)=0$ 得到

$$x^{(k)} = \frac{k}{1+k},\quad k=1,2,\cdots$$

因此，最优解为

$$x_* = \lim_{k\to\infty}\frac{k}{1+k} = 1$$

例 6.4.1 是非常简单的问题，对实际问题需要使用下面的数值算法。

外惩罚法

$\min\limits_{x\in S} f(\boldsymbol{x})$

(1) 给定初始点 $\boldsymbol{x}^{(0)}$ 和终止条件，以及惩罚因子序列 $\{C_k \mid k=1,2,\cdots\}$；$k \leftarrow 0$；

(2) 构造罚函数 $b_{C_k}(\boldsymbol{x})$ 和增广目标函数 $p_{C_k}(\boldsymbol{x})$；

(3) 以初始点 $\boldsymbol{x}^{(k)}$，用无约束优化迭代法得到 $\boldsymbol{x}^{(k+1)}=\operatorname{argmin} p_{C_k}(\boldsymbol{x})$。若 $\boldsymbol{x}^{(k+1)}$ 满足终止条件，输出最优解 $\boldsymbol{x}^{(k)}$，终止迭代；否则，令 $k \leftarrow k+1$，转(2)。

在实际应用中，惩罚因子序列可按下述递推方式产生

$$C_{k+1}=\sigma C_k \quad (C_1>0, \sigma \geqslant 2)$$

终止条件有多种选取方式，比如

(i) 令 $s(\boldsymbol{x})=p_{C_k}(\boldsymbol{x})/C_k$，终止条件可选取为 $s(\boldsymbol{x}^{(k)}) \leqslant \varepsilon$。

(ii) 记 $g^{(k)}=\max\{g_i(\boldsymbol{x}^{(k)})\}$，$h^{(k)}=\max\{h_j(\boldsymbol{x}^{(k)})\}$，终止条件可选取为 $\max\{g^{(k)}, h^{(k)}\} \leqslant \varepsilon$。

2. 内惩罚法

内部惩罚法的基本思想与外部惩罚法类似，首先在可行域边界设置一道“障碍”，充当这道“障碍”是所谓的障碍函数，然后构造增广目标函数将约束优化归结为无约束优化。障碍函数的作用是使得无约束优化的迭代点总是在可行域的内部。内部惩罚法只适用于不等式约束优化

$$\begin{cases}\min f(\boldsymbol{x}) \\ \text{subject to } g_i(\boldsymbol{x}) \leqslant 0, \quad i=1,2,\cdots,p\end{cases} \tag{6.60}$$

它的可行域内部

$$\mathcal{S}^{o}=\{\boldsymbol{x} \mid g_i(\boldsymbol{x})<0, i=1,2,\cdots,p\}$$

当可行域内点 $\boldsymbol{x} \in \mathcal{S}^{o}$ 趋近边界时，在 $\{g_i(\boldsymbol{x})\}$ 中至少存在一个分量函数值趋近零，因此下面的函数趋近无穷大

$$b(\boldsymbol{x})=-\sum_{i=1}^{p} \frac{1}{g_i(\boldsymbol{x})}, \quad \text{或} \quad b(\boldsymbol{x})=-\sum_{i=1}^{p} \ln(-g_i(\boldsymbol{x}))$$

这两个函数都称为障碍函数。取增广目标函数为

$$p(\boldsymbol{x})=f(\boldsymbol{x})+b(\boldsymbol{x})$$

则不难看出，它极小点总是在可行域的内部，障碍函数的作用是对企图越出可行域的点加以惩罚。由于最终要寻求约束优化的最优解，而它又往往位于可行域的边界，因此在迭代过程中要逐渐减小惩罚程度。与外惩罚法类似，先选取一个单调减趋于零的正惩罚因子序列 D_k，$k=1,2,\cdots$，并对每个 D_k 构造一个障碍函数

$$b_{D_k}(\boldsymbol{x})=-D_k \sum_{i=1}^{p} \frac{1}{g_i(\boldsymbol{x})}, \quad \text{或} \quad b_{D_k}(\boldsymbol{x})=-D_k \sum_{i=1}^{p} \ln(-g_i(\boldsymbol{x})) \tag{6.61}$$

然后，构造增广目标函数

$$p_{D_k}(\boldsymbol{x})=f(\boldsymbol{x})+b_{D_k}(\boldsymbol{x}) \tag{6.62}$$

从 $b_{D_k}(\boldsymbol{x})$ 的构造可知，当一个点从可行域内部趋向边界时，$p_{D_k}(\boldsymbol{x})$ 将无限增大，因此它的极小点总是在可行域内部。若式(6.60)的最优解在可行域内部，则当 D_k 取到适当值时，

$p_{D_k}(\boldsymbol{x})$的极小点 $\boldsymbol{x}^{(k)}$ 可以达到式(6.60)的最优解；若式(6.60)的最优解在可行域边界上，因随 k 增大 $b_{D_k}(\boldsymbol{x})$的影响逐渐减弱，从而极小点 $\boldsymbol{x}^{(k)}$ 逐渐逼近式(6.60)的最优解。综上所述，约束优化式(6.60)可归结为下面的一系列无约束优化：

$$\min p_{D_k}(\boldsymbol{x}),\quad k=1,2,\cdots \tag{6.63}$$

内惩罚法(不等式约束)

$\min\limits_{x\in\mathcal{S}} f(\boldsymbol{x})$

(1) 给定初始点 $\boldsymbol{x}^{(0)}\in\mathcal{S}^o$ 和终止条件，以及惩罚因子序列$\{D_k\mid k=1,2,\cdots\}$；$k\leftarrow 0$；

(2) 构造惩罚函数 $b_{D_k}(\boldsymbol{x})$和增广目标函数 $p_{D_k}(\boldsymbol{x})$；

(3) 以初始点 $\boldsymbol{x}^{(k)}$，用无约束优化方法得到 $\boldsymbol{x}^{(k+1)}=\operatorname{argmin} p_{D_k}(\boldsymbol{x})$。若 $\boldsymbol{x}^{(k+1)}$ 满足终止条件，输出最优解 $\boldsymbol{x}^{(k+1)}$，终止迭代；否则，$k\leftarrow k+1$，转(2)。

在内惩罚法中，初始点必须是可行域的内点。$\{D_k\mid k=1,2,\cdots\}$可按下述递推方式产生

$$D_{k+1}=\sigma^{-1}D_k\quad (D_1>0,\sigma\geqslant 2)$$

终止条件可选取为 $b_{D_k}(\boldsymbol{x}^{(k)})\leqslant\varepsilon$，或 $g^{(k)}=\max\{g_i(\boldsymbol{x}^{(k)})\}\leqslant\varepsilon$。

例 6.4.2　用内惩罚法解约束优化问题

$$\begin{cases}\min f(\boldsymbol{x})=x_1^2+x_2^2\\ \text{subject to } 1+x_1+x_2\leqslant 0\end{cases}$$

解　这个问题的精确解为 $\boldsymbol{x}_*=(-0.5,-0.5)$，在可行域的边界上。选取障碍函数为

$$b_k(\boldsymbol{x})=-\frac{1}{2^k(1+x_1+x_2)}$$

增广目标函数为

$$p_k(\boldsymbol{x})=x_1^2+x_2^2-\frac{1}{2^k(1+x_1+x_2)}$$

使用牛顿法求解下列无约束优化：

$$\min p_k(\boldsymbol{x}),\quad k=1,2,\cdots$$

$$\nabla_{p_k}(\boldsymbol{x})=\left(2x_1-\frac{1}{2^k(1+x_1+x_2)^2},2x_2-\frac{1}{2^k(1+x_1+x_2)^2}\right)$$

$$\boldsymbol{H}_{p_k}(\boldsymbol{x})=\begin{bmatrix}2-\dfrac{1}{2^{k-1}(1+x_1+x_2)^3} & -\dfrac{1}{2^{k-1}(1+x_1+x_2)^3}\\ -\dfrac{1}{2^{k-1}(1+x_1+x_2)^3} & 2-\dfrac{1}{2^{k-1}(1+x_1+x_2)^3}\end{bmatrix}$$

以 $\boldsymbol{x}^{(0)}=(-1,-1)$为初始值，迭代结果如表 6.5 所示。可见内惩罚法收敛速度非常慢，对如此简单问题需要迭代 40 步才获得精确到小数点后 6 位的最优解。

惩罚法的优点是结构简单，但其缺点也非常明显：①收敛速度慢；②计算量大，每步迭代都需要求解一个无约束优化；③数值计算上的困难，因为求解过程中要求惩罚因子无限增大或无限减小，会导致增广目标函数的 Hessian 矩阵严重病态，直接影响算法的计算效率甚至算法失败。下节将引进约束优化的乘子法，它能克服惩罚法的这些缺点。人们普遍认为，乘子法是求解约束优化问题的重要方法之一。

表 6.5 内惩罚法解 $\min f(x)=x_1^2+x_2^2(1+x_1+x_2\leqslant 0)$，$x_1^{(0)}=-1.0$，$x_2^{(0)}=-1.0$

k	$\boldsymbol{x}_k$	$f(\boldsymbol{x}_k)$
5	{−0.5819302，−0.5819302}	0.677286
10	{−0.5153994，−0.5153994}	0.531254
15	{−0.5027545，−0.5027545}	0.505524
20	{−0.5004880，−0.5004880}	0.500977
25	{−0.5000863，−0.5000863}	0.500173
30	{−0.5000153，−0.5000153}	0.500031
35	{−0.5000027，−0.5000027}	0.500005
40	{−0.5000004，−0.5000004}	0.500001

6.4.3 乘子法

Powell(1969)就等式约束优化提出了著名的乘子法，他借用惩罚法中构造增广目标函数的思想，同时又利用拉格朗日乘子法以克服惩罚法固有的数值困难。同一时期 Hestenes 也独立地提出了这种方法，通常以他俩名字来命名为 P-H 乘子法。后来，Buys、Bertsekas 和 Rockafellar 等人将 P-H 乘子法拓广到一般约束优化。本节假定优化问题中涉及的函数都是连续可微的。

1. H-P 乘子法

考虑等式约束优化

$$\begin{cases}\min f(\boldsymbol{x})\\ \text{subject to } h_i(\boldsymbol{x})=0, \quad i=1,2,\cdots,q\end{cases} \tag{6.64}$$

正如 6.4.1 节所指出，外惩罚法因惩罚因子无限增大而导致数值困难，稍作分析就知道这是惩罚法固有的缺陷。在外惩罚法中，式(6.64)的增广目标函数

$$p_{C_k}(\boldsymbol{x})=f(\boldsymbol{x})+\frac{C_k}{2}\sum_{i=1}^{q}(h_i(\boldsymbol{x}))^2$$

在极小点 $\boldsymbol{x}^{(k)}$ 的梯度

$$\nabla_{p_{C_k}}(\boldsymbol{x}^{(k)})=\nabla_f(\boldsymbol{x}^{(k)})+C_k\sum_{i=1}^{q}h_i(\boldsymbol{x}^{(k)})\nabla_{h_i}(\boldsymbol{x}^{(k)})=0$$

因此

$$\frac{1}{C_k}\nabla_f(\boldsymbol{x}^k)=-\sum_{i=1}^{q}h_i(\boldsymbol{x}^k)\nabla_{h_i}(\boldsymbol{x}^k)$$

假定 $\boldsymbol{x}^{(k)}\to\boldsymbol{x}^*$(约束优化的最优解)，对上式两边取极限

$$\lim_{k\to\infty}\frac{1}{C_k}\nabla_f(\boldsymbol{x}^{(k)})=-\sum_{i=1}^{q}h_i(\boldsymbol{x}^*)\nabla_{h_i}(\boldsymbol{x}^*)=0$$

由于约束优化通常有 $\nabla_f(\boldsymbol{x}^*)\neq 0$，因此 $C_k\to\infty$。这表明惩罚法的数值困难是自身所固有的。

在不改变最优解 $\boldsymbol{x}^*$ 的前提下，如果能以最优点的梯度为零的函数来代替约束优化的目标函数，然后对这个新目标函数应用惩罚法，惩罚因子就不会无限增大。这就是乘子法的基本思想，现在讨论如何构造这样的目标函数。

根据最优性的必要条件，存在拉格朗日乘子 μ^* 使得式(6.64)的拉格朗日函数

$$L(\boldsymbol{x},\boldsymbol{\mu})=f(\boldsymbol{x})+\sum_{i=1}^{q}\mu_i h_i(\boldsymbol{x})$$

在$(\boldsymbol{x}^*,\boldsymbol{\mu}^*)$的梯度为零

$$\nabla_L(\boldsymbol{x}^*,\boldsymbol{\mu}^*)=\begin{bmatrix}\partial_x L(\boldsymbol{x}^*,\mu^*)\\ \partial_\mu L(\boldsymbol{x}^*,\mu^*)\end{bmatrix}=0$$

注意$(\boldsymbol{x}^*,\mu^*)$不是 $L(\boldsymbol{x},\mu)$的极小点或极大点而是一个鞍点，即

$$L(\boldsymbol{x}^*,\boldsymbol{\mu})\leqslant L(\boldsymbol{x}^*,\boldsymbol{\mu}^*)\leqslant L(\boldsymbol{x},\boldsymbol{\mu}^*)$$

但由此可以看出，函数 $L(\boldsymbol{x},\mu^*)$以 $\boldsymbol{x}^*$ 为极小点，它正是要寻找的目标函数。

综上所述，等式约束优化式(6.64)等价下述优化：

$$\begin{cases}\min L(\boldsymbol{x},\boldsymbol{\mu}^*)\\ \text{subject to } h_i(\boldsymbol{x})=0, \quad i=1,2,\cdots,q\end{cases} \tag{6.65}$$

应用惩罚法，再转化为求如下增广拉格朗日函数的极小值：

$$p_C(\boldsymbol{x},\boldsymbol{\mu}^*)=L(\boldsymbol{x},\boldsymbol{\mu}^*)+\frac{C}{2}\sum_{j=1}^{q}[h_j(\boldsymbol{x})]^2 \tag{6.66}$$

现在，面临的困难是在数值上如何确定$\boldsymbol{\mu}^*$和 C，尤其是$\boldsymbol{\mu}^*$。对此 Powell 和 Hestenes 提出了下述方法：

对惩罚因子 C 选取一个无限增大的数列$\{C_k\}$，随迭代步数的增加而增大；对乘子$\boldsymbol{\mu}^*$，给定一个初始值，然后在迭代过程中不断更新。下面讨论 P-H 的乘子更新公式。

假定已知$\boldsymbol{\mu}^{(k)}$，令 $\boldsymbol{x}^{(k+1)}=\text{argmin}\,p_{C_k}(\boldsymbol{x},\boldsymbol{\mu}^{(k)})$，则

$$\begin{aligned}\partial_x p_{C_k}(\boldsymbol{x}^{(k+1)},\boldsymbol{\mu}^{(k+1)})&=\partial_x L(\boldsymbol{x}^{(k+1)},\boldsymbol{\mu}^{(k+1)})+C_k\sum_{j=1}^{q}h_j(\boldsymbol{x}^{(k+1)})\nabla_{h_j}(\boldsymbol{x}^{(k+1)})\\ &=\nabla_f(\boldsymbol{x}^{(k+1)})+\sum_{j=1}^{q}(\mu_j^{(k)}+C_k h_j(\boldsymbol{x}^{(k+1)}))\nabla_{h_j}(\boldsymbol{x}^{(k+1)})=0\end{aligned} \tag{6.67}$$

为了使 $\boldsymbol{x}^{(k)}$ 和$\boldsymbol{\mu}^{(k)}$ 逼近 $\boldsymbol{x}^*$ 和乘子$\boldsymbol{\mu}^*$，考虑$\partial_x L(\boldsymbol{x}^*,\boldsymbol{\mu}^*)$，有

$$\partial_x L(\boldsymbol{x}^*,\boldsymbol{\mu}^*)=\nabla_f(\boldsymbol{x}^*)+\sum_{j=1}^{q}\mu_j^*\nabla_{h_j}(\boldsymbol{x}^*) \tag{6.68}$$

比较式(6.67)与式(6.68)，在下一步迭代中$\boldsymbol{\mu}^{(k+1)}$应为

$$\mu_j^{(k+1)}=\mu_j^{(k)}+C_k h_j(\boldsymbol{x}^{(k+1)}), \quad j=1,2,\cdots,q \tag{6.69}$$

这就是 P-H 的乘子迭代更新公式。

P-H 乘子法(等式约束)

$\min\limits_{x\in S} f(\boldsymbol{x})$

(1) 给定初始点 $\boldsymbol{x}^{(0)}$，初始乘子$\boldsymbol{\mu}^{(0)}$，终止条件，以及惩罚因子$\{C_k \mid k=0,1,2,\cdots\}$；$k\leftarrow 0$；

(2) 无约束优化

初始点：$\boldsymbol{x}^{(k)}$

$$\boldsymbol{x}^{(k+1)}=\text{argmin}\,p_{C_k}(\boldsymbol{x},\boldsymbol{\mu}^{(k)})=f(\boldsymbol{x})+\sum_{j=1}^{q}\mu_j^{(k)}h_j(\boldsymbol{x})+\frac{C_k}{2}\sum_{j=1}^{q}[h_j(\boldsymbol{x})]^2$$

若 $\boldsymbol{x}^{(k+1)}$满足终止条件，输出 $\boldsymbol{x}^{(k+1)}$，终止迭代；否则，转(3)；

(3) 更新乘子

$$\boldsymbol{\mu}_i^{(k+1)}=\boldsymbol{\mu}_i^{(k)}+C_k h_i(\boldsymbol{x}^{(k+1)}),\quad i=1,2,\cdots,q$$

置 $k \leftarrow k+1$,转(2)。

实际问题中,惩罚因子可按下述递归方式产生:

$$C_{k+1}=\sigma C_k \quad (C_1\in[0.1,1],\sigma\geqslant 2)$$

初始乘子$\boldsymbol{\mu}^{(1)}$常取零向量;终止条件可选取下列条件之一:

$$h^{(k)}=\max\{|h_i(\boldsymbol{x}^{(k)})|\}\leqslant\varepsilon;$$

$$\|\boldsymbol{x}^{(k)}-\boldsymbol{x}^{(k-1)}\|_2\leqslant\varepsilon,\quad \|\mu^{(k)}-\mu^{(k-1)}\|_2\leqslant\varepsilon;$$

$$|f(\boldsymbol{x}^{(k)})-f(\boldsymbol{x}^{(k-1)})|\leqslant\varepsilon$$

其中 ε 是给定的容差。

2. Rockafellar 乘子法

Rockafellar(1973)将 P-H 乘子法拓广到不等式约束优化

$$\begin{cases}\min f(\boldsymbol{x})\\ \text{subject to } g_i(\boldsymbol{x})\leqslant 0,\quad i=1,2,\cdots,p\end{cases}\tag{6.70}$$

基本思想是先引入松弛变量将不等式约束转化为等式约束,然后再利用最优性条件消去松弛变量。具体地说,引进松弛变量 $\boldsymbol{y}=(y_1,y_2,\cdots,y_p)^{\mathrm{T}}$ 将约束优化式(6.70)转化为关于变量$(\boldsymbol{x},\boldsymbol{y})$的等式约束优化

$$\begin{cases}\min f(\boldsymbol{x})\\ \text{subject to } g_i(\boldsymbol{x})+y_i^2=0,\quad i=1,2,\cdots,p\end{cases}\tag{6.71}$$

应用 P-H 乘子法,它的增广拉格朗日目标函数

$$p_{C_k}(\boldsymbol{x},\boldsymbol{y},\boldsymbol{\lambda})=f(\boldsymbol{x})+\sum_{i=1}^{q}\lambda_i(g_i(\boldsymbol{x})+y_i^2)+\frac{C_h}{2}\sum_{i=1}^{q}(g_i(\boldsymbol{x})+y_i^2)^2$$

其中 $\lambda=(\lambda_1,\lambda_2,\cdots,\lambda_p)^{\mathrm{T}}$ 是乘子,$\{C_k\}$是一个惩罚因子序列。逼近式(6.71)最优解的迭代$\{(\boldsymbol{x}^{(k)},\boldsymbol{y}^{(k)})\}$与乘子更新$\{\boldsymbol{\lambda}^{(k)}\}$分别为

$$(\boldsymbol{x}^{(k+1)},\boldsymbol{y}^{(k+1)})=\operatorname{argmin} p_{C_k}(\boldsymbol{x},\boldsymbol{y},\boldsymbol{\lambda}^{(k)})\tag{6.72}$$

$$\lambda_i^{(k+1)}=\lambda_i^{(k)}+C_k(g_i(\boldsymbol{x}^{(k+1)})+(y_i^{(k+1)})^2),\quad i=1,2,\cdots,p\tag{6.73}$$

为了消去松弛变量 $\boldsymbol{y}$,考虑函数 $p_{C_k}(\boldsymbol{x},\boldsymbol{y},\boldsymbol{\lambda})$关于变量 $\boldsymbol{y}$ 极小值,$L_k(\boldsymbol{x},\boldsymbol{\lambda})=\min\limits_{y} p_{C_k}(\boldsymbol{x},\boldsymbol{y},\boldsymbol{\lambda})$。从最优性条件

$$\partial_y p_{C_k}(\boldsymbol{x},\boldsymbol{y},\boldsymbol{\lambda})=\begin{bmatrix}y_1(\lambda_1+C_k(g_1(\boldsymbol{x})+y_1^2))\\ y_2(\lambda_2+C_k(g_2(\boldsymbol{x})+y_2^2))\\ \vdots\\ y_p(\lambda_p+C_k(g_p(\boldsymbol{x})+y_p^2))\end{bmatrix}=0$$

得到

$$y_i^2=\begin{cases}-\dfrac{\lambda_i+C_k g_i(\boldsymbol{x})}{C_k},(\lambda_i+C_k g_i(\boldsymbol{x}))<0\\ 0,(\lambda_i+C_k g_i(\boldsymbol{x}))\geqslant 0\end{cases}=\frac{1}{C_k}\max\{0,-(\lambda_i+C_k g_i(\boldsymbol{x}))\}\tag{6.74}$$

因此

$$\lambda_i(g_i(\boldsymbol{x})+y_i^2)+\frac{C_k}{2}(g_i(\boldsymbol{x})+y_i^2)^2=\begin{cases}-\dfrac{\lambda_i^2}{2C_k},(\lambda_i+C_kg_i(\boldsymbol{x}))<0\\ \lambda_ig_i(\boldsymbol{x})+\dfrac{C_k}{2}(g_i(\boldsymbol{x}))^2,(\lambda_i+C_kg_i(\boldsymbol{x}))\geqslant 0\end{cases}$$

$$=\frac{1}{2C_k}((\max(0,\lambda_i+C_kg_i(\boldsymbol{x})))^2-\lambda_i^2)$$

于是，得到函数 $p_{C_k}(\boldsymbol{x},\boldsymbol{y},\boldsymbol{\lambda})$ 关于变量 $\boldsymbol{y}$ 极小值

$$L_k(\boldsymbol{x},\boldsymbol{\lambda})=\min_{\boldsymbol{y}} p_{C_k}(\boldsymbol{x},\boldsymbol{y},\boldsymbol{\lambda})$$

$$=f(\boldsymbol{x})+\frac{1}{2C_k}\sum_{i=1}^{p}\{(\max\{0,\lambda_i+C_kg_i(\boldsymbol{x})\})^2-\lambda_i^2\} \tag{6.75}$$

由式(6.72)知，$\boldsymbol{x}^{(k+1)}=\underset{\boldsymbol{x}}{\operatorname{argmin}}L_k(\boldsymbol{x},\boldsymbol{\lambda}^{(k)})$。从式(6.74)和式(6.75)，得到 Rockafellar 的乘子更新公式

$$\lambda_i^{(k+1)}=\lambda_i^{(k)}+C_k(g_i(\boldsymbol{x}^{(k+1)})+(\boldsymbol{y}_i^{(k+1)})^2)=\max\{0,\lambda_i^{(k)}+C_kg_i(\boldsymbol{x}^{(k+1)})\} \tag{6.76}$$

Rockafellar 乘子法(不等式约束)

$\min\limits_{x\in S} f(\boldsymbol{x})$

(1) 给定初始点 $\boldsymbol{x}^{(0)}$，初始乘子 $\boldsymbol{\lambda}^{(0)}$，终止条件，以及惩罚因子 $\{C_k\,|\,k=0,1,2,\cdots\}$；$k\leftarrow 0$；

(2) 无约束优化

初始点：$\boldsymbol{x}^{(k)}$

$$\boldsymbol{x}^{(k+1)}=\operatorname{argmin}L_{C_k}(\boldsymbol{x},\boldsymbol{\lambda}^{(k)})=f(\boldsymbol{x})+\frac{1}{2C_k}\sum_{i=1}^{p}\{(\max\{0,\lambda_i+C_kg_i(\boldsymbol{x})\})^2-(\lambda_i^{(k)})^2\}$$

若 $\boldsymbol{x}^{(k+1)}$ 满足终止条件，输出 $\boldsymbol{x}^{(k+1)}$，终止迭代；否则，转(3)；

(3) 更新乘子

$$\lambda_i^{(k+1)}=\max\{0,\lambda_i^{(k)}+C_kg_i(\boldsymbol{x}^{(k+1)})\},\quad i=1,2,\cdots,p$$

置 $k\leftarrow k+1$，转(2)。

在 Rockafellar 乘子法中，惩罚因子序列和终止条件参考 H-P 乘子法。

例 6.4.3　用 Rockafellar 乘子法解例 6.4.2 中约束优化问题

$$\begin{cases}\min f(\boldsymbol{x})=x_1^2+x_2^2\\ \text{subject to } 1+x_1+x_2\leqslant 0\end{cases}$$

解　取 $C_k=2^k,k=0,1,2,\cdots$，Rockafellar 乘子法的目标函数

$$L_k(\boldsymbol{x},\lambda^{(k)})=x_1^2+x_2^2+\frac{1}{2^k}(\max\{0,\lambda+2^k(1+x_1+x_2)\})^2-\frac{(\lambda^{(k)})^2}{2^k}$$

迭代和乘子更新公式

$$(x_1^{(k+1)},x_2^{(k+1)})=\operatorname{argmin}L_k(\boldsymbol{x},\lambda^{(k)})$$

$$\lambda^{(k+1)}=\max\{0,\lambda^{(k)}+2^k(1+x_1^{(k+1)}+x_2^{(k+1)})\}$$

取初始点 $x_1^{(0)}=x_2^{(0)}=-1.0$，初始乘子 $\lambda^{(0)}=0$。

第 1 步迭代

$$L_0(\boldsymbol{x},\lambda^{(0)})=x_1^2+x_2^2$$

$$(x_1^{(1)}, x_2^{(1)}) = \operatorname{argmin} L_0(\boldsymbol{x}, \lambda^{(0)}) = (0,0)$$

$$\lambda^{(1)} = \max\{0, \lambda^{(0)} + 2^0(1 + x_1^{(0)} + x_2^{(0)})\} = 1$$

第 2 步迭代

$$L_1(\boldsymbol{x}, \lambda^{(1)}) = x_1^2 + x_2^2 + \frac{1}{2}(\max\{0, 1 + 2(1 + x_1 + x_2)\})^2 - \frac{1}{2}$$

$$(x_1^{(2)}, x_2^{(2)}) = \operatorname{argmin} L_1(\boldsymbol{x}, \lambda^{(1)}) = \left(-\frac{3}{5}, -\frac{3}{5}\right)$$

$$\lambda^{(2)} = \max\{0, \lambda^{(1)} + 2(1 + x_1^{(1)} + x_2^{(1)})\} = \frac{3}{5}$$

继续迭代，第 5 步收敛到最优解 $\boldsymbol{x}_* = (-0.5, -0.5)$，$f(\boldsymbol{x}_*) = 0.5$，表 6.6 给出了各迭代步的计算结果。乘子法具有很快的收敛速度，比较表 6.5 可以看出 5 步迭代就超过内惩罚法 40 步迭代的精度。

表 6.6　Rockafellar 乘子法解 $\min f(x) = x_1^2 + x_2^2 (1 + x_1 + x_2 \leqslant 0)$，$x_1^{(0)} = -1.0$，$x_2^{(0)} = -1.0$

k	$x^{(k)}$	$\lambda^{(k)}$	$f(\boldsymbol{x}^{(k)})$
0	{−1.0，−1.0}	0.0	2
1	{−0.6，−0.6}	0.6	0.72
2	{−0.511111，−0.511111}	0.511111	0.522469
3	{−0.500654，−0.500654}	0.500654	0.501308
4	{−0.500019，−0.500029}	0.500019	0.500039
5	{−0.500000，−0.500000}	0.500000	0.500000

3. P-H-R 法

现在转到一般问题

$$\begin{cases} \min f(\boldsymbol{x}) \\ \text{subject to } g_i(\boldsymbol{x}) \leqslant 0, \quad i = 1, 2, \cdots, p \\ \qquad\qquad h_j(\boldsymbol{x}) = 0, \quad j = 1, 2, \cdots, q \end{cases} \tag{6.77}$$

由式(6.66)和式(6.75)，它的增广目标函数

$$L_{C_k}(\boldsymbol{x}, \boldsymbol{\lambda}^{(k)}, \boldsymbol{\mu}^{(k)}) = f(\boldsymbol{x}) + \frac{1}{2C_k}\sum_{i=1}^{p}\{(\max\{0, \lambda_i^{(k)} + C_k g_i(\boldsymbol{x})\})^2 - (\lambda_i^{(k)})^2\} + \sum_{i=1}^{q}\mu_i^{(k)} h_i(\boldsymbol{x}) + \frac{C_k}{2}\sum_{i=1}^{q}(h_i(\boldsymbol{x}))^2 \tag{6.78}$$

从式(6.69)和式(6.76)得知乘子更新公式

$$\begin{cases} \mu_j^{(k+1)} = \mu_j^{(k)} + C_k h_j(\boldsymbol{x}^{(k)}), & j = 1, 2, \cdots, q \\ \lambda_i^{(k+1)} = \max\{0, \lambda_i^{(k)} + C_k g_i(\boldsymbol{x}^{(k)})\}, & i = 1, 2, \cdots, p \end{cases} \tag{6.79}$$

终止条件可选为

$$\sum_{i=1}^{p}\left|\max\left\{g_i(\boldsymbol{x}^{(k)}), -\frac{\lambda_i^{(k)}}{C_k}\right\}\right| + \sum_{j=1}^{q}|h_j(\boldsymbol{x}^{(k)})| \leqslant \varepsilon$$

一般约束优化的乘子法是由 Rockafellar 在 P-H 乘子法基础上得到的，称为 P-H-R 乘子法。请读者写出 P-II-R 乘子法的算法步骤。

习　　题

以下习题必要时可上机作业。

1. 用 0.618 法搜索函数 $g(t)=t^6-11t^3+17t^2-7t+1$ 在区间 $[0,1]$ 上的极小点。

2. 仿照解非线性方程的抛物线法(见第 5 章)，给出求解一维搜索的抛物线法。

3. 分别用牛顿法、割线法和抛物线法求下列优化问题：

(i) $\min g(t)=t^3-3t+1$

(ii) $\min g(t)=t^4+2t+4$

4. 写出 Wolfe-Powell 法的计算步骤。

5. 用 Goldstein 解优化问题：

$$\min_{t\geqslant 0} g(t)=t^3-2t+1,\quad 取\ t_0=2.0, s_1=0.2, s_2=0.7, \lambda=2.0$$

用 Wolfe-Powell 法解同一问题，取 $t_0=0.5, s_1=0.1, s_2=0.6, \lambda=2.0$

6. 分别用牛顿法、最速下降法和两点步长梯度法求下述函数的极小值：

$$f(x,y)=5x^4+4x^2y-xy^3+4y^4-x,\quad x_0=y_0=1.0$$

7. 证明：对称正定矩阵 $\boldsymbol{G}$ 的不同特征值的特征向量是 G-共轭的。

8. 用共轭梯度法求下列函数的极小点：

(i) $f(x,y)=4x^2+4y^2-4xy-12y, x_0=-0.5, y_0=1.0$

(ii) $f(x,y,z)=x^2+2y^2+z^2-2xy-yz+x+3y-z, x_0=y_0=z_0=1.0$

9. 分别用 DPF 法和 BFGS 法解下列优化问题：

(i) $\min f(x,y)=x^2+y^2-xy-3x+3, x_0=y_0=0.0$

(ii) $\min f(x,y)=4(x-1)^2+5(y-x^2)^2, x_0=2.0, y_0=0.0$

10. 仿照解非线性方程组的布洛伊登法(见第 5 章)，给出解最优化问题的布洛伊登法。

11. 用外惩罚法解求解下列问题：

(i) $\begin{cases}\min f(x,y)=x^2+2y^2\\ \text{subject to } 1-x-y\leqslant 0\end{cases}$　　(ii) $\begin{cases}\min f(x,y)=x\\ \text{subject to } x^3\leqslant y\leqslant -x^3\end{cases}$

12. 用 Hestenes 乘子法求解下列问题：

(i) $\begin{cases}\min f(x,y)=x^2\\ \text{subject to } 1+x=0\end{cases}$　　(ii) $\begin{cases}\min f(x,y)=2x^2+y^2\\ \text{subject to } 1-x-y=0\end{cases}$

13. 用 Rockfellar 乘子法求解问题：

$$\begin{cases}\min f(x,y)=2x^2+y^2\\ \text{subject to } 1-x-y\leqslant 0\end{cases}$$

第7章 微分方程

微分方程是包含导数的函数方程，在物理、生物、经济和科学工程技术的众多领域都有十分广泛的应用。在实践中，大量有趣的微分方程都没有解析解，只能依靠数值方法求近似解。本章主要介绍求解微分方程的数值方法，包括初值问题的欧拉法、梯形法、龙格-库塔法、阿当姆斯法、米尔尼法和汉明法，以及边值问题的有限差分法和有限元法。阅读本章需要读者具备初等微积分学的知识。

7.1 初值问题

7.1.1 基本概念

微分方程是包含导数的函数方程，比如 $y'=f(t,y)$，其中 y 是变量 t 的函数 $y=y(t)$，通常表示一个随时间变化的系统；右端函数 $f(t,y)$ 是已知，表示系统在时刻 t 的变化率。在科学和工程技术中，微分方程常被用来建模、理解和预测系统随时间变化的情况。

将微分方程 $y'=f(t,y)$ 视为方向场(或斜率场)对它的理解是有益的。$f(t,y)$ 是系统在当前点 (t,y) 的切线斜率，切线方向是 $\boldsymbol{r}(t,y)=(\cos\theta,\sin\theta)$，其中 $\theta=\arctan(f(t,y))$。在图上将每点 (t,y) 的方向表示出来，就得到方向场的几何图示。图 7.1(a)是微分方程 $y'=ty$ 的方向场。微分方程的解曲线称为积分曲线，积分曲线上任一点的切线方向是方向场在该点的方向；反之，如果一条曲线上任一点的方向都与方向场在该点的方向重合，则它是一条积分曲线。图 7.1(b)画出了微分方程 $y'=ty$ 的两条积分曲线，一条满足 $y(0)=1$，另一条满足 $y(0)=1.25$，条件 $y(0)=1$ 或 $y(0)=1.25$ 称为初值条件。如果不给定初值条件，则微分方程的解不唯一。

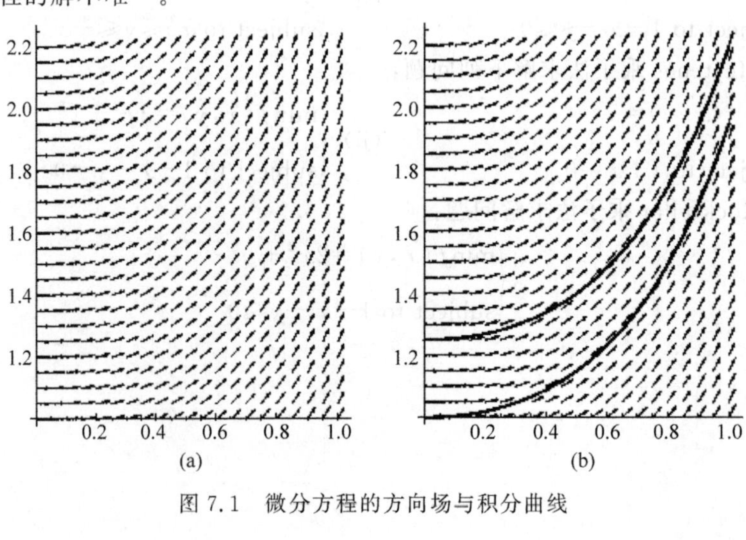

图 7.1 微分方程的方向场与积分曲线

除微分方程本身外还包含一个初值条件的问题称为初值问题，一般形式为

$$\begin{cases} y' = f(t,y), & t \in [a,b] \\ y(a) = y_a \end{cases} \tag{7.1}$$

在几何上求解初值问题就是找一条通过给定初值点$(a, y(a))$的积分曲线。尽管有很多求解微分方程的解析方法，但这些方法只适用于一些特殊形式的方程。在实际问题中，微分方程很复杂通常只能用数值方法求解。数值解法不是给出解的解析式，而是给出类似于三角函数表那样的表格。具体地说，先用节点将区间$[a,b]$离散化

$$a = t_0 < t_1 < \cdots < t_n = b$$

然后计算解曲线 $y=y(t)$在这些离散点 t_k 的近似值 $z_k \approx y(t_k)$，$k=0,1,\cdots,n$。两个相邻节点之间的距离 $h_i = t_{i+1} - t_i$ 称为步长，为了计算方便常用等步长离散化。构建函数表的方法就是数值解法。

数值解法最终给出的是 z_k 的递推公式。递推公式有两类，一类是仅用当前点(t_k, z_k)的信息计算 z_{k+1}，称为单步法；另一类是多步法，使用前 m 个点(t_k, z_k)，(t_{k-1}, z_{k-1})，…，(t_{k-m-1}, z_{k-m-1})的信息计算 z_{k+1}。此外，数值解法还要考虑局部截断误差、整体截断误差、收敛性以及数值计算的稳定性。

7.1.2 存在性、唯一性和连续性

在讨论数值求解方法之前，应该弄清楚解的存在性、唯一性和连续性。在考虑这些问题时总是将 $f(t,y)$作为两个独立变量的函数，下述定理常被用来判断解的局部存在性。

定理 7.1.1 若 $f(t,y)$在区域$\mathcal{D}=[a,b]\times[\beta,\gamma]$上连续，且 $y_a \in [\beta,\gamma]$，则存在 c 使初值问题(7.1)在区间$[a,c]$上有解。

注意，$f(t,y)$的连续性仅是解的存在条件，不能保证唯一性。比如初值问题$\{y'=3y^{2/3}, y(0)=0\}$，从图 7.2(a)所示的方向场就可以看出 $y=0$ 是它的一个解，另外还有一个解 $y=t^3$，如图 7.2(b)所示。通过分析可以发现，f 关于 y 的偏导数$\partial_y f = 2y^{-1/3}$ 在 $y=0$ 点不连续。为了保证唯一性，$f(t,y)$必须有比连续更强的条件。

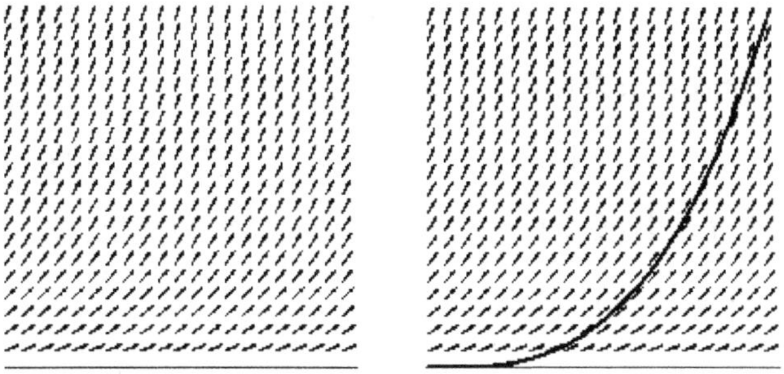

(a) $y'=3y^{2/3}$的方向场　　(b) 满足初值条件$y(0)=0$的两个解

图 7.2　微分方程解的存在性与唯一性

定义 7.1.1 若存在常数 L 使得 $f(t,y)$对区域$\mathcal{D}=[a,b]\times[\beta,\gamma]$中任何两点$(t,y_1)$，$(t,y_2)$都满足

$$|f(t,y_1) - f(t,y_2)| \leqslant L\,|y_1 - y_2| \tag{7.2}$$

则称 $f(t,y)$在$\mathcal{D}$上对 y 满足李普希茨条件，L 称为李普希茨常数。

如果 $f(t,y)$ 对 y 满足李普希茨条件，则对 y 是连续的，因此也常说 $f(t,y)$ 对 y 是李普希茨连续的。然而，李普希茨连续不一定可微。一般情况下，很难确定李普希茨常数，如果 $f(t,y)$ 对 y 连续可微则相对要容易些。根据均值定理，对每个固定 t 都存在介于 y_1,y_2 之间的一个数 c 使得

$$\frac{f(t,y_1)-f(t,y_2)}{y_1-y_2}=\partial_y f(t,c)$$

因此，偏导数 $\partial_y f(t,c)$ 在 $\mathcal{D}$ 上的最大绝对值，$M=\max\limits_{\mathcal{D}}|\partial_y f(t,c)|$，就是李普希茨常数。在前面多解初值问题的例子中，偏导数 $\partial_y f=2y^{-1/3}$ 在包含原点的邻域内无界，因而 $f(t,y)$ 不满足李普希茨条件，这暗示唯一性可能与李普希茨条件有关。

定理 7.1.2 若 $f(t,y)$ 在区域 $\mathcal{D}=[a,b]\times[\beta,\gamma]$ 上连续，且对 y 满足李普希茨条件，则存在 c 使初值问题(7.1)在 $[a,c]$ 上有唯一解。如果 $f(t,y)$ 在 $[a,b]\times(-\infty,+\infty)$ 上对 y 满足李普希茨条件，则初值问题(7.1)在整个区间 $[a,b]$ 上有唯一解。

定理的前半部分是局部唯一性，只保证在 a 的邻域内有唯一解；后半部分是全局唯一性，保证在整个区间 $[a,b]$ 上有唯一性。有唯一性还不够，在实践中还必须考虑初值问题的适定性，即，解对初值的连续性。如果解对初值是连续的，则称初值问题是适定的。对于不适定初值问题，初值的微小变化会导致解的巨大变化。由给定的初值(不可避免带有误差)，得到不适定初值问题的解往往是不可靠的。实践中，必须谨慎对待不适定问题，最好在求解之前应用下述定理对适定性做出判断。

定理 7.1.3 假定 $y(t),z(t)$ 分别是下述两个初值问题的解

$$\begin{cases}y'=f(t,y), & t\in[a,b]\\ y(a)=y_a\end{cases},\qquad \begin{cases}z'=f(t,z), & t\in[a,b]\\ z(a)=z_a\end{cases}$$

若 $f(t,y)$ 满足定理 7.1.2 的条件，则 $\forall t\in[a,b]$，有

$$|z(t)-y(t)|\leqslant e^{L|t-a|}|z_a-y_a| \tag{7.3}$$

证明 从 $y(t)=y_a+\int_a^t f(s,y(s))\mathrm{d}s$，$z(t)=z_a+\int_a^t f(s,z(s))\mathrm{d}s$ 得到

$$z(t)-y(t)=z_a-y_a+\int_a^t (f(s,z(s))-f(s,y(s)))\mathrm{d}s$$

两边取绝对值并应用李普希茨条件，

$$|z(t)-y(t)|\leqslant|z_a-y_a|+L\int_a^t|z(s)-y(s)|\mathrm{d}s$$

在下面的 Gronwall 不等式中，令 $g(t)=|z(t)-y(t)|$，$h(t)=|z_a-y_a|$，$r(t)=L$，得到

$$\begin{aligned}|z(t)-y(t)|&\leqslant|z_a-y_a|+L|z_a-y_a|\int_a^t e^{\int_s^t L\mathrm{d}\tau}\mathrm{d}s\\&=|z_a-y_a|+L|z_a-y_a|\int_a^t e^{L(t-s)}\mathrm{d}s\\&=e^{L|t-a|}|z_a-y_a|\end{aligned}$$

证毕。

为了保证解的存在性、唯一性和连续性，以后讨论初始问题的数值解法时均假定 $f(t,y)$ 连续且对 y 满足李普希茨条件。

Gronwall 不等式 假定 $g(t),h(t),r(t)$ 在 $[a,b]$ 上连续，且 $h(t),r(t)\geqslant 0$。若 $\forall t\in$

$[a,b]$，

$$g(t) \leqslant h(t) + \int_a^t r(s)g(s)\mathrm{d}s$$

则 $\forall t \in [a,b]$，

$$g(t) \leqslant h(t) + \int_a^t h(s)r(s)\mathrm{e}^{\int_s^t r(\tau)\mathrm{d}\tau}\mathrm{d}s$$

7.1.3 数值微积分

本章的论题是微分方程的数值解，经常涉及微分和积分的数值计算。下面介绍将要用到的一些微分和积分的数值方法。

1. 数值导数

假定函数 $g(t)$ 具有所需要的各阶连续可微性。先考虑数值导数，将函数 $g(t)$ 作 Taylor 展开

$$g(t+h) = g(t) + hg'(t) + \frac{h^2}{2}g''(t_h) \quad (t \leqslant t_h \leqslant t+h)$$

得到

$$g'(t) = \frac{g(t+h) - g(t)}{h} - \frac{h}{2}g''(t_h)$$

上式称为两点向前差分公式。差分公式中的差商近似 $g(t)$ 的导数

$$g'(t) \approx \frac{g(t+h) - g(t)}{h}$$

的误差为 $O(h)$。为了得到更高精度的近似，考虑高一阶的 Taylor 展开

$$g(t+h) = g(t) + hg'(t) + \frac{h^2}{2}g''(t) + \frac{h^3}{3!}g'''(t_h^+) \quad (t \leqslant t_h^+ \leqslant t+h)$$

$$g(t-h) = g(t) - hg'(t) + \frac{h^2}{2}g''(t) - \frac{h^3}{3!}g'''(t_h^-) \quad (t-h \leqslant t_h^- \leqslant t)$$

两式相减，

$$g(t+h) - g(t-h) = 2hg'(t) + \frac{h^3}{3!}(g'''(t_h^+) + g'''(t_h^-))$$

$$(t-h \leqslant t_h^- \leqslant t \leqslant t_h^+ \leqslant t+h)$$

如果 $g'''(t)$ 连续，则存在 $t_h \in [t-h, t+h]$ 使得

$$g'''(t_h) = \frac{g'''(t_h^+) + g'''(t_h^-)}{2}$$

于是

$$g'(t) = \frac{g(t+h) - g(t-h)}{2h} - \frac{h^2}{6}(g'''(t_h)) \quad (t-h \leqslant t_h \leqslant t+h) \tag{7.4a}$$

上式称为中心差分公式。用其中的差商近似 $g(t)$ 的导数

$$g'(t) \approx \frac{g(t+h) - g(t-h)}{2h} \tag{7.4b}$$

的误差为 $O(h^2)$，比前面的单边差分有更高的精度。

为了导出二阶导数的数值计算方法，考虑四阶 Taylor 展开

$$g(t+h)=g(t)+hg'(t)+\frac{h^2}{2}g''(t)+\frac{h^3}{3!}g'''(t_h)+\frac{h^4}{4!}g^{(4)}(t_h^+)\quad(t\leqslant t_h^+\leqslant t+h)$$

$$g(t-h)=g(t)-hg'(t)+\frac{h^2}{2}g''(t)-\frac{h^3}{3!}g'''(t_h)+\frac{h^4}{4!}g^{(4)}(t_h^+)\quad(t-h\leqslant t_h^-\leqslant t)$$

两式相加，

$$g(t+h)+g(t-h)=2g(t)+h^2g''(t)+\frac{h^4}{4!}(g^{(4)}(t_h^+)+g^{(4)}(t_h^-))$$

$$(t-h\leqslant t_h^-\leqslant t\leqslant t_h^+\leqslant t+h)$$

于是

$$g''(t)=\frac{g(t-h)-2g(t)+g(t+h)}{h^2}-\frac{h^2}{12}(g^{(4)}(t_h))\quad(t-h\leqslant t_h\leqslant t+h)\tag{7.5a}$$

称它为二阶导数的中心差分公式。可以看出，以如下公式近似二阶导数，其误差为 $O(h^2)$：

$$g''(t)\approx\frac{g(t-h)-2g(t)+g(t+h)}{h^2}\tag{7.5b}$$

读者用类似的方法可以导入三阶或更高阶导数的数值计算公式。下面，介绍本章将要使用的积分数值公式。

2. 数值积分

考虑下述积分的数值计算：

$$I=\int_a^b g(t)\mathrm{d}t$$

由积分均值定理，

$$I=(b-a)g(c)\quad(a\leqslant c\leqslant b)$$

以 $a,b,(a+b)/2$ 分别替换 c，得到积分数值公式

$$I_0=(b-a)g(a)\quad(\text{左矩形公式})\tag{7.6}$$

$$I_1=(b-a)g(b)\quad(\text{右矩形公式})\tag{7.7}$$

$$I_{1/2}=(b-a)g\left(\frac{a+b}{2}\right)\quad(\text{中矩形公式，或中点公式})\tag{7.8}$$

中点公式的误差

$$I-I_{1/2}=\frac{(b-a)^3}{24}g''(c)\quad(a\leqslant c\leqslant b)$$

对 I_0,I_1 平均得到

$$T=\frac{1}{2}(g(a)+g(b))(b-a)\quad(\text{梯形公式})\tag{7.9}$$

梯形公式是以节点 $\{a,b\}$ 对 $g(t)$ 线性插值的积分，因为

$$\int_a^b\underbrace{\left(g(a)\frac{t-b}{a-b}+g(b)\frac{t-a}{b-a}\right)}_{\varphi(t)}\mathrm{d}t=\frac{1}{2}(g(a)+g(b))(b-a)$$

其中 $\varphi(t)$ 是拉格朗日线性插值。根据插值余项定理(见第 4 章定理 4.1.1)，梯形公式的

误差

$$I-T=-\frac{(b-a)^3}{12}g''(c)\quad (a\leqslant c\leqslant b)$$

利用二次插值，可得到更高精度的数值公式。以节点$\{a,t_{1/2}=(a+b)/2,b\}$对 $g(t)$插值的拉格朗日二次多项式

$$\varphi_2(t)=g(a)\frac{(t-t_{1/2})(t-b)}{(a-t_{1/2})(a-b)}+g(t_{1/2})\frac{(t-a)(t-b)}{(t_{1/2}-a)(t_{1/2}-b)}+g(b)\frac{(t-a)(t-t_{1/2})}{(b-a)(b-t_{1/2})}$$

在$[a,b]$上的积分

$$S=\int_a^b\varphi_2\,\mathrm{d}t=\frac{(b-a)}{6}\left(g(a)+4g\left(\frac{a+b}{2}\right)+g(b)\right)\quad \text{(辛普森公式)}\tag{7.10}$$

辛普森公式的误差[8]

$$I-S=-\frac{(b-a)^5}{2880}g^{(4)}(c)\quad (a\leqslant c\leqslant b)$$

若用 n 次多项式插值

$$\varphi_n(t)=\sum_{i=0}^{n}g(t_i)\prod_{j=0(j\neq i)}^{n}\frac{t-t_j}{t_i-t_j}$$

则

$$I\approx\sum_{i=0}^{n}g(t_i)\int_a^b\left(\prod_{j=0(j\neq i)}^{n}\frac{t-t_j}{t_i-t_j}\right)\mathrm{d}t$$

使用等距节点，得到 Newton-Cotes 公式

$$N_C=\frac{(b-a)}{n}\sum_{i=0}^{n}(-1)^{n-i}g(t_i)\int_a^b\Big(\prod_{j=0(j\neq i)}^{n}(t-t_j)\Big)\,\mathrm{d}t\tag{7.11}$$

正如第 4 章所指出，分段低次多项式插值往往比高次多项式插值有更好逼近效果，因此实践中不提倡用高阶 Newton-Cotes 公式计算数值积分，而是用分段线性或分段二次插值计算。将梯形和辛普森公式分别应用到每个子区间$[a+(i-1)h,a+ih]$，得到

$$T_n=\frac{h}{2}(g(a)+2g(a+h)+\cdots+2g(a+(n-1)h)+g(b))\quad \text{(复合梯形公式)}\tag{7.12}$$

$$S_n=\frac{h}{6}(g(a)+4g(a+h/2)+2g(a+h)+\cdots+2g(a+(n-1)h)+4g(a+(n-1/2)h)+g(b))\quad \text{(复合辛普森公式)}\tag{7.13}$$

使用复合梯形公式或复合辛普森公式计算数值积分，不仅比高阶 Newton-Cotes 公式简单而且有时会获得更好的精度。

7.2　单 步 方 法

7.2.1　欧拉法

从本节开始，讨论初值问题(7.1)的数值解法。为陈述方便，以后总是假定以等距节点

$$a=t_0<t_1<\cdots<t_n=b$$

均分$[a,b]$为 n 个子区间$[t_k,t_{k+1}]$,步长 $h=(b-a)/n$,$t_k=t_0+kh$。除特别说明外,$y_k\triangleq y(t_k)$表示初值问题(7.1)的精确解 $y=y(t)$在 t_k 的值,$z_k\approx y(t_k)$是它的近似值。

1. 欧拉法

对 $y'=f(t,y)$两边在子区间$[t_k,t_{k+1}]$上取积分,得到

$$y(t_{k+1})-y(t_k)=\int_{t_k}^{t_{k+1}}f(t,y(t))\mathrm{d}t \tag{7.14}$$

用左矩形公式近似右端积分:

$$\int_{t_k}^{t_{k+1}}f(t,y(t))\mathrm{d}t\approx hf(t_k,y(t_k))$$

代入式(7.14)得到

$$y(t_{k+1})\approx y(t_k)+hf(t_k,y(t_k))$$

这样就得到了近似 $y(t_{k+1})$的欧拉公式:

欧拉法

$$\begin{aligned}&z_{k+1}=z_k+hf(t_k,z_k),\quad k=0,1,\cdots,n-1\\&z_0=y_0\end{aligned} \tag{7.15}$$

结合微分方程的方向场,很容易对欧拉法给出几何解释。开始,沿初始点(t_0,z_0)的解曲线方向移动到(t_1,z_1),再以该点的解曲线方向移动到(t_2,z_2),如图 7.3 所示。可见,欧拉法在推进过程中从一条解曲线跳到另一条曲线,其精度如何?下面回答这个问题。

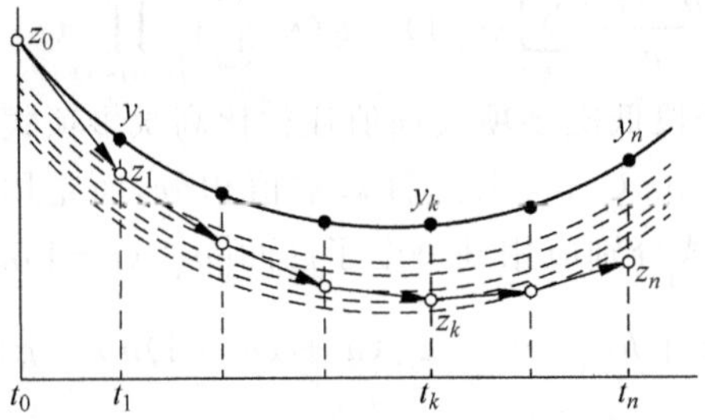

图 7.3 欧拉法的几何解释

2. 截断误差

欧拉法是一种单步法,一般单步法形式可表示为

$$z_{k+1}=z_k+h\delta(t_k,z_k,h) \tag{7.16}$$

其中多元函数 δ 称为增量函数。例如,欧拉法的增量函数是 $\delta(t,y,h)=f(t,y)$。

定义 7.2.1 假定第 k 步的值是精确的,即 $z_k=y(t_k)$,则第 $k+1$ 步的值为 $\hat{z}_{k+1}=y(t_k)+h\delta(t_k,y(t_k),h)$。定义单步法式(7.16)的局部截断误差为

$$T_{k+1}=y(t_{k+1})-\hat{z}_{k+1}=y(t_{k+1})-y(t_k)-h\delta(t_k,y(t_k),h) \tag{7.17}$$

整体截断误差为

$$E_{k+1}=y(t_{k+1})-z_{k+1}=y(t_{k+1})-z_k-h\delta(t_k,z_k,h) \tag{7.18}$$

图 7.4 给出了局部截断误差和整体截断误差的图示。注意,局部截断误差是假定前步没有误差,是真值 $y(t_{k+1})$与用$(t_k,y(t_k))$计算得到的 $\hat{z}_{k+1}$ 之间的差。

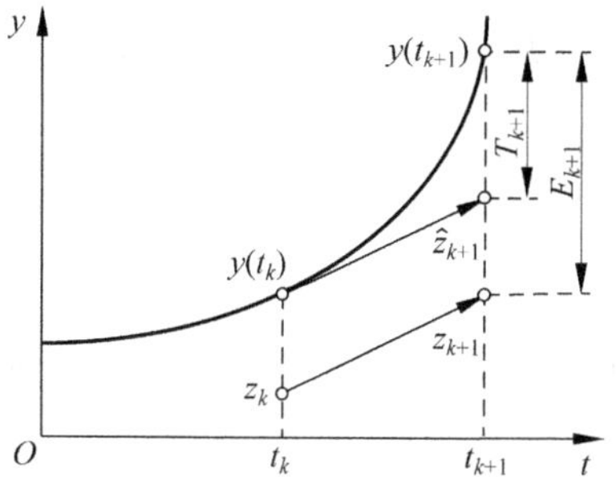

图 7.4 局部截断误差和整体截断误差

由 Taylor 展开式

$$y(t_{k+1})=y(t_k)+hy'(t_k)+h^2y''(t_k)+O(h^3)$$
$$=\underbrace{y(t_k)+hf(t_k,y(t_k))}_{\hat{z}_{k+1}}+\frac{h^2}{2}y''(t_k)+O(h^3)$$

得到欧拉法的局部截断误差

$$T_{n+1}=\frac{h^2}{2}y''(t_k)+O(h^3)$$

称$\frac{h^2}{2}y''(t_k)$为局部截断误差的主项，系数$\frac{h^2}{2}$称为误差常数。

定义 7.2.2 若局部截断误差满足

$$T_{k+1}=O(h^{p+1}) \tag{7.19}$$

则称单步法式(7.16)有 p 阶精度。

显然，对于欧拉法 $T_{k+1}=O(h^2)$，即欧拉法有一阶精度。下面估计欧拉法的整体截断误差。记

$$\hat{z}_{k+1}=y(t_k)+hf(t_k,y(t_k))$$

于是

$$|E_{k+1}|=|y(t_{k+1})-z_{k+1}|\leqslant|y(t_{k+1})-\hat{z}_{k+1}|+|\hat{z}_{k+1}-z_{k+1}|$$
$$=|T_{k+1}|+|y(t_k)+hf(t_k,y(t_k))-z_k-hf(t_k,z_k)|$$
$$\leqslant|T_{k+1}|+|y(t_k)-z_k|+h|f(t_k,y(t_k))-f(t_k,z_k)|$$

因 $f(t,y)$对 y 满足李普希茨条件，

$$|f(t_k,y(t_k))-f(t_k,z_k)|\leqslant L|y(t_k)-z_k|$$

因此

$$|E_{k+1}|\leqslant|T_{k+1}|+(1+hL)|y(t_k)-z_k|=|T_{k+1}|+(1+hL)|E_k| \tag{7.20}$$

反复应用式(7.20)，得到

$$|E_{k+1}|\leqslant|T_{k+1}|+(1+hL)|T_k|+(1+hL)^2|T_{k-1}|+\cdots+(1+hL)^k|T_1|$$

由于欧拉法的局部误差 $T_{k+1}=O(h^2)$，应用不等式$(1+t)\leqslant e^t$ 可推知

$$|E_{k+1}|\leqslant O(h^2)\sum_{s=0}^{k}(1+hL)^s=\frac{(1+hL)^{k+1}-1}{hL}O(h^2)\leqslant\frac{e^{(k+1)hL}-1}{L}O(h)$$

因$(k+1)h=t_{k+1}-a$，故欧拉法整体截断误差满足

$$|E_{k+1}| \leqslant \frac{e^{(t_{k+1}-a)L}-1}{L} O(h) \tag{7.21}$$

例 7.2.1 用欧拉法求解初值问题

$$\begin{cases} y' = ty, & t \in [0,1] \\ y(0) = 1.4 \end{cases} \tag{7.22}$$

解 这个问题的精确解是 $y = e^{x^2/2} + 0.4$。现在求数值解：由于 $f(t,y) = ty$，初值问题式(7.22)的欧拉公式为

$$z_{k+1} = z_k + ht_k z_k = (1 + ht_k) z_k, \quad k = 0,1,2,\cdots$$
$$z_0 = 1.4$$

取 $h = 0.1$，欧拉法各步的计算结果及整体截断误差见表 7.1。图 7.5 是各步数值解的图示。

表 7.1 欧拉法解初值问题式(7.22)：步长 $h = 0.1$

k	t_k	z_k	$y(t_k)$	E_k
1	0.1	1.4	1.40501	0.00501
2	0.2	1.414	1.42020	0.00620
3	0.3	1.44228	1.44603	0.00375
4	0.4	1.48555	1.48329	−0.00226
5	0.5	1.54497	1.53315	−0.01182
6	0.6	1.62222	1.59722	−0.02500
7	0.7	1.71955	1.67762	−0.04193
8	0.8	1.83992	1.77713	−0.06279
9	0.9	1.98711	1.89930	−0.08781
10	1.0	2.16595	2.04872	−0.11723

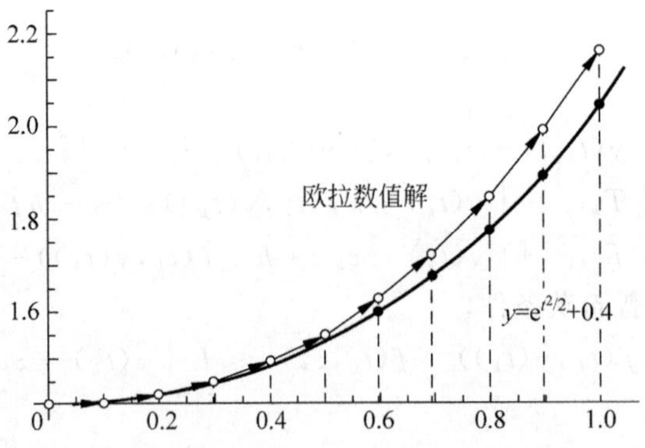

图 7.5 初值问题式(7.22)的欧拉解：步长 $h = 0.1$

3. 向后欧拉法

用右矩形公式近似式(7.14)右端的积分，

$$y(t_{k+1}) \approx y(t_k) + hf(t_{k+1}, y(t_{k+1}))$$

由此，得到近似 $y(t_{k+1})$ 的向后欧拉公式：

后向欧拉法

$$z_{k+1}=z_k+hf(t_{k+1},z_{k+1}),\quad k=0,1,\cdots,n-1 \tag{7.23}$$
$$z_0=y_0$$

向后欧拉法与欧拉法有显著的区别，不能用 z_k 直接计算 z_{k+1}，因而是一种隐式方法。在一般情况下，很难从隐式方程 $z_{k+1}=z_k+f(t_{k+1},z_{k+1})$ 导出 z_{k+1} 的解析式，通常需要迭代求解。可以用欧拉法的计算结果 $z_{k+1}^{(0)}=z_k+f(t_k,z_k)$ 作为初始值，使用不动点迭代计算 z_{k+1}：

$$z_{k+1}^{(m)}=z_k+hf(t_{k+1},z_{k+1}^{(m-1)}),\quad m=1,2,\cdots \tag{7.24}$$

不动点迭代法见第 5 章。由于 $f(t,y)$ 对 y 满足李普希茨条件，

$$|z_k+hf(t_{k+1},y)-(z_k+hf(t_{k+1},z))|=h\,|f(t_{k+1},y)-f(t_{k+1},z)|\leqslant hL\,|y-z|$$

因此，当 h 充分小使得 $hL<1$ 时，不动点迭代式(7.24)收敛。在实际问题中，选取步长 $h<1/L$，就保证了不动点迭代的收敛性。

7.2.2 中点法与梯形法

1. 中点法

以中点积分公式近似式(7.14)右端的积分，

$$\int_{t_k}^{t_{k+1}}f(t,y(t))\mathrm{d}t\approx hf(t_{k+1/2},y(t_{k+1/2}))\quad (t_{k+1/2}=(t_k+t_{k+1})/2)$$

并且以半个步长的欧拉解近似 $y(t_{k+1/2})$，即

$$y(t_{k+1/2})\approx z_{k+1/2}=z_k+\frac{h}{2}f(t_k,z_k)$$

则得到解初始问题(7.1)的递推公式

$$z_{k+1}=z_k+hf(t_{k+1/2},z_k+hf(t_k,z_k)/2)$$

这种方法称为中点法。

中点法

$$z_{k+1}=z_k+hf\left(t_{k+1/2},z_k+\frac{h}{2}f(t_k,z_k)\right),\quad k=0,1,\cdots,n-1 \tag{7.25}$$
$$z_0=y_0$$

中点法比欧拉法稍复杂些，每一步需要计算函数值两次。图 7.6 给出了中点法的几何解释，先沿解曲线在点(t_k,z_k)的切线方向得到 $z_{k+1/2}$；然后再从(t_k,z_k)开始，沿积分曲线在点$(t_{k+1/2},z_{k+1/2})$的切线方向得到 z_{k+1}。虽然，中点法也是从一条解曲线跳到另一条解曲线，但给出的数值解比欧拉法更靠近真值，事实上中点法有二阶精度。

下面分析中点法的局部截断误差：考虑精确解 $y(t)$ 在 $t_{k+1/2}(=t_k+h/2)$ 处的 Taylor 展开

$$y(t_{k+1})=y(t_{k+1/2})+\frac{h}{2}f(t_{k+1/2},y(t_{k+1/2}))+\frac{(h/2)^2}{2}y''(t_{k+1/2})+O(h^3)$$

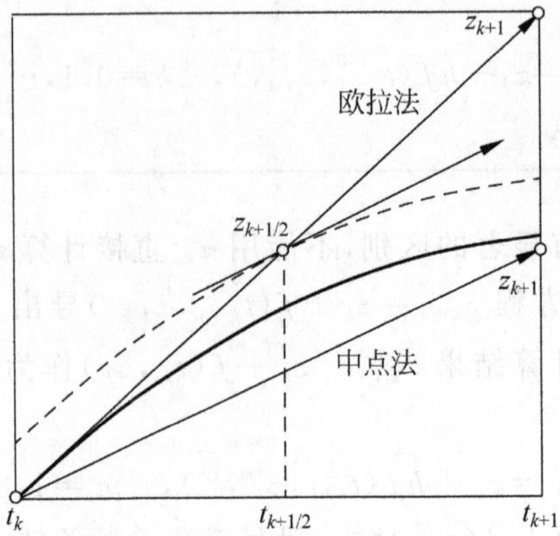

图 7.6　中点法的几何解释

$$y(t_k)=y(t_{k+1/2})-\frac{h}{2}f(t_{k+1/2},y(t_{k+1/2}))+\frac{(h/2)^2}{2}y''(t_{k+1/2})+O(h^3)$$

两式相减，

$$y(t_{k+1})-y(t_k)=hf(t_{k+1/2},y(t_{k+1/2}))+O(h^3)$$

将 $y(t_{k+1/2})=y(t_k)+\frac{h}{2}f(t_k,y(t_k))+O(h^2)$代入上式，

$$y(t_{k+1})-y(t_k)=hf\left(t_{k+1/2},y(t_k)+\frac{h}{2}f(t_k,y(t_k))+O(h^2)\right)+O(h^3)$$

由于 $f(t,y)$对 y 满足李普希茨条件，

$$hf(t_{k+1/2},y+O(h^2))=hf(t_{k+1/2},y)+O(h^3)$$

因此

$$y(t_{k+1})-y(t_k)=hf\left(t_{k+1/2},y(t_k)+\frac{h}{2}f(t_k,y(t_k))\right)+O(h^3)$$

中点法的局部截断误差

$$T_{k+1}=y(t_{k+1})-y(t_k)-hf\left(t_{k+1/2},y(t_k)+\frac{h}{2}f(t_k,y(t_k))\right)=O(h^3) \tag{7.26}$$

故，中点法具有二阶精度。

2. 梯形法

或许读者已经猜到梯形法就是，用 7.1.3 节的梯形公式近似式(7.14)右端积分所引入的数值方法。确实如此，由

$$\int_{t_k}^{t_{k+1}}f(t,y(t))\mathrm{d}t\approx\frac{h}{2}(f(t_k,y(t_k))+f(t_{k+1},y(t_{k+1})))$$

产生梯形法：

梯形法

$$z_{k+1}=z_k+\frac{h}{2}(f(t_k,z_k)+f(t_{k+1},z_{k+1})),\quad k=0,1,\cdots \tag{7.27}$$

$$z_0=y_0$$

与向后欧拉法一样，梯形法也是一种隐式方法，因为公式(7.27)的右端出现了需要计算的 z_{k+1}。在实践中也通过不动点迭代计算 z_{k+1}：

$$\begin{cases} z_{k+1}^{(m)} = z_k + \dfrac{h}{2}(f(t_k, z_k) + f(t_{k+1}, z_{k+1}^{(m-1)})), \quad m = 1, 2, \cdots \\ z_{k+1}^{(0)} = z_k + hf(t_k, z_k) \end{cases} \tag{7.28}$$

从 7.1.3 节知道梯形积分公式的误差为 $O(h^3)$，因此梯形法的局部截断误差也是 $O(h^3)$，即

$$T_{k+1} = O(h^3)$$

故梯形法与中点法一样具有二阶精度。

如果直接用欧拉法计算的值，$z_{k+1} = z_k + hf(t_k, z_k)$，替代式(7.27)的 z_{k+1}，则所得到的计算方法称为显式梯形法。在某种意义上，显式梯形法是利用梯形法对欧拉法的计算值 z_{k+1} 进行校正，因此能得到更加准确的结果。在文献中，显式梯形法也称为改进的欧拉法，有时又称为 Heun 法。

显式梯形法

$$z_{k+1} = z_k + \frac{h}{2}(f(t_k, z_k) + f(t_{k+1}, z_k + hf(t_k, z_k))), \quad k = 0, 1, \cdots \tag{7.29}$$

$$z_0 = y_0$$

例 7.2.2　用中点法和显式梯形法解初值问题

$$\begin{cases} y' = ty + t, \quad 0 \leqslant t \leqslant 1 \\ y(0) = 1.0 \end{cases} \tag{7.30}$$

解　这个问题的精确解是 $y = 2e^{t^2/2} - 1$。

中点法的递推公式为

$$\begin{cases} z_{k+1} = z_k + h\left(\left(t_k + \dfrac{h}{2}\right)\left(z_k + \dfrac{h}{2}(t_k z_k + t_k)\right) + \left(t_k + \dfrac{h}{2}\right)\right), \quad k = 0, 1, \cdots, n-1 \\ z_0 = 1.0 \end{cases}$$

显式梯形法的递推公式为

$$\begin{cases} z_{k+1} = z_k + \dfrac{h}{2}((t_k z_k + t_k) + (t_k + h)(z_k + h(t_k z_k + t_k)) + (t_k + h)), \\ \qquad k = 0, 1, \cdots, n-1 \\ z_0 = 1.0 \end{cases}$$

取 $h = 0.1$，各步计算结果及整体截断误差见表 7.2。中点法的数值结果在意料之中，因为它有二阶精度。出乎意料是，显式梯形法比中点法有更高的精度，可以看出它至少是二阶的。

表 7.2 中点法和显式梯形法解初值问题式(7.30)：步长 $h=0.1$

t_k	$y(t_k)$	中点法		显式梯形法	
		z_k	E_k	z_k	E_k
0.1	1.01003	1.01000	0.00003	1.01000	0.00003
0.2	1.04040	1.04030	0.00010	1.04035	0.00005
0.3	1.09206	1.09182	0.00024	1.09197	0.00009
0.4	1.16657	1.16613	0.00044	1.16645	0.00012
0.5	1.26630	1.26556	0.00074	1.26610	0.00020
0.6	1.39443	1.39328	0.00115	1.39414	0.00029
0.7	1.55524	1.55351	0.00173	1.55478	0.00046
0.8	1.75426	1.75172	0.00254	1.75355	0.00071
0.9	1.99861	1.99497	0.00364	1.99751	0.00110
1.0	2.29744	2.29230	0.00514	2.29576	0.00168

下面考察显式梯形法的精度。由 Taylor 展开式

$$y(t_{k+1})=y(t_k)+hf(t_k,y(t_k))+\frac{h^2}{2}y''(t_k)+O(h^3)$$

和

$$y''(t)=\frac{\mathrm{d}f(t,y)}{\mathrm{d}t}=\partial_t f(t,y)+y'(t)\partial_y f(t,y)=\partial_t f(t,y)+f(t,y)\partial_y f(t,y)$$

得到

$$y(t_{k+1})=y(t_k)+hf(t_k,y(t_k))+\frac{h^2}{2}(\partial_t f(t_k,y(t_k))+ f(t_k,y(t_k))\partial_y f(t_k,y(t_k)))+O(h^3) \tag{7.31}$$

为了分析局部截断误差，需要计算梯形法由精确值 $y(t_k)$ 产生的 $\hat{z}_{k+1}$，考虑 $f(t,y)$ 的二元 Taylor 展开

$$\begin{aligned}f(t_{k+1},y(t_k)+hf(t_k,y(t_k)))&=f(t_k+h,y(t_k)+hf(t_k,y(t_k)))\\&=f(t_k,y(t_k))+h\partial_t f(t_k,y(t_k))+\\&\quad hf(t_k,y(t_k))\partial_y f(t_k,y(t_k))+O(h^2)\end{aligned}$$

由此，得到

$$\begin{aligned}\hat{z}_{k+1}&=y(t_k)+\frac{h}{2}(f(t_k,y(t_k))+f(t_k+h,y(t_k)+hf(t_k,y(t_k))))\\&=\underbrace{y(t_k)+hf(t_k,y(t_k))+\frac{h^2}{2}(\partial_t f(t_k,y(t_k))+f(t_k,y(t_k))\partial_y f(t_k,y(t_k)))}_{y(t_{k+1})}+O(h^3)\end{aligned}$$

结合式(7.31)，显式梯形法的局部截断误差

$$T_{k+1}=y(t_{k+1})-\hat{z}_{k+1}=O(h^3) \tag{7.32}$$

故，显式梯形法有二阶精度。

7.2.3 龙格-库塔法

龙格-库塔法是一类方法的总称，它包括了欧拉法、中点法、显式梯形法和其他的高阶方法。在理论上可以给出任意阶的龙格-库塔法，考虑到计算复杂性在实际中最常用的是四阶

龙格-库塔法。本节介绍二阶、三阶和四阶龙格-库塔法。

1. 二阶龙格-库塔法

回忆显式梯形法，

$$\begin{aligned} z_{k+1} &= z_k + \frac{h}{2}(f(t_k, z_k) + f(t_{k+1}, z_k + hf(t_k, z_k))) \\ &= z_k + h\left(\frac{1}{2}f(t_k, z_k) + \frac{1}{2}f(t_k + h, z_k + hf(t_k, z_k))\right) \end{aligned}$$

增量函数为

$$\delta(t_k, z_k, h) = \frac{1}{2}f(t_k, z_k) + \frac{1}{2}f(t_k + h, z_k + hf(t_k, z_k))$$

将右端两项一般化

$$\frac{1}{2}f(t_k, z_k) \to \left(1 - \frac{1}{2\alpha}\right)f(t_k, z_k)$$

$$\frac{1}{2}f(t_k + h, z_k + hf(t_k, z_k)) \to \frac{1}{2\alpha}f(t_k + \alpha h, z_k + \alpha hf(t_k, z_k))$$

其中 $\alpha \neq 0$。由此，构造新的增量函数

$$\delta(\alpha; t_k, z_k, h) = \left(1 - \frac{1}{2\alpha}\right)f(t_k, z_k) + \frac{1}{2\alpha}f(t_k + \alpha h, z_k + \alpha hf(t_k, z_k))$$

从而获得新的递推公式

$$z_{k+1} = z_k + h\delta(\alpha; t_k, z_k, h)$$

这就是二阶龙格-库塔法。

二阶龙格-库塔法

$$z_{k+1} = z_k + h\left(1 - \frac{1}{2\alpha}\right)f(t_k, z_k) + \frac{h}{2\alpha}f(t_k + \alpha h, z_k + \alpha hf(t_k, z_k)), \quad k = 0, 1, \cdots$$

$$z_0 = y_0 \tag{7.33}$$

选择不同的 α 导致不同的二阶龙格-库塔法。比如，取 $\alpha = 1/2$ 得到中点法；取 $\alpha = 1$ 得到显式梯形法。类似显式梯形法的局部截断误差分析，可以证明二阶龙格-库塔法的局部截断误差 $T_{k+1} = O(h^3)$，即二阶龙格-库塔法确有二阶精度。

2. 三阶和四阶龙格-库塔法

本质上，所有高阶龙格-库塔法都来源于对下式右端积分的近似计算：

$$y(t_{k+1}) - y(t_k) = \int_{t_k}^{t_k + h} f(t, y(t))\mathrm{d}t$$

一般，近似求积

$$\int_{t_k}^{t_k + h} f(t, y(t))\mathrm{d}t \approx h\sum_{i=1}^{r} c_i f(t_k + \alpha_i h, y(t_k + \alpha_i h))$$

的节点数 r 越大精度就越高，从而数值解法的精度就越高。上式右端求和项相当于增量函数 δ，为了便于显式计算，与二阶龙格-库塔法类似将增量函数 δ 表示为

$$\delta(t_k, y_k, h) = \sum_{i=1}^{r} c_i S_i$$

$$S_1 = f(t_k, y_k)$$
$$S_i = f(t_k + \alpha_i h, y_k + h\sum_{j=1}^{i-1}\beta_{ij}S_j), \quad i = 2,3,\cdots,r \tag{7.34}$$

其中 c_i,α_i,β_{ij} 是待定常数。于是，

$$z_{k+1} = y_k + h\delta(t_k, y_k, h) \tag{7.35}$$

为了保证它有 r 阶精度，$y_{k+1}-z_{k+1}=h\delta(t_k,y_k,h)=O(h^{r+1})$，可利用显式梯形法局部误差分析的类似方法，将 $\delta(t_k,y_k,h)$ 在点 (t_k,y_k) 进行 Taylor 展开（这里在形式上要复杂得多，但原理是相同的），并结合 $\delta(t_k,y_k,h)=O(h^r)$ 的要求，确定适当的常数 c_i,α_i,β_{ij}。这就是导出高阶龙格-库塔法的基本思想。

例如：取 $r=3$，得到 c_i,α_i,β_{ij} 的约束方程组

$$\begin{cases} c_1 + c_2 + c_3 = 1 \\ \alpha_2 = \beta_{21} \\ \alpha_3 = \beta_{31} + \beta_{32} \\ c_2\alpha_2 + c_3\alpha_3 = \dfrac{1}{2} \\ c_2\alpha_2^2 + c_3\alpha_3^2 = \dfrac{1}{3} \\ c_3\alpha_2\beta_{32} = \dfrac{1}{6} \end{cases} \tag{7.36}$$

这是 8 个未知数的方程组，仅 6 个方程因而有无穷多解，每一组解都对应一种三阶龙格-库塔法。在实践中最常用的是下面的三阶龙格-库塔公式。

三阶龙格-库塔法

$$z_{k+1} = z_k + \frac{h}{6}(S_1 + 4S_2 + S_3), \quad k = 0,1,\cdots \tag{7.37}$$
$$S_1 = f(t_k, z_k),$$
$$S_2 = f\left(t_k + \frac{h}{2}, z_k + \frac{h}{2}S_1\right)$$
$$S_3 = f(t_k + h, z_k - hS_1 + 2hS_2)$$
$$z_0 = y_0$$

对于 $r=4$，通过复杂的推导可得到类似于式(7.36)的方程，有兴趣的读者可参考[15]。在所有四阶方法中，最常用的是下面的经典公式。

四阶龙格-库塔法

$$z_{k+1} = z_k + \frac{h}{6}(S_1 + 2(S_2 + S_3) + S_4), \quad k = 0,1,\cdots \tag{7.38}$$
$$S_1 = f(t_k, z_k),$$
$$S_2 = f\left(t_k + \frac{h}{2}, z_k + \frac{h}{2}S_1\right)$$

$$S_3 = f\left(t_k + \frac{h}{2}, z_k + \frac{h}{2}S_2\right)$$
$$S_4 = f(t_k + h, z_k + hS_3)$$
$$z_0 = y_0$$

可以看出，式(7.38)是辛普森积分公式再近似的结果，如果 $f(t,y)$ 不依赖于 y 则增量项正好是辛普森积分公式

$$\int_{t_k}^{t_k+h} f(t)\mathrm{d}t \approx \frac{h}{6}(f(t_k) + 4f(t_k + h/2) + f(t_{k+1}))$$

从 7.1.1 节知道辛普森积分公式的误差为 $O(h^5)$，由此也可以看出四阶龙格-库塔法有四阶精度。观察龙格-库塔公式，你会发现在 r 阶龙格-库塔法中增量函数 δ 都是斜率场中 r 个点斜率的加权平均。

例 7.2.3 用三阶和四阶龙格-库塔法解例 7.2.2 的初值问题式(7.30)。

解 对于初值问题式(7.30)，三阶龙格-库塔公式为

$$z_{k+1} = z_k + \frac{h}{6}(S_1 + 4S_2 + S_3),\quad k = 0,1,\cdots$$
$$S_1 = t_k z_k + t_k$$
$$S_2 = \left(t_k + \frac{h}{2}\right)\left(z_k + \frac{h}{2}S_1\right) + \left(t_k + \frac{h}{2}\right)$$
$$S_3 = (t_k + h)(z_k - hS_1 + 2hS_2) + (t_k + h)$$

四阶龙格-库塔公式为

$$z_{k+1} = z_k + \frac{h}{6}(S_1 + 2(S_2 + S_3) + S_4),\quad k = 0,1,\cdots$$
$$S_1 = t_k z_k + t_k,$$
$$S_2 = \left(t_k + \frac{h}{2}\right)\left(z_k + \frac{h}{2}S_1\right) + \left(t_k + \frac{h}{2}\right)$$
$$S_3 = \left(t_k + \frac{h}{2}\right)\left(z_k + \frac{h}{2}S_2\right) + \left(t_k + \frac{h}{2}\right)$$
$$S_4 = (t_k + h)(z_k + hS_3)(t_k + h)$$

取 $h=0.1$，计算结果及整体截断误差如表 7.3 所示。三阶龙格-库塔法正如所期望的那样，显示出三阶精确性；四阶龙格-库塔法对这个例子给出了令人吃惊的精度。与例 7.2.2 中的二阶中点法和显式梯形法相比，精度差异极其明显，以致人们普遍认为四阶龙格-库塔法在每步中多计算函数值两次是非常值得的。

表 7.3 三阶和四阶龙格-库塔法解初值问题式(7.30)：步长 $h=0.1$

t_k	$y(t_k)$	三阶龙格-库塔法		四阶龙格-库塔法	
		z_k	E_k	z_k	E_k
0.1	1.0100250417	1.0100333333	-8.29161×10^{-6}	1.0100250417	5.21352×10^{-11}
0.2	1.0404026800	1.0404193422	-0.0000166622	1.0404026795	5.36774×10^{-10}
0.3	1.0920557198	1.0920810596	-0.0000253398	1.0920557177	2.04549×10^{-9}

续表

t_k	$y(t_k)$	三阶龙格-库塔法		四阶龙格-库塔法	
		z_k	E_k	z_k	E_k
0.4	1.1665741353	1.1666086579	−0.0000345226	1.1665741296	5.70893×10^{-9}
0.5	1.2662969061	1.2663412654	−0.0000443593	1.2662968922	1.38986×10^{-8}
0.6	1.3944347262	1.3944896437	−0.0000549175	1.3944346948	3.14184×10^{-8}
0.7	1.5552426264	1.5553087562	−0.0000661298	1.5552425589	6.74716×10^{-8}
0.8	1.7542555286	1.7543332375	−0.0000777089	1.7542553898	1.38868×10^{-7}
0.9	1.9986050001	1.9986940099	−0.0000890098	1.9986047248	2.75217×10^{-7}
1.0	2.2974425414	2.2975413561	−0.0000988147	2.2974420141	5.27293×10^{-7}

值得说明的是，四阶龙格-库塔法是由 $f(t,y)$的四阶 Taylor 展开推导出来的，这意味着 $f(t,y)$至少是四阶连续可微的。因此，只有在 $f(t,y)$有足够的光滑性的前提下，四阶龙格-库塔法才能保证理论上的精度，如果没有足够的光滑性，四阶龙格-库塔法的实际效果可能不如二阶方法。

3. 变步长龙格-库塔法

到目前为止，都是以等步长来描述单步法的，事实上在所有单步法中都可以使用变步长。直观上步长越小截断误差就越小，但是求解步数随步长减小而增加，步长过小不仅计算量大而且会因积累舍入误差而使精度下降。因此，在实际求解中也面临步长选择问题。下面以四阶龙格-库塔法为例来说明步长选择的减半-加倍法，但所述的方法适用于任何单步法。

从节点 t_k 开始，先以步长 h 按四阶龙格-库塔法计算一个值，记为 $z_{k+1}^{(h)}$，因四阶龙格-库塔法的局部截断误差为 $O(h^5)$，所以

$$y_{k+1}-z_{k+1}^{(h)}\approx Ch^5$$

然后步长减半从 t_k 开始进行两步，计算的值记为 $z_{k+1}^{(h/2)}$，每步截断误差为 $C(h/2)^5$，所以

$$y_{k+1}-z_{k+1}^{(h/2)}\approx 2C\left(\frac{h}{2}\right)^5=C\frac{h^5}{16}$$

因此步长减半后，局部截断误差大约是原来的 1/16，即

$$y_{k+1}-z_{k+1}^{(h/2)}\approx 16(y_{k+1}-z_{k+1}^{(h)})$$

减半前、后两次计算值的偏差

$$\rho\triangleq\left|z_{k+1}^{(h)}-z_{k+1}^{(h/2)}\right|\approx 15\left|y_{k+1}-z_{k+1}^{(h/2)}\right|$$

从上式可以看出，如果偏差太大，说明减半后计算的值达不到精度要求，此时需要继续减半步长；如果偏差太小远超过精度要求，此时可加倍步长。这就是选择步长的减半-加倍法的思想。具体地说，给定容差 ε，(i)若 $\rho>\varepsilon$，重复步长减半进行计算直至 $\rho<\varepsilon$，以最后计算的 $z_{k+1}^{(h/2)}$ 作为 z_{k+1}；(ii)若 $\rho<\varepsilon$，重复加倍步长进行计算直至 $\rho>\varepsilon$，再以步长减半计算的 $z_{k+1}^{(h/2)}$ 作为 z_{k+1}。

上述方法称为变步长法，选择步长增加了每一步的计算量，但从整体考虑通常是值得的，特别是对于大范围求解的实际问题。

7.2.4 收敛性与稳定性

1. 收敛性

本节考虑单步法

$$\begin{cases} z_{k+1}=z_k+h\delta(t_k,z_k,h), \quad k=0,1,2,\cdots \\ z_0=y(t_0) \end{cases} \tag{7.39}$$

的收敛性问题。所谓收敛性是指,对任意固定的 $t_k\in[a,b]$都有

$$\lim_{h\to 0}(y(t_k)-z_k)=0$$

即步长趋于零时,数值解趋于精确解。因整体截断误差 $E_k=y(t_k)-z_k$,所以收敛的充要条件是 $p>0(E_k=O(h^p))$。

定理 7.2.1 若单步法式(7.39)满足下述条件

(i) 局部截断误差 $T_k=O(h^{p+1})$

(ii) 增量函数 $\delta(t,y,h)$对 y 满足李普希茨条件

$$|\delta(t,y,h)-\delta(t,\tilde{y},h)|\leqslant L|y-\tilde{y}|$$

(iii) 初值是准确的,$E_0=y(t_0)-z_0=0$

则,(i)整体截断误差 $E_k=O(h^p)$,(ii)$p>0$ 时单步法式(7.39)收敛。

证明 用 7.2.1 节估计欧拉法整体截断误差的方法,将那里的 $f(t,y)$替换为现在的增量函数 $\delta(t,y,h)$,立刻得到

$$|E_{k+1}|\leqslant \frac{\mathrm{e}^{(b-a)L}-1}{L}O(h^p)$$

因此,$E_k=O(h^p)$。证毕。

定理 7.2.1 表明单步法的整体截断误差总是比局部截断误差低一阶,正好是单步法精度的阶数,因此欧拉法,中点法,显式梯形法,二阶、三阶和四阶龙格-库塔法的整体截断误差分别为 $O(h)$,$O(h^2)$,$O(h^2)$,$O(h^2)$,$O(h^3)$和 $O(h^4)$。由定理 7.2.1,为了证明这些方法的收敛性,只须验证它们的增量函数满足李普希茨条件。事实上,若初值问题的右端函数 $f(t,y)$对 y 满足李普希茨条件(从 7.1.2 节知道这是解的存在性、唯一性和连续性条件),则可证明前面介绍的所有单步法的增量函数都满足李普希茨条件。例如,由显式梯形法的增量函数

$$\delta(t,y,h)=\frac{1}{2}(f(t,y)+f(t+h,t+hf(t,y))$$

不难看出,

$$\begin{aligned}|\delta(t,y,h)-\delta(t,\tilde{y},h)| &\leqslant \frac{1}{2}L(|y-\tilde{y}|+h|f(t,y)-f(t,\tilde{y})|) \\ &\leqslant \frac{L}{2}(1+hL)|y-\tilde{y}|\end{aligned}$$

同理可证明,其他单步法的增量函数也满足李普希茨条件,因而都收敛。

2. 稳定性

在初值问题的数值解法中,后步计算都是以前步计算为基础的,不可避免地引入误差

(如舍入误差),前步误差可能会导致后步的更大误差。具体地说,令 z_k 是数值解法的理论值,对应的计算值记为 $\tilde{z}_k$,称 $\sigma_k = z_k - \tilde{z}_k$ 为计算误差。计算误差 σ_k 对后面的计算误差 $\sigma_{k+m}(m \geqslant 1)$会有怎样的影响呢?这是本节要讨论的问题。

对一般微分方程讨论这个问题极为困难,通常都是就所谓的测试方程(或称为模型方程)

$$y' = \lambda y \tag{7.40}$$

讨论这个问题。这里 λ 是复数,之所以要求为复数是因为这个方程也被用于测试线性微分方程组数值解法的性态,线性方程组的系数矩阵通常有复特征值。

假定将某种数值解法用于测试方程(7.40),对给定的步长 h 在计算时产生的误差为 σ_k,在这个误差下计算后面的 z_{k+m} 产生的误差为 $\sigma_{k+m}(m=1,2,\cdots)$。若 $|\sigma_{k+m}| \leqslant |\sigma_k|$,即误差不增大,则称这种数值解法对步长 h 和 λ 是绝对稳定的,或者说 h 和 λ 是这种解法的绝对稳定值,绝对稳定值构成的区域称为绝对稳定域。绝对稳定域越大,数值解法的适应性就越强。若绝对稳定域包含(λh)-复平面的左半平面,则称这种解法是 A-稳定的。下面考察单步法的稳定性。

欧拉法 对于欧拉法,$z_{k+1} = z_k + \lambda h z_k$,$\tilde{z}_{k+1} = \tilde{z}_k + \lambda h \tilde{z}_k$,两式相减得到 $\sigma_{k+1} = (1+\lambda h)\sigma_k$,所以

$$|\sigma_{k+1}| \leqslant |\sigma_k| \Leftrightarrow |1 + \lambda h| \leqslant 1$$

因此,欧拉法的绝对稳定域是(λh)-复平面上以-1为圆心的单位圆,如图 7.7(a)所示。

对于向后欧拉法,$z_{k+1} = z_k + \lambda h z_{k+1}$,$\tilde{z}_{k+1} = \tilde{z}_k + \lambda h \tilde{z}_{k+1}$,两式相减得到 $\sigma_{k+1} = \sigma_k + \lambda h \sigma_{k+1}$,所以

$$|\sigma_{k+1}| \leqslant |\sigma_k| \Leftrightarrow |1 - \lambda h| \geqslant 1$$

因此,向后欧拉法的绝对稳定域是(λh)-复平面上以 1 为圆心的单位圆外部,如图 7.7(b)所示,向后欧拉法是 A-稳定的。

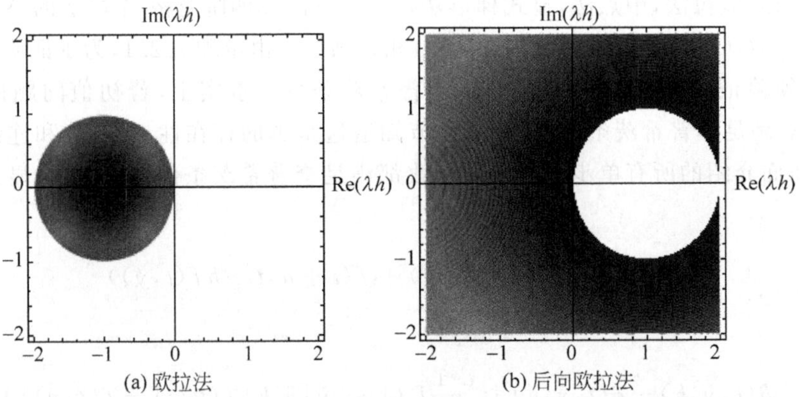

图 7.7 绝对稳定域

例 7.2.4 考虑欧拉法和向后欧拉法(取步长 $h=0.05$)对初值问题

$$\begin{cases} y' = -100y \\ y(0) = 1 \end{cases}$$

的稳定性。

解　$\lambda=-100, h=0.05, |1+\lambda h|=4>1$，欧拉法不满足稳定性要求。由于$|1-\lambda h|=5>1$，向后欧拉法是稳定的。要使欧拉法稳定必须减小步长，比如 $h=0.005$，此时欧拉法是稳定性方法。

梯形法　对于梯形法，$z_{k+1}=z_k+\frac{\lambda h}{2}z_k+\frac{\lambda h}{2}z_{k+1}$，$\tilde{z}_{k+1}=\tilde{z}_k+\frac{\lambda h}{2}\tilde{z}_k+\frac{\lambda h}{2}\tilde{z}_{k+1}$，两式相减稍加整理得到

$$\left(1-\frac{\lambda h}{2}\right)\sigma_{k+1}=\left(1+\frac{\lambda h}{2}\right)\sigma_k$$

于是

$$|\sigma_{k+1}|\leqslant|\sigma_k|\Leftrightarrow\left|1-\frac{\lambda h}{2}\right|\geqslant\left|1+\frac{\lambda h}{2}\right|\Leftrightarrow \mathrm{Re}(\lambda h)\leqslant 0$$

因此，梯形法的绝对稳定域是左半(λh)-复平面，因而是 A-稳定的。用同样的方法可推知，显式梯形法和中点法有相同的绝对绝稳定域

$$\left|1+\lambda h+\frac{(\lambda h)^2}{2}\right|\leqslant 1$$

图 7.8 给出了这个区域的几何图示。

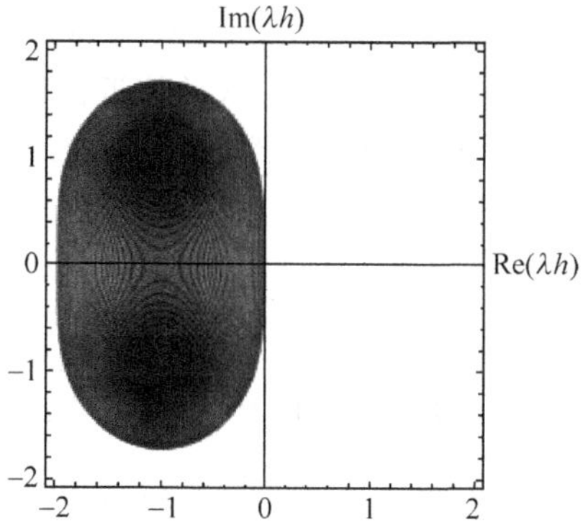

图 7.8　中点法和显式梯形法的绝对稳定域

龙格-库塔法　考虑三阶龙格-库塔法的绝对稳定域。对于测试问题式(7.40)，三阶龙格-库塔公式

$$S_1=\lambda z_k$$

$$S_2=\left(\lambda+\frac{\lambda^2 h}{2}\right)z_k$$

$$S_3=(\lambda+\lambda^2 h+\lambda^3 h^2)z_k$$

$$z_{k+1}=z_k+\frac{h}{6}(S_1+4S_2+S_3)=\left(1+\lambda h+\frac{(\lambda h)^2}{2}+\frac{(\lambda h)^3}{3!}\right)z_k$$

因此，三阶龙格-库塔法的绝对稳定域(见图 7.9)

$$\left|1+\lambda h+\frac{(\lambda h)^2}{2!}+\frac{(\lambda h)^3}{3!}\right|\leqslant 1$$

类似地，四阶龙格-库塔法的绝对稳定域为

$$\left|1+\lambda h+\frac{(\lambda h)^2}{2!}+\frac{(\lambda h)^3}{3!}+\frac{(\lambda h)^3}{4!}\right|\leqslant 1$$

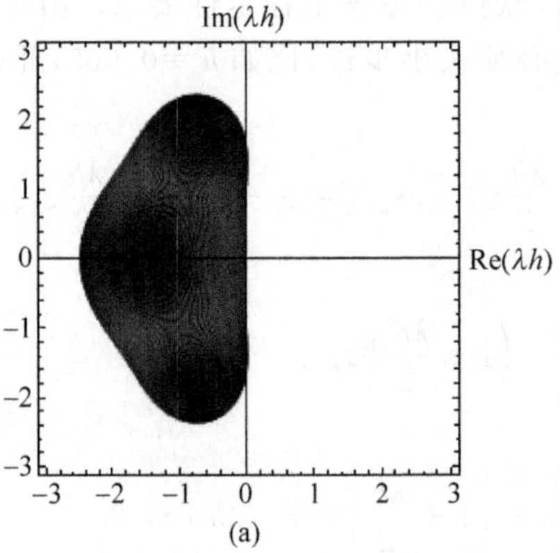

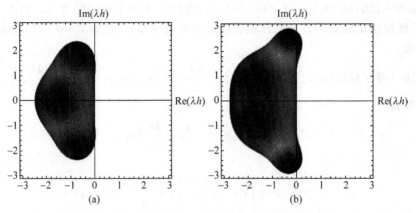

图 7.9 三阶(a)和四阶(b)龙格-库塔法的绝对稳定域

7.3 多 步 法

多步法是用前 m 步的值 $z_k, z_{k-1}, \cdots, z_{k-m+1}$ 计算当前步的值 z_{k+1}，以期获得更高的精度。主要有两种途径构造多步法，一种是用多项式插值近似计算式(7.14)右端积分，这种方法称为阿当姆斯(Adams)法；另一种更具一般性，应用 Taylor 展开构造多步法。

7.3.1 阿当姆斯法

1. 阿当姆斯显式法

假定已知 $z_k, z_{k-1}, \cdots, z_{k-m+1}$，现在的问题是如何计算 z_{k+1}。由

$$y(t_k + h) = y(t_k) + \int_{t_k}^{t_k+h} f(t, y(t))\mathrm{d}t$$

若能给出 $f(t, y(t))$ 在区间 $[t_k, t_k + h]$ 上的近似，就可计算 $y(t_k + h)$ 的近似值从而得到 z_{k+1}。因此，考虑以节点 $t_k, t_{k-1}, \cdots, t_{k-m+1}$ 插值 $f_k \triangleq f(t_k, z_k), f_{k-1} \triangleq f(t_{k-1}, z_{k-1}), \cdots, f_{k-m+1} \triangleq f(t_{k-m+1}, z_{k-m+1})$ 的 $m-1$ 次拉格朗日多项式 $p_{m-1}(t)$ 作为 $f(t, y(t))$ 的近似：

$$p_{m-1}(t) = \sum_{i=0}^{m-1} f_{k-i} \prod_{j=0(\neq i)}^{m-1} \frac{t - t_{k-j}}{t_{k-i} - t_{k-j}}$$

得到

$$\int_{t_k}^{t_k+h} f(t, y(t))\mathrm{d}t \approx \sum_{i=0}^{m-1} f_{k-i} \int_{t_k}^{t_k+h} \left(\prod_{j=0(\neq i)}^{m-1} \frac{t - t_{k-j}}{t_{k-i} - t_{k-j}} \right) \mathrm{d}t \tag{7.41}$$

令

$$\alpha_i = \frac{1}{h} \int_{t_k}^{t_k+h} \left(\prod_{j=0(\neq i)}^{m-1} \frac{t - t_{k-j}}{t_{k-i} - t_{k-j}} \right) \mathrm{d}t, \quad i = 0, 1, 2, \cdots, m-1 \tag{7.42}$$

将式(7.41)改写为

$$\int_{t_k}^{t_k+h} f(t, y(t))\mathrm{d}t \approx h \sum_{i=0}^{m-1} \alpha_i f_{k-i}$$

由此得到 z_{k+1} 的递推公式

$$z_{k+1}=z_k+h\sum_{i=0}^{m-1}\alpha_i f_{k-i},\quad k=m-1,m,\cdots \tag{7.43}$$

上式称为 m 步阿当姆斯显式公式，在文献中也称为 Adams-Bashforth 公式。注意，α_{k-i} 是常数，即积分式(7.40)与 t_k 和 h 无关。例如：

当 $m=1$ 时，插值多项式是 $p_0(t)=f_k=f(t_k,z_k)$，此时阿当姆斯法就是欧拉法

$$z_{k+1}=z_k+hf(t_k,z_k),\quad k=0,1,\cdots$$

当 $m=2$ 时，

$$\alpha_0=\frac{1}{h}\int_{t_k}^{t_k+h}\left(\frac{t-t_k}{t_{k-1}-t_k}\right)\mathrm{d}t=\frac{3}{2},\quad \alpha_1=\frac{1}{h}\int_{t_k}^{t_k+h}\left(\frac{t-t_{k-1}}{t_k-t_{k-1}}\right)\mathrm{d}t=\frac{1}{2}$$

由此，得到两步阿当姆斯公式

$$z_{k+1}=z_k+\frac{h}{2}(3f(t_k,z_k)-f(t_{k-1},z_{k-1})),\quad k=1,2,\cdots$$

表 7.4 给出了前 4 步阿当姆斯显式公式。

表 7.4　阿当姆斯显式公式

m(步数)	p(精度阶)	阿当姆斯显式公式
1	1	$z_{k+1}=z_k+hf_k,k=0,1,2,\cdots$
2	2	$z_{k+1}=z_k+h(3f_k-f_{k-1})/2,k=1,2,\cdots$
3	3	$z_{k+1}=z_k+h(23f_k-16f_{k-1}+5f_{k-2})/12,k=2,3,\cdots$
4	4	$z_{k+1}=z_k+h(55f_k-59f_{k-1}+37f_{k-2}-9f_{k-3})/24,k=3,4,\cdots$

多步法局部截断误差的定义与单步法类似，是精确值 $y_{k+1}=y(t_{k+1})$ 与以 $y_k,y_{k-1},\cdots,y_{k-m+1}$ 计算的 z_{k+1} 之差，即 m 步阿当姆斯法的局部截断误差定义为

$$T_{k+1}=y_{k+1}-\left(y_k+h\sum_{i=0}^{m-1}\alpha_i f(t_{k-i},y_{k-i})\right)$$

因 $m-1$ 次插值多项式的误差为 $O(h^m)$，所以式(7.41)的积分误差为 $O(h^{m+1})$，局部截断误差 $T_{k+1}=O(h^{m+1})$，即 m 步阿当姆斯法有 m 阶精度。

2. 阿当姆斯隐式法

以节点 $t_{k+1},t_k,t_{k-1},\cdots,t_{k-m+1}$ 插值 $f_{k+1},f_k,f_{k-1},\cdots,f_{k-m+1}$ 的 m 次拉格朗日多项式

$$p_m(t)=\sum_{i=0}^{m}f_{k+1-i}\prod_{j=0(\neq i)}^{m}\frac{t-t_{k+1-j}}{t_{k+1-i}-t_{k+1-j}}$$

近似计算积分得到递推公式

$$z_{k+1}=z_k+h\sum_{i=0}^{m}\beta_i f_{k+1-i},\quad k=m-1,m,\cdots \tag{7.44}$$

称为阿当姆斯隐式公式，其中

$$\beta_i=\frac{1}{h}\int_{t_k}^{t_k+h}\left(\prod_{j=0(\neq i)}^{m}\frac{t-t_{k+1-j}}{t_{k+1-i}-t_{k+1-j}}\right)\mathrm{d}t,\quad i=0,1,2,\cdots,m \tag{7.45}$$

与 t_k 和 h 无关，即 β_i 是常数。式(7.44)的右端项包含需要计算的 z_{k+1}，因而是隐式的。公式(7.44)也称为 Adams-Moulton 公式。

当 $m=0$ 时，阿当姆斯隐式法是向后欧拉法

$$z_{k+1}=z_k+hf(t_{k+1},z_{k+1}),\quad k=0,1,\cdots$$

当 $m=1$ 时，

$$\beta_0=\frac{1}{h}\int_{t_k}^{t_k+h}\frac{t-t_k}{t_{k+1}-t_k}\mathrm{d}t=\frac{1}{2},\quad \beta_1=\frac{1}{h}\int_{t_k}^{t_k+h}\frac{t-t_{k+1}}{t_k-t_{k+1}}\mathrm{d}t=\frac{1}{2}$$

阿当姆斯隐式法是梯形法

$$z_{k+1}=z_k+\frac{h}{2}(f(t_k,z_k)+f(t_{k+1},z_{k+1})),\quad k=0,1,\cdots$$

表 7.5 给出了前 4 步阿当姆斯隐式公式。

表 7.5　阿当姆斯隐式公式

m(步数)	p(精度阶)	阿当姆斯隐式公式
1	2	$z_{k+1}=z_k+h(f_{k+1}+f_k)/2,k=0,1,\cdots$
2	3	$z_{k+1}=z_k+h(5f_{k+1}+8f_k-f_{k-1})/12,k=1,2,\cdots$
3	4	$z_{k+1}=z_k+h(9f_{k+1}+19f_k-5f_{k-1}+f_{k-2})/24,k=2,3,\cdots$
4	5	$z_{k+1}=z_k+h(251f_{k+1}+646f_k-264f_{k-1}+106f_{k-2}-19f_{k-3})/720,k=3,4,\cdots$

m 步阿当姆斯隐式法的局部截断误差

$$T_{k+1}=y_{k+1}-\left(y_k+h\sum_{i=0}^{m}\beta_i f(t_{k+1-i},y_{k+1-i})\right)=O(h^{m+2})$$

因此有 $m+1$ 阶精度。

例 7.3.1　分别用四阶阿当姆斯显式和隐式法解例题 7.2.2 中的初值问题式(7.30)。

解　对于初值问题式(7.30)，四阶阿当姆斯显式公式

$$z_{k+1}=z_k+h(55f_k-59f_{k-1}+37f_{k-2}-9f_{k-3})/24$$

$$f_i=t_iz_i+t_i,i=k,k-1,k-2,k-3$$

这个初值问题简单，从四阶阿当姆斯隐式公式可解出 z_{k+1} 而化为显式公式

$$z_{k+1}=\frac{1}{1-9ht_{k+1}/24}(z_k+h(9t_{k+1}+19f_k-5f_{k-1}+f_{k-2})/24)$$

$$f_i=t_iz_i+t_i,i=k,k-1,k-2$$

取 $h=0.1$，四个初值取精确值，各步计算结果及整体截断误差见表 7.6。

表 7.6　四阶阿当姆斯显式和隐式法解初值问题式(7.30)：步长 $h=0.1$

t_k	$y(t_k)$	四阶阿当姆斯显式法		四阶阿当姆斯隐式法	
		z_k	E_k	z_k	E_k
0.4	1.1665741353	1.1665526381	0.0000214972	1.1665765236	-2.38827×10^{-6}
0.5	1.2662969061	1.2662390094	0.0000578967	1.2663029477	-6.04165×10^{-6}
0.6	1.3944347262	1.3943224434	0.0001122828	1.3944460747	−0.0000113485
0.7	1.5552426264	1.5550516869	0.0001909395	1.5552615166	−0.0000188902
0.8	1.7542555286	1.7539529687	0.0003025599	1.7542850318	−0.0000295032
0.9	1.9986050001	1.9981453798	0.0004596203	1.9986493853	−0.0000443852
1.0	2.2974425414	2.2967625201	0.0006800213	2.2975077918	−0.0000652504

虽然两种方法同阶，但从表 7.6 可以看出隐式法的精度明显高于显式法，在理论上这是可以解释的，因为隐式法的误差常数小于显式法的误差常数(见 7.32 节式(7.59)和式(7.60))。比较表 7.3，不论显式还是隐式的阿当姆斯法，其精度都比四阶龙格-库塔法差，四阶阿当姆斯隐式法精度略高于三阶龙格-库塔法，这再次说明龙格-库塔法是一种值得推荐的方法。

7.3.2　一般线性多步法

一般线性 m 步法公式可表示为

$$z_{k+m}=\sum_{l=0}^{m-1}\alpha_l z_{k+l}+h\sum_{l=0}^{m}\beta_l f_{k+l}z_{k+l} \tag{7.46}$$

其中 z_{k+l} 是 $y(t_{k+l})$ 的近似值，$f_{k+l}=f(t_{k+l},z_{k+l})$，$t_{k+l}=t_k+lh$，$\alpha_l$，$\beta_l$ 为常数(α_0，β_0 不全为零)。若 $\beta_m=0$，则式(7.46)是显式法；否则，是隐式法。开始计算时，需要给定 m 个初始值 $z_0,z_1,\cdots,z_{m-1}$，通常由单步法获得。与上节类似，m 步法的局部截断误差定义为

$$T_{k+m}=y(t_{k+l})-\sum_{l=0}^{m-1}\alpha_l y(t_{k+l})+h\sum_{l=0}^{m}\beta_l y'(t_{k+l})\quad (y'(t_{k+l})=f(t_{k+l},y(t_{k+l}))) \tag{7.47}$$

若 $T_{k+m}=c_{p+1}h^{p+1}+O(h^{p+2})(c_{p+1}\neq 0)$，则称 m 步法具有 p 阶精度，$c_{p+1}h^{p+1}$ 称为误差主项，c_{p+1} 称为误差常数。误差常数可被用于比较同阶方法的优劣。

1. 基本定理

为了使多步法有 p 阶精度，常数 α_l，β_l 应满足什么条件？下述定理给出了明确回答。

定理 7.3.1　多步法式(7.46)有 p 阶精度的充要条件是

$$\begin{cases}\displaystyle\sum_{l=0}^{m-1}\alpha_l=1\\ \displaystyle\sum_{l=0}^{m-1}l\alpha_l+\sum_{l=0}^{m}\beta_l=m\\ \displaystyle\sum_{l=1}^{m-1}l^q\alpha_l+q\Big(\beta_1+\sum_{l=2}^{m}l^{q-1}\beta_l\Big)=m^q,\quad q=2,3,\cdots,p\end{cases} \tag{7.48}$$

且误差常数

$$c_{p+1}=\frac{1}{(p+1)!}\Big(m^{p+1}-\sum_{l=1}^{m-1}l^{p+1}\alpha_l\Big)-\frac{1}{p!}\Big(\beta_1+\sum_{l=2}^{m-1}l^p\beta_l\Big)\neq 0 \tag{7.49}$$

证明　考虑 T_{k+m} 在 t_k 处的 Taylor 展开：

$$y(t_{k+l})=y(t_k+lh)=y(t_k)+(lh)y'(t_k)+\frac{(lh)^2}{2!}y''(t_k)+\cdots+\frac{(lh)^q}{q!}y^{(q)}(t_k)+\cdots$$

$$y'(t_{k+l})=y'(t_k+lh)=y'(t_k)+(lh)y''(t_k)+\frac{(lh)^2}{2!}y'''(t_k)+\cdots+\frac{(lh)^{q-1}}{(q-1)!}y^{(q)}(t_k)+\cdots$$

代入式(7.47)，按 h 的幂合并、整理得到

$$T_{k+m}=c_0y(t_k)+c_1hy'(t_k)+c_2h^2y''(t_k)+\cdots+c_qh^qy^{(q)}(t_k)+\cdots$$

其中

$$\begin{cases}c_0=1-\sum_{l=0}^{m-1}\alpha_l\\ c_1=m-\sum_{l=0}^{m-1}l\alpha_l-\sum_{l=0}^{m}\beta_l\\ c_q=\frac{1}{q!}\left(m^q-\sum_{l=0}^{m-1}l^q\alpha_l\right)-\frac{1}{(q-1)!}\left(\beta_1+\sum_{l=2}^{m}l^{q-1}\beta_l\right),\quad q=2,3,\cdots\end{cases}$$

因此，

多步法式(7.46)有 p 阶精度$\Leftrightarrow c_0=c_1=c_2=\cdots=c_p=0, c_{p+1}\neq 0$

$$\Leftrightarrow\begin{cases}\sum_{l=0}^{m-1}\alpha_l=1\\ \sum_{l=0}^{m-1}l\alpha_l+\sum_{l=0}^{m}\beta_l=m\\ \sum_{l=1}^{m-1}l^q\alpha_l+q\left(\beta_1+\sum_{l=2}^{m}l^{q-1}\beta_l\right)=m^q,\quad q=2,3,\cdots,p\\ c_{p+1}=\frac{1}{(p+1)!}\left(m^{p+1}-\sum_{l=1}^{m-1}l^{p+1}\alpha_l\right)-\frac{1}{p!}\left(\beta_1+\sum_{l=2}^{m-1}l^p\beta_l\right)\neq 0\end{cases}$$

证毕。

由式(7.48)和式(7.49)，可以得到各阶精度的多步法。例如：当 $m=1$ 时，

(i) 若 $\beta_1=0$，则 $\alpha_0=1,\beta_0=1$，此时式(7.46)是欧拉法

$$z_{k+1}=z_k+hf_k$$

因 $c_2=1/2\neq 0$，所以有一阶精度，局部截断误差为

$$T_{k+1}=\frac{1}{2}h^2y''(t_k)+O(h^3)$$

(ii) 若 $\beta_1\neq 0$，从式(7.48)得到

$$\begin{cases}\alpha_0=1\\ \beta_0+\beta_1=1\\ 2\beta_1=1\end{cases}$$

由此，$\alpha_0=1,\beta_0=\beta_1=1/2$，此时式(7.46)是梯形法

$$z_{k+1}=z_k+\frac{h}{2}(f_k+f_{k+1})$$

因 $c_3=-1/12\neq 0$，所以具有二阶精度，局部截断误差为

$$T_{k+1}=-\frac{1}{12}h^3y'''(t_k)+O(h^4)$$

同理，对于 $m(\geqslant 2)$ 步法，由式(7.48)和式(7.49)可确定常数 α_l,β_l 和局部截断误差。

下面从式(7.48)和式(7.49)导出三阶显式、四阶隐式的阿当姆斯公式和局部截断误差。当 $m=3$ 时，取 $\alpha_0=\alpha_1=0,\alpha_2=1$。

(i) 若 $\beta_3=0$，由式(7.48)得到

$$\begin{cases}\beta_0+\beta_1+\beta_2=1\\ \beta_1+2\beta_2=5/2\\ \beta_1+4\beta_2=19/3\end{cases}$$

因此

$$\beta_0=\frac{5}{12},\quad \beta_1=-\frac{16}{12},\quad \beta_2=\frac{23}{12}$$

由式(7.49)，$c_4=3/8\neq 0$，故有三步三阶阿当姆斯显式公式

$$z_{k+3}=z_{k+2}+\frac{h}{12}(23f_{k+2}-16f_{k+1}+5f_k)$$

局部截断误差

$$T_{k+3}=\frac{3}{8}h^4y^{(4)}(t_k)+O(h^5)$$

(ii) 若 $\beta_3\neq 0$，由式(7.48)得到

$$\begin{cases}\beta_0+\beta_1+\beta_2+\beta_3=1\\ \beta_1+2\beta_2+3\beta_3=5/2\\ \beta_1+4\beta_2+9\beta_3=19/3\\ \beta_1+8\beta_2+27\beta_3=65/4\end{cases}$$

因此

$$\beta_0=\frac{1}{24},\quad \beta_1=-\frac{5}{24},\quad \beta_2=\frac{19}{24},\quad \beta_3=\frac{3}{8}$$

由式(7.49)，$c_5=-19/720\neq 0$，故有三步四阶阿当姆斯隐式公式

$$z_{k+3}=z_{k+2}+\frac{h}{24}(9f_{k+3}+19f_{k+2}-5f_{k+1}-f_k)$$

局部截断误差

$$T_{k+3}=-\frac{19}{720}h^5y^{(5)}(t_k)+O(h^6) \tag{7.50}$$

从上面的讨论可以看出，由式(7.48)和式(7.49)可得到各种各样的多步法，但研究表明许多表面看似很合理的多步法却都是不稳定的，也就是说大多数多步法在实践中用处不大。多步法的稳定性分析比较复杂，需要利用差分方程特征根理论，有兴趣的读者可参考[4]。下面介绍两种常用的多步法，米尔尼(Milne)法和汉明(Hamming)法。

2. 米尔尼法

考虑如下特殊形式的四步法显式公式：

$$z_{k+4}=z_k+h(\beta_3f_{k+3}+\beta_2f_{k+2}+\beta_1f_{k+1}+\beta_0f_k) \tag{7.51}$$

确定常数 $\beta_0,\beta_1,\beta_2,\beta_3$ 使它达到最高精度。从式(7.51)的形式知，在米尔尼法 $\alpha_0=1,\alpha_1=\alpha_2=\alpha_3=0$，于是根据式(7.48)得到 β_i 方程

$$\begin{cases}\beta_0+\beta_1+\beta_2+\beta_3=4\\ \beta_1+2\beta_2+3\beta_3=16/2\\ \beta_1+4\beta_2+9\beta_3=64/3\\ \beta_1+8\beta_2+27\beta_3=256/4\end{cases}$$

因此

$$\beta_0=0,\quad \beta_1=\frac{8}{3},\quad \beta_2=-\frac{4}{3},\quad \beta_3=\frac{8}{3}$$

由式(7.49),$c_5=14/15\neq 0$,故有如下四步四阶的显式公式,称为米尔尼公式

$$z_{k+4}=z_k+\frac{4h}{3}(2f_{k+3}-f_{k+2}+2f_{k+1}) \tag{7.52}$$

局部截断误差

$$T_{k+4}=\frac{14}{45}h^5y^{(5)}(t_k)+O(h^6) \tag{7.53}$$

与四步四阶阿当姆斯显式法的局部截断误差

$$T_{k+4}=\frac{251}{720}h^5y^{(5)}(t_k)+O(h^6) \tag{7.54}$$

作比较,251/720>14/45,因此理论上米尔尼法优于四步四阶阿当姆斯显式法。从式(7.50)和式(7.53)还可以看出三步四阶阿当姆斯隐式法优于米尔尼法。

3. 汉明法

在一般三步法隐式公式中,取 $\alpha_1=0,\beta_0=0$,得到

$$z_{k+3}=\alpha_2z_{k+2}+\alpha_0z_k+h(\beta_3f_{k+3}+\beta_2f_{k+2}+\beta_1f_{k+1})$$

由式(7.48)得到线性方程组

$$\begin{cases}\alpha_0+\alpha_2=1\\ 2\alpha_2+\beta_1+\beta_2+\beta_3=3\\ 4\alpha_2+2\beta_1+4\beta_2+6\beta_3=9\\ 8\alpha_2+3\beta_1+12\beta_2+27\beta_3=27\\ 16\alpha_2+4\beta_1+24\beta_2+108\beta_3=81\end{cases}$$

因此

$$\alpha_0=-\frac{1}{8},\quad \alpha_2=\frac{9}{8},\quad \beta_1=-\frac{3}{8},\quad \beta_2=\frac{6}{8},\quad \beta_3=\frac{3}{8}$$

由式(7.49),$c_5=-1/40\neq 0$,故有如下三步隐式公式,称为汉明公式

$$z_{k+3}=\frac{1}{8}(9z_{k+2}-z_k)+\frac{3h}{8}(f_{k+3}+2f_{k+2}-f_{k+1}) \tag{7.55}$$

局部截断误差

$$T_{k+4}=-\frac{1}{40}h^5y^{(5)}(t_k)+O(h^6) \tag{7.56}$$

比较式(7.53)、式(7.54)和式(7.56)可以看出,汉明法的精度优于米尔尼法和三步四阶阿当姆斯隐式法。

注释 仅从精度上看,还有如下更好的二步四阶隐式公式,称为辛普森公式

$$z_{k+2}=z_k+\frac{h}{3}(f_{k+2}+4f_{k+1}+f_k) \tag{7.57}$$

局部截断误差

$$T_{k+4}=-\frac{1}{90}h^5y^{(5)}(t_k)+O(h^6) \tag{7.58}$$

公式(7.57)直接来自辛普森积分：

$$y(t_{k+2})-y(z_k)=\int_{t_k}^{t_{k+2}}f(t,y(t))\approx\frac{h}{3}(f(t_{k+2},y(t_{k+2}))+$$
$$4f(t_{k+1},y(t_{k+1}))+f(t_k,y(t_k)))$$

因辛普森法稳定性差，在实践中很少使用。

例 7.3.2　用米尔尼和汉明法解例题 7.2.2 中的初值问题式(7.30)。

解　对于初值问题式(7.30)，米尔尼公式为

$$z_{k+4}=z_k+\frac{4h}{3}(2f_{k+3}-f_{k+2}+2f_{k+1})$$
$$f_{k+i}=t_{k+i}z_{k+i}+t_{k+i},\quad i=1,2,3$$

虽然汉明公式是隐式的，但在此问题中可解出 z_{k+1} 而化为如下显式公式：

$$z_{k+3}=\frac{1}{8-3ht_{k+3}}((9z_{k+2}-z_k)+3h(2t_{k+3}+2f_{k+2}-f_{k+1}))$$
$$f_{k+i}=t_{k+i}z_{k+i}+t_{k+i},\quad i=1,2$$

取步长 $h=0.1$，四个初值取精确值，米尔尼和汉明法的计算结果及整体截断误差见表 7.7。

表 7.7　米尔尼法和汉明法解初值问题式(7.30)：步长 $h=0.1$

t_k	$y(t_k)$	米尔尼法		汉明法	
		z_k	E_k	z_k	E_k
0.4	1.1665741353	1.1665543872	0.0000197481	1.1665764346	-2.2993457×10^{-6}
0.5	1.2662969061	1.2662634238	0.0000334823	1.2663030014	-6.0953633×10^{-6}
0.6	1.3944347262	1.3943860268	0.0000486994	1.3944466779	−0.0000119517
0.7	1.5552426264	1.5551723904	0.0000702359	1.5552630322	−0.0000204058
0.8	1.7542555286	1.7541374744	0.0001180541	1.7542879330	−0.0000324043
0.9	1.9986050001	1.9984317595	0.0001732405	1.9986542936	−0.0000492935
1.0	2.2974425414	2.2972004980	0.0002420433	2.2975155617	−0.0000730203

在这两种同阶的显式和隐式法中，也是隐式法的精度高于显式法。这在意料之中，因为隐式法的误差常数小于显式法的误差常数，见式(7.54)和式(7.56)。比较表 7.6 可见，米尔尼法的精度略高于四阶阿当姆斯显式法；汉明法和四阶阿当姆斯隐式法两者的精度难分高低。

7.3.3　预测-校正法

预测-校正法是一种配合使用显式和隐式公式的方法，主要用来克服隐式法需要启用迭代程序而导致大计算量的问题。具体地说，这种方法先用显式公式计算 z_{k+m} 的一个近似值 $z_{k+m}^{(p)}$，称为 z_{k+m} 的预测(Predictor)，然后估计 f_{k+m} 得到 $f_{k+m}^{(p)}=f(t_{k+m},z_{k+m}^{(p)})$，再将它作为 f_{k+m} 代入隐式公式计算 z_{k+m}，称为校正(Corrector)。例如 7.2.2 节的显式梯形法是一种预测-校正法，先用欧拉法作预测，后用梯形法(隐式)作校正。

一般情况下，分别以同阶精度的显式和隐式法作为预测和校正，表 7.8 是四阶阿当姆斯的预测-校正格式。

表 7.8 四阶阿当姆斯预测-校正格式

给定初始值：z_0, z_1, z_2, z_3，置 $k=0$
(1) 预测(P)：$z_{k+4}^{(p)} = z_{k+3} + h(55f_{k+3} - 59f_{k+2} + 37f_{k+1} - 9f_k)/24$；
(2) 估值(E)：$f_{k+4}^{(p)} = f(t_{k+4}, z_{k+4}^{(p)})$；
(3) 校正(C)：$z_{k+4} = z_{k+3} + h(9f_{k+4}^{(p)} + 19f_{k+3} - 5f_{k+2} + f_{k+1})/24$；
(4) 估值(E)：$f_{k+4} = f(t_{k+4}, z_{k+4})$；
(5) 置 $k \leftarrow k+1$，返回(1)。

通过对截断误差的分析，修正上述预测-校正格式可得到更好的数值结果。由阿当姆斯公式的局部截断误差，对于 PECE 的预测和校正步，

$$y(t_{k+4}) - z_{k+4}^{(p)} \approx \frac{251}{720} h^5 y^{(5)}(t_k) \tag{7.59}$$

$$y(t_{k+4}) - z_{k+4} \approx -\frac{19}{720} h^5 y^{(5)}(t_k) \tag{7.60}$$

两式相减并整理得到

$$h^5 y^{(5)}(t_k) \approx -\frac{720}{270}(z_{k+4}^{(p)} - z_{k+4})$$

再代入式(7.59)和式(7.60)，得事后误差估计

$$y(t_{k+4}) - z_{k+4}^{(p)} \approx -\frac{251}{270}(z_{k+4}^{(p)} - z_{k+4})$$

$$y(t_{k+4}) - z_{k+4} \approx \frac{19}{270}(z_{k+4}^{(p)} - z_{k+4})$$

显然，

$$\begin{cases} z_{k+4}^{(pm)} = z_{k+4}^{(p)} + \dfrac{251}{270}(z_{k+4} - z_{k+4}^{(p)}) \\ z_{k+4}^{(m)} = z_{k+4} - \dfrac{19}{270}(z_{k+4} - z_{k+4}^{(p)}) \end{cases}$$

比 $z_{k+4}^{(p)}$ 和 z_{k+4} 有更好的精度，分别称它们为预测和校正的修正。在实际计算时，预测修正 $z_{k+4}^{(pm)}$ 中未知的 z_{k+4} 可用前步计算结果替代，表 7.9 给出了预测-校正的修正格式。

表 7.9 四阶阿当姆斯预测-校正的修正格式

给定初始值：z_0, z_1, z_2, z_3，置 $k=0$
(1) 预测(P)：$z_{k+4}^{(p)} = z_{k+3} + h(55f_{k+3} - 59f_{k+2} + 37f_{k+1} - 9f_k)/24$；
(2) 修正(M)：$z_{k+4}^{(pm)} = z_{k+4}^{(p)} + 251(z_{k+3}^{(c)} - z_{k+3}^{(p)})/270$；
(3) 估值(E)：$f_{k+4}^{(pm)} = f(t_{k+4}, z_{k+4}^{(pm)})$；
(4) 校正(C)：$z_{k+4}^{(c)} = z_{k+3} + h(9f_{k+4}^{(pm)} + 19f_{k+3} - 5f_{k+2} + f_{k+1})/24$；
(5) 修正(M)：$z_{k+4} = z_{k+4}^{(c)} - 19(z_{k+4}^{(c)} - z_{k+4}^{(p)})/270$；
(6) 估值(E)：$f_{k+4} = f(t_{k+4}, z_{k+4})$；
(7) 置 $k \leftarrow k+1$，返回(1)。

米尔尼法和汉明法分别是同阶的显式法和隐式法，因此也可作为预测-校正的配对。用类似上面方法，米尔尼-汉明预测-校正的修正格式如表7.10所示。

表7.10 四阶米尔尼-汉明预测-校正的修正格式

给定初始值：z_0, z_1, z_2, z_3，置 $k=0$
(1) 预测(P)：$z_{k+4}^{(p)}=z_k+4h(2f_{k+3}-f_{k+2}+2f_{k+1})/3$；
(2) 修正(M)：$z_{k+4}^{(pm)}=z_{k+4}^{(p)}+112(z_{k+3}^{(c)}-z_{k+3}^{(p)})/121$；
(3) 估值(E)：$f_{k+4}^{(pm)}=f(t_{k+4}, z_{k+4}^{(pm)})$；
(4) 校正(C)：$z_{k+4}^{(c)}=(9z_{k+3}-z_{k+1})/8+3h(f_{k+4}^{(pm)}+2f_{k+3}-f_{k+2})/8$；
(5) 修正(M)：$z_{k+4}=z_{k+4}^{(c)}-9(z_{k+4}^{(c)}-z_{k+4}^{(p)})/121$；
(6) 估值(E)：$f_{k+4}=f(t_{k+4}, z_{k+4})$；
(7) 置 $k \leftarrow k+1$，返回(1)。

7.4 边值问题

前面各节介绍了一阶初值问题的数值解法，在实践中经常还涉及另一类二阶边值问题。从本节开始，讨论二阶边值问题的数值解法。

二阶边值问题的一般形式为

$$\begin{cases} y''=f(t, y, y'), & a \leqslant t \leqslant b \\ y(a)=\alpha, & y(b)=\beta \end{cases} \tag{7.61}$$

与初值问题不同，这里需要给出解 $y(t)$ 在两个端点的值，$y(a)=\alpha$，$y(b)=\beta$，称为(Dirichlet)边界条件。若 f 关于 y, y' 是线性的，则称式(7.61)为线性边值问题，否则称为非线性边值问题。二阶线性边值问题的一般形式为

$$\begin{cases} y''+q(t)y'+r(t)y=f(t), & a \leqslant t \leqslant b \\ y(a)=\alpha, & y(b)=\beta \end{cases} \tag{7.62}$$

如下问题是一个简单的二阶线性边值问题

$$\begin{cases} y''=-g, & 0 \leqslant t \leqslant 2 \\ y(0)=50, & y(5)=0 \end{cases} \tag{7.63}$$

其中 g 是重力加速度，约等于 $9.81\mathrm{m/s^2}$。这个边值问题有明显的物理意义，是从牛顿第二定律导出的抛射运动方程，$y(t)$ 是时刻 t 抛射物距离地面的高度，左边界条件表示在时刻0于高度50m处开始抛射物体，右边界条件表示在时刻5物体落到地面。如果问物体在运动过程中最大高度是多少，就得求解这个边值问题。这个问题很简单，积分两次就得到通解

$$y(t)=-\frac{1}{2}gt^2+c_1t+c_2$$

可以看出，c_2 是初始高度，应满足左边界条件，故 $c_2=50$；c_1 是初始速度，没有直接可用的数值，但使用右边界条件可得它的方程

$$0=-\frac{25}{2}g+5c_1+50$$

因而，$c_1=5(-4+g)/2\approx14.525$，因此边值问题的解为

$$y(t)=-4.905t^2+14.525t+50$$

通过求这个二次函数的最大值，物体在运动过程中最大高度大约是 64.2437m。

从求解过程可以看出，边值问题式(7.63)有唯一解。一般情况下，与初值问题相比，边值问题解的存在性和唯一性要复杂得多。一些看似很合理的边值问题往往没有解，有解时也可能存在无穷多解。为了说明这一点，下面考察一个极为简单的例子。

例 7.4.1 边值 α,β 满足什么条件使得下述方程有解？

$$\begin{cases}y''+4y=0, & 0\leqslant t\leqslant\pi\\ y(0)=\alpha, & y(\pi)=\beta\end{cases}\tag{7.64}$$

解 首先，不难验证 $\cos2t,\sin2t$ 是方程 $y''+4y=0$ 的两个线性无关解，因此通解是

$$y(t)=c_1\cos2t+c_2\sin2t$$

由边值条件得到

$$\alpha=c_1\cos0+c_2\sin0=c_1$$
$$\beta=c_1\cos2\pi+c_2\sin2\pi=c_1$$

因此，当 $\alpha\neq\beta$ 时，边值问题式(7.64)无解。当 $\alpha=\beta$ 时，有无穷多解(见图 7.10)：

$$y(t)=\alpha\cos2t+c_2\sin2t\quad(\forall c_2\in\mathbf{R})$$

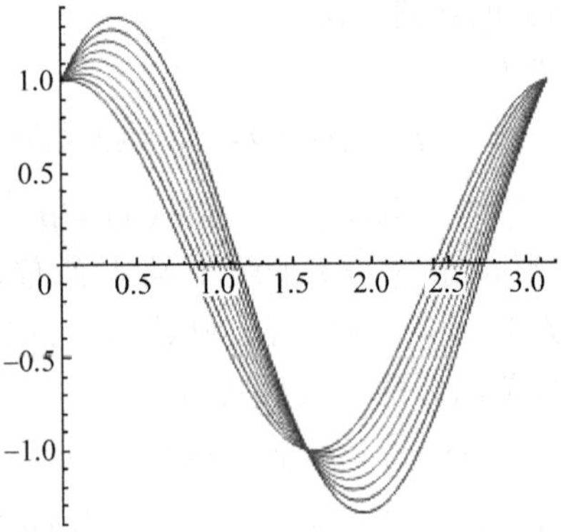

图 7.10 当 $\alpha=\beta=1$ 时，边值问题式(7.64)有无穷多解

也就是说，问题式(7.64)对不同的边值，要么无解要么有无穷多解。如果时间区间缩短到 $[0,\pi/4]$，则对应的边值问题

$$\begin{cases}y''+4y=0, & 0\leqslant t\leqslant\pi/4\\ y(0)=\alpha, & y(\pi)=\beta\end{cases}$$

对任何边值 α,β 都有唯一解

$$y(t)=\alpha\cos2t+\beta\sin2t$$

例 7.4.2 证明下面的边值问题对任何区间 $[a,b]$ 和边值 α,β 都有唯一解：

$$\begin{cases}y''-4y=0, & a\leqslant t\leqslant b\\ y(a)=\alpha, & y(b)=\beta\end{cases}\tag{7.65}$$

证明 方程 $y''-4y=0$ 的通解为

$$y(t)=c_1e^{2t}+c_2e^{-2t}$$

从边值条件得到

$$\begin{cases} c_1 e^{2a} + c_2 e^{-2b} = \alpha \\ c_1 e^{2b} + c_2 e^{-2b} = \beta \end{cases}$$

因系数矩阵的行列式

$$\det\begin{bmatrix} e^{2a} & e^{-2a} \\ e^{2b} & e^{-2b} \end{bmatrix} = e^{2(a-b)} - e^{-2(a-b)} \neq 0, \quad \forall a \neq b$$

所以，(c_1, c_2)有唯一解

$$c_1 = \frac{\alpha e^{2a} - \beta e^{2b}}{e^{4a} - e^{4b}}, \quad c_2 = \frac{e^{2(a+b)}(\beta e^{2a} - \alpha e^{2b})}{e^{4a} - e^{4b}}$$

故对任何区间$[a, b]$和边值 α, β，式(7.65)有唯一解

$$y(t) = \frac{\alpha e^{2a} - \beta e^{2b}}{e^{4a} - e^{4b}} e^{2t} + \frac{e^{2(a+b)}(\beta e^{2a} - \alpha e^{2b})}{e^{4a} - e^{4b}} e^{-2t}$$

注意，例 7.4.1 和例 7.4.2 中两个简单的线性方程仅有一个正负号的差别，但解的存在性与唯一性却有天壤之别。对于线性边值问题解的存在与唯一性，下述定理 7.4.1 给出了充分条件，例 7.4.2 是满足这个充分条件的一种特殊情形。

定理 7.4.1 若 $r(t) \leqslant 0$，则线性边值问题式(7.62)存在唯一解。

非线性边值问题解的存在性与唯一性极为复杂，其理论还在不断发展之中。以后，在讨论数值解法时，总是假定边值问题的解存在且唯一。

7.5 有限差分法

有限差分法是以 7.1.3 节引进的差分替代导数，将边值问题离散化得到一个方程组，进而求解这个方程组得到数值解。若边值问题是线性的，则相应的方程组也是线性的；否则相应的方程组是非线性的，需要使用求解非线性方程的迭代法(见第 5 章)，比如牛顿迭代法。先介绍线性边值问题的有限差分法。

7.5.1 线性问题

1. 特殊情形

考虑线性边值问题(7.62)在 $q(t)=0$ 时的特殊形式

$$\begin{cases} y'' + r(t)y = f(t), & a \leqslant t \leqslant b \\ y(a) = \alpha, & y(b) = \beta \end{cases} \tag{7.66}$$

为了保证有唯一解，这里假定 $r(t) \leqslant 0$。首先，同初值问题一样，将区间均分为 n 个长度为 $h=(b-a)/n$ 的子区间$[t_k, t_{k+1}]$，其中 t_k 是节点：

$$t_k = t_0 + kh, \quad k = 0, 1, \cdots, n \quad (t_0 = a, t_n = b)$$

然后，假定解 $y(t)$有四阶连续导数，由 7.1.3 节引进的差分公式

$$y''(t_i) = \frac{y(t_i - h) - 2y(t_i) + y(t_i + h)}{h^2} - \frac{h^2}{12}(y^{(4)}(c)) \quad (t - h \leqslant c \leqslant t + h) \tag{7.67}$$

得到二阶导数的近似

$$y''(t_i) \approx \frac{y(t_i - h) - 2y(t_i) + y(t_i + h)}{h^2} = \frac{y_{i-1} - 2y_i + y_i}{h^2}, \quad i = 1, 2, \cdots, n-1$$

代入微分方程(7.66)，

$$\frac{y_{i-1} - 2y_i + y_{i+1}}{h^2} + r(t_i)y_i = f(t_i)$$

于是，得到变元为 $y_0, y_1, \cdots, y_n$ 的 $n-1$ 个线性方程

$$y_{i-1} - (2 - h^2 r(t_i))y_i + y_{i+1} = h^2 f(t_i), \quad i = 1, 2, \cdots, n-1$$

由边值条件 $y_0 = \alpha, y_n = \beta$，将它们分别代入首尾两个方程，得到 $n-1$ 个变元的线性方程组，写成矩阵形式

$$\begin{bmatrix} -(2 - h^2 r(t_1)) & 1 & & & \\ 1 & -(2 - h^2 r(t_2)) & 1 & & \\ & \ddots & \ddots & \ddots & \\ & & 1 & -(2 - h^2 r(t_{n-2})) & 1 \\ & & & 1 & -(2 - h^2 r(t_{n-1})) \end{bmatrix} \begin{bmatrix} y_1 \\ y_2 \\ \vdots \\ y_{n-2} \\ y_{n-1} \end{bmatrix}$$

$$= \begin{bmatrix} h^2 f(t_1) - \alpha \\ h^2 f(t_2) \\ \vdots \\ h^2 f(t_{n-2}) \\ h^2 f(t_{n-1}) - \beta \end{bmatrix} \tag{7.68}$$

并称它为边值问题式(7.66)的差分方程组。由于系数矩阵是对称的三角矩阵，用 Gauss 消元法或第 4 章 4.2.3 节引进的追赶法进行 $O(n)$ 次运算得到解。上述是有限差分法求边值问题式(7.66)数值解的全过程。

例 7.5.1　用有限差分法解线性边值问题：

$$\begin{cases} y'' - y = \dfrac{2}{3}\mathrm{e}^t, & 0 \leqslant t \leqslant 1 \\ y(0) = 0, & y(1) = \dfrac{1}{3}\mathrm{e} \end{cases} \tag{7.69}$$

解　将区间[0,1]分为 n 个子区间，$h = 1/n, t_k = k/n$。在这个边值问题中，

$$r(t) = -1, \quad f(t) = 2\mathrm{e}^t/3, \quad \alpha = 0, \quad \beta = \mathrm{e}/3$$

对应的差分方程组为

$$\begin{bmatrix} -(2 + 1/n^2) & 1 & & & \\ 1 & -(2 + 1/n^2) & 1 & & \\ & \ddots & \ddots & \ddots & \\ & & 1 & -(2 + 1/n^2) & 1 \\ & & & 1 & -(2 + 1/n^2) \end{bmatrix} \begin{bmatrix} y_1 \\ y_2 \\ \vdots \\ y_{n-2} \\ y_{n-1} \end{bmatrix}$$

$$
= \begin{bmatrix} 2e^{1/n}/3n^2 \\ 2e^{2/n}/3n^2 \\ \vdots \\ 2e^{(n-2)/n}/3n^2 \\ (2e^{(n-1)/n}/n^2 - e)/3 \end{bmatrix}
$$

取 $n=11$,即在 0,1 之间插入 10 个节点 $t_k=k/11, k=1,2,\cdots,10$,则上述差分方程组是 10 个变量 $y_1,y_2,\cdots,y_{10}$ 的线性方程组,通过求解得到 $y(t_k)$的近似值,如表 7.11 所示。为了得到更高精度的数值解,可通过插入更多数目的节点(即减小步长)来实现,图 7.11 给出了 $n=11$ 和 $n=51$ 的数值解图示。在 $n=51$ 时,数值解与精确解 $y(t)=te^t/3$ 的偏差极小,几乎达到完全拟合的程度。

表 7.11 有限差分法解边值问题式(7.66):$n=11$

t_k	$y(t_k)$	y_k	E_k
0	0	0	0
1/11	0.033187	0.029176	0.004011
2/11	0.072691	0.064627	0.008064
3/11	0.119413	0.107221	0.012192
4/11	0.174370	0.157938	0.016432
5/11	0.238706	0.217886	0.020819
6/11	0.313708	0.288315	0.025393
7/11	0.400824	0.370633	0.030191
8/11	0.501680	0.466425	0.035255
9/11	0.618102	0.577473	0.040629
10/11	0.752141	0.705782	0.046359
1	0.906094	0.906094	0

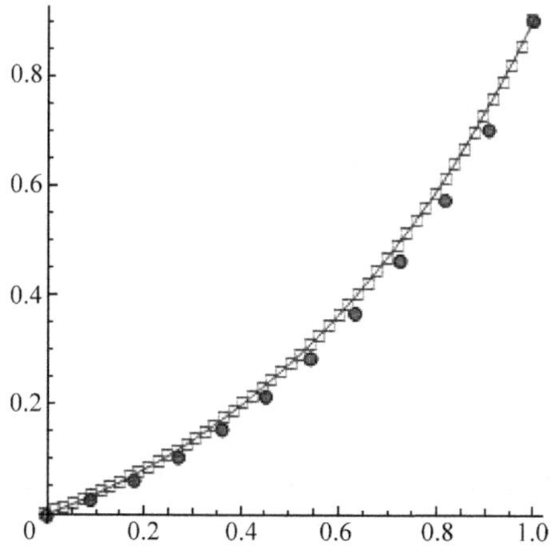

图 7.11 有限差分法解边值问题(7.65)的数值解,● $n=11$;□ $n=51$

有限差分法的误差源于差分近似导数的截断误差,以及解线性方程组带来的误差。有限差分法导入的线性方程组大多都是良态的,前一种误差占主导地位。二阶差分的截断误差是 $O(h^2)$,因此有理由猜测有限差分法的误差也是 $O(h^2)$,下面从理论上证明这一点。

2. 精度分析

同初值问题的数值解法一样，应该考虑有限差分法解边值问题的精度，特别是当步长趋于零时数值解是否趋近精确解。

有限差分法的局部误差是指以差分代入微分方程所引起的误差

$$d(t_k,h)=\frac{1}{h^2}(y(t_k-h)-2y(t_k)+y(t_k+h))+r(t_k)y(t_k)-f(t_k) \tag{7.70}$$

由于 $r(t_k)y(t_k)-f(t_k)=y''(t_k)$，

$$d(t_k,h)=\frac{1}{h^2}(y(t_k-h)-2y(t_k)+y(t_k+h))-y''(t_k)$$

由式(7.67)，有限差分法的局部误差

$$d(t_k,h)=O(h^2) \tag{7.71}$$

有限差分法的整体误差定义为

$$e=\max_{0\leqslant k\leqslant n}|y(t_k)-y_k| \tag{7.72}$$

其中 y_k 是有限差分法得到 $y(t_k)$ 的近似值。下面利用局部误差估计整体误差：从

$$\frac{1}{h^2}(y_{k-1}-2y_k+y_{k+1})+r(t_k)y_k-f(t_k)=0$$

$$\frac{1}{h^2}(y(t_{k-1})-2y(t_k)+y(t_{k+1}))+r(t_k)y(t_k)-f(t_k)=d(t_k,h)$$

得到

$$\frac{1}{h^2}(e_{k-1}-2e_k+e_{k+1})+r(t_k)e_k-f(t_k)=d_k$$

其中

$$e_k=y(t_k)-y_k,k=1,2,\cdots,n-1;e_0=e_n=0(\text{边值条件}),d_k=d(t_k,h)$$

因此

$$e_{k-1}-(2-h^2r(t_k))e_k+e_{k+1}=h^2d_k,\quad k=1,2,\cdots,n-1$$

当 $r(t)\leqslant-\sigma<0$(注意，为了保证边值问题有唯一解，假定 $r(t)\leqslant 0$)时，

$$(2+h^2\sigma)|e_k|\leqslant(2-h^2r(t_k))|e_k|\leqslant|e_{k-1}|+|e_{k+1}|+h^2|d_k|$$

于是 $\forall k$，

$$(2+h^2\sigma)|e_k|\leqslant 2\max_k|e_k|+h^2\max_k|d_k|$$

因此

$$\max_k|e_k|\leqslant\frac{1}{\sigma}\max_k|d_k|=O(h^2)$$

故当 $r(t)\leqslant-\sigma<0$ 时，有限差分法的整体误差 $e=O(h^2)$。对 $r(t)\leqslant 0$ 的一般情况，也有 $e=O(h^2)$，但证明要困难得多，有兴趣的读者请参考[4]。

综上所述，对线性边值问题式(7.66)，有限差分法的局部误差和整体误差都为 $O(h^2)$，因此当步长趋于零时数值解二阶收敛到精确解。

3. 一般情形

现在回到一般线性边值问题

$$\begin{cases} y'' + q(t)y' + r(t)y = f(t), & a \leqslant t \leqslant b \\ y(a) = \alpha, & y(b) = \beta \end{cases} \tag{7.73}$$

此时,还需要使用一阶差分

$$y'(t_k) = \frac{y(t_k + h) - y(t_k - h)}{2h} - \frac{h^2}{6}(y'''(c)) \quad (t_i - h \leqslant c \leqslant t_i + h)$$

$$y'(t_k) \approx \frac{y(t_k + h) - y(t_k - h)}{2h} = \frac{y_{k+1} - y_{k-1}}{2h}$$

将一阶差分和二阶差分同时代入微分方程(7.73)得到

$$\frac{y_{k-1} - 2y_k + y_{k+1}}{h^2} + \frac{y_{k+1} - y_{k-1}}{2h} q(t_k) + r(t_k) y_k = f(t_k)$$

因此

$$\left(1 - \frac{h}{2} q(t_k)\right) y_{k-1} - (2 - h^2 r(t_k)) y_k + \left(1 + \frac{h}{2} q(t_k)\right) y_{k+1} = h^2 f(t_k), \quad k = 1, 2, \cdots, n-1$$

将边值条件 $y_0 = \alpha$, $y_n = \beta$ 分别代入首尾两个方程,得到 $y_1, y_2, \cdots, y_{n-1}$ 的线性方程组

$$\begin{bmatrix} a_1 & b_1 & & & \\ c_2 & a_2 & b_2 & & \\ & \ddots & \ddots & \ddots & \\ & & c_{n-2} & a_{n-2} & b_{n-2} \\ & & & c_{n-1} & a_{n-1} \end{bmatrix} \begin{bmatrix} y_1 \\ y_2 \\ \vdots \\ y_{n-2} \\ y_{n-1} \end{bmatrix} = \begin{bmatrix} h^2 f(t_1) - c_1 \alpha \\ h^2 f(t_2) \\ \vdots \\ h^2 f(t_{n-2}) \\ h^2 f(t_{n-1}) - b_{n-1} \beta \end{bmatrix} \tag{7.74}$$

其中

$$a_k = -(2 - h^2 r(t_k)), \quad b_k = 1 + \frac{h}{2} q(t_k), \quad c_k = 1 - \frac{h}{2} q(t_k), \quad k = 1, 2, \cdots, n-1$$

当 h 充分小时,系数矩阵的次对角元 b_k, c_k 都是正数,且

$$|b_k| + |c_k| = \left(1 + \frac{h}{2} q(t_k)\right) + \left(1 - \frac{h}{2} q(t_k)\right) = 2$$

因此,当 $r(t_k) < 0$ 时

$$|a_k| = 2 - h^2 r(t_k) > 2 = |b_k| + |c_k|$$

这表明对角元是严格行占优的,因而系数矩阵可逆,故线性差分方程组(7.74)有唯一解。

例 7.5.2 用有限差分法解线性边值问题:

$$\begin{cases} y'' + 2y' - 3y = 0, & 0 \leqslant t \leqslant 1 \\ y(0) = \mathrm{e}^3, & y(1) = 1 \end{cases} \tag{7.75}$$

解 将区间[0,1]分为 n 个子区间,$h = 1/n$, $t_k = k/n$。在这个问题中,

$$q(t) = 2, \quad r(t) = -3, \quad f(t) = 0, \quad \alpha = \mathrm{e}^3, \quad \beta = 1$$

对应的差分方程组为

$$\begin{bmatrix} -(2+3h^2) & 1+h & & & \\ 1-h & -(2+3h^2) & 1+h & & \\ & \ddots & \ddots & \ddots & \\ & & 1-h & -(2+3h^2) & 1+h \\ & & & 1-h & -(2+3h^2) \end{bmatrix} \begin{bmatrix} y_1 \\ y_2 \\ \vdots \\ y_{n-2} \\ y_{n-1} \end{bmatrix} = \begin{bmatrix} -(1-h)\mathrm{e}^3 \\ 0 \\ \vdots \\ 0 \\ -(1+h) \end{bmatrix}$$

取 $n=11$，即在 0，1 之间插入 10 个节点 $t_k=k/11, k=1,2,\cdots,10$，上述有限差分方程组是 10 个变量 $y_1, y_2, \cdots, y_{10}$ 的线性方程组，通过求解得到 $y(t_k)$ 的近似值（如表 7.12 所示）。边值问题式（7.75）的精确解是 $y(t)=e^{3-3t}$，可以看出误差小于 10^{-2}。事实上，有限差分法对一般线性边值问题也是二阶收敛的。图 7.12 显示了取 $n=51$ 时具有更高精度的数值解。

表 7.12 有限差分法解边值问题(7.72)：$n=11$

t_k	$y(t_k)$	y_k	E_k
0	20.0855	20.0855	0
1/11	15.2911	15.2852	0.00598
2/11	11.6411	11.6323	0.00881
3/11	8.86241	8.85263	0.00977
4/11	6.74695	6.73742	0.00953
5/11	5.13646	5.12786	0.00860
6/11	3.91039	3.90310	0.00728
7/11	2.97698	2.97118	0.00580
8/11	2.26638	2.26210	0.00428
9/11	1.72539	1.72262	0.00277
10/11	1.31354	1.31219	0.00135
1	1	1	0

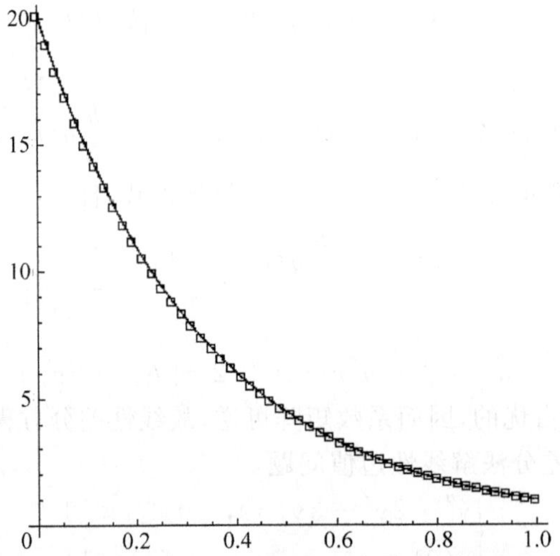

图 7.12 有限差分法解边值问题式(7.72)的数值解($n=51$)

7.5.2 非线性问题

考虑二阶非线性边值问题

$$\begin{cases} y''=f(t,y,y'), & a \leqslant t \leqslant b \\ y(a)=\alpha, & y(b)=\beta \end{cases} \tag{7.76}$$

的有限差分法。同线性边值问题一样，将节点 t_k 的一阶和二阶差分代入微分方程，得到

$$\frac{y_{k-1}-2y_k+y_{k+1}}{h^2}=f\left(t_k,y_k,\frac{y_{k+1}-y_{k-1}}{2h}\right),\quad k=1,2,\cdots,n-1$$

再将边值条件 $y_0=\alpha, y_n=\beta$ 分别代入首尾两个方程，得到 $y_1,y_2,\cdots,y_{n-1}$ 的非线性差分方程组

$$\begin{cases}\dfrac{\alpha-2y_1+y_2}{h^2}=f\left(t_1,y_1,\dfrac{y_2-\alpha}{2h}\right)\\ \dfrac{y_{k-1}-2y_k+y_{k+1}}{h^2}=f\left(t_k,y_k,\dfrac{y_{k+1}-y_{k-1}}{2h}\right),\quad k=2,3,\cdots,n-2\\ \dfrac{y_{n-2}-2y_{n-1}+\beta}{h^2}=f\left(t_{n-1},y_{n-1},\dfrac{\beta-y_{n-2}}{2h}\right)\end{cases}$$

整理这个方程组，写成矩阵形式

$$\boldsymbol{T}\boldsymbol{y}-\boldsymbol{F}(\boldsymbol{y})=0 \tag{7.77}$$

其中

$$\boldsymbol{T}=\begin{bmatrix}-2 & 1 & & & \\ 1 & -2 & 1 & & \\ & \ddots & \ddots & \ddots & \\ & & 1 & -2 & 1\\ & & & 1 & -2\end{bmatrix},\quad \boldsymbol{y}=\begin{bmatrix}y_1\\ y_2\\ \vdots\\ y_{n-2}\\ y_{n-1}\end{bmatrix},$$

$$\boldsymbol{F}(\boldsymbol{y})=\begin{bmatrix}h^2f(t_1,y_1,(y_2-\alpha)/2h)-\alpha\\ h^2f(t_2,y_2,(y_3-y_1)/2h)\\ \vdots\\ h^2f(t_{n-2},y_{n-2},(y_{n-1}-y_{n-3})/2h)\\ h^2f(t_{n-1},y_{n-1},(\beta-y_{n-2})/2h-\beta)\end{bmatrix}$$

利用第 5 章解非线性方程组的迭代法，比如牛顿法，从式(7.77)得到非线性边值问题的数值解。

注意，$\boldsymbol{T}$ 是$(n-1)\times(n-1)$阶特普利茨(Toeplitz)矩阵，容易验证它的特征值为

$$\lambda_k=-2+2\cos\left(\frac{k\pi}{n}\right)\neq 0,\quad k=1,2,\cdots,n-1$$

对应的标准正交特征向量为

$$\boldsymbol{v}_k=\sqrt{\frac{2}{n}}\left(\sin\left(\frac{k\pi}{n}\right),\sin\left(\frac{2k\pi}{n}\right),\cdots,\sin\left(\frac{(n-1)k\pi}{n}\right)\right)^{\mathrm{T}},\quad k=1,2,\cdots,n-1$$

因此，T 有如下特征分解：

$$\boldsymbol{T}=(\boldsymbol{v}_1,\boldsymbol{v}_2,\cdots,\boldsymbol{v}_{n-1})\,\mathrm{diag}(\lambda_1,\lambda_2,\cdots,\lambda_k)(\boldsymbol{v}_1,\boldsymbol{v}_2,\cdots,\boldsymbol{v}_{n-1})^{\mathrm{T}}$$

且

$$\boldsymbol{T}^{-1}=(\boldsymbol{v}_1,\boldsymbol{v}_2,\cdots,\boldsymbol{v}_{n-1})\,\mathrm{diag}(\lambda_1^{-1},\lambda_2^{-1},\cdots,\lambda_{n-1}^{-1})(\boldsymbol{v}_1,\boldsymbol{v}_2,\cdots,\boldsymbol{v}_{n-1})^{\mathrm{T}}$$

于是非线性差分方程组(7.77)可表示为不动点形式

$$\boldsymbol{y}=\boldsymbol{T}^{-1}F(\boldsymbol{y}) \tag{7.78}$$

故利用第 5 章的不动点迭代法，也可迭代计算非线性边值问题的数值解。

例 7.5.3 用有限差分法解非线性边值问题：

$$\begin{cases} y''=2e^{-2y}(1-t^2), & 0\leqslant t\leqslant 1 \\ y(0)=0, & y(1)=\ln 2 \end{cases} \tag{7.79}$$

解 将区间[0,1]分为 n 个子区间，$h=1/n$，$t_k=kh$。在这个问题中，

$$f(t,y,y')=2e^{-2y}(1-t^2), \quad \alpha=0, \quad \beta=\ln 2$$

对应的非线性差分方程组为

$$\begin{cases} \hat{F}_1(\boldsymbol{y})=-2y_1-2h^2(1-h^2)e^{-2y_1}+y_2=0 \\ \hat{F}_2(\boldsymbol{y})=y_1-2y_2-2h^2(1-4h^2)e^{-2y_2}+y_3=0 \\ \quad\vdots \\ \hat{F}_{n-2}(\boldsymbol{y})=y_{n-3}-2y_{n-2}-2h^2(1-(n-2)^2h^2)e^{-2y_{n-2}}+y_{n-1}=0 \\ \hat{F}_{n-1}(\boldsymbol{y})=y_{n-2}-2y_{n-1}-2h^2(1-(n-1)^2h^2)e^{-2y_{n-1}}+\ln 2=0 \end{cases} \tag{7.80}$$

且 $\hat{F}$ 的 Jacobi 矩阵为

$J(\boldsymbol{y})=$

$$\begin{bmatrix} -2+4h^2(1-h^2)e^{-2y_1} & 1 & & & \\ 1 & -2+4h^2(1-4h^2)e^{-2y_2} & 1 & & \\ & \ddots & \ddots & \ddots & \\ & & 1 & -2+4h^2(1-(n-2)^2h^2)e^{-2y_{n-2}} & 1 \\ & & & 1 & -2+4h^2(1-(n-1)^2h^2)e^{-2y_{n-1}} \end{bmatrix}$$

使用牛顿法，迭代公式为

$$\boldsymbol{y}_{m+1}=\boldsymbol{y}_m-J^{-1}(\boldsymbol{y}_m)\hat{F}(\boldsymbol{y}_m), \quad m=0,1,\cdots$$

取 $n=11$，即在 0,1 之间插入 10 个节点 $t_k=k/11(k=1,2,\cdots,10)$，差分方程组(7.80)是 10 个变量 $y_1,y_2,\cdots,y_{10}$ 的非线性方程组，从初始值 $y_0=0$ 开始，牛顿法迭代 10 次得到 $y(t_k)$的近似值如表 7.13 所示。边值问题式(7.79)的精确解是 $y(t)=\ln(1+t^2)$，可以看出数值解达到小数点后 3 位的精度。

表 7.13 有限差分法解边值问题式(7.79)：$n=11$

t_k	$y(t_k)$	y_k	E_k
0	0	0	0
1/11	0.008230	0.008130	0.000100
2/11	0.032523	0.032388	0.000135
3/11	0.071743	0.071626	0.000117
4/11	0.124190	0.124122	0.000068
5/11	0.187816	0.187808	$8.3605*10^{-6}$
6/11	0.260455	0.260501	−0.000046

续表

t_k	$y(t_k)$	y_k	E_k
7/11	0.340008	0.340091	−0.000083
8/11	0.424565	0.424662	−0.000096
9/11	0.512477	0.512564	−0.000086
10/11	0.602372	0.602425	−0.000053
1	0.693147	0.693147	0

7.6 有限元法

本节考虑二阶边值问题

$$\begin{cases} y''=f(t,y,y'), & a\leqslant t\leqslant b \\ y(a)=\alpha, & y(b)=\beta \end{cases} \tag{7.81}$$

的有限元法。有限差分法用差分替代导数,通过建立差分方程组而获得边值问题的数值解。有限元法与差分法不同,它是在某种函数类中找边值问题的最佳近似解,函数类是由一组基函数(有限元)张成的函数子空间。下面介绍由 Galerkin 提出的有限元法的基本思想。

7.6.1 基本思想

选择一组基函数 $\varphi_0,\varphi_1,\cdots,\varphi_n$,可以是多项式、三角函数、样条和其他类型的简单函数,它们张成的函数子空间记为

$$\mathcal{S}_\varphi=\left\{y=\sum_{k=0}^{n}c_k\varphi_k:c_k\in\mathbf{R},0\leqslant k\leqslant n\right\}$$

令

$$y=\underset{\hat{y}\in\mathcal{S}_\varphi}{\operatorname{argmin}}\int_a^b|\hat{y}''-f(t,y,y')|^2\mathrm{d}t \tag{7.82}$$

并称它是微分方程 $y''=f(t,y,y')$在$\mathcal{S}_\varphi$上的 L_2-范数意义下的最佳近似解。有限元法就是在给定基函数的条件下,以最佳近似解式(7.82)作为边值问题的数值解。

根据最佳函数逼近理论,最佳近似解 y 的残差 $y''-f(t,y,y')$在内积 $\langle g,h\rangle\triangleq\int_a^b g(t)h(t)\mathrm{d}t$ 意义下正交于函数子空间$\mathcal{S}_\varphi$,如图 7.13 所示,因此对每个基函数 φ_i,

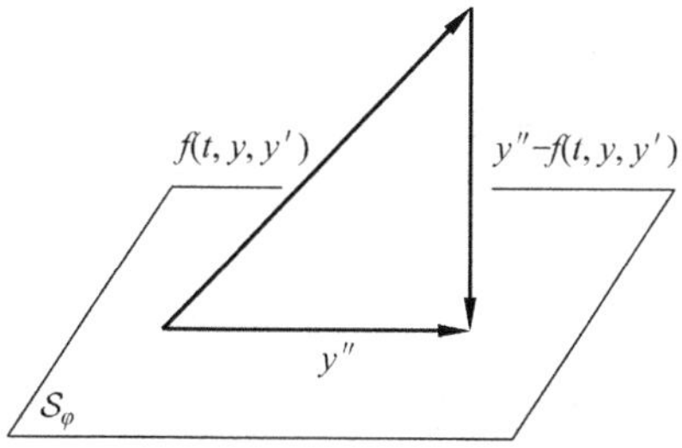

图 7.13 最佳近似解 y 使得 $y''-f(t,y,y')$与$\mathcal{S}_\varphi$正交

$$\int_a^b (y''(t) - f(t,y(t),y'(t)))\varphi_i(t)\mathrm{d}t = 0 \tag{7.83}$$

这样，最佳近似解问题就转化为求满足式(7.83)的函数 y，通常称式(7.83)为边值问题的弱形式。

应用部分积分法，

$$\int_a^b y''(t)\varphi_i(t)\mathrm{d}t = y'(t)\varphi_i(t)\big|_a^b - \int_a^b y'(t)\varphi_i'(t)\mathrm{d}t$$

$$= y'(b)\varphi_i(b) - y'(a)\varphi_i(a) - \int_a^b y'(t)\varphi_i'(t)\mathrm{d}t$$

将弱形式式(7.83)改写为

$$\int_a^b f(t,y(t),y'(t))\varphi_i(t)\mathrm{d}t = y'(b)\varphi_i(b) - y'(a)\varphi_i(a) - \int_a^b y'(t)\varphi_i'(t)\mathrm{d}t$$

注意，这里只涉及函数的一阶导数。最后，将 $y = \sum_{k=0}^{n} c_k\varphi_k$ 代入上式，得到系数 c_k 的(有限元)方程组

$$\int_a^b f\Big(t, \sum_{k=0}^{n} c_k\varphi_k(t), \sum_{k=0}^{n} c_k\varphi_k'(t)\Big)\varphi_i(t)\mathrm{d}t$$

$$= y'(b)\varphi_i(b) - y'(a)\varphi_i(a) - \sum_{k=0}^{n} c_k\int_a^b \varphi_k'(t)\varphi_i'(t)\mathrm{d}t, \quad i = 0,1,\cdots,n \tag{7.84}$$

若边值问题是线性的，则式(7.84)关于 c_k 也是线性的；否则是非线性的。

余下的问题是选择基函数，不同的选择法导致不同的有限元法。下面介绍以分段B样条函数作为基函数，读者参考相关文献可了解更加精细的基函数。

7.6.2 线性B样条函数

令 $a=t_0<t_1<\cdots<t_n=b$，对 $k=1,2,\cdots,n-1$ 定义

$$\varphi_k(t) = \begin{cases} \dfrac{t - t_{k-1}}{t_k - t_{k-1}}, & t_{k-1} < t \leqslant t_k \\ \dfrac{t_{k+1} - t}{t_{k+1} - t_k}, & t_k < t < t_{k+1} \\ 0, & t \notin (x_{k-1}, x_{k+1}) \end{cases}$$

同时，定义

$$\varphi_0(t) = \begin{cases} \dfrac{t_1 - t}{t_1 - t_0}, & t_0 \leqslant t < t_1 \\ 0, & t \notin [t_0, t_1) \end{cases}, \quad \varphi_n(t) = \begin{cases} \dfrac{t - t_{n-1}}{t_n - t_{n-1}}, & t_{n-1} < t \leqslant t_n \\ 0, & t \notin (t_{n-1}, t_n] \end{cases}$$

函数 $\varphi_i(t)$是线性B样条的基函数，通常称为帽子函数(见图7.14)，与分段线性插值的基函数极为相似，仅有一个正负号的区别(参考式(4.29))。基函数 $\varphi_i(t)$有下述性质：

$$\varphi_k(t_i) = \begin{cases} 1, & i = k \\ 0, & i \neq k \end{cases}, \quad k,i = 0,1,\cdots,n \tag{7.85}$$

对给定的数据点(t_i, c_k)，定义分段线性B样条函数为

$$s(t) = \sum_{k=0}^{n} c_k\varphi_k(t)$$

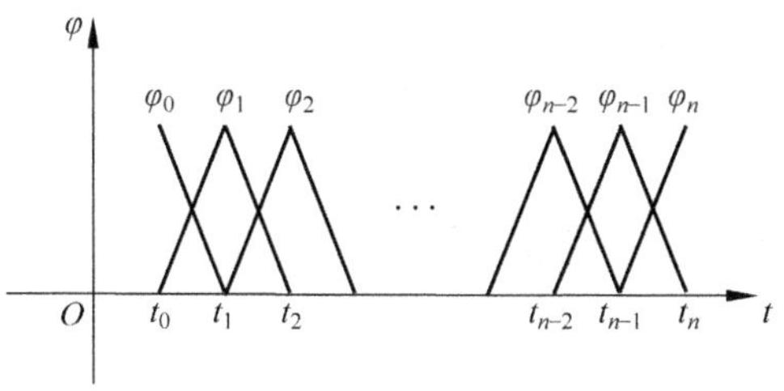

图 7.14　线性 B 样条的基函数

由式(7.85)，

$$s(t_i)=\sum_{k=0}^{n}c_k\varphi_k(t_i)=c_i,\quad i=0,1,\cdots,n$$

分段线性 B 样条函数与拉格朗日插值类似，插值系数 c_i 是节点 t_i 处的 y 坐标，这意味着有限元方程组中的 c_i 是 $y(t_i)$的数值解。

7.6.3　数值解法

现在讨论如何通过有限元方程求边值问题的数值解，即如何计算 c_i。首先，根据边值条件，

$$\alpha=y(a)=\sum_{k=0}^{n}c_k\varphi_k(t_0)=c_0\varphi_0(t_0)=c_0$$

$$\beta=y(b)=\sum_{k=0}^{n}c_k\varphi_k(t_n)=c_n\varphi_n(t_n)=c_n$$

然后考虑 $c_i,i=1,2,\cdots,n-1$：注意，当 $i\neq 0,n$ 时，

$$\varphi_i(b)=\varphi_i(a)=0$$

有限元方程组(7.84)化为

$$\int_a^b f\left(t,\sum_{k=0}^{n}c_k\varphi_k(t),\sum_{k=0}^{n}c_k\varphi_k'(t)\right)\varphi_i(t)\mathrm{d}t+\sum_{k=0}^{n}c_k\int_a^b\varphi_k'(t)\varphi_i'(t)\mathrm{d}t=0,$$
$$i=1,2,\cdots,n-1 \tag{7.86}$$

通过求解此方程组得到 c_i，从而得到 $y(t_i)$的数值解 $c_i(i=1,2,\cdots,n-1)$和解曲线 $y(t)$的 B 样条近似

$$y(t)\approx\sum_{k=0}^{n}c_k\varphi_k(t)$$

在实际计算中，取节点为均匀分布，步长为 $h=(b-a)/n$。同时，还需要应用下面积分化简有限元方程组(7.86)：当 $k=1,2,\cdots,n-1$ 时，

$$\int_a^b\varphi_k'(t)\varphi_{k+1}'(t)\mathrm{d}t=\int_0^h\frac{1}{h}\left(-\frac{1}{h}\right)\mathrm{d}t=-\frac{1}{h} \tag{7.87}$$

$$\int_a^b(\varphi_k'(t))^2\mathrm{d}t=2\int_0^h\frac{1}{h^2}\mathrm{d}t=\frac{2}{h} \tag{7.88}$$

$$\int_a^b\varphi_k(t)\varphi_{k+1}(t)\mathrm{d}t=\int_0^h\frac{t}{h}\left(1-\frac{t}{h}\right)\mathrm{d}t=\frac{h}{6} \tag{7.89}$$

$$\int_a^b(\varphi_k(t))^2\mathrm{d}t=\int_0^h\left(\frac{t}{h}\right)^2\mathrm{d}t=\frac{2}{3}h \tag{7.90}$$

例 7.6.1 用有限元法解边值问题

$$\begin{cases} y''-4y=0, & 0\leqslant t\leqslant 1 \\ y(0)=1, & y(1)=3 \end{cases} \tag{7.91}$$

解 将区间[0,1]分为 n 个子区间，$h=1/n$，$t_k=k/n$。在这个问题中，$f(t,y,y')=4y$，$\alpha=1$，$\beta=3$，对应的有限元方程为

$$\int_a^b\left(4\sum_{k=0}^{n}c_k\varphi_k(t)\right)\varphi_i(t)\mathrm{d}t+\sum_{k=0}^{n}c_k\int_a^b\varphi_k'(t)\varphi_i'(t)\mathrm{d}t=0,\quad i=1,2,\cdots,n-1$$

将 $c_0=1$，$c_n=3$ 代入，整理得到

$$\sum_{k=1}^{n-1}c_k\int_0^1(4\varphi_k(t)\varphi_i(t)+\varphi_k'(t)\varphi_i'(t))\,\mathrm{d}t$$
$$=-\int_0^1(4\varphi_0(t)\varphi_i(t)+\varphi_0'(t)\varphi_i'(t))\,\mathrm{d}t-\int_0^1(4\varphi_n(t)\varphi_i(t)+\varphi_n'(t)\varphi_i'(t))\,\mathrm{d}t,$$
$$i=1,2,\cdots,n-1$$

利用式(7.87)～式(7.90)，化简得到

$$\begin{cases} \left(\frac{8}{3}h+\frac{2}{h}\right)c_1+\left(\frac{2}{3}h-\frac{1}{h}\right)c_2=-\left(\frac{2}{3}h-\frac{1}{h}\right) \\ \left(\frac{2}{3}h-\frac{1}{h}\right)c_{k-1}+\left(\frac{8}{3}h+\frac{2}{h}\right)c_k+\left(\frac{2}{3}h-\frac{1}{h}\right)c_{k+1}=0, \quad k=2,3,\cdots,n-2 \\ \left(\frac{2}{3}h-\frac{1}{h}\right)c_{n-2}+\left(\frac{8}{3}h+\frac{2}{h}\right)c_{n-1}=-3\left(\frac{2}{3}h-\frac{1}{h}\right) \end{cases}$$

两边同乘 $3h$，并写成矩阵形式

$$\begin{bmatrix} 6+8h^2 & 2h^2-3 & & & \\ 2h^2-3 & 6+8h^2 & 2h^2-3 & & \\ & \ddots & \ddots & \ddots & \\ & & 2h^2-3 & 6+8h^2 & 2h^2-3 \\ & & & 2h^2-3 & 6+8h^2 \end{bmatrix}\begin{bmatrix} c_1 \\ c_2 \\ \vdots \\ c_{n-2} \\ c_{n-1} \end{bmatrix}=\begin{bmatrix} -(2h^2-3) \\ 0 \\ \vdots \\ 0 \\ -3(2h^2-3) \end{bmatrix} \tag{7.92}$$

取 $n=11$，即在 0，1 之间插入 10 个节点 $t_k=k/11(k=1,2,\cdots,10)$，上述有限元方程组是 10 个变量 $c_1,c_2,\cdots,c_{10}$ 的线性方程组，通过求解得到 $y(t_k)$ 的近似值(见表 7.14)。边值问题式(7.91)的精确解是

$$y(t)=\frac{3-\mathrm{e}^{-2}}{\mathrm{e}^2-\mathrm{e}^{-2}}\mathrm{e}^{2t}+\frac{\mathrm{e}^2-3}{\mathrm{e}^2-\mathrm{e}^{-2}}\mathrm{e}^{-2t}$$

可以看出误差小于 10^{-2}。事实上，有限元法对边值问题也有二阶精度。图 7.15 显示了在 $n=51$ 时有限元法的数值解。

表 7.14 有限元法解边值问题式(7.91)：$n=11$

t_k	$y(t_k)$	$y_k=c_k$	E_k
0	1	1	0
1/11	0.97815	0.97775	0.00040
2/11	0.98873	0.98800	0.00073
3/11	1.03209	1.03110	0.00099

续表

t_k	$y(t_k)$	$y_k=c_k$	E_k
4/11	1.10965	1.10847	0.00118
5/11	1.22401	1.22268	0.00133
6/11	1.37893	1.37754	0.00139
7/11	1.57957	1.57819	0.00138
8/11	1.83256	1.83130	0.00126
9/11	2.14631	2.14529	0.00102
10/11	2.53120	2.53058	0.00062
1	3	3	0

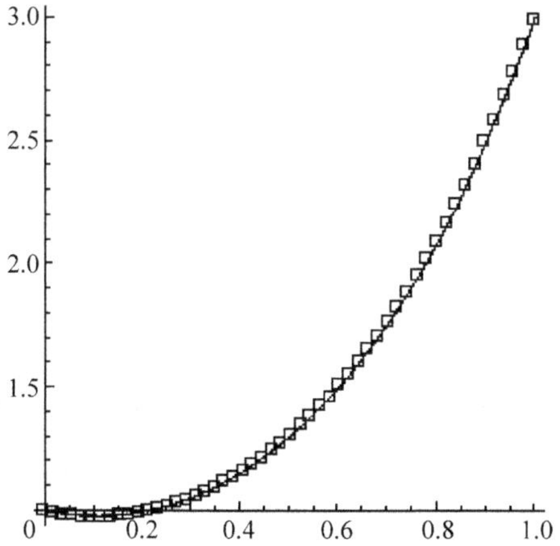

图 7.15　有限元法对边值问题式(7.91)的数值解($n=51$)

习　　题

该习题必要时可上机作业。

1. 用欧拉法，步长 $h=0.1$，求解下列方程在区间$[0,1]$上的初值问题($y(0)=1$)，并比较精确解找出各节点的整体截断误差。

(i) $y'-t^2y=0$　(ii) $y'-2(t+1)y=0$　(iii) $y'-5t^4y=0$　(iv) $y'-t^3/y^2=0$

精确解：(i) $y=e^{t^3/3}$　(ii) $y=e^{t^2+2t}$　(iii) $y=e^{t^5}$　(iv) $y=(3t^4/4+1)^{1/3}$

2. 分别用中点法、梯形法和四阶龙格-库塔法解习题 1。

3. 用四阶阿当姆斯法解习题 1，四个初始值取精确值。

4. 对一阶方程组初值问题

$$\begin{cases} y_1'=f_1(t,y_1,y_2,\cdots,y_m) \\ y_2'=f_2(t,y_1,y_2,\cdots,y_m) \\ \quad\vdots \\ y_m'=f_m(t,y_1,y_2,\cdots,y_m) \end{cases},\quad \text{初始条件：}\begin{cases} y_1(t_0)=y_1^{(0)} \\ y_2(t_0)=y_2^{(0)} \\ \quad\vdots \\ y_m(t_0)=y_m^{(0)} \end{cases}$$

采用向量记号 $\boldsymbol{y}=(y_1,y_2,\cdots,y_m)^{\mathrm{T}}$，$\boldsymbol{f}=(f_1,f_2,\cdots,f_m)^{\mathrm{T}}$，$\boldsymbol{y}_0=(y_1^{(0)},y_2^{(0)},\cdots,y_m^{(0)})^{\mathrm{T}}$，可表示为

$$\begin{cases}\boldsymbol{y}'=\boldsymbol{f}(t,\boldsymbol{y})\\ \boldsymbol{y}(t_0)=\boldsymbol{y}_0\end{cases}$$

请写出一阶方程组初值问题的欧拉公式、中点公式、梯形公式和龙格-库塔公式。

5. 分别使用欧拉法、中点法和四阶龙格-库塔法，在区间[0,1]上求解下列初值问题（步长 $h=0.1$）：

(i) $\begin{cases}y_1'=-y_2\\ y_2'=y_1\\ y_1(0)=1,y_2(0)=0\end{cases}$ (ii) $\begin{cases}y_1'=-y_1-y_2\\ y_2'=y_1-y_2\\ y_1(0)=1,y_2(0)=0\end{cases}$

6. 对高阶方程初值问题

$y^{(n)}=f(t,y,y',\cdots,y^{(n-1)})$，初始条件：$y(t_0)=y_0,y'(t_0)=y_0',\cdots,y^{(n-1)}(t_0)=y_0^{(n-1)}$

引进新变量 $y_1=y,y_2=y',\cdots,y_n=y^{(n-1)}$，可表示为一阶方程组初值问题

$\begin{cases}y_1'=y_2\\ y_2'=y_3\\ \vdots\\ y_n'=f(t,y_1,y_2,\cdots,y_n)\end{cases}$，初始条件：$y_1(t_0)=y_0,y_2(t_0)=y_0',\cdots,y_n(t_0)=y_0^{(n-1)}$

请写出高阶方程初值问题的欧拉公式、中点公式、梯形公式和龙格-库塔公式。

7. 分别使用欧拉法、中点法和四阶龙格-库塔法，在区间[0,1]上求解下列初值问题（步长 $h=0.1$）：

(i) $\begin{cases}y''=ty\\ y(0)=y'(0)=1\end{cases}$ (ii) $\begin{cases}y''=2ty'-2y\\ y(0)=y'(0)=1\end{cases}$

8. 使用有限差分法解下列线性边值问题，步长分别取 $h=0.1,0.05,0.025$：

(i) $\begin{cases}y''=y+2\mathrm{e}^t/3\\ y(0)=0,y(1)=\mathrm{e}/3\end{cases}$ (ii) $\begin{cases}y''=(2+4t^2)y\\ y(0)=1,y(1)=\mathrm{e}\end{cases}$

9. 使用有限差分法解下列非线性边值问题，步长分别取 $h=0.1,0.05,0.025$：

(i) $\begin{cases}y''=2(1-t^2)\mathrm{e}^{-2y}\\ y(0)=0,y(1)=\ln 2\end{cases}$ (ii) $\begin{cases}y''=\sin y'\\ y(0)=1,y(1)=-1\end{cases}$

10. 使用有限元法解习题 8。

第三部分　概率与统计

第 8 章　贝叶斯推断

贝叶斯统计是数理统计的一个重要分支，近几十年来得到迅速发展，已被广泛应用于经济、金融、生物、医学、自然科学和社会科学等领域，在计算机科学领域（比如人工智能、模式识别和机器学习）中也占有十分重要的地位。贝叶斯方法与经典方法不同，它利用样本信息的同时还使用先验信息，提高了统计推断和决策的效果。本章介绍统计推断的相关内容，主要包括估计、预测、假设检验和模型选择的贝叶斯方法。阅读本章要求读者具有概率论和数理统计的初步知识。

8.1　先验分布与后验分布

8.1.1　基本概念

在本书中“概率函数 $f(x)$”一词，遵循下述约定：当 x 为离散随机变量时，$f(x)$表示事件$\{X=x\}$发生的概率，即 $f(x)=P(X=x)$；当 x 为连续随机变量时，$f(x)$表示 x 的概率密度（简称密度），并用 $F(x)$表示 x 的分布函数：

$$F(x)=\int_{x_{\min}}^{x} f(t)\,\mathrm{d}t$$

定义 8.1.1　参数空间 Θ 上的任一概率函数 $\pi(\theta)$都称为参数 θ 的先验分布。

先验分布是人们对参数的经验认识，它发生在抽样之前，因而也称为先验知识。在获得来自总体 $X\sim f(x|\theta)$的样本 X 之后，由于样本 X 含有参数 θ 的信息，人们对参数的再认识会对先验认知作进一步调整而得到 θ 的新认识。这种新认识称为后验知识，在数学上用后验分布来描述。

定义 8.1.2　设总体 X 的概率函数为 $f(x|\theta)$，在获得样本 $X=x$ 后，参数 θ 的后验分布 $\pi(\theta|x)$定义为在 $X=x$ 下 θ 的条件分布。

(i) 当 θ 为连续随机变量时，

$$\pi(\theta \mid x)=\frac{h(x,\theta)}{m(x)}=\frac{f(x \mid \theta)\pi(\theta)}{\int_{\Theta} f(x \mid \theta)\pi(\theta)\,\mathrm{d}\theta} \tag{8.1}$$

其中 $h(x,\theta)=f(x|\theta)\pi(\theta)$是$(\theta,x)$的联合密度，$f(x|\theta)$是参数取某个值 θ 下 X 的条件密度（在经典统计学中也称为 θ 的似然，$L(\theta;x)=f(x \mid \theta)$）；$m(x)=\int_{\Theta} f(x \mid \theta)\pi(\theta)\,\mathrm{d}\theta$ 是 x 的边缘密度。

(ii) 当 θ 为离散随机变量时，先验分布用概率分布列$\{\pi(\theta_i)=P(\theta=\theta_i):i=1,2,\cdots,n\}$表示，此时后验分布有如下离散形式

$$\pi(\theta_i \mid x)=\frac{f(x \mid \theta_i)\pi(\theta_i)}{\sum_{i=1}^{n} p(x \mid \theta_i)\pi(\theta_i)} \tag{8.2}$$

(iii) 当 X 为离散随机变量时，将(i)中的密度 $f(x|\theta)$ 替换为概率 $P(x=x_j|\theta)$ 得到后验分布

$$\pi(\theta \mid x=x_j)=\frac{P(x=x_j \mid \theta)\pi(\theta)}{\int_{\Theta} P(x=x_j \mid \theta)\pi(\theta)\mathrm{d}\theta} \tag{8.3}$$

(iv) 当 X 和 θ 都为离散随机变量时，后验分布为

$$\pi(\theta_i \mid x=x_j)=\frac{P(x=x_j \mid \theta_i)\pi(\theta_i)}{\sum_{i=1}^{n} P(x=x_j \mid \theta_i)\pi(\theta_i)} \tag{8.4}$$

公式(i)～(iv)统称贝叶斯公式，(iv)是古典形式，(i)是密度形式。贝叶斯统计分析的所有结果都来源于贝叶斯公式，也就是说，一切统计推断与决策的贝叶斯方法都必须从后验分布(后验知识)出发。

例 8.1.1 设 $\boldsymbol{X}=(X_1,X_2,\cdots,X_n)$ 是来自正态总体 $N(\theta,1)$ 的样本，θ 的先验分布为正态分布 $N(\mu,\sigma^2)$（当然 μ,σ^2 都是已知的)，求使得后验密度 $\pi(\theta|\boldsymbol{x})$ 达到最大的参数 $\hat{\theta}$。

解 由于

$$\pi(\theta)=\frac{1}{\sqrt{2\pi}\sigma}\exp\left(-\frac{(\theta-\mu)^2}{2\sigma^2}\right),\quad f(x \mid \theta)=\frac{1}{\sqrt{2\pi}}\exp\left(-\frac{(x-\theta)^2}{2}\right)$$

根据贝叶斯公式，θ 的后验密度

$$\pi(\theta \mid \boldsymbol{x})=\frac{\prod_{i=1}^{n} f(x_i \mid \theta)\pi(\theta)}{\int_{\Theta}\prod_{i=1}^{n} f(x_i \mid \theta)\pi(\theta)\mathrm{d}\theta} \propto \exp\left(-\frac{1}{2}\sum_{i=1}^{n}(x_i-\theta)^2-\frac{(\theta-\mu)^2}{2\sigma^2}\right)$$

其中$\propto$表示“正比于”，即在相差一个正常数因子意义下的相等。通过计算，得到

$$\exp\left(-\frac{1}{2}\sum_{i=1}^{n}(x_i-\theta)^2-\frac{(\theta-\mu)^2}{2\sigma^2}\right)=\exp\left(-\frac{(\theta-t)^2}{2\eta^2}\right)$$

$$\begin{cases} t=\dfrac{n\bar{x}+\mu/\sigma^2}{n+1/\sigma^2} \\ \eta^2=\dfrac{1}{1+1/\sigma^2} \end{cases}$$

因此，$\theta|\boldsymbol{x}\sim N(t,\eta^2)$。故 θ 的最大后验密度估计为

$$\hat{\theta}=t=\frac{n}{n+1/\sigma^2}\bar{x}+\frac{1/\sigma^2}{n+1/\sigma^2}\mu \tag{8.5}$$

贝叶斯估计 $\hat{\theta}$ 的解释：如果只有样本信息 $L(\theta;\boldsymbol{x})=\prod_{i=1}^{n} f(x_i \mid \theta)$（经典统计中的似然)而无先验信息，则样本均值 $\bar{x}$ 是 θ 的估计(最大似然估计)；另一方面，如果仅有先验信息 $\theta\sim N(\mu,\sigma^2)$，则只能用先验密度的均值 μ 作为 θ 的估计。当两种情况都发生时，从式(8.5)可以看出：θ 的贝叶斯估计是两种估计 $\bar{x}$ 和 μ 的加权平均，权的比值为 $n:1/\sigma^2$。这个比值非常合理，对样本而言，容量越大提供的信息越多，$\bar{x}$ 的权值就应该更大；对先验 μ 而言，其重要性在于 σ^2 的大小，σ^2 越大，表示先验信息越不肯定(因为 θ 在 μ 周围散布越广)；反之，σ^2 很小，可以肯定 θ 在 μ 附近，因此 μ 的权值应该与 σ^2 成反比。公式(8.5)正好

体现了上述分析。

注释　为了便于计算，在统计学中常用“分布的核”和正比“$\propto$”符号表达概率分布。比如，正态分布 $N(\mu,\sigma^2)$的核是 $\exp(-(x-\mu)^2/(2\sigma^2))$，将正态密度表示为

$$p(x) \propto \exp(-(x-\mu)^2/(2\sigma^2)), \quad -\infty < x < +\infty$$

若要得到完整的正态密度表达式，只须在正态核的前面添加正则化因子

$$c = \frac{1}{\int_{-\infty}^{+\infty} \exp(-(x-\mu)^2/(2\sigma^2))\mathrm{d}x} = \frac{1}{\sqrt{2\pi}\sigma}$$

下面是一些常用分布的核：

二项分布 $B(n,\theta)$的核为 $\theta^x(1-\theta)^{n-x}$；

泊松分布 $P(\lambda)$的核为 $\lambda^x \mathrm{e}^{-\lambda}$；

贝塔分布 $Be(a,b)$的核为 $x^{a-1}(1-x)^{b-1}$；

伽马分布 $\Gamma(\alpha,\lambda)$的核为 $x^{\alpha-1}\mathrm{e}^{-\lambda x}$；

正态分布 $N(\mu,\sigma^2)$的核是 $\exp(-(x-\mu)^2/(2\sigma^2))$。

贝叶斯统计推断主要涉及如下几类问题：

估计问题　与经典统计类似，估计问题也分为点估计和区间估计，但贝叶斯方法是以后验分布为基础的。点估计主要包括：后验中位数估计、后验众数估计（最大后验密度估计）和后验均值估计。区间估计是求统计量 $a(x)$和 $b(x)$使得

$$P(a(x) \leqslant \theta \leqslant b(x)) = \int_{a(x)}^{b(x)} \pi(\theta \mid x)\mathrm{d}\theta = 1-\alpha$$

其中 $0<\alpha<1$ 是给定的常数，$[a(x),b(x)]$称为 θ 的 $1-\alpha$ 可信区间。

预测推断　从总体 X 获得的历史（样本）数据，如何对随机变量 X 的未来观测值做出推断？这个问题涉及未来观测值的后验预测分布，贝叶斯方法根据后验预测分布的均值、中位数、众数或区间估计对未来观测值作预测推断。

假设检验　该问题的一般形式为

$$H_0:\theta \in \Theta_0 \leftrightarrow H_1:\theta \in \Theta_1$$

其中 Θ_0,Θ_1 是参数空间 Θ 的两个不相交非空子集，且 $\Theta_0 \cup \Theta_1 = \Theta$。在获得参数 θ 的后验分布后，计算 Θ_0 和 Θ_1 的后验概率：

$$P_0(x) = P(\theta \in \Theta_0 \mid x), \quad P_1(x) = P(\theta \in \Theta_1 \mid x)$$

若 $P_0(x) > P_1(x)$，则接受 H_0，否则拒绝 H_0。

模型选择　模型选择是与假设检验密切相关的问题，贝叶斯方法如何从若干备选模型中选择一个“最佳”模型？这涉及备选模型的后验概率，贝叶斯方法是选择后验概率最大的模型。

上述所有问题的贝叶斯方法都以后验概率为起点，因此在深入讨论这些问题之前，先介绍如何确定先验分布和一些常用总体分布参数的后验分布。

8.1.2　确定先验分布的方法

1. 主观概率

在经典统计学中，确定概率有两种方法：一种是古典方法；另一种是频率方法，即通过

大量重复试验统计事件发生的频率。最常用的是频率方法,但它只适用于可大量重复的随机现象,也就是说对不可重复现象,频率方法无法确定事件的概率。为了在频率不能解释的情况下也能讨论概率,人们引进了主观概率的概念。

主观概率是人们根据经验对事件发生机会的个人信念。例如:投资人预估"明天上证指数上涨的可能性为80%",气象预报"明天下雨的概率是0.7",统计局预测"明年失业率是3.5%"等等都是主观概率,因为这些事件都不可重复,无法用频率来解释。在社会、经济和决策分析中,主观概率已被越来越多的人所接受,因为这些领域遇到的随机现象大多不可重复,无法用试验方法(频率方法)确定其概率。主观概率是根据以往经验对"事件"的个人认识,不是凭空臆造出来的。因此,确定主观概率依赖于个人经验,不同人对同一事件的发生可能会给出不同的主观概率。

一种最简单方法是通过对比一些独立事件,以相对似然性确定主观概率。例如:某工厂已开发出一种新型商用机器人,决策者是否决定投产,需要评估这种新型机器人畅销的概率。根据新型机器人和以往产品的性能对比,以及以往产品的销售经验,认为畅销(A)的可能性是不畅销($\bar{A}$)的可能性的两倍,也就是说,畅销和不畅销的主观概率分别为 $P(A)=2/3$,$P(\bar{A})=1/3$,因此决定投产。

另一种方法是根据相关专家意见确定主观概率。例如:对一项带有风险的投资进行评估,预测成功的概率。决策者采访这方面相关的专家,根据专家对设定问题的回答获得专家的主观概率。比如,"做这项投资100次,你认为可能成功(A)多少次?",如果专家的回答是70次,则 $P(A)=0.7$ 就是专家的主观概率。决策者对此进一步调整形成自己的主观概率。如果专家是保守型的,则他的主观概率就偏低,此时可以将概率上调,比如以 $P(A)=0.75$ 作为决策者的主观概率;否则,下调专家的主观概率作为决策者的主观概率。

最常用的方法是根据历史资料确定主观概率。例如,某公司是服装经营商,现在设计了一种新款服装,需要估计未来市场的销售情况。公司经理查阅了以往生产的100种款式的销售记录,经统计畅销(A_1)的有78种款式,一般(A_2)的有16种款式,滞销(A_3)的有6种款式,于是得到销售状态的概率:

$$P(A_1)=0.78,\quad P(A_2)=0.16,\quad P(A_3)=0.06$$

考虑到新款的式样和面料等因素,认为新款比以往款式更畅销,对上述概率作修正得到新款在未来市场销售状态的主观概率:

$$P(A_1)=0.85,\quad P(A_2)=0.13,\quad P(A_3)=0.02$$

当参数 θ 为离散随机变量时,通过每点的主观概率可以确定先验分布。当参数为连续随机变量时,构造先验密度就有困难。如果对参数 θ 有足够多的先验信息,可使用下面介绍的方法确定先验分布。

2. 由先验信息确定先验分布

直方图法 它是由先验信息确定先验分布的最简单方法。设参数空间 Θ 是实轴上的有限区间,直方图法确定先验分布的基本步骤如下:

(i) 将 Θ 划分为若干个子区间,通常是等长的子区间;

(ii) 在每个子区间上确定主观概率或由历史数据统计出频率;

(iii) 以参数 θ 为横坐标、主观概率(或频率)与子区间长度之比为纵坐标,绘制直方图;

(iv) 由直方图拟合一条光滑曲线,使其下方的面积等于1,以此曲线作为先验密度 $\pi(\theta)$。

例 8.1.2　某医药公司记录了以往 100 周人参的销售量，每周最多销售 35kg、最少 5kg。由历史数据，销售量 θ 介于 $i<\theta\leqslant i+5(i=0,1,\cdots,30)$ 的周数和频率的统计结果见表 8.1。

表 8.1　周平均销售量的统计表

销售量	[0,5]	(5,10]	(10,15]	(15,20]	(20,25]	(25,30]	(30,35]
周数	5	26	33	22	10	3	1
频率	0.05	0.26	0.33	0.22	0.10	0.03	0.01

根据表 8.1 得到周平均销售量直方图和先验密度曲线，如图 8.1 所示。

相对似然法　通过比较参数在某些点上的直观"似然"获得先验密度。例如：设 $\Theta=[0,1]$，首先确定"最大可能"和"最小可能"的参数点，比如 $\theta=0$ 和 $\theta=1/2$ 分别为最小可能的点和最大可能的点，且 $\theta=1/2$ 的可能性是 $\theta=0$ 的可能性的 3 倍，即 $\theta=1/2$ 的似然性为 $\theta=0$ 的似然性的 3 倍。再确定另外一些点的相对似然性，比如 $\theta=1/4,3/4,1$，将它们的可能性与 $\theta=0$ 的可能性进行比较，比如：$\theta=1/4,1$ 的可能性都是 $\theta=0$ 的可能性的 1.5 倍，而 $\theta=3/4$ 的可能性是 $\theta=0$ 的可能性的 2 倍。令 $\theta=0$ 的先验密度为 1，则得到其他点相对 $\theta=0$ 的似然性：$\tilde{\pi}(1/4)=\tilde{\pi}(1)=1.5,\tilde{\pi}(3/4)=2$。由此画出相对似然性 $\tilde{\pi}(\theta)$ 草图，如图 8.2 所示。最后，通过对 $\tilde{\pi}(\theta)$ 积分的归一化得到 θ 的先验密度。

$$\pi(\theta)=\frac{\tilde{\pi}(\theta)}{\int_{\Theta}\tilde{\pi}(\theta)\mathrm{d}\theta}$$

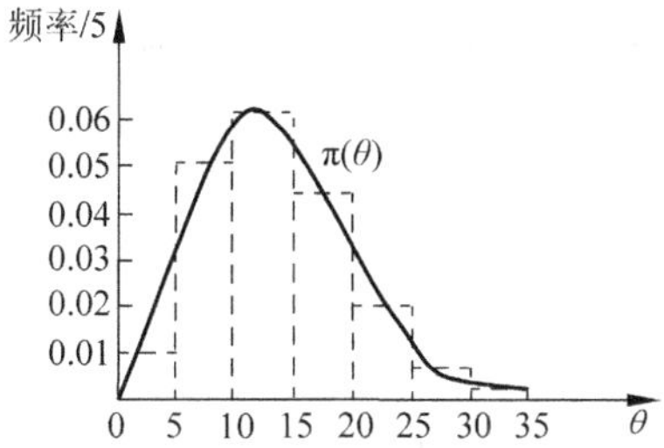

图 8.1　周平均销售量直方图和先验密度曲线

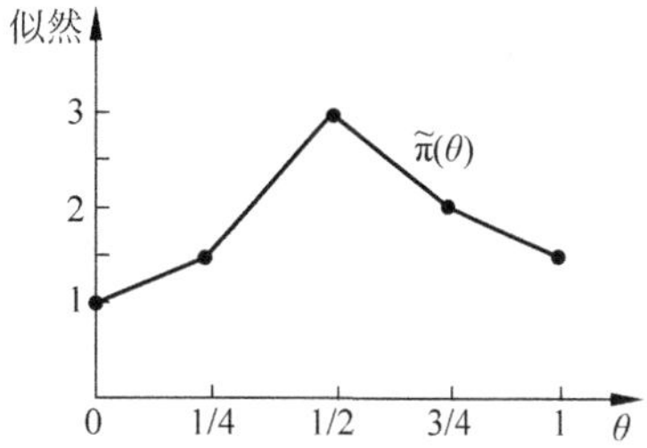

图 8.2　相对似然性

3. 由先验的形式确定先验分布

这类方法需要有参数 θ 的更多知识，假定已知先验密度属于某个分布族 $\pi(\theta;\lambda)$，其中 λ 称为超参数，例如：已知 $\pi(\theta)$ 属于正态分布族 $N(\mu,\sigma^2)$，则 μ,σ^2 就是两个超参数。在这种情况下，为了确定先验密度，只须确定超参数。下面介绍确定超参数的几种常用方法。

利用先验样本矩确定超参数。先验分布的总体矩是超参数的函数，若从先验信息获得先验分布的前几阶样本矩，令它们与相应的总体矩相等，则得到超参数的方程(或方程组)，从而可解出超参数。

例 8.1.3　在例 8.1.2 中，选择正态分布 $N(\mu,\sigma^2)$ 作为销售量 θ 的先验分布 $\pi(\theta)$，试确定这个先验分布。

解　根据表 8.1 给出的先验信息，若 θ 的每个子区间用它的中点代替，得到 μ,σ^2 的如下估计：

$$\begin{cases}\hat{\mu}=2.5\times0.05+7.5\times0.26+12.5\times0.33+\cdots+32.5\times0.01=13.45\\ \hat{\sigma}^2=(2.5-\hat{\mu})^2\times0.05+(7.5-\hat{\mu})^2\times0.26+(12.5-\hat{\mu})^2\times\\ \quad 0.33+\cdots+(32.5-\hat{\mu})^2\times0.01=36.85\end{cases}$$

因此，$\theta\sim N(13.45,36.85)$，即为所求的先验分布。

利用先验分位数确定超参数。当已知先验密度的形式时，分位数是超参数的函数，因此若从先验信息可确定一个或若干个分位数，则能确定超参数而获得先验密度。

例 8.1.4 设参数 θ 的先验分布为柯西分布 $C(\alpha,\beta)$，即

$$\pi(\theta;\alpha,\beta)=\frac{\beta^2}{\pi(\beta^2+(\theta-\alpha)^2)},\quad -\infty<\theta<+\infty$$

从先验信息得知：先验分布的中位数为 0、0.25 分位数为 -1，求先验分布。

解 柯西分布关于 α 是对称的，所以从中位数为 0 知 $\alpha=0$。由 0.25 分位数为 -1 得到

$$0.25=\int_{-\infty}^{-1}\frac{\beta^2}{\pi(\beta^2+\theta^2)}\mathrm{d}\theta=\frac{1}{\pi}\arctan\left(-\frac{1}{\beta}\right)+\frac{1}{2}$$

$$\Rightarrow\arctan\left(-\frac{1}{\beta}\right)=-\frac{\pi}{4}\Rightarrow\beta=1$$

因此，所求的先验分布为 $\pi(\theta)=1/(\pi(1+\theta^2))$。

ML-II 先验密度 下面介绍由边缘密度确定先验密度的方法。设随机变量 X 的密度为 $p(x|\theta)$，θ 的先验密度为 $\pi(\theta)$，则随机变量 X 的边缘密度为

$$m(x)=\int_{\Theta}p(x\mid\theta)\pi(\theta)\mathrm{d}\theta$$

若先验密度含有超参数 λ，记为 $\pi(\theta|\lambda)$，此时边缘密度也是超参数 λ 的函数，记为 $m(\theta|\lambda)$，即

$$m(x\mid\lambda)=\int_{\Theta}p(x\mid\theta)\pi(\theta\mid\lambda)\mathrm{d}\theta \tag{8.6}$$

令 $\boldsymbol{X}=(X_1,X_2,\cdots,X_n)$ 是观测样本，它的联合边缘密度为

$$m(\boldsymbol{x}\mid\lambda)=\prod_{i=1}^{n}m(x_i\mid\lambda) \tag{8.7}$$

如果超参数 λ 的两个值 λ_1 和 λ_2 使得 $m(\boldsymbol{x}|\lambda_1)>m(\boldsymbol{x}|\lambda_2)$，则在样本 $\boldsymbol{X}$ 下超参数取 λ_1 的似然性比 λ_2 的似然性大，此时可认为样本 $\boldsymbol{X}$ 是由分布 $m(\boldsymbol{x}|\lambda_1)$ 产生的。为了与经典统计学中的似然相区别，称式(8.7)为类型 II 似然(L-II)。

定义 8.1.3 使得 L-II 似然达到最大的 $\hat{\lambda}$ 称为最大 L-II 似然超参数(简称 ML-II 超参数)：

$$\hat{\lambda}=\underset{\lambda\in\Lambda}{\operatorname{argmax}}\,m(\boldsymbol{x}\mid\lambda)=\underset{\lambda\in\Lambda}{\operatorname{argmax}}\prod_{i=1}^{n}m(x_i\mid\lambda) \tag{8.8}$$

对应的先验密度 $\pi(\theta|\hat{\lambda})$ 称为 ML-II 先验密度。

例 8.1.5 设随机变量 $X|\theta$ 服从正态分布 $N(\theta,\sigma^2)$(σ^2 已知)，参数 θ 服从正态分布 $N(\alpha,\beta^2)$，其中 α,β^2 未知。令 $\boldsymbol{X}=(X_1,X_2,\cdots,X_n)$ 是来自边缘分布 $m(x|\alpha,\beta^2)$ 的独立抽样，试确定 ML-II 先验密度 $\pi(\theta|\hat{\lambda})$。

解 由 ML-II 先验密度的定义，求解这个问题可分为如下三个步骤：

(i) 求边缘密度 $m(x|\alpha,\beta^2)$；

(ii) 由样本 $\boldsymbol{X}$ 构造似然函数 $L(\alpha,\beta^2;\boldsymbol{x})=\prod_{i=1}^{n}m(x_i\mid\alpha,\beta^2)$；

(iii) 极大化似然 L-II，确定超参数 $\hat{\alpha},\hat{\beta}^2$，从而得到先验密度 $\pi(\theta|\hat{\lambda})$。

求边缘密度：注意到

$$\exp\left(-\frac{(x-\theta)^2}{2\sigma^2}\right)\cdot\exp\left(-\frac{(\theta-\alpha)^2}{2\beta^2}\right)=\exp\left(-\frac{1}{2}\left(\frac{(x-\theta)^2}{\sigma^2}+\frac{(\theta-\alpha)^2}{\beta^2}\right)\right)$$
$$=\exp\left(-\frac{A}{2}\left(\theta-\frac{B}{A}\right)^2\right)\cdot\exp\left(-\frac{1}{2}\left(C-\frac{B^2}{A}\right)\right)$$

其中

$$A=\frac{1}{\sigma^2}+\frac{1}{\beta^2},\quad B=\frac{x}{\sigma^2}+\frac{\alpha}{\beta^2},\quad C=\frac{x^2}{\sigma^2}+\frac{\alpha^2}{\beta^2},\quad C-\frac{B^2}{A}=\frac{(x-\alpha)^2}{\sigma^2+\beta^2}$$

于是

$$\begin{aligned}p(x\mid\theta)\pi(\theta\mid\alpha,\beta^2)&=\frac{1}{\sqrt{2\pi}\sigma}\exp\left(-\frac{(x-\theta)^2}{2\sigma^2}\right)\cdot\frac{1}{\sqrt{2\pi}\beta}\exp\left(-\frac{(\theta-\alpha)^2}{2\beta^2}\right)\\&=\frac{1}{2\pi\sigma\beta}\exp\left(-\frac{A}{2}\left(\theta-\frac{B}{A}\right)^2\right)\cdot\exp\left(-\frac{1}{2}\left(C-\frac{B^2}{A}\right)\right)\\m(x\mid\alpha,\beta^2)&=\int_{-\infty}^{+\infty}p(x\mid\theta)\pi(\theta\mid\alpha,\beta^2)\mathrm{d}\theta\\&=\frac{1}{2\pi\sigma\beta}\exp\left(-\frac{1}{2}\left(C-\frac{B^2}{A}\right)\right)\cdot\int_{-\infty}^{+\infty}\exp\left(-\frac{A}{2}\left(\theta-\frac{B}{A}\right)^2\right)\mathrm{d}\theta\\&=\frac{1}{\sqrt{2\pi(\sigma^2+\beta^2)}}\exp\left(-\frac{(x-\alpha)^2}{2(\sigma^2+\beta^2)}\right)\end{aligned}$$

故边缘分布为正态分布 $N(\alpha,\sigma^2+\beta^2)$。

由样本构造超参数 α,β^2 的似然函数

$$\begin{aligned}L(\alpha,\beta^2;\boldsymbol{x})&=\prod_{i=1}^{n}m(x_i\mid\alpha,\beta^2)\\&=\frac{1}{(2\pi(\sigma^2+\beta^2))^{n/2}}\cdot\exp\left(-\frac{1}{2(\sigma^2+\beta^2)}\sum_{i=1}^{n}(x_i-\alpha)^2\right)\\&=\frac{1}{(2\pi(\sigma^2+\beta^2))^{n/2}}\cdot\exp\left(-\frac{ns^2}{2(\sigma^2+\beta^2)}\right)\cdot\exp\left(-\frac{n(\bar{x}-\alpha)^2}{2(\sigma^2+\beta^2)}\right)\end{aligned}\tag{8.9}$$

其中

$$\bar{x}=\frac{1}{n}\sum_{i=1}^{n}x_i,\quad s^2=\frac{1}{n}\sum_{i=1}^{n}(x_i-\bar{x})^2$$

根据式(8.9)，对任何固定的 β^2，$L(\bar{x},\beta^2;\boldsymbol{x})\geqslant L(\alpha,\beta^2;\boldsymbol{x})$，因此 $\hat{\alpha}=\bar{x}$ 是 α 的 ML-II 超参数。下面确定 β^2 的 ML-II 超参数。为此，将 $\alpha=\bar{x}$ 代入式(8.9)

$$\varphi(\beta^2)\triangleq L(\bar{x},\beta^2;\ x)=\frac{1}{(2\pi(\sigma^2+\beta^2))^{n/2}}\cdot\exp\left(-\frac{ns^2}{2(\sigma^2+\beta^2)}\right)$$

两边取对数

$$\ln\varphi(\beta^2)=-\frac{n}{2}\ln(2\pi)-\frac{n}{2}\ln(\sigma^2+\beta^2)-\frac{ns^2}{2(\sigma^2+\beta^2)}$$

从方程

$$\frac{\partial \ln\varphi(\beta^2)}{\partial\beta^2}=-\frac{n}{2(\sigma^2+\beta^2)}+\frac{ns^2}{2(\sigma^2+\beta^2)^2}=0$$

得到 $\beta^2=s^2-\sigma^2$。若 $s^2<\sigma^2$,则 $\beta^2<0$,不合理,因此 β^2 的 ML-II 超参数为

$$\hat{\beta}^2=\begin{cases}0, & s^2\leqslant\sigma^2\\ s^2-\sigma^2, & s^2>\sigma^2\end{cases}$$

故参数 θ 的 ML-II 的先验分布为 $N(\hat{\alpha},\hat{\beta}^2)$。

4. 无信息先验分布

在无先验信息的情况下,如何确定先验密度?如何进行贝叶斯分析?贝叶斯学派对此得到大量研究成果,这些成果统称为无信息先验密度。

贝叶斯假设 在无先验信息时,人们对参数 θ 的一切可能值一视同仁,不可能对哪些值有所偏爱,即 θ 取参数空间内的一切值都是同等可能的。这样,就导致了贝叶斯方法选取先验密度的原则和假设:

无信息先验密度 $\pi(\theta)$ 是参数空间 Θ 上的"均匀密度",即

$$\pi(\theta)=C,\quad \theta\in\Theta \tag{8.10}$$

当 Θ 为无界区域时,$\pi(\theta)$ 不是正常的概率密度,此时使用 θ 的广义先验密度。若 $\pi(\theta)$ 满足下述两个条件:

$$\int_\Theta \pi(\theta)\mathrm{d}\theta=+\infty \tag{8.11}$$

$$\int_\Theta p(x\mid\theta)\pi(\theta)\mathrm{d}\theta<+\infty \tag{8.12}$$

则称它为广义先验密度。虽然,此时 $\pi(\theta)$ 不是正常的概率密度,但根据式(8.12)后验密度 $\pi(\theta|x)$ 存在,而这个后验密度仍可以为贝叶斯分析提供依据。

当 $\pi(\theta)$ 为均匀密度或广义均匀密度时,后验分布 $\pi(\theta|x)\propto p(x|\theta)=L(\theta;x)$,即似然函数是后验密度的核。因此,均匀密度或广义均匀密度作为先验密度时,最大后验估计与最大似然估计是一致的。

不变先验密度 如果一个概率密度在某个变换群下具有不变性,则称该密度是这个变换群的不变密度,简称不变密度。根据变换不变性选择的先验密度称为不变先验密度。下面介绍三种常用的不变先验密度,它们分别是位置、尺度以及位置-尺度参数的不变先验密度。

定义 8.1.4 如下形式的概率密度族称为位置参数族

$$p(x-\theta),\quad \theta\in(-\infty,+\infty) \tag{8.13}$$

其中 θ 是位置参数。

由于位置的不变先验密度 $\pi(\theta)$ 要求对位置变换是不变的,因此 $\forall S\subset\mathbf{R}, b\in\mathbf{R}$,有

$$\int_S \pi(\theta)\mathrm{d}\theta=\int_{S-b}\pi(\theta)\mathrm{d}\theta=\int_S \pi(\theta-b)\mathrm{d}\theta$$

其中

$$S-b=\{s-b:s\in S\}$$

由 S 与 b 的任意性,得到

$$\pi(\theta)=\pi(\theta-b)$$

于是 $\pi(\theta)$ 为常数。故位置的不变先验密度服从贝叶斯假设，是均匀密度或广义均匀密度。

定义 8.1.5　如下形式的概率密度族称为尺度参数族

$$\frac{1}{\sigma}p\left(\frac{x}{\sigma}\right),\quad \sigma\in(0,+\infty) \tag{8.14}$$

其中 σ 是尺度参数。

尺度的不变先验密度 $\pi(\theta)$ 要求对尺度变换不变，即 $\forall S\subset\mathbf{R}, b\in\mathbf{R}^+$，有

$$\int_S\pi(\sigma)\mathrm{d}\sigma=\int_{bS}\pi(\sigma)\mathrm{d}\sigma=\int_S\pi(b^{-1}\sigma)\mathrm{d}(b^{-1}\sigma)=\int_S b^{-1}\pi(b^{-1}\sigma)\mathrm{d}\sigma$$

由 S 任意性，得到

$$\pi(\sigma)=b^{-1}\pi(b^{-1}\sigma)$$

上式对一切 $\sigma>0, b>0$ 成立，因此令 $b=\sigma$ 得到

$$\pi(\sigma)=\pi(1)\cdot\sigma^{-1}\propto\sigma^{-1} \tag{8.15}$$

这是尺度 σ 的不变先验密度。

定义 8.1.6　如下形式的概率密度族称为位置-尺度参数族

$$\frac{1}{\sigma}p\left(\frac{x-\theta}{\sigma}\right),\quad \theta\in(-\infty,+\infty),\quad \sigma\in(0,+\infty) \tag{8.16}$$

其中 θ 是位置参数，σ 是尺度参数。

用前面的类似方法，可推知位置-尺度的不变先验密度为

$$\pi(\theta,\sigma)\propto\sigma^{-1} \tag{8.17}$$

Jeffreys 先验密度　设 $X=(X_1,X_2,\cdots,X_n)$ 是来自总体密度函数 $p(x|\theta)$ 的样本，其中 $\theta=(\theta_1,\theta_2,\cdots,\theta_k)$ 是 k 维参数向量。当 θ 无先验信息可用时，Jeffreys[16] 根据变换群和 Harr 测度理论，用 Fisher 信息矩阵行列式的平方根来表示先验密度。这种无信息先验密度称为 Jeffreys 先验密度，按下述步骤导出：

(i) 由样本计算 θ 的对数似然：

$$l(\theta;\boldsymbol{x})=\ln L(\theta;\boldsymbol{x})=\sum_{i=1}^n\ln p(x_i\mid\theta)$$

(ii) 计算 θ 的 Fisher 信息矩阵：

$$I(\theta)=E^{x|\theta}\left[-\frac{\partial^2 l}{\partial\theta_i\partial\theta_j}\right]$$

(iii) θ 的 Jeffreys 先验密度为

$$\pi(\theta)=\frac{\sqrt{\det I(\theta)}}{\int\sqrt{\det I(\theta)}\,\mathrm{d}\theta}\propto\sqrt{\det I(\theta)} \tag{8.18}$$

例 8.1.6　设 $X=(X_1,X_2,\cdots,X_n)$ 是来自正态总体 $N(\mu,\sigma^2)$ 的样本，求参数向量 $\theta=(\mu,\sigma)$ 的 Jeffreys 先验密度。

解　(μ,σ) 对数似然为

$$l(\mu,\sigma^2;\boldsymbol{x})=-\frac{n}{2}\ln(2\pi)-n\ln\sigma-\sum_{i=1}^n(x_i-\mu)^2/2\sigma^2$$

它的 Fisher 信息矩阵

$$\boldsymbol{I}(\theta)=\begin{bmatrix}E[-\partial^2 l/\partial\mu^2] & E[-\partial^2 l/\partial\mu\partial\sigma]\\ E[-\partial^2 l/\partial\mu\partial\sigma] & E[-\partial^2 l/\partial\sigma^2]\end{bmatrix}=\begin{bmatrix}n/\sigma^2 & 0\\ 0 & 2n/\sigma^2\end{bmatrix}$$

故(μ,σ)的 Jeffreys 先验密度为

$$\pi(\mu,\sigma)\propto\sqrt{\det\boldsymbol{I}(\theta)}\propto\sigma^{-2}$$

下面给出三种特殊情况的 Jeffreys 先验密度：

(i) 当已知μ时，$I(\sigma)=E[-\partial^2 l/\partial\sigma^2]=2n/\sigma^2$，$\pi(\sigma)\propto\sigma^{-1}$，$\sigma\in\mathbf{R}^+$；

(ii) 当已知σ时，$I(\mu)=E[-\partial^2 l/\partial\mu^2]=n/\sigma^2$，$\pi(\mu)\propto 1$，$\mu\in\mathbf{R}$；

(iii) 当μ与σ独立时，$\pi(\mu,\sigma)=\pi(\mu)\cdot\pi(\sigma)\propto\sigma^{-1}$，$\mu\in\mathbf{R}$，$\sigma\in\mathbf{R}^+$。

可见，在一般 Jeffreys 先验密度中，μ与σ不是独立的。联合密度有两种形式σ^{-2}和σ^{-1}，Jeffreys 推荐使用$\pi(\sigma)\propto\sigma^{-1}$，$\sigma\in\mathbf{R}^+$。

注释 在一般情况下，无信息先验密度不是唯一的，但它们对贝叶斯统计推断(参数估计、假设检验等)的结果影响都很小，很少对结果产生重大影响，任何无信息先验密度都是可以使用的。当今无论是在数理统计研究还是实际应用中，采用无信息先验密度越来越多，即使是经典统计学者也认为无信息先验是“客观”的、可以接受的。

5. 共轭先验分布

从例 8.2.1 可以看出：对一元正态分布族(参数是均值)，如果先验分布取正态分布，则后验分布也是正态分布，即先验分布与后验分布属于同类型的分布。这个例子可以推广到多元正态分布。

例 8.1.7 设$\boldsymbol{X}=(x_1,x_2,\cdots,x_k)$服从正态分布$N(\boldsymbol{\mu},\boldsymbol{\Sigma})$，其中均值向量$\boldsymbol{\mu}=(\mu_1,\mu_2,\cdots,\mu_k)^{\mathrm{T}}$未知，协方差矩阵$\boldsymbol{\Sigma}$已知。令$\boldsymbol{X}=(X_1,X_2,\cdots,X_n)$是来自总体$N(\boldsymbol{\mu},\boldsymbol{\Sigma})$的样本，则样本$\boldsymbol{X}$的密度函数为

$$p(\boldsymbol{X}\mid\boldsymbol{\mu})\propto \operatorname{cxp}\left(-\frac{1}{2}\sum_{i=1}^{n}\|\boldsymbol{x}_i-\boldsymbol{\mu}\|_{\boldsymbol{\Sigma}^{-1}}^2\right)$$

其中$\|\boldsymbol{x}\|_{\boldsymbol{\Sigma}^{-1}}^2\triangleq\boldsymbol{x}^{\mathrm{T}}\boldsymbol{\Sigma}^{-1}\boldsymbol{x}$。设$\boldsymbol{\mu}$的先验分布为正态分布$N(\boldsymbol{\mu}_\pi,\boldsymbol{\Sigma}_\pi)$，其中$\boldsymbol{\mu}_\pi$，$\boldsymbol{\Sigma}_\pi$都是已知的，即

$$\pi(\boldsymbol{\mu})\propto\exp\left(-\frac{1}{2}\|\boldsymbol{\mu}-\boldsymbol{\mu}_\pi\|_{\boldsymbol{\Sigma}_\pi^{-1}}^2\right)$$

则$\boldsymbol{\mu}$的后验密度为

$$\pi(\boldsymbol{\mu}\mid\boldsymbol{X})\propto p(\boldsymbol{X}\mid\mu)\pi(\boldsymbol{\mu})\propto\exp\left(-\frac{1}{2}\left(\|\boldsymbol{\mu}-\boldsymbol{\mu}_\pi\|_{\boldsymbol{\Sigma}_\pi^{-1}}^2+\sum_{i=1}^{n}\|\boldsymbol{x}_i-\boldsymbol{\mu}\|_{\boldsymbol{\Sigma}^{-1}}^2\right)\right)$$

记$\bar{\boldsymbol{x}}=\frac{1}{n}\sum_{i=1}^{n}\boldsymbol{x}_i$，通过直接计算，得到

$$\pi(\boldsymbol{\mu}\mid\boldsymbol{X})\propto\exp\left(-\frac{1}{2}\|\boldsymbol{\mu}-\boldsymbol{\mu}_n\|_{\boldsymbol{\Sigma}_n^{-1}}^2\right)$$

其中

$$\boldsymbol{\mu}_n=(\boldsymbol{\Sigma}_\pi^{-1}+n\boldsymbol{\Sigma}^{-1})^{-1}(\boldsymbol{\Sigma}_\pi^{-1}\mu_\pi+n\boldsymbol{\Sigma}^{-1}\bar{\boldsymbol{x}})$$
$$\boldsymbol{\Sigma}_n=(\boldsymbol{\Sigma}_\pi^{-1}+n\boldsymbol{\Sigma}^{-1})^{-1}$$

故，后验密度$\pi(\boldsymbol{\mu}\mid\boldsymbol{X})$与先验密度$\pi(\boldsymbol{\mu})$都是正态密度。

后验密度与先验密度属于同类型的密度族不是偶然的，事实上对于很多分布族都有这

种性质。为了描述这样的事实,引进下述定义。

定义 8.1.7　令$\mathcal{F}=\{\pi(\theta)\}$是参数 θ 的先验分布构成的分布族。如果对任意 $\pi(\theta)\in\mathcal{F}$ 和给定的样本 x,后验分布 $\pi(\theta|x)\in\mathcal{F}$,则称$\mathcal{F}$是一个共轭先验分布族,$\mathcal{F}$的任一分布都称为共轭先验分布。

共轭先验分布是针对样本分布中的参数 θ 而言的,定义中的后验分布 $\pi(\theta|x)$不仅依赖于先验分布 $\pi(\theta)$和样本值 x,还与样本分布族$\mathcal{Q}=\{p(x|\theta)\}$有关,离开指定的参数和样本分布族$\mathcal{Q}$讨论共轭先验分布是没有意义的。因此,一个指定的先验分布族是否为共轭先验分布族,视样本分布族而确定。引进共轭先验分布的目的是为了便于后验密度的计算。值得指出的是,选用共轭先验分布时应注意先验的合理性,因为对于贝叶斯分析而言,毕竟先验的合理性比计算方便更为重要。表 8.2 列出了一些常用的共轭先验分布。

表 8.2　常用共轭先验分布

总体分布	参　　数	共轭先验分布
二项分布	成功概率	贝塔分布
泊松分布	均值	伽马分布
指数分布	均值的倒数	伽马分布
正态分布(已知方差)	均值	正态分布
正态分布(已知均值)	方差	逆伽马分布

下面是求共轭先验分布的两个例子。

例 8.1.8　设 $X|\theta$ 服从二项分布 $B(n,\theta)$。若取 θ 的先验分布为贝塔分布 $Be(a,b)$,证明 θ 的后验分布仍是贝塔分布,即 θ 的共轭先验分布是贝塔分布。

证明　由于

$$p(x\mid\theta)\propto\theta^{x}(1-\theta)^{n-x},\quad x=0,1,\cdots,n$$
$$\pi(\theta)\propto\theta^{a-1}(1-\theta)^{b-1}$$

后验密度为

$$\begin{aligned}\pi(\theta\mid x)&=\frac{p(x\mid\theta)\pi(\theta)}{\int_0^1 p(x\mid\theta)\pi(\theta)\mathrm{d}\theta}=\frac{\theta^{x+a-1}(1-\theta)^{n-x+b-1}}{\int_0^1\theta^{x+a-1}(1-\theta)^{n-x+b-1}\mathrm{d}\theta}\\&=\frac{\Gamma(n+a+b)}{\Gamma(x+a)\Gamma(n-x+b)}\theta^{x+a-1}(1-\theta)^{n-x+b-1}\\&=Be(x+a,n-x+b)\end{aligned}$$

故,样本分布为二项分布 $B(n,\theta)$时,参数 θ 的共轭先验分布是贝塔分布。

定义 8.1.8　若样本 X 的密度函数为

$$p(x\mid\lambda,\alpha)=\frac{\lambda^{\alpha}}{\Gamma(\alpha)}x^{-(\alpha+1)}\exp\left(-\frac{\lambda}{x}\right),\quad x>0\tag{8.19}$$

则称随机变量 X 服从逆伽马分布,记为 $X\sim\Gamma^{-1}(\alpha,\lambda)$。

逆伽马分布 $\Gamma^{-1}(\alpha,\lambda)$的均值和方差分别为

$$E(X)=\frac{\lambda}{\alpha-\lambda}\quad(\alpha>1),\quad D(X)=\frac{\lambda^2}{(\alpha-1)^2(\alpha-2)}\quad(\alpha>2)\tag{8.20}$$

例 8.1.9　设 $\boldsymbol{X}=(X_1,X_2,\cdots,X_n)$是来自正态分布 $N(\mu,\sigma^2)$的样本,其中均值 μ 已

知,求 σ^2 的共轭先验分布。

解 样本 $\boldsymbol{X}$ 的联合分布

$$p(\boldsymbol{x} \mid \sigma^2)=\left(\frac{1}{\sqrt{2\pi}\sigma}\right)^n \exp\left(-\frac{1}{2\sigma^2}\sum_{i=1}^n (x_i-\mu)^2\right) \propto (\sigma^2)^{-n/2}\exp\left(-\frac{\delta}{\sigma^2}\right)$$

其中

$$\delta=\frac{1}{2}\sum_{i=1}^n (x_i-\mu)^2$$

因此,$p(\boldsymbol{x}|\sigma^2)$作为 σ^2 的函数是逆伽马分布 $\Gamma^{-1}(n/2,\delta)$。取 σ^2 的先验分布为逆伽马分布:

$$\pi(\sigma^2)=\frac{\lambda^\alpha}{\Gamma(\alpha)}(\sigma^2)^{-(\alpha+1)}\exp\left(-\frac{\lambda}{\sigma^2}\right)\propto(\sigma^2)^{-(\alpha+1)}\exp\left(-\frac{\lambda}{\sigma^2}\right),\quad \sigma^2>0$$

则 σ^2 的后验分布

$$\pi(\sigma^2 \mid \boldsymbol{x}) \propto p(\boldsymbol{x} \mid \sigma^2)\pi(\sigma^2) \propto (\sigma^2)^{-(n/2+\alpha+1)}\exp\left(-\frac{\lambda+\delta}{\sigma^2}\right)$$

即 σ^2 的后验分布为逆伽马分布 $\Gamma^{-1}(n/2+\alpha,\lambda+\delta)$:

$$\pi(\sigma^2 \mid \boldsymbol{x})=\frac{(\lambda+\delta)^{n/2+\alpha}}{\Gamma(n/2+\alpha)}(\sigma^2)^{-(n/2+\alpha+1)}\exp\left(-\frac{\lambda+\delta}{\sigma^2}\right),\quad \sigma^2>0 \tag{8.21}$$

故逆伽马分布是 σ^2 的共轭先验分布。

6. 分层先验分布

如果先验分布的超参数不易确定,可为超参数再引进一个先验,称为超先验(第二层先验);当超先验中还有超参数难以确定时,可再继续引进第三个先验(第三层先验),等等。由多层先验确定的参数先验称为分层先验或多阶段先验。下面以两层先验来说明分层先验模型:

$$X \mid \theta \sim p(x \mid \theta), x \in \mathbf{X} \quad (\text{样本空间})$$
$$\theta \mid \lambda \sim \pi_1(\theta \mid \lambda), \theta \in \Theta \quad (\text{参数空间})$$
$$\lambda \sim \pi_2(\lambda), \lambda \in \Lambda \quad (\text{超参数空间})$$

其中 $\pi_2(\lambda)$通常取无信息先验分布。由两层先验得到参数 θ 的先验分布:

$$\pi(\theta)=\int_\Lambda \pi_1(\theta \mid \lambda)\pi_2(\lambda)\mathrm{d}\lambda=\int_\Lambda \pi(\theta,\lambda)\mathrm{d}\lambda \tag{8.22}$$

这里 $\pi(\theta,\lambda)=\pi_1(\theta|\lambda)\pi_2(\lambda)$是$(\theta,\lambda)$的联合密度,即 θ 的先验分布是联合分布的边缘分布。由此可见,分层先验并非是先验分布的新内容,只是一种确定先验分布的分层方法。在建模时,使用分层先验模型可以把复杂情况转化为一系列的简单情况,便于分析和计算。

例 8.1.10 假定对某产品的不合格率 θ 的情况不明,仅知道 θ 较小,试给出合理的分层先验。

解 因情况不明,只能假定 θ 的先验是$[0,1]$的某个子区间$[0,\lambda]$上的均匀分布 $U(0,\lambda)$。λ 究竟取何值?难以把握,但根据不合格率 θ 较小的信息可假定 λ 在 0.1 和 0.5 之间,于是可认为 λ 的超先验是$[0.1,0.5]$上的均匀分布 $U(0.1,0.5)$,这样就得到如下分层先验结构:

(i) θ 的先验分布为

$$\pi_1(\theta \mid \lambda)=\begin{cases}1/\lambda, & 0 \leqslant \theta \leqslant \lambda \\ 0, & \lambda<\theta \leqslant 1\end{cases}$$

(ii) λ 的先验分布为

$$\pi_2(\lambda)=\begin{cases}1/0.4, & 0.1\leqslant\lambda\leqslant 0.5\\ 0, & 0\leqslant\lambda<0.1;\ 0.5<\lambda\leqslant 1\end{cases}$$

由此,得到 θ 的先验分布:

$$\pi(\theta)=\int_{[0,1]}\pi_1(\theta\mid\lambda)\pi_2(\lambda)\mathrm{d}\lambda=\frac{1}{0.4}\int_{0.1}^{0.5}\lambda^{-1}I_{[0,\lambda]}(\theta)\mathrm{d}\lambda$$

其中 $I_A(\cdot)$是集合 A 的示性函数:

$$I_A(a)=\begin{cases}1, & a\in A\\ 0, & a\notin A\end{cases}$$

当 $0\leqslant\theta<0.1$ 时,

$$\pi(\theta)=\frac{1}{0.4}\int_{0.1}^{0.5}\lambda^{-1}\mathrm{d}\lambda=2.5\ln 5$$

当 $0.1\leqslant\theta\leqslant 0.5$ 时,

$$\pi(\theta)=\frac{1}{0.4}\int_{\theta}^{0.5}\lambda^{-1}\mathrm{d}\lambda=-2.5\ln(2\theta)$$

当 $0.5<\theta\leqslant 1$ 时,$\pi(\theta)=0$。故,分层先验为

$$\pi(\theta)=\begin{cases}2.5\ln 5, & 0\leqslant\theta<0.1\\ -2.5\ln(2\theta), & 0.1\leqslant\theta\leqslant 0.5\\ 0, & 0.5<\theta\leqslant 1\end{cases}$$

例 8.1.11　设有 n 个学生参加某门课程的考试,学生 i 的分数 X_i 看成来自正态总体 $N(\mu_i,\sigma^2)$,方差 σ^2 已知,均值 μ_i 表示学生 i 的学习能力。试用分层方法确定这 n 个学生学习能力 $\mu=(\mu_1,\mu_2,\cdots,\mu_n)$的联合先验分布。

解　假定 $\mu_1,\mu_2,\cdots,\mu_n$ 服从同一正态分布 $N(\alpha,\delta^2)$,则第一层先验为

$$\pi_1(\mu\mid\alpha,\delta^2)=\frac{1}{(2\pi\delta^2)^{n/2}}\exp\left(-\frac{1}{2\delta^2}\sum_{i=1}^{n}(\mu_i-\alpha)^2\right)$$

其中 α,δ^2 是两个超参数。

第二层先验按主观信念对 α,δ^2 作如下选择:将 α,δ^2 分别解释为 $\mu_1,\mu_2,\cdots,\mu_n$ 的均值和方差,取 $\alpha=100$,即学生的平均学习能力为 100。此时,第一层先验精确为

$$\pi_1(\mu\mid\delta^2)=\frac{1}{(2\pi\delta^2)^{n/2}}\exp\left(-\frac{1}{2\delta^2}\sum_{i=1}^{n}(\mu_i-100)^2\right)\tag{8.23}$$

但确定真实能力的方差 δ^2 无充分把握,假定它服从均值为 200、标准差为 100 的逆伽马分布 $\Gamma^{-1}(r,\lambda)$,由逆伽马分布的均值和方差的计算公式(8.20),得到方程组

$$\begin{cases}\dfrac{\lambda}{r-1}=200\\ \dfrac{\lambda^2}{(r-1)^2(r-2)}=100^2\end{cases}$$

由此,$r=6$,$\lambda=1000$,即 $\delta^2\sim\Gamma^{-1}(6,1000)$。于是,选择第二层先验为

$$\pi_2(\delta^2)=\frac{1000^6}{\Gamma(6)}(\delta^2)^{-(6+1)}\exp\left(-\frac{1000}{\delta^2}\right)\tag{8.24}$$

根据两层先验式(8.23)和式(8.24)，$\mu=(\mu_1,\mu_2,\cdots,\mu_n)$的联合先验分布为

$$\begin{aligned}\pi(\mu)&=\int_0^{+\infty}\pi_1(\mu\mid\delta^2)\pi_2(\delta^2)\mathrm{d}\delta^2\\&\propto\int_0^{+\infty}\left\{(\delta^2)^{-(n/2+7)}\exp\left(-\frac{1}{\delta^2}\left(1000+\sum_{i=1}^{n}(\mu_i-100)^2\right)\right)\right\}\mathrm{d}\delta^2\\&\propto\left(1000+\sum_{i=1}^{n}(\mu_i-100)^2\right)^{-\frac{n+12}{2}}\\&\propto\left(1+\frac{1}{12}(\mu-b)^{\mathrm{T}}\Sigma^{-1}(\mu-b)\right)^{-\frac{n+12}{2}}\end{aligned}$$

其中$\Sigma=(500/3)I_n$，$b=(100,100,\cdots,100)^{\mathrm{T}}$。上式末端是$n$维$t$分布的密度核，故$\mu$的先验分布为

$$\pi(\mu)=\frac{\Gamma((12+n)/2)(\det\Sigma)^{-1/2}}{\Gamma(6)(\sqrt{12\pi})^{n/2}}\left(1+\frac{1}{12}(\mu-b)^{\mathrm{T}}\Sigma^{-1}(\mu-b)\right)^{-\frac{n+12}{2}}\tag{8.25}$$

8.1.3 正态参数的后验分布

给定样本X的概率密度$p(x|\theta)$和参数θ的先验密度$\pi(\theta)$，θ的后验密度为

$$\pi(\theta\mid x)=\frac{p(x\mid\theta)\pi(\theta)}{m(x)}\left(m(x)=\int_{\Theta}p(x\mid\theta)\pi(\theta)\mathrm{d}x\right)$$

一般，按下述步骤计算后验密度：

(i) 写出样本密度$p(x|\theta)$的核(仅与θ相关的因子)和先验密度$\pi(\theta)$的核：

$$p(x\mid\theta)\propto\{p(x\mid\theta)\text{ 的核}\},\quad\pi(\theta)\propto\{\pi(\theta)\text{ 的核}\}$$

(ii) 写出后验密度的核：

$$\pi(\theta\mid x)\propto p(x\mid\theta)\pi(\theta)\propto\{p(x\mid\theta)\text{ 的核}\}\cdot\{\pi(\theta)\text{ 的核}\}$$

(iii) 通过计算积分

$$c=\int_{\Theta}(\{p(x\mid\theta)\text{ 的核}\}\cdot\{\pi(\theta)\text{ 的核}\})\mathrm{d}\theta$$

得到后验密度：

$$\pi(\theta\mid x)=c^{-1}\cdot\{p(x\mid\theta)\text{ 的核}\}\cdot\{\pi(\theta)\text{ 的核}\}$$

由于给定样本X时，θ的似然函数$L(\theta;x)=p(x|\theta)$，所以上式也可表述为

$$\pi(\theta\mid x)=c^{-1}\cdot\{L(\theta;x)\text{ 的核}\}\cdot\{\pi(\theta)\text{ 的核}\}$$

此外，利用充分统计量有时也可简化后验分布的计算。在贝叶斯统计中，充分统计量的概念与经典统计相同，定义如下：设$X\sim p(x|\theta)$，$\boldsymbol{X}=(X_1,X_2,\cdots,X_n)$是来自总体的样本，$T=T(\boldsymbol{X})$是一统计量，如果在给定$T=t$的条件下，样本$\boldsymbol{X}$的条件分布与参数$\theta$无关，则称$T(\boldsymbol{X})$是充分统计量。比如，样本的均值$\bar{x}=\sum_{i=1}^{n}x_i\Big/n$和方差$s^2=\sum_{i=1}^{n}(x_i-\bar{x})^2\Big/(n-1)$都是正态分布$N(\mu,\sigma^2)$的$\mu$和$\sigma^2$的充分统计量。利用下述定理，时常有助于后验分布的计算。

定理 8.1.1 假定$X\sim p(x|\theta)$，$\boldsymbol{X}=(X_1,X_2,\cdots,X_n)$是来自总体$X$的样本，$T=T(\boldsymbol{X})$是$\theta$的充分统计量且它的密度为$g(t|\theta)$，则对$\theta$的任一先验密度$\pi(\theta)$有

$$\pi(\theta\mid\boldsymbol{x})=\pi(\theta\mid t)$$

即，基于样本与基于充分统计量的后验分布相同。

下面讨论正态分布参数的后验分布。设 $\boldsymbol{X}=(X_1,X_2,\cdots,X_n)$ 是来自正态总体 $N(\theta,\sigma^2)$ 的样本，则给定 μ,σ^2 时样本 $\boldsymbol{X}$ 的联合密度为

$$p(\boldsymbol{x}\mid\theta,\sigma^2)=\frac{1}{(2\pi\sigma^2)^{n/2}}\exp\left(-\frac{1}{2\sigma^2}\sum_{i=1}^{n}(x_i-\theta)^2\right)$$

$$=\frac{1}{(2\pi\sigma^2)^{n/2}}\exp\left(-\frac{1}{2\sigma^2}\left(\sum_{i=1}^{n}(x_i-\bar{x})^2-n(\theta-\bar{x})^2\right)\right)\qquad(8.26)$$

这里 $\bar{x}$ 是样本均值 $\bar{x}=\sum_{i=1}^{n}x_i/n$。现在就无信息先验和共轭先验两种情况，讨论参数 μ 和 σ^2 的后验分布，其中涉及如下定义的广义一元 t 分布。

定义 8.1.9　如果随机变量 Y 有概率密度

$$p(y\mid\mu,\tau^2,\nu)=\frac{\Gamma((\nu+1)/2)}{\Gamma(\nu/2)\sqrt{\nu\pi}}\cdot\frac{1}{\tau}\cdot\left(1+\frac{1}{\nu}\left(\frac{y-\mu}{\tau}\right)\right)^{-(\nu+1)/2}\qquad(8.27)$$

则称 Y 服从广义一元 t 分布，记为 $Y\sim T(\nu,\mu,\tau^2)$，其中 $\nu>0$ 为自由度，μ 为均值参数，$\tau>0$ 为尺度参数。当 $\mu=0,\tau=1$ 时，$T(\nu,0,1)$ 就是初等概率论中的自由度为 ν 的标准 t 分布

$$p(y\mid\nu)=\frac{\Gamma((\nu+1)/2)}{\Gamma(\nu/2)\sqrt{\nu\pi}}\cdot\left(1+\frac{y}{\nu}\right)^{-(\nu+1)/2}\qquad(8.27\text{a})$$

1. 无信息先验下的后验分布

问题 1　已知 σ^2，在无信息先验下确定均值参数 θ 的后验分布。

对于正态总体 $N(\theta,\sigma^2)$，$T=\bar{x}$ 是 θ 的充分统计量，且 $\bar{x}\sim N(\theta,\sigma^2/n)$，所以 θ 的似然函数为

$$L(\theta;\bar{x})=\sqrt{\frac{n}{2\pi\sigma^2}}\cdot\exp\left(-\frac{n}{2\sigma^2}(\theta-\bar{x})^2\right)\propto\exp\left(-\frac{n}{2\sigma^2}(\theta-\bar{x})^2\right)$$

由 $\pi(\theta)=1$，在样本均值 $\bar{x}$ 下 θ 的后验密度

$$\pi(\theta\mid\bar{x})\propto L(\theta;\bar{x})\pi(\theta)\propto\exp\left(-\frac{n}{2\sigma^2}(\theta-\bar{x})^2\right)$$

上式右端是 $N(\bar{x},\sigma^2/n)$ 的核，添加正则化因子得到

$$\pi(\theta\mid\bar{x})=\sqrt{\frac{n}{2\pi\sigma^2}}\exp\left(-\frac{n}{2\sigma^2}(\theta-\bar{x})^2\right)$$

根据定理 8.1.1，这也是在样本 $\boldsymbol{X}$ 下 θ 的后验密度。因此，θ 的后验分布是正态分布 $N(\bar{x},\sigma^2/n)$。

问题 2　已知 θ，在无信息先验下确定参数 σ^2 的后验分布。

根据式(8.26)，给定样本 $\boldsymbol{X}$ 时，σ^2 的似然函数为

$$L(\sigma^2;\boldsymbol{x})\propto\frac{1}{(\sigma^2)^{n/2}}\exp\left(-\frac{s^2}{2\sigma^2}\right)$$

其中 $s^2=\sum_{i=1}^{n}(x_i-\theta)^2$。作为尺度参数，$\sigma^2$ 的无信息先验为 $\pi(\sigma^2)=1/\sigma^2$，所以

$$\pi(\sigma^2\mid\boldsymbol{x})\propto L(\sigma^2;\boldsymbol{x})\pi(\sigma^2)\propto\frac{1}{(\sigma^2)^{n/2+1}}\exp\left(-\frac{s^2}{2\sigma^2}\right)$$

上式右端是逆伽马分布 $\Gamma^{-1}(n/2, s^2/2)$ 的核，故 σ^2 的后验密度为

$$\pi(\sigma^2 \mid \boldsymbol{x}) = \frac{(s^2/2)^{n/2}}{\Gamma(n/2)} \cdot \frac{1}{(\sigma^2)^{n/2+1}} \exp\left(-\frac{s^2}{2\sigma^2}\right), \quad \sigma^2 > 0 \tag{8.28}$$

如果考虑的尺度参数是 σ 而不是 σ^2，则取 σ 的无信息先验为 $\pi(\sigma)=1/\sigma$，用类似方法得到 σ 的后验密度

$$\pi(\sigma \mid \boldsymbol{x}) = \frac{(s^2)^{n/2}}{2^{n/2-1}\Gamma(n/2)} \cdot \frac{1}{(\sigma)^{n+1}} \exp\left(-\frac{s^2}{2\sigma^2}\right), \quad \sigma > 0 \tag{8.29}$$

问题 3 当 θ 和 σ^2 都是未知参数时，在无信息先验下确定它们的联合后验分布。

根据式(8.26)，给定样本 $\boldsymbol{X}$ 时，(θ, σ^2) 的似然函数为

$$L(\theta, \sigma^2; \boldsymbol{x}) = \frac{1}{(2\pi)^{n/2}} \cdot \frac{1}{(\sigma^2)^{n/2}} \exp\left(-\frac{1}{2\sigma^2}(\nu\tau^2 + n(\theta - \bar{x})^2)\right) \tag{8.30}$$

其中 $\nu = n-1, \tau^2 = \sum_{i=1}^{n}(x_i - \bar{x})^2/\nu$。令 θ 和 σ^2 的无信息先验分别为 $\pi_1(\theta)=1, \pi_2(\sigma^2) = 1/\sigma^2$，假定 θ 和 σ^2 独立，则它们的联合先验为

$$\pi(\theta, \sigma^2) = \pi_1(\theta)\pi_2(\sigma^2) = 1/\sigma^2 \tag{8.31}$$

根据式(8.30)和式(8.31)，通过一些复杂的计算得到 (θ, σ^2) 的联合后验密度

$$\pi(\theta, \sigma^2 \mid \boldsymbol{x}) = \underbrace{\frac{1}{\sqrt{2\pi\sigma^2/n}} \exp\left(-\frac{1}{2\sigma^2/n}(\theta - \bar{x})^2\right)}_{\hat{\pi}_1(\theta \mid \sigma^2, \boldsymbol{x})} \cdot \underbrace{\frac{(\nu\tau^2/2)^{\nu/2}}{\Gamma(\nu/2)} \exp\left(-\frac{1}{2\sigma^2}\nu\tau^2\right)}_{\hat{\pi}_2(\sigma^2 \mid \boldsymbol{x})} \tag{8.32}$$

它是两部分的积：第一部分是给定 σ^2 和 $\boldsymbol{X}$ 时 θ 的条件密度 $\hat{\pi}_1(\theta \mid \sigma^2, \boldsymbol{x})$，为正态分布，第二部分是 σ^2 的边缘后验密度 $\hat{\pi}_2(\sigma^2 \mid \boldsymbol{x})$，为逆伽马分布 $\Gamma^{-1}(\nu/2, \nu\tau^2/2)$。

对式(8.32)关于 σ^2 求积分，消去 σ^2 得到 θ 的边缘后验密度

$$\pi(\theta \mid \boldsymbol{x}) = \int_0^{+\infty} \pi(\theta, \sigma^2 \mid \boldsymbol{x}) \mathrm{d}\sigma^2 \propto (\nu\tau^2 + n(\theta - \bar{x})^2)^{-(\nu+1)/2} \propto \left(1 + \frac{1}{\nu} \cdot \left(\frac{\theta - \bar{x}}{\tau/\sqrt{n}}\right)^2\right)^{-(\nu+1)/2}$$

上式右端是广义一元 t 分布 $\mathcal{T}(\bar{x}, \tau^2/\sqrt{n}, \nu)$ 的核，由定义 8.1.10，θ 的边缘后验密度为

$$\pi(\theta \mid \boldsymbol{x}) = \frac{\Gamma((\nu+1)/2)}{\Gamma(\nu/2)\sqrt{\nu\pi}} \cdot \frac{1}{\tau/\sqrt{n}} \cdot \left(1 + \frac{1}{\nu} \cdot \left(\frac{\theta - \bar{x}}{\tau/\sqrt{n}}\right)^2\right)^{-(\nu+1)/2} \tag{8.33}$$

2. 共轭先验下的后验分布

问题 1 已知 σ^2，在共轭先验下确定均值参数 θ 的后验分布。

根据定理 8.1.1，只须确定给定 $\bar{x}$ 时 θ 的后验分布。$\bar{x} \sim N(\theta, \sigma^2/n)$，$\theta$ 的似然函数是

$$L(\theta; \bar{x}) \propto \exp\left(-\frac{1}{2\sigma^2/n}(\theta - \bar{x})^2\right)$$

由 8.1.2 节，设 θ 的共轭先验为正态分布 $N(\mu, \tau^2)$，其密度函数为

$$\pi(\theta) \propto \exp\left(-\frac{1}{2\tau^2}(\theta - \mu)^2\right)$$

则 θ 的后验密度

$$\pi(\theta \mid \bar{x}) \propto L(\theta; \bar{x})\pi(\theta) \propto \exp\left(-\frac{1}{2}\left(\frac{(\theta - \bar{x})^2}{\sigma^2/n} + \frac{(\theta - \mu)^2}{\tau^2}\right)\right) \propto \exp\left(-\frac{(\theta - \mu_n)^2}{2\eta_n^2}\right)$$

其中

$$\mu_n=\frac{\mu\sigma^2/n+\tau^2\bar{x}}{\sigma^2/n+\tau^2},\quad \eta_n^2=\frac{\tau^2\sigma^2/n}{\sigma^2/n+\tau^2}$$

故 θ 的后验分布为正态分布 $N(\mu_n,\eta_n^2)$，即后验密度为

$$\pi(\theta\mid \boldsymbol{x})=\frac{1}{\sqrt{2\pi}\,\eta_n}\exp\left(-\frac{(\theta-\mu_n)^2}{2\eta_n^2}\right)\tag{8.34}$$

问题 2　已知 θ，在共轭先验下确定参数 σ^2 的后验分布。

已知 θ 时，σ^2 的共轭先验分布是逆伽马分布 $\Gamma^{-1}(\alpha/2,\lambda/2)$，密度函数为

$$\pi(\sigma^2)=\frac{(\lambda/2)^{\alpha/2}}{\Gamma(\alpha/2)}\cdot\frac{1}{(\sigma^2)^{\alpha/2+1}}\exp\left(-\frac{\lambda}{2\sigma^2}\right)\propto\frac{1}{(\sigma^2)^{\alpha/2+1}}\exp\left(-\frac{\lambda}{2\sigma^2}\right)$$

根据式(8.26)，给定样本 $\boldsymbol{X}$ 时，σ^2 的似然函数为

$$L(\sigma^2;\boldsymbol{x})\propto\frac{1}{(\sigma^2)^{n/2}}\exp\left(-\frac{s^2}{2\sigma^2}\right)$$

其中 $s^2=\sum_{i=1}^{n}(x_i-\theta)^2$。于是

$$\pi(\sigma^2\mid\boldsymbol{x})\propto L(\sigma^2;\boldsymbol{x})\pi(\sigma^2)\propto\frac{1}{(\sigma^2)^{(n+\alpha)/2+1}}\exp\left(-\frac{s^2+\lambda}{2\sigma^2}\right)$$

上式右端是逆伽马分布 $\Gamma^{-1}((n+\alpha)/2,(s^2+\lambda)/2)$ 的核，故在共轭先验下 σ^2 的后验密度为

$$\pi(\sigma^2\mid\boldsymbol{x})=\frac{((s^2+\lambda)/2)^{(n+\alpha)/2}}{\Gamma((n+\alpha)/2)}\cdot\frac{1}{(\sigma^2)^{(n+\alpha)/2+1}}\exp\left(-\frac{s^2+\lambda}{2\sigma^2}\right),\quad \sigma^2>0\tag{8.35}$$

问题 3　当 θ 和 σ^2 都是未知参数时，在共轭先验下确定它们的联合后验分布。

由式(8.26)，给定样本 $\boldsymbol{X}$ 时 (θ,σ^2) 的似然函数为

$$L(\theta,\sigma^2;\boldsymbol{x})\propto\frac{1}{(\sigma^2)^{n/2}}\exp\left(-\frac{1}{2\sigma^2}((n-1)\tau^2+n(\theta-\bar{x})^2)\right)$$

其中 $\tau^2=\sum_{i=1}^{n}(x_i-\bar{x})^2/(n-1)$。由问题 1 和 2，设 (θ,σ^2) 联合先验分布为正态-逆伽马分布，也就是说，$\theta\sim N(\mu,k\sigma^2)$，$\sigma^2\sim\Gamma^{-1}(\alpha/2,\lambda/2)$，它们的联合密度为

$$\pi(\theta,\sigma^2)=\pi_1(\theta\mid\sigma^2)\pi_2(\sigma^2)\propto\frac{1}{(\sigma^2)^{(\alpha+1)/2+1}}\exp\left(-\frac{k(\theta-\mu)^2+\lambda}{2\sigma^2}\right)$$

这里 α,λ,μ,k 都是已知常数。因此，(θ,σ^2) 的联合后验密度

$$\begin{aligned}\pi(\theta,\sigma^2\mid\boldsymbol{x})&\propto L(\theta,\sigma^2;\boldsymbol{x})\pi(\theta,\sigma^2)\\&\propto\frac{1}{(\sigma^2)^{(\alpha+n+1)/2+1}}\exp\left(-\frac{(n-1)\tau^2+n(\theta-\bar{x})^2+k(\theta-\mu)^2+\lambda}{2\sigma^2}\right)\\&\propto\frac{1}{(\sigma^2k_n)^{1/2}}\exp\left(-\frac{(\theta-\alpha_n)^2}{2\sigma^2k_n}\right)\cdot\frac{1}{(\sigma^2)^{(\alpha+n)/2+1}}\exp\left(-\frac{\lambda_n}{2\sigma^2}\right)\end{aligned}\tag{8.36}$$

其中，

$$k_n=n+k,\quad \alpha_n=\frac{n\bar{x}+k\mu}{n+k},\quad \lambda_n=\sum_{i=1}^{n}(x_i-\bar{x})^2+\frac{nk}{n+k}(\mu-\bar{x})^2$$

故 (θ,σ^2) 的联合后验密度也是正态-逆伽马分布。

对联合后验密度关于 θ 求积分，得到 σ^2 的边缘后验密度

$$\pi(\sigma^2 \mid \boldsymbol{x})=\frac{(\lambda_n)^{\nu_n/2}}{\Gamma(\nu_n/2)}\cdot\frac{1}{(\sigma^2)^{\nu_n/2+1}}\exp\left(-\frac{\lambda_n}{2\sigma^2}\right) \tag{8.37}$$

其中 $\nu_n=\alpha+n$，即 $\sigma^2|\boldsymbol{x}\sim\Gamma^{-1}(\nu_n,\lambda_n)$。对联合后验密度关于 σ^2 求积分，得到 θ 的边缘后验密度

$$\pi(\theta \mid \boldsymbol{x})=\frac{\Gamma((\nu_n+1)/2)}{\Gamma(\nu_n/2)\sqrt{\pi\nu_n}}\cdot\frac{1}{\tau_n}\cdot\left(1+\frac{1}{\nu_n}\cdot\left(\frac{\theta-\alpha_n}{\tau_n}\right)^2\right) \tag{8.38}$$

即 $\theta|\boldsymbol{x}\sim\mathcal{T}(\alpha_n,\tau_n,\nu_n)$，其中 $\tau_n=\lambda_n/(k_n\nu_n)$。

8.1.4 一些常用分布参数的后验分布

本节列出一些常用分布参数的后验分布，其推导过程留给读者。

1. 均匀分布参数的后验分布

对于均匀分布 $U(0,\theta)$ 参数 θ，它的无信息先验是位置先验 $\pi(\theta)\equiv1$，共轭先验分布是帕雷托分布。所谓帕雷托分布，其定义如下：若随机变量 X 的概率函数为

$$p(x \mid \alpha,x_0)=\frac{\alpha}{x_0}\left(\frac{x_0}{x}\right)^{\alpha+1},\quad x>x_0 \tag{8.39}$$

则称 X 服从帕雷托分布，记为 $X\sim Pa(x_0,\alpha)$，其中 $\alpha>0$ 为形状参数，$x_0>0$ 为尺度参数。

令 $\boldsymbol{X}=(X_1,X_2,\cdots,X_n)$ 是来自均匀分布 $U(0,\theta)$ 的样本，记 $x_M=\max(x_1,x_2,\cdots,x_n)$。关于 θ 的后验分布，不难导出如下结论：

(i) 当 θ 的先验为无信息先验 $\pi(\theta)\equiv1$ 时，θ 的后验分布为帕雷托分布 $Pa(\hat{\theta}_M,n-1)$，即后验密度为

$$\pi(\theta \mid \boldsymbol{x})=\frac{(n-1)}{x_M}\left(\frac{x_M}{\theta}\right)^n,\quad \theta>x_M \tag{8.40}$$

(ii) 当 θ 的先验为共轭先验 $Pa(x_0,\alpha)$ 时，θ 的后验分布是帕雷托分布 $Pa(x^*,\alpha+n)$，其中 $x^*=\max\{x_M,x_0\}$，即后验密度为

$$\pi(\theta \mid \boldsymbol{x})=\frac{(\alpha+n)}{x^*}\left(\frac{x^*}{\theta}\right)^{\alpha+n+1},\quad \theta>x^* \tag{8.41}$$

2. 一类离散分布参数的后验分布

设离散随机变量 X 的概率函数有下述形式

$$f(x \mid \theta)=P(X=x \mid \theta)=a(x)\theta^{b(x)}(1-\theta)^{c(x)} \tag{8.42}$$

其中 $b(x)$，$c(x)$ 都是非负整数。此类分布均与独立伯努利试验有关，参数 θ 的共轭先验分布都是贝塔分布 $Be(\alpha,\beta)$，下面的分布是这类分布的一些特殊形式：

0-1 分布 $B(1,\theta)$：$a(x)=1,b(x)=x,c(x)=1-x;x=0,1$

二项分布 $B(n,\theta)$：$a(x)=C_n^x,b(x)=x,c(x)=n-x;x=0,1,\cdots,n$

几何分布 $Ge(n,\theta)$：$a(x)=1,b(x)=1,c(x)=x-1;x=0,1,2,\cdots$

负二项分布 $Nb(r,\theta)$：$a(x)=C_{r-1}^{x-1},b(x)=r,c(x)=x-r;x=r,r+1,\cdots$

给定样本 x，关于这类分布参数 θ 的后验分布有下述结论：

(i) 当 θ 的先验为无信息先验 $\pi(\theta)=1$ 时，θ 的后验分布是贝塔分布 $Be(b(x)+1,c(x)+1)$。

(ii) 当 θ 的先验为共轭先验 $Be(\alpha,\beta)$ 时，θ 的后验分布是贝塔分布 $Be(b(x)+\alpha, c(x)+\beta)$。

3. 伽马分布参数的后验分布

若随机变量 X 有密度函数：

$$p(x\mid\lambda)=\frac{\lambda^{\alpha}}{\Gamma(\alpha)}x^{\alpha-1}\exp(-\lambda x),\quad 0<x<+\infty \tag{8.43}$$

其中 α 已知，则称 X 服从伽马分布，记为 $X|\lambda\sim\Gamma(\alpha,\lambda)$，它的均值和方差分别为

$$E[X\mid\lambda]=\alpha/\lambda,\quad D[X\mid\lambda]=\alpha/\lambda^{2} \tag{8.44}$$

在伽马分布 $\Gamma(\alpha,\lambda)$ 中，取 $\alpha=1,\lambda=1/\theta$ 得到指数分布 $\exp(1/\theta)$ 的密度函数

$$p(x\mid\theta)=\frac{1}{\theta}\exp(-x/\theta),\quad \theta>0 \tag{8.45}$$

伽马分布参数 λ 的共轭先验分布仍是伽马分布，指数参数 θ 的共轭先验分布是逆伽马分布。记 $\bar{x}$ 为样本 $\boldsymbol{X}=(X_1,X_2,\cdots,X_n)$ 的均值，对于伽马分布参数 λ 的后验分布有下述结论：

(i) 当 λ 的先验为 Jeffreys 无信息先验 $\pi(\theta)\propto 1/\lambda$ 时，λ 的后验分布是伽马分布 $\Gamma(n\alpha,n\bar{x})$。

(ii) 当 λ 的先验为共轭先验 $\Gamma(r,\beta)$ 时，λ 的后验分布是伽马分布 $\Gamma(n\alpha+r,n\bar{x}+\beta)$。

对于指数分布参数 λ 有类似结论：

(i) 当 λ 的先验为 Jeffreys 无信息先验 $\pi(\theta)\propto 1/\theta$ 时，θ 的后验分布是伽马分布 $\Gamma(n,n\bar{x})$。

(ii) 当 λ 的先验为共轭先验 $\Gamma^{-1}(a,\beta)$ 时，λ 的后验分布是逆伽马分布 $\Gamma^{-1}(n+a,n\bar{x}+\beta)$。

4. 泊松分布参数的后验分布

若随机变量 X 的概率函数为

$$f(x\mid\lambda)=P(X=x\mid\lambda)=\frac{\mathrm{e}^{-\lambda}\lambda^{x}}{x!},\quad x=1,2,\cdots \tag{8.46}$$

则称 X 服从泊松分布，记为 $X\sim P(\lambda)$，它的均值和方差均为 λ。

泊松分布参数 λ 的 Jeffreys 无信息先验为 $\pi(\lambda)\propto 1/\sqrt{\lambda}$，共轭先验分布是伽马分布。记 $\bar{x}$ 为样本 $\boldsymbol{X}=(X_1,X_2,\cdots,X_n)$ 均值，对于 λ 的后验分布有下述结论：

(i) 当 λ 的先验为 Jeffreys 无信息先验时，λ 的后验分布是伽马分布 $\Gamma(n\bar{x}+1/2,n)$。

(ii) 当 λ 的先验为共轭先验 $\Gamma(a,\beta)$ 时，λ 的后验分布是伽马分布 $\Gamma(n\bar{x}+a,n+\beta)$。

8.2 贝叶斯估计

后验分布 $\pi(\theta|\boldsymbol{x})$ 集中了总体、样本和先验三者关于参数 θ 的一切信息，贝叶斯统计推断（包括点估计、区间估计、假设检验和模型选择，等等）都从后验分布出发，按一定的方式从后验分布中提取信息，比经典统计推断要简单得多。本节主要介绍贝叶斯估计方法，包括点估计和区间估计。

8.2.1 点估计

定义 8.2.1　设 $\pi(\theta|\boldsymbol{x})$ 是参数 $\theta\in\Theta$ 的后验分布。

(i) 后验分布的众数(使得后验分布达到最大的 θ 值),记为 $\hat{\theta}_{MD}(\boldsymbol{x})$,称为 θ 的后验众数估计(或广义最大似然估计),即

$$\hat{\theta}_{MD}(\boldsymbol{x})=\underset{\theta\in\Theta}{\operatorname{argmax}}\,\pi(\theta\mid\boldsymbol{x}) \tag{8.47}$$

(ii) 后验分布的中位数,记为 $\hat{\theta}_{ME}(\boldsymbol{x})$,称为 θ 的后验中位数估计,即 $\hat{\theta}_{ME}(\boldsymbol{x})$使得

$$\int_{\theta_{\min}}^{\hat{\theta}_{ME}}\pi(\theta\mid\boldsymbol{x})\mathrm{d}\theta=\int_{\hat{\theta}_{ME}}^{\theta_{\max}}\pi(\theta\mid\boldsymbol{x})\mathrm{d}\theta=\frac{1}{2} \tag{8.48}$$

(iii) 后验分布的期望,记为 $\hat{\theta}_E(\boldsymbol{x})$,称为 θ 的后验期望估计,即

$$\hat{\theta}_E(\boldsymbol{x})=\int_{\theta_{\min}}^{\theta_{\max}}\theta\pi(\theta\mid\boldsymbol{x})\mathrm{d}\theta \tag{8.49}$$

这三种估计都称为贝叶斯点估计,在一般情况下它们是不同的,实际应用中可根据需要选用其中一种作为 θ 的估计。如果后验密度是对称函数,则这三种贝叶斯估计重合。在经典方法中,由估计量均方误差(MSE),在无偏估计情况下由方差,来衡量估计量的优劣,MSE 越小越好。在贝叶斯估计中,使用后验均方误差来评价估计量。

定义 8.2.2 设 $\theta\in\Theta$ 的后验密度为 $\pi(\theta|\boldsymbol{x})$,$\delta(\boldsymbol{x})$是 θ 的贝叶斯估计,它的后验均方误差(PMSE)定义为

$$\mathrm{PMSE}(\delta(\boldsymbol{x}))\triangleq E^{\theta|x}[(\theta-\delta(\boldsymbol{x}))^2]=\int_{\Theta}(\theta-\delta(\boldsymbol{x}))^2\pi(\theta\mid\boldsymbol{x})\mathrm{d}\theta \tag{8.50}$$

PMSE 越小,估计量 $\delta(\boldsymbol{x})$的精度越高。若 $\delta(\boldsymbol{x})=\hat{\theta}_E(\boldsymbol{x})$时,$\delta(\boldsymbol{x})$的 PMSE 为后验方差:

$$\mathrm{PMSE}(\delta(\boldsymbol{x}))=E^{\theta|x}[(\theta-\hat{\theta}_E(\boldsymbol{x}))^2]=V(\boldsymbol{x})$$

对任何贝叶斯估计 $\delta(\boldsymbol{x})$,

$$\begin{aligned}\mathrm{PMSE}(\delta(\boldsymbol{x}))&=E^{\theta|x}[(\theta-\delta(\boldsymbol{x}))^2]=E^{\theta|x}[(\theta-\hat{\theta}_E(\boldsymbol{x})+\hat{\theta}_E(\boldsymbol{x})-\delta(\boldsymbol{x}))^2]\\&=V(\boldsymbol{x})+(\hat{\theta}_E(\boldsymbol{x})-\delta(\boldsymbol{x}))^2\geqslant V(\boldsymbol{x})\end{aligned}$$

其中,等号成立当且仅当 $\delta(\boldsymbol{x})=\hat{\theta}_E(\boldsymbol{x})$。因此,后验期望估计 $\hat{\theta}_E(\boldsymbol{x})$使得 PMSE 达到最小,即 $\hat{\theta}_E(\boldsymbol{x})$是在 PMSE 准则下的最优贝叶斯估计。这是实践中常用后验期望 $\hat{\theta}_E(\boldsymbol{x})$作为贝叶斯估计的缘由。

例 8.2.1 设 $X|\theta\sim N(\theta,\sigma^2)$,$\sigma^2$ 已知,令 $\boldsymbol{X}=(X_1,X_2,\cdots,X_n)$是来自总体 X 的样本。

(i) 令 θ 的先验为无信息先验 $\pi(\theta)=1$,求 θ 的后验期望估计和后验方差;

(ii) 令 θ 的先验为共轭先验 $N(\mu,\tau^2)$,求 θ 的后验期望估计和后验方差;

(iii) 用后验方差分析在这两种估计中哪一种更优。

解 (i) 根据 8.1.3 节的讨论,θ 的后验分布为 $N(\bar{x},\sigma^2/n)$,即后验密度为

$$\pi(\theta\mid\boldsymbol{x})=\frac{1}{\sqrt{2\pi\sigma^2/n}}\exp\left(-\frac{(\theta-\bar{x})^2}{2\sigma^2/n}\right)$$

故后验期望估计和后验方差分别为

$$\hat{\theta}_E(\boldsymbol{x})=\bar{x},\quad V_1(\boldsymbol{x})=\sigma^2/n$$

这与经典估计是一致的。事实上,在无信息先验 $\pi(\theta)=1$ 下只有样本信息,贝叶斯估计就

是经典估计，换句话说，经典估计是一种特殊先验分布下的贝叶斯估计。

(ii) 若 θ 的先验为共轭先验 $N(\mu,\tau^2)$，从 8.1.3 节的讨论，θ 的后验分布为 $N(\mu_n,\eta_n^2)$：

$$\pi(\theta \mid \boldsymbol{x})=\frac{1}{\sqrt{2\pi}\,\eta_n}\exp\left(-\frac{(\theta-\mu_n)^2}{2\eta_n^2}\right)$$

其中

$$\mu_n=\frac{\mu\sigma^2/n+\tau^2\bar{x}}{\sigma^2/n+\tau^2}=\frac{\sigma^2}{\sigma^2+n\tau^2}\mu+\frac{n\tau^2}{\sigma^2+n\tau^2}\bar{x}$$

$$\eta_n^2=\frac{\tau^2\sigma^2/n}{\sigma^2/n+\tau^2}=\frac{\tau^2\sigma^2}{\sigma^2+n\tau^2}$$

故后验期望估计和后验方差分别为

$$\hat{\theta}_E(\boldsymbol{x})=\mu_n,\quad V_2(\boldsymbol{x})=\eta_n^2$$

(iii) 因两种估计的方差之比

$$V_1(\boldsymbol{x}):V_2(\boldsymbol{x})=\frac{\sigma^2}{n}:\frac{\tau^2\sigma^2}{\sigma^2+n\tau^2}=\frac{\sigma^2+n\tau^2}{n\tau^2}=1+\frac{\sigma^2}{n\tau^2}>1$$

所以，第二种估计更优。当 n 充分大时，

$$1+\frac{\sigma^2}{n\tau^2}\approx 1,\quad \mu_n\approx\bar{x}$$

这表明：样本容量充分大时，两种估计非常接近，样本信息起主导作用而先验信息的影响甚微。因此，贝叶斯估计更适合于小样本，对大样本较经典估计无优势可言。

例 8.2.2　为了估计产品的不合格率 θ，从一批产品中抽取 n 件，不合格产品数 $X\sim B(n,\theta)$，其中 $X=\sum_{i=1}^{n}X_i$，$X_i=1$ 表示抽取的第 i 件产品不合格，$X_i=0$ 表示抽取的第 i 件产品合格。若令 θ 的先验为共轭先验分布 $Be(\alpha,\beta)$，

(i) 求 θ 的后验期望估计和后验方差；

(ii) 求 θ 的后验众数估计和后验均方误差；

(iii) 特别地，当 $\alpha=\beta=1$，即先验分布为均匀分布 $U(0,1)$ 时，求 θ 的后验期望估计和后验众数估计，以及这两种估计的后验方差或后验均方误差。

解　当 θ 的先验为共轭先验分布 $Be(\alpha,\beta)$ 时，根据 8.1.4 节的讨论，θ 的后验分布为贝塔分布 $Be(x+\alpha,n-x+\beta)$：

$$\pi(\theta \mid x)=\frac{\Gamma(\alpha+\beta+n)}{\Gamma(\alpha+x)\Gamma(\beta+n-x)}\theta^{x+\alpha-1}(1-\theta)^{n-x+\beta-1},\quad 0<\theta<1$$

(i) 因贝塔分布 $Be(a,b)$ 的均值和方差分别为

$$\frac{a}{a+b},\frac{ab}{(a+b)^2(a+b+1)}$$

故后验期望估计和后验方差分别为

$$\hat{\theta}_E(x)=\frac{\alpha+x}{n+\alpha+\beta},\quad V(x)=\frac{(\alpha+x)(n+\beta-x)}{(n+\alpha+\beta)^2(n+\alpha+\beta+1)}$$

(ii) 因贝塔分布 $Be(a,b)$ 的众数为 $(a-1)/(a+b-2)$，故后验众数估计为

$$\hat{\theta}_{MD}(x)=\frac{\alpha+x-1}{n+\alpha+\beta-2}$$

后验均方误差为

$$\begin{aligned}\mathrm{PMSE}(\hat{\theta}_{MD}(x)) &= V(\boldsymbol{x})+(\hat{\theta}_E(\boldsymbol{x})-\hat{\theta}_{MD}(\boldsymbol{x}))^2 \\ &= \frac{(\alpha+x)(n+\beta-x)}{(n+\alpha+\beta)^2(n+\alpha+\beta+1)}+\left(\frac{\alpha+x}{n+\alpha+\beta}-\frac{\alpha+x-1}{n+\alpha+\beta-2}\right)^2\end{aligned}$$

(iii) 当 $\alpha=\beta=1$ 时，根据式(i)和式(ii)，θ 的后验期望估计和后验方差分别为

$$\hat{\theta}_E(x)=\frac{x+1}{n+2},\quad V(x)=\frac{(x+1)(n-x+1)}{(n+2)^2(n+3)}$$

后验众数估计和后验均方误差分别为

$$\hat{\theta}_{MD}(x)=\frac{x}{n},\quad \mathrm{PMSE}(\hat{\theta}_{MD}(x))=\frac{(x+1)(n-x+1)}{(n+2)^2(n+3)}+\left(\frac{x+1}{n+2}-\frac{x}{n}\right)^2$$

表 8.3 是对 n，x 取一些特别值计算的 $\hat{\theta}_E$ 和 $\hat{\theta}_{MD}$，及其后验方差或后验均方误差，可以看出后验期望估计的后验方差小于后验众数估计的后验均方误差，两者都随样本量的增加而减小。此外，从前两行还可以看出，后验众数估计都是 0，但“抽取 10 件全是合格产品”和“抽取 5 件全是合格产品”，在人们心目中对产品质量的印象是不同的，通常认为前者比后者有更可靠的质量，后验众数估计显示不出二者的差别，因此后验期望估计比后验众数估计更合理。

表 8.3 $\hat{\boldsymbol{\theta}}_E$ 和 $\hat{\boldsymbol{\theta}}_{MD}$ 的后验方差和后验均方误差

n	x	$\hat{\theta}_E(x)$	$V(x)$	$\hat{\theta}_{MD}(x)$	$\mathrm{PMSE}(\hat{\theta}_{MD}(x))$
5	0	1/7	0.01531	0	0.03571
10	0	1/12	0.00588	0	0.01282
15	1	2/17	0.00577	1/15	0.00837
20	1	2/22	0.00359	1/20	0.00527

8.2.2 区间估计

1. 可信区间

定义 8.2.3 设 $\pi(\theta|x)$ 是 θ 的后验分布，给定样本 X 和概率 $1-\alpha$（通常 α 是较小的数）。若 $\theta_1(x)<\theta_2(x)$ 使得

$$P(\theta_1(x)\leqslant\theta\leqslant\theta_2(x)\mid x)=1-\alpha$$

则称$[\theta_1(x),\theta_2(x)]$为 θ 的可信水平为 $1-\alpha$ 的可信区间，简称 θ 的 $1-\alpha$ 可信区间。

上述定义是对连续型随机变量而言的，对离散型变量可能找不到适当的 $\theta_1(x)$，$\theta_2(x)$ 使得等号成立，此时适当放大左边的概率使不等号成立：

$$P(\theta_1(x)\leqslant\theta\leqslant\theta_2(x)\mid x)\geqslant 1-\alpha$$

不难看出，对于连续型随机变量，令后验分布的双侧 α 分位数为 a，b，即 a，b 使得

$$\int_{-\infty}^{a}\pi(\theta\mid x)\mathrm{d}\theta=\alpha/2=\int_{b}^{+\infty}\pi(\theta\mid x)\mathrm{d}\theta$$

则$[a,b]$是一个 $1-\alpha$ 可信区间，这样的可信区间称为等尾可信区间。

可信水平和可信区间与经典区间估计的置信水平和置信区间是同类概念，但两者有本

质上的差异。在这里是基于后验分布 $\pi(\theta|x)$的,在给定样本 X 和概率 $1-\alpha$ 后得到可信区间,比如 θ 的 0.95 可信区间为[0.5,0.75],即 $P(0.5\leqslant\theta\leqslant 0.75|x)=0.95$,此时可以说"$\theta\in[0.5,0.75]$的概率为 0.95",或者"$\theta$ 落入区间[0.5,0.75]的概率是 0.95"。但对置信区间不能说"θ 落入区间[0.5,0.75]的概率是 0.95",因为在经典统计中参数 θ 不是随机变量而是未知常数,只能用频率解释为"在重复使用区间[0.5,0.75]100 次时,大约有 95 次覆盖 θ"。这种频率解释对仅使用置信区间一两次的人而言毫无意义,这也是经典方法的置信区间概念常受到批评的原因。贝叶斯可信区间概念简单明了,易被人们接受和理解。事实上,现今大多数从事实际应用的技术人员都把置信区间当作可信区间去使用。

例 8.2.3　设 $X|\theta\sim N(\theta,\sigma^2)$,$\sigma^2$ 已知,θ 的先验分布为 $\theta\sim N(\mu,\tau^2)$。令 $\boldsymbol{X}=(X_1,X_2,\cdots,X_n)$是来自总体 X 的样本,求 θ 的 $1-\alpha$ 可信区间。

解　由例 8.2.1,θ 的后验分布为 $N(\mu_n,\eta_n^2)$:

$$\pi(\theta\mid\boldsymbol{x})=\frac{1}{\sqrt{2\pi}\,\eta_n}\exp\left(-\frac{(\theta-\mu_n)^2}{2\eta_n^2}\right)$$

其中

$$\mu_n=\frac{\sigma^2}{\sigma^2+n\tau^2}\mu+\frac{n\tau^2}{\sigma^2+n\tau^2}\bar{x},\quad \eta_n^2=\frac{\tau^2\sigma^2}{\sigma^2+n\tau^2}$$

令 $\lambda_{\alpha/2}$ 是 $N(0,1)$的上侧 $\alpha/2$ 分位数,即 $\lambda_{\alpha/2}$ 使得

$$\int_{\lambda_{\alpha/2}}^{+\infty}(2\pi)^{-1/2}\exp(-t^2/2)\mathrm{d}t=\alpha/2$$

则

$$\begin{aligned}P(\mu_n-\eta_n\lambda_{\alpha/2}\leqslant\theta\leqslant\mu_n+\eta_n\lambda_{\alpha/2}\mid\boldsymbol{x})&=\int_{\mu_n-\eta_n\lambda_{\alpha/2}}^{\mu_n+\eta_n\lambda_{\alpha/2}}\pi(\theta\mid\boldsymbol{x})\mathrm{d}\theta\\&=\int_{-\lambda_{\alpha/2}}^{\lambda_{\alpha/2}}(2\pi)^{-1/2}\exp(-t/2)\mathrm{d}t=1-\alpha\end{aligned}$$

由此,得到 θ 的 $1-\alpha$ 可信区间

$$[\mu_n-\eta_n\lambda_{\alpha/2},\mu_n+\eta_n\lambda_{\alpha/2}]$$

下面将这个例子应用到儿童智商(IQ)测试。假设 IQ 的测试得分 $X\sim N(\theta,100)$,其中 θ 是被测试儿童 IQ 的真值,先验分布 $\theta\sim N(100,225)$。若被测试儿童得分 $X=115$,则得到 θ 的后验密度

$$\pi(\theta\mid X=115)=\frac{1}{\sqrt{2\pi}\,\eta_1}\exp\left(-\frac{(\theta-\mu_1)^2}{2\eta_1^2}\right)$$

其中

$$\mu_1=\frac{100}{100+225}\times 100+\frac{225}{100+225}\times 115=110.38$$

$$\eta_1^2=\frac{225\times 100}{100+225}=8.32^2$$

取 $\alpha=0.05$,$N(0,1)$的上侧 0.05/2 分位数是 1.96,故 θ 的 0.95 可信区间为

$$[110.38-8.32\times 1.96,110.38+8.32\times 1.96]=[94.07,126.69]$$

故被测试儿童的 IQ 有 0.95 的概率落入区间[94.07,126.69]。若不使用先验,以经典方法得到的置信水平为 0.95 的置信区间是

$$[115-10\times 1.96, 115+10\times 1.96]=[95.4, 134.6]$$

可见，可信区间的长度比置信区间要短，因此利用先验信息可以得到更高精度的区间估计。

2. 最大后验密度可信区间

评价可信区间的优劣有两个指标，一是可信度越高越好，即 $1-\alpha$ 越大越好；另一个是精度，即可信区间的长度越短越好。给定可信度为 $1-\alpha$，可信区间不是唯一的（在连续型随机变量情形下，有无穷多个），长度最短的可信区间称为最优可信区间。

如何寻找最优可信区间？如果后验密度是单峰对称的，则等尾可信区间是最优可信区间，此时容易求得。对一般情况，寻找最优可信区间并不容易。如图 8.3 所示，对于单峰情况，在最优可信区间之内点的密度都应大于该区间之外点的密度；对于多峰情况，最优可信区间可能是若干不相交区间的并集，集合之内点的密度也应大于集合之外点的密度。为一般性，引进下述定义：

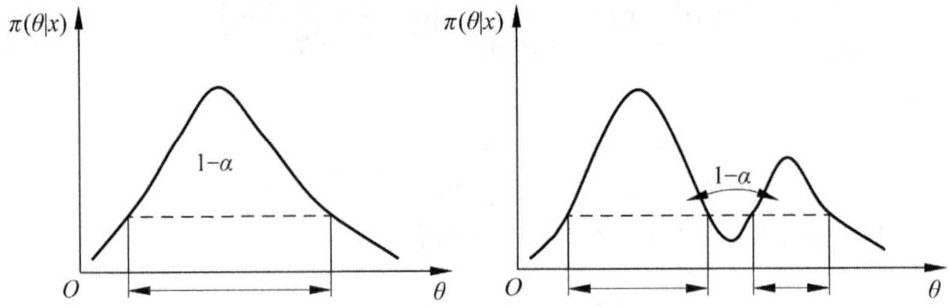

图 8.3 HPD 可信区间与 HPD 可信集

定义 8.2.4 设 θ 的后验分布为 $\pi(\theta|x)$，给定样本 X 和概率 $1-\alpha$，如果集合 S 满足下述两个条件：

(i) $P(\theta\in S|x)=1-\alpha$

(ii) $\forall\theta\in S, \theta'\notin S, \pi(\theta|x)>\pi(\theta'|x)$

则称 S 是 θ 的可信水平为 $1-\alpha$ 的最大后验密度（HPD）可信集，简称 $1-\alpha$ HPD 可信集。

对于 $1-\alpha$ HPD 可信区间，不难得到下述结论：

(i) 当后验密度函数单调减时，$1-\alpha$ HPD 可信区间为 $[\theta_{\min}, \mu_{1-\alpha}]$，其中 $\mu_{1-\alpha}$ 是后验分布的 $1-\alpha$ 分位数；

(ii) 当后验密度函数单调增时，$1-\alpha$ HPD 可信区间为 $[\lambda_{1-\alpha}, \theta_{\max}]$，其中 $\lambda_{1-\alpha}$ 是后验分布的 $1-\alpha$ 上侧分位数；

(iii) 当后验密度为单峰对称时，等尾可信区间 $[\mu_{\alpha/2}, \lambda_{\alpha/2}]$ 是 $1-\alpha$HPD 可信区间，其中 $\mu_{\alpha/2}, \lambda_{\alpha/2}$ 是后验分布的 α 双侧分位数，即 $\mu_{\alpha/2}$ 是 $\alpha/2$ 分位数，$\lambda_{\alpha/2}$ 是 $\alpha/2$ 上侧分位数。

例 8.2.4 为了估计大批零件的不合格率，从中抽取 5 件，假设次品数 $X\sim B(5,\theta)$。根据以往情况，假定 θ 的先验是贝塔分布 $Be(1,9)$，若观察值 $X=0$，求 θ 的 0.95 HPD 可信区间。

解 由例 8.2.2，θ 的后验密度为

$$\begin{aligned}\pi(\theta\mid x=0)&=\frac{\Gamma(1+9+5)}{\Gamma(1+0)\Gamma(9+5-0)}\theta^{0+1-1}(1-\theta)^{5-0+9-1}\\&=14(1-\theta)^{13},\quad 0<\theta<1\end{aligned}$$

它是参数区间 $(0,1)$ 内的单调减函数，如图 8.4 所示。由于

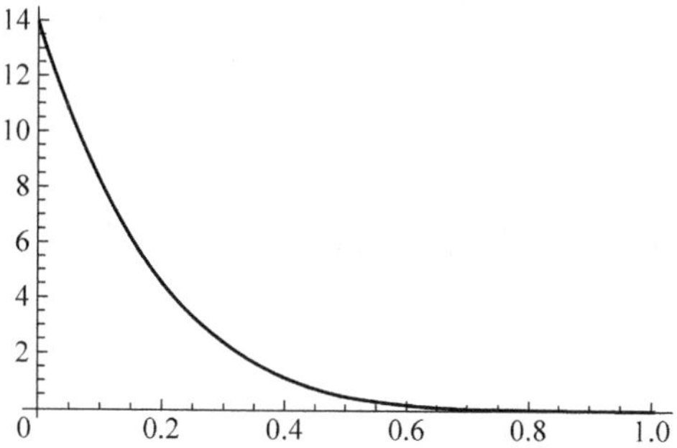

图 8.4　θ 的后验密度

$$F(\theta \mid x=0)=\int_0^\theta 14(1-t)^{13}\,\mathrm{d}t=1-(1-\theta)^{14}$$

所以,后验分布的 0.95 分位数为

$$\mu_{0.95}=1-(1-0.95)^{1/14}=0.1926$$

故 θ 的 0.95 HPD 可信区间是[0,0.1926]。

对于不对称的单峰情况,寻找 $1-\alpha$ HPD 可信区间并非易事,通常需要使用迭代法计算它的数值解。算法 8.2.1 是单峰情况的一种迭代算法,读者不难将这个算法推广到多峰情况。

算法 8.2.1　HPD 可信区间(单峰情况)

给定初始值 ν,比如 $\nu=\dfrac{1}{3}\max\limits_{\theta\in\Theta}\pi(\theta|x)$,和控制精度 ε

(1) 解方程 $\pi(\theta|x)=\nu$,得到 θ_1,θ_2,令 $S=[\theta_1,\theta_2]$;

(2) 计算概率:$\delta\triangleq P(\theta_1\leqslant\theta\leqslant\theta_2\mid x)=\int_{\theta_1}^{\theta_2}\pi(\theta\mid x)\mathrm{d}\theta$;

(3) 若 $|1-\alpha-\delta|<\varepsilon$,输出 $1-\alpha$ HPD 可信区间 S;若 $|1-\alpha-\delta|>\varepsilon$,

(i) 当 $\delta>1-\alpha+\varepsilon$,增大 ν,比如:置 $\nu\leftarrow1.1\nu$,返回步(1);

(ii) 当 $\delta<1-\alpha-\varepsilon$,减小 ν,比如:置 $\nu\leftarrow0.9\nu$,返回步(1)。

例 8.2.5　令 $\boldsymbol{X}=(X_1,X_2,\cdots,X_n)$ 是来自柯西分布 $C(\theta,1)$,$\theta>0$ 的样本,θ 的先验 $\pi(\theta)=1$,求 θ 的 $1-\alpha$ HPD 可信区间。

解　柯西分布 $C(\theta,1)$的密度函数为 $c(x|\theta)=(\pi(1+(x-\theta)^2))^{-1}$,因此,样本的联合密度

$$p(\boldsymbol{x}\mid\theta)=\prod_{i=1}^n\frac{1}{\pi(1+(x_i-\theta)^2)}$$

θ 的后验密度

$$\pi(\theta\mid\boldsymbol{x})=\frac{p(\boldsymbol{x}\mid\theta)\pi(\theta)}{\int_0^{+\infty}p(\boldsymbol{x}\mid\theta)\pi(\theta)\mathrm{d}\theta}=\frac{\prod_{i=1}^n(1+(x_i-\theta)^2)^{-1}}{\int_0^{+\infty}\prod_{i=1}^n(1+(x_i-\theta)^2)^{-1}\mathrm{d}\theta}$$

这个后验密度函数很复杂,难以用解析方法确定 θ 的 $1-\alpha$ HPD 可信区间,但使用算法 8.2.1

容易得到数值解。例如：取 $n=5$，观测值 $\boldsymbol{x}=(4.0,5.5,7.5,4.5,3.0)$，后验密度为

$$\pi(\theta \mid \boldsymbol{x})=\frac{47.6262}{(1+(4.0-\theta)^2)(1+(5.5-\theta)^2)(1+(7.5-\theta)^2)(1+(4.5-\theta)^2)(1+(3.0-\theta)^2)},\quad \theta>0$$

它是不对称的单峰函数，如图 8.5 所示。由迭代算法得到 0.95 HPD 可信区间数值解为 [3.10,6.06]。

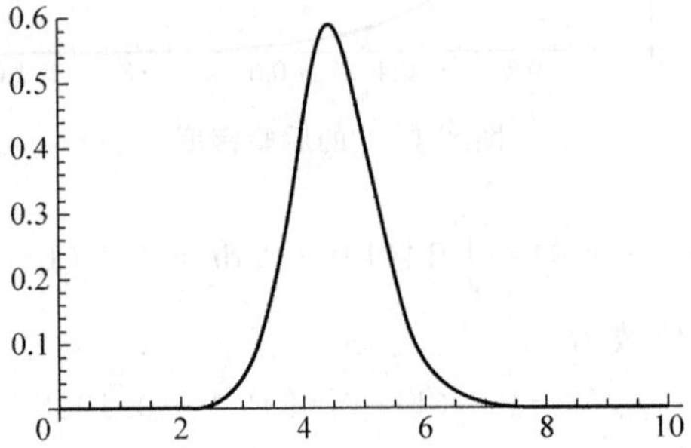

图 8.5　θ 的后验密度

8.3 预测推断

前面介绍了参数估计的贝叶斯方法，现在的问题是如何根据历史样本（数据）对总体随机变量本身的未来观测值作出估计？此时的估计称为预测或推断。预测问题的一般提法如下：

设 $X\sim f(x|\theta)$，$\boldsymbol{X}=(X_1,X_2,\cdots,X_n)$ 是来自总体 X 的历史数据，且 $Z\sim g(z|\theta)$，如何对 Z 的未来观测值 Z_0 作预测？特别地，当 $g\equiv f$ 时，如何对 X 的未来观测值 X_0 作预测？

贝叶斯预测　从 θ 的后验分布 $\pi(\theta|\boldsymbol{x})$ 出发，得到 (z_0,θ) 的联合分布

$$h(z_0,\theta)=g(z_0 \mid \theta)\pi(\theta \mid \boldsymbol{x})$$

然后，通过积分消去参数 θ 得到 z_0 的条件边缘分布

$$p(z_0 \mid \boldsymbol{x})=\int_\Theta g(z_0 \mid \theta)\pi(\theta \mid \boldsymbol{x})\mathrm{d}\theta \tag{8.51}$$

称为 z_0 的后验预测密度。当 $g\equiv f$ 时，x_0 的后验预测密度为

$$p(x_0 \mid \boldsymbol{x})=\int_\Theta f(x_0 \mid \theta)\pi(\theta \mid \boldsymbol{x})\mathrm{d}\theta \tag{8.51a}$$

利用式(8.51)可对未来观测值 z_0 作出贝叶斯预测，比如可取 $p(z_0|\boldsymbol{x})$ 的均值、中位数或众数为未来观测值 z_0 的预测，也可以得到未来观测值的 $1-\alpha$ 可信预测区间 $[a,b]$：

$$P(a\leqslant z_0\leqslant b)=\int_a^b p(z_0 \mid \boldsymbol{x})\mathrm{d}z_0=1-\alpha \tag{8.52}$$

例 8.3.1　假定 $X\sim N(\theta,\sigma_1^2)$（$\sigma_1^2$ 已知），θ 的先验分布为 $N(\mu,\tau^2)$（μ,τ 已知），$\boldsymbol{X}=(X_1,X_2,\cdots,X_n)$ 是来自总体 X 的历史样本。若 $Z\sim N(\theta,\sigma_2^2)$，试求 Z 的未来观测值的预测。

解　由例 8.2.1，θ 的后验密度为

$$\pi(\theta \mid \boldsymbol{x}) = \frac{1}{\sqrt{2\pi}\,\eta_1}\exp\left(-\frac{(\theta-\mu_1)^2}{2\eta_1^2}\right)$$

其中

$$\mu_1 = \frac{\sigma_1^2}{\sigma_1^2+n\tau^2}\mu + \frac{n\tau^2}{\sigma_1^2+n\tau^2}\bar{x}, \quad \eta_1^2 = \frac{\tau^2\sigma_1^2}{\sigma_1^2+n\tau^2}$$

由于 $Z \sim N(\theta,\sigma_2^2)$，即

$$g(z \mid \theta) = \frac{1}{\sqrt{2\pi}\,\sigma_2}\exp\left(-\frac{(z-\theta)^2}{2\sigma_2^2}\right)$$

所以，Z 的后验预测密度为

$$\begin{aligned} p(z_0 \mid \boldsymbol{x}) &= \int_{\Theta} g(z_0 \mid \theta)\pi(\theta \mid \boldsymbol{x})\mathrm{d}\theta \\ &= \frac{1}{2\pi\sigma_2\eta_1}\int_{-\infty}^{+\infty}\exp\left(-\frac{1}{2}\left(\frac{(z-\theta)^2}{\sigma_2^2}+\frac{(\theta-\mu_1)^2}{\eta_1^2}\right)\right)\mathrm{d}\theta \end{aligned}$$

记

$$a = \frac{1}{\sigma_2^2}+\frac{1}{\eta_1^2}, \quad b = \frac{z}{\sigma_2^2}+\frac{\mu_1}{\eta_1^2}, \quad c = \frac{z^2}{2\sigma_2^2}+\frac{\mu_1^2}{2\eta_1^2}$$

则

$$\frac{(z-\theta)^2}{\sigma_2^2}+\frac{(\theta-\mu_1)^2}{\eta_1^2} = a\left(\theta-\frac{b}{a}\right)^2+\left(c-\frac{b^2}{a}\right)$$

故 Z 的后验预测密度为

$$\begin{aligned} p(z_0 \mid \boldsymbol{x}) &= \frac{1}{2\pi\sigma_2\eta_1}\int_{-\infty}^{+\infty}\exp\left(-\frac{1}{2}\left(a\left(\theta-\frac{b}{a}\right)^2+\left(c-\frac{b^2}{a}\right)\right)\right)\mathrm{d}\theta \\ &= \frac{1}{2\pi\sigma_2\eta_1}\cdot\frac{\sqrt{2\pi}}{\sqrt{a}}\cdot\exp\left(-\frac{1}{2}\left(c-\frac{b^2}{a}\right)\right) \\ &= \frac{1}{\sqrt{2\pi(\sigma_2^2+\eta_1^2)}}\exp\left(-\frac{(z-\mu_1)^2}{2(\sigma_2^2+\eta_1^2)}\right) \end{aligned} \tag{8.53}$$

即 $Z \sim N(\mu_1,\sigma_2^2+\eta_1^2)$，它的均值和方差分别为

$$E[z \mid \boldsymbol{x}] = \mu_1 = \frac{\sigma_1^2}{\sigma_1^2+n\tau^2}\mu+\frac{n\tau^2}{\sigma_1^2+n\tau^2}\bar{x}, \quad D[z \mid \boldsymbol{x}] = \sigma_2^2+\eta_1^2$$

(i) 若以后验预测分布的均值作为 Z 的预测值，则

$$\hat{Z}_E = \frac{\sigma_1^2}{\sigma_1^2+n\tau^2}\mu+\frac{n\tau^2}{\sigma_1^2+n\tau^2}\bar{x}\,(=\hat{Z}_{MD}=\hat{Z}_{ME}) \tag{8.54}$$

其中，$\hat{Z}_{MD}$，$\hat{Z}_{ME}$ 是后验预测分布的众数和中位数。

(ii) Z 的 $1-\alpha$ 可信预测区间为

$$\left[\hat{Z}_E - u_{\alpha/2}\sqrt{\sigma_2^2+\eta_1^2}, \quad \hat{Z}_E + u_{\alpha/2}\sqrt{\sigma_2^2+\eta_1^2}\right] \tag{8.55}$$

其中，$u_{\alpha/2}$ 是标准正态分布的 $\alpha/2$ 上侧分位数，即 $u_{\alpha/2}$ 使得

$$\frac{1}{\sqrt{2\pi}}\int_{u_{\alpha/2}}^{+\infty}\mathrm{e}^{-t^2/2}\mathrm{d}t = \frac{\alpha}{2}$$

应用例 8.3.1，给出一个称重预测的数值例子。假设两台天平 A，B 的称重误差都服从

正态分布 $N(\theta,0.25)$，有一颗钻石在天平 A 重复称重 10 次，重量分别为

$$9.55,10.58,9.48,10.21,9.86,10.89,9.83,9.76,10.28,10.54$$

根据这颗钻石的历史资料设 $\theta \sim N(10,1)$，求用天平 B 称这颗钻石重量 Z 的预测值和 0.95 可信预测区间。

根据条件，$\sigma_1^2=\sigma_2^2=0.25,\mu=10,\tau^2=1,n=10$，样本均值 $\bar{x}=10.098$。由式(8.54)，这颗钻石在天平 B 上称重的预测值为

$$\begin{aligned}\hat{Z}_E&=\frac{\sigma_1^2}{\sigma_1^2+n\tau^2}\mu+\frac{n\tau^2}{\sigma_1^2+n\tau^2}\bar{x}\\&=\frac{0.25}{0.25+10\times 1}\times 10+\frac{10\times 1}{0.25+10\times 1}\times 10.098\approx 10.0956\end{aligned}$$

且

$$\eta_1^2=\frac{\sigma_1^2\tau^2}{\sigma_1^2+n\tau^2}=\frac{0.25\times 1}{0.25+10\times 1}\approx 0.02439$$

由式(8.55)，Z 的 0.95 可信预测区间为

$$\begin{aligned}&\left[\hat{Z}_E-u_{0.025}\sqrt{\sigma_2^2+\eta_1^2},\hat{Z}_E+u_{u_{0.025}}\sqrt{\sigma_2^2+\eta_1^2}\right]\\&=\left[10.0956-1.96\sqrt{0.25+0.02439},10.0956+1.96\sqrt{0.25+0.02439}\right]\\&=[9.06892,11.1223]\end{aligned}$$

例 8.3.2 假定在独立伯努利试验中成功的概率 θ 服从贝塔分布 $Be(\alpha,\beta)$。

(i) 若在以往的 n 次独立试验中成功了 X 次，求在未来 k 次独立试验成功次数 Z 的后验预测密度；

(ii) 若 $n=10,X=3,\alpha=\beta=1$，请对未来 $k=5$ 次独立试验成功次数作预测。

解 (i) 独立伯努利试验成功的次数 X 服从二项分布 $B(n,\theta)$：

$$f(x\mid\theta)=P(X=x\mid\theta)=C_n^x\theta^x(1-\theta)^{n-x},\quad x=0,1,\cdots,n$$

由于 θ 的先验是贝塔分布 $Be(\alpha,\beta)$，θ 的后验密度为

$$\pi(\theta\mid x)=\frac{\Gamma(\alpha+\beta+n)}{\Gamma(\alpha+x)\Gamma(\beta+n-x)}\theta^{x+\alpha-1}(1-\theta)^{n-x+\beta-1},\quad 0<\theta<1$$

即 $\theta|x\sim Be(x+\alpha,n-x+\beta)$。新随机变量 Z 的概率函数为

$$g(z\mid\theta)=P(Z=z\mid\theta)=C_k^z\theta^z(1-\theta)^{k-z},\quad z=0,1,\cdots,k$$

因此，它的后验预测概率为

$$\begin{aligned}p(z\mid x)&=P(Z=z\mid x)=\int_0^1 g(z\mid\theta)\pi(\theta\mid x)\mathrm{d}\theta\\&=\frac{\Gamma(\alpha+\beta+n)}{\Gamma(\alpha+x)\Gamma(\beta+n-x)}\cdot C_k^z\int_0^1\theta^{z+x+\alpha-1}(1-\theta)^{k-z+n-x+\beta-1}\mathrm{d}\theta,\quad z=0,1,\cdots,k\end{aligned}$$

由于

$$\int_0^1\theta^{z+x+\alpha-1}(1-\theta)^{k-z+n-x+\beta-1}\mathrm{d}\theta=\frac{\Gamma(z+x+\alpha)\Gamma(k-z+n-x+\beta)}{\Gamma(k+n+\alpha+\beta)}$$

故 Z 的后验预测概率为

$$\begin{aligned}p(z\mid x)=&\frac{\Gamma(\alpha+\beta+n)}{\Gamma(\alpha+x)\Gamma(\beta+n-x)\Gamma(k+n+\alpha+\beta)}\cdot\\&C_k^z\Gamma(z+x+\alpha)\Gamma(k-z+n-x+\beta)\end{aligned}\tag{8.56}$$

(ii) 将 $n=10, x=3, \alpha=\beta=1, k=5$ 代入式(8.56)，得到 Z 的后验预测概率

$$p(z \mid 3)=\frac{\Gamma(12)}{\Gamma(4)\Gamma(8)\Gamma(17)} \cdot C_5^z \Gamma(z+4)\Gamma(13-z), \quad z=0,1,\cdots,5$$

由此，得到成功次数的后验预测概率分别为

$$p(0 \mid 3) \approx 0.1813, \quad p(1 \mid 3) \approx 0.3022, \quad p(2 \mid 3) \approx 0.2747$$
$$p(3 \mid 3) \approx 0.1649, \quad p(4 \mid 3) \approx 0.0641, \quad p(5 \mid 3) \approx 0.0213$$

可以看出，未来 5 次试验中取得一次成功的可能性最大，因第二大概率接近最大概率，因此也有一定的机会获得两次成功。此外，从后验预测分布可看出概率集中在 $z=0,1,2,3$：

$$P(0 \leqslant Z \leqslant 3 \mid x=3)=\sum_{i=0}^{2} p(i \mid 3) \approx 0.9231$$

[0,3]是 Z 的 0.9231 可信预测区间，即未来 5 次试验成功的次数以 0.9231 概率落入区间[0,3]。

8.4 假设检测

8.4.1 后验机会比

假设检验是统计推断中的重要问题之一，在贝叶斯统计中假设检验的描述和经典统计是一致的，即根据问题的要求提出零假设 H_0 和备选假设 H_1，假设检验问题描述为下列形式：

$$H_0: \theta \in \Theta_0 \leftrightarrow H_1: \theta \in \Theta_1 \tag{8.57}$$

其中 Θ_0 是参数空间 Θ 的非空子集，$\Theta_1=\overline{\Theta}_0 \triangleq \Theta-\Theta_0$。

经典方法按下述步骤处理假设检验问题：首先选择检验统计量 $T(\boldsymbol{X})$，使它在零假定 H_0 为真时的概率分布是已知的(这是经典方法最难处理的步骤)；然后对给定的检验水平 $\alpha \in (0,1)$，确定否定域 D 使得犯 I 型错误(弃真)的概率不超过检验水平 α；最后给出结论：当样本观测值落入否定域 D 时，拒绝零假设 H_0，否则接受零假设 H_0。

贝叶斯方法处理假设检验问题极其简明：在获得 θ 的后验密度 $\pi(\theta \mid \boldsymbol{x})$后，先计算两个假设的后验概率：

$$\alpha_0=\int_{\Theta_0} \pi(\theta \mid \boldsymbol{x}) \mathrm{d}\theta, \quad \alpha_1=\int_{\Theta_1} \pi(\theta \mid \boldsymbol{x}) \mathrm{d}\theta \tag{8.58}$$

然后，计算后验机会比(PosOR：Posterior Odds Ratio)：

$$\text{PosOR} \triangleq \frac{\alpha_0}{\alpha_1}=\frac{\int_{\Theta_0} \pi(\theta \mid \boldsymbol{x}) \mathrm{d}\theta}{\int_{\Theta_1} \pi(\theta \mid \boldsymbol{x}) \mathrm{d}\theta} \tag{8.59}$$

后验机会比也称为后验概率比。当 PosOR<1 时，拒绝零假设 H_0，否则接受零假设 H_0。当 PosOR≈1 时，不宜做出决定，需要进一步抽样或进一步获取先验信息来改善后验密度。

可见，处理假设检验问题的贝叶斯方法是比较两个假设的后验概率，接受概率大的假设。因此，贝叶斯方法很容易推广到多重假设检验：$H_i: \theta \in \Theta_i, i=0,1,\cdots,k$，以后验概率

$$\alpha_i = \int_{\Theta_i} \pi(\theta \mid \boldsymbol{x}) \mathrm{d}\theta, \quad i = 0, 1, \cdots, k$$

的大小做出决定。

例 8.4.1 设随机变量 $X \sim B(n, \theta)$，$\theta \sim U(0,1)$，求解假设检验问题：

$$H_0: \theta \in \Theta_0 = (0, 1/2] \leftrightarrow H_1: \theta \in \Theta_1 = (1/2, 1)$$

解 根据例 8.2.2，θ 的后验密度

$$\pi(\theta \mid x) = \frac{\Gamma(2+n)}{\Gamma(1+x)\Gamma(1+n-x)} \theta^x (1-\theta)^{n-x}, \quad 0 < \theta < 1$$

后验机会比

$$\text{PosOR} = \frac{\alpha_0}{\alpha_1} = \frac{\int_0^{1/2} \theta^x (1-\theta)^{n-x} \mathrm{d}\theta}{\int_{1/2}^1 \theta^x (1-\theta)^{n-x} \mathrm{d}\theta}$$

取 $n=5$，当观测值 $x=0,1,2,3,4,5$ 时，通过上式计算的后验机会比如表 8.4 所示。

表 8.4 后验机会比

x	0	1	2	3	4	5
PosOR	63.0	8.1428	1.9091	0.5238	0.1228	0.0159

因此，当观测值 $x=0,1,2$ 时，接受假设 H_0；观测值 $x=3,4,5$ 时，拒绝 H_0，接受 H_1。

8.4.2 贝叶斯因子

后验机会比是处理假设检验问题的一般贝叶斯方法，本节介绍的贝叶斯因子也是和假设检验相关的重要概念。

定义 8.4.1 设两个假设 H_0 和 H_1 的先验概率分别为 π_0 和 π_1：

$$\pi_i = \int_{\Theta_i} \pi(\theta) \mathrm{d}\theta, \quad i = 0, 1$$

称 $\text{PriOR} \triangleq \pi_0 / \pi_1$ 为先验机会比。贝叶斯因子定义为

$$\text{BF}(\boldsymbol{x}) \triangleq \frac{\text{PosOR}}{\text{PriOR}} = \frac{\alpha_0 / \alpha_1}{\pi_0 / \pi_1} = \frac{\alpha_0 \pi_1}{\alpha_1 \pi_0} \tag{8.60}$$

贝叶斯因子不仅依赖于后验概率也与先验概率相关，但它突出了数据的影响，反映了数据支持零假设的程度，贝叶斯因子越大表示对零假设 H_0 的支持程度越大，为了看出这一点先分析简单假设对简单假设的情况。

1. 简单假设对简单假设

所谓简单假设对简单假设，是指参数空间仅包含两个值的特殊假设检验问题

$$H_0: \theta = \theta_0 \leftrightarrow H_1: \theta = \theta_1$$

此时

$$\alpha_0 = \frac{f(\boldsymbol{x} \mid \theta_0)\pi_0}{f(\boldsymbol{x} \mid \theta_0)\pi_0 + f(\boldsymbol{x} \mid \theta_1)\pi_1}, \quad \alpha_1 = \frac{f(\boldsymbol{x} \mid \theta_1)\pi_1}{f(\boldsymbol{x} \mid \theta_0)\pi_0 + f(\boldsymbol{x} \mid \theta_1)\pi_1}$$

其中 $f(\boldsymbol{x} \mid \theta)$ 是样本分布。后验机会比为

$$\text{PosOR}=\frac{\alpha_0}{\alpha_1}=\frac{f(\boldsymbol{x}\mid\theta_0)\pi_0}{f(\boldsymbol{x}\mid\theta_1)\pi_1}=\frac{f(\boldsymbol{x}\mid\theta_0)}{f(\boldsymbol{x}\mid\theta_1)}\cdot\frac{\pi_0}{\pi_1}=\text{LikeR}\cdot\text{PriOR}\tag{8.61}$$

其中 $\text{LikeR}=f(\boldsymbol{x}|\theta_0)/f(\boldsymbol{x}|\theta_1)$是似然比。此时,贝叶斯因子是似然比

$$\text{BF}(\boldsymbol{x})=\text{LikeR}=\frac{f(\boldsymbol{x}\mid\theta_0)}{f(\boldsymbol{x}\mid\theta_1)}\tag{8.62}$$

若要接受零假设,必须有 PosOR>1,由式(8.61)和式(8.62)必须有 $\text{BF}(\boldsymbol{x})=\text{LikeR}>1/\text{PriOR}$,即要求似然比必须大于临界值 1/PriOR,这与经典 Neyman-Pearson 引理结论类似。因此,在简单假设对简单假设的情况下,贝叶斯因子是似然比,反映了数据对零假设的支持程度,贝叶斯因子越大对零假设的支持程度就越大。

例 8.4.2　设 $X\sim N(\theta,1),\theta\in\{0,1\},\theta$ 的先验概率为 $\pi(0)=\pi_0,\pi(1)=\pi_1,\boldsymbol{X}=(X_1,X_2,\cdots,X_n)$是来自总体 X 的样本,考虑假设检验问题:

$$H_0:\theta=0\leftrightarrow H_1:\theta=1$$

解　给定样本 $\boldsymbol{X},\theta=0,1$ 的似然比为

$$\text{LikeR}=\frac{f(\boldsymbol{x}\mid 0)}{f(\boldsymbol{x}\mid 1)}=\frac{\sqrt{n/2\pi}\exp(-n\bar{x}^2/2)}{\sqrt{n/2\pi}\exp(-n(\bar{x}-1)^2/2)}=\exp(-n(2\bar{x}-1)/2)$$

因此,

$$\text{BF}(\boldsymbol{x})=\text{LikeR}=\exp(-n(2\bar{x}-1)/2)$$

若取 $n=10,\bar{x}=2$,则贝叶斯因子非常小:

$$\text{BF}(\boldsymbol{x})=\exp(-15)=3.05902\times10^{-7}$$

数据几乎不支持零假设,这是因为要接受零假设,必须有

$$\text{PosOR}=\text{BF}(\boldsymbol{x})\cdot\text{PriOR}=3.05902\times10^{-7}\text{PriOR}>1$$

$$\text{PriOR}=\pi_0/\pi_1>1/3.05902\times10^{-7}\approx3.26902\times10^{6}$$

换句话说,即使先验概率 π_0 是 π_1 的 10^6 倍,也不可能有后验机会比 PosOR>1,因此拒绝零假设 H_0 而接受备选假设 H_1。

2. 复杂假设对复杂假设

考虑一般假设检验问题:

$$H_0:\theta\in\Theta_0\leftrightarrow H_1:\theta\in\Theta_1$$

其中 Θ_0 是参数空间 Θ 的非空子集,$\Theta_1=\overline{\Theta}_0\triangleq\Theta-\Theta_0$。

将先验密度 $\pi(\theta)$改写成

$$\pi(\theta)=\begin{cases}\pi_0 g_0(\theta), & \theta\in\Theta_0\\ \pi_1 g_1(\theta), & \theta\in\Theta_1\end{cases}$$

其中 $g_0(\theta)=\pi(\theta)/\pi_0,g_1(\theta)=\pi(\theta)/\pi_1$,它们分别是 Θ_0 和 Θ_1 上的密度函数。于是

$$\text{PosOR}=\frac{\alpha_0}{\alpha_1}=\frac{\int_{\Theta_0}f(\boldsymbol{x}\mid\theta)\pi_0 g_0(\theta)\mathrm{d}\theta}{\int_{\Theta_1}f(\boldsymbol{x}\mid\theta)\pi_1 g_1(\theta)\mathrm{d}\theta}$$

$$=\frac{\int_{\Theta_0}f(\boldsymbol{x}\mid\theta)g_0(\theta)\mathrm{d}\theta}{\int_{\Theta_1}f(\boldsymbol{x}\mid\theta)g_1(\theta)\mathrm{d}\theta}\cdot\frac{\pi_0}{\pi_1}=\text{W-LikeR}\cdot\text{PriOR}\tag{8.63}$$

其中

$$\text{W-LikeR}=\frac{\int_{\Theta_0} f(\boldsymbol{x}\mid\theta)g_0(\theta)\mathrm{d}\theta}{\int_{\Theta_1} f(\boldsymbol{x}\mid\theta)g_1(\theta)\mathrm{d}\theta}$$

称为加权似然比,权重函数分别为 g_0 和 g_1。由式(8.63),贝叶斯因子是加权似然比:

$$\mathrm{BF}(\boldsymbol{x})=\frac{\mathrm{PosOR}}{\mathrm{PriOR}}=\text{W-LikeR} \tag{8.64}$$

若要接受零假设,必须有 PosOR>1,由式(8.63)和式(8.64)必须有 $\mathrm{BF}(\boldsymbol{x})=\text{W-LikeR}>1/\mathrm{PriOR}$,即要求贝叶斯因子 $\mathrm{BF}(\boldsymbol{x})$必须大于临界值 1/PriOR,这说明 $\mathrm{BF}(\boldsymbol{x})$越大对零假设的支持程度就越大。此外,贝叶斯因子是加权似然比因而突出了数据的影响,若它对先验选择不敏感话,则可以说贝叶斯因子反映了数据支持零假设的程度。

例 8.4.3 令 $\boldsymbol{X}=(X_1,X_2,\cdots,X_{10})$是来自正态 $N(\theta,1)$的样本,其均值 $\bar{x}=\sum_{i=1}^{10}x_i/10=1.5$,$\theta$ 的先验分布为共轭先验分布 $N(0.5,2)$。

(i) 考虑假设检验问题

$$H_0:\theta\in(-\infty,1]\leftrightarrow H_1:\theta\in(1,+\infty)$$

(ii) 通过数值计算,考察贝叶斯因子对样本信息和先验信息的敏感性。

解 (i) 由例 8.2.1,θ 的后验密度为

$$\pi(\theta\mid\boldsymbol{x})=\frac{1}{\sqrt{2\pi}\,\eta_n}\exp\left(-\frac{(\theta-\mu_n)^2}{2\eta_n^2}\right)$$

其中

$$\mu_n=\frac{1}{1+10\cdot 2}\times 0.5+\frac{10\cdot 2}{1+10\cdot 2}\times 1.5\approx 1.4524$$

$$\eta_n^2=\frac{2}{1+10\times 2}\approx(0.3086)^2$$

于是,两个假设的后验概率分别为

$$\alpha_0=\int_{-\infty}^{1}\pi(\theta\mid\boldsymbol{x})\mathrm{d}\theta=\Phi\left(\frac{1-1.4524}{0.3086}\right)\approx 0.0708$$

$$\alpha_1=1-\alpha_0=0.9292$$

后验机会比

$$\mathrm{PosOR}=\frac{\alpha_0}{\alpha_1}=\frac{0.0708}{0.9292}\approx 0.0762$$

因此,零假设为真的可能性极小,拒绝零假设,接受备选假设,即认为正态总体的均值应大于 1。

考虑贝叶斯因子的推断:从先验分布 $N(0.5,2)$得到两个假设的先验概率

$$\pi_0=\int_{-\infty}^{1}\pi(\theta)\mathrm{d}\theta=\Phi\left(\frac{1-0.5}{\sqrt{2}}\right)\approx 0.6368$$

$$\pi_1=1-\pi_0=0.3632$$

先验机会比为

$$\text{PriOR}=\frac{\pi_0}{\pi_1}=\frac{0.6368}{0.3632}\approx 1.7533$$

先验信息是支持零假设的。然而，贝叶斯因子却很小：

$$\text{BF}(\boldsymbol{x})=\frac{\text{PosOR}}{\text{PriOR}}=\frac{0.0762}{1.7533}\approx 0.0435$$

故拒绝零假设 H_0。这再一次说明了贝叶斯因子突出了数据的影响。

(ii) 贝叶斯因子对样本信息的敏感性：假定先验分布保持不变，因而先验机会比也不变，观察样本均值的变化对贝叶斯因子的影响，表 8.5 列出了计算结果。可以看出，贝叶斯因子随样本均值的减小而快速增大，因此叶斯因子对样本信息的变化非常敏感。

表 8.5　样本信息对贝叶斯因子的敏感性

$\bar{x}$	PriOR	PosOR	BF($\boldsymbol{x}$)
1.5	1.7533	0.0762	0.0435
1.3	1.7533	0.2464	0.1405
1.1	1.7533	0.6920	0.3947
0.9	1.7533	1.8711	1.0672
0.7	1.7533	5.3012	3.0236
0.5	1.7533	18.0114	10.2729

贝叶斯因子对先验信息的敏感性：假定样本信息保持不变，观察先验均值 $E(\theta)$的变化对贝叶斯因子的影响，表 8.6 列出了计算结果。可以看出，随先验均值的增大，贝叶斯因子虽有增加但变化非常缓慢，因此贝叶斯因子对先验信息不敏感。

综合表 8.5 和表 8.6，可以说贝叶斯因子反映了数据支持零假设的程度。

表 8.6　先验信息对贝叶斯因子的敏感性

$E(\theta)$	PriOR	PosOR	BF($\boldsymbol{x}$)
0.5	1.7533	0.0762	0.0435
0.7	1.3992	0.0715	0.0511
0.9	1.1182	0.0672	0.0601
1.1	0.8943	0.0632	0.0707
1.3	0.7147	0.0592	0.0828
1.5	0.5704	0.0555	0.0973

8.5　模型选择

8.5.1　贝叶斯方法

若有 K 个备选模型 $M_1, M_2, \cdots, M_K$，给定样本(数据)$\boldsymbol{X}$ 后，贝叶斯方法如何从中选择一个“最佳”的模型？这里涉及“最佳”性的描述。令在模型 M_i 下出现样本 $\boldsymbol{X}$ 的概率为 $P(\boldsymbol{x}|M_i)$，模型 M_i 的先验概率为 $P(M_i)$，则 M_i 为真实模型的后验概率为

$$P(M_i \mid \boldsymbol{x})=\frac{P(\boldsymbol{x} \mid M_i)P(M_i)}{\sum_{k=1}^{K}P(\boldsymbol{x} \mid M_k)P(M_k)}, \quad i=1,2,\cdots,K \tag{8.65}$$

贝叶斯准则是选择后验概率最大的模型作为最佳模型。

1. 一般方法

设在模型 M_i 下样本的密度为 $f_i(\boldsymbol{x}|\theta_i)$，也称为 θ_i 的似然或模型 M_i 的似然，其中 $\theta_i \in \Theta_i \subset \mathbf{R}^{p_i}$ 是 p_i 维参数向量，令 $\pi_i(\theta_i)$ 表示参数 θ_i 的先验密度，因此在模型 M_i 下样本 $\boldsymbol{X}$ 的概率

$$P(\boldsymbol{x} \mid M_i)=\int_{\Theta_i} f_i(\boldsymbol{x} \mid \theta_i)\pi_i(\theta_i)\mathrm{d}\theta_i \tag{8.66}$$

也称为在模型 M_i 下样本 $\boldsymbol{X}$ 的边缘似然。将式(8.66)代入(8.65)得到模型 M_i 的后验概率

$$P(M_i \mid \boldsymbol{x})=\frac{P(M_i)\int_{\Theta_i} f_i(\boldsymbol{x} \mid \theta_i)\pi_i(\theta_i)\mathrm{d}\theta_i}{\sum_{k=1}^{K}P(M_k)\int_{\Theta_k} f_k(\boldsymbol{x} \mid \theta_k)\pi_k(\theta_k)\mathrm{d}\theta_k}, \quad i=1,2,\cdots,K \tag{8.67}$$

它反映了样本 $\boldsymbol{X}$ 对模型 M_i 的支持程度。式(8.67)分母对于给定问题是一个确定的常数，因此寻找最佳模型 $\hat{M}$ 等价于

$$\hat{M}=\operatorname{argmax}\left\{P(M_i)\int_{\Theta_i} f_i(\boldsymbol{x} \mid \theta_i)\pi_i(\theta_i)\mathrm{d}\theta_i, i=1,2,\cdots,K\right\}$$

于是，称

$$E(M_i)=P(M_i)\int_{\Theta_i} f_i(\boldsymbol{x} \mid \theta_i)\pi_i(\theta_i)\mathrm{d}\theta_i \tag{8.68}$$

为模型 M_i 的证据，其中先验因子 $P(M_i)$ 称为先验证据，边缘似然因子 $P(\boldsymbol{x}|M_i)$ 称为样本证据。最佳模型是证据最大的模型。

对于模型的先验，常取无信息先验，即均匀分布：

$$P(M_i)=\frac{1}{K}, \quad i=1,2,\cdots,K$$

当然由模型的先验认知，有时也使用有偏好的非均匀先验。由于备选模型是有限的，不管使用什么先验分布，寻找最佳模型的难点是计算样本证据，它通常涉及非常复杂函数的积分，需要使用数值方法或统计计算技术。

2. 贝叶斯因子法

与假设检验类似，贝叶斯因子也是评价模型的一种度量，常被用来选择模型。根据定义，贝叶斯因子是两个模型后验机会比与先验机会比的比值，因此模型 M_i 与 M_j 的贝叶斯因子为

$$\mathrm{BF}_{ij}=\frac{P(M_i \mid \boldsymbol{x})}{P(M_j \mid \boldsymbol{x})}:\frac{P(M_i)}{P(M_j)}=\frac{P(\boldsymbol{x} \mid M_i)}{P(\boldsymbol{x} \mid M_j)}=\frac{\int_{\Theta_i} f_i(\boldsymbol{x} \mid \theta_i)\pi_i(\theta_i)\mathrm{d}\theta_i}{\int_{\Theta_j} f_j(\boldsymbol{x} \mid \theta_j)\pi_j(\theta_j)\mathrm{d}\theta_j} \tag{8.69}$$

它是两个模型的样本证据比。如果模型先验 $P(M)$ 为均匀分布，贝叶斯因子简化为后验机会比。由式(8.67)和式(8.69)，模型 M_i 的后验概率为

$$P(M_i \mid \boldsymbol{x}) = \frac{P(\boldsymbol{x} \mid M_i)P(M_i)}{\sum_{k=1}^{K} P(\boldsymbol{x} \mid M_k)P(M_k)} = \left(\sum_{k=1}^{K} \frac{P(M_k)}{P(M_i)} \cdot \frac{P(\boldsymbol{x} \mid M_k)}{P(\boldsymbol{x} \mid M_i)}\right)^{-1}$$

$$= \left(\sum_{k=1}^{K} \frac{P(M_k)}{P(M_i)} \cdot \frac{1}{\mathrm{BF}_{ik}}\right)^{-1} \tag{8.70}$$

因此,可以对所有备选模型的两两贝叶斯因子进行比较,从中选择最佳模型。

Jeffreys 将贝叶斯因子解释为支持模型证据的程度,也就是说,贝叶斯因子 BF_{ij} 越大对模型 M_i 的支持证据就越强。他还给出了如何根据贝叶斯因子取值范围来选择模型的建议(见表 8.7),虽然取值范围的划分缺少数学依据,但在直观上有一定的合理性。

表 8.7　Jeffreys 对贝叶斯因子取值范围的解释

贝叶斯因子	解　　释	贝叶斯因子	解　　释
$\mathrm{BF}_{ij}<1$	否定 M_i	$10<\mathrm{BF}_{ij}<30$	强的证据支持 M_i
$1<\mathrm{BF}_{ij}<3$	微小的证据支持 M_i	$30<\mathrm{BF}_{ij}<100$	非常强的证据支持 M_i
$3<\mathrm{BF}_{ij}<10$	较强的证据支持 M_i	$\mathrm{BF}_{ij}>100$	明确支持 M_i

例 8.5.1　为了研究驾驶员的事故次数,假设各驾驶员发生事故是相互独立的事件,且事故次数服从参数为 λ 泊松分布 $P(\lambda)$,λ 的先验分布为伽马分布 $\Gamma(\alpha,\beta)$,考虑两种先验模型:

M_1:λ 的先验分布为 $\Gamma(2,2)$;

M_2:λ 的先验分布为 $\Gamma(1,1)$。

这两种先验模型的均值都等于 1,即两种先验模型对均值的认知是相同的,但 M_2 比 M_1 有较大的方差,这说明先验模型 M_1 对 λ 有更强的认知。

现抽样 8 名驾驶员得知,其中 3 名未发生过事故、4 个人发生过 1 次事故、1 名发生过 3 次事故。假定模型的先验为无信息先验,即 $P(M_1)=P(M_2)=1/2$,试对这两种先验模型做出选择。

解　样本 $\boldsymbol{x}=(x_1,x_2,\cdots,x_n)$ 密度和 λ 的先验密度分别为

$$f(\boldsymbol{x} \mid \lambda) = \prod_{i=1}^{n} \frac{\mathrm{e}^{-\lambda}\lambda^{x_i}}{x_i!},\quad \pi(\lambda \mid \alpha,\beta) = \frac{\beta^{\alpha}}{\Gamma(\alpha)}\lambda^{\alpha-1}\mathrm{e}^{-\beta\lambda},\lambda>0$$

因此,λ 的后验密度为

$$\pi(\lambda \mid \boldsymbol{x}) \propto f(\boldsymbol{x} \mid \lambda)\pi(\lambda \mid \alpha,\beta) \propto \lambda^{n\bar{x}+\alpha-1}\mathrm{e}^{-(n+\beta)\lambda}$$

其中 $\bar{x}$ 是样本均值。也就是说,λ 的后验分布是伽马分布 $\Gamma(n\bar{x}+\alpha,n+\beta)$。在模型 M:$\Gamma(\alpha,\beta)$下,样本边缘密度为

$$P(\boldsymbol{x} \mid M) = \int_0^{+\infty} f(\boldsymbol{x}_n \mid \lambda)\pi(\lambda \mid \alpha,\beta)\mathrm{d}\lambda$$

$$= c\int_0^{+\infty} \lambda^{n\bar{x}+\alpha-1}\mathrm{e}^{-(n+\beta)\lambda}\mathrm{d}\lambda = c \cdot \frac{\Gamma(n\bar{x}+\alpha)}{(n+\beta)^{n\bar{x}+\alpha}}$$

其中

$$c = \frac{\beta^{\alpha}}{\Gamma(\alpha)x_1!\cdots x_n!}$$

根据样本数据：$n=8, x_1=x_2=x_3=0, x_4=x_5=\cdots=x_7=1, x_8=3, \bar{x}=7/8$，两个模型的样本证据分别为

$$P(\boldsymbol{x} \mid M_1)=\frac{2^2}{\Gamma(2)\cdot 3!}\cdot\frac{\Gamma(9)}{10^9}\approx 0.000027,\quad P(\boldsymbol{x} \mid M_2)=\frac{1}{3!}\cdot\frac{\Gamma(8)}{9^8}\approx 0.0000195$$

后验概率分别为

$$P(M_1 \mid \boldsymbol{x})=\frac{0.000027}{0.000027+0.0000195}\approx 0.580645$$

$$P(M_2 \mid \boldsymbol{x})=\frac{0.0000195}{0.000027+0.0000195}\approx 0.419355$$

比较后验概率的大小，勉强支持模型 M_1。

由贝叶斯因子

$$\mathrm{BF}_{12}=\frac{P(\boldsymbol{x} \mid M_1)}{P(\boldsymbol{x} \mid M_2)}=\frac{0.000027}{0.0000195}\approx 1.38462$$

按照 Jeffreys 的解释也勉强支持模型 M_1。

8.5.2 信息准则

本节假定模型先验分布为均匀分布。在这种假定下，最理想的选择方法是直接计算每个模型 M 的样本证据：

$$P(\boldsymbol{x} \mid M)=\int_{\Theta} f(\boldsymbol{x} \mid \theta)\pi(\theta)\mathrm{d}\theta \tag{8.71}$$

然后，根据证据的大小来选择最佳模型。通常式(8.71)是复杂函数在高维空间上的积分，对大多数实际问题是不可行的。为了解决这个问题，人们引入一些信息准则来评价模型进而给出选择。

1. AIC 准则

令 $D(\theta)=-2\ln f(\boldsymbol{x}|\theta)$，因负对数似然是模型偏差的度量，它刻画了样本数据与模型的拟合程度，其值越小模型拟合数据的程度就越高，或者说模型偏差越小。评价模型的优劣不仅仅单靠偏差指标，还应考虑模型的复杂性。用过多参数的模型拟合给定的数据会得到更小的偏差，其结果是产生过拟合，因此评价模型时需要对模型复杂性加以惩罚。日本统计学家 Akaike[17] 用 $D(\hat{\theta}_{MLE})$（$\hat{\theta}_{MLE}$ 是 θ 的最大似然估计）来表达模型偏差，以参数数目的两倍惩罚模型的复杂性，提出了一个评价准则，称为 AIC 准则：

$$\mathrm{AIC}(M)=D(\hat{\theta}_{MLE})+2p=-2\ln f(\boldsymbol{x} \mid \hat{\theta}_{MLE})+2p \tag{8.72}$$

在 AIC 准则下，最优模型是 AIC 值最小的模型，它是模型偏差和复杂性之间的一种折中。在相同的偏差下，AIC 准则偏向简单(参数少)的模型。AIC 准则没有考虑先验信息，因而不是贝叶斯的。

2. BIC 准则

从样本证据式(8.71)出发，Schwarz[18] 在一定的假设下导入了如下的贝叶斯信息准则(BIC)：

$$\mathrm{BIC}(M)=D(\hat{\theta}_{MPE})+p\ln n=-2\ln f(\boldsymbol{x} \mid \hat{\theta}_{MPE})+p\ln n \tag{8.73}$$

其中 $\hat{\theta}_{MPE}$ 是 θ 的最大后验估计，即

$$\hat{\theta}_{MPE} = \arg\max f(\boldsymbol{x} \mid \theta)\pi(\theta)$$

p 是参数数目，n 是样本大小。在 BIC 准则下，最优模型是 BIC 值最小的模型。

BIC 准则对复杂性的惩罚不仅依赖于参数数目，还与样本大小有关，样本越大惩罚越大，可见 BIC 准则更倾向于低维模型，其后果是所选择的模型可能会产生欠拟合。本质上，BIC 准则也不是贝叶斯的，因为在计算样本证据的过程中作了大量的近似与假设，并且部分地忽略了先验信息。

3. BPIC 准则

Ando[19] 使用对数似然后验均值的负两倍：

$$E[D(\theta)] = -2\int_{\Theta} \ln f(\boldsymbol{x} \mid \theta)\pi(\theta \mid \boldsymbol{x})\mathrm{d}\theta \tag{8.74}$$

作为模型拟合程度的贝叶斯度量，提出了如下贝叶斯预测信息准则(BPIC)：

$$\mathrm{BPIC}(M) = E[D(\theta)] + 2p = -2\int_{\Theta} \ln f(\boldsymbol{x} \mid \theta)\pi(\theta \mid \boldsymbol{x})\mathrm{d}\theta + 2p \tag{8.75}$$

其中 p 是参数数目。最优模型是具有最小 BPIC 值的模型。

这里涉及比样本证据更为复杂的对数似然后验均值的计算，在实际中通常使用蒙特卡洛近似：

$$E[D(\theta)] \approx -\frac{2}{N}\sum_{i=1}^{N} \ln f(\boldsymbol{x} \mid \theta_i)$$

其中 $\theta_1, \theta_2, \cdots, \theta_N$ 是来自后验分布 $\pi(\theta|\boldsymbol{x})$ 的样本。

4. DIC 准则

Spiegelhalter 等[21] 使用有效参数的个数来描述模型的复杂性：

$$p_D = E[D(\theta)] - D(\hat{\theta}_E) = 2\int_{\Theta} \ln f(\boldsymbol{x} \mid \theta)\pi(\theta \mid \boldsymbol{x})\mathrm{d}\theta - 2\ln f(\boldsymbol{x} \mid \hat{\theta}_E)$$

其中 $\hat{\theta}_E$ 是 θ 的后验均值，提出了如下的偏差信息准则(DIC)：

$$\begin{aligned}\mathrm{DIC}(M) &= E[D(\theta)] + p_D = -2\ln f(\boldsymbol{x} \mid \hat{\theta}_E) + 2p_D \\ &= -2\int_{\Theta} \ln f(\boldsymbol{x} \mid \theta)\pi(\theta \mid \boldsymbol{x})\mathrm{d}\theta + p_D \end{aligned} \tag{8.76}$$

在 DIC 准则下，最优模型是 DIC 值最小的模型。与 BPIC 准则一样，在实践中也需要使用蒙特卡洛方法近似计算模型的 DIC 值。

习　题

1. 某地区明天室外最高温度 θ 的主观概率见表 8.8。

表 8.8　室外温度的主观概率

温度(℃)	25～26	26～27	27～28	28～29	29～30	30～31
主观概率	0.10	0.15	0.25	0.30	0.15	0.05

(i) 用直方图法求你对 θ 的主观先验密度；

(ii) 用相对似然法求 θ 的先验密度；

(iii) 通过分位数确定 θ 的先验密度，并考虑(iv)～(v)：

(iv) 确定你对 θ 的先验密度的 0.25 和 0.5 分位数；

(v) 确定匹配上述两个分位数的正态密度；

(vi) 你主观决定 θ 的先验密度的 0.8 和 0.9 分位数(不要使用(v)中所得的正态密度)，这些分位数与(v)中的正态密度基本一致吗？是否需要修改这个正态密度？

(vii) 用柯西密度代替正态密度，考虑问题(v)和(vi)。

2. 令 $X_1,X_2,\cdots,X_n$ 相互独立，且分别服从泊松分布 $P(\theta_i),i=1,2,\cdots,n$。若 $\theta_1,\cdots,\theta_n$ 是来自伽马分布 $\Gamma(\alpha,\lambda)$ 的样本，

(i) 求样本 $\boldsymbol{X}=(X_1,X_2,\cdots,X_n)$ 的联合密度；

(ii) 设 $n=3,x_1=0,x_2=3,x_3=5,\alpha=4$，求 λ 的 ML-II 先验。

3. 若随机变量 X 的概率函数为

$$p(x \mid \alpha,x_0)=\frac{\alpha}{x_0}\left(\frac{x_0}{x}\right)^{\alpha+1},\quad x>x_0$$

称 X 服从帕雷托分布，$X\sim Pa(x_0,\alpha)$，其中 $\alpha>0$ 为形状参数，$x_0>0$ 为尺度参数。

令 $\boldsymbol{X}=(X_1,X_2,\cdots,X_n)$ 是来自均匀分布 $U(0,\theta)$ 的样本，记 $x_M=\max(x_1,x_2,\cdots,x_n)$。证明：

(i) 当 θ 的先验为无信息先验 $\pi(\theta)\equiv 1$ 时，θ 的后验分布为帕雷托分布 $Pa(\hat{\theta}_M,n-1)$：

$$\pi(\theta \mid \boldsymbol{x})=\frac{(n-1)}{x_M}\left(\frac{x_M}{\theta}\right)^n,\quad \theta>x_M$$

(ii) 当 θ 的先验为共轭先验 $Pa(x_0,\alpha)$ 时，θ 的后验分布是帕雷托分布 $Pa(x^*,\alpha+n)$：

$$\pi(\theta \mid \boldsymbol{x})=\frac{(\alpha+n)}{x^*}\left(\frac{x^*}{\theta}\right)^{\alpha+n+1},\quad \theta>x^*$$

4. 设离散随机变量 X 的概率函数有下述形式

$$f(x \mid \theta)=P(X=x \mid \theta)=a(x)\theta^{b(x)}(1-\theta)^{c(x)}$$

其中 $b(x),c(x)$ 都是非负整数。给定样本 x，证明：

(i) 当 θ 的先验为无信息先验 $\pi(\theta)=1$ 时，θ 的后验分布是贝塔分布 $Be(b(x)+1,c(x)+1)$。

(ii) 当 θ 的先验为贝塔分布 $Be(\alpha,\beta)$ 时，θ 的后验分布是贝塔分布 $Be(b(x)+\alpha,c(x)+\beta)$。

5. 设 $\boldsymbol{X}=(X_1,X_2,\cdots,X_n)$ 是来自伽马分布 $\Gamma(\alpha,\lambda)$ 的样本，记 $\bar{x}$ 为样本 $\boldsymbol{X}$ 的均值。证明：

(i) 当 λ 的先验为 Jeffreys 无信息先验 $\pi(\theta)\propto 1/\lambda$ 时，λ 的后验分布是伽马分布 $\Gamma(n\alpha,n\bar{x})$。

(ii) 当 λ 的先验为共轭先验 $\Gamma(r,\beta)$ 时，λ 的后验分布是伽马分布 $\Gamma(n\alpha+r,n\bar{x}+\beta)$。

6. 设 $\boldsymbol{X}=(X_1,X_2,\cdots,X_n)$ 是来自泊松分布 $P(\lambda)$ 的样本，记 $\bar{x}$ 为样本 $\boldsymbol{X}$ 的均值。证明：

(i) 当 λ 的先验为 Jeffreys 无信息先验时，λ 的后验分布是伽马分布 $\Gamma(n\bar{x}+1/2,n)$。

(iii) 当 λ 的先验为伽马分布 $\Gamma(a,\beta)$ 时，λ 的后验分布是伽马分布 $\Gamma(n\bar{x}+a,n+\beta)$。

7. 令 $\boldsymbol{X}=(X_1,X_2,\cdots,X_n)$是来自$\Gamma(n/2,1/(2\theta))$的样本，$\theta$ 的先验分布为逆伽马分布$\Gamma^{-1}(\alpha,\beta)$，求 θ 的最大后验估计和后验期望估计。

8. 设随机变量 X 服从分布：

$$f(x \mid \theta)=\begin{cases} e^{-(x-\theta)}, & \theta \leqslant x < \infty \\ 0, & -\infty \leqslant x < \theta \end{cases}$$

若 θ 的先验分布为柯西分布 $C(0,1)$：$\pi(\theta)=\dfrac{1}{\pi(1+\theta^2)}$，求 θ 的后验众数估计。

9. 为了估计一大批产品的不合格率 θ，一个接一个的进行检查，直到发现不合格品停止检查。令 X 为发现不合格品时已检查的产品数，则它服从几何分布。假定 θ 只能等概率地取三个值 1/4，1/2，3/4，若获得的样本观测值 $X=3$，求 θ 的最大后验估计，并计算它的后验均方误差。

10. 假定随机变量 $X\sim Exp(1/\theta)$，θ 的先验分布为逆伽马分布 $\Gamma^{-1}(10,100)$。令 5 个具体观测值分别为 5，10，12，14，12。

(i) 求 θ 的后验均值估计和最大后验估计，并计算它们的后验方差或后验均方误差；

(ii) 由后验渐近正态分布，确定 θ 的近似的 0.95 HPD 可信区间。

11. 为了估计一大批产品的不合格率 θ，从中抽取 5 件，假定其中的次品数 X 服从二项分布 $B(5,\theta)$，θ 的先验分布为贝塔分布 $Be(1,9)$。若观测值 $X=0$，

(i) 求 θ 的 0.95 HPD 可信区间；

(ii) 考虑假设检验问题：

$$H_0: \theta \leqslant 0.1 \leftrightarrow H_1: \theta > 0.1$$

求两个假设的后验概率、后验概率比和贝叶斯因子。

12. 假定独立随机变量 $X_1,X_2,\cdots,X_m\sim N(\alpha,1)$，$Y_1,Y_2,\cdots,Y_n\sim N(\beta,1)$，且 $X_1,X_2,\cdots,X_m$ 和 $Y_1,Y_2,\cdots,Y_n$ 独立。若 α,β 独立且 $\alpha\sim N(\mu_1,\sigma_1^2)$，$\beta\sim N(\mu_2,\sigma_2^2)$，考虑假设检验问题：

$$H_0: \alpha-\beta \leqslant 0 \leftrightarrow H_1: \alpha-\beta > 0$$

第9章 贝叶斯决策

针对特定的目标，在某种准则下由试验结果和经验信息决定未来行动的问题，称为统计决策。与统计推断不同，统计决策通过引入损失函数将统计分析与社会、经济等实际问题联系起来，因而有更为广泛的应用。本章介绍统计决策的贝叶斯方法，主要内容包括：贝叶斯风险最小准则，后验风险最小准则，极小极大准则，各种损失下的贝叶斯估计，以及实践中经常使用期望最大化算法。

9.1 贝叶斯风险与后验风险

9.1.1 决策函数和风险函数

在介绍决策函数和风险函数之前，先回顾经典决策问题的三个基本要素。

第一个要素是取值于样本空间$\mathcal{X}$的随机变量 X 和它的分布族$\mathcal{F}=\{f(x|\theta):\theta\in\Theta\}$。其中，$\Theta$ 是参数空间，它的每一个元素描述社会或自然所处的可能状态；$f(x|\theta)$是 X 的概率函数，当 X 为连续随机变量时，表示密度函数，当 X 为离散随机变量时，表示概率即 $f(x|\theta)=P(X=x|\theta)$。从分布 $f(x|\theta)$抽取样本 $\boldsymbol{X}=(X_1,X_2,\cdots,X_n)$，其目的是为了获取 θ 的信息以便做出决策。

第二个要素是行动空间，记为 Δ。所谓行动空间，是指决策者对某个决策问题可能采取的行动或行为的集合。例如：将估计问题视为一种特殊的决策问题，估计量就是行动空间，此时 $\Delta=\Theta$ 是参数空间；假设检验问题有两种行动：接受零假设(δ)和拒绝零假设($\bar{\delta}$)，因此假设检验问题的行动空间 $\Delta=\{\delta,\bar{\delta}\}$。

第三个要素是损失函数。损失函数用来描述参数(或状态)处于 θ 时决策者采取行动 δ 所承受的损失，记为 $L(\theta,\delta)$，它是定义在 $\Theta\times\Delta$ 上的非负函数。可见，损失函数是后果信息，有它才能分析决策者采取的行动所导致的后果。损失函数是连接决策和效益的桥梁，有它，决策问题才可以步入定量分析的阶段。实践中，常用的损失函数主要有：0-1 损失、平方损失、绝对损失和线性损失。

定义 9.1.1 从样本空间$\mathcal{X}$到行动空间 Δ 的(可测)映射 $\delta(x)$称为决策函数。

此处，要求可测性是为了使得有关决策函数 $\delta(x)$的事件能计算概率。如果行动空间是某实数集，则决策函数值通常是统计量。当然，决策函数值也可以不是统计量，比如在假设检验问题中，取值是两种行为：接受零假设和拒绝零假设。

定义 9.1.2 设 $\delta(x)$是决策函数，损失函数 $L(\theta,\delta(x))$关于样本分布 $f(x|\theta)$的期望

$$R(\theta,\delta)\triangleq E^{x|\theta}[L(\theta,\delta(x))]=\begin{cases}\displaystyle\int_{\mathcal{X}}L(\theta,\delta(x))f(x\mid\theta)\,\mathrm{d}x\\ \displaystyle\sum_{x_i\in\mathcal{X}}L(\theta,\delta(x_i))f(x_i\mid\theta)\end{cases}\tag{9.1}$$

称为决策函数 $\delta(x)$ 的风险函数，简称决策 $\delta(x)$ 的风险。

可以看出，风险是样本空间上的平均损失，它是比较决策函数优劣的一种度量，风险越小决策函数越好。风险 $R(\theta,\delta)$ 仍是 θ 的函数，两个决策函数 $\delta_1(x)$ 和 $\delta_2(x)$ 的好坏要在整个参数空间上进行比较。

定义 9.1.3　设 $\delta_1(x)$ 和 $\delta_2(x)$ 是两个决策函数，若它们的风险满足

$$R(\theta,\delta_1) \leqslant R(\theta,\delta_2), \quad \forall \theta \in \Theta \tag{9.2}$$

且存在某些 θ 使得不等式成立，则称 $\delta_1(x)$ 一致优于 $\delta_2(x)$。若 $\forall \theta \in \Theta, R(\theta,\delta_1)=R(\theta,\delta_2)$，则称 $\delta_1(x)$ 和 $\delta_2(x)$ 是等价的。

定义 9.1.4　记 $\mathcal{D}=\{\delta(x)\}$ 是决策函数的集合，若存在 $\delta^*(x)\in\mathcal{D}$ 使得对一切 $\delta(x)\in\mathcal{D}$ 有

$$R(\theta,\delta^*) \leqslant R(\theta,\delta), \quad \forall \theta \in \Theta \tag{9.3}$$

则称 $\delta^*(x)$ 是(决策函数类 $\mathcal{D}$ 的)一致最小风险决策函数，简称一致最优决策函数。

注意，上述两个定义都是相对损失函数而言的，最优决策函数会随损失函数的改变而发生变化。此外，最优性还依赖于所考虑的决策函数类。

例 9.1.1　考虑一则两种行动决策的例子：某工厂以每箱 100 件产品运交给客户，在运交客户前有两种行动选择。a_1：每箱中的产品逐件检查；a_2：每箱中的产品都不检查。采取行动 a_1 可保证每件产品都合格，但要支付每件产品的检查费 0.80 元，每箱共支付 80 元；采取行动 a_2 可免检查费，但按供货合同约定：客户发现不合产品不仅要更换，而且要为每件不合格产品支付赔偿费 12.5 元。工厂决定在每箱中抽取两件进行检查，根据不合格产品数 $X(=0,1,2)$ 再选择行动 a_1 或 a_2。请考虑此决策问题。

解　假定不合格产品数 X 服从二项分布 $B(2,\theta)$，其中 θ 为不合格率。此时，工厂支付每箱的费用为

$$L(\theta,a)=\begin{cases}80, & a=a_1\\ 1.6+1250\theta, & a=a_2\end{cases} \tag{9.4}$$

在此决策问题中，样本空间 $\mathcal{X}=\{0,1,2\}$，$X|\theta\sim B(2,\theta)$；行动空间 $\Delta=\{a_1,a_2\}$；损失函数由式(9.4)给出。为便于计算，将对应行动 a_1,a_2 的损失分别用 θ 表示为

$$L(\theta,a_1)=\begin{cases}78.4-1250\theta, & \theta\leqslant\theta_0\\ 0, & \theta>\theta_0\end{cases},\quad L(\theta,a_2)=\begin{cases}0, & \theta\leqslant\theta_0\\ -78.4+1250\theta, & \theta>\theta_0\end{cases} \tag{9.4a}$$

其中

$$\theta_0=\frac{80-1.6}{1250}=0.06272$$

由于样本空间有三个值，行动空间有两种行动，所以一共有 $2^3=8$ 个决策函数：

$$\delta_1(x)=a_1, x=0,1,2,\quad \delta_2(x)=\begin{cases}a_1, & x=0,1\\ a_2, & x=2\end{cases}$$

$$\delta_3(x)=\begin{cases}a_1, & x=0,2\\ a_2, & x=1\end{cases},\quad \delta_4(x)=\begin{cases}a_1, & x=0\\ a_2, & x=1,2\end{cases}$$

$$\delta_5(x)=\begin{cases}a_1, & x=1,2\\ a_2, & x=0\end{cases},\quad \delta_6(x)=\begin{cases}a_1, & x=1\\ a_2, & x=0,2\end{cases}$$

$$\delta_7(x)=\begin{cases}a_1, & x=2\\ a_2, & x=0,1\end{cases},\quad \delta_8(x)=a_2,\quad x=0,1,2$$

根据二项分布 $B(2,\theta)$ 的概率函数：

$$P(X=x\mid\theta)=C_2^x\theta^x(1-\theta)^{2-x},\quad x=0,1,2$$

决策函数 $\delta_i(x)$ 的风险为

$$R(\theta,\delta_i)=E^{x|\theta}[L(\theta,\delta_i(x))]=\sum_{j=0}^{2}L(\theta,\delta_i(j))P(X=j\mid\theta)$$

通过直接计算，得到

$$R(\theta,\delta_1)=\begin{cases}78.4-1250\theta, & \theta\leqslant\theta_0\\ 0, & \theta>\theta_0\end{cases}$$

$$R(\theta,\delta_2)=\begin{cases}(1-\theta^2)(78.4-1250\theta), & \theta\leqslant\theta_0\\ \theta^2(-78.4+1250\theta), & \theta>\theta_0\end{cases}$$

$$R(\theta,\delta_3)=\begin{cases}(1-2\theta(1-\theta))(78.4-1250\theta), & \theta\leqslant\theta_0\\ 2\theta(1-\theta)(-78.4+1250\theta), & \theta>\theta_0\end{cases}$$

$$R(\theta,\delta_4)=\begin{cases}(1-\theta)^2(78.4-1250\theta), & \theta\leqslant\theta_0\\ (1-(1-\theta)^2)(-78.4+1250\theta), & \theta>\theta_0\end{cases}$$

$$R(\theta,\delta_5)=\begin{cases}(1-(1-\theta)^2)(78.4-1250\theta), & \theta\leqslant\theta_0\\ (1-\theta)^2(-78.4+1250\theta), & \theta>\theta_0\end{cases}$$

$$R(\theta,\delta_6)=\begin{cases}2\theta(1-\theta)(78.4-1250\theta), & \theta\leqslant\theta_0\\ (1-2\theta(1-\theta))(-78.4+1250\theta), & \theta>\theta_0\end{cases}$$

$$R(\theta,\delta_7)=\begin{cases}\theta^2(78.4-1250\theta), & \theta\leqslant\theta_0\\ (1-\theta^2)(-78.4+1250\theta), & \theta>\theta_0\end{cases}$$

$$R(\theta,\delta_8)=\begin{cases}0, & \theta\leqslant\theta_0\\ -78.4+1250\theta, & \theta>\theta_0\end{cases}$$

表 9.1 给出了风险函数在 $\theta=0.02i(i=0,1,\cdots,6)$ 处的值。

表 9.1 风险函数 $R(\theta,\delta)$ 的值

θ	0	0.02	0.04	0.06	0.08	0.10	0.12
$R(\theta,\delta_1)$	78.4	53.40	28.40	3.40	0	0	0
$R(\theta,\delta_2)$	78.4	53.38	28.35	3.39	0.14	0.47	1.03
$R(\theta,\delta_3)$	78.4	51.31	26.32	3.02	3.14	8.39	15.12
$R(\theta,\delta_4)$	78.4	51.29	26.17	3.00	3.32	8.85	16.15

续表

θ	0	0.02	0.04	0.06	0.08	0.10	0.12
$R(\theta,\delta_5)$	0	2.11	2.23	0.40	18.68	37.75	55.45
$R(\theta,\delta_6)$	0	2.09	2.18	0.38	18.42	38.21	56.48
$R(\theta,\delta_7)$	0	0.02	0.05	0.1	21.46	46.13	70.57
$R(\theta,\delta_8)$	0	0	0	0	21.60	46.60	71.60

可以看出：当不合格率介于 0 和 0.12 之间时，不存在一致最优决策函数；当不合格率介于 0 和 0.06 之间时，$\delta_8(x)=a_2$（不检查）是一致最优决策函数；当不合格率介于 0.08 和 0.12 之间时，$\delta_1(x)=a_1$（逐件检查）是一致最优决策函数；当不合格率介于 0.04 和 0.08 之间时，用"先抽样再决策"的方法可以减少平均损失，但仍没有一致最优决策函数。

9.1.2 贝叶斯风险

在决策问题的贝叶斯方法中，除了前面所述的三个要素外，还有第四个要素：定义在参数空间 Θ 上的先验概率函数 $\pi(\theta)$。贝叶斯风险是风险函数在先验分布下的均值。

定义 9.1.5 设 $\delta(x)$ 是决策函数，它的风险函数 $R(\theta,\delta)$ 在先验分布 $\pi(\theta)$ 下的期望

$$R_\pi(\delta) \triangleq E^\pi[R(\theta,\delta)] = \begin{cases} \int_\Theta R(\theta,\delta)\pi(\theta)\mathrm{d}\theta \\ \sum\limits_{\theta_i\in\Theta} R(\theta_i,\delta)\pi(\theta_i) \end{cases} \tag{9.5}$$

称为贝叶斯风险。

如果在决策类 $\mathcal{D}$ 中存在决策函数 $\delta^*(x)$ 使得

$$R_\pi(\delta^*) \leqslant R_\pi(\delta), \quad \forall \delta \in \mathcal{D}, \quad 即\ R_\pi(\delta^*) = \min_{\delta\in\mathcal{D}} R_\pi(\delta) \tag{9.6}$$

则称 $\delta^*(x)$ 是（决策类 $\mathcal{D}$）在贝叶斯风险最小准则下的最优决策，简称贝叶斯决策，或贝叶斯解。

贝叶斯风险是先验分布下的平均风险，每个决策函数都有一个平均风险，贝叶斯准则是用平均风险来评价决策函数的优劣，平均风险越小越好。贝叶斯解是具有最小平均风险的决策函数，它依赖于决策类 $\mathcal{D}$ 和先验分布 $\pi(\theta)$。

因 $R(\theta,\delta)=\int_{\mathcal{X}} L(\theta,\delta(x))f(x\mid\theta)\mathrm{d}x$，贝叶斯风险能被表示为

$$\begin{aligned} R_\pi(\delta) &= \int_\Theta \left(\int_{\mathcal{X}} L(\theta,\delta(x))f(x\mid\theta)\mathrm{d}x\right)\pi(\theta)\mathrm{d}\theta \\ &= \int_\Theta\int_{\mathcal{X}} L(\theta,\delta(x))f(x\mid\theta)\pi(\theta)\mathrm{d}x\,\mathrm{d}\theta \end{aligned} \tag{9.7}$$

在实践中，求贝叶斯解可能需要计算复杂函数的积分。

例 9.1.2 继续例 9.1.1，通过对已往产品的历史资料分析，假定产品不合格率 θ 的先验分布为

$$\pi(\theta) = \begin{cases} 2.5, & 0 < \theta \leqslant 0.04 \\ 20.0, & 0.04 < \theta \leqslant 0.08 \\ 2.5, & 0.08 < \theta \leqslant 0.12 \\ 0, & 0.12 < \theta < 1 \end{cases} \tag{9.8}$$

求决策问题的贝叶斯解。

解 在先验分布式(9.8)下,决策函数 $\delta_i(x)$ 的贝叶斯风险为

$$R_\pi(\delta_i)=\int_0^{0.12}R(\theta,\delta_i)\pi(\theta)\mathrm{d}\theta$$

将例 9.1.1 中的风险函数代入上式,通过直接计算,得到

$$R_\pi(\delta_1)=11.79,\quad R_\pi(\delta_2)=11.85,\quad R_\pi(\delta_3)=12.41,\quad R_\pi(\delta_4)=12.46$$

$$R_\pi(\delta_5)=7.72,\quad R_\pi(\delta_6)=7.78,\quad R_\pi(\delta_7)=8.34,\quad R_\pi(\delta_8)=8.39$$

可见,决策函数 $\delta_5(x)$ 的贝叶斯风险最小,因此是贝叶斯解。也就是说,在先验分布式(9.8)下,如果在两次抽样中都是合格产品,则采取行动 a_2(不检查);否则,采取行动 a_1(逐件检查)。

9.1.3 后验风险

后验风险是贝叶斯决策的重要概念,犹如后验分布在贝叶斯推断中的地位。简略地说,后验风险是损失函数在后验分布下的均值。

定义 9.1.6 设 $\delta(x)$ 是决策函数,损失函数 $L(\theta,\delta(x))$ 在后验分布 $\pi(\theta|x)$ 下的期望

$$R_\pi(\delta\mid x)\triangleq E^{\theta|x}[L(\theta,\delta(x))]=\begin{cases}\int_\Theta L(\theta,\delta(x))\pi(\theta\mid x)\mathrm{d}\theta\\ \sum\limits_{\theta_i\in\Theta}L(\theta_i,\delta(x))\pi(\theta_i\mid x)\end{cases}\tag{9.9}$$

称为决策函数 $\delta(x)$ 的后验风险。

如果存在 $\delta^{**}(x)\in\mathcal{D}$ 使得

$$R_\pi(\delta^{**}\mid x)\leqslant R_\pi(\delta\mid x),\quad\forall\delta\in\mathcal{D}\tag{9.10}$$

则称 $\delta^{**}(x)$ 是(决策类 $\mathcal{D}$)在后验风险最小准则下的最优决策函数,简称贝叶斯后验型决策函数。

下面,讨论贝叶斯后验型决策函数与贝叶斯决策函数之间的关系。为此,假定贝叶斯风险满足条件

$$\inf_{\delta\in\mathcal{D}}R_\pi(\delta)<\infty\tag{9.11}$$

这个假定具有一般性,因为风险为无穷大的决策在实践中毫无意义。根据式(9.6)和下述等式

$$f(x\mid\theta)\pi(\theta)=\pi(\theta\mid x)m(x)$$

其中 $m(x)=\int_\Theta f(x\mid\theta)\pi(\theta)\mathrm{d}\theta$ 是 x 的边缘密度,将贝叶斯风险改写为

$$R_\pi(\delta)=\int_\Theta\int_{\mathcal{X}}L(\theta,\delta(x))\pi(\theta\mid x)m(x)\mathrm{d}x\mathrm{d}\theta$$

由条件(9.11),上述积分可交换次序,因此

$$\begin{aligned}R_\pi(\delta)&=E^\theta[R(\theta,\delta)]\\&=\int_{\mathcal{X}}\left(\int_\Theta L(\theta,\delta(x))\pi(\theta\mid x)\mathrm{d}\theta\right)m(x)\mathrm{d}x\\&=\int_{\mathcal{X}}R_\pi(\delta\mid x)m(x)\mathrm{d}x=E^X[R_\pi(\delta\mid x)]\end{aligned}$$

即贝叶斯风险有两种表达式

$$R_{\pi}(\delta)=E^{\theta}[R(\theta,\delta)]=E^{X}[R_{\pi}(\delta \mid x)] \tag{9.12}$$

于是，得到贝叶斯风险的一种新解释：贝叶斯风险是后验风险在边缘分布下的平均，这就说明了后验风险与贝叶斯风险之间的关系。

定理 9.1.1　假定条件式(9.11)成立，则贝叶斯决策函数 δ^{*} 和后验型决策函数 δ^{**} 等价，即后验风险最小的决策函数 δ^{**} 也使得贝叶斯风险最小；反之，贝叶斯风险最小的决策函数 δ^{*} 也使得后验风险最小。

证明　由贝叶斯决策函数和后验型决策函数的定义，以及实变函数论中的法都引理，有

$$\begin{aligned}R_{\pi}(\delta^{*})&=\min_{\delta\in\mathcal{D}}R_{\pi}(\delta)=\min_{\delta\in\mathcal{D}}\int_{\mathcal{X}}R_{\pi}(\delta \mid x)m(x)\mathrm{d}x\\&\geqslant\int_{\mathcal{X}}\min_{\delta\in\mathcal{D}}R_{\pi}(\delta \mid x)m(x)\mathrm{d}x=\int_{\mathcal{X}}R_{\pi}(\delta^{**} \mid x)m(x)\mathrm{d}x\\&=R_{\pi}(\delta^{**})\geqslant\min_{\delta\in\mathcal{D}}R_{\pi}(\delta)=R_{\pi}(\delta^{*})\end{aligned}$$

因此，

$$R_{\pi}(\delta^{*})=\min_{\delta\in\mathcal{D}}R_{\pi}(\delta)=R_{\pi}(\delta^{**})$$

这表明后验风险最小的决策函数 δ^{**} 也使得贝叶斯风险最小。此外，由上面的推导还可以看出

$$\int_{\mathcal{X}}(R_{\pi}(\delta^{*} \mid x)-R_{\pi}(\delta^{**} \mid x))m(x)\mathrm{d}x=0$$

根据 δ^{**} 的定义知，$R_{\pi}(\delta^{*}|x)\geqslant R_{\pi}(\delta^{**}|x)$，即 $R_{\pi}(\delta^{*}|x)-R_{\pi}(\delta^{**}|x)\geqslant 0$，因此必有

$$R_{\pi}(\delta^{*} \mid x)=R_{\pi}(\delta^{**} \mid x)=\min_{\delta\in\mathcal{D}}R_{\pi}(\delta \mid x)$$

也就是说，贝叶斯风险最小的决策函数 δ^{*} 也使得后验风险最小。证毕。

贝叶斯决策和后验型决策是一致的，并且计算后验风险比计算贝叶斯风险要容易，因为前者只需计算损失函数在后验分布下的均值，而后者先通过计算损失函数在样本分布下的均值得到风险函数，再计算风险函数在先验分布下的均值。因此，在实践中只考虑贝叶斯后验型决策。

例 9.1.3　继续例 9.1.2，若 θ 的先验分布为区间(0，0.12)上的均匀分布 $U(0,0.12)$：

$$\pi(\theta)=\frac{1}{0.12}I_{[0,0.12]}(\theta)$$

求贝叶斯决策函数。

解　先计算 θ 的后验分布：由样本分布

$$f(x \mid \theta)=P(X=x \mid \theta)=C_{2}^{x}\theta^{x}(1-\theta)^{2-x},\quad x=0,1,2$$

得到(x,θ)的联合分布

$$h(x,\theta)=f(x \mid \theta)\pi(\theta)=\frac{1}{0.12}C_{2}^{x}\theta^{x}(1-\theta)^{2-x},\quad x=0,1,2;0<\theta<0.12$$

x 的边缘分布为

$$m(x)=\frac{1}{0.12}\int_{0}^{0.12}C_{2}^{x}\theta^{x}(1-\theta)^{2-x}\mathrm{d}\theta,\quad x=0,1,2$$

因此

$$m(0)=\frac{1}{0.12}\int_{0}^{0.12}(1-\theta)^{2}\mathrm{d}\theta=0.8848$$

$$m(1)=\frac{2}{0.12}\int_0^{0.12}\theta(1-\theta)\mathrm{d}\theta=0.1104$$

$$m(2)=\frac{1}{0.12}\int_0^{0.12}\theta^2\mathrm{d}\theta=0.0048$$

从而得到 θ 的后验分布

$$\pi(\theta\mid 0)=\frac{f(0\mid\theta)\pi(\theta)}{m(0)}\approx 9.4183(1-\theta)^2,\quad 0<\theta<0.12$$

$$\pi(\theta\mid 1)=\frac{f(1\mid\theta)\pi(\theta)}{m(1)}\approx 150.9662\theta(1-\theta),\quad 0<\theta<0.12$$

$$\pi(\theta\mid 2)=\frac{f(2\mid\theta)\pi(\theta)}{m(2)}\approx 1736.1111\theta^2,\quad 0<\theta<0.12$$

再计算行动 a_i 的后验风险：根据损失函数

$$L(\theta,a_1)=\begin{cases}78.4-1250\theta, & \theta\leqslant\theta_0\\ 0, & \theta>\theta_0\end{cases},\quad L(\theta,a_2)=\begin{cases}0, & \theta\leqslant\theta_0\\ -78.4+1250\theta, & \theta>\theta_0\end{cases}$$

其中 $\theta_0=0.06272$，行动 a_i 的后验风险为

$$R(a_i\mid x)=\int_0^{0.12}L(\theta,a_i)\pi(\theta\mid x)\mathrm{d}\theta,\quad x=0,1,2;i=1,2$$

通过直接计算，得到

$$R(a_1\mid 0)=22.2030,\quad R(a_1\mid 1)=15.0483,\quad R(a_1\mid 2)=2.7986$$

$$R(a_2\mid 0)=15.6159,\quad R(a_2\mid 1)=55.9783,\quad R(a_2\mid 2)=36.8924$$

因此，当 $x=0$ 时，行动 a_2 的后验风险最小；当 $x=1,2$ 时，行动 a_1 的后验风险最小。故贝叶斯决策函数为

$$\delta^*(x)=\begin{cases}a_1, & x=1,2\\ a_2, & x=0\end{cases}$$

比较例 9.1.2 可以看出，这里的先验认识（均匀分布）不比例 9.1.2 的先验认识更有把握，但两者给出的最优决策是一致。此外，还可以看出，使用后验风险最小准则求解决策问题，在计算上要比使用贝叶斯风险最小准则要简单得多。

9.2 一般损失下的贝叶斯估计

在第 8 章统计推断的估计问题中，没有考虑估计所引起的后果，即没有涉及估计的损失。本节把估计问题作为一种特殊形式的贝叶斯决策问题，其中：行动空间是参数空间 Θ；决策函数是参数 θ 的统计量 $\delta(x)$，它是样本空间到参数空间的函数。在估计问题中，常用的损失函数有以下几种类型：

(1) 平方损失：

$$L(\theta,\delta)=(\theta-\delta)^2 \tag{9.13}$$

或加权平方损失：

$$L(\theta,\delta)=w(\theta)(\theta-\delta)^2 \tag{9.13a}$$

(2) 二次损失：对于多维参数向量 θ，常使用如下的二次损失

$$L(\theta,\delta)=(\theta-\delta)^{\mathrm{T}}G(\theta-\delta) \tag{9.14}$$

其中 G 是正定对称矩阵。

(3) 绝对损失：

$$L(\theta,\delta)=|\theta-\delta| \tag{9.15}$$

(4) 线性损失：

$$L(\theta,\delta)=\begin{cases}\alpha_0(\theta-\delta), & \theta\geqslant\delta\\ \alpha_1(\delta-\theta), & \theta<\delta\end{cases} \tag{9.16}$$

(5) 0-1 损失：

$$L(\theta,\delta)=\begin{cases}0, & |\delta-\theta|\leqslant\varepsilon\\ 1, & |\delta-\theta|>\varepsilon\end{cases} \tag{9.17}$$

其中 ε 是小正数。当 θ 是多维参数向量时，绝对值改为向量范数。

9.2.1 平方损失

在平方损失下，θ 的任一估计 $\delta=\delta(x)$ 的后验风险为

$$\begin{aligned}R(\delta\mid x)&=E[(\delta-\theta)^2\mid x]\\&=\delta^2-2\delta E[\theta\mid x]+E[\theta^2\mid x]\\&=(\delta-E[\theta\mid x])^2+E[\theta^2\mid x]-(E[\theta\mid x])^2\end{aligned}$$

因此，当且仅当 $\delta=E[\theta\mid x]=\int_{\Theta}\theta\pi(\theta\mid x)\mathrm{d}\theta$ 时，后验风险达到最小。故有下述定理：

定理 9.2.1 在平方损失下，θ 的贝叶斯估计是后验分布 $\pi(\theta|x)$ 的均值：

$$\delta_B=E[\theta\mid x] \tag{9.18}$$

此定理表明，后验均值估计是平方损失下的贝叶斯估计。例如：若 $X|\theta\sim N(\theta,\sigma^2)$，$\theta\sim N(\mu,\tau^2)$，其中 σ^2,μ,τ^2 已知，令 $\boldsymbol{X}=(X_1,X_2,\cdots,X_n)$ 是来自总体的样本，则由例 8.2.1 和定理 9.2.1，在平方损失下 θ 的贝叶斯估计为

$$\delta_B=\frac{\sigma^2}{\sigma^2+n\tau^2}\mu+\frac{n\tau^2}{\sigma^2+n\tau^2}\bar{x}$$

下面，考虑加权平方损失：此时，θ 的任一估计 $\delta=\delta(x)$ 的后验风险为

$$\begin{aligned}R(\delta\mid x)&=E[w(\theta)(\delta-\theta)^2\mid x]\\&=\delta^2\int_{\Theta}w(\theta)\pi(\theta\mid x)\mathrm{d}\theta-2\delta\int_{\Theta}w(\theta)\theta\pi(\theta\mid x)\mathrm{d}\theta+\int_{\Theta}w(\theta)\theta^2\pi(\theta\mid x)\mathrm{d}\theta\end{aligned}$$

通过求解下述方程

$$\frac{\mathrm{d}R(\delta\mid x)}{\mathrm{d}\delta}=2\delta\int_{\Theta}w(\theta)\pi(\theta\mid x)\mathrm{d}\theta-2\int_{\Theta}\theta w(\theta)\pi(\theta\mid x)\mathrm{d}\theta=0$$

得到

$$\delta=\frac{\int_{\Theta}\theta w(\theta)\pi(\theta\mid x)\mathrm{d}\theta}{\int_{\Theta}w(\theta)\pi(\theta\mid x)\mathrm{d}\theta}=\frac{E[\theta w(\theta)\mid x]}{E[w(\theta)\mid x]} \tag{9.19}$$

又因

$$\frac{\mathrm{d}^2 R(\delta \mid x)}{\mathrm{d}\delta^2} = 2\int_{\Theta} w(\theta)\pi(\theta \mid x)\mathrm{d}\theta > 0$$

所以，根据微分学的极值定理，式(9.19)定义的 δ 是唯一使后险风险达到最小的估计，故有下述定理：

定理 9.2.2 在加权平方损失下，θ 的贝叶斯估计为

$$\delta_B = \frac{E[w(\theta)\theta \mid \boldsymbol{x}]}{E[w(\theta) \mid \boldsymbol{x}]} \tag{9.20}$$

例 9.2.1 设总体随机变量 X 服从指数分布 $Exp(-1/\theta)$，θ 的先验分布为逆伽马分布 $\Gamma^{-1}(\alpha,\lambda)$，令 $\boldsymbol{X}=(X_1,X_2,\cdots,X_n)$ 是来自总体的样本，求 θ 在平方损失和加权平方损失下的贝叶斯估计，其中权函数 $w(\theta)=\theta^{-2}$。

解 由 8.1.4 节的讨论，θ 的后验为逆伽马分布 $\Gamma^{-1}(\alpha+n,\lambda+n\bar{x})$，密度函数为

$$\pi(\theta \mid \boldsymbol{x}) = \frac{(\lambda+n\bar{x})^{\alpha+n}}{\Gamma(\alpha+n)}\theta^{-(\alpha+n+1)}\exp\left(-\frac{\lambda+n\bar{x}}{\theta}\right), \quad \theta > 0$$

逆伽马分布 $\Gamma^{-1}(\alpha,\lambda)$ 的均值为 $\alpha/(\alpha-\lambda)$。由定理 9.2.1，θ 在平方损失下的贝叶斯估计为

$$\delta_B = E[\theta \mid \boldsymbol{x}] = \frac{\lambda+n\bar{x}}{\alpha+n-(\lambda+n\bar{x})}$$

考虑在加权平方损失 $L(\theta,\delta)=(\theta-\delta)^2/\theta^2$ 下的贝叶斯估计：由于

$$E[w(\theta)\theta \mid \boldsymbol{x}] = E[\theta^{-1} \mid \boldsymbol{x}] = \int_0^{+\infty}\theta^{-1}\pi(\theta \mid \boldsymbol{x})\mathrm{d}\theta = \frac{\alpha+n}{\lambda+n\bar{x}}$$

$$E[w(\theta) \mid \boldsymbol{x}] = E[\theta^{-2} \mid \boldsymbol{x}] = \int_0^{+\infty}\theta^{-2}\pi(\theta \mid \boldsymbol{x})\mathrm{d}\theta = \frac{(\alpha+n)(\alpha+n+1)}{(\lambda+n\bar{x})^2}$$

所以，由定理 9.2.2，θ 的贝叶斯估计为

$$\delta_B - \frac{E[w(\theta)\theta \mid \boldsymbol{x}]}{E[w(\theta) \mid \boldsymbol{x}]} = \frac{\alpha+n}{\lambda+n\bar{x}} : \frac{(\alpha+n)(\alpha+n+1)}{(\lambda+n\bar{x})^2} = \frac{\lambda+n\bar{x}}{\alpha+n+1}$$

9.2.2 二次损失

二次损失是单参数的平方损失在多参数上的推广，有下述定理：

定理 9.2.3 对于参数向量 $\boldsymbol{\theta}=(\theta_1,\theta_2,\cdots,\theta_n)^{\mathrm{T}}$，在二次损失下 $\boldsymbol{\theta}$ 的贝叶斯估计是后验密度 $\pi(\theta|x)$ 的均值向量：

$$\delta_B = E[\theta \mid x] = \begin{bmatrix} E[\theta_1 \mid x] \\ E[\theta_2 \mid x] \\ \vdots \\ E[\theta_n \mid x] \end{bmatrix} \tag{9.21}$$

证明 在二次损失 $L(\theta,\delta)=(\delta-\theta)^{\mathrm{T}}G(\delta-\theta)$ 下，θ 的任一估计 $\delta=\delta(\boldsymbol{x})$ 的后验风险为

$$\begin{aligned} R(\delta \mid x) &= E[L(\theta,\delta) \mid x] = E[(\delta-\theta)^{\mathrm{T}}G(\delta-\theta) \mid x] \\ &= E[((\delta-\delta_B)+(\delta_B-\theta))^{\mathrm{T}}G((\delta-\delta_B)+(\delta_B-\theta)) \mid x] \\ &= (\delta-\delta_B)^{\mathrm{T}}G(\delta-\delta_B) + E[(\delta_B-\theta)^{\mathrm{T}}G(\delta_B-\theta) \mid x] \end{aligned}$$

在最后等式中，利用了 $E[(\delta_B-\theta)|x]=0$ 的性质。

$E[(\delta_B-\theta)^{\mathrm{T}}G(\delta_B-\theta)|x]$ 是常数，所以当且仅当 $\delta=\delta_B$ 时，后验风险达到最小。故 θ

的贝叶斯估计是后验密度$\pi(\theta|x)$的均值向量。证毕。

此定理表明，在二次损失下，θ 的贝叶斯估计 δ_B 不依赖于正定矩阵G，或者说不受正定矩阵 G 的干扰，这一性质通常被称为贝叶斯估计 δ_B 关于G 是稳健的。

例 9.2.2　设多元随机变量 X 服从正态分布 $N(\mu,\Sigma)$，均值向量 $\mu=(\mu_1,\mu_2,\cdots,\mu_k)^{\mathrm{T}}$ 未知，协方差矩阵 Σ 已知。若 μ 的先验分布为正态分布 $N(\mu_\pi,\Sigma_\pi)$，令 $\boldsymbol{X}=(X_1,X_2,\cdots,X_n)$ 是来自总体 $N(\mu,\Sigma)$的样本，求 μ 在二次损失下的贝叶斯估计。

解　μ 的后验密度为

$$\pi(\mu\mid\boldsymbol{x})\propto\exp\left(-\frac{1}{2}\|\mu-\mu_n\|_{\Sigma_n^{-1}}^2\right)$$

其中

$$\mu_n=(\Sigma_\pi^{-1}+n\Sigma^{-1})^{-1}(\Sigma_\pi^{-1}\mu_\pi+n\Sigma^{-1}\bar{\boldsymbol{x}})$$
$$\Sigma_n=(\Sigma_\pi^{-1}+n\Sigma^{-1})^{-1}$$
$$\bar{\boldsymbol{x}}=\frac{1}{n}\sum_{i=1}^{n}\boldsymbol{x}_i$$

由定理 9.2.3，μ 在二次损失下的贝叶斯估计为

$$\delta_B=\mu_n=(\Sigma_\pi^{-1}+n\Sigma^{-1})^{-1}(\Sigma_\pi^{-1}\mu_\pi+n\Sigma^{-1}\bar{\boldsymbol{x}})$$

9.2.3　绝对损失

定理 9.2.4　在绝对损失下，θ 的贝叶斯估计是后验密度$\pi(\theta|x)$的中位数

$$\delta_B=\mathrm{Med}[\theta\mid\boldsymbol{x}]\tag{9.22}$$

即 δ_B 使得

$$P(\theta\leqslant\delta_B\mid\boldsymbol{x})=\int_{\theta_{\min}}^{\delta_B}\pi(\theta\mid x)\mathrm{d}\theta=\frac{1}{2}$$

证明　设 $\delta=\delta(x)$是 θ 的另一估计。若 $\delta>\delta_B$，根据绝对损失的定义，得到

$$L(\theta,\delta_B)-L(\theta,\delta)=\begin{cases}\delta_B-\delta, & \theta\leqslant\delta_B\\ 2\theta-(\delta_B+\delta), & \delta_B<\theta<\delta\\ \delta-\delta_B, & \theta\geqslant\delta\end{cases}$$

当 $\delta_B<\theta<\delta$ 时，

$$2\theta-(\delta_B+\delta)\leqslant 2\delta-(\delta_B+\delta)=\delta-\delta_B$$

因此

$$L(\theta,\delta_B)-L(\theta,\delta)\leqslant\begin{cases}\delta_B-\delta, & \theta\leqslant\delta_B\\ \delta-\delta_B, & \theta>\delta_B\end{cases}$$

于是

$$\begin{aligned}R(\delta_B\mid x)-R(\delta\mid x)&=E^{\theta|x}[L(\theta,\delta_B)-L(\theta,\delta)]\\&\leqslant(\delta_B-\delta)P(\theta\leqslant\delta_B\mid\boldsymbol{x})+(\delta-\delta_B)P(\theta>\delta_B\mid\boldsymbol{x})\\&=\frac{\delta_B-\delta}{2}+\frac{\delta-\delta_B}{2}=0\end{aligned}$$

故

$$R(\delta_B \mid x) \leqslant R(\delta \mid x)$$

若 $\delta < \delta_B$，用类似方法可证：

$$R(\delta_B \mid x) \leqslant R(\delta \mid x)$$

故后验分布中位数使得后验风险达到最小。证毕。

此定理表明，θ 的后验中位数估计是绝对损失下的贝叶斯估计。当后验分布为单峰对称分布时，其均值和中位数相等，因而平方损失和绝对损失下的贝斯估计相同。

例 9.2.3 设 $\boldsymbol{X}=(X_1,X_2,\cdots,X_n)$ 是来自均匀总体 $U(0,\theta)$ 的样本，θ 的先验分布为帕托雷分布 $Pa(x_0,\alpha)$，求 θ 在绝对损失下的贝叶斯估计。

解 由 8.1.4 节的讨论，θ 的后验分布是帕托雷分布 $Pa(x^*,\alpha+n)$，其密度函数为

$$\pi(\theta \mid \boldsymbol{x})=\frac{\alpha+n}{x^*}\left(\frac{x^*}{\theta}\right)^{\alpha+n+1}, \quad \theta > x^*$$

其中 $x^*=\max\{x_0,x_1,\cdots,x_n\}$。因此，后验分布函数为

$$F(\theta \mid \boldsymbol{x})=\int_{x^*}^{\theta} \pi(t \mid \boldsymbol{x})\mathrm{d}t=1-\left(\frac{x^*}{\theta}\right)^{\alpha+n}, \quad \theta > x^*$$

通过解下述方程

$$1-\left(\frac{x^*}{\theta}\right)^{\alpha+n}=\frac{1}{2}$$

得到 θ 在绝对损失下的贝叶斯估计

$$\delta_B=\left(\frac{1}{2}\right)^{-\frac{1}{\alpha+n}} x^*=2^{\frac{1}{\alpha+n}} x^*$$

9.2.4 线性损失

定理 9.2.5 在线性损失下，θ 的贝叶斯估计是后验密度 $\pi(\theta \mid x)$ 的 $\alpha_0/(\alpha_0+\alpha_1)$ 分位数：

$$\delta_B=u_{\alpha_0/(\alpha_0+\alpha_1)} \tag{9.23}$$

即 δ_B 使得

$$P(\theta \leqslant \delta_B \mid \boldsymbol{x})=\int_{\theta_{\min}}^{\delta_B} \pi(\theta \mid x)\mathrm{d}\theta=\frac{\alpha_0}{\alpha_0+\alpha_0}$$

证明 令 $\delta=\delta(x)$ 是 θ 的任一估计，在线性损失式(9.16)下，它的后验风险为

$$\begin{aligned}
R(\delta \mid x)=&\int_{\theta_{\min}}^{\theta_{\max}} L(\theta,\delta)\pi(\theta \mid x)\mathrm{d}\theta \\
&=\alpha_1\int_{-\infty}^{\delta}(\delta-\theta)\pi(\theta \mid x)\mathrm{d}\theta+\alpha_0\int_{\delta}^{+\infty}(\theta-\delta)\pi(\theta \mid x)\mathrm{d}\theta \\
&=(\alpha_0+\alpha_1)\int_{-\infty}^{\delta}(\delta-\theta)\pi(\theta \mid x)\mathrm{d}\theta-\alpha_0\int_{-\infty}^{\delta}(\delta-\theta)\pi(\theta \mid x)\mathrm{d}\theta+ \\
&\quad \alpha_0\int_{\delta}^{+\infty}(\theta-\delta)\pi(\theta \mid x)\mathrm{d}\theta \\
&=(\alpha_0+\alpha_1)\int_{-\infty}^{\delta}(\delta-\theta)\pi(\theta \mid x)\mathrm{d}\theta-\alpha_0\delta\int_{-\infty}^{+\infty}\pi(\theta \mid x)\mathrm{d}\theta+\alpha_0\int_{-\infty}^{+\infty}\theta\pi(\theta \mid x)\mathrm{d}\theta \\
&=(\alpha_0+\alpha_1)\int_{-\infty}^{\delta}(\delta-\theta)\pi(\theta \mid x)\mathrm{d}\theta-\alpha_0\delta+\alpha_0 E[\theta \mid x]
\end{aligned}$$

于是，

$$\frac{\mathrm{d}}{\mathrm{d}\delta}R(\delta \mid x) = (\alpha_0 + \alpha_1)\left(\int_{-\infty}^{\delta} \pi(\theta \mid x)\mathrm{d}\theta + \delta\pi(\delta \mid x) - \delta\pi(\delta \mid x)\right) - \alpha_0$$

$$= (\alpha_0 + \alpha_1)\int_{-\infty}^{\delta} \pi(\theta \mid x)\mathrm{d}\theta - \alpha_0$$

由方程

$$(\alpha_0 + \alpha_1)\int_{-\infty}^{\delta} \pi(\theta \mid x)\mathrm{d}\theta - \alpha_0 = 0$$

得到

$$\int_{-\infty}^{\delta} \pi(\theta \mid x)\mathrm{d}\theta = \frac{\alpha_0}{\alpha_0 + \alpha_1}$$

因此后验密度的 $\alpha_0/(\alpha_0+\alpha_1)$分位数 $u_{\alpha_0/(\alpha_0+\alpha_1)}$是风险函数的唯一平稳点。又因

$$\frac{\mathrm{d}^2}{\mathrm{d}\delta^2}R(\delta \mid x) = (\alpha_0 + \alpha_1)\pi(\delta \mid x) > 0$$

故风险函数有唯一极小点 $\delta = u_{\alpha_0/(\alpha_0+\alpha_1)}$。所以，$\theta$ 的贝叶斯估计是后验密度的 $\alpha_0/(\alpha_0+\alpha_1)$分位数：

$$\delta_B = u_{\alpha_0/(\alpha_0+\alpha_1)}$$

证毕。

例 9.2.4　设 $X|\theta \sim N(\theta,\sigma^2)$，$\sigma^2$ 已知，θ 的先验分布为 $\theta \sim N(\mu,\tau^2)$。若 $\boldsymbol{X}=(X_1,X_2,\cdots,X_n)$是来自总体 X 的样本，求 θ 在下述线性损失下的贝叶斯估计：

$$L(\theta,\delta) = \begin{cases} 2(\theta - \delta), & \theta \geqslant \delta \\ (\delta - \theta), & \theta < \delta \end{cases}$$

解　由例 8.2.1，θ 的后验分布为 $N(\mu_n,\eta_n^2)$：

$$\pi(\theta \mid \boldsymbol{x}) = \frac{1}{\sqrt{2\pi}\,\eta_n}\exp\left(-\frac{(\theta - \mu_n)^2}{2\eta_n^2}\right)$$

其中

$$\mu_n = \frac{\sigma^2}{\sigma^2 + n\tau^2}\mu + \frac{n\tau^2}{\sigma^2 + n\tau^2}\bar{x}, \quad \eta_n^2 = \frac{\tau^2\sigma^2}{\sigma^2 + n\tau^2}$$

根据定理 9.2.5，后验分布 $N(\mu_n,\eta_n^2)$的 $\alpha_0/(\alpha_0+\alpha_1)=2/3$ 分位数是 θ 的贝叶斯估计。$N(0,1)$的 2/3 分位数是 0.43，故 θ 的贝叶斯估计为

$$\begin{aligned}\delta_B &= \mu_n + 0.43\eta_n \\ &= \frac{\sigma^2}{\sigma^2 + n\tau^2}\mu + \frac{n\tau^2}{\sigma^2 + n\tau^2}\bar{x} + 0.43 \times \frac{\tau\sigma}{\sqrt{\sigma^2 + n\tau^2}}\end{aligned}$$

9.2.5　0-1 损失

定理 9.2.6　在 0-1 损失下，当 ε 较小时，θ 的贝叶斯估计是后验密度 $\pi(\theta|x)$的最大值点(通常称为最大后验，或众数，或广义最大似然)：

$$\delta_B = \underset{\theta \in \Theta}{\operatorname{argmax}}\,\pi(\theta \mid x) \tag{9.24}$$

证明　由 0-1 损失的定义

$$L(\theta,\delta)=\begin{cases}0, & |\delta-\theta|\leqslant\varepsilon\\1, & |\delta-\theta|>\varepsilon\end{cases}$$

θ 的任一估计 $\delta=\delta(x)$ 的后验风险为

$$\begin{aligned}R(\delta\mid x)&=E[L(\theta,\delta)\mid \boldsymbol{x}]=\int_{\Theta}L(\theta,\delta)\pi(\theta\mid \boldsymbol{x})\mathrm{d}\theta\\&=\int_{\Theta}\pi(\theta\mid \boldsymbol{x})\mathrm{d}\theta-\int_{|\delta-\theta|\leqslant\varepsilon}\pi(\theta\mid \boldsymbol{x})\mathrm{d}\theta\\&=1-\int_{|\delta-\theta|\leqslant\varepsilon}\pi(\theta\mid \boldsymbol{x})\mathrm{d}\theta\end{aligned}$$

因此，当且仅当

$$P(-\varepsilon\leqslant\delta-\theta\leqslant\varepsilon\mid x)=\int_{|\delta-\theta|\leqslant\varepsilon}\pi(\theta\mid x)\mathrm{d}\theta$$

达到最大时，后验风险最小。当 ε 较小时，δ 取后验密度的最大值点，$P(-\varepsilon\leqslant\delta-\theta\leqslant\varepsilon|x)$ 达到最大值，如图 9.1 所示。故后验密度的最大值点是 θ 的贝叶斯估计。证毕。

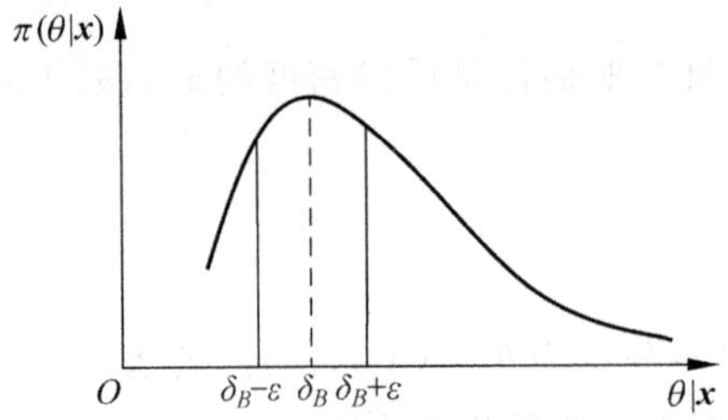

图 9.1 0-1 损失的贝叶斯估计

此定理表明，在 0-1 损失下贝叶斯估计是最大后验估计。当后验密度为单峰对称时，后验均值、中位数和最大后验(众数)三者相等，此时在平方损失、绝对损失和 0-1 损失下的贝叶斯估计相同。实践中，最常用的是均值估计和最大后验估计，它们分别是平方损失和 0-1 损失下的贝叶斯估计。表 9.2 罗列了常用分布参数的贝叶斯估计。

表 9.2 常用分布参数的贝叶斯估计

总体分布	先验分布	贝叶斯估计	
		后验均值(平方损失)	最大后验(0-1 损失)
二项分布 $B(n,\theta)$ 参数 θ	$Be(a,b)$ 1	$\frac{a+x}{a+b+n}$ $\frac{x}{n}$	$\frac{a+x-1}{a+b+n-2}$ $\frac{x+1}{n+2}$
泊松分布 $P(\lambda)$ 参数 λ	$\Gamma(\alpha,\beta)$ 1	$\frac{\alpha+n\bar{x}}{\beta+n}$ $\bar{x}+\frac{1}{n}$	$\frac{\alpha+n\bar{x}-1}{\beta+n}$ $\bar{x}$
指数分布 $Exp(1/\theta)$ 参数 θ	$\Gamma^{-1}(\alpha,\beta)$	$\frac{\beta+n\bar{x}}{\alpha+n+1}$	$\frac{\beta+n\bar{x}}{\alpha+n+1}$
均匀分布 $U(0,\theta)$ 参数 θ	$Pa(\alpha,\theta_0)$	$\frac{\alpha+n}{\alpha+n-1}\max\{x_1,\cdots,x_n,\theta_0\}$	$\max\{x_1,\cdots,x_n,\theta_0\}$
正态分布 $N(\theta,\sigma^2)$ σ^2 已知	$N(\mu,\tau^2)$	$\left(\frac{n}{\sigma^2}+\frac{1}{\tau^2}\right)^{-1}\left(\frac{n\bar{x}}{\sigma^2}+\frac{\mu}{\tau^2}\right)$	$\left(\frac{n}{\sigma^2}+\frac{1}{\tau^2}\right)^{-1}\left(\frac{n\bar{x}}{\sigma^2}+\frac{\mu}{\tau^2}\right)$

续表

总体分布	先验分布	贝叶斯估计	
		后验均值(平方损失)	最大后验(0-1 损失)
正态分布 $N(0,\sigma^2)$ 参数 σ^2	$\Gamma^{-1}(\alpha,\beta)$ $1/\sigma^2$	$\dfrac{2\beta+\sum_{i=1}^{n}x_i^2}{2\alpha+n-2}$ $\dfrac{1}{n-2}\sum_{i=1}^{n}x_i^2$	$\dfrac{2\beta+\sum_{i=1}^{n}x_i^2}{2\alpha+n+2}$ $\dfrac{1}{n+2}\sum_{i=1}^{n}x_i^2$
多元正态分布 $N(\mu,\Sigma)$,Σ 已知	$N(\mu_0,\Sigma_0)$	$(\Sigma_0^{-1}+n\Sigma^{-1})^{-1}\times$ $(\Sigma_0^{-1}\mu_0+n\Sigma^{-1}\bar{x})$	$(\Sigma_0^{-1}+n\Sigma^{-1})^{-1}\times$ $(\Sigma_0^{-1}\mu_0+n\Sigma^{-1}\bar{x})$

9.2.6　两点注释

1. 区间估计

区间估计问题也可以融入统计决策的框架。设 $\delta(x)=(a(x),b(x))$是参数 θ 的区间估计,为简单起见,损失函数可选择为

$$L(\theta,\delta)=w_1(b(x)-a(x))+w_2(1-I_{\delta(x)}(\theta))$$

其中 w_1,w_2 是给定的常数,$I_{\delta(x)}(\theta)$是区间 $\delta(x)$的示性函数,即 $I_{\delta(x)}(\theta)=1,\theta\in\delta(x);0,\theta\notin\delta(x)$。不难看出,第一项表示区间长度导致的损失,长度越小精度越高,因而损失就越小;第二部分表示 θ 不属于区间 $\delta(x)$所引起的损失,其损失是常数 w_2。$\delta(x)$的后验风险为

$$R(\delta\mid x)=\int_{\Theta}L(\theta,\delta)\pi(\theta\mid x)\mathrm{d}\theta=w_1(b(x)-a(x))+w_2P(\theta\in\delta\mid x)$$

根据后验风险最小准则,区间估计的贝叶斯解为

$$\delta_B=\underset{\delta\in\mathcal{D}}{\operatorname{argmin}}R(\delta\mid x)$$

在实践中,找出区间的贝叶斯解并非易事,通常只是通过对多个区间估计的比较,从中选择后验风险最小的区间。

2. 假设检测问题

假设检验问题可作为两行动的决策问题:

$$H_0,\theta\in\Theta_0\leftrightarrow H_1,\theta\in\Theta_1$$

决策行动 δ_0 表示接受假设 H_0;δ_1 表示拒绝假设 H_0,接受 H_1。常用的损失函数有以下两种:

0-1 损失:

$$L(\theta,\delta_0)=\begin{cases}0, & \theta\in\Theta_0\\ 1, & \theta\in\Theta_1\end{cases},\quad L(\theta,\delta_1)=\begin{cases}1, & \theta\in\Theta_0\\ 0, & \theta\in\Theta_1\end{cases}$$

0-α_i 损失:

$$L(\theta,\delta_0)=\begin{cases}0, & \theta\in\Theta_0\\ \alpha_0, & \theta\in\Theta_1\end{cases},\quad L(\theta,\delta_1)=\begin{cases}\alpha_1, & \theta\in\Theta_0\\ 0, & \theta\in\Theta_1\end{cases}$$

在 0-1 损失下，两种行动的后验风险为

$$R(\delta_0 \mid \boldsymbol{x}) = \int_\Theta L(\theta,\delta_0)\pi(\theta \mid \boldsymbol{x})\mathrm{d}\theta = \int_{\Theta_0} \pi(\theta \mid \boldsymbol{x})\mathrm{d}\theta = P(\theta \in \Theta_0 \mid \boldsymbol{x})$$

$$R(\delta_1 \mid \boldsymbol{x}) = \int_\Theta L(\theta,\delta_1)\pi(\theta \mid \boldsymbol{x})\mathrm{d}\theta = \int_{\Theta_1} \pi(\theta \mid \boldsymbol{x})\mathrm{d}\theta = P(\theta \in \Theta_1 \mid \boldsymbol{x})$$

根据后险风险(此时是后验概率)最小原则，选择行动 $\delta_B = \mathrm{argmin}\{R(\delta_0 \mid \boldsymbol{x}), R(\delta_1 \mid \boldsymbol{x})\}$。

在 0-α_i 损失下，两种行动的后验风险为

$$R(\delta_0 \mid \boldsymbol{x}) = \int_\Theta L(\theta,\delta_0)\pi(\theta \mid \boldsymbol{x})\mathrm{d}\theta = \alpha_0\int_{\Theta_0} \pi(\theta \mid \boldsymbol{x})\mathrm{d}\theta = \alpha_0 P(\theta \in \Theta_0 \mid \boldsymbol{x})$$

$$R(\delta_1 \mid \boldsymbol{x}) = \int_\Theta L(\theta,\delta_1)\pi(\theta \mid \boldsymbol{x})\mathrm{d}\theta = \alpha_1\int_{\Theta_1} \pi(\theta \mid \boldsymbol{x})\mathrm{d}\theta = \alpha_1 P(\theta \in \Theta_1 \mid \boldsymbol{x})$$

根据后险风险最小原则，选择行动 $\delta_B = \mathrm{argmin}\{R(\delta_0 \mid \boldsymbol{x}), R(\delta_1 \mid \boldsymbol{x})\}$。由于 $P(\theta \in \Theta_1 \mid \boldsymbol{x}) = 1 - P(\theta \in \Theta_0 \mid \boldsymbol{x})$，所以

$$\alpha_0 P(\theta \in \Theta_0 \mid \boldsymbol{x}) > \alpha_1 P(\theta \in \Theta_1 \mid \boldsymbol{x})$$

$$\Leftrightarrow P(\theta \in \Theta_0 \mid \boldsymbol{x}) > \frac{\alpha_1}{\alpha_0 + \alpha_1} \tag{9.25}$$

故当式(9.25)成立时选择行动 δ_0，即接受假设 H_0；当式(9.25)的反向不等式成立时，选择行动 δ_1，即拒绝 H_0，接受 H_1。

上面两种损失易容推广到多重假设检验，留给读者。

9.3 极小极大准则

后验风险(或贝叶斯风险)最小准则是平均意义下的最优准则，在统计决策问题中还使用极小极大(Minimax)准则。极小极大准则是一种保守型的决策准则，是使最大风险达到最小的一种决策方法，换句话说，它是考虑在最不利的极端情况下选择一种风险最小的行动。

设样本 X 的概率函数为 $f(x \mid \theta), \theta \in \Theta, \Delta$ 为行动空间。决策函数 $\delta = \delta(x)$ 在损失 $L(\theta,\delta)$ 下的风险为

$$R(\theta,\delta) = E^{x\mid\theta}[L(\theta,\delta(x))]$$

记

$$M(\delta) = \sup_{\theta \in \Theta} R(\theta,\delta) \tag{9.26}$$

它表示选择决策 δ 时所承受的最大风险。

定义 9.3.1 假定 $\delta_1, \delta_2 \in \mathcal{D}$是同一统计决策问题的两个决策函数，若 δ_1 的最大风险小于 δ_2 的最大风险：$M(\delta_1) \leqslant M(\delta_2)$，则称决策 δ_1 优于 δ_2。若存在 $\delta^* \in \mathcal{D}$使得

$$M(\delta^*) \leqslant M(\delta), \quad \forall \delta \in \mathcal{D} \tag{9.27}$$

则称 δ^* 是决策问题在极小极大准则下的最优解，简称极小极大解。如果决策问题是估计，或检验问题时，极小极大解也称为极小极大估计，或极小极大检验。

寻找决策问题的极小极大解通常很困难，至今仍没有一般的求解方法。下面介绍两种验证特定解是否为极小极大解的方法。

定理 9.3.1 假定 $\hat{g}^*=\hat{g}^*(x)$是先验分布 $\pi(\theta)$下 $g(\theta)$的贝叶斯解，如果 $\hat{g}^*$ 的风险函数为常数：

$$R(\theta,\hat{g}^*)=r,\quad \forall\theta\in\Theta$$

则 $\hat{g}^*$ 也是 $g(\theta)$的极小极大解。

证明 反证法：$\hat{g}^*$ 不是 $g(\theta)$的极小极大解，则存在 $\hat{g}=\hat{g}(x)$使得

$$\sup_{\theta\in\Theta}R(\theta,\hat{g})<\sup_{\theta\in\Theta}R(\theta,\hat{g}^*)=r \tag{9.28}$$

因此

$$R(\theta,\hat{g})<r,\quad \forall\theta\in\Theta$$

$$R_\pi(\hat{g})=\int_\Theta R(\theta,\hat{g})\pi(\theta)\mathrm{d}\theta<\int_\Theta r\cdot\pi(\theta)\mathrm{d}\theta=\int_\Theta R(\theta,\hat{g}^*)\pi(\theta)\mathrm{d}\theta=R_\pi(\hat{g}^*)$$

这与 $\hat{g}^*$ 是贝叶斯解矛盾。

例 9.3.1 若 X 服从二项分布 $B(n,\theta)$，θ 的先验分布分贝塔分布 $Be(a,b)$，求 θ 在平方损失 $L(\theta,\delta)=(\delta-\theta)^2$ 下的极小极大估计。

解 θ 的后验分布 $\pi(\theta|x)$为贝塔分布 $Be(a+x,n+b-x)$，根据定理 9.2.1，θ 的贝叶斯估计 $\delta_{a,b}(x)$是后验分布的均值，由表 9.2 知

$$\delta_{a,b}(x)=\frac{a+x}{n+a+b}$$

它的风险函数为

$$\begin{aligned}R(\theta,\delta_{a,b}(x))&=E\left(\frac{a+X}{n+a+b}-\theta\right)^2=E\left(\frac{X-E[X]}{n+a+b}+\left(\frac{a+E[X]}{n+a+b}-\theta\right)\right)^2\\&=D\left(\frac{X}{n+a+b}\right)+\left(\frac{n\theta+a}{n+a+b}-\theta\right)^2\\&=\frac{n\theta(1-\theta)}{(n+a+b)^2}+\left(\frac{a-(a+b)\theta}{n+a+b}\right)^2\end{aligned}$$

取 $a=b=\dfrac{\sqrt{n}}{2}$，

$$R(\theta,\delta_{\sqrt{n}/2,\sqrt{n}/2})=\frac{1}{4(1+\sqrt{n})^2}(常数) \tag{9.29}$$

由定理 9.3.1，

$$\delta_{\sqrt{n}/2,\sqrt{n}/2}=\frac{2x+\sqrt{n}}{2(n+\sqrt{n})}$$

是 θ 在平方损失下的极小极大估计。

注释 在这个例子中，θ 的经典估计 $\delta_{MLE}(x)=x/n$ 是样本的均值，它的风险函数为

$$R(\theta,\delta_{MLE})=E^{x|\theta}\left(\frac{x}{n}-\theta\right)^2=\frac{\theta(1-\theta)}{n} \tag{9.30}$$

比较 δ_{MLE} 和 $\delta_{\sqrt{n}/2,\sqrt{n}/2}$ 的风险函数是有趣的。δ_{MLE} 的风险函数式(9.30)是抛物线，$\delta_{\sqrt{n}/2,\sqrt{n}/2}$ 的风险函数是水平线，如图 9.2 所示。虽然 $\delta_{\sqrt{n}/2,\sqrt{n}/2}$ 的最大风险小于 δ_{MLE} 的最大风险，$M(\delta_{\sqrt{n}/2,\sqrt{n}/2})<M(\delta_{MLE})$，但从图 9.2 可以看出，当且仅当 $\theta\in(0.5-\theta_n,0.5+\theta_n)$时，$\delta_{\sqrt{n}/2,\sqrt{n}/2}$ 才优于 δ_{MLE}。因此，没有足够的先验信息说明 θ 以较大概率落入区间$(0.5-\theta_n,$

$0.5+\theta_n$)，就很难说 $\delta_{\sqrt{n}/2,\sqrt{n}/2}$ 优于 δ_{MLE}。人们对 θ 的先验分布没有把握时，才使用保守的极小极大估计作为经典估计 δ_{MLE} 的一种替代，否则应采用贝叶斯准则。当然，如果有足够的先验信息认为 θ 的先验分布为 $Be(\sqrt{n}/2,\sqrt{n}/2)$，则极小极大估计为贝叶斯估计。

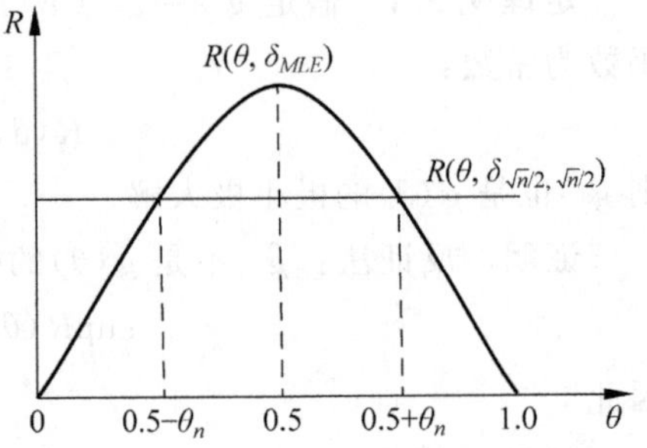

图 9.2 δ_{MLE} 和 $\delta_{\sqrt{n}/2,\sqrt{n}/2}$ 的风险函数

定理 9.3.2 假定 $\hat{g}_k=\hat{g}_k(x)$ 是先验分布 $\pi_k(\theta)$ 下 $g(\theta)$ 的一系列贝叶斯解，$\hat{g}_k$ 的贝叶斯风险 $r_k=R_{\pi_k}(\hat{g}_k)$ 满足

$$\lim_{k\to\infty} r_k=r<\infty \tag{9.31}$$

若 $\hat{g}^*=\hat{g}^*(x)$ 是 $g(\theta)$ 的估计量，且满足条件

$$M(\hat{g}^*)\leqslant r \tag{9.32}$$

则 $\hat{g}^*$ 是 $g(\theta)$ 的极小极大解。

证明 反证法：若 $\hat{g}^*$ 不是 $g(\theta)$ 的极小极大解，则存在 $\hat{g}=\hat{g}(x)$ 使得

$$\sup_{\theta\in\Theta} R(\theta,\hat{g})<\sup_{\theta\in\Theta} R(\theta,\hat{g}^*)\leqslant r=\lim_{k\to\infty} r_k \tag{9.33}$$

因此，对充分大的 k，有

$$R(\theta,\hat{g})<r_k,\quad \forall\theta\in\Theta$$

于是

$$\begin{aligned}R_{\pi_k}(\hat{g})&=\int_\Theta R(\theta,\hat{g})\pi_k(\theta)\mathrm{d}\theta<\int_\Theta r_k\pi_k(\theta)\mathrm{d}\theta\\&=r_k=\int_\Theta R(\theta,\hat{g}_k)\pi_k(\theta)\mathrm{d}\theta=R_\pi(\hat{g}_k)\end{aligned}$$

这与 $\hat{g}_k$ 是先验分布 $\pi_k(\theta)$ 下的贝叶斯解矛盾。证毕。

与定理 9.3.1 相比，这个定理更具有一般性。

例 9.3.2 令 $\boldsymbol{X}=(X_1,X_2,\cdots,X_n)$ 是来自总体 $X|\theta\sim N(\theta,1)$ 的样本，求 θ 在平方损失 $L(\theta,\delta)=(\delta-\theta)^2$ 下的极小极大估计。

解 取 θ 的先验分布 $\pi_k(\theta)$ 为正态分布 $N(0,k^2)$，$k=1,2,\cdots$，则 θ 的后验分布 $\pi_k(\theta|\boldsymbol{x})$ 为正态分布 $N(\mu_k(\boldsymbol{x}),\eta_k^2)$，其中

$$\mu_k(\boldsymbol{x})=\frac{nk^2}{1+nk^2}\bar{x},\quad \eta_k^2=\frac{k^2}{1+nk^2},\quad k=1,2,\cdots$$

由定理 9.2.1，平方损失下的贝叶斯解 $\hat{g}_k$ 是后验分布 $\pi_k(\theta|\boldsymbol{x})$ 的均值，所以

$$\hat{g}_k=\mu_k(\boldsymbol{x})=\frac{nk^2}{1+nk^2}\bar{x},\quad k=1,2,\cdots$$

它们的风险函数为

$$\begin{aligned}R(\theta,\hat{g}_k)&=E(\mu_k(\boldsymbol{x})-\theta)^2=E\left(\frac{nk^2\bar{X}}{1+nk^2}-\theta\right)^2\\&=E\left(\frac{nk^2(\bar{X}-E\bar{X})}{1+nk^2}+\left(\frac{nk^2E\bar{X}}{1+nk^2}-\theta\right)\right)^2=D\left(\frac{nk^2\bar{X}}{1+nk^2}\right)+\left(\frac{nk^2\theta}{1+nk^2}-\theta\right)^2\end{aligned}$$

$$=\frac{nk^4}{(1+nk^2)^2}+\frac{\theta^2}{(1+nk^2)^2}=\frac{nk^4+\theta^2}{(1+nk^2)^2},\quad k=1,2,\cdots$$

因此 $\hat{g}_k$ 的贝叶斯风险为

$$R_{\pi_k}(\hat{g}_k)=E^{\theta}\left(\frac{nk^4+\theta^2}{(1+nk^2)^2}\right)=\frac{nk^4+k^2}{(1+nk^2)^2}\to\frac{1}{n}(k\to\infty)$$

取 $\hat{g}^*=\overline{X}$,则

$$R(\theta,\hat{g}^*)=E(\overline{X}-\theta)^2=\frac{1}{n}$$

故由定理 9.3.2,$\hat{g}^*=\overline{X}$ 是 θ 在平方损失下的极小极大估计。

9.4　EM 和 GEM 算法

EM(Expectation Maximization)算法是一种迭代方法,由 Dempster A P.,Laird N. 等人于 1977 年首先提出[27],最初主要用于最大后验估计。当然,它也可用于最大似然估计,因为在计算上最大后验估计与最大似然估计完全相同。EM 算法不是直接对复杂的后验分布(或似然函数)求极大,而是在观测数据的基础上添加"潜在数据"简化计算,通过一系列的简单极大化实现最大后验估计(最大似然估计)。

9.4.1　EM 算法

1. 潜在数据

在实际问题中,求解最大后验估计或最大似然估计的主要困难是观测数据不能提供完全信息,或者说存在一些"潜在数据"不能被观测到。这些潜在数据是"缺损数据(Missing Data)"也可以是一些未知参数。给"潜在数据"下一个准确的数学定义很困难,下面用一个具体例子来说明。

例 9.4.1　设观测数据 $\boldsymbol{x}_i=(x_{i1},x_{i2},\cdots,x_{in_i})\sim N(u_i\boldsymbol{1}_{n_i},\sigma\boldsymbol{I}_{n_i}),i=1,2,\cdots,m$,是相互独立的,其中 $\boldsymbol{1}_{n_i}$ 是每个元素均为 1 的 n_i 维向量,$\boldsymbol{I}_{n_i}$ 是单位矩阵,$\mu_i\sim N(\beta,\tau^2)$。记

$$\boldsymbol{\Phi}=(\beta,\sigma,\tau),\quad \boldsymbol{y}=(\mu_1,\mu_2,\cdots,\mu_m)$$

它们都是未知参数向量,但感兴趣的是参数向量 $\boldsymbol{\Phi}$。假定 $\boldsymbol{\Phi}$ 的先验分布为 $\pi(\boldsymbol{\Phi})\propto\tau$,现在的问题是从观测数据 $X=\{x_{ij}\mid j=1,2,\cdots,n_i;i=1,2,\cdots,m\}$ 估计参数 $\boldsymbol{\Phi}$。

由贝叶斯公式,不难得到 $(\boldsymbol{\Phi},\boldsymbol{y})$ 后验密度

$$\begin{aligned}\pi(\boldsymbol{\Phi},\boldsymbol{y}\mid X)&\propto\pi(\beta,\sigma,\tau)\cdot\prod_{i=1}^{m}\pi(\mu_i\mid\beta,\tau)\cdot\prod_{i=1}^{m}\prod_{j=1}^{n_i}\pi(x_{ij}\mid\mu_i,\sigma)\\&\propto\tau\cdot\frac{1}{\tau^m}\exp\left(-\frac{1}{2\tau^2}\sum_{i=1}^{m}(\mu_i-\beta)^2\right)\cdot\frac{1}{\sigma^n}\exp\left(-\frac{1}{2\sigma^2}\sum_{i=1}^{m}\sum_{j=1}^{n_i}(x_{ij}-\mu_i)^2\right)\end{aligned}$$

其中 $n=\sum_{i=1}^{m}n_i$。对上式两边取对数,得到

$$\ln\pi(\boldsymbol{\Phi},\boldsymbol{y}\mid X)=-(m-1)\ln\tau-\frac{1}{2\tau^2}\sum_{i=1}^{m}(\mu_i-\beta)^2-n\ln\sigma-\frac{1}{2\sigma^2}\sum_{i=1}^{m}\sum_{j=1}^{n_i}(x_{ij}-\mu_i)^2+C \tag{9.34}$$

其中 C 是常数,在最大化过程中它是无关紧要的,可以略去。

直接从上式求最大后验非常困难,主要原因是不知道参数向量 $\boldsymbol{y}$,在这个问题中它是潜在数据。如果已知 $\boldsymbol{y}$,则求解这个问题就相当容易。因为,通过解方程组

$$\begin{cases}\dfrac{\partial \ln\pi(\boldsymbol{\Phi},\boldsymbol{y} \mid X)}{\partial \tau}=\dfrac{m-1}{\tau}-\dfrac{1}{\tau^3}\sum_{i=1}^{m}(\mu_i-\beta)^2=0\\ \dfrac{\partial \ln\pi(\boldsymbol{\Phi},\boldsymbol{y} \mid X)}{\partial \sigma}=\dfrac{n}{\sigma}-\dfrac{1}{\sigma^3}\sum_{i=1}^{m}\sum_{j=1}^{n_i}(\mu_i-x_{ij})^2=0\\ \dfrac{\partial \ln\pi(\boldsymbol{\Phi},\boldsymbol{y} \mid X)}{\partial \beta}=\dfrac{1}{\tau^2}\sum_{i=1}^{m}(\mu_i-\beta)=0\end{cases}$$

立即得到了 $\boldsymbol{\Phi}$ 极大后验估计

$$\begin{cases}\beta=\dfrac{1}{m}\sum_{i=1}^{m}\mu_i=\bar{\mu}\\ \sigma^2=\dfrac{1}{n}\sum_{i=1}^{m}\sum_{j=1}^{n_i}(\mu_i-x_{ij})^2\\ \tau^2=\dfrac{1}{m-1}\sum_{i=1}^{m}(\mu_i-\bar{\mu})^2\end{cases}$$

2. EM 算法

令 X 为观测数据,未知参数向量 $\boldsymbol{\Phi}$ 的后验密度 $\pi(\boldsymbol{\Phi} \mid X)$ 称为观测后验密度。我们的目的是求观测后验密度 $\pi(\boldsymbol{\Phi} \mid X)$ 的极大后验。记 $\pi(\boldsymbol{\Phi} \mid \boldsymbol{y},X)$ 为添加潜在数据 $\boldsymbol{y}$ 后的后验分布,称为添加后验密度。$\pi(\boldsymbol{y} \mid \boldsymbol{\Phi},X)$ 表示给定 $\boldsymbol{\Phi}$ 和观测数据 X 下的潜在数据 $\boldsymbol{y}$ 的条件密度。

EM 算法是一种迭代算法,记 $\boldsymbol{\Phi}^{(j)}$ 为第 $j+1$ 次迭代开始时极大后验的估计值,第 $j+1$ 次迭代分为以下两步:

E 步:求 $\pi(\boldsymbol{\Phi} \mid \boldsymbol{y},X)$ 或 $\ln\pi(\boldsymbol{\Phi} \mid \boldsymbol{y},X)$ 关于潜在数据 $\boldsymbol{y}$ 的条件分布 $\pi(\boldsymbol{y} \mid \boldsymbol{\Phi}^{(j)},X)$ 的期望:

$$\begin{aligned}Q(\boldsymbol{\Phi} \mid \boldsymbol{\Phi}^{(j)},X) &\triangleq E^{y}(\ln\pi(\boldsymbol{\Phi} \mid \boldsymbol{y},X))\\ &=\int(\ln\pi(\boldsymbol{\Phi} \mid \boldsymbol{y},X))\pi(\boldsymbol{y} \mid \boldsymbol{\Phi}^{(j)},X)\mathrm{d}\boldsymbol{y}\end{aligned} \tag{9.35}$$

M 步:求期望 $Q(\boldsymbol{\Phi} \mid \boldsymbol{\Phi}^{(j)},X)$ 的极大点:

$$\boldsymbol{\Phi}^{(j+1)}=\underset{\Phi}{\operatorname{argmax}}Q(\boldsymbol{\Phi} \mid \boldsymbol{\Phi}^{(j)},X) \tag{9.36}$$

这样,就构成了 EM 算法的一次迭代。

将上述 E 步和 M 步重复迭代下去,直至收敛。在实际应用中,EM 算法的迭代终止条件为

$$\| \boldsymbol{\Phi}^{(j+1)}-\boldsymbol{\Phi}^{(j)} \| < \varepsilon \tag{9.37}$$

或者,

$$\| Q(\boldsymbol{\Phi}^{(j+1)} \mid \boldsymbol{\Phi}^{(j)},X)-Q(\boldsymbol{\Phi}^{(j)} \mid \boldsymbol{\Phi}^{(j-1)},X) \| < \varepsilon \tag{9.38}$$

其中 ε 是控制精度。

例 9.4.1(续) 在例 9.4.1 中,潜在数据为 $\boldsymbol{y}=(\mu_1,\mu_2,\cdots,\mu_m)^{\mathrm{T}}$,下面给出估计参数向量 $\boldsymbol{\Phi}=(\beta,\sigma,\tau)$ 的 EM 算法。

E 步：假定$\boldsymbol{\Phi}$的当前估计值为$\boldsymbol{\Phi}^{(k)}=(\beta^{(k)},\sigma^{(k)},\tau^{(k)})$，E 步是在给定 $X,\boldsymbol{\Phi}^{(k)}$ 下求式(9.34)的期望。由于正态分布是 μ_i 的共轭先验分布，所以

$$(\mu_i \mid \boldsymbol{\Phi}^{(k)},X) \sim N(\mu_i^{(k)},\delta_i^{(k)})$$

其中

$$\begin{cases}\mu_i^{(k)}=\left(\dfrac{n_i}{(\sigma^{(k)})^2}+\dfrac{1}{(\tau^{(k)})^2}\right)^{-1}\left(\dfrac{n_i\bar{x}_i}{(\sigma^{(k)})^2}+\dfrac{\beta^{(k)}}{(\tau^{(k)})^2}\right)\\ \delta_i^{(k)}=\left(\dfrac{n_i}{(\sigma^{(k)})^2}+\dfrac{1}{(\tau^{(k)})^2}\right)^{-1}\end{cases} \tag{9.39}$$

因此，对任意与 μ_i 无关的量 c，有

$$\begin{aligned}E[(\mu_i-c)^2 \mid \boldsymbol{\Phi}^{(k)},X]&=(E[\mu_i \mid \boldsymbol{\Phi}^{(k)},X])^2+Var[\mu_i \mid \boldsymbol{\Phi}^{(k)},X]\\&=(\mu_i^{(k)}-c)^2+(\delta_i^{(k)})^2\end{aligned}$$

在上式中，令 $c=\beta$，立即得到式(9.34)在给定 $X,\boldsymbol{\Phi}^{(k)}$ 下的期望：

$$\begin{aligned}Q(\boldsymbol{\Phi} \mid \boldsymbol{\Phi}^{(k)},X)=&-(m-1)\ln\tau-\frac{1}{2\tau^2}\sum_{i=1}^{m}((\mu_i^{(k)}-\beta)^2+\delta_i^{(k)})\\&-n\ln\sigma-\frac{1}{2\sigma^2}\sum_{i=1}^{m}\sum_{j=1}^{n_i}((\mu_k^{(k)}-x_{ij})^2+\delta_i^{(k)})\end{aligned} \tag{9.40}$$

M 步：式(9.40)的极大化是简单的，通过解方程组$\dfrac{\partial Q}{\partial \boldsymbol{\Phi}}=0$，得到

$$\begin{cases}\beta^{(k+1)}=\dfrac{1}{m}\displaystyle\sum_{i=1}^{m}\mu_i^{(k)}\\ \sigma^{(k+1)}=\left(\dfrac{1}{n}\displaystyle\sum_{i=1}^{m}\sum_{j=1}^{n_i}((\mu_k^{(k)}-x_{ij})^2+\delta_i^{(k)})\right)^{1/2}\\ \tau^{(k+1)}=\left(\dfrac{1}{m-1}\displaystyle\sum_{i=1}^{m}((\mu_i^{(k)}-\beta^{(k+1)})^2+\delta_i^{(k)})\right)^{1/2}\end{cases} \tag{9.41}$$

将式(9.39)代入式(9.41)，就得到了 EM 算法的完整迭代公式。与例 9.4.1 比较，M 步的极大化方法与在完全数据(已知 $\boldsymbol{y}=(\mu_1,\mu_2,\cdots,\mu_m)^{\mathrm{T}}$)情况下的极大化方法相同。

9.4.2 收敛性与估计精度

EM 算法是利用潜在数据将复杂的最大后验估计(或最大似然估计)转化为一系列较为简单的极小化问题，并通过迭代技术来实现。一个很自然的问题是 EM 算法所得到的估计序列$\{\Phi^{(j)}\}$一定收敛吗？作为一种估计，如何计算 EM 算法的估计精度？

1. 收敛性

关于 EM 算法的收敛性，有下述定理。

定理 9.4.1　在 EM 算法中，估计序列$\{\boldsymbol{\Phi}^{(j)}\}$所对应后验密度值序列 $\pi(\boldsymbol{\Phi}^{(j)} \mid X\}$是单调增的，即

$$\pi(\boldsymbol{\Phi}^{(j)} \mid X) \leqslant \pi(\boldsymbol{\Phi}^{(j+1)} \mid X),\quad \forall j \tag{9.42}$$

证明　根据全概率公式，

$$\pi(\boldsymbol{\Phi},\boldsymbol{y} \mid X\}=\pi(\boldsymbol{y} \mid \boldsymbol{\Phi},X)\pi(\boldsymbol{\Phi} \mid X)=\pi(\boldsymbol{\Phi} \mid \boldsymbol{y},X)\pi(\boldsymbol{y} \mid X)$$

利用后一个等式,得到

$$\ln\pi(\boldsymbol{\Phi} \mid X)=\ln\pi(\boldsymbol{\Phi} \mid \boldsymbol{y},X)-\ln\pi(\boldsymbol{y} \mid \boldsymbol{\Phi},X)+\ln\pi(\boldsymbol{y} \mid X) \tag{9.43}$$

上式对 $\boldsymbol{y}$ 关于 $\pi(\boldsymbol{y}\mid\boldsymbol{\Phi}^{(j)},X)$ 求期望:

$$\begin{aligned}\ln\pi(\boldsymbol{\Phi} \mid X)&=\int(\ln\pi(\boldsymbol{\Phi} \mid \boldsymbol{y},X)-\ln\pi(\boldsymbol{y} \mid \boldsymbol{\Phi},X)+\ln\pi(\boldsymbol{y} \mid X))\pi(\boldsymbol{y} \mid \boldsymbol{\Phi}^{(j)},X)\mathrm{d}\boldsymbol{y}\\&\triangleq Q(\boldsymbol{\Phi} \mid \boldsymbol{\Phi}^{(j)},X)-R(\boldsymbol{\Phi} \mid \boldsymbol{\Phi}^{(j)},X)+T(\boldsymbol{\Phi}^{(j)},X)\end{aligned} \tag{9.44}$$

其中

$$Q(\boldsymbol{\Phi} \mid \boldsymbol{\Phi}^{(j)},X)=\int(\ln\pi(\boldsymbol{\Phi} \mid \boldsymbol{y},X))\pi(\boldsymbol{y} \mid \boldsymbol{\Phi}^{(j)},X)\mathrm{d}\boldsymbol{y}$$

$$R(\boldsymbol{\Phi} \mid \boldsymbol{\Phi}^{(j)},X)=\int(\ln\pi(\boldsymbol{y} \mid \boldsymbol{\Phi}^{(j)},X))\pi(\boldsymbol{y} \mid \boldsymbol{\Phi}^{(j)},X)\mathrm{d}\boldsymbol{y}$$

$$T(\boldsymbol{\Phi}^{(j)},X)=\int(\ln\pi(\boldsymbol{y} \mid X))\pi(\boldsymbol{y} \mid \boldsymbol{\Phi}^{(j)},X)\mathrm{d}\boldsymbol{y}$$

将 $\boldsymbol{\Phi}=\boldsymbol{\Phi}^{(j)},\boldsymbol{\Phi}^{(j+1)}$ 分别代入式(9.44),并相减得到

$$\begin{aligned}&\ln\pi(\boldsymbol{\Phi}^{(j+1)} \mid X)-\ln\pi(\boldsymbol{\Phi}^{(j)} \mid X)\\&=(Q(\boldsymbol{\Phi} \mid \boldsymbol{\Phi}^{(j+1)},X)-Q(\boldsymbol{\Phi} \mid \boldsymbol{\Phi}^{(j)},X))-(R(\boldsymbol{\Phi} \mid \boldsymbol{\Phi}^{(j+1)},X)-R(\boldsymbol{\Phi} \mid \boldsymbol{\Phi}^{(j)},X))\end{aligned} \tag{9.45}$$

由 Jensen 不等式

$$\begin{aligned}&R(\boldsymbol{\Phi} \mid \boldsymbol{\Phi}^{(j+1)},X)-R(\boldsymbol{\Phi} \mid \boldsymbol{\Phi}^{(j)},X)\\&=E^{\boldsymbol{y}\mid\boldsymbol{\Phi}^{(j)},X}\left[\ln\frac{\pi(\boldsymbol{y} \mid \boldsymbol{\Phi}^{(j+1)},X)}{\pi(\boldsymbol{y} \mid \boldsymbol{\Phi}^{(j)},X)}\right]\leqslant \ln E^{\boldsymbol{y}\mid\boldsymbol{\Phi}^{(j)},X}\left[\frac{\pi(\boldsymbol{y} \mid \boldsymbol{\Phi}^{(j+1)},X)}{\pi(\boldsymbol{y} \mid \boldsymbol{\Phi}^{(j)},X)}\right]=0\end{aligned} \tag{9.46}$$

又因 $\boldsymbol{\Phi}^{(j+1)}=\underset{\Phi}{\operatorname{argmax}}Q(\boldsymbol{\Phi} \mid \boldsymbol{\Phi}^{(j)},X)$,所以

$$Q(\boldsymbol{\Phi} \mid \boldsymbol{\Phi}^{(j+1)},X)-Q(\boldsymbol{\Phi} \mid \boldsymbol{\Phi}^{(j)},X)\geqslant 0 \tag{9.47}$$

由式(9.45)～式(9.47),有

$$\ln\pi(\boldsymbol{\Phi}^{(j+1)} \mid X)-\ln\pi(\boldsymbol{\Phi}^{(j)} \mid X)\geqslant 0$$

故 $\pi(\boldsymbol{\Phi}^{(j)}\mid X)\leqslant\pi(\boldsymbol{\Phi}^{(j+1)}\mid X)$。证毕。

定理 9.4.2 在 EM 算法中,①如果 $\pi(\boldsymbol{\Phi}\mid X)$ 有界,则 $\{\pi(\boldsymbol{\Phi}^{(j)}\mid X)\}$ 收敛;②如果 $Q(\boldsymbol{\Phi}\mid\varphi)$ 关于 $\boldsymbol{\Phi},\varphi$ 都是连续的,则在 $\pi(\boldsymbol{\Phi}\mid X)$ 满足很一般的条件下,估计序列 $\{\boldsymbol{\Phi}^{(j)}\}$ 收敛到 $\pi(\boldsymbol{\Phi}\mid X)$ 的稳定点[28]。

注释 在定理 9.4.2 的条件下,只能保证估计点列收敛到后验密度的稳定点,但不能保证收敛到最大点或局部极大点,这是所有迭代算法的共性。在实际应用中,只能通过选择一个好的初始点,或选取一系列的初始点进行 EM 迭代,然后比较迭代结果确定后验密度的最大点。

2. 估计精度

Louis 算法 假定 $\boldsymbol{\Phi}^*$ 是 EM 算法的估计结果,则 $\boldsymbol{\Phi}^*$ 的渐近方差可以用 Fisher 观测信息矩阵的逆来近似

$$\boldsymbol{I}_{\boldsymbol{\Phi}^*}^{-1}\triangleq\left(-\left.\frac{\partial^2\ln\pi(\boldsymbol{\Phi} \mid X)}{\partial\phi_k\partial\phi_l}\right|_{\boldsymbol{\Phi}=\boldsymbol{\Phi}^*}\right)^{-1} \tag{9.48}$$

因此,精度估计问题的关键在于计算式(9.48)。下面是 Louis 给出的算法。

根据式(9.43)

$$\frac{\partial^2 \ln\pi(\boldsymbol{\Phi} \mid X)}{\partial \phi_k \partial \phi_l}=\frac{\partial^2 \ln\pi(\boldsymbol{\Phi} \mid \boldsymbol{y},X)}{\partial \phi_k \partial \phi_l}-\frac{\partial^2 \ln\pi(\boldsymbol{y} \mid \boldsymbol{\Phi},X)}{\partial \phi_k \partial \phi_l}$$

上式对 $\pi(\boldsymbol{y}|\boldsymbol{\Phi},X)$ 求期望

$$\frac{\partial^2 \ln\pi(\boldsymbol{\Phi} \mid X)}{\partial \phi_k \partial \phi_l}=\int \frac{\partial^2 \ln\pi(\boldsymbol{\Phi} \mid \boldsymbol{y},X)}{\partial \phi_k \partial \phi_l}\pi(\boldsymbol{y} \mid \boldsymbol{\Phi},X)\mathrm{d}\boldsymbol{y}-\int \frac{\partial^2 \ln\pi(\boldsymbol{y} \mid \boldsymbol{\Phi},X)}{\partial \phi_k \partial \phi_l}\pi(\boldsymbol{y} \mid \boldsymbol{\Phi},X)\mathrm{d}\boldsymbol{y}$$

$$=\left.\frac{\partial^2 Q(\boldsymbol{\Phi} \mid \varphi,X)}{\partial \phi_k \partial \phi_l}\right|_{\varphi=\Phi}-\left.\frac{\partial^2 H(\boldsymbol{\Phi} \mid \varphi,X)}{\partial \phi_k \partial \phi_l}\right|_{\varphi=\Phi}$$

于是,

$$\left(-\left.\frac{\partial^2 \ln\pi(\boldsymbol{\Phi} \mid X)}{\partial \phi_k \partial \phi_l}\right|_{\Phi=\Phi^*}\right)=\left(-\left.\frac{\partial^2 Q(\boldsymbol{\Phi} \mid \varphi,X)}{\partial \phi_k \partial \phi_l}\right|_{\varphi=\Phi=\Phi^*}\right)-\left(-\left.\frac{\partial^2 H(\boldsymbol{\Phi} \mid \varphi,X)}{\partial \phi_k \partial \phi_l}\right|_{\varphi=\Phi=\Phi^*}\right) \tag{9.49}$$

通常,$-\left(\frac{\partial^2 Q}{\partial\phi_k\partial\phi_l}\right)$,$-\left(\frac{\partial^2 H}{\partial\phi_k\partial\phi_l}\right)$分别称为完全信息与缺损信息,因此式(9.49)给出了所谓的缺损信息原则

观测信息 = 完全信息 − 缺损信息

Louis 曾经还给出了一个重要结论[29]

$$\left(-\frac{\partial^2 \ln\pi(\boldsymbol{\Phi} \mid X)}{\partial \phi_k \partial \phi_l}\right)=-E^{\boldsymbol{y}|\Phi,X}\left[\frac{\partial^2 \ln\pi(\boldsymbol{\Phi} \mid \boldsymbol{y},X)}{\partial \phi_k \partial \phi_l}\right]-Var^{\boldsymbol{y}|\Phi,X}\left[\frac{\partial \ln\pi(\boldsymbol{\Phi} \mid \boldsymbol{y},X)}{\partial \boldsymbol{\Phi}}\right] \tag{9.50}$$

将 $\boldsymbol{\Phi}=\boldsymbol{\Phi}^*$ 代入上式,取逆得到 $\boldsymbol{\Phi}^*$ 的渐近方差。

模拟计算　从分布 $\pi(\boldsymbol{y}|\boldsymbol{\Phi},X)$ 抽取 r 个样本:$\boldsymbol{y}_1,\boldsymbol{y}_2,\cdots,\boldsymbol{y}_r$,当 r 充分大时式(9.50)右端均值可按下述近似公式进行计算:

$$E^{\boldsymbol{y}|\boldsymbol{\Phi},X}\left[\frac{\partial^2 \ln\pi(\boldsymbol{\Phi} \mid \boldsymbol{y},X)}{\partial \phi_k \partial \phi_l}\right]=\left(\int \frac{\partial^2 \log\pi(\boldsymbol{\Phi} \mid \boldsymbol{y},X)}{\partial \phi_k \partial \phi_l}\pi(\boldsymbol{y} \mid \boldsymbol{\Phi},X)\mathrm{d}\boldsymbol{y}\right)$$

$$\approx\left(\frac{1}{r}\sum_{i=1}^{r}\frac{\partial^2 \ln\pi(\boldsymbol{\Phi} \mid X,\boldsymbol{y}_i)}{\partial \phi_k \partial \phi_l}\right) \tag{9.51}$$

类似地,协方差可按下近似述公式计算:

$$Var^{\boldsymbol{y}|\Phi,X}\left[\frac{\partial \ln\pi(\boldsymbol{\Phi} \mid \boldsymbol{y},X)}{\partial \boldsymbol{\Phi}}\right]\approx\left(\frac{1}{r}\sum_{i=1}^{r}\left(\frac{\partial \ln\pi(\boldsymbol{\Phi} \mid \boldsymbol{y}_i,X)}{\partial \phi_k}\cdot\frac{\partial \ln\pi(\boldsymbol{\Phi} \mid \boldsymbol{y}_i,X)}{\partial \phi_l}\right)\right)-$$

$$\left(\frac{1}{r^2}\left(\sum_{i=1}^{r}\frac{\partial \ln\pi(\boldsymbol{\Phi} \mid \boldsymbol{y}_i,X)}{\partial \phi_k}\cdot\sum_{i=1}^{r}\frac{\partial \ln\pi(\boldsymbol{\Phi} \mid \boldsymbol{y}_i,X)}{\partial \phi_l}\right)\right) \tag{9.52}$$

9.4.3　GEM 算法

1. GEM 算法

在 EM 算法中,M 步的极大化是寻找 Q 函数的极大点。在实际应用中,Q 函数通常都是多变量的高度非线性函数,这使得 M 步的实现异常困难,GEM 算法是针对这一困难而提出的。这种方法降低了 M 步求极大点的要求,在 M 步是寻找一个点 $\Phi^{(j+1)}$ 使得下式成立:

$$Q(\boldsymbol{\Phi}^{(j+1)} \mid \boldsymbol{\Phi}^{(j)},X\} > Q(\boldsymbol{\Phi}^{(j)} \mid \boldsymbol{\Phi}^{(j-1)},X) \tag{9.53}$$

GEM 算法所产生的迭代点列$\{\boldsymbol{\Phi}^{(j)}\}$也能保证后验密度函数值序列$\{\pi(\boldsymbol{\Phi}^{(j)}|X)\}$是单调增的，在一定的条件下定理 9.4.2 也成立[28]。

Meng 和 Rubin 提出了的一种特殊的 GEM 算法[30]，他们称之为 ECM(Expectation/Conditional Maximization)算法，该算法通过一系列单变量的极大化实现 M 步。令$\boldsymbol{\Phi}^{(j)}=(\phi_1^{(j)},\phi_2^{(j)},\cdots,\phi_m^{(j)})$是当前的估计值，ECM 利用下述一系列的极大化得到$\boldsymbol{\Phi}^{(j+1)}$：

$$\begin{cases}\phi_1^{(j+1)}=\underset{\phi_1}{\operatorname{argmax}}Q(\phi_1,\phi_2^{(j)},\cdots,\phi_{k-1}^{(j)},\phi_k^{(j)})\\ \phi_2^{(j+1)}=\underset{\phi_2}{\operatorname{argmax}}Q(\phi_1^{(j+1)},\phi_2,\cdots,\phi_{k-1}^{(j)},\phi_k^{(j)})\\ \qquad\vdots\\ \phi_k^{(j+1)}=\underset{\phi_k}{\operatorname{argmax}}Q(\phi_1^{(j+1)},\phi_2^{(j+1)},\cdots,\phi_{k-1}^{(j+1)},\phi_k)\end{cases}\tag{9.54}$$

ECM 保持了 EM 的简单性和稳定性，是一种值得推荐的算法。

2. MCEM(Monte Carlo EM)算法

GEM 算法是解决 EM 算法在 M 步极大化时存在的困难。EM 算法的 E 步涉及期望的积分计算，在众多实际问题中，计算上也同样存在困难。MCEM 算法通过随机模拟来完成 E 步，具体步骤如下：

E1 步：由分布$\pi(\boldsymbol{y}|\boldsymbol{\Phi}^{(j)},X)$随机抽取 r 个随机向量：$\boldsymbol{y}_1,\boldsymbol{y}_2,\cdots,\boldsymbol{y}_r$；

E2 步：计算 $\hat{Q}(\boldsymbol{\Phi}\mid\boldsymbol{\Phi}^{(j)},X)\approx\dfrac{1}{r}\sum\limits_{i=1}^{r}\ln\pi(\boldsymbol{\Phi}\mid\boldsymbol{y}_i,X)$。

根据大数定律，当 r 充分大时，$\hat{Q}(\boldsymbol{\Phi}|\boldsymbol{\Phi}^{(j)},X)$就足够接近

$$Q(\boldsymbol{\Phi}\mid\boldsymbol{\Phi}^{(j)},X)=\int(\ln\pi(\boldsymbol{\Phi}\mid\boldsymbol{y},X))\pi(\boldsymbol{y}\mid\boldsymbol{\Phi}^{(j)},X)\mathrm{d}\boldsymbol{y}$$

因此，在 M 步可以对 $\hat{Q}(\boldsymbol{\Phi}|\boldsymbol{\Phi}^{(j)},X)$极大化。

在 MCEM 算法中有最棘手的两个问题：

(1) r 究竟取多大？从逼近 $Q(\boldsymbol{\Phi}|\boldsymbol{\Phi}^{(j)},X)$的精度考虑，自然是愈大愈好。从计算的角度，愈小愈好。计算效率不仅体现在 E2 步，更多的是体现在 M 步，因为 r 愈大 $\hat{Q}(\boldsymbol{\Phi}|\boldsymbol{\Phi}^{(j)},X)$愈复杂，从而极大化更加困难。对此，目前还没有非常有效方法，在满足计算资源的要求下，r 尽可能取较大值。

(2) 如何终止迭代？即收敛性的判断问题。要求 MCEM 的迭代点列$\boldsymbol{\Phi}^{(j)}$收敛到某一点是不现实的。对此，普遍使用的方法是 ECEM 进行一定的迭代次数后，观察迭代点是否在某个点附近只有小幅度的摆动，如果是，则认为算法已收敛。否则，继续迭代一定的次数后，再重新观察。

9.4.4 混合模型

混合模型是实际应用中最常见的概率模型，本节讨论它的 EM 算法。在混合模型的 EM 算法中，E 步的 Q 函数具有解析式；M 步的混合系数存在显式迭代式，成分密度参数的确定依赖于密度函数的复杂性，但对正态成分密度参数可得到显式迭代式。

1. 一般混合模型

K 个成分的混合模型由下式定义：

$$p(\boldsymbol{x} \mid A,\Theta)=\sum_{k=1}^{K}a_k p_k(\boldsymbol{x} \mid \theta_k) \tag{9.55}$$

其中：

$\boldsymbol{x}$ 是 D 维随机向量；

$p_k(\boldsymbol{x}|\theta_k)$是第 k 个成分的密度函数，θ_k 是它的参数向量；

$A=(a_1,a_2,\cdots,a_K)\left(\sum_{k=1}^{K}a_k=1\right)$ 是混合系数向量，a_k 表示第k 个成分被选择的概率；

$\Theta=(\theta_1,\theta_2,\cdots,\theta_K)$是所有成分密度参数所构成的向量。

如果每个成分密度都是正态的，则称式(9.55)为混合正态模型。

例 9.4.2(直线拟合) 假定图像平面上有 K 条直线，第 k 条直线的参数向量记为$\theta_k=(a_k,b_k,c_k)$，该直线被选择的概率为 w_k。假定 $\boldsymbol{x}$ 是来自这 K 条直线的测量点，样本空间是来自所有测量点的集合。给定第 k 条直线，点 $\boldsymbol{x}$ 由它生成的概率密度为 $p(\boldsymbol{x}|\theta_k)$，即点 $\boldsymbol{x}$ 关于直线 θ_k 的条件概率密度。于是，生成点 $\boldsymbol{x}$ 的概率为

$$p(\boldsymbol{x} \mid W,\theta)=\sum_{k=1}^{K}w_k p(\boldsymbol{x} \mid \theta_k) \tag{9.56}$$

其中 $W=(w_1,w_2,\cdots,w_K)$是混合系数向量。假定图像点的测量误差满足零均值、σ 方差的正态分布，则 $p(\boldsymbol{x}|\theta_k)$具有下述形式：

$$p(\boldsymbol{x} \mid \theta_k)=\frac{1}{(2\pi)^{1/2}\sigma}\exp\left(-\frac{d^2(\boldsymbol{x},\theta_k)}{2\sigma^2}\right)$$

此处 $d^2(\boldsymbol{x},\theta_k)$是点 $\boldsymbol{x}=(x,y)$到直线 θ_k 的距离平方：

$$d^2(\boldsymbol{x},\theta_k)=\frac{(a_kx+b_ky+c_k)^2}{a_k^2+b_k^2}$$

由于方差 σ 也是未知参数，所以生成点 $\boldsymbol{x}$ 的概率式(9.56)有如下形式：

$$p(\boldsymbol{x} \mid W,\theta,\sigma)=\sum_{k=1}^{K}a_k p(\boldsymbol{x} \mid \theta_k,\sigma) \tag{9.57}$$

其中

$$p(\boldsymbol{x} \mid \theta_k,\sigma)=\frac{1}{(2\pi)^{1/2}\sigma}\exp\left(-\frac{d^2(\boldsymbol{x},\theta_k)}{2\sigma^2}\right) \tag{9.58}$$

这样就得到了直线拟合的混合正态模型。

2. 混合模型的 EM 算法

令 $X=\{\boldsymbol{x}_1,\boldsymbol{x}_2,\cdots,\boldsymbol{x}_M\}$是来自混合模型式(9.55)的样本，则样本的概率密度为

$$p(X \mid A,\Theta)=\prod_{n=1}^{N}\left(\sum_{k=1}^{K}a_k p_k(\boldsymbol{x}_n \mid \theta_k)\right) \tag{9.59}$$

这是在样本 X 下 A,Θ 的似然函数。因此，应该选择使得这个概率密度达到最大的参数值作为 A,Θ 的估计，即最大似然估计。

一般情况下，直接求解混合模型的最大似然非常困难。现在，引进潜在数据 $\boldsymbol{y}=(y_1,y_2,\cdots,y_K)$，其中 $y_k\in\{1,2,\cdots,K\}$，如果 $\boldsymbol{x}_n$ 是由第k 个成分生成的，则 $y_n=k$。X 与 $\boldsymbol{y}$ 构成完全数据：

$$\{X,\boldsymbol{y}\}=\{(\boldsymbol{x}_1,y_1),(\boldsymbol{x}_2,y_2),\cdots,(\boldsymbol{x}_N,y_N)\}$$

对于这个完全数据，参数(A,Θ)的对数似然为

$$\ln p(\boldsymbol{y},X \mid A,\Theta)=\sum_{n=1}^{N}\ln(a_{y_n}p_{y_n}(\boldsymbol{x}_n \mid \theta_{y_n})) \tag{9.60}$$

EM 算法的 E 步

假定第 $s+1$ 步迭代开始时，参数向量 A,Θ 的估计值为

$$A^{(s)}=(a_1^{(s)},a_2^{(s)},\cdots,a_K^{(s)}),\quad \Theta^{(s)}=(\theta_1^{(s)},\theta_2^{(s)},\cdots,\theta_K^{(s)})$$

由贝叶斯公式，y_n 的条件密度为

$$p(y_n \mid A^{(s)},\Theta^{(s)},\boldsymbol{x}_n)=\frac{p(y_n,\boldsymbol{x}_n \mid A^{(s)},\Theta^{(s)})}{p(\boldsymbol{x}_n \mid A^{(s)},\Theta^{(s)})}=\frac{a_{y_n}^{(s)}p_{y_n}(\boldsymbol{x}_n \mid \theta_{y_n}^{(s)})}{\sum_{k=1}^{K}a_k^{(s)}p(\boldsymbol{x}_n \mid \theta_k^{(s)})} \tag{9.61}$$

因而 $\boldsymbol{y}$ 的联合条件密度为

$$p(\boldsymbol{y} \mid A^{(s)},\Theta^{(s)},X)=\prod_{n=1}^{N}p(y_n \mid A^{(s)},\Theta^{(s)},\boldsymbol{x}_n) \tag{9.62}$$

对数似然关于联合条件密度式(9.62)的期望为

$$\begin{aligned}
Q(A,\Theta \mid A^{(s)},\Theta^{(s)}) &= E^{y}(\ln p(\boldsymbol{y},X \mid A,\Theta))\\
&=\sum_{Y\in\{1,2,\cdots,K\}^N}\Big(\sum_{n=1}^{N}\ln(a_{y_n}p_{y_n}(\boldsymbol{x}_n \mid \theta_{y_n}))\Big)\prod_{i=1}^{N}p(y_i \mid A^{(s)},\Theta^{(s)},\boldsymbol{x}_i)\\
&=\sum_{y_1=1}^{K}\sum_{y_2=1}^{K}\cdots\sum_{y_N=1}^{K}\Big(\sum_{n=1}^{N}\ln(a_{y_n}p_{y_n}(\boldsymbol{x}_n \mid \theta_{y_n}))\Big)\prod_{i=1}^{N}p(y_i \mid A^{(s)},\Theta^{(s)},\boldsymbol{x}_i)\\
&=\sum_{y_1=1}^{K}\sum_{y_2=1}^{K}\cdots\sum_{y_N=1}^{K}\sum_{n=1}^{N}\sum_{k=1}^{K}\delta_{k,y_n}\ln(a_k p_k(\boldsymbol{x}_n \mid \theta_k))\prod_{i=1}^{N}p(y_i \mid A^{(s)},\Theta^{(s)},\boldsymbol{x}_i)\\
&\quad(\delta_{k,y_n}=1,y_n=k;0,y_n\neq k)\\
&=\sum_{n=1}^{N}\sum_{k=1}^{K}\ln(a_k p_k(\boldsymbol{x}_n \mid \theta_k))\sum_{y_1=1}^{K}\sum_{y_2=1}^{K}\cdots\sum_{y_N=1}^{K}\delta_{k,y_n}\prod_{i=1}^{N}p(y_i \mid A^{(s)},\Theta^{(s)},\boldsymbol{x}_i)
\end{aligned}$$

下面，进一步化简上式。由于

$$\begin{aligned}
&\sum_{y_1=1}^{K}\sum_{y_2=1}^{K}\cdots\sum_{y_N=1}^{K}\delta_{k,y_n}\prod_{i=1}^{N}p(y_i \mid A^{(s)},\Theta^{(s)},\boldsymbol{x}_i)\\
&=\Big(\sum_{y_1=1}^{K}\sum_{y_2=1}^{K}\cdots\sum_{y_{n-1}}^{K}\sum_{y_{n+1}}^{K}\cdots\sum_{y_N=1}^{K}\prod_{i=1,i\neq n}^{N}p(y_i \mid A^{(s)},\Theta^{(s)}),\boldsymbol{x}_i\Big)p(k \mid A^{(s)},\Theta^{(s)},\boldsymbol{x}_n)\\
&=\prod_{i=1,i\neq n}^{N}\Big(\sum_{y_i=1}^{K}p(y_i \mid A^{(s)},\Theta^{(s)},\boldsymbol{x}_i)\Big)p(k \mid A^{(s)},\Theta^{(s)},\boldsymbol{x}_n)\\
&=p(k \mid A^{(s)},\Theta^{(s)},\boldsymbol{x}_n)
\end{aligned}$$

在第一个等式和最后一个等式的推导过程中，分别使用了下述等式：

$$\sum_{y_n=1}^{K}\delta_{k,y_n}p(y_n \mid A^{(s)},\Theta^{(s)},\boldsymbol{x}_n)=p(k \mid A^{(s)},\Theta^{(s)},\boldsymbol{x}_n)$$

$$\sum_{y_i-1}^{K}p(y_i \mid A^{(s)},\Theta^{(s)},\boldsymbol{x}_i)=\sum_{k=1}^{K}p(k \mid A^{(s)},\Theta^{(s)},\boldsymbol{x}_i)=1$$

总结上述讨论，得到

$$Q(A,\Theta \mid A^{(s)},\Theta^{(s)}) = \sum_{n=1}^{N}\sum_{k=1}^{K}\ln(a_k p_k(\boldsymbol{x}_n \mid \theta_k))p(k \mid A^{(s)},\Theta^{(s)},\boldsymbol{x}_n)$$
$$\triangleq Q_1(A \mid A^{(s)},\Theta^{(s)}) + Q_2(\Theta \mid A^{(s)},\Theta^{(s)}) \tag{9.63}$$

其中

$$Q_1(A \mid A^{(s)},\Theta^{(s)}) = \sum_{n=1}^{N}\sum_{k=1}^{K}\ln a_k \cdot p(k \mid A^{(s)},\Theta^{(s)},\boldsymbol{x}_n) \tag{9.64}$$

$$Q_2(\Theta;A^{(s)},\Theta^{(s)}) = \sum_{n=1}^{N}\sum_{k=1}^{K}\ln p_k(\boldsymbol{x}_n \mid \theta_k) \cdot p(k \mid A^{(s)},\Theta^{(s)},\boldsymbol{x}_n) \tag{9.65}$$

这样就完成了 E 步。

EM 算法的 M 步

M 步是求解下述两个最大化问题：

$$A^{(s+1)} = \underset{a_1+\cdots+a_K=1}{\operatorname{argmax}}\, Q_1(A \mid A^{(s)},\Theta^{(s)}) \tag{9.66}$$

$$\Theta^{(s+1)} = \underset{\Theta}{\operatorname{argmax}}\, Q_2(\Theta \mid A^{(s)},\Theta^{(s)}) \tag{9.67}$$

首先，求解最大化式(9.66)。引进 $Q_1(A|A^{(s)},\Theta^{(s)})$的 Lagrange 乘子函数：

$$La(A,\lambda \mid A^{(s)},\Theta^{(s)}) = Q_1(A \mid A^{(s)},\Theta^{(s)}) + \lambda\left(\sum_{k=1}^{K}a_i - 1\right) \tag{9.68}$$

对上式求偏导，并令其为零，得到

$$\begin{cases}\dfrac{\partial La(A,\lambda \mid A^{(s)},\Theta^{(s)})}{\partial a_k} = \dfrac{1}{a_k}\displaystyle\sum_{n=1}^{N}p(k \mid A^{(s)},\Theta^{(s)},\boldsymbol{x}) + \lambda = 0, \quad k=1,2,\cdots,K \\ \dfrac{\partial La(A,\lambda \mid A^{(s)},\Theta^{(s)})}{\partial \lambda} = \displaystyle\sum_{k=1}^{K}a_k - 1 = 0\end{cases}$$

解此方程组，得到

$$\begin{cases}\lambda = -N \\ a_k^{(s+1)} = \dfrac{1}{N}\displaystyle\sum_{n=1}^{N}p(k \mid A^{(s)},\Theta^{(s)},\boldsymbol{x}_n), \quad k=1,2,\cdots,K\end{cases} \tag{9.69}$$

对于式(9.67)，不能像求解混合参数向量那样，用密度函数给出它的显式迭代公式。但是，对于正态密度而言，仍能给出式(9.67)的显式迭代公式(见下一节)。在一般情况下，需要使用第 6 章的优化技术得到式(9.67)的数值解。

综上所述，混合模型的 EM 算法可概括如下：

给定初始值：$A^{(0)},\Theta^{(0)}$，按下述公式进行迭代直至收敛：

$$a_k^{(s+1)} = \frac{1}{N}\sum_{n=1}^{N}p(k \mid A^{(s)},\Theta^{(s)},\boldsymbol{x}_n), \quad k=1,2,\cdots,K$$

$$\Theta^{(s+1)} = \underset{\Theta}{\operatorname{argmax}}\sum_{n=1}^{N}\sum_{k=1}^{K}\ln p_k(\boldsymbol{x}_n \mid \theta_k) \cdot p(k \mid \boldsymbol{x}_n,A^{(s)},\Theta^{(s)})$$

3. 混合正态模型

对于混合正态模型，需要讨论的仅是求解最大化式(9.67)。令正态密度为

$$p_k(\boldsymbol{x} \mid \mu_k, \Sigma_k) = \frac{1}{(2\pi)^{D/2}(\det\Sigma_k)^{1/2}}\exp\left(-\frac{1}{2}\|\boldsymbol{x}-\mu_k\|^2_{\Sigma_k^{-1}}\right) \tag{9.70}$$

则成分密度参数为

$$\Theta = \{(\mu_1, \Sigma_1), (\mu_2, \Sigma_2), \cdots, (\mu_K, \Sigma_K)\}$$

Q_2 函数为

$$\begin{aligned}Q_2(\Theta \mid A^{(s)}, \Theta^{(s)}) &= \sum_{n=1}^{N}\sum_{k=1}^{K}\ln p_k(\boldsymbol{x}_n \mid a_k)\cdot p(k \mid A^{(s)}, \Theta^{(s)}, \boldsymbol{x}_n) \\ &= \sum_{n=1}^{N}\sum_{k=1}^{K}\left(-\frac{1}{2}\ln(\det\Sigma_k) - \frac{1}{2}(\boldsymbol{x}_n-\mu_k)^{\mathrm{T}}\Sigma_k^{-1}(\boldsymbol{x}_n-\mu_k)\right) \\ &\quad p(k \mid \boldsymbol{x}_n, A^{(s)}, \Theta^{(s)}) + C\end{aligned}$$

其中 C 是与 Θ 无关的常数。

先求 $\mu_k^{(s+1)}$：对 Q_2 函数关于 μ_k 求偏导，并令其为零，有

$$\frac{\partial Q_2(\Theta \mid A^{(s)}, \Theta^{(s)})}{\partial \mu_k} = \sum_{n=1}^{N}\Sigma_k^{-1}(\boldsymbol{x}_n-\mu_k)p(k \mid A^{(s)}, \Theta^{(s)}, \boldsymbol{x}_n) = 0$$

于是

$$\mu_k^{(s+1)} = \frac{\sum_{n=1}^{N}p(k \mid \boldsymbol{x}_n, A^{(s)}, \Theta^{(s)})\boldsymbol{x}_n}{\sum_{n=1}^{N}p(k \mid A^{(s)}, \Theta^{(s)}, \boldsymbol{x}_n)}, \quad k = 1, 2, \cdots, K \tag{9.71}$$

再求 $\Sigma_k^{(s+1)}$：为此，将 Q_2 函数改写为

$$\begin{aligned}Q_2(\Theta \mid A^{(s)}, \Theta^{(s)}) = \sum_{k=1}^{K}\Bigg[&\frac{1}{2}\ln(\det\Sigma_k^{-1})\sum_{n=1}^{N}p(k \mid A^{(s)}, \Theta^{(s)}, \boldsymbol{x}_n) - \\ &\sum_{n=1}^{N}p(k \mid A^{(s)}, \Theta^{(s)}, \boldsymbol{x}_n)\mathrm{tr}(\Sigma_k^{-1}M_{n,k})\Bigg] + C\end{aligned}$$

其中

$$M_{n,k} = (\boldsymbol{x}_n - \mu_k^{(s+1)})(\boldsymbol{x}_n - \mu_k^{(s+1)})^{\mathrm{T}}$$

对 Σ_k^{-1} 求偏导，有

$$\begin{aligned}\frac{\partial Q_2(\Theta \mid A^{(s)}, \Theta^{(s)})}{\partial \Sigma_k^{-1}} &= \frac{1}{2}(2\Sigma_k - \mathrm{diag}\Sigma_k)\sum_{n=1}^{N}p(k \mid A^{(s)}, \Theta^{(s)}, \boldsymbol{x}_n) - \\ &\quad \frac{1}{2}\sum_{n=1}^{N}p(k \mid A^{(s)}, \Theta^{(s)}, \boldsymbol{x}_n)(2M_{n,k} - \mathrm{diag}M_{n,k})^{*} \\ &= \frac{1}{2}(2\Sigma_k - \mathrm{diag}\Sigma_k)\sum_{n=1}^{N}p(k \mid A^{(s)}, \Theta^{(s)}, \boldsymbol{x}_n) - \\ &\quad \frac{1}{2}\sum_{n=1}^{N}p(k \mid A^{(s)}, \Theta^{(s)}, \boldsymbol{x}_n)(2M_{n,k} - \mathrm{diag}M_{n,k}) \\ &= 2G - \mathrm{diag}G\end{aligned}$$

其中

* 这里使用了等式：$\frac{\partial \log\det(A)}{\partial A} = 2A^{-1} - \mathrm{diag}(A^{-1})$，$\frac{\partial tr(AB)}{\partial A} = 2B + B^{\mathrm{T}} - \mathrm{diag}(B)$，见 3.3.3 节。

$$G=\frac{1}{2}\sum_{n=1}^{N}p(k\mid \boldsymbol{x}_n,A^{(s)},\Theta^{(s)})(\Sigma_k-M_{n,k})$$

令$\frac{\partial Q_2(\Theta|A^{(s)},\Theta^{(s)})}{\partial\Sigma_k^{-1}}=0$，即 $2G\text{-diag}G=0$，因此

$$G=\frac{1}{2}\sum_{n=1}^{N}p(k\mid A^{(s)},\Theta^{(s)},\boldsymbol{x}_n)(\Sigma_k-M_{n,k})=0$$

于是

$$\begin{aligned}\Sigma_k^{(s+1)}&=\frac{\sum_{n=1}^{N}p(k\mid A^{(s)},\Theta^{(s)},\boldsymbol{x}_n)M_{n,k}}{\sum_{n=1}^{N}p(k\mid A^{(s)},\Theta^{(s)},\boldsymbol{x}_n)}\\&=\frac{\sum_{n=1}^{N}p(k\mid A^{(s)},\Theta^{(s)},\boldsymbol{x}_n)(\boldsymbol{x}_n-\mu_k^{(s+1)})(\boldsymbol{x}_n-\mu_k^{(s+1)})^{\mathrm{T}}}{\sum_{n=1}^{N}p(k\mid A^{(s)},\Theta^{(s)},\boldsymbol{x}_n)}\end{aligned}\tag{9.72}$$

总结上述讨论，得到混合正态模型 EM 算法的迭代公式：

$$a_k^{(s+1)}=\frac{1}{N}\sum_{n=1}^{N}p(k\mid A^{(s)},\Theta^{(s)},\boldsymbol{x}_n),\quad k=1,2,\cdots,K\tag{9.73}$$

$$\mu_k^{(s+1)}=\frac{\sum_{n=1}^{N}\boldsymbol{x}_n p(k\mid A^{(s)},\Theta^{(s)},\boldsymbol{x}_n)}{\sum_{n=1}^{N}p(k\mid A^{(s)},\Theta^{(s)},\boldsymbol{x}_n)},\quad k=1,2,\cdots,K\tag{9.74}$$

$$\Sigma_k^{(s+1)}=\frac{\sum_{n=1}^{N}p(k\mid A^{(s)},\Theta^{(s)},\boldsymbol{x}_n)(\boldsymbol{x}_n-\mu_k^{(s+1)})(\boldsymbol{x}_n-\mu_k^{(s+1)})^{\mathrm{T}}}{\sum_{n=1}^{N}p(k\mid A^{(s)},\Theta^{(s)},\boldsymbol{x}_n)},\quad k=1,2,\cdots,K\tag{9.75}$$

习　题

1. 设随机变量 X 服从几何分布：

$$P(X=i)=\theta(1-\theta)^i,\quad i=0,1,2,\cdots$$

参数 θ 的先验分布为均匀分布 $U(0,1)$。

(i) 若仅对 X 作一次观测，其观测值为 3，在平方损失下求 θ 的贝叶斯估计。

(ii) 若对 X 作三次观测，其观测值分别为 3,2,5，在平方损失下求 θ 的贝叶斯估计。

2. 设 θ 为产品的不合格率，其先验分布为贝塔分布 $Be(5,10)$，

(i) 若随机检查 20 个产品，仅发现一个不合格，在平方损失下求 θ 的贝叶斯估计。

(ii) 在平方损失下，检查的 20 个产品中，合格品为多少时使后验风险最大？合格品为多少时使后验风险最小？

3. 设 $X \sim N(\theta,100)$，$\theta \sim N(100,225)$，

(i) 在如下线性损失下求 θ 的贝叶斯估计：

$$L(\theta,\delta)=\begin{cases}2(\theta-\delta), & \delta \leqslant \theta \\ \delta-\theta, & \delta>\theta\end{cases}$$

(ii) 在如下加权平方损失下求 θ 的贝叶斯估计：

$$L(\theta,\delta)=(\theta-\delta)^2 \exp\left(\frac{(\theta-100)^2}{900}\right)$$

4. 设 $X_1, X_2, \cdots, X_n$ 是来自均匀分布 $U(0,\theta/2)$ 的随机样本，θ 的先验分布为帕托雷分布 $Pa(\theta_0,\lambda)$，其中 θ_0，λ 均已知。在绝对损失下求 θ 的贝叶斯估计。

5. 续第 8 章习题 11：

(i) 在下列损失下分别求 θ 的贝叶斯估计：

(a) $L(\theta,\delta)=(\theta-\delta)^2$

(b) $L(\theta,\delta)=(\theta-\delta)^2/(\theta(1-\theta))$

(c) $L(\theta,\delta)=|\theta-\delta|$

(d) $L(\theta,\delta)=\begin{cases}2(\theta-\delta), & \delta \leqslant \theta \\ \delta-\theta, & \delta>\theta\end{cases}$

(ii) 在下列损失下考虑检验问题：

$$H_0: 0 \leqslant \theta \leqslant 0.15 \leftrightarrow H_1: \theta>0.15$$

(a) 0-1 损失

(b) $L(\theta,\delta_0)=\begin{cases}0 & \theta \leqslant 0.15 \\ 1, & \theta>0.15\end{cases}, L(\theta,\delta_1)=\begin{cases}2 & \theta \leqslant 0.15 \\ 0, & \theta>0.15\end{cases}$

(c) $L(\theta,\delta_0)=\begin{cases}0 & \theta \leqslant 0.15 \\ 1, & \theta>0.15\end{cases}, L(\theta,\delta_1)=\begin{cases}0.15-\theta & \theta \leqslant 0.15 \\ 0, & \theta>0.15\end{cases}$

其中 δ_i 表示行动：接受假设 H_i，$i=0,1$。

6. 设 $X \sim B(n,\theta)$，$0<\theta<1$，证明：在加权平方损失 $L(\theta,\delta)=(\theta-\delta)^2/(\theta(1-\theta))$ 下，$\delta(x)=x/n$ 是 θ 的极小极大估计。

第 10 章　马尔可夫链

初等概率论的主要研究对象是一个或有限多个随机变量，随着科学技术的发展，人们需要对随机现象的变化过程进行观测和研究，从而产生了随机过程这一概率论分支。随机过程理论在物理、生物、经济等领域得到了广泛应用，已成为现今科技工作者要求掌握的一门数学工具。本章主要介绍随机过程中的马尔可夫链和隐马尔可夫模型，它们在计算机科学中，尤其在人工智能、模式识别和机器学习等方面，占有特别重要的地位。

10.1　转移概率

10.1.1　基本概念

1. 随机过程

粗略地说，随机过程理论是研究一族随机变量（通常有无穷多个）的概率规律性，它是对随机现象连续观测所得结果进行描述的数学模型。随机过程的定义如下：

定义 10.1.1　设 T 是给定的参数集合，若对每一个 $t\in T$ 都有一个随机变量 $X(t)$ 与之对应，则称随机变量族 $\mathcal{X}\triangleq\{X(t),t\in T\}$ 为随机过程，T 称为参数集。

在实际问题中，参数 t 可以代表时间，也可指代别的，常假定参数集 T 是实数的子集。若 t 是向量，则称随机过程为随机场。随机过程可解释为一个物理系统，$X(t)$ 表示系统在时刻 t 所处的状态，所有可能状态的集合称为系统的状态空间或相空间，记为 E。

根据参数集 T 和状态空间 E 是否可列，随机过程分为以下四类：

Ⅰ：T 和 E 都是可列的；

Ⅱ：T 是可列的，E 是不可列的；

Ⅲ：T 是不可列的，E 是可列的；

Ⅳ：T 和 E 都是不可列的。

参数集是可列的随机过程（Ⅰ，Ⅱ）称为随机序列或时间序列；状态空间是可列的随机过程（Ⅰ，Ⅲ）称为可列过程。也可以根据 $X(t)$ 之间的概率性质分类随机过程，如独立增量过程、马尔可夫过程、平稳过程和鞅过程等。

为研究随机过程的统计规律，通常使用下述统计特征：

定义 10.1.2　设 $\mathcal{X}=\{X(t),t\in T\}$ 是随机过程，若对每个 $t\in T$，$EX(t)$ 都存在，则

$$m(t)\triangleq EX(t),\quad t\in T \tag{10.1}$$

称为 $\mathcal{X}$ 的均值函数。

若对每个 $t\in T$，$E(X(t))^2$ 都存在，则称 $\mathcal{X}$ 是二阶随机过程，并称

$$V(s,t)\triangleq E[(X(s)-m(s))(X(t)-m(t))],\quad s,t\in T \tag{10.2}$$

是 $\mathcal{X}$ 的协方差函数；

$$D(t) \triangleq V(t,t) = E(X(t) - m(t))^2, \quad t \in T \tag{10.3}$$

是$\mathcal{X}$的方差函数；

$$R(s,t) \triangleq E[X(s)X(t)], \quad s,t \in T \tag{10.4}$$

是$\mathcal{X}$的相关函数。

均值函数、协方差函数和相关函数存在下述关系：

$$V(s,t) = R(s,t) - m(s)m(t), \quad s,t \in T \tag{10.5}$$

当均值函数恒为零时，$V(s,t)=R(s,t)$，即此时协方差函数和相关函数相同。

均值函数$m(t)$是$\mathcal{X}$在t时刻的平均值；方差函数$D(t)$是$\mathcal{X}$在t时刻偏离平均值$m(t)$的程度；协方差函数$V(s,t)$和相关函数$R(s,t)$描述了$\mathcal{X}$在s,t时刻两个状态的线性相关程度。

例 10.1.1 设Y,Z是相互独立的正态$N(\mu,\sigma^2)$随机变量，求下面随机过程的均值函数、相关函数、协方差函数和方差函数：

$$X(t) = Yt + Z, \quad t > 0 \tag{10.6}$$

解 根据定义 10.1.2，有

$$m(t) = E(X(t)) = E(Yt + Z) = EY + tEZ = (1+t)\mu$$

$$R(s,t) = E[X(s)X(t)] = E[(sY+Z)(tY+Z)]$$
$$= stEY^2 + EZ^2 = (1+st)\sigma^2$$

$$V(s,t) = R(s,t) - m(s)m(t) = (1+st)\sigma^2 - (1+t)(1+s)\mu^2$$

$$D(t) = V(t,t) = (1+t^2)\sigma^2 - (1+t)^2\mu^2$$

定义 10.1.3 设$\mathcal{X}=\{X(t),t\in T\}$和$\mathcal{Y}=\{Y(t),t\in T\}$是两个二阶随机过程，则

$$V_{XY}(s,t) \triangleq E[(X(s) - m_X(s))(Y(t) - m_Y(t))], \quad s,t \in T \tag{10.7}$$

称为$\mathcal{X},\mathcal{Y}$的互协方差函数；

$$R_{XY}(s,t) \triangleq E(X(s)Y(t)), \quad s,t \in T \tag{10.8}$$

称为$\mathcal{X},\mathcal{Y}$的互相关函数。

在实际问题中，互协方差函数和互相关函数被用来描述两个随机过程之间的关系。

例 10.1.2 设$\mathcal{X}=\{X(t),t\in T\}$和$\mathcal{Y}=\{Y(t),t\in T\}$是两个二阶随机过程，令

$$\mathcal{W}=\{W(t) = X(t) + Y(t), t \in T\}$$

求$\mathcal{W}$的相关函数$R_W(s,t)$和协方差函数$V_W(s,t)$。

解
$$R_W(s,t)=E[(X(s)+Y(s))(X(t)+Y(t))]$$
$$=E(X(s)X(t))+E(X(s)Y(t))+E(Y(s)X(t))+E(Y(s)Y(t))$$
$$=R_X(s,t)+R_{XY}(s,t)+R_{YX}(s,t)+R_Y(s,t)$$

$$V_W(s,t)=R_W(s,t)-m_W(s)m_W(t)$$
$$=R_X(s,t)+R_{XY}(s,t)+R_{YX}(s,t)+R_Y(s,t)-$$
$$(m_X(s)+m_Y(s))(m_X(t)+m_Y(t))$$

2. 马尔可夫链

若随机过程$\mathcal{X}=\{X(t),t\in T\}$（$E$为状态空间）满足下述条件，则称它有马尔可夫性（简称马氏性）或无后效性：对任意正整数n和$t_1<t_2<\cdots<t_n<t_{n+1}$及$x_1,x_2,\cdots,x_n,x_{n+1}\in E$，有

$$P(X(t_{n+1}) \leqslant x_{n+1} \mid X(t_1)=x_1, X(t_2)=x_2, \cdots, X(t_n)=x_n)$$
$$=P(X(t_{n+1}) \leqslant x_{n+1} \mid X(t_n)=x_n) \tag{10.9}$$

将 t_n 看成是“现在”，t_{n+1} 是“未来”，$t_1, t_2, \cdots, t_{n-1}$ 是“过去”，则马氏性表示：已知系统的现在状态，未来所处状态的概率规律性就已确定，与过去所处的状态无关。简略地说，系统未来状态仅依赖于当前状态。

具有马氏性的随机过程称为马尔可夫过程。按参数集和状态空间是否可列，马尔可夫过程分为以下三类：

Ⅰ：T 和 E 都是可列的，称为马尔可夫链；

Ⅱ：T 是连续的而 E 是可列的，连续时间的马尔可夫链；

Ⅲ：T 和 E 都是连续的，称为马尔可夫过程。

这里只讨论马尔可夫链。由于状态空间可列，将它记为 $E=\{0,1,2,\cdots\}$，其中 j 表示状态空间的第 j 个状态。对于马尔可夫链，马氏性式(10.9)需要略做修改，正式定义如下：

定义 10.1.4　设$\mathcal{X}=\{X_n, n\in T\}$为随机过程，参数集为 $T=\{0,1,2,\cdots\}$，若对任意 $n\in T$ 和任意状态 $i_0, i_1, \cdots, i_{n+1}\in E$，有

$$P(X_{n+1}=i_{n+1} \mid X_0=i_0, X_1=i_1, \cdots, X_n=i_n)=P(X_{n+1}=i_{n+1} \mid X_n=i_n) \tag{10.10}$$

则称$\mathcal{X}$为马尔可夫链。

$$p_i=P(X_0=i), \quad i\in E \tag{10.11}$$

称为$\mathcal{X}$的初始概率分布；

$$\boldsymbol{p}^{\mathrm{T}}=(p_0, p_1, \cdots, p_n, \cdots) \tag{10.12}$$

称为$\mathcal{X}$的初始概率向量。

由全概率公式和马氏性，马尔可夫链$\mathcal{X}$的任何有限维联合概率

$$\begin{aligned}
&P(X_0=i_0, X_1=i_1, \cdots, X_n=i_n)\\
=&P(X_n=i_n \mid X_0=i_0, X_1=i_1, \cdots, X_{n-1}=i_{n-1})\cdot\\
&P(X_0=i_0, X_1=i_1, \cdots, X_{n-1}=i_{n-1})\\
=&P(X_n=i_n \mid X_{n-1}=i_{n-1})\cdot P(X_{n-1}=i_{n-1} \mid X_{n-2}=i_{n-2})\cdot\\
&P(X_0=i_0, X_1=i_1, \cdots, X_{n-2}=i_{n-2})\\
&\vdots\\
=&P(X_n=i_n \mid X_{n-1}=i_{n-1})\cdot P(X_{n-1}=i_{n-1} \mid X_{n-2}=i_{n-2})\cdots\\
&P(X_1=i_1 \mid X_0=i_0)\cdot P(X_0=i_0)\\
=&\prod_{k=1}^{n} P(X_k=i_k \mid X_{k-1}=i_{k-1})\cdot P(X_0=i_0)
\end{aligned}$$

可见，马尔可夫链的统计特性完全由初始概率 p_j 和条件概率 $P(X_k=j \mid X_{k-1}=i)$ 所决定。如何确定这些条件概率，是马尔可夫链理论和应用的基本问题。

在讨论这个问题之前，先看几个简单马尔可夫链的例子。

例 10.1.3　图 10.1 给出了一个有限状态的随机过程，其中带数字圆圈表示状态，标有数字的箭头(曲)线表示系统从一种状态转移到另一状态，其数字表示转移概率。例如，当系统处于状态 1 时，或以 1/2 的概率转移到状态 2，或以 1/4 的概率转移到状态 0，或以 1/4 的概率保持不动。显然，这是一个有限状态的马尔可夫链。

例 10.1.4　简单随机游动。设质点在数轴的整数点上移动，向左移动一格的概率为

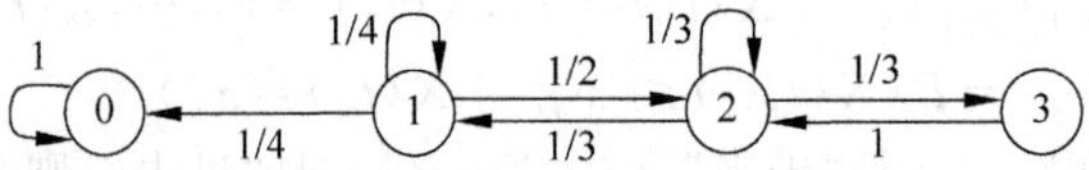

图 10.1 4 个状态的随机游动

p,向右移动一格的概率为 $q=1-p$,这种运动称为简单随机游动。令 X_n 是质点在时刻 n 处于数轴上的位置,不难看出,在当前状态 $X_n=i_n$ 下,未来只可能处于两种状态 $X_{n+1}=i_n-1, X_{n+1}=i_n+1$,且条件概率

$$P(X_{n+1}=i_n-1 \mid X_n=i_n)=p, \quad P(X_{n+1}=i_n+1 \mid X_n=i_n)=q$$

与质点过去所处位置无关,因此$\mathcal{X}=\{X_n, n\in T\}$是马尔可夫链。有趣的是,令 D_n 是质点在时刻 n 离开原点的距离,$D_n=|X_n|$,则$\mathcal{D}=\{D_n, n\in T\}$也是马尔可夫链,证明留给读者。

例 10.1.5 赌徒输光问题。设甲、乙两个赌徒进行一系列赌博,甲、乙的赌本分别为 n_1 元和 n_2 元。赌博没有和局,每局是独立的,输者付给赢者 1 元,直至一人输光为止。在每局中,甲输的概率为 p,赢的概率为 $q=1-p$。令 X_n 是甲进行第 n 局赌博时拥有的赌金,赌博过程$\mathcal{X}=\{X_n, n\in T\}$是有限状态的马尔可夫链,状态空间为 $E=\{0,1,\cdots,n_1+n_2\}$。过程处于状态 0 或 n_1+n_2 时,赌博终止。

10.1.2 转移概率

1. 转移概率

现在回到条件概率 $P(X_{n+1}=j \mid X_n=i)$的讨论,它的直观意义是系统在时刻 n 处于状态 i 的条件下,在下一时刻 $n+1$ 处于状态 j 的概率。

定义 10.1.5 称条件概率

$$p_{ij}(n)=P(X_{n+1}=j \mid X_n=i), \quad i,j\in E$$

为马尔可夫链$\mathcal{X}=\{X_n, n\in T\}$的一步转移概率,简称转移概率。

一般情况下,转移概率 $p_{ij}(n)$不仅与状态 i,j 有关,也和时刻 n 有关。如果 $p_{ij}(n)$与 n 无关,则称$\mathcal{X}$为齐次马尔可夫链,转移概率 $p_{ij}(n)$简记为 p_{ij}。本书只讨论齐次马尔可夫链,故将"齐次"二字省略。

由转移概率 p_{ij} 定义的矩阵

$$\boldsymbol{P} \triangleq \begin{bmatrix} p_{00} & p_{01} & \cdots & p_{0j} & \cdots \\ p_{10} & p_{11} & \cdots & p_{1j} & \cdots \\ \vdots & \vdots & & \vdots & \\ p_{i0} & p_{i1} & \cdots & p_{ij} & \cdots \\ \vdots & \vdots & & \vdots & \end{bmatrix}$$

称为马尔可夫链$\mathcal{X}$的(一步)转移矩阵,它是一个随机矩阵,即其中的每个元素都是非负的,且每行元素之和等于 1:

$$p_{ij}\geqslant 0, i,j\in E; \quad \sum_{j\in E} p_{ij}=1, i\in E$$

比如,例 10.1.3 的转移矩阵为

$$
\boldsymbol{P}=\begin{bmatrix} 1 & 0 & 0 & 0 \\ 1/4 & 1/4 & 1/2 & 0 \\ 0 & 1/3 & 1/3 & 1/3 \\ 0 & 0 & 1 & 0 \end{bmatrix}
$$

定义 10.1.6　条件概率

$$
p_{ij}^{(k)}=P(X_{n+k}=j \mid X_n=i),\quad i,j\in E,n\geqslant 0,k\geqslant 1
$$

称为马尔可夫链$\mathcal{X}=\{X_n,n\in T\}$的 k 步转移概率,或 k 阶转移概率;

$$
\boldsymbol{P}^{(k)}=(p_{ij}^{(k)}),\quad k\geqslant 1
$$

称为 k 步转移矩阵,或 k 阶转移矩阵。

显然,k 步转移概率 $p_{ij}^{(k)}$ 是从状态 i 出发经过 k 步转移到状态 j 的概率。k 步转移矩阵 $\boldsymbol{P}^{(k)}$ 也是一个随机矩阵。当 $k=1$ 时,$\boldsymbol{P}^{(1)}=\boldsymbol{P}$。此外,记 $\boldsymbol{P}^{(0)}=\boldsymbol{I}$ 是单位矩阵:

$$
p_{ij}^{(0)}=\delta_{ij}=\begin{cases}1, & i=j\\ 0, & i\neq j\end{cases}
$$

定理 10.1.1(C-K 方程)　对任意整数 $k\geqslant 0,0\leqslant l\leqslant k$ 和 $i,j\in E$,有

$$
p_{ij}^{(k)}=\sum_{r\in E}p_{ir}^{(l)}p_{rj}^{(k-l)} \tag{10.13}
$$

证明　由全概率公式和马氏性,有

$$
\begin{aligned}
p_{ij}^{(k)}&=P(X_{n+k}=j \mid X_n=i)=\frac{P(X_{n+k}=j,X_n=i)}{P(X_n=i)}\\
&=\sum_{r\in E}\frac{P(X_{n+l}=r,X_n=i)}{P(X_n=i)}\cdot\frac{P(X_{n+k}=j,X_{n+l}=r,X_n=i)}{P(X_{n+l}=r,X_n=i)}\\
&=\sum_{r\in E}P(X_{n+l}=r \mid X_n=i)\cdot P(X_{n+k}=j \mid X_{n+l}=r)\\
&=\sum_{r\in E}p_{ir}^{(l)}p_{rj}^{(k-l)}
\end{aligned}
$$

证毕。

方程(10.13)称为切普曼-柯尔莫哥洛夫方程,简称 C-K 方程,是计算转移概率的重要公式,以后会经常使用。由 C-K 方程,容易得到如下推论:

推论 10.1.1

(i) $p_{ij}^{(k)}=\sum\limits_{r_1\in E}\sum\limits_{r_2\in E}\cdots\sum\limits_{r_{k-1}\in E}p_{ir_1}p_{r_1r_2}\cdots p_{r_{k-1}j}$

(ii) $\boldsymbol{P}^{(k)}=\boldsymbol{P}\boldsymbol{P}^{(k-1)}$

(iii) $\boldsymbol{P}^{(k)}=\boldsymbol{P}^k$

定义 10.1.7　设$\mathcal{X}=\{X_n,n\in T\}$为马尔可夫链,参数集为 $T=\{0,1,2,\cdots\}$,状态空间为 $E=\{0,1,2,\cdots\}$,

$$
p_i(n)=P(X_n=i),\quad i\in E \tag{10.14}
$$

称为$\mathcal{X}$在时刻 n 的绝对概率分布;

$$
\boldsymbol{p}^{\mathrm{T}}(n)=(p_0(n),p_1(n),\cdots,p_i(n),\cdots)
$$

称为$\mathcal{X}$在时刻 n 的绝对概率向量。

绝对概率依赖于初始概率和转移概率,下述定理给出了具体表达式。

定理 10.1.2 对任意 $j\in E$ 和 $n\geqslant 1$，有

$$p_j(n)=\sum_{i\in E}p_ip_{ij}^{(n)}=\sum_{i\in E}p_i(n-1)p_{ij} \tag{10.15}$$

$$\boldsymbol{p}^{\mathrm{T}}(n)=\boldsymbol{p}^{\mathrm{T}}\boldsymbol{P}^n=\boldsymbol{p}^{\mathrm{T}}(n-1)\boldsymbol{P} \tag{10.16}$$

证明 式(10.16)是式(10.15)的矩阵形式，因此只需证明式(10.15)：

$$\begin{aligned}p_j(n)&=P(X_n=j)=\sum_{i\in E}P(X_0=i,X_n=j)\\&=\sum_{i\in E}P(X_0=i)\cdot P(X_n=j\mid X_0=i)\\&=\sum_{i\in E}p_ip_{ij}^{(n)}\end{aligned}$$

$$\begin{aligned}p_j(n)&=P(X_n=j)=\sum_{i\in E}P(X_{n-1}=i,X_n=j)\\&=\sum_{i\in E}P(X_{n-1}=i)\cdot P(X_n=j\mid X_{n-1}=i)\\&=\sum_{i\in E}p_i(n-1)p_{ij}\end{aligned}$$

证毕。

2. 简单随机游动

考虑简单随机游动问题(例 10.1.4)的转移概率和 k 步转移概率。由简单随机游动的定义，质点在当前状态 $X_n=i$ 下，未来只可能处于两种状态 $X_{n+1}=i-1$，$X_{n+1}=i+1$，且

$$p_{i,i-1}=P(X_{n+1}=i-1\mid X_n=i)=p,$$
$$p_{i,i+1}=P(X_{n+1}=i+1\mid X_n=i)=1-p$$

因此，转移矩阵为

$$\boldsymbol{P}=\begin{bmatrix} & \vdots & \vdots & \vdots & & \vdots & \\ \cdots & p & 0 & 1-p & 0 & & \cdots \\ \cdots & 0 & p & 0 & & 1-p & \cdots \\ & \vdots & \vdots & \vdots & & \vdots & \end{bmatrix}$$

由于转移矩阵是无穷维矩阵，用 C-K 方程计算 k 步转移概率比较麻烦，利用问题的特性来计算较为方便。设质点在 k 步游动中，向左移动了 m 步，向右移动了 n 步，从状态 i 到达状态 j，则

$$\begin{cases}m+n=k\\n-m=j-i\end{cases}$$

于是

$$m=\frac{k-(j-i)}{2},\quad n=\frac{k+(j-i)}{2}$$

因 m,n 只能取非负整数，所以 $k\pm(j-i)$ 都是偶数。每步向左移动的概率是 p，向右移动的概率是 $1-p$，又因在 k 步中，向左 m 步有 $C_k^m=k!/(m!(k-m)!)$ 方式，故 k 步转移概率为

$$p_{ij}^{(k)}=\frac{k!}{m!\,(k-m)!}p^m(1-p)^{k-m}$$

$$=\frac{k!}{\left(\frac{k-(j-i)}{2}\right)!\left(\frac{k+(j-i)}{2}\right)!}p^{\frac{k-(j-i)}{2}}(1-p)^{\frac{k+(j-i)}{2}},\quad k+(j-i)\text{ 为偶数}$$

$p_{ij}^{(k)}=0, k+(j-i)$ 为奇数

3. 赌徒输光问题

考虑赌徒输光问题(例 10.1.5)中甲输光的概率。这个问题是一个受限制的有限状态随机游动,如图 10.2 所示。在状态空间 $E=\{0,1,\cdots,N\}(N=n_1+n_2)$中,有两个特殊状态 0 和 N(称为吸收壁),过程处于这两个状态时,以概率 1 转移到自身,即 $p_{00}=p_{NN}=1$。因此,转移矩阵为

$$\boldsymbol{P}=\begin{bmatrix}1 & 0 & 0 & 0 & \cdots & 0 & 0 & 0\\ p & 0 & q & 0 & \cdots & 0 & 0 & 0\\ 0 & p & 0 & q & \cdots & 0 & 0 & 0\\ \vdots & \vdots & \vdots & \vdots & & \vdots & \vdots & \vdots\\ 0 & 0 & 0 & 0 & \cdots & p & 0 & q\\ 0 & 0 & 0 & 0 & 0 & 0 & 0 & 1\end{bmatrix}$$

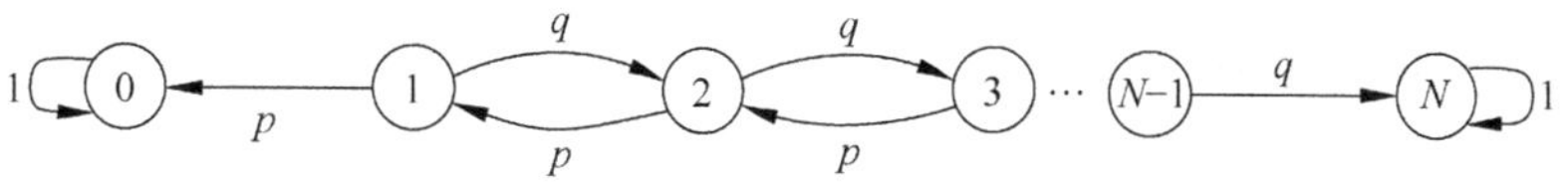

图 10.2 赌徒输光问题的状态转移图

初始分布为

$$p_0=P(X_0=n_1)=1,\quad p_i=P(X_0=i)=0,\quad i\neq n_1$$

这个问题相当于求质点从状态 n_1 出发达到状态 0 先于达到状态 N 的概率。

令 g_i 为甲从状态 i 出发转移到状态 0 先于达到状态 N 的概率,问题就是计算 g_{n_1}。根据"甲从状态 n_1 出发达到状态 0 先于达到状态 N"的条件,$g_0=1, g_N=0$。当 $i=1,2,\cdots,N-1$ 时,有

$$g_i=pg_{i-1}+qg_{i+1}\tag{10.17}$$

这是因为当甲处于状态 i 时,或以概率 p 转移到状态 $i-1$,或以概率 q 转移到 $i+1$。于是,得到差分方程

$$\begin{cases}g_{i+1}-g_i=c(g_i-g_{i-1}), & i=1,2,\cdots,N-1\\ g_0=1, \quad g_N=0\end{cases}\tag{10.18}$$

其中 $c=p/q$。因而

$$g_N-g_k=\sum_{i=k}^{N-1}(g_{i+1}-g_i)=\sum_{i=k}^{N-1}c^i(g_1-g_0)$$

$$g_k=g_N+(g_0-g_1)\sum_{i=k}^{N-1}c^i=(1-g_1)\sum_{i=k}^{N-1}c^i,\quad k=0,1,\cdots,N-1\tag{10.19}$$

在式(10.19)中,令 $k=0$,得到

$$1-g_1=\left(\sum_{i=0}^{N-1}c^i\right)^{-1}$$

代入式(10.19)

$$g_k=\Big(\sum_{i=0}^{N-1}c^i\Big)^{-1}\sum_{i=k}^{N-1}c^i=\begin{cases}\dfrac{N-k}{N}, & c=1\\[2ex] \dfrac{c^k-c^N}{1-c^N}, & c\neq 1\end{cases},\quad k=1,2,\cdots,N-1 \tag{10.20}$$

(i) 当 $c=1$,即每局输、赢概率相等时,甲输光的概率为

$$g_{n_1}=\frac{N-n_1}{N}=\frac{n_2}{n_1+n_2}$$

这表明,甲输光的概率与乙的赌本 n_2 成正比,赌本大者获胜的机会就越大。在这个赌博过程中,甲、乙的地位是对称的,所以乙输光的概率为

$$\hat{g}_{n_2}=\frac{n_1}{n_1+n_2}$$

由于 $g_{n_1}+\hat{g}_{n_2}=1$,赌博迟早会结束。

(ii) 当 $c\neq1$,即 $p\neq q$ 时,甲输光的概率为

$$g_{n_1}(c)=\frac{c^{n_1}-c^N}{1-c^N}=\frac{(q^{n_2}-p^{n_2})p^{n_1}}{q^{n_1+n_2}-p^{n_1+n_2}}$$

由对称性,乙输光的概率为

$$\hat{g}_{n_2}(c)=\frac{c^{-n_2}-c^{-N}}{1-c^{-N}}=\frac{(p^{n_1}-q^{n_1})q^{n_2}}{p^{n_1+n_2}-q^{n_1+n_2}}$$

因 $g_{n_1}(c)+\hat{g}_{n_2}(c)=1$,赌博迟早也会结束。

10.2 状态的类型

10.2.1 周期性、常返性和遍历性

假定马尔可夫链的状态空间为 $E=\{0,1,2,\cdots\}$,转移概率为 $p_{ij},i,j\in E$,初始分布为 $p_i,i\in E$,本节按概率性质将状态进行分类。

1. 周期性

定义 10.2.1 设集合 $T(i)=\{n:n\geqslant0,p_{ii}^{(n)}>0\}$非空,它表示从状态 i 出发再返回到状态 i 所有可能的步数。$T(i)$的最大公约数

$$d\triangleq \mathrm{GCD}\ T(i) \tag{10.21}$$

称为状态 i 的周期。如果 $d>1$,则状态 i 称为周期的;否则,状态 i 称为非周期的。

例 10.2.1 图 10.3 是一个马尔可夫链的状态转移图。从状态 3 出发,返回到状态 3 的可能步数为

$$T(3)=\{4,8,10,12,14,\cdots\}$$

因此,状态 3 的周期为 GCD $T(3)=2$。

由定义 10.2.1,如果状态 i 以 d 为周期,则对任何自然数 $n\neq0 \bmod (d)$,有 $p_{ii}^{(n)}=0$。反之不成立,即并非对任意自然数 nd 都有 $p_{ii}^{(nd)}>0$,比如:在例 10.2.1 中,状态 3 的周期为 2,

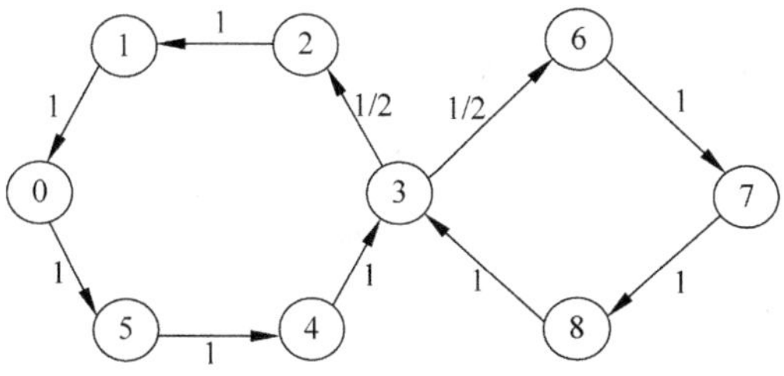

图 10.3　状态 3 以 2 为周期

然而 $p_{33}^{(2)}=0$。但是，当 n 大于某个自然数时有 $p_{ii}^{(nd)}>0$。

定理 10.2.1　如果状态 i 以 d 为周期，则存在自然数 M，使得对一切 $n\geqslant M$ 有 $p_{ii}^{(nd)}>0$。

证明　不妨假定 $T(i)=\{n_1,n_2,\cdots,n_k,\cdots\}$。令 $s_k=\mathrm{GCD}\{n_1,n_2,\cdots,n_k\}$，则

$$s_1\geqslant s_2\geqslant\cdots\geqslant s_k\cdots\geqslant d$$

于是，存在自然数 N 使得 $s_N=s_{N+1}=\cdots=d$，故

$$d=\mathrm{GCD}\{n_1,n_2,\cdots,n_N\}$$

由初等数论，存在自然数 M，使得对一切 $n\geqslant M$ 有

$$nd=\alpha_1 n_1+\alpha_2 n_2+\cdots+\alpha_N n_N$$

其中 α_k 为非负整数。因此

$$p_{ii}^{(nd)}=p_{ii}^{(\alpha_1 n_1+\alpha_2 n_2+\cdots+\alpha_N n_N)}=\prod_{k=1}^{N}(p_{ii}^{(n_k)})^{\alpha_k}>0$$

证毕。

同周期的两个状态可能会有不同的性态，比如：如图 10.4 所示的马尔可夫链，状态 1 和状态 2 都以 2 为周期，但状态 2 从自身出发两步后必定返回，而状态 1 则不然，一旦转移到状态 2 就永不返回。为了区分这样的两种状态，下面引入常返性概念。

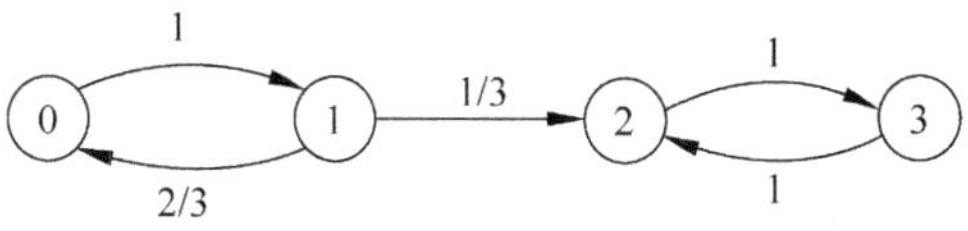

图 10.4　两种不同性质的同周期状态

2. 常返性与遍历性

从状态 i 出发，经 n 步首次到达状态 j 的概率称为首达概率，记为 $f_{ij}^{(n)}$，即

$$f_{ij}^{(n)}=P(X_{m+n}=j,X_{m+k}\neq j,1\leqslant k\leqslant n-1\mid X_m=i),\quad n\geqslant 1 \tag{10.22}$$

根据马氏性和齐次性，$f_{ij}^{(n)}$ 的值与右端的 m 无关。为表述方便，约定 $f_{ij}^{(0)}=0$。记

$$f_{ij}=\sum_{n=1}^{\infty}f_{ij}^{(n)} \tag{10.23}$$

它是从状态 i 出发有限步终于到达状态 j 的概率，因此 $0\leqslant f_{ij}\leqslant 1$。

例 10.2.2　设马尔可夫链的转移矩阵为

$$\boldsymbol{P}=\begin{bmatrix}0 & p_0 & q_0\\ q_1 & 0 & p_1\\ p_2 & q_2 & 0\end{bmatrix}\quad(0<p_i,q_i<1,p_i+q_i=1)$$

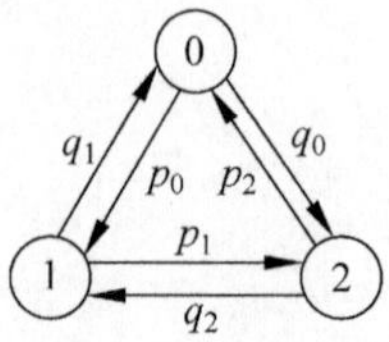

图 10.5 状态转移图

图 10.5 是状态转移图，求 $f_{01}^{(n)}, f_{01}, f_{00}^{(n)}, f_{00}$。

解 从状态转移图，应用归纳法得到

$$f_{01}^{(n)}=\begin{cases}p_0(q_0p_2)^m, & n=2m+1(m\geqslant 0)\\ q_0q_2(q_0p_2)^{m-1}, & n=2m(m\geqslant 1)\end{cases}$$

$$f_{01}=\sum_{n=1}^{\infty}f_{01}^{(n)}=p_0\sum_{m=0}^{\infty}(q_0p_2)^m+q_0q_2\sum_{m=1}^{\infty}(q_0p_2)^{m-1}=\frac{p_0+q_0q_2}{1-q_0p_2}$$

同理，有

$$f_{00}^{(n)}=\begin{cases}0, & n=1\\ (p_0q_1+q_0p_2)(p_1q_2)^{m-1}, & n=2m(m\geqslant 1)\\ (p_0p_1p_2+q_0q_1q_2)(p_1q_2)^{m-1}, & n=2m+1(m\geqslant 1)\end{cases}$$

$$f_{00}=\sum_{n=1}^{\infty}f_{00}^{(n)}=\frac{p_0(q_1+p_1p_2)+q_0(p_2+q_1q_2)}{1-p_1q_2}$$

利用首达概率可得到类似 C-K 方程的公式，将高阶转移概率表示为低阶转移概率的组合，确切地说 $f_{ij}^{(n)}$ 与转移概率 $p_{ij}^{(n)}$ 有如下关系：

定理 10.2.2 对任意 $i,j\in E$，有

$$p_{ij}^{(n)}=\sum_{k=1}^{n}f_{ij}^{(k)}p_{jj}^{(n-k)}=\sum_{k=0}^{n}f_{ij}^{(n-k)}p_{jj}^{(k)},\quad 1\leqslant n<\infty \tag{10.24}$$

证明

$$\begin{aligned}p_{ij}^{(n)}&=P(X_n=j\mid X_0=i)\\&=\sum_{k=1}^{n}P(X_k=j,X_v\neq j,1\leqslant v\leqslant k-1,X_n=j\mid X_0=i)\\&=\sum_{k=1}^{n}P(X_n=j\mid X_k=j,X_v\neq j,1\leqslant v\leqslant k-1,X_0=i)\\&\quad P(X_v\neq j\mid X_k=j,1\leqslant v\leqslant k-1\mid X_0=i)\\&=\sum_{k=1}^{n}p_{jj}^{(n-k)}f_{ij}^{(k)}\end{aligned}$$

证毕。

式(10.24)与 C-K 方程一样，也是计算高阶转移概率的重要公式。由定理 10.2.2 不难得到如下推论，它给出了周期的等价定义。

推论 10.2.1

$$\mathrm{GCD}\{n:n\geqslant 1,p_{ii}^{(n)}>0\}=\mathrm{GCD}\{n:n\geqslant 1,f_{ii}^{(n)}>0\} \tag{10.25}$$

证明留给读者。

定义 10.2.2 若 $f_{ii}=1$，则状态 i 称为常返的；否则，称为非常返的。

根据定义，如果状态 i 是非常返的，则从 i 出发以正概率 $1-f_{ii}$ 永不返回。比如，例 10.2.2 的三个状态都是非常返态。对于常返态，则不然，它最终必返回，平均返回时间是概率分布 $\{f_{ii}^{(n)},n\geqslant 1\}$ 的数学期望

$$\mu_i=\sum_{n=1}^{\infty}nf_{ii}^{(n)} \tag{10.26}$$

按平均返回时间，常返态又分为正常返和零常返的两种类型，定义如下：

定义 10.2.3　对于常返态 i，若 $\mu_i<\infty$，则状态 i 称为正常返的；若 $\mu_i=\infty$，则 i 称为零常返的。非周期的正常返态称为遍历态。

例 10.2.3　设马尔可夫链的状态空间为 $E=\{0,1,2,\cdots\}$，转移概率为

$$p_{00}=1,\quad p_{i,i+1}=1/2,\quad p_{i0}=1/2,\quad i\in E$$

图 10.6 是它的状态转移图。考虑状态 0 的性态。

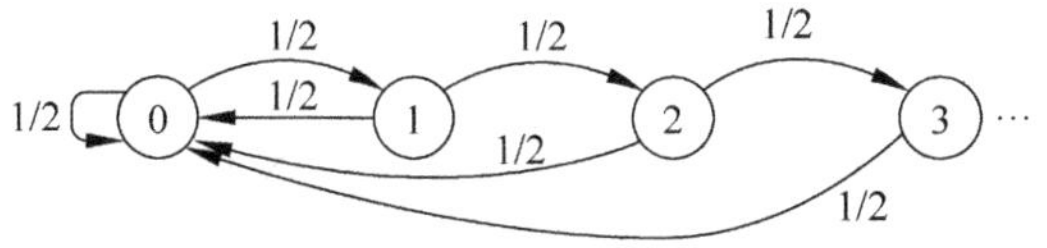

图 10.6　状态转移图

解　显然，状态 0 是非周期的，且

$$f_{00}^{(1)}=\frac{1}{2},\quad f_{00}^{(2)}=\frac{1}{2^2},\quad f_{00}^{(3)}=\frac{1}{2^3},\quad \cdots,\quad f_{00}^{(n)}=\frac{1}{2^n},\quad \cdots$$

$$f_{00}=\sum_{n=1}^{\infty}\frac{1}{2^n}=1,\quad \mu_0=\sum_{n=1}^{\infty}nf_{00}^{(n)}=\sum_{n=1}^{\infty}\frac{n}{2^n}<\infty$$

因此，状态 0 是非周期的正常返态，因而是遍历态。实际上，其他状态也是遍历的，但直接从定义判别比较麻烦，下节将给出常返性的判别定理。

10.2.2　类型的判别

在给出常返态的充要条件之前，先不加证明地引进一个事实：

引理 10.2.1　设两个有界实数列 $\{a_n:n\geqslant 0\}$，$\{b_n:n\geqslant 0\}$ 的母函数分别为

$$A(s)=\sum_{n=0}^{\infty}a_ns^n,\quad B(s)=\sum_{n=0}^{\infty}b_ns^n$$

则

(i) $A(s)$，$B(s)$ 对一切 $|s|<1$ 收敛；

(ii) 数列 $\{a_n\}$，$\{b_n\}$ 的卷积数列 $\left\{c_n=\sum_{k=0}^{n}a_kb_{n-k}:n\geqslant 0\right\}$ 的母函数为

$$C(s)=\sum_{k=0}^{\infty}c_ns^n=A(s)B(s)$$

定理 10.2.3　状态 i 是常返的充要条件为

$$\sum_{n=0}^{\infty}p_{ii}^{(n)}=\infty \tag{10.27}$$

若 i 是非常返的，则

$$\sum_{n=0}^{\infty}p_{ii}^{(n)}=\frac{1}{1-f_{ii}}<\infty \tag{10.28}$$

证明　约定 $p_{ii}^{(0)}=1$，$f_{ii}^{(0)}=0$。由定理 10.2.2，对任意 $1\leqslant n<\infty$，有

$$p_{ii}^{(n)}=\sum_{k=0}^{n}f_{ii}^{(n-k)}p_{ii}^{(k)}$$

记 $P(s)$，$F(s)$ 分别为 $\{p_{ii}^{(n)}:n\geqslant 0\}$，$\{f_{ii}^{(n)}:n\geqslant 0\}$ 的母函数，由引理 10.2.1 得到

$$P(s)-1=P(s)F(s)$$

当 $0\leqslant s<1$ 时，$F(s)<f_{ii}\leqslant 1$，因此

$$P(s)=\frac{1}{1-F(s)},\quad 0\leqslant s<1 \tag{10.29}$$

显然，对任意正整数 m 都有

$$\sum_{n=0}^{m}p_{ii}^{(n)}s^n\leqslant P(s)\leqslant\sum_{n=0}^{\infty}p_{ii}^{(n)}$$

即

$$\sum_{n=0}^{m}p_{ii}^{(n)}s^n\leqslant\frac{1}{1-F(s)}\leqslant\sum_{n=0}^{\infty}p_{ii}^{(n)} \tag{10.30}$$

所以，按定义 10.2.2，状态 i 为常返的 $\Leftrightarrow f_{ii}=1=\lim\limits_{s\uparrow 1}F(s)\Leftrightarrow\sum\limits_{n=0}^{\infty}p_{ii}^{(n)}=\infty$；状态 i 为非常返的，则

$$\sum_{n=0}^{\infty}p_{ii}^{(n)}=\lim_{s\uparrow 1}\frac{1}{1-F(s)}=\frac{1}{1-f_{ii}}<\infty$$

证毕。

为了判别常返态是否为零常返态或遍历态，不加证明地引进如下定理，有兴趣的读者可参考文献[26]。

定理 10.2.4　若状态 i 的周期为 d，则

$$\lim_{n\to\infty}p_{ii}^{(nd)}=\frac{d}{\mu_i} \tag{10.31}$$

其中 μ_i 是状态 i 的平均返回时间。

由此定理，立即得到如下推论：

推论 10.2.2　若 i 为常返态，则

(i) i 为零常返态的充要条件为 $\lim\limits_{n\to\infty}p_{ii}^{(n)}=0$。

(ii) i 为遍历态的充要条件为 $\lim\limits_{n\to\infty}p_{ii}^{(n)}=1/\mu_i$。

定义 10.2.4　若存在 $n\geqslant 1$ 使得 $p_{ij}^{(n)}>0$，则称状态 i 可达状态 j，记为 $i\to j$；若 $i\to j$ 且 $j\to i$，则称状态 i,j 是互通的，记为 $i\leftrightarrow j$。

显然，可达关系和互通关系都有传递性，即

$$i\to j,j\to k\Rightarrow i\to k$$
$$i\leftrightarrow j,j\leftrightarrow k\Rightarrow i\leftrightarrow k$$

定理 10.2.5　若 $i\leftrightarrow j$，则

(i) 它们同为常返的或者同为非常返的；如果为常返的，则同为正常返的或者同为零常返的。

(ii) 它们有相同的周期。

从(i)和(ii)知，互通状态同为遍历的或同为非遍历的。这个定理表明，互通状态是同类型的，用于判别类型有时非常方便。比如，例 10.2.3 中，容易判别状态 0 是遍历的，也易看出其他状态和 0 都是互通的，因此所有都是遍历的。

证明　(i) 由于 i,j 互通，存在 $n\geqslant 1,m\geqslant 1$ 使得

$$p_{ij}^{(n)}=a>0,\quad p_{ji}^{(m)}=b>0$$

根据 C-K 方程，有

$$p_{ii}^{(n+l+m)}\geqslant p_{ij}^{(n)}p_{jj}^{(l)}p_{ji}^{(m)}=abp_{jj}^{(l)},\quad p_{jj}^{(m+l+n)}\geqslant p_{ji}^{(m)}p_{ii}^{(l)}p_{ij}^{(n)}=abp_{ii}^{(l)}\tag{10.32}$$

因此

$$\sum_{l=1}^{\infty}p_{ii}^{(n+l+m)}\geqslant ab\sum_{l=1}^{\infty}p_{jj}^{(l)},\quad \sum_{l=1}^{\infty}p_{jj}^{(m+l+n)}\geqslant ab\sum_{l=1}^{\infty}p_{ii}^{(l)}$$

于是 $\sum\limits_{l=1}^{\infty}p_{ii}^{(l)}$ 和 $\sum\limits_{l=1}^{\infty}p_{jj}^{(l)}$ 同为无穷大或同为有限，由定理 10.2.3，状态 i,j 同为常返的或同为非常返的。若同为常返的，则由式(10.32)得到

$$\lim_{l\to\infty}p_{ii}^{(n+l+m)}\geqslant ab\lim_{l\to\infty}p_{jj}^{(l)},\quad \lim_{l\to\infty}p_{jj}^{(m+l+n)}\geqslant ab\lim_{l\to\infty}p_{ii}^{(l)}$$

因此，$\lim\limits_{l\to\infty}p_{jj}^{(m+l+n)}$ 和$\lim\limits_{l\to\infty}p_{ii}^{(l)}$ 同时为正数或同时为零，根据推论 10.2.2，状态 i,j 同为正常返的或同为零常返的。

(ii) 设状态 i,j 的周期分别为 $d(i),d(j)$。由式(10.32)的第一个不等式，对任一使得 $p_{jj}^{(l)}>0$ 的 l，有 $p_{ii}^{(n+l+m)}>0$，从而$(n+l+m)=0 \bmod d(i)$。此外，由 $p_{ii}^{(n+m)}\geqslant p_{ij}^{(n)}p_{ji}^{(m)}=ab>0$ 知，$(n+m)=0 \bmod d(i)$，所以 $l=0 \bmod d(i)$，于是 $d(i)\leqslant d(j)$。利用式(10.32)的第二个不等式，同理可证 $d(i)\geqslant d(j)$。故状态 i,j 有相同的周期。证毕。

10.2.3　状态空间的分解

1. 分解定理

状态空间 E 的子集 S 称为闭集，若对任意 $i\in S$ 和 $j\notin S$ 都有 $p_{ij}=0$。也就是说，闭集内部状态不可能到达其外部状态。由 C-K 方程，用归纳法易证明：若 S 为闭集，则对任意 $n\geqslant1$，有

$$p_{ij}^{(n)}=0,\quad i\in S,\quad j\notin S$$

这说明，一旦系统处于闭集内部状态，则永远在此闭集内部转移，不可能转移到外部状态。

若闭集 S 是互通的，即其中任何两个状态都是互通的，则称它是不可约的。若状态空间是不可约的，则称这个马尔可夫链是不可约的，即不可约马尔可夫链的任何两个状态都是互通的。

从常返态只能到达常返态，因此状态空间 E 的所有常返态组成一个闭集 S。所有非常返态组成的集合，记为 D，则 $E=D\cup S$。闭集 S 中的互通关系具有自返性、对称性和传递性，即互通关系是等价关系，所以闭集 S 又可按互通关系分成一些不相交的不可约子集。确切地说，利用定理 10.2.5，容易得到如下状态空间的分解定理：

定理 10.2.6　马尔可夫链的状态空间 E 可唯一地分解为满足下述条件的有限个或可列个不相交子集 $D,S_1,S_2,\cdots,S_k,\cdots$之和：

(i) S_k 是常返态组成的不可约闭集(称为基本常返集)；

(ii) S_k 中的状态同类：或全是正常返的，或全是零常返的，它们有相同的周期，且 $f_{ij}=1$，$i,j\in S_k$；

(iii) D 是全体非常返态组成的集合；从 S_k 的状态不能到达 D 的状态。

例 10.2.4　设状态空间 $E=\{0,1,2,3,4,5\}$，转移概率矩阵为

$$
\boldsymbol{P}=\begin{bmatrix}1/2 & 1/2 & 0 & 0 & 0 & 0\\ 1 & 0 & 0 & 0 & 0 & 0\\ 0 & 1/3 & 1/3 & 1/3 & 0 & 0\\ 0 & 0 & 0 & 0 & 1 & 0\\ 0 & 0 & 0 & 0 & 0 & 1\\ 0 & 0 & 0 & 1 & 0 & 0\end{bmatrix}
$$

试分解此马尔可夫链的状态空间,并给出各个子集状态的常返性和周期。

解 从此链的状态转移图 10.7,可以看出:

$$
f_{00}^{(1)}=\frac{1}{2},\quad f_{00}^{(2)}=\frac{1}{2},\quad f_{00}^{(n)}=0,\quad n\geqslant 3
$$

$$
f_{00}=\sum_{n=1}^{\infty}f_{00}^{(n)}=1,\quad \mu_0=\sum_{n=1}^{\infty}nf_{00}^{(n)}=\frac{3}{2}
$$

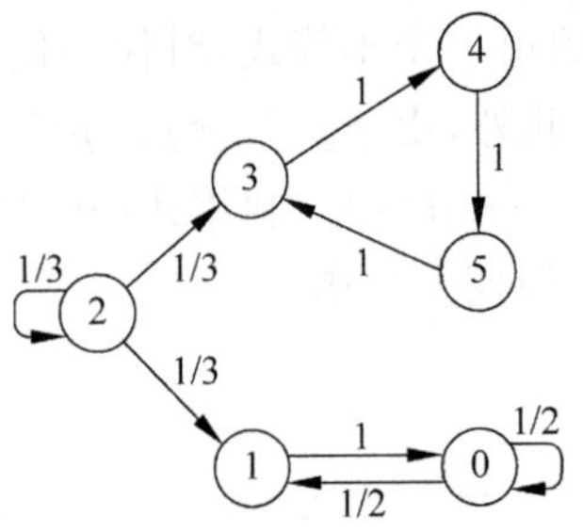

图 10.7 状态转移图

所以,0 是正常返态,周期为 1,即 0 是遍历态。显然,含 0 的基本常返集为

$$
S_1=\{i:i\leftrightarrow 0,i\in E\}=\{0,1\}
$$

对于状态 3,有

$$
f_{33}^{(3)}=1,\quad f_{00}^{(n)}=0,\quad n\neq 3
$$

$$
f_{33}=\sum_{n=1}^{\infty}f_{33}^{(n)}=1,\quad \mu_{33}=\sum_{n=1}^{\infty}nf_{33}^{(n)}=3
$$

所以状态 3 是正常返态,周期为 3,含状态 3 的基本常返集为

$$
S_3=\{i:i\leftrightarrow 3,i\in E\}=\{3,4,5\}
$$

对于状态 2,有

$$
f_{22}^{(1)}=1/3,\quad f_{22}^{(n)}=0,n>1,\quad f_{22}=\sum_{n=1}^{\infty}f_{22}^{(n)}=1/3<1
$$

因此 2 是非常返态,周期为 1。

综上所述,状态空间有下述分解:

$$
E=\{2\}\cup\{0,1\}\cup\{3,4,5\}
$$

在一般情况下,分解定理中的非常返子集 D 可以是闭的也可以是非闭的,但状态空间为有限时一定是非闭的。因此,当质点最初从非常返态出发时,可能永远在 D 中转移,也可能在某一时刻转移到基本常返集 S,一旦转移到 S 就永远在 S 中运动。另外,不难看出,马尔可夫链限制在基本常返集 S 上的随机过程,是一个不可约马尔可夫链,称为原马尔可夫链的不可约子链,其转移矩阵是原马尔可夫链的转移矩阵在基本常返集 S 上的子阵:

$$
\boldsymbol{P}\mid_S=(p_{ij})_{i,j\in S}
$$

比如,例 10.2.4 中的两个不可约子链的状态空间分别为 $S_1=\{0,1\}$,$S_2=\{3,4,5\}$,相应的转移矩阵为

$$
\boldsymbol{P}\mid_{S_1}=\begin{bmatrix}1/2 & 1/2\\ 1 & 0\end{bmatrix},\quad \boldsymbol{P}\mid_{S_2}=\begin{bmatrix}0 & 1 & 0\\ 0 & 0 & 1\\ 1 & 0 & 0\end{bmatrix}
$$

下面,进一步讨论不可约马尔可夫链的分解。

2. 不可约马尔可夫链

定理 10.2.7　设$\mathcal{X}=\{X_n: n\geqslant 0\}$是周期为 d 的不可约马尔可夫链，状态空间为 S，则

(i) S 可唯一地分解为 d 个不相交的子集之和

$$S=G_0\cup G_1\cup\cdots\cup G_{d-1}\quad (G_r\cap G_s=\varnothing, r\neq s)$$

使得 G_r 中的任一状态必一步转移到 G_{r+1} 中的状态(这里约定 $G_d=G_0$)。

(ii) 若仅在时刻 $0,d,\cdots,nd,\cdots$ 上考虑$\mathcal{X}$，则$\mathcal{X}_{new}=\{X_{nd}: n\geqslant 0\}$是一新马尔可夫链，其转移矩阵为 $\boldsymbol{P}^{(d)}=(p_{ij}^{(d)})=\boldsymbol{P}^d$，每一个 G_r 是$\mathcal{X}_{new}$的不可约闭集，其中的状态都是非周期的。若$\mathcal{X}$是常返链，则$\mathcal{X}_{new}$也是常返链。

证明　(i) 对任意给定的状态 i，定义集合：

$$G_r=\{j: \exists n\geqslant 0 \text{ s. t. } p_{ij}^{(nd+r)}>0\},\quad r=0,1,\cdots,d-1 \tag{10.33}$$

由于 S 不可约，因此 $S=G_0\cup G_1\cup\cdots\cup G_{d-1}$。下证：$G_r\cap G_s=\varnothing, r\neq s$。若存在 $j\in G_r\cap G_s$，由式(10.33)存在 $n\geqslant 0$ 和 $m\geqslant 0$ 使得 $p_{ij}^{(nd+r)}>0, p_{ij}^{(md+s)}>0$，另外根据 $i\leftrightarrow j$，存在 $l\geqslant 0$ 使得 $p_{ji}^{(l)}>0$，因而

$$p_{ii}^{(nd+r+h)}\geqslant p_{ij}^{(nd+r)}p_{ji}^{(h)}>0,\quad p_{ii}^{(md+s+h)}\geqslant p_{ij}^{(md+r)}p_{ji}^{(h)}>0$$

于是，$r+h=0 \bmod d, s+h=0 \bmod d$，从而

$$r-s=(r+h)-(s+h)=0 \bmod d$$

另外，$0\leqslant r,s\leqslant d-1$，所以必有 $r-s=0$，故 $G_r=G_s$。这表明，当 $r\neq s$ 时，$G_r\cap G_s=\varnothing$。

再证：G_r 中的任一状态必一步转移到 G_{r+1} 中的状态，即对任意 $j\in G_r$，有 $\sum\limits_{k\in G_{r+1}} p_{jk}=1$。事实上，有

$$\sum_{k\in G_{r+1}} p_{jk}=1-\sum_{k\notin G_{r+1}} p_{jk}$$

由 G_r 的定义，$p_{ij}^{(nd+r)}>0$，因此当 $k\notin G_{r+1}$ 时，从 $0=p_{ik}^{(nd+r+1)}\geqslant p_{ij}^{(nd+r)}p_{jk}$ 知，$p_{jk}=0$。故 $\sum\limits_{k\in G_{r+1}} p_{jk}=1$。

最后证明唯一性，即分解与初始选择的状态 i 无关：令 $G'_0,G'_1,\cdots,G'_{d-1}$是对应初始选择另一状态 i'的分解，不妨假定 $i'\in G_s$。对任一给定的 G_r，若 $k\in G_r$，当 $r\geqslant s$ 时，从状态 i'出发，只能在时刻 $r-s,r-s+d,r-s+2d,\cdots$到达状态 k，因此 $k\in G'_{r-s}$，即 $G_r\subset G'_{r-s}$；当 $r<s$ 时，从状态 i'出发，只能在时刻 $r-s+d,r-s+2d,r-s+3d,\cdots$到达状态 k，因此 $k\in G'_{r-s+d}$，即 $G_r\subset G'_{r-s+d}$。这表明，对给定的 G_r，存在 G'_g使得 $G_r\subset G'_g$。用同样的方法可证，对 G'_g，存在 $G_{\hat{r}}$ 使得 $G'_g\subset G_{\hat{r}}$。因此，$G_r\subset G'_g\subset G_{\hat{r}}$。显然，$G_r\cap G_{\hat{r}}\neq\varnothing$，故 $G_r=G_{\hat{r}}=G'_g$。唯一性得证。

(ii) 由(i)知，G_r 是$\mathcal{X}_{\text{new}}=\{X_{nd}: n\geqslant 0\}$的闭集。此外，对任意 $i,j\in G_r$，由于$\mathcal{X}$不可约，存在 N 使得 $p_{ij}^{(N)}>0$。再由(i)，N 只能为 nd 的形式，即对$\mathcal{X}_{\text{new}}$有 $i\leftrightarrow j$，因此 G_r 是$\mathcal{X}_{\text{new}}$的不可约闭集。由定理 10.2.1，存在自然数 M，使得对一切 $n\geqslant M$ 有 $p_{jj}^{(nd)}>0$，故对$\mathcal{X}_{\text{new}}$，任何状态是非周期的。若$\mathcal{X}$是常返的，任取 $j\in G_r$，根据周期的定义，当 $n\neq 0 \bmod d$ 时，$p_{jj}^{(nd)}=0$，因而 $f_{jj}^{(n)}=0$，故

$$\sum_{n=1}^{\infty} f_{jj}^{(nd)}=\sum_{n=1}^{\infty} f_{jj}^{(n)}=1$$

即$\mathcal{X}_{\text{new}}$也是常返的。证毕。

例 10.2.5　设不可约马尔可夫链$\mathcal{X}=\{X_n:n\geqslant 0\}$的状态空间为$S=\{0,1,2,3,4,5\}$，转移概率矩阵为

$$\boldsymbol{P}=\begin{bmatrix}0 & 0 & 0 & 0 & 1 & 0\\ 1/2 & 0 & 0 & 1/2 & 0 & 0\\ 0 & 0 & 0 & 1 & 0 & 0\\ 0 & 0 & 0 & 0 & 1 & 0\\ 0 & 1/3 & 1/3 & 0 & 0 & 1/3\\ 2/3 & 0 & 0 & 1/3 & 0 & 0\end{bmatrix}$$

由状态转移如图 10.8 所示，可以看出各状态的周期都为 3。由定理 10.2.6(i)，得到状态空间分解：

$$E=G_0\cup G_1\cup G_2$$

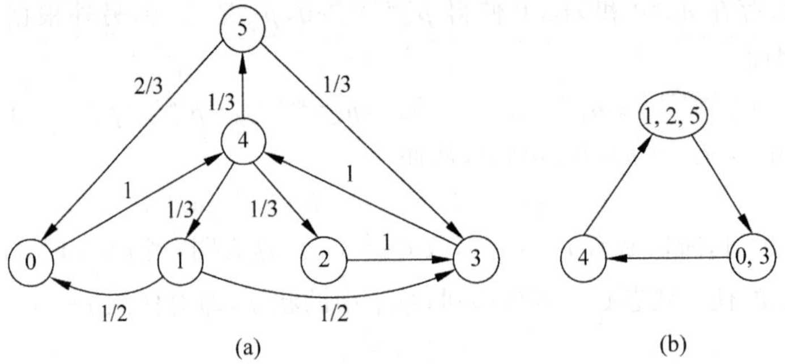

图 10.8　不可约马尔可夫链

其中

$$G_0=\{j:\exists n\ \text{s. t.}\ p_{1j}^{(3n)}>0\}=\{1,2,5\}$$
$$G_1=\{j:\exists n\ \text{s. t.}\ p_{1j}^{(3n+1)}>0\}=\{0,3\}$$
$$G_2=\{j:\exists n\ \text{s. t.}\ p_{1j}^{(3n+2)}>0\}=\{4\}$$

不可约链$\mathcal{X}=\{X_n:n\geqslant 0\}$在 S 中的运动如图 10.8(b)所示。

由定理 10.2.6(ii)，$\mathcal{X}_{\text{new}}=\{X_{3n}:n\geqslant 0\}$的转移矩阵为

$$\boldsymbol{P}^3=\begin{bmatrix}7/18 & 0 & 0 & 11/18 & 0 & 0\\ 0 & 1/3 & 1/3 & 0 & 0 & 1/3\\ 0 & 1/3 & 1/3 & 0 & 0 & 1/3\\ 7/18 & 0 & 0 & 11/18 & 0 & 0\\ 0 & 0 & 0 & 0 & 1 & 0\\ 0 & 1/3 & 1/3 & 0 & 0 & 1/3\end{bmatrix}$$

从$\mathcal{X}_{\text{new}}$的状态转移图 10.9 可看出，$G_0=\{1,2,5\}$，$G_1=\{0,3\}$和 $G_2=\{4\}$都是它的不可约闭集。

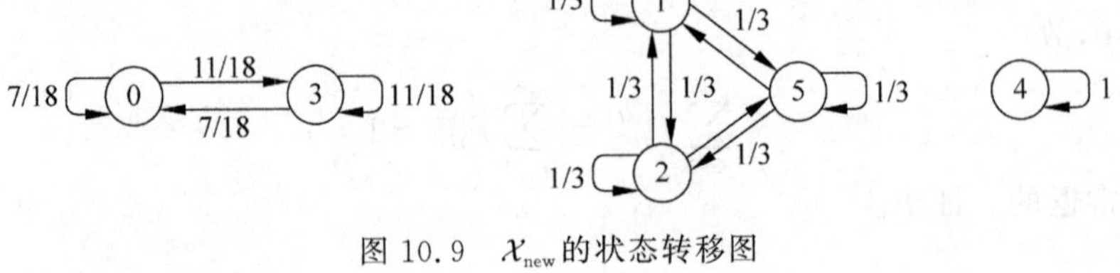

图 10.9　$\mathcal{X}_{\text{new}}$的状态转移图

10.3 渐近性质与平稳分布

本节讨论转移概率的极限$\lim\limits_{n\to\infty}p_{ij}^{(n)}$，主要涉及两个问题：极限是否存在？如果存在极限，是否与状态 i 有关？第二个问题与马尔可夫链的平稳分布有密切关系。

10.3.1 渐近性质

由定理 10.2.2，对任意 i,j，有

$$p_{ij}^{(n)}=\sum_{k=1}^{n}f_{ij}^{(k)}p_{jj}^{(n-k)}\leqslant\sum_{k=1}^{N}f_{ij}^{(k)}p_{jj}^{(n-k)}+\sum_{k=N+1}^{n}f_{ij}^{(k)}\tag{10.34}$$

若 j 是非常返的或零常返的，根据定理 10.2.3 和推论 10.2.2，$\lim\limits_{n\to\infty}p_{jj}^{(n)}=0$。此外，由 $\sum\limits_{k=1}^{n}f_{ij}^{(k)}\leqslant 1$ 知

$$\lim_{N\to\infty}\sum_{k=N+1}^{\infty}f_{ij}^{(k)}=0$$

于是，由式(10.34)得到$\lim\limits_{n\to\infty}p_{ij}^{(n)}=0$。故有如下定理：

定理 10.3.1　若 j 是非常返的或零常返的，则对任何 $i\in E$，$\lim\limits_{n\to\infty}p_{ij}^{(n)}=0$。

推论 10.3.1

(i) 有限马尔可夫链不可能全是非常返态，也不可能含有零常返态。因而不可约有限马尔可夫链必是正常返的。

(ii) 若马尔可夫链有一个零常返态，则必有无限多个零常返态。

证明　(i) 令 $E=\{0,1,\cdots,m\}$。若全是非常返态，则由定理 10.3.1，有

$$1=\sum_{j=0}^{m}p_{ij}^{(n)}\to 0(n\to\infty)$$

矛盾。若有零常返态 i，则 $S=\{j:i\to j\}$ 是有限的不可约闭集，故 S 中的状态都是零常返的。因此，由定理 10.3.1，有

$$1=\sum_{j\in S}^{m}p_{ij}^{(n)}\to 0(n\to\infty)$$

矛盾。

(ii) 若 i 是零常返态，则 $S=\{j:i\to j\}$ 是不可约闭集，它不可能是有限的。否则由定理 10.3.1 得到与上面相同的矛盾。证毕。

上面考虑了非常返态和零常返态的渐近分布，对于正常返态 j，极限$\lim\limits_{n\to\infty}p_{ij}^{(n)}$ 不一定存在，即使存在也可能与状态 i 有关。因此，通常考虑子列 $p_{ij}^{(md+r)}$ 和平均$\sum\limits_{k=1}^{n}p_{ij}^{(k)}/n$ 的极限，其中 d 是正常返态 j 的周期。

令

$$f_{ij}(r)=\sum_{m=0}^{\infty}f_{ij}^{(md+r)},\quad 0\leqslant r<d-1\tag{10.35}$$

它表示从状态 i 出发,在时刻 $n=r \bmod d$ 首次到达状态 j 的概率。由式(10.23),得

$$\sum_{r=0}^{d-1} f_{ij}(r)=\sum_{r=0}^{d-1}\sum_{m=0}^{\infty} f_{ij}^{(md+r)}=\sum_{n=0}^{\infty} f_{ij}^{(n)}=f_{ij} \tag{10.36}$$

定理 10.3.2 若 j 是周期为 d 的正常返态,则对任何 $i\in E$ 及 $0\leqslant r<d-1$,有

$$\lim_{n\to\infty} p_{ij}^{(nd+r)}=\frac{d}{\mu_j} f_{ij}(r) \tag{10.37}$$

证明 由于 j 是周期为 d 的正常返态,当 $n\neq 0 \bmod d$ 时,$p_{jj}^{(n)}=0$,因此

$$p_{ij}^{(nd+r)}=\sum_{k=0}^{nd+r} f_{ij}^{(k)} p_{jj}^{(nd+r-k)}=\sum_{m=0}^{n} f_{ij}^{(md+r)} p_{jj}^{(n-m)d}$$

于是,对 $1\leqslant N<n$,有

$$\sum_{m=0}^{N} f_{ij}^{(md+r)} p_{jj}^{(n-m)d} \leqslant p_{ij}^{(nd+r)} \leqslant \sum_{m=0}^{N} f_{ij}^{(md+r)} p_{jj}^{(n-m)d}+\sum_{m=N}^{\infty} f_{ij}^{(md+r)}$$

由定理 10.2.4,在上式中先固定 N 令 $n\to\infty$,再令 $N\to\infty$,得

$$\frac{d}{\mu_j} f_{ij}(r) \leqslant \lim_{n\to\infty} p_{ij}^{(nd+r)} \leqslant \frac{d}{\mu_j} f_{ij}(r)$$

故 $\lim\limits_{n\to\infty} p_{ij}^{(nd+r)}=\dfrac{d}{\mu_j} f_{ij}(r)$。证毕。

由此定理和定理 10.2.6,立即得到如下推论:

推论 10.3.2 对于周期为 d 的正常返、不可约马尔可夫链,有

$$\lim_{n\to\infty} p_{ij}^{(nd)}=\begin{cases}\dfrac{d}{\mu_j}, & i,j\in G_s, s=0,1,\cdots,d-1\\ 0, & i\in G_s, j\in G_t, s\neq t\end{cases} \tag{10.38}$$

其中,G_s,$s=0,1,\cdots,d-1$ 是状态空间的分解(见定理 10.2.6)。

由于 $\sum\limits_{k=1}^{n} p_{jj}^{(k)}$ 是从 j 出发在 n 步之内返回 j 的平均次数,所以 $\sum\limits_{k=1}^{n} p_{jj}^{(k)}/n$ 是 n 步之内的单位时间返回的平均次数,而 μ_i 是平均返回时间,即 $1/\mu_i$ 表示单位时间返回的平均次数。因此,当 n 充分大时,有

$$\frac{1}{n}\sum_{k=1}^{n} p_{jj}^{(k)} \approx \frac{1}{\mu_j}$$

如果从状态 i 出发,考虑能否到达 j 的情况,则与有限步终于到达 j 的概率 f_{ij} 有关,对此有如下定理:

定理 10.3.3 对任何状态 $i,j\in E$,有

$$\lim_{n\to\infty}\frac{1}{n}\sum_{k=1}^{n} p_{ij}^{(k)}=\frac{f_{ij}}{\mu_j}\text{,若 } j \text{ 是正常返的;} 0\text{,若 } j \text{ 是零常返的或非常返的} \tag{10.39}$$

证明 若 j 是零常返的或非常返的,由定理 10.3.1,$p_{ij}^{(k)}\to 0(k\to\infty)$,因此

$$\lim_{n\to\infty}\frac{1}{n}\sum_{k=1}^{n} p_{ij}^{(k)}=0$$

对于正常返态情况的证明,应用如下事实就很容易:假定有 d 个数列 $\{x_{nd+r}\}$,$r=0,1,\cdots,d-1$,若对每个 r,$\lim\limits_{n\to\infty} x_{nd+r}=y_r$,则

$$\lim_{n\to\infty}\frac{1}{n}\sum_{k=1}^{n} x_k=\frac{1}{d}\sum_{r=0}^{d-1} y_r$$

不妨假定 j 的周期为 d，由定理 10.3.2，有

$$\lim_{n\to\infty} p_{ij}^{(nd+r)} = \frac{d}{\mu_j} f_{ij}(r), \quad r=0,1,\cdots,d-1$$

应用上述事实，得到

$$\lim_{n\to\infty} \frac{1}{n}\sum_{k=1}^{n} p_{ij}^{(k)} = \frac{1}{d}\cdot\frac{d}{\mu_j}\sum_{r=0}^{d-1} f_{ij}(r) = \frac{f_{ij}}{\mu_j}$$

证毕。

由此定理，立即得到以下推论。

推论 10.3.3 对于常返的不可约马尔可夫链，有

$$\lim_{n\to\infty} \frac{1}{n}\sum_{k=1}^{n} p_{ij}^{(k)} = \frac{1}{\mu_j}\left(\frac{1}{\infty}=0\right)$$

10.3.2 平稳分布

定义 10.3.1 若状态空间的概率分布 $\pi=\{\pi_i : i\in E\}$ 满足下述条件：

$$\pi_j = \sum_{i\in E}\pi_i p_{ij}, \quad j\in E \tag{10.40}$$

则称它为马尔可夫链的平稳分布。

当然，平稳分布 π 还隐含条件：

$$\sum_{i\in E}\pi_i = 1; \quad \pi_i \geqslant 0, i\in E \tag{10.41}$$

对平稳分布 π，也有

$$\pi_j = \sum_{i\in E}\pi_i p_{ij}^{(n)}, \quad j\in E \tag{10.42}$$

这是因为

$$\begin{aligned}\sum_{i\in E}\pi_i p_{ij}^{(n)} &= \sum_{i\in E}\pi_i\sum_{k\in E} p_{ik}p_{kj}^{(n-1)} = \sum_{k\in E}\left(\sum_{i\in E}\pi_i p_{ik}\right)p_{kj}^{(n-1)}\\ &= \sum_{k\in E}\pi_k p_{kj}^{(n-1)} = \cdots = \sum_{k\in E}\pi_k p_{kj} = \pi_j\end{aligned}$$

若初始分布 $\{p_i : i\in E\}$ 是平稳分布，则

$$p_j(1) = \sum_{i\in E} p_i p_{ij} = p_j$$

$$p_j(2) = \sum_{i\in E} p_i(1) p_{ij} = p_j$$

$$\vdots$$

$$p_j(n) = \sum_{i\in E} p_i(n-1) p_{ij} = p_j$$

$$\vdots$$

也就是说，当初始分布为平稳分布时，绝对分布 $\{p_i(n) : i\in E\}$ 等于初始分布，当然也是平稳分布。

定理 10.3.4 非周期的不可约马尔可夫链为正常返的充要条件是存在平稳分布。平稳分布存在时，必是极限分布

$$\pi = \left\{\frac{1}{\mu_j}, j\in E\right\} \tag{10.43}$$

证明 充分性：令$\{\pi_i : i\in E\}$是平稳分布，即

$$\pi_j=\sum_{i\in E}\pi_i p_{ij},\quad j\in E$$

于是，由式(10.42)得到

$$\pi_j=\lim_{n\to\infty}\sum_{i\in E}\pi_i p_{ij}^{(n)}=\sum_{i\in E}\pi_i(\lim_{n\to\infty}p_{ij}^{(n)})=\frac{1}{\mu_j}\sum_{i\in E}\pi_i=\frac{1}{\mu_j},\quad j\in E$$

因 $\sum_{i\in E}\pi_i=1$；$\pi_i\geqslant 0, i\in E$，所以存在 k 使得 $\pi_k=1/\mu_k>0$，即状态 k 是正常返的，故不可约链是正常返的。

必要性：由于 $j\in E$ 是正常返的，因此

$$\lim_{n\to\infty}p_{ij}^{(n)}=\frac{1}{\mu_j}>0,\quad j\in E$$

由 C-K 方程，对任何自然数 N，有

$$p_{ij}^{(n+m)}=\sum_{k\in E}p_{ik}^{(m)}p_{kj}^{(n)}\geqslant\sum_{k=0}^{N}p_{ik}^{(m)}p_{kj}^{(n)}$$

令 $m\to\infty$，得

$$\frac{1}{\mu_j}\geqslant\sum_{k=0}^{N}\frac{1}{\mu_k}p_{kj}^{(n)}$$

再令 $N\to\infty$，得

$$\frac{1}{\mu_j}\geqslant\sum_{k=0}^{\infty}\frac{1}{\mu_k}p_{kj}^{(n)}=\sum_{k\in E}\frac{1}{\mu_k}p_{kj}^{(n)}$$

下证上式必取等号：否则，从

$$\frac{1}{\mu_j}>\sum_{k\in E}\frac{1}{\mu_k}p_{kj}^{(n)}$$

导致矛盾：

$$\sum_{j\in E}\frac{1}{\mu_j}>\sum_{j\in E}\sum_{k\in E}\frac{1}{\mu_k}p_{kj}^{(n)}=\sum_{k\in E}\frac{1}{\mu_k}(\sum_{j\in E}p_{kj}^{(n)})=\sum_{k\in E}\frac{1}{\mu_k}$$

因此

$$\frac{1}{\mu_j}=\sum_{k\in E}\frac{1}{\mu_k}p_{kj}^{(n)}\tag{10.44}$$

令 $n\to\infty$，得到

$$\frac{1}{\mu_j}=\sum_{k\in E}\frac{1}{\mu_k}\cdot\frac{1}{\mu_j}$$

即

$$\sum_{k\in E}\frac{1}{\mu_k}=1\tag{10.45}$$

由式(10.44)和式(10.45)，马尔可夫链有平稳分布，即式(10.43)。证毕。

由定理 10.3.4，得到下述推论(证明留给读者)：

推论 10.3.4

(i) 非周期的有限不可约马尔可夫链必有平稳分布。

(ii) 对于非常返的或零常返的不可约马尔可夫链，不存在平稳分布。

(iii) 若 $\pi=\{\pi_i: i\in E\}$是非周期的不可约马尔可夫链的平稳分布,则

$$\pi_j=\lim_{n\to\infty}p_j(n)=\frac{1}{\mu_j} \tag{10.46}$$

例 10.3.1　设马尔可夫链的转移矩阵为

$$\boldsymbol{P}=\begin{bmatrix}0.70 & 0.10 & 0.05 & 0.15\\ 0.10 & 0.80 & 0.05 & 0.05\\ 0.05 & 0.05 & 0.80 & 0.10\\ 0.05 & 0.05 & 0.10 & 0.80\end{bmatrix}$$

求它的平稳分布和各状态的平均返回时间。

解　由转移矩阵知,这是非周期的有限不可约马尔可夫链,因此存在平稳分布。根据平稳分布的定义,得到方程组

$$\begin{cases}0.70\pi_1+0.10\pi_2+0.05\pi_3+0.05\pi_4=\pi_1\\ 0.10\pi_1+0.80\pi_2+0.05\pi_3+0.05\pi_4=\pi_2\\ 0.50\pi_1+0.50\pi_2+0.80\pi_3+0.10\pi_4=\pi_3\\ 0.15\pi_1+0.05\pi_2+0.10\pi_3+0.80\pi_4=\pi_4\\ \pi_1+\pi_2+\pi_3+\pi_4=1\end{cases}$$

解此方程组得到平稳分布

$$\pi_1=0.1764,\quad \pi_2=0.2353,\quad \pi_3=0.2647,\quad \pi_4=0.3235$$

于是,各状态的平均返回时间为

$$\mu_1=\frac{1}{\pi_1}=5.6689,\quad \mu_2=\frac{1}{\pi_2}=4.2499,\quad \mu_3=\frac{1}{\pi_3}=3.7779,\quad \mu_4=\frac{1}{\pi_4}=3.0912$$

例 10.3.2(生灭链)　以 X_n 表示在时刻 n 某种生物群体的数目,设为 i 个数量单位,若在时刻 $n+1$ 增生到 $i+1$ 个单位的概率为 p_i,减灭到 $i-1$ 单位的概率为 q_i,保持不变的概率为 $r_i=1-(p_i+q_i)$,则$\{X_n: n\geqslant 0\}$为马尔可夫链(称为生灭链),状态空间为 $E=\{0,1,2,\cdots\}$,转移概率为

$$p_{ii-1}=q_i, p_{ii}=r_i, p_{ii+1}=p_i\quad (r_i=1-(p_i+q_i)>0, p_i>0, q_i>0)$$

且是非周期、不可约的。记

$$a_0=1,\quad a_j=\frac{\prod\limits_{k=0}^{j-1}p_k}{\prod\limits_{k=1}^{j}q_k}, j=1,2,\cdots,\quad S=\sum_{j=0}^{\infty}a_j$$

证明:生灭链是正常返的充要条件为 $S<\infty$。

证明　由定理 10.3.4,只需证明生灭链存在平稳分布的充要条件为 $S<\infty$,即只需证明下述方程组

$$\begin{cases}\pi_0=r_0\pi_0+p_0\pi_1\\ \pi_j=p_{j-1}\pi_{j-1}+p_j\pi_j+q_{j+1}\pi_{j+1},\quad j\geqslant 1\\ \sum\limits_{j=0}^{\infty}\pi_j=1\end{cases} \tag{10.47}$$

有解的充要条件为 $S<\infty$。

将 $r_0=1-p_0, r_j=1-(p_j+q_j), j\geqslant 1$ 代入方程(10.47)，得到递推关系

$$\begin{cases} q_1\pi_1 - p_0\pi_0 = 0 \\ q_{j+1}\pi_{j+1} - p_j\pi_j = q_j\pi_j - p_{j-1}\pi_{j-1}, \quad j \geqslant 1 \end{cases}$$

求解得

$$\pi_j = \frac{p_{j-1}}{q_j}\pi_{j-1}, \quad j \geqslant 1$$

因此

$$\pi_j = \frac{p_{j-1}p_{j-2}}{q_j q_{j-1}}\pi_{j-2} = \cdots = \frac{\prod_{k=0}^{j-1} p_k}{\prod_{k=1}^{j} q_k}\pi_0 = a_j\pi_0, \quad j \geqslant 1$$

$$1 = \sum_{j=0}^{\infty}\pi_j = \pi_0\sum_{j=0}^{\infty}a_j$$

故方程(10.47)有解的充要条件为 $S<\infty$。证毕。

不难看出，正常返生灭链的平稳分布为

$$\pi = \left\{\pi_j = \left(\sum_{k=0}^{\infty}a_k\right)^{-1}a_j : j \geqslant 0\right\} \tag{10.48}$$

状态的平均返回时间为

$$\mu_j = \frac{1}{\pi_j} = \frac{1}{a_j}\sum_{k=0}^{\infty}a_k, \quad j \geqslant 0 \tag{10.49}$$

10.4 隐马尔可夫模型

隐马尔可夫模型是一种时序概率模型，用来描述由一个马尔可夫链随机生成状态序列，再由各状态随机生成一个观测序列的过程。在这个过程中，马尔可夫链随机生成的状态不可观测，因而称为隐马尔可夫模型，它在生物信息、机器智能、模式识别和机器学习等领域都有广泛的应用。

10.4.1 基本概念

1. 盒子-球模型

在对隐马尔可夫模型进行形式化描述之前，先看一个简单的例子。

例 10.4.1 盒子-球模型。假定有三个盒子，分别标记为 q_1, q_2, q_3，每个盒子有 10 个红白两种颜色的小球，其红球和白球的数目如表 10.1 所示，v_1 代表红色，v_2 代表白色。

表 10.1 每个盒子中红、白球的数目

	q_1	q_2	q_3
v_1	8	4	3
v_2	2	6	7

现在以下述方法抽取小球，产生一个颜色序列：开始，按三个盒子的概率分布

$$p_1=P(X_1=q_1)=0.2,\quad p_2=P(X_1=q_2)=0.5,\quad p_3=P(X_1=q_2)=0.3$$

随机选取一个盒子 q_{j_1}，从这个盒子中随机抽取一个小球，让观测者记录其颜色 v_{i_1} 后，放回。然后，从当前盒子随机转移到下一个盒子，转移规则为：若当前盒子是 q_1，或以概率 0.4 移到自身，或以概率 0.6 转移到盒子 q_2；若当前盒子是 q_2，或以概率 0.7 转移到盒子 q_1，或以概率 0.3 转移到盒子 q_3；若当前盒子是 q_3，或以概率 0.6 转移到盒子 q_2，或以概率 0.4 转移到自身。确定转移的盒子 q_{j_2} 后，从这个盒子中随机抽取一个小球，让观测者记录其颜色 v_{i_2} 后，放回。如此继续下去，观测者就得到一个颜色序列：

$$\boldsymbol{Y}=\{v_{i_1},v_{i_2},v_{i_3},\cdots\}$$

在这个过程中，还有观测者不可观测的盒子序列：

$$\boldsymbol{X}=\{q_{j_1},q_{j_2},q_{j_3},\cdots\}$$

上述的盒子-球模型，就是一个简单的隐马尔可夫模型，如图 10.10 所示。三个盒子 q_1，q_2，q_3 是所有可能的状态，其转移过程是一个马尔可夫链。状态的初始概率分布和转移概率矩阵分别为

$$\pi=\{0.2,0.5,0.3\},\quad \boldsymbol{A}=\begin{bmatrix}0.4 & 0.6 & 0.0\\ 0.7 & 0.0 & 0.3\\ 0.0 & 0.6 & 0.4\end{bmatrix}$$

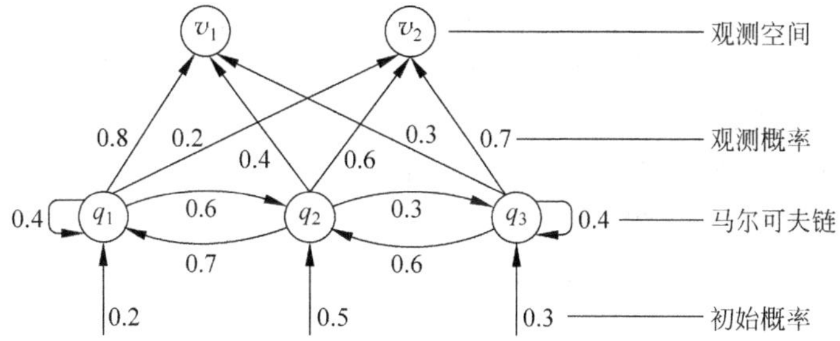

图 10.10　盒子-颜色球模型

对观测者而言，状态转移过程是观测不到的，可观测的仅是每次抽样小球的颜色。在这个过程中，红、白两种颜色是所有可能的观测结果，观测者看到红球和白球的概率取决于当前抽样所处盒子（状态）中的红、白球数目，这个概率称为观测概率。由表 10.1，观测概率矩阵为

$$\boldsymbol{B}=\begin{bmatrix}0.8 & 0.2\\ 0.4 & 0.6\\ 0.3 & 0.7\end{bmatrix}$$

可见，隐马尔可夫模型由状态初始概率分布、状态转移概率分布和观测概率分布确定。下面，给出隐马尔可夫模型的形式化定义。

2. 形式化定义

隐马尔可夫模型是一个内嵌式双随机过程：一个是单纯的马尔可夫链，记为 $\mathcal{X}=\{X_n:n\geqslant 1\}$；另一个是与 $\mathcal{X}$ 有关的观测过程，记为 $\mathcal{Y}=\{Y_n:n\geqslant 1\}$，其中 $\mathcal{X}$ 是不可观测的，只能通过 $\mathcal{Y}$ 的输出序列进行推断。隐马尔可夫模型的基本要素包括：

(i) $\mathcal{X}$ 的状态空间和 $\mathcal{Y}$ 的状态空间：

$$Q=\{q_1,q_2,\cdots,q_N\},\quad V=\{v_1,v_2,\cdots,v_M\}$$

状态空间 Q 的元素 q_j 称为隐马尔可夫模型的状态；$\mathcal{Y}$的状态空间 V 称为隐马尔可夫模型的观测空间，其中的元素是所有可能的观测结果。

(ii) 状态转移概率矩阵：

$$\boldsymbol{A}=(a_{ij})_{N\times N}$$

其中

$$a_{ij}=P(X_{n+1}=q_j\mid X_n=q_i),\quad 1\leqslant i,j\leqslant N$$

表示从状态 q_i 一步转移到状态 q_j 的概率，且满足马氏性。

观测概率矩阵：

$$\boldsymbol{B}=(b_{ij})_{N\times M}$$

其中

$$b_{ij}=P(Y_n=v_j\mid X_n=q_i),\quad 1\leqslant i\leqslant N,1\leqslant j\leqslant M$$

表示在状态 q_i 下出现观测 v_j 的概率，且满足观测独立性，即在状态 q_i 下出现观测 v_j 的概率仅依赖于当前状态 q_i，与过去的状态和观测无关。

(iii) 状态初始概率分布：

$$\pi=\{\pi_1,\pi_2,\cdots,\pi_N\}$$

其中 π_i 是状态 q_i 的初始概率

$$\pi_i=P(X_1=q_i),\quad i=1,2,\cdots,N$$

状态的初始分布、转移概率和观测概率是隐马尔可夫模型的参数，一旦确定这些参数就给出了具体的模型，因此将隐马尔可夫模型简记为 $\lambda=(\pi,\boldsymbol{A},\boldsymbol{B})$。

隐马尔可夫模型按下述方式产生观测序列：

输入：$\lambda=(\pi,\boldsymbol{A},\boldsymbol{B})$和观测序列长度 T

输出：观测序列 $\boldsymbol{Y}_T=\{v_{i_1},v_{i_2},\cdots,v_{i_T}\}$

(1) 初始：按初始概率分布 $\pi=\{\pi_1,\pi_2,\cdots,\pi_N\}$，产生一个状态 q_{j_1}。

(2) 令 $n=1$。

(3) 按观测分布$\{b_{j_n i}:i=1,2,\cdots,M\}$，产生一个观测 v_{i_n}。

(4) 按转移概率分布$\{a_{j_n j}:j=1,2,\cdots,N\}$，产生一个状态 $q_{j_{n+1}}$。

(5) 令 $n=n+1$，若 $n<T$，返回(3)；否则，终止。

3. 基本问题

在隐马尔可夫模型的应用中，通常涉及如下三类基本问题：

(i) 概率计算问题：已知模型 $\lambda=(\pi,\boldsymbol{A},\boldsymbol{B})$和观测序列 $\boldsymbol{Y}_T=\{v_{i_1},v_{i_2},\cdots,v_{i_T}\}$，求在模型 λ 下出现 $\boldsymbol{Y}_T$ 的概率 $P(\boldsymbol{Y}_T|\lambda)$。

(ii) 模型估计问题：已知观测序列 $\boldsymbol{Y}_T=\{v_{i_1},v_{i_2},\cdots,v_{i_T}\}$，求模型参数 $\lambda=(\pi,\boldsymbol{A},\boldsymbol{B})$使概率 $P(\boldsymbol{Y}_T|\lambda)$达到最大，即求 λ 的最大似然估计。

(iii) 状态预测问题：已知模型 $\lambda=(\pi,\boldsymbol{A},\boldsymbol{B})$和观测序列 $\boldsymbol{Y}_T=\{v_{i_1},v_{i_2},\cdots,v_{i_T}\}$，求使概率 $P(\boldsymbol{X}_T|\boldsymbol{Y}_T,\lambda)$达到最大的状态序列 $\boldsymbol{X}_T=\{q_{j_1},q_{j_2},\cdots,q_{j_T}\}$，即求最有可能的状态序列。

概率计算问题较简单，后两个问题稍为复杂些。在实际应用中，模型估计问题需要使用第 9 章介绍的 EM 算法，状态预测问题需要利用动态规划技术。以下各节分别讨论这三类问题计算方法。

10.4.2　概率计算

给定模型 $\lambda=(\pi,\boldsymbol{A},\boldsymbol{B})$，求观测序列 $\boldsymbol{Y}_T=\{v_{i_1},v_{i_2},\cdots,v_{i_T}\}$ 的概率 $P(\boldsymbol{Y}_T|\lambda)$。最直接的方法是先求所有长度为 T 的状态序列 $\boldsymbol{X}_T=\{q_{j_1},q_{j_2},\cdots,q_{j_T}\}$，$j_k\in\{1,2,\cdots,N\}$ 和观测序列 $\boldsymbol{Y}_T$ 的联合概率

$$P(\boldsymbol{Y}_T,\boldsymbol{X}_T\mid\lambda)=P(\boldsymbol{Y}_T\mid\boldsymbol{X}_T,\lambda)\cdot P(\boldsymbol{X}_T\mid\lambda)$$

然后，对所有状态序列 $\boldsymbol{X}_T$ 求和得到观测序列 $\boldsymbol{Y}_T$ 的概率

$$P(\boldsymbol{Y}_T\mid\lambda)=\sum_{\boldsymbol{X}_T}P(\boldsymbol{Y}_T,\boldsymbol{X}_T\mid\lambda)$$

由于

$$P(\boldsymbol{Y}_T\mid\boldsymbol{X}_T,\lambda)=b_{j_1i_1}b_{j_2i_2}\cdots b_{j_Ti_T},\quad P(\boldsymbol{X}_T\mid\lambda)=\pi_{j_1}a_{j_1j_2}a_{j_2j_3}\cdots a_{j_{T-1}j_T}\tag{10.50}$$

$$P(\boldsymbol{Y}_T,\boldsymbol{X}_T\mid\lambda)=\pi_{j_1}b_{j_1i_1}a_{j_1j_2}b_{j_2i_2}\cdots a_{j_{T-1}j_T}b_{j_Ti_T}\tag{10.51}$$

故

$$P(\boldsymbol{Y}_T\mid\lambda)=\sum_{\boldsymbol{X}_T}P(\boldsymbol{Y}_T,\boldsymbol{X}_T\mid\lambda)=\sum_{j_1,\cdots,i_T=1}^{N}\pi_{j_1}b_{j_1i_1}a_{j_1j_2}b_{j_2i_2}\cdots a_{j_{T-1}j_T}b_{j_Ti_T}\tag{10.52}$$

这种直接方法计算量为 $O(TN^{\mathrm{T}})$，在实践中不可行。下面介绍两种常用的计算方法：前向算法和后向算法。

1. 前向算法

定义 10.4.1　给定 $\lambda=(\pi,\boldsymbol{A},\boldsymbol{B})$，前 n 个时刻的观测序列 $\boldsymbol{Y}_n=\{v_{i_1},v_{i_2},\cdots,v_{i_n}\}$ 和时刻 n 状态 $X_n=q_i$ 的联合概率称为前向概率，记为

$$\alpha_n(i)=P(\boldsymbol{Y}_n,X_n=q_i\mid\lambda)\tag{10.53}$$

由这个定义，在给定 $\lambda=(\pi,\boldsymbol{A},\boldsymbol{B})$ 下，前 n 个时刻的观测序列 $\boldsymbol{Y}_n=\{v_{i_1},v_{i_2},\cdots,v_{i_n}\}$ 的概率为

$$P(\boldsymbol{Y}_n\mid\lambda)=\sum_{i=1}^{N}P(\boldsymbol{Y}_n,X_n=q_i\mid\lambda)=\sum_{i=1}^{N}\alpha_n(i)\tag{10.54}$$

特别取 $n=T$，则

$$P(\boldsymbol{Y}_T\mid\lambda)=\sum_{i=1}^{N}\alpha_T(i)$$

可见，概率计算问题的关键在于计算前向概率 $\alpha_n(k)$，容易得到如表 10.2 所示前向算法：

表 10.2　前向算法

输入：模型 $\lambda=(\pi,\boldsymbol{A},\boldsymbol{B})$，观测序列 $\boldsymbol{Y}_T=\{v_{i_1},v_{i_2},\cdots,v_{i_T}\}$

输出：观测序列的概率 $P(\boldsymbol{Y}_T|\lambda)$

(1) 初始：

$$\alpha_1(j)=\pi_jb_{ji_1},\quad j=1,2,\cdots,N\tag{10.55}$$

(2) 递归：对 $n=1,2,\cdots,T-1$，有

$$\alpha_{n+1}(j)=\Big(\sum_{i=1}^{N}\alpha_n(i)a_{ij}\Big)b_{ji_{n+1}},j=1,2,\cdots,N\tag{10.56}$$

续表

(3) 终止： $$P(\boldsymbol{Y}_T \mid \lambda) = \sum_{i=1}^{N} \alpha_T(i) \tag{10.57}$$

步骤(1)初始化前向概率，是在给定 $\lambda=(\pi,\boldsymbol{A},\boldsymbol{B})$ 下，开始时刻状态 $X_1=q_j$ 和观测 $Y_1=v_{i_1}$ 的联合概率。步骤(2)为前向概率的递归公式，是计算前 $n+1$ 个时刻观测序列 $\boldsymbol{Y}_{n+1}=\{v_{i_1},v_{i_2},\cdots,v_{i_{n+1}}\}$ 和时刻 $n+1$ 状态 $X_{n+1}=q_j$ 的前向概率，如图 10.11 所示。

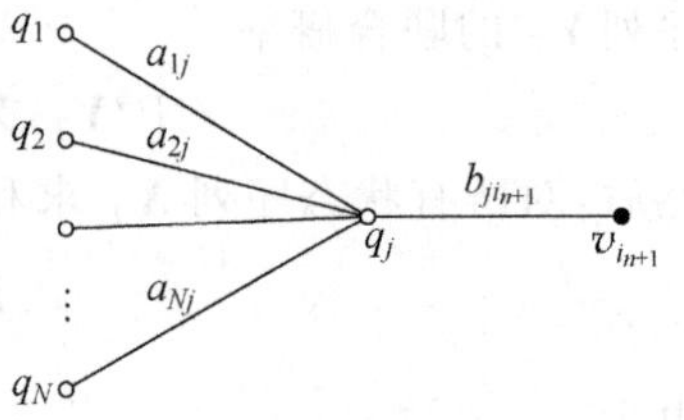

图 10.11 前向概率递归公式

由于 $\alpha_n(i)$ 是前 n 个时刻的观测序列 $\boldsymbol{Y}_n=\{v_{i_1},v_{i_2},\cdots,v_{i_n}\}$ 和时刻 n 状态 $X_n=q_i$ 的前向概率，所以前 n 个时刻的观测序列 $\boldsymbol{Y}_n$、时刻 n 状态 $X_n=q_i$ 和时刻 $n+1$ 转移到状态 $X_{n+1}=q_j$ 的联合概率为

$$P(\boldsymbol{Y}_n, X_n=q_i, X_{n+1}=q_j \mid \lambda) = \alpha_n(i) a_{ij}$$

于是

$$P(\boldsymbol{Y}_n, X_{n+1}=q_j \mid \lambda) = \sum_{i=1}^{N} \alpha_n(i) a_{kj}$$

因而前 $n+1$ 个时刻观测序列 $\boldsymbol{Y}_{n+1}=\{v_{i_1},v_{i_2},\cdots,v_{i_{n+1}}\}$ 和时刻 $n+1$ 状态 $X_{n+1}=q_j$ 的前向概率

$$\begin{aligned}
\alpha_{n+1}(j) &= P(\boldsymbol{Y}_n, Y_{n+1}=v_{i_{n+1}}, X_{n+1}=q_j \mid \lambda) \\
&= P(\boldsymbol{Y}_n, X_{n+1}=q_j \mid \lambda) \cdot P(Y_{n+1}=v_{i_{n+1}} \mid X_{n+1}=q_j, \lambda) \\
&= \Big(\sum_{k=1}^{N} \alpha_n(i) a_{ij}\Big) b_{ji_{n+1}}
\end{aligned}$$

故有递归公式(10.56)。

2. 后向算法

定义 10.4.2 给定 $\lambda=(\pi,\boldsymbol{A},\boldsymbol{B})$，在时刻 n 状态 $X_n=q_i$ 的条件下，从时刻 $n+1$ 到 T 的观测序列 $\hat{\boldsymbol{Y}}_{T-n} \triangleq \{v_{i_{n+1}},v_{i_{n+2}},\cdots,v_{i_T}\}$ 的概率称为后向概率，记为

$$\beta_n(i) = P(\hat{\boldsymbol{Y}}_{T-n} \mid X_n=q_i, \lambda) \tag{10.58}$$

由后向概率得到如下概率计算问题的后向算法：

表 10.3 后向算法

输入：模型 $\lambda=(\pi,\boldsymbol{A},\boldsymbol{B})$，观测序列 $\boldsymbol{Y}_T=\{v_{i_1},v_{i_2},\cdots,v_{i_T}\}$
输出：观测序列的概率 $P(\boldsymbol{Y}_T \mid \lambda)$
(1) 初始： $$\beta_T(i)=1,\quad i=1,2,\cdots,N \tag{10.59}$$
(2) 递归：对 $n=T-1,\cdots,2,1$，有 $$\beta_n(i) = \sum_{j=1}^{N} a_{ij} b_{ji_{n+1}} \beta_{n+1}(j),\quad i=1,2,\cdots,N \tag{10.60}$$

续表

(3) 终止： $$P(\mathbf{Y}_T \mid \lambda)=\sum_{i=1}^{N}\pi_i b_{ii_1}\beta_1(i) \tag{10.61}$$

步骤(1)初始化后向概率，在最终时刻 T 对所有状态 $X_T=q_i$，$\beta_T(i)=1$。下面证明递归公式(10.60)：

$$\beta_n(k)=P(\hat{\mathbf{Y}}_{T-n} \mid X_n=q_i,\lambda)=\sum_{j=1}^{N}P(Y_{n+1}=v_{i_{n+1}},\hat{\mathbf{Y}}_{T-(n+1)},X_{n+1}=q_j \mid X_n=q_i,\lambda)$$

由全概率公式和观测独立性，有

$$P(Y_{n+1}=v_{i_{n+1}},\hat{\mathbf{Y}}_{T-(n+1)},X_{n+1}=q_j \mid X_n=q_i,\lambda)$$

$$=P(X_{n+1}=q_j \mid X_n=q_i,\lambda)\cdot P(Y_{n+1}=v_{i_{n+1}} \mid X_{n+1}=q_j,\lambda)\cdot P(\hat{\mathbf{Y}}_{T-(n+1)} \mid X_{n+1}=q_j,\lambda)$$

$$=a_{ij}b_{ji_{n+1}}\beta_{n+1}(j)$$

因此有递归公式(10.60)。同理可证式(10.61)成立。

由前向概率和后向概率的定义，观测序列 $\mathbf{Y}_T$ 的概率可用前向概率和后向概率混合表示为

$$P(\mathbf{Y}_T \mid \lambda)=\sum_{i=1}^{T}\alpha_n(i)\beta_n(i),\quad n=1,2,\cdots,T \tag{10.62}$$

式(10.61)和式(10.57)分别是 $n=1,T$ 时的特殊情形。

3. 单个状态和两个状态的概率

给定模型 λ 和观测序列 $\mathbf{Y}_T$，利用前向概率和后向概率可以计算单个状态和两个状态的概率，以后将要使用这两种概率。

单个状态 $X_n=q_i$ 的概率：

$$\gamma_n(i)\triangleq P(X_n=q_i \mid \mathbf{Y}_T,\lambda)=\frac{P(X_n=q_i,\mathbf{Y}_T \mid \lambda)}{P(\mathbf{Y}_T \mid \lambda)}$$

因

$$\begin{aligned}P(X_n=q_i,\mathbf{Y}_T \mid \lambda)&=P(X_n=q_i,\mathbf{Y}_n,\hat{\mathbf{Y}}_{T-n} \mid \lambda)\\&=P(X_n=q_i,\mathbf{Y}_n \mid \lambda)\cdot P(\hat{\mathbf{Y}}_{T-n} \mid X_n=q_i,\lambda)\\&=\alpha_n(i)\beta_n(i)\end{aligned}$$

$$P(\mathbf{Y}_T \mid \lambda)=\sum_{i=1}^{T}\alpha_n(i)\beta_n(i)$$

故

$$\gamma_n(i)=\frac{\alpha_n(i)\beta_n(i)}{\sum_{i=1}^{T}\alpha_n(i)\beta_n(i)} \tag{10.63}$$

两个状态 $X_n=q_i$，$X_{n+1}=q_j$ 的概率：

$$\eta_n(i,j)\triangleq P(X_n=q_i,X_{n+1}=q_j \mid \mathbf{Y}_T,\lambda)=\frac{P(X_n=q_i,X_{n+1}=q_j,\mathbf{Y}_T \mid \lambda)}{P(\mathbf{Y}_T \mid \lambda)}$$

$$=\frac{P(X_n=q_i,X_{n+1}=q_j,\boldsymbol{Y}_T\mid\lambda)}{\sum_{i,j=1}^{N}P(X_n=q_i,X_{n+1}=q_j,\boldsymbol{Y}_T\mid\lambda)}$$

由隐马乐科夫模型的马氏性和观测独立性，

$$P(X_n=q_i,X_{n+1}=q_j,\boldsymbol{Y}_T\mid\lambda)=P(X_n=q_i,X_{n+1}=q_j,\boldsymbol{Y}_n,Y_{n+1}=v_{i_{n+1}},\hat{\boldsymbol{Y}}_{T-(n+1)}\mid\lambda)$$
$$=P(X_n=q_i,\boldsymbol{Y}_n\mid\lambda)\cdot P(X_{n+1}=q_j\mid X_n=q_i,\lambda)\cdot$$
$$P(Y_{n+1}=v_{i_{n+1}}\mid X_{n+1}=q_j,\lambda)\cdot P(\hat{\boldsymbol{Y}}_{T-(n+1)}\mid X_{n+1}=q_j,\lambda)$$
$$=\alpha_n(i)a_{ij}b_{ji_{n+1}}\beta_{n+1}(j)$$

因此

$$\eta_n(i,j)=\frac{\alpha_n(i)a_{ij}b_{ji_{n+1}}\beta_{n+1}(j)}{\sum_{i,j=1}^{T}\alpha_n(i)a_{ij}b_{ji_{n+1}}\beta_{n+1}(j)} \tag{10.64}$$

10.4.3 模型估计

给定观测序列 $\boldsymbol{Y}_T=\{v_{i_1},v_{i_2},\cdots,v_{i_T}\}$，隐马尔可夫模型的估计问题是求 $\lambda=(\pi,\boldsymbol{A},\boldsymbol{B})$ 最大化观测序列的概率 $P(\boldsymbol{Y}_T|\lambda)$ 。这个问题的难点在于和 $\boldsymbol{Y}_T$ 对应的状态序列 $\boldsymbol{X}_T=\{q_{j_1},q_{j_2},\cdots,q_{j_T}\}$不可观测，也就是说，状态序列 $\boldsymbol{X}_T$ 是估计问题的潜在数据。因此，可用第 9 章的 EM 算法解决这个问题。

EM 算法的 E 步：构造 Q 函数。

通过回忆 EM 算法可知，在这个问题中 Q 函数是 $\ln P(\boldsymbol{Y}_T,\boldsymbol{X}_T|\lambda)$关于潜在数据 $\boldsymbol{X}_T$ 的条件概率分布 $P(\boldsymbol{Y}_T,\boldsymbol{X}_T|\lambda^{(k)})$期望：

$$Q(\lambda,\lambda^{(k)})=\frac{1}{P(\boldsymbol{Y}_T,\lambda^{(k)})}\sum_{\boldsymbol{X}_T}\ln P(\boldsymbol{Y}_T,\boldsymbol{X}_T\mid\lambda)P(\boldsymbol{Y}_T,\boldsymbol{X}_T\mid\lambda^{(k)})$$

其中 $\lambda^{(k)}$是 λ 的当前估计值，λ 是要极大化的模型参数。在上式中，$P(\boldsymbol{Y}_T,\lambda^{(k)})$是常数，不影响 Q 函数的极大化，因此将 Q 函数表示为

$$Q(\lambda,\lambda^{(k)})=\sum_{\boldsymbol{X}_T}\ln P(\boldsymbol{Y}_T,\boldsymbol{X}_T\mid\lambda)\cdot P(\boldsymbol{Y}_T,\boldsymbol{X}_T\mid\lambda^{(k)})$$

根据式(10.51)，有

$$P(\boldsymbol{Y}_T,\boldsymbol{X}_T\mid\lambda)=P(\boldsymbol{Y}_T\mid\boldsymbol{X}_T,\lambda)P(\boldsymbol{X}_T\mid\lambda)=\pi_{j_1}b_{j_1i_1}a_{j_1j_2}b_{j_2i_2}\cdots a_{j_{T-1}j_T}b_{j_Ti_T}$$

故 Q 函数有下述形式：

$$Q(\lambda,\lambda^{(k)})=\underbrace{\sum_{\boldsymbol{X}_T}\ln\pi_{j_1}P(\boldsymbol{Y}_T,\boldsymbol{X}_T\mid\lambda^{(k)})}_{F(\pi)}$$
$$+\underbrace{\sum_{\boldsymbol{X}_T}\sum_{n=1}^{T-1}\ln a_{j_nj_{n+1}}P(\boldsymbol{Y}_T,\boldsymbol{X}_T\mid\lambda^{(k)})}_{G(A)}+\underbrace{\sum_{\boldsymbol{X}_T}\sum_{n=1}^{T}\ln b_{j_ni_n}P(\boldsymbol{Y}_T,\boldsymbol{X}_T\mid\lambda^{(k)})}_{H(B)} \tag{10.65}$$

EM 算法的 M 步：极大化 Q 函数。

在式(10.65)右端三项分别对应隐马尔可夫模型的初始分布 π、转移概率分布 $\boldsymbol{A}$ 和观测

概率分布 $\boldsymbol{B}$，因此极大化 Q 函数只需分别极大化 $F(\pi)$，$G(\boldsymbol{A})$和 $H(\boldsymbol{B})$。

(i) 极大化 $F(\pi)$

不难看出

$$F(\pi)=\sum_{i=1}^{N}\ln\pi_i P(\boldsymbol{Y}_T,X_1=q_i\mid\lambda^{(k)})$$

且初始分布满足

$$\sum_{i=1}^{N}\pi_i=1$$

应用拉格朗日乘子法：拉格朗日函数为

$$L(\pi,\mu)=F(\pi)-\mu\left(\sum_{i=1}^{N}\pi_i-1\right)$$

由拉格朗日方程

$$\frac{\partial L(\pi,\mu)}{\partial\pi_i}=\frac{P(\boldsymbol{Y}_T,X_1=q_i\mid\lambda^{(k)})}{\pi_i}-\mu=0$$

立即得到

$$\pi_i=\frac{P(\boldsymbol{Y}_T,X_1=q_i\mid\lambda^{(k)})}{\mu}$$

再由

$$1=\sum_{i=1}^{N}\pi_i=\frac{1}{\mu}\sum_{i=1}^{N}P(\boldsymbol{Y}_T,X_1=q_i\mid\lambda^{(k)})=\frac{1}{\mu}P(\boldsymbol{Y}_T\mid\lambda^{(k)})$$

立即得到

$$\mu=\frac{1}{P(\boldsymbol{Y}_T\mid\lambda^{(k)})}$$

故

$$\pi_i^{(k+1)}=\frac{P(\boldsymbol{Y}_T,X_1=q_i\mid\lambda^{(k)})}{P(\boldsymbol{Y}_T\mid\lambda^{(k)})}=\gamma_1^{(k)}(i),\quad 1\leqslant i\leqslant N \tag{10.66}$$

其中 $\gamma_1^{(k)}(i)$由前向、后向概率计算，见式(10.63)。

(ii) 极大化 $G(\boldsymbol{A})$

$$G(\boldsymbol{A})=\sum_{i,j=1}^{N}\sum_{n=1}^{T-1}\ln a_{ij}P(\boldsymbol{Y}_T,X_n=q_i,X_{n+1}=q_j\mid\lambda^{(k)})$$

且转移概率矩阵 $\boldsymbol{A}$ 满足

$$\sum_{j=1}^{N}a_{ij}=1,\quad 1\leqslant i\leqslant N$$

与极大化 $F(\pi)$类似，应用拉格朗日乘子法，得到

$$\begin{aligned}a_{ij}^{(k+1)}&=\frac{P(\boldsymbol{Y}_T,X_n=q_i,X_{n+1}=q_j\mid\lambda^{(k)})}{P(\boldsymbol{Y}_T,X_n=q_i\mid\lambda^{(k)})}\\&=\frac{\sum_{n=1}^{T-1}\eta_n^{(k)}(i,j)}{\sum_{n=1}^{T-1}\gamma_n^{(k)}(i)},\quad 1\leqslant i,j\leqslant N\end{aligned} \tag{10.67}$$

其中 $\gamma_n^{(k)}(i)$ 和 $\eta_n^{(k)}(i,j)$ 由前向、后向概率计算，见式(10.63)和式(10.64)。

(iii) 极大化 $H(\boldsymbol{B})$

$$H(\boldsymbol{B})=\sum_{j=1}^{N}\sum_{n=1}^{T}\ln b_{ji_n}P(\boldsymbol{Y}_T,X_n=q_j\mid\lambda^{(k)})$$

且观测概率矩阵 $\boldsymbol{B}$ 满足

$$\sum_{k=1}^{M}b_{ik}=1,\quad 1\leqslant i\leqslant N$$

在应用拉格朗日乘子法时，只要注意：当且仅当 $Y_n=v_l$，即 $v_{i_n}=v_l$ 时

$$\frac{\partial L(\boldsymbol{B},\mu)}{\partial b_{jl}}\neq 0$$

就可得到

$$\begin{aligned}b_{nl}^{(k+1)}&=\frac{\sum_{n=1}^{T}P(\boldsymbol{Y}_T,X_n=q_j\mid\lambda^{(k)})\delta_{nl}}{\sum_{n=1}^{T}P(\boldsymbol{Y}_T,X_n=q_j\mid\lambda^{(k)})}\\&=\frac{\sum_{n=1}^{T}\gamma_n^{(k)}(j)\delta_{nl}}{\sum_{n=1}^{T}\gamma_n^{(k)}(j)},\quad 1\leqslant j\leqslant N,1\leqslant l\leqslant M\end{aligned}\tag{10.68}$$

其中

$$\delta_{nl}=\begin{cases}1, & v_{i_n}=v_l\\0, & v_{i_n}\neq v_l\end{cases}$$

其中 $\gamma_n^{(k)}(j)$ 由前向、后向概率计算，见式(10.63)。

上述是 EM 算法在隐马尔可夫模型估计问题中的具体实现，由 Baum 和 Welch[31] 提出，表 10.4 给出了 Baum-Welch 算法流程。

表 10.4 Baum-Welch 算法

输入：观测序列 $\boldsymbol{Y}_T=\{v_{i_1},v_{i_2},\cdots,v_{i_T}\}$

输出：模型参数 $\lambda=(\pi,\boldsymbol{A},\boldsymbol{B})$

(1) 初始：

$$k=0,\lambda^{(0)}=(\pi^{(0)},A^{(0)},B^{(0)})$$

(2) 迭代：

$$\pi_i^{(k+1)}=\gamma_1^{(k)}(i),\quad 1\leqslant i\leqslant N$$

$$a_{ij}^{(k+1)}=\frac{\sum_{n=1}^{T-1}\eta_n^{(k)}(i,j)}{\sum_{n=1}^{T-1}\gamma_n^{(k)}(i)},\quad 1\leqslant i,j\leqslant N$$

$$b_{nl}^{(k+1)}=\frac{\sum_{n=1}^{T}\gamma_n^{(k)}(j)\delta_{nl}}{\sum_{n=1}^{T}\gamma_n^{(k)}(j)},\quad 1\leqslant j\leqslant N,1\leqslant l\leqslant M$$

续表

(3) 直至收敛,终止迭代: $$\lambda^{(k+1)}=(\pi^{(k+1)},A^{(k+1)},B^{(k+1)})$$

10.4.4 状态预测

现在讨论状态预测问题,即给定模型 $\lambda=(\pi,\boldsymbol{A},\boldsymbol{B})$ 和观测序列 $\boldsymbol{Y}_T=\{v_{i_1},v_{i_2},\cdots,v_{i_T}\}$,求最有可能生成观测 $\boldsymbol{Y}_T$ 的状态序列 $\boldsymbol{X}_T=\{q_{j_1},q_{j_2},\cdots,q_{j_T}\}$。

一种看似合理的想法是,在每个时刻 n 选择一个最有可能的状态 q_n^*,从而得到一个状态序列 $\boldsymbol{X}_T^*=\{q_1^*,q_2^*,\cdots,q_T^*\}$,以它作为状态预测的结果。这种想法容易实现。

由式(10.63),时刻 n 状态 $X_n=q_i$ 的概率为

$$\gamma_n(i)=\frac{\alpha_n(i)\beta_n(i)}{\sum_{i=1}^{T}\alpha_n(i)\beta_n(i)},\quad i=1,2,\cdots,N$$

因此,在时刻 n 最有可能的状态为

$$q_n^*=\arg\max_{1\leqslant i\leqslant N}\gamma_n(i),\quad n=1,2,\cdots,T \tag{10.69}$$

这样就得到了状态序列 $\boldsymbol{X}_T^*=\{q_1^*,q_2^*,\cdots,q_T^*\}$。

这种方法的优点是计算简单,其缺点也是显而易见的,因为每个时刻选择的状态最优,不能保证整体状态序列是最优的,也就是说,用式(10.69)得到的状态序列 $\boldsymbol{X}_T^*$ 不能保证使条件概率 $P(\boldsymbol{X}_T|\boldsymbol{Y}_T,\lambda)$ 达到最大。此外,在状态序列 $\boldsymbol{X}_T^*$ 中也可能存在 q_j^* 不能转移到相邻状态 q_{j+1}^*,即

$$a_{j,j+1}=P(X_{j+1}=q_{j+1}^*\mid X_j=q_j^*)=0$$

下面介绍一种常用的状态预测方法,称为 Viterbi 算法,它是用动态规划求解状态预测问题。将状态看作节点,一个状态序列是连接节点的一条路径,动态规划是求解具有最大概率的路径,称为最优路径。

由动态规划的最优性原理,最优路径有如下特性:若最优路径在时刻 n 通过节点 q_n^*,则这条路径从节点 q_n^* 到终节点 q_T^* 的部分路径,对从 q_n^* 到 q_T^* 的所有可能的部分路径而言,一定是最优的。这是明显的,若不然,必有一条更优的路径。根据最优路径的如此特性,计算从 $n=1$ 开始到时刻 n 状态为 q_i 的所有部分路径的最大概率,记为 $\delta_n(q_i)$,直至时刻 T。于是,最优路径的概率和终节点分别为

$$P^*=\max_{1\leqslant i\leqslant N}\delta_T(q_i),\quad q_T^*=\arg\max_{1\leqslant i\leqslant N}\delta_T(q_i)$$

然后,从终节点 q_T^* 开始,向前依次搜索最优路径上的各个节点,从而得到最优路径

$$\boldsymbol{X}_T^*=\{q_1^*,q_2^*,\cdots,q_T^*\}$$

这就是 Viterbi 算法基本思想。

由 $\delta_n(q_i)$ 的定义,有

$$\delta_n(q_i)=\max_{1\leqslant j_1,\cdots,j_{n-1}\leqslant N}P(X_n=q_i,X_k=q_{j_k}(1\leqslant k\leqslant n-1),\boldsymbol{Y}_n\mid\lambda),\quad 1\leqslant i\leqslant N \tag{10.70}$$

且满足递归关系：

$$\begin{aligned}\delta_{n+1}(q_i) &= \max_{1\leqslant j_1,\cdots,j_n\leqslant N} P(X_{n+1}=q_i, X_k=q_{j_k}(1\leqslant k\leqslant n), \boldsymbol{Y}_{n+1} \mid \lambda)\\ &= \max_{1\leqslant j\leqslant N}\delta_n(q_j)a_{ji}\cdot b_{ii_{n+1}}, \quad 1\leqslant i\leqslant N, 1\leqslant n\leqslant T-1\end{aligned} \tag{10.71}$$

为了从终节点 q_T^* 开始，向前搜索最优路径上节点 $q_{T-1}^*,\cdots,q_1^*$，定义

$$\varphi_{n-1}(q_i)=\arg\max_{1\leqslant j\leqslant N}(\delta_{n-1}(q_j)a_{ji}), \quad 1\leqslant i\leqslant N \tag{10.72}$$

它是时刻 n 状态为 q_i 的所有部分路径 $\boldsymbol{X}_n=\{q_{j_1},q_{j_2},\cdots,q_{j_{n-1}},q_i\}$ 中具有最大概率路径的第 $n-1$ 个节点，于是从 q_T^* 开始，向前搜索得到最优路径上节点：

$$q_n^*=\varphi_n(q_{n+1}^*), \quad n=T-1,T-2,\cdots,1 \tag{10.73}$$

表 10.5 Viterbi 算法

输入：模型 $\lambda=(\pi,\boldsymbol{A},\boldsymbol{B})$ 和观测序列 $\boldsymbol{Y}_T=\{v_{i_1},v_{i_2},\cdots,v_{i_T}\}$

输出：最优路径 $\boldsymbol{X}_T^*=\{q_1^*,q_2^*,\cdots,q_T^*\}$

(1) 初始：

$$\delta_1(q_i)=\pi_i b_{ii_n}, \quad 1\leqslant i\leqslant N$$

(2) 递归：对 $n=2,3,\cdots,T$，有

$$\delta_n(q_i)=\max_{1\leqslant j\leqslant N}\delta_{n-1}(q_j)a_{ji}\cdot b_{ii_n}, \quad 1\leqslant i\leqslant N$$

$$\varphi_{n-1}(q_i)=\arg\max_{1\leqslant j\leqslant N}(\delta_{n-1}(q_j)a_{ji}), \quad 1\leqslant i\leqslant N$$

(3) 最大概率和终节点：

$$P^*=\max_{1\leqslant i\leqslant N}\delta_T(q_i)$$

$$q_T^*=\arg\max_{1\leqslant i\leqslant N}\delta_T(q_i)$$

(4) 回溯：对 $n=T-1,T-2,\cdots,1$，有

$$q_n^*=\varphi_n(q_{n+1}^*)$$

例 10.4.2 应用 Viterbi 算法，求盒子-球模型(例 10.4.1)产生观测序列 $\boldsymbol{Y}_3=\{v_1,v_2,v_1\}$ 的最优状态序列，其中 v_1：红色，v_2：白色。

解 盒子-球模型参数为

$$\pi=\{0.2,0.5,0.3\}, \quad \boldsymbol{A}=\begin{bmatrix}0.4 & 0.6 & 0.0\\ 0.7 & 0.0 & 0.3\\ 0.0 & 0.6 & 0.4\end{bmatrix}, \quad \boldsymbol{B}=\begin{bmatrix}0.8 & 0.2\\ 0.4 & 0.6\\ 0.3 & 0.7\end{bmatrix}$$

初始化：

$$\delta_1(q_1)=\pi_1 b_{11}=0.2\cdot 0.8=0.16$$

$$\delta_1(q_2)=\pi_2 b_{21}=0.5\cdot 0.4=0.20$$

$$\delta_1(q_3)=\pi_3 b_{31}=0.3\cdot 0.3=0.09$$

递归：

$$\delta_2(q_1)=\max\{\delta_1(q_j)a_{j1}\cdot b_{12}:j=1,2,3\}=0.0280$$

$$\delta_2(q_2)=\max\{\delta_1(q_j)a_{j2}\cdot b_{22}:j=1,2,3\}=0.0576$$

$$\delta_2(q_3)=\max\{\delta_1(q_j)a_{j3}\cdot b_{32}:j=1,2,3\}=0.0420$$

$$\delta_3(q_1)=\max\{\delta_2(q_j)a_{j1}\cdot b_{11}: j=1,2,3\}=0.0323$$
$$\delta_3(q_2)=\max\{\delta_2(q_j)a_{j2}\cdot b_{21}: j=1,2,3\}=0.0101$$
$$\delta_3(q_3)=\max\{\delta_2(q_j)a_{j3}\cdot b_{31}: j=1,2,3\}=0.0052$$
$$\varphi_1(q_1)=\operatorname{argmax}\{(\delta_1(q_j)a_{j1});\ j=1,2,3\}=q_2$$
$$\varphi_1(q_2)=\operatorname{argmax}\{(\delta_1(q_j)a_{j2});\ j=1,2,3\}=q_1$$
$$\varphi_1(q_3)=\operatorname{argmax}\{(\delta_1(q_j)a_{j3});\ j=1,2,3\}=q_2$$
$$\varphi_2(q_1)=\operatorname{argmax}\{(\delta_2(q_j)a_{j1});\ j=1,2,3\}=q_2$$
$$\varphi_2(q_2)=\operatorname{argmax}\{(\delta_2(q_j)a_{j2});\ j=1,2,3\}=q_3$$
$$\varphi_2(q_3)=\operatorname{argmax}\{(\delta_2(q_j)a_{j3});\ j=1,2,3\}=q_2$$

最大概率和终节点：

$$P^*=\max_{1\leqslant i\leqslant 3}\delta_3(q_i)=0.0323,\quad q_3^*=\operatorname*{argmax}_{1\leqslant i\leqslant 3}\delta_3(q_i)=q_1$$

回溯：

$$q_2^*=\varphi_2(q_3^*)=\varphi_2(q_1)=q_2,\quad q_1^*=\varphi_1(q_2^*)=\varphi_1(q_2)=q_1$$

故最优状态序列为 $\boldsymbol{X}_3^*=\{q_1,q_2,q_1\}$。

习　题

1. 设 $\mathcal{X}=\{X(t),t\in T\}$ 是随机过程，且 $X_1=X(t_1),X_2=X(t_2),\cdots,X_n=X(t_n),\cdots$ 是独立同分布的随机变量序列，令 $Y_0=0,Y_1=X(t_1)=X_1,Y_n+cY_{n-1}=X_n,\cdots$，证明 $\mathcal{Y}=\{Y_n,n\geqslant 0\}$ 是马尔可夫链。

2. 质点随机游动的状态转移图如图 10.12 所示。

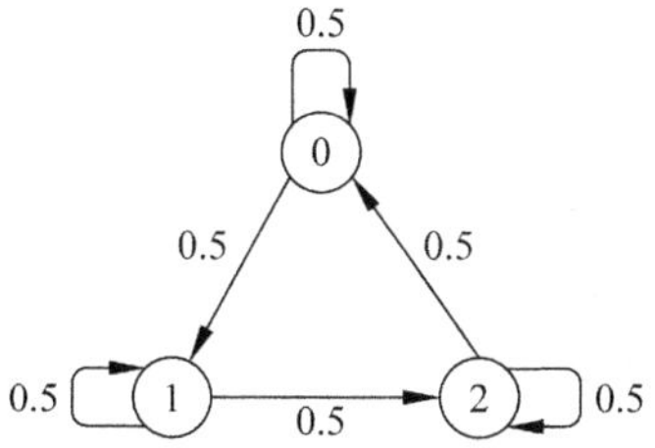

图 10.12 质点随机游动的状态转移图

(i) 写出转移概率矩阵，以及三步转移概率矩阵。

(ii) 若初始分布为 $P(X_0=0)=P(X_0=1)=0,P(X_0=2)=1$，求三步转移后处于状态 2 的概率。

3. 考虑转移概率矩阵的马尔可夫链的状态分类：

(i) $\boldsymbol{P}=\begin{bmatrix}0 & 0 & 1 & 0\\ 1 & 0 & 0 & 0\\ 3/10 & 7/10 & 0 & 0\\ 3/5 & 1/5 & 1/5 & 0\end{bmatrix}$

$$
\text{(ii) } \boldsymbol{P}=\begin{bmatrix} 1/5 & 3/10 & 1/2 & 0 & 0 \\ 7/10 & 3/10 & 0 & 0 & 0 \\ 0 & 1 & 0 & 0 & 0 \\ 0 & 0 & 0 & 2/5 & 3/5 \\ 0 & 0 & 0 & 1 & 0 \end{bmatrix}
$$

$$
\text{(iii) } \boldsymbol{P}=\begin{bmatrix} 1 & 0 & \cdots & \cdots & \cdots & \cdots & \cdots & 0 \\ p & q & r & 0 & \cdots & \cdots & \cdots & 0 \\ 0 & p & q & r & \cdots & \cdots & \cdots & 0 \\ \vdots & \vdots & \vdots & \vdots & \vdots & \vdots & \vdots & \vdots \\ 0 & \cdots & \cdots & \cdots & 0 & p & q & r \\ 0 & \cdots & \cdots & \cdots & \cdots & \cdots & 0 & 1 \end{bmatrix}, p+q=r=1
$$

4. 马尔可夫链的转移概率矩阵如下，求它的每个不可约闭集的平稳分布。

$$
\boldsymbol{P}=\begin{bmatrix} 0.3 & 0.3 & 0.2 & 0.2 & 0 & 0 \\ 0 & 0 & 0.5 & 0.5 & 0 & 0 \\ 0 & 0 & 0 & 1 & 0 & 0 \\ 0 & 1 & 0 & 0 & 0 & 0 \\ 0 & 0 & 0 & 0.5 & 0 & 0.5 \\ 0 & 0 & 0 & 0 & 0.5 & 0.5 \end{bmatrix}
$$

5. 设河流每天的生物耗氧量(BOD)浓度为马尔可夫链，状态空间为 $E=\{0,1,2,3\}$，其转移概率矩阵为

$$
\boldsymbol{P}=\begin{bmatrix} 1/2 & 2/5 & 1/10 & 0 \\ 1/5 & 1/2 & 1/5 & 1/10 \\ 1/10 & 1/5 & 3/5 & 1/10 \\ 0 & 1/5 & 2/5 & 2/5 \end{bmatrix}
$$

其中状态 0 表示 BOD 浓度极低；状态 1 表示 BOD 浓度低；状态 2 表示 BOD 浓度中；状态 3 表示 BOD 浓度高，当 BOD 浓度处于状态 3 时，称河流处于污染状态。

(i) 试证此马尔可夫链是遍历的。

(ii) 求此马尔可夫链的平稳分布。

(iii) 河流再次达到污染的平均时间 μ_3。

6. 设盒子-球模型的参数 $\lambda=(\pi,\boldsymbol{A},\boldsymbol{B})$ 为

$$
\pi=\{0.2,0.4,0.4\},\quad \boldsymbol{A}=\begin{bmatrix} 0.5 & 0.2 & 0.3 \\ 0.3 & 0.5 & 0.2 \\ 0.2 & 0.3 & 0.5 \end{bmatrix},\quad \boldsymbol{B}=\begin{bmatrix} 0.5 & 0.5 \\ 0.4 & 0.6 \\ 0.7 & 0.3 \end{bmatrix}
$$

观测序列为 $\boldsymbol{Y}_3=\{v_1,v_2,v_1\}$，其中 v_1：红色，v_2：白色。

(i) 计算概率 $P(\boldsymbol{Y}_3|\lambda)$。

(ii) 求最优状态序列 $\boldsymbol{X}_3^*=\{q_1^*,q_2^*,q_3^*\}$。

第四部分　射影几何与非欧几何

第 11 章　平面射影几何

射影几何是几何学的一个古老分支，在机器人视觉中具有广泛的应用。例如，在构建摄像机的几何模型、由图像恢复场景的三维几何结构和确定物体（或摄像机）的位置等方面，都需要利用有关射影几何知识。射影几何的内容非常丰富，本书只涉及与机器人视觉有关的基本知识。本章是平面射影几何部分，主要介绍点、直线和二次曲线的齐次表示，射影变换与基本几何元素的变换规则，射影群及其子群的不变量与不变性质。阅读本章的读者需要具备相关解析几何的知识。

11.1　射影平面

11.1.1　基本概念

1. 齐次坐标

在本章中，除特别说明外假定在平面上建立了欧氏坐标系。平面上的点用二维有序数组 $\tilde{\boldsymbol{x}}=(x,y)^{\mathrm{T}}$ 来表示，即该点的欧氏坐标。众所周知，直线方程可表示为

$$ax+by+c=0 \tag{11.1}$$

在式(11.1)两边同乘以任何非零常数 t 得到的方程

$$axt+byt+ct=0 \tag{11.2}$$

与式(11.1)有相同的几何意义，它们都表示同一条直线。令

$$\boldsymbol{x}=(xt,yt,t)^{\mathrm{T}},\quad \boldsymbol{l}=(a,b,c)^{\mathrm{T}}$$

则式(11.2)可写成如下的简洁形式：

$$\boldsymbol{l}^{\mathrm{T}}\boldsymbol{x}=0 \tag{11.3}$$

其中 $\boldsymbol{x}$ 表示直线上的点，$\boldsymbol{l}$ 代表该直线。

一般 $\boldsymbol{x}=(xt,yt,t)^{\mathrm{T}}$ 称为点的齐次坐标，$\boldsymbol{l}=(a,b,c)^{\mathrm{T}}$ 称为直线的齐次坐标。这里的"齐次"也可以这样理解，在这种表示下方程(11.3)关于点或直线坐标都是齐次的。如果固定点 $\boldsymbol{x}$，让 $\boldsymbol{l}$ 是变量，则式(11.3)是共点 $\boldsymbol{x}$ 的直线束方程。

齐次坐标可相差一个任意非零因子，即对任意非零常数 s，$\boldsymbol{y}=s\boldsymbol{x}$ 与 $\boldsymbol{x}$ 表示同一个点，因为它们的非齐次坐标相等，即

$$\tilde{\boldsymbol{x}}=\left(\frac{x}{t},\frac{y}{t}\right)^{\mathrm{T}}=\left(\frac{sx}{st},\frac{sy}{st}\right)^{\mathrm{T}}=\tilde{\boldsymbol{y}}$$

直线的齐次坐标也可相差一个任意非零因子，因为对任意非零常数 s，$(s\boldsymbol{l})^{\mathrm{T}}\boldsymbol{x}=0$ 与式(11.3)确定同一条直线。以后，不仅用 $\boldsymbol{x},\boldsymbol{y},\cdots$；$\boldsymbol{l},\boldsymbol{m},\cdots$ 表示齐次坐标，也用它们来表示几何上的点和直线。例如，点 $\boldsymbol{x}$ 属于直线 $\boldsymbol{l}$ 就记作 $\boldsymbol{x}\in\boldsymbol{l}$。

2. 射影平面

齐次坐标为 $\boldsymbol{x}_{\infty}=(x,y,0)^{\mathrm{T}}$ 的点称为无穷远点，其中 x,y 至少有一个不为零。注意，无穷远点没有欧氏坐标，这是因为 $x/0=\infty$，$y/0=\infty$ 至少有一个成立，同时也可以看出为什么称 $\boldsymbol{x}_{\infty}$ 为无穷远点。平面上所有无穷远点构成的集合称为无穷远直线。由于所有的无穷远点 $\boldsymbol{x}_{\infty}$ 都满足方程

$$0\cdot x+0\cdot y+1\cdot 0=0 \tag{11.4}$$

因此无穷远直线的齐次坐标为 $\boldsymbol{l}_{\infty}=(0,0,1)^{\mathrm{T}}$。

由欧氏平面与无穷远直线的并集形成的扩展平面称为射影平面，有时也称为二维射影空间。在二维射影空间中任意两条直线都相交，平行直线相交于无穷远点。在射影几何中，不区分有穷点和无穷远点，两者地位是同等的。在机器人视觉几何中无穷远点有特别的重要性，因此本书仍使用无穷点术语以示和有穷点的区别。

在解析几何中，直线与椭圆要么相交要么不相交，但从代数观点看直线与椭圆的联立方程总是有解，相交时是实数解，不相交时是虚数解。如果引进虚点，则代数概念(解)和几何概念(点)就一致了，实数解对应于实交点，虚数解对应于虚相交点。此时，在几何上，说直线与椭圆总是相交于两个点(包括重点)是有意义的。因此，为了深入理解一些射影几何问题，除无穷远点外在射影空间中还需要复元素的概念，比如虚点、虚直线等。

若$\{x,y,t\}$不与任何三个不全为零的实数成比例，则称 $\boldsymbol{x}=(\rho x,\rho y,\rho t)^{\mathrm{T}}$($\rho$ 为任意的非零复数)是同一虚点的齐次坐标；否则，$\boldsymbol{x}=(\rho x,\rho y,\rho t)^{\mathrm{T}}$ 是同一实点的齐次坐标。例如：$(\rho i,\rho(1+i),\rho)^{\mathrm{T}}$ 都是同一虚点 $\boldsymbol{x}=(i,1+i,1)^{\mathrm{T}}$ 的齐次坐标，$(2\rho,3\rho,\rho)^{\mathrm{T}}$ 都是同一实点 $\boldsymbol{x}=(2,3,1)^{\mathrm{T}}$ 的齐次坐标。类似地，可定义虚直线的齐次坐标。注意，虚点和虚直线只有代数形式，在几何上无法用图形表达。

若两个虚点 $\boldsymbol{x}_1=(x_1,y_1,t_1)^{\mathrm{T}}$ 和 $\boldsymbol{x}_2=(x_2,y_2,t_2)^{\mathrm{T}}$ 满足 $x_1=\bar{x}_2$，$y_1=\bar{y}_2$，$t_1=\bar{t}_2$，即每个坐标分量互为复共轭，则称它们是一对共轭虚点。每个虚点 $\boldsymbol{x}=(x,y,t)^{\mathrm{T}}$ 都有一个复共轭点，记为$\bar{\boldsymbol{x}}=(\bar{x},\bar{y},\bar{t})^{\mathrm{T}}$。实点的复共轭是其自身，即实点是自复共轭的。

11.1.2 点线对偶

1. 三维向量的叉积

令 $\boldsymbol{x}_1=(x_1,y_1,t_1)^{\mathrm{T}}$，$\boldsymbol{x}_2=(x_2,y_2,t_2)^{\mathrm{T}}$ 是两个三维向量，定义它们的叉积

$$\boldsymbol{x}_1\times\boldsymbol{x}_2=\det\begin{bmatrix}\boldsymbol{i} & \boldsymbol{j} & \boldsymbol{k}\\ x_1 & y_1 & t_1\\ x_2 & y_2 & t_2\end{bmatrix}=\left[\det\begin{bmatrix}y_1 & t_1\\ y_2 & t_2\end{bmatrix},-\det\begin{bmatrix}x_1 & t_1\\ x_2 & t_2\end{bmatrix},\det\begin{bmatrix}x_1 & y_1\\ x_2 & y_2\end{bmatrix}\right]^{\mathrm{T}} \tag{11.5}$$

由向量 $\boldsymbol{x}=(x,y,t)^{\mathrm{T}}$ 按下述方式定义的反对称矩阵

$$[\boldsymbol{x}]_{\times}=\begin{bmatrix}0 & -t & y\\ t & 0 & -x\\ -y & x & 0\end{bmatrix} \tag{11.6}$$

具有下述性质：

(i) 对任意非零向量 $\boldsymbol{x}$，$\operatorname{rank}[\boldsymbol{x}]_{\times}=2$

(ii) 对任意三维向量 $\boldsymbol{x}_1,\boldsymbol{x}_2$，$\boldsymbol{x}_1\times\boldsymbol{x}_2=[\boldsymbol{x}_1]_{\times}\boldsymbol{x}_2$

(iii) $\boldsymbol{x}$ 是$[\boldsymbol{x}]_\times$的零空间，同时也是左零空间，即$[\boldsymbol{x}]_\times\boldsymbol{x}=0,\boldsymbol{x}^{\mathrm{T}}[\boldsymbol{x}]_\times=0$

(iv) 对任意三维向量 $\boldsymbol{y},\boldsymbol{y}^{\mathrm{T}}[\boldsymbol{x}]_\times\boldsymbol{y}=0$

性质(i)是明显的，(iii)与(iv)可由性质(ii)导出，下面验证性质(ii)：

令 $\boldsymbol{x}_1=(x_1,y_1,t_1)^{\mathrm{T}},\boldsymbol{x}_2=(x_2,y_2,t_2)^{\mathrm{T}}$，则

$$[\boldsymbol{x}_1]_\times\boldsymbol{x}_2=\begin{bmatrix}0 & -t_1 & y_1\\ t_1 & 0 & -x_1\\ -y_1 & x_1 & 0\end{bmatrix}\begin{bmatrix}x_2\\ y_2\\ t_2\end{bmatrix}=\begin{bmatrix}-t_1y_2+y_1t_2\\ t_1x_2-x_1t_2\\ -y_1x_2+x_1y_2\end{bmatrix}=\boldsymbol{x}_1\times\boldsymbol{x}_2$$

性质(ii)表明，向量的叉积与反对称矩阵相关联，可用向量的反对矩阵左乘另一个向量来表达。

2. 两点、两线的叉积

两点 $\boldsymbol{x}_1,\boldsymbol{x}_2$ 叉积 $\boldsymbol{l}=\boldsymbol{x}_1\times\boldsymbol{x}_2$ 是连接这两点直线的齐次坐标。这是因为对直线 $\boldsymbol{l}$ 上的任一点 $\boldsymbol{x}$，它的齐次坐标可表示为 $\boldsymbol{x}=s_1\boldsymbol{x}_1+s_2\boldsymbol{x}_2$，根据反对称矩阵的性质(iii)和(iv) 得到

$$\boldsymbol{l}^{\mathrm{T}}\boldsymbol{x}=\sum_{i=1}^{2}s_i([\boldsymbol{x}_1]_\times\boldsymbol{x}_2)^{\mathrm{T}}\boldsymbol{x}_i=0$$

若三点 $\boldsymbol{x}_1,\boldsymbol{x}_2,\boldsymbol{x}_3$ 共线，则 $\boldsymbol{x}_2^{\mathrm{T}}[\boldsymbol{x}_1]_\times\boldsymbol{x}_3=-([\boldsymbol{x}_1]_\times\boldsymbol{x}_2)^{\mathrm{T}}\boldsymbol{x}_3=0$；反之，若 $\boldsymbol{x}_2^{\mathrm{T}}[\boldsymbol{x}_1]_\times\boldsymbol{x}_3=0$，则三点 $\boldsymbol{x}_1,\boldsymbol{x}_2,\boldsymbol{x}_3$ 共线。因此，有下述定理：

定理 11.1.1　两点 $\boldsymbol{x}_1,\boldsymbol{x}_2$ 连线的坐标是 $\boldsymbol{l}=[\boldsymbol{x}_1]_\times\boldsymbol{x}_2$；三点 $\boldsymbol{x}_1,\boldsymbol{x}_2,\boldsymbol{x}_3$ 共线的充要条件是 $\boldsymbol{x}_2^{\mathrm{T}}[\boldsymbol{x}_1]_\times\boldsymbol{x}_3=0$。

对偶原理　在射影平面内，点和线是一对互为对偶元素。在包含"点"和"线"元素的命题 P 中，如果将两个元素的角色互换，则得到相应的命题 P^*，并称它们是一对互为对偶命题。互为对偶命题同时为真或同时为假。

例如，定理 11.1.1 的对偶为定理 11.1.2。

定理 11.1.2　两线 $\boldsymbol{l}_1,\boldsymbol{l}_2$ 交点的坐标是 $\boldsymbol{x}=[\boldsymbol{l}_1]_\times\boldsymbol{l}_2$；三线 $\boldsymbol{l}_1,\boldsymbol{l}_2,\boldsymbol{l}_3$ 共点的充要条件是 $\boldsymbol{l}_2^{\mathrm{T}}[\boldsymbol{l}_1]_\times\boldsymbol{l}_3=0$。

例 11.1.1　(i) 求两点 $\boldsymbol{x}_1=(1,0,1)^{\mathrm{T}},\boldsymbol{x}_2=(0,1,1)^{\mathrm{T}}$ 连线的方程；(ii)求两线 $x+y-1=0,x-y-1=0$ 的交点坐标。

解　(i) 由定理 11.1.1，两点 $\boldsymbol{x}_1,\boldsymbol{x}_2$ 连线的齐次坐标是

$$\boldsymbol{l}=\boldsymbol{x}_1\times\boldsymbol{x}_2=\left(\det\begin{bmatrix}0 & 1\\ 1 & 1\end{bmatrix},-\det\begin{bmatrix}1 & 1\\ 0 & 1\end{bmatrix},\det\begin{bmatrix}1 & 0\\ 0 & 1\end{bmatrix}\right)^{\mathrm{T}}=(-1,-1,1)^{\mathrm{T}}$$

因此连线的方程为

$$-x-y+1=0$$

(ii) 直线 $x+y-1=0,x-y-1=0$ 的齐次坐标分别为 $\boldsymbol{l}_1=(1,1,-1)^{\mathrm{T}},\boldsymbol{l}_2=(1,-1,-1)^{\mathrm{T}}$，根据定理 11.1.2，交点的坐标为

$$\boldsymbol{x}=\boldsymbol{l}_1\times\boldsymbol{l}_2=\left[\det\begin{bmatrix}1 & -1\\ -1 & -1\end{bmatrix},-\det\begin{bmatrix}1 & -1\\ 1 & -1\end{bmatrix},\det\begin{bmatrix}1 & 1\\ 1 & -1\end{bmatrix}\right]^{\mathrm{T}}=(-2,0,-2)^{\mathrm{T}}$$

定理 11.1.3　共轭虚点的连线是实直线；共轭虚直线的交点是实点。

证明　令 $\boldsymbol{x}=(x,y,t)^{\mathrm{T}}$，则

$$\boldsymbol{x}\times\bar{\boldsymbol{x}}=\begin{bmatrix}0 & -t & y\\ t & 0 & -x\\ -y & x & 0\end{bmatrix}\begin{bmatrix}\bar{x}\\ \bar{y}\\ \bar{t}\end{bmatrix}=\begin{bmatrix}\bar{t}y-t\bar{y}\\ t\bar{x}-x\bar{t}\\ x\bar{y}-y\bar{x}\end{bmatrix}=\begin{bmatrix}\bar{t}y-t\bar{y}\\ t\bar{x}-x\bar{t}\\ x\bar{y}-y\bar{x}\end{bmatrix}=2\mathrm{i}\begin{bmatrix}\mathrm{Im}(\bar{t}y)\\ \mathrm{Im}(t\bar{x})\\ \mathrm{Im}(x\bar{y})\end{bmatrix}$$

其中 Im(·)表示复数的虚部。因此,共轭虚点的连线是实直线。同理可证,共轭虚直线的交点是实点。

11.1.3 交比

1. 共线点的交比

令 $\boldsymbol{x}_1,\boldsymbol{x}_2$ 是相异的两点,它们连线上的任一点 $\boldsymbol{x}$ 都是 $\boldsymbol{x}_1,\boldsymbol{x}_2$ 的线性组合

$$\boldsymbol{x}=u\boldsymbol{x}_1+v\boldsymbol{x}_2=(\boldsymbol{x}_1,\boldsymbol{x}_2)\hat{\boldsymbol{x}}$$

其中

$$\hat{\boldsymbol{x}}=\begin{bmatrix}u\\ v\end{bmatrix}$$

特别地

$$\hat{\boldsymbol{x}}_1=(1,0)^{\mathrm{T}},\quad \hat{\boldsymbol{x}}_2=(0,1)^{\mathrm{T}}$$

假定 $\boldsymbol{x}_i(i=1,2,3,4)$是四共线点,定义它们的**交比**

$$(\boldsymbol{x}_1\boldsymbol{x}_2;\boldsymbol{x}_3\boldsymbol{x}_4)=\frac{\det(\hat{\boldsymbol{x}}_1,\hat{\boldsymbol{x}}_3)}{\det(\hat{\boldsymbol{x}}_2,\hat{\boldsymbol{x}}_3)}:\frac{\det(\hat{\boldsymbol{x}}_1,\hat{\boldsymbol{x}}_4)}{\det(\hat{\boldsymbol{x}}_2,\hat{\boldsymbol{x}}_4)}=\frac{v_3}{u_3}:\frac{v_4}{u_4}\tag{11.7}$$

其中 $\boldsymbol{x}_1,\boldsymbol{x}_2$ 称为基点偶,$\boldsymbol{x}_3,\boldsymbol{x}_4$ 称为分点偶。

下面证明:交比不依赖齐次坐标比例因子的选择,即对任何非零常数 s_i,$\boldsymbol{x}'_i=s_i\boldsymbol{x}_i(i=1,2,3,4)$,有

$$(\boldsymbol{x}_1\boldsymbol{x}_2;\boldsymbol{x}_3\boldsymbol{x}_4)=(\boldsymbol{x}'_1\boldsymbol{x}'_2;\boldsymbol{x}'_3\boldsymbol{x}'_4)$$

令 $\boldsymbol{x}'_i=u'_i\boldsymbol{x}'_1+v'_i\boldsymbol{x}'_2=(\boldsymbol{x}'_1,\boldsymbol{x}'_2)\hat{\boldsymbol{x}}'_i$,则

$$\boldsymbol{x}_i=s_i^{-1}\boldsymbol{x}'_i=s_i^{-1}(\boldsymbol{x}'_1,\boldsymbol{x}'_2)\hat{\boldsymbol{x}}'_i=s_i^{-1}(\boldsymbol{x}_1,\boldsymbol{x}_2)\begin{bmatrix}s_1 & \\ & s_2\end{bmatrix}\hat{\boldsymbol{x}}'_i$$

因此

$$\hat{\boldsymbol{x}}_i=s_i^{-1}\begin{bmatrix}s_1 & \\ & s_2\end{bmatrix}\hat{\boldsymbol{x}}'_i$$

$$\det(\hat{\boldsymbol{x}}_i,\hat{\boldsymbol{x}}_j)=s_i^{-1}s_j^{-1}s_1s_2\det(\hat{\boldsymbol{x}}_i,\hat{\boldsymbol{x}}_j)$$

于是

$$\begin{aligned}(\boldsymbol{x}_1\boldsymbol{x}_2;\ \boldsymbol{x}_3\boldsymbol{x}_4)&=\frac{\det(\hat{\boldsymbol{x}}_1,\hat{\boldsymbol{x}}_3)}{\det(\hat{\boldsymbol{x}}_2,\hat{\boldsymbol{x}}_3)}:\frac{\det(\hat{\boldsymbol{x}}_1,\hat{\boldsymbol{x}}_4)}{\det(\hat{\boldsymbol{x}}_2,\hat{\boldsymbol{x}}_4)}\\&=\frac{s_1^{-1}s_3^{-1}s_1s_2\det(\hat{\boldsymbol{x}}'_1,\hat{\boldsymbol{x}}'_3)}{s_2^{-1}s_3^{-1}s_1s_2\det(\hat{\boldsymbol{x}}'_2,\hat{\boldsymbol{x}}'_3)}:\frac{s_1^{-1}s_4^{-1}s_1s_2\det(\hat{\boldsymbol{x}}'_1,\hat{\boldsymbol{x}}'_4)}{s_2^{-1}s_4^{-1}s_1s_2\det(\hat{\boldsymbol{x}}'_2,\hat{\boldsymbol{x}}'_4)}\\&=\frac{\det(\hat{\boldsymbol{x}}'_1,\hat{\boldsymbol{x}}'_3)}{\det(\hat{\boldsymbol{x}}'_2,\hat{\boldsymbol{x}}'_3)}:\frac{\det(\hat{\boldsymbol{x}}'_1,\hat{\boldsymbol{x}}'_4)}{\det(\hat{\boldsymbol{x}}'_2,\hat{\boldsymbol{x}}'_4)}\\&=(\boldsymbol{x}'_1\boldsymbol{x}'_2;\ \boldsymbol{x}'_3\boldsymbol{x}'_4)\end{aligned}$$

根据交比不依赖齐次坐标比例因子的性质，当 $\boldsymbol{x}_3,\boldsymbol{x}_4$ 不和 $\boldsymbol{x}_2$ 重合时可进一步简化交比的计算。因为此时 $\boldsymbol{x}_3,\boldsymbol{x}_4$ 可表示为

$$\boldsymbol{x}_3=\boldsymbol{x}_1+\lambda_1\boldsymbol{x}_2,\quad \boldsymbol{x}_4=\boldsymbol{x}_1+\lambda_2\boldsymbol{x}_2$$

$$\hat{\boldsymbol{x}}_1=(1,0)^{\mathrm{T}},\quad \hat{\boldsymbol{x}}_2=(0,1)^{\mathrm{T}},\quad \hat{\boldsymbol{x}}_3=(1,\lambda_1)^{\mathrm{T}},\quad \hat{\boldsymbol{x}}_4=(1,\lambda_2)^{\mathrm{T}}$$

因此

$$(\boldsymbol{x}_1\boldsymbol{x}_2;\ \boldsymbol{x}_3\boldsymbol{x}_4)=\frac{\det(\hat{\boldsymbol{x}}_1,\hat{\boldsymbol{x}}_3)}{\det(\hat{\boldsymbol{x}}_2,\hat{\boldsymbol{x}}_3)}:\frac{\det(\hat{\boldsymbol{x}}_1,\hat{\boldsymbol{x}}_4)}{\det(\hat{\boldsymbol{x}}_2,\hat{\boldsymbol{x}}_4)}=\frac{\lambda_1}{\lambda_2}\tag{11.8}$$

已知三共线点的齐次坐标 $\boldsymbol{x}_1,\boldsymbol{x}_2,\boldsymbol{x}$，如何将 $\boldsymbol{x}$ 表示成 $s\boldsymbol{x}=\boldsymbol{x}_1+\lambda\boldsymbol{x}_2$ 呢？这很容易，通过方程两端分量的比消去 s 就可解出 λ。例如，假定 $\boldsymbol{x}$ 的 z 分量不等零，得到

$$\frac{x}{z}=\frac{x_1+\lambda x_2}{z_1+\lambda z_2}\Rightarrow\lambda=\frac{xz_1-zx_1}{zx_2-xz_2}$$

例 11.1.2　求四共线点 $\boldsymbol{x}_i=(i,i+1,1)^{\mathrm{T}}(i=1,2,3,4)$ 的交比。

解　从 $s\boldsymbol{x}_3=\boldsymbol{x}_1+\lambda_1\boldsymbol{x}_2$ 和 $s\boldsymbol{x}_4=\boldsymbol{x}_1+\lambda_2\boldsymbol{x}_2$，得到

$$3=\frac{1+2\lambda_1}{1+\lambda_1}\Rightarrow\lambda_1=-2,\quad 4=\frac{1+2\lambda_1}{1+\lambda_1}\Rightarrow\lambda_2=-\frac{3}{2}$$

因此

$$(\boldsymbol{x}_1\boldsymbol{x}_2;\boldsymbol{x}_3\boldsymbol{x}_4)=(-2):\left(-\frac{3}{2}\right)=\frac{4}{3}$$

2. 共点直线的交比

类似共线点可定义共点线的交比。事实上，根据平面上点、线的对偶性质，关于点的所有概念和性质直线都有相应的概念和性质。

令 $\boldsymbol{l}_1,\boldsymbol{l}_2$ 是相异的两直线，通过它们交点 $\boldsymbol{p}$ 的任一直线 $\boldsymbol{l}$（见图 11.1）都是 $\boldsymbol{l}_1,\boldsymbol{l}_2$ 的线性组合

$$\boldsymbol{l}=a\boldsymbol{l}_1+b\boldsymbol{l}_2=(\boldsymbol{l}_1,\boldsymbol{l}_2)\hat{\boldsymbol{l}}$$

其中

$$\hat{\boldsymbol{l}}=\begin{bmatrix}a\\b\end{bmatrix}$$

特别地

$$\hat{\boldsymbol{l}}_1=(1,0)^{\mathrm{T}},\quad \hat{\boldsymbol{l}}_2=(0,1)^{\mathrm{T}}$$

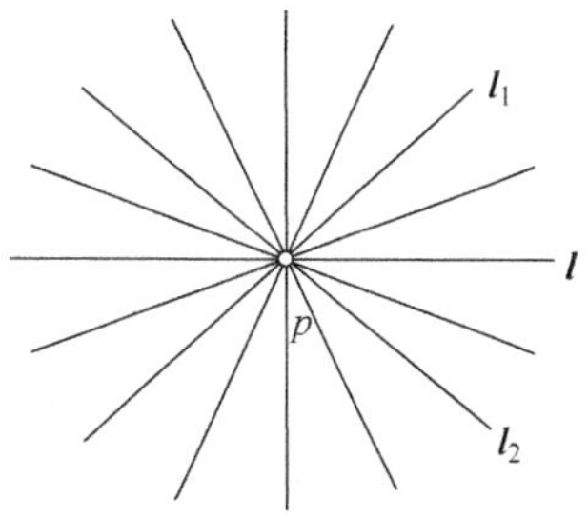

图 11.1　共点直线束

假定 $\boldsymbol{l}_i(i=1,2,3,4)$ 是四共点线，定义它们的**交比**

$$(\boldsymbol{l}_1\boldsymbol{l}_2;\boldsymbol{l}_3\boldsymbol{l}_4)=\frac{\det(\hat{\boldsymbol{l}}_1,\hat{\boldsymbol{l}}_3)}{\det(\hat{\boldsymbol{l}}_2,\hat{\boldsymbol{l}}_3)}:\frac{\det(\hat{\boldsymbol{l}}_1,\hat{\boldsymbol{l}}_4)}{\det(\hat{\boldsymbol{l}}_2,\hat{\boldsymbol{l}}_4)}=\frac{b_3}{a_3}:\frac{b_4}{a_4}\tag{11.9}$$

其中 $\boldsymbol{l}_1,\boldsymbol{l}_2$ 称为基线偶，$\boldsymbol{l}_3,\boldsymbol{l}_4$ 称为分线偶。

同共线点的交比一样，四共点线的交比也不依赖直线齐次坐标的比例因子。在实际应用中，常用下述方法计算直线束的交比：将 $\boldsymbol{l}_3,\boldsymbol{l}_4$ 齐次坐标表示为 $\boldsymbol{l}_3=\boldsymbol{l}_1+\mu_1\boldsymbol{l}_2,\boldsymbol{l}_4=\boldsymbol{l}_1+\mu_2\boldsymbol{l}_2$，四共点线的交比

$$(\boldsymbol{l}_1\boldsymbol{l}_2;\boldsymbol{l}_3\boldsymbol{l}_4)=\frac{\mu_1}{\mu_2}\tag{11.10}$$

定理 11.1.4　若过四共(有穷)点 $\boldsymbol{x}_0$ 的直线 $\boldsymbol{l}_i(i=1,2,3,4)$ 的斜率分别为 k_i，则它们的交比

$$(\boldsymbol{l}_1\boldsymbol{l}_2;\boldsymbol{l}_3\boldsymbol{l}_4)=\frac{k_1-k_3}{k_2-k_3}:\frac{k_1-k_4}{k_2-k_4} \tag{11.11}$$

证明　令 $\boldsymbol{x}_0=(x_0,y_0,1)^{\mathrm{T}}$，则直线 $\boldsymbol{l}_i$ 的方程为 $y-y_0=k_i(x-x_0)$，因此

$$\boldsymbol{l}_i=(-k_i,1,k_ix_0-y_0)^{\mathrm{T}},\quad i=1,2,3,4$$

并且

$$\boldsymbol{l}_i=\frac{k_i-k_2}{k_1-k_2}\boldsymbol{l}_1+\frac{k_i-k_1}{k_1-k_2}\boldsymbol{l}_2,\quad i=3,4$$

所以

$$\hat{\boldsymbol{l}}_1=(1,0)^{\mathrm{T}},\quad \hat{\boldsymbol{l}}_2=(0,1)^{\mathrm{T}},\quad \hat{\boldsymbol{l}}_3=\left(\frac{k_3-k_2}{k_1-k_2},\frac{k_3-k_1}{k_1-k_2}\right)^{\mathrm{T}},\quad \hat{\boldsymbol{l}}_4=\left(\frac{k_4-k_2}{k_1-k_2},\frac{k_4-k_1}{k_1-k_2}\right)^{\mathrm{T}}$$

于是

$$(\boldsymbol{l}_1\boldsymbol{l}_2;\boldsymbol{l}_3\boldsymbol{l}_4)=\frac{\det(\hat{\boldsymbol{l}}_1,\hat{\boldsymbol{l}}_3)}{\det(\hat{\boldsymbol{l}}_2,\hat{\boldsymbol{l}}_3)}:\frac{\det(\hat{\boldsymbol{l}}_1,\hat{\boldsymbol{l}}_4)}{\det(\hat{\boldsymbol{l}}_2,\hat{\boldsymbol{l}}_4)}=\frac{\dfrac{k_3-k_1}{k_1-k_2}}{-\dfrac{k_3-k_2}{k_1-k_2}}:\frac{\dfrac{k_4-k_1}{k_1-k_2}}{-\dfrac{k_4-k_2}{k_1-k_2}}=\frac{k_1-k_3}{k_2-k_3}:\frac{k_1-k_4}{k_2-k_4}$$

证毕。

定理 11.1.5　若四共点线 $\boldsymbol{l}_i(i=1,2,3,4)$ 被另一直线 $\boldsymbol{l}$ 截于四点 $\boldsymbol{x}_i(i=1,2,3,4)$，如图 11.2 所示，则

$$(\boldsymbol{l}_1\boldsymbol{l}_2;\boldsymbol{l}_3\boldsymbol{l}_4)=(\boldsymbol{x}_1\boldsymbol{x}_2;\boldsymbol{x}_3\boldsymbol{x}_4) \tag{11.12}$$

证明　证明是容易的。令 $\boldsymbol{l}_i=\boldsymbol{l}_1+\mu_i\boldsymbol{l}_2,i=3,4$，则 $(\boldsymbol{l}_1\boldsymbol{l}_2;\boldsymbol{l}_3\boldsymbol{l}_4)=\mu_3/\mu_4$。由于 $\boldsymbol{x}_i=\boldsymbol{l}\times\boldsymbol{l}_i(i=1,2,3,4)$，所以

$$\boldsymbol{x}_i=\boldsymbol{l}\times\boldsymbol{l}_i=\boldsymbol{l}\times(\boldsymbol{l}_1+\mu_i\boldsymbol{l}_2)=(\boldsymbol{l}\times\boldsymbol{l}_1)+\mu_i(\boldsymbol{l}\times\boldsymbol{l}_2)=\boldsymbol{x}_1+\mu_i\boldsymbol{x}_2,\quad i=3,4$$

于是

$$(\boldsymbol{x}_1\boldsymbol{x}_2;\boldsymbol{x}_3\boldsymbol{x}_4)=\frac{\mu_3}{\mu_4}=(\boldsymbol{l}_1\boldsymbol{l}_2;\boldsymbol{l}_3\boldsymbol{l}_4)$$

定理 11.1.5 给出了点交比和线交比之间的关系。由此定理，立刻知道图 11.3 所示的点、线交比都相等：

$$\begin{aligned}(\boldsymbol{l}'_1\boldsymbol{l}'_2;\boldsymbol{l}'_3\boldsymbol{l}'_4)&=(\boldsymbol{x}'_1\boldsymbol{x}'_2;\boldsymbol{x}'_3\boldsymbol{x}'_4)=(\boldsymbol{x}_1\boldsymbol{x}_2;\boldsymbol{x}_3\boldsymbol{x}_4)=(\boldsymbol{l}''_1\boldsymbol{l}''_2;\boldsymbol{l}''_3\boldsymbol{l}''_4)\\&=(\boldsymbol{x}''_1\boldsymbol{x}''_2;\boldsymbol{x}''_3\boldsymbol{x}''_4)\end{aligned} \tag{11.13}$$

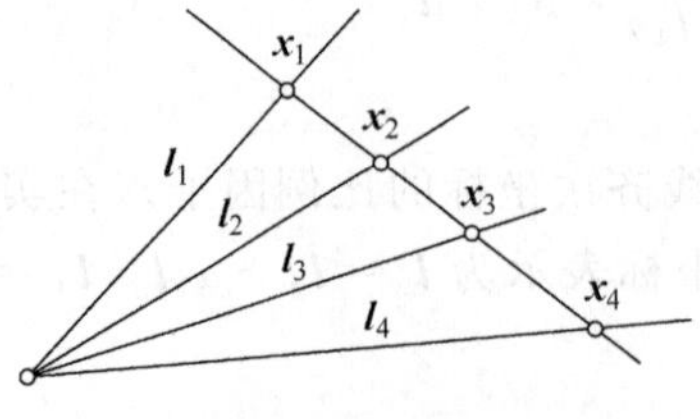

图 11.2　四共点线的交比等于截线四点的交比

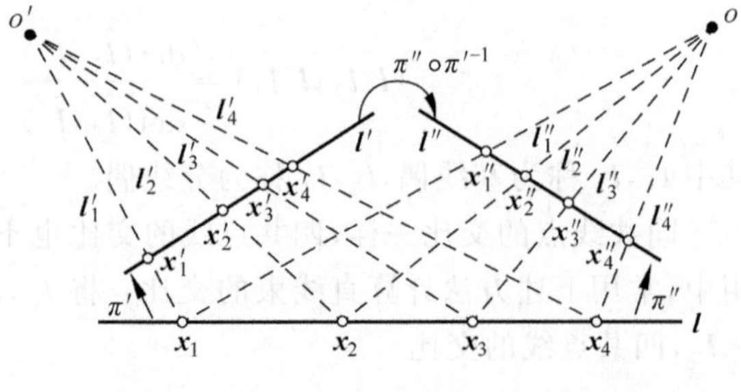

图 11.3　一维中心投影与一维射影变换

在图 11.3 中有三个变换，其中两个是(一维)中心投影 $\pi':\boldsymbol{l}\mapsto\boldsymbol{l}'$ 和 $\pi'':\boldsymbol{l}\mapsto\boldsymbol{l}''$，另一个是合成变换 $\pi''\circ\pi'^{-1}:\boldsymbol{l}'\mapsto\boldsymbol{l}''$。中心投影 $\pi'(\pi'')$ 将直线 $\boldsymbol{l}$ 上的点 $\boldsymbol{x}$ 通过中心 $o'(o'')$ 投影到像直线 $\boldsymbol{l}'(\boldsymbol{l}'')$ 上的点 $\boldsymbol{x}'(\boldsymbol{x}'')$，它是 $o'(o'')$ 和 $\boldsymbol{x}$ 的连线与直线 $\boldsymbol{l}'(\boldsymbol{l}'')$ 的交点，称为 $\boldsymbol{x}$ 在直线 $\boldsymbol{l}'(\boldsymbol{l}'')$ 上的投影。合成变换 $\pi''\circ\pi'^{-1}:\boldsymbol{l}'\mapsto\boldsymbol{l}''$ 是先作中心投影的逆 π'^{-1} 再作中心投影 π''，将直线 $\boldsymbol{l}'$ 上的点 $\boldsymbol{x}'$ 变换到直线 $\boldsymbol{l}''$ 上的点 $\boldsymbol{x}''$，点 $\boldsymbol{x}''$ 称为 $\boldsymbol{x}'$ 在直线 $\boldsymbol{l}''$ 上的射影，这个变换称为(一维)射影变换。

注意，在定理 11.1.5 中四线的公共点可以是无穷远点。以无穷远点为中心的投影称为平行投影，例如以 x 轴上无穷远点 $\boldsymbol{x}_\infty$ 为中心的平行投影，四共线点 $\boldsymbol{x}_i=(x_i,y_i,1)^{\mathrm{T}}(i=1,2,3,4)$ 在 y 轴上投影的齐次坐标是 $\hat{\boldsymbol{y}}_i=(y_i,1)^{\mathrm{T}}$，如图 11.4 所示。类似地，在 x 轴上投影的齐次坐标是 $\hat{\boldsymbol{x}}_i=(x_i,1)^{\mathrm{T}}$。根据式(11.13)，有

$$(\hat{\boldsymbol{y}}_1\hat{\boldsymbol{y}}_2;\hat{\boldsymbol{y}}_3\hat{\boldsymbol{y}}_4)=(\boldsymbol{x}_1\boldsymbol{x}_2;\boldsymbol{x}_3\boldsymbol{x}_4)=(\hat{\boldsymbol{x}}_1\hat{\boldsymbol{x}}_2;\hat{\boldsymbol{x}}_3\hat{\boldsymbol{x}}_4)$$

并且

$$(\hat{\boldsymbol{y}}_1\hat{\boldsymbol{y}}_2;\hat{\boldsymbol{y}}_3\hat{\boldsymbol{y}}_4)=\frac{\det(\hat{\boldsymbol{y}}_1,\hat{\boldsymbol{y}}_3)}{\det(\hat{\boldsymbol{y}}_2,\hat{\boldsymbol{y}}_3)}:\frac{\det(\hat{\boldsymbol{y}}_1,\hat{\boldsymbol{y}}_4)}{\det(\hat{\boldsymbol{y}}_2,\hat{\boldsymbol{y}}_4)}=\frac{y_3-y_1}{y_3-y_2}:\frac{y_4-y_1}{y_4-y_2}$$

$$(\hat{\boldsymbol{x}}_1\hat{\boldsymbol{x}}_2;\hat{\boldsymbol{x}}_3\hat{\boldsymbol{x}}_4)=\frac{x_3-x_1}{x_3-x_2}:\frac{x_4-x_1}{x_4-x_2}$$

因此

$$(\boldsymbol{x}_1\boldsymbol{x}_2;\boldsymbol{x}_3\boldsymbol{x}_4)=\frac{x_3-x_1}{x_3-x_2}:\frac{x_4-x_1}{x_4-x_2}=\frac{y_3-y_1}{y_3-y_2}:\frac{y_4-y_1}{y_4-y_2}\tag{11.14}$$

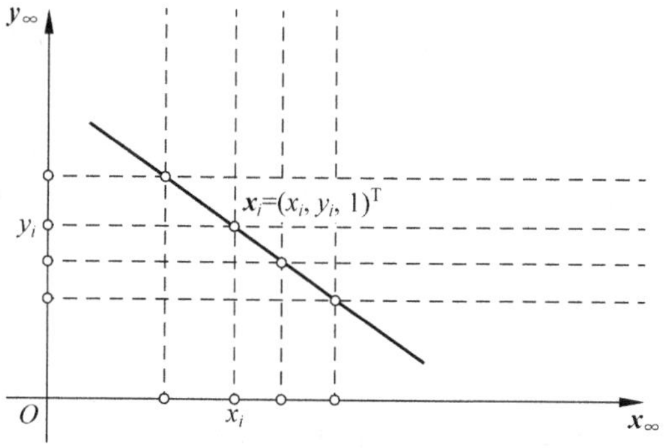

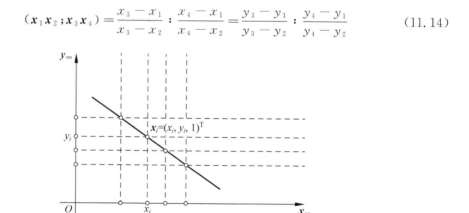

图 11.4 四共线点的交比等于它们在 x 轴(或 y 轴)上平行投影的交比

式(11.14)表明，利用点的非齐次坐标可计算交比。比如，例 11.1.1 中四点 $\boldsymbol{x}_i=(i,i+1,1)^{\mathrm{T}}(i=1,2,3,4)$ 的交比为

$$(\boldsymbol{x}_1\boldsymbol{x}_2;\boldsymbol{x}_3\boldsymbol{x}_4)=\frac{3-1}{3-2}:\frac{4-1}{4-2}=\frac{4}{3}$$

11.2 二次曲线

11.2.1 矩阵表示

众所周知，二次曲线的方程可表示为

$$ax^2+by^2+2cxy+2dx+2ey+f=0$$

写成矩阵形式为

$$(x,y,1)\begin{bmatrix}a & c & d\\ c & b & e\\ d & e & f\end{bmatrix}\begin{bmatrix}x\\ y\\ 1\end{bmatrix}=0$$

令 $\boldsymbol{C}=\begin{bmatrix}a & c & d\\ c & b & e\\ d & e & f\end{bmatrix}$,并且点使用齐次坐标,则二次曲线方程可表示为

$$\boldsymbol{x}^{\mathrm{T}}\boldsymbol{C}\boldsymbol{x}=0 \tag{11.15}$$

称对称矩阵 $\boldsymbol{C}$ 是二次曲线的矩阵表示,有时也称为二次曲线的齐次坐标。

矩阵 $\boldsymbol{C}$ 虽然有 6 个元素,但方程(11.15)的齐次性使得它仅有 5 个独立元素,即起决定作用的是 5 个比值,如 $a/f,b/f,c/f,d/f,e/f$。因此,二次曲线 $\boldsymbol{C}$ 有 5 个自由度。一般情况下,给定射影平面上的 5 个点能唯一确定一条二次曲线①,且可从下述线性方程组解出:

$$\boldsymbol{x}_i^{\mathrm{T}}\boldsymbol{C}\boldsymbol{x}_i=0,\quad i=1,2,\cdots,5 \tag{11.16}$$

二次曲线根据矩阵 $\boldsymbol{C}$ 是否满秩分为非退化和退化两种情况。非退化二次曲线称为正常二次曲线,在欧氏几何中分为椭圆、双曲线和抛物线三种类型;退化二次曲线由两条直线构成($\mathrm{rank}\boldsymbol{C}=2$),或者由两条重合直线构成($\mathrm{rank}\boldsymbol{C}=1$)。

若二次曲线退化为两条直线 $\boldsymbol{l}$ 和 $\boldsymbol{m}$(包括重合情形 $\boldsymbol{l}=\boldsymbol{m}$),则它的矩阵表示

$$\boldsymbol{C}=\boldsymbol{l}\boldsymbol{m}^{\mathrm{T}}+\boldsymbol{m}\boldsymbol{l}^{\mathrm{T}} \tag{11.17}$$

这是明显的:若点 $\boldsymbol{x}\in\boldsymbol{l}$,则 $\boldsymbol{l}^{\mathrm{T}}\boldsymbol{x}=\boldsymbol{x}^{\mathrm{T}}\boldsymbol{l}=0$,因此 $\boldsymbol{x}^{\mathrm{T}}\boldsymbol{C}\boldsymbol{x}=\boldsymbol{x}^{\mathrm{T}}(\boldsymbol{l}\boldsymbol{m}^{\mathrm{T}}+\boldsymbol{m}\boldsymbol{l}^{\mathrm{T}})\boldsymbol{x}=0$。同理,当 $\boldsymbol{x}\in\boldsymbol{m}$ 时,也有 $\boldsymbol{x}^{\mathrm{T}}\boldsymbol{C}\boldsymbol{x}=0$;反之,若点 $\boldsymbol{x}$ 使得 $\boldsymbol{x}^{\mathrm{T}}\boldsymbol{C}\boldsymbol{x}=0$,则由

$$2(\boldsymbol{l}^{\mathrm{T}}\boldsymbol{x})(\boldsymbol{m}^{\mathrm{T}}\boldsymbol{x})=\boldsymbol{x}^{\mathrm{T}}\boldsymbol{l}\boldsymbol{m}^{\mathrm{T}}\boldsymbol{x}+\boldsymbol{x}^{\mathrm{T}}\boldsymbol{m}\boldsymbol{l}^{\mathrm{T}}\boldsymbol{x}=\boldsymbol{x}^{\mathrm{T}}\boldsymbol{C}\boldsymbol{x}=0$$

知 $\boldsymbol{l}^{\mathrm{T}}\boldsymbol{x}=0$ 或者 $\boldsymbol{m}^{\mathrm{T}}\boldsymbol{x}=0$,即 $\boldsymbol{x}\in\boldsymbol{l}$ 或者 $\boldsymbol{x}\in\boldsymbol{m}$。所以式(11.17)是退化二次曲线的矩阵表示。

11.2.2 配极对应

1. 切点与切线

下面讨论二次曲线切点与切线的代数表示。假定 $\boldsymbol{C}$ 是一条非退化二次曲线,若 $\boldsymbol{x}$ 是 $\boldsymbol{C}$ 上的点,则 $\boldsymbol{l}=\boldsymbol{C}\boldsymbol{x}$ 作为线的齐次坐标确定平面上的一条直线。现在证明 $\boldsymbol{l}=\boldsymbol{C}\boldsymbol{x}$ 是 $\boldsymbol{C}$ 在点 $\boldsymbol{x}$ 处的切线。首先,点 $\boldsymbol{x}$ 必在直线 $\boldsymbol{l}$ 上,这是因为 $\boldsymbol{l}^{\mathrm{T}}\boldsymbol{x}=(\boldsymbol{C}\boldsymbol{x})^{\mathrm{T}}\boldsymbol{x}=\boldsymbol{x}^{\mathrm{T}}\boldsymbol{C}\boldsymbol{x}=0$。若能证明除 $\boldsymbol{x}$ 外直线 $\boldsymbol{l}$ 与二次曲线 $\boldsymbol{C}$ 不再有另外的交点,那么就证明了 $\boldsymbol{l}$ 是切线。反证:若直线 $\boldsymbol{l}$ 还交 $\boldsymbol{C}$ 于另外一点 $\boldsymbol{y}$,则

$$\boldsymbol{y}^{\mathrm{T}}\boldsymbol{C}\boldsymbol{y}=0,\quad \boldsymbol{x}^{\mathrm{T}}\boldsymbol{C}\boldsymbol{y}=\boldsymbol{l}^{\mathrm{T}}\boldsymbol{y}=0$$

于是对任何标量 s,t,有

$$(s\boldsymbol{x}+t\boldsymbol{y})^{\mathrm{T}}\boldsymbol{C}(s\boldsymbol{x}+t\boldsymbol{y})=s^2\boldsymbol{x}^{\mathrm{T}}\boldsymbol{C}\boldsymbol{x}+2st\boldsymbol{x}^{\mathrm{T}}\boldsymbol{C}\boldsymbol{y}+t^2\boldsymbol{y}^{\mathrm{T}}\boldsymbol{C}\boldsymbol{y}=0$$

这表明直线 $\boldsymbol{l}$ 上任一点都在二次曲线 $\boldsymbol{C}$ 上,与 $\boldsymbol{C}$ 非退化矛盾。因此 $\boldsymbol{l}=\boldsymbol{C}\boldsymbol{x}$ 是 $\boldsymbol{C}$ 在点 $\boldsymbol{x}$ 的切线。

已知 $\boldsymbol{l}$ 是非退化二次曲线 $\boldsymbol{C}$ 的切线,求切点 $\boldsymbol{x}$ 很简单,根据上面的讨论有 $\boldsymbol{l}=\boldsymbol{C}\boldsymbol{x}$,因此

---

① 平面上给定 5 个点,如果任意 3 点不共线,则这 5 个点唯一确定一条二次曲线。

切点是 $\boldsymbol{x}=\boldsymbol{C}^{-1}\boldsymbol{l}$，并且 $\boldsymbol{l}^{\mathrm{T}}\boldsymbol{C}^{-1}\boldsymbol{l}=\boldsymbol{l}^{\mathrm{T}}\boldsymbol{x}=0$。

若直线 $\boldsymbol{l}$ 使得 $\boldsymbol{l}^{\mathrm{T}}\boldsymbol{C}^{-1}\boldsymbol{l}=0$，则点 $\boldsymbol{x}=\boldsymbol{C}^{-1}\boldsymbol{l}$ 一定在二次曲线 $\boldsymbol{C}$ 上，这是因为

$$\boldsymbol{x}^{\mathrm{T}}\boldsymbol{C}\boldsymbol{x}=\boldsymbol{l}^{\mathrm{T}}\boldsymbol{C}^{-\mathrm{T}}\boldsymbol{C}\boldsymbol{C}^{-1}\boldsymbol{l}=\boldsymbol{l}^{\mathrm{T}}\boldsymbol{C}^{-1}\boldsymbol{l}=0$$

因此 $\boldsymbol{l}=\boldsymbol{C}\boldsymbol{x}$ 且为二次曲线 $\boldsymbol{C}$ 的切线。

总结上述讨论，有下述定理。

定理 11.2.1

(i) 非退化二次曲线 $\boldsymbol{C}$ 在点 $\boldsymbol{x}$ 的切线为 $\boldsymbol{l}=\boldsymbol{C}\boldsymbol{x}$；

(ii) 若 $\boldsymbol{l}$ 是非退化二次曲线 $\boldsymbol{C}$ 的切线，则切点为 $\boldsymbol{x}=\boldsymbol{C}^{-1}\boldsymbol{l}$；

(iii) 直线 $\boldsymbol{l}$ 为非退化二次曲线 $\boldsymbol{C}$ 的切线当且仅当 $\boldsymbol{l}^{\mathrm{T}}\boldsymbol{C}^{-1}\boldsymbol{l}=0$。

对于非退化二次曲线 $\boldsymbol{C}$ 外任一点 $\boldsymbol{x}$，存在两条切线(包括虚切线) $\boldsymbol{l}$ 与 $\boldsymbol{m}$ 过点 $\boldsymbol{x}$，它们构成平面上的一条退化二次曲线 $\boldsymbol{T}$，如图 11.5 所示。现在，希望由 $\boldsymbol{C}$ 和 $\boldsymbol{x}$ 给出退化二次曲线 $\boldsymbol{T}$ 的矩阵表示，对此有下述命题。

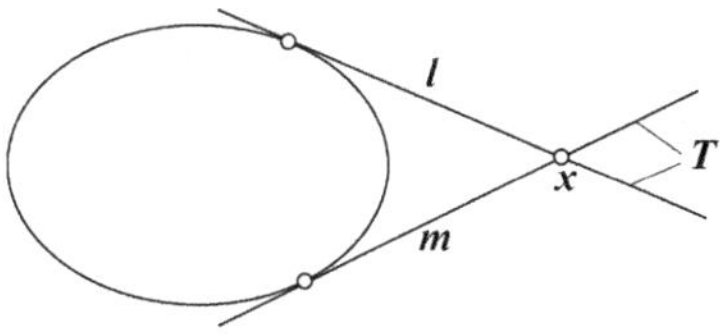

图 11.5　过二次曲线外一点的两条切线

定理 11.2.2　对于非退化二次曲线 $\boldsymbol{C}$ 外的任一点 $\boldsymbol{x}$，通过点 $\boldsymbol{x}$ 的两条切线 $\boldsymbol{l}$ 与 $\boldsymbol{m}$ 构成的退化二次曲线的矩阵表示是

$$\boldsymbol{T}=[\boldsymbol{x}]_{\times}\boldsymbol{C}^{-1}[\boldsymbol{x}]_{\times} \tag{11.18}$$

证明　设 $\boldsymbol{y}$ 是 $\boldsymbol{T}$ 上的任一点，例如它们位于切线 $\boldsymbol{l}$ 上，则 $\boldsymbol{l}=[\boldsymbol{x}]_{\times}\boldsymbol{y}$。于是

$$\boldsymbol{y}^{\mathrm{T}}\boldsymbol{T}\boldsymbol{y}=\boldsymbol{y}^{\mathrm{T}}[\boldsymbol{x}]_{\times}\boldsymbol{C}^{-1}[\boldsymbol{x}]_{\times}\boldsymbol{y}=\boldsymbol{l}^{\mathrm{T}}\boldsymbol{C}^{-1}\boldsymbol{l}=0$$

即 $\boldsymbol{T}$ 上的任一点 $\boldsymbol{y}$ 满足方程 $\boldsymbol{y}^{\mathrm{T}}\boldsymbol{T}\boldsymbol{y}=0$；反之，若 $\boldsymbol{y}$ 满足方程 $\boldsymbol{y}^{\mathrm{T}}\boldsymbol{T}\boldsymbol{y}=0$，即

$$\boldsymbol{y}^{\mathrm{T}}[\boldsymbol{x}]_{\times}\boldsymbol{C}^{-1}[\boldsymbol{x}]_{\times}\boldsymbol{y}=0$$

由定理 11.2.1(iii)，坐标为 $\boldsymbol{n}=[\boldsymbol{x}]_{\times}\boldsymbol{y}$ 的直线是过点 $\boldsymbol{x}$ 的切线，因此 $\boldsymbol{y}$ 在切线 $\boldsymbol{l}$ 上，或者在切线 $\boldsymbol{m}$ 上。故定理得证。

例 11.2.1　令 $\boldsymbol{x}_0=(2,1,1)^{\mathrm{T}}$，$\boldsymbol{x}_1=(-1,2,1)^{\mathrm{T}}$，求抛物线 $y=x^2$ 分别通过点 $\boldsymbol{x}_0$ 和 $\boldsymbol{x}_1$ 的切线。

解　抛物线 $y=x^2$ 的矩阵表示为

$$\boldsymbol{C}=\begin{bmatrix}-1 & 0 & 0\\ 0 & 0 & 1/2\\ 0 & 1/2 & 0\end{bmatrix}$$

根据定理 11.2.2，通过 $\boldsymbol{x}=(x,y,1)^{\mathrm{T}}$ 的两条切线的矩阵表示

$$\begin{aligned}\boldsymbol{T}_x&=[\boldsymbol{x}]_{\times}\boldsymbol{C}^{-1}[\boldsymbol{x}]_{\times}\\ &=\begin{bmatrix}0 & -1 & y\\ 1 & 0 & -x\\ -y & x & 0\end{bmatrix}\begin{bmatrix}-1 & 0 & 0\\ 0 & 0 & 2\\ 0 & 2 & 0\end{bmatrix}\begin{bmatrix}0 & -1 & y\\ 1 & 0 & -x\\ -y & x & 0\end{bmatrix}\end{aligned}$$

$$=\begin{bmatrix} 4y & -2x & -2xy \\ -2x & 1 & 2x^2-y \\ -2xy & 2x^2-y & y^2 \end{bmatrix} \tag{11.19}$$

当 $\boldsymbol{x}=\boldsymbol{x}_0$ 时，有

$$\boldsymbol{T}_{x_0}=\begin{bmatrix} 4\cdot 1 & -2\cdot 2 & -2\cdot 1\cdot 2 \\ -2\cdot 2 & 1 & 2\cdot 2^2-1 \\ -2\cdot 1\cdot 2 & 2\cdot 2^2-1 & 1 \end{bmatrix}=\begin{bmatrix} 4 & -4 & -4 \\ -4 & 1 & 7 \\ -4 & 7 & 1 \end{bmatrix}$$

令过点 $\boldsymbol{x}_0$ 的两条切线的坐标为 $\boldsymbol{l}=(l_1,l_2,1)^{\mathrm{T}}$，$\boldsymbol{m}=(m_1,m_2,m_3)^{\mathrm{T}}$，由 $\boldsymbol{lm}^{\mathrm{T}}+\boldsymbol{ml}^{\mathrm{T}}=\boldsymbol{T}_{x_0}$ 得到方程组

$$\begin{bmatrix} 2l_1m_1 & l_2m_1+l_1m_2 & m_1+l_1m_3 \\ & 2l_2m_2 & m_2+l_2m_3 \\ & & 2m_3 \end{bmatrix}=\begin{bmatrix} 4 & -4 & -4 \\ & 1 & 7 \\ & & 1 \end{bmatrix}$$

解此方程组得到两条切线(见图 11.6)：

$$\boldsymbol{l}=(-4-2\sqrt{3},7+4\sqrt{3},1)^{\mathrm{T}}$$

$$\boldsymbol{m}=\frac{1}{2}(-4+2\sqrt{3},7-4\sqrt{3},1)^{\mathrm{T}}=(-4+2\sqrt{3},7-4\sqrt{3},1)^{\mathrm{T}}$$

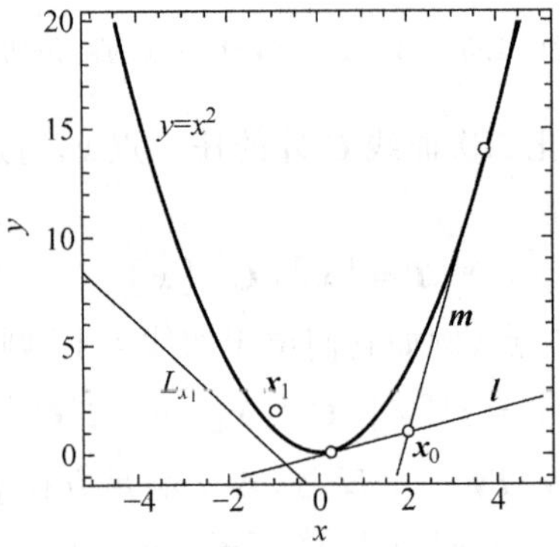

图 11.6 抛物线的切线几何

且对应 $\boldsymbol{l}$,$\boldsymbol{m}$ 的两个切点分别是

$$\boldsymbol{x}_l=\boldsymbol{C}^{-1}\boldsymbol{l}=\begin{bmatrix} -1 & 0 & 0 \\ 0 & 0 & 2 \\ 0 & 2 & 0 \end{bmatrix}\begin{bmatrix} -4-2\sqrt{3} \\ 7+4\sqrt{3} \\ 1 \end{bmatrix}=\begin{bmatrix} 4+2\sqrt{3} \\ 2 \\ 2(7+4\sqrt{3}) \end{bmatrix}$$

$$=\left(\frac{2+\sqrt{3}}{7+4\sqrt{3}},\frac{1}{7+4\sqrt{3}},1\right)^{\mathrm{T}}$$

$$\boldsymbol{x}_m=\boldsymbol{C}^{-1}\boldsymbol{m}=\left(\frac{2-\sqrt{3}}{7-4\sqrt{3}},\frac{1}{7-4\sqrt{3}},1\right)^{\mathrm{T}}$$

当 $\boldsymbol{x}=\boldsymbol{x}_1$ 时，用类似的方法得到

$$\boldsymbol{T}_{x_1}=\begin{bmatrix} 8 & 2 & 4 \\ 2 & 1 & 0 \\ 4 & 0 & 4 \end{bmatrix}$$

由 $\boldsymbol{l}\boldsymbol{m}^{\mathrm{T}}+\boldsymbol{m}\boldsymbol{l}^{\mathrm{T}}=\boldsymbol{T}_{x_1}$ 得到方程

$$\begin{bmatrix} 2l_1m_1 & l_2m_1+l_1m_2 & m_1+l_1m_3 \\ & 2l_2m_2 & m_2+l_2m_3 \\ & & 2m_3 \end{bmatrix}=\begin{bmatrix} 8 & 2 & 4 \\ & 1 & 0 \\ & & 4 \end{bmatrix}$$

解这个方程得到两条互为复共轭的虚切线：

$$\boldsymbol{l}=(1+\mathrm{i},\mathrm{i}/2,1)^{\mathrm{T}},\quad \boldsymbol{m}=2(1-\mathrm{i},-\mathrm{i}/2,1)^{\mathrm{T}}=(1-\mathrm{i},-\mathrm{i}/2,1)^{\mathrm{T}}$$

并且

$$\boldsymbol{l}\times\boldsymbol{m}=\mathrm{i}(1,-2,1)^{\mathrm{T}}=\boldsymbol{x}_1$$

对应虚切线 $\boldsymbol{l},\boldsymbol{m}$ 的切点是两个互为复共轭的虚点

$$\boldsymbol{C}^{-1}\boldsymbol{l}=(-1-\mathrm{i},2,\mathrm{i})^{\mathrm{T}},\quad \boldsymbol{C}^{-1}\boldsymbol{m}=(-1+\mathrm{i},2,-\mathrm{i})^{\mathrm{T}}$$

它们的连线是实直线(见图 11.6)：

$$L_{x_1}=\boldsymbol{C}^{-1}\boldsymbol{l}\times\boldsymbol{C}^{-1}\boldsymbol{m}=-4\mathrm{i}(1,1/2,1)^{\mathrm{T}}=(1,1/2,1)^{\mathrm{T}}$$

一般地，对任意 $\boldsymbol{x}=(x,y,1)^{\mathrm{T}}$，根据式(11.19)可得到抛物线 $y=x^2$ 通过 $\boldsymbol{x}$ 的两条切线的坐标

$$\boldsymbol{l}_x=\left(-2xy+2y\sqrt{x^2-y},2x^2-y-2x\sqrt{x^2-y},y^2\right)^{\mathrm{T}}$$

$$\boldsymbol{m}_x=\left(-2xy-2y\sqrt{x^2-y},2x^2-y+2x\sqrt{x^2-y},y^2\right)^{\mathrm{T}}$$

因此，若点 $\boldsymbol{x}$ 在抛物线的下方($y<x^2$)，有两条实切线；若点 $\boldsymbol{x}$ 在抛物线的上方($y>x^2$)，有两条互为复共轭的虚切线，两个共轭虚切点的连线是一条实直线。

2. 配极对应

给定一条二次曲线 $\boldsymbol{C}$，对平面上任一点 $\boldsymbol{x}$，$\boldsymbol{l}=\boldsymbol{C}\boldsymbol{x}$ 确定了一条直线，称为 $\boldsymbol{x}$ 关于 $\boldsymbol{C}$ 的极线，而 $\boldsymbol{x}$ 则称为 $\boldsymbol{l}$ 关于 $\boldsymbol{C}$ 的极点。若 $\boldsymbol{x}$ 在 $\boldsymbol{C}$ 上，则它的极线是 $\boldsymbol{C}$ 在点 $\boldsymbol{x}$ 的切线 $\boldsymbol{l}$，而 $\boldsymbol{l}$ 关于 $\boldsymbol{C}$ 的极点就是切点 $\boldsymbol{x}$。

二次曲线确定的这种点与直线之间的对应关系称为配极对应。可以证明，一般非退化二次曲线的配极对应是平面上点与直线之间的一一对应。定理 11.2.3 给出了配极对应的几何描述。

定理 11.2.3　假定 $\boldsymbol{C}$ 是非退化二次曲线，则 $\boldsymbol{x}$ 的极线 $\boldsymbol{l}=\boldsymbol{C}\boldsymbol{x}$ 交 $\boldsymbol{C}$ 于两个点[①]，且这两个点的切线交于点 $\boldsymbol{x}$，如图 11.7 所示。

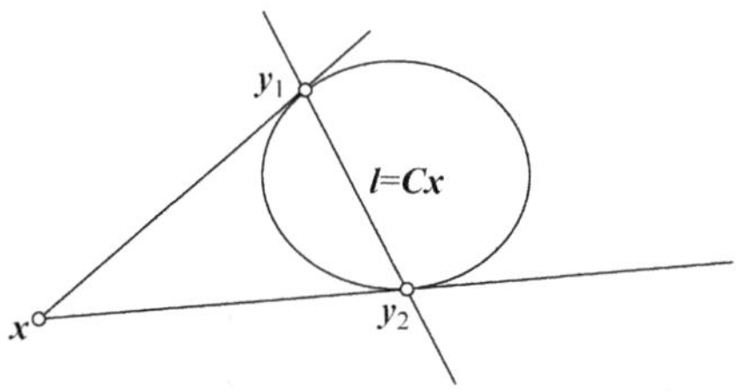

图 11.7　二次曲线的配极对应

① 包括两个虚点或重点。若是虚点，则必为一对复共轭虚点，而一对共轭虚点确定一条(实)直线；若是重点，则极线是切线。

证明 直线 $\boldsymbol{l}$ 与二次曲线 $\boldsymbol{C}$ 总交于两个点(包括虚点),交点的坐标是方程组

$$\begin{cases}\boldsymbol{y}^{\mathrm{T}}\boldsymbol{C}\boldsymbol{y}=0\\ \boldsymbol{l}^{\mathrm{T}}\boldsymbol{y}=0\end{cases}$$

的解。令 $\boldsymbol{y}_1$ 是其中的一个交点,则 $(\boldsymbol{C}\boldsymbol{x})^{\mathrm{T}}\boldsymbol{y}_1=0$。由 $\boldsymbol{C}$ 的对称性,$\boldsymbol{x}^{\mathrm{T}}\boldsymbol{C}\boldsymbol{y}_1=0$,这说明 $\boldsymbol{x}$ 必在切线 $\boldsymbol{C}\boldsymbol{y}_1$ 上,同理 $\boldsymbol{x}$ 也在另一个交点 $\boldsymbol{y}_2$ 的切线上。证毕。

在例题 11.2.1 中,$\boldsymbol{x}_0=(2,1,1)^{\mathrm{T}}$ 关于抛物线 $y=x^2$ 的极线是

$$\begin{aligned}\boldsymbol{l}&=\left(\frac{2+\sqrt{3}}{7+4\sqrt{3}},\frac{1}{7+4\sqrt{3}},1\right)^{\mathrm{T}}\times\left(\frac{2-\sqrt{3}}{7-4\sqrt{3}},\frac{1}{7-4\sqrt{3}},1\right)^{\mathrm{T}}\\&=(-8\sqrt{3},2\sqrt{3},2\sqrt{3})^{\mathrm{T}}=(-4,1,1)^{\mathrm{T}}\end{aligned}$$

这与由极线定义计算的结果是一致的:

$$\boldsymbol{l}=\begin{bmatrix}-1&&\\&&1/2\\&1/2&\end{bmatrix}\begin{bmatrix}2\\1\\1\end{bmatrix}=(-2,1/2,1/2)^{\mathrm{T}}=(-4,1,1)^{\mathrm{T}}$$

因此,根据定理 11.2.3 得到二次曲线外一点 $\boldsymbol{x}$ 的两条切线的另一种计算方法:

(i) 计算 $\boldsymbol{x}$ 的极线 $\boldsymbol{l}=\boldsymbol{C}\boldsymbol{x}$。

(ii) 再计算极线 $\boldsymbol{l}$ 与 $\boldsymbol{C}$ 的两个交点 $\boldsymbol{y}_1,\boldsymbol{y}_2$。

(iii) 最后得到两条切线 $\boldsymbol{l}_1=\boldsymbol{C}\boldsymbol{y}_1,\boldsymbol{l}_2=\boldsymbol{C}\boldsymbol{y}_2$(或 $\boldsymbol{l}_1=\boldsymbol{x}\times\boldsymbol{y}_1,\boldsymbol{l}_2=\boldsymbol{x}\times\boldsymbol{y}_2$)。

若 $\boldsymbol{x},\boldsymbol{y}$ 使得 $\boldsymbol{x}^{\mathrm{T}}\boldsymbol{C}\boldsymbol{y}=0$,则称它们是 $\boldsymbol{C}$ 的一对共轭点。不难看出,$\boldsymbol{x}$ 关于 $\boldsymbol{C}$ 的所有共轭点构成的集合是极线 $\boldsymbol{l}=\boldsymbol{C}\boldsymbol{x}$,因此有时极线也称为共轭线。

定理 11.2.4 若 $\boldsymbol{x},\boldsymbol{y}$ 是二次曲线 $\boldsymbol{C}$ 是一对共轭点,直线 $\boldsymbol{l}=\boldsymbol{x}\times\boldsymbol{y}$ 与 $\boldsymbol{C}$ 的两个交点记为 $\boldsymbol{r}_1,\boldsymbol{r}_2$,如图 11.8 所示,则 $(\boldsymbol{x}\boldsymbol{y};\boldsymbol{r}_1\boldsymbol{r}_2)=-1$。

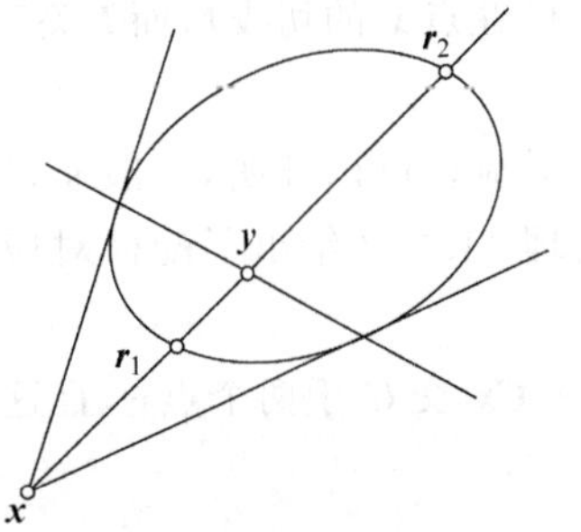

图 11.8 二次曲线的共轭点 $\boldsymbol{x},\boldsymbol{y}$ 使得 $(\boldsymbol{p}\boldsymbol{q};\boldsymbol{r}_1\boldsymbol{r}_2)=-1$

证明 连接 $\boldsymbol{x},\boldsymbol{y}$,直线 $\boldsymbol{l}=\boldsymbol{x}\times\boldsymbol{y}$ 上任一点均可表示为 $\boldsymbol{r}=\boldsymbol{x}+\lambda\boldsymbol{y}$。由于 $\boldsymbol{x},\boldsymbol{y}$ 是二次曲线 $\boldsymbol{C}$ 的一对共轭点,

$$\begin{aligned}\boldsymbol{r}^{\mathrm{T}}\boldsymbol{C}\boldsymbol{r}&=(\boldsymbol{x}+\lambda\boldsymbol{y})^{\mathrm{T}}\boldsymbol{C}(\boldsymbol{x}+\lambda\boldsymbol{y})\\&=\boldsymbol{x}^{\mathrm{T}}\boldsymbol{C}\boldsymbol{x}+2\lambda\boldsymbol{x}^{\mathrm{T}}\boldsymbol{C}\boldsymbol{y}+\lambda^2\boldsymbol{y}^{\mathrm{T}}\boldsymbol{C}\boldsymbol{y}=\boldsymbol{x}^{\mathrm{T}}\boldsymbol{C}\boldsymbol{x}+\lambda^2\boldsymbol{y}^{\mathrm{T}}\boldsymbol{C}\boldsymbol{y}\end{aligned}$$

因直线 $\boldsymbol{l}$ 与 $\boldsymbol{C}$ 的两个交点 $\boldsymbol{r}_1,\boldsymbol{r}_2$ 满足方程 $\boldsymbol{r}^{\mathrm{T}}\boldsymbol{C}\boldsymbol{r}=0$,所以

$$\boldsymbol{x}^{\mathrm{T}}\boldsymbol{C}\boldsymbol{x}+\lambda^2\boldsymbol{y}^{\mathrm{T}}\boldsymbol{C}\boldsymbol{y}=0$$

于是

$$\lambda_{1,2}=\pm\sqrt{-\frac{\boldsymbol{x}^{\mathrm{T}}\boldsymbol{C}\boldsymbol{x}}{\boldsymbol{y}^{\mathrm{T}}\boldsymbol{C}\boldsymbol{y}}}$$

由式(11.8),得到

$$(\boldsymbol{x}\boldsymbol{y};\boldsymbol{r}_1\boldsymbol{r}_2)=\frac{\lambda_1}{\lambda_2}\left(\text{or }\frac{\lambda_2}{\lambda_1}\right)=-\sqrt{-\frac{\boldsymbol{x}^{\mathrm{T}}\boldsymbol{C}\boldsymbol{x}}{\boldsymbol{y}^{\mathrm{T}}\boldsymbol{C}\boldsymbol{y}}}\cdot\sqrt{-\frac{\boldsymbol{y}^{\mathrm{T}}\boldsymbol{C}\boldsymbol{y}}{\boldsymbol{x}^{\mathrm{T}}\boldsymbol{C}\boldsymbol{x}}}=-1$$

证毕。

不难看出,这个定理的逆定理也成立,即若 $(\boldsymbol{x}\boldsymbol{y};\boldsymbol{r}_1\boldsymbol{r}_2)=-1$,则 $\boldsymbol{x},\boldsymbol{y}$ 是二次曲线 $\boldsymbol{C}$ 的一对共轭点。换句话说,二次曲线的共轭点也可以用交比来定义。以后,我们将看到交比是射影性质,因而共轭点也是射影性质。

如果 $(\boldsymbol{x}_1\boldsymbol{x}_2;\boldsymbol{x}_3\boldsymbol{x}_4)=-1$,则称点偶 $\boldsymbol{x}_3,\boldsymbol{x}_4$ 调和分离点偶 $\boldsymbol{x}_1,\boldsymbol{x}_2$,或称点偶 $\boldsymbol{x}_1,\boldsymbol{x}_2$ 与点偶

x_3, x_4 调和共轭，有时也说 x_4 是 x_1, x_2, x_3 的第四调和点。交比值 −1 称为调和比。调和共轭是相互的，若 x_1, x_2 与 x_3, x_4 调和共轭，则 x_3, x_4 与 x_1, x_2 也调和共轭，这是因为 $(x_1x_2; x_3x_4) = -1 = (x_3x_4; x_1x_2)$。

定理 11.2.4 表明，二次曲线 C 的一对共轭点 x, y 与它们连线交 C 的两点 r_1, r_2 调和共轭。由此，得到一种特殊的调和共轭情况：任给平面上相异的两点 x_1, x_2，它们的中点记为 $x_{1/2}$，则 x_1, x_2 连线上的无穷远点 x_∞ 是 $x_1, x_2, x_{1/2}$ 的第四调和点，即 x_1, x_2 与 $x_{1/2}, x_\infty$ 调和共轭，证明留给读者。

对于共点线，也有调和共轭的概念：若 $(l_1l_2; l_3l_4) = -1$，则称线偶 l_1, l_2 与线偶 l_3, l_4 调和共轭。以后，我们会看到调和共轭是一个非常重要的概念，用它可解释欧氏概念，从而将射影几何与欧氏几何联系起来。

11.2.3　对偶二次曲线

前面所讨论的二次曲线被看作是点的集合，即以点作为二次曲线的基本元素。平面上点与直线是互为对偶元素，若将二次曲线方程 $x^{\mathrm{T}}Cx = 0$ 中的点元素换成线元素，矩阵 C 也换成对偶 C^*，则得到线元素的二次方程

$$l^{\mathrm{T}}C^*l = 0 \tag{11.20}$$

它也表示射影平面内的一条二次曲线，其基本元素是直线，或者说是由直线生成的二次曲线，称为对偶二次曲线。

在几何上，对偶二次曲线 C^*（直线族）的包络是（点）二次曲线 C，C^* 与 C 互为对偶，C^* 中的直线是 C 的切线，如图 11.9 所示。下面考虑 C^* 与 C 之间的代数关系：对于 C 上的任一点 x，该点的切线为 $l = Cx$，由于 C 是满秩的，$C^{-1}l = x$，又因切点在切线上，所以 $l^{\mathrm{T}}C^{-1}l = l^{\mathrm{T}}x = 0$，即 $C^* = C^{-1}$。另外，还可以证明 $(C^*)^* = C$。故有下述定理。

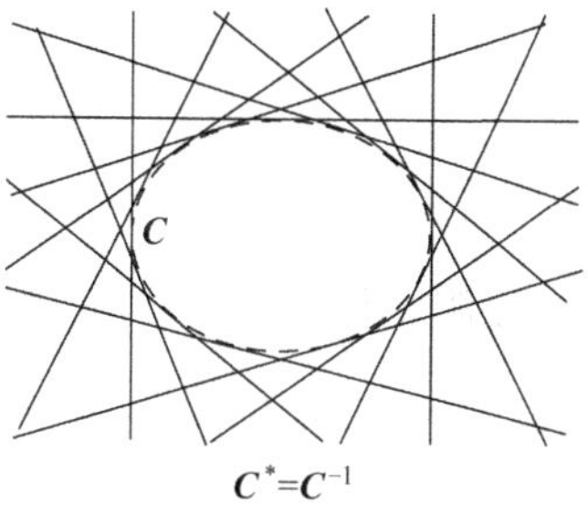

图 11.9　对偶二次曲线

定理 11.2.5　非退化二次曲线 C 与对偶 C^* 之间的关系是 $C^* = C^{-1}$，且 $(C^*)^* = C$

二次曲线的相关概念都可推广到对偶二次曲线，比如：若 x, l 满足 $x = C^*l$，则称 $f: l \leftrightarrow x$ 为配极对应，x 是直线 l 关于 C^* 的极点，而 l 是点 x 关于 C^* 的极线；如果 $m^{\mathrm{T}}C^*l = 0$，则称 l, m 关于 C^* 共轭，等等。根据对偶原理，对于二次曲线的定理，对偶二次曲线也有相应的定理，比如定理 11.2.4 的对偶是下述定理：

定理 11.2.6　若 l, m 是对偶二次曲线 C^* 的一对共轭线，q_1, q_2 是 C^* 中的两条直线且通过点 $x = l \times m$，则 $(lm; q_1q_2) = -1$，即 l, m 与 q_1, q_2 调和共轭。

1. 圆环点及其对偶

无穷远直线 l_∞ 上的两个点

$$I = \begin{bmatrix} 1 \\ \mathrm{i} \\ 0 \end{bmatrix}, \quad J = \begin{bmatrix} 1 \\ -\mathrm{i} \\ 0 \end{bmatrix} \tag{11.21}$$

称为**圆环点**或**绝对点**，其中 $\mathrm{i} = \sqrt{-1}$，它们是一对共轭虚点。圆环点的方程可表示为

$$\begin{cases}x^2+y^2=0\\t=0\end{cases}$$

因此,它可以看作是射影平面上的一条特殊二次曲线。注意,在射影平面上,圆环点必须用两个方程来表示。如果限制在无穷远直线上,即论域是无穷远直线而不是整个射影平面,则圆环点可由单个方程 $x^2+y^2=0$ 来表达,其矩阵表示是 2 阶单位矩阵。

平面上任何圆与无穷远直线总是相交于两个圆环点。事实上,圆的方程可表示为

$$x^2+y^2+2dxt+2eyt+ft=0$$

而无穷远直线的方程是 $t=0$。将这两个方程联立求解得到 $x^2+y^2=0$,因此交点的坐标为 $\boldsymbol{I},\boldsymbol{J}$。圆总是通过两个圆环点,这表明三点确定一个圆与五点才能确定一条二次曲线两者之间并不矛盾。

由矩阵

$$\boldsymbol{C}_\infty^*=\boldsymbol{I}\boldsymbol{J}^{\mathrm{T}}+\boldsymbol{J}\boldsymbol{I}^{\mathrm{T}}=\begin{bmatrix}1&0&0\\0&1&0\\0&0&0\end{bmatrix}\tag{11.22}$$

定义的对偶二次曲线称为**圆环点的对偶**,它是以圆环点 $\boldsymbol{I},\boldsymbol{J}$ 为中心的两个平行(虚)直线束,斜率分别为 i 和 −i。$\boldsymbol{C}_\infty^*$ 中的直线称为迷向直线(或极小直线)。对任何有穷点,存在通过它的两条迷向直线,分别属于这两个平行直线束。

定理 11.2.7 令 $\boldsymbol{l}_1=(a_1,b_1,c_1)^{\mathrm{T}},\boldsymbol{l}_2=(a_2,b_2,c_2)^{\mathrm{T}}$ 是两条非迷向直线,它们之间的交角记为 θ,则

$$\cos\theta=\frac{\boldsymbol{l}_1^{\mathrm{T}}\boldsymbol{C}_\infty^*\boldsymbol{l}_2}{\sqrt{\boldsymbol{l}_1^{\mathrm{T}}\boldsymbol{C}_\infty^*\boldsymbol{l}_1}\cdot\sqrt{\boldsymbol{l}_2^{\mathrm{T}}\boldsymbol{C}_\infty^*\boldsymbol{l}_2}}\tag{11.23}$$

证明 根据欧氏几何,有

$$\cos\theta=\frac{a_1a_2+b_1b_2}{\sqrt{a_1^2+b_1^2}\cdot\sqrt{a_2^2+b_2^2}}\tag{11.24}$$

显然

$$\boldsymbol{l}_1^{\mathrm{T}}\boldsymbol{C}_\infty^*\boldsymbol{l}_2=a_1a_2+b_1b_2,\quad\sqrt{\boldsymbol{l}_i^{\mathrm{T}}\boldsymbol{C}_\infty^*\boldsymbol{l}_i}=\sqrt{a_i^2+b_i^2},\quad i=1,2$$

因此式(11.23)成立。

定理 11.2.7 给出了对偶二次曲线 $\boldsymbol{C}_\infty^*$ 的度量性质。式(11.23)的重要性在于它在一般射影空间中仍成立,也就是说,如果知道对偶二次曲线 $\boldsymbol{C}_\infty^*$ 在一般射影空间中的表示,仍可利用式(11.23)来计算两条直线之间的夹角,而式(11.24)仅适用于欧氏几何。

若两条直线中有一条是迷向直线(或都是迷向直线),则它们之间的夹角是不确定的。例如,$\boldsymbol{l}_1$ 是一条迷向直线,则有 $\boldsymbol{l}_1^{\mathrm{T}}\boldsymbol{C}_\infty^*\boldsymbol{l}_1=0$(这是因为 $\boldsymbol{l}_1$ 通过圆环点),于是得到 $\cos\theta=*/0$。因此,无法确定迷向直线与另一条直线之间的夹角,也就是说迷向直线不像通常直线那样具有方向。

2. 拉格尔(Laguerre)定理

定理 11.2.8 设两条非迷向直线 $\boldsymbol{l}_1,\boldsymbol{l}_2$ 的夹角为 $\theta,\boldsymbol{m}_1,\boldsymbol{m}_2$ 是过它们交点的两条迷向直线,则

$$\theta=\frac{1}{2\mathrm{i}}\ln(\boldsymbol{l}_1\boldsymbol{l}_2;\boldsymbol{m}_1\boldsymbol{m}_2) \tag{11.25}$$

证明　令非迷向直线 $\boldsymbol{l}_1,\boldsymbol{l}_2$ 的斜率为 λ_1,λ_2，两条迷向直线为 $\boldsymbol{m}_1,\boldsymbol{m}_2$ 的斜率分别为 i，$-$i，根据定理 11.1.3 有

$$(\boldsymbol{l}_1\boldsymbol{l}_2;\boldsymbol{m}_1\boldsymbol{m}_2)=\frac{\lambda_1-\mathrm{i}}{\lambda_2-\mathrm{i}}:\frac{\lambda_1+\mathrm{i}}{\lambda_2+\mathrm{i}}=\frac{1+\mathrm{i}\,\dfrac{\lambda_2-\lambda_1}{1+\lambda_1\lambda_2}}{1-\mathrm{i}\,\dfrac{\lambda_2-\lambda_1}{1+\lambda_1\lambda_2}}$$

由于 $\tan\theta=\dfrac{\lambda_2-\lambda_1}{1+\lambda_1\lambda_2}$，所以

$$(\boldsymbol{l}_1\boldsymbol{l}_2;\boldsymbol{m}_1\boldsymbol{m}_2)=\frac{1+\mathrm{i}\tan\theta}{1-\mathrm{i}\tan\theta}=\mathrm{e}^{2\mathrm{i}\theta}$$

因此

$$\theta=\frac{1}{2\mathrm{i}}\ln(\boldsymbol{l}_1\boldsymbol{l}_2;\boldsymbol{m}_1\boldsymbol{m}_2)$$

定理 11.2.8 称为拉格尔定理，和定理 11.2.7 一样(事实上，它们相互等价)也十分重要，因为它用交比射影概念表达了角的度量，从而给出了角度的射影解释，将欧氏几何与射影几何联系起来了。比如：两条(非迷向)直线相互垂直的充要条件是$(\boldsymbol{l}_1\boldsymbol{l}_2;\boldsymbol{m}_1\boldsymbol{m}_2)=-1$，即 $\boldsymbol{l}_1,\boldsymbol{l}_2$ 和 $\boldsymbol{m}_1,\boldsymbol{m}_2$ 调和共轭；或等价地，根据定理 11.1.5，两条(非迷向)直线相互垂直的充要条件是这两条直线上的无穷远点与圆环点调和共轭。

11.3　二维射影变换

11.3.1　基本概念

射影变换是射影平面上的可逆齐次线性变换，由 3×3 的可逆矩阵 $\boldsymbol{H}$ 来描述：

$$\begin{bmatrix}x'_1\\x'_2\\x'_3\end{bmatrix}=\underbrace{\begin{bmatrix}h_{11}&h_{12}&h_{13}\\h_{21}&h_{22}&h_{23}\\h_{31}&h_{32}&h_{33}\end{bmatrix}}_{\boldsymbol{H}}\begin{bmatrix}x_1\\x_2\\x_3\end{bmatrix} \tag{11.26}$$

或简洁地记为 $\boldsymbol{x}'=\boldsymbol{H}\boldsymbol{x}$。

射影变换也称为单应，矩阵 $\boldsymbol{H}$ 称为射影变换矩阵或单应矩阵。式(11.26)是齐次的(点使用了齐次坐标)等式，同一个射影变换矩阵可以相差一个非零因子，因此射影变换仅有 8 个自由度，或者说在 $\boldsymbol{H}$ 的 9 个元素中仅有 8 个独立元素。

射影变换将点变换到点，且将共线点变换到共线点(简称共线性)，因而将直线变为直线。点变换到点的性质是由定义确定的。下面说明射影变换保持点的共线性：

令三点 $\boldsymbol{x}_1,\boldsymbol{x}_2,\boldsymbol{x}_3$ 共线，即 $\det(\boldsymbol{x}_1,\boldsymbol{x}_2,\boldsymbol{x}_3)=0$，经射影变换后的三点为 $\boldsymbol{x}'_i=\boldsymbol{H}\boldsymbol{x}_i\ (i=1,2,3)$，于是

$$\det(\boldsymbol{x}'_1,\boldsymbol{x}'_2,\boldsymbol{x}'_3)=\det(\boldsymbol{H}\boldsymbol{x}_1,\boldsymbol{H}\boldsymbol{x}_2,\boldsymbol{H}\boldsymbol{x}_3)=\det(\boldsymbol{H})\cdot\det(\boldsymbol{x}_1,\boldsymbol{x}_2,\boldsymbol{x}_3)=0$$

因此三点 $\boldsymbol{x}_1',\boldsymbol{x}_2',\boldsymbol{x}_3'$ 也共线。

无穷远点 $\boldsymbol{x}_\infty=(x_1,x_2,0)^{\mathrm{T}}$ 的射影变换是

$$\boldsymbol{x}_\infty'=\boldsymbol{H}\boldsymbol{x}_\infty=(h_{11}x_1+h_{12}x_2,h_{21}x_1+h_{22}x_2,h_{31}x_1+h_{32}x_2)^{\mathrm{T}}$$

一般 $h_{31}x_1+h_{32}x_2\neq 0$。这样，无穷远点射影变换后的坐标不再有第三个分量为零的形式，因此一般射影变换将无穷远点变换到有穷点。

射影变换的逆变换(对应于单应矩阵的逆)都是射影变换，两个射影变换的合成(对应于两个单应矩阵的积)也是射影变换，因此射影变换的全体形成一个变换群，称为射影变换群。

1. 直线的变换规则

射影变换式(11.26)是由点的变换规则来定义的，以后说射影变换均是指满足点变换规则式(11.26)的射影变换。下面讨论直线在射影变换下变换规则。

令 $\boldsymbol{l}$ 是平面上的直线，$\boldsymbol{l}'$ 是经射影变换 $\boldsymbol{H}$ 后的直线。$\forall\, \boldsymbol{x}\in\boldsymbol{l},\boldsymbol{x}'=\boldsymbol{H}\boldsymbol{x}\in\boldsymbol{l}'$，所以 $\boldsymbol{l}'^{\mathrm{T}}\boldsymbol{x}'=\boldsymbol{l}'^{\mathrm{T}}\boldsymbol{H}\boldsymbol{x}=0$，于是 $\boldsymbol{l}^{\mathrm{T}}=\boldsymbol{l}'^{\mathrm{T}}\boldsymbol{H}$，即 $\boldsymbol{l}'=\boldsymbol{H}^{-\mathrm{T}}\boldsymbol{l}$。于是，有下述结论。

定理 11.3.1　射影变换 $\boldsymbol{H}$ 对直线 $\boldsymbol{l}$ 的变换规则是

$$\boldsymbol{l}'=\boldsymbol{H}^{-\mathrm{T}}\boldsymbol{l} \tag{11.27}$$

矩阵 $\boldsymbol{H}^{-\mathrm{T}}$ 称为矩阵 $\boldsymbol{H}$ 的对偶。由此，根据对偶原理，从 $\boldsymbol{x}'=H\boldsymbol{x}$ 直接得到线的变换规则式(11.27)。

2. 二次曲线的变换规则

令 $\boldsymbol{C}$ 是一条二次曲线，$\boldsymbol{C}'$ 是经射影变换后的曲线。由于 $\forall\, \boldsymbol{x}\in\boldsymbol{C},\boldsymbol{x}'=\boldsymbol{H}\boldsymbol{x}\in\boldsymbol{C}'$，所以

$$\boldsymbol{x}^{\mathrm{T}}\boldsymbol{C}\boldsymbol{x}=\boldsymbol{x}'^{\mathrm{T}}\boldsymbol{H}^{-\mathrm{T}}\boldsymbol{C}\boldsymbol{H}^{-1}\boldsymbol{x}'=0$$

于是 $\boldsymbol{C}'=\boldsymbol{H}^{-\mathrm{T}}\boldsymbol{C}\boldsymbol{H}^{-1}$。因此，二次曲线经射影变换后仍是二次曲线。关于对偶二次曲线 $\boldsymbol{C}^*$，应用对偶原理得到 $\boldsymbol{C}^{*\prime}=H\boldsymbol{C}^*\boldsymbol{H}^{\mathrm{T}}$。于是，有下述定理。

定理 11.3.2　射影变换 $\boldsymbol{H}$ 对二次曲线 $\boldsymbol{C}$ 的变换规则是

$$\boldsymbol{C}'=\boldsymbol{H}^{-\mathrm{T}}\boldsymbol{C}\boldsymbol{H}^{-1} \tag{11.28}$$

关于对偶二次曲线 $\boldsymbol{C}^*$ 的变换规则是

$$\boldsymbol{C}^{*\prime}=\boldsymbol{H}\boldsymbol{C}^*\boldsymbol{H}^{\mathrm{T}} \tag{11.29}$$

设 $\boldsymbol{C}_1,\boldsymbol{C}_2$ 是两条二次曲线，若存在射影变换 $\boldsymbol{H}$ 使得 $\boldsymbol{C}_2=\boldsymbol{H}^{-\mathrm{T}}\boldsymbol{C}_1\boldsymbol{H}^{-1}$，即射影变换 $\boldsymbol{H}$ 将 $\boldsymbol{C}_1$ 变换为 $\boldsymbol{C}_2$，则称 $\boldsymbol{C}_1,\boldsymbol{C}_2$ 是射影等价的，或者说它们属于同一射影等价类。二次曲线按射影等价的分类称为射影分类，即二次曲线在射影变换下的等价类。由于二次曲线 $\boldsymbol{C}$ 是对称矩阵，根据第 1 章对称矩阵的特征分解理论，不难证明：对任意对称矩阵 $\boldsymbol{C}$ 必存在可逆矩阵 $\boldsymbol{H}$ 使得 $\boldsymbol{H}^{-\mathrm{T}}\boldsymbol{C}\boldsymbol{H}^{-1}=\mathrm{diag}(s_1,s_2,s_3)$，其中 $s_i=\pm 1$, or 0。根据二次曲线的变换规则，任何二次曲线 $\boldsymbol{C}$ 都可以通过射影变换变为具有上述对角矩阵形式的二次曲线，因此得到表 11.1 给出的射影分类。

表 11.1　二次曲线的射影分类

对角元素	方　程	类　型
(1,1,1)	$x^2+y^2+t^2=0$	无实点(虚二次曲线)
(1,1,−1)	$x^2+y^2-t^2=0$	圆
(1,1,0)	$x^2+y^2=0$	实点(0,0,1)
(1,−1,0)	$x^2-y^2=0$	两条直线
(1,0,0)	$x^2=0$	二重直线

3. 计算射影变换

满足式(11.26)的一对点$\{\boldsymbol{x},\boldsymbol{x}'\}$称为射影变换的一个点对应，记为$\boldsymbol{x}\leftrightarrow\boldsymbol{x}'$。已知一个点对应$\boldsymbol{x}\leftrightarrow\boldsymbol{x}'$，从式(11.26)得到射影变换矩阵$\boldsymbol{H}$的方程组$\boldsymbol{x}'=\boldsymbol{H}\boldsymbol{x}$，注意这是齐次等式，表示在相差一个非零因子意义下的相等，写成严格等式是$\boldsymbol{x}'=s\boldsymbol{H}\boldsymbol{x}$，消除非零因子$s$得到

$$\begin{cases}\dfrac{x_1'}{x_3'}=\dfrac{h_{11}x_1+h_{12}x_2+h_{13}x_3}{h_{31}x_1+h_{32}x_2+h_{33}x_3}\\[2ex] \dfrac{x_2'}{x_3'}=\dfrac{h_{21}x_1+h_{22}x_2+h_{23}x_3}{h_{31}x_1+h_{32}x_2+h_{33}x_3}\end{cases}$$

写成线性形式

$$\begin{cases}x_1'(h_{31}x_1+h_{32}x_2+h_{33}x_3)=x_3'(h_{11}x_1+h_{12}x_2+h_{13}x_3)\\ x_2'(h_{31}x_1+h_{32}x_2+h_{33}x_3)=x_3'(h_{21}x_1+h_{22}x_2+h_{23}x_3)\end{cases}$$

将矩阵$\boldsymbol{H}$的行依次排列得到的9维向量记为$\boldsymbol{h}=(h_{11},h_{12},h_{13},h_{21},h_{22},h_{23},h_{31},h_{32},h_{33})^{\mathrm{T}}$，上述方程可改写成矩阵形式

$$\begin{bmatrix}x_3'\boldsymbol{x}^{\mathrm{T}} & 0 & -x_1'\boldsymbol{x}^{\mathrm{T}}\\ 0 & x_3'\boldsymbol{x}^{\mathrm{T}} & -x_2'\boldsymbol{x}^{\mathrm{T}}\end{bmatrix}\boldsymbol{h}=0 \tag{11.30}$$

这表明一个点对应导致$\boldsymbol{H}$的两个线性方程。在一般情况下，由四个点对应产生的8个线性方程可确定$\boldsymbol{h}$(在相差一个非零因子的意义下)，从而得到射影变换$\boldsymbol{H}$。

一般情况是指，4个点对应中任何三点都不共线，否则射影变换不唯一。例如，若$\boldsymbol{x}_1$，$\boldsymbol{x}_2$，$\boldsymbol{x}_3$共线，则存在一点能被其他两点线性表示，如$\boldsymbol{x}_3=a\boldsymbol{x}_1+b\boldsymbol{x}_2$，因而$\boldsymbol{H}\boldsymbol{x}_3=a\boldsymbol{H}\boldsymbol{x}_1+b\boldsymbol{H}\boldsymbol{x}_2$，于是方程$\boldsymbol{x}_3'=s_3\boldsymbol{H}\boldsymbol{x}_3$能被方程$\{\boldsymbol{x}_1'=s_1\boldsymbol{H}\boldsymbol{x}_1,\boldsymbol{x}_2'=s_2\boldsymbol{H}\boldsymbol{x}_2\}$线性表示，4个点对应导入的8个线性方程中至多有6个独立方程，因此不能唯一确定$\boldsymbol{H}$。至于射影变换的具体计算，可通过求解形如式(11.30)的齐次线性方程组，也可从下述定理直接计算。

定理 11.3.3　若$\boldsymbol{x}_i\leftrightarrow\boldsymbol{x}_i'(i=1,2,3,4)$是射影变换$\boldsymbol{H}$的4个点对应，其中任何三点不共线，则

$$\boldsymbol{H}=(\boldsymbol{x}_1',\boldsymbol{x}_2',\boldsymbol{x}_3')\mathrm{diag}\left(\frac{\mu_1'}{\mu_1},\frac{\mu_2'}{\mu_2},\frac{\mu_3'}{\mu_3}\right)(\boldsymbol{x}_1,\boldsymbol{x}_2,\boldsymbol{x}_3)^{-1} \tag{11.31}$$

其中

$$(\mu_1,\mu_2,\mu_3)^{\mathrm{T}}=(\boldsymbol{x}_1,\boldsymbol{x}_2,\boldsymbol{x}_3)^{-1}\boldsymbol{x}_4,\quad (\mu_1',\mu_2',\mu_3')^{\mathrm{T}}=(\boldsymbol{x}_1',\boldsymbol{x}_2',\boldsymbol{x}_3')^{-1}\boldsymbol{x}_4'$$

证明　从$s_i\boldsymbol{x}_i'=\boldsymbol{H}\boldsymbol{x}_i$得到

$$\boldsymbol{H}(\boldsymbol{x}_1,\boldsymbol{x}_2,\boldsymbol{x}_3)=(s_1\boldsymbol{x}_1',s_2\boldsymbol{x}_2',s_3\boldsymbol{x}_3')=(\boldsymbol{x}_1',\boldsymbol{x}_2',\boldsymbol{x}_3')\mathrm{diag}(s_1,s_2,s_3)$$

由于$\boldsymbol{x}_1,\boldsymbol{x}_2,\boldsymbol{x}_3$不共线，$\det(\boldsymbol{x}_1,\boldsymbol{x}_2,\boldsymbol{x}_3)\neq 0$，因此

$$\boldsymbol{H}=(\boldsymbol{x}_1',\boldsymbol{x}_2',\boldsymbol{x}_3')\mathrm{diag}(s_1,s_2,s_3)(\boldsymbol{x}_1,\boldsymbol{x}_2,\boldsymbol{x}_3)^{-1} \tag{11.32}$$

从$\boldsymbol{x}_4'=s_4\boldsymbol{H}\boldsymbol{x}_4$得到

$$(\boldsymbol{x}_1',\boldsymbol{x}_2',\boldsymbol{x}_3')\mathrm{diag}(s_1,s_2,s_3)(\boldsymbol{x}_1,\boldsymbol{x}_2,\boldsymbol{x}_3)^{-1}\boldsymbol{x}_4'=s_4\boldsymbol{x}_4'$$

因此

$$\mathrm{diag}(s_1,s_2,s_3)(\boldsymbol{x}_1,\boldsymbol{x}_2,\boldsymbol{x}_3)^{-1}\boldsymbol{x}_4=s_4(\boldsymbol{x}_1',\boldsymbol{x}_2',\boldsymbol{x}_3')^{-1}\boldsymbol{x}_4' \tag{11.33}$$

令

$$(\mu_1,\mu_2,\mu_3)^{\mathrm{T}}=(\boldsymbol{x}_1,\boldsymbol{x}_2,\boldsymbol{x}_3)^{-1}\boldsymbol{x}_4,\quad (\mu_1',\mu_2',\mu_3')^{\mathrm{T}}=(\boldsymbol{x}_1',\boldsymbol{x}_2',\boldsymbol{x}_3')^{-1}\boldsymbol{x}_4'$$

则对每个 i 必有 $\mu_i \neq 0$。否则，例如 $\mu_1=0$，则 $\boldsymbol{x}_4=\mu_2\boldsymbol{x}_2+\mu_3\boldsymbol{x}_3$，这表明三点 $\boldsymbol{x}_2,\boldsymbol{x}_3,\boldsymbol{x}_4$ 共线，矛盾。因此从式(11.33)得到 $s_i=s_4\mu_i'/\mu_i(i=1,2,3)$，代入式(11.32)得到

$$\boldsymbol{H}=s_4(\boldsymbol{x}_1',\boldsymbol{x}_2',\boldsymbol{x}_3')\operatorname{diag}\left(\frac{\mu_1'}{\mu_1},\frac{\mu_2'}{\mu_2},\frac{\mu_3'}{\mu_3}\right)(\boldsymbol{x}_1,\boldsymbol{x}_2,\boldsymbol{x}_3)^{-1}$$

证毕。

上面给出了由点对应计算射影变换的方法，实践中也可由线对应来计算。所谓线对应是指，满足式(11.27)的一对直线$\{\boldsymbol{l},\boldsymbol{l}'\}$，记作 $\boldsymbol{l}\leftrightarrow\boldsymbol{l}'$。根据对偶原理，立即得到定理 11.3.3 的对偶：

定理 11.3.4 若 $\boldsymbol{l}_i\leftrightarrow\boldsymbol{l}_i'(i=1,2,3,4)$是射影变换 $\boldsymbol{H}$ 的四个线对应，其中任何三线不共点，则

$$\boldsymbol{H}^{-\mathrm{T}}=(\boldsymbol{l}_1',\boldsymbol{l}_2',\boldsymbol{l}_3')\operatorname{diag}\left(\frac{\lambda_1'}{\lambda_1},\frac{\lambda_2'}{\lambda_2},\frac{\lambda_3'}{\lambda_3}\right)(\boldsymbol{l}_1,\boldsymbol{l}_2,\boldsymbol{l}_3)^{-1} \tag{11.34}$$

其中

$$(\lambda_1,\lambda_2,\lambda_3)^{\mathrm{T}}=(\boldsymbol{l}_1,\boldsymbol{l}_2,\boldsymbol{l}_3)^{-1}\boldsymbol{l}_4,\quad (\lambda_1',\lambda_2',\lambda_3')^{\mathrm{T}}=(\boldsymbol{l}_1',\boldsymbol{l}_2',\boldsymbol{l}_3')^{-1}\boldsymbol{l}_4'$$

11.3.2 变换群与不变量

平面上所有射影变换构成一个变换群，称为射影变换群。几何学的主要内容是研究在各种变换群作用下的不变量(包括不变几何性质)，本节主要讨论射影变换群和各种子群以及它们的不变量。

1. 等距变换群

等距变换是保持欧氏距离不变的变换，其定义如下：

$$\begin{bmatrix}x'\\y'\\1\end{bmatrix}=\begin{bmatrix}\sigma\cos\theta & -\sigma\sin\theta & t_1\\ \sigma\sin\theta & \sigma\cos\theta & t_2\\ 0 & 0 & 1\end{bmatrix}\begin{bmatrix}x\\y\\1\end{bmatrix} \tag{11.35}$$

其中，$\sigma=\pm1$。使用非齐次坐标，式(11.35)可以写成

$$\begin{bmatrix}x'\\y'\end{bmatrix}=\underbrace{\begin{bmatrix}\sigma\cos\theta & -\sigma\sin\theta\\ \sigma\sin\theta & \sigma\cos\theta\end{bmatrix}}_{\boldsymbol{U}}\begin{bmatrix}x\\y\end{bmatrix}+\begin{bmatrix}t_1\\t_2\end{bmatrix} \tag{11.36}$$

容易看出，等距变换是先作正交变换再施行平移变换的结果。正交变换和平移变换都保持距离不变，因此等距变换也保持距离不变。等距变换的逆变换仍是一个等距变换，两个等距变换的合成变换也是一个等距变换，所以等距变换的全体构成一个变换群，称为等距变换群。

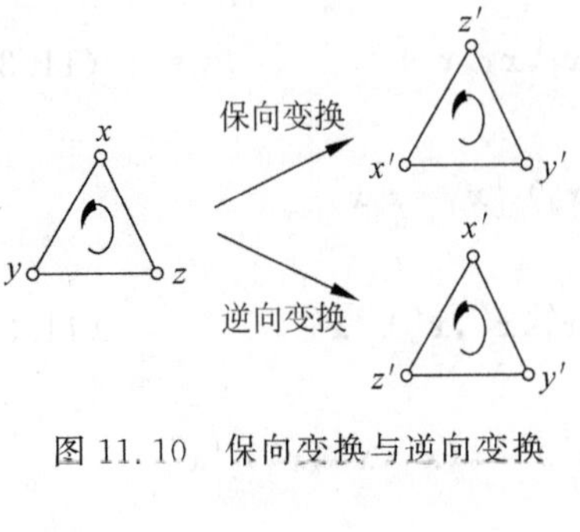

图 11.10 保向变换与逆向变换

正交变换 $\boldsymbol{U}$ 根据它的行列式是否等于 1 分为旋转变换与反射变换。当 $\det\boldsymbol{U}=1$ 时，是旋转变换；$\det\boldsymbol{U}=-1$ 时，是反射变换。它们的几何意义是，旋转变换不仅保持两点的距离不变而且还保持方向(保向)不变，而反射变换仅保持距离而不保持方向，如图 11.10 所示。

欧氏变换群 在等距变换式(11.36)中若 $\boldsymbol{U}$ 是一

个旋转矩阵，则这个等距变换称为欧氏变换。不难验证欧氏变换的全体也构成一个群，称为欧氏变换群（简称欧氏群）。欧氏群是距变换群的子群，可以更简洁地表示为

$$\boldsymbol{x}'=\begin{bmatrix}\boldsymbol{R} & \boldsymbol{t}\\ 0 & 1\end{bmatrix}\boldsymbol{x}\quad \left[\boldsymbol{R}=\begin{bmatrix}\cos\theta & -\sin\theta\\ \sin\theta & \cos\theta\end{bmatrix},\boldsymbol{t}=\begin{bmatrix}t_1\\ t_2\end{bmatrix}\right] \tag{11.37}$$

平面欧氏变换有 3 个自由度（旋转有 1 个，平移有 2 个），因此两个点对应可确定欧氏变换。注意，矩阵 $\boldsymbol{U}$ 为反射的等距变换的全体不能构成等距变换群的子群，因为两个反射变换的合成是欧氏变换而不再是反射变换。

欧氏不变量　变换群的不变量是指在变换作用下不变的量与不变的性质。对于等距变换群，不变量主要有：两点的距离、两线的夹角、图形的面积等。由于欧氏群是等距变换群的子群，因此等距变换群的不变量也是欧氏不变量。下述欧氏不变量在机器视觉中有非常重要应用。

定理 11.3.5　欧氏变换保持圆环点不变，因而也保持无穷远直线不变。

证明是容易的：通过直接计算

$$\begin{bmatrix}\cos\theta & -\sin\theta & t_1\\ \sin\theta & \cos\theta & t_2\\ 0 & 0 & 1\end{bmatrix}\begin{bmatrix}1\\ \pm\mathrm{i}\\ 0\end{bmatrix}=\begin{bmatrix}\cos\theta\mp\mathrm{i}\sin\theta\\ \sin\theta\pm\mathrm{i}\cos\theta\\ 0\end{bmatrix}=\begin{bmatrix}\mathrm{e}^{\mp\mathrm{i}\theta}\\ \pm\mathrm{i}\mathrm{e}^{\mp\mathrm{i}\theta}\\ 0\end{bmatrix}=\mathrm{e}^{\mp\mathrm{i}\theta}\begin{bmatrix}1\\ \pm\mathrm{i}\\ 0\end{bmatrix}$$

因此欧氏变换保持圆环点不变。

反射变换将两个圆环点互换，即反射变换只能保持两个圆环点的整体不变。当然，反射变换也保持无穷远直线不变。

2. 相似变换群

相似变换是等距变换与均匀伸缩变换的合成，所谓均匀伸缩变换是指下述变换：

$$\begin{bmatrix}x'\\ y'\\ 1\end{bmatrix}=\begin{bmatrix}s & 0 & 0\\ 0 & s & 0\\ 0 & 0 & 1\end{bmatrix}\begin{bmatrix}x\\ y\\ 1\end{bmatrix} \tag{11.38}$$

其中 s 称为伸缩因子，或相似因子。顾名思义，相似变换是保持图形相似的变换。在初等几何中，相似分为旋转相似（保向）和对称相似（逆向）。旋转相似是欧氏变换与均匀伸缩变换的合成，而对称相似是反射变换与均匀伸缩变换的合成。在机器视觉中最关心的是旋转相似，它可表示成下面的矩阵形式

$$\begin{bmatrix}x'\\ y'\\ 1\end{bmatrix}=\begin{bmatrix}s\cdot\cos\theta & -s\cdot\sin\theta & t_1\\ s\cdot\sin\theta & s\cdot\cos\theta & t_2\\ 0 & 0 & 1\end{bmatrix}\begin{bmatrix}x\\ y\\ 1\end{bmatrix}\quad\left[\boldsymbol{x}'=\begin{bmatrix}s\boldsymbol{R} & \boldsymbol{t}\\ 0 & 1\end{bmatrix}\boldsymbol{x}\right] \tag{11.39}$$

旋转相似变换有 4 个自由度，因为它比欧氏变换多一个伸缩因子。与欧氏变换一样，两个点对应也可确定相似变换。相似变换的全体也构成一个变换群，称为相似变换群。旋转相似变换是相似变换群的子群，而欧氏群又是旋转相似变换群的子群。反射相似变换的全体不是相似变换群的子群。

相似不变量　相似变换群的不变量主要有两直线的夹角、长度的比值、面积的比值。这些性质很容易验证。下面的定理在机器视觉中扮演非常重要的角色。

定理 11.3.6　射影变换保持圆环点不动的充要条件是它为旋转相似变换。

证明　因为

$$\begin{bmatrix} s\cdot\cos\theta & -s\cdot\sin\theta & t_1 \\ s\cdot\sin\theta & s\cdot\cos\theta & t_2 \\ 0 & 0 & 1 \end{bmatrix}\begin{bmatrix} 1 \\ \pm\mathrm{i} \\ 0 \end{bmatrix} = s\mathrm{e}^{\mp\mathrm{i}\theta}\begin{bmatrix} 1 \\ \pm\mathrm{i} \\ 0 \end{bmatrix}$$

所以相似变换保持圆环点不变；反之，如果射影变换 $\boldsymbol{H}$ 保持圆环点不变，即

$$\boldsymbol{H}\begin{bmatrix} 1 \\ \mathrm{i} \\ 0 \end{bmatrix} = \underbrace{\begin{bmatrix} a & b & t_1 \\ c & d & t_2 \\ e & f & 1 \end{bmatrix}}_{\boldsymbol{H}}\begin{bmatrix} 1 \\ \mathrm{i} \\ 0 \end{bmatrix} = \lambda\begin{bmatrix} 1 \\ \mathrm{i} \\ 0 \end{bmatrix}$$

则

$$a+\mathrm{i}b=\lambda,\quad c+\mathrm{i}d=\mathrm{i}\lambda,\quad e-\mathrm{i}f=0$$

最后的等式表明 $e=f=0$。令 $\lambda=\lambda_1+\mathrm{i}\lambda_2$，由前两个等式得到

$$a=\lambda_1,\quad b=\lambda_2,\quad c=-\lambda_2,\quad d=\lambda_1$$

令

$$s=\sqrt{\lambda_1^2+\lambda_2^2},\quad \cos\theta=\frac{\lambda_1}{\sqrt{\lambda_1^2+\lambda_2^2}},\quad \sin\theta=-\frac{\lambda_2}{\sqrt{\lambda_1^2+\lambda_2^2}}$$

则有

$$\boldsymbol{H}=\begin{bmatrix} a & b & t_1 \\ c & d & t_2 \\ e & f & 1 \end{bmatrix}=\begin{bmatrix} s\cdot\cos\theta & -s\cdot\sin\theta & t_1 \\ s\cdot\sin\theta & s\cdot\cos\theta & t_2 \\ 0 & 0 & 1 \end{bmatrix}$$

因此 $\boldsymbol{H}$ 是旋转相似变换。

由对偶原理得到定理 11.3.6 的对偶：

定理 11.3.7　射影变换保持对偶二次曲线 $\boldsymbol{C}_{\infty}^{*}$ 不变的充要条件是它为旋转相似变换。

3. 仿射变换

仿射变换定义为

$$\begin{bmatrix} x' \\ y' \\ 1 \end{bmatrix} = \begin{bmatrix} a & b & t_1 \\ c & d & t_2 \\ 0 & 0 & 1 \end{bmatrix}\begin{bmatrix} x \\ y \\ 1 \end{bmatrix}\qquad \boldsymbol{x}'=\begin{bmatrix} \boldsymbol{A} & \boldsymbol{t} \\ 0 & 1 \end{bmatrix}\boldsymbol{x} \tag{11.40}$$

其中 $\boldsymbol{A}$ 是二阶可逆矩阵，即 $\det\boldsymbol{A}\neq 0$。仿射变换有 6 个自由度，三个不共线的点对应唯一确定仿射变换。仿射变换的全体也构成一个变换群，称为仿射变换群，相似变换群是它的子群。仿射变换是否保方向由行列式 $\det\boldsymbol{A}$ 的正负号来确定，若 $\det\boldsymbol{A}>0$ 则保持方向不变，否则不保持方向。

对矩阵 $\boldsymbol{A}$ 作 QR 分解得到 $\boldsymbol{A}=\boldsymbol{UK}$，其中 $\boldsymbol{U}$ 是正交阵，$\boldsymbol{K}$ 是对角元素均大于零的上三角阵

$$\boldsymbol{K}=\begin{bmatrix} s_x & e \\ & s_y \end{bmatrix}$$

再对 $\boldsymbol{K}$ 作分解

$$\boldsymbol{K}=\underbrace{\begin{bmatrix} s_x & \\ & s_y \end{bmatrix}}_{\boldsymbol{D}}\underbrace{\begin{bmatrix} 1 & e/s_x \\ & 1 \end{bmatrix}}_{\boldsymbol{P}}$$

其中 $\boldsymbol{P}=\begin{bmatrix}1 & e/s_x \\ & 1\end{bmatrix}$ 称为推移变换，如图 11.11 所示；$\boldsymbol{D}=\begin{bmatrix}s_x & \\ & s_y\end{bmatrix}$ 是非均匀伸缩变换，在两个坐标轴方向上的伸缩因子分别为 s_x 和 s_y。于是，仿射变换可表示成

$$\begin{bmatrix}x' \\ y'\end{bmatrix}=\boldsymbol{UDP}\begin{bmatrix}x \\ y\end{bmatrix}+\begin{bmatrix}t_1 \\ t_2\end{bmatrix}$$

除一个平移变换外，仿射变换是推移、非均匀伸缩和等距三个变换的合成。

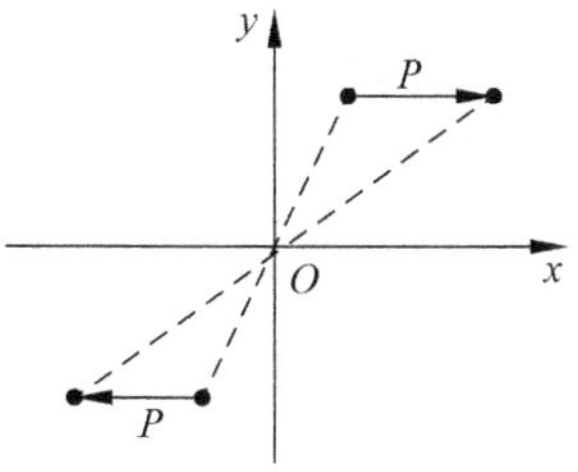

图 11.11　推移变换 P：位于 x 轴上的点保持不动，不在 x 轴上的点沿 x 轴平行移动(在轴两侧，移动方向相反)

仿射不变量　仿射变换群有下述重要不变量：

(i) 保持平行性不变。不难验证，仿射变换将无穷远点变换到无穷远点，所以仿射变换保持平行性不变。也就是说，任何平行直线(或线段)经过仿射变换后的直线(或线段)仍然是平行的。

(ii) 保持面积的比不变。若仿射变换将图形 G 变换到图形 $G'=\boldsymbol{H}G$，则

$$\sigma(G')=\sigma(\boldsymbol{H}G)=|\det\boldsymbol{A}|\cdot\sigma(G)\quad(\text{其中 }\sigma\text{ 代表面积函数})$$

这是因为仿射变换的 Jacobi 行列式为 $\det\boldsymbol{A}$。于是，可推知仿射变换保持面积的比值不变。

(iii) 保持平行线段长度的比不变。这一性质可由前两个性质导出，证明留给读者。

此外，在机器视觉中经常用到下述结论：

定理 11.3.8　射影变换 $\boldsymbol{H}$ 保持无穷远直线不变的充要条件是 $\boldsymbol{H}$ 为仿射变换。

证明　令 $\boldsymbol{H}=\begin{bmatrix}\boldsymbol{A} & \boldsymbol{t} \\ 0^{\mathrm{T}} & 1\end{bmatrix}$ 是仿射变换，根据射影变换对直线的变换规则，有

$$\boldsymbol{l}'=\boldsymbol{H}^{-\mathrm{T}}\boldsymbol{l}_\infty=\begin{bmatrix}\boldsymbol{A}^{-\mathrm{T}} & 0 \\ -\boldsymbol{t}^{\mathrm{T}}\boldsymbol{A}^{-\mathrm{T}} & 1\end{bmatrix}\begin{bmatrix}0 \\ 1\end{bmatrix}=\begin{bmatrix}0 \\ 1\end{bmatrix}=\boldsymbol{l}_\infty$$

因此仿射变换保持无穷远直线不变。若射影变换 $\boldsymbol{H}=\begin{bmatrix}\boldsymbol{A} & \boldsymbol{a} \\ \boldsymbol{b}^{\mathrm{T}} & 1\end{bmatrix}$ 保持无穷远直线不变，则

$$\begin{bmatrix}\boldsymbol{A} & \boldsymbol{a} \\ \boldsymbol{b}^{\mathrm{T}} & 1\end{bmatrix}^{-\mathrm{T}}\begin{bmatrix}0 \\ 1\end{bmatrix}=\begin{bmatrix}0 \\ 1\end{bmatrix}\Rightarrow\begin{bmatrix}\boldsymbol{A}^{\mathrm{T}} & \boldsymbol{b} \\ \boldsymbol{a}^{\mathrm{T}} & 1\end{bmatrix}\begin{bmatrix}0 \\ 1\end{bmatrix}=\begin{bmatrix}0 \\ 1\end{bmatrix}$$

因此 $\boldsymbol{b}=0$，$\boldsymbol{H}=\begin{bmatrix}\boldsymbol{A} & \boldsymbol{a} \\ 0 & 1\end{bmatrix}$ 且 $\det(\boldsymbol{A})=\det(\boldsymbol{H})\neq 0$，所以 $\boldsymbol{H}$ 是仿射变换。

二次曲线的仿射分类(非退化)　二次曲线在欧氏变换下的分类——椭圆、抛物线与双曲线，对于仿射变换仍然有效。椭圆与无穷远直线没有实交点；抛物线与无穷远直线相切，即有二重接融点；双曲线与无穷远直线有两个实交点，而仿射变换保持无穷远直线不动且

保持交点的虚实性不变(实变实、虚变虚),所以前述的性质是仿射不变的。故二次曲线的仿射分类仍然是椭圆、抛物线和双曲线三类。

4. 射影变换群

射影变换同其他变换一样也可写成分块矩阵的形式

$$\boldsymbol{x}'=\underbrace{\begin{bmatrix}\boldsymbol{A} & \boldsymbol{t}\\ \boldsymbol{v}^{\mathrm{T}} & k\end{bmatrix}}_{\boldsymbol{H}}\boldsymbol{x} \tag{11.41}$$

不难看出,射影变换将坐标原点变换到无穷远点的充分必要条件是 $k=0$。因此,在一般情况下($k\neq 0$),射影变换可分解成下述形式:

$$\boldsymbol{H}=\underbrace{\begin{bmatrix}s\boldsymbol{R} & \boldsymbol{t}/k\\ 0 & 1\end{bmatrix}}_{\boldsymbol{H}_s}\underbrace{\begin{bmatrix}\boldsymbol{K} & 0\\ 0 & 1\end{bmatrix}}_{\boldsymbol{H}_a}\underbrace{\begin{bmatrix}\boldsymbol{I} & 0\\ \boldsymbol{v}^{\mathrm{T}} & k\end{bmatrix}}_{\boldsymbol{H}_p} \tag{11.42}$$

其中,$\boldsymbol{K}$ 是行列式等于 1 且对角元素均大于零的上三角矩阵; $\boldsymbol{R}$ 是正交矩阵。显然,$\boldsymbol{H}_p$ 将无穷远线 $\boldsymbol{l}_\infty$ 变换到直线 $\boldsymbol{l}'_\infty=(-\boldsymbol{v}^{\mathrm{T}},k)^{\mathrm{T}}$,是改变无穷远线的射影变换; $\boldsymbol{H}_a$ 是保持面积不变的仿射变换,因为 $\det\boldsymbol{K}=1$; $\boldsymbol{H}_s$ 是相似因子为 s 的相似变换。

下面证明式(11.42):通过直接计算得到

$$\boldsymbol{H}\begin{bmatrix}\boldsymbol{I} & 0\\ \boldsymbol{v}^{\mathrm{T}} & k\end{bmatrix}^{-1}=\begin{bmatrix}\boldsymbol{A} & \boldsymbol{t}\\ \boldsymbol{v}^{\mathrm{T}} & k\end{bmatrix}\begin{bmatrix}\boldsymbol{I} & 0\\ -\boldsymbol{v}^{\mathrm{T}}/k & 1/k\end{bmatrix}=\begin{bmatrix}\boldsymbol{A}-\boldsymbol{t}\boldsymbol{v}^{\mathrm{T}}/k & \boldsymbol{t}/k\\ 0^{\mathrm{T}} & 1\end{bmatrix}$$

对矩阵 $\boldsymbol{A}-\boldsymbol{t}\boldsymbol{v}^{\mathrm{T}}/k$ 进行 QR 分解

$$\boldsymbol{A}-\boldsymbol{t}\boldsymbol{v}^{\mathrm{T}}/k=\boldsymbol{R}\widetilde{\boldsymbol{K}}=s\boldsymbol{R}\boldsymbol{K}\quad(s=(\det\widetilde{\boldsymbol{K}})^{1/2},\boldsymbol{K}=s^{-1}\widetilde{\boldsymbol{K}})$$

于是

$$\begin{bmatrix}\boldsymbol{A}-\boldsymbol{t}\boldsymbol{v}^{\mathrm{T}}/k & \boldsymbol{t}/k\\ 0^{\mathrm{T}} & 1\end{bmatrix}=\begin{bmatrix}s\boldsymbol{R}\boldsymbol{K} & \boldsymbol{t}/k\\ 0^{\mathrm{T}} & 1\end{bmatrix}=\begin{bmatrix}s\boldsymbol{R} & \boldsymbol{t}/k\\ 0 & 1\end{bmatrix}\begin{bmatrix}\boldsymbol{K} & 0\\ 0 & 1\end{bmatrix}$$

所以

$$\boldsymbol{H}=\begin{bmatrix}s\boldsymbol{R} & \boldsymbol{t}/k\\ 0 & 1\end{bmatrix}\begin{bmatrix}\boldsymbol{K} & 0\\ 0 & 1\end{bmatrix}\begin{bmatrix}\boldsymbol{I} & 0\\ \boldsymbol{v}^{\mathrm{T}} & k\end{bmatrix}$$

证毕。

与仿射变换不同的是射影变换不再有保向与逆向之分,这是因为一般射影变换将无穷远直线 $\boldsymbol{l}_\infty$ 变到一条有穷直线 $\boldsymbol{l}'_\infty$,如果平面上的两个有序图形被变换到直线 $\boldsymbol{l}'_\infty$ 的两侧,则存在一个图形与原来的图形反序,而另一个与原来的图形同序,如图 11.12 所示。

射影不变量　基本射影不变量是四共线点的交比。四共线点 $\boldsymbol{x}_i\,(i=1,2,3,4)$ 经射影

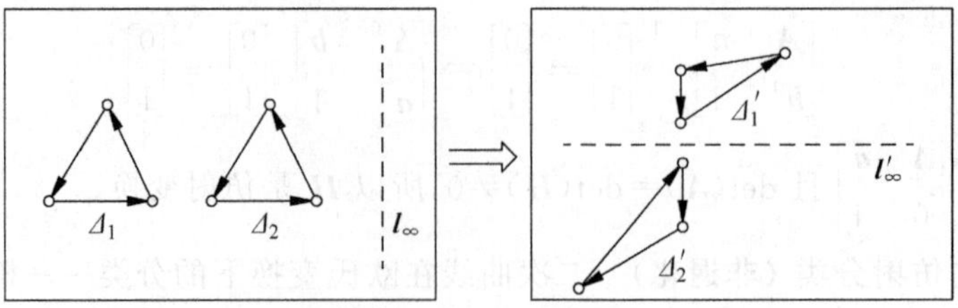

图 11.12　射影变换不是保向变换也不是逆向变换

变换 $\boldsymbol{H}$ 后为 $\boldsymbol{x}_i'=\boldsymbol{H}\boldsymbol{x}_i$，从 $\boldsymbol{x}_3=\boldsymbol{x}_1+\lambda_1\boldsymbol{x}_2$，$\boldsymbol{x}_4=\boldsymbol{x}_1+\lambda_2\boldsymbol{x}_2$ 得到

$$\boldsymbol{x}_3'=\boldsymbol{H}\boldsymbol{x}_1+\lambda_1\boldsymbol{H}\boldsymbol{x}_2=\boldsymbol{x}_1'+\lambda_1\boldsymbol{x}_2',\quad \boldsymbol{x}_4'=\boldsymbol{H}\boldsymbol{x}_1+\lambda_2\boldsymbol{H}\boldsymbol{x}_2=\boldsymbol{x}_1'+\lambda_2\boldsymbol{x}_2'$$

因此

$$(\boldsymbol{x}_1'\boldsymbol{x}_2';\boldsymbol{x}_3'\boldsymbol{x}_4')=\frac{\lambda_1}{\lambda_2}=(\boldsymbol{x}_1\boldsymbol{x}_2;\boldsymbol{x}_3\boldsymbol{x}_4)$$

类似可证明线交比也射影变换的不变量。

11.4　恢复场景的几何结构

本节应用前面介绍的变换群与不变量，探讨如何从平面场景的中心投影图像恢复场景的仿射结构、相似结构和绝对欧氏结构。这是机器视觉应用中的一个基本问题，因为摄像机几何模型(见第 12 章)通常是(二维)中心投影。

11.4.1　中心投影

中心投影如图 11.13 所示，它通过投影中心将场景平面上的点投影到像平面上的点(称为像点)，像点是场景平面点和投影中心的连线与像平面的交点。场景平面无穷远点的像点是该无穷远点和投影中心连线(平行于场景平面)与像平面的交点，一般该交点是像平面上的有穷点(即在图像平面内齐次坐标的第三个分量不为零)。场景平面上的无穷远线的像是通过投影中心且平行于场景平面的平面与像平面的交线，一般情况下它是有穷直线。中心投影是射影变换，它的代数表达需要利用第 12 章空间射影几何知识，这里暂时接受这个事实，即中心投影可用一个可逆 3 阶矩阵 $\boldsymbol{H}$ 来表达，$\boldsymbol{x}'=\boldsymbol{H}\boldsymbol{x}$，其中 $\boldsymbol{x}$，$\boldsymbol{x}'$ 分别称为场景点和像点。

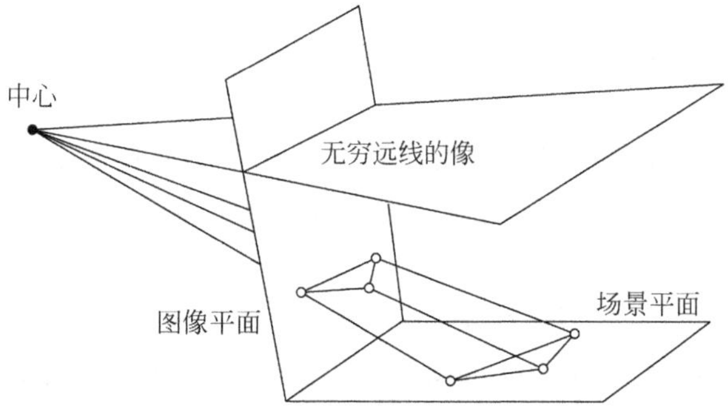

图 11.13　中心投影

在实际问题中，尤其在机器视觉中，只知道平面场景中心投影的图像，比如摄像机关于平面场景的图像，如何从图像恢复平面场景的几何结构？已知中心投影矩阵 $\boldsymbol{H}$，可通过逆变换 $\boldsymbol{x}=\boldsymbol{H}^{-1}\boldsymbol{u}$ 从图像恢复场景原始几何结构，但这需要场景与图像之间的四个点对应才能计算 $\boldsymbol{H}$。在没有如此点对应的情况下，还能做些什么呢？为讨论这个问题，先引进有关概念。

令 $\mathcal{O}=\{\boldsymbol{x}_i:i=1,2,\cdots,n\}$ 是场景点的欧氏坐标，它的中心投影 $\boldsymbol{H}^{(t)}$ 的图像为 $\mathcal{U}=\{\boldsymbol{u}_i:$

$i=1,2,\cdots,n\}$，即 $\boldsymbol{u}_i=\boldsymbol{H}^{(t)}\boldsymbol{x}_i(i=1,2,\cdots,n)$。设 $\boldsymbol{H}$ 是射影变换，记 $\mathcal{O}'=\{\boldsymbol{x}_i'=\boldsymbol{H}\boldsymbol{u}_i:i=1,2,\cdots,n\}$。

(i) 若 $\mathcal{O}'$ 与 $\mathcal{O}$ 相差一个仿射变换，即存在仿射变换 $\boldsymbol{H}^{(a)}$ 使得 $\boldsymbol{x}_i'=\boldsymbol{H}^{(a)}\boldsymbol{x}_i$，则称 $\mathcal{O}'$ 是 $\mathcal{O}$ 的仿射结构，或者 $\mathcal{O}'$ 是图像 $\mathcal{U}$ 的仿射重构；

(ii) 若 $\mathcal{O}'$ 与 $\mathcal{O}$ 相差一个相似变换，即存在相似变换 $\boldsymbol{H}^{(s)}$ 使得 $\boldsymbol{x}_i'=\boldsymbol{H}^{(s)}\boldsymbol{x}_i$，则称 $\mathcal{O}'$ 是 $\mathcal{O}$ 的相似结构，或者 $\mathcal{O}'$ 是图像 $\mathcal{U}$ 的相似重构；

(iii) 若 $\mathcal{O}'$ 与 $\mathcal{O}$ 相差一个欧氏变换，即存在欧氏变换 $\boldsymbol{H}^{(e)}$ 使得 $\boldsymbol{x}_i'=\boldsymbol{H}^{(e)}\boldsymbol{x}_i$，则称 $\mathcal{O}'$ 是 $\mathcal{O}$ 的欧氏结构，或者 $\mathcal{O}'$ 是图像 $\mathcal{U}$ 的欧氏重构。

(a) 平面场景的图像　　(b) 来自图像的相似重构

图 11.14　相似重构(此图来源于文献[34])

11.4.2　仿射结构

定理 11.4.1　从图像能实现场景仿射重构的充要条件是能确定无穷远直线的图像。

证明　必要性：令 $\mathcal{O}'=\{\boldsymbol{x}_i':i=1,2,\cdots,n\}$ 是图像 $\mathcal{U}$ 的仿射重构。应用式(11.31)由点对应 $\boldsymbol{u}_i\leftrightarrow\boldsymbol{x}_i',i=1,2,\cdots,n$ 得像平面到场景平面的射影变换 $\boldsymbol{H}$ 使得 $\boldsymbol{x}_i'=\boldsymbol{H}\boldsymbol{u}_i$。从 $\boldsymbol{x}_i'=\boldsymbol{H}\boldsymbol{u}_i=\boldsymbol{H}\boldsymbol{H}^{(t)}\boldsymbol{x}_i$ 知 $\boldsymbol{H}\boldsymbol{H}^{(t)}$ 是仿射变换，而仿射变换保持无穷远直线不变，所以 $(\boldsymbol{H}\boldsymbol{H}^{(t)})^{-\mathrm{T}}\boldsymbol{l}_\infty=\boldsymbol{l}_\infty$，因此得到无穷远直线的图像

$$\boldsymbol{l}_\infty'=(\boldsymbol{H}^{(t)})^{-\mathrm{T}}\boldsymbol{l}_\infty=\boldsymbol{H}^{\mathrm{T}}\boldsymbol{l}_\infty=(h_{31},h_{32},h_{33})^{\mathrm{T}}$$

充分性：假定已知无穷远直线 $\boldsymbol{l}_\infty$ 的图像 $\boldsymbol{l}_\infty'$。在直线 $\boldsymbol{l}_\infty'$ 上任取两个点 $\boldsymbol{v}_1,\boldsymbol{v}_2$，即 $\boldsymbol{l}_\infty'^{\mathrm{T}}\boldsymbol{v}_1=0$，$\boldsymbol{l}_\infty'^{\mathrm{T}}\boldsymbol{v}_2=0$，另外在直线 $\boldsymbol{l}_\infty'$ 外再选取两个点 $\boldsymbol{m}_1,\boldsymbol{m}_2$。于是在图像平面上得到四条直线

$$\boldsymbol{l}_{11}=\boldsymbol{v}_1\times\boldsymbol{m}_1,\quad \boldsymbol{l}_{12}=\boldsymbol{v}_1\times\boldsymbol{m}_2,\quad \boldsymbol{l}_{21}=\boldsymbol{v}_2\times\boldsymbol{m}_1,\quad \boldsymbol{l}_{22}=\boldsymbol{v}_2\times\boldsymbol{m}_2$$

显然，与它们对应的场景直线是两组平行线，因此得到场景平面上的平行四边形 $\{\boldsymbol{X}_1,\boldsymbol{X}_2,\boldsymbol{X}_3,\boldsymbol{X}_4\}$ 和它的图像 $\{\boldsymbol{m}_1,\boldsymbol{m}_2,\boldsymbol{m}_3,\boldsymbol{m}_4\}$，如图 11.15 所示。在场景平面内，建立仿射坐标系使得这个平行四边形的四个顶点的坐标分别为

$$\boldsymbol{X}_1=(0,0,1)^{\mathrm{T}},\quad \boldsymbol{X}_3=(1,0,1)^{\mathrm{T}},\quad \boldsymbol{X}_4=(0,1,1)^{\mathrm{T}},\quad \boldsymbol{X}_2=(1,1,1)^{\mathrm{T}}$$

四个点对应 $\boldsymbol{m}_i\leftrightarrow\boldsymbol{X}_i(i=1,2,3,4)$ 唯一确定像平面到场景平面的射影变换 $\boldsymbol{H}$，即存在唯一的射影变换 $\boldsymbol{H}$ 使得 $\boldsymbol{X}_i=\boldsymbol{H}\boldsymbol{m}_i$，应用式(11.31)可计算该射影变换。令 $\mathcal{O}'=\{\boldsymbol{x}_i'=\boldsymbol{H}\boldsymbol{u}_i:i=1,$

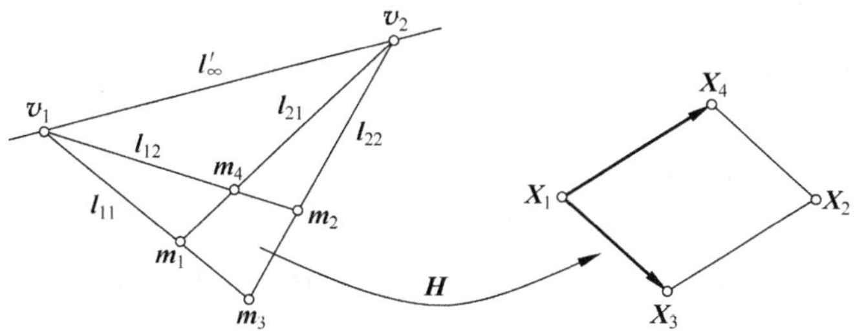

图 11.15 从无穷远直线的图像恢复场景的仿射几何

$2,\cdots,n\}$，则 $x'_i=Hu_i=HH^{(t)}x_i$，并且

$$(HH^{(t)})^{-T}l_\infty=H^{-T}(H^{(t)})^{-T}l_\infty=H^{-T}l'_\infty=l_\infty$$

即 $HH^{(t)}$ 保持无穷远直线不变。根据定理 11.3.5，$HH^{(t)}$ 是仿射变换，所以 $\mathcal{O}'$ 是 $\mathcal{U}$ 的仿射重构。

11.4.3 相似结构

定理 11.4.2 从图像实现场景的相似结构的充要条件是能确定两个圆环点的图像。

证明 必要性：令 $\mathcal{O}'=\{x'_i: i=1,2,\cdots,n\}$ 是图像 $\mathcal{U}$ 的相似重构。从点对应 $u_i\leftrightarrow x'_i(i=1,2,\cdots,n)$ 应用式(11.31)得到像平面到的场景平面射影变换 H。从 $x'_i=Hu_i=HH^{(t)}x_i$ 知 $HH^{(t)}$ 是相似变换，而相似变换保持圆环点不变，所以 $HH^{(t)}I=I, HH^{(t)}J=J$，因此两个圆环点的图像分别为

$$m_I=H^{(t)}I=H^{-1}I,\quad m_J=H^{(t)}J=H^{-1}J$$

充分性：已知场景平面圆环点图像 m_I, m_J，则无穷远直线的图像必为 $l'_\infty=m_I\times m_J$。在 l'_∞ 上取两个点 v_1, v_2 使得它们与 m_I, m_J 调和共轭，则过 v_1, v_2 的任何两条直线对应场景平面上直线是相互正交的，如图 11.16 所示。在直线 l'_∞ 上再取一点 m_1 使得 $\ln(v_Im_I; m_Im_J)/2i=\pi/4$，则由拉盖尔(Laguerre)定理，分别过 v_1, m_1 的任何两条直线对应场景平面上的直线之间的夹角等于 $\pi/4$。令 l_1, l_2 是分别过 v_1, v_2 的两条直线，l_3, l_4 是过 m_1 的两条直线，则图像平面上的四点

$$m_{13}=l_1\times l_3,\quad m_{14}=l_1\times l_4,\quad m_{23}=l_2\times l_3,\quad m_{24}=l_2\times l_4$$

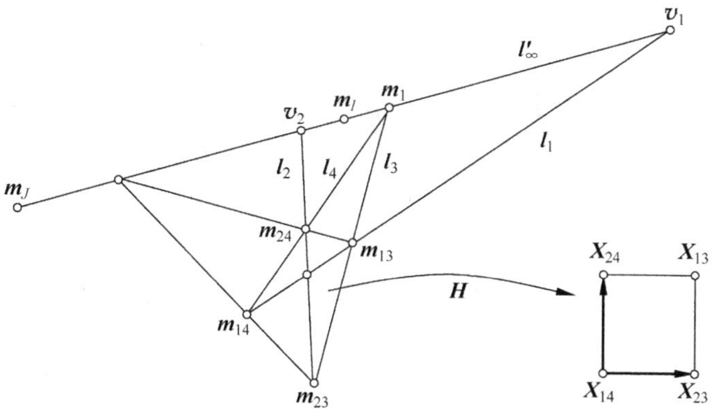

图 11.16 从两个圆环点的图像恢复场景的相似结构

对应场景平面上的四点 $\boldsymbol{X}_{13},\boldsymbol{X}_{14},\boldsymbol{X}_{23},\boldsymbol{X}_{24}$ 是一个正方形的顶点。在场景平面上，以此正方形的两条邻边为坐标轴、以边长为度量单位建立欧氏坐标系(见图 11.16)，则四顶点的坐标分别为

$$\boldsymbol{X}_{14}=(0,0,1)^{\mathrm{T}},\quad \boldsymbol{X}_{23}=(1,0,1)^{\mathrm{T}},\quad \boldsymbol{X}_{24}=(0,1,1)^{\mathrm{T}},\quad \boldsymbol{X}_{13}=(1,1,1)^{\mathrm{T}}$$

于是四个点对应 $\boldsymbol{m}_{ij}\leftrightarrow\boldsymbol{X}_{ij}$ 唯一确定像平面到场景平面的一个射影变换 $\boldsymbol{H}$，并且 $H\boldsymbol{m}_I=\boldsymbol{I}$，$H\boldsymbol{m}_J=\boldsymbol{J}$。令 $\mathcal{O}'=\{\boldsymbol{x}_i'=\boldsymbol{Hu}_i:i=1,2,\cdots,n\}$，则 $\boldsymbol{x}_i'=\boldsymbol{Hu}_i=\boldsymbol{HH}^{(t)}\boldsymbol{x}_i$，并且

$$\boldsymbol{HH}^{(t)}\boldsymbol{I}=\boldsymbol{Hm}_I=\boldsymbol{I},\quad \boldsymbol{HH}^{(t)}\boldsymbol{J}=\boldsymbol{Hm}_J=\boldsymbol{J}$$

即 $\boldsymbol{HH}^{(t)}$ 保持圆环点不变。根据定理 11.3.3，$\boldsymbol{HH}^{(t)}$ 是相似变换，所以 $\mathcal{O}'$ 是 $\mathcal{U}$ 的相似重构。

11.4.4 欧氏结构

定理 11.4.3 从图像实现场景的欧氏结构的充要条件是，能确定两个圆环点的图像且已知某两个图像点对应的场景点之间的距离。

证明 必要性：令 $\mathcal{O}'=\{\boldsymbol{x}_i':i=1,2,\cdots,n\}$ 是图像 $\mathcal{U}$ 的欧氏重构。从点对应 $\boldsymbol{u}_i\leftrightarrow\boldsymbol{x}_i'(i=1,2,\cdots,n)$ 应用式(11.31)得到像平面到的场景平面射影变换 $\boldsymbol{H}$。从 $\boldsymbol{x}_i'=\boldsymbol{Hu}_i=\boldsymbol{HH}^{(t)}\boldsymbol{x}_i$ 知 $\boldsymbol{HH}^{(t)}$ 是欧氏变换，而欧氏变换保持圆环点不变和两点间的距离不变，所以 $\boldsymbol{HH}^{(t)}\boldsymbol{I}=\boldsymbol{I}$，$\boldsymbol{HH}^{(t)}\boldsymbol{J}=\boldsymbol{J}$ 并且

$$d(\boldsymbol{x}_i,\boldsymbol{x}_j)=d(\boldsymbol{HH}^{(t)}\boldsymbol{x}_i,\boldsymbol{HH}^{(t)}\boldsymbol{x}_j)=d(\boldsymbol{Hu}_i,\boldsymbol{Hu}_j)$$

充分性：假定已知图像点 $\boldsymbol{m}_1,\boldsymbol{m}_2$ 对应的两个场景点 $\boldsymbol{X}_1,\boldsymbol{X}_2$ 之间的欧氏距离为 d，以及两个圆环点 $\boldsymbol{I},\boldsymbol{J}$ 的图像 $\boldsymbol{m}_I,\boldsymbol{m}_J$。在图像平面上直线 $\boldsymbol{l}_1=\boldsymbol{m}_1\times\boldsymbol{m}_2$ 必相交于直线 $\boldsymbol{l}_\infty'=\boldsymbol{m}_I\times\boldsymbol{m}_J$ 上的一点 $\boldsymbol{v}_1$。令 o 在直线 $\boldsymbol{l}_1$ 上使得 $\boldsymbol{v}_1,o$ 与 $\boldsymbol{m}_1,\boldsymbol{m}_2$ 调和共轭，于是 o 对应的场景平面点 $\boldsymbol{O}$ 必是 $\boldsymbol{X}_1,\boldsymbol{X}_2$ 的中点。在 $\boldsymbol{l}_\infty'$ 上选取另一点 $\boldsymbol{v}_2$ 使得 $\boldsymbol{v}_1,\boldsymbol{v}_2$ 与 $\boldsymbol{m}_I,\boldsymbol{m}_J$ 成调和共轭，则直线 $\boldsymbol{l}_1$，$\boldsymbol{l}_2=o\times\boldsymbol{v}_2$ 对应的场景平面两条直线相互正交，如图 11.17 所示。与定理 11.4.2 的证明类似，在直线 $\boldsymbol{l}_\infty'$ 再取一点 $\boldsymbol{m}$ 使得 $\ln(\boldsymbol{v}_1\boldsymbol{m};\boldsymbol{m}_I\boldsymbol{m}_J)/2\mathrm{i}=\pi/4$，令 $\boldsymbol{l}_3=\boldsymbol{m}\times\boldsymbol{m}_1$，$\boldsymbol{l}_4=\boldsymbol{m}\times\boldsymbol{m}_2$，则图像平面上四点

$$\boldsymbol{m}_1=\boldsymbol{l}_1\times\boldsymbol{l}_4,\quad \boldsymbol{m}_2=\boldsymbol{l}_1\times\boldsymbol{l}_3,\quad \boldsymbol{m}_3=\boldsymbol{l}_2\times\boldsymbol{l}_3,\quad \boldsymbol{m}_4=\boldsymbol{l}_2\times\boldsymbol{l}_4$$

对应的场景平面点 $\boldsymbol{X}_1,\boldsymbol{X}_2,\boldsymbol{X}_3,\boldsymbol{X}_4$ 是一个对角线长度为 d 的正方形顶点。在场景平面上建立如图 11.17 所示的欧氏坐标系，$\boldsymbol{X}_1,\boldsymbol{X}_2,\boldsymbol{X}_3,\boldsymbol{X}_4$ 的坐标分别为

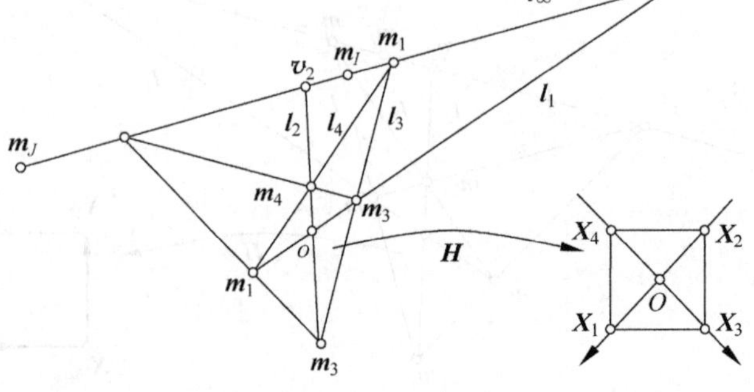

图 11.17 恢复绝对欧氏结构

$$\boldsymbol{X}_1=\begin{bmatrix} d/2 \\ 0 \\ 1 \end{bmatrix},\quad \boldsymbol{X}_2=\begin{bmatrix} -d/2 \\ 0 \\ 1 \end{bmatrix},\quad \boldsymbol{X}_3=\begin{bmatrix} 0 \\ d/2 \\ 1 \end{bmatrix},\quad \boldsymbol{X}_4=\begin{bmatrix} 0 \\ -d/2 \\ 1 \end{bmatrix}$$

于是从点对应 $\boldsymbol{m}_i \leftrightarrow \boldsymbol{X}_i (i=1,2,3,4)$，应用式(11.31)计算得到像平面到场景平面的射影变换 $\boldsymbol{H}$。令 $\mathcal{O}'=\{\boldsymbol{x}_i'=\boldsymbol{H}\boldsymbol{u}_i : i=1,2,\cdots,n\}$，则 $\boldsymbol{x}_i'=\boldsymbol{H}\boldsymbol{u}_i=\boldsymbol{H}\boldsymbol{H}^{(t)}\boldsymbol{x}_i$，可证明 $\boldsymbol{H}\boldsymbol{H}^{(t)}$ 保持圆环点不变且保持距离不变，因此是欧氏变换，故 $\mathcal{O}'$ 是 $\mathcal{U}$ 的欧氏重构。

习　题

1. 求下列两点连线的齐次坐标：

(i) $\boldsymbol{x}_1=(0,1,1)^{\mathrm{T}}, \boldsymbol{x}_2=(1,2,1)^{\mathrm{T}}$

(ii) $\boldsymbol{x}_1=(i,1+i,1)^{\mathrm{T}}, \boldsymbol{x}_2=(-i,1-i,1)^{\mathrm{T}}$

2. 求下列两线交点的齐次坐标：

(i) $\boldsymbol{l}_1=(2,1,1)^{\mathrm{T}}, \boldsymbol{l}_2=(1,2,1)^{\mathrm{T}}$

(ii) $\boldsymbol{l}_1=(2+i,1-i,1)^{\mathrm{T}}, \boldsymbol{l}_2=(2-i,1+i,1)^{\mathrm{T}}$

3. 下列三点是否共线？

(i) $\boldsymbol{x}_1=(1,1,1)^{\mathrm{T}}, \boldsymbol{x}_2=(2,2,1)^{\mathrm{T}}, \boldsymbol{x}_3=(3,3,1)^{\mathrm{T}}$

(ii) $\boldsymbol{x}_1=(2,1,1)^{\mathrm{T}}, \boldsymbol{x}_2=(1,2,1)^{\mathrm{T}}, \boldsymbol{x}_3=(2,3,1)^{\mathrm{T}}$

(iii) $\boldsymbol{x}_1=(1+i,-1+i,1)^{\mathrm{T}}, \boldsymbol{x}_2=(1,1+i,1)^{\mathrm{T}}, \boldsymbol{x}_3=(i,-1-i,1)^{\mathrm{T}}$

4. 求下列四点的交比：

(i) $\boldsymbol{x}_1=(1,0,1)^{\mathrm{T}}, \boldsymbol{x}_2=(0,1,1)^{\mathrm{T}}, \boldsymbol{x}_3=(1/2,1/2,1)^{\mathrm{T}}, \boldsymbol{x}_4=(-1,2,1)^{\mathrm{T}}$

(ii) $\boldsymbol{x}_1=(1,0,1)^{\mathrm{T}}, \boldsymbol{x}_2=(0,1,1)^{\mathrm{T}}, \boldsymbol{x}_3=(1/2,1/2,1)^{\mathrm{T}}, \boldsymbol{x}_4=(1,-1,0)^{\mathrm{T}}$

5. 设二次曲线 C 的方程为

$$2x_1^2-3x_2^2-5x_3^2+6x_1x_2+3x_1x_3+16x_2x_3=0$$

(i) 求点 $\boldsymbol{x}=(1,-1,1)^{\mathrm{T}}$ 关于 C 的极线；

(ii) 求线 $\boldsymbol{l}=(1,-1,3)^{\mathrm{T}}$ 关于 C 的极点；

(iii) 求 C 过(ii)中所求极点的切线。

6. 证明 $\boldsymbol{l}=(a_1,a_2,a_3)^{\mathrm{T}}$ 是迷向直线的充要条件为 $a_1^2+a_2^2=0$。

7. 求满足下述点对应的射影变换：

$$\boldsymbol{x}_1=(0,1,1)^{\mathrm{T}} \leftrightarrow \boldsymbol{x}_1'=(1,2,2)^{\mathrm{T}}$$
$$\boldsymbol{x}_2=(1,0,1)^{\mathrm{T}} \leftrightarrow \boldsymbol{x}_2'=(2,1,2)^{\mathrm{T}}$$
$$\boldsymbol{x}_3=(1,1,1)^{\mathrm{T}} \leftrightarrow \boldsymbol{x}_3'=(2,2,3)^{\mathrm{T}}$$
$$\boldsymbol{x}_4=(1/2,1,1)^{\mathrm{T}} \leftrightarrow \boldsymbol{x}_4'=(3,4,5)^{\mathrm{T}}$$

8. 设 $\mathbf{X}=\{\boldsymbol{x}_1,\boldsymbol{x}_2,\boldsymbol{x}_3,\boldsymbol{x}_4\}$ 在某个射影变换下的像为

$$\boldsymbol{x}_1'=(1,1,1)^{\mathrm{T}},\quad \boldsymbol{x}_2'=(1,2,2)^{\mathrm{T}},\quad \boldsymbol{x}_3'=(2,1,2)^{\mathrm{T}},\quad \boldsymbol{x}_4'=(2,2,3)^{\mathrm{T}}$$

(i) 已知 $\boldsymbol{x}_1\boldsymbol{x}_3 /\!/ \boldsymbol{x}_2\boldsymbol{x}_4, \boldsymbol{x}_1\boldsymbol{x}_2 /\!/ \boldsymbol{x}_3\boldsymbol{x}_4$，求 $\mathbf{X}$ 的仿射重构；

(ii) 已知 $\boldsymbol{x}_1\boldsymbol{x}_3 /\!/ \boldsymbol{x}_2\boldsymbol{x}_4, \boldsymbol{x}_1\boldsymbol{x}_2 /\!/ \boldsymbol{x}_3\boldsymbol{x}_4$ 且 $\boldsymbol{x}_1\boldsymbol{x}_2 \perp \boldsymbol{x}_1\boldsymbol{x}_3$，求 $\mathbf{X}$ 的相似重构；

(iii) 已知 $\boldsymbol{x}_1\boldsymbol{x}_3 /\!/ \boldsymbol{x}_2\boldsymbol{x}_4, \boldsymbol{x}_1\boldsymbol{x}_2 /\!/ \boldsymbol{x}_3\boldsymbol{x}_4, \boldsymbol{x}_1\boldsymbol{x}_2 \perp \boldsymbol{x}_1\boldsymbol{x}_3$ 且 $\|\boldsymbol{x}_1-\boldsymbol{x}_2\|_2=1$，求 $\mathbf{X}$ 的欧氏重构。

第 12 章　空间射影几何

本章是三维射影几何，主要内容包括三维点、直线、平面和二次曲面的齐次表示，二次曲面与对偶二次曲面的性质，三维射影变换与基本几何元素的变换规则，三维射影群及其各类子群的不变量与不变性质，以及摄像机的几何学。这些内容是机器人视觉的几何基础。阅读本章读者需要掌握有关空间解析几何的知识。

12.1　射影空间

12.1.1　点与平面

1. 空间点的齐次坐标

本章假定在三维空间已建立了欧氏坐标系，空间点的欧氏坐标记为 $\tilde{\boldsymbol{x}}=(x,y,z)^{\mathrm{T}}$，令

$$\frac{x_1}{x_4}=x,\quad \frac{x_2}{x_4}=y,\quad \frac{x_3}{x_4}=z,\quad x_4\neq 0$$

定义空间点 $\tilde{\boldsymbol{x}}$ 的齐次坐标为 $\boldsymbol{x}=(x_1,x_2,x_3,x_4)^{\mathrm{T}}$。以后，$\boldsymbol{x}$ 既表示空间点也表示该点的齐次坐标。

当 $s\neq 0$ 时，$s\boldsymbol{x}$ 与 $\boldsymbol{x}$ 表示同一点的齐次坐标，即点的齐次坐标可相差一个非零因子。令 $x_4\to 0$，除 x_1,x_2 和 x_3 都等于零外，下述三个式子至少有一个成立：

$$x=\frac{x_1}{x_4}\to\infty,\quad y=\frac{x_2}{x_4}\to\infty,\quad z=\frac{x_3}{x_4}\to\infty$$

因此，定义齐次坐标第 4 个分量等于零($x_4=0$)的点为无穷远点。

只要 $x_i(i=1,2,3,4)$不同时为零，$\boldsymbol{x}=(x_1,x_2,x_3,x_4)^{\mathrm{T}}$ 就代表扩展空间(由欧氏空间和所有无穷远点的并集)中的一个点；反之，扩展空间中的每一点都可以用不同时为零的 4 个数组成的齐次坐标 $\boldsymbol{x}=(x_1,x_2,x_3,x_4)^{\mathrm{T}}$ 来表示，$x_4\neq 0$ 时代表有穷点(非无穷远点)，$x_4=0$ 时代表无穷远点。这样的扩展空间称为**三维射影空间**。注意，四维零向量$(0,0,0,0)^{\mathrm{T}}$在三维射影空间中无定义，不能作为点的齐次坐标。

2. 空间平面

在三维射影空间中，平面方程可以写成

$$\pi_1x_1+\pi_2x_2+\pi_3x_3+\pi_4x_4=0 \tag{12.1}$$

其中 $\boldsymbol{x}=(x_1,x_2,x_3,x_4)^{\mathrm{T}}$ 表示点的齐次坐标，$\pi=(\pi_1,\pi_2,\pi_3,\pi_4)^{\mathrm{T}}$ 称为该平面的齐次坐标。显然，以任何非零常数同乘方程(12.1)两边得到的方程表示同一平面，因此平面齐次坐标 π 仅依赖于三个独立的比值 $\pi_1:\pi_2:\pi_3:\pi_4$，也就是说平面有 3 个自由度。用齐次坐标，方程(12.1)可写成更简洁的形式

$$\boldsymbol{\pi}^{\mathrm{T}}\boldsymbol{x}=0 \tag{12.2}$$

若 $\pi_\infty=(0,0,0,1)^{\mathrm T}$，则方程 $\pi_\infty^{\mathrm T}\boldsymbol{x}=0$ 的解集

$$\Pi_\infty=\{\boldsymbol{x}=(\tilde{\boldsymbol{x}}^{\mathrm T},0)^{\mathrm T}:\tilde{\boldsymbol{x}}\in\mathbf{R}^3-\{0\}\}$$

是所有无穷远点的集合，因此 π_∞ 是无穷远平面的坐标。

若 π 不是无穷远平面，则 π 的有穷点 $\boldsymbol{x}=(\tilde{\boldsymbol{x}}^{\mathrm T},1)^{\mathrm T}$ 满足方程

$$\boldsymbol{n}^{\mathrm T}\tilde{\boldsymbol{x}}=\rho \tag{12.3}$$

其中 $\boldsymbol{n}=(\pi_1,\pi_2,\pi_3)^{\mathrm T}$，$\rho=-\pi_4$，并且 $d=|\rho|/\|\boldsymbol{n}\|_2$ 是坐标原点到平面 π 的距离。式(12.3)是欧氏几何的平面法式方程，$\boldsymbol{n}$ 是平面的法向量，平面 π 的无穷远直线由下述方程给出：

$$\boldsymbol{n}^{\mathrm T}\tilde{\boldsymbol{x}}=\pi^{\mathrm T}\begin{bmatrix}\tilde{\boldsymbol{x}}\\0\end{bmatrix}=0$$

因此，平面 π 的无穷远直线代表了它的法向。法向也称为平面的方向。

两平面平行的充要条件是它们有相同的方向，于是有下列几何事实：两平面平行的充要条件是它们的交线为无穷远直线；直线与直线(平面)平行的充要条件是它们相交于无穷远点。在射影空间中，任何两个平面都相交，任何直线与任何平面也都相交。

三点确定一面

假定三点 $\boldsymbol{x}_1,\boldsymbol{x}_2,\boldsymbol{x}_3$ 不共线(称它们处于一般位置)，则方程

$$\begin{bmatrix}\boldsymbol{x}_1^{\mathrm T}\\\boldsymbol{x}_2^{\mathrm T}\\\boldsymbol{x}_3^{\mathrm T}\end{bmatrix}\pi=0 \tag{12.4}$$

的系数矩阵是秩 3 的，在相差一个非零因子意义下有唯一解，因此一般位置的三点确定唯一平面。对于平面 π 的任一点 $\boldsymbol{x}=(x,y,z,w)^{\mathrm T}$，它必是 $\boldsymbol{x}_1,\boldsymbol{x}_2,\boldsymbol{x}_3$ 的线性组合，平面 π 的方程可表示为

$$\det(\boldsymbol{x},\boldsymbol{x}_1,\boldsymbol{x}_2,\boldsymbol{x}_3)=0$$

由于

$$\det(\boldsymbol{x},\boldsymbol{x}_1,\boldsymbol{x}_2,\boldsymbol{x}_3)=xd_{234}-yd_{134}+zd_{124}-wd_{123}$$

其中 d_{ijk} 是矩阵 $\boldsymbol{X}=(\boldsymbol{x}_1,\boldsymbol{x}_2,\boldsymbol{x}_3)$第 i,j,k 行构成的行列式，平面 π 的坐标是

$$\pi=(d_{234},-d_{134},d_{124},-d_{123})^{\mathrm T} \tag{12.5}$$

它是方程(12.4)的非零解向量。

若三点 $\boldsymbol{x}_1,\boldsymbol{x}_2,\boldsymbol{x}_3$ 都是有穷点，则它们的齐次坐标可写成下面的形式：

$$\boldsymbol{x}_1=\begin{bmatrix}\tilde{\boldsymbol{x}}_1\\1\end{bmatrix},\quad\boldsymbol{x}_2=\begin{bmatrix}\tilde{\boldsymbol{x}}_2\\1\end{bmatrix},\quad\boldsymbol{x}_3=\begin{bmatrix}\tilde{\boldsymbol{x}}_3\\1\end{bmatrix}$$

根据式(12.5)，平面 π 坐标为

$$\pi=\begin{bmatrix}(\tilde{\boldsymbol{x}}_1-\tilde{\boldsymbol{x}}_3)\times(\tilde{\boldsymbol{x}}_2-\tilde{\boldsymbol{x}}_3)\\-\tilde{\boldsymbol{x}}_3^{\mathrm T}(\tilde{\boldsymbol{x}}_1\times\tilde{\boldsymbol{x}}_2)\end{bmatrix} \tag{12.6}$$

这与欧氏几何的结果是一致的，平面 π 的法向量为 $\boldsymbol{n}=(\tilde{\boldsymbol{x}}_1-\tilde{\boldsymbol{x}}_3)\times(\tilde{\boldsymbol{x}}_2-\tilde{\boldsymbol{x}}_3)$。

若三点 $\boldsymbol{x}_1,\boldsymbol{x}_2,\boldsymbol{x}_3$ 共直线 $\boldsymbol{l}$，则式(12.4)的系数矩阵的秩为 2，此时不能唯一确定平面 π。事实上，通过直线 $\boldsymbol{l}$ 的所有平面都满足方程(12.4)，即式(12.4)的解是以直线 $\boldsymbol{l}$ 为轴的平面束。

三平面确定一点

在三维射影空间中,点与平面互为对偶,直线是自对偶的。对换式(12.4)中的点与面元素得到

$$\begin{bmatrix}\pi_1^T \\ \pi_2^T \\ \pi_3^T\end{bmatrix} x = 0 \tag{12.7}$$

若三平面 π_1,π_2,π_3 不共线(处于一般位置),则系数矩阵的秩为3,因此方程(12.7)确定唯一点

$$x = (d'_{234}, -d'_{134}, d'_{124}, -d'_{123})^T \tag{12.8}$$

其中 d'_{ijk} 是矩阵 $\Pi=(\pi_1,\pi_2,\pi_3)$ 第 i,j,k 行构成的行列式。

若三平面 π_1,π_2,π_3 共直线 $\boldsymbol{l}$,则系数矩阵的秩为2,在直线 $\boldsymbol{l}$ 上的所有点都满足方程(12.7),因而不能唯一确定点。

12.1.2 空间直线

在三维射影空间中,直线不像点和平面那样简单地用四维向量(齐次坐标)来表示,因为空间中的直线有4个自由度。下面介绍直线的若干种表示方法。

1. 点表示

以点为基本元素表示直线,将直线看作是点束。假定 $\boldsymbol{x}_1,\boldsymbol{x}_2$ 是两个不重合的点,则它们确定唯一直线,即连接它们的直线。令 W 是以 $\boldsymbol{x}_1^T,\boldsymbol{x}_2^T$ 为行的 2×4 矩阵:

$$\boldsymbol{W} = \begin{bmatrix}\boldsymbol{x}_1^T \\ \boldsymbol{x}_2^T\end{bmatrix}$$

有下述结论:

(i) 点束 $\mathcal{L}=\left\{\boldsymbol{x}=\boldsymbol{W}^T\begin{bmatrix}\alpha\\ \beta\end{bmatrix}:\alpha^2+\beta^2\neq0\right\}$ 是连接 $\boldsymbol{x}_1,\boldsymbol{x}_2$ 的直线,简述为矩阵 $\boldsymbol{W}$ 生成点束 $\mathcal{L}$。

(ii) 矩阵 $\boldsymbol{W}$ 的二维零空间是以点束 $\mathcal{L}$ 为轴的平面束。这是因为零空间中的平面 $\pi:\boldsymbol{W}\pi=0$ 都通过点 $\boldsymbol{x}_1,\boldsymbol{x}_2$,所以连接这两点的直线 $\mathcal{L}$ 在平面 π 上,即 $\pi^T\boldsymbol{x}=0,\forall\boldsymbol{x}\in\mathcal{L}$。

由点束 $\mathcal{L}$ 上的另外两点 $\boldsymbol{x}_1',\boldsymbol{x}_2'$ 定义的 $\boldsymbol{W}'$ 和 $\boldsymbol{W}$ 有相同的零空间,它们生成同一点束。于是,点束 $\mathcal{L}$ 可由它上面任何两个相异点构成的矩阵 $\boldsymbol{W}$ 来表示。在这种表示下,直线 $\mathcal{L}$ 也说成是直线 $\boldsymbol{W}$。

2. 面表示

类似地,以平面为基本元素来表示直线,将直线定义为两个平面 π_1,π_2 的交,它是点表示的对偶。由不重合平面 π_1,π_2 定义的 2×4 矩阵

$$\boldsymbol{W}^* = \begin{bmatrix}\pi_1^T \\ \pi_2^T\end{bmatrix}$$

显然有下述结论:

(i) $\Pi=\left\{\pi=\boldsymbol{W}^{*T}\begin{bmatrix}\alpha\\ \beta\end{bmatrix}:\alpha^2+\beta^2\neq0\right\}$ 是以一直线 $\mathcal{L}$(π_1,π_2 的交)为轴的平面束。

(ii) $\boldsymbol{W}^*$ 的二维零空间是形成直线$\mathcal{L}$的点束。

不难验证,平面束 Π 中另外两个相异平面 π_1',π_2'定义的 $\boldsymbol{W}'^*$ 和 $\boldsymbol{W}^*$ 有相同的零空间,它们生成同一平面束,从而有相同的轴线$\mathcal{L}$。因此,直线$\mathcal{L}$可由平面束 Π 中的两个平面构成的矩阵 $\boldsymbol{W}^*$ 来表示,称矩阵 $\boldsymbol{W}^*$ 为直线$\mathcal{L}$的对偶表示。

点 $\boldsymbol{x}$ 和直线 $\boldsymbol{W}$ 按下述方式定义一个 3×4 矩阵

$$\boldsymbol{M}=\begin{bmatrix}\boldsymbol{W}\\ \boldsymbol{x}^{\mathrm{T}}\end{bmatrix}$$

若点 $\boldsymbol{x}$ 不在直线 $\boldsymbol{W}$ 上,则 $\boldsymbol{M}$ 的零空间是一维的,这个零空间确定唯一平面,即没有结合性质的点与直线确定唯一平面,因而不共线的三点确定唯一平面。

直线 $\boldsymbol{W}^*$ 和平面 π 也定义了一个 3×4 矩阵

$$\boldsymbol{M}^*=\begin{bmatrix}\boldsymbol{W}^*\\ \pi^{\mathrm{T}}\end{bmatrix}$$

若直线 $\boldsymbol{W}^*$ 不在平面 π 上,则 $\boldsymbol{M}^*$ 有一维零空间,这个零空间确定唯一点,是直线 $\boldsymbol{W}^*$ 与平面 π 的交点,因而不共线的三平面确定一个点。

3. Plücker 矩阵

由两个相异点 $\boldsymbol{x},\boldsymbol{y}$ 定义的矩阵

$$\boldsymbol{L}=\boldsymbol{x}\boldsymbol{y}^{\mathrm{T}}-\boldsymbol{y}\boldsymbol{x}^{\mathrm{T}}\tag{12.9}$$

称为连接 $\boldsymbol{x},\boldsymbol{y}$ 直线$\mathcal{L}$的 Plücker 矩阵,它是秩 2 的 4×4 反对称矩阵。Plücker 矩阵的二维零空间是一个平面束,直线$\mathcal{L}$是这个平面束的轴线。事实上,若 $\boldsymbol{x},\boldsymbol{y}\in\pi$,$\boldsymbol{x}^{\mathrm{T}}\pi=\boldsymbol{y}^{\mathrm{T}}\pi=0$,则 $\boldsymbol{L}\pi=(\boldsymbol{y}^{\mathrm{T}}\pi)\boldsymbol{x}-(\boldsymbol{x}^{\mathrm{T}}\pi)\boldsymbol{y}=0$;反之,若 $\boldsymbol{L}\pi=0$,则$(\boldsymbol{y}^{\mathrm{T}}\pi)\boldsymbol{x}-(\boldsymbol{x}^{\mathrm{T}}\pi)\boldsymbol{y}=0$,因$\{\boldsymbol{x},\boldsymbol{y}\}$线性无关,所以 $\boldsymbol{x}^{\mathrm{T}}\pi=\boldsymbol{y}^{\mathrm{T}}\pi=0$,即 $\boldsymbol{x},\boldsymbol{y}$ 在平面 π 上。因此,直线$\mathcal{L}$是 Plücker 矩阵 $\boldsymbol{L}$ 的二维零空间中平面束的轴线。

假定 $\boldsymbol{x}',\boldsymbol{y}'$是直线$\mathcal{L}$上异于 $\boldsymbol{x},\boldsymbol{y}$ 的一对点,则 $\boldsymbol{x}'=\alpha_1\boldsymbol{x}+\beta_1\boldsymbol{y}$,$\boldsymbol{y}'=\alpha_2\boldsymbol{x}+\beta_2\boldsymbol{y}$ 且 $\alpha_1\beta_2-\alpha_2\beta_1\neq0$。于是

$$\begin{aligned}\boldsymbol{L}'&=\boldsymbol{x}'\boldsymbol{y}'^{\mathrm{T}}-\boldsymbol{y}'\boldsymbol{x}'^{\mathrm{T}}\\&=(\alpha_1\boldsymbol{x}+\beta_1\boldsymbol{y})(\alpha_2\boldsymbol{x}+\beta_2\boldsymbol{y})^{\mathrm{T}}-(\alpha_2\boldsymbol{x}+\beta_2\boldsymbol{y})(\alpha_1\boldsymbol{x}+\beta_1\boldsymbol{y})^{\mathrm{T}}\\&=(\alpha_1\beta_2-\alpha_2\beta_1)(\boldsymbol{x}\boldsymbol{y}^{\mathrm{T}}-\boldsymbol{y}\boldsymbol{x}^{\mathrm{T}})\end{aligned}$$

即 $\boldsymbol{L}$ 和 $\boldsymbol{L}'$相差一个非零因子,因而表示同一直线,这表明 Plücker 矩阵不依赖于直线上点 $\boldsymbol{x},\boldsymbol{y}$ 的选择。同时,可以看出空间直线有 4 个自由度:因为反对称矩阵 $\boldsymbol{L}$ 由对角线上方的 6 个元素确定,可相差一个非零比例因子,另外还满足 $\det\boldsymbol{L}=0$,即 $\boldsymbol{L}$ 仅有 4 个独立元素,所以空间直线有 4 个自由度。

以通过$\mathcal{L}$的两平面 π,ξ 定义的矩阵

$$\boldsymbol{L}^*=\pi\xi^{\mathrm{T}}-\xi\pi^{\mathrm{T}}\tag{12.10}$$

称为直线$\mathcal{L}$的对偶 Plücker 矩阵。由于 $\boldsymbol{L}^*$ 与 $\boldsymbol{L}$ 表示同一条直线$\mathcal{L}$,$\boldsymbol{L}^*\boldsymbol{x}=\boldsymbol{L}^*\boldsymbol{y}=0$,$\boldsymbol{L}\pi=\boldsymbol{L}\xi=0$,因此

$$\boldsymbol{L}^*\boldsymbol{L}=\boldsymbol{L}\boldsymbol{L}^*=0\tag{12.11}$$

记 $\boldsymbol{x}=(x_1,x_2,x_3,x_4)^{\mathrm{T}}$,$\boldsymbol{y}=(y_1,y_2,y_3,y_4)^{\mathrm{T}}$,则连接 $\boldsymbol{x},\boldsymbol{y}$ 直线的 Plücker 矩阵

$$L=\begin{bmatrix}0 & l_{12} & l_{13} & l_{14}\\ -l_{12} & 0 & l_{23} & -l_{42}\\ -l_{13} & -l_{23} & 0 & l_{34}\\ -l_{14} & l_{42} & -l_{34} & 0\end{bmatrix} \tag{12.12}$$

其中

$$l_{ij}=x_iy_j-x_jy_i,\quad i,j=1,2,3,4$$

类似地,通过平面 $\pi=(a_1,a_2,a_3,a_4)^{\mathrm{T}},\xi=(b_1,b_2,b_3,b_4)^{\mathrm{T}}$ 直线的对偶 Plücker 矩阵

$$L^*=\begin{bmatrix}0 & l_{12}^* & l_{13}^* & l_{14}^*\\ -l_{12}^* & 0 & l_{23}^* & -l_{42}^*\\ -l_{13}^* & -l_{23}^* & 0 & l_{34}^*\\ -l_{14}^* & l_{42}^* & -l_{34}^* & 0\end{bmatrix} \tag{12.13}$$

其中

$$l_{ij}^*=a_ib_j-a_jb_i,\quad i,j=1,2,3,4$$

由式(12.11),直接计算得到

$$\frac{l_{12}}{l_{34}^*}=\frac{l_{13}}{l_{42}^*}=\frac{l_{14}}{l_{23}^*}=\frac{l_{34}}{l_{12}^*}=\frac{l_{42}}{l_{13}^*}=\frac{l_{23}}{l_{14}^*}$$

因此,$\boldsymbol{L}$ 和 $\boldsymbol{L}^*$ 有对偶关系

$$l_{12}:l_{13}:l_{14}:l_{34}:l_{42}:l_{23}=l_{34}^*:l_{42}^*:l_{23}^*:l_{12}^*:l_{13}^*:l_{14}^* \tag{12.14}$$

这个对偶规则非常简单:对偶元素和原来元素的下标总包含{1,2,3,4}中的两个数字,如果原来元素的下标是 ij,那么对偶元素的下标是{1,2,3,4}中不包含 ij 的数,例如 $12\mapsto 34$。

关于直线的 Plücker 矩阵,有下述结论:

(i) 若点 $\boldsymbol{x}$ 不在直线 $\boldsymbol{L}$ 上,则 $\boldsymbol{x}$ 和 $\boldsymbol{L}$ 确定的平面是 $\pi=\boldsymbol{L}^*\boldsymbol{x}$。

(ii) $\boldsymbol{L}^*\boldsymbol{x}=0$ 的充要条件是 $\boldsymbol{x}$ 在直线 $\boldsymbol{L}$ 上。

(iii) 若直线 $\boldsymbol{L}$ 不在平面 π 上,则 $\boldsymbol{L}$ 和 π 的交点是 $\boldsymbol{x}=\boldsymbol{L}\pi$。

(iv) $\boldsymbol{L}\pi=0$ 的充要条件是直线 $\boldsymbol{L}$ 在平面 π 上。

(v) 两(或更多)条直线 $\boldsymbol{L}_1,\boldsymbol{L}_2,\cdots,\boldsymbol{L}_N$ 的性质,由矩阵 $\boldsymbol{M}=(\boldsymbol{L}_1,\boldsymbol{L}_2,\cdots,\boldsymbol{L}_N)^{\mathrm{T}}$ 的零空间推出。例如,三线 $\boldsymbol{L}_1,\boldsymbol{L}_2,\boldsymbol{L}_3$ 共面的充要条件是 $\boldsymbol{M}^{\mathrm{T}}=(\boldsymbol{L}_1,\boldsymbol{L}_2,\boldsymbol{L}_3)^{\mathrm{T}}$ 有一维零空间,这个性质的对偶是:三线 $\boldsymbol{L}_1^*,\boldsymbol{L}_2^*,\boldsymbol{L}_3^*$ 共点的充要条件是 $\boldsymbol{M}^*=(\boldsymbol{L}_1^*,\boldsymbol{L}_2^*,\boldsymbol{L}_3^*)^{\mathrm{T}}$ 有一维零空间。

4. Plücker 坐标

Plücker 矩阵 $\boldsymbol{L}$ 的 6 个元素构成的 6 维向量

$$\boldsymbol{l}=(l_{12},l_{13},l_{14},l_{34},l_{42},l_{23})^{\mathrm{T}} \tag{12.15}$$

称为直线的 Plücker 坐标。空间直线是 5 维射影空间的元素。Plücker 坐标也是齐次的,对任何非零因子 s,$\boldsymbol{l}$ 和 $s\boldsymbol{l}$ 表示同一直线。

令 $\boldsymbol{x}=\begin{bmatrix}x_1\\ \tilde{\boldsymbol{x}}\end{bmatrix},\boldsymbol{y}=\begin{bmatrix}y_1\\ \tilde{\boldsymbol{y}}\end{bmatrix}$,根据式(12.12)得到

$$\begin{bmatrix}l_{12}\\ l_{13}\\ l_{14}\end{bmatrix}=\begin{bmatrix}x_1y_2-x_2y_1\\ x_1y_3-x_3y_1\\ x_1y_4-x_4y_1\end{bmatrix}=x_1\tilde{\boldsymbol{y}}-y_1\tilde{\boldsymbol{x}},\quad \begin{bmatrix}l_{34}\\ l_{42}\\ l_{23}\end{bmatrix}=\begin{bmatrix}x_3y_4-x_4y_3\\ x_4y_2-x_2y_4\\ x_2y_3-x_3y_2\end{bmatrix}=\tilde{\boldsymbol{x}}\times\tilde{\boldsymbol{y}}$$

因此，连接 $\boldsymbol{x},\boldsymbol{y}$ 直线的 Plücker 坐标为

$$\boldsymbol{l}=\begin{bmatrix} x_1\tilde{\boldsymbol{y}}-y_1\tilde{\boldsymbol{x}} \\ \tilde{\boldsymbol{x}}\times\tilde{\boldsymbol{y}} \end{bmatrix} \tag{12.16}$$

并非任何 6 维向量都可作为直线的 Plücker 坐标。从 $(x_1\tilde{\boldsymbol{y}}-y_1\tilde{\boldsymbol{x}})^{\mathrm{T}}(\tilde{\boldsymbol{x}}\times\tilde{\boldsymbol{y}})=0$，由式(12.16)直线的 Plücker 坐标满足

$$l_{12}l_{34}+l_{13}l_{42}+l_{14}l_{23}=0 \tag{12.17}$$

反之，若向量 $\boldsymbol{l}=(l_1,l_2,l_3,l_4,l_5,l_6)^{\mathrm{T}}$ 满足式(12.17)，即 $l_1l_4+l_2l_5+l_3l_6=0$，则它是某一直线的 Plücker 坐标。证明如下：由 $\boldsymbol{l}$ 定义反对称矩阵

$$\boldsymbol{L}=\begin{bmatrix} 0 & l_1 & l_2 & l_3 \\ -l_1 & 0 & l_6 & -l_5 \\ -l_2 & -l_6 & 0 & l_4 \\ -l_3 & l_5 & -l_4 & 0 \end{bmatrix}$$

不难计算，$\det\boldsymbol{L}=(l_1l_4+l_2l_5+l_3l_6)^2=0$，即 $\boldsymbol{L}$ 有二重零特征值。令 $\lambda\mathrm{i},-\lambda\mathrm{i}$ 是另外的两个特征值，根据定理 1.5.2 存在正交矩阵 $\boldsymbol{Q}=(\boldsymbol{q}_1,\boldsymbol{q}_2,\boldsymbol{q}_3,\boldsymbol{q}_4)$ 使得

$$\boldsymbol{L}=(\boldsymbol{q}_1,\boldsymbol{q}_2,\boldsymbol{q}_3,\boldsymbol{q}_4)\begin{bmatrix} 0 & \lambda & & \\ -\lambda & 0 & & \\ & & 0 & \\ & & & 0 \end{bmatrix}(\boldsymbol{q}_1,\boldsymbol{q}_2,\boldsymbol{q}_3,\boldsymbol{q}_4)^{\mathrm{T}}=\lambda(\boldsymbol{q}_1\boldsymbol{q}_2^{\mathrm{T}}-\boldsymbol{q}_2\boldsymbol{q}_1^{\mathrm{T}})$$

因此，$\boldsymbol{L}$ 是连接 $\boldsymbol{q}_1,\boldsymbol{q}_2$ 直线 $\mathcal{L}$ 的 Plücker 矩阵，故满足式(12.17)的向量 $\boldsymbol{l}$ 是直线 $\mathcal{L}$ 的 Plücker 坐标。

方程(12.17)通常称为 Plücker 方程。令

$$\boldsymbol{K}=\begin{bmatrix} 0 & \mathrm{diag}(1,1,1) \\ \mathrm{diag}(1,1,1) & 0 \end{bmatrix}$$

则 Plücker 方程能被改写成 $\boldsymbol{l}^{\mathrm{T}}\boldsymbol{K}\boldsymbol{l}=0$。

综合上面的讨论，得到以下定理。

定理 12.1.1　非零 6 维向量 $\boldsymbol{l}$ 为直线的 Plücker 坐标的充要条件是 $\boldsymbol{l}^{\mathrm{T}}\boldsymbol{K}\boldsymbol{l}=0$

三维射影空间中的两直线可以不相交，下面用 Plücker 坐标描述两直线的位置关系。假定 $\boldsymbol{l},\hat{\boldsymbol{l}}$ 分别是 $\boldsymbol{x},\boldsymbol{y}$ 和 $\hat{\boldsymbol{x}},\hat{\boldsymbol{y}}$ 连线的 Plücker 坐标，定义

$$(\boldsymbol{l},\hat{\boldsymbol{l}})_K=\boldsymbol{l}^{\mathrm{T}}\boldsymbol{K}\hat{\boldsymbol{l}}=l_4\hat{l}_1+l_5\hat{l}_2+l_6\hat{l}_3+l_1\hat{l}_4+l_2\hat{l}_5+l_3\hat{l}_6$$

不难验证

$$(\boldsymbol{l},\hat{\boldsymbol{l}})_K=\det(\boldsymbol{x},\boldsymbol{y},\hat{\boldsymbol{x}},\hat{\boldsymbol{y}}) \tag{12.18}$$

两直线 $\boldsymbol{l},\hat{\boldsymbol{l}}$ 相交的充要条件是四点 $\boldsymbol{x},\boldsymbol{y},\hat{\boldsymbol{x}},\hat{\boldsymbol{y}}$ 共面，即 $\det(\boldsymbol{x},\boldsymbol{y},\hat{\boldsymbol{x}},\hat{\boldsymbol{y}})=0$。因此，两直线 $\boldsymbol{l},\hat{\boldsymbol{l}}$ 相交(或四点共面)的充要条件是 $(\boldsymbol{l},\hat{\boldsymbol{l}})_K=0$。

由对偶 Plücker 矩阵 $\boldsymbol{L}^*$ 的 6 个元素定义的 6 维向量

$$\boldsymbol{l}^*=(l_{12}^*,l_{13}^*,l_{14}^*,l_{34}^*,l_{42}^*,l_{23}^*)^{\mathrm{T}} \tag{12.19}$$

称为直线的对偶 Plücker 坐标。

与 Plücker 坐标一样，若平面 $\pi=\begin{bmatrix}a_1\\ \tilde{\boldsymbol{a}}\end{bmatrix}$，$\xi=\begin{bmatrix}b_1\\ \tilde{\boldsymbol{b}}\end{bmatrix}$ 通过直线$\mathcal{L}$，则$\mathcal{L}$的对偶 Plücker 坐标

$$\boldsymbol{l}^*=\begin{bmatrix}a_1\tilde{\boldsymbol{b}}-b_1\tilde{\boldsymbol{a}}\\ \tilde{\boldsymbol{a}}\times\tilde{\boldsymbol{b}}\end{bmatrix} \tag{12.20}$$

定理 12.1.2 非零 6 维向量 $\boldsymbol{l}^*$ 为直线的对偶 Plücker 坐标的充要条件是 $\boldsymbol{l}^{*\mathrm{T}}\boldsymbol{K}\boldsymbol{l}^*=0$

假定 $\boldsymbol{l}^*$，$\hat{\boldsymbol{l}}^*$ 分别是平面 π,ξ 和 $\hat{\pi},\hat{\xi}$ 的交线，则

$$(\boldsymbol{l}^*,\hat{\boldsymbol{l}}^*)_K=\boldsymbol{l}^{*\mathrm{T}}\boldsymbol{K}\hat{\boldsymbol{l}}^*=\det(\pi,\xi,\hat{\pi},\hat{\xi}) \tag{12.21}$$

因此，直线 $\boldsymbol{l}^*$，$\hat{\boldsymbol{l}}^*$ 相交(或四面共点)的充要条件是$(\boldsymbol{l}^*,\hat{\boldsymbol{l}}^*)_K=0$。

根据式(12.14)，直线$\mathcal{L}$的 Plücker 坐标和对偶 Plücker 坐标满足下述关系

$$\boldsymbol{l}^*=\boldsymbol{K}\boldsymbol{l},\quad \boldsymbol{l}=\boldsymbol{K}^{-1}\boldsymbol{l}^*=\boldsymbol{K}\boldsymbol{l}^* \tag{12.22}$$

由此，得到

$$\boldsymbol{l}=\begin{bmatrix}x_1\tilde{\boldsymbol{y}}-y_1\tilde{\boldsymbol{x}}\\ \tilde{\boldsymbol{x}}\times\tilde{\boldsymbol{y}}\end{bmatrix}\Rightarrow\boldsymbol{l}^*=\begin{bmatrix}\tilde{\boldsymbol{x}}\times\tilde{\boldsymbol{y}}\\ x_1\tilde{\boldsymbol{y}}-y_1\tilde{\boldsymbol{x}}\end{bmatrix}$$

反之

$$\boldsymbol{l}^*=\begin{bmatrix}a_1\tilde{\boldsymbol{b}}-b_1\tilde{\boldsymbol{a}}\\ \tilde{\boldsymbol{a}}\times\tilde{\boldsymbol{b}}\end{bmatrix}\Rightarrow\boldsymbol{l}=\begin{bmatrix}\tilde{\boldsymbol{a}}\times\tilde{\boldsymbol{b}}\\ a_1\tilde{\boldsymbol{b}}-b_1\tilde{\boldsymbol{a}}\end{bmatrix}$$

12.1.3 平面束的交比

假定 π_1,π_2,π_3,π_4 是共直线的两两不重合的平面，则存在 λ,μ 使得

$$\pi_3=\pi_1+\lambda\pi_2,\quad \pi_4=\pi_1+\mu\pi_2$$

定义四共线平面的交比

$$(\pi_1\pi_2;\pi_3\pi_4)=\frac{\lambda}{\mu} \tag{12.23}$$

平面束的交比还有两种等价形式的定义：设直线$\mathcal{L}$是平面 π'_1,π'_2的交线，若 λ_i 使得

$$\pi_i=\pi'_1+\lambda_i\pi'_2,\quad i=1,2,3,4$$

则

$$(\pi_1\pi_2;\pi_3\pi_4)=\frac{\lambda_1-\lambda_3}{\lambda_2-\lambda_3}:\frac{\lambda_1-\lambda_4}{\lambda_2-\lambda_4} \tag{12.24}$$

若 $\boldsymbol{a}_i=(\lambda_i,\mu_i)^{\mathrm{T}}$ 使得

$$\pi_i=(\pi'_1,\pi'_2)\boldsymbol{a}_i=\lambda_i\pi'_1+\mu_i\pi'_2,\quad i=1,2,3,4$$

则

$$(\pi_1\pi_2;\pi_3\pi_4)=\frac{\det(\boldsymbol{a}_1,\boldsymbol{a}_3)}{\det(\boldsymbol{a}_2,\boldsymbol{a}_3)}:\frac{\det(\boldsymbol{a}_1,\boldsymbol{a}_4)}{\det(\boldsymbol{a}_2,\boldsymbol{a}_4)} \tag{12.25}$$

1. 与线束和点束的关系

定理 12.1.3 假定平面 π 截共线平面束 $\pi_i(i=1,2,3,4)$于四共点直线 $\boldsymbol{l}_i$，$i=1,2,3,4$，如图 12.1 所示，则

$$(\pi_1\pi_2;\pi_3\pi_4)=(\boldsymbol{l}_1\boldsymbol{l}_2;\boldsymbol{l}_3\boldsymbol{l}_4) \tag{12.26}$$

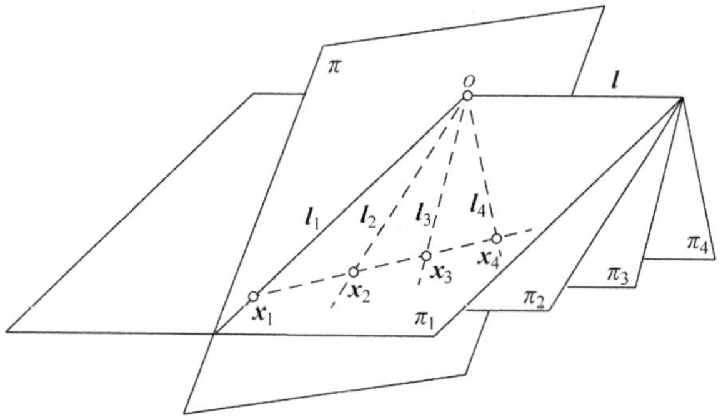

图 12.1　面束、线束和点束交比之间的关系

证明　在平面 π 上，$\boldsymbol{l}_i$，$i=1,2,3,4$ 是共点 o 的线束。令平面 π 上一直线截此线束于 $\boldsymbol{x}_i$，$i=1,2,3,4$，根据定理 11.1.5，

$$(\boldsymbol{l}_1\boldsymbol{l}_2;\boldsymbol{l}_3\boldsymbol{l}_4)=(\boldsymbol{x}_1\boldsymbol{x}_2;\boldsymbol{x}_3\boldsymbol{x}_4)$$

因此，只需证明

$$(\pi_1\pi_2;\pi_3\pi_4)=(\boldsymbol{x}_1\boldsymbol{x}_2;\boldsymbol{x}_3\boldsymbol{x}_4) \tag{12.27}$$

令 $\boldsymbol{x}_3=\boldsymbol{x}_1+\rho\boldsymbol{x}_2$，$\boldsymbol{x}_4=\boldsymbol{x}_1+\sigma\boldsymbol{x}_2$，则 $(\boldsymbol{x}_1\boldsymbol{x}_2;\boldsymbol{x}_3\boldsymbol{x}_4)=\dfrac{\rho}{\sigma}$。为证明式(12.27)，只需证明

$$\frac{\rho}{\sigma}=\frac{\lambda}{\mu}$$

由于 $\boldsymbol{x}_i$ 在平面 π_i 上，有

$$\pi_1^{\mathrm{T}}\boldsymbol{x}_1=0,\quad \pi_2^{\mathrm{T}}\boldsymbol{x}_2=0$$
$$\pi_3^{\mathrm{T}}\boldsymbol{x}_3=(\pi_1^{\mathrm{T}}+\lambda\pi_2^{\mathrm{T}})(\boldsymbol{x}_1+\rho\boldsymbol{x}_2)=\lambda\pi_2^{\mathrm{T}}\boldsymbol{x}_1+\rho\pi_1^{\mathrm{T}}\boldsymbol{x}_2=0$$
$$\pi_4^{\mathrm{T}}\boldsymbol{x}_4=(\pi_1^{\mathrm{T}}+\mu\pi_2^{\mathrm{T}})(\boldsymbol{x}_1+\sigma\boldsymbol{x}_2)=\mu\pi_2^{\mathrm{T}}\boldsymbol{x}_1+\sigma\pi_1^{\mathrm{T}}\boldsymbol{x}_2=0$$

因此

$$\lambda\pi_2^{\mathrm{T}}\boldsymbol{x}_1=-\rho\pi_1^{\mathrm{T}}\boldsymbol{x}_2,\quad \mu\pi_2^{\mathrm{T}}\boldsymbol{x}_1=-\sigma\pi_1^{\mathrm{T}}\boldsymbol{x}_2$$

因 $\pi_2^{\mathrm{T}}\boldsymbol{x}_1\neq0$，$\pi_1^{\mathrm{T}}\boldsymbol{x}_2\neq0$，故 $\dfrac{\rho}{\sigma}=\dfrac{\lambda}{\mu}$，证毕。

由定理 12.1.3，立即得到下述结论。

推论 12.1.1　设一直线交共线平面束 π_i 于四点 $\boldsymbol{x}_i$，$i=1,2,3,4$，则

$$(\pi_1\pi_2;\pi_3\pi_4)=(\boldsymbol{x}_1\boldsymbol{x}_2;\boldsymbol{x}_3\boldsymbol{x}_4)$$

2. Möbius 公式

定理 12.1.4　设 $\boldsymbol{p}$，$\boldsymbol{q}$ 是共线平面束 $\pi_i(i=1,2,3,4)$ 轴线上的两个相异点，若 $\boldsymbol{x}_i$ 是平面 π_i 上的任一点但不在轴线上，则

$$(\pi_1\pi_2;\pi_3\pi_4)=\frac{\det(\boldsymbol{x}_1,\boldsymbol{x}_3,\boldsymbol{p},\boldsymbol{q})}{\det(\boldsymbol{x}_2,\boldsymbol{x}_3,\boldsymbol{p},\boldsymbol{q})}:\frac{\det(\boldsymbol{x}_1,\boldsymbol{x}_4,\boldsymbol{p},\boldsymbol{q})}{\det(\boldsymbol{x}_2,\boldsymbol{x}_4,\boldsymbol{p},\boldsymbol{q})} \tag{12.28}$$

证明　由式(12.5)平面 π_i 坐标为

$$\pi_i=(d_{234}^{(i)},-d_{134}^{(i)},d_{124}^{(i)},-d_{123}^{(i)})^{\mathrm{T}},\quad i=1,2,3,4$$

其中，$d_{jhk}^{(i)}$ 是矩阵 $\boldsymbol{X}_i=(\boldsymbol{x}_i,\boldsymbol{p},\boldsymbol{q})$ 的第 j，h，k 行组成的行列式，所以

$$\det(\boldsymbol{x}_1,\boldsymbol{x}_3,\boldsymbol{p},\boldsymbol{q})=\pi_3^{\mathrm{T}}\boldsymbol{x}_1=(\pi_1+\lambda\pi_2)^{\mathrm{T}}\boldsymbol{x}_1=\lambda\pi_2^{\mathrm{T}}\boldsymbol{x}_1$$

$$\det(\boldsymbol{x}_2,\boldsymbol{x}_3,\boldsymbol{p},\boldsymbol{q})=\pi_1^{\mathrm{T}}\boldsymbol{x}_2$$

$$\det(\boldsymbol{x}_1,\boldsymbol{x}_4,\boldsymbol{p},\boldsymbol{q})=\mu\pi_2^{\mathrm{T}}\boldsymbol{x}_1$$

$$\det(\boldsymbol{x}_2,\boldsymbol{x}_4,\boldsymbol{p},\boldsymbol{q})=\pi_1^{\mathrm{T}}\boldsymbol{x}_2$$

由于 $\pi_2^{\mathrm{T}}\boldsymbol{x}_1\neq 0,\pi_1^{\mathrm{T}}\boldsymbol{x}_2\neq 0$,因此

$$\frac{\det(\boldsymbol{x}_1,\boldsymbol{x}_3,\boldsymbol{p},\boldsymbol{q})}{\det(\boldsymbol{x}_2,\boldsymbol{x}_3,\boldsymbol{p},\boldsymbol{q})}:\frac{\det(\boldsymbol{x}_1,\boldsymbol{x}_4,\boldsymbol{p},\boldsymbol{q})}{\det(\boldsymbol{x}_2,\boldsymbol{x}_4,\boldsymbol{p},\boldsymbol{q})}=\frac{\lambda\pi_2^{\mathrm{T}}\boldsymbol{x}_1}{\pi_1^{\mathrm{T}}\boldsymbol{x}_2}:\frac{\mu\pi_2^{\mathrm{T}}\boldsymbol{x}_1}{\pi_1^{\mathrm{T}}\boldsymbol{x}_2}=\frac{\lambda}{\mu}=(\pi_1\pi_2;\pi_3\pi_4)$$

证毕。

式(12.28)称为 Möbius 公式,其优点是用点坐标直接计算平面束的交比。对于线束也有类似的 Möbius 公式。令 $\boldsymbol{l}_i(i=1,2,3,4)$ 是平面内共点 $\boldsymbol{o}$ 的线束,在直线 $\boldsymbol{l}_i$ 上任取一个异于 $\boldsymbol{o}$ 的点 $\boldsymbol{x}_i$,则

$$(\boldsymbol{l}_1\boldsymbol{l}_2;\boldsymbol{l}_3\boldsymbol{l}_4)=\frac{\det(\boldsymbol{x}_1,\boldsymbol{x}_3,\boldsymbol{o})}{\det(\boldsymbol{x}_2,\boldsymbol{x}_3,\boldsymbol{o})}:\frac{\det(\boldsymbol{x}_1,\boldsymbol{x}_4,\boldsymbol{o})}{\det(\boldsymbol{x}_2,\boldsymbol{x}_4,\boldsymbol{o})}\tag{12.29}$$

12.2 二次曲面

12.2.1 基本概念

令 $\boldsymbol{Q}$ 是 4×4 对称矩阵,方程

$$\boldsymbol{x}^{\mathrm{T}}\boldsymbol{Q}\boldsymbol{x}=0\tag{12.30}$$

的解集称为二次曲面,$\boldsymbol{Q}$ 称为二次曲面的矩阵表示,也称为二次曲面的坐标。如果 $\boldsymbol{Q}$ 是降秩的,称为退化二次曲面,否则称为非退化二次曲面。为了陈述方便,常用“二次曲面 $\boldsymbol{Q}$”来代替陈述“由对称矩阵 $\boldsymbol{Q}$ 确定的二次曲面”。图 12.2 给出了几种常见类型的二次曲面。

二次曲面 $\boldsymbol{Q}$ 由它的 10 个不同元素的比值所确定,也就是说二次曲面有 9 个自由度,因此一般情况下 9 个空间点确定唯一二次曲面,它是下述线性方程组的解:

$$\boldsymbol{x}_i^{\mathrm{T}}\boldsymbol{Q}\boldsymbol{x}_i=0,\quad i=1,2,\cdots,9$$

其中 $\boldsymbol{x}_i$ 是给定的 9 个空间点。若二次曲面 $\boldsymbol{Q}$ 是退化的,则可用较少的点来确定。

1. 配极对应

若 $\boldsymbol{x},\boldsymbol{y}$ 使得 $\boldsymbol{y}^{\mathrm{T}}\boldsymbol{Q}\boldsymbol{x}=0$,则称它们是二次曲面 $\boldsymbol{Q}$ 的一对共轭点,或者说它们关于 $\boldsymbol{Q}$ 互为共轭。二次曲面上的点是自共轭的。

定理 12.2.1 设 $\boldsymbol{x}_1,\boldsymbol{x}_2$ 是不在二次曲面上的相异点,它们的连线交二次曲面于 $\boldsymbol{y}_1,\boldsymbol{y}_2$,则 $\boldsymbol{x}_1,\boldsymbol{x}_2$ 互为共轭点的充要条件是

$$(\boldsymbol{x}_1\boldsymbol{x}_2;\boldsymbol{y}_1\boldsymbol{y}_2)=-1$$

证明 将 $\boldsymbol{x}_1,\boldsymbol{x}_2$ 连线的参数方程 $\boldsymbol{x}=\boldsymbol{x}_1+\lambda\boldsymbol{x}_2$ 代入式(12.30)得到

$$\boldsymbol{x}_1^{\mathrm{T}}\boldsymbol{Q}\boldsymbol{x}_1+2\lambda\boldsymbol{x}_1^{\mathrm{T}}\boldsymbol{Q}\boldsymbol{x}_2+\lambda^2\boldsymbol{x}_2^{\mathrm{T}}\boldsymbol{Q}\boldsymbol{x}_2=0$$

$$\lambda_{1,2}=\frac{-\boldsymbol{x}_1^{\mathrm{T}}\boldsymbol{Q}\boldsymbol{x}_2\pm\sqrt{(\boldsymbol{x}_1^{\mathrm{T}}\boldsymbol{Q}\boldsymbol{x}_2)^2-\boldsymbol{x}_2^{\mathrm{T}}\boldsymbol{Q}\boldsymbol{x}_2\cdot\boldsymbol{x}_1^{\mathrm{T}}\boldsymbol{Q}\boldsymbol{x}_1}}{\boldsymbol{x}_2^{\mathrm{T}}\boldsymbol{Q}\boldsymbol{x}_2}$$

因此 $\boldsymbol{y}_1=\boldsymbol{x}_1+\lambda_1\boldsymbol{x}_2,\boldsymbol{y}_2=\boldsymbol{x}_1+\lambda_2\boldsymbol{x}_2$,于是

$$(\boldsymbol{x}_1\boldsymbol{x}_2;\boldsymbol{y}_1\boldsymbol{y}_2)=-1\Leftrightarrow\lambda_1+\lambda_2=0\Leftrightarrow\boldsymbol{x}_1^{\mathrm{T}}\boldsymbol{Q}\boldsymbol{x}_2=0$$

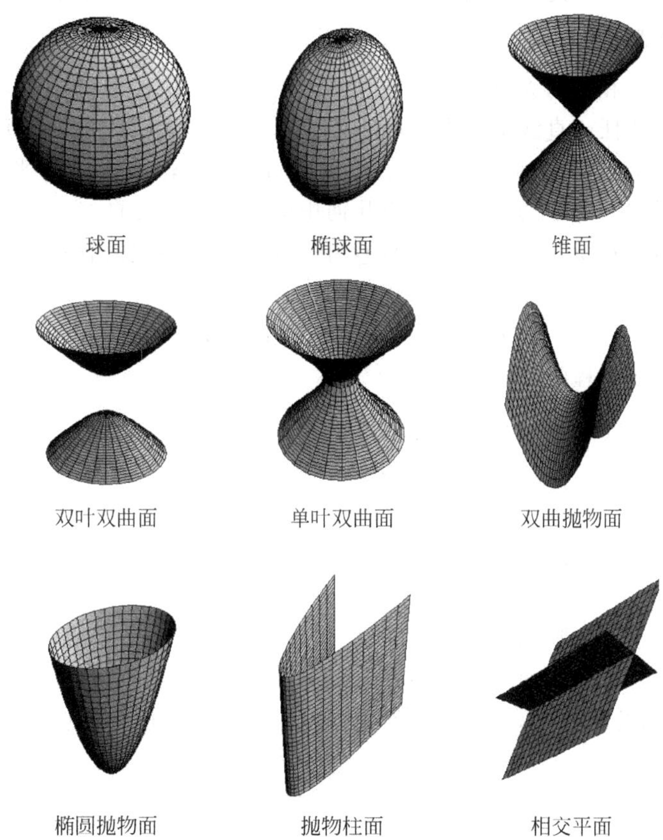

图 12.2　二次曲面的常见类型

证毕。

若 x 使得 $Qx\neq 0$，则 $\pi=Qx$ 表示一个平面，它上面的点都是 x 关于二次曲面 Q 的共轭点，平面 π 称为 x（关于二次曲面 Q）的极面，而 x 称为平面 π 的极点。特别地，若 x 在二次曲面上，则 x 的极面 π 是二次曲面在 x 处的切平面，切点与切平面上的任一点都互为共轭，且切平面上过切点的直线或者是二次曲面的切线，或者是二次曲面的母线。二次曲面 Q 导出的点与平面的对应关系

$$\pi=Qx \tag{12.31}$$

称为二次曲面 Q 的配极对应。若 Q 是非退化二次曲面，即 $\mathrm{rank}Q=4$，则对任何点 x，$Qx\neq 0$ 且 $x=Q^{-1}\pi$，此时配极对应是点与平面之间的一一对应。

若 x 使得 $Qx=0$，则称它是二次曲面的奇点。显然，奇点在二次曲面上，只有退化二次曲面才存在奇点。当 $\mathrm{rank}Q=3$ 时，二次曲面 Q 有唯一的奇点；若奇点不是无穷远点，Q 是锥面，否则 Q 是柱面；在射影几何中不区分锥面和柱面，统称为锥面，奇点称为锥面的顶点。当 $\mathrm{rank}Q=2$ 时，奇点构成一条直线（因为矩阵 Q 有二维零空间），此时二次曲面 Q 是两个平面，它们的交线是奇点直线；若这两个平面平行，奇点直线是无穷远线。当 $\mathrm{rank}Q=1$ 时，奇点构成一个平面，此时二次曲面 Q 的退化为一对重合平面，平面上的任一点都是奇点。根据奇点的定义，它与任何点都共轭，因此不存在极面。在奇点，二次曲面的切平面或者不存

在，或者不唯一地存在。此外，还容易看出，非奇点的极面通过所有奇点。

2. 中心与渐近方向

对于二次曲面，和一切无穷远点都共轭的点 $\boldsymbol{c}$ 称为二次曲面的中心。如果中心 $\boldsymbol{c}$ 是非无穷点，则通过 $\boldsymbol{c}$ 的任一直线交二次曲面于两点，记为 $\boldsymbol{x}_1,\boldsymbol{x}_2$，并且交无穷远平面于一点，记为 $\boldsymbol{x}_\infty$。根据中心的定义，$\boldsymbol{c}$ 和 $\boldsymbol{x}_\infty$ 互为共轭，因此 $(\boldsymbol{c}\boldsymbol{x}_\infty;\boldsymbol{x}_1\boldsymbol{x}_2)=-1$，$\boldsymbol{c}$ 平分线段 $\boldsymbol{x}_1,\boldsymbol{x}_2$。这个结果表明，这里关于中心的定义和解析几何中的定义是一致的。

令 $\boldsymbol{Q}=(\boldsymbol{q}_1,\boldsymbol{q}_2,\boldsymbol{q}_3,\boldsymbol{q}_4)$，$\boldsymbol{c}$ 为二次曲面 $\boldsymbol{Q}$ 中心的充要条件是对任何 $\boldsymbol{x}_\infty=(x_1,x_2,x_3,0)^{\mathrm{T}}\in\pi_\infty$ 有

$$\boldsymbol{c}^{\mathrm{T}}\boldsymbol{q}_1x_1+\boldsymbol{c}^{\mathrm{T}}\boldsymbol{q}_2x_2+\boldsymbol{c}^{\mathrm{T}}\boldsymbol{q}_3x_3=0$$

因此，中心 $\boldsymbol{c}$ 是下述方程的解：

$$\begin{bmatrix}\boldsymbol{q}_1^{\mathrm{T}}\\ \boldsymbol{q}_2^{\mathrm{T}}\\ \boldsymbol{q}_3^{\mathrm{T}}\end{bmatrix}\boldsymbol{c}=0 \tag{12.32}$$

特别地，对于非退化二次曲面，式(12.32)系数矩阵是秩 3 的，因而有唯一中心 $\boldsymbol{c}$，此时 $\boldsymbol{c}=\boldsymbol{Q}^{-1}\pi_\infty$。

按式(12.32)系数矩阵的秩等于 3、2 和 1，二次曲面依次称为中心、线心和面心二次曲面。也就是说，中心二次曲面有唯一中心，线心二次曲面有一直线中心，面心二次曲面有一平面中心。与解析几何不同，在射影几何中任何二次曲面都存在中心，例如，二次曲面

$$\boldsymbol{Q}=\begin{bmatrix}0 & 1 & 0 & -1/2\\ 1 & 0 & 0 & 0\\ 0 & 0 & 0 & -1/2\\ -1/2 & 0 & -1/2 & 1\end{bmatrix}$$

在解析几何中是无心二次曲面，但在射影几何中有唯一中心 $\boldsymbol{c}=(0,0,1,0)^{\mathrm{T}}$ 在无穷平面上。

二次曲面的渐近方向是它上面无穷远点代表的方向，即通过此无穷远点的直线方向。无穷远平面 π_∞ 的方程为 $x_4=0$，它与二次曲面 $\boldsymbol{Q}$ 的交是无穷远平面上的二次曲线

$$\tilde{\boldsymbol{x}}^{\mathrm{T}}\begin{bmatrix}q_{11} & q_{12} & q_{13}\\ q_{21} & q_{22} & q_{23}\\ q_{31} & q_{32} & q_{33}\end{bmatrix}\tilde{\boldsymbol{x}}=0 \tag{12.33}$$

因此满足式(12.33)的 $\tilde{\boldsymbol{x}}$ 都是渐近方向，这正是解析几何中的渐近方向或渐近锥的条件，在这里渐近方向得到了新的解释。

沿渐近方向的直线或者在二次曲面 $\boldsymbol{Q}$ 上，或者与二次曲面 $\boldsymbol{Q}$ 有一个公共的非无穷远点，在后一种情况下，它和 $\boldsymbol{Q}$ 还有一个交点是无穷远点，即渐近方向上的无穷远点。由于式(12.33)可能没有实解，二次曲面可能没有实渐近方向，例如，椭球面就是这样的二次曲面。

12.2.2 绝对二次曲线

考虑方程

$$\begin{cases}x_1^2+x_2^2+x_3^2=0\\ x_4^2=0\end{cases} \tag{12.34}$$

的解集 $\boldsymbol{Q}_\infty$：第一个方程是顶点在原点的(虚)锥面方程，第二个方程是无穷远平面方程，它们的解集是无穷远平面上的虚二次曲线，称为绝对二次曲线。尽管绝对二次曲线没有实点，但它具有寻常二次曲线的共同性质，如切线、配极对应等。

1. 基本性质

任何球面与无穷远平面的交是绝对二次曲线。球面的一般方程为

$$x_1^2+x_2^2+x_3^2+2ax_1x_4+2bx_2x_4+2cx_3x_4+dx_4=0$$

因此，它与无穷远平面的交是

$$\begin{cases}x_1^2+x_2^2+x_3^2=0\\ x_4^2=0\end{cases}$$

任何平面与绝对二次曲线的交是该平面的两个圆环点。平面 π 与球面的交是一个圆 C，而 C 与平面 π 上无穷远直线的交是该平面的圆环点 $\boldsymbol{I},\boldsymbol{J}$，因此平面 π、球面和无穷远平面三者的交是圆环点 $\boldsymbol{I},\boldsymbol{J}$，而球面和无穷远平面的交是绝对二次曲线，故平面 π 与绝对二次曲线的交是该平面的两个圆环点。

任何无穷远直线交绝对二次曲线于两个圆环点，这两个圆环点是以连接它们的无穷远直线为方向的平面与绝对二次曲线的交。

绝对二次曲线是三维射影空间中所有圆环点的集合。根据上面的讨论，所有圆环点都在绝对二次曲线上；反之，对于绝对二次曲线上任一点 $\boldsymbol{x}$，通过 $\boldsymbol{x}$ 的无穷远直线交绝对二次曲线于两个圆环点，因此 $\boldsymbol{x}$ 是其中的圆环点之一。

在无穷远平面上，绝对二次曲线的矩阵表示 $\boldsymbol{Q}_\infty$ 是三阶单位矩阵。为了与寻常二次曲线相区别，用$\boldsymbol{\Omega}_\infty$ 表示绝对二次曲线 $\boldsymbol{Q}_\infty$ 在无穷远平面上的矩阵表示。绝对二次曲线$\boldsymbol{\Omega}_\infty$ 上任一点 $\boldsymbol{x}_\infty$ 的切线为 $\boldsymbol{l}_\infty=\boldsymbol{\Omega}_\infty\boldsymbol{x}_\infty$，任一切线的切点为 $\boldsymbol{x}_\infty=\boldsymbol{\Omega}_\infty^{-1}\boldsymbol{l}_\infty$，配极对应为 $\boldsymbol{l}_\infty=\boldsymbol{\Omega}_\infty\boldsymbol{x}_\infty$。

2. 度量性质

与绝对二次曲线相交的空间直线称为迷向直线，绝对二次曲线对非迷向直线有下述度量性质。

定理 12.2.2　假定 $\boldsymbol{l}_1,\boldsymbol{l}_2$ 是两条非迷向直线，它们的方向分别为 $\boldsymbol{d}_1$ 和 $\boldsymbol{d}_2$(即与无穷远平面的交点为 $\boldsymbol{D}_1=(\boldsymbol{d}_1^{\mathrm{T}},0)^{\mathrm{T}},\boldsymbol{D}_2=(\boldsymbol{d}_2^{\mathrm{T}},0)^{\mathrm{T}}$)，令无穷远直线 $\boldsymbol{l}_\infty=\boldsymbol{d}_1\times\boldsymbol{d}_2$ 与绝对二次曲线的交点为 $\boldsymbol{c}_1,\boldsymbol{c}_2$，则 $\boldsymbol{l}_1,\boldsymbol{l}_2$ 的夹角

$$\theta=\frac{1}{2\mathrm{i}}\ln(\boldsymbol{d}_1\boldsymbol{d}_2;\boldsymbol{c}_1\boldsymbol{c}_2)\tag{12.35}$$

证明　平移 $\boldsymbol{l}_2$ 到 $\boldsymbol{l}_2'$使得 $\boldsymbol{l}_1,\boldsymbol{l}_2'$相交，从 $\boldsymbol{l}_2\parallel\boldsymbol{l}_2'$知，$\boldsymbol{l}_1$ 与 $\boldsymbol{l}_2'$和 $\boldsymbol{l}_1$ 与 $\boldsymbol{l}_2$ 有相同的夹角，且 $\boldsymbol{l}_2'$与 $\boldsymbol{l}_2$ 有相同的方向 $\boldsymbol{d}_2$，因此 $\boldsymbol{l}_1$ 与 $\boldsymbol{l}_2'$确定的平面 π 交无穷远平面于 $\boldsymbol{l}_\infty=\boldsymbol{d}_1\times\boldsymbol{d}_2$，且 $\boldsymbol{c}_1,\boldsymbol{c}_2$ 是平面 π 上的两个圆环点。根据定理 11.2.8，式(12.35)成立。证毕。

由定理 12.2.2，立即得到下述推论：

推论 12.2.1　两直线正交的充要条件是它们与无穷远平面的交点为绝对二次曲线的共轭点；三直线两两正交的充要条件是它们与无穷远平面的三个交点构成绝对二次曲线的自极三角形，如图 12.3 所示。

若三角形的每个顶点关于二次曲线的极线都是对边，或者说，任意两个顶点都是二次曲线的一对共轭点，则称它为二次曲线的自极三角形。推论 12.2.1 说明，绝对二次曲线的自

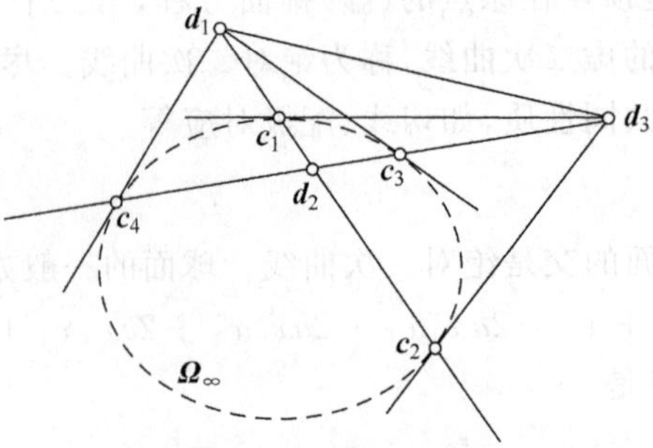

图 12.3 $d_1d_2d_3$ 是绝对二次曲线Ω_∞的自极三角形,d_i,d_j($i\neq j$)是Ω_∞的共轭点

极三角形具有重要的欧几里得性质：自极三角形的三顶点代表的直线方向是两两正交的，因而自极三角形的三边代表的平面方向也是两两正交的。

定理 12.2.2 有下述等价形式

$$\theta = \arccos \frac{\boldsymbol{d}_1^{\mathrm{T}} \boldsymbol{\Omega}_\infty \boldsymbol{d}_2}{\sqrt{(\boldsymbol{d}_1^{\mathrm{T}} \boldsymbol{\Omega}_\infty \boldsymbol{d}_1)(\boldsymbol{d}_2^{\mathrm{T}} \boldsymbol{\Omega}_\infty \boldsymbol{d}_2)}} \tag{12.36}$$

证明留给读者。从这里更容易看出,两条直线正交的充要条件是 $\boldsymbol{d}_1$,$\boldsymbol{d}_2$ 为绝对二次曲线的一对共轭点。

12.2.3 二次曲面的对偶

二次曲面方程是点坐标的二次方程,即以点为基本元素的集合。平面坐标 π 的二次方程

$$\pi^{\mathrm{T}} \boldsymbol{Q}^* \pi = 0 \tag{12.37}$$

称为对偶二次曲面方程,也就是说,对偶二次曲面是以平面为基本元素的集合。若式(12.37)是二次曲面 $\boldsymbol{Q}$ 切面的方程,则称它是 $\boldsymbol{Q}$ 的对偶。下面讨论二次曲面的对偶,其中锥面和二次曲线的对偶在机器人视觉几何中有特别的重要性。

1. 非退化二次曲面的对偶

令 $\boldsymbol{Q}$ 是非退化二次曲面,即 $\det\boldsymbol{Q}\neq 0$,方程为 $\boldsymbol{x}^{\mathrm{T}}\boldsymbol{Q}\boldsymbol{x}=0$。对 $\boldsymbol{Q}$ 的任一点 $\boldsymbol{x}$ 有唯一切面 $\pi=\boldsymbol{Q}\boldsymbol{x}$,因此 $\boldsymbol{x}=\boldsymbol{Q}^{-1}\pi$。于是

$$\pi^{\mathrm{T}}\boldsymbol{Q}^{-1}\pi = \pi^{\mathrm{T}}\boldsymbol{Q}^{-\mathrm{T}}\boldsymbol{Q}\boldsymbol{Q}^{-1}\pi = \boldsymbol{x}^{\mathrm{T}}\boldsymbol{Q}\boldsymbol{x} = 0$$

反之,若平面 π 满足方程 $\pi^{\mathrm{T}}\boldsymbol{Q}^{-1}\pi=0$,令 $\boldsymbol{x}=\boldsymbol{Q}^{-1}\pi$,则

$$\boldsymbol{x}^{\mathrm{T}}\boldsymbol{Q}\boldsymbol{x} = (\boldsymbol{Q}^{-1}\pi)^{\mathrm{T}}\pi = \pi^{\mathrm{T}}\boldsymbol{Q}^{-\mathrm{T}}\pi = \pi^{\mathrm{T}}\boldsymbol{Q}^{-1}\pi = 0$$

因此 $\boldsymbol{x}$ 在二次曲面 $\boldsymbol{Q}$ 上,π 是 $\boldsymbol{Q}$ 的切面。由上面的论证,对偶二次曲面 $\boldsymbol{Q}^{-1}$ 是二次曲面 $\boldsymbol{Q}$ 切面的集合,于是有下述结论。

定理 12.2.3 非退化二次曲面 $\boldsymbol{Q}$ 的对偶是对偶二次曲面 $\boldsymbol{Q}^{-1}$,即 $\boldsymbol{Q}^*=\boldsymbol{Q}^{-1}$。

2. 锥面的对偶

下面考虑锥面 $\boldsymbol{Q}$ 的对偶 $\boldsymbol{Q}^*$。由于 $\operatorname{rank}\boldsymbol{Q}=3$,$\boldsymbol{Q}$ 的零空间是它的顶点 $\boldsymbol{v}$。锥面的任一切面都过顶点,因此锥面的切面满足方程

$$\boldsymbol{v}^{\mathrm{T}}\pi = 0$$

假定 $\boldsymbol{x}$ 是锥面 $\boldsymbol{Q}$ 上任一异于顶点 $\boldsymbol{v}$ 的点,则 $\boldsymbol{x}$ 的切面 $\pi=\boldsymbol{Q}\boldsymbol{x}$。显然,点 $\boldsymbol{y}$ 在母线 $\boldsymbol{v}\boldsymbol{x}$ 上

当且仅当 $\boldsymbol{Q}\boldsymbol{y}=\pi$。令 $\boldsymbol{z}=\boldsymbol{Q}^{+}\pi$，则它在母线 $\boldsymbol{v}\boldsymbol{x}$ 上，这是因为

$$\boldsymbol{Q}\boldsymbol{z}=\boldsymbol{Q}\boldsymbol{Q}^{+}\pi=\boldsymbol{Q}\boldsymbol{Q}^{+}\boldsymbol{Q}\boldsymbol{x}=\boldsymbol{Q}\boldsymbol{x}=\pi$$

由 $\boldsymbol{z}=\boldsymbol{v}+s\boldsymbol{x}$，得

$$\pi^{\mathrm{T}}\boldsymbol{Q}^{+}\pi=(\boldsymbol{Q}\boldsymbol{x})^{\mathrm{T}}(\boldsymbol{v}+s\boldsymbol{x})=\boldsymbol{x}^{\mathrm{T}}\boldsymbol{Q}\boldsymbol{x}=0$$

因此，锥面的切面满足方程

$$\begin{cases}\pi^{\mathrm{T}}\boldsymbol{Q}^{+}\pi=0\\ \boldsymbol{v}^{\mathrm{T}}\pi=0\end{cases}$$

反之，若 $\pi\neq 0$ 满足上述方程，下面证明它是锥面的切面。令 $\boldsymbol{z}=\boldsymbol{Q}^{+}\pi$，则 $\boldsymbol{Q}\boldsymbol{z}=\boldsymbol{Q}\boldsymbol{Q}^{+}\pi=\pi$，于是

$$\boldsymbol{z}^{\mathrm{T}}\boldsymbol{Q}\boldsymbol{z}=(\boldsymbol{Q}^{+}\pi)^{\mathrm{T}}\pi=\pi^{\mathrm{T}}\boldsymbol{Q}^{+}\pi=0$$

且 $\boldsymbol{z}\neq\boldsymbol{v}$，因此 π 是锥面在点 $\boldsymbol{z}$ 的切面。

根据上面的讨论，得到以下定理。

定理 12.2.4　锥面 $\boldsymbol{Q}$ 的对偶由下述方程描述：

$$\begin{cases}\pi^{\mathrm{T}}\boldsymbol{Q}^{+}\pi=0\\ \boldsymbol{v}^{\mathrm{T}}\pi=0\end{cases}\tag{12.38}$$

其中 $\boldsymbol{v}$ 是锥面 $\boldsymbol{Q}$ 的顶点。

下面给出锥面对偶的几何解释。在三维射影空间中点与面是互为对偶元素，面空间称为点空间的对偶空间。参考图 12.4，顶点 $\boldsymbol{v}$ 的对偶在对偶空间中表示一个“平面” $\boldsymbol{v}$，即在对偶空间中满足方程 $\boldsymbol{v}^{\mathrm{T}}\pi=0$ 的所有“点” π 的集合。锥面母线 $\boldsymbol{l}$ 上的点，除顶点外都有相同的切平面 π_l，即母线上一切点的对偶在对偶空间中是同一“点” π_l。换句话说，母线 $\boldsymbol{l}$ 在对偶空间中被压缩成一个“点” π_l。由于在点空间中平面 π_l 过顶点 $\boldsymbol{v}$，在对偶空间中“点” π_l 必在“平面” $\boldsymbol{v}$ 上。当母线 $\boldsymbol{l}$ 绕基线 C 运动时，π_l 在对偶空间中的轨迹是“平面” $\boldsymbol{v}$ 上的“点” π_l 曲线。由定理 12.2.4，在对偶空间中这个曲线是锥面与平面的交线，因而是对偶空间中的二次曲线。

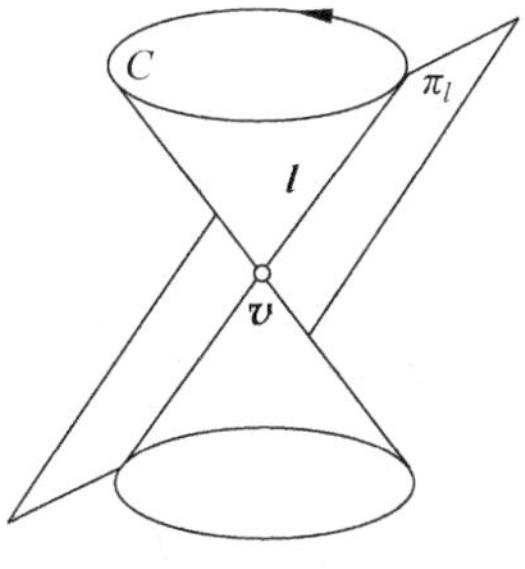

(a) 点空间中的锥面

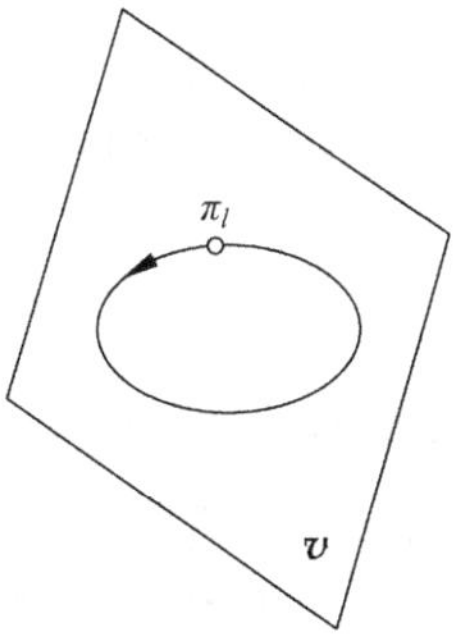

(b) 锥面对偶是面空间的二次曲线

图 12.4　锥面及其对偶

3. 空间二次曲线的对偶

参考图 12.5，平面 π_0 是二次曲线的支撑平面，它在对偶空间中表示一个“点” π_0。二次曲线上任一点 $\boldsymbol{x}$ 的切面形成以该点切线为轴的面束，但不包括支撑平面 π_0。令 π_1 是这个

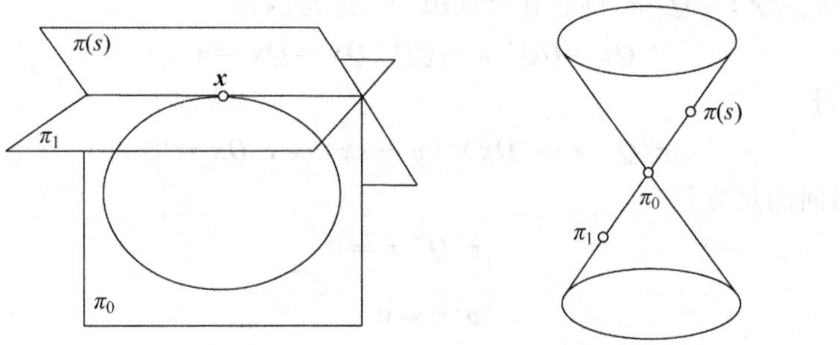

(a) 二次曲线 (b) 二次曲线的对偶是面空间的锥面

图 12.5 二次曲线及其对偶

面束中的一员，则面束的参数方程为 $\pi=\pi_0+s\pi_1$。在对偶空间中，它表示经过"点"π_0 的一条直线 $\pi(s)=\pi_0+s\pi_1$。当点 $\boldsymbol{x}$ 沿二次曲线运动时，$\pi(s)$在对偶空间中的轨迹形成一个锥面。因此，有下述结论：

定理 12.2.5 二次曲线的对偶是对偶锥面，二次曲线的支撑平面是对偶锥面的顶点；二次曲线上点被扩展为对偶锥面的母线，二次曲线的切线与对偶锥面的母线构成一一对应。

12.2.4 绝对对偶二次曲面

绝对二次曲线$\boldsymbol{\Omega}_\infty$的对偶，称为绝对对偶二次曲面，记为 $\boldsymbol{Q}_\infty^*$。在几何上，$\boldsymbol{Q}_\infty^*$是所有与$\boldsymbol{\Omega}_\infty$相切的平面构成的集合。在代数上，$\boldsymbol{Q}_\infty^*$由秩 3 的 4×4 的矩阵来表示：

$$\boldsymbol{Q}_\infty^*=\begin{bmatrix} \boldsymbol{I} & 0 \\ 0^{\mathrm{T}} & 0 \end{bmatrix} \tag{12.39}$$

平面 π 在 $\boldsymbol{Q}_\infty^*$上的充要条件是 $\pi^{\mathrm{T}}\boldsymbol{Q}_\infty^*\pi=0$。令平面 π 的坐标为 $\pi=(\boldsymbol{v}^{\mathrm{T}},k)^{\mathrm{T}}$，$\pi^{\mathrm{T}}\boldsymbol{Q}_\infty^*\pi=0$ 等价于$\boldsymbol{v}^{\mathrm{T}}\boldsymbol{I}\boldsymbol{v}=0$。由于$\boldsymbol{v}$ 表示平面 π 与无穷远平面 π_∞ 的交线，$\boldsymbol{v}$ 与绝对二次曲线 $\boldsymbol{\Omega}_\infty$ 相切的充要条件是$\boldsymbol{v}^{\mathrm{T}}\boldsymbol{I}\boldsymbol{v}=0$。因此，绝对对偶二次曲面 $\boldsymbol{Q}_\infty^*$是绝对二次曲线切面的集合，即 $\boldsymbol{Q}_\infty^*$是$\boldsymbol{\Omega}_\infty$的对偶。根据定理 12.2.5，$\boldsymbol{Q}_\infty^*$是对偶锥面，其顶点是无穷远平面，即 $\boldsymbol{Q}_\infty^*\pi_\infty=0$。下面给出绝对对偶二次曲面的度量性质。

定理 12.2.6 平面 π_1 和 π_2 之间的夹角

$$\theta=\arccos\frac{\pi_1^{\mathrm{T}}\boldsymbol{Q}_\infty^*\pi_2}{\sqrt{(\pi_1^{\mathrm{T}}\boldsymbol{Q}_\infty^*\pi_1)(\pi_2^{\mathrm{T}}\boldsymbol{Q}_\infty^*\pi_2)}} \tag{12.40}$$

证明是容易的，因为平面 $\pi_1=(\boldsymbol{v}_1^{\mathrm{T}},k_1)^{\mathrm{T}}$，$\pi_2=(\boldsymbol{v}_2^{\mathrm{T}},k_2)^{\mathrm{T}}$ 的方向分别是$\boldsymbol{v}_1$ 和$\boldsymbol{v}_2$，所以

$$\cos\theta=\frac{\boldsymbol{v}_1^{\mathrm{T}}\boldsymbol{v}_2}{\sqrt{\boldsymbol{v}_1^{\mathrm{T}}\boldsymbol{v}_1\cdot\boldsymbol{v}_2^{\mathrm{T}}\boldsymbol{v}_2}}=\frac{\pi_1^{\mathrm{T}}\boldsymbol{Q}_\infty^*\pi_2}{\sqrt{(\pi_1^{\mathrm{T}}\boldsymbol{Q}_\infty^*\pi_1)(\pi_2^{\mathrm{T}}\boldsymbol{Q}_\infty^*\pi_2)}}$$

由于无穷远平面的特殊性，绝对二次曲线和绝对对偶二次曲面也有很多特殊性质。在机器人视觉中，尤其在摄像机自标定和三维建模中，绝对二次曲线和绝对对偶二次曲面有非常重要的应用。为了更好地理解，下面从另一角度来考虑它们的代数表示。

首先考虑绝对二次曲线。令 $\boldsymbol{Q}_r$ 是中心在原点半径为 r 的球面，它的矩阵表示

$$\boldsymbol{Q}_r=\mathrm{diag}(1,1,1,-r^2)$$

即球面 $\boldsymbol{Q}_r$ 上的点 $\boldsymbol{x}=(x,y,z,w)^{\mathrm{T}}$ 满足方程

$$\left(\frac{x}{r}\right)^2+\left(\frac{y}{r}\right)^2+\left(\frac{z}{r}\right)^2=w^2$$

当r逐渐增大时，球面$\boldsymbol{Q}_r$上的点就逐渐接近与无穷远平面。记$\boldsymbol{Q}_\infty$是球面$\boldsymbol{Q}_r$在$r\to\infty$时的极限。当$r\to\infty$时，对任何x,y,z有$x/r\to0,y/r\to0,z/r\to0$，因此$w\to0$，$\boldsymbol{Q}_\infty$上的点是无穷远点且满足方程

$$\begin{cases}x^2+y^2+z^2=0\\w=0\end{cases}$$

这正是绝对二次曲线的方程，所以绝对二次曲线是球面$\boldsymbol{Q}_r$在$r\to\infty$时的极限。

考虑绝对对偶二次曲面$\boldsymbol{Q}_\infty^*$。根据定理12.2.3球面$\boldsymbol{Q}_r$的对偶

$$\boldsymbol{Q}_r^*=\mathrm{diag}(1,1,1,-1/r^2)$$

由于绝对对偶二次曲面$\boldsymbol{Q}_\infty^*$是绝对二次曲线的对偶，从上面的讨论可以看出它是对偶曲面$\boldsymbol{Q}_r^*$在$r\to\infty$时极限，因此

$$\boldsymbol{Q}_\infty^*=\lim_{r\to\infty}\boldsymbol{Q}_r^*=\mathrm{diag}(1,1,1,0)$$

这样就得到了绝对对偶二次曲面代数表示。

12.3　三维射影变换

12.3.1　基本概念

三维射影变换是射影空间上的可逆齐次线性变换，由4×4的矩阵$\boldsymbol{H}$来定义

$$\boldsymbol{x}'=\boldsymbol{H}\boldsymbol{x}\tag{12.41}$$

矩阵$\boldsymbol{H}$称为射影变换矩阵或单应矩阵。由于射影变换是齐次的，矩阵$\boldsymbol{H}$在相差任何非零因子时都表示同一变换，因此射影变换有15个自由度，即由$\boldsymbol{H}$的元素构成的15个比值唯一确定。

三维射影变换将空间的点(线、面)变换到点(线、面)，且保持点的共线(面)性、线的共面性。任何三维射影变换的逆变换都是三维射影变换、任何两个三维射影变换的合成(对应于两个单应矩阵的积)也是三维射影变换。因此，三维射影变换的全体构成一个变换群，称为三维射影群。

1. 5点确定三维射影变换

满足式(12.41)的一对点$\boldsymbol{x}\leftrightarrow\boldsymbol{x}'$称为射影变换$\boldsymbol{H}$的一个点对应。给定一个点对应的齐次坐标，由于齐次性，式(12.41)表示在相差一个非零因子意义下的相等

$$s\boldsymbol{x}'=\boldsymbol{H}\boldsymbol{x}$$

消去因子s可导出$\boldsymbol{H}$的3个线性齐次方程。在一般情况下，5个点对应确定唯一的三维射影变换。

引理12.3.1　设$\boldsymbol{x}_1',\boldsymbol{x}_2',\cdots,\boldsymbol{x}_5'$为任意给定的5个点，其中任何4个点不共面，则存在唯一射影变换$\boldsymbol{H}$将下面5个点

$$\boldsymbol{e}_1=(1,0,0,0)^{\mathrm{T}},\quad \boldsymbol{e}_2=(0,1,0,0)^{\mathrm{T}},\quad \boldsymbol{e}_3=(0,0,1,0)^{\mathrm{T}},$$

$$e_4=(0,0,0,1)^{\mathrm{T}},\quad e_5=(1,1,1,1)^{\mathrm{T}}$$

依次变为 $x_1',x_2',\cdots,x_5'$，且

$$H=(x_1',x_2',x_3',x_4')\mathrm{diag}((x_1',x_2',x_3',x_4')^{-1}x_5') \tag{12.42}$$

证明 由方程 $s_ix_i'=He_i(i=1,2,\cdots,5)$ 得到

$$(s_1x_1',s_2x_2',s_3x_3',s_4x_4')=H(e_1,e_2,e_3,e_4)$$

于是

$$\begin{aligned}H&=(x_1',x_2',x_3',x_4')\mathrm{diag}(s_1,s_2,s_3,s_4)(e_1,e_2,e_3,e_4)^{-1}\\&=(x_1',x_2',x_3',x_4')\mathrm{diag}(s_1,s_2,s_3,s_4)\end{aligned}$$

因此

$$s_5x_5'=(x_1',x_2',x_3',x_4')\mathrm{diag}(s_1,s_2,s_3,s_4)x_5=(x_1',x_2',x_3',x_4')s$$

其中 $s=(s_1,s_2,s_3,s_4)^{\mathrm{T}}$。由于 x_1',x_2',x_3',x_4' 不共面，(x_1',x_2',x_3',x_4') 是可逆矩阵，所以

$$s=s_5(x_1',x_2',x_3',x_4')^{-1}x_5'$$

$$H=s_5(x_1',x_2',x_3',x_4')\mathrm{diag}((x_1',x_2',x_3',x_4')^{-1}x_5')$$

证毕。

定理 12.3.1 若 5 个点对应 $x_i\leftrightarrow x_i'(i=1,2,\cdots,5)$ 中任何 4 点不共面，则它们确定唯一射影变换 H，且

$$H=(x_1',x_2',x_3',x_4')\mathrm{diag}\left(\frac{a_1'}{a_1},\frac{a_2'}{a_2},\frac{a_3'}{a_3},\frac{a_4'}{a_4}\right)(x_1,x_2,x_3,x_4)^{-1} \tag{12.43}$$

其中

$$a=(x_1,x_2,x_3,x_4)^{-1}x_5,\quad a'=(x_1',x_2',x_3',x_4')^{-1}x_5'$$

证明 根据引理 12.3.1，点对应 $e_i\leftrightarrow x_i$ 和 $e_i\leftrightarrow x_i'$ 确定的唯一射影变换分别是

$$H_1=(x_1,x_2,x_3,x_4)\mathrm{diag}(a_1,a_2,a_3,a_4)$$

$$H_2=(x_1',x_2',x_3',x_4')\mathrm{diag}(a_1',a_2',a_3',a_4')$$

因此，点对应 $x_i\leftrightarrow x_i'$ 确定唯一射影变换

$$H=H_2H_1^{-1}=(x_1',x_2',x_3',x_4')\mathrm{diag}\left(\frac{a_1'}{a_1},\frac{a_2'}{a_2},\frac{a_3'}{a_3},\frac{a_4'}{a_4}\right)(x_1,x_2,x_3,x_4)^{-1}$$

证毕。

2. 平面与直线的变换

在三维射影空间中，点与平面互为对偶，射影变换 H 的对偶是 $H^{-\mathrm{T}}$，根据对偶原理立即得到以下定理。

定理 12.3.2 射影变换 H 对平面 π 的变换是

$$\pi'=H^{-\mathrm{T}}\pi \tag{12.44}$$

若用 Plücker 矩阵 L 表示直线，下面定理给出了直线的变换规则。

定理 12.3.3 射影变换 H 对直线 L 的变换是

$$L'=HLH^{\mathrm{T}} \tag{12.45}$$

其对偶形式为

$$L^{*\prime}=H^{-\mathrm{T}}L^*H^{-1} \tag{12.46}$$

证明是容易的：令 $L=xy^{\mathrm{T}}-yx^{\mathrm{T}}$，则

$$\boldsymbol{L}'=(\boldsymbol{Hx})(\boldsymbol{Hy})^{\mathrm{T}}-(\boldsymbol{Hy})(\boldsymbol{Hx})^{\mathrm{T}}=\boldsymbol{H}(\boldsymbol{xy}^{\mathrm{T}}-\boldsymbol{yx}^{\mathrm{T}})\boldsymbol{H}^{\mathrm{T}}=\boldsymbol{HLH}^{\mathrm{T}}$$

令 $\boldsymbol{L}^*=\pi\xi^{\mathrm{T}}-\xi\pi^{\mathrm{T}}$，则

$$\boldsymbol{L}^{*\prime}=(\boldsymbol{H}^{-\mathrm{T}}\pi)(\boldsymbol{H}^{-\mathrm{T}}\xi)^{\mathrm{T}}-(\boldsymbol{H}^{-\mathrm{T}}\xi)(\boldsymbol{H}^{-\mathrm{T}}\pi)^{\mathrm{T}}=\boldsymbol{H}^{-\mathrm{T}}(\pi\xi^{\mathrm{T}}-\xi\pi^{\mathrm{T}})\boldsymbol{H}^{-1}=\boldsymbol{H}^{-\mathrm{T}}\boldsymbol{L}^*\boldsymbol{H}^{-1}$$

现在，讨论射影变换对直线 Plücker 坐标的变换规则。记 $\boldsymbol{H}=\begin{bmatrix}\boldsymbol{A} & \boldsymbol{b}\\ \boldsymbol{c}^{\mathrm{T}} & d\end{bmatrix}$，定义 6×6 矩阵

$$\mathcal{H}=\begin{bmatrix}d\boldsymbol{A}-\boldsymbol{bc}^{\mathrm{T}} & \boldsymbol{A}\lfloor\boldsymbol{c}\rfloor_{\times}^{\mathrm{T}}\\ [\boldsymbol{b}]_{\times}\boldsymbol{A} & \boldsymbol{A}^*\end{bmatrix} \tag{12.47}$$

其中 $\boldsymbol{A}^*=(\boldsymbol{a}^2\times\boldsymbol{a}^3,\boldsymbol{a}^3\times\boldsymbol{a}^1,\boldsymbol{a}^1\times\boldsymbol{a}^2)^{\mathrm{T}}$ 是 $\boldsymbol{A}$ 的对偶($\boldsymbol{a}^{i\mathrm{T}}$ 是 $\boldsymbol{A}$ 的第 i 行向量)，当 $\boldsymbol{A}$ 可逆时 $\boldsymbol{A}^*=\det\boldsymbol{A}\cdot\boldsymbol{A}^{-\mathrm{T}}$。对任何三维向量 $\tilde{\boldsymbol{x}},\tilde{\boldsymbol{y}}$，等式 $\boldsymbol{A}^*(\tilde{\boldsymbol{x}}\times\tilde{\boldsymbol{y}})=\boldsymbol{A}\tilde{\boldsymbol{x}}\times\boldsymbol{A}\tilde{\boldsymbol{y}}$ 成立。

定理 12.3.4　设 $\boldsymbol{l}$ 是直线的 Plücker 坐标，则射影变换后直线的 Plücker 坐标

$$\boldsymbol{l}'=\mathcal{H}\boldsymbol{l} \tag{12.48}$$

证明　令 $\boldsymbol{x}=(x_1,\tilde{\boldsymbol{x}}^{\mathrm{T}})^{\mathrm{T}},\boldsymbol{y}=(y_1,\tilde{\boldsymbol{y}}^{\mathrm{T}})^{\mathrm{T}}$ 是直线上的相异两点，则 Plücker 坐标

$$\boldsymbol{l}=\begin{bmatrix}x_1\tilde{\boldsymbol{y}}-y_1\tilde{\boldsymbol{x}}\\ \tilde{\boldsymbol{x}}\times\tilde{\boldsymbol{y}}\end{bmatrix}$$

射影变换后直线的 Plücker 坐标

$$\boldsymbol{l}'=\begin{bmatrix}x_1'\tilde{\boldsymbol{y}}'-y_1'\tilde{\boldsymbol{x}}'\\ \tilde{\boldsymbol{x}}'\times\tilde{\boldsymbol{y}}'\end{bmatrix}$$

其中

$$\boldsymbol{x}'=\begin{pmatrix}x'\\ \tilde{\boldsymbol{x}}_1'\end{pmatrix}=\boldsymbol{Hx},\quad \boldsymbol{y}'=\begin{pmatrix}y_1'\\ \tilde{\boldsymbol{y}}'\end{pmatrix}=\boldsymbol{Hy}$$

由于

$$\mathcal{T}\boldsymbol{l}=\begin{bmatrix}\underbrace{\boldsymbol{A}[\boldsymbol{c}]_{\times}^{\mathrm{T}}(\tilde{\boldsymbol{x}}\times\tilde{\boldsymbol{y}})+(d\boldsymbol{A}-\boldsymbol{bc}^{\mathrm{T}})(x_1\tilde{\boldsymbol{y}}-y_1\tilde{\boldsymbol{x}})}_{w}\\ \underbrace{\boldsymbol{A}^*(\tilde{\boldsymbol{x}}\times\tilde{\boldsymbol{y}})+[\boldsymbol{b}]_{\times}\boldsymbol{A}(x_1\tilde{\boldsymbol{y}}-y_1\tilde{\boldsymbol{x}})}_{z}\end{bmatrix}$$

且

$$\begin{aligned}\boldsymbol{w}&=-(\boldsymbol{c}^{\mathrm{T}}\tilde{\boldsymbol{y}}\boldsymbol{A}\tilde{\boldsymbol{x}}-\boldsymbol{c}^{\mathrm{T}}\tilde{\boldsymbol{x}}\boldsymbol{A}\tilde{\boldsymbol{y}})+d(x_1\boldsymbol{A}\tilde{\boldsymbol{y}}-y_1\boldsymbol{A}\tilde{\boldsymbol{x}})-(x_1\boldsymbol{c}^{\mathrm{T}}\tilde{\boldsymbol{y}}-y_1\boldsymbol{c}^{\mathrm{T}}\tilde{\boldsymbol{x}})\boldsymbol{b}\\ &=(\boldsymbol{c}^{\mathrm{T}}\tilde{\boldsymbol{x}}+dx_1)(A\tilde{\boldsymbol{y}}+y_1\boldsymbol{b})-(\boldsymbol{c}^{\mathrm{T}}\tilde{\boldsymbol{y}}+dy_1)(\boldsymbol{A}\tilde{\boldsymbol{x}}+x_1\boldsymbol{b})\\ &=x_1'\tilde{\boldsymbol{y}}'-y_1'\tilde{\boldsymbol{x}}'\\ \boldsymbol{z}&=\boldsymbol{A}\tilde{\boldsymbol{x}}\times\boldsymbol{A}\tilde{\boldsymbol{y}}+x_1\boldsymbol{b}\times\boldsymbol{A}\tilde{\boldsymbol{y}}+y_1\boldsymbol{A}\tilde{\boldsymbol{x}}\times\boldsymbol{b}\qquad(\boldsymbol{A}^*(\tilde{\boldsymbol{x}}\times\tilde{\boldsymbol{y}})=\boldsymbol{A}\tilde{\boldsymbol{x}}\times\boldsymbol{A}\tilde{\boldsymbol{y}})\\ &=(\boldsymbol{A}\tilde{\boldsymbol{x}}+x_1\boldsymbol{b})\times(\boldsymbol{A}\tilde{\boldsymbol{y}}+y_1\boldsymbol{b})\\ &=\tilde{\boldsymbol{x}}'\times\tilde{\boldsymbol{y}}'\end{aligned}$$

故 $\mathcal{T}\boldsymbol{l}=\boldsymbol{l}'$。证毕。

3. 交比不变性

射影变换的基本不变量是交比，即射影变换保持点束、线束和面束的交比不变。比如面束

$$\pi_1,\pi_2,\pi_3=\pi_1+\lambda\pi_2,\quad \pi_4=\pi_1+\mu\pi_2$$

的交比

$$(\pi_1\pi_2;\pi_3\pi_4)=\frac{\lambda}{\mu}$$

由于式(12.44)在射影变换下

$$\pi'_3=\boldsymbol{H}^{-\mathrm{T}}\pi_1+\lambda\boldsymbol{H}^{-\mathrm{T}}\pi_2=\pi'_3=\pi'_1+\lambda\pi'_2$$

$$\pi'_4=\pi'_3=\pi'_1+\mu\pi'_2$$

所以

$$(\pi'_1\pi'_2;\pi'_3\pi'_4)=\frac{\lambda}{\mu}=(\pi_1\pi_2;\pi_3\pi_4)$$

故，射影变换保持面束的交比不变。

交比是射影不变量，一切由交比定义的量或性质都是射影不变量或射影不变性质。

12.3.2 二次曲面的变换

在射影变换 $\boldsymbol{x}'=\boldsymbol{H}\boldsymbol{x}$ 下，二次曲面 $\boldsymbol{Q}$ 被变换为

$$\boldsymbol{Q}'=\boldsymbol{H}^{-\mathrm{T}}\boldsymbol{Q}\boldsymbol{H}^{-1}\tag{12.49}$$

因此二次曲面的射影变换仍是二次曲面。应用平面的变换规则 $\pi'=\boldsymbol{H}^{-\mathrm{T}}\pi$，立即得到对偶二次曲面 $\boldsymbol{Q}^*$ 的变换规则

$$\boldsymbol{Q}^{*\prime}=\boldsymbol{H}\boldsymbol{Q}^*\boldsymbol{H}^{\mathrm{T}}\tag{12.50}$$

注意，锥面的对偶 $\boldsymbol{Q}^*$ 是空间二次曲线，不能由单个矩阵来表示，但可由对偶锥面和平面的变换来联合表达

$$\begin{cases}\pi^{\mathrm{T}}\boldsymbol{Q}^+\pi=0\\ \boldsymbol{v}^{\mathrm{T}}\pi=0\end{cases}\Rightarrow\begin{cases}\pi'^{\mathrm{T}}\boldsymbol{H}\boldsymbol{Q}^+\boldsymbol{H}^{\mathrm{T}}\pi'=0\\ \boldsymbol{v}^{\mathrm{T}}\boldsymbol{H}^{\mathrm{T}}\pi'=0\end{cases}\tag{12.51}$$

根据定理 12.2.1，二次曲面的共轭点来源于调和性质，而调和性质是由交比定义的，因此共轭点是射影概念，即射影变换将共轭点变换到共轭点。于是，由共轭点导出的一切概念，比如极点、极面(包括切点、切面)以及奇点等概念都是射影概念。

1. 射影分类

考虑二次曲面的射影分类。如果存在射影变换 $\boldsymbol{H}$ 使二次曲面 $\boldsymbol{Q}_1,\boldsymbol{Q}_2$ 满足 $\boldsymbol{Q}_2=\boldsymbol{H}^{-\mathrm{T}}\boldsymbol{Q}_1\boldsymbol{H}^{-1}$，则称这两个二次曲面是射影等价的。射影等价满足等价关系：

(i) $\boldsymbol{Q}$ 与自身射影等价；

(ii) 若 $\boldsymbol{Q}_1$ 与 $\boldsymbol{Q}_2$ 射影等价，则 $\boldsymbol{Q}_2$ 与 $\boldsymbol{Q}_1$ 射影等价；

(iii) 若 $\boldsymbol{Q}_1$ 与 $\boldsymbol{Q}_2$ 射影等价，若 $\boldsymbol{Q}_2$ 与 $\boldsymbol{Q}_3$ 射影等价，则 $\boldsymbol{Q}_1$ 与 $\boldsymbol{Q}_3$ 射影等价。

二次曲面按射影等价关系的分类称为射影分类。令 $\boldsymbol{Q}=\boldsymbol{U}\boldsymbol{D}\boldsymbol{U}^{\mathrm{T}}$ 是对称矩阵 $\boldsymbol{Q}$ 的特征分解，其中 $\boldsymbol{U}$ 是正交矩阵，$\boldsymbol{D}$ 是实对角矩阵。通过对 $\boldsymbol{U}$ 的每列进行适当的伸缩，$\boldsymbol{Q}$ 能进一步分解为 $\boldsymbol{Q}=\boldsymbol{H}^{-\mathrm{T}}\boldsymbol{D}\boldsymbol{H}^{-1}$，这里 $\boldsymbol{D}$ 是对角元取 0,1,或 −1 的对角矩阵，且零元素出现在最后，+1 出现在最前，−1 次之。$\boldsymbol{H}$ 可逆因而是射影变换，因此二次曲面 $\boldsymbol{Q}$ 与 $\boldsymbol{D}$ 射影等价。二次曲面 $\boldsymbol{D}$ 的每一种形式代表了一种射影等价类，由此得到表 12.1 给出的射影分类，其中符号差是 $\boldsymbol{D}$ 的对角元素中 1 的个数与 −1 的个数之差。

表 12.1　二次曲面的射影分类

Q 的秩	符号差	方　程	曲　面
4	4	$x_1^2+x_2^2+x_3^2+x_4^2=0$	虚椭球面
4	2	$x_1^2+x_2^2+x_3^2-x_4^2=0$	椭球面或双叶双曲面或椭圆抛物面
4	0	$x_1^2+x_2^2-x_3^2-x_4^2=0$	单叶双曲面或双叶抛物面
3	3	$x_1^2+x_2^2+x_3^2=0$	虚锥面
3	1	$x_1^2+x_2^2-x_3^2=0$	实锥面或柱面
2	2	$x_1^2+x_2^2=0$	一对虚平面
2	0	$x_1^2-x_2^2=0$	一对实平面
1	1	$x_1^2=0$	二重合平面

2. 度量性质

下面讨论绝对二次曲线和绝对对偶二次曲面在射影变换下的度量性质。

射影变换 $\boldsymbol{H}$ 将平面变换到平面，记 π'_∞ 是无穷平面 π_∞ 的射影变换，因此 $\boldsymbol{H}$ 诱导出从 π_∞ 到平面 π'_∞ 的二维射影变换，记为 $\widetilde{\boldsymbol{H}}_{3\times3}$。于是，绝对二次曲线$\boldsymbol{\Omega}_\infty$ 在平面 π'_∞ 上的矩阵表示为$\boldsymbol{\Omega}'_\infty=\widetilde{\boldsymbol{H}}_{3\times3}^{-\mathrm{T}}\boldsymbol{\Omega}_\infty\widetilde{\boldsymbol{H}}_{3\times3}^{-1}$，即射影变换 $\boldsymbol{H}$ 将绝对二次曲线$\boldsymbol{\Omega}_\infty$ 变换到$\boldsymbol{\Omega}'_\infty$，并且直线方向 $\boldsymbol{d}$(直线与无穷远平面 π_∞ 的交点)经射影变换 $\boldsymbol{H}$ 后的(射影)方向是 $\boldsymbol{d}'=\widetilde{\boldsymbol{H}}_{3\times3}\boldsymbol{d}$。

定理 12.3.5　若直线 $\boldsymbol{l}_1$ 和 $\boldsymbol{l}_2$ 经射影变换后的(射影)方向分别是 $\boldsymbol{d}'_1,\boldsymbol{d}'_2$，则 $\boldsymbol{l}_1$ 和 $\boldsymbol{l}_2$ 的夹角

$$\theta=\arccos\frac{\boldsymbol{d}_1'^{\mathrm{T}}\boldsymbol{\Omega}'_\infty\boldsymbol{d}'_2}{\sqrt{\boldsymbol{d}_1'^{\mathrm{T}}\boldsymbol{\Omega}'_\infty\boldsymbol{d}'_1\cdot\boldsymbol{d}_2'^{\mathrm{T}}\boldsymbol{\Omega}'_\infty\boldsymbol{d}'_2}}\tag{12.52}$$

证明　令 $\boldsymbol{d}_1$ 和 $\boldsymbol{d}_2$是直线 $\boldsymbol{l}_1$ 和 $\boldsymbol{l}_2$ 的方向，则 $\boldsymbol{d}'_1=\widetilde{\boldsymbol{H}}_{3\times3}\boldsymbol{d}_1$，$\boldsymbol{d}'_2=\widetilde{\boldsymbol{H}}_{3\times3}\boldsymbol{d}_2$，且

$$\begin{aligned}\cos\theta&=\frac{\boldsymbol{d}_1^{\mathrm{T}}\boldsymbol{\Omega}_\infty\boldsymbol{d}_2}{\sqrt{\boldsymbol{d}_1^{\mathrm{T}}\boldsymbol{\Omega}_\infty\boldsymbol{d}_1\cdot\boldsymbol{d}_2^{\mathrm{T}}\boldsymbol{\Omega}_\infty\boldsymbol{d}_2}}=\frac{\boldsymbol{d}_1'^{\mathrm{T}}\widetilde{\boldsymbol{H}}_{3\times3}^{-\mathrm{T}}\boldsymbol{\Omega}_\infty\widetilde{\boldsymbol{H}}_{3\times3}^{-1}\boldsymbol{d}'_2}{\sqrt{(\boldsymbol{d}_1'^{\mathrm{T}}\widetilde{\boldsymbol{H}}_{3\times3}^{-\mathrm{T}}\boldsymbol{\Omega}_\infty\widetilde{\boldsymbol{H}}_{3\times3}^{-1}\boldsymbol{d}'_1)(\boldsymbol{d}_2'^{\mathrm{T}}\widetilde{\boldsymbol{H}}_{3\times3}^{-\mathrm{T}}\boldsymbol{\Omega}_\infty\widetilde{\boldsymbol{H}}_{3\times3}^{-1}\boldsymbol{d}'_2)}}\\&=\frac{\boldsymbol{d}_1'^{\mathrm{T}}\boldsymbol{\Omega}'_\infty\boldsymbol{d}'_2}{\sqrt{\boldsymbol{d}_1'^{\mathrm{T}}\boldsymbol{\Omega}'_\infty\boldsymbol{d}'_1\cdot\boldsymbol{d}_2'^{\mathrm{T}}\boldsymbol{\Omega}'_\infty\boldsymbol{d}'_2}}\end{aligned}$$

因此式(12.52)成立。

这个定理的重要性在于：从绝对二次曲线和直线方向的图像可计算原始直线的夹角。

对于绝对对偶二次曲面，有类似的定理：

定理 12.3.6　假定 π'_1,π'_2是平面 π_1,π_2 的射影变换，$\boldsymbol{Q}_\infty^{*\prime}$是绝对对偶二次曲面的射影变换，则平面 π_1,π_2 的夹角

$$\theta=\arccos\frac{\pi_1'^{\mathrm{T}}\boldsymbol{Q}_\infty^{*\prime}\pi'_2}{\sqrt{(\pi_1'^{\mathrm{T}}\boldsymbol{Q}_\infty^{*\prime}\pi'_1)(\pi_2'^{\mathrm{T}}\boldsymbol{Q}_\infty^{*\prime}\pi'_2)}}\tag{12.53}$$

证明　由平面和对偶二次曲面的变换规则，

$$\pi'_1=\boldsymbol{H}^{-\mathrm{T}}\pi_1,\quad \pi'_2=\boldsymbol{H}^{-\mathrm{T}}\pi_2,\quad \boldsymbol{Q}_\infty^{*\prime}=\boldsymbol{H}\boldsymbol{Q}_\infty^{*}\boldsymbol{H}^{\mathrm{T}}$$

所以

$$\frac{\pi_1'^{\mathrm{T}}\boldsymbol{Q}_\infty^{*\prime}\pi'_2}{\sqrt{(\pi_1'^{\mathrm{T}}\boldsymbol{Q}_\infty^{*\prime}\pi'_1)(\pi_2'^{\mathrm{T}}\boldsymbol{Q}_\infty^{*\prime}\pi'_2)}}=\frac{\pi_1^{\mathrm{T}}\boldsymbol{Q}_\infty^{*}\pi_2}{\sqrt{(\pi_1^{\mathrm{T}}\boldsymbol{Q}_\infty^{*}\pi_1)(\pi_2^{\mathrm{T}}\boldsymbol{Q}_\infty^{*}\pi_2)}}$$

根据定理 12.2.6,式(12.53)成立。证毕。

12.3.3 仿射变换

三维仿射变换定义为

$$x' = \underbrace{\begin{bmatrix} \boldsymbol{A} & \boldsymbol{t} \\ 0 & 1 \end{bmatrix}}_{\boldsymbol{H}_a} \boldsymbol{x} \tag{12.54}$$

其中 $\boldsymbol{A}$ 是 3 阶可逆矩阵,$\boldsymbol{H}_a$ 称为仿射变换矩阵。三维仿射变换有 12 个自由度,四个非共面的点对应确定唯一仿射变换。所有仿射变换的全体构成一个变换群,称为仿射群。也就是说,仿射变换的逆变换也是仿射变换,两个仿射变换的合成也是仿射变换。仿射群是射影群的子群,所以它也保持射影性质。

1. 仿射不变量

对于仿射变换,有下述结论:

(i) 保持无穷远平面不变,即将无穷远点变换到无穷远点。

(ii) 保持直线与直线、直线与平面以及平面与平面之间的平行性。

(iii) 保持物体的体积比、平行图形(或同一平面上的图形)的面积比和平行线段的长度比不变。

性质(i)与(ii)是明显的。下面证明(iii):仿射变换保持体积比的不变性质。假定 V_1,V_2 是两个空间物体,其体积分别为 $v(V_1)$,$v(V_2)$,经过仿射变换后的物体记为 V_1',V_2',其体积分别为 $v(V_1')$,$v(V_2')$。将仿射变换式(12.54)写成非齐次形式

$$\begin{bmatrix} x' \\ y' \\ z' \end{bmatrix} = \boldsymbol{A} \begin{bmatrix} x \\ y \\ z \end{bmatrix} + \begin{bmatrix} t_1 \\ t_2 \\ t_3 \end{bmatrix}$$

则仿射变换的 Jacobi 行列式

$$J = \det\left(\frac{\partial(x', y', z')}{\partial(x, y, z)}\right) = \det\boldsymbol{A}$$

所以

$$v(V_j') = \iiint_{V_j'} \mathrm{d}x'\mathrm{d}y'\mathrm{d}z' = \iiint_{V_j} \left|\frac{\partial(x', y', z')}{\partial(x, y, z)}\right| \mathrm{d}x\mathrm{d}y\mathrm{d}z$$

$$= |\det\boldsymbol{A}| \iiint_{V_j} \mathrm{d}x\mathrm{d}y\mathrm{d}z = |\det\boldsymbol{A}|\, v(V_j)$$

因此

$$\frac{v(V_1)}{v(V_2)} = \frac{v(V_1')}{v(V_2')}$$

平行图形面积比的不变性质可由体积比不变性质导出,而平行线段长度比不变性质可由面积比不变性质导出,证明留给读者。

定理 12.3.7 射影变换 $\boldsymbol{H}$ 保持无穷远平面不变的充要条件是 $\boldsymbol{H}$ 为仿射变换。

证明 仿射变换保持无穷远平面不变,因此仅需证明必要性。将射影变换 $\boldsymbol{H}$ 写成分块形式

$$H=\begin{bmatrix}A & b\\ c^{T} & d\end{bmatrix}$$

若 $\boldsymbol{H}$ 保持无穷远平面 $\pi_{\infty}=(0^{T},1)^{T}$ 不变，由平面的变换规则，

$$\pi_{\infty}=\begin{bmatrix}A & b\\ c^{T} & d\end{bmatrix}^{-T}\pi_{\infty}$$

因此

$$\begin{bmatrix}A^{T} & c\\ b^{T} & d\end{bmatrix}\begin{bmatrix}0\\ 1\end{bmatrix}=\begin{bmatrix}0\\ 1\end{bmatrix}$$

于是，$\boldsymbol{c}=0,d=1$，故 $\boldsymbol{H}$ 是仿射变换。证毕。

此定理表明，保持无穷远平面不变是仿射变换的本质特征。

2. 二次曲面的仿射分类

如果存在仿射变换 $\boldsymbol{H}_a$ 使二次曲面 $\boldsymbol{Q}_1,\boldsymbol{Q}_2$ 满足 $\boldsymbol{Q}_2=\boldsymbol{H}_a^{-T}\boldsymbol{Q}_1\boldsymbol{H}_a^{-1}$，则称这两个二次曲面是仿射等价的。仿射等价也是一种等价关系，二次曲面按仿射等价的分类称为仿射分类。表 12.2 给出了仿射分类的结果，任何二次曲面都可通过仿射变换为表中的某个标准方程。根据二次曲面在无穷平面上的特征(与无穷远平面的交，即二次曲面的渐近方向)是虚二次曲线、实二次曲线和一对直线(包括虚直线和重合直线)，分为椭圆型、双曲型和抛物型三大类：1～3 是椭圆型二次曲面，4～6 是双曲型二次曲面，7～17 是抛物型二次曲面。抛物型二次曲面与无穷远平面相切。

表 12.2　二次曲面的仿射分类

序号	方　程	曲　面	无穷平面上的特征
1	$x_1^2+x_2^2+x_3^2+x_4^2=0$	虚椭球面(虚曲面)	虚二次曲线 $x_1^2+x_2^2+x_3^2=0,x_4=0$
2	$x_1^2+x_2^2+x_3^2-x_4^2=0$	椭球面	
3	$x_1^2+x_2^2+x_3^2=0$	虚锥面	
4	$x_1^2+x_2^2-x_3^2-x_4^2=0$	单叶双曲面	实二次曲线 $x_1^2+x_2^2-x_3^2=0,x_4=0$
5	$x_1^2+x_2^2-x_3^2+x_4^2=0$	双叶双曲面	
6	$x_1^2+x_2^2-x_3^2=0$	锥面	
7	$x_1^2+x_2^2-2x_3x_4=0$	椭圆抛物面	一对共轭虚直线 $x_1^2+x_2^2=0,x_4=0$
8	$x_1^2+x_2^2-x_4^2=0$	椭圆柱面	
9	$x_1^2+x_2^2+x_4^2=0$	虚柱面	
10	$x_1^2+x_2^2=0$	一对共轭虚平面	
11	$x_1^2-x_2^2-2x_3x_4=0$	双曲抛物面	一对实直线 $x_1^2-x_2^2=0,x_4=0$
12	$x_1^2-x_2^2-x_4^2=0$	双曲柱面	
13	$x_1^2-x_2^2=0$	一对平面	
14	$x_2^2-2x_1x_4=0$	抛物柱面	一对重合直线 $x_2^2=0,x_4=0$
15	$x_2^2+x_4^2=0$	一对平行虚面	
16	$x_2^2-x_4^2=0$	一对平行平面	
17	$x_2^2=0$	二个重合平面	

12.3.4 相似变换

相似变换的定义如下：

$$x' = \begin{bmatrix} sU & t \\ 0^T & 1 \end{bmatrix} x \tag{12.55}$$

其中U是三维正交矩阵，s是相似比例因子。所有相似变换的全体构成一个变换群，称为相似群，它是仿射群的子群。相似变换保持物体的形状，即通过相似变换后物体的形状不发生变化，变化的是物体的大小。如果限制U是旋转矩阵，则变换式(12.55)称为旋转相似变换。旋转相似变换的全体构成相似群的子群。

相似群是仿射群的子群，因此仿射性质也是它的不变性质。相似群最基本的性质是保持绝对二次曲线与绝对对偶二次曲面不变。

定理 12.3.8 射影变换H保持绝对二次曲面Q_∞^*不变的充要条件是H为相似变换。

证明 根据对偶二次曲面的变换规则，Q_∞^*在变换H下不变的充要条件是$Q_\infty^* = HQ_\infty^* H^T$。令

$$H = \begin{bmatrix} A & t \\ v^T & 1 \end{bmatrix}$$

则

$$\begin{bmatrix} I & 0 \\ 0^T & 0 \end{bmatrix} = \begin{bmatrix} A & t \\ v^T & 1 \end{bmatrix} \begin{bmatrix} I & 0 \\ 0^T & 0 \end{bmatrix} \begin{bmatrix} A^T & v \\ t^T & 1 \end{bmatrix} = \begin{bmatrix} AA^T & Av \\ v^T A^T & v^T v \end{bmatrix}$$

因此$Q_\infty^* = HQ_\infty^* H^T$成立的充要条件是$v = 0$且$A$是正交矩阵$U$的非零常数倍，即在相差一个非零因子的意义下

$$H = \begin{bmatrix} sU & t \\ 0 & 1 \end{bmatrix}$$

故，射影变换保持绝对对偶二次曲面不变的充要条件是它为相似变换。证毕。

定理 12.3.8 的对偶是定理 12.3.9。

定理 12.3.9 射影变换H保持绝对二次曲线Ω_∞不变的充要条件是H为相似变换。

证明 射影变换H保持绝对二次曲线Ω_∞不变，当然也保持无穷远平面不变，因此它是仿射变换

$$H = \begin{bmatrix} A & t \\ 0 & 1 \end{bmatrix}$$

于是H限制在无穷远平面的二维变换是A，且H保持Ω_∞不变的充要条件是$A^{-T} I A^{-1} = sI$，而$A^{-T} I A^{-1} = sI$等价于$sA^T A = I$，即A是正交矩阵的非零常数倍。因此，射影变换保持绝对二次曲线不变的充要条件是它为相似变换。证毕。

12.3.5 等距变换

等距变换由下式定义

$$x' = \begin{bmatrix} U & t \\ 0^T & 1 \end{bmatrix} x \tag{12.56}$$

其中：$\boldsymbol{U}$ 是三维正交矩阵。所有三维等距变换的全体构成一个群，称为等距群，是相似群的子群。等距变换保持物体形状和体积不变。作为一种特殊的相似变换，等距变换具有相似变换的一切特性，如保持绝对二次曲线和绝对对偶二次曲面不变。

若 $\boldsymbol{U}$ 是旋转矩阵(即 $\boldsymbol{U}^{\mathrm{T}}\boldsymbol{U}=\boldsymbol{I}$ 且 $\det\boldsymbol{U}=1$)，变换式(12.56)称为欧氏变换。欧氏变换的全体也构成一个变换群，称为欧氏群。欧氏群是等距群的子群，在机器人几何中扮演重要角色，这里给予更多讨论。将欧氏变换矩阵记为

$$\boldsymbol{E}=\begin{bmatrix}\boldsymbol{R} & \boldsymbol{t}\\ 0^{\mathrm{T}} & 1\end{bmatrix} \tag{12.57}$$

其中 $\boldsymbol{R}$ 是旋转矩阵，称为 $\boldsymbol{E}$ 的旋转分量；$\boldsymbol{t}$ 是平移向量，称为 $\boldsymbol{E}$ 的平移分量。从欧氏变换的非齐次形式

$$\tilde{\boldsymbol{x}}'=\boldsymbol{R}\tilde{\boldsymbol{x}}+\boldsymbol{t} \tag{12.58}$$

可以看出欧氏变换是先作旋转再作平移变换的结果。旋转和平移各有 3 个自由度，因此欧氏变换有 6 个自由度。一个点对应确定$(\boldsymbol{R},\boldsymbol{t})$的三个线性方程。两个点对应有 6 个线性方程，加上旋转约束 $\boldsymbol{R}^{\mathrm{T}}\boldsymbol{R}=\boldsymbol{I}$ 的 6 个二次方程，一共有 12 个方程，因此从两个点对应可得到欧氏变换的多组解，从三个不共线的点对应能得到唯一解，但求解过程是非线性的。欧氏变换的复杂性主要体现在旋转分量，下面讨论旋转变换。

1. Rodrigues 表示

对任何三维旋转 $\boldsymbol{R}$，不难验证它有下述分解

$$\boldsymbol{R}=(\boldsymbol{v}_1,\boldsymbol{v}_2,\boldsymbol{a})\begin{bmatrix}\cos\theta & \sin\theta & \\ -\sin\theta & \cos\theta & \\ & & 1\end{bmatrix}(\boldsymbol{v}_1,\boldsymbol{v}_2,\boldsymbol{a})^{\mathrm{T}} \tag{12.59}$$

由此立即得到

$$\boldsymbol{R}\boldsymbol{a}=\boldsymbol{a},\quad \boldsymbol{R}\boldsymbol{v}_1=\cos\theta\cdot\boldsymbol{v}_1-\sin\theta\cdot\boldsymbol{v}_2,\quad \boldsymbol{R}\boldsymbol{v}_2=\sin\theta\cdot\boldsymbol{v}_1+\cos\theta\cdot\boldsymbol{v}_2$$

其中：单位向量 $\boldsymbol{a}$ 称为 $\boldsymbol{R}$ 的旋转轴；θ 称为 $\boldsymbol{R}$ 的旋转角，如图 12.6 所示。

显然，旋转轴所在的直线是 $\boldsymbol{R}$ 的不动线，所有与旋转轴正交的平面都是 $\boldsymbol{R}$ 的不动面，这些不动面可通过平移平面 $\Pi=\mathrm{span}\{\boldsymbol{v}_1,\boldsymbol{v}_2\}$ 得到。此外，单位向量 $\boldsymbol{a}$ 有两个自由度，角 θ 有一个自由度，因此三维旋转可由它的旋转轴和旋转角来表达。

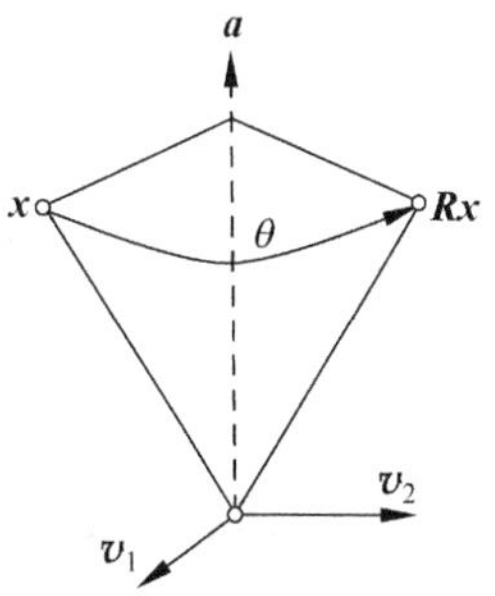

图 12.6　旋转轴和旋转角

记 $\boldsymbol{Q}=(\boldsymbol{v}_1,\boldsymbol{v}_2,\boldsymbol{a})$，$\boldsymbol{Z}=\begin{bmatrix} & 1\\ -1 & \end{bmatrix}$，根据定理 1.5.2，有

$$\boldsymbol{R}=\boldsymbol{Q}\,\mathrm{diag}(\boldsymbol{R}(\theta),1)\boldsymbol{Q}^{\mathrm{T}}=\exp(\underbrace{\boldsymbol{Q}\,\mathrm{diag}(\theta\boldsymbol{Z},0)\boldsymbol{Q}^{\mathrm{T}}}_{W})$$

且

$$\boldsymbol{W}=\boldsymbol{Q}\,\mathrm{diag}(\theta\boldsymbol{Z},0)\boldsymbol{Q}^{\mathrm{T}}=\theta(\boldsymbol{v}_1\boldsymbol{v}_2^{\mathrm{T}}-\boldsymbol{v}_2\boldsymbol{v}_1^{\mathrm{T}})=\theta[\boldsymbol{v}_1\times\boldsymbol{v}_2]_{\times}=[\theta\boldsymbol{a}]_{\times}$$

因此，令 $\boldsymbol{u}\in\mathbf{R}^3$ 且 $\boldsymbol{a}=\boldsymbol{u}/\|\boldsymbol{u}\|$，旋转轴和旋转角分别为 $\boldsymbol{a}$ 和 $\|\boldsymbol{u}\|$ 的旋转能被表示为

$$\boldsymbol{R}=\exp([\boldsymbol{u}]_{\times})=\boldsymbol{I}+\frac{\sin(\|\boldsymbol{u}\|)}{\|\boldsymbol{u}\|}[\boldsymbol{u}]_{\times}+\frac{1-\cos(\|\boldsymbol{u}\|)}{\|\boldsymbol{u}\|^2}[\boldsymbol{u}]_{\times}^2 \tag{12.60}$$

其中最后的等式是应用恒等式$[\boldsymbol{u}]_{\times}^2=\boldsymbol{u}\boldsymbol{u}^{\mathrm{T}}-\|\boldsymbol{u}\|^2\boldsymbol{I}$ 和$[\boldsymbol{u}]_{\times}^3=-\|\boldsymbol{u}\|^2[\boldsymbol{u}]_{\times}$ 直接计算得

到的。式(12.60)中的三维向量 $\boldsymbol{u}$ 称为旋转的 Rodrigues 表示。

注意,一般情况下 Rodrigues 表示是多对一的,例如 $\boldsymbol{u}=(2n\pi+\alpha)\boldsymbol{v}$ ($\boldsymbol{v}$ 是单位向量,n 是任意自然数)表示同一旋转。若限制

$$\boldsymbol{u}\in\mathcal{S}\triangleq\{\boldsymbol{u}:u_3\geqslant 0,\|\boldsymbol{u}\|\leqslant\pi\}\cup\{\boldsymbol{u}:u_3<0,\|\boldsymbol{u}\|<\pi\}\tag{12.61}$$

则 Rodrigues 表示是一对一的。即式(12.60)是从$\mathcal{S}$到三维旋转群的一对一映射。在这种唯一性表示下,旋转轴分为正负两个方向,因为旋转角取值范围被限制在$[0,\pi]$。

射影变换的不动点是指在这个变换下保持不动的空间点。在代数上,$\boldsymbol{x}$ 为射影变换 $\boldsymbol{H}$ 的不动点的充要条件是它为 $\boldsymbol{H}$ 的非零特征的特征向量。

定理 12.3.10 对于欧氏变换 $\boldsymbol{E}$

(i) 正交于旋转轴的平面上的圆环点是 $\boldsymbol{E}$ 的两个不动点,它们是 $\boldsymbol{E}$ 的两个互为复共轭的特征向量;旋转轴和无穷远平面的交点是 $\boldsymbol{E}$ 的另一个不动点,它是 $\boldsymbol{E}$ 的特征值 1 的特征向量。

(ii) 若平移分量在正交于旋转轴的平面上(满足这种条件的欧氏变换称为平面运动),则 $\boldsymbol{E}$ 还存在另外的不动点,它是 $\boldsymbol{E}$ 的特征值 1 的另一个特征向量,此时特征值 1 的特征子空间是 $\boldsymbol{E}$ 的不动线。

证明 在几何上,旋转 $\boldsymbol{R}$ 有两个特征子空间:一个是旋转轴 $\boldsymbol{a}$,其上的每一点都是 $\boldsymbol{R}$ 的不动点;另一个是正交于旋转轴且过坐标原点的平面,$\boldsymbol{R}$ 保持这个平面不变,$\boldsymbol{R}$ 限制在这个平面上是二维旋转,所以这个平面上的圆环点是 $\boldsymbol{R}$ 的不动点。无穷平面上每一点都是平移变换的不动点,因此旋转轴 $\boldsymbol{a}$ 上的无穷远点 $\boldsymbol{a}_\infty=(\boldsymbol{a}^{\mathrm{T}},0)^{\mathrm{T}}$ 是欧氏变换 $\boldsymbol{E}$ 的不动点,与旋转轴正交平面上的圆环点 $\boldsymbol{I},\boldsymbol{J}$ 也是欧氏变换 $\boldsymbol{E}$ 的不动点。

假定平移向量 $\boldsymbol{t}$ 在与旋转轴正交的平面上。由于正交于旋转轴且通过原点的平面是集合

$$\{\boldsymbol{y}=(\boldsymbol{I}-\boldsymbol{R})\boldsymbol{x}:\boldsymbol{x}\in\mathbf{R}^3\}$$

因此,存在 $\boldsymbol{x}_0$ 使得$(\boldsymbol{I}-\boldsymbol{R})\boldsymbol{x}_0=\boldsymbol{t}$,即

$$\begin{bmatrix}\boldsymbol{R} & \boldsymbol{t}\\ 0 & 1\end{bmatrix}\begin{bmatrix}\boldsymbol{x}_0\\ 1\end{bmatrix}=\begin{bmatrix}\boldsymbol{x}_0\\ 1\end{bmatrix}$$

于是欧氏变换 $\boldsymbol{E}$ 还存在一个非无穷不动点$(\boldsymbol{x}_0^{\mathrm{T}},1)$,且有保持点点不动的直线

$$L:\boldsymbol{x}=\begin{bmatrix}\boldsymbol{x}_0+\lambda\boldsymbol{a}\\ 1\end{bmatrix},\quad\lambda\in\mathcal{R}$$

2. Cayley 表示

记 $\sigma(\cdot)$表示矩阵的所有特征值构成的集合,若$-1\notin\sigma(\boldsymbol{A})$,则矩阵变换

$$\boldsymbol{B}=(\boldsymbol{I}-\boldsymbol{A})(\boldsymbol{I}+\boldsymbol{A})^{-1}\tag{12.62}$$

有意义,称为 $\boldsymbol{A}$ 的 Cayley 变换。

由于$(\boldsymbol{I}-\boldsymbol{A})$与$(\boldsymbol{I}+\boldsymbol{A})^{-1}$可交换,因此,式(12.62)也可写成 $\boldsymbol{B}=(\boldsymbol{I}+\boldsymbol{A})^{-1}(\boldsymbol{I}-\boldsymbol{A})$,于是 $\boldsymbol{A}(\boldsymbol{I}+\boldsymbol{B})=(\boldsymbol{I}-\boldsymbol{B})$。若 $\boldsymbol{Bx}=-\boldsymbol{x}$,则必有 $\boldsymbol{x}=0$,即$-1\notin\sigma(\boldsymbol{B})$。因此

$$\boldsymbol{A}=(\boldsymbol{I}-\boldsymbol{B})(\boldsymbol{I}+\boldsymbol{B})^{-1}\tag{12.63}$$

这表明 $\boldsymbol{A}$ 也是 $\boldsymbol{B}$ 的 Cayley 变换。

反对称矩阵 $\boldsymbol{W}=[\boldsymbol{w}]_\times$ ($\boldsymbol{w}\in\mathcal{R}^3$)有一个零特征值和一对共轭纯虚数特征值,$\sigma(\boldsymbol{W})=\{0,$

$\mathrm{i}\lambda,-\mathrm{i}\lambda\}$，因此 $-1\notin\sigma(\boldsymbol{W})$，存在 Cayley 变换

$$\boldsymbol{R}=(\boldsymbol{I}-\boldsymbol{W})(\boldsymbol{I}+\boldsymbol{W})^{-1} \tag{12.64}$$

且

$$\begin{aligned}\boldsymbol{R}\boldsymbol{R}^{\mathrm{T}}&=(\boldsymbol{I}-\boldsymbol{W})(\boldsymbol{I}+\boldsymbol{W})^{-1}(\boldsymbol{I}+\boldsymbol{W})^{-\mathrm{T}}(\boldsymbol{I}-\boldsymbol{W})^{\mathrm{T}}\\&=(\boldsymbol{I}-\boldsymbol{W})(\boldsymbol{I}+\boldsymbol{W})^{-1}(\boldsymbol{I}-\boldsymbol{W})^{-1}(\boldsymbol{I}+\boldsymbol{W})\\&=(\boldsymbol{I}-\boldsymbol{W})(\boldsymbol{I}-\boldsymbol{W})^{-1}\cdot(\boldsymbol{I}+\boldsymbol{W})^{-1}(\boldsymbol{I}+\boldsymbol{W})=\boldsymbol{I}\end{aligned}$$

即 $\boldsymbol{R}$ 是正交矩阵。此外，不难验证

$$\sigma(\boldsymbol{R})=\left\{1,\frac{1-\mathrm{i}\lambda}{1+\mathrm{i}\lambda},\frac{1+\mathrm{i}\lambda}{1-\mathrm{i}\lambda}\right\}$$

因此

$$\det\boldsymbol{R}=1\cdot\frac{1-\mathrm{i}\lambda}{1+\mathrm{i}\lambda}\cdot\frac{1+\mathrm{i}\lambda}{1-\mathrm{i}\lambda}=1$$

这表明反对称矩阵的 Cayley 变换是旋转矩阵；反之，若 $\boldsymbol{R}$ 是旋转角不为 π 的旋转（$-1\notin\sigma(\boldsymbol{R})$），则它的 Cayley 变换

$$\boldsymbol{W}=(\boldsymbol{I}-\boldsymbol{R})(\boldsymbol{I}+\boldsymbol{R})^{-1} \tag{12.65}$$

是反对称矩阵。这是因为

$$\begin{aligned}\boldsymbol{W}&=(\boldsymbol{I}-\boldsymbol{R})\boldsymbol{R}^{\mathrm{T}}\cdot\boldsymbol{R}(\boldsymbol{I}+\boldsymbol{R})^{-1}=(\boldsymbol{R}^{\mathrm{T}}-\boldsymbol{I})(\boldsymbol{R}^{\mathrm{T}}+\boldsymbol{I})^{-1}\\&=-(\boldsymbol{I}-\boldsymbol{R}^{\mathrm{T}})(\boldsymbol{I}+\boldsymbol{R}^{\mathrm{T}})^{-1}=-(\boldsymbol{I}+\boldsymbol{R}^{\mathrm{T}})^{-1}(\boldsymbol{I}-\boldsymbol{R}^{\mathrm{T}})\\&=-((\boldsymbol{I}-\boldsymbol{R})(\boldsymbol{I}+\boldsymbol{R})^{-1})^{\mathrm{T}}=-\boldsymbol{W}^{\mathrm{T}}\end{aligned}$$

记 $\mathbf{G}^{o}$ 是旋转角不为 π 的所有旋转的集合，从上面的讨论得到

定理 12.3.11　Cayley 变换

$$\boldsymbol{R}=(\boldsymbol{I}-[\boldsymbol{w}]_{\times})(\boldsymbol{I}+[\boldsymbol{w}]_{\times})^{-1},\quad \boldsymbol{w}\in\mathbf{R}^{3} \tag{12.66}$$

是 $\mathbf{R}^3$ 和 $\mathbf{G}^{o}$ 之间的一一映射。

向量 $\boldsymbol{w}$ 称为旋转 $\boldsymbol{R}\in\mathbf{G}^{o}$ 的 Cayley 表示。对任何 $\boldsymbol{w}=(w_1,w_2,w_3)$，直接计算得到

$$\begin{aligned}(\boldsymbol{I}+[\boldsymbol{w}]_{\times})^{-1}&=\frac{1}{1+\boldsymbol{w}^{\mathrm{T}}\boldsymbol{w}}\begin{bmatrix}1+w_1^2 & w_1w_2+w_3 & w_1w_3-w_2\\ w_1w_2-w_3 & 1+w_2^2 & w_2w_3+w_1\\ w_1w_3+w_2 & w_2w_3-w_1 & 1+w_3^2\end{bmatrix}\\&=\frac{1}{1+\boldsymbol{w}^{\mathrm{T}}\boldsymbol{w}}(\boldsymbol{I}-[\boldsymbol{w}]_{\times}+\boldsymbol{w}\boldsymbol{w}^{\mathrm{T}})\end{aligned}$$

应用恒等式 $[\boldsymbol{w}]_{\times}^2=\boldsymbol{w}\boldsymbol{w}^{\mathrm{T}}-\boldsymbol{w}^{\mathrm{T}}\boldsymbol{w}\boldsymbol{I}$，旋转 $\boldsymbol{R}\in\mathbf{G}^{o}$ 能被表示为

$$\boldsymbol{R}=\frac{1}{1+\boldsymbol{w}^{\mathrm{T}}\boldsymbol{w}}((1-\boldsymbol{w}^{\mathrm{T}}\boldsymbol{w})\boldsymbol{I}-2[\boldsymbol{w}]_{\times}+2\boldsymbol{w}\boldsymbol{w}^{\mathrm{T}}) \tag{12.67}$$

现在考虑旋转角等于 π 的旋转。在这种情况下，$\boldsymbol{R}$ 的特征值为 $\{1,-1,-1\}$。令 $\boldsymbol{a}$ 是特征值 1 的单位特征向量，它是旋转轴。根据 Rodrigues 表示，

$$\boldsymbol{R}=2\boldsymbol{a}\boldsymbol{a}^{\mathrm{T}}-\boldsymbol{I}$$

记 $\boldsymbol{R}(s\boldsymbol{a})=(\boldsymbol{I}-[s\boldsymbol{a}]_{\times})(\boldsymbol{I}+[s\boldsymbol{a}]_{\times})^{-1}$，从式(12.67)得到

$$\begin{aligned}\lim_{s\to\infty}\boldsymbol{R}(s\boldsymbol{a})&=\lim_{s\to\infty}\left(\frac{1}{1+s^2}((1-s^2)\boldsymbol{I}-2s[\boldsymbol{a}]_{\times}+2s^2\boldsymbol{a}\boldsymbol{a}^{\mathrm{T}})\right)\\&=2\boldsymbol{a}\boldsymbol{a}^{\mathrm{T}}-\boldsymbol{I}\end{aligned}$$

这说明具有旋转角 π 的旋转是 Cayley 变换 $\boldsymbol{R}(s\boldsymbol{a})$ 在 $s\to+\infty$ 时的极限，正好对应于旋转轴方向上的无穷远点。结合定理 12.3.10，Cayley 变换给出三维旋转群和三维射影空间之间的一一映射。

3. 三点确定欧氏变换

已知欧氏变换 $\boldsymbol{E}$ 的三个不共线点对应 $\boldsymbol{x}_i\leftrightarrow\boldsymbol{y}_i(i=1,2,3)$，下面讨论如何求解 $\boldsymbol{E}$。根据点对应得到 $(\boldsymbol{R},\boldsymbol{t})$ 的方程组

$$\boldsymbol{y}_i=\boldsymbol{R}\boldsymbol{x}_i+\boldsymbol{t},\quad i=1,2,3 \tag{12.68}$$

其中仅有 9 个线性方程，为了确定 $(\boldsymbol{R},\boldsymbol{t})$ 必须使用旋转的非线性条件 $\boldsymbol{R}\boldsymbol{R}^{\mathrm{T}}=\boldsymbol{I}$，这样就导致非线性求解。下面应用旋转的 Cayley 表示，给出 $(\boldsymbol{R},\boldsymbol{t})$ 的线性解。通过数据的零均值化

$$\boldsymbol{Y}=(\boldsymbol{y}_1-\bar{\boldsymbol{y}},\boldsymbol{y}_2-\bar{\boldsymbol{y}},\boldsymbol{y}_3-\bar{\boldsymbol{y}}),\quad \boldsymbol{X}=(\boldsymbol{x}_1-\bar{\boldsymbol{x}},\boldsymbol{x}_2-\bar{\boldsymbol{x}},\boldsymbol{x}_3-\bar{\boldsymbol{x}})$$

其中 $(\bar{\boldsymbol{x}},\bar{\boldsymbol{y}})=\sum_{i=1}^{3}(\boldsymbol{x}_i,\boldsymbol{y}_i)/3$，将方程组(12.68)转化为

$$\begin{cases}\boldsymbol{R}\boldsymbol{X}=\boldsymbol{Y}\\ \boldsymbol{t}=\bar{\boldsymbol{y}}-\boldsymbol{R}\bar{\boldsymbol{x}}\end{cases}$$

于是，问题归结为从 $\boldsymbol{R}\boldsymbol{X}=\boldsymbol{Y}$ 求解旋转 $\boldsymbol{R}$。应用旋转的 Cayley 表示

$$\boldsymbol{R}=(\boldsymbol{I}-[\boldsymbol{w}]_\times)(\boldsymbol{I}+[\boldsymbol{w}]_\times)^{-1}=(\boldsymbol{I}+[\boldsymbol{w}]_\times)^{-1}(\boldsymbol{I}-[\boldsymbol{w}]_\times)$$

得到

$$(\boldsymbol{I}-[\boldsymbol{w}]_\times)\boldsymbol{X}=(\boldsymbol{I}+[\boldsymbol{w}]_\times)\boldsymbol{Y}$$

或写成

$$[\boldsymbol{w}]_\times\underbrace{(\boldsymbol{Y}+\boldsymbol{X})}_{(\boldsymbol{a}_1,\boldsymbol{a}_2,\boldsymbol{a}_3)}=-\underbrace{(\boldsymbol{Y}-\boldsymbol{X})}_{(\boldsymbol{b}_1,\boldsymbol{b}_2,\boldsymbol{b}_3)}$$

应用等式 $[\boldsymbol{w}]_\times\boldsymbol{a}=-[\boldsymbol{a}]_\times\boldsymbol{w}$，有

$$[\boldsymbol{a}_i]_\times\boldsymbol{w}=\boldsymbol{b}_i,\quad i=1,2,3$$

于是得到 $\boldsymbol{w}$ 的解

$$\boldsymbol{w}^*=\left(\sum_{i=1}^{N}[\boldsymbol{a}_i]_\times^{\mathrm{T}}[\boldsymbol{a}_i]_\times\right)^{-1}\sum_{i=1}^{N}[\boldsymbol{a}_i]_\times^{\mathrm{T}}\boldsymbol{b}_i$$

因此

$$\boldsymbol{R}=(\boldsymbol{I}-[\boldsymbol{w}^*]_\times)(\boldsymbol{I}+[\boldsymbol{w}^*]_\times)^{-1},\quad \boldsymbol{t}=\bar{\boldsymbol{y}}-\boldsymbol{R}\bar{\boldsymbol{x}} \tag{12.69}$$

12.3.6 射影坐标系

在前面各节中使用的坐标系都是欧氏坐标系。本节讨论一般射影坐标系，以及射影坐标系之间的变换，称为射影坐标变换。

1. 射影坐标系

这里不打算用纯几何的方法建立射影坐标系，而是从给定的欧氏坐标系 σ 来建立一般射影坐标系。设 A,B,C,D 是空间中的四个不共面的点，它们在欧氏坐标系 σ 下的齐次坐标分别为 $\boldsymbol{x}_1^e,\boldsymbol{x}_2^e,\boldsymbol{x}_3^e,\boldsymbol{x}_4^e$，则对空间任一点 P 的齐次坐标均可表示成

$$\boldsymbol{x}^e=u_1\boldsymbol{x}_1^e+u_2\boldsymbol{x}_2^e+u_3\boldsymbol{x}_3^e+u_4\boldsymbol{x}_4^e \tag{12.70}$$

其中 u_i 不全为零。这样，任一点 P 有一个分量不全为零的有序数组 $\{u_i: i=1,2,3,4\}$ 与之对应。但是，u_i 还不能作为 P 点的新齐次坐标，因为 u_i 的比值 $u_1:u_2:u_3:u_4$ 不能唯一确定，例如对欧氏坐标系下的齐次坐标 $\boldsymbol{x}_i^e$ 选择不同的齐次因子 s_i，则 u_i 将变成 u_i/s_i 且

$$u_1:u_2:u_3:u_4 \neq (u_1/s_1):(u_2/s_2):(u_3/s_3):(u_4/s_4)$$

为了确定比值，必须添加约束条件。设空间中的第五个点 E，它在欧氏坐标系 σ 下的齐次坐标记为 $\boldsymbol{x}_5^e$，并且它与原来四点中的任何三个点都不共面，因此存在四个不全为零的数 v_1，v_2，v_3，v_4，使得

$$\boldsymbol{x}_5^e = v_1\boldsymbol{x}_1^e + v_2\boldsymbol{x}_2^e + v_3\boldsymbol{x}_3^e + v_4\boldsymbol{x}_4^e$$

令 $\hat{\boldsymbol{x}}_i^e = v_i x_i^e$，则式(12.70)可写成

$$\boldsymbol{x}^e = x_1\hat{\boldsymbol{x}}_1^e + x_2\hat{\boldsymbol{x}}_2^e + x_3\hat{\boldsymbol{x}}_3^e + x_4\hat{\boldsymbol{x}}_4^e \quad (x_j = u_j/v_j) \tag{12.71}$$

这样 x_i 就有确定的比值，不依赖于 $\boldsymbol{x}_i^e$ 的齐次因子 s_i 的选择。这是因为对任何非零 s_i，

$$\begin{aligned} x_1:x_2:x_3:x_4 &= (u_1/v_1):(u_2/v_2):(u_3/v_3):(u_4/v_4) \\ &= (u_1s_1/v_1s_1):(u_2s_2/v_2s_2):(u_3s_3/v_3s_3):(u_4s_4/v_4s_4) \end{aligned}$$

于是，任何空间点 P 都有一个新齐次坐标 $\boldsymbol{x}^p=(x_1,x_2,x_3,x_4)^{\mathrm{T}}$。特别地，$A$、$B$、$C$、$D$、$E$ 的新齐次坐标分别为

$$\boldsymbol{x}_1^p=(1,0,0,0)^{\mathrm{T}},\quad \boldsymbol{x}_2^p=(0,1,0,0)^{\mathrm{T}},\quad \boldsymbol{x}_3^p=(0,0,1,0)^{\mathrm{T}},$$
$$\boldsymbol{x}_4^p=(0,0,0,1)^{\mathrm{T}},\quad \boldsymbol{x}_5^p=(1,1,1,1)^{\mathrm{T}}$$

这样建立起来的坐标系称为射影坐标系，其中 A，B，C，D 构成的四面形称为射影坐标系的四面形；E 称为单位点；A、B、C、D、E 称为射影坐标系的基点，如图 12.7 所示。不难看出，以欧氏坐标(或者仿射坐标)为基础的坐标系是一种特殊的射影坐标系，其中四面形的顶点是三个坐标轴的无穷远点和坐标原点，单位点是齐次坐标为$(1,1,1,1)^{\mathrm{T}}$ 的空间点。

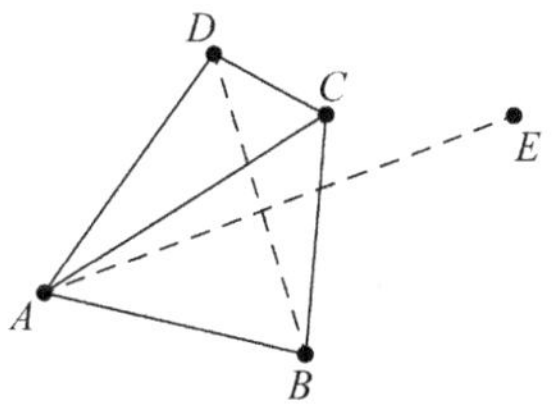

图 12.7　射影坐标系的四面形与单位点

值得说明的是以下两点：在一般射影坐标系的射影空间中，

(i) 无穷远点、无穷远直线和无穷远平面在以欧氏坐标系(或仿射坐标系)为基础的特殊代数形式都消失了，即不再有欧氏坐标系中代数表达的特殊形式，所有同类几何元素的地位都是同等的。

(ii) 射影变换不再有层次之分，比如：相似变换、仿射变换、欧氏变换等。以上各节对射影变换的分层以及特殊变换的特征，仅在以欧氏坐标系为基础的射影空间中才成立，正如不能在仿射坐标系下讨论欧氏变换一样。

2. 射影坐标变换

容易得到同一空间点在两个不同射影坐标系中的坐标变换，令 σ_x，σ_y 是两个一般射影坐标系，σ_e 是以欧氏坐标为基础的特殊射影坐标系，点 P 在这三个坐标系下的坐标分别为 $\boldsymbol{x}$，$\boldsymbol{y}$，$\boldsymbol{x}^e$，根据式(12.71)，$\sigma_x\to\sigma_e$ 和 $\sigma_y\to\sigma_e$ 的射影坐标变换分别为

$$\boldsymbol{x}^e = x_1\hat{\boldsymbol{x}}_1^e + x_2\hat{\boldsymbol{x}}_2^e + x_3\hat{\boldsymbol{x}}_3^e + x_4\hat{\boldsymbol{x}}_4^e = (\hat{\boldsymbol{x}}_1^e,\hat{\boldsymbol{x}}_2^e,\hat{\boldsymbol{x}}_3^e,\hat{\boldsymbol{x}}_4^e)\boldsymbol{x}$$
$$\boldsymbol{x}^e = y_1\hat{\boldsymbol{y}}_1^e + y_2\hat{\boldsymbol{y}}_2^e + y_3\hat{\boldsymbol{y}}_3^e + y_4\hat{\boldsymbol{y}}_4^e = (\hat{\boldsymbol{y}}_1^e,\hat{\boldsymbol{y}}_2^e,\hat{\boldsymbol{y}}_3^e,\hat{\boldsymbol{y}}_4^e)\boldsymbol{y}$$

因此，$\sigma_x \to \sigma_y$ 的射影坐标变换

$$y = \underbrace{(\hat{y}_1^e, \hat{y}_2^e, \hat{y}_3^e, \hat{y}_4^e)^{-1}(\hat{x}_1^e, \hat{x}_2^e, \hat{x}_3^e, \hat{x}_4^e)}_{H} x \tag{12.72}$$

这表明，射影坐标变换也是一个可逆的齐次线性变换。给定空间 5 个点，其中任意 4 个点不共面，如果已知它们在 σ_x,σ_y 的坐标为 $\boldsymbol{x}_i,\boldsymbol{y}_i(i=1,2,3,4)$，则可确定 σ_x,σ_y 之间的坐标变换。

从上面讨论可以看出，射影坐标变换与射影变换具有相同形式。这不是偶然的，因为可以给射影变换以两种解释。第一种解释：射影变换是在同一个坐标系中的空间点变换，坐标系没有发生变化而是图形发生变化，图形的位置和形状都发生变化。当然，图形在变换前后的代数形式也发生变化。第二种解释：射影变换是不同坐标系之间的变换，图形不发生变化而是它们的坐标发生变化，这种变化使得同一个图形具有不同的代数形式。为区别前一种解释，后一种解释的射影变换称为射影坐标变换。两种射影变换的解释没有本质的差异，只是观察的角度不同，前一种是立足于坐标系观察变换(运动)，后一种是立足于变换(运动)观察坐标系。

12.4 摄像机几何

12.4.1 成像模型

1. 基本模型

摄像机基本成像几何模型是针孔模型，由空间到平面的中心投影给出。如图 12.8 所示，令空间点 $\boldsymbol{o}_c$ 是投影中心，它到平面 π 的距离为 f。空间点 $\boldsymbol{x}_c$ 在平面 π 上的投影(或像) $\boldsymbol{m}$ 是以 $\boldsymbol{o}_c$ 为端点并过 $\boldsymbol{x}_c$ 的射线与 π 的交点。平面 π、点 $\boldsymbol{o}_c$ 和距离 f 分别称为摄像机的像平面、中心(或光心)和焦距，以 $\boldsymbol{o}_c$ 为端点垂直于像平面的射线称为摄像机的光轴(或主轴)，主轴与像平面的交点 $\boldsymbol{p}$ 称为摄像机的主点。

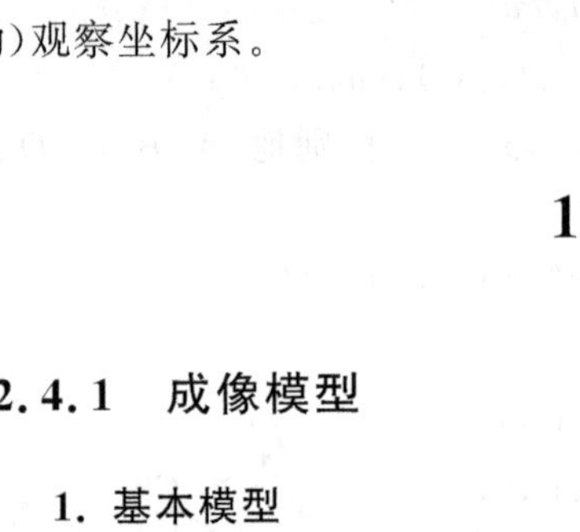

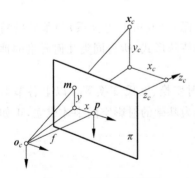

图 12.8 基本针孔模型

为了从代数上描述这种投影关系，建立摄像机(欧氏)坐标系和图像平面(欧氏)坐标系：在图像平面上，以主点 $\boldsymbol{p}$ 为像平面坐标系的原点，以水平线与铅直线分别为 x-和 y-轴，建立图像坐标系 $\boldsymbol{o}\text{-}xy$；在空间中，以中心 $\boldsymbol{o}_c$ 为原点，以主轴为 z_c 轴，以图像平面的平行于 x-轴的直线为 x_c 轴，平行于 y-轴的直线为轴 y_c，建立摄像机坐标系 $\boldsymbol{o}_c\text{-}x_c y_c z_c$，如图 12.8 所示。空间点 $\boldsymbol{x}_c$ 在摄像机坐标系中的坐标记为 $\boldsymbol{x}_c=(x_c,y_c,z_c,1)^{\mathrm{T}}$，它的像点 $\boldsymbol{m}$ 在图像坐标系中的坐标记为 $\boldsymbol{m}=(x,y,1)^{\mathrm{T}}$。根据三角形相似原理，可知空间点 $\boldsymbol{x}_c$ 与它的像点 $\boldsymbol{m}$ 满足关系

$$\begin{cases} x = \dfrac{f x_c}{z_c} \\ y = \dfrac{f y_c}{z_c} \end{cases} \tag{12.73}$$

写成齐次形式

$$\boldsymbol{m}=\begin{bmatrix}fx_c\\fy_c\\z_c\end{bmatrix}=\underbrace{\begin{bmatrix}f&0&0&0\\0&f&0&0\\0&0&1&0\end{bmatrix}}_{\boldsymbol{P}}\boldsymbol{x}_c \tag{12.74}$$

它是从空间到像平面的一个齐次线性变换，其中矩阵 $\boldsymbol{P}$ 是 3×4 矩阵，称为摄像机矩阵。这是最基本的摄像机成像几何模型。

2. 主点偏离图像中心

在实际中事先不知道主点的确切位置，通常以图像中心或者图像的左上角作为图像坐标系的原点来建立图像坐标系。若主点在此坐标系下的坐标为 $\boldsymbol{p}=(x_0,y_0,1)^{\mathrm{T}}$，摄像机的投影关系变为

$$\boldsymbol{m}=\begin{bmatrix}f&0&x_0&0\\0&f&y_0&0\\0&0&1&0\end{bmatrix}\boldsymbol{x}_c=\boldsymbol{P}\boldsymbol{x}_c \tag{12.75}$$

摄像机矩阵 $\boldsymbol{P}=\boldsymbol{K}(\boldsymbol{I},0)$，其中

$$\boldsymbol{K}=\begin{bmatrix}f&0&x_0\\0&f&y_0\\0&0&1\end{bmatrix} \tag{12.76}$$

称为摄像机内参数矩阵。

3. 数字摄像机

目前计算机处理的图像都是数字摄像机所获取的数字图像，或者是由模拟信号摄像机获取的图像再经特别设备进行数字离散化的数字图像。一般数字摄像机的内参数矩阵不具有式(12.76)的形式。为了得到数字摄像机的几何模型，需要刻画摄像机的数字离散化过程。

假定数字离散化像素是长和宽分别为 d_x,d_y 的矩形，图像点 $(x,y,1)^{\mathrm{T}}$ 在离散后的坐标为 $(u,v,1)^{\mathrm{T}}$，则

$$\begin{bmatrix}u\\v\\1\end{bmatrix}=\begin{bmatrix}1/d_x&0&0\\0&1/d_y&0\\0&0&1\end{bmatrix}\begin{bmatrix}x\\y\\1\end{bmatrix} \tag{12.77}$$

离散后的图像坐标仍用 $\boldsymbol{m}$ 表示，投影关系为

$$\boldsymbol{m}=\underbrace{\boldsymbol{K}(\boldsymbol{I},0)}_{\boldsymbol{P}}\boldsymbol{x}_c \tag{12.78}$$

其中，内参数矩阵

$$\boldsymbol{K}=\begin{bmatrix}f_u&0&u_0\\0&f_v&v_0\\0&0&1\end{bmatrix} \tag{12.79}$$

并且 $f_u=d_x^{-1}f$，$f_v=d_y^{-1}f$ 称为 u-轴和 v-轴的尺度因子，$(u_0,v_0)=(d_x^{-1}x_0,d_y^{-1}y_0)$ 为主点。因制造工艺的限制，一般数字摄像机的像素可能不是矩形而是平行四边形，四边形的一

边平行于 u 轴，而另一边与 u 轴形成一个 θ 角。此时，内参数矩阵

$$\boldsymbol{K}=\begin{bmatrix} f_u & s & u_0 \\ 0 & f_v & v_0 \\ 0 & 0 & 1 \end{bmatrix} \tag{12.80}$$

其中 s 称为摄像机的畸变因子(或倾斜因子)。

4. 一般形式

上面介绍的摄像机矩阵是在摄像机坐标系下的结果。由于中心和主轴等事先都是未知的，摄像机坐标系不能给出空间点的坐标值，另外摄像机安放的位置可能随环境发生变化，因此需要一个基准坐标系来描述空间点和摄像机位置，基准坐标系称为世界坐标系。

世界坐标系与摄像机坐标系之间的关系用旋转和平移来描述，即它们之间满足一个欧氏变换。令同一空间点在世界坐标系和摄像机坐标系的坐标分别为 $\boldsymbol{x}=(x,y,z,1)^{\mathrm{T}}$，$\boldsymbol{x}_c=(x_c,y_c,z_c,1)^{\mathrm{T}}$，则

$$\boldsymbol{x}_c=\begin{bmatrix} \boldsymbol{R} & -\boldsymbol{R}\tilde{\boldsymbol{c}} \\ 0 & 1 \end{bmatrix}\boldsymbol{x} \tag{12.81}$$

其中 $\tilde{\boldsymbol{c}}$ 是摄像机中心在世界坐标系下的非齐次坐标。将式(12.81)代入式(12.78)，得到

$$\boldsymbol{m}=\boldsymbol{K}(\boldsymbol{I},0)\begin{bmatrix} \boldsymbol{R} & -\boldsymbol{R}\tilde{\boldsymbol{c}} \\ 0 & 1 \end{bmatrix}\boldsymbol{x}=\underbrace{\boldsymbol{K}\boldsymbol{R}(\boldsymbol{I},-\tilde{\boldsymbol{c}})}_{\boldsymbol{P}}\boldsymbol{x} \tag{12.82}$$

这样就得到一般形式的摄像机矩阵

$$\boldsymbol{P}=\boldsymbol{K}\boldsymbol{R}(\boldsymbol{I},-\tilde{\boldsymbol{c}}) \tag{12.83}$$

矩阵 $\boldsymbol{E}=\boldsymbol{R}(\boldsymbol{I},-\tilde{\boldsymbol{c}})$ 称为外参数矩阵。有时也用 $\tilde{\boldsymbol{x}}_c=\boldsymbol{R}\tilde{\boldsymbol{x}}+\boldsymbol{t}$ 描述世界坐标系与摄像机坐标系的关系，其中 $\boldsymbol{t}=-\boldsymbol{R}\tilde{\boldsymbol{c}}$，此时摄像机矩阵

$$\boldsymbol{P}=\boldsymbol{K}(\boldsymbol{R},\boldsymbol{t}) \tag{12.84}$$

总之，摄像机矩阵是一个秩为 3 的 3×4 矩阵，前三列构成的子矩阵 $\boldsymbol{KR}$ 是可逆的。另外，因齐次性，摄像机矩阵仅有 11 个独立元素。记摄像机矩阵为

$$\boldsymbol{P}=\begin{bmatrix} \boldsymbol{p}^{1\mathrm{T}} \\ \boldsymbol{p}^{2\mathrm{T}} \\ \boldsymbol{p}^{3\mathrm{T}} \end{bmatrix}$$

其中 $\boldsymbol{p}^{j\mathrm{T}}$ 为 $\boldsymbol{P}$ 的第 j 行向量。令 $\boldsymbol{m}_i=(u_i,v_i,1)^{\mathrm{T}}$ 是空间点 $\boldsymbol{x}_i$ 的图像，根据投影关系得到

$$u_i=\frac{\boldsymbol{p}^{1\mathrm{T}}\boldsymbol{x}_i}{\boldsymbol{p}^{3\mathrm{T}}\boldsymbol{x}_i},\quad v_i=\frac{\boldsymbol{p}^{2\mathrm{T}}\boldsymbol{x}_i}{\boldsymbol{p}^{3\mathrm{T}}\boldsymbol{x}_i}$$

从一个点对应得到 $\boldsymbol{P}$ 的两个线性方程

$$\begin{cases} \boldsymbol{p}^{1\mathrm{T}}\boldsymbol{x}_i-u_i\boldsymbol{p}^{3\mathrm{T}}\boldsymbol{x}_i=0 \\ \boldsymbol{p}^{2\mathrm{T}}\boldsymbol{x}_i-v_i\boldsymbol{p}^{3\mathrm{T}}\boldsymbol{x}_i=0 \end{cases} \tag{12.85}$$

因此，已知 6 个以上的点对应可线性求解摄像机矩阵。

12.4.2 摄像机矩阵的元素

本小节主要讨论摄像机矩阵元素的几何意义。

1. 摄像机中心

考虑摄像机中心 $\boldsymbol{c}$ 在世界坐标系中的坐标。由于

$$\boldsymbol{Pc}=\boldsymbol{KR}(\boldsymbol{I},-\tilde{\boldsymbol{c}})\begin{bmatrix}\tilde{\boldsymbol{c}}\\1\end{bmatrix}=\boldsymbol{KR}(\tilde{\boldsymbol{c}}-\tilde{\boldsymbol{c}})=0$$

中心 $\boldsymbol{c}$ 是方程 $\boldsymbol{Pc}=0$ 的一个解。另一方面，因矩阵 $\boldsymbol{P}$ 是秩 3 的，所以中心 $\boldsymbol{c}$ 是 $\boldsymbol{P}$ 的零空间。已知摄像机矩阵，通过求解方程 $\boldsymbol{Pc}=0$ 得到中心的坐标。事实上，令 $\boldsymbol{P}=(\boldsymbol{H},\boldsymbol{p}_4)$，中心在世界坐标系中的坐标

$$\boldsymbol{c}=\begin{bmatrix}-\boldsymbol{H}^{-1}\boldsymbol{p}_4\\1\end{bmatrix}\tag{12.86}$$

2. 坐标原点与坐标轴方向

记摄像机矩阵为 $\boldsymbol{P}=(\boldsymbol{p}_1,\boldsymbol{p}_2,\boldsymbol{p}_3,\boldsymbol{p}_4)$，世界坐标系原点的图像点坐标

$$\boldsymbol{m}_0=(\boldsymbol{p}_1,\boldsymbol{p}_2,\boldsymbol{p}_3,\boldsymbol{p}_4)\begin{bmatrix}0\\0\\0\\1\end{bmatrix}=\boldsymbol{p}_4$$

即摄像机矩阵的第 4 列是世界坐标原点的图像坐标。考虑世界坐标系三个坐标轴方向的图像，由于三个坐标轴与无穷远平面交点分别为

$$\boldsymbol{x}_\infty=(1,0,0,0)^{\mathrm{T}},\quad \boldsymbol{y}_\infty=(0,1,0,0)^{\mathrm{T}},\quad \boldsymbol{z}_\infty=(0,0,1,0)^{\mathrm{T}}$$

它们的图像是

$$\boldsymbol{m}_1=\boldsymbol{Px}_\infty=\boldsymbol{p}_1,\quad \boldsymbol{m}_2=\boldsymbol{Py}_\infty=\boldsymbol{p}_2,\quad \boldsymbol{m}_3=\boldsymbol{Pz}_\infty=\boldsymbol{p}_3$$

因此，摄像机矩阵的前三个列向量分别是世界坐标系三个坐标轴方向的图像。

3. 主平面与轴平面

记摄像机矩阵为 $\boldsymbol{P}=\begin{bmatrix}\boldsymbol{p}^{1\mathrm{T}}\\\boldsymbol{p}^{2\mathrm{T}}\\\boldsymbol{p}^{3\mathrm{T}}\end{bmatrix}$，其中 $\boldsymbol{p}^{1\mathrm{T}},\boldsymbol{p}^{2\mathrm{T}},\boldsymbol{p}^{3\mathrm{T}}$ 分别为 $\boldsymbol{P}$ 的三个行向量。

摄像机坐标平面 $\boldsymbol{o}_c$-x_cy_c 称为主平面。主平面与像平面平行，它们的交是无穷远直线，因此主平面的图像是像平面的无穷远直线。令 $\boldsymbol{x}$ 为主平面上的任一点，在摄像机下的图像

$$\begin{bmatrix}u\\v\\0\end{bmatrix}=\boldsymbol{Px}=\begin{bmatrix}\boldsymbol{p}^{1\mathrm{T}}\boldsymbol{x}\\\boldsymbol{p}^{2\mathrm{T}}\boldsymbol{x}\\\boldsymbol{p}^{3\mathrm{T}}\boldsymbol{x}\end{bmatrix}$$

所以主平面的方程是 $\boldsymbol{p}^{3\mathrm{T}}\boldsymbol{x}=0$，也就是说，主平面在世界坐标系中的坐标是摄像机矩阵的第 3 行向量 $\boldsymbol{p}^3$。

图像平面的 v-轴与摄像机中心确定的平面，称为轴平面。由于轴平面过摄像机中心且交图像平面 v-轴，它的图像是 v-轴，因此对轴平面上任一点 $\boldsymbol{x}$，有

$$\boldsymbol{Px}=\begin{bmatrix}\boldsymbol{p}^{1\mathrm{T}}\boldsymbol{x}\\\boldsymbol{p}^{2\mathrm{T}}\boldsymbol{x}\\\boldsymbol{p}^{3\mathrm{T}}\boldsymbol{x}\end{bmatrix}=\begin{bmatrix}0\\\boldsymbol{p}^{2\mathrm{T}}\boldsymbol{x}\\\boldsymbol{p}^{3\mathrm{T}}\boldsymbol{x}\end{bmatrix}$$

所以轴平面的方程为 $\boldsymbol{p}^{1\mathrm{T}}\boldsymbol{x}=0$，其坐标是摄像机矩阵的第一行向量 $\boldsymbol{p}^1$。另一个轴平面是图像平面 u-轴与摄像机中心确定的平面。同理，这个轴平面的方程是 $\boldsymbol{p}^{2\mathrm{T}}\boldsymbol{x}=0$，其坐标是摄像机矩阵的第二行向量 $\boldsymbol{p}^3$，它的图像是像平面 u-轴。注意，轴平面与主平面的不同，它依赖于图像坐标系的选择，不同的图像坐标系对应的轴平面不同。

4. 主轴与主点

主轴与主平面是正交的，因此主轴为主平面的法线。平面 $\pi=(\pi_1,\pi_2,\pi_3,\pi_4)^{\mathrm{T}}$ 的法线有两个方向(正向与负向)，它们是 $\hat{\pi}=\pm(\pi_1,\pi_2,\pi_3)^{\mathrm{T}}$，在无穷远平面上它们表示同一个点，即法线与无穷远平面的交点。由于主平面 $\boldsymbol{p}^3=(p_{31},p_{32},p_{33},p_{34})^{\mathrm{T}}$，主轴的两个方向为 $\hat{\boldsymbol{p}}^3=\pm(p_{31},p_{32},p_{33})^{\mathrm{T}}$。通常所说的主轴方向是它的正方向，即指向摄像机前方的方向。因摄像机矩阵可以相差一个非零因子，$\hat{\boldsymbol{p}}^3=\pm(p_{31},p_{32},p_{33})^{\mathrm{T}}$ 中的正号并不代表主轴的正向。若摄像机矩阵 $\boldsymbol{P}=(\boldsymbol{H},\boldsymbol{p}_4)$ 与标准矩阵 $\boldsymbol{K}(\boldsymbol{R},\boldsymbol{t})$ 相差一个正常数，必有 $\det\boldsymbol{H}>0$，否则 $\det\boldsymbol{H}<0$。因此，主轴的正向

$$\boldsymbol{v}=\det(\boldsymbol{H})\boldsymbol{h}^3 \tag{12.87}$$

其中 $\boldsymbol{h}^{3\mathrm{T}}$ 是矩阵 $\boldsymbol{H}$ 的第三行向量。

主点是主轴与像平面的交点，因此主点是主轴方向的图像

$$\boldsymbol{p}=\boldsymbol{P}(\boldsymbol{h}^{3\mathrm{T}},0)^{\mathrm{T}}=\boldsymbol{H}\boldsymbol{h}^3 \tag{12.88}$$

12.4.3 投影与反投影

1. 点

投影 空间点 $\boldsymbol{x}$ 通过摄像机 $\boldsymbol{P}$ 被作用到图像点 $\boldsymbol{m}=\boldsymbol{P}\boldsymbol{x}$，这种投影关系称为空间点的投影，其中无穷远点的投影是非常重要的，因为从无穷远点的投影可以恢复景物的仿射几何。无穷远点的坐标为

$$\boldsymbol{x}_\infty=(\boldsymbol{d}^{\mathrm{T}},0)^{\mathrm{T}}$$

其中三维向量 $\boldsymbol{d}$ 是通过该无穷远点的直线方向，在摄像机 $\boldsymbol{P}=(\boldsymbol{H},\boldsymbol{p}_4)$ 的投影下，无穷远点的像

$$\boldsymbol{m}=\boldsymbol{P}\boldsymbol{x}_\infty=(\boldsymbol{H},\boldsymbol{p}_4)\boldsymbol{x}_\infty=\boldsymbol{H}\boldsymbol{d} \tag{12.89}$$

因此，无穷远点的投影只与摄像机矩阵的前三列有关，与第 4 列无关。

反向投影 反向投影是针对图像平面的几何元素而言的，图像平面点 $\boldsymbol{m}$ 的反投影是指在摄像机 $\boldsymbol{P}$ 的投影下具有同一像点 $\boldsymbol{m}$ 的空间点集合

$$\mathcal{L}_m=\{\boldsymbol{x}:\boldsymbol{P}\boldsymbol{x}=\boldsymbol{m}\}$$

在几何上，不难看出 $\mathcal{L}_m$ 是摄像机中心 $\boldsymbol{c}$ 与图像平面点 $\boldsymbol{m}$ 的连线。下面考虑 $\mathcal{L}_m$ 在世界坐标系中的方程。这是非常重要的，因为从多幅图像的反投影线可恢复空间点的坐标。根据式(12.86)，摄像机中心 $\boldsymbol{c}$ 的世界坐标

$$\boldsymbol{c}=\begin{bmatrix}-\boldsymbol{H}^{-1}\boldsymbol{p}_4\\1\end{bmatrix}$$

再考虑由 $\boldsymbol{m}$ 和 $\boldsymbol{P}$ 的广义逆 $\boldsymbol{P}^+=\boldsymbol{P}^{\mathrm{T}}(\boldsymbol{P}\boldsymbol{P}^{\mathrm{T}})^{-1}$ 定义的空间点 $\boldsymbol{P}^+\boldsymbol{m}$，由于

$$\boldsymbol{P}(\boldsymbol{P}^+\boldsymbol{m})=\boldsymbol{P}\boldsymbol{P}^{\mathrm{T}}(\boldsymbol{P}\boldsymbol{P}^{\mathrm{T}})^{-1}\boldsymbol{m}=\boldsymbol{m}$$

$\boldsymbol{P}^+\boldsymbol{m}\in\mathcal{L}_m$。因此，得到 $\mathcal{L}_m$ 的参数方程

$$x(s)=s(P^{+}m)+c \tag{12.90}$$

按下面方法也可以确定$\mathcal{L}_m$的参数方程。令 $x_\infty=(d^{\mathrm{T}},0)^{\mathrm{T}}$ 是$\mathcal{L}_m$上的无穷远点，则 $Px_\infty=m$。根据式(12.89)，$d=H^{-1}m$，于是$\mathcal{L}_m$的参数方程

$$x(s)=\begin{bmatrix}H^{-1}m\\0\end{bmatrix}+s\begin{bmatrix}-H^{-1}p_4\\1\end{bmatrix} \tag{12.91}$$

2. 直线

投影　直线由它上两个相异点 x_1，x_2 唯一确定，其参数方程

$$x(s)=x_1+sx_2$$

在摄像机矩阵 P 的投影下，有

$$m(s)=P(x_1+sx_2)=Px_1+sPx_2=m_1+um_2 \tag{12.92}$$

若直线不通过摄像机中心，则图像点 m_1，m_2 不重合。因此，一般情况下直线的图像仍是一条直线，在像平面上的坐标

$$l=m_1\times m_2$$

应用直线的 Plücker 矩阵或 Plücker 坐标也可以表达直线的图像，例如，对 Plücker 矩阵有下述定理。

定理 12.4.1　令 L 是直线的 Plücker 矩阵，则图像直线 l 的坐标满足

$$[l]_\times=PLP^{\mathrm{T}} \tag{12.93}$$

证明　令 x_1，x_2 是直线上的两点，它们的图像为 m_1，m_2，则

$$\begin{aligned}[l]_\times&=[m_1\times m_2]_\times=m_1m_2^{\mathrm{T}}-m_2m_1^{\mathrm{T}}\\&=Px_1(Px_2)^{\mathrm{T}}-Px_2(Px_1)^{\mathrm{T}}\\&=P(x_1x_2^{\mathrm{T}}-x_2x_1^{\mathrm{T}})P^{\mathrm{T}}=PLP^{\mathrm{T}}\end{aligned}$$

反向投影　在几何上，图像平面上直线的反投影是通过摄像机中心的平面，如图 12.9 所示。下面的定理是这一几何事实的代数描述。

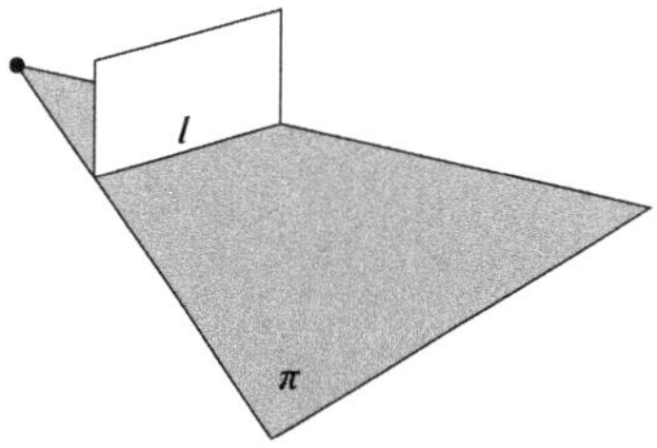

图 12.9　图像直线的反投影平面

定理 12.4.2　图像直线 l 的反投影是平面

$$\pi=P^{\mathrm{T}}l \tag{12.94}$$

证明　令 x 是摄像机矩阵P 将它投影到直线l 上的任一点，则

$$0=l^{\mathrm{T}}(Px)=(P^{\mathrm{T}}l)x$$

因此，像直线 l 的反投影是平面$\pi=P^{\mathrm{T}}l$。

例如，图像平面的 v 轴 $l_v=(1,0,0)^{\mathrm{T}}$ 和 u 轴 $l_u=(0,1,0)^{\mathrm{T}}$ 的反投影

$$\pi_v=P^{\mathrm{T}}l_v=(p_{11},p_{12},p_{13},p_{14})^{\mathrm{T}}$$

$$\pi_u=P^{\mathrm{T}}l_u=(p_{21},p_{22},p_{23},p_{24})^{\mathrm{T}}$$

这两个平面的坐标是摄像机矩阵的前两行，通常称它们是摄像机的轴平面。

3. 平面

考虑摄像机关于平面π 的投影。令 x_1，x_2，x_3 是平面π 上不共线的三点，则平面π 的任一点

$$x=\alpha x_1+\beta x_2+\gamma x_3=(x_1,x_2,x_2)x_\pi\ (x_\pi=(\alpha,\beta,\gamma)^T)$$

于是

$$m=Px=\underbrace{P(x_1,x_2,x_2)}_{H}x_\pi \tag{12.95}$$

如果平面π不通过摄像机的中心，则可证明 rank$H=3$。因此，一般情况下，摄像机关于平面π的投影是平面π到像平面的二维射影变换，称为平面π的单应。如果平面π通过摄像机的中心，则它的投影是像平面上的直线，即平面π与像平面的交线。

例如，世界坐标系的 O-xy 平面上任一点 $x=(x,y,0,1)^T$ 可表示为

$$x=\begin{bmatrix}1&0&0\\0&1&0\\0&0&0\\0&0&1\end{bmatrix}\begin{bmatrix}x\\y\\1\end{bmatrix}$$

根据式(12.95)，O-xy 平面的投影

$$m=Px=(p_1,p_2,p_4)x_\pi\quad(x_\pi=(x,y,1))$$

假定两个摄像机 P_1 和 P_2 关于平面π的单应分别为 H_1 和 H_2，则

$$m=H_1x_\pi,\quad m'=H_2x_\pi$$

这样就得到图像平面之间的二维射影变换

$$m'=\underbrace{H_2H_1^{-1}}_{H_\pi}m \tag{12.96}$$

如图 12.10 所示，在讨论两幅图像时，H_π 也称为平面π的单应而不致引起混淆。已知四个图像点对应(其中任三点不共线)，可确定唯一单应 H_π。

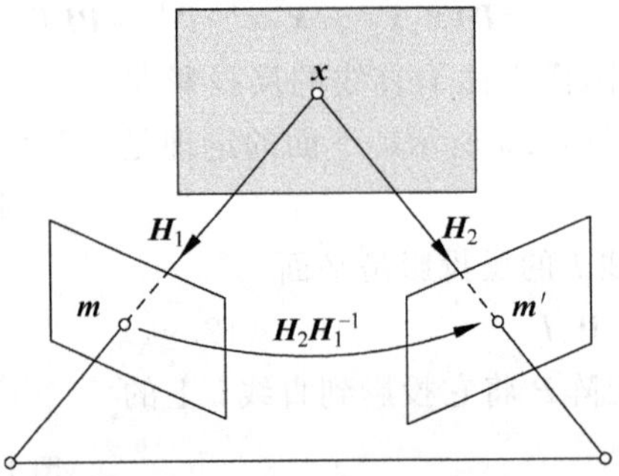

图 12.10　两幅图像的单应

无穷远单应　摄像机关于无穷远平面的投影变换称为无穷远单应。无穷远点 $x=(x,y,z,0)^T$ 的图像

$$m=Px=\underbrace{(p_1,p_2,p_3)}_{H_\infty}x_\infty$$

其中

$$x_\infty=(x,y,z)^T$$

$$H_\infty=(p_1,p_2,p_3)=KR \tag{12.97}$$

因此，无穷远单应是摄像机矩阵前三列所构成的子阵。令$\omega^*=KK^T$，以后将看到ω^*是绝对对偶二次曲面的图像，从式(12.97)立即得到

$$\boldsymbol{H}_{\infty}\boldsymbol{H}_{\infty}^{\mathrm{T}}=\boldsymbol{\omega}^{*} \tag{12.98}$$

令 $\boldsymbol{H}_{\infty 1}$,$\boldsymbol{H}_{\infty 2}$ 是两个摄像机 $\boldsymbol{P}_1=\boldsymbol{K}_1(\boldsymbol{R}_1,\boldsymbol{t}_1)$ 和 $\boldsymbol{P}_2=(\boldsymbol{K}_2(\boldsymbol{R}_2,\boldsymbol{t}_2))$ 的无穷远单应,则两个像平面之间的无穷远单应

$$\boldsymbol{H}_{\infty}=\boldsymbol{H}_{\infty 2}\boldsymbol{H}_{\infty 1}^{-1}=\boldsymbol{K}_2\boldsymbol{R}_2\boldsymbol{R}_1^{-1}\boldsymbol{K}_1^{-1}=\boldsymbol{K}_2\boldsymbol{R}\boldsymbol{K}_1^{-1}$$

其中 $\boldsymbol{R}=\boldsymbol{R}_2\boldsymbol{R}_1^{-1}$ 仍是旋转矩阵。因此

$$\boldsymbol{H}_{\infty}\boldsymbol{K}_1=\boldsymbol{K}_2\boldsymbol{R},\quad \boldsymbol{K}_1^{\mathrm{T}}\boldsymbol{H}_{\infty}^{\mathrm{T}}=\boldsymbol{R}^{\mathrm{T}}\boldsymbol{K}_2^{\mathrm{T}}$$

两端分别相乘,得

$$\boldsymbol{H}_{\infty}\underbrace{\boldsymbol{K}_1\boldsymbol{K}_1^{\mathrm{T}}}_{\boldsymbol{\omega}_1^{*}}\boldsymbol{H}_{\infty}^{\mathrm{T}}=\boldsymbol{K}_2\boldsymbol{R}\boldsymbol{R}^{\mathrm{T}}\boldsymbol{K}_2^{\mathrm{T}}=\underbrace{\boldsymbol{K}_2\boldsymbol{K}_2^{\mathrm{T}}}_{\boldsymbol{\omega}_2^{*}}$$

于是得到下述定理:

定理 12.4.3　若两幅图像的无穷远单应为 $\boldsymbol{H}_{\infty}$,则两个摄像机的内参数满足方程

$$\boldsymbol{H}_{\infty}\boldsymbol{\omega}_1^{*}\boldsymbol{H}_{\infty}^{\mathrm{T}}=\boldsymbol{\omega}_2^{*} \tag{12.99}$$

这个结论在机器视觉中非常重要,因为它用图像信息刻画了内参数,是摄像机自标定技术的理论基础,例如,根据无穷远元素(点、线和二次曲线等)的图像,如两平行线的像直线的交点就是无穷远点的图像,在相差一个常数因子的意义下计算出两幅图像的无穷远单应,这样由定理 12.4.3 就建立了内参数的约束方程,从而能计算出摄像机内参数。

4. 二次曲线

投影　考虑二次曲线在摄像机下的投影。令二次曲线的支撑平面 $\boldsymbol{\pi}$ 的单应为 $\boldsymbol{H}$,$\boldsymbol{m}=\boldsymbol{H}\boldsymbol{x}_{\pi}(\boldsymbol{x}_{\pi}\in\pi)$,二次曲线方程为

$$\boldsymbol{x}_{\pi}^{\mathrm{T}}\boldsymbol{C}\boldsymbol{x}_{\pi}=0$$

对任意 $\boldsymbol{m}=\boldsymbol{H}\boldsymbol{x}_{\pi}(\boldsymbol{x}_{\pi}\in\pi)$,有

$$\boldsymbol{m}^{\mathrm{T}}\underbrace{\boldsymbol{H}^{-\mathrm{T}}\boldsymbol{C}\boldsymbol{H}^{-1}}_{C'}\boldsymbol{m}=\boldsymbol{x}_{\pi}^{\mathrm{T}}\boldsymbol{C}\boldsymbol{x}_{\pi}=0$$

因 $\boldsymbol{C}'=\boldsymbol{H}^{-\mathrm{T}}\boldsymbol{C}\boldsymbol{H}^{-1}$ 是 3×3 对称矩阵,表示图像平面上的二次曲线,所以有

定理 12.4.4　若二次曲线 $\boldsymbol{C}$ 的支撑平面的单应为 $\boldsymbol{H}$,则它的图像二次曲线

$$\boldsymbol{C}'=\boldsymbol{H}^{-\mathrm{T}}\boldsymbol{C}\boldsymbol{H}^{-1} \tag{12.100}$$

特别地,绝对二次曲线 $\boldsymbol{\Omega}_{\infty}$ 的支撑平面为无穷远平面,在无穷远平面上 $\boldsymbol{\Omega}_{\infty}=\boldsymbol{I}$ 而无穷远单应是 $\boldsymbol{H}_{\infty}=\boldsymbol{K}\boldsymbol{R}$,根据定理 12.4.4 绝对二次曲线的图像

$$\omega\stackrel{\Delta}{=}\boldsymbol{\Omega}'_{\infty}=\boldsymbol{H}_{\infty}^{-\mathrm{T}}\boldsymbol{\Omega}_{\infty}\boldsymbol{H}_{\infty}^{-1}=\boldsymbol{K}^{-\mathrm{T}}\boldsymbol{R}^{-\mathrm{T}}\boldsymbol{R}^{-1}\boldsymbol{K}^{-1}=\boldsymbol{K}^{-\mathrm{T}}\boldsymbol{K}^{-1}$$

这样就得到下述结论:

定理 12.4.5　绝对二次曲线的图像为 $\boldsymbol{\omega}=\boldsymbol{K}^{-\mathrm{T}}\boldsymbol{K}^{-1}$。

可以看出,绝对二次曲线的图像仅与内参数有关,与摄像机外参数无关,这表明绝对二次曲线的图像不因摄像机位置和姿态的变化而发生变化,在摄像机移动过程中保持不变。这个性质使得绝对二次曲线的图像构成摄像机自标定技术的理论基础。

如果两条直线 $\boldsymbol{l}_1$ 和 $\boldsymbol{l}_2$ 方向的图像为 $\boldsymbol{m}_1$ 和 $\boldsymbol{m}_2$,θ 为它们的交角,则根据定理 12.3.5,有

$$\cos\theta=\frac{\boldsymbol{m}_1^{\mathrm{T}}\boldsymbol{\omega}\boldsymbol{m}_2}{\sqrt{\boldsymbol{m}_1^{\mathrm{T}}\boldsymbol{\omega}\boldsymbol{m}_1\cdot\boldsymbol{m}_2^{\mathrm{T}}\boldsymbol{\omega}\boldsymbol{m}_2}} \tag{12.101}$$

特别地,若 $\boldsymbol{l}_1$ 和 $\boldsymbol{l}_2$ 正交,则得到 $\boldsymbol{\omega}$ 的线性方程为

$$\boldsymbol{m}_1^{\mathrm{T}}\boldsymbol{\omega}\boldsymbol{m}_2=0 \tag{12.102}$$

两组正交的平行线的图像直线的交点是两个正交方向的图像，因此在实践中可通过正交的平行线组的图像建立线性方程(12.102)。由于$\boldsymbol{\omega}$与摄像机外参数无关，可移动摄像机建立更多的线性方程，从而得到绝对二次曲线的图像。

绝对二次曲线是圆环点的集合，因此通过圆环点的图像，比如：平面上两个相交圆的图像二次曲线的一对共轭虚交点是两个圆环点的图像，由多幅图像可拟合出绝对二次曲线的图像，从而得到摄像机内参数。事实上，所有摄像机自标定技术都来源于绝对二次曲线图像的不变性质。

反向投影 考虑图像平面上二次曲线的反投影。在几何上，二次曲线$\boldsymbol{C}$的反投影是以摄像机中心为顶点且过二次曲线$\boldsymbol{C}$的锥面，下面的定理是这一几何事实的代数表述。

定理 12.4.6 二次曲线$\boldsymbol{C}$的反投影

$$\boldsymbol{Q}=\boldsymbol{P}^{\mathrm{T}}\boldsymbol{C}\boldsymbol{P} \tag{12.103}$$

证明 图像点$\boldsymbol{m}$在二次曲线$\boldsymbol{C}$上，当且仅当$\boldsymbol{m}^{\mathrm{T}}\boldsymbol{C}\boldsymbol{m}=0$。空间点$\boldsymbol{x}$被投影到二次曲线$\boldsymbol{C}$上，当且仅当

$$\boldsymbol{x}^{\mathrm{T}}\boldsymbol{P}^{\mathrm{T}}\boldsymbol{C}\boldsymbol{P}\boldsymbol{x}=0$$

因对称矩阵$\boldsymbol{Q}=\boldsymbol{P}^{\mathrm{T}}\boldsymbol{C}\boldsymbol{P}$是秩为3的且摄像机中心$\boldsymbol{c}$使得$\boldsymbol{Q}\boldsymbol{c}=0$，所以二次曲线$\boldsymbol{C}$的反投影是以$\boldsymbol{c}$为顶点的锥面。

5. 二次曲面

二次曲面方程为$\boldsymbol{x}^{\mathrm{T}}\boldsymbol{Q}\boldsymbol{x}=0$，当$\mathrm{rank}\boldsymbol{Q}=4$时，是非退化二次曲面；当$\mathrm{rank}\boldsymbol{Q}=3$时，是锥面；当$\mathrm{rank}\boldsymbol{Q}=1,2$时，分别是两个重合平面和不重合的平面。仅需考虑非退化二次曲面和锥面在摄像机下的投影。

令$\boldsymbol{o}$是空间点，$\boldsymbol{Q}_c$是以$\boldsymbol{o}$为顶点且与$\boldsymbol{Q}$相切的所有射线组成的集合，它是以$\boldsymbol{o}$为顶点的锥面，称为二次曲面$\boldsymbol{Q}$的视锥面。锥面$\boldsymbol{Q}_c$与二次曲面$\boldsymbol{Q}$相切于一条二次曲线$\boldsymbol{\Gamma}$($\boldsymbol{\Gamma}$的支撑平面是$\boldsymbol{o}$的极面$\pi=\boldsymbol{Q}\boldsymbol{o}$)，它是$\boldsymbol{Q}_c$的所有母线与$\boldsymbol{Q}$的切点集合，如图12.11所示。称$\boldsymbol{\Gamma}$是$\boldsymbol{Q}$的一条轮廓线，它与视锥面的顶点有关。

投影 在几何上，二次曲面$\boldsymbol{Q}$的轮廓$\boldsymbol{\Gamma}$在图像平面上的投影$\boldsymbol{C}$是顶点在摄像机中心的视锥面与像平面的交线。二次曲面$\boldsymbol{Q}$的图像是交线$\boldsymbol{C}$所包含的区域，如图12.11所示，称$\boldsymbol{C}$是二次曲面图像的轮廓线。$\boldsymbol{\Gamma}$是二次曲线，因此$\boldsymbol{C}$也是二次曲线。根据定理12.4.6，$\boldsymbol{Q}_C=\boldsymbol{P}^{\mathrm{T}}\boldsymbol{C}\boldsymbol{P}$。若二次曲面上没有纹理，轮廓线$\boldsymbol{\Gamma}$的图像$\boldsymbol{C}$是唯一可利用的图像信息。因此，称$\boldsymbol{C}$是二次曲面$\boldsymbol{Q}$的图像。

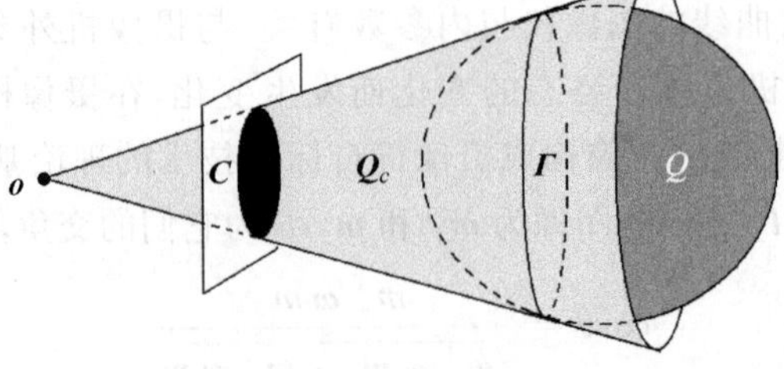

图 12.11 二次曲面的投影

定理 12.4.7　令 $\boldsymbol{Q}^*$ 是二次曲面 $\boldsymbol{Q}$ 的对偶，$\boldsymbol{C}^*$ 是图像 $\boldsymbol{C}$ 的对偶，则

$$\boldsymbol{C}^* = \boldsymbol{P}\boldsymbol{Q}^*\boldsymbol{P}^{\mathrm{T}} \tag{12.104}$$

证明　令 $\boldsymbol{l}$ 是 $\boldsymbol{C}$ 的任一切线，则

$$\boldsymbol{l}^{\mathrm{T}}\boldsymbol{C}^*\boldsymbol{l} = 0 \tag{12.105}$$

由定理 12.4.2，$\boldsymbol{l}$ 的反投影面为 $\pi = \boldsymbol{P}^{\mathrm{T}}\boldsymbol{l}$，且与二次曲面 $\boldsymbol{Q}$ 相切，因此

$$\boldsymbol{l}^{\mathrm{T}}\boldsymbol{P}\boldsymbol{Q}^*\boldsymbol{P}^{\mathrm{T}}\boldsymbol{l} = 0$$

结合式(12.105)得到，$\boldsymbol{C}^* = \boldsymbol{P}\boldsymbol{Q}^*\boldsymbol{P}^{\mathrm{T}}$。

考虑绝对对偶二次曲面的投影。在几何上，绝对对偶二次曲面 $\boldsymbol{Q}_\infty^*$ 是由绝对二次曲线 $\boldsymbol{\Omega}_\infty$ 的切平面组成的对偶二次曲面，其代数表示是秩为 3 的 4×4 矩阵

$$\boldsymbol{Q}_\infty^* = \begin{bmatrix} \boldsymbol{I} & 0 \\ 0^{\mathrm{T}} & 0 \end{bmatrix} \tag{12.106}$$

根据定理 12.4.7，绝对对偶二次曲面的图像

$$\boldsymbol{P}\boldsymbol{Q}_\infty^*\boldsymbol{P}^{\mathrm{T}} = \boldsymbol{K}(\boldsymbol{R},\boldsymbol{t})\begin{bmatrix} \boldsymbol{I} & 0 \\ 0 & 0 \end{bmatrix}\begin{bmatrix} \boldsymbol{R}^{\mathrm{T}} \\ \boldsymbol{t}^{\mathrm{T}} \end{bmatrix}\boldsymbol{K}^{\mathrm{T}} = \boldsymbol{K}\boldsymbol{K}^{\mathrm{T}}$$

它是绝对二次曲线图像 $\boldsymbol{\omega} = \boldsymbol{K}^{-\mathrm{T}}\boldsymbol{K}^{-1}$ 的对偶，$\boldsymbol{\omega}^* = \boldsymbol{\omega}^{-1} = \boldsymbol{K}\boldsymbol{K}^{\mathrm{T}}$，因此得到下述结论：

定理 12.4.8　绝对对偶二次曲面的图像为 $\boldsymbol{\omega}^* = \boldsymbol{K}\boldsymbol{K}^{\mathrm{T}}$。

绝对二次曲线图像和绝对对偶二次曲面图像互为对偶，都与摄像机位置和姿态无关仅与内参数有关，在摄像机移动过程中保持不变。

如果 $\boldsymbol{l}_1, \boldsymbol{l}_2$ 分别为平面 π_1, π_2 方向的投影，即两个平面上无穷远直线的投影，则从定理 12.3.6 推知平面 π_1, π_2 的夹角

$$\cos\theta = \frac{\boldsymbol{l}_1^{\mathrm{T}}\boldsymbol{\omega}^*\boldsymbol{l}_2}{\sqrt{\boldsymbol{l}_1^{\mathrm{T}}\boldsymbol{\omega}^*\boldsymbol{l}_1}\cdot\sqrt{\boldsymbol{l}_2^{\mathrm{T}}\boldsymbol{\omega}^*\boldsymbol{l}_2}} \tag{12.107}$$

已知两平面的夹角，式(12.107)就建立了绝对对偶二次曲面图像的方程。特别当两平面正交时，得到绝对对偶二次曲面图像的线性方程

$$\boldsymbol{l}_1^{\mathrm{T}}\boldsymbol{\omega}^*\boldsymbol{l}_2 = 0 \tag{12.108}$$

习　题

1. 求下列平面束的交比：

$$\pi_1: y - z = 0,\quad \pi_2: x - z = 0,\quad \pi_3: x - y = 0,\quad \pi_4: x + y - 2z = 0$$

2. 求连接两点 $\boldsymbol{x}_1 = (1,1,0,1)^{\mathrm{T}}$，$\boldsymbol{x}_2 = (0,1,1,1)^{\mathrm{T}}$ 直线的 Plücker 矩阵和 Plücker 坐标。

3. 设二次曲面 $\boldsymbol{Q}$ 的矩阵表示为

$$\boldsymbol{Q} = \begin{bmatrix} 4 & 2 & 0 & 2 \\ 2 & 3 & 1 & 1 \\ 0 & 1 & -3 & -3 \\ 2 & 1 & -3 & -1 \end{bmatrix}$$

(i) 求点 $\boldsymbol{x}=(2,1,1,-4)^{\mathrm{T}}$ 关于 $\boldsymbol{Q}$ 的极面；

(ii) 求 $\boldsymbol{Q}$ 的对偶二次曲面；

(iii) 求平面 $\pi=(2,1,2,4)^{\mathrm{T}}$ 关于 $\boldsymbol{Q}$ 的极点；

(iv) 求 $\boldsymbol{Q}$ 的中心和渐近方向。

4. 求满足下列点对应的射影变换：

$\boldsymbol{x}_1=(1,0,0,1)^{\mathrm{T}}\leftrightarrow\boldsymbol{x}'_1=(1,1,1,1)^{\mathrm{T}},\boldsymbol{x}_2=(0,1,0,1)^{\mathrm{T}}\leftrightarrow\boldsymbol{x}'_2=(0,1/2,1,1)^{\mathrm{T}}$

$\boldsymbol{x}_3=(0,0,1,1)^{\mathrm{T}}\leftrightarrow\boldsymbol{x}'_3=(1/2,0,1/2,1)^{\mathrm{T}},\boldsymbol{x}_4=(1,1,1,1)^{\mathrm{T}}\leftrightarrow\boldsymbol{x}'_4=(2/3,2/3,2/3,1)^{\mathrm{T}}$

$\boldsymbol{x}_5=(-1,-1,-1,1)^{\mathrm{T}}\leftrightarrow\boldsymbol{x}'_5=(2,2,0,1)^{\mathrm{T}}$

5. 求题 3 中二次曲面 $\boldsymbol{Q}$ 的射影标准形，并给出相应的射影变换。

6. 求满足下列点对应的欧氏变换

$$\tilde{\boldsymbol{x}}_1=(1,0,1)^{\mathrm{T}}\leftrightarrow\tilde{\boldsymbol{x}}'_1=(\sqrt{2}/2,0,-\sqrt{2}/2)^{\mathrm{T}}$$

$$\tilde{\boldsymbol{x}}_2=(0,1,1)^{\mathrm{T}}\leftrightarrow\tilde{\boldsymbol{x}}'_2=(\sqrt{2}/6,2\sqrt{2}/3,\sqrt{2}/6)^{\mathrm{T}}$$

$$\tilde{\boldsymbol{x}}_3=(0,1,1)^{\mathrm{T}}\leftrightarrow\tilde{\boldsymbol{x}}'_3=(5\sqrt{2}/6,4\sqrt{2}/3,-\sqrt{2}/6)^{\mathrm{T}}$$

7. 已知摄像机在欧氏坐标系下的投影矩阵

$$\boldsymbol{P}=\begin{bmatrix}50\sqrt{2} & 50\sqrt{2} & 0 & 10000\\ -50\sqrt{2} & 50\sqrt{2} & 0 & 10000\\ 0 & 0 & 1 & 40\end{bmatrix}$$

求摄像机的内参数和外参数。

8. 试根据下列条件，分别设计一种计算摄像机内参数的方法：

(i) 已知正方形四顶点的三幅图像，其中顶点坐标未知；

(ii) 已知一个圆及其中心点的三幅图像，其中圆方程未知；

(iii) 已知平面上两个相交圆的三幅图像，其中圆方程未知；

(iv) 假定摄像机绕光心做旋转运动，已知场景的三幅图像。

第 13 章　非欧几何简介

非欧几里得几何简称非欧几何，在普通义上包括双曲几何和椭圆几何，它们都是以与欧氏平行公理相矛盾的平行假设建立起来的几何学。双曲几何是由罗巴切夫斯基和波乐约等创立的，椭圆几何是由黎曼建立的，凯莱和克莱因对这两种几何做出过杰出贡献。在广义上，除了双曲几何和椭圆几何外，非欧几何还包括黎曼几何，它需要更多知识储备而超出本书的范围。本章不是用公理法来陈述非欧几何学，而是按照凯莱和克莱因的变换群观点在射影空间中讨论非欧几何学，先简要介绍二维椭圆几何和双曲几何，然后将它们推广到高维情况。

13.1　椭 圆 几 何

13.1.1　椭圆测度

1. 椭圆距离

在射影平面上给定一条非退化虚二次曲线

$$\mathcal{C}: \boldsymbol{x}^{\mathrm{T}}\boldsymbol{C}\boldsymbol{x}=0 \tag{13.1}$$

它是虚点的集合，即 $\boldsymbol{C}$ 是正定对称矩阵。令 $\boldsymbol{x}, \boldsymbol{y}$ 是任意两个相异点，考虑它们的连线$\mathcal{L}$与 $\boldsymbol{C}$ 的两个交点，如图 13.1 所示。由于$\mathcal{C}$是虚二次曲线，两个交点必是共轭虚点。

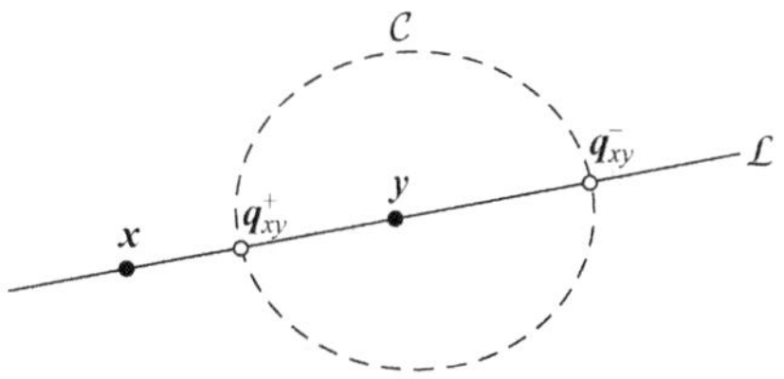

图 13.1　椭圆几何的距离

将$\mathcal{L}$的参数方程

$$\boldsymbol{q}(s)=\boldsymbol{x}+s\boldsymbol{y} \tag{13.2}$$

代入式(13.1)得到参数 s 的二次方程

$$0=(\boldsymbol{x}+s\boldsymbol{y})^{\mathrm{T}}\boldsymbol{C}(\boldsymbol{x}+s\boldsymbol{y})^{\mathrm{T}}=\boldsymbol{x}^{\mathrm{T}}\boldsymbol{C}\boldsymbol{x}+2s\boldsymbol{x}^{\mathrm{T}}\boldsymbol{C}\boldsymbol{y}+s^2\boldsymbol{y}^{\mathrm{T}}\boldsymbol{C}\boldsymbol{y}$$

它的两个共轭复解为

$$s_{\pm}=\frac{-\boldsymbol{x}^{\mathrm{T}}\boldsymbol{C}\boldsymbol{y}\pm \mathrm{i}\sqrt{\boldsymbol{x}^{\mathrm{T}}\boldsymbol{C}\boldsymbol{x}\cdot\boldsymbol{y}^{\mathrm{T}}\boldsymbol{C}\boldsymbol{y}-(\boldsymbol{x}^{\mathrm{T}}\boldsymbol{C}\boldsymbol{y})^2}}{\boldsymbol{y}^{\mathrm{T}}\boldsymbol{C}\boldsymbol{y}} \tag{13.3}$$

因此$\mathcal{L}$与$\mathcal{C}$的共轭虚交点为

$$\boldsymbol{q}_{xy}^{+}=\boldsymbol{x}+s_{+}\boldsymbol{y},\quad \boldsymbol{q}_{xy}^{-}=\boldsymbol{x}+s_{-}\boldsymbol{y}$$

定义 13.1.1 对任意两点 $\boldsymbol{x},\boldsymbol{y}$,定义

$$d(\boldsymbol{x},\boldsymbol{y})=\frac{k}{2\mathrm{i}}\ln(\boldsymbol{x}\boldsymbol{y};\boldsymbol{q}_{xy}^{+}\boldsymbol{q}_{xy}^{-}) \tag{13.4}$$

为 $\boldsymbol{x},\boldsymbol{y}$ 的椭圆距离测度。其中 $k>0$ 称为测度系数,虚二次曲线$\mathcal{C}$称为测度的绝对形。

由于

$$\begin{aligned}(\boldsymbol{x}\boldsymbol{y};\boldsymbol{q}_{xy}^{+}\boldsymbol{q}_{xy}^{-})&=\frac{s_+}{s_-}=\frac{-\boldsymbol{x}^{\mathrm{T}}\boldsymbol{C}\boldsymbol{y}+\mathrm{i}\sqrt{\boldsymbol{x}^{\mathrm{T}}\boldsymbol{C}\boldsymbol{x}\cdot\boldsymbol{y}^{\mathrm{T}}\boldsymbol{C}\boldsymbol{y}-(\boldsymbol{x}^{\mathrm{T}}\boldsymbol{C}\boldsymbol{y})^2}}{-\boldsymbol{x}^{\mathrm{T}}\boldsymbol{C}\boldsymbol{y}-\mathrm{i}\sqrt{\boldsymbol{x}^{\mathrm{T}}\boldsymbol{C}\boldsymbol{x}\cdot\boldsymbol{y}^{\mathrm{T}}\boldsymbol{C}\boldsymbol{y}-(\boldsymbol{x}^{\mathrm{T}}\boldsymbol{C}\boldsymbol{y})^2}}\\&=\left(\frac{-\boldsymbol{x}^{\mathrm{T}}\boldsymbol{C}\boldsymbol{y}+\mathrm{i}\sqrt{\boldsymbol{x}^{\mathrm{T}}\boldsymbol{C}\boldsymbol{x}\cdot\boldsymbol{y}^{\mathrm{T}}\boldsymbol{C}\boldsymbol{y}-(\boldsymbol{x}^{\mathrm{T}}\boldsymbol{C}\boldsymbol{y})^2}}{\sqrt{\boldsymbol{x}^{\mathrm{T}}\boldsymbol{C}\boldsymbol{x}}\cdot\sqrt{\boldsymbol{x}^{\mathrm{T}}\boldsymbol{C}\boldsymbol{x}}}\right)^2\end{aligned}$$

所以式(13.4)能被表示成

$$d(\boldsymbol{x},\boldsymbol{y})=\frac{k}{\mathrm{i}}\ln\left(\frac{-\boldsymbol{x}^{\mathrm{T}}\boldsymbol{C}\boldsymbol{y}+\mathrm{i}\sqrt{\boldsymbol{x}^{\mathrm{T}}\boldsymbol{C}\boldsymbol{x}\cdot\boldsymbol{y}^{\mathrm{T}}\boldsymbol{C}\boldsymbol{y}-(\boldsymbol{x}^{\mathrm{T}}\boldsymbol{C}\boldsymbol{y})^2}}{\sqrt{\boldsymbol{x}^{\mathrm{T}}\boldsymbol{C}\boldsymbol{x}}\cdot\sqrt{\boldsymbol{x}^{\mathrm{T}}\boldsymbol{C}\boldsymbol{x}}}\right) \tag{13.5}$$

因 s^+,s^-复共轭,s^+/s^-必是单位复数,因此椭圆距离测度满足不等式 $0\leqslant d(\boldsymbol{x},\boldsymbol{y})\leqslant k\pi$。此外,可以验证椭圆距离测度满足抽象度量的三条公理:

(i) 非负性:$d(\boldsymbol{x},\boldsymbol{y})\geqslant 0$;$d(\boldsymbol{x},\boldsymbol{y})=0\Leftrightarrow \boldsymbol{x}=\boldsymbol{y}$;

(ii) 对称性:$d(\boldsymbol{x},\boldsymbol{y})=d(\boldsymbol{y},\boldsymbol{x})$;

(iii) 三角不等式:$d(\boldsymbol{x},\boldsymbol{y})+d(\boldsymbol{y},\boldsymbol{z})\geqslant d(\boldsymbol{x},\boldsymbol{z})$。

定义了椭圆距离的射影空间称为椭圆空间,由椭圆距离导入的几何称为椭圆几何。不同的绝对形(非退化虚二次曲线)导入不同的椭圆几何,但它们与欧氏几何的重要区别都在于椭圆距离函数是有界的,因而椭圆空间中的任何直线都有有限的长度。

例 13.1.1 写出以虚二次曲线$\mathcal{T}$:$\boldsymbol{x}^{\mathrm{T}}\boldsymbol{I}\boldsymbol{x}=x_1^2+x_2^2+x_3^2=0$ 为绝对形(测度系数 $k=1$)的椭圆距离公式,并计算下述三点两两之间的距离:

$$\boldsymbol{x}_1=\begin{bmatrix}1\\0\\1\end{bmatrix},\quad \boldsymbol{x}_2=\begin{bmatrix}0\\1\\1\end{bmatrix},\quad \boldsymbol{x}_3=\begin{bmatrix}1\\1\\1\end{bmatrix}$$

解 根据式(13.5),关于绝对形$\mathcal{T}$(测度系数 $k=1$)的椭圆距离公式为

$$d(\boldsymbol{x},\boldsymbol{y})=\frac{1}{\mathrm{i}}\ln\left(\frac{-\boldsymbol{x}^{\mathrm{T}}\boldsymbol{y}+\mathrm{i}\sqrt{\boldsymbol{x}^{\mathrm{T}}\boldsymbol{x}\cdot\boldsymbol{y}^{\mathrm{T}}\boldsymbol{y}-(\boldsymbol{x}^{\mathrm{T}}\boldsymbol{y})^2}}{\sqrt{\boldsymbol{x}^{\mathrm{T}}\boldsymbol{x}}\cdot\sqrt{\boldsymbol{y}^{\mathrm{T}}\boldsymbol{y}}}\right)$$

因此

$$d(\boldsymbol{x}_1,\boldsymbol{x}_2)=\frac{1}{\mathrm{i}}\ln\left(\frac{-1+\mathrm{i}\sqrt{2\cdot 2-1}}{\sqrt{2\cdot 2}}\right)=\frac{1}{\mathrm{i}}\ln\left(\frac{-1+\mathrm{i}\sqrt{3}}{2}\right)=\frac{2\pi}{3}$$

$$d(\boldsymbol{x}_1,\boldsymbol{x}_3)=\frac{1}{\mathrm{i}}\ln\left(\frac{-2+\mathrm{i}\sqrt{2\cdot 3-2^2}}{\sqrt{2\cdot 3}}\right)=\frac{1}{\mathrm{i}}\ln\left(\frac{-2+\mathrm{i}\sqrt{2}}{\sqrt{6}}\right)\approx 2.52611$$

$$d(\boldsymbol{x}_2,\boldsymbol{x}_3)=\frac{1}{\mathrm{i}}\ln\left(\frac{-2+\mathrm{i}\sqrt{2\cdot 3-2^2}}{\sqrt{2\cdot 3}}\right)=\frac{1}{\mathrm{i}}\ln\left(\frac{-2+\mathrm{i}\sqrt{2}}{\sqrt{6}}\right)=2.52611$$

2. 椭圆角度

下面在椭圆空间中引进直线的角测度。考虑绝对形$\mathcal{C}$的对偶

$$\mathcal{C}^*: \boldsymbol{a}^{\mathrm{T}}\boldsymbol{C}^*\boldsymbol{a}=0 \quad (\boldsymbol{C}^*=\boldsymbol{C}^{-1}) \tag{13.6}$$

其中 $\boldsymbol{a}=(a_1,a_2,a_3)^{\mathrm{T}}$ 是绝对形$\mathcal{C}$(虚)切线的齐次坐标。

如图 13.2 所示，在射影平面上给定两条直线 $\boldsymbol{a},\boldsymbol{b}$，它们的交点记为 $\boldsymbol{o}$。过点 $\boldsymbol{o}$ 直线束的参数方程为

$$\boldsymbol{c}(t)=\boldsymbol{a}+t\boldsymbol{b} \tag{13.7}$$

在几何上，这个线束有两条虚直线在对偶二次曲线$\mathcal{C}^*$上，对应下列方程

$$\boldsymbol{a}^{\mathrm{T}}\boldsymbol{C}^*\boldsymbol{a}+2t\boldsymbol{a}^{\mathrm{T}}\boldsymbol{C}^*\boldsymbol{b}+t^2\boldsymbol{b}^{\mathrm{T}}\boldsymbol{C}^*\boldsymbol{b}=0$$

的共轭复解：

$$t_{\pm}=\frac{-\boldsymbol{a}^{\mathrm{T}}\boldsymbol{C}^*\boldsymbol{a}\pm \mathrm{i}\sqrt{\boldsymbol{a}^{\mathrm{T}}\boldsymbol{C}^*\boldsymbol{a}\cdot\boldsymbol{b}^{\mathrm{T}}\boldsymbol{C}^*\boldsymbol{b}-(\boldsymbol{a}^{\mathrm{T}}\boldsymbol{C}^*\boldsymbol{b})^2}}{\boldsymbol{b}^{\mathrm{T}}\boldsymbol{C}^*\boldsymbol{b}} \tag{13.8}$$

因此，在对偶二次曲线$\mathcal{C}^*$上，过点 $\boldsymbol{o}$ 的两条虚直线为

$$\boldsymbol{c}_{ab}^{+}=\boldsymbol{a}+t_{+}\boldsymbol{b},\quad \boldsymbol{c}_{ab}^{-}=\boldsymbol{a}+t_{-}\boldsymbol{b} \tag{13.9}$$

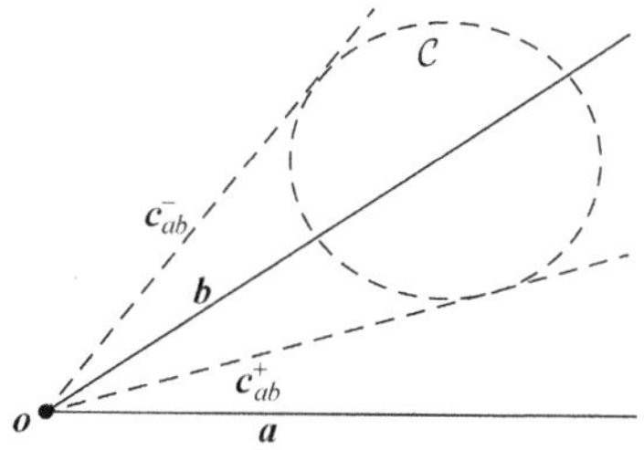

图 13.2　椭圆几何的角度

定义 13.1.2　对任意两条直线 $\boldsymbol{a},\boldsymbol{b}$，定义它们之间的角度为

$$\theta(\boldsymbol{a},\boldsymbol{b})=\frac{1}{2\mathrm{i}}\ln(\boldsymbol{ab};\boldsymbol{c}_{ab}^{+}\boldsymbol{c}_{ab}^{-}) \tag{13.10}$$

由于$(\boldsymbol{ab};\boldsymbol{c}_{ab}^{+}\boldsymbol{c}_{ab}^{-})=t_{+}/t_{-}$，所以

$$\begin{aligned}(\boldsymbol{ab};\boldsymbol{c}_{ab}^{+}\boldsymbol{c}_{ab}^{-})&=\frac{-\boldsymbol{a}^{\mathrm{T}}\boldsymbol{C}^*\boldsymbol{b}+\mathrm{i}\sqrt{\boldsymbol{a}^{\mathrm{T}}\boldsymbol{C}^*\boldsymbol{a}\cdot\boldsymbol{b}^{\mathrm{T}}\boldsymbol{C}^*\boldsymbol{b}-(\boldsymbol{a}^{\mathrm{T}}\boldsymbol{C}^*\boldsymbol{b})^2}}{-\boldsymbol{a}^{\mathrm{T}}\boldsymbol{C}^*\boldsymbol{b}-\mathrm{i}\sqrt{\boldsymbol{a}^{\mathrm{T}}\boldsymbol{C}^*\boldsymbol{a}\cdot\boldsymbol{b}^{\mathrm{T}}\boldsymbol{C}^*\boldsymbol{b}-(\boldsymbol{a}^{\mathrm{T}}\boldsymbol{C}^*\boldsymbol{b})^2}}\\&=\left(\frac{-\boldsymbol{a}^{\mathrm{T}}\boldsymbol{C}^*\boldsymbol{b}+\mathrm{i}\sqrt{\boldsymbol{a}^{\mathrm{T}}\boldsymbol{C}^*\boldsymbol{a}\cdot\boldsymbol{b}^{\mathrm{T}}\boldsymbol{C}^*\boldsymbol{b}-(\boldsymbol{a}^{\mathrm{T}}\boldsymbol{C}^*\boldsymbol{b})^2}}{\sqrt{\boldsymbol{a}^{\mathrm{T}}\boldsymbol{C}^*\boldsymbol{a}}\cdot\sqrt{\boldsymbol{b}^{\mathrm{T}}\boldsymbol{C}^*\boldsymbol{b}}}\right)^2\end{aligned}$$

因此角度可表示为

$$\theta(\boldsymbol{a},\boldsymbol{b})=\frac{1}{2\mathrm{i}}\ln\left(\frac{-\boldsymbol{a}^{\mathrm{T}}\boldsymbol{C}^*\boldsymbol{b}+\mathrm{i}\sqrt{\boldsymbol{a}^{\mathrm{T}}\boldsymbol{C}^*\boldsymbol{a}\cdot\boldsymbol{b}^{\mathrm{T}}\boldsymbol{C}^*\boldsymbol{b}-(\boldsymbol{a}^{\mathrm{T}}\boldsymbol{C}^*\boldsymbol{b})^2}}{\sqrt{\boldsymbol{a}^{\mathrm{T}}\boldsymbol{C}^*\boldsymbol{a}}\cdot\sqrt{\boldsymbol{b}^{\mathrm{T}}\boldsymbol{C}^*\boldsymbol{b}}}\right) \tag{13.11}$$

因 t_{-},t_{+} 是共轭复数，交比 t_{+}/t_{-} 必是单位复数，因此角度满足 $0\leqslant\theta(\boldsymbol{a},\boldsymbol{b})\leqslant\pi$。$\theta(\boldsymbol{a},\boldsymbol{b})=0\Leftrightarrow\boldsymbol{a},\boldsymbol{b}$ 是两条重合的直线，所以在椭圆几何中，过直线外一点不存在平行线，任何两条相异直线都相交于椭圆空间的点。若 $\theta(\boldsymbol{a},\boldsymbol{b})=\pi/2$，则称直线 $\boldsymbol{a},\boldsymbol{b}$ 相互正交。显然，下列陈述是相互等价的：

(i) $\boldsymbol{a},\boldsymbol{b}$ 相互正交；

(ii) $(\boldsymbol{ab};\boldsymbol{c}_{ab}^{+}\boldsymbol{c}_{ab}^{-})=-1$；

(iii) $\boldsymbol{a}^{\mathrm{T}}\boldsymbol{C}^*\boldsymbol{b}=0$，即 $\boldsymbol{a},\boldsymbol{b}$ 是绝对形$\mathcal{C}$的共轭线。

给定直线 $\boldsymbol{a}$，令 $\boldsymbol{x}$ 是 $\boldsymbol{a}$ 关于绝对形C的极点，即 $\boldsymbol{x}=\boldsymbol{C}^{-1}\boldsymbol{a}$，则过点 $\boldsymbol{x}$ 的任一直线 $\boldsymbol{b}$ 都与 $\boldsymbol{a}$ 正交，这是因为

$$\boldsymbol{b}^{\mathrm{T}}\boldsymbol{C}^{*}\boldsymbol{a}=\boldsymbol{b}^{\mathrm{T}}\boldsymbol{C}^{-1}\boldsymbol{a}=\boldsymbol{b}^{\mathrm{T}}\boldsymbol{x}=0$$

众所周知，在欧氏几何中三角形三内角等于二直角，但在椭圆几何中，三角形三内角大于二直角，存在三内角都是直角的三角形。例如：任意给定一条直线 $\boldsymbol{a}$，如图 13.3 所示，过 $\boldsymbol{a}$ 关于绝对形的极点 $\boldsymbol{x}$ 作一条直线 $\boldsymbol{b}$，令 $\boldsymbol{c}$ 是 $\boldsymbol{a}$ 与 $\boldsymbol{b}$ 的交点 $\boldsymbol{y}$ 关于绝对形的极线，则 $\boldsymbol{a},\boldsymbol{b},\boldsymbol{c}$ 构成的$\triangle \boldsymbol{xyz}$ 的三内角都是直角，这是因为$\triangle \boldsymbol{xyz}$ 的任两条边都是绝对形的共轭线，或者说任两个顶点都是绝对形的共轭点。如果三角形的任两顶点都是二次曲线的共轭点，或者说任两边都是二次曲线的共轭线，则称它是该二次曲线的自极三角形。因此，在椭圆空间中绝对形的自极三角形的三内角都是直角。

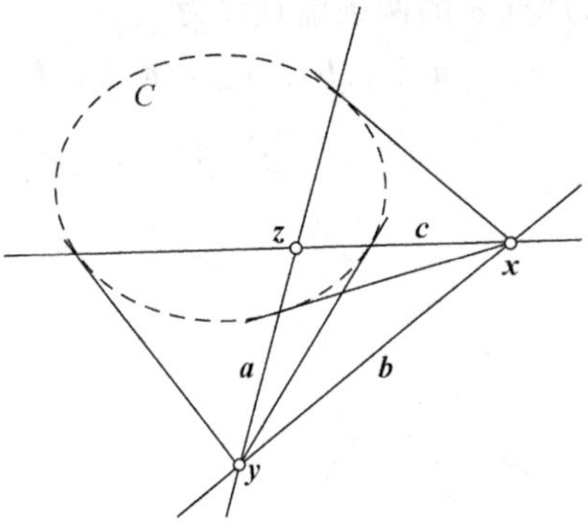

图 13.3 在椭圆几何中过直线外一点存在唯一的正交直线

如果 $\boldsymbol{x}$ 不是直线 $\boldsymbol{a}$ 的极点，且不在直线 $\boldsymbol{a}$ 上，则存在唯一直线 $\boldsymbol{b}$ 过 $\boldsymbol{x}$ 且和直线 $\boldsymbol{a}$ 正交。这一几何事实简述为“过直线外一点存在唯一的垂线”。在几何上，直线 $\boldsymbol{b}$ 是 $\boldsymbol{a}$ 的极点与点 $\boldsymbol{x}$ 的连线，由于和 $\boldsymbol{a}$ 正交的直线必经过它的极点，因此 $\boldsymbol{b}$ 是过点 $\boldsymbol{x}$ 且和 $\boldsymbol{a}$ 正交的唯一直线。

综上所述，椭圆几何与欧氏几何的重要区别是，任何两条直线都相交，过直线外一点不存在平行线；三角形三内角之和大于二直角。

例 13.1.2 续例 13.1.1，写出椭圆角度公式，并计算$\triangle \boldsymbol{x}_1\boldsymbol{x}_2\boldsymbol{x}_3$ 的三内角。

解 绝对形T的对偶T^{*}：$\boldsymbol{a}^{\mathrm{T}}\boldsymbol{a}=a_1^2+a_2^2+a_3^2=0$，根据式(13.11)椭圆角度公式

$$\theta(\boldsymbol{a},\boldsymbol{b})=\frac{1}{\mathrm{i}}\ln\left(\frac{-\boldsymbol{a}^{\mathrm{T}}\boldsymbol{b}+\mathrm{i}\sqrt{\boldsymbol{a}^{\mathrm{T}}\boldsymbol{a}\cdot\boldsymbol{b}^{\mathrm{T}}\boldsymbol{b}-(\boldsymbol{a}^{\mathrm{T}}\boldsymbol{b})^2}}{\sqrt{\boldsymbol{a}^{\mathrm{T}}\boldsymbol{a}\cdot\boldsymbol{b}^{\mathrm{T}}\boldsymbol{b}}}\right) \tag{13.12}$$

为了计算$\triangle \boldsymbol{x}_1\boldsymbol{x}_2\boldsymbol{x}_3$ 的三内角，先计算三边 $\boldsymbol{a}_{12},\boldsymbol{a}_{13},\boldsymbol{a}_{23}$（见图 13.4）的齐次坐标：

$$\boldsymbol{a}_{12}=\boldsymbol{x}_1\times\boldsymbol{x}_2=(-1,-1,1)^{\mathrm{T}},$$

$$\boldsymbol{a}_{13}=\boldsymbol{x}_1\times\boldsymbol{x}_3=(-1,0,1)^{\mathrm{T}},$$

$$\boldsymbol{a}_{23}=\boldsymbol{x}_2\times\boldsymbol{x}_3=(0,1,-1)^{\mathrm{T}}$$

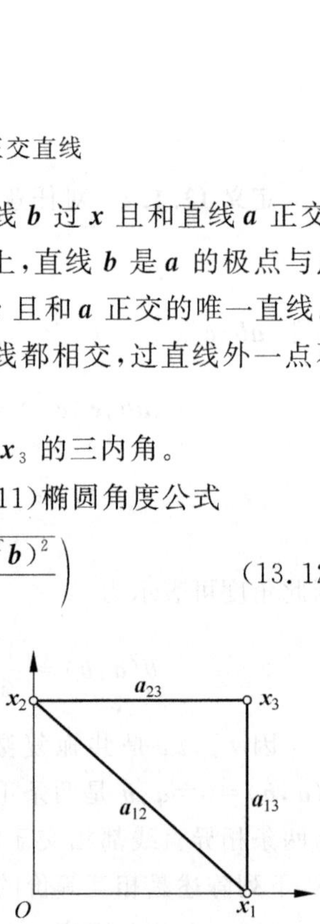

图 13.4 $\triangle \boldsymbol{x}_1\boldsymbol{x}_2\boldsymbol{x}_3$ 的三边

在计算内角时，要注意边的齐次坐标的选择。一般，两条与顶点 $\boldsymbol{x}_i$ 关联边的齐次坐标选择为 $\boldsymbol{a}_{ji}=\boldsymbol{x}_j\times\boldsymbol{x}_i$ 和 $\boldsymbol{a}_{ik}=\boldsymbol{x}_i\times\boldsymbol{x}_k$。$\boldsymbol{a}_{ij}$，$\boldsymbol{a}_{ji}$ 相差一个符号，是同一条边的齐次坐标。根据式(13.12)，顶点 $\boldsymbol{x}_1,\boldsymbol{x}_2,\boldsymbol{x}_3$ 的内角分别为

$$\theta(\boldsymbol{a}_{21},\boldsymbol{a}_{13})=\frac{1}{\mathrm{i}}\ln\left(\frac{2+\mathrm{i}\sqrt{2\cdot 3-2^2}}{\sqrt{2\cdot 3}}\right)=\frac{1}{\mathrm{i}}\ln\left(\frac{2+\mathrm{i}\sqrt{2}}{\sqrt{6}}\right)\approx 0.61548$$

$$\theta(\boldsymbol{a}_{32},\boldsymbol{a}_{21})=\frac{1}{\mathrm{i}}\ln\left(\frac{2+\mathrm{i}\sqrt{2\cdot 3-2^2}}{\sqrt{2\cdot 3}}\right)=\frac{1}{\mathrm{i}}\ln\left(\frac{2+\mathrm{i}\sqrt{2}}{\sqrt{6}}\right)\approx 0.61548$$

$$\theta(\boldsymbol{a}_{13},\boldsymbol{a}_{32})=\frac{1}{\mathrm{i}}\ln\left(\frac{-1+\mathrm{i}\sqrt{2\cdot 2-1}}{\sqrt{2\cdot 2}}\right)=\frac{1}{\mathrm{i}}\ln\left(-\frac{1-\mathrm{i}\sqrt{3}}{2}\right)=\frac{2\pi}{3}\approx 2.0944$$

可见，在椭圆空间中，$\triangle x_1x_2x_3$ 不再是直角三角形，在欧氏空间中的直角放大到 $2\pi/3$、$\pi/4$ 角缩小为 0.61548，$\triangle x_1x_2x_3$ 三内角之和为 $2.0944+2\cdot 0.61548=3.32536$，大于二直角。

3. 椭圆运动群

如果射影变换 $\boldsymbol{H}$ 将射影平面的点集$\mathcal{G}$变换到$\mathcal{G}$自身，则称 $\boldsymbol{H}$ 是关于$\mathcal{G}$的自同构变换，或者说 $\boldsymbol{H}$ 是$\mathcal{G}$的自同构。显然，若 $\boldsymbol{H}$ 是$\mathcal{G}$的自同构，则逆 $\boldsymbol{H}^{-1}$ 也是$\mathcal{G}$的自同构；若 $\boldsymbol{H}_1$，$\boldsymbol{H}_2$ 是$\mathcal{G}$的自同构，则乘积 $\boldsymbol{H}_1\boldsymbol{H}_2$ 也是$\mathcal{G}$的自同构。因此，$\mathcal{G}$的自同构的全体构成射影群的一个子群，称为$\mathcal{G}$的自同构群。比如，仿射群是无穷远直线的自同构群，相似群是圆环点的自同构群。

虚二次曲线$\mathcal{C}$的自同构称为椭圆运动，$\mathcal{C}$也称为椭圆运动的绝对形。具有公共绝对形$\mathcal{C}$的椭圆运动的全体称为椭圆运动群，根据二次曲线的射影变换规则，椭圆运动群可以表示为

$$\mathcal{E}_c=\{\boldsymbol{H}:\boldsymbol{H}^{-\mathrm{T}}\boldsymbol{C}\boldsymbol{H}^{-1}=\boldsymbol{C}\}=\{\boldsymbol{H}:\boldsymbol{H}^{\mathrm{T}}\boldsymbol{C}\boldsymbol{H}=\boldsymbol{C}\}\tag{13.13}$$

其中 $\boldsymbol{C}$ 是绝对形$\mathcal{C}$的矩阵表示。不同绝对形的椭圆运动群是不同的。特别地，绝对形 $\mathcal{T}:\boldsymbol{x}^{\mathrm{T}}\boldsymbol{I}\boldsymbol{x}=0$ 的椭圆运动群是

$$\mathcal{E}_I=\{\boldsymbol{H}:\boldsymbol{H}^{\mathrm{T}}\boldsymbol{H}=\boldsymbol{I}\}\tag{13.14}$$

即这个椭圆运动群的矩阵表示是三阶正交矩阵。

研究椭圆运动群的不变性质与不变量的几何学称为椭圆几何学。也就是说，椭圆几何主要研究图形在椭圆运动下的不变性质与不变量。椭圆几何最基本的两个不变量是距离与角度。准确地说，若 $\boldsymbol{H}$ 是椭圆运动，则对任意两点 $\boldsymbol{x}$，$\boldsymbol{y}$ 和任意两直线 $\boldsymbol{a}$，$\boldsymbol{b}$，有

$$d(\boldsymbol{Hx},\boldsymbol{Hy})=d(\boldsymbol{x},\boldsymbol{y}),\quad \theta(\boldsymbol{H}^{-\mathrm{T}}\boldsymbol{a},\boldsymbol{H}^{-\mathrm{T}}\boldsymbol{b})=\theta(\boldsymbol{a},\boldsymbol{b})$$

这是因为：椭圆运动群是射影群的子群因而保持交比不变，此外椭圆运动群有公共的绝对形，根据定义 13.1.1 和定义 13.1.2，距离和角度是椭圆运动的不变量。

13.1.2　椭圆几何模型

1. 基本绝对形

考虑基本绝对形

$$\mathcal{F}:\boldsymbol{x}^{\mathrm{T}}\boldsymbol{F}\boldsymbol{x}=x_1^2+x_2^2+k^2x_3^2=0\quad(k>0)\tag{13.15}$$

导入的椭圆几何。根据式(13.5)，对于绝对形$\mathcal{F}$，

$$\frac{d(\boldsymbol{x},\boldsymbol{y})}{k}\mathrm{i}=\ln\left(\frac{-\boldsymbol{x}^{\mathrm{T}}\boldsymbol{F}\boldsymbol{y}+\mathrm{i}\sqrt{\boldsymbol{x}^{\mathrm{T}}\boldsymbol{F}\boldsymbol{x}\cdot\boldsymbol{y}^{\mathrm{T}}\boldsymbol{F}\boldsymbol{y}-(\boldsymbol{x}^{\mathrm{T}}\boldsymbol{F}\boldsymbol{y})^2}}{\sqrt{\boldsymbol{x}^{\mathrm{T}}\boldsymbol{F}\boldsymbol{x}\cdot\boldsymbol{y}^{\mathrm{T}}\boldsymbol{F}\boldsymbol{y}}}\right)$$

因此

$$\mathrm{e}^{\frac{d(x,y)}{k}\mathrm{i}}=-\frac{\boldsymbol{x}^{\mathrm{T}}\boldsymbol{F}\boldsymbol{y}}{\sqrt{\boldsymbol{x}^{\mathrm{T}}\boldsymbol{F}\boldsymbol{x}\cdot\boldsymbol{y}^{\mathrm{T}}\boldsymbol{F}\boldsymbol{y}}}+\mathrm{i}\frac{\sqrt{\boldsymbol{x}^{\mathrm{T}}\boldsymbol{F}\boldsymbol{x}\cdot\boldsymbol{y}^{\mathrm{T}}\boldsymbol{F}\boldsymbol{y}-(\boldsymbol{x}^{\mathrm{T}}\boldsymbol{F}\boldsymbol{y})^2}}{\sqrt{\boldsymbol{x}^{\mathrm{T}}\boldsymbol{F}\boldsymbol{x}\cdot\boldsymbol{y}^{\mathrm{T}}\boldsymbol{F}\boldsymbol{y}}}$$

基本绝对形导入的椭圆距离满足

$$\cos\left(\frac{d(\boldsymbol{x},\boldsymbol{y})}{k}\right)=-\frac{\boldsymbol{x}^{\mathrm{T}}\boldsymbol{F}\boldsymbol{y}}{\sqrt{\boldsymbol{x}^{\mathrm{T}}\boldsymbol{F}\boldsymbol{x}\cdot\boldsymbol{y}^{\mathrm{T}}\boldsymbol{F}\boldsymbol{y}}}=-\frac{x_1y_1+x_2y_2+k^2x_3y_3}{\sqrt{x_1^2+x_2^2+k^2x_3^2}\cdot\sqrt{y_1^2+y_2^2+k^2y_3^2}} \tag{13.16}$$

$$\begin{aligned}\sin\left(\frac{d(\boldsymbol{x},\boldsymbol{y})}{k}\right)&=\sqrt{\frac{\boldsymbol{x}^{\mathrm{T}}\boldsymbol{F}\boldsymbol{x}\cdot\boldsymbol{y}^{\mathrm{T}}\boldsymbol{F}\boldsymbol{y}-(\boldsymbol{x}^{\mathrm{T}}\boldsymbol{F}\boldsymbol{y})^2}{\boldsymbol{x}^{\mathrm{T}}\boldsymbol{F}\boldsymbol{x}\cdot\boldsymbol{y}^{\mathrm{T}}\boldsymbol{F}\boldsymbol{y}}}\\&=\frac{\sqrt{(x_1^2+x_2^2+k^2x_3^2)(y_1^2+y_2^2+k^2y_3^2)-(x_1y_1+x_2y_2+k^2x_3y_3)^2}}{\sqrt{x_1^2+x_2^2+k^2x_3^2}\cdot\sqrt{y_1^2+y_2^2+k^2y_3^2}}\end{aligned} \tag{13.17}$$

由于$\mathcal{F}$的对偶是

$$\mathcal{F}^*:\boldsymbol{a}^{\mathrm{T}}\boldsymbol{F}^*\boldsymbol{a}=a_1^2+a_2^2+k^{-2}a_3^2=0 \tag{13.18}$$

根据式(13.11),用上面类似方法可推知椭圆角度满足

$$\cos(\theta(\boldsymbol{a},\boldsymbol{b}))=-\frac{a_1b_1+a_2b_2+k^{-2}a_3b_3}{\sqrt{a_1^2+a_2^2+k^{-2}a_3^2}\cdot\sqrt{b_1^2+b_2^2+k^{-2}b_3^2}} \tag{13.19a}$$

$$\sin(\theta(\boldsymbol{a},\boldsymbol{b}))=-\frac{\sqrt{(a_1^2+a_2^2+k^{-2}a_3^2)(b_1^2+b_2^2+k^{-2}b_3^2)-(a_1b_1+a_2b_2+k^{-2}a_3b_3)^2}}{\sqrt{a_1^2+a_2^2+k^{-2}a_3^2}\cdot\sqrt{b_1^2+b_2^2+k^{-2}b_3^2}} \tag{13.19b}$$

很明显,当 $k\to\infty$时椭圆角度变为

$$\cos(\theta(\boldsymbol{a},\boldsymbol{b}))=-\frac{a_1b_1+a_2b_2}{\sqrt{a_1^2+a_2^2}\cdot\sqrt{b_1^2+b_2^2}}$$

它与常用的欧氏角度公式相差一个符号,但仍表示两直线的欧氏角度,因为两直线之间本来就有两个角度,一个是 θ,而另一个是 θ 的补角 $\pi-\theta$。因此,欧氏角度是椭圆角度的极限情况。

2. 椭圆几何模型

下面在欧氏几间中建立椭圆几何模型。考虑三维欧氏空间的(半)椭圆面:

$$\mathcal{S}:\ x_1^2+x_2^2+k^2x_3^2=k^2\quad(x_3\geqslant 0) \tag{13.20}$$

其中 $\boldsymbol{x}=(x_1,x_2,x_3)^{\mathrm{T}}$ 是空间点的欧氏坐标。先建立射影平面与椭圆面$\mathcal{S}$之间的对应关系。如图 13.5 所示,将相切于椭圆面$\mathcal{S}$北极 $\boldsymbol{N}$ 的平面π:$x_3=1$ 作为射影平面的一个复制。令 $\boldsymbol{A}$ 为$\mathcal{S}$上的任一点,直线 $\boldsymbol{OA}$ 与π 的交点记为$\boldsymbol{A}'$,规定大圆$\mathcal{O}$直径的两个端点为同一点,则对应 $\varphi:\boldsymbol{A}\mapsto\boldsymbol{A}'$是$\mathcal{S}$的点与$\pi$ 的点之间的一一对应,并且大圆$\mathcal{O}$上的点对应π 的无穷远点,其他点对应π 的有穷点;$\mathcal{S}$上的大弧(即通过中心 $\boldsymbol{O}$ 的平面与$\mathcal{S}$的交)对应π 上的直线,大圆$\mathcal{O}$对应π 的无穷远直线。

可以看出:$\mathcal{S}$上点 $\boldsymbol{A}$ 的欧氏坐标正好是对应点$\boldsymbol{A}'$在平面π 上齐次坐标,这是因为:假定 $\boldsymbol{A}$ 的坐标为$\boldsymbol{x}=(x_1,x_2,x_3)^{\mathrm{T}}$,则直线 $\boldsymbol{OA}$ 的参数方程为$\boldsymbol{x}(\rho)=\rho\boldsymbol{x}$,与平面$\pi$ 的交点$\boldsymbol{A}'$的坐标满足 $\rho x_3=1$,于是 $\boldsymbol{A}'$的坐标为

$$\boldsymbol{x}'=\frac{1}{x_3}\boldsymbol{x}=\left(\frac{x_1}{x_3},\frac{x_2}{x_3},1\right)^{\mathrm{T}}$$

故 $\boldsymbol{A}$ 的欧氏坐标正好是对应点$\boldsymbol{A}'$在平面π 上齐次坐标。由此,$\mathcal{S}$上大弧的支撑平面方程

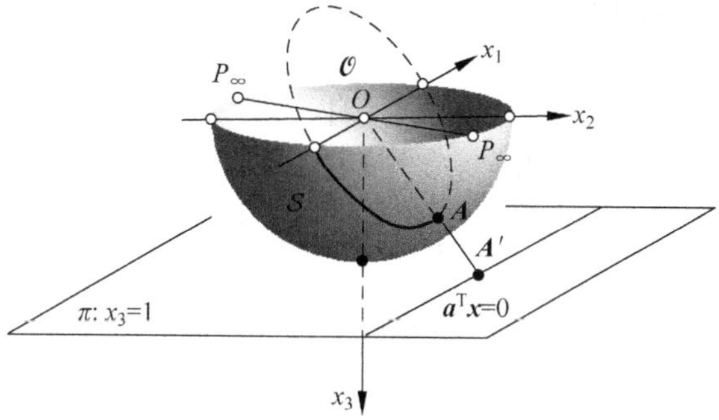

图 13.5 射影平面的椭圆面模型

$\boldsymbol{a}^{\mathrm{T}}\boldsymbol{x}=0$ 正好是对应直线在平面 π 上齐次方程，即支撑平面的方向 $\boldsymbol{a}$ 是对应直线在平面 π 上的齐次坐标。这样，就建立了射影平面的椭圆面模型。

将式(13.20)代入式(13.16)和式(13.17)，通过化简得到

$$\cos\left(\frac{d(\boldsymbol{x},\boldsymbol{y})}{k}\right)=-\left(x_3y_3+\frac{x_1y_1+x_2y_2}{k^2}\right) \tag{13.21a}$$

$$\sin\left(\frac{d(\boldsymbol{x},\boldsymbol{y})}{k}\right)=\frac{1}{k}\sqrt{(x_3y_1-y_3x_1)^2+(x_3y_2-y_3x_2)^2+\frac{1}{k^2}(x_1y_2-y_1x_2)^2} \tag{13.21b}$$

于是在欧氏空间的椭圆面$\mathcal{S}$上就实现了由绝对形$\mathcal{F}$导入的椭圆几何，因此可以把椭圆几何视为椭圆面$\mathcal{S}$上的几何。此外，还可以看出，欧氏几何是椭圆几何的极限情况。因为在二维欧氏空间中 $x_3=1$，从式(13.21b)得到

$$k\sin\left(\frac{d(\boldsymbol{x},\boldsymbol{y})}{k}\right)=\sqrt{(y_1-x_1)^2+(y_2-x_2)^2+\frac{1}{k^2}(x_1y_2-y_1x_2)^2}$$

由于$\lim\limits_{x\to 0}\dfrac{\sin x}{x}=1$，所以

$$\begin{aligned}\lim_{k\to\infty}d(\boldsymbol{x},\boldsymbol{y})&=\lim_{k\to\infty}d(\boldsymbol{x},\boldsymbol{y})\cdot\lim_{k\to\infty}\left(\left(\frac{d(\boldsymbol{x},\boldsymbol{y})}{k}\right)^{-1}\sin\left(\frac{d(\boldsymbol{x},\boldsymbol{y})}{k}\right)\right)\\&=\lim_{k\to\infty}\left(k\sin\left(\frac{d(\boldsymbol{x},\boldsymbol{y})}{k}\right)\right)\\&=\lim_{k\to\infty}\sqrt{(y_1-x_1)^2+(y_2-x_2)^2+\frac{1}{k^2}(x_1y_2-y_1x_2)^2}\\&=\sqrt{(y_1-x_1)^2+(y_2-x_2)^2}\end{aligned}$$

这正是欧氏距离。

弧长微分 考虑椭圆几何的弧长微分非常重要，因为利用弧长微分可以计算曲线在椭圆几何中的长度。假定

$$\bar{\boldsymbol{x}}=(\bar{x}_1,\bar{x}_2,\bar{x}_3)^{\mathrm{T}},\quad \bar{\boldsymbol{x}}+d\bar{\boldsymbol{x}}=(\bar{x}_1+d\bar{x}_1,\bar{x}_2+d\bar{x}_2,\bar{x}_3+d\bar{x}_3)^{\mathrm{T}}$$

是椭圆面$\mathcal{S}$上的两个邻近点，根据式(13.21b)它们之间弧长微分的平方为

$$ds^2=(\bar{x}_3d\bar{x}_1-\bar{x}_1d\bar{x}_3)^2+(\bar{x}_3d\bar{x}_2-\bar{x}_2d\bar{x}_3)^2+\frac{1}{k^2}(\bar{x}_1d\bar{x}_2-\bar{x}_2d\bar{x}_1)^2 \tag{13.22}$$

在椭圆面$\mathcal{S}$上引进$\bar{x}$ 的新坐标

$$x_1=\frac{2\bar{x}_1}{1+\bar{x}_3},\quad x_2=\frac{2\bar{x}_2}{1+\bar{x}_3}\quad (\bar{x}_3\geqslant 0) \tag{13.23}$$

在这组新坐标下，椭圆面$\mathcal{S}$的方程为

$$x_1^2+x_2^2+4k^2=\frac{8k^2}{1+\bar{x}_3} \tag{13.24}$$

利用式(13.22)、式(13.23)和式(13.24)，通过一些较为复杂的计算，弧长微分的平方简化为

$$ds^2=\frac{(dx_1)^2+(dx_2)^2}{\left(1+\frac{(dx_1)^2+(dx_2)^2}{4k^2}\right)^2} \tag{13.25}$$

在欧氏几何中，弧长微分的平方 $d\sigma^2=(dx_1)^2+(dx_2)^2$，于是椭圆几何与欧氏几何的弧长微分之间有下述关系

$$ds=\rho d\sigma\left(\rho=\left(1+\frac{(dx_1)^2+(dx_2)^2}{4k^2}\right)^{-1}\right) \tag{13.26}$$

当 k 趋近无穷大时，椭圆弧长微分变为欧氏弧长微分。

13.2 双曲几何

13.2.1 双曲测度

1. 双曲距离

双曲几何是以非退化实二次曲线作为绝对形导入的。为了简单起见，这里仅考虑下面的基本实二次曲线

$$\mathcal{C}:\ \boldsymbol{x}^{\mathrm{T}}\boldsymbol{C}\boldsymbol{x}=x_1^2+x_2^2-k^2x_3^2=0\quad (k>0) \tag{13.27}$$

其中 $\boldsymbol{C}=\mathrm{diag}(1,1,-k^2)$。基本实二次曲线是中心在原点半径为 k 的圆，其内部记为

$$\mathcal{C}^o=\{\boldsymbol{x}:\boldsymbol{x}^{\mathrm{T}}\boldsymbol{C}\boldsymbol{x}<0\}$$

在双曲几何中，仅考虑$\mathcal{C}^o$中的点。对任何两点 $\boldsymbol{x},\boldsymbol{y}\in\mathcal{C}^o$，它们的连线与$\mathcal{C}$的交点是两个实点。将连线的参数方程

$$\boldsymbol{q}(s)=\boldsymbol{x}+s\boldsymbol{y}$$

代入式(13.27)，得到 s 的二次方程

$$0=(\boldsymbol{x}+s\boldsymbol{y})^{\mathrm{T}}\boldsymbol{C}(\boldsymbol{x}+s\boldsymbol{y})^{\mathrm{T}}=\boldsymbol{x}^{\mathrm{T}}\boldsymbol{C}\boldsymbol{x}+2s\boldsymbol{x}^{\mathrm{T}}\boldsymbol{C}\boldsymbol{y}+s^2\boldsymbol{y}^{\mathrm{T}}\boldsymbol{C}\boldsymbol{y}$$

它有两个实解

$$s_{\pm}=\frac{-\boldsymbol{x}^{\mathrm{T}}\boldsymbol{C}\boldsymbol{y}\pm\sqrt{(\boldsymbol{x}^{\mathrm{T}}\boldsymbol{C}\boldsymbol{y})^2-\boldsymbol{x}^{\mathrm{T}}\boldsymbol{C}\boldsymbol{x}\cdot\boldsymbol{y}^{\mathrm{T}}\boldsymbol{C}\boldsymbol{y}}}{\boldsymbol{y}^{\mathrm{T}}\boldsymbol{C}\boldsymbol{y}} \tag{13.28}$$

因此两个实交点为

$$\boldsymbol{q}_{xy}^{+}=\boldsymbol{x}+s_{+}\boldsymbol{y},\quad \boldsymbol{q}_{xy}^{-}=\boldsymbol{x}+s_{-}\boldsymbol{y} \tag{13.29}$$

定义 13.2.1 对任意两点 $\boldsymbol{x},\boldsymbol{y}\in\mathcal{C}^o$，定义

$$d(\boldsymbol{x},\boldsymbol{y})=\frac{k}{2}\ln(\boldsymbol{x}\boldsymbol{y};\boldsymbol{q}_{xy}^{+}\boldsymbol{q}_{xy}^{-}) \tag{13.30}$$

为 $\boldsymbol{x},\boldsymbol{y}$ 的双曲距离测度。其中 k 为测度系数，二次曲线$\mathcal{C}$称为测度的绝对形。

交比$(\boldsymbol{xy};\boldsymbol{q}_{xy}^{+}\boldsymbol{q}_{xy}^{-})$具有下列性质：

(i) $(\boldsymbol{xy};\boldsymbol{q}_{xy}^{+}\boldsymbol{q}_{xy}^{-})\geqslant 1$；等号成立，当且仅当两点 $\boldsymbol{x},\boldsymbol{y}$ 重合。

(ii) 当 $\boldsymbol{x},\boldsymbol{y},\boldsymbol{z}$ 共线且 $\boldsymbol{y}$ 位于 $\boldsymbol{x},\boldsymbol{z}$ 之间时，$(\boldsymbol{xy};\boldsymbol{q}_{xy}^{+}\boldsymbol{q}_{xy}^{-})\cdot(\boldsymbol{yz};\boldsymbol{q}_{xy}^{+}\boldsymbol{q}_{xy}^{-})=(\boldsymbol{xz};\boldsymbol{q}_{xz}^{+}\boldsymbol{q}_{xz}^{-})$。

(iii) $(\boldsymbol{xy};\boldsymbol{q}_{xy}^{+}\boldsymbol{q}_{xy}^{-})=(\boldsymbol{yx};\boldsymbol{q}_{yx}^{+}\boldsymbol{q}_{yx}^{-})$。

(iv) 当 $\boldsymbol{y}$ 趋于绝对形$\mathcal{C}$时，$(\boldsymbol{xy};\boldsymbol{q}_{xy}^{+}\boldsymbol{q}_{xy}^{-})\to\infty$。

因此，双曲距离测度具有下列性质：对任意 $\boldsymbol{x},\boldsymbol{y}\in\mathcal{C}^{o}$，

(i) $\mathrm{d}(\boldsymbol{x},\boldsymbol{y})\geqslant 0$；$\mathrm{d}(\boldsymbol{x},\boldsymbol{y})=0\Leftrightarrow\boldsymbol{x}=\boldsymbol{y}$。

(ii) $\mathrm{d}(\boldsymbol{x},\boldsymbol{y})=\mathrm{d}(\boldsymbol{y},\boldsymbol{x})$。

(iii) $\mathrm{d}(\boldsymbol{x},\boldsymbol{y})+\mathrm{d}(\boldsymbol{y},\boldsymbol{z})=\mathrm{d}(\boldsymbol{x},\boldsymbol{z})$，若 $\boldsymbol{x},\boldsymbol{y},\boldsymbol{z}$ 共线且 $\boldsymbol{y}$ 位于 $\boldsymbol{x},\boldsymbol{z}$ 之间。

(iv) $\mathrm{d}(\boldsymbol{x},\boldsymbol{y})=\infty$，若 $\boldsymbol{x}\in\mathcal{C}^{o},\boldsymbol{y}\in\mathcal{C}$。

性质(iii)表明：对三共线点，双曲距离测度具有可加性。事实上，双曲距离测度也满足抽象度量的三角不等式

$$\mathrm{d}(\boldsymbol{x},\boldsymbol{y})+\mathrm{d}(\boldsymbol{y},\boldsymbol{z})\geqslant\mathrm{d}(\boldsymbol{x},\boldsymbol{z})\quad(\boldsymbol{x},\boldsymbol{y},\boldsymbol{z}\in\mathcal{C}^{o})$$

$(\mathcal{C}^{o},\mathrm{d})$称为双曲空间，或简称$\mathcal{C}^{o}$为双曲空间。$\mathcal{C}^{o}$的点称为双曲点，$\mathcal{C}$上点称为无穷远点，$\mathcal{C}$外部的点称为超无穷远点。在双曲几何中，只讨论双曲空间$\mathcal{C}^{o}$中的图形性质。

下面给出双曲距离的具体表达。由于

$$(\boldsymbol{xy};\boldsymbol{q}_{xy}^{+}\boldsymbol{q}_{xy}^{-})=\frac{s_{+}}{s_{-}}=\frac{-\boldsymbol{x}^{\mathrm{T}}\boldsymbol{Cy}+\sqrt{(\boldsymbol{x}^{\mathrm{T}}\boldsymbol{Cy})^{2}-\boldsymbol{x}^{\mathrm{T}}\boldsymbol{Cx}\cdot\boldsymbol{y}^{\mathrm{T}}\boldsymbol{Cy}}}{-\boldsymbol{x}^{\mathrm{T}}\boldsymbol{Cy}-\sqrt{(\boldsymbol{x}^{\mathrm{T}}\boldsymbol{Cy})^{2}-\boldsymbol{x}^{\mathrm{T}}\boldsymbol{Cx}\cdot\boldsymbol{y}^{\mathrm{T}}\boldsymbol{Cy}}}=\left(\frac{-\boldsymbol{x}^{\mathrm{T}}\boldsymbol{Cy}+\sqrt{(\boldsymbol{x}^{\mathrm{T}}\boldsymbol{Cy})^{2}-\boldsymbol{x}^{\mathrm{T}}\boldsymbol{Cx}\cdot\boldsymbol{y}^{\mathrm{T}}\boldsymbol{Cy}}}{\sqrt{\boldsymbol{x}^{\mathrm{T}}\boldsymbol{Cx}\cdot\boldsymbol{y}^{\mathrm{T}}\boldsymbol{Cy}}}\right)^{2}$$

因此，双曲距离

$$\begin{aligned}&\mathrm{d}(\boldsymbol{x},\boldsymbol{y})\\&=k\ln\left(\frac{-\boldsymbol{x}^{\mathrm{T}}\boldsymbol{Cy}+\sqrt{(\boldsymbol{x}^{\mathrm{T}}\boldsymbol{Cy})^{2}-\boldsymbol{x}^{\mathrm{T}}\boldsymbol{Cx}\cdot\boldsymbol{y}^{\mathrm{T}}\boldsymbol{Cy}}}{\sqrt{\boldsymbol{x}^{\mathrm{T}}\boldsymbol{Cx}\cdot\boldsymbol{y}^{\mathrm{T}}\boldsymbol{Cy}}}\right)\\&=k\ln\left(\frac{-(x_1y_1+x_2y_2-k^2x_3y_3)+\sqrt{(x_1y_1+x_2y_2-k^2x_3y_3)^2-(x_1^2+x_2^2-k^2x_3^2)\cdot(y_1^2+y_2^2-k^2y_3^2)}}{\sqrt{(x_1^2+x_2^2-k^2x_3^2)\cdot(y_1^2+y_2^2-k^2x_3^2)}}\right)\end{aligned}\tag{13.31}$$

且满足下述公式

$$\cosh\frac{\mathrm{d}(\boldsymbol{x},\boldsymbol{y})}{k}=-\frac{x_1y_1+x_2y_2-k^2x_3y_3}{\sqrt{(x_1^2+x_2^2-k^2x_3^2)\cdot(y_1^2+y_2^2-k^2x_3^2)}}\tag{13.32a}$$

$$\sinh\frac{\mathrm{d}(\boldsymbol{x},\boldsymbol{y})}{k}=\frac{\sqrt{(x_1y_1+x_2y_2-k^2x_3y_3)^2-(x_1^2+x_2^2-k^2x_3^2)\cdot(y_1^2+y_2^2-k^2y_3^2)}}{\sqrt{(x_1^2+x_2^2-k^2x_3^2)\cdot(y_1^2+y_2^2-k^2x_3^2)}}\tag{13.32b}$$

其中 cosh，sinh 分别是双曲余弦和双曲正弦函数。

2. 双曲角度

为了在双曲空间$\mathcal{C}^{o}$中引进直线之间的角度，考虑基本绝对形$\mathcal{C}$的对偶

$$\mathcal{C}^*: \boldsymbol{a}^{\mathrm{T}}\boldsymbol{C}^*\boldsymbol{a} = a_1^2 + a_2^2 - k^{-2}a_3^2 = 0 \tag{13.33}$$

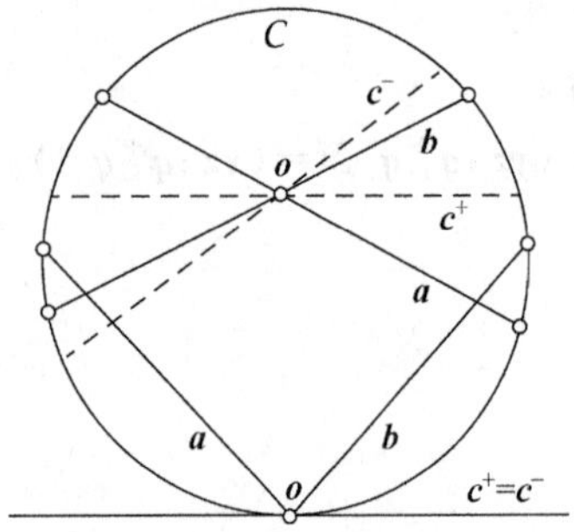

图 13.6　双曲角测度

其中 $\boldsymbol{C}^* = \boldsymbol{C}^{-1} = \mathrm{diag}(1,1,-k^{-2})$，$\boldsymbol{a} = (a_1, a_2, a_3)^{\mathrm{T}}$ 是直线的齐次坐标。注意，在双曲空间$\mathcal{C}^o$中，直线是两个端点在绝对形$\mathcal{C}$上的开线段。

给定$\mathcal{C}^o$的两条直线 $\boldsymbol{a}, \boldsymbol{b}$，它们的交点 $\boldsymbol{o} \in \mathcal{C}^o$，如图 13.6 所示。由于 $\boldsymbol{o}$ 位于$\mathcal{C}$的内部，在共点 $\boldsymbol{o}$ 的线束

$$\boldsymbol{c}(t) = \boldsymbol{a} + t\boldsymbol{b} \quad (t \in \mathbf{R})$$

中有两条虚直线在对偶二次曲线$\mathcal{C}^*$上，即$\mathcal{C}$有两条过点 $\boldsymbol{o}$ 的虚切线，它们对应于二次方程

$$\boldsymbol{a}^{\mathrm{T}}\boldsymbol{C}^*\boldsymbol{a} + 2t\boldsymbol{a}^{\mathrm{T}}\boldsymbol{C}^*\boldsymbol{b} + t^2\boldsymbol{b}^{\mathrm{T}}\boldsymbol{C}^*\boldsymbol{b} = 0$$

的共轭复解

$$t_{\pm} = \frac{-\boldsymbol{a}^{\mathrm{T}}\boldsymbol{C}^*\boldsymbol{b} \pm \mathrm{i}\sqrt{\boldsymbol{a}^{\mathrm{T}}\boldsymbol{C}^*\boldsymbol{a} \cdot \boldsymbol{b}^{\mathrm{T}}\boldsymbol{C}^*\boldsymbol{b} - (\boldsymbol{a}^{\mathrm{T}}\boldsymbol{C}^*\boldsymbol{b})^2}}{\boldsymbol{b}^{\mathrm{T}}\boldsymbol{C}^*\boldsymbol{b}}$$

因此这两条共轭虚直线为

$$\boldsymbol{c}_{ab}^+ = \boldsymbol{a} + t_+\boldsymbol{b}, \quad \boldsymbol{c}_{ab}^- = \boldsymbol{a} + t_-\boldsymbol{b}$$

考虑共点线 $\boldsymbol{a}, \boldsymbol{b}, \boldsymbol{c}_{ab}^+, \boldsymbol{c}_{ab}^-$ 的交比：

$$\begin{aligned}(\boldsymbol{ab}; \boldsymbol{c}_{ab}^+\boldsymbol{c}_{ab}^-) &= \frac{t_+}{t_-} = \frac{-\boldsymbol{a}^{\mathrm{T}}\boldsymbol{C}^*\boldsymbol{b} + \mathrm{i}\sqrt{\boldsymbol{a}^{\mathrm{T}}\boldsymbol{C}^*\boldsymbol{a} \cdot \boldsymbol{b}^{\mathrm{T}}\boldsymbol{C}^*\boldsymbol{b} - (\boldsymbol{a}^{\mathrm{T}}\boldsymbol{C}^*\boldsymbol{b})^2}}{-\boldsymbol{a}^{\mathrm{T}}\boldsymbol{C}^*\boldsymbol{b} - \mathrm{i}\sqrt{\boldsymbol{a}^{\mathrm{T}}\boldsymbol{C}^*\boldsymbol{a} \cdot \boldsymbol{b}^{\mathrm{T}}\boldsymbol{C}^*\boldsymbol{b} - (\boldsymbol{a}^{\mathrm{T}}\boldsymbol{C}^*\boldsymbol{b})^2}} \\ &= \left(\frac{-\boldsymbol{a}^{\mathrm{T}}\boldsymbol{C}^*\boldsymbol{b} + \mathrm{i}\sqrt{\boldsymbol{a}^{\mathrm{T}}\boldsymbol{C}^*\boldsymbol{a} \cdot \boldsymbol{b}^{\mathrm{T}}\boldsymbol{C}^*\boldsymbol{b} - (\boldsymbol{a}^{\mathrm{T}}\boldsymbol{C}^*\boldsymbol{b})^2}}{\sqrt{\boldsymbol{a}^{\mathrm{T}}\boldsymbol{C}^*\boldsymbol{a} \cdot \boldsymbol{b}^{\mathrm{T}}\boldsymbol{C}^*\boldsymbol{b} - (\boldsymbol{a}^{\mathrm{T}}\boldsymbol{C}^*\boldsymbol{b})^2}}\right)^2\end{aligned} \tag{13.34}$$

由于 t_-, t_+ 是共轭复数，因此交比是单位复数

$$(\boldsymbol{ab}; \boldsymbol{c}_{ab}^+\boldsymbol{c}_{ab}^-) = \mathrm{e}^{\mathrm{i}\omega(\boldsymbol{a},\boldsymbol{b})}$$

如果直线 $\boldsymbol{a}, \boldsymbol{b}$ 的交点 $\boldsymbol{o}$ 在绝对形$\mathcal{C}$上，则$\mathcal{C}$过点 $\boldsymbol{o}$ 有两条重合的实切线，如图 13.6 所示，此时 $\boldsymbol{c}_{ab}^+ = \boldsymbol{c}_{ab}^-$，并且

$$(\boldsymbol{ab}; \boldsymbol{c}_{ab}^+\boldsymbol{c}_{ab}^-) = 1$$

定义 13.2.2　对$\mathcal{C}^o$的任意两直线 $\boldsymbol{a}, \boldsymbol{b}$，定义

$$\theta(\boldsymbol{a}, \boldsymbol{b}) = \frac{1}{2\mathrm{i}}\ln(\boldsymbol{ab}; \boldsymbol{c}_{ab}^+\boldsymbol{c}_{ab}^-) \tag{13.35}$$

为 $\boldsymbol{a}, \boldsymbol{b}$ 的双曲角度。

显然，双曲角度满足 $0 \leqslant \theta(\boldsymbol{a}, \boldsymbol{b}) \leqslant \pi$。若 $\theta(\boldsymbol{a}, \boldsymbol{b}) = 0$，则称 $\boldsymbol{a}, \boldsymbol{b}$ 是平行直线；若 $\theta(\boldsymbol{a}, \boldsymbol{b}) = \pi/2$，则称直线 $\boldsymbol{a}, \boldsymbol{b}$ 相互正交。

不难看出：

(i) 直线 $\boldsymbol{a}, \boldsymbol{b}$ 平行的充要条件是它们相交于绝对形$\mathcal{C}$，即相交于双曲空间的无穷远点。因此，在双曲空间中，过直线外一点可引两条直线与已知直线平行，如图 13.7 所示；并且可引无数条直线与已知直线不相交，比如在图 13.7 中 $\boldsymbol{b}, \boldsymbol{c}$ 之间的所有直线在双曲空间中与 $\boldsymbol{a}$ 都不相交，这些直线与 $\boldsymbol{a}$ 相交

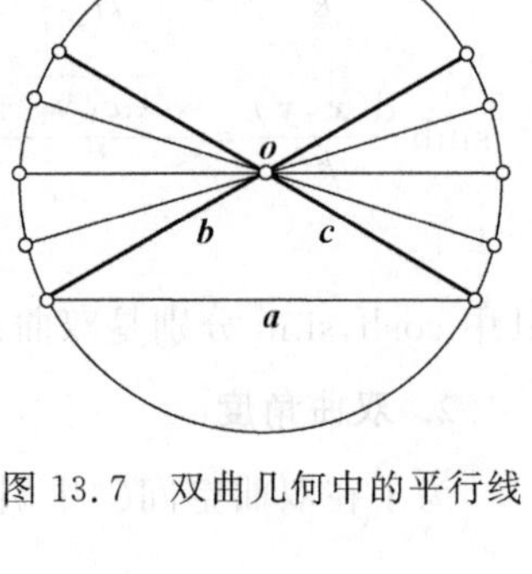

图 13.7　双曲几何中的平行线

于超无穷远点(绝对形外部的点),称这些直线是 $\boldsymbol{a}$ 的超平行线。与欧氏几何和椭圆几何的重要区别在于：在双曲几何中,过直线外一点有两条直线与已知直线平行,有无穷多条超平行线。

(ii) 直线 $\boldsymbol{a},\boldsymbol{b}$ 正交的充要条件是 $\boldsymbol{a}^{\mathrm{T}}\boldsymbol{C}^{*}\boldsymbol{b}=0$,即 $\boldsymbol{a},\boldsymbol{b}$ 关于 $\mathcal{C}^{*}$ 共轭,或者说是绝对形 $\mathcal{C}$ 的共轭线。与椭圆几何不同,在双曲空间中,给定一条直线 $\boldsymbol{a}$ 和该直线外任一点 $\boldsymbol{x}$,有且仅有一条直线过点 $\boldsymbol{x}$ 且和 $\boldsymbol{a}$ 正交。这是因为：在双曲几何中仅考虑绝对形内部的点和直线,直线 $\boldsymbol{a}$ 的极点在绝对形外部,$\mathcal{C}^{o}$ 的点 $\boldsymbol{x}$ 不可能是 $\boldsymbol{a}$ 的极点。这个几何事实通常简述为“过直线外一点有唯一直线与已知直线正交”。在几何上,这条直线是已知直线的极点与给定点的连线在 $\mathcal{C}^{o}$ 中的开线段,如图 13.8 所示。

下面给出双曲角度的具体表达式。根据式(13.34)和式(13.35),有

$$\theta(\boldsymbol{a},\boldsymbol{b})=\frac{1}{\mathrm{i}}\ln\left(\frac{-(a_1b_1+a_2b_2-k^{-2}a_3b_3)+\mathrm{i}\sqrt{(a_1^2+a_2^2-k^{-2}a_3^2)\cdot(b_1^2+b_2^2-k^{-2}b_3^2)-(a_1b_1+a_2b_2-k^{-2}a_3b_3)^2}}{\sqrt{(a_1^2+a_2^2-k^{-2}a_3^2)\cdot(b_1^2+b_2^2-k^{-2}b_3^2)}}\right)\tag{13.36}$$

因此,双曲角度满足

$$\cos\theta(\boldsymbol{a},\boldsymbol{b})=-\frac{a_1b_1+a_2b_2-k^{-2}a_3b_3}{\sqrt{(a_1^2+a_2^2-k^{-2}a_3^2)\cdot(b_1^2+b_2^2-k^{-2}b_3^2)}}\tag{13.37a}$$

$$\sin\theta(\boldsymbol{a},\boldsymbol{b})=\frac{\sqrt{(a_1^2+a_2^2-k^{-2}a_3^2)\cdot(b_1^2+b_2^2-k^{-2}b_3^2)-(a_1b_1+a_2b_2-k^{-2}a_3b_3)^2}}{\sqrt{(a_1^2+a_2^2-k^{-2}a_3^2)\cdot(b_1^2+b_2^2-k^{-2}b_3^2)}}\tag{13.37b}$$

当 $k\to\infty$ 时,双曲角度变为欧氏角度：

$$\cos(\theta(\boldsymbol{a},\boldsymbol{b}))=-\frac{a_1b_1+a_2b_2}{\sqrt{a_1^2+a_2^2}\cdot\sqrt{b_1^2+b_2^2}}$$

例 13.2.1 在以 $\mathcal{O}:x_1^2+x_2^2-4x_3^2=0$ 为绝对形的双曲空间中,计算 $\triangle\boldsymbol{x}_1\boldsymbol{x}_2\boldsymbol{x}_3$(见图 13.9)三边 $\boldsymbol{a}_{12},\boldsymbol{a}_{13},\boldsymbol{a}_{23}$ 的长度以及两两之间的角度,其中

$$\boldsymbol{x}_1=\begin{bmatrix}1\\0\\1\end{bmatrix},\quad \boldsymbol{x}_2=\begin{bmatrix}0\\1\\1\end{bmatrix},\quad \boldsymbol{x}_3=\begin{bmatrix}1\\1\\1\end{bmatrix}$$

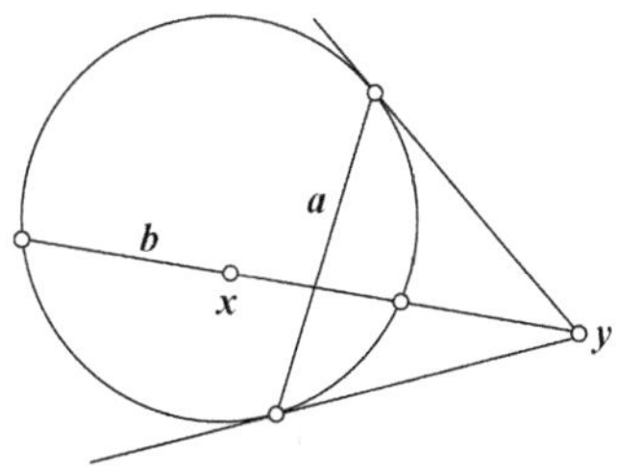

图 13.8 过直线外一点有唯一正交直线

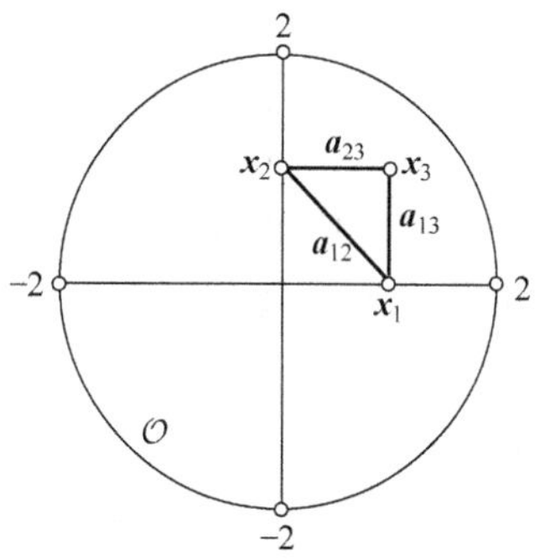

图 13.9 绝对形 $\mathcal{O}$ 导入的双曲空间

绝对形$\mathcal{O}$是中心在原点半径为 2 的圆，由它导入的双曲空间是$\mathcal{O}$内部的圆形区域，位于$\mathcal{O}$上的点是无穷远点，$\mathcal{O}$外部的点是超无穷远点。

解 根据式(13.31)，双曲距离公式为

$$\mathrm{d}(\boldsymbol{x},\boldsymbol{y}) = 2\ln\left(\frac{-(x_1y_1+x_2y_2-4x_3y_3)+\sqrt{(x_1y_1+x_2y_2-4x_3y_3)^2-(x_1^2+x_2^2-4x_3^2)\cdot(y_1^2+y_2^2-4x_3^2)}}{\sqrt{(x_1^2+x_2^2-4x_3^2)\cdot(y_1^2+y_2^2-4x_3^2)}}\right)$$

因此，

$$\mathrm{d}(\boldsymbol{x}_1,\boldsymbol{x}_2)=2\ln\left(\frac{4+\sqrt{4^2-(1-4)(1-4)}}{\sqrt{(1-4)(1-4)}}\right)=2\ln\left(\frac{4+\sqrt{7}}{3}\right)\approx 1.59073$$

$$\mathrm{d}(\boldsymbol{x}_1,\boldsymbol{x}_3)=2\ln\left(\frac{-(1-4)+\sqrt{(1-4)^2-(1-4)(2-4)}}{\sqrt{(1-4)(2-4)}}\right)=2\ln\left(\frac{3+\sqrt{3}}{\sqrt{6}}\right)\approx 1.31696$$

$$\mathrm{d}(\boldsymbol{x}_2,\boldsymbol{x}_3)=2\ln\left(\frac{-(1-4)+\sqrt{(1-4)^2-(1-4)(2-4)}}{\sqrt{(1-4)(2-4)}}\right)=2\ln\left(\frac{3+\sqrt{3}}{\sqrt{6}}\right)\approx 1.31696$$

由例 13.1.2 知，三边 $\boldsymbol{a}_{12},\boldsymbol{a}_{13},\boldsymbol{a}_{23}$ 的齐次坐标为

$$\boldsymbol{a}_{12}=\boldsymbol{x}_1\times\boldsymbol{x}_2=(-1,-1,1)^{\mathrm{T}},\quad \boldsymbol{a}_{13}=\boldsymbol{x}_1\times\boldsymbol{x}_3=(-1,0,1)^{\mathrm{T}},$$

$$\boldsymbol{a}_{23}=\boldsymbol{x}_2\times\boldsymbol{x}_3=(0,1,-1)^{\mathrm{T}}$$

由角度公式

$$\theta(\boldsymbol{a},\boldsymbol{b}) = \frac{1}{\mathrm{i}}\ln\left(\frac{-(a_1b_1+a_2b_2-4^{-1}a_3b_3)+\mathrm{i}\sqrt{(a_1^2+a_2^2-4^{-1}a_3^2)\cdot(b_1^2+b_2^2-4^{-1}b_3^2)-(a_1b_1+a_2b_2-4^{-1}a_3b_3)^2}}{\sqrt{(a_1^2+a_2^2-4^{-1}a_3^2)\cdot(b_1^2+b_2^2-4^{-1}b_3^2)}}\right)$$

三顶点 $\boldsymbol{x}_1,\boldsymbol{x}_2,\boldsymbol{x}_3$ 的内角分别为

$$\begin{aligned}\theta(\boldsymbol{a}_{21},\boldsymbol{a}_{13})=\theta(\boldsymbol{a}_{32},\boldsymbol{a}_{21})&=\frac{1}{\mathrm{i}}\ln\left(\frac{(1-4^{-1})+\mathrm{i}\sqrt{(2-4^{-1})\cdot(1-4^{-1})-(1-4^{-1})^2}}{\sqrt{(2-4^{-1})\cdot(1-4^{-1})}}\right)\\&=\frac{1}{\mathrm{i}}\ln\left(\frac{\sqrt{3}+2\mathrm{i}}{\sqrt{7}}\right)\approx 0.85707\end{aligned}$$

$$\begin{aligned}\theta(\boldsymbol{a}_{13},\boldsymbol{a}_{32})&=\frac{1}{\mathrm{i}}\ln\left(\frac{4^{-1}+\mathrm{i}\sqrt{(1-4^{-1})\cdot(1-4^{-1})-(-4^{-1})^2}}{\sqrt{(1-4^{-1})\cdot(1-4^{-1})}}\right)\\&=\frac{1}{\mathrm{i}}\ln\left(\frac{1+2\sqrt{2}\mathrm{i}}{3}\right)\approx 1.23096\end{aligned}$$

可见，$\triangle\boldsymbol{x}_1\boldsymbol{x}_2\boldsymbol{x}_3$ 三内角和 $\theta(\boldsymbol{a}_{21},\boldsymbol{a}_{13})+\theta(\boldsymbol{a}_{32},\boldsymbol{a}_{21})+\theta(\boldsymbol{a}_{13},\boldsymbol{a}_{32})\approx 2.9451<\pi$。这正是双曲几何与椭圆几何和欧氏几何的重要区别，也就是说在双曲几何中三角形三内角和小于二直角。

3. 双曲运动群

给定绝对形$\mathcal{C}$，关于$\mathcal{C}$的自同构称为双曲运动，$\mathcal{C}$也称为双曲运动的绝对形。具有共公绝对形$\mathcal{C}$的双曲运动的全体构成的运动群，称为双曲运动群，根据二次曲线的射影变换规则，具有绝对形$\mathcal{C}$的双曲运动群可以表示为

$$\mathcal{H}_c=\{H:H^{-T}CH^{-1}=C\}=\{H:H^{T}CH=C\} \tag{13.38}$$

其中 C 是绝对形$\mathcal{C}$的矩阵表示。不同绝对形的双曲运动群是不同的。

研究双曲运动群的不变性质与不变量的几何学称为双曲几何学。也就是说，双曲几何主要研究图形在双曲运动下的不变性质与不变量。双曲几何最基本的两个不变量是距离与角度。若 H 是双曲运动，则对双曲空间中的任意两点 x,y 和任意两直线 a,b

$$\mathrm{d}(Hx,Hy)=\mathrm{d}(x,y),\quad \theta(H^{-T}a,H^{-T}b)=\theta(a,b)$$

这是因为：双曲运动群有公共的绝对形且保持交比不变，而双曲距离和角度是由绝对形和交比定义的，因此它们是双曲运动的不变量。

13.2.2　双曲几何模型

为了在欧氏几间中建立双曲几何模型，考虑三维欧氏空间中双叶双曲面在平面 $O\text{-}x_1x_2$ 上方的一叶：

$$\mathcal{S}:x_1^2+x_2^2-k^2x_3^2=-k^2\quad(x_3\geqslant 0) \tag{13.39}$$

其中 $x=(x_1,x_2,x_3)^{T}$ 是空间点的欧氏坐标。先建立双曲空间$\mathcal{C}^o$与$\mathcal{S}$之间的对应关系。

参考图 13.10，平面 $\pi:x_3=1$ 在点 O' 与双曲面$\mathcal{S}$相切，将它作为射影平面的一个复制。根据式(13.39)，双曲面$\mathcal{S}$的渐近锥方程为

$$x_1^2+x_2^2-k^2x_3^2=0 \tag{13.40}$$

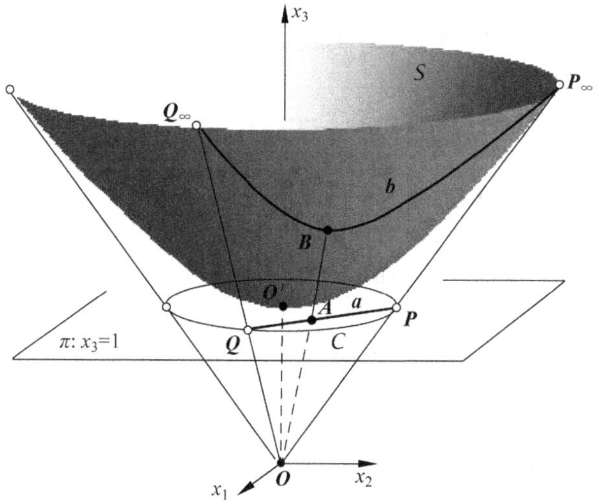

图 13.10　双曲几何的欧氏模型

渐近锥与平面 π 的交正好是双曲几何的绝对形$\mathcal{C}$：$x_1^2+x_2^2-k^2=0(x_3=1)$，也就是说$\mathcal{S}$的渐近锥过绝对形$\mathcal{C}$，因此对绝对形上任一点 P，直线 OP 与双曲面$\mathcal{S}$相交于三维空间的无穷远点 P_∞（即$\mathcal{S}$的一个渐近方向），如图 13.5 所示。对双曲空间$\mathcal{C}^o$的任一点 A，直线 OA 与$\mathcal{S}$相交于唯一点 B；反之也成立。因此，对应 $\varphi:A\mapsto B$ 实现了双曲空间$\mathcal{C}^o$与双曲面$\mathcal{S}$之间的一一对应，并且绝对形上的点与$\mathcal{S}$的渐近方向一一对应。容易看出，点 B 的欧氏坐标是点 A 在平面 π 上的齐次坐标，所以渐近锥方程(13.40)也是绝对形$\mathcal{C}$在平面 π 上的齐次方程。

令 a 是双曲空间的任一直线，则它与点 O 决定的平面交$\mathcal{S}$于一条二次曲线 b，即双曲空间的直线在对应 φ 下的像是一条二次曲线；反之，对于$\mathcal{S}$上的任一条二次曲线 b，如果它的

支撑平面过点 $\boldsymbol{O}$，则它的逆像 $\boldsymbol{a}=\varphi^{-1}(\boldsymbol{b})$ 是双曲空间的直线。这样，就建立了双曲空间在欧氏空间中的双曲面模型 $\mathcal{S}$，双曲点是双曲面 $\mathcal{S}$ 上的点，双曲无穷远点是双曲面 $\mathcal{S}$ 上的无穷远点，双曲直线是双曲面 $\mathcal{S}$ 上的（过点 $\boldsymbol{O}$ 的支撑平面）双曲线。

将式(13.39)代入式(13.32)，通过化简得到

$$\cosh\frac{\mathrm{d}(\boldsymbol{x},\boldsymbol{y})}{k}=x_3y_3-\frac{x_1y_1+x_2y_2}{k^2} \tag{13.41a}$$

$$\sinh\left(\frac{\mathrm{d}(\boldsymbol{x},\boldsymbol{y})}{k}\right)=\frac{1}{k}\sqrt{(x_3y_1-y_3x_1)^2+(x_3y_2-y_3x_2)^2-\frac{1}{k^2}(x_1y_2-y_1x_2)^2} \tag{13.41b}$$

这样在欧氏空间的双曲面 $\mathcal{S}$ 上就实现了双曲几何，因此双曲几何学可以看作是双曲面 $\mathcal{S}$ 上的几何学，并且欧氏几何可以看作是双曲几何的极限情况。在二维欧氏空间中 $x_3=1$，从式(13.41b)得到

$$k\sinh\left(\frac{\mathrm{d}(\boldsymbol{x},\boldsymbol{y})}{k}\right)=\sqrt{(y_1-x_1)^2+(y_2-x_2)^2-\frac{1}{k^2}(x_1y_2-y_1x_2)^2}$$

由于 $\lim\limits_{x\to 0}\dfrac{\sinh x}{x}=1$，所以

$$\begin{aligned}
\lim_{k\to\infty}\mathrm{d}(\boldsymbol{x},\boldsymbol{y})&=\lim_{k\to\infty}\mathrm{d}(\boldsymbol{x},\boldsymbol{y})\lim_{k\to\infty}\left(\left(\frac{\mathrm{d}(\boldsymbol{x},\boldsymbol{y})}{k}\right)^{-1}\sinh\left(\frac{\mathrm{d}(\boldsymbol{x},\boldsymbol{y})}{k}\right)\right)\\
&=\lim_{k\to\infty}\left(k\sinh\left(\frac{\mathrm{d}(\boldsymbol{x},\boldsymbol{y})}{k}\right)\right)\\
&=\lim_{k\to\infty}\sqrt{(y_1-x_1)^2+(y_2-x_2)^2-\frac{1}{k^2}(x_1y_2-y_1x_2)^2}\\
&=\sqrt{(y_1-x_1)^2+(y_2-x_2)^2}
\end{aligned}$$

这正是二维欧氏距离，因此欧氏几何是双曲几何的极限情况。

弧长微分 下面考虑双曲几何中的弧长微分。假定

$$\bar{\boldsymbol{x}}=(\bar{x}_1,\bar{x}_2,\bar{x}_3)^{\mathrm{T}},\quad \bar{\boldsymbol{x}}+\mathrm{d}\bar{\boldsymbol{x}}=(\bar{x}_1+\mathrm{d}\bar{x}_1,\bar{x}_2+\mathrm{d}\bar{x}_2,\bar{x}_3+\mathrm{d}\bar{x}_3)^{\mathrm{T}}$$

是双曲面 $\mathcal{S}$ 上的两个邻近点，根据式(13.41)它们之间的弧长微分平方为

$$\mathrm{d}s^2=(\bar{x}_3\mathrm{d}\bar{x}_1-\bar{x}_1\mathrm{d}\bar{x}_3)^2+(\bar{x}_3\mathrm{d}\bar{x}_2-\bar{x}_2\mathrm{d}\bar{x}_3)^2-\frac{1}{k^2}(\bar{x}_1\mathrm{d}\bar{x}_2-\bar{x}_2\mathrm{d}\bar{x}_1)^2 \tag{13.42}$$

在双曲面 $\mathcal{S}$ 上引进 $\bar{\boldsymbol{x}}$ 的新坐标：

$$x_1=\frac{2\bar{x}_1}{1+\bar{x}_3},\quad x_2=\frac{2\bar{x}_2}{1+\bar{x}_3}\quad(\bar{x}_3\geqslant 0) \tag{13.43}$$

对于这组新坐标，双曲面 $\mathcal{S}$ 的方程变为

$$x_1^2+x_2^2-4k^2=-\frac{8k^2}{1+\bar{x}_3} \tag{13.44}$$

利用式(13.42)、式(13.43)和式(13.44)，通过一些较为复杂的计算，弧长微分的平方可简化为

$$\mathrm{d}s^2=\frac{(\mathrm{d}x_1)^2+(\mathrm{d}x_2)^2}{\left(1-\dfrac{(\mathrm{d}x_1)^2+(\mathrm{d}x_2)^2}{4k^2}\right)^2} \tag{13.45}$$

因此，双曲几何与欧氏几何的弧长微分有下述关系：

$$ds = \rho d\sigma \left(\rho = \left(1 - \frac{(dx_1)^2 + (dx_2)^2}{4k^2}\right)^{-1}\right) \tag{13.46}$$

其中 $d\sigma = \sqrt{(dx_1)^2 + (dx_2)^2}$ 是欧氏弧长微分。当 $k \to \infty$ 时，双曲弧长微分变为欧氏弧长微分。

13.3 高维非欧几何

13.3.1 高维射影空间

为了引进高维非欧几何，需要高维射影几何的一些概念和知识，尤其是高维射影空间中的交比、超平面、二次曲面和射影变换等概念。本节简要介绍这些概念和相关内容。

1. 齐次坐标

假定在 n 维空间中已建立了欧氏坐标系，点的欧氏坐标记为 $\tilde{\boldsymbol{x}} = (\tilde{x}_1, \tilde{x}_2, \cdots, \tilde{x}_n)^{\mathrm{T}}$。若 $x_{n+1} \neq 0$ 使得

$$\frac{x_1}{x_{n+1}} = \tilde{x}_1, \quad \frac{x_2}{x_{n+1}} = \tilde{x}_2, \quad \cdots, \quad \frac{x_n}{x_{n+1}} = \tilde{x}_n$$

则称 $\boldsymbol{x} = (x_1, x_2, \cdots, x_n, x_{n+1})^{\mathrm{T}}$ 是点 $\tilde{\boldsymbol{x}}$ 的齐次坐标。当 $s \neq 0$ 时，$s\boldsymbol{x}$ 与 $\boldsymbol{x}$ 表示同一点的齐次坐标，即点的齐次坐标可以相差一个非零因子。当 $x_{n+1} \to 0$ 时，除 $x_1, x_2, \cdots, x_n$ 全等于零外，下述 n 个式子至少有一个成立：

$$\frac{x_1}{x_{n+1}} \to \infty, \quad \frac{x_2}{x_{n+1}} \to \infty, \quad \cdots, \quad \frac{x_n}{x_{n+1}} \to \infty$$

在 n 维欧氏空间的基础上，引进齐次坐标第 $n+1$ 个分量等于零的点，称为无穷远点。

只要 $x_i (i = 1, 2, \cdots, n+1)$ 不同时为零，$\boldsymbol{x} = (x_1, x_2, \cdots, x_n, x_{n+1})^{\mathrm{T}}$ 就代表扩展空间（由欧氏空间和所有无穷远点构成的空间）的一个点；反之，扩展空间的每一点都可以用不同时为零的 $n+1$ 个数组成的齐次坐标 $\boldsymbol{x} = (x_1, x_2, \cdots, x_n, x_{n+1})^{\mathrm{T}}$ 来表示。$x_{n+1} \neq 0$ 时代表有穷点（非无穷远点），$x_{n+1} = 0$ 时代表无穷远点，这样的扩展空间称为 n 维射影空间，记为 Σ_n。注意，$n+1$ 维零向量 $0 = (0, 0, \cdots, 0)^{\mathrm{T}}$ 在 Σ_n 中无定义，即零向量不能作为射影空间中任何点的齐次坐标。

令 $\boldsymbol{x}_1, \boldsymbol{x}_2, \cdots, \boldsymbol{x}_{p+1}$ 是 Σ_n 的 $p+1$ 个点，若其中一点是其余各点的线性组合，且组合系数至少有一个不等于零，则称点 $\boldsymbol{x}_1, \boldsymbol{x}_2, \cdots, \boldsymbol{x}_{p+1}$ 线性相关；否则，称这些点线性无关。线性无关的点也称为处于一般位置。若 $p+1$ 个点线性无关，则 $0 \leqslant p \leqslant n$。给定 $p+1$ 个线性无关点 $\boldsymbol{x}_1, \boldsymbol{x}_2, \cdots, \boldsymbol{x}_{p+1}$，定义 Σ_p 是 Σ_n 中满足下述公式：

$$\boldsymbol{x} = a_1 \boldsymbol{x}_1 + a_2 \boldsymbol{x}_2 + \cdots + a_{p+1} \boldsymbol{x}_{p+1} \tag{13.47}$$

一切点的集合，其中系数 $a_1, a_2, \cdots, a_{p+1}$ 至少有一个不等于零。显然，Σ_0 是一个点，Σ_1 是一条直线，Σ_2 是一个平面，Σ_3 是一个三维子空间。p 维子空间 Σ_p 本身也构成一个 p 维射影空间，$\boldsymbol{a} = (a_1, a_2, \cdots, a_{p+1})^{\mathrm{T}}$ 是点 $\boldsymbol{x}$ 在射影子空间 Σ_p 中的齐次坐标。特别地，称 Σ_{n-1} 是超平面。

2. 对偶坐标

给定 $p+1$ 个线性无关点 $\boldsymbol{x}_1,\boldsymbol{x}_2,\cdots,\boldsymbol{x}_{p+1}$，则存在行满秩的 $(n-p)\times(n+1)$ 矩阵 $\mathbf{A}$ 使得

$$\mathbf{A}\boldsymbol{x}_i=0,\quad i=1,2,\cdots,p+1$$

因此 Σ_p 的点 $\boldsymbol{x}$ 是齐次方程 $\mathbf{A}\boldsymbol{x}=0$ 非零解；反之，给定一个行满秩的 $(n-p)\times(n+1)$ 矩阵 $\mathbf{A}$，则方程 $\mathbf{A}\boldsymbol{x}=0$ 有且仅有 $p+1$ 个线性无关解 $\boldsymbol{x}_1,\boldsymbol{x}_2,\cdots,\boldsymbol{x}_{p+1}$，于是非零解集构成一个 p 维子空间 Σ_p。因此，可以用行满秩的矩阵 $\mathbf{A}$ 来表示 Σ_p。

特别地，对于超平面 Σ_{n-1}，$\mathbf{A}$ 是非零行向量 $\boldsymbol{a}^{\mathrm{T}}$。也就是说，超平面的齐次方程为

$$\boldsymbol{a}^{\mathrm{T}}\boldsymbol{x}=a_1x_1+a_2x_2+\cdots+a_{n+1}x_{n+1}=0 \tag{13.48}$$

向量 $\boldsymbol{a}=(a_1,a_2,\cdots,a_{n+1})^{\mathrm{T}}$ 称为超平面 Σ_{n-1} 的齐次坐标。用任何非零常数同乘方程(13.48)两边得到的方程表示同一超平面，因此超平面的齐次坐标可以相差一个非零因子。

令 $\boldsymbol{a}_\infty=(0,0,\cdots,0,1)^{\mathrm{T}}$，则 $\boldsymbol{x}$ 是方程 $\boldsymbol{a}_\infty^{\mathrm{T}}\boldsymbol{x}=0$ 解当且仅当 $x_{n+1}=0$，因此 Σ_n 的无穷远点正好是方程 $\boldsymbol{a}_\infty^{\mathrm{T}}\boldsymbol{x}=0$ 非零解构成的集合：

$$\Pi_\infty=\{\boldsymbol{x}=(\tilde{\boldsymbol{x}}^{\mathrm{T}},0)^{\mathrm{T}}:\tilde{\boldsymbol{x}}\in\mathbf{R}^n-\{0\}\}$$

所有无穷远点构成一个超平面，称为无穷远超平面，$\boldsymbol{a}_\infty$ 是它的齐次坐标。n 维射影空间是欧氏空间与无穷远超平面的并集。

令 $\boldsymbol{a}_i=(a_{i1},a_{i2},\cdots,a_{in+1})^{\mathrm{T}}(i=1,2,\cdots,n-p)$ 是 $n-p$ 个超平面，若 $\boldsymbol{a}_1,\boldsymbol{a}_2,\cdots,\boldsymbol{a}_{n-p}$ 线性无关，则称这些超平面处于一般位置。处于一般位置的 $n-p$ 个超平面决定唯一 p 维子空间 Σ_p，它是下述齐次方程组非零解的集合：

$$\begin{cases}\boldsymbol{a}_1^{\mathrm{T}}\boldsymbol{x}=a_{11}x_1+a_{12}x_2+\cdots+a_{1n+1}x_{n+1}=0\\ \boldsymbol{a}_2^{\mathrm{T}}\boldsymbol{x}=a_{21}x_1+a_{22}x_2+\cdots+a_{2n+1}x_{n+1}=0\\ \quad\vdots\\ \boldsymbol{a}_{n-p}^{\mathrm{T}}\boldsymbol{x}=a_{p1}x_1+a_{p2}x_2+\cdots+a_{pn+1}x_{n+1}=0\end{cases} \tag{13.49}$$

反之，任给一个 p 维子空间 Σ_p，则存在 $n-p$ 个处于一般位置的超平面使得式(13.49)成立。

Σ_n 的点和超平面互称对偶元素，点的齐次坐标 $\boldsymbol{x}=(x_1,x_2,\cdots,x_n,x_{n+1})^{\mathrm{T}}$ 和超平面的齐次坐标 $\boldsymbol{a}=(a_1,a_2,\cdots,a_{n+1})^{\mathrm{T}}$ 互称对偶坐标系。点 $\boldsymbol{x}$ 在超平面 $\boldsymbol{a}$ 上，或者超平面 $\boldsymbol{a}$ 通过点 $\boldsymbol{x}$，当且仅当它们满足方程(13.48)。利用数学归纳法可推知，p 维子空间 Σ_p 和 $(n-p-1)$ 维子空间 Σ_{n-p-1} 互为对偶，比如 Σ_{n-2} 和 Σ_1：Σ_{n-2} 的方程是

$$\begin{cases}\boldsymbol{a}_1^{\mathrm{T}}\boldsymbol{x}=0\\ \boldsymbol{a}_2^{\mathrm{T}}\boldsymbol{x}=0\end{cases}$$

其中 $\boldsymbol{a}_1,\boldsymbol{a}_2$ 线性无关。直线 Σ_1 由两个线性无关点 $\boldsymbol{x}_1,\boldsymbol{x}_2$ 确定：

$$\boldsymbol{x}=b_1\boldsymbol{x}_1+b_2\boldsymbol{x}_2(b_1^2+b_2^2\neq 0)$$

直线 Σ_1 在 Σ_{n-2} 上，或者 Σ_{n-2} 通过直线 Σ_1，当且仅当

$$\begin{cases}\boldsymbol{a}_1^{\mathrm{T}}(\boldsymbol{x}_1,\boldsymbol{x}_2)=0\\ \boldsymbol{a}_2^{\mathrm{T}}(\boldsymbol{x}_1,\boldsymbol{x}_2)=0\end{cases}$$

子空间 Σ_p 被包含在子空间 Σ_q 内，或者 Σ_q 包含 Σ_p，是指 Σ_p 的点都是 Σ_q 的点。规定

Σ_{-1} 是空集，它被包含在一切 Σ_q 内，而 Σ_n 包含一切 Σ_p。这种关系记作 $\Sigma_p \subset \Sigma_q$ 或 $\Sigma_q \subset \Sigma_p$。关系式的对偶是 $\Sigma_{n-p-1} \supset \Sigma_{n-q-1}$。

对偶原理 从 Σ_p 和关系 $\Sigma_p \subset \Sigma_q$ 的每一个定理可得到相应的对偶定理，只要将每一个 Σ_p 换为对偶 Σ_{n-p-1}，关系 $\Sigma_p \subset \Sigma_q$ 换为对偶关系 $\Sigma_{n-p-1} \supset \Sigma_{n-q-1}$。

例如，"处于一般位置的三个点确定唯一平面"的对偶定理是，处于一般位置的三个超平面确定唯一 $n-3$ 维子空间 Σ_{n-3}。特别地，当 $n=3$ 时，$\Sigma_{n-3}=\Sigma_0$ 是一个点。

令 Σ_p 和 Σ_q 是任意两个子空间，同时包含在 Σ_p 和 Σ_q 内的最大子空间记作 $\Sigma_p \cap \Sigma_q$，称为 Σ_p 和 Σ_q 的交；而同时包含 Σ_p 和 Σ_q 的最小子空间记为 $\Sigma_p \cup \Sigma_q$，称为 Σ_p 和 Σ_q 的并。在射影空间 Σ_n 中，任意两个相异 p 维子空间的交是一个 $p-1$ 维子空间，但有可能是无穷远超平面，或无穷远超平面的子空间。子空间的交和并也是对偶关系。对于交和并有下述维数公式：

$$\dim(\Sigma_p \cup \Sigma_q) = \dim(\Sigma_p) + \dim(\Sigma_q) - \dim(\Sigma_p \cap \Sigma_q) \tag{13.50}$$

3. 交比

设 $\Sigma_{p-1}, \Sigma_{p+1}$ 分别是 $p-1$ 和 $p+1$ 维子空间且 $\Sigma_{p-1} \subset \Sigma_{p+1}$，定义

$$\mathcal{B}_p = \{\Sigma_p : \Sigma_{p-1} \subset \Sigma_p \subset \Sigma_{p+1}\}$$

它是包含 Σ_p 且共 Σ_{p+1} 的 p 维子空间束。例如：$\mathcal{B}_0$ 是一个共线的点束，$\mathcal{B}_1$ 是包含一个点的共平面的直线束，$\mathcal{B}_2$ 是包含一条直线且共一个 3 维子空间的平面束，$\mathcal{B}_{n-1}$ 是包含一个 $n-2$ 维子空间的超平面束。子空间束 $\mathcal{B}_p$ 是射影空间的一维形，也就是说，给定子空间束 $\mathcal{B}_p$ 的任意两个元素 $\boldsymbol{P}_1, \boldsymbol{P}_2$，则对 $\mathcal{B}_p$ 的任一元素 $\boldsymbol{P}$ 在相差一个非零因子的意义下有唯一表示

$$\boldsymbol{P} = \rho_1 \boldsymbol{P}_1 + \rho_2 \boldsymbol{P}_2 \tag{13.51}$$

令 $\boldsymbol{P}_1, \boldsymbol{P}_2, \boldsymbol{P}_3, \boldsymbol{P}_4 \in \mathcal{B}_p$，根据式(13.51)存在 $\rho_i, \sigma_i (i=1,2)$ 使得

$$\boldsymbol{P}_3 = \rho_1 \boldsymbol{P}_1 + \rho_2 \boldsymbol{P}_2, \quad \boldsymbol{P}_4 = \sigma_1 \boldsymbol{P}_1 + \sigma_2 \boldsymbol{P}_2$$

定义

$$(\boldsymbol{P}_1 \boldsymbol{P}_2 ; \boldsymbol{P}_3 \boldsymbol{P}_4) = \frac{\rho_2}{\rho_1} : \frac{\sigma_2}{\sigma_1}$$

为束 $\mathcal{B}_p$ 中四个元素 $\boldsymbol{P}_1, \boldsymbol{P}_2, \boldsymbol{P}_3, \boldsymbol{P}_4$ 的交比。

特别地，对四个共线点 $\boldsymbol{x}_1, \boldsymbol{x}_2, \boldsymbol{x}_3, \boldsymbol{x}_4$，如果 $\boldsymbol{x}_3 = \boldsymbol{x}_1 + \lambda_1 \boldsymbol{x}_2$，$\boldsymbol{x}_4 = \boldsymbol{x}_1 + \lambda_2 \boldsymbol{x}_2$，则

$$(\boldsymbol{x}_1 \boldsymbol{x}_2 ; \boldsymbol{x}_3 \boldsymbol{x}_4) = \frac{\lambda_1}{\lambda_2}$$

对四个包含一个 $n-2$ 维子空间 Σ_{n-2} 的超平面 $\boldsymbol{a}_1, \boldsymbol{a}_2, \boldsymbol{a}_3, \boldsymbol{a}_4$，如果 $\boldsymbol{a}_3 = \boldsymbol{a}_1 + \lambda_1 \boldsymbol{a}_2$，$\boldsymbol{a}_4 = \boldsymbol{a}_1 + \lambda_2 \boldsymbol{a}_2$，则

$$(\boldsymbol{a}_1 \boldsymbol{a}_2 ; \boldsymbol{a}_3 \boldsymbol{a}_4) = \frac{\lambda_1}{\lambda_2}$$

对束 $\mathcal{B}_p$ 中的四个元素 $\boldsymbol{P}_1, \boldsymbol{P}_2, \boldsymbol{P}_3, \boldsymbol{P}_4$，若 $(\boldsymbol{P}_1 \boldsymbol{P}_2 ; \boldsymbol{P}_3 \boldsymbol{P}_4) = -1$，则称 $\boldsymbol{P}_1, \boldsymbol{P}_2$ 与 $\boldsymbol{P}_3, \boldsymbol{P}_4$ 调和共轭。与平面和空间射影几何一样，调和共轭也是高维射影几何中的重要概念。

4. 二次曲面

令 $\boldsymbol{Q}$ 是 $n+1$ 阶实对称矩阵，二次方程

$$\mathcal{S} : \boldsymbol{x}^{\mathrm{T}} \boldsymbol{Q} \boldsymbol{x} = \sum_{i,j} q_{ij} x_j = 0 \tag{13.52}$$

的非零解集称为二次曲面，Q 称为二次曲面 $\mathcal{S}$ 的矩阵表示或齐次坐标，二次曲面 $\mathcal{S}$ 也说成二次曲面 Q。如果 Q 是满秩的，则称 $\mathcal{S}$ 是非退化二次曲面，否则称为退化二次曲面。在这里，只关心非退化二次曲面。如果 Q 是正定的，则二次曲面 $\mathcal{S}$ 没有实点，是虚二次曲面；如果 Q 是不定的，则 $\mathcal{S}$ 是实二次曲面。

对任一点 $\boldsymbol{x}$，将 $\boldsymbol{a}=\boldsymbol{Q}\boldsymbol{x}$ 作为超平面的齐次坐标，则 $\boldsymbol{x}$ 对应唯一超平面 $\boldsymbol{a}$；反之，对任一超平面 $\boldsymbol{a}$，$\boldsymbol{x}=\boldsymbol{Q}^{-1}\boldsymbol{a}$ 确定唯一点，因此对应

$$\boldsymbol{a}=\boldsymbol{Q}\boldsymbol{x} \tag{13.53}$$

是射影空间 Σ_n 中从点到超平面的一一对应，称为配极对应。$\boldsymbol{a}$ 称为 $\boldsymbol{x}$（关于二次曲面 $\boldsymbol{Q}$）的极面，而 $\boldsymbol{x}$ 称为 $\boldsymbol{a}$ 极点。如果 $\boldsymbol{x}$ 在二次曲面上，则它的极面变为二次曲面在 $\boldsymbol{x}$ 的切面。不难看出：$\boldsymbol{a}$ 为 $\boldsymbol{Q}$ 的切面，当且仅当

$$\boldsymbol{a}^{\mathrm{T}}\boldsymbol{Q}^{-1}\boldsymbol{a}=0 \tag{13.54}$$

二次曲面 $\boldsymbol{Q}$ 的切面的集合称为对偶二次曲面，根据式(13.54)非退化二次曲面 $\boldsymbol{Q}$ 的对偶是 $\boldsymbol{Q}^{*}=\boldsymbol{Q}^{-1}$，即式(13.52)的对偶是

$$\mathcal{S}^{*}:\boldsymbol{a}^{\mathrm{T}}\boldsymbol{Q}^{*}\boldsymbol{a}=\sum_{i,j}q_{ij}^{*}a_{j}=0 \quad (\boldsymbol{Q}^{*}=\boldsymbol{Q}^{-1}) \tag{13.55}$$

如果点 $\boldsymbol{x},\boldsymbol{y}$ 使得 $\boldsymbol{x}^{\mathrm{T}}\boldsymbol{Q}\boldsymbol{y}=0$，则称它们关于二次曲面 $\boldsymbol{Q}$ 共轭。容易看出，$\boldsymbol{x}$ 关于二次曲面 $\boldsymbol{Q}$ 的所有共轭点的集合正好是 $\boldsymbol{x}$ 的极面，因此一个点的极面有时也称为这个点的共轭面。令 $\boldsymbol{x},\boldsymbol{y}$ 的连线与 $\boldsymbol{Q}$ 的两个交点为 $\boldsymbol{p},\boldsymbol{q}$（可能是复共轭的虚点），不难证明 $\boldsymbol{x},\boldsymbol{y}$ 关于 $\boldsymbol{Q}$ 共轭的充要条件是

$$(\boldsymbol{x}\boldsymbol{y};\boldsymbol{p}\boldsymbol{q})=-1 \tag{13.56}$$

即 $\boldsymbol{x},\boldsymbol{y}$ 与 $\boldsymbol{p},\boldsymbol{q}$ 调和共轭。

对于对偶二次曲面 $\boldsymbol{Q}^{*}$ 也有类似的概念。超平面 $\boldsymbol{a},\boldsymbol{b}$ 使得 $\boldsymbol{a}^{\mathrm{T}}\boldsymbol{Q}^{*}\boldsymbol{b}=0$，则称它们关于 $\boldsymbol{Q}^{*}$ 共轭，或者说 $\boldsymbol{a},\boldsymbol{b}$ 是二次曲面 $\boldsymbol{Q}$ 的共轭超平面。令对偶二次曲面 $\boldsymbol{Q}^{*}$ 过交 $\boldsymbol{a}\cap\boldsymbol{b}$ 的两个超平面为 $\boldsymbol{c},\boldsymbol{d}$，则 $\boldsymbol{a},\boldsymbol{b}$ 关于 $\boldsymbol{Q}^{*}$ 共轭的充要条件是

$$(\boldsymbol{a}\boldsymbol{b};\boldsymbol{c}\boldsymbol{d})=-1 \tag{13.57}$$

5. 射影变换

n 维射影变换是由 $n+1$ 阶可逆矩阵 $\boldsymbol{H}$ 定义的从 Σ_n 到 Σ_n 的齐次变换

$$\boldsymbol{x}'=\boldsymbol{H}\boldsymbol{x} \tag{13.58}$$

所有射影变换的全体构成一个群，称为射影群。射影变换将一个 p 维子空间 Σ_p 变换到另一个 p 维子空间 Σ'_p。特别地，将超平面 $\boldsymbol{a}$ 变换到另一超平面

$$\boldsymbol{a}'=\boldsymbol{H}^{-\mathrm{T}}\boldsymbol{a} \tag{13.59}$$

容易证明：二次曲面的射影变换仍是二次曲面，变换规则为

$$\boldsymbol{Q}'=\boldsymbol{H}^{-\mathrm{T}}\boldsymbol{Q}\boldsymbol{H}^{-1} \tag{13.60}$$

对于对偶二次曲面，有

$$\boldsymbol{Q}'^{*}=\boldsymbol{H}^{\mathrm{T}}\boldsymbol{Q}^{*}\boldsymbol{H} \tag{13.61}$$

射影群的基本不变量是交比，即交比在射影变换下保持不变。因此，束 $\mathcal{B}_p$ 中调和共轭是射影概念；根据式(13.56)和式(13.57)，二次曲面的共轭点和共轭面也是射影概念。

13.3.2 高维非欧几何

与平面非欧几何类似，高维非欧几何是由非退化二次曲面作为绝对形导入的几何。在

这里为了简单起见,仅考虑基本二次曲面

$$\mathcal{Q}:\boldsymbol{x}^{\mathrm{T}}\boldsymbol{Q}\boldsymbol{x}=\sum_{i=1}^{n}x_i^2+\alpha^2x_{n+1}^2=0 \tag{13.62}$$

其中 $\boldsymbol{Q}=\mathrm{diag}(1,1,\cdots,1,\alpha^2)$ 是二次曲面的矩阵表示。如果 $\alpha=k(>0)$,则式(13.62)是非退化虚二次曲面,称为椭圆几何的绝对形;如果 $\alpha=ik(k>0)$,则式(13.62)是非退化实二次曲面,称为双曲几何的绝对形。椭圆几何在整个 n 维射影空间上有定义。双曲几何只在绝对形的内部

$$\mathcal{Q}^o=\left\{\boldsymbol{x}:\boldsymbol{x}^{\mathrm{T}}\boldsymbol{Q}\boldsymbol{x}=\sum_{i=1}^{n}x_i^2+\alpha^2x_{n+1}^2<0\right\}$$

有定义,其中的点称为正常点(或双曲点)。绝对形上的点称为(双曲)无穷远点,绝对形外部的点称为超(双曲)无穷远点。

绝对形的自同构群,即所有保持绝对形不变的射影变换的全体

$$\mathcal{G}=\{\boldsymbol{H}:\boldsymbol{H}^{\mathrm{T}}\boldsymbol{Q}\boldsymbol{H}=\boldsymbol{Q}\}$$

称为椭圆运动群或双曲运动群,统称为非欧运动群。

1. 距离

设 $\boldsymbol{x},\boldsymbol{y}$ 是两个不同的点(对双曲几何是正常点),它们的连线 $\mathcal{L}$ 交绝对形于两点:

$$\boldsymbol{q}_{xy}^{+}=\boldsymbol{x}+\rho_{+}\boldsymbol{y},\quad \boldsymbol{q}_{xy}^{-}=\boldsymbol{x}+\rho_{-}\boldsymbol{y}$$

其中

$$\rho_{\pm}=\frac{-\boldsymbol{x}^{\mathrm{T}}\boldsymbol{Q}\boldsymbol{y}\pm\sqrt{(\boldsymbol{x}^{\mathrm{T}}\boldsymbol{Q}\boldsymbol{y})^2-\boldsymbol{x}^{\mathrm{T}}\boldsymbol{Q}\boldsymbol{x}\cdot\boldsymbol{y}^{\mathrm{T}}\boldsymbol{Q}\boldsymbol{y}}}{\boldsymbol{y}^{\mathrm{T}}\boldsymbol{Q}\boldsymbol{y}}$$

在椭圆几何中 $\boldsymbol{q}_{xy}^{+},\boldsymbol{q}_{xy}^{-}$ 是共轭虚点,在双曲几何中它们是实点。

定义 13.3.1　非欧距离定义为

$$\mathrm{d}(\boldsymbol{x},\boldsymbol{y})=\frac{\alpha}{2\mathrm{i}}\ln(\boldsymbol{x}\boldsymbol{y};\boldsymbol{q}_{xy}^{+}\boldsymbol{q}_{xy}^{-}) \tag{13.63}$$

当 $\alpha=k$ 时,$\mathrm{d}(\boldsymbol{x},\boldsymbol{y})$ 是椭圆距离;当 $\alpha=\mathrm{i}k$ 时,$\mathrm{d}(\boldsymbol{x},\boldsymbol{y})$ 是双曲距离。椭圆距离满足 $0\leqslant\mathrm{d}(\boldsymbol{x},\boldsymbol{y})\leqslant k\pi$,因而是有界的;双曲距离是无界的。这两种距离都满足度量的三条公理:

(i) 非负性:$\mathrm{d}(\boldsymbol{x},\boldsymbol{y})\geqslant0$;$\mathrm{d}(\boldsymbol{x},\boldsymbol{y})=0\Leftrightarrow\boldsymbol{x}=\boldsymbol{y}$

(ii) 对称性:$\mathrm{d}(\boldsymbol{x},\boldsymbol{y})=\mathrm{d}(\boldsymbol{y},\boldsymbol{x})$

(iii) 三角不等式:$\mathrm{d}(\boldsymbol{x},\boldsymbol{y})+\mathrm{d}(\boldsymbol{y},\boldsymbol{z})\geqslant\mathrm{d}(\boldsymbol{x},\boldsymbol{z})$

在椭圆几何中,有

$$\begin{aligned}(\boldsymbol{x}\boldsymbol{y};\boldsymbol{q}_{xy}^{+}\boldsymbol{q}_{xy}^{-})&=\frac{\rho_{+}}{\rho_{-}}=\frac{-\boldsymbol{x}^{\mathrm{T}}\boldsymbol{Q}\boldsymbol{y}+\mathrm{i}\sqrt{\boldsymbol{x}^{\mathrm{T}}\boldsymbol{Q}\boldsymbol{x}\cdot\boldsymbol{y}^{\mathrm{T}}\boldsymbol{Q}\boldsymbol{y}-(\boldsymbol{x}^{\mathrm{T}}\boldsymbol{Q}\boldsymbol{y})^2}}{-\boldsymbol{x}^{\mathrm{T}}\boldsymbol{Q}\boldsymbol{y}-\mathrm{i}\sqrt{\boldsymbol{x}^{\mathrm{T}}\boldsymbol{Q}\boldsymbol{x}\cdot\boldsymbol{y}^{\mathrm{T}}\boldsymbol{Q}\boldsymbol{y}-(\boldsymbol{x}^{\mathrm{T}}\boldsymbol{Q}\boldsymbol{y})^2}}\\&=\left(\frac{-\boldsymbol{x}^{\mathrm{T}}\boldsymbol{Q}\boldsymbol{y}+\mathrm{i}\sqrt{\boldsymbol{x}^{\mathrm{T}}\boldsymbol{Q}\boldsymbol{x}\cdot\boldsymbol{y}^{\mathrm{T}}\boldsymbol{Q}\boldsymbol{y}-(\boldsymbol{x}^{\mathrm{T}}\boldsymbol{Q}\boldsymbol{y})^2}}{\sqrt{\boldsymbol{x}^{\mathrm{T}}\boldsymbol{Q}\boldsymbol{x}\cdot\boldsymbol{y}^{\mathrm{T}}\boldsymbol{Q}\boldsymbol{y}}}\right)^2\end{aligned}$$

因此椭圆距离

$$\mathrm{d}(\boldsymbol{x},\boldsymbol{y})=\frac{k}{\mathrm{i}}\ln\left(\frac{-\boldsymbol{x}^{\mathrm{T}}\boldsymbol{Q}\boldsymbol{y}+\mathrm{i}\sqrt{\boldsymbol{x}^{\mathrm{T}}\boldsymbol{Q}\boldsymbol{x}\cdot\boldsymbol{y}^{\mathrm{T}}\boldsymbol{Q}\boldsymbol{y}-(\boldsymbol{x}^{\mathrm{T}}\boldsymbol{Q}\boldsymbol{y})^2}}{\sqrt{\boldsymbol{x}^{\mathrm{T}}\boldsymbol{Q}\boldsymbol{x}\cdot\boldsymbol{y}^{\mathrm{T}}\boldsymbol{Q}\boldsymbol{y}}}\right) \tag{13.64}$$

满足下述公式

$$\cos\frac{\mathrm{d}(\boldsymbol{x},\boldsymbol{y})}{k}=-\frac{\boldsymbol{x}^{\mathrm{T}}\boldsymbol{Q}\boldsymbol{y}}{\sqrt{\boldsymbol{x}^{\mathrm{T}}\boldsymbol{Q}\boldsymbol{x}\cdot\boldsymbol{y}^{\mathrm{T}}\boldsymbol{Q}\boldsymbol{y}}}=-\frac{k^2x_{n+1}y_{n+1}+\sum_{i=1}^{n}x_iy_i}{\sqrt{\left(k^2x_{n+1}^2+\sum_{i=1}^{n}x_i^2\right)\left(k^2y_{n+1}^2+\sum_{i=1}^{n}y_i^2\right)}} \tag{13.65a}$$

$$\sin\frac{\mathrm{d}(\boldsymbol{x},\boldsymbol{y})}{k}=\frac{\sqrt{\boldsymbol{x}^{\mathrm{T}}\boldsymbol{Q}\boldsymbol{x}\cdot\boldsymbol{y}^{\mathrm{T}}\boldsymbol{Q}\boldsymbol{y}-(\boldsymbol{x}^{\mathrm{T}}\boldsymbol{Q}\boldsymbol{y})^2}}{\sqrt{\boldsymbol{x}^{\mathrm{T}}\boldsymbol{Q}\boldsymbol{x}\cdot\boldsymbol{y}^{\mathrm{T}}\boldsymbol{Q}\boldsymbol{y}}}=\sqrt{\frac{k^2\sum_{i=1}^{n}\begin{vmatrix}x_{n+1}&x_i\\y_{n+1}&y_i\end{vmatrix}^2+\frac{1}{2}\sum_{i,j=1}^{n}\begin{vmatrix}x_i&x_j\\y_i&y_j\end{vmatrix}^2}{\left(k^2x_{n+1}^2+\sum_{i=1}^{n}x_i^2\right)\left(k^2y_{n+1}^2+\sum_{i=1}^{n}y_i^2\right)}} \tag{13.65b}$$

在双曲几何中，

$$(\boldsymbol{x}\boldsymbol{y};\boldsymbol{q}_{xy}^{+}\boldsymbol{q}_{xy}^{-})=\frac{\rho_+}{\rho_-}=\frac{-\boldsymbol{x}^{\mathrm{T}}\boldsymbol{Q}\boldsymbol{y}+\sqrt{(\boldsymbol{x}^{\mathrm{T}}\boldsymbol{Q}\boldsymbol{y})^2-\boldsymbol{x}^{\mathrm{T}}\boldsymbol{Q}\boldsymbol{x}\cdot\boldsymbol{y}^{\mathrm{T}}\boldsymbol{Q}\boldsymbol{y}}}{-\boldsymbol{x}^{\mathrm{T}}\boldsymbol{Q}\boldsymbol{y}-\sqrt{(\boldsymbol{x}^{\mathrm{T}}\boldsymbol{Q}\boldsymbol{y})^2-\boldsymbol{x}^{\mathrm{T}}\boldsymbol{Q}\boldsymbol{x}\cdot\boldsymbol{y}^{\mathrm{T}}\boldsymbol{Q}\boldsymbol{y}}}$$
$$=\left(\frac{-\boldsymbol{x}^{\mathrm{T}}\boldsymbol{Q}\boldsymbol{y}+\sqrt{(\boldsymbol{x}^{\mathrm{T}}\boldsymbol{Q}\boldsymbol{y})^2-\boldsymbol{x}^{\mathrm{T}}\boldsymbol{Q}\boldsymbol{x}\cdot\boldsymbol{y}^{\mathrm{T}}\boldsymbol{Q}\boldsymbol{y}}}{\sqrt{\boldsymbol{x}^{\mathrm{T}}\boldsymbol{Q}\boldsymbol{x}\cdot\boldsymbol{y}^{\mathrm{T}}\boldsymbol{Q}\boldsymbol{y}}}\right)^2$$

因此双曲距离

$$\mathrm{d}(\boldsymbol{x},\boldsymbol{y})=k\ln\left(\frac{-\boldsymbol{x}^{\mathrm{T}}\boldsymbol{Q}\boldsymbol{y}+\sqrt{(\boldsymbol{x}^{\mathrm{T}}\boldsymbol{Q}\boldsymbol{y})^2-\boldsymbol{x}^{\mathrm{T}}\boldsymbol{Q}\boldsymbol{x}\cdot\boldsymbol{y}^{\mathrm{T}}\boldsymbol{Q}\boldsymbol{y}}}{\sqrt{\boldsymbol{x}^{\mathrm{T}}\boldsymbol{Q}\boldsymbol{x}\cdot\boldsymbol{y}^{\mathrm{T}}\boldsymbol{Q}\boldsymbol{y}}}\right)$$

满足下述公式

$$\cosh\frac{\mathrm{d}(\boldsymbol{x},\boldsymbol{y})}{k}=-\frac{\boldsymbol{x}^{\mathrm{T}}\boldsymbol{Q}\boldsymbol{y}}{\sqrt{\boldsymbol{x}^{\mathrm{T}}\boldsymbol{Q}\boldsymbol{x}\cdot\boldsymbol{y}^{\mathrm{T}}\boldsymbol{Q}\boldsymbol{y}}}=\frac{k^2x_{n+1}y_{n+1}-\sum_{i=1}^{n}x_iy_i}{\sqrt{\left(k^2x_{n+1}^2-\sum_{i=1}^{n}x_i^2\right)\cdot\left(k^2y_{n+1}^2-\sum_{i=1}^{n}y_i^2\right)}} \tag{13.66a}$$

$$\sinh\frac{\mathrm{d}(\boldsymbol{x},\boldsymbol{y})}{k}=\frac{\sqrt{(\boldsymbol{x}^{\mathrm{T}}\boldsymbol{Q}\boldsymbol{y})^2-\boldsymbol{x}^{\mathrm{T}}\boldsymbol{Q}\boldsymbol{x}\cdot\boldsymbol{y}^{\mathrm{T}}\boldsymbol{Q}\boldsymbol{y}}}{\sqrt{\boldsymbol{x}^{\mathrm{T}}\boldsymbol{Q}\boldsymbol{x}\cdot\boldsymbol{y}^{\mathrm{T}}\boldsymbol{Q}\boldsymbol{y}}}=\sqrt{\frac{k^2\sum_{i=1}^{n}\begin{vmatrix}x_{n+1}&x_i\\y_{n+1}&y_i\end{vmatrix}^2-\frac{1}{2}\sum_{i,j=1}^{n}\begin{vmatrix}x_i&x_j\\y_i&y_j\end{vmatrix}^2}{\left(k^2x_{n+1}^2-\sum_{i=1}^{n}x_i^2\right)\cdot\left(k^2y_{n+1}^2-\sum_{i=1}^{n}y_i^2\right)}} \tag{13.66b}$$

2. 角度

为了在 n 维非欧空间中引入超平面之间的角度，考虑绝对形式(13.62)的对偶

$$\mathcal{Q}^*:\boldsymbol{a}^{\mathrm{T}}\boldsymbol{Q}^*\boldsymbol{a}=\sum_{i=1}^{n}a_i^2+\alpha^{-2}a_{n+1}^2=0 \tag{13.67}$$

其中 $\boldsymbol{Q}^*=\mathrm{diag}(1,1,\cdots,1,\alpha^{-2})$是 $\boldsymbol{Q}$ 的对偶。在椭圆几何中，$\alpha=k$；在双曲几何中，$\alpha=\mathrm{i}k$。给定两个超平面 $\boldsymbol{a},\boldsymbol{b}$，则$\mathcal{Q}^*$有两个过交 $\boldsymbol{a}\cap\boldsymbol{b}$ 的虚超平面(即绝对形 $\boldsymbol{Q}$ 过交 $\boldsymbol{a}\cap\boldsymbol{b}$ 的两个虚切面)：

$$\boldsymbol{c}_{ab}^{+}=\boldsymbol{a}+t_+\boldsymbol{b},\quad \boldsymbol{c}_{ab}^{-}=\boldsymbol{a}+t_-\boldsymbol{b} \tag{13.68a}$$

其中

$$t_{\pm}=\frac{-\boldsymbol{a}^{\mathrm{T}}\boldsymbol{Q}^{*}\boldsymbol{b}\pm\mathrm{i}\sqrt{\boldsymbol{a}^{\mathrm{T}}\boldsymbol{Q}^{*}\boldsymbol{a}\cdot\boldsymbol{b}^{\mathrm{T}}\boldsymbol{Q}^{*}\boldsymbol{b}-(\boldsymbol{a}^{\mathrm{T}}\boldsymbol{Q}^{*}\boldsymbol{b})^{2}}}{\boldsymbol{b}^{\mathrm{T}}\boldsymbol{Q}^{*}\boldsymbol{b}} \tag{13.68b}$$

定义 13.3.2　定义

$$\theta(\boldsymbol{a},\boldsymbol{b})=\frac{1}{2\mathrm{i}}\ln(\boldsymbol{ab};\boldsymbol{c}_{ab}^{+}\boldsymbol{c}_{ab}^{-}) \tag{13.69}$$

为超平面 $\boldsymbol{a},\boldsymbol{b}$ 的非欧角度，$\alpha=k$ 时是椭圆角度，$\alpha=\mathrm{i}k$ 时是双曲角度。

由于

$$(\boldsymbol{ab};\boldsymbol{c}_{ab}^{+}\boldsymbol{c}_{ab}^{-})=\frac{t_{+}}{t_{-}}=\left(\frac{-\boldsymbol{a}^{\mathrm{T}}\boldsymbol{Q}^{*}\boldsymbol{b}+\mathrm{i}\sqrt{\boldsymbol{a}^{\mathrm{T}}\boldsymbol{Q}^{*}\boldsymbol{a}\cdot\boldsymbol{b}^{\mathrm{T}}\boldsymbol{Q}^{*}\boldsymbol{b}-(\boldsymbol{a}^{\mathrm{T}}\boldsymbol{Q}^{*}\boldsymbol{b})^{2}}}{\sqrt{\boldsymbol{a}^{\mathrm{T}}\boldsymbol{Q}^{*}\boldsymbol{a}\cdot\boldsymbol{b}^{\mathrm{T}}\boldsymbol{Q}^{*}\boldsymbol{b}}}\right)^{2}$$

非欧角度

$$\theta(\boldsymbol{a},\boldsymbol{b})=\frac{1}{\mathrm{i}}\ln\left(\frac{-\boldsymbol{a}^{\mathrm{T}}\boldsymbol{Q}^{*}\boldsymbol{b}+\mathrm{i}\sqrt{\boldsymbol{a}^{\mathrm{T}}\boldsymbol{Q}^{*}\boldsymbol{a}\cdot\boldsymbol{b}^{\mathrm{T}}\boldsymbol{Q}^{*}\boldsymbol{b}-(\boldsymbol{a}^{\mathrm{T}}\boldsymbol{Q}^{*}\boldsymbol{b})^{2}}}{\sqrt{\boldsymbol{a}^{\mathrm{T}}\boldsymbol{Q}^{*}\boldsymbol{a}\cdot\boldsymbol{b}^{\mathrm{T}}\boldsymbol{Q}^{*}\boldsymbol{b}}}\right) \tag{13.70}$$

在椭圆几何中，角度满足下述公式：

$$\cos\theta(\boldsymbol{a},\boldsymbol{b})=-\frac{\boldsymbol{a}^{\mathrm{T}}\boldsymbol{Q}^{*}\boldsymbol{b}}{\sqrt{\boldsymbol{a}^{\mathrm{T}}\boldsymbol{Q}^{*}\boldsymbol{a}\cdot\boldsymbol{b}^{\mathrm{T}}\boldsymbol{Q}^{*}\boldsymbol{b}}}=-\frac{\sum_{i=1}^{n}a_{i}b_{i}+\frac{a_{n+1}b_{n+1}}{k^{2}}}{\sqrt{\sum_{i=1}^{n}a_{i}^{2}+\frac{a_{n+1}^{2}}{k^{2}}}\cdot\sqrt{\sum_{i=1}^{n}a_{i}^{2}+\frac{a_{n+1}^{2}}{k^{2}}}} \tag{13.71a}$$

$$\sin\theta(\boldsymbol{a},\boldsymbol{b})=\frac{\sqrt{\boldsymbol{a}^{\mathrm{T}}\boldsymbol{Q}^{*}\boldsymbol{a}\cdot\boldsymbol{b}^{\mathrm{T}}\boldsymbol{Q}^{*}\boldsymbol{b}-(\boldsymbol{a}^{\mathrm{T}}\boldsymbol{Q}^{*}\boldsymbol{b})^{2}}}{\sqrt{\boldsymbol{a}^{\mathrm{T}}\boldsymbol{Q}^{*}\boldsymbol{a}\cdot\boldsymbol{b}^{\mathrm{T}}\boldsymbol{Q}^{*}\boldsymbol{b}}}=\sqrt{\frac{\sum_{i=1}^{n}\begin{vmatrix}a_{n+1}&a_{i}\\a_{n+1}&a_{i}\end{vmatrix}^{2}+\frac{1}{2k^{2}}\sum_{i,j=1}^{n}\begin{vmatrix}a_{i}&a_{j}\\a_{i}&a_{j}\end{vmatrix}^{2}}{\left(\sum_{i=1}^{n}a_{i}^{2}+\frac{a_{n+1}^{2}}{k^{2}}\right)\cdot\left(\sum_{i=1}^{n}b_{i}^{2}+\frac{b_{n+1}^{2}}{k^{2}}\right)}} \tag{13.71b}$$

在双曲几何中，角度满足下述公式：

$$\cos\theta(\boldsymbol{a},\boldsymbol{b})=-\frac{\boldsymbol{a}^{\mathrm{T}}\boldsymbol{Q}^{*}\boldsymbol{b}}{\sqrt{\boldsymbol{a}^{\mathrm{T}}\boldsymbol{Q}^{*}\boldsymbol{a}\cdot\boldsymbol{b}^{\mathrm{T}}\boldsymbol{Q}^{*}\boldsymbol{b}}}=\frac{\frac{a_{n+1}b_{n+1}}{k^{2}}-\sum_{i=1}^{n}a_{i}b_{i}}{\sqrt{\left(\frac{a_{n+1}^{2}}{k^{2}}-\sum_{i=1}^{n}a_{i}^{2}\right)\cdot\left(\sum_{i=1}^{n}\frac{a_{n+1}^{2}}{k^{2}}-a_{i}^{2}\right)}} \tag{13.72a}$$

$$\sin\theta(\boldsymbol{a},\boldsymbol{b})=\frac{\sqrt{(\boldsymbol{a}^{\mathrm{T}}\boldsymbol{Q}^{*}\boldsymbol{b})^{2}-\boldsymbol{a}^{\mathrm{T}}\boldsymbol{Q}^{*}\boldsymbol{a}\cdot\boldsymbol{b}^{\mathrm{T}}\boldsymbol{Q}^{*}\boldsymbol{b}}}{\sqrt{\boldsymbol{a}^{\mathrm{T}}\boldsymbol{Q}^{*}\boldsymbol{a}\cdot\boldsymbol{b}^{\mathrm{T}}\boldsymbol{Q}^{*}\boldsymbol{b}}}=\sqrt{\frac{\sum_{i=1}^{n}\begin{vmatrix}a_{n+1}&a_{i}\\a_{n+1}&a_{i}\end{vmatrix}^{2}-\frac{1}{2k^{2}}\sum_{i,j=1}^{n}\begin{vmatrix}a_{i}&a_{j}\\a_{i}&a_{j}\end{vmatrix}^{2}}{\left(\frac{a_{n+1}^{2}}{k^{2}}-\sum_{i=1}^{n}a_{i}^{2}\right)\cdot\left(\sum_{i=1}^{n}\frac{a_{n+1}^{2}}{k^{2}}-a_{i}^{2}\right)}} \tag{13.72b}$$

当 $k\to\infty$ 时，两种非欧角度都变为

$$\cos\theta(\boldsymbol{a},\boldsymbol{b})=-\frac{\sum_{i=1}^{n}a_{i}b_{i}}{\sqrt{\sum_{i=1}^{n}a_{i}^{2}}\cdot\sqrt{\sum_{i=1}^{n}a_{i}^{2}}}$$

它是欧氏角度公式，因此欧氏角度是非欧角度的极限。

在非欧几何中，不论是椭圆几何还是双曲几何，若 $\theta(\boldsymbol{a},\boldsymbol{b})=\pi/2$，则称超平面 $\boldsymbol{a},\boldsymbol{b}$ 相互正交；若 $\theta(\boldsymbol{a},\boldsymbol{b})=0$，则称超平面 $\boldsymbol{a},\boldsymbol{b}$ 相互平行。根据角度定义，容易看出下面的陈述相互等价：

(i) $\boldsymbol{a},\boldsymbol{b}$ 相互正交；

(ii) $(\boldsymbol{ab};\boldsymbol{c}_{ab}^{+}\boldsymbol{c}_{ab}^{-})=-1$；

(iii) $\boldsymbol{a}^{\mathrm{T}}\boldsymbol{Q}^{-1}\boldsymbol{b}=0$，即 $\boldsymbol{a},\boldsymbol{b}$ 是绝对形的共轭超平面。

在三维非欧几何中，有下述结论，它们都可推广到高维非欧几何：

(i) 给定一个平面 $\boldsymbol{a}$ 和一条不在 $\boldsymbol{a}$ 上的直线 L。在椭圆几何中，若平面 $\boldsymbol{a}$ 关于绝对形的极点在平面 $\boldsymbol{a}$ 上，则有无穷多个过直线 L 的平面和 $\boldsymbol{a}$ 正交，否则过直线 L 有唯一平面和 $\boldsymbol{a}$ 正交；在双曲几何中，过直线 L 有且仅有一个超平面和 $\boldsymbol{a}$ 正交。

(ii) 假定平面 $\boldsymbol{a},\boldsymbol{b}$ 相交于直线 L，则 L 和某个平面 $\boldsymbol{c}$ 正交，当且仅当 $\boldsymbol{a},\boldsymbol{b}$ 都和平面 $\boldsymbol{c}$ 正交。因此，若平面 $\boldsymbol{a},\boldsymbol{b}$ 都和平面 $\boldsymbol{c}$ 正交，则它们的交线一定和平面 $\boldsymbol{c}$ 正交。

(iii) 假定 L,M 是两条相交的直线，若 M 位于某个与 L 正交的平面内，则 L 和 M 正交。由此，得到结论：若直线 L 与平面 $\boldsymbol{a}$ 正交于点 $\boldsymbol{p}$，则在平面 $\boldsymbol{a}$ 内所有过点 $\boldsymbol{p}$ 的直线都和直线 L 正交。

关于平行性，在椭圆几何中，过超平面外一点不存在包含该点的超平面与已知超平面平行，因此在椭圆空间中任意两个超平面都相交。在双曲几何中，过超平面外一点存在包含该点的无穷多个超平面和已知超平面平行。

3. 欧氏模型

与二维非欧几何一样，我们可以建立高维非欧几何的欧氏模型。考虑 $n+1$ 维欧氏空间中的特殊二次曲面

$$\mathcal{S}:\sum_{i=1}^{n}x_i^2+\alpha^2x_{n+1}^2=\alpha^2 \tag{13.73}$$

其中 $\boldsymbol{x}=(x_1,x_2,\cdots,x_n,x_{n+1})^{\mathrm{T}}$ 是点的欧氏坐标。$\mathcal{S}$是有心二次曲面，对椭圆几何($\alpha=k$)，它是一个椭球面；对双曲几何($\alpha=ik$)，它是一个双曲面。将$\mathcal{S}$直径的两个端点 $\boldsymbol{x},-\boldsymbol{x}$ 视为同一点，因为在 n 维射影空间中它们表示同一点的齐次坐标。与二维非欧几何类似，可以建立 n 维非欧空间(椭圆空间和双曲空间)与二次曲面$\mathcal{S}$之间的点对应关系，n 维非欧几何可以看作是二次曲面$\mathcal{S}$上的几何。

对椭圆几何，将式(13.73)代入式(13.65)得到

$$\cos\frac{d(\boldsymbol{x},\boldsymbol{y})}{k}=-\left(\frac{1}{k^2}\sum_{i=1}^{n}x_iy_i+x_{n+1}y_{n+1}\right) \tag{13.74a}$$

$$k\sin\frac{d(\boldsymbol{x},\boldsymbol{y})}{k}=\sqrt{\sum_{i=1}^{n}\begin{vmatrix}x_{n+1} & x_i\\ y_{n+1} & y_i\end{vmatrix}^2+\frac{1}{2k^2}\sum_{i,j=1}^{n}\begin{vmatrix}x_i & x_j\\ y_i & y_j\end{vmatrix}^2} \tag{13.74b}$$

对双曲几何，将式(13.73)代入式(13.66)得到

$$\cosh\frac{d(\boldsymbol{x},\boldsymbol{y})}{k}=\frac{1}{k^2}\sum_{i=1}^{n}x_iy_i-x_{n+1}y_{n+1} \tag{13.75a}$$

$$k\sinh\frac{d(\boldsymbol{x},\boldsymbol{y})}{k}=\sqrt{\sum_{i=1}^{n}\begin{vmatrix}x_{n+1} & x_i\\ y_{n+1} & y_i\end{vmatrix}^2-\frac{1}{2k^2}\sum_{i,j=1}^{n}\begin{vmatrix}x_i & x_j\\ y_i & y_j\end{vmatrix}^2}\tag{13.75b}$$

欧氏几何可以看作是 k 变为无穷大的椭圆几何和双曲几何，也就是说欧氏几何是椭圆几何和双曲几何的极限情况。在 n 维欧氏空间中，总可认为 $x_{n+1}=1$，因此根据式(13.74b)和式(13.75b)，当 $k\to\infty$ 时，双曲距离和椭圆距离都变为欧氏距离：

$$d(\boldsymbol{x},\boldsymbol{y})=\sqrt{\sum_{i=1}^{n}\begin{vmatrix}1 & x_i\\ 1 & y_i\end{vmatrix}^2}=\sqrt{\sum_{i=1}^{n}(y_i-x_i)^2}\tag{13.76}$$

弧长微分　假定

$$\bar{\boldsymbol{x}}=(\bar{x}_1,\bar{x}_2,\cdots,\bar{x}_{n+1})^{\mathrm{T}},\quad \bar{\boldsymbol{x}}+d\bar{\boldsymbol{x}}=(\bar{x}_1+d\bar{x}_1,\bar{x}_2+d\bar{x}_2,\cdots,\bar{x}_{n+1}+d\bar{x}_{n+1})^{\mathrm{T}}$$

是二次曲面 $\mathcal{S}$ 上的两个邻近点，根据式(13.74b)和式(13.75b)它们之间的弧长微分的平方为

$$ds^2=\sum_{i=1}^{n}(\bar{x}_{n+1}d\bar{x}_i-\bar{x}_i d\bar{x}_{n+1})^2+\frac{1}{2\alpha^2}\sum_{i,j=1}^{n}(\bar{x}_i d\bar{x}_j-\bar{x}_j d\bar{x}_i)^2\tag{13.77}$$

其中 $\alpha=k$，对于椭圆几何；$\alpha=ik$，对于双曲几何。在二次曲面 $\mathcal{S}$ 上引进 $\bar{\boldsymbol{x}}$ 的新坐标：

$$x_1=\frac{2\bar{x}_1}{1+\bar{x}_{n+1}},\quad x_2=\frac{2\bar{x}_2}{1+\bar{x}_{n+1}},\quad \cdots,\quad x_n=\frac{2\bar{x}_n}{1+\bar{x}_{n+1}}(\bar{x}_{n+1}\geqslant 0)\tag{13.78}$$

在这组新坐标下，二次曲面 $\mathcal{S}$ 的方程为

$$x_1^2+x_2^2+\cdots+x_n^2+4\alpha^2=\frac{8\alpha^2}{1+\bar{x}_{n+1}}\tag{13.79}$$

利用式(13.77)、式(13.78)和式(13.79)，通过复杂的计算，弧长微分的平方简化为

$$ds^2=\frac{(dx_1)^2+(dx_2)^2+\cdots+(dx_n)^2}{\left(1+\dfrac{(dx_1)^2+(dx_2)^2+\cdots+(dx_n)^2}{4\alpha^2}\right)^2}\tag{13.80}$$

因此，非欧弧长微分与欧氏弧长微分有下述关系：

$$ds=\rho d\sigma\left(\rho=\left(1+\frac{(dx_1)^2+(dx_2)^2+\cdots+(dx_n)^2}{4\alpha^2}\right)^{-1}\right)\tag{13.81}$$

其中 $d\sigma=\sqrt{(dx_1)^2+(dx_2)^2+\cdots+(dx_n)^2}$ 是欧氏弧长微分，是非欧弧长微分在 $k\to\infty$ 时的极限。

参考文献

[1] 张远达. 线性代数原理[M]. 上海：上海人民教育出版社，1980.

[2] 徐树方. 矩阵计算的理论与方法[M]. 北京：北京大学出版社，1999.

[3] 弗列明. 多元函数[M]. 庄亚栋，译，北京：人民教育出版社，1982.

[4] 张贤达. 矩阵分析与应用[M]. 北京：清华大学出版社，2004.

[5] Greenbaum A，Timothy P. 数值方法：设计、分析和算法实现[M]. 吴兆金，王国英，范红军，译. 北京：机械工业出版社，2016.

[6] Salzer H. Lagrangian interpolation at Chebyshev points $x_n, v=\cos(vP_i/n)$ some unnoted advantages [J]. Computer J. 1972，15，156-159.

[7] 李庆扬，王能超，易大义. 数值分析[M]. 4 版. 北京：清华大学出版社，2006.

[8] Sauer T. 数值分析[M]. 裴玉茹，马赓宇，译. 2 版. 北京：机械工业出版社，2017.

[9] 范金燕，袁亚湘. 非线性方程组的数值方法[M]. 北京：科学出版社，2018.

[10] 高惠璇. 统计计算[M]. 北京：北京大学出版社，2016.

[11] 马昌凤. 最优化方法及其 MATLAB 程序设计[M]. 北京：科学出版社，2016.

[12] 袁亚湘，孙文瑜. 最优化理论与方法[M]. 北京：科学出版社，2016.

[13] 陈开明，非线性规则[M]. 上海：复旦大学出版社，1991.

[14] 郑汉鼎，刁在筠. 数学规划[M]. 济南：山东教育出版社，1997.

[15] Henrici. Discrete Variable Methods in Ordinary Differential Equations[M]. New York：John Wiley & Sons，1962.

[16] Jeffreys H. Theory of Probability (3rd ed). London：Oxford University Press，1961.

[17] Akaike H. A new look at statistical model identification[J]. IEEE Transaction on Automatic. 1971：19：716-723.

[18] Schwarz G. Estimating the dimension of a model. The Annals of statistics，1978，6：461-464.

[19] Ando T. Bayesian predictive information criterion for the evaluation of hierarchical Bayesian and empirical Bayes model. Biometrike，2007，94：443-458.

[20] Ando T. Bayesian model Selection and Satistical Modeling. New York：Taylor and Francis Group，CRC press，2010.

[21] Spiegelhalter D J，Best N G，et al. Byesian measures of model complexity and fit. Journal of the Royal statistical society，Series B，64，2002：583-639.

[22] 韦来生. 贝叶斯分析[M]. 北京：高等教育出版社，2016.

[23] 茆诗松，王静龙，濮晓龙. 高等数理统计[M]. 北京：高等教育出版社，2003.

[24] 刘次华. 随机过程[M]. 武汉：华中科技大学出版社，2006.

[25] Berger J O. 统计决策论和贝叶斯分析[M]. 贾乃光，译. 北京：中国统计出版社，1998.

[26] Ross S M. 随机过程[M]. 何声武，谢盛荣，程依明，译. 北京：中国统计出版社，1997.

[27] Dempster A P，Laird N，Rubin D B. Maximam likelihood estimation from incomplete data via the EM algorithm (with discussion). J Roy Statist Soc B，1977，39：1-38.

[28] Wu C F J. On the convergence properties of the algorithm. The Annals of Statistics，1983，11：95-103.

[29] Louis T A. Finding the observed information matrix when using the EM algorithm. J Roy. Statist Soc B，1982，51：127-138.

[30] Meng X L，Rubin D B. Recent Extensions to the EM algorithm (with discussion). Bayesian Statistics 4. Oxford University Press，1992，307-320.

[31] Baum L, et al. A Maximization technique occurring in the statistical analysis of probabilistic functions of Markov chains. Annals of Mathematical Statistics, 1970, 41: 164-171.

[32] 吴福朝. 计算机视觉中的数学方法[M]. 北京：科学出版社,2008.

[33] 吴福朝. 计算机视觉：Cayley 变换与度量重构[M]. 北京：科学出版社,2011.

[34] Pottmann H, Wallner J. Computational Line Geometry[M]. Springer,2010.

图书资源支持

感谢您一直以来对清华版图书的支持和爱护。为了配合本书的使用，本书提供配套的资源，有需求的读者请扫描下方的“书圈”微信公众号二维码，在图书专区下载，也可以拨打电话或发送电子邮件咨询。

如果您在使用本书的过程中遇到了什么问题，或者有相关图书出版计划，也请您发邮件告诉我们，以便我们更好地为您服务。

我们的联系方式：

地　　址：北京市海淀区双清路学研大厦 A 座 714

邮　　编：100084

电　　话：010-83470236　010-83470237

客服邮箱：2301891038@qq.com

QQ：2301891038（请写明您的单位和姓名）

资源下载：关注公众号“书圈”下载配套资源。

资源下载、样书申请

书圈

获取最新书目

观看课程直播